国网电力科学研究院武汉南瑞有限责任公司
苏州工业园区海沃科技有限公司 组织编写

电力设备预防性试验及诊断技术问答

主　编　陈化钢
副主编　程　林　康钧

中国水利水电出版社
www.waterpub.com.cn
·北京·

内 容 提 要

本书以我国电力设备预防性试验的丰富经验为基础，根据《电力设备预防性试验规程》等国家及电力行业最新标准、规程、规范，结合当前电力设备试验及故障诊断最新技术发展而编写的，全面系统地阐述了电力设备预防性试验方法和电力设备在线监测故障诊断最新技术。其中包括常规停电试验、带电测量和在线监测，着重介绍各种测试方法的原理接线、使用仪器、测试中的异常现象及对测试结果的综合分析判断，还包括大量在线监测和故障诊断最新成果，具有很强的实用性。全书紧密结合生产现场工作进行选题，全书分两篇二十五章，第一篇为电力设备预防性试验，第二篇为电力设备在线监测与故障诊断技术。

本书可供电力系统以及其他行业从事电气试验的工程技术人员和管理人员使用，也可供电气运行、维护、检修技术人员阅读，可以作为电力设备预防性试验方法及诊断技术培训班教材，还可供大专院校有关专业师生参考。

图书在版编目（CIP）数据

电力设备预防性试验及诊断技术问答 / 陈化钢主编 ; 国网电力科学研究院武汉南瑞有限责任公司，苏州工业园区海沃科技有限公司组织编写. -- 北京 : 中国水利水电出版社，2017.9
ISBN 978-7-5170-5969-1

Ⅰ. ①电… Ⅱ. ①陈… ②国… ③苏… Ⅲ. ①电力设备－电工试验－问题解答 Ⅳ. ①TM7-44

中国版本图书馆CIP数据核字(2017)第257894号

书　　名	**电力设备预防性试验及诊断技术问答** DIANLI SHEBEI YUFANGXING SHIYAN JI ZHENDUAN JISHU WENDA
作　　者	国网电力科学研究院武汉南瑞有限责任公司 苏州工业园区海沃科技有限公司 组织编写 主编 陈化钢 副主编 程林 康钧
出版发行	中国水利水电出版社 （北京市海淀区玉渊潭南路1号D座 100038） 网址：www.waterpub.com.cn E-mail：sales@waterpub.com.cn 电话：（010）68367658（发行部）
经　　售	北京科水图书销售中心（零售） 电话：（010）88383994、63202643、68545874 全国各地新华书店和相关出版物销售网点
排　　版	中国水利水电出版社微机排版中心
印　　刷	北京市密东印刷有限公司
规　　格	184mm×260mm 16开本 40印张 1024千字
版　　次	2017年9月第1版 2017年9月第1次印刷
印　　数	0001—3500册
定　　价	**138.00**元

前言

电力设备的预防性试验是保证设备安全运行的重要措施，是绝缘监督工作的基础。通过试验，可以掌握电力设备的绝缘状况，及时发现缺陷，进行相应的维护和检修，以免运行中的设备绝缘在工作电压或过电压作用下击穿，造成事故。随着《电力设备预防性试验规程》（DL/T 596—1996）等技术标准的实施，电力设备预防性试验工作必将进一步深入开展，这就要求高压试验工作者不断提高试验技术，研究新的测试方法和装置，正确分析试验中出现的异常现象，正确综合判断测试结果。本书就是为适应这一需要而编写的。

本书的内容来源于试验实践，又以服务于试验工作为宗旨。在编写过程中，以《电力设备预防性试验规程》（DL/T 596—1996）、《电气装置安装工程　电气设备交接试验标准》（GB 50150—2016）、《现场绝缘试验实施导则》（DL/T 474.1～474.5—2006）等为依据，并在已出版的《电力设备预防性试验实用技术问答》基础上，结合作者在现场举办的多次高压试验研讨班上的教学实践进行充实、修改编写而成的。力求较全面地介绍电力设备预防性试验及诊断中常见的疑难问题，并能反映当前的新技术、新方法和新装置，密切联系试验实际。为了贯彻规程，方便广大读者阅读和工作，本书附录中全文收录了电力行业标准《电力设备预防性试验规程》（DL/T 596—1996）及相关技术数据。

《电力设备预防性试验实用技术问答》自 2009 年出版后，受到读者厚爱，在网上好评如潮。每个试验均从试验方法、试验步骤、试验标准、试验设备的选择、试验中注意事项、试验结果分析、设备健康状况评估等方面做了详细介绍，还结合作者经历列举了大量实例和经验。使读者从中吸取经验教训，增长试验才干。8 年来又有一些新技术和新设备出现，本书已不能满足现场技术进步的需要，因此按照读者要求和出版社的规划对本书进行较大的修订，并增加了在线监测和故障诊断的内容，将书名改为《电力设备预防性试验及诊断技术问答》。

本书是根据国家及电力行业最新标准、规程、规范，结合当前电力设备试验及在线监测和故障诊断的最新技术发展而精心编写的，全面系统地阐述了电力设备预防性试验方法和电力设备在线监测故障诊断最新技术。其中包括常规停电试验、带电测量和在线监测，着重介绍各种测试方法的原理接线、使用仪器、测试中的异常现象及对测试结果的综合分析判断。还包括大量在线监测和故障诊断最新成果，具有很强的实用性。

全书紧密结合生产现场工作进行选题，全书分两篇二十五章。第一篇为电力设备预防性试验，共十二章，主要内容有：电气绝缘理论基础，预防性试验总论，测量绝缘电阻，测量泄漏电流与直流耐压试验，测量介质损耗因数 $\tan\delta$，交流耐压试验，油中溶解气体色谱分析，接地电阻及其测量，超高压电力设备预防性试验，带电作业工具、装置和设备预防性试验，电力安全工器具预防性试验、其他相关试验等。第二篇为电力设备在线监测与故障诊断技术，共十三章，主要内容有：旋转电机的在线监测与故障诊断，变压器在线监测与故障诊断，开关电器在线监测与故障诊断，套管、绝缘子在线监测与故障诊断，互感器、电容器、电抗器、避雷器在线监测与故障诊断，绝缘油和六氟化硫气体故障诊断方法，电力电缆线路在线监测与故障诊断，架空电力线路在线监测与故障诊断，接地装置故障诊断，蓄电池与直流系统故障诊断，局部放电在线检测技术，电力设备故障红外检测和诊断技术，以及电力试验安全工作规定等。

本书可供电力系统以及其他行业从事电气试验的工程技术人员和管理人员使用，还可供电气运行，检修、维护技术人员阅读，可以作为电力设备预防性试验方法及诊断技术培训班教材，也可供大专院校、技术学院的有关专业师生参考。

本书由陈化钢任主编，程林、康钧任副主编。参编人员有：李佳辰、王晋生、谷凯凯、皮本熙、汪强、李波澜、李军华、吴会宝、王源、白朝晖、李禹萱、孙颖、李培、任毅、吕一斌、杜松岩、张缠峰、尹力、陈昌伟、梁洒佳等。

本书编写过程中作者查阅了大量文献资料，参考和引用了许多单位和个人的最新研究成果，学术专著和试验数据、试验范例，在此表示崇高的敬意和衷心的感谢。

由于作者技术业务水平的限制，加上众多编写人员参与，难免存在缺点和疏漏之处，欢迎广大读者、专家、同行批评指正。

作　者

2017 年 10 月

《电力设备预防性试验及诊断技术问答》
篇　章　目　录

目　录

第二篇　电力设备在线监测与故障诊断技术

附录　相关技术标准及技术数据

第一篇

电力设备预防性试验

第一章
电气绝缘理论基础

1. 电介质在电场作用下的主要物理现象是什么？

电介质也称为绝缘介质，在工程上所用的电介质分为气体、液体和固体三类。电介质在电场作用下的物理现象主要包括：极化、电导、损耗和击穿。

2. 电介质在电场作用下的电气性能用哪些参数来表征？

可用四个参数来表征，即极化性能用介电常数 ε 表征；导电性能用绝缘电阻率 ρ 表征；介质损耗性能用介质损失角正切（也称介质损耗因数）$\tan\delta$ 表征；击穿性能用击穿强度 E 表征。对气体电介质而言，由于极化、电导和损耗较弱，所以只研究其击穿性能，而对固体、液体电介质四个性能均要研究。目前的预防性试验主要是检测表征电介质电气性能的四个参数的变化。

3. 电介质的极化分为哪两种类型？

电介质的分子结构可分为中性、弱极性和极性三种，但从宏观来看都是不呈现极性的。当电介质处于电场中，电介质就要极化，其极化形式分为两种类型。第一种类型的极化为立即瞬态过程，是完全弹性方式，无能量损耗，也无热损耗产生，这种方式称为完全弹性极化；第二种类型的极化为非瞬态过程，极化的建立及消失都以热能的形式在介质中消耗而缓慢进行，这种方式称为松弛极化。电子和离子极化属于第一种类型，为完全弹性极化类型，其余的属于松弛极化类型。

4. 什么是绝缘的吸收现象？

在电介质上加直流电压时，初始瞬间电流很大，以后在一定时间内逐渐衰减，最后稳定下来。表现为电气设备的绝缘电阻 R 在测量中随时间的增长而逐步上升，并最终趋于稳定。这种现象叫绝缘的吸收现象。这种现象可以用双层介质模型来进行定性分析。图 1－1 所示为双层介质等效电路，当开关 S 合上，直流电压施加在绝缘介质上后，电流表 A 的读数变化如图 1－2 所示。S 闭合瞬间，电流很大，回路电流主要由电容电流分量组成。而 S 闭合很久后，电容相当于开路，回路电流为泄漏电流 I_g，此时 I_g 取决于绝缘电阻 R_1 和 R_2 之和，这也就完成了从最初电容电流向最终阻性电流的过渡。图 1－2 中阴影部分的面积为绝缘介质在充电过程中逐渐“吸收”的电荷 Q_a。因此，对于被试品而言，加上直流电压后，流过试品的电流由两部分组成。一部分作为阻性电流，其大小与绝缘电阻成反比；另一部

分为吸收电流 i_a，其大小与成品绝缘均匀程度有关。工程上，由于电气设备不可能是理想的均匀介质，因此吸收现象十分明显。当绝缘受潮或有缺陷时，吸收现象不明显，工程上也经常利用 60s 及 15s 时绝缘电阻比值（10min 和 1min 绝缘电阻比值）来判断试品绝缘状况。

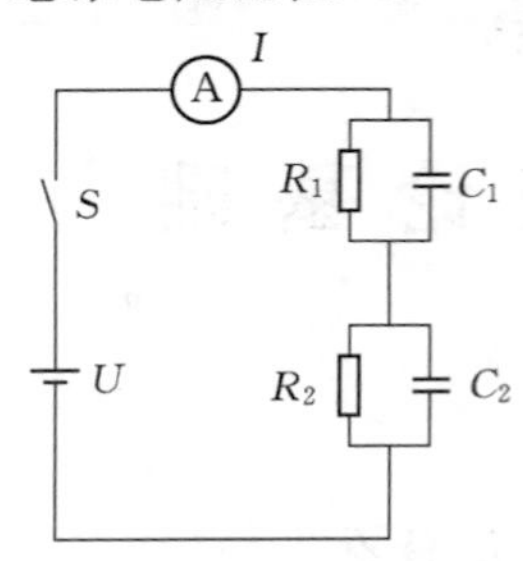

图 1－1　双层介质的等效电路

C_1、C_2—介质 1、2 的等效电容；

R_1、R_2—介质 1、2 的绝缘电阻

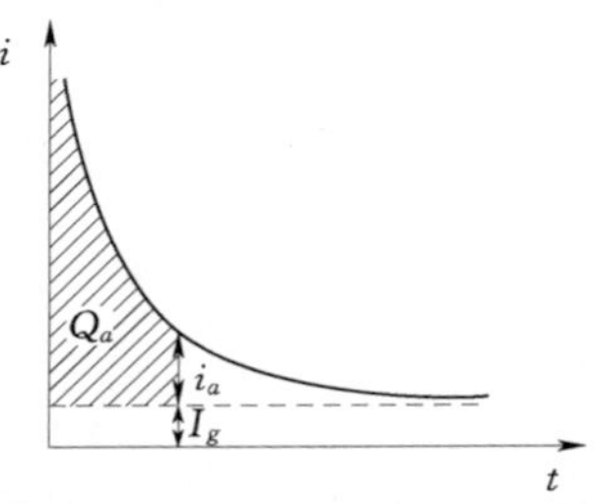

图 1－2　吸收曲线

5. 为什么电介质的电导一般是指离子性电导？

离子电导是以离子为载流体，而电子电导是以自由电子为载流体。电介质的电导可分为离子电导和电子电导。理想的电介质是不含带电质点的，更没有自由电子。但实际工程上所用的电介质或多或少总含有一些带电质点（主要是杂质离子），这些离子与电介质分子联系非常弱，甚至成自由状态；有些电介质在电场或外界因素影响下（如紫外线辐射），本身就会离解成正负离子。它们在电场作用下，沿电场方向移动，形成了电导电流，这就是离子电导。电介质中的自由电子，则主要是在高电场作用下，离子与电介质分子碰撞、游离激发出来的，这些电子在电场作用下移动，形成电子电导电流。当电介质中出现电子电导电流时，就表明电介质已经被击穿，因而不能再作绝缘体使用。因此，一提到电介质的电导一般都是指离子性电导。

6. 什么是电介质的损耗？包括哪些损耗？是如何产生的？

在交流或直流电场中，电介质都要消耗电流，通称电介质的损耗。电介质损耗包括：

（1）电导损耗。电介质在电场作用下有电导电流流过，这个电流使电介质发热产生损耗，一般情况下，电介质的电导损耗是很小的。

（2）游离损耗。电介质中局部电场集中处，例如固体电介质中的气泡、油隙，气体电介质中电极的尖端等，当电场强度高于某一值时，就产生游离放电，又称局部放电。局部放电伴随着很大的能量损耗，这些损耗是因游离和电子注轰击而产生的。游离损耗只在外加电压超过一定值时才会出现，且随电压升高而急剧增加，这在交流和直流电场中都是存在的，但严重程度不同。

（3）极化损耗。松弛极化是要产生损耗的。由于松弛极化建立得比较缓慢，跟不上 50Hz 交变电场的变化，当电压从零按正弦规律变到最大值时，极化还来不及完全发展到最大，在电压经过最大值后，极化还在继续增长，并在电压已经越过最大值下降的时候达到最大值，以后极化又开始减小，比电压滞后一段时间极化减小到零，并再往负方向发展。这样，极化的发展总要滞后电压一个角度，在电压的第一个 1/4 周期中，极化中电荷移动的方

向与电场的方向相同，即电场对移动中的电荷做功，相当于“加热”。从电压的最大值到极化的最大值这一段时间内，情况和前面一样，仍相当于“加热”。从极化的最大值到电压为零这一阶段，电场的方向未变，而电荷移动的方向却变成与电场方向相反，这时电荷反抗电场做功，丧失自己的动能而“冷却”。在一个周期内，“加热”大于“冷却”，一部分电场能不可逆地变成热能，产生了电介质的损耗，这就是因松弛极化产生的极化损耗，这种损耗只有在交变电场下才会出现。对于偶极子的电介质，在交变电场中，偶极子要随电场的变化而来回扭动，在电介质内部发生摩擦损耗，这也是极化损耗的一种形式。为表征某种绝缘材料或结构的介质损耗，一般不用 W 或 J 等单位来表示，而是用电介质中流过的电流的有功分量和无功分量的比值来表示，即 $\tan\delta$。这是一个无因次的量，它的好处是只与绝缘材料的性质有关，而与它的结构、形状、几何尺寸等无关，这样更便于比较判断。

7. 什么是电介质的击穿？气体、液体、固体电介质的击穿原理是什么？

当电介质上的电压超过某临界值时，通过电介质的电流剧增，电介质发生破坏或分解，直至电介质丧失固有的绝缘性能，这种现象叫做电介质击穿。电介质发生击穿时的临界电压值，称为击穿电压 U_b，击穿时的电场强度称为击穿场强 E_b。在均匀电场中 E_b 和 U_b 的关系为

$$E_b = \frac{U_b}{\delta}$$

式中　δ——击穿处电介质的厚度。

（1）气体电介质的击穿。气体中电流随外施电压的提高而增大，当电压升高，气体电流经过饱和阶段进入电子碰撞阶段电流又开始增大，带电质点（主要是电子）在电场中获得巨大能量，从而将气体分子碰裂游离成正离子和电子。新形成的电子又在电场中积累能量去碰撞其他分子，使其游离，如此连锁反应，便形成了电子崩。电子崩向阳极发展，最后形成一个具有高电导的通道，导致气体击穿。气体电介质击穿电压与气压、温度、电极形状及气隙距离等有关，因此在实际工作中要考虑这些影响因素并进行校正。

当气体成分和电极材料一定时，温度不变时，击穿电压 U_b 是气体压力 P 与极间距离 d 乘积的函数，即巴申定律

$$U_b = f(Pd)$$

巴申曲线如图 1－3 所示，图中曲线都有一个最低击穿电压值。为能达到自持放电，需发生足够多的碰撞电离。设电极间距离 d 不变。当压力很小时，虽然电子自由行程较大，两次碰撞间可积累很大动能，容易引起电离，但是碰撞次数太少，导致击穿电压增大。当压力较大时，虽然碰撞次数增多，但电子自由行程较小，两次碰撞间不容易积累很大电能，引起电离可能性减少，击穿电压也会增大。由此可见，为提高气体击穿电压，可提高气压或真空度，这两项措施在工程上都有实用价值。

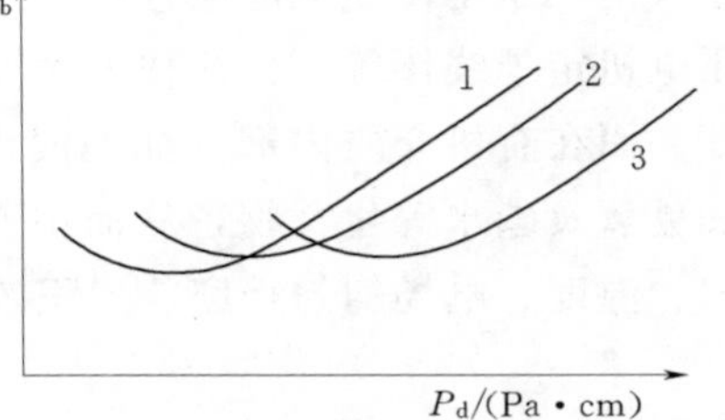

图 1－3　巴申曲线

1—空气；2—氢气；3—氮气

（2）液体电介质的击穿。在纯净的液体电介质中，其击穿也是由于游离所引起，但工程上用的液体电介质或多或少总会有杂质，如工程用的变压器油，其击穿则完全是由杂质所造成的。在电场作用下，变压器中的杂质，如水泡、纤维等聚集到两电极之间，由于它们的介电常数比油大得多（纤维素为 $\varepsilon=7$，水为 $\varepsilon=80$，油为

$\varepsilon=2.3$)，将被吸向电场较集中的区域，可能顺着电力线排列起来，即顺电场方向构成“小桥”。小桥的电导和介电常数都比油大，因而使“小桥”及其周围的电场更为集中，降低了油的击穿电压。若杂质较多，还可构成一贯穿整个电极间隙的小桥。有时，由于较大的电导电流使小桥发热，形成油或水分局部气化，生成的气泡也沿着电力线排列形成击穿。变压器油中最常见的杂质有水分、纤维、灰尘、油泥和溶解的气体等。水分对变压器油击穿强度的影响更大，例如含有0.03%水分的变压器油的击穿强度仅为干燥时的一半。纤维容易吸收水分，纤维含量多，水分也就多，而且纤维更易顺电场方向构成桥路。油中溶解的气体一遇温度变化或搅动就容易释出形成气泡，这些气泡在较低电压下就可能游离，游离气泡的温度升高就会蒸发，因而气泡沿电场方向也易构成小桥，导致变压器油击穿。因此，变压器油中应尽可能除去杂质，一般采取真空加热过滤的方法，使其达到安全运行的标准要求。为了阻挡杂质在电极间构成桥路，特别是在不均匀电场中，应在靠近强电场电极附近加装屏障，屏障既能阻止杂质桥路形成，又能像气体间隙中的屏障那样改善间隙中电场均匀程度。这样可以大大提高电介质的击穿电压。例如高压变压器绕组外的绝缘围屏就起这个作用。

(3) 固体电介质的击穿。固体电介质的击穿可分电击穿、热击穿、电化学击穿三种形式，不同击穿形式与电压作用时间和场强的关系见图1-4。

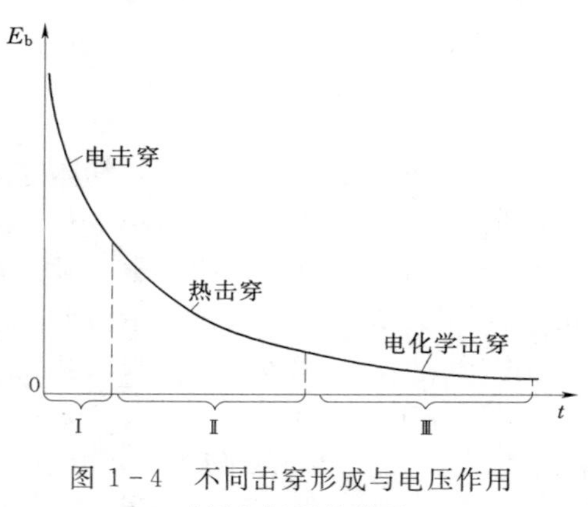

图1-4 不同击穿形成与电压作用时间和场强的关系

Ⅰ段—以微秒～毫秒计；Ⅱ段—以秒～分钟计；Ⅲ段—以小时～年计

1) 电击穿。与气体击穿相似，在强电场的作用下，当电介质的带电质点剧烈运动，发生碰撞游离的连锁反应时，就产生电子崩。当电场强度足够高时，电子崩足够强时，可导致介质晶格结构破坏，就会发生电击穿，此种电击穿是属于电子游离性质的击穿。

2) 热击穿。在强电场作用下，由于电介质内部介质损耗而产生的热量，若发热总大于散热，将使电介质内部温度升高，而电介质的绝缘电阻或介质损耗具有负的温度系数。当温度上升时，其电阻变小，又会使电流进一步增大，损耗发热也增大，导致温度不断上升，进一步引起介质分解、炭化等。因此，导致分子结构破坏而击穿，称为热击穿。

3) 电化学击穿。其主要原因往往是介质内气隙局部放电造成的。在强电场作用下，电介质内部包含的气泡首先发生碰撞游离而放电，杂质（如水分）也因受电场加热而汽化并产生气泡，于是使气泡放电进一步发展，导致整个电介质击穿。如变压器油、电缆、套管、高压电机定子线棒等，也往往因含气泡发生局部放电，如果逐步发展会使整个电极之间导通击穿。而在有机介质内部（如油浸纸、橡胶等），气泡内持续的局部放电会产生游离生成物，如臭氧及碳水等化合物，从而引起介质逐渐变质和劣化。电化学击穿与介质的电压作用时间、温度、电场均匀程度、累积效应、受潮、机械负荷等多种因素有关。

8. 汤逊理论是如何描述均匀电场中自持性放电的基本物理过程的？

只有电子崩是不足以发生自持性放电的。若发生自持性放电，必须是电子崩消失前能产

生新的电子（二次电子）来代替初始电子。二次电子的产生与气压 P 和气隙长度 S 乘积有关。PS 值较小时，可用汤逊理论来说明。

从加压到第一个有效电子出现的阶段：只有在气隙中出现这个有效电子后，才开始产生碰撞游离，并不断发展，使自由电荷不断增长。

由于外界游离因素具有偶然性，所以有效电子的出现也具有偶然性。

电子崩阶段：这个阶段是从出现第一个有效电子到第一个电子崩发展成熟。在这个阶段中发生量变，量变的标志是有足够多的电子数 N^- 和正离子数 N^+，两者的关系是 $N^-=N^++1$。

自持放电阶段：在这个阶段中 γ 过程（正离子碰撞阴极，从阴极打出一个电子）起重要作用。γ 过程出现使气隙由绝缘状态变为导电状态。因此发生了质变。γ 过程出现是质变的标志。

汤逊理论描述火花放电过程的自持条件是

$$\gamma(e^{\alpha s}-1)=1$$

式中 α——汤逊放电第一游离系数；

γ——汤逊放电第三游离系数；

s——气隙的距离；

$e^{\alpha s}$——一个电子从阴极运动到阳极所产生的电子数。

该式的物理意义是：有一个原始电子从阴极出发跑到阳极，总共变成了 $e^{\alpha s}$ 个电子，其中有（$e^{\alpha s}-1$）个电子是碰撞游离产生的，与此相等的正离子运动到阳极时，只要释放出一个电子以补充原始电子的缺额，放电就自持了。

根据自持放电条件，可以导出自持放电电压与 ps 积的关系式：$U_F=f(ps)$，其中 p 是气隙的压力，s 是气隙距离。这个关系被巴申用实验发现，所以，通常称为巴申定理。巴申定理至今仍有实用价值。例如真空开关、充气压设备的研制等。

9. 流注理论是如何描述均匀电场中火花放电的基本物理过程的?

由上述第 8 题可知，由于汤逊理论在描述均匀电场火花放电时没有考虑空间电荷畸变电场的作用和光游离的概念，所以它无法解释许多实验现象。

基于对火花放电的许多实验现象的观察和研究，1940 年 Meek 和 Locb 提出了描述均匀电场中火花放电物理过程的流注理论，其基本要点如下：

出现有效电子阶段：从开始加压到气隙中出现第一个有效电子。

电子崩阶段：自出现第一个有效电子开始到第一个电子崩发展成熟为止。电子崩发展成熟的标志是电子崩（主崩）能放射出一个有效的光子。所谓有效光子是指这个光子能产生光电子，而发展新的电子崩（子崩）使放电过程持续下去。主电子崩在阴极附近成熟，还是要走完全程才能成熟，主要决定于外加电压的高低。

流注阶段：从第一个电子崩放射出一个有效光子到阴极或阳极附近的空间中形成等离子体通道为止。若外加电压较高，电子崩在阴极附近就能成熟，因而在阴极附近就能形成等离子体通道，使流注从阴极向阳极发展，这种流注称为负流注。当外加电压近似等于气隙的火花放电电压时，主电子崩要走过全程才能成熟，这时在阳极附近形成等离子体通道，使流注从阳极向阴极发展，这种流注称为正流注。

流注阶段与电子崩阶段的区别：在量的方面，游离增强，空间电荷数量大大增加，一般认为当 $\alpha\approx20$，$e^{\alpha s}>10^8$ 时，空间电荷畸变电场的作用显著；在质的方面，光游离起着重要的作用。由于光游离引起各个子崩的同时发展，从而促进导电等离子体通道形成。

主放电阶段：当外加电压近似等于气隙火花放电电压时，这个阶段是从流注发展成熟开始到强烈游离区向阴极发展，一直到达阴极时为止。主放电阶段就是在气隙中形成高导电通道的阶段，以完成火花放电过程。

根据流注理论，在均匀电场中，流注形成的条件就是自持放电的条件。这与汤逊自持放电条件是不同的。

流注理论适用于高电压、长间隙。

汤逊理论与流注理论所描述的均匀电场气体间隙火花放电过程及其特点如表 1-1 所示。

表 1-1　汤逊理论与流注理论对均匀电场气体放电描述的比较

项　　目	汤　逊　理　论	流　注　理　论
适用范围	低气压、短间隙	高气压、长间隙
火花放电开始发展的条件	在阴极表面出现第一个有效电子	在阴极表面出现第一个有效电子
自由电子的增长规律	按 $e^{\alpha x}$ 规律增长（电子崩）	经过三次增长阶段：电子崩、流注、主放电
自持放电条件	第一个电子崩的正离子碰撞阴极拉出一个电子来	第一个电子崩放射出一个有效光量子
放电通道外形	充满整个电极	带分支的明亮细通道
放电时间	较长	短
与阴极材料的关系	有关（因 γ 过程自持）	无关（因空间光游离自持）

10. 什么叫极性效应？

在不均匀电场中，放电总是从曲率半径较小的电极表面，即间隙中场强最大的地方开始，而与该电极的电位和电压的极性无关。这是因为放电只取决于电场强度的大小。但曲率半径较小的电极的电压极性不同，放电产生的空间电荷对电场畸变不同。因此，同一间隙在不同电压极性下的电晕起始电压不同，击穿电压也不同，这就是放电极性效应。例如，在棒—板构成的不均匀不对称电场中，正棒的电晕起始电压大于负棒电晕起始电压；正棒—负板的击穿电压小于负棒—正板的击穿电压。

在分析直流高压试验问题及直流输电等问题时都会用到极性效应的概念。

11. 湿度增加对气体间隙和沿面闪络电压的影响是否相同？为什么？

不相同。对气体间隙，在不均匀电场中，当湿度增加时，由于水分子能够捕捉电子形成负离子。使间隙中的电子数目减少，因而游离减弱，这样就不容易发展电子崩和流注，导致间隙击穿电压升高；在均匀电场中，由于放电的形成时延短，平均场强又较大，电子运动速度较快，不容易被水分子捕获，所以在均匀电场中，湿度增加时，可以认为间隙击穿电压基本不变，正因为如此，在球隙放电电压表中只规定了标准气压和温度，而没有规定湿度。

当间隙间放入固体介质时，湿度增加，固体介质表面吸附潮气形成水膜，在高压电场下

水分子分解为离子，沿着固体介质表面向电极附近积聚电荷，会使电极附近场强增大，电极附近的空气首先发生游离，从而引起整个介质表面易于闪络，导致沿面闪络电压降低。

12. 什么是标准大气条件？空气密度和湿度的校正因数是什么？

我国国家标准《高电压试验技术》（GB/T 16927.1）第一部分规定的标准大气条件是：温度 $t_0=20℃$；压力 $b_0=1013\text{mbar}$；绝对湿度 $h_0=11\text{g/m}^3$。

如果大气压力 b 用 mbar 表示，温度 t 为摄氏温度，空气密度的校正因数为

$$K_d=\left(\frac{b}{b_0}\right)^m\times\left(\frac{273+t_0}{273+t}\right)^n$$

一般说来，指数 m、n 与电极结构型式和试验电压的种类及极性有关，但实际上，除某些特例对 m、n 的值另有规定外，一般取 $m=n=1$。此时 K_d 就等于空气的相对密度 δ，即

$$K_d=\frac{b}{1013}\times\frac{273+20}{273+t}=0.289\times\frac{b}{273+t}\approx 0.29\times\frac{b}{273+t}$$

若大气压力 b 用 Pa 表示

$$K_d=0.00289\times\frac{b}{273+t}\approx 0.0029\times\frac{b}{273+t}$$

湿度校正因数为

$$K_h=(K)^{\omega}$$

式中，K、ω 与绝对湿度、电压形式、电压极性、电场情况以及闪络距离等因数有关，其数值可查国家标准 GB/T 16927.1。

实际试验时的大气条件往往与标准大气条件不同，为便于比较，应按上述方法进行换算。

13. 放电、击穿与闪络三个术语的含义是什么？

这是三个有紧密联系又有区别的术语，它们的共性都是从游离开始发生和发展，但发展的程度、应用的场合有异。具体地说，放电是一个笼统的概念，它指在电场作用下，绝缘材料由绝缘状态变为导电状态的跃变现象。这种跃变现象可能呈“贯通状”发生在电极间，即使其中的绝缘材料完全被短接而遭到破坏，此时电极间的电压迅速下降到甚低值或接近于零。跃变现象也可能发生在电极间的局部区域，使其中的绝缘材料部分地被短接，其余部分仍有良好的绝缘性能，电极间电压仍能维持一定的数值。前者称为破坏性放电，后者称为局部放电。

破坏性放电和局部放电可以发生在固体、液体、气体电介质及其组合介质中，换句话说，“放电”一词可以应用于所有电介质及其组合中。

然而，当放电发生在不同电介质及其组合中时又有特殊的称呼。当在气体或液体电介质中，电极间发生的破坏性放电称为火花放电，如空气间隙、油间隙中发生的破坏性放电，确切地说应叫火花放电。可见，火花放电这个术语只限于在气体与液体中使用。

在固体电介质中发生破坏性放电时，称为击穿。击穿时，在固体电介质中留下痕迹，使固体电介质永远丧失其绝缘能力。如绝缘纸板击穿时，会在纸板上留下一个孔。可见，击穿这个术语只局限于在固体电介质中使用。

当在气体或液体电介质中沿固体绝缘表面发生破坏性放电时，称为闪络。常见的是沿气体与固体电介质交界面发生的闪络。如沿绝缘子串表面，沿套管表面的破坏性放电应称为闪络。所以闪络这个术语只用于描述特殊条件下的放电现象。

为清晰起见，将放电、击穿、闪络的概念示意如下：

- 放电
  - 破坏性放电（贯通两电极）
    - 火花放电（发生在气体或液体电介质中）
    - 击穿（发生在固体电介质中）
    - 闪络（发生在气体或液体中的固体绝缘表面）
  - 局部放电（详见本章第 14 题）（局部区域被短接）

14. 游离与局部放电两个术语的含义是什么?

游离与局部放电这两个术语常被混淆，其实两者的含义并不等同。所谓游离是指任何中性分子或原子变成带电质点的过程。这些带电质点可以是电子，也可以是正离子或负离子。可见，游离这个术语所包含的内容是很广泛的，它既包含由于游离所形成的各种形式的放电，也包含所有其他类型的游离过程。

由上述可知，局部放电仅是放电的一种形式，它既不能包括全部放电形式，更不是游离的全部内容，所以确切地说，局部放电只是由游离而导致的一种现象。具体指在电压作用下，绝缘结构内部的气隙、油膜或导体的边缘发生非贯穿性的放电现象。

游离与局部放电的关系可示意如下：

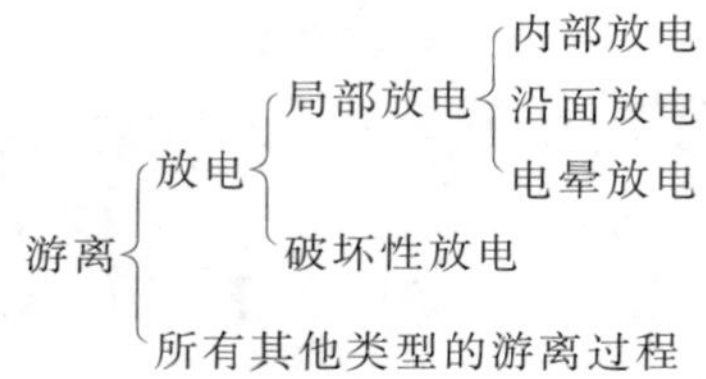

应指出，由于用游离标称局部放电不确切，所以，由此而推演出来的术语，如“游离水平”“游离测量”也是不确切的。

15. 劣化与老化的含义是什么?

这是用得最乱的两个术语，甚至在一些教科书或资料中往往含混地把两者完全等同起来，如果认真分析，两者不尽相同。所谓劣化是指绝缘在电场、热、化学、机械力、大气条件等因素作用下，其性能变劣的现象。劣化的绝缘有的是可逆的，有的是不可逆的。例如绝缘受潮后，其性能下降，但进行干燥后，又恢复其原有的绝缘性能，显然，它是可逆的。再如，某些工程塑料在湿度、温度不同的条件下，其机械性能呈可逆的起伏变化，这类可逆的变化，实质上是一种物理变化，没有触及化学结构的变化，不属于劣化。

而老化则是绝缘在各种因素长期作用下发生一系列的化学物理变化，导致绝缘电气性能和机械性能等不断下降。绝缘老化原因很多，但一般电气设备绝缘中常见的老化是电老化和热老化。例如，局部放电时会产生臭氧，很容易使绝缘材料发生臭氧裂变，导致材料性能老化；油在电弧的高温作用下，能分解出碳粒，油被氧化而生成水和酸，都会使油逐渐老化。

由上分析可知，劣化含义较广泛，而老化的含义相对就窄一些，老化仅仅是劣化的一个

方面，两者具体的联系与区别示意如下：

劣化
- 可逆
  - 疲劳
  - 其他可逆的绝缘缺陷
- 不可逆——老化
  - 热老化
  - 电老化

因此，正确区分绝缘的可逆劣化和不可逆劣化（即老化），在电力设备的预防性试验中具有重要意义。

16. 屏障和屏蔽是否相同？为什么？

屏障也称极间障，是指在极不均匀电场中，放入的薄片固体绝缘材料（如纸、纸板或电木板等）。在一定的条件下屏障可显著提高间隙的火花放电电压。屏障本身的绝缘强度没有什么意义，因为其本身并不起分担电压的作用，而主要是阻止空间电荷运动，造成空间电荷改变电场的效果。

屏障的作用与电压种类及极性有关。将屏障置于正棒负板之间，如图 1－5（a）所示，屏障阻碍了正离子的运动，使其聚集在屏障向着棒的一面上，由于同号离子间的斥力使其均匀地分布在屏障上，将间隙分为两部分：一部分（棒和屏障间）布满了正离子，所以此处的电场强度是不大的；另一部分（屏障和平板电极间）电场和均匀电场相似，因此提高了间隙的火花放电电压，且随屏障离平板距离之增大，火花放电电压迅速提高。但当屏障离棒电极较近时，因该区域基本电场很强，屏障上电荷不能均匀分布，它们集中在较小范围，整个电场也就不会变为均匀，所以火花放电电压逐渐近于无屏障的情况。当屏障离棒极约 15%～20%间隙距离处，火花放电电压提高得最多，可达无屏障时的 200%～250%。

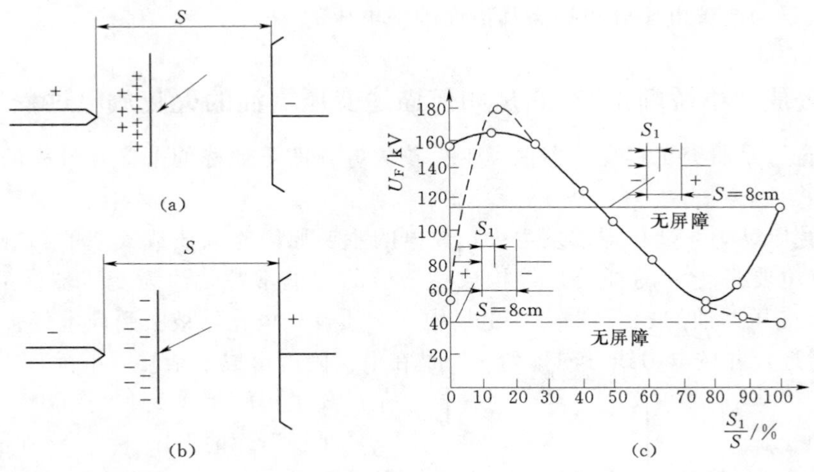

图 1－5　在直流电压下极间屏障对火花放电电压的影响

（a）正棒负板；（b）负棒正板；（c）火花放电电压与屏障位置的关系

当棒电极为负极性时，如图 1－5（b）所示，电子形成负离子，积聚于屏障上，同样在屏障与平板电极间会形成较均匀电场，在距尖极的距离较小时能提高火花放电电压。当距棒距离增大时，火花放电电压反而比无屏障时为低，这主要是因在无屏障时，负离子以较大速度相当分散的状态在空间移动，有一部分消失于电极，它对电场的影响很小，当有负离子分布在屏障上时，它一方面使部分电场变均匀，有提高火花放电电压的作用，但另一方面形成了聚集状态的空间电荷（负离子），又有加强电场的作用，当屏障距棒极较远时，后一种作用占优势，火花放电电压反而降低。当屏障十分靠近棒极时，由于电子速度很大，可穿过屏障在屏障与板极之间产生游离，故火花放电电压也降低。但正离子不能通过屏障而聚积在屏障上，使屏障与板极间的电场减弱，所以火花放电电压仍维持在较高的数值。如图 1-5（c）所示。

在工频时，放电发生在棒极为正的半周内，所以引入屏障后，火花放电电压提高的情况同直流下正棒—负板时一样。

在冲击电压下，极间屏障也有提高火花放电电压的效果。冲击电压作用时间短暂，屏障上来不及积累起显著的空间电荷，有人认为，屏障妨碍了光子的传播，影响了流注的发展，从而提高了间隙的火花放电电压。

屏蔽通常分为电磁屏蔽和静电屏蔽，在高电压技术中，应用得较多的是静电屏蔽，它是利用良导电金属材料（如铜、铁和铝）制作成金属罩（或者网），将需要屏蔽的设备罩住，金属罩（网）必须良好接地，以消除电容耦合，防止静电感应。例如，测量电流互感器等设备的介质损耗因数 $\tan\delta$ 时，将顶端法兰接地或将顶端或将整个设备用金属罩子罩起来，消除外界电场对测量的影响。

另外，在高电压技术中还有一种改善电场分布的措施，也常称为屏蔽。首先，它与被屏蔽的电极具有相同的电位，其次是根据实际需要做成一定的形状，从而达到提高火花放电电压或沿面闪络电压的目的。高压试验变压器引出套管导电芯棒的顶端做出一个圆球形的罩子，就是为了减弱电场强度而设置的屏蔽。绝缘子串、避雷器顶端加装的均压环也是屏蔽的一种，前者加均压环的目的在于均匀绝缘子串的电场，从而提高绝缘子串的闪络电压，后者加装均压环的目的是改善间隙的分布电压，提高其冲击放电电压。户内绝缘子设置的内屏蔽与外屏蔽等也是为改善电压分布提高其沿面闪络电压的。

17. 什么是“小桥理论”？它是如何描述变压器油的火花放电过程的？

“小桥理论”是研究工程变压器油发生火花放电（即习惯称的击穿）过程的一种广泛应用的理论。

“小桥理论”认为：变压器油发生火花放电的主要原因是杂质或气泡的影响。杂质由水分、纤维质（主要是受潮的纤维）等构成。杂质的介电常数 ε 约为变压器油的 30～40 倍（水的 $\varepsilon=81$，变压器油的 $\varepsilon=2.2$）。在电场中，杂质首先极化，被吸引向电场强度最强的地方，即电极附近，并按电力线方向排列。于是在电极附近形成了杂质“小桥”，如图 1-6 所示。如果极间距离大、杂质少，只能形成断续“小桥”，如图 1-6（a）所示。“小桥”的电导率 γ 和介电常数都比变压器油大，从电磁场原理知，由于“小桥”的存在，会畸变油中的电场。因为纤维的介电常数大，使纤维端部处油中的电场加强，于是放电首先从这部分油中开始发生和发展，油在高场强下游离而分解出气体，使气泡增大，游离又

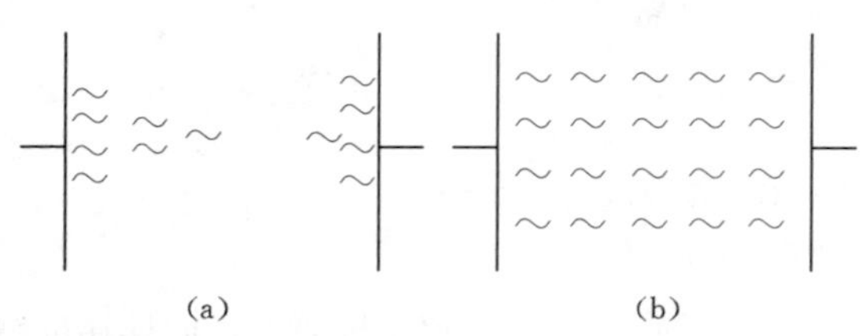

图 1-6　在工频电压作用下杂质在电极间形成导电“小桥”的情况

（a）杂质少、极间距离大；（b）杂质多、极间距离小

增强。而后逐渐发展，使整个油间隙在气体通道中发生火花放电，所以，火花放电就可能在较低的电压下发生。

如果极间距离不大，杂质又足够多，则“小桥”可能连通两个电极，如图 1-6（b）所示，这时，由于“小桥”的电导较大，沿“小桥”流过很大电流（电流大小视电源容量而定），使“小桥”强烈发热。“小桥”中的水分和附近的油沸腾汽化，造成一个气体通道——“气泡桥”而发生火花放电。如果纤维不受潮，则因“小桥”的电导很小，对于油的火花放电电压的影响也较小。上述是杂质引起变压器油发生火花放电的基本过程。显然，它与“小桥”的加热过程相联系。

应当指出，上述过程的分析只适用于稳态电压（直流和工频）和比较均匀的电场。当冲击电压作用或电场极不均匀时，杂质不易形成“小桥”，它的作用只限于畸变电场，故其火花放电过程，主要决定于外加电压的大小。

18. 固体绝缘与变压器油联合使用的基本形式有哪些？效果如何？

在变压器和油断路器的实际结构中，常遇到固体绝缘与变压器油的联合使用，这种联合使用可以提高油的火花放电电压，联合使用的基本形式有：

（1）覆盖。在紧贴导体（电极）表面包一层比较薄（约为十分之几到几毫米）的固体绝缘材料，这个固体绝缘材料被称为覆盖，如图 1-7（a）所示。缠在导线上的纸带或漆布以及 220kV 级套管均压罩表面的酚醛粉压塑料层等都是覆盖。覆盖很薄，既不能承受很高的电压，又不能明显地改变电场分布，但是，由于它的存在可以限制泄漏电流，隔断连通两极的导电“小桥”，杂质不能形成放电通道，所以能够提高火花放电电压，如图 1-8 所示。

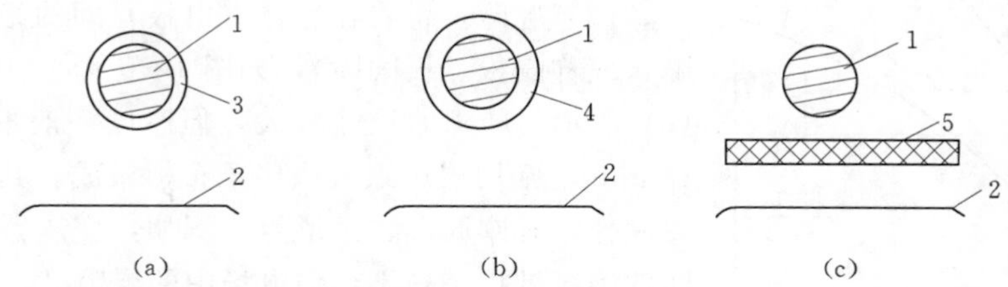

图 1-7 固体绝缘与变压器油联合使用示意图

（a）覆盖层；（b）绝缘层；（c）屏障

1—导体（电极）；2—电极；3—覆盖层；4—绝缘层；5—屏障

实验表明，电场越均匀，电压作用时间越长。覆盖提高火花放电电压的作用越显著，例如在均匀电场中，工频火花放电电压可提高 70%～100%，而极不均匀电场中，以及冲击电压下它的效果不明显。

由于覆盖能够提高油的火花放电电压，所以在充油的电力设备中很少采用裸导体。

（2）绝缘层。紧贴在导体（电极）表面包缠的一种厚度较大（一般可达几十毫米）的固体绝缘材料，被称为绝缘层，如图 1-7（b）所示。变压器高压绕组的引线和绕组之间的绝缘层以及高压套管中导杆上包缠的绝缘纸层都是实际例子。绝缘层除了承受一部高压外，还能明显地改变油中的电场分布。因此绝缘层提高油间隙的火花放电电压的作用表现在两个方面：一是隔断杂质形成的导电“小桥”；二是改善电场分布，降低油中的最大电场强度。下面以圆形导线为例来说明这个重要概念。

由图 1-9 可见，采用绝缘层有两个好处：

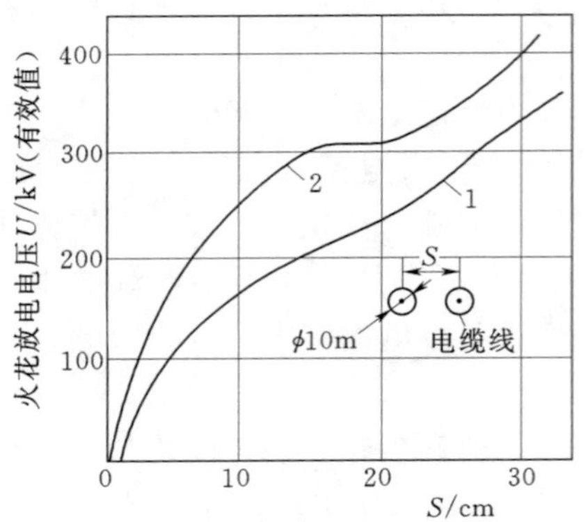

图 1-8 覆盖对工频火花放电电压的影响

1—无覆盖；2—有覆盖

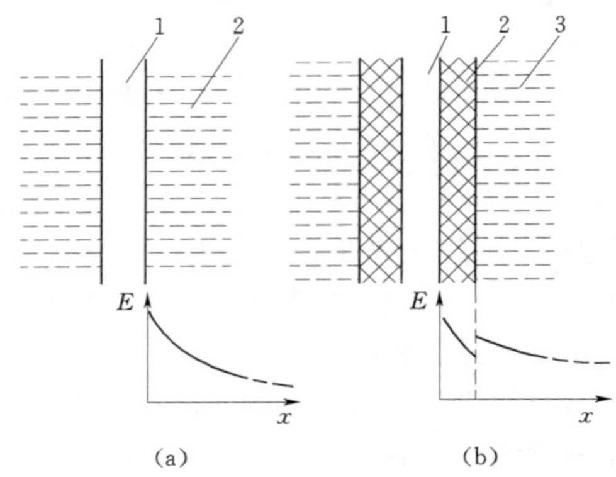

图 1-9 绝缘层改善电场分布示意图

（a）无绝缘层；（b）有绝缘层

1—导体；2—绝缘层；3—油

1）油由原来最大场强区移到场强较低的区域，使油实际承受的场强降低了。

2）有绝缘层后，电场的分布又进一步改善。根据静电场理论

$$E_g = \frac{\varepsilon_r}{\varepsilon_g} E_Y = \frac{2.2}{3.5} E_Y = 0.628 E_Y$$

可见固体绝缘中的场强仅为替代后油实际最大场强的0.628，即固体绝缘层内的场强也相应降低了。图 1-10 示出了两圆柱形电极在工频电压下，绝缘层对提高火花放电电压的作用。

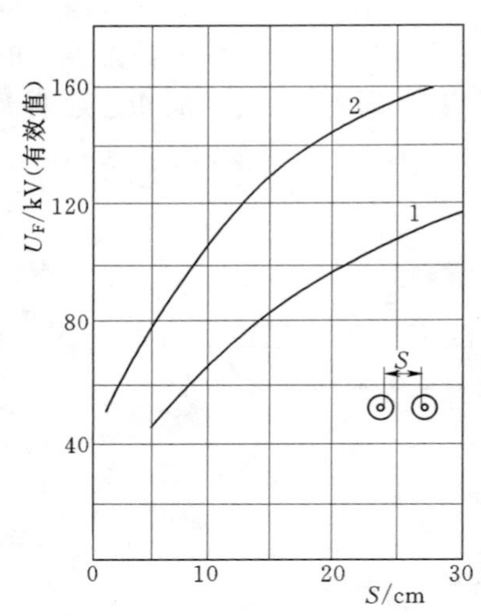

图 1-10 工频 50Hz 电压下，绝缘层的影响（电极为平行圆柱，油中试验）

1—电极直径 ϕ2.44mm，无绝缘层；

2—电极直径 ϕ2.44mm，纸绝缘层，厚 $\delta=2$mm

（3）屏障。设置在导体（电极）间的绝缘板，称为屏障（或称隔板、极间障），如图 1-5（a）、（b）和图 1-7（c）所示。屏障的尺寸较大，但厚度一般不大，通常为 1～3mm，常用层压纸板或层压布板做成。其形状可根据需要制作，有圆筒形、角形等。例如，变压器高低压绕组之间的绝缘纸板是稍不均匀电场中的屏障。

屏障既能阻止杂质形成“小桥”，又能改变电场分布。像气体电介质那样，当电极曲率半径小的地方发生局部游离后，与电极同号的带电质点聚积在屏障一侧，使屏障与另一电极间的电场变成均匀电场，从而提高火花放电电压。显然，在极不均匀电场中屏障的效果最显著。当 $S_1/S \leqslant 0.4$ 时，工频火花放电电压可达无屏障的 2 倍或更高。在稍不均匀电场中，采用屏障时提高 25%以上。所以充油套管、多油断路器、变压器等充油设备都广泛采用油——屏障绝缘。

19. 绝缘油中水分来源于何处？又以何种形态存在？

绝缘油中的水分主要来源于两个方面：一是外部侵入的水分。变压器等电力设备在制造过程中，绕组绝缘虽经真空干燥处理，但总难免还残有微量水分，特别是在安装、运输过程

中，如保护措施不当，也会使绝缘再度受潮，一般新变压器内的水分含量往往可达绝缘纸重量的0.1%左右；在变压器运行过程中，由于油具有吸潮性，所以呼吸系统如漏进潮气也会通过油面渗入油内。油的吸潮性既随空气的相对湿度和油的增加而呈线性增长，又与油品的化学组成有关，油内芳香烃成分愈多，其吸潮性愈大，此外，油质老化后，其中的极性杂质将会增加，由此也会促使油的吸潮性迅速增大。二是绝缘油内部反应产生的水分。绝缘油在运行过程中由于内部汽化及热裂解作用而生成水分；在超温并有溶解氧存在的情况下，氧化作用加快，生成的水分也就较多。

一般说来，变压器在正常工作状况下，由于上述两种来源而造成绝缘油及绝缘纸每年增加的水分约为其绝缘纸重量0.1%～0.3%。

侵入充油电力设备的水分，一般以溶解水分、乳化（悬浮）水分、游离水分及固体绝缘材料吸附水分四种形态存在。水分存在的形态，在一定条件下，可以相互转换，例如，溶解水因温度等条件变化而发生过饱和时，可以从油中凝析出来成为乳化水；而乳化水在长期静止状态下或在外力作用下可能聚合沉淀形成游离水；反之，游离水与所受外力搅动后会形成乳化状态；在较高的温度下，乳化水与游离水也可以部分汽化而溶解于油变成溶解水。

20. 微量水分对绝缘油特性有哪些影响？

绝缘油中的微量水分是影响绝缘特性的重要因素之一。绝缘油中微量水分的存在，对绝缘介质的电气性能与理化性能都有极大的危害，水分可导致绝缘油的火花放电电压降低，介质损耗因数 $\tan\delta$ 增大，促进绝缘油老化，使绝缘性能劣化，而造成受潮，损坏设备，导致电力设备的运行可靠性和寿命降低，甚至于危及人身安全。

图1-11～图1-13给出了水分对绝缘油和油浸纸的火花放电电压或击穿电压及介质损耗因数 $\tan\delta$ 的影响。

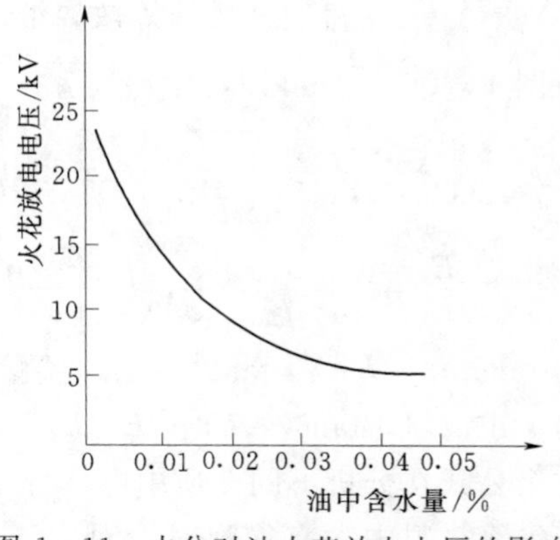

图1-11　水分对油火花放电电压的影响

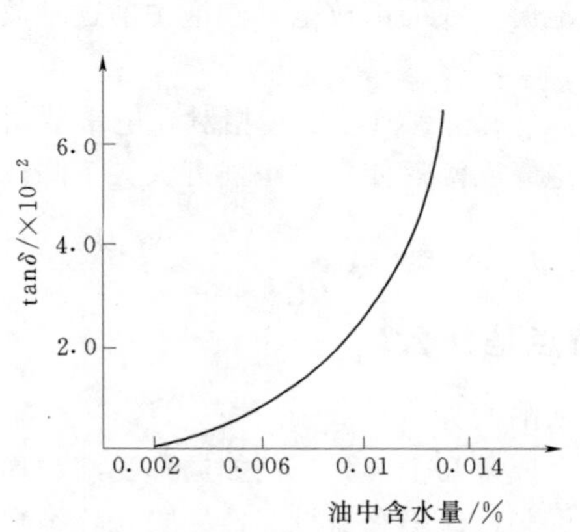

图1-12　水分对油介质损耗因数 $\tan\delta$ 的影响

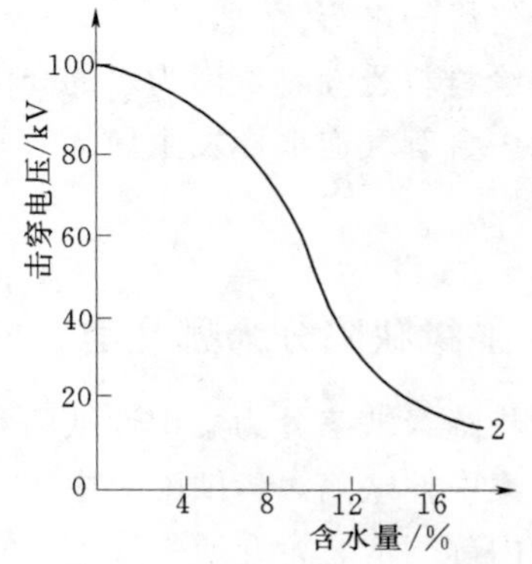

图1-13　水分对油浸纸击穿电压的影响

21. 某双层介质中的相对介电常数、电导和电场强度分别为 ε_1、ε_2、g_1、g_2、E_1、E_2，当加上电压以后试证明：$E_1/E_2=\varepsilon_2/\varepsilon_1$，并用这个公式说明绝缘材料中含有气泡的危害性，以及受潮后的情况。

双层介质及其等值电路如图 1-14 所示。

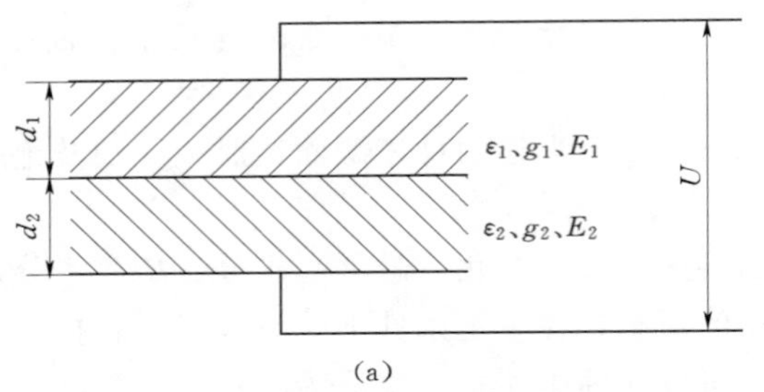

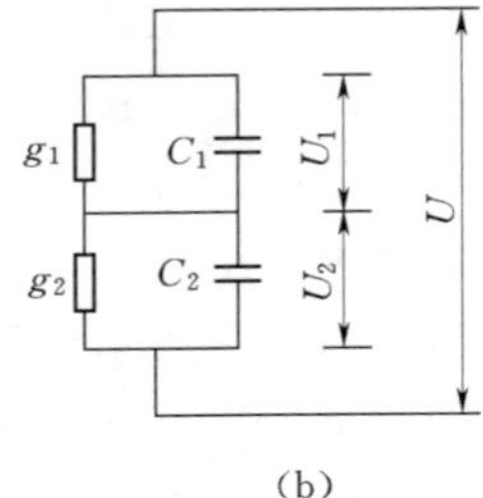

图 1-14　双层介质及其等值电路

(a) 示意图；(b) 等值电路

当加上电压 U 时，通过介质的电流为

$$I=U_1Y_1=U_2Y_2$$

式中　Y_1、Y_2——每层介质的等效导纳。

由图 1-14（b）可知，$Y_1=\sqrt{g_1^2+\omega^2C_1^2}$，$Y_2=\sqrt{g_2^2+\omega^2C_2^2}$，则

$$\frac{U_1}{U_2}=\frac{Y_2}{Y_1}=\frac{\sqrt{g_2^2+\omega^2C_2^2}}{\sqrt{g_1^2+\omega^2C_1^2}}=\frac{C_2}{C_1}\frac{\sqrt{1+\tan^2\delta_2}}{\sqrt{1+\tan^2\delta_1}}=\frac{\varepsilon_1\varepsilon_2 s/d_2}{\varepsilon_0\varepsilon_1 s/d_1}\sqrt{\frac{1+\tan^2\delta_2}{1+\tan^2\delta_1}}$$

$$\frac{E_1}{E_2}=\frac{U_1/d_1}{U_2/d_2}=\frac{\varepsilon_2}{\varepsilon_1}\sqrt{\frac{1+\tan^2\delta_2}{1+\tan^2\delta_1}}$$

式中的 $\tan\delta_1=g_1/\omega C_1$，$\tan\delta_2=g_2/\omega C_2$ 分别为每层介质损耗因数。

当 $\tan\delta_1\ll1$，$\tan\delta_2\ll1$ 时，$E_1/E_2=\varepsilon_2/\varepsilon_1$，即 $\varepsilon_1E_1=\varepsilon_2E_2$。

这个公式在分析不同介质中电场分布时经常遇到，应记住。

当绝缘材料中含有气泡时，因为气泡的相对介电常数很小，接近于 1。因此加上电压后，气泡中分担的场强就很大，所以易发生气泡游离或局部放电，气泡中的这种放电往往能导致整个绝缘的击穿。

当绝缘材料受潮时，因为水的介电常数很大，$\varepsilon_{H_2O}=81$，使其相对介电常数增大，因此不像绝缘中含有气泡那样发生局部放电，但是绝缘受潮后使其绝缘强度大大下降，也会导致绝缘击穿。

22. 绝缘缺陷分为哪几类？它们的特点是什么？

通常将绝缘缺陷分为集中性缺陷和分布性缺陷两类。

（1）集中性缺陷。指缺陷集中于绝缘的某个或某几个部分。例如局部受潮、局部机械损伤、绝缘内部气泡、瓷介质裂纹等，它又分为贯穿性缺陷和非贯穿性缺陷，这类缺陷的发展速度较快，因而具有较大的危险性。

（2）分布性缺陷。指由于受潮、过热、动力负荷及长时间过电压的作用导致的电力设备

整体绝缘性能下降，例如绝缘整体受潮、充油设备的油变质等，它是一种普遍性的劣化，是缓慢演变而发展的。

既然电力设备绝缘有缺陷，那么它的绝缘性能就要发生变化。这样，我们就可以通过某种试验手段，测量表征其性能的有关参数，以查找绝缘存在的缺陷。目前，通常采用预防性试验手段来查找，并且它已成为我国电力生产中的一项重要制度，是保证电力系统安全运行的有效手段之一。

第二章

预 防 性 试 验 总 论

1. 什么是破坏性试验？什么是非破坏性试验？在预防性试验中为什么必须先做非破坏性试验，后做破坏性试验？

电力设备预防性试验按其对被试绝缘的危险性可分为非破坏性试验和破坏性试验两类。

（1）非破坏性试验是指在较低试验电压（低于或接近额定电压）下或用其他不损伤绝缘的办法来检测绝缘特性的试验。主要指测量绝缘电阻、泄漏电流和介质损耗因数等电气试验项目。由于这类试验所施加的电压较低，故不会损伤设备的绝缘性能，其目的是判断绝缘状态，及时发现可能的劣化现象。

（2）破坏性试验是指在高于工作电压下所进行的试验。试验时在设备绝缘上加上规定的试验电压，考虑绝缘对此电压的耐受能力，因此也叫耐压试验。它主要指交流耐压和直流耐压试验，以及冲击耐压试验。由于这类试验所加电压较高，考验比较直接和严格，但也有可能在试验过程中给绝缘造成一定的损伤，故而得名。

应当指出，这两类试验是有一定顺序的，应首先进行非破坏性试验，然后再进行破坏性试验，这样可以避免不应有的击穿事件。例如进行变压器预防性试验时，当用非破坏性试验检测出其受潮后，应当先进行干燥，然后再进行破坏性试验，这样可以避免变压器一开始试验就被打坏，造成修复困难。

2. 什么是电力设备预防性试验？

电力设备的预防性试验是指为了发现运行中设备的隐患，预防事故发生或设备损坏，对设备进行的检查、试验或检测，也包括取油样或气样进行的试验。具体地讲，电力设备预防性试验是指对已投入运行的设备按规定的试验条件（如规定的试验设备、环境条件、试验方法和试验电压等）、试验项目、试验周期所进行的定期检查或试验，以发现运行中电力设备的隐患、预防发生事故或电力设备损坏。它是判断电力设备能否继续投入运行并保证安全运行的重要措施。

预防性试验是电力设备运行和维护工作中的一个重要环节，是保证电力系统安全运行的有效手段之一。我国电力设备预防性试验规程的内容实际上超出了预防性试验的范围，它不仅包括定期试验，还包括大修、小修后的试验及新设备投运前的试验。

3. 电力设备预防性试验方法和项目有哪些？

（1）按对电力设备绝缘的危险性分：

1）非破坏性试验。在较低电压（低于或接近额定电压）下进行的试验称为非破坏性试验。主要指测量绝缘电阻、泄漏电流和介质损耗因数（$\tan\delta$）等电气试验项目。由于这类试验施加的电压较低，故不会损伤电力设备的绝缘性能，其目的是判断绝缘状态，及时发现可能的劣化现象。

2）破坏性试验。在高于工作电压下所进行的试验称为破坏性试验。试验时在电力设备绝缘上施加规定的试验电压，考验对此电压的耐受能力，因此也叫耐压试验。它主要是指交流耐压、直流耐压试验和冲击耐压试验。由于这类试验所加电压较高，考验比较直接和严格，但也有可能在试验过程中给绝缘造成一定的损伤，故而得名。

（2）按停电与否分：

1）常规停电预防性试验。这就是通常所说的预防性试验。

2）在线检测。它是指在不影响电力设备运行的条件下，即不停电对电力设备的运行工况和（或）健康状况连续或定时进行的监测。它是预防性试验的重要组成部分，是发展的最高形式。

（3）按测量的信息分：

1）电气法。是指测量各种电信息的方法。如测量泄漏电流、介质损耗因数 $\tan\delta$ 等。

2）非电气法。是指测量各种非电信息的方法。如油中溶解气体色谱分析和油中含水量测定等。

应当指出，尽管试验项目很多，但是并不要求每一电力设备都要做全上述各项目。对不同类型的电力设备以及同类型不同电压等级的电力设备，只需要按《电力设备预防性试验规程》（DL/T 596—1996）（以下简称《规程》）所要求的项目进行即可。测试时，应首先进行非破坏性试验，然后再进行破坏性试验，以避免不应有的击穿事件发生。

4. 各种预防性试验方法发现电力设备绝缘缺陷的效果如何？

各种预防性试验方法和项目是从不同角度对电力设备进行诊断，各有其独特性，它们发现绝缘缺陷的效果，对不同的电力设备并不完全一样，根据现场的试验经验，可以变压器类设备为例将各种预防性试验方法能发现的缺陷及其效果归纳成表2-1中所列的各项。

表 2-1　各种预防性试验方法能发现的绝缘缺陷及其效果

序号	测试方法	发现缺陷的可能性					总评
		分布于整个被试品的缺陷	在电极间构成桥路连续的贯穿性缺陷	没有构成贯穿性缺陷	磨损与污闪	电气强度的裕度降低	
1	绝缘电阻及泄漏电流	当严重受潮，贯穿性电导增长时能发现	按 $R_{M\Omega}$ 或泄漏与电压的关系曲线能很好地发现	不易检出	能较好发现	对某些缺陷可给出间接指示	基本方法之一
2	吸收比	发现受潮很有效	能检出，必须积累经验	能检出，必须积累经验	能检出，必须积累经验	不能发现	估计受潮程度
3	介质损耗因数（$\tan\delta$）	由 $\tan\delta—t$ 的关系曲线发现受潮，由 $\tan\delta—U$ 关系曲线发现游离	小电容量的试品，能很好地检出	小电容量的试验品能发现	能检出	对某些缺陷可给出间接指示	基本方法之一

续表

序号	测试方法	发现缺陷的可能性					总评
		分布于整个被试品的缺陷	在电极间构成桥路连续的贯穿性缺陷	没有构成贯穿性缺陷	磨损与污闪	电气强度的裕度降低	
4	耐压试验	能发现	当电气强度降低时可能发现	当电气强度降低时可能发现	当电气强度降低时可能发现	能发现	与其他方法配合检查最低电气强度
5	油色谱分析	过热可以很容易发现（CO、C_2H_4），老化可以发现（CO_2）	产生高温和火花放电时可以发现（C_2H_4、C_2H_2）	局部放电可以发现（CH_4、H_2 大）	沿面放电可以发现（C_2H_2 大）	放电可以发现（C_2H_2 大）	基本方法之一
6	局部放电试验	能很好地发现游离变化	不能	能检出火花放电和游离的缺陷	能间接判断（沿面放电时可发现）	能发现	基本方法之一（研究应用中）
7	直流电阻	线径不一	分接开关不良	焊接不良，螺丝压得不紧			基本方法之一
8	油耐压试验	能	不能	不能	能发现	能发现	基本方法之一

5. 在电力设备预防性试验中，为什么要在进行多个项目试验后进行综合分析判断？

目前，对电力设备预防性试验的各种方法，很难根据某一项试验结果就作出结论。另外，电力设备的绝缘运行在不同的条件时，缺陷的发展趋势也有差异。因此应根据多个项目的试验结果并结合运行情况、历史试验数据作综合分析，才能对绝缘状况及缺陷性质得出科学的结论。

6. 什么是电力设备预防性试验结果的综合分析和判断？其原则是什么？

概括地说，电力设备预防性试验结果的综合分析和判断就是比较法。具体地说，它包括如下几个方面：

（1）与设备历次（年）的试验结果相互比较。因为一般的电力设备都应定期地进行预防性试验，如果设备绝缘在运行过程中没有什么变化，则历次的试验结果都应当比较接近。如果有明显的差异，则说明绝缘可能有缺陷。

例如，某66kV电流互感器，连续两年测得的介质损耗因数 $\tan\delta$ 分别为0.58%和2.98%。由于认为没有超过《规程》要求值3%而投入运行，结果10个月后发生爆炸。实际上，只比较两次试验结果（2.98/0.58=5.1倍），就能判断不合格，从而避免事故的发生。

（2）与同类型设备试验结果相互比较。因为对同一类型的设备而言，其绝缘结构相同，在相同的运行和气候条件下，其测试结果应大致相同，若悬殊很大，则说明绝缘可能有缺陷。

例如，某66kV电流互感器，连续两年测得的三相介质损耗因数 $\tan\delta$ 分别为：A相0.213%和0.96%；B相0.128%和0.125%；C相0.152%和0.173%。没有超过《规程》

要求值3%，但A相连续两年测量值之比为0.96/0.213=4.5，而且较B、C相的测量值也显著增加，其比值分别为0.96/0.125=7.68；0.96/0.173=5.5。由综合分析可见，A相互感器的tanδ值虽未超过《规程》要求，但增长速度异常，且与同类设备比较悬殊较大，故判断绝缘不合格。打开端盖检查，上盖内有明显水锈迹，说明进水受潮。

（3）同一设备相间的试验结果相互比较。因为对同一设备，各相的绝缘情况应当基本一样，如果三相试验结果相互比较差异明显，则说明有异常的相绝缘可能有缺陷。

例如，某FCZ-220J型磁吹避雷器（每相由两节FCZ-110J组成），用兆欧表测量并联电阻的绝缘电阻，其中一节为∞，另外五节均在800～1000MΩ范围内，这说明为∞的那节可能有问题，后来又测量电导电流并拍摄示波图，确认并联电阻出现了断线。

（4）与《规程》的要求值比较。对有些试验项目，《规程》规定了要求值，若测量值超过要求值，应认真分析，查找原因，或再结合其他试验项目来查找缺陷。

例如，其66kV电流互感器，测得A、C相的绝缘电阻均为25MΩ，显著降低；测得该两相的tanδ和电容值C_x分别为3.27%和1670.75pF；3.28%和1695.75pF。tanδ值超过《规程》要求值3%，C_x较正常值102pF增大约16.4倍，根据上述测量结果可判断绝缘受潮。检修时，从该互感器中放出大量水，证实了上述分析和判断的正确性。

（5）结合被试设备的运行及检修等情况进行综合分析。

总之，应当坚持科学态度，对试验结果必须全面地、历史地进行综合分析，掌握设备性能变化的规律和趋势，这是多年来试验工作者经验积累出来的一条综合分析判断试验结果的重要原则，并以此来正确判断设备绝缘状况，为检修提供依据。

为了更好进行综合分析判断，除应注意试验条件和测量结果的正确性外，还应加强设备的技术管理，健全并积累设备资料档案。目前我国许多单位已经应用计算机管理，收到良好效果。

7. 电力设备某一项预防性试验结果不合格，是否允许该设备投入运行？

对这个问题要根据具体情况作具体分析后决定。一般说来，若交、直流耐压试验合格，即认为可以投入运行。如果其他个别项目不合格，应及时采取措施，予以处理。但有时如果急需发、供电，缺陷的性质又不太严重，而且立即进行检修的条件又不具备，有时也可先让该设备投入运行，在运行中认真加强监视。

8. 常规停电预防性试验有哪些不足？

多年来，常规停电预防性试验对保证电力设备安全运行起到了积极的作用。但是随着电力设备的大容量化、高电压化、结构多样化及密封化，对常规停电预防性试验而言，由于所采用的方法大多是传统的简易诊断方法，因而显得不太适应，主要表现在如下几个方面：

（1）试验时需要停电。目前，我国电力供应还比较紧张，即使是计划性停电，也会给生产带来一定的影响。在某些情况下，当由于系统运行的要求设备无法停运时，往往造成漏试或超周期试验，这就难以及时诊断出绝缘缺陷。另外，停电后设备温度降低，测试结果有时不能反映真实情况。研究表明，约有58.8%的设备难以根据低温度试验结果作出正确判断。

（2）试验时间集中、工作量大。我国的绝缘预防性试验往往集中在春季，由于要在很短的时间（通常为3个月左右）内，对数百甚至数千台设备进行试验，一则劳动强度大，二则难以对每台设备都进行十分仔细的诊断，对可疑的数据未能及时进行反复研究和综合判断，以致酿成事故。例如，某 SW_6 - 220 型少油断路器，测得 A、B、C 三相泄漏电流分别为 2μA、7μA、2μA。B 相泄漏电流异常、且绝缘油火花放电电压仅有 18.8kV，由于忽视综合分析和判断，认为 B 相泄漏电流没有超过《规程》要求值 10μA，而投入运行，结果投运 10 个月后发生爆炸。

(3) 试验电压低、诊断的有效性值得研究。现行的变电设备中有很大部分的运行相电压为 $110/\sqrt{3}$～$500/\sqrt{3}$kV，而传统的诊断方法的试验电压一般在 10kV 及以下，即试验电压远低于工作电压。由于试验电压低，不易发现缺陷，所以曾多次发生预防性试验合格后的设备烧坏或爆炸情况。例如，某 OY - $110\sqrt{3}$- 0.0066 型耦合电容器试验合格，而运行不到 3 个月就发生爆炸。

9. 当前电力设备预防性试验应当研究什么?

由于近几年来愈来愈多的技术人员从实践中意识到：有些试验项目现在不太灵了。例如，某台 220kV 油纸电容式电流互感器，停电预试时，按《规程》加 10kV 试验电压，测得其介质损耗因数 $\tan\delta$ 为 1.4%，未超过《规程》的要求值 1.5%，但投运 10h 后就爆炸了。这是因为随着电力设备的电压增高、容量增大，现有的停电下进行的非破坏性试验测得的一些参数还难以全面反映绝缘情况，特别是其耐电强度或寿命。为此，应当继续研究以下两方面的问题：

(1) 新的预防性试验的参数与方法。近几年来，色谱分析、局部放电等试验项目的引入，对发现某些缺陷相当有效，但对有些缺陷仍难以在早期发现。因此，继续研究新的预防性试验参数及方法是势在必行的。

(2) 在线监测。电力设备虽然都按规定按时做了预防性试验，但事故往往仍然有所发生，其主要原因之一是由于现行的试验项目和方法不能检出一个周期内的故障。由于绝大多数故障在事故前都有先兆，这就要求发展一种连续或选时的监视技术，在线监测就是在这种情况下产生的。它是利用运行电压本身对高压电力设备绝缘情况进行试验，这样可大大提高试验的真实性和灵敏度，这是在线监测的一个重要出发点，但是不能认为将原有的停电预防性试验项目都改为在线监测就大功告成了，也应研究新的监测参数和方法。重点研究信息传递手段的更新和绝缘劣化机理。

近年来随着传感器技术、光纤技术、计算机技术等的发展和应用，为在线监测开发了新的一篇。图 2 - 1 给出了在线监测中一个最基本的流程方框图。由各种传感器系统所获得的各种信号——采集的可能是电气参量，也可能是温度、压力、超声等非电参量，经过必要的转换后，统一送进数据处理系统进行分析。当然，为采集及处理不同的参量还需要相应的硬件与软件支持。在综合分析判断后给出结果，既可以用微型打字机打印，也可以直接存盘或屏幕显示；有的如“超标”，可立刻发出警报；也可与上一级检测中心相连，即形成多级监控系统的一部分。这时，为轻便起见，在设备旁边的在线监测仪一般可用单片（或单板）机来完成；而在变电所里另有个人计算机即可对各电力设备、各参量统一进行分析处理，实现存储、分析、对比、诊断等功能。

目前电力设备绝缘在线监测技术正沿着两个方向发展：一是发展多功能、全自动的绝缘在线监测系统，它用计算机控制，能够实现全天候自动监测、自动记录、自动报警；二是发展便携式绝缘监测仪，由工作人员带到现场对电力设备的绝缘状况进行在线监测。

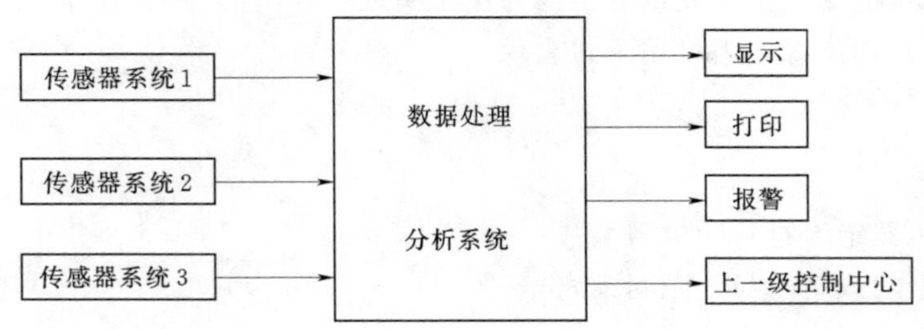

图 2-1 在线监测流程示意图

10. 为什么要研究不拆高压引线进行预防性试验？当前应解决什么难题？

电力设备的电压等级越高，其器身也越高，引接线面积越大，感应电压也越高，拆除高压引线需要用升降车、吊车，工作量大，拆接时间长，耗资大，且对人身及设备安全均构成一定威胁。为提高试验工作效率，节省人力、物力，减少停电时间，当前需要研究不拆高压引线进行预防性试验的方法。

由于不拆引线进行预防性试验，通常是在变电所电力设备部分停电的状况下进行，将会遇到电场干扰强，测试数据易失真，连接在一起的各种电力设备互相干扰、制约等一系列问题。为此，必须解决以下难题：

（1）被试设备能耐受施加于其他设备上的试验电压。

（2）被试设备在有其他设备并联的情况下，测量精度不受影响。

（3）抗强电场干扰的试验接线。

（4）检测数据判断方法。

11. 进行电力设备预防性试验时应记录何处的温度作为试验温度？

《规程》规定，进行电力设备预防性试验时，应同时记录被试物和周围空气的温度。对变压器绕组，一般以“上层油温”为准；对互感器、断路器等少油电力设备，一般以“环境温度”为准；对变压器上的套管，则未明确规定，根据国内外运行经验，较准确的套管试验温度可用下式计算

$$t = 0.66t_1 + 0.34t_2(℃)$$

式中 t_1——上层油温，℃；

t_2——周围环境温度，℃。

例如，若变压器的上层油温为60℃，环境温度为32℃，则套管的内部温度为

$$t = 0.66 \times 60℃ + 0.34 \times 32℃ = 50.5℃$$

对于电缆，应取“土壤的温度”作为温度换算的依据。对于发电机，一般以定子绕组的“平均温度”（一般测取3～4个位置）为准。

12. 为什么《规程》中对有些试验项目的“要求值”采用“自行规定”或“不作规定”的字样？

在《规程》中对有些试验项目的“要求值”采用“自行规定”或“不作规定”的处理方法，主要综合考虑下列因素。

（1）设备容量的影响。首先以变压器为例说明之。变压器的绝缘电阻在一定程度上反映绕组的绝缘情况，而绝缘电阻可用下式表示

$$R=\rho\frac{L}{S}$$

式中 ρ——变压器绝缘材料的电阻系数；

L——绕组间或绕组与外壳间距离；

S——绕组表面积。

对两台电压等级完全相同的变压器，L 应该相等，ρ 也应该相同。但是，若其容量不同，则 S 就不相等，容量大者 S 大，容量小者 S 小，这样，容量大者绝缘电阻就小，容量小者绝缘电阻就大，所以即使对同一电压等级的电力设备，简单地规定统一的绝缘电阻“要求值”是不合理的。

对电容器而言，其极间绝缘电阻的大小与电极面积或电容量有直接关系，电容量越大，绝缘电阻越小，所以无法规定统一的“要求值”。

（2）设备绝缘状况的影响。由于我国电力事业发展速度较快，各地区、各单位的设备运行时间不同，因而电力设备的绝缘状况就有差异。对于老旧设备较多的地区，希望《规程》中的“要求值”订得宽些，否则将因设备绝缘状况较差而难以“达标”。例如，辽宁省有不少 20～44kV 的老旧产品，运行时间已有 15～20 年，甚至更长，若“要求值”订得较严，则不合格率达 12%～14%，但实际上有些 $\tan\delta$ 值较大的电流互感器仍能安全运行；若将“要求值”订得宽些，则不合格率仅为 4%。然而对新设备较多的地区，则希望把“要求值”订得严些，以避免降低设备固有的绝缘性能，这是可以理解的。所以在《规程》中对绝缘状况不同的设备区别对待。

（3）气候条件的影响。我国幅员辽阔，各地的气候条件相差很大，例如，北方空气较干燥，南方空气较潮湿，即使同一地区，不同季节的空气湿度也不尽相同。实测表明，空气湿度的差别对设备绝缘的试验结果有较大的影响，表 2-2 列出了一组 LCLWD-220 型电流互感器在不同空气相对湿度下用 2500V 介质损失试验器（M 型）测得的 $\tan\delta$ 值。表 2-3 列出了某 110kV 电流互感器在不同空气相对湿度下用 QS1 型西林电桥测得的 $\tan\delta$ 值。由表 2-2 中数据可见，两种相对湿度下的测量结果相差 1.94～2.72 倍。由表 2-3 中数据可见，两种相对湿度下的测量结果相差甚大，以至于难以置信，而且易发生误判断。

表 2-2　不同空气相对湿度下测试 220kV 电流互感器的 $\tan\delta$ 值　%

相别	空气相对湿度 70%～80%（1982 年 7 月 30 日，32℃，晴）		空气相对湿度 36%（1982 年 10 月 2 日，19℃，晴）	$\tan\delta_p/\tan\delta_{36}$
	瓷套表面未屏蔽时	瓷套表面屏蔽时		
A	1.255	1.198	0.44	2.72
B	1.525	1.424	0.525	2.71
C	1.215	1.215	0.527	1.94

注　1. 两次试验间，对电流互感器未作检修处理；

2. $\tan\delta_p$ 为相对湿度 70%～80%时，瓷套表面屏蔽时的测量值。

表 2-3　　不同空气相对湿度下测试 110kV 电流互感器的绝缘情况

相	空气相对湿度 28%，t=26℃				空气相对湿度 95%，t=26℃			
	反接线		正接线		反接线		正接线	
	C_x/pF	$\tan\delta$/%	C_x/pF	$\tan\delta$/%	C_x/pF	$\tan\delta$/%	C_x/pF	$\tan\delta$/%
A	75	1.6	50	2.5	78	6.5	50	−1.2
B	74	1.7	49	2.6	77	7.2	49	−2.3
C	72	1.9	49	2.6	76	7.4	49	−3.1

考虑到气候条件的影响，《规程》规定，试验应在天气良好、干燥并在瓷套管表面清洁的状态下进行，空气相对湿度一般不高于 80%。

由于气候条件的影响，不同地区对"要求值"的规定有不同的意见。气候条件较为干燥的地区，希望将"要求值"订得较严些，例如，有的干燥地区认为，35kV 以上的少油断路器，在 40kV 直流电压下，泄漏电流值一般不大于 10μA 的规定较宽，因为少油断路器的绝缘电阻多为 10000MΩ，按欧姆定律计算，其泄漏电流应为 4μA，但实际测量泄漏电流大多在 2～3μA 或以下，若大于 5μA，则可能存在绝缘缺陷。而气候条件较为潮湿的地区，希望将"要求值"订得较宽些，例如，有的潮湿地区认为少油断路器有绝缘缺陷时，泄漏电流大多超过 10μA，故难以统一其"要求值"。

（4）试验方法和接线的影响。比较突出的是串级式电压互感器。首先，国产串级式电压互感器高压绕组接地端的绝缘较低，制造厂设计时所考虑的出厂试验电压为 2000V，因此在预防性试验中，试验电压不宜过高，一般仅能施加 1600V，但是，有的单位曾在试验中施加 2500～3000V 电压，并未发现端部绝缘损坏或其他异状。由于所加试验电压不同，所以测得的 $\tan\delta$ 就不同，因而不宜使用同一"要求值"。其次，近年来，不少单位根据串级或电压互感器结构特点，研究采用"自激法"、"末端屏蔽法"、"末端加压法"等进行 $\tan\delta$ 测量，测量方法不同、接线不同，对同一设备的测量结果就不会相同。表 2-4 列出了几台进水受潮的 JCC_1-220 型电压互感器用末端屏蔽法与常规法的测量结果，由表 2-4 可见，两者差别很大，不宜规定统一的"要求值"。在《规程》中建议采用末端屏蔽法，并给出相应的"要求值"，其他试验方法与"要求值"自行规定。

（5）绝缘的下限值尚难确定。目前，电力设备预防性试验还不能保证在下一次试验前不发生事故。如上述，某些试验合格的设备，在投运后几个月内就发生爆炸。这些事实迫使试验工作者考虑两个问题：一是试验方法的有效性；二是判据的合理性。对于前者，目前正在推广新技术和在线监测方法加以解决；对于后者，还需要从理论上和实践中继续加以论证，通过论证明确绝缘性能到底下降到什么程度会出问题。由于对有的项目目前还缺乏足够的证据，所以执行起来各地悬殊甚大。例如，变压器轭铁梁和穿芯螺栓的绝缘电阻"要求值"的下限究竟为多少，各地区很不一致。表 2-5 列出了国内几个地区和单位的数据，由表 2-5 可见，彼此之间差别很大，难以统一。

表 2-4　　常规法与末端屏蔽法 $\tan\delta$ 测量结果的比较

序号 \ 方法	常规法	末端屏蔽法	$\tan\delta_c/\tan\delta_m$
1	2.44	6.1	0.4
2	5	17.6	0.28
3	8.7	26.7	0.32
4	3.35	11	0.30
5	5.1	16	0.32
6	15	13.5	1.11

表 2-5　　变压器轭铁梁和穿芯螺栓的绝缘电阻允许值

项目 \ 地区或单位	辽宁省		陕西省	北京供电局	北京石景山发电厂
	有初始值	无初始值			
电压等级/kV	不分	0.4～30	6～330	不分	不分
绝缘电阻/MΩ	≥50%初始值	≥90～300	≥2～20	≥10	≥1

综上所述，由于各地区气候条件、设备绝缘结构及绝缘状态、试验方法和接线的差异，除少数结构比较简单和部分低电压设备规定有最低绝缘电阻值外，多数高压电力设备的绝缘电阻难以规定统一的“要求值”，故在《规程》中采用了“自行规定”或“不作规定”的处理方法，同时强调综合分析判断的方法，正确判断电力设备绝缘状况。

另外，为便于基层单位执行《规程》，不少省电力局和有关局厂分别颁发了本省或本单位的补充规定，对《规程》中未作具体规定的项目提出了自己执行的“要求值”或“允许值”。

13. 为什么《规程》中的有些试验项目只在“必要时”才做?

在《规程》中对有些试验项目只在“必要时”进行，主要原因如下：

(1) 电力设备容量的变化。近些年来的试验实践表明，随着变压器的单台容量增大，制造、检修质量的不断提高，绝缘油防劣化措施普遍加强，使变压器整体受潮和劣化缺陷相应减少，有的项目检出缺陷的灵敏度就不够理想。例如，测整台变压器绝缘的介质损耗因数 $\tan\delta$ 为

$$\tan\delta = \sum_{i=1}^{n} \frac{C_i \tan\delta_i}{\sum C_i}$$

式中　C_i、$\tan\delta_i$——绝缘组成部分的电容和相应的介质损耗因数。

实际上上式反映的是绕组绝缘、套管绝缘、引线绝缘等部分综合的介质损耗因数。如果仅仅有一部分绝缘的介质损耗因数 $\tan\delta_i$ 增大，而它又仅占此变压器绝缘结构中很小的一部分（$C_i/\sum C_i \ll 1$），则测得的 $\tan\delta$ 仍变化不大。表 2-6 列出了一台套管有裂纹的 15000kVA 变压器几年来泄漏电流和 $\tan\delta$ 的测量结果。由表 2-6 可见，尽管 1962 年较 1961 年的泄漏电流的上升率为 1252.9%，而 $\tan\delta$ 的上升率仅为 16%。由于有的地区多年来测量变压器的 $\tan\delta$ 值没有发现缺陷，所有提出在预防性试验中可不进行该项试验，单台变压器容量越大的地区，这种意见越强烈。然而，对老旧变压器，特别是中、小变压器较多的地区，在实践中用 $\tan\delta$ 值来反映变压器的受潮程度还是较为有效的，认为该项试验仍应保留，所以《规程》提出“必要时”进行该项试验。

表 2-6　　东北某台变压器泄漏电流和 $\tan\delta$ 的历年数据

年度	1957	1958	1959	1960	1961	1962	上升率①/%
泄漏电流/μA	15	15	20	19	17	230	1252.9
$\tan\delta$/%	0.75	0.72	0.71	0.77	0.66	0.77	16

① 上升率是 1962 年数据对 1961 年数据而言的。

(2) 试验设备的限制。交流耐压试验是检查电力设备绝缘缺陷很有效的方法，它能对绝

缘强度直接进行检验并把弱点明显地暴露出来。所以《规程》规定，对额定电压为 110kV 以下的电力设备，应进行耐压试验，对 110kV 及以上的电力设备，在必要时应进行耐压试验。“必要时”，一般是指对设备在安装（运输）过程中发现异常或设备绝缘有怀疑时，应创造条件进行耐压试验。这主要是考虑到对 110kV 及以上的高电压、大容量的电力设备进行耐压所需的试验电压高、试验设备容量大，目前不少单位还无条件进行这项试验。若有条件时，也应对高电压、大容量的电力设备进行耐压试验，以及时发现和消除隐患。

（3）综合判断的需要。由于每种试验项目都具有独特性，它只能从某一角度反映绝缘缺陷，而且灵敏度也各有所异。所以为了进一步确定电力设备有无缺陷或缺陷性质与部位，为检修人员做好向导，往往需要增做一些试验项目，如测量绕组直流电阻、空载试验、局部放电试验、操作波试验和测量油中含水量等。

对变压器而言，其潜伏性故障有过热和放电两种型式，而过热又分为绝缘过热和金属性过热，金属性过热又包括分接开关接触不良、接点焊接不良、内部引线螺丝压接不紧、铁芯多点接地及匝间、股间短路等。例如，某文献中列出了 6 台变压器，首先从油中溶解气体色谱分析判断其故障，均属局部金属性高温过热，这种金属性高温过热可以发生在电路方面，也可以发生在磁路方面。为判断它发生在何处，又对 6 台变压器分别进行直流电阻和低压单相空载损耗测量，通过测量确定，5 台变压器相间直流电阻不平衡，属电路方面的问题，1 台变压器的 A、C 相磁路损耗偏大，属于磁路方面的问题，吊芯检查上夹件两侧穿芯螺丝接地。再如，某 $SFSL_1$－15000kVA/110kV 变压器，在 1982 年底到 1984 年 4 月期间进行色谱分析时，总烃含量从 0.017％逐渐增加到 0.092％，而且乙烯含量占主要成分，判断为内部裸金属过热，后来测量其直流电阻，发现 35kV 侧直流电阻不平衡系数大于 4％，经综合分析确认 B 相分接开关接触不良，经多次转动后正常。由此可见，对有些试验项目在必要时增做，作为检查性试验（在定期试验发现有异常时，为了进一步查明故障，进行相应的一些试验，也称诊断试验或跟踪试验），对综合分析判断具有重要意义。

（4）检测特定缺陷的需要。根据现场调查，油浸式互感器存在结构设计、制造质量不良的缺陷。在国产电压互感器中，主要存在端部结构密封不良进水、绝缘受潮，绕组绝缘匝间短路，绕组端部绝缘裕度不够，绝缘支架的绝缘板开裂，铁芯的穿芯螺丝电位悬浮，铁芯的磁通密度选用过高等缺陷；在国产电流互感器中，主要存在端部结构密封不良进水、绝缘受潮，电容芯棒的电容屏放置错误，绝缘包扎松散，一次绕组的支撑螺丝松动，铁芯电位悬浮等缺陷。例如，为检查支架缺陷，《规程》规定，在必要时应测量绝缘支架的介质损耗因数。为检查局部缺陷，必要时，进行局部放电试验等。

（5）缩短试验周期。实际运行统计表明，电力设备在整个寿命期间，故障率与时间的关系可用著名的浴盆曲线表示，如图 2－2 所示。由图可见，刚投入运行的设备，大约在 4 年的时间内，由于设计、制造工艺、出厂试验条件、安装和运行维护等方面的原因，故障率较高；大约经过 8～12 年到了损耗期，由于零部件老化、磨损等原因，故障率又开始增高，所以在这两个阶段中，经常检查特别重要，为此试验周期有必要缩短，以提高及时发现缺陷的概率。在偶然故障阶段，试验周期可适当延长。

例如，对电容器来说，投运的头两年为早期损坏率，一般高一些，以后 10～15 年时间内年损坏率较低，变化不大，再往后损坏率又要升高。基于此，《规程》规定投运后第一年内要进行预防性试验，以后可在 1～3 年或 1～5 年内进行一次预防性试验，当然在投运 10～15年以后，又应该适当缩短预防性试验周期。

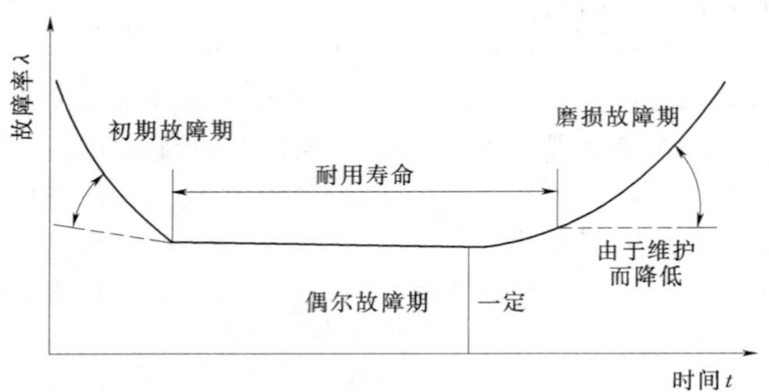

图 2-2 浴盆曲线

另外，当测量的参数增长幅度较大时，也应缩短检测周期。

总之，在诊断过程中，有针对性地增加某些必要的试验项目，对提高检出缺陷的灵敏度、确定故障性质和部位都具有重要意义。

14. 为什么《规程》规定预防性试验应在天气良好、且被试物及周围环境温度不低于+5℃的条件下进行？

运行经验表明，温度较低时，电力设备绝缘预防性试验结果的准确性差，不易作出正确判断。某电业局曾在低温（低于+5℃）下对106件充油设备及套管的tanδ进行测试，并在较高温度（13～20℃）下进行复试，其结果如表2-7所示。高、低温测量过程中未作任何检修处理。

表 2-7　　在不同温度下设备绝缘试验结果

试验数量		高低温均良好	不能正确分析判断情况				
			低温不良 高温良好	低温良好 高温不良	低温良好 高温可运行	低温不良 高温可运行	低温不能 下结论
件	106	44	14	8	4	2	34
%	100	41.5	13.2	7.54	3.77	1.89	32.1

由表2-7可见，约有58.5%的电力设备难以根据低温试验结果作出正确判断。吉林、北京、山西等地区在低温试验中也曾发现类似的情况。

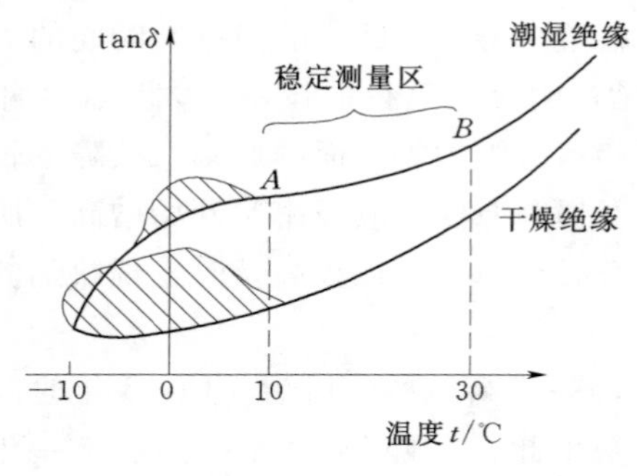

图 2-3 某些固体介质的tanδ与温度的关系

分析认为，当电力设备中有水时，水分多沉积在底部。在低温下水结冰，导电性能较弱，tanδ值不易灵敏地反映这种状态；在高温下，冰逐渐溶化成水并混入油中，使绝缘劣化，tanδ值有明显增加。如东北某电业局曾先后发生两次国产66kV油纸电容式套管爆炸，事故发生后发现套管油中有冰碴。又如东北某电业局发现国产SW6-220型少油断路器B相油的火花放电电压为18.8kV，但到冬季12月再次试验就合格了。次年4月初该相断路器即发生爆炸，说明低温下测试设备绝缘虽然合格，并不能代表真实情况。

应当指出，某些绝缘材料在温度低于某一临界值时，tanδ 值可能随温度的降低而上升，而潮湿的材料在 0℃以下时水分结冰，tanδ 会降低。所以过低温度下测得的 tanδ 值不能反映真实的绝缘状况。图 2－3 为某些固体介质的 tanδ 与温度的关系曲线示意图。可以看出在－10～＋10℃之间为不稳定的测量区。

15. 为什么《规程》规定电力设备预防性试验应在空气相对湿度 80%以下进行?

实测表明，在空气相对湿度较大时进行电力设备预防性试验，所测出的数据与实际值相差甚多。例如，当空气相对湿度大于 75%时，测得避雷器的绝缘电阻由 2000MΩ 以上降为 180MΩ 以下；10kV 电缆的泄漏电流由 20μA 以下上升为 150μA 以上，且三相值不规律、不对称；35kV 多油断路器的介质损耗因数由 3%上升为 8%，从而使测量结果无法参考。

造成测量值差别甚大的主要原因：一是水膜的影响；二是电场畸变的影响。当空气相对湿度较大时，绝缘物表面将出现凝露或附着一层水膜，导致表面绝缘电阻大为降低，表面泄漏电流大为增加。另外，凝露和水膜还可能导致导体和绝缘物表面电场发生畸变，电场分布更不均匀，从而产生电晕现象，直接影响测量结果。为准确测量，通常在空气相对湿度为 65%以下进行。

16. 为什么《规程》规定的预防性试验项目对检出耦合电容器缺陷的效果不够理想?

《规程》中规定耦合电容器的预防性试验项目有测量两极间的绝缘电阻、测量电容值和介质损耗因数 tanδ。实践表明，由于耦合电容器的结构特点，这些项目对检出缺陷的有效性不高，它可以从下列几方面分析。

(1) 测量绝缘电阻对检出绝缘缺陷或开焊效果不好。对于电容器元件的开焊或未焊，一般认为可用兆欧表在测量绝缘电阻时是否有充电过程或放电时是否有放电声作出判断，但是，由于耦合电容器由 100 多个元件串联组成，元件间的连接片间隙很小，兆欧表电压又高，因此充放电过程均因间隙放电而不能反映出来。

对于电容元件受潮或局部缺陷的检测，也由于在串联电路中，只要有部分元件完好，就反映不出来。例如，某台由 106 个电容元件串联组成的耦合电容器严重受潮，微水量达 52.45ppm[❶]，其绝缘电阻尚有 750MΩ。浙江省某电力发现一台预防性试验结果为 3500MΩ 的耦合电容器五个月后就损坏了。

实测表明，测量下电极小套管对地的绝缘电阻对检出严重受潮缺陷是有效的。例如，测量上述电容器小瓷套对地的绝缘电阻为 0MΩ。在总结各地试验经验的基础上，《规程》将测量耦合电容器小套管对地绝缘电阻增列为试验项目。要求用 1000V 兆欧表测量，绝缘电阻一般不小于 100MΩ。

(2) 电容量测量值的偏差不超过额定值的－5%或＋10%的规定，对检出受潮、缺油的可能性不大。有的单位对发生事故的 8 台和解体已发现缺陷的 7 台耦合电容器的电容量测量表明，其电容量的变化均在合格的范围内；而个别元件的击穿所占的比例也很小。所以应用

❶ $1ppm=1\times10^{-6}$。

电容量偏差不超过额定值的－5％或＋10％来检出受潮和缺油的可能不大。

(3) 测量介质损耗因数也难于检出绝缘缺陷。由于耦合电容器有100多个电容元件串联组成，若其中仅有几个元件绝缘不良，即使介质损耗因数很大，它对总的介质损耗因数变化的影响却很小。表2-8列出了某单位解体的8台耦合电容器故障元件和总体的介质损耗因数。由表中数据可见，尽管故障元件的介质损耗因数很大，但总体介质损耗因数仍然很小。

表2-8　　介质损耗因数测量值

序号		1	2	3	4	5	6	7	8
故障元件	编号	3	23	46	53	18	4	7	12
	$\tan\delta$/%	11	14.1	13.3	13.7	10.9	6.7	8.6	6.6
$\Sigma\tan\delta$/%		0.2	0.4	0.4	0.4	0.6	0.3	0.3	0.3

注　绝缘良好的电容元件的$\tan\delta$在0.1%～0.4%之间。

基于上述，在《规程》中，除增列测量小套管对地绝缘电阻外，还增加了耦合电容器的带电测量（在运行电压下的设备，采用专用仪器，由人员参与进行的测量）。带电测量耦合电容器的电容值能够判断电力设备的绝缘状况。一些单位开展这项工作取得良好的效果。

《规程》规定，在运行电压下，用电流表或电流变换器测量流过耦合电容器接地线上的工作电流，并同时记录运行电压，然后计算其电容值。

判断方法是：①计算得到的电容值的偏差超过额定值的－5％或＋10％时，应停电进行预防性试验；②与上次测量值相比，电容值变化超过±10％时，应停电进行预防性试验；③电容值偏差超过出厂试验值的±5％时，应增加带电测量次数（在较短时间内），若测量数据基本稳定可以继续运行。

另外，现场经验表明，色谱分析对发现早期故障也十分有效。

17. 交联聚乙烯电缆在线监测的方法有哪些？

交联聚乙烯电缆具有电气绝缘性能好、能抗酸碱、防腐蚀、电缆芯长期允许工作温度高(80℃）等优点，它是当今高压电缆的发展方向。但是这种电缆（特别是用双层绕包式工艺生产）在有水分渗入和有较高电场的作用下会产生水树枝劣化，目前还没有形成一套较成熟的检测方法。

在国外（主要是日本），交联聚乙烯电缆在线监测方法主要有直流叠加法、直流成分法、电介质损耗因数法和低频电介质损耗因数法等。目前，由这三种方法组成一体的电缆在线监测仪已经问世。

国内将直流叠加法和直流成分法组合在一起，研制出一台电缆绝缘状况在线监测仪，在线监测电缆主绝缘和护层绝缘状况，并可以获得可信赖的结果；该仪器还可以通过测出的绝缘电阻来判断电缆的老化程度。但如何排除杂散电流的干扰问题，还需进一步研究。此外，国内有些单位用超声波、高频法进行局部放电检测也取得了较好效果。

18. 大型发电机在线监测的目的是什么？它包括哪些内容？

发电机在线监测的主要目的是，检查出发电机在初始阶段出现的缺陷，以便有计划地安

排检修，从而减少强迫停机次数，避免事故的发生，降低发电机的维护费和提高发电机的可用性。

目前世界上的一些国家采用和正在研制的发电机在线监测和诊断系统内容比较广泛，主要有：

(1) 定子绕组绝缘状况在线监测。

(2) 发电机局部过热监测与诊断。

(3) 定子绕组端部振动监测。

(4) 转子绕组匝间短路监测。

(5) 氢冷发电机氢气湿度及漏气监测。

(6) 汽轮发电机组扭振监测与诊断。

目前我国已研制出适用于水轮和汽轮发电机的局部放电在线监测装置、发电机局部过热在线监测装置等。

19. 目前我国变电所一次电力设备绝缘在线监测系统的主要监测对象和功能是什么?

我国电力设备绝缘在线监测装置的研制、开发和应用是从 20 世纪 80 年代开始，并逐步发展。目前已研制出多功能、全自动的在线监测系统。该系统的主要监测对象有：

(1) 主变压器、电抗器的局部放电监测及定位。

(2) 容性电力设备（包括电流互感器、电容式电压互感器、耦合电容器、主变压器套管）的介质损耗因数 $\tan\delta$、泄漏电流、电容量监测。

(3) 避雷器泄漏电流监测。

(4) 电压互感器一次电流、绝缘电流监测。

(5) 瓷绝缘子的污秽泄漏电流监测。

(6) 系统母线电压谐波分量监测。

该系统具备的功能为：

(1) 除开关外的变电所全部一次电力设备绝缘参数的自动巡回监测。

(2) 变电所母线电压谐波自动分析。

(3) 一次电力设备绝缘参数越限自动报警。

(4) 一次电力设备绝缘参数的管理和档案存储。

(5) 一次电力设备绝缘参数实时测量结果的显示与打印。

20. 什么是专家系统？它由哪些部分组成?

专家系统是人工智能的一种应用。它是一套高级而复杂的计算机程序，可以模拟具有极为丰富的独特经验的专家处理分析问题的方法。其具体做法是将多位专家的经验和知识建成一个大型的综合数据库；输入所需解答的问题后，计算机系统在数据库中寻得正确的答案。由于专家系统集多人的经验于一体，又由于计算机本身的优点，所以专家系统在解决问题方面有其独特的优点：速度快；不受人为因素的影响；对某一专业不甚了解的人员，甚至都可以使用专家系统得到满意的结果。

通常专家系统由知识库、数据库、推理机、解释部分和知识获取部分组成。知识库存放与问题求解相关的各类知识；数据库存放与问题求解过程相关的数据；推理机选择和执行知识库中的知识，完成问题的求解任务；解释部分回答用户的提问，对系统获得结论的过程作出解释；知识获取部分辅助知识库的扩充。

近年来专家系统在电力系统中也获得应用，其中应用较多的是输变电系统中电力设备的故障诊断和定位。

图 2-4 给出了电力变压器故障诊断专家系统的总结构图。

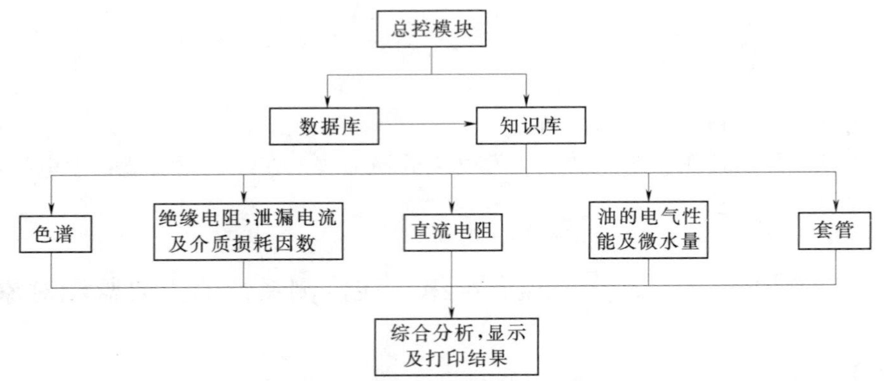

图 2-4 电力变压器故障诊断专家系统总结构图

21. 什么是在线监测？为什么要推广在线监测？它的发展前景如何？

在线监测是指在不影响设备运行的条件下，对设备状况连续或定时进行的监测，通常是自动进行的。

多年来，常规停电预防性试验对保证电力设备安全运行起到了积极的作用，但是随着电力设备的大容量化、高电压化、结构多样化及密封化，对常规停电预防性试验而言，传统的简易诊断方法已显得不太适应，主要表现在：

（1）试验时需要停电。目前，我国电力供应还比较紧张，即使是计划性停电，也会给生产带来一定的影响。在某些情况下，当由于系统运行的要求设备无法停运时，往往造成漏试或超周期试验，这就难以及时诊断出绝缘缺陷。另外，停电后设备温度降低，测试结果有时不能反映真实情况。研究表明，约有 58.5%的设备难以根据低温度试验结果作出正确判断。

（2）试验时间集中、工作量大。我国的绝缘预防性试验往往集中在春季，由于要在很短的时间（通常为 3 个月左右）内，对数百甚至数千台设备进行试验，一则劳动强度大，二则难以对每台设备都进行十分仔细的诊断，对可疑的数据未能及时进行反复研究和综合判断，以致酿成事故。例如，测得某 220kV 油纸电容式电流互感器的 $\tan\delta$ 为 1.4%，虽小于原规程限值 1.5%，但比上年的测量值 0.41%增长 2.4 倍，也判断为合格，结果投运 10h 后，就发生了爆炸。

（3）试验电压低，诊断的有效性值得研究。对于传统的诊断方法，试验电压一般在 10kV 及以下，由于试验电压低，不易发现缺陷，所以曾多次发生预防性试验合格后的烧坏、爆炸情况。例如，安徽省某电业局曾发生 OY-110/$\sqrt{3}$-0.0066 型耦合电容器试验合格，而运行不到 3 个月就爆炸的情况；东北地区某 220kV 少油断路器曾发生测得 B 相泄漏

电流为 7μA（小于限值 10μA），判断为合格，投运 10 个月后就爆炸的情况。

基于上述情况，目前需要开展以下两方面的研究：

（1）新的预防性试验检测参数与方法。近几年来，色谱分析、局部放电等试验项目的引入，使检测的有效性明显提高，但是对有些缺陷仍难以及时发现。这就需要继续引入一些新的检测参数、新方法和新技术。目前国外也很重视这方面的研究和开发。例如，日本开发了自动加交流高压以及测量最大放电电荷量、介质损耗、电流增加率、电流急增点、直流分量等的自动绝缘诊断装置，它能给出测量曲线、综合特性等，完成自动测量和分析。

（2）在线监测。由上述可知，电力设备虽然都按规定、按时做了常规预防性试验，但事故往往仍然时有发生，其主要原因之一是由于现有的试验项目和方法往往难以保证在这一个周期内不发生故障。由于绝大多数故障在事故前都有先兆，这就要求发展一种连续或选时的监视技术，在线监测就是在这种情况下产生的。由于现在不少设备的运行电压已远高于停电后的试验电压，如能利用运行电压本身对高压电力设备绝缘情况进行试验，这样就可以大大提高试验的真实性和灵敏度，以便及时发现绝缘缺陷，这是在线监测的一个重要出发点。

近年来，随着传感器技术、光纤技术、计算机技术等的发展和应用，为在线监测技术揭开了新的篇章。图 2-5 所示为在线监测系统组成框图。由各种传感器系统所获得的各种信号（采集到的可能是电气参量，也可能是温度、压力、超声等非电气参量），经过必要的转换后，统一送进数据处理、分析系统。当然，为了采集及处理不同的参量，还需要相应的硬件与软件来支持。在综合分析判断后给出结果，既可以用微型打印机打印，也可以直接存盘或屏幕显示；如有“超标”，可立刻发出警报；也可与上一级检测中心相连，即形成多级监控系统的一部分。这时，为轻便起见，在设备旁边的在线监测仪一般可用单片（或单板）机来完成；而在变电站里另用个人计算机即可对各设备、各参量统一进行分析处理，实现存储、分析、对比、诊断等功能。

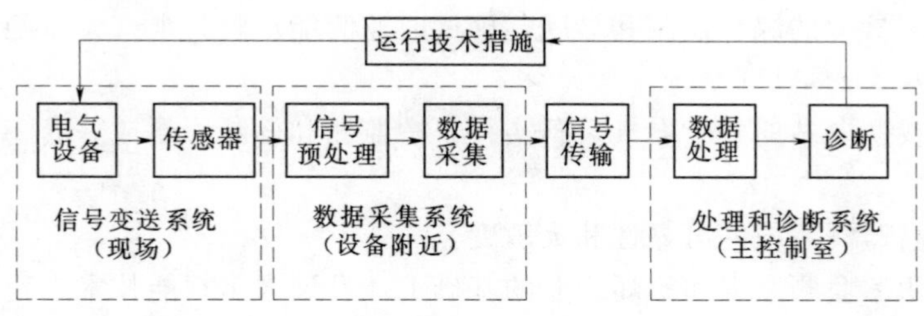

图 2-5　在线监测系统组成框图

可以观测，在线监测有可能逐步取代常规停电预防性试验，但是，目前还不能这样做，原因如下：

（1）目前在线监测大多局限于测量电力设备在工频电压下的绝缘参量。这样，在线监测就难以得到直流电压下的绝缘特性。对一些特定设备，例如，聚乙烯电缆，在检测其水树时，也有采用在交流运行电压下叠加低压直流方法的，但是此类方法在多大程度上可以取代其他直流试验等问题还需要进一步探讨。

（2）在线监测无法测量电力设备在高于运行电压下的交流参数。

（3）在线监测尚有迫切需要研究的问题，它包括两个方面，一是确定绝缘诊断方法，即要测量什么参数，这些参数要发展到怎样的水平或出现怎样的模式作为预报故障的判据；另

一方面是如何测准这些参数。总之，不能认为将常规停电预防性试验项目、测试方法都改为在线监测就大功告成了，必须对上述问题进行充分论证，并重点研究信息传递手段的更新和绝缘劣化机理。

目前国外从现有监测技术出发，把停电自动监测与在线监测系统结合起来，利用电力设备停运时自动进行常规性预防性试验是弥补在线监测不足的方法之一。采用这样的方法，要求测试时设备的一次侧能够与其他设备隔离，并要有自动加压设备，同时要求系统运行时自动断开这些加压设备，因此测试系统结构比较复杂。

目前我国的在线监测系统大体可以分成两种类型：

（1）集中式实时在线监测系统。这类系统通常是由安装在设备上的传感器、信号转换装置、信号传输电缆、信号显示和信号分析装置组成。为了实现整座变电站的在线监测，常常将各种监测信号集中传送到一台微机，由微机来承担各类数据的采集、处理、分析、显示和报警等方面的工作。发展成为多功能、全自动的绝缘在线监测系统。

（2）便携式在线监测系统。这类系统可以由安装在运行设备上的传感器、信号转换器和专用便携式信号接收机组成。某些便携式绝缘监测仪还可以自成系统独立完成对运行设备的探测，无需在运行设备上安装传感器。

研究表明，集中式实时在线监测系统与便携式在线监测系统所取得的实际效果相近，但在经济效益、稳定性和运行维护等方面，便携式在线监测技术具有明显的优势，因此在同等的情况下，目前宜大力推广便携式在线监测技术和监测装置。

22. 电力设备在线监测技术的发展趋势是什么?

从以上国内外发展情况的总体来看，目前多数监测系统的功能还比较单一。例如仅对一种设备或多种设备的同类参数进行监测，一般仅限于超标报警，而且基本上要由试验人员来完成分析诊断。今后在线监测技术的发展趋势如下：

（1）多功能多参数的综合监测和诊断，即同时监测能反映某电气设备绝缘状态的多个特征参数，类似加拿大的 AIM 系统。

（2）对电站或变电站的整个电气设备实行集中监测和诊断，形成一套完整的分布式在线监测系统。

（3）不断提高监测系统的可靠性和灵敏度。

（4）在不断积累监测数据和诊断经验的基础上，发展人工智能技术，建立人工神经网络和专家系统，实现绝缘诊断的自动化。

美国的麻省理工学院已开发出对早期失效有较高灵敏度的、多功能（包括油中气体、局部放电、水分的监测）变压器在线监测系统，并正在配置相应的专家系统，以形成一套完整的变压器在线监测和诊断系统。日本正在发展配有高灵敏度传感器和专家系统的多功能在线监测系统，可集中监测变压器、全封闭式组合电器和变电站的其他主要电气设备。这项技术计划用于正在兴建的超高压变电站。

图 2－6 所示为一个变电站的电力设备监测系统示意图。这是一个包括监测电力变压器、气体绝缘金属全封闭开关设备（GIS）的三级计算机网络系统，采用了先进的光纤传输技术。

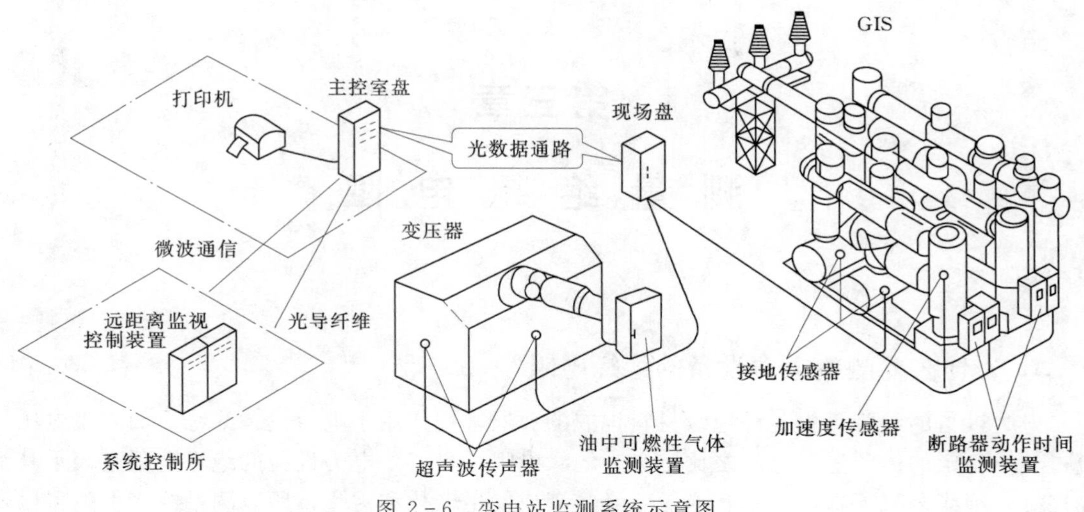

图 2-6 变电站监测系统示意图

23. 电力设备预防性试验记录通常应包括哪些内容？

电力设备预防性试验的原始数据的完整性是分析判断试验结果的重要依据，应当认真对待。其记录通常应包括下列内容：

（1）试验名称和目的要求。

（2）试验时间和大气条件，如温度、气压和湿度等。

（3）被试设备铭牌和运行编号。

（4）试验接线和试验设备或重要仪器等实际布置的示意图，关键性仪器设备编号。

（5）试验部位、试验项目和试验原始数据。

（6）主要试验人员姓名。

（7）试验记录人和试验负责人的审核签名。

24. 如何填写电力设备预防性试验报告？

填写电力设备预防性试验报告时，一般应包括下列内容：

（1）按报告格式填写设备铭牌、技术规范。

（2）填写试验时间、温度、湿度、压力，对变压器还要写明上层油温。

（3）填写试验结果，必要时将绝缘电阻、直流电阻、介质损耗因数 $\tan\delta$ 换算到 20℃值，以便与历次试验数据比较；对火花放电电压要注意温度和压力等的换算。

（4）写明试验人员和记录人姓名等。

（5）计算准确、数据齐全、字迹清楚、无涂改痕迹。

第三章
测 量 绝 缘 电 阻

1. 为什么要测量电力设备的绝缘电阻？

电力设备的绝缘是由各种绝缘材料构成的。通常把作用于电力设备绝缘上的直流电压与流过其中稳定的体积泄漏电流之比定义为绝缘电阻。显然，电力设备的绝缘电阻高表示其绝缘良好，绝缘电阻下降，表示其绝缘已经受潮或发生老化和劣化，所以测量绝缘电阻可以及时发现电力设备绝缘是否存在整体受潮、整体劣化和贯通性缺陷。

2. 兆欧表分为几类？

兆欧表按其测量原理可分为以下四类：

（1）直接测量试品的微弱漏电流兆欧表。

（2）测量漏电流在标准电阻上电压降的电流电压法兆欧表。

（3）电桥法兆欧表。

（4）测量一定时间内漏电流在标准电容器上积聚电荷的电容充电法兆欧表。

按测量方式可分为以下两种：

（1）双支路电压比或电流比的比较测量法兆欧表。

（2）利用单支路电流电压原理的直接测量法兆欧表。

按测试电压等级可分为以下两种：

（1）低压兆欧表：50V、100V、250V、500V、1000V。例如ZC90型兆欧表属于该种。

（2）高压兆欧表：2500V、5000V、10000V。例如HVM－5000型兆欧表属于该种。

按信息加工形式可分为以下两种：

（1）模拟—指针式指示仪表。例如，ZC48型高压兆欧表属于该种，它采用直流放大器的单支路电压测量法。

（2）模数转换—数码显示仪表。例如，GZ－5A型数字式兆欧表属于该种。

按接地形式可分为两种：

（1）高压正极性端钮接地，测量L端为负高压。

（2）测量电路输入端接地，处于低电平，输出负高压与试品相连接。除上述外，目前国外已开始用智能化兆欧表。

3. 兆欧表容量指标的定义方法有哪些？

目前《规程》对兆欧表的容量未作明确的定量规定，根据各种文献资料，对兆欧表容量指标的定义方法如下：

（1）兆欧表测量端钮接入电阻等于仪表的中值电阻时，端钮电压应不低于仪表额定电压的90%。这是对电源负荷能力正确的定义方法。但是，兆欧表的容量决定于测试电源内阻和测试回路串接电阻值，在接有直流放大器以提高指示灵敏度的兆欧表中，中值电阻大小已不反映仪表测量回路的阻抗特性，与仪表测试能力无关，没有理由仍然取中值电阻的大小作衡量仪表测试电源负荷能力的参考负荷值。

（2）兆欧表测量端钮短路时的电流 I_d，并要求此时测试电源的输出电压不低于额定值的80%。实际上，后一指标无现实物理意义。考虑到测试电源内阻是电源负荷的函数，非恒定值。

（3）兆欧表的短路电流 I_d，并辅以测量负载20MΩ时的端钮电压与额定电压的比值 β 为仪表的容量指标。

（4）兆欧表向用户提供隐含了仪表回路串联电阻的测试电源负荷特性曲线 $U_{EL}=f(R_{EL})$。

显然，第四种方式最完整，但无法以定量的形式给出容量参数。第三种方法也较为合理，增加了一个易于测量的辅助指标 β。应当指出，不能仅凭 I_d 的大小来评价不同电压等级兆欧表的测试能力，其中比值 β 与电压等级基本无关，而 I_d 的计算或测量值与电压等级有关。

在《现场绝缘试验实施导则》（DL 474.1～6—2006）中指出，兆欧表的容量即最大输出电流值（输出端经毫安表测得）。它对吸收比及极化指数的测量有一定的影响，在上述测量中，应尽量选用最大输出电流为1mA及以上的兆欧表，以便得到较准确的测量结果。

应当指出，在比较绝缘电阻测量结果时，不应忽视兆欧表容量的影响，这是因为兆欧表容量不同，则试品电容分量充电至稳定值所需的时间不同，并影响测试电压在试品上的建立时间，从而试品内部的介质极化强度不同，试品视在绝缘电阻值、吸收比或极化指数的读测值也将出现差异。

4. 为什么兆欧表采用比率表结构?

比率表主要特点是仪表的活动部分设有两个线圈：转矩线圈和反作用线圈，而不设游丝。其反作用力矩由反作用线圈产生。因此不通电时，活动部分处于随意平衡状态，通电后其活动部分偏转角与两个活动线圈电流的比率有关，所以叫比率表或流比计表。用兆欧表测量绝缘电阻时，要求测量值不受手摇发电机电压变化影响，用比率式仪表可满足此要求。

5. 为什么测量电力设备的绝缘电阻时要记录测量时的温度?

电力设备的绝缘材料都在不同程度上含有水分和溶解于水的杂质（如盐类、酸性物质等）构成电导电流。温度升高，会加速介质内部分子和离子的运动，水分和杂质沿电场两极方向伸长而增加导电性能。因此温度升高，绝缘电阻就按指数函数显著下降。例如，温度升高10℃，发电机的B级绝缘电阻下降1.9～2.8倍；变压器A级绝缘电阻下降1.7～1.8倍。受潮严重的设备，其绝缘电阻随温度的变化更大。因此摇测绝缘电阻时，要记录环境温度。若从运行中停下，绝缘未充分冷却的设备，还要记录绝缘内的真实温度，以便将绝缘电阻换算到同一温度进行比较和分析。

6. 为什么兆欧表的额定电压要与被测电力设备的工作电压相适应?

绝缘材料的击穿电场强度与所加电压有关，若用500V以下的兆欧表测量额定电压大于500V的电力设备的绝缘电阻时，则测量结果可能有误差；同理，若用额定电压太高的兆欧表测量低压电力设备的绝缘电阻时，则可能损坏绝缘。因此，兆欧表的额定电压与被测电力设备的工作电压要相适应。

7. 测量10/0.4kV变压器低压侧绕组绝缘电阻时，是否可用1000V兆欧表?

当对10/0.4kV配电变压器进行交流耐压试验时，在0.4kV绕组绝缘上施加的交流试验电压为2kV，所以可以用1000V的兆欧表测量其低压侧绕组的绝缘电阻。

8. 有些高压兆欧表（如额定电压为2500V、量限为10000MΩ）为什么在表壳玻璃上有段铜导线?

该铜导线的作用是消除静电荷对指针的引力，在修理中要特别注意，不要随意拆除。

9. 用表面无屏蔽措施的兆欧表摇测绝缘电阻时，在摇测过程中，为什么不能用布或手擦拭表面玻璃?

如果用布或手擦拭表面玻璃，则会因摩擦起电而产生静电荷，对表针偏转产生影响，使测量结果不准确。而静电荷对表针的影响还与表针的位置有关，因此，用手或布擦拭无屏蔽措施的兆欧表的表面玻璃时，会出现分散性很大的测量结果。

10. 用兆欧表测量绝缘电阻时，摇10min的测量结果准，还是摇1min的测量结果准?

当直流电压作用于绝缘介质时，在其中流过几何电容电流、吸收电流和电导电流，随着加压时间的增长，这三种电流的总和值下降，最后稳定为电导电流。由电导电流（体积）所决定的电阻即是绝缘电阻。当稳定到电导电流的过程就称为绝缘吸收过程。这一过程的完成决定于时间常数 $\tau = RC$（R 为试品等值电阻，C 为试品等值电容）。加压时间越长，吸收过程完成得越彻底，也就是流过试品的电流越接近于电导电流，因此，加压时间越长，测量的绝缘电阻越准。但对一般试品，加压1min后，吸收过程已基本完成，相应的绝缘电阻已基本代表了试品的绝缘状况。所以一般规定1min的绝缘电阻为试品的绝缘电阻值。但对某些大电容试品，如电力电缆、并联电容器、大型发电机、大型变压器等，由于试品电容量大且多为复合介质，极化（吸收）过程往往1min不能完成，所以宜测量10min的绝缘电阻。

11. 为什么用兆欧表测量并联电容器、电力电缆等电容性试品的绝缘电阻时，表针会左右摆动? 应如何解决?

兆欧表系由手摇直流发电机和磁电式流比计构成。测量时，输出电压会随摇动速度变化而变化，输出电压微小变动对测量纯电阻性试品影响不大，但对于电容性试品，当转速高时，输出电压也高，该电压对被试品充电；当转速低时，被试品向表头放电，这样就导致表

针摆动，影响读数。

解决的办法是在兆欧表的“线路”端子 L 与被测试品间串入一只 2DL 型高压硅整流二极管，用以阻止试品对兆欧表放电。这样既可消除表针的摆动，又不影响测量准确度。

12. 为什么兆欧表的 L 和 E 端子的接线不能对调?

用兆欧表测量电力设备绝缘电阻时，其正确接线方法是 L 端子接被试品与大地绝缘的导电部分；E 端子接被试品的接地端，但在实际测量中，常有人提出，L 和 E 端子的接线能否对调？在回答这个问题之前，先看一组实测结果，如表 3－1 所示。

表 3－1　L、E 接法不同时被试品的绝缘电阻

被试品		环氧玻璃布绝缘管	10kV			3.3kV
			MOA	新油纸电缆	旧油纸电缆	旧变压器
绝缘电阻/MΩ	正确	10000	∞	∞	300	60
	错误	8000	10000	10000	350	75

表 3－1 列出了采用 ZC－7 型 2500V 兆欧表对几种被试品的测量结果。由表 3－1 可见：

（1）除旧油纸绝缘变压器和电缆外，采用正确接线测得的绝缘电阻均大于错误接线（E 端子接被试品与大地绝缘的导电部分；L 端子接被试品的接地端）测得的绝缘电阻。这个现象可用图 3－1 所示的等值电路来分析。

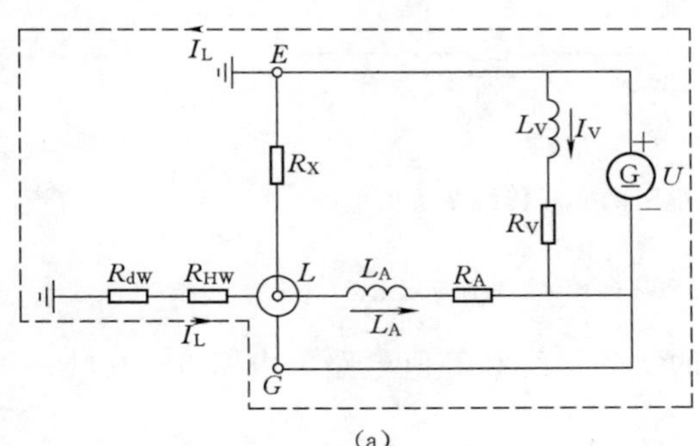

(a)

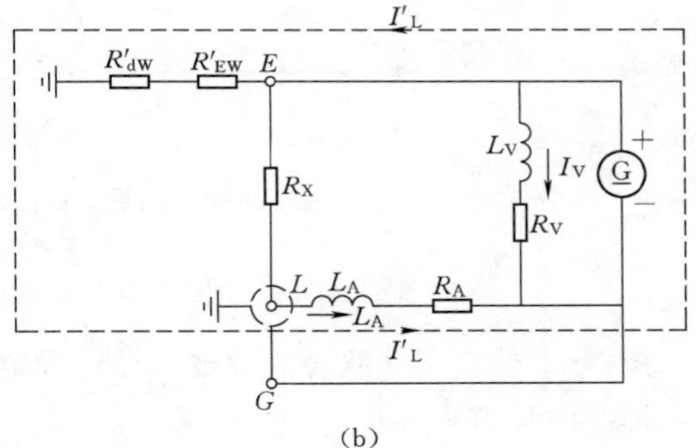

(b)

图 3－1　兆欧表不同接法的等值电路图

（a）正确接法；（b）错误接法

R_{dW}、R'_{dW}—大地经兆欧表底脚到兆欧表外壳的绝缘电阻；R_{HW}—屏蔽环与兆欧表外壳间的绝缘电阻；R'_{EW}—E 端与外壳间的绝缘电阻

由图 3－1（a）可见，由于屏蔽环的作用，表壳的泄漏电流 I_L 经 R_{dW}→R_{HW}→电源→E 端子→地构成回路，它不经过测量线圈 L_A，此时，兆欧表指针的偏转角 α 只决定于 I_V/I_A。

当 L 与 E 端子对调时，如图 3－1（b）所示，表壳的泄漏电流 I'_L 经 L 端子→L_A→R_A→电源→E 端子→R'_{EW}→R'_{dW}→地构成回路，I'_L 将流过测量线圈 L_A，即使 L_A 中多了一个 I'_L，这时兆欧表指针的偏转角 α 决定于 $I_V/(I_A+I'_L)$，由于电流线圈 L_A 中流过的电流愈大，指针的偏转角愈小，所以按图 3－1（b）接线测得的绝缘电阻较图 3－1（a）接线测得的绝缘电阻小。显然，减小的程度与被试品的表面状况及表壳的绝缘状况等因素有关。

（2）对旧油浸纸绝缘的变压器和电缆，采用正确接线测得的绝缘电阻小于错误接线测得的绝缘电阻，是因为在这种情况下电渗效应起主导作用的缘故。在正确的接线下，由于电渗效应使变压器外壳或电缆外皮附近的水分移向变压器绕组或电缆芯，导致变压器或电缆的绝缘电阻下降；而在错误接线下，电渗效应则使绝缘中的水分移向变压器外壳或电缆外皮，从而导致绝缘电阻增大。对绝缘良好的新电缆，由于电渗效应不明显，所以表壳的泄漏电流的影响起主导作用。

由上分析可见，兆欧表的 L 和 E 端子的接线不能对调。

13. 为什么被试品的屏蔽环装设位置应靠近其接地端?

在实际测量中，为了消除表面泄漏电流的影响，通常在被试品上装设屏蔽环。不少文献、资料认为屏蔽环应尽量靠近被试品接兆欧表 L 端子的一侧。这种装设方式是否合适，分析如下。

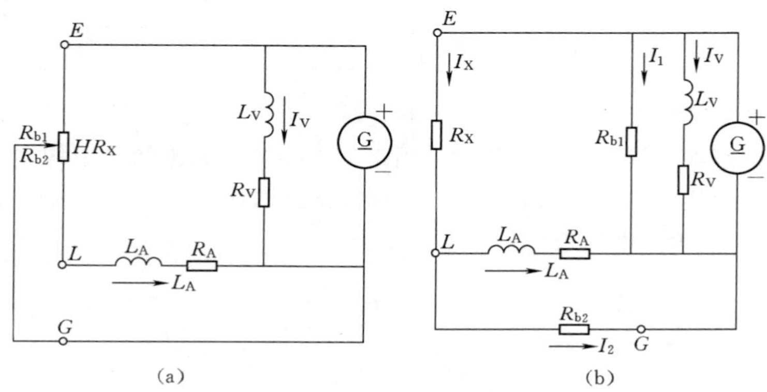

图 3-2　兆欧表测量被试品绝缘电阻的实际接线及等值电路

(a) 实际接线；(b) 等值电路

R_{b1}、R_{b2}—屏蔽环 H 与 L 端子及 E 端子间被试品表面绝缘电阻

图 3-2 给出了兆欧表测量被试品绝缘电阻的实际接线和等值电路。由图 3-2 (b) 可见，R_{b2} 与 R_A 并联，R_{b1} 与 R_V 并联。

当 $R_{b2}\to\infty$ 时，$I_2=0$，兆欧表指针偏转角 $\alpha=f\left(\frac{I_V}{I_A}\right)=f\left(\frac{R_X+R_A}{R_V}\right)$。

当 R_{b2} 为有限值时，可列出方程

$$U=I_XR_X+I_X\frac{R_AR_{b2}}{R_A+R_{b2}} \tag{3-1}$$

$$I_AR_A=I_2R_{b2} \tag{3-2}$$

$$I_X=I_A+I_2 \tag{3-3}$$

联立式 (3-1) ～式 (3-3) 可解出

$$I_A=\frac{R_{b2}U}{R_XR_A+R_XR_{b2}+R_AR_{b2}}$$

则

$$\alpha'=f\left(\frac{I_V}{I_A}\right)=f\left(\frac{R_XR_A+R_XR_{b2}+R_AR_{b2}}{R_2R_V}\right)$$

$$=f\left(\frac{R_XR_A}{R_{b2}R_V}+\frac{R_X+R_A}{R_V}\right)=f\left(\frac{R_XR_A}{R_{b2}R_V}\right)+\alpha \tag{3-4}$$

故 $$\alpha'-\alpha=f\left(\frac{R_X R_A}{R_{b2}R_V}\right) \tag{3-5}$$

由式（3-5）可见，（$\alpha'-\alpha$）决定于$\frac{R_X R_A}{R_{b2}R_V}$，对确定的兆欧表，$R_A$、$R_V$ 为常数，对确定的被试品，可认为 R_X 也不变。这样，（$\alpha'-\alpha$）仅取决于 R_{b2}，R_{b2} 愈大，则（$\alpha'-\alpha$）愈小，即误差愈小；R_{b2} 愈小，则（$\alpha'-\alpha$）愈大。所以为减小误差，应增大 R_{b2}，即屏蔽环应装设在被试品的中、下部（即靠近 E 端子）。

表 3-2 列出了用 ZC-7 型 2500V 兆欧表对 FZ-30 型阀式避雷器绝缘电阻的测量结果。

由表 3-2 可见，相对测量误差随 R_{b2} 减小而增大，当 $R_{b2}=1\text{M}\Omega$ 时，相对误差高达 368.1%，这是不允许的，容易造成误判断。所以应当注意被试品上屏蔽环的装设位置，特别是在湿度大、脏污较严重的情况更要注意。

表 3-2　　当 R_{b2} 不同时 FZ-30 型阀式避雷器绝缘电阻测量值（$R_X=1600\text{M}\Omega$）

$R_{b2}/\text{M}\Omega$	∞	100	80	50	30	10	1
$R'_X/\text{M}\Omega$	1600	1600	1670	1750	1850	2200	7500
相对误差/%	0	0	4.3	9.4	15.6	37.5	368.1

在式（3-4）中，若令 $R_{b2}/R_A=K$，则

$$\alpha'=f\left(\frac{R_X R_A}{R_{b2}R_V}\right)+\alpha=\frac{1}{K}f\left(\frac{R_X}{R_V}\right)+\alpha$$

$$\approx\frac{1}{K}\alpha+\alpha=\alpha\left(\frac{1}{K}+1\right)=\alpha\,\frac{K+1}{K}$$

所以$\frac{\alpha'}{\alpha}=\frac{K+1}{K}$，$\frac{\alpha'-\alpha}{\alpha}=\frac{1}{K}$。当 $K=20$ 时，$\frac{\alpha'-\alpha}{\alpha}=5\%$。

对 ZC-7 型 2500V 兆欧表，$R_A=3.6\text{M}\Omega$，若取 $R_{b2}=72\text{M}\Omega$，相对误差为 5%。

一般常用的兆欧表，如 ZC-5 型 2500V 兆欧表，其 $R_A=5.1\text{M}\Omega$；ZC-11-10 型 2500V 兆欧表，其 $R_A=5.1\text{M}\Omega$。所以采用这类兆欧表进行测量时，若取 $R_{b2}=100\text{M}\Omega$，则相对误差约为 5%。即使 $R_{b2}\geqslant 100\text{M}\Omega$ 时，便可保证测量精度。

有的文献上之所以提出屏蔽环要靠近兆欧表 L 端子的接线位置，是沿用测量泄漏电流的做法，这在 20 世纪 50 年代是可行的。因为当时我国大多数单位使用的是进口兆欧表，其 R_A 一般为 200～500kΩ，比目前常用的国产兆欧表的 R_A 小几十倍，由式（3-5）可见，由于 R_A 较小，所以 R_{b2} 的大小对误差的影响不大，即屏蔽环的位置可不严格要求。如上所述，对目前常用的国产兆欧表，再沿用测量泄漏电流的做法就不妥了。

14. 为什么兆欧表与被试品间的连线不能绞接或拖地？

兆欧表与被试品间的连线应采用厂家为兆欧表配备的专用线，而且两根线不能绞接或拖地，否则会产生测量误差。表 3-3 列出了对一根长 20cm 环氧玻璃布绝缘管的测量结果。

由表 3-3 可见，两根连线绞接后测量值变小；两根连线绞接后再接地测量值更小。

对上述的测量结果可用图 3-3 进行分析。为突出物理概念，我们分析绞接及绞接后又

表 3-3　兆欧表与被试品间两根连线状态不同时的测量结果

单位：MΩ

连线状态	绝缘电阻	单根连线绝缘电阻
悬空、相互不接触	>10000	10000
悬空、绞连接	8000	10000
绞连接后外皮接地	6000	10000

接地的特殊情况。

由图 3-3（b）可知，若连线绞接，测量值R'_X应为 $R'_X=\dfrac{R_X R}{R_X+R}$。

由图 3-3（c）可知，若连线绞接后又接地，测量值 R''_X应为 $R''_X=\dfrac{R_X R_2}{R_X+R_2}$。

讨论：

（1）若 $R_2\rightarrow\infty$，则 $R'_X\approx R_X$，$R''_X\approx R_X$，即连接线本身的绝缘电阻愈高愈好。

（2）若 $R_X\rightarrow\infty$，则 $R'_X=R$，$R''_X=R_2=\dfrac{1}{2}R$，即连线本身绝缘电阻愈低，绞接后测量结果误差愈大，绞接后又接地的测量值仅是 R'_X的一半。

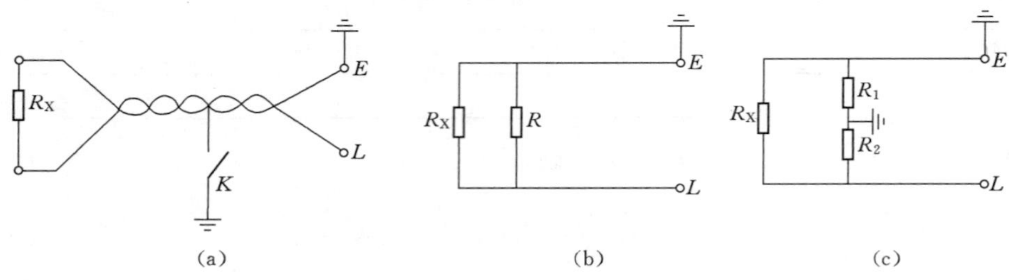

图 3-3　兆欧表与被试品间连线绞接示意图及其等值电路

(a) 连线绞接（K 合上为绞接后又接地）；(b) 连线绞接等值电路；(c) 连线绞接且接地的等值电路

R—导线绝缘电阻串联值（$R=R_1+R_2$）；R_1、R_2—单根导线绝缘电阻值（$R_1=R_2$）

（3）若 $R_2=R_X$，则 $R'_X=\dfrac{2}{3}R_X$，$R''_X=\dfrac{1}{2}R_X$。

由上述分析可知，为保证测量的准确性，应采用绝缘电阻高的导线作为连接线，否则会引起很大误差。例如某台 1000kVA、10kV 的配电变压器高压绕组对低压绕组、高压绕组对地的绝缘电阻应为 1700MΩ，现场测量时，由于采用长而拖地连接线，测得的绝缘电阻仅为 50～80MΩ。再如，测试 3 台 S_7-400/10 型变压器的绝缘电阻，其值均为 150MΩ，而出厂试验报告上的绝缘电阻均为 10^4MΩ 左右，数据很不相符。经检查，是兆欧表两引线盘绕在一起所致。

15. 采用兆欧表测量时，外界电磁场干扰引起误差的原因是什么？如何消除？

在现场，有时使用兆欧表在强磁场附近或在未停电的设备附近测量绝缘电阻，由于电磁场干扰也会引起很大测量误差。

引起误差的原因如下。

（1）磁耦合。由于兆欧表没有防磁装置，外磁场对发电机里的磁钢和表头部分的磁钢的磁场都会产生影响。当外界磁场强度为 5Oe（奥斯特）时，误差为±0.2%，外界磁场愈强，影响愈严重，误差愈大。苏联有一组 АОДУТН-267000/500/20 的自耦变压器，其绝缘电

阻应为 3300MΩ，但在强磁场下，用 2500V 兆欧表测得的绝缘电阻仅为 600MΩ。我国某变电所对一台 OSFPS3－120000/220 变压器进行绝缘电阻测量，变压器前后及上空均有 220kV 母线，测得 220kV 绕组的绝缘电阻为 10000MΩ 以上（用 ZC－48 型兆欧表），而投产及历年来的绝缘电阻为 3400MΩ 左右；又用 ZC－30 型兆欧表测量，测得绝缘电阻为 3300MΩ，分析认为主要是测量中受外界电磁场干扰强烈，由于 ZC－48 型兆欧表抗干扰能力差，所以产生这种虚假现象。第二天，变压器上空两条 220kV 母线停电，重新测试，ZC－48 和 ZC－30 型兆欧表测得的绝缘电阻均为 3300MΩ 左右。进一步证明电磁场干扰带来的影响。事后对两只兆欧表进行检查，ZC－48 型兆欧表为 2500V，磁电式结构，抗干扰能力差；ZC－30 型兆欧表为 5000V，流比计结构，抗干扰能力较强。

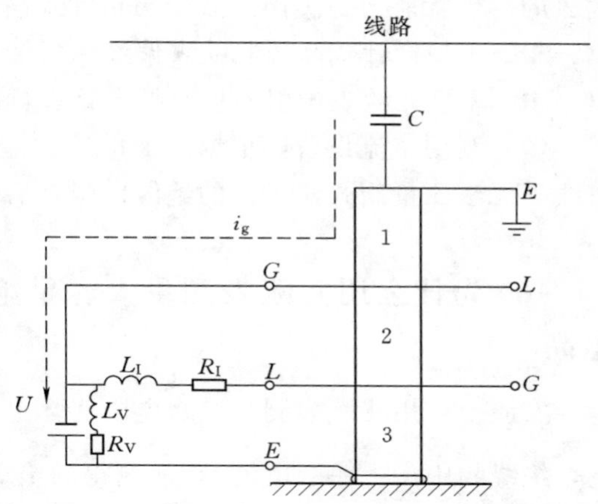

图 3－4　利用兆欧表的屏蔽端子 G 屏蔽干扰

C—空间分布电容

（2）电容耦合。由于带电设备和被试设备之间存在耦合电容，将使被试品中流过干扰电流。带电设备电压愈高，距被试品愈近，干扰电流愈大，因而引起的误差也愈大。

消除外界电磁场干扰的办法如下。

（1）远离强电磁场进行测量。

（2）采用高电压级的兆欧表，例如使用 5000V 或 10000V 的兆欧表进行测量。

（3）利用兆欧表的屏蔽端子 G 屏蔽。对于两节及以上的被试品，例如避雷器、耦合电容器，可用图 3－4 所示的接线。图中将端子 G 接到被测避雷器上一节的法兰上，这样，干扰电流由端子 G 经表的电源入地，而不经过电流线圈，从而避免了干扰电流的影响。对最上节避雷器，可将其上法兰接兆欧表 E 端子再接地，使干扰电流直接入地（见图 3－4 右侧接线）。

表 3－4　　某变电所测试结果

单位：MΩ

相别	位置	停电测试（1981 年）	不用屏蔽（1982 年）	用屏蔽（1982 年）
A	1	700	500	650
	2	600	550	700
	3	750	650	750
B	1	750	500	700
	2	500	450	550
	3	800	700	850
C	1	800	600	750
	2	700	500	650
	3	650	620	750

表3－4 列出了某变电所 66kV 避雷器均压电阻的测试数据。由表中数据可以看出，使用屏蔽法测得的结果很接近一年前停电测试的数据（经过一年，均压电阻实际上可能有些变化）。但不用屏蔽测量的结果都明显偏低，相差 100～200MΩ 不等。

对于只有“一节”的被试品，如下端能够对地绝缘，可将上端接地进行测量。

（4）选用抗干扰能力强的兆欧表。除上述 ZC－30 型兆欧表抗干扰能力较强外，苏州工业园区海沃科技有限公司生产的 HVM－5000 型兆欧表的抗干扰能力也较强。厂家曾在某电厂 220kV 旁路母线干扰场强较高的电容式电压式互感器上做比较测试。HVM－5000 型兆欧表的抗干扰能力与美国希波公司指针式高压兆欧表相近，示值偶尔跳动后再复原，而国产ZC－48－1型指针式高压兆欧表偏过∞刻度值，表针摆至左端极限位置。顺便指出，有人在ZC－48－1型兆欧表中引入抗干扰电路进行改型，收到良好效果。

（5）利用整流设备，根据外加电压和泄漏电流计算绝缘电阻。例如某局在220kV运行母线下无法测量阀式避雷器的绝缘电阻，后来改用整流设备进行测量，获得满意结果。

16. 为什么用兆欧表测量大容量绝缘良好设备的绝缘电阻时，其数值愈来愈高？

实质上，用兆欧表测量绝缘电阻实际上是给绝缘物上加上一个直流电压，在此电压作用下，绝缘物中产生一个电流 i，所测得的绝缘电阻 $R_j=\frac{U}{i}$。

由研究和试验分析得知，在绝缘物上加直流后，产生的总电流 i 由三部分组成：即电导电流、电容电流和吸收电流。测量绝缘电阻时，由于兆欧表电压线圈的电压是固定的，而流过兆欧表电流线圈的电流随时间的延长而变小，故兆欧表反映出来的电阻值愈来愈高。

设备容量愈大，吸收电流和电容电流愈大，绝缘电阻随时间升高的现象就愈显著。

17. 使用兆欧表测量电容性电力设备的绝缘电阻时，在取得稳定读数后，为什么要先取下测量线，再停止摇动摇把？

使用兆欧表测量电容性电力设备的绝缘电阻时，由于被测设备具有一定的电容，在兆欧表输出电压作用下处于充电状态，表针向零位偏移。随后指针逐渐向∞方向移动，约经1min后，充电基本结束，可以取得稳定读数。此时，若停止摇动摇把，被测设备将通过兆欧表放电。通过兆欧表表内的放电电流与充电电流相反，表的指针因此向∞处偏移，对于高电压、大容量的设备，常会使表针偏转过度而损坏。所以，测量大电容的设备时，在取得稳定读数后，要先取下测量线，然后再停止摇动摇把。同时，测试之后，要对被测设备进行充分的放电，以防触电。

18. 为什么要在变压器充油循环后静置一定时间再测其绝缘电阻？

主要是为了排除充油循环过程中产生的气泡。为说明静置时间的影响，表3－5～表3－7分别列出了一台 $SFSL_1$－2500/110型电力变压器交接前及静置不同时间的测量结果。

表3－5　交接前绝缘电阻与介质损耗因数 tanδ 值

测试位置	绝缘电阻/MΩ			tanδ（试验电压10kV）	
	室温10℃			油温15℃	
	R_{15s}	R_{60s}	吸收比	tanδ/%	换算至20℃
高压—中低压及地	∞	∞		0.2	0.25
中压—高低压及地	10000⁺	10000⁺		0.2	0.25
低压—高中压及地	5000	10000	2	0.2	0.25

表 3-6　　充油循环 7.5h 的绝缘电阻与介质损耗因数 tanδ 值

测试位置	绝缘电阻/MΩ			tanδ（试验电压 10kV）	
	室温 13℃			油温 50℃	
	R_{15s}	R_{60s}	吸收比	tanδ/%	换算至 20℃
高压—中低压及地	600	700	1.16	2.1	0.78
中压—高低压及地	300	350	1.16	3.2	1.18
低压—高中压及地	250	300	1.20	3.1	1.15

由此可见，表 3-7 与表 3-5 结果相似，它反映了变压器的真实情况。所以在进行变压器绝缘电阻测量时，不仅要正确掌握各种测试方法和仪器，严格执行《规程》，而且要待其充油循环静置一定时间等气泡逸出后，再测量绝缘电阻。通常，对 8000kVA 及以上较大型电力变压器需静置 20h 以上，3～10kVA 级的小容量电力变压器需静置 5h 以上。

表 3-7　　充油循环停止 34h 的绝缘电阻与吸收比 K 值

测试位置	绝缘电阻/MΩ		
	R_{15s}	R_{60s}	吸收比
高压—中低压及地	5000	7500	1.5
中压—高低压及地	∞	∞	
低压—高中压及地	7000	10000	1.43

19. 变压器油纸的含水量对绝缘电阻有什么影响？

为说明变压器油纸含水量对绝缘电阻的影响程度，我们引入模拟试验结果，如表 3-8 所示。

表 3-8　　模型油纸含水量与绝缘电阻的关系

序　号	油含水量 /ppm	纸含水量 /%	R_{15s} /MΩ	R_{60s} /MΩ	K
1	7	1.54	60	550	9.17
2	11	1.40	68	450	6.62
3	16	2.74	39	157	4.03
4	22	2.82	29	82	2.83
5	29	1.40	19	70	3.68
6	38	3.13	26	60	2.31
7	67	9.02	3.2	3.6	1.12

由表 3-8 可见，从序号 1～7，随着油的含水量增大，绝缘电阻逐渐减小，虽然其中 5 号纸的含水量 1.40%比 4 号及 3 号纸的含水量 2.82%和 2.74%小近 1 倍，但绝缘电阻同样是减小的。也就是说，油是影响整个油—纸绝缘系统绝缘电阻高低的一个主要因素。实例也证明这个规律是正确的。

研究者由此引出结论：绝缘油质好坏是引起变压器绝缘电阻高、吸收比小或绝缘电阻低、吸收比高的一个主要原因。

20. 测量变压器绝缘电阻时，温度增加，绝缘电阻下降，为什么当温度降到低于“露点”温度时，绝缘电阻也降低？

因温度增加，加速了绝缘介质内分子和离子的运动；同时，温度升高时绝缘层中的水分溶解了更多的杂质，这都使绝缘电阻降低。而当试品温度低于周围空气的“露点”温度时，潮气将在绝缘表面结露，增加了表面泄漏，故绝缘电阻也要降低。

21. 为什么要测量电力设备的吸收比?

对电容量比较大的电力设备，在用兆欧表测其绝缘电阻时，把绝缘电阻在两个时间下读数的比值，称为吸收比。按规定吸收比是指 60s 与 15s 时绝缘电阻读数的比值，它用下式表示：

$$K = R_{60s}/R_{15s}$$

测量吸收比可以判断电力设备的绝缘是否受潮，这是因为绝缘材料干燥时，泄漏电流成分很小，绝缘电阻由充电电流所决定。在摇到 15s 时，充电电流仍比较大，于是这时的绝缘电阻 R_{15s}就比较小；摇到 60s 时，根据绝缘材料的吸收特性，这时的充电电流已较接近饱和，绝缘电阻 R_{60s}就比较大，所以吸收比就比较大。而绝缘受潮时，泄漏电流分量就大大地增加，随时间变化的充电电流影响就比较小，这时泄漏电流和摇的时间没有什么关系，这样 R_{60s}和 R_{15s}就很接近，换言之，吸收比就降低了。

这样，通过所测得的吸收比的数值，可以初步判断电力设备的绝缘受潮。

吸收比试验适用于电机和变压器等电容量较大的设备，其判据是，如绝缘没有受潮，$K\geqslant 1.3$。而对于容量很小的设备（如绝缘子），摇绝缘电阻只需几秒钟的时间，绝缘电阻的读数即稳定下来，不再上升，没有吸收现象。因此，对电容量很小的电力设备，就用不着做吸收比试验了。

测量吸收比时，应注意记录时间的误差，例如当 $R_{60s}/R_{15s}=1.35$ 时，若考虑时间误差，若变为 R_{59s}/R_{16s}，则 $K<1.3$；若变为 R_{61s}/R_{14s}，则 $K>1.4$，导致 K 变大或变小，使试验次数增加，准确度也较差。为此，应准确或自动记录 15s 和 60s 的时间。

对大容量试品，国内外有关规程规定可用极化指数 R_{10min}/R_{1min}来代替吸收比试验。

22. 在《规程》中规定吸收比和极化指数不进行温度换算，为什么?

由于吸收比与温度有关，对于良好的绝缘，温度升高，吸收比增大；对于油或纸绝缘不良时，温度升高，吸收比减小。若知道不同温度下的吸收比，则就可以对变压器绕组的绝缘状况进行初步分析。

对于极化指数而言，绝缘良好时，温度升高，其值变化不大，例如某台 167MVA、500kV 的单相电力变压器，其吸收比随温度升高而增大，在不同温度时的极化指数分别为 2.5（17.5℃）、2.65（30.5℃）、2.97（40℃）和 2.54（50℃）；另一台 360MVA、220kV 的电力变压器，其吸收比随温度升高而增大，而在不同温度下的极化指数分别为 3.18（14℃）、3.11（31℃）、3.28（38℃）和 2.19（47.5℃）。它们的变化都不显著，也无规律可循。

鉴于上述，在《规程》中规定，吸收比和极化指数不进行温度换算。

23. 测量变压器绝缘电阻或吸收比时，为什么要规定对绕组的测量顺序?

测量变压器绝缘电阻时，无论绕组对外壳还是绕组间的分布电容均被充电，当按不同顺序测量高压绕组和低压绕组绝缘电阻时，绕组间电容发生的重新充电过程不同，会对测量结

果有影响，导致附加误差。因此，为了消除测量方法上造成的误差，在不同测量接线时，测量绝缘电阻必须有一定的顺序，且一经确定，每次试验时均应按此顺序进行。这样，也便于对测量结果进行比较。

24. 绝缘电阻低的变压器的吸收比要比绝缘电阻高的变压器的吸收比低吗？

不一定。对绝缘严重受潮的变压器，其绝缘电阻低，吸收比也较小。但绝缘电阻是兆欧表摇测 1min 的测量值；而吸收比是 1min 与 15s 的绝缘电阻之比，且吸收比还与变压器容量有关。所以在一般情况下，绝缘电阻低，其吸收比不一定低。尤其对大型变压器，其电容大，吸收电流大，因此吸收比较高，而对小型变压器，其电容小，往往绝缘电阻高，但其吸收比却较小。

25. 为什么变压器的绝缘电阻和吸收比反映绝缘缺陷有不确定性？

首先分析变压器绝缘的等值电路及其吸收过程。

变压器主绝缘系隔板结构，由纸板和油隙组成，如图 3-5 所示。

由于 $d \gg c$、$b \gg a$，可以忽略纸撑条和纸垫块的电容。变压器主绝缘可近似由图 3-6 所示的等值电路来表示。

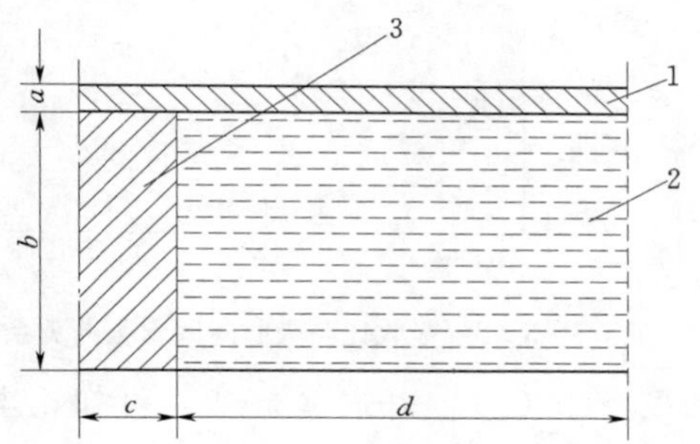

图 3-5 变压器主绝缘示意图

1—纸板；2—油隙；3—纸撑条或垫块

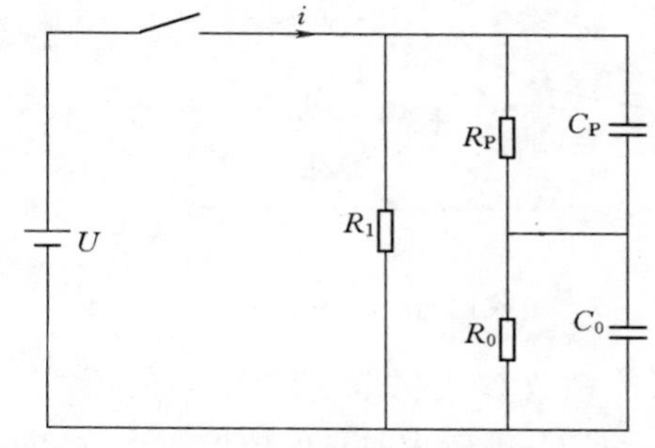

图 3-6 变压器主绝缘的等值电路

R_P、C_P—纸板的等值绝缘电阻和电容量；R_0、C_0—油层的等值绝缘电阻和电容量；R_1—纸撑条和纸垫块的等值绝缘电阻

在直流电压作用下，吸收电流为

$$i = A_0 + A\mathrm{e}^{-t/\tau} \tag{3-6}$$

绝缘电阻为

$$R(t) = \frac{R}{1 + G\mathrm{e}^{-t/\tau}} \tag{3-7}$$

式（3-7）中绝缘电阻稳定值为

$$R = \frac{R_1(R_P + R_0)}{R_1 + R_P + R_0} \tag{3-8}$$

吸收系数

$$G = \frac{R_1}{R_1 + R_P + R_0} \frac{(R_P C_P - R_0 C_0)^2}{R_P R_0 (C_P + C_0)^2} \tag{3-9}$$

吸收时间常数

$$T=\frac{R_P R_0}{R_P+R_0}(C_P+C_0) \tag{3-10}$$

显然，$G=A/A_0$；$R=U/A_0$。

式（3-7）表达了绝缘电阻 $R(t)$ 随时间增加而增大的吸收过程。也是分析绝缘电阻和吸收比反映绝缘缺陷不确定性的基础。

由式（3-7）得

$$R_{60s}=\frac{R}{1+Ge^{-60/T}}$$

可见 R_{60s} 正比于稳定值 R，能反映变压器油纸串联的绝缘情况。然而，R_{60s} 还取决于吸收参数 G 和 T，这就给判断绝缘状况优劣带来复杂性。

吸收比

$$K=\frac{R_{60s}}{R_{15s}}=\frac{1+Ge^{-15/T}}{1+Ge^{-60/T}} \tag{3-11}$$

由式（3-11）看出，G 增加导致 K 增加，如图 3-7 所示。

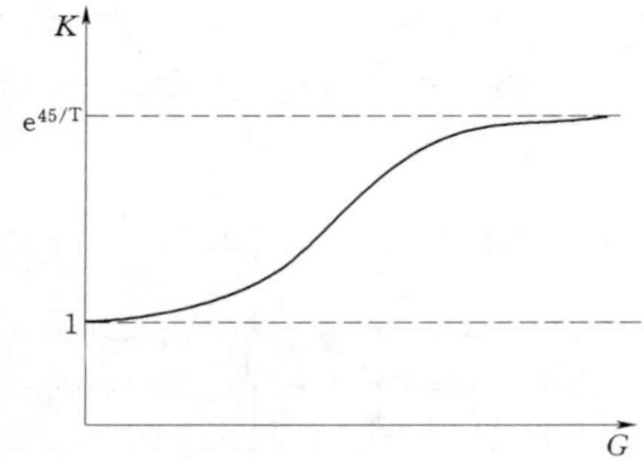

图 3-7　吸收比与吸收系数的关系

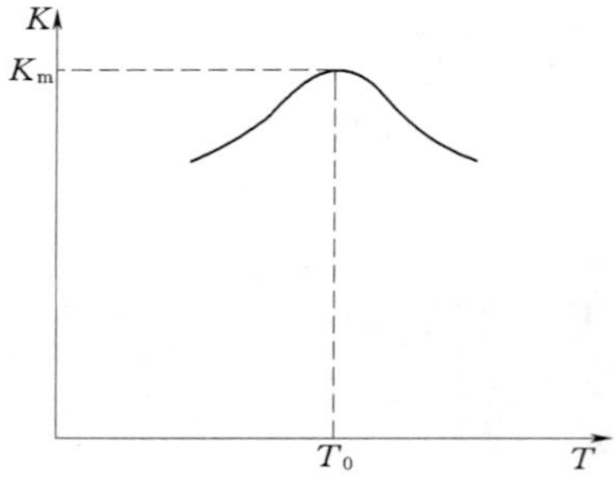

K
Km
T0
T

图 3-8　吸收比与吸收时间常数的关系

吸收系数 G 主要取决于介质的不均匀程度（$R_P C_P \neq R_0 C_0$）。由式（3-9）可知，当 $(R_P C_P - R_0 C_0)^2$ 较大时，G 值增大；反之，当 $R_P C_P \approx R_0 C_0$ 时，即两层介质均良好或均很差时，G 值较小，均使吸收比下降，这也给判断绝缘优劣带来复杂性。

此外，式（3-11）还表明，在固定的吸收系数 G 值情况下，某一吸收时间常数 $T=T_0$ 时，吸收比 K 取得最大值 K_m，如图 3-8 所示。

当 $T>T_0$ 时，T 增加导致 K 下降；$T<T_0$ 时，T 减小导致 K 也下降。

由式（3-10）知，吸收时间常数 T 与 $R_P R_0/(R_P+R_0)$ 成正比，双层介质两层或其中一层介质劣化时，$R_P R_0/(R_P+R_0)$ 小，T 小导致 K 小；但两层介质均良好时，$R_P R_0/(R_P+R_0)$ 大，T 大（$T>T_0$），K 也小。

综上所述，变压器绝缘不良时，吸收比 K 较小；但 K 小，也可能是绝缘良好的表现，从而给判断绝缘优劣常带来复杂性，出现反映绝缘缺陷的不确定性。

26. 变压器绝缘的吸收比随温度变化的特点是什么？是否可用它来判断绝缘优劣？

变压器绝缘的吸收比随温度变化的特点是：与绝缘状况有关。绝缘状况不同，变化的规律不同。表 3-9 给出了变压器绝缘吸收比随温度的变化情况。

表 3-9 吸收比与温度变化的关系

序号	变压器规格	较低温度的 R_{60s}/R_{15s}	较高温度的 R_{60s}/R_{15s}
1	120MVA/220kV	18℃，3950MΩ/3200MΩ=1.23	33.8℃，2500MΩ/1850MΩ=1.35
2	360MVA/220kV	18℃，4500MΩ/2850MΩ=1.21	38℃，1450MΩ/950MΩ=1.53
3	31.5MVA/110kV	23℃，1400MΩ/750MΩ=1.87	38℃，850MΩ/490MΩ=1.73
4	31.5MVA/110kV	17.2℃，2000MΩ/1150MΩ=1.74	30.5℃，1320MΩ/650MΩ=2.03
5	40MVA/18kV	20.5℃，3200MΩ/2400MΩ=1.33	32℃，1550MΩ/1200MΩ=1.29

由表 3-9 数据可见，温度较低与较高时，不同变压器的吸收比变化差异很大。序号为 1、2 和 4 的变压器，其吸收比随温度上升而增大；序号为 3 和 5 的变压器，其吸收比随温度上升而减小。

吸收比随温度变化的这些特点，可用式（3-9）～式（3-11）进行如下解释：

（1）油和纸绝缘均良好时，$(R_PC_P-R_0C_0)^2$ 较小，G 小，T 大（$T>T_0$），K 小。温度上升，T 减小，使 K 上升。

（2）纸绝缘良好，油绝缘较劣时，$(R_PC_P-R_0C_0)^2$ 较大，G 大；T 小（$T<T_0$），K 较大。温度上升，T 减小，使 K 下降。

（3）纸绝缘不良时，R_P 和 R_1 均较小，$\dfrac{R_1}{R_1+R_P+R_0}$ 小，吸收系数 G 小，K 小。温度上升，$\dfrac{R_1}{R_1+R_P+R_0}$ 更小，K 下降。

根据对以上实例分析可知，采用升高温度的办法，检测吸收比，若吸收比上升，则说明变压器绝缘良好。诚然，这种升温测试法耗时费力，难以普遍推广。

27. 当前在变压器吸收比的测量中遇到的矛盾是什么？它有哪些特点？

当前在变压器吸收比的测量中遇到的主要矛盾如下：

（1）一般工厂新生产的变压器，发现吸收比偏低的，而多数绝缘电阻值却比较高。

（2）运行中有相当数量的变压器，吸收比低于 1.3，但一直运行安全，未曾发生过问题。例如西北地区统计，正常运行的 72 台变压器 905 次测量结果，其中吸收比小于 1.3 的占测量总数的 13.9%。

这些现象究竟是何原因造成的，有各种各样的分析，一时难以统一。但有的看法是共同的，认为吸收比不是一个单纯的特征数据，而是一个易变动的测量值，总结起来有以下特点。

（1）吸收比有随着变压器绕组的绝缘电阻值升高而减小的趋势。研究者统计了 46 台某一型号规格的 110kV 级大型电力变压器和 67 台 35～110kV 的大容量变压器得出回归直线图如图 3-9 和图 3-10 所示。

由图 3-9 可以得出，绝缘电阻值每上升 1MΩ，K 值下降约 0.11。

（2）绝缘正常情况下，吸收比有随温度升高而增大的趋势。

例如，某 120MVA、220kV 变压器吸收比和温度的关系，某进口的 167MVA、500kV 和某 3.15MVA、110kV 变压器高压绕组吸收比和温度关系如图 3-11 所示，它们的吸收比均随温度升高而增大。

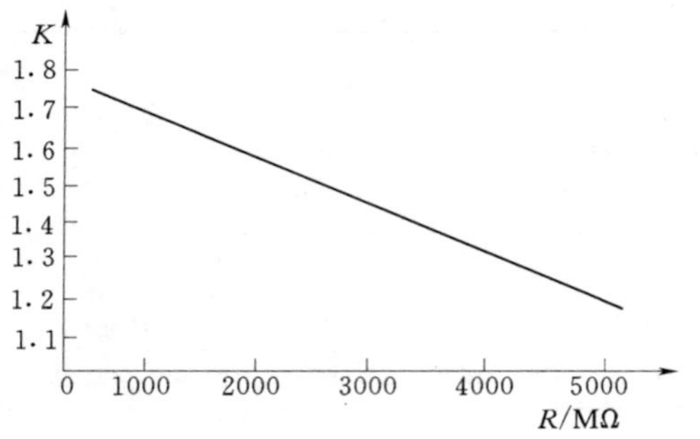

图 3-9　46 台 110kV 某一规格变压器吸收比与绝缘电阻的关系

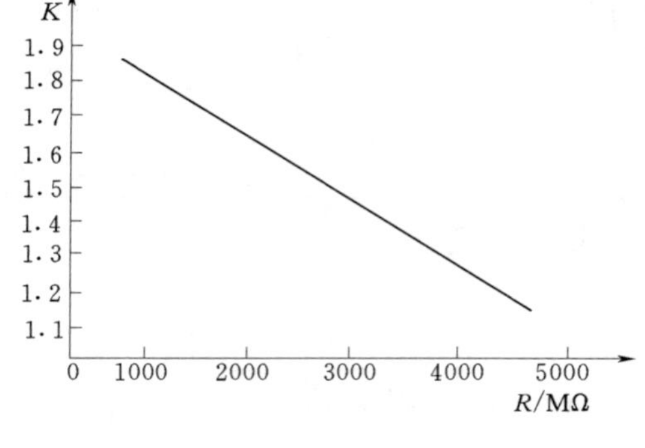

图 3-10　67 台 35～110kV 变压器吸收比与绝缘电阻的关系

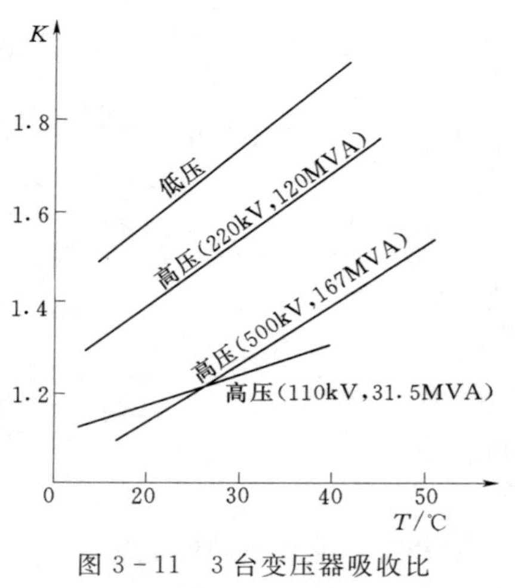

图 3-11　3 台变压器吸收比与温度的关系

（3）绝缘有局部问题时，吸收比会随温度上升而呈下降的现象。

在实际测量中也发现有一些变压器的吸收比随着温度上升反而呈现下降的趋势，其中有一部分变压器绝缘状况属于合格范围，研究者对此进行了分析：

当变压器纸绝缘含水量很小（0.3%），油的 $\tan\delta$ 较大（0.08%～0.52%），吸收比数值会随温度上升而下降。这时的绝缘状况，也仍为合格的。

当变压器纸绝缘含水量愈大，其绝缘状况愈差，绝缘电阻的温度系数愈大，吸收比数值较低，且随温度上升而下降。

有的研究者认为，由于干燥工艺的提高，油纸绝缘材质的改善，变压器的大型化，吸收过程明显变长，出现绝缘电阻提高、吸收比小于 1.3 而绝缘并非受潮的情况是可以理解的。因此，当绝缘电阻高于一定值时，可以适当放松对吸收比的要求。

究竟绝缘电阻高到什么数值情况下，吸收比可作何种要求。研究者根据手头所积累的资料数据认为，从经验上说，当温度在 10℃ 时，110kV、220kV 的变压器，其绝缘电阻（R_{60s}）大于 3000MΩ 时，可以认为其绝缘状况没有受潮，可以对吸收比不作考核要求。另一个判别受潮与否的经验数据是，绝缘受潮的变压器，R_{60s} 与 R_{15s} 之差通常在数十兆欧以下，且最大值不会超过 200MΩ。

看来吸收比的测量问题还有待于继续深入研究。

28. 为什么要测量电容型试品（如电容型套管和电流互感器）末屏对地的绝缘电阻？

电容型套管和电流互感器一般由十层以上电容串联。进水受潮后，水分一般不易渗入电容层间或使电容层普遍受潮，因此，进行主绝缘试验往往不能有效地监测出其进水受潮。但是，水分的比重大于变压器油，所以往往沉积于套管和电流互感器外层（末层）或底部（末屏与法兰间）而使末屏对地绝缘水平大大降低，因此，进行末屏对地绝缘电阻的测量能有效地监测电

容型试品进水受潮缺陷。使用 2500V 兆欧表测得的绝缘电阻值一般不小于 1000MΩ。

29. 在《规程》中，对电力电缆的绝缘电阻值为什么采用“自行规定”的提法?

这是因为电力电缆主要的试验项目为直流泄漏电流及直流耐压试验，如绝缘电阻不良，一般均可在泄漏电流试验中发现，至于绝缘电阻值，只作为耐压试验前后的比较作参考。

各种电缆的绝缘电阻换算到长度为 1km、温度为 20℃时的参考值如表 3-10 所示。

表 3-10　　电力电缆绝缘电阻参考值

电缆绝缘种类	额定电压下的绝缘电阻值/MΩ					电缆绝缘种类	额定电压下的绝缘电阻值/MΩ				
	1kV	3kV	6kV	10kV	35kV		1kV	3kV	6kV	10kV	35kV
聚氯乙烯	40	50	60			不滴流			200	200	200
黏性浸渍纸	50	50	100	100	160	交联聚乙烯			1000	1000	1000

30. 电缆厂在测试报告中给出某电缆 20℃时每千米的绝缘电阻值，试问现有该电缆 500m，其绝缘电阻应为多少才算合格?

电缆厂在测试报告中给出的绝缘电阻值是该种电缆试样的绝缘电阻值，它不是用兆欧表或高阻计测出的，而是采取比较法，与标准电阻比较而得出的。由于不同长度的电缆有不同的绝缘电阻值，为了统一尺度，规定换算到 1km，其换算公式为

$$R_L = R_s L$$

式中　R_L——每千米长度绝缘电阻值，MΩ·km；

R_s——试样电缆的绝缘电阻值，MΩ；

L——试样电缆的有效测量长度，km。

例如，试样电缆长 10m，绝缘电阻值为 32400MΩ，则此电缆每千米的绝缘电阻为

$$R_L = 32400\text{M}\Omega \times 0.01 = 324\text{M}\Omega$$

此公式仅为换算需要而制定的，并不表示绝缘电阻与长度成反比关系。如果电缆测试报告中绝缘电阻值为 324MΩ·km，则 500m 长度时不能认为是 324MΩ÷0.5＝648MΩ。对不足 1km 的电缆，用兆欧表测出的结果不必进行换算，直接与测试报告中的 1km 的电阻值进行比较，只要无异常就认为是合格的。

用兆欧表测量时，如多芯电缆的相—地绝缘或相—相绝缘差异过大，或同一电缆不同时间（使用一段时间后或施工前后）测量结果差异过大时，这根电缆的绝缘往往有了损伤，一般不能使用。

电缆的绝缘电阻受温度影响也很大，一般随温度升高而呈指数规律减小，因此测量电缆绝缘电阻时要记录环境温度（在现场测量要记录土壤温度）。

制造厂给出的电缆绝缘电阻值已换算到 20℃，其换算公式为

$$R_{20℃} = KR_L$$

式中　$R_{20℃}$——20℃时的绝缘电阻；

K——绝缘材料温度校正系数。

例如，黏性浸渍纸绝缘电缆的温度校正系数见表 3－11，当环境温度为 30℃时测出的绝缘电阻值为 312MΩ，换算到 20℃时的绝缘电阻值为

$$R_{20℃}=1.41\times312=440(\text{M}\Omega)$$

表 3－11　　黏性浸渍纸绝缘电缆的温度校正系数表

温　度/℃	0	5	10	15	20	25	30	35	40
温度校正系数	0.48	0.57	0.70	0.80	1.0	1.13	1.41	1.66	1.92

31. 测量电力电缆的绝缘电阻和泄漏电流时，能否用记录的气温作为温度换算的依据？

表 3－12　　某 10kV 电力电缆绝缘电阻和泄漏电流的测量结果

年序	绝缘电阻/MΩ	泄漏电流/μA	气温/℃
1	1950	26	40
2	2000	25	30
3	2000	25	20
4	2050	24	5
5	2000	25	10

不能。因为电力电缆埋在土壤中，电缆周围的温度与气温不一样，一年四季基本上是恒温（一般在 120cm 以下的潮湿土壤温度约为 15～18℃），加上电缆每次试验前，已经停电 2h 多，电缆的缆芯温度早就降到土壤温度。如果要进行温度换算，也只能用土壤温度作为依据。

表 3－12 给出了某电力局对一条长 200km、10kV 电力电缆的绝缘电阻和泄漏电流进行测量的数据。可见 5 次测试的绝缘电阻和泄漏电流相应的数值都很接近，没有异常变化，就是气温相差很大，如果按照记录的气温进行换算，则变化比较大，可能将这条绝缘良好的电缆，误判为有问题。

32. 不拆引线，如何测量 220kV 阀式避雷器的绝缘电阻？

不拆引线测量 220kV 阀式避雷器绝缘电阻的接线图，如图 3－12 所示。

用 ZC－7 型兆欧表测量 FZ－220J 型避雷器的绝缘电阻值如表 3－13 所示。

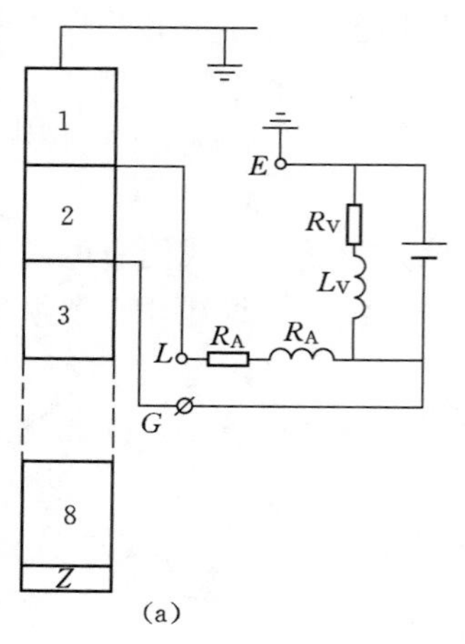

(a)

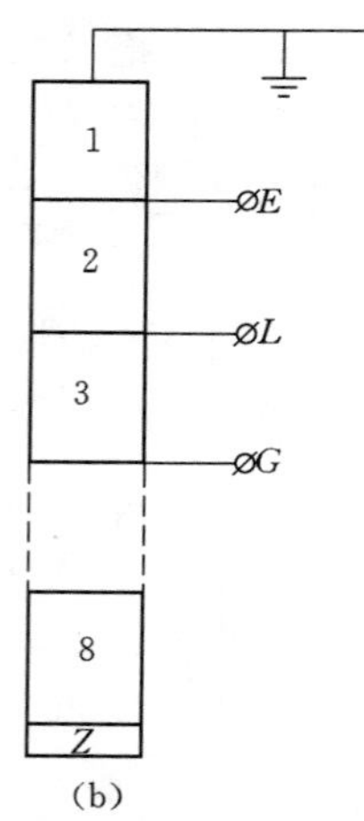

(b)

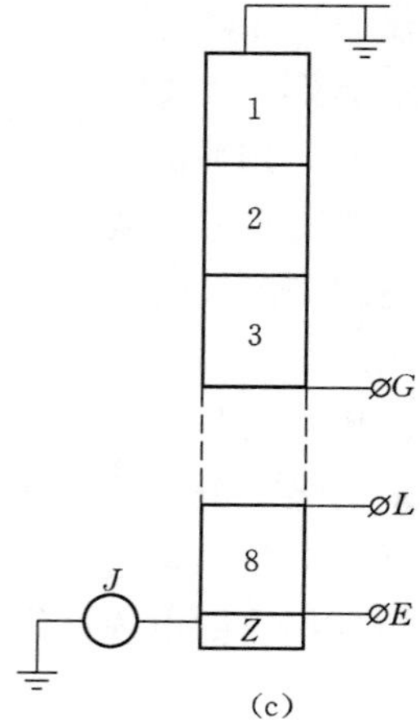

(c)

图 3－12　测量绝缘电阻接线图

(a) 测量第 1 节；(b) 测量第 2 节（其余 3～7 节类推）；(c) 测量第 8 节

表 3-13 绝缘电阻测量结果 单位：MΩ

节号 方法	1	2	3	4	5	6	7	8
不拆引线	1450	1600	1450	1800	1700	1800	1800	1700
拆引线	1500	1600	1500	1800	1700	1800	1800	1700

若第 8 节是直接接地的，测量第 7 节绝缘电阻时，应将兆欧表屏蔽端子 G 接于第 5 节与第 6 节之间的法兰上，线路端子 L 接于第 7 节与第 8 节之间的法兰上，接地端子 E 接于第 6 节与第 7 节之间的法兰上。

测量第 8 节绝缘电阻时，G 端子接于第 6 节和第 7 节之间的法兰上，L 端子接于第 7 节与第 8 节之间的法兰上，E 端子接地。

33. 通水时，测量水内冷发电机定子绕组对地绝缘电阻，为什么必须使用水内冷电机绝缘测试仪而不用普通的兆欧表？

使用水内冷电机绝缘测试仪（简称专用兆欧表）测试通水时水内冷发电机定子绕组对地绝缘电阻的等值电路图如图 3-13 所示。

因为在通水情况下，R_y 很小，要求兆欧表输出功率大，用普通兆欧表，一是要过载，同时兆欧表输出电压降低太多，引起很大测量误差，只有在绕组内部彻底吹水后，方可使用普通兆欧表。另外，在通水情况下，汇水管与外接水管之间将产生一极化电势，不采取补偿措施将不能消除该电势和汇水管与地之间的电流对测量结果的影响，专用兆欧表（如 HV-T 型兆欧表）不但功率大，同时有补偿回路而且测量电路输入端接地，适用于在通水情况下，测试水内冷发电机的绝缘电阻。

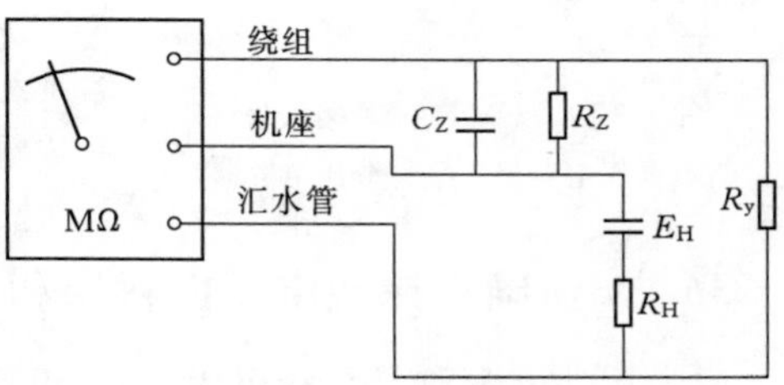

图 3-13 通水时测量水内冷发电机定子绕组对地绝缘电阻的等值电路

MΩ—水内冷电机绝缘测试仪；C_Z—绕组对地等值电容；R_Z—绕组对地绝缘电阻；R_y—绕组与进出汇水管之间的电阻；R_H—汇水管对地等值电阻（包括水阻）；E_H—汇水管与外接水管间的极化电势

34. 有载调压分接开关支架绝缘对变压器整体绝缘电阻有什么影响？

有载调压分接开关是变压器本体的重要组成部分，在变压器试验中遇到异常情况时，往往只从绕组、套管、铁芯、绝缘油等方面进行分析，而忽视了有载调压分接开关不良对变压器试验结果的影响。

当有载调压分接开关支架绝缘不良时，会导致变压器整体绝缘电阻下降。例如，某变电所一台 $SFSZL_1$-20000/110 型变压器，在检修时发现有载分接开关支架中一支绝缘棒有裂纹，立即取下换上一支新的绝缘棒，分接开关检修后复原到变压器中，接着进行注油，然后对变压器 110kV 绕组进行绝缘电阻试验。测量结果是：绝缘电阻只有 40MΩ，吸收比为 1，兆欧表的指针数据非常稳定。当时分析认为一是变压器本体油可能劣化；二是变压器绕组绝缘可能严重老化或受潮。于是取油样化验，结果是油各项指标都符合标准，排除了油的影响，这样问题的焦点就集中到绕组上。有人提出吊芯，但考虑到工作量大，又要停役很长时间，所以决定先进行分解试验，然后再吊芯检查绕组。分解试验是将有载调压分接开关吊出变压器本体，对套管与绕组进行绝缘电阻测试，测试结果是：绝缘电阻为2000MΩ，吸收比为1.5，与历年来的绕组测试数据相近。由测试结果可以判定问题发生在分接开关上。于是又测量分接开关支架绝缘棒的绝缘电阻，只有40MΩ。原来新换上的绝缘棒在仓库中存放多年，安装前既未进行真空烘干处理，又未进行测试，将以往受潮支架绝缘棒安装在变压器上，自然导致变压器110kV绕组绝缘电阻下降。

35. 如何测量电容式电压互感器（CVT）的分压电容器的绝缘电阻？

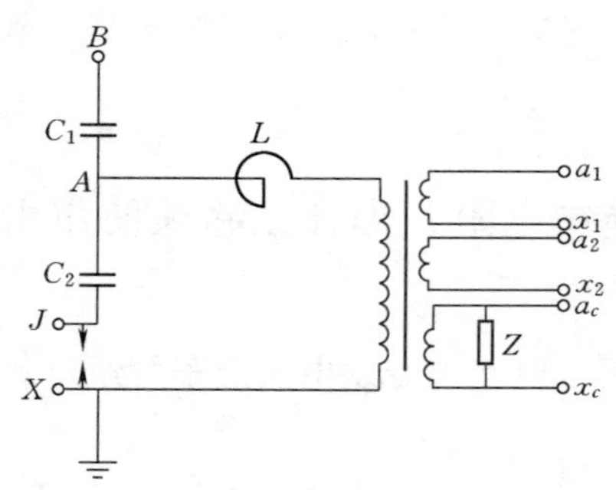

图 3-14　CVT原理接线图
C_1—高压电容器；C_2—分压电容器

图3-14是电容式电压互感器接线图。由于电容分压器的中间抽头没有引出，无法直接测量 C_1 和 C_2 各自的绝缘电阻，此时可将中间变压器一次绕组末端，即 X 端作为一个测量端，分别测出 C_1 高压端（B 点）对 X 端和 C_2 低压端（J 点）对 X 端之间的绝缘电阻值，这是因为当在 B—X 之间通入直流电流时，电抗器 L 和中间变压器一次绕组的感抗为零，即 $X_L=\omega L$，当 $\omega=0$ 时，$X_L=0$。因此 B—X 之间的绝缘电阻值即为高压电容 C_1 的绝缘电阻，J—X 之间的绝缘电阻值即为分压电容 C_2 的绝缘电阻值。

36. 如何确定橡塑电缆内衬层和外护套是否进水？

（1）用兆欧表测量绝缘电阻。用500V兆欧表分别测量橡塑电缆内衬层和外护套的绝缘电阻，当每公里的绝缘电阻小于0.5MΩ时，再用下述方法进一步判断。

（2）用万用表测量绝缘电阻。这种方法的依据是，不同金属在电解质中能形成原电池。

橡塑电缆的金属层、铠装层及其涂层用的材料有铜、铅、铁、锌和铝等，这些金属的电极电位分别为+0.334V、−0.122V、−0.44V、−0.76V和−1.33V。

当橡塑电缆的外护套破损并进水后，由于地下水是电解质，在铠装层的镀锌钢带上会产生对地−0.76V的电位。如内衬层也破损进水后，在镀锌钢带与钢屏蔽层之间形成原电池，会产生0.334−（−0.76）=1.1（V）的电位差，当进水很多时，测到的电位差会变小。在

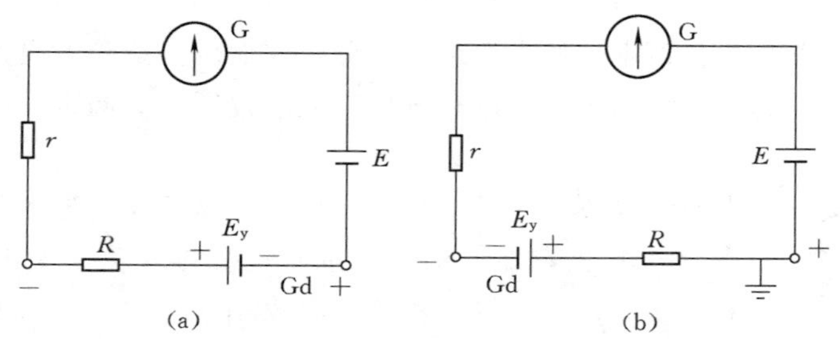

图 3-15　用万用表测量绝缘电阻原理接线
（a）电压相减；（b）电压相加
r—万用表内阻；G—万用表表头；E—万用表表内电池；
R—外护套电阻；E_y—原电池；Gd—钢带

原电池中铜为“正”极，镀锌钢带为“负”极。

当外护套或内衬层破损进水后，用兆欧表测量时，每公里绝缘电阻低于 0.5MΩ 时，用万用表的“正”、“负”表笔轮换测量铠装层对地或铠装层对铜屏蔽层的绝缘电阻，此时在测量回路中由于形成的原电池与万用表内的干电池相串联，如图 3－15 所示。当极性组合使电压相加时，测得的电阻值较小；反之，测得的电阻值较大。因此，上述两次测得的绝缘电阻值相差较大时，表明已形成原电池，就可以判断外护套和内衬层已破损进水。例如，某橡塑电缆护套损伤受潮后，测得的电阻分别为 7kΩ 和 55kΩ。

第四章 测量泄漏电流与直流耐压试验

1. 为什么要测量电力设备的泄漏电流？

测量电力设备的泄漏电流与测量其绝缘电阻的原理相同，只是由于测量泄漏电流时所施加的直流电压较兆欧表的额定输出电压高，测量中所采用的微安表的准确度较兆欧表的高，加上可以随时监视泄漏电流数值的变化，所以它发现绝缘的缺陷较测量绝缘电阻更为有效。

经验证明，测量泄漏电流能发现电力设备绝缘贯通的集中缺陷、整体受潮或有贯通的部分受潮以及一些未完全贯通的集中性缺陷，开裂、破损等。

2. 在电力设备预防性试验中，产生直流高电压的基本回路有哪些？

电力设备绝缘进行直流高电压试验用的直流高电压是将交流电压经过高压硅堆整流获得的。根据变压器、电容器、硅堆等元件参数可组成不同的整流回路，电力设备预防性试验中常用的基本回路有半波整流回路、倍压整流回路和串级整流回路，如图 4－1 所示。

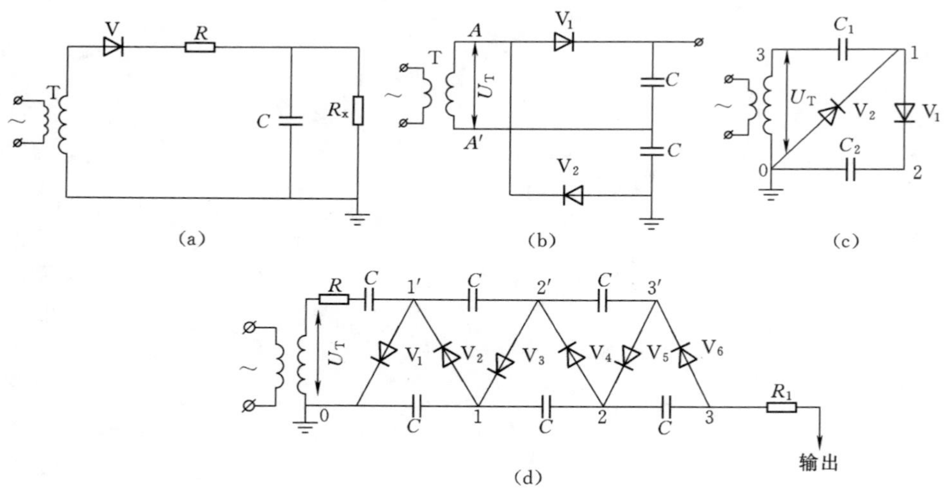

图 4－1　产生直流高电压的基本回路接线图

（a）半波整流；（b）、（c）倍压整流；（d）串级整流

在图 4－1（a）中，高压变压器 T 的高压绕组经整流元件 V 和保护电阻 R 对滤波电容 C 充电而得到直流高电压。直流高电压从电容 C 两端输出对被试品进行试验。

如果试验变压器输出的高压电压峰值低于直流高电压试验电压 U_s，则可采用倍压整流回路，倍压整流回路有多种，图 4－1（b）为一种两倍压整流回路。当电源电压在正半波

时，硅堆 V_1 导通，使下方的电容器充电到电源电压的幅值；相反，在负半波时，硅堆 V_2 导通，使上方的电容器也充电到电源电压的幅值。这样，加在被试品上的电压为两倍电源电压的幅值。而且输出电压的脉动很小，可以得到一个较恒定的直流高电压。又由于输出电压是对地而言的，所以这种电路也适用于一极接地的被试品。但是，这种回路对变压器 T 有些特殊要求，T 的次级电压仍为 U_T，但其两个端头对地绝缘不同，A 点对地绝缘要求为 $2U_T$，而 A' 点为 U_T，硅堆的反峰电压约为 $2\sqrt{2}U_T$，输出电压为试验变压器次级电压幅值的两倍。这种回路的缺点是试验变压器的高压绕组为全绝缘，采用双套管对称输出，为了得到更高的电压就需要提高试验变压器、硅堆、电容器的工作电压。另一种倍压整流回路如图 4-1（c）所示，此回路的特点是，被试品的一端接地，试验变压器的一个输出端子也接地，符合一般高压试验变压器的结构要求。硅堆 V_1 和 V_2 的反峰电压仍为 $2\sqrt{2}U_T$，电容器 C_1 的工作电压为$\sqrt{2}U_T$，而电容器 C_2 的工作电压为 $2\sqrt{2}U_T$。这种回路的优点是便于得到更高的直流电压，只要增加串级的级数即可组成串级回路。

直流串级整流回路如图 4-1（d）所示。根据所需电压的高低，把不同级数的倍压整流回路串接起来，即组成直流高压串级回路，构成直流高压发生器。

假设串级数为 n，电源变压器的输出电压最大值为 U_m，并且设上柱、下柱电容器的电容量相等都等于 C，则可推算出串级直流高电压发生器的电压脉动为

$$\delta U=\frac{n(n+1)I_d}{4fC}$$

式中 I_d——平均输出电流，A；

f——电源频率，Hz。

最大输出电压的平均值为

$$U_d=2nU_m-\frac{I_d}{6fC}(4n^3+3n^2+2n)$$

串级直流高电压发生器的脉动因数为

$$S=\frac{\delta U}{U_d}=\frac{n(n+1)I_d}{4fCU_d}$$

输出电压的脉动因数是串级直流高电压发生器的重要技术指标之一。诚然，脉动因数越小越好。由上式可知，为减小脉动因数，可采用减少串级级数、增大电容器的电容量、提高串级回路的工作频率等方法。

（1）减少串级级数。为保证输出电压不变，在减少串级级数的条件下，只能提高高压变压器的输出电压及单台高压电容器的工作电压，这将增加高压直流电源的体积与重量。

（2）增大电容器的电容量。这会受到电容器额定容量的限制，此方法同样会使串级直流高电压发生器体积和重量增加。

（3）提高串级回路的工作频率。这是最有效的方法。提高工作频率 f 将使电压降、电压脉动及脉动因数均减小，所以通常采用这种方法。例如目前生产的几种直流高压发生器都采用这种方法来减小脉动因数。

3. 在电力设备预防性试验中，测量直流试验电压的主要方法有哪些？

在电力设备预防性试验中，测量直流试验电压的主要方法有：

（1）高阻器与微安表串联的测量系统。这种测量系统的原理接线如图 4-2 所示。其测

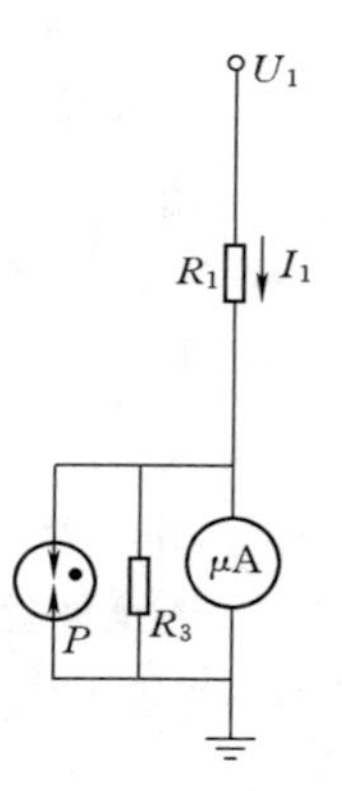

图 4-2　高阻器与微安表串联的测量系统的原理接线图

量电压的原理是，被测直流电压加在高阻器上，则在 R 中便有电流流过，与 R 串联的微安表指示这个电流的平均值。因此可根据微安表指示的电流值，来得到被测直流试验电压的数值，即

$$U_s = RI_d \quad (V)$$

式中　R——高阻器的电阻，MΩ；

I_d——微安表的读数，μA；

U_s——被测直流试验电压的平均值，V。

采用这种方法测量电压时，可将微安表的电流刻度直接换成相应的电压刻度，直接读出电压值；或事先校验出直流电压与微安表读数的关系曲线，使用时由微安表的数值，在这条曲线上查出相应的电压值。

这种方法的难点是电阻 R_1 的稳定性。在行业标准《现场直流和交流耐压试验电压测量装置（系统）的使用导则》（ZBF 24002—90）中规定，高阻器的阻值的选择应尽可能大些，若阻值选择太小，则要求直流高压试验装置供给较大的电流 I_1，R_1 本身的热损耗也会太大，以致 R_1 阻值不稳定而增加测量误差。然而也不能选得太大，否则由于 I_1 过小而使电晕放电和绝缘支架的漏电而引起测量误差。因此要求高阻器的阻值不仅要选择合适而且应该稳定。国际电工委员会规定 I_1 不低于 0.5mA，一般选择在 0.5～2mA 之间，我国 ZBF 24002—90 按工作电流 0.5～1mA，至少不小于 200μA 来选择其电阻值。换言之，高阻器的阻值应按下式选择

$$R = (1 \sim 5)\text{M}\Omega/\text{kV}$$

例如，被测直流试验电压为 60kV 时，高阻器的电阻值应不大于 300MΩ。实际上常按 R=1MΩ/kV，即 1mA 选取。

图 4-2 所示的放电管（或放电间隙）P 是作保护用的，在微安表或电压表超量程时起保护作用；R_3 的作用有两点，一是为防止引线和微安表（一般放在控制桌上）发生开路而在工作人员处出现高电压，二是为消除电阻的电压和温度系数的影响，起补偿作用。R_3 的阻值比微安表内阻大 2～3 个数量级（正常测量时对微安表的分流可忽略不计），一般情况下取数百千欧。

测量用的微安表的准确度一般为 0.5 级，即其相对误差小于 5%。

（2）电阻分压器与低压电压表测量系统。这种测量系统的原理接线图如图 4-3 所示。电阻分压器的高压臂 R_1 实质上也是一个高阻器，其低压臂的电阻 R_2 较小，它的两端跨接电压表，用来测量直流试验电压。

若低压电压表的指示值为 U_2，分压器的分压比为 $K = \dfrac{R_1 + R_2}{R_2}$，则被测的直流试验电压为

$$U_1 = KU_2 = \frac{R_1 + R_2}{R_2}U_2$$

R_1 的选择方法同（1），R_2 的数值由 U_1、U_2 及 R_1 确定。例如，取 U_1=60kV，R_1=1MΩ，U_2=100V，则 $R_2 \approx \dfrac{U_2}{U_1}R_1 = \dfrac{100\text{V}}{60\times10^3\text{V}}\times1\times10^6\Omega = 1.7\text{k}\Omega$。

根据所接电压表的型式可测量出直流电压的算术平均值、有效值或最大值。

电压表可选用静电电压表或高输入电阻的数字电压表。如果采用输入电阻较小的电压表进行测量，则应将其输入阻抗计入电阻分压器的低压臂电阻内。

国际电工委员会规定，分压器的分压比或串联电阻值应该是稳定的，其误差不大于1%。

(3) 高压静电电压表。高压静电电压表是测量直流电压均方根值的一种很方便的仪表，量程从几伏到几百千伏，它的优点是内阻大，基本上不吸收功率。当被测直流电压的纹波因数满足国家标准《绝缘配合　第4部分：电网绝缘配合及其模拟的计算导则》(GB/T 311.4—2010) 中的规定，即脉动因数不大于3%时，可以把静电电表的指示作为被测直流电压的平均值。在现场进行直流耐压试验时，高压静电电压表应在无风和无离子流的场所使用，使用前应检查高压静电电压表的各部件是否正常，绝缘支柱表面是否清洁干燥。

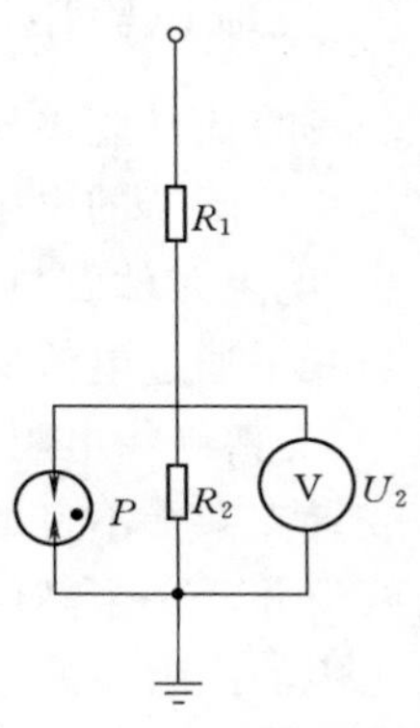

图4-3　电阻分压器测量直流的原理接线图

4. 采用高值电阻和直流电流表串联的方法测量直流高压时有什么要求？

根据国家标准GB 311.4—2010和电力行业标准《现场绝缘试验实施导则》(DL 474.1～5—2006) 等，采用高值电阻与直流电流表串联的方法测量直流高电压的要求是：

(1) 为测得直流高电压的平均值，应采用反映平均电流的不低于0.5级的磁电式仪表。

(2) 直流电压平均值的测量误差不大于3%。

(3) 高值电阻的阻值在工作电压和温度范围内应足够稳定，其误差不大于1%。

(4) 在全电压时流过电阻的电流应不小于0.5mA，以防止泄漏电流和电晕电流影响测量准确度。

5. 校核直流试验电压测量系统的方法有哪些？

为了减小或消除直流试验电压测量系统的测量误差，在《现场直流和交流耐压试验电压测量系统的使用导则》(DL/T 1015—2006) 中规定对流试验电压测量系统的参数应每年校验一次，校验用的测量系统或仪表的误差应不大于0.5%，并在去现场试验前，应该用下列任一种方法进行校核。如果校核结果不满足要求，则应用误差不大于0.5%的系统或仪表再校验一次。

(1) 对比法。这种方法是用误差不大于1%的直流测量系统，在全电压下，与待校核的测量系统对比，两测量系统之间的相对误差应不大于1%。

(2) 伏安特性法。这种方法是用误差不大于1%的直流电压测量系统和直流电流表，在25%、50%、75%和100%的工作电压下测定高阻器的伏安特性，由伏安特性确定电阻值，与以往的校验数值比较，其阻值的变化值应不大于1%。如果高阻器的阻值呈非线性，则电阻分压器的分压比或高阻器的电阻值应采用与试验电压对应的数值。

(3) 电桥法。这种方法是用误差不大于1%的电桥校核高阻器的电阻值，与以往的校验数值比较，其变化值应不大于1%。因为测量直流电压用的高阻器的电阻值很大，所以一般只能进行元件的校核，而不能进行整个高阻器的校核。

6. 直流试验电压测量系统误差的可能来源有哪些？用什么方法减小或消除？

现场直流试验电压测量系统误差的可能来源如下。

（1）高阻器的电阻值变化引起的误差。

1）电阻元件发热。测量直流试验电压用的高阻器采用的电阻元件一般是体积小、功率小。当其中通过电流的时间较长时，可能使其发热而改变其电阻值，引起测量误差。

2）支架绝缘电阻低。由于单个电阻元件的电阻值很大，而支架材料本身的绝缘电阻较低，或者支架受不良的气象条件和保存条件的影响，而使绝缘电阻降低，这就相当于电阻元件的两端并联一个高值电阻，引起高阻器的参数变化，导致分压比变化。因此，测量直流试验电压用的高阻器的电阻元件的功率不能太小，其支架应进行防止表面泄漏的处理，使其绝缘电阻应足够大。

3）高压端电晕放电。在高阻器的高压端和靠近高压端的电阻元件，由于处于高电位而发生电晕放电，电晕放电不仅会损坏电阻元件（特别是薄膜电阻的膜层），使之变质，而且也相当于在电阻元件上并接一个高值电阻，而使高阻器的电阻值发生变化，引起测量误差。因此，应避免高阻器高压端及其附近发生电晕放电。

为减小或消除因高阻器阻值发生变化引起的测量误差，通常采取的措施如下：

a. 选用温度系数小、容量大的电阻元件。可用于高阻器的国产电阻元件有三种类型，即碳膜电阻、金属膜电阻和线绕电阻。碳膜电阻的温度系数最大，其值为－1000ppm/℃，精密金属膜电阻的温度系数则约为±（10～100）ppm/℃，而精密的线绕电阻（由Ni、Cr、Mn、Si和Al合金丝组成，性能比卡码丝稳定）的温度系数最小，其值不大于±10ppm/℃，一般仅为±（1～5）ppm/℃。例如，ZGS型试验器选用的是高精度金属电阻，满足测量要求。根据对测量系统准确度的要求，尽量选用温度系数小的电阻元件，以减少发热造成的电阻值变化。另外，选择电阻元件容量大一些，也有利于减小温升。

b. 选用优质绝缘材料，并对其表面进行处理。为减小绝缘支架漏电引起的测量误差，应选用绝缘电阻大的绝缘材料，使支架的绝缘电阻比高阻器的电阻大好几个数量级。例如，ZGS型试验器高压电阻杆内充特殊绝缘胶，收到良好效果。

c. 采用高压屏蔽电极或强迫均压措施。为减小电晕放电的影响，除宜将流过高阻器的电流 I_1 适当选得大一些外，还可以在高阻器高压端装设可使整个结构的电场比较均匀的金属屏蔽罩，强迫均压。

d. 将电阻元件置于充油或充气的密封容器中，这样做不仅使流过高电阻元件的正常电流足够大，以减小误差电流的相对影响，而且可以增强散热，降低温升以及提高起始电晕电压。

（2）高阻器绝缘套筒的结构不合理引起的误差。由上述可知，为了便于使用和保存，高阻器应放在绝缘套筒里。绝缘套筒外表面暴露在空气中，容易脏污，导致泄漏电流增大。为了使绝缘套筒的泄漏电流不流过测量仪表，在绝缘筒的下端应装设屏蔽电极，高阻器的低压端子与绝缘套筒的屏蔽电极分开。屏蔽电极接地或接在测量仪表的屏蔽罩上，高阻器的低压端接在测量仪表上。绝缘筒最好不分段，如果要分段，则两段的连接器最好用绝缘材料制成，不用金属连接器。

（3）直流电阻分压器与周围带交流电压的导体之间的耦合电容电流引起的误差。当直流电压的测量系统靠近带交流电压的导体时，该系统会受带交流电压导体电场的影响而引起误

差。图 4-4 是有带电导体电场影响时电阻分压器的原理图，图中 $\dot{E}_b$ 和 C_{beq} 分别为带电导体的等效电势和等效耦合电容，I_b 为带电导体电场产生的干扰电流。若试验变压器一次绕组不接电源，在电阻分压器低压臂电阻 R_2 上接一个小量程的高输入电阻有效值电压表 V，由电压表指示值 U_b 可得到耦合电容电流的有效值，即

$$I_b = \frac{U_b}{R_2}$$

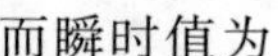

而瞬时值为

$$i_b = I_{bm}\sin\omega t$$

式中　I_{bm}——电容耦合电流最大值；

ω——电容耦合电流的角频率。

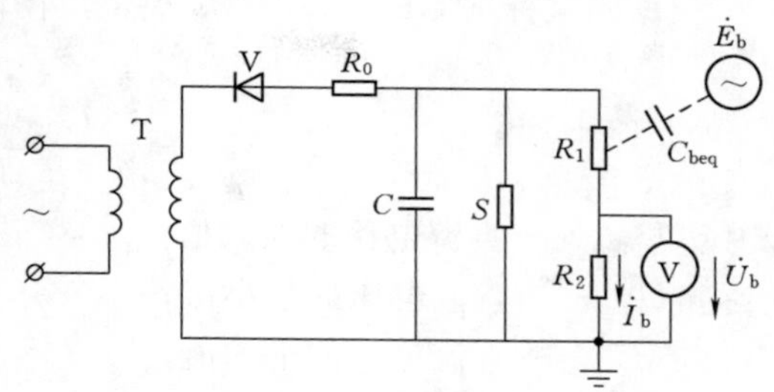

图 4-4　测量带电导体与电阻分压器之间耦合电容电流 I_b 的原理接线图
S—被试品

则在存在耦合电容电流 I_b 的情况下进行直流耐压试验时，电阻分压器低压臂电阻 R_2 上的电压为

$$U'_2 = (I_d + I_{bm}\sin\omega t)R_2 = I_dR_2 + I_{bm}R_2\sin\omega t$$

式中　I_d——低压臂上流过的直流电流。

如果接在电阻分压器 R_2 上的电压表是测量有效值的电压表（如静电电压表等），则电压表的指示值为

$$U'_2 = \sqrt{\frac{1}{T}\int_0^T U'^2_2 \mathrm{d}t} = \sqrt{\frac{R_2^2}{T}\int_0^T (I_d + I_{bm}\sin\omega t)^2 \mathrm{d}t} = R_2\sqrt{I_d^2 + \frac{1}{2}I_{bm}^2}$$

此时被测直流试验电压的实测值为

$$U'_d = (R_1 + R_2)\sqrt{I_d^2 + \frac{1}{2}I_{bm}}$$

由上述可知，无外界电场干扰时，被测直流试验电压的计算式为

$$U_d = \frac{R_1 + R_2}{R_2}U_2 = I_d(R_1 + R_2)$$

比较上述两式，便可得到周围带电导体电场引起的测量误差，即

$$\delta U_d = \frac{U'_d - U_d}{U_d} \approx \frac{1}{4}\left(\frac{I_{bm}}{I_d}\right)^2 = \frac{1}{2}\left(\frac{I_b}{I_d}\right)^2$$

或

$$\delta U_d = \frac{1}{2}\left(\frac{U_b}{U_d}\right)^2$$

分析上式可知，如果有交流高压导体存在而引起的耦合电容电流的干扰，用电阻分压器和低压有效值电压表的测量系统测量直流试验电压，加在被试设备上的实际电压值有可能低于标准中规定的电压值，这样就有可能使不合格的被试设备通过试验。

为了减小或消除这种误差，可以采取远离交流高压导体和选用高阻器与微安表串联的测量系统进行测量，这种测量系统不受外界电磁场的影响，这也是在行业标准 DL/T 1015—2006 中首先推荐采用高阻器与微安表串联的测量系统测量直流试验电压的原因。在 ZGS 型试验中也采用这种测量系统。

7. 在直流高压试验中，脉动因数如何计算？其允许值是多少？

根据国家标准 GB 311.3—83 规定，在输出工作电压下直流电压的脉动因数 S 应按下式计算

$$S = \frac{U_{max} - U_{min}}{2U_d} \times 100\%$$

式中 U_{max}——直流电压的最大值；

U_{min}——直流电压的最小值；

U_d——直流电压的平均值。

U_{max}、U_{min}、U_d 的关系如图 4-5 所示。S 的允许值小于 3%。

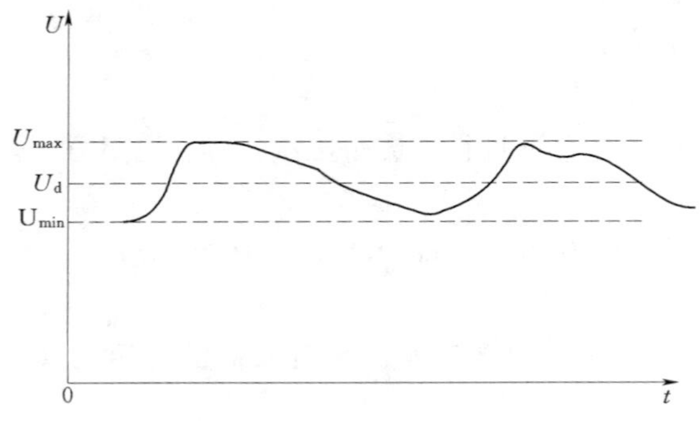

图 4-5 脉动电压波形

8. 测定直流试验电压脉动因数的方法有哪些？

由于脉动因数的定义为：$S = \frac{\delta U}{U_d}$，所以为计算脉动因数，首先要测量脉动电压幅值 δU，其主要方法有：

(1) 半波整流法。也称电容电流整流法，其原理接线如图 4-6 (a) 所示。

设被测电压为 u，当它随时间变化时，流过隔直电容 C（可用高压标准电容器）的电流 $i_C = C\frac{du}{dt}$。因 u 随时间作正弦变化，则 i_C 在相位上超前于电压 u90°作正弦变化。V_1 及 V_2

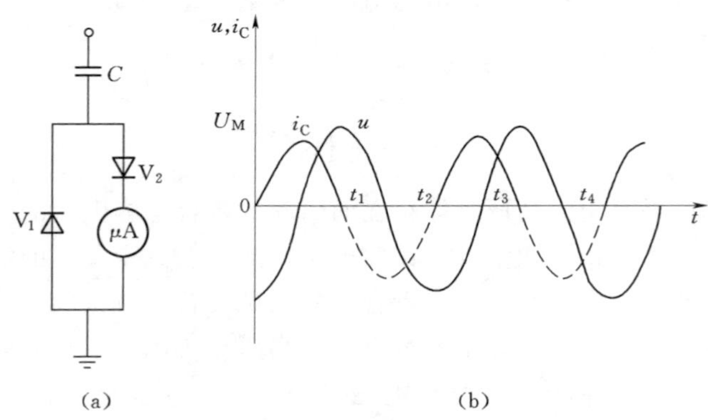

图 4-6 测量直流高压脉动幅值的半波整流法

(a) 接线图；(b) 原理图

为两个二极整流管，μA 为微安表。当 i_C 为正半波时，电流经 V_1 及微安表入地。从图 4-6（b）可以看出 $0\sim t_1$，$t_2\sim t_3$，…时间内整流管 V_1 导通，电流流过微安表；在 $t_1\sim t_2$，$t_3\sim t_4$，…时间内，则 V_1 不通而 V_2 导通，电流不流经微安表，故在一周期内，流过微安表的平均电流为

$$I_d = \frac{1}{T}\int_0^{t_1} i_C \mathrm{d}t = \frac{1}{T}\int_0^{\frac{T}{2}} C\frac{\mathrm{d}u}{\mathrm{d}t}\mathrm{d}t = \frac{C}{T}\int_{-\delta U}^{+\delta U}\mathrm{d}u = 2C\delta U/T = 2C\delta Uf$$

$$\delta U = \frac{I_d}{2Cf}$$

式中　f——直流高压电源频率。

可见，由微安表测得整流电流的平均值 I_d，即可算出脉动电压幅值。

（2）全波整流法。全波整流法的原理接线如图 4-7 所示。可见微安表在正负半周内均有电流流过，流过隔直电容 C 中的电流 $i_C = C\frac{\mathrm{d}u}{\mathrm{d}t}$，而流过微安表的平均电流为

$$I_d = \frac{4}{T}\int_0^{\frac{T}{4}} i_C \mathrm{d}t = \frac{4}{T}\int_0^{\frac{T}{4}} C\frac{\mathrm{d}u}{\mathrm{d}t}\mathrm{d}t$$

$$= \frac{4C}{T}\int_0^{+\delta U}\mathrm{d}U = \frac{4C}{T}\delta U = 4Cf\delta U$$

所以

$$\delta U = \frac{I_d}{4Cf}$$

可见，由微安表测得的整流电流的平均值 I_d，即可算出脉动电压幅值 δU。

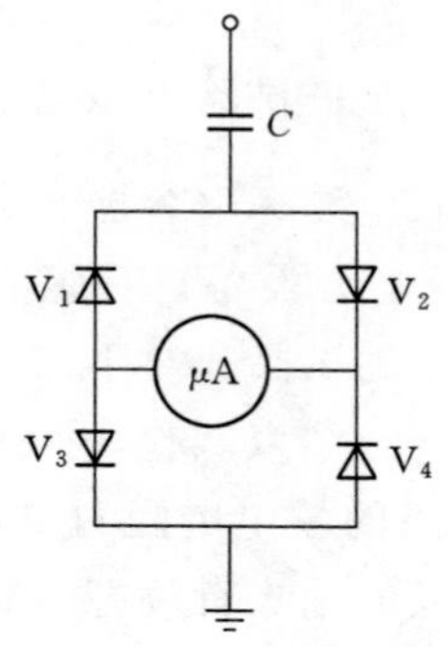

图 4-7　测量直流高压脉动幅值的全波整流法接线

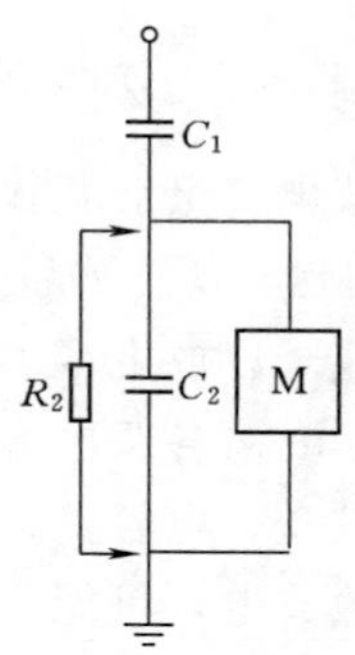

图 4-8　测量直流高压脉动幅值的分压器法

（3）分压器法。分压器法测量的原理接线如图 4-8 所示。图中 M 为显示仪器，只要用示波器或峰值电压表测出 C_2 两端的电压幅值 U_{2m}，即可得

$$\delta U = U_{2m}(C_1 + C_2)/C_1$$

式中　C_1——分压器高压臂电容；

C_2——分压器低压臂电容。

当用有效值表测量时，测出的是脉动电压的有效值。

若将 C_2 改为电阻 R_2，也可测出脉动电压的幅值或有效值。如果有效值为 U，R_2 上测得的电压有效值为 U_2，则

$$U_2/U = jR_2\omega C_1/(1 + jR_2\omega C_1)$$

当 $R_2\omega C_1 \gg 1$ 时，则 $U_2 \approx U$ 。

9. 在直流高压试验中，如何选择保护电阻器？

为了限制试品放电时的放电电流，保护硅堆、微安表及试验变压器，高压侧保护电阻器的电阻值可按下式选择：

$$R = (0.001 \sim 0.01)\frac{U_d}{I_d} \quad (\Omega)$$

式中 U_d——直流试验电压值，V；

I_d——试品电流，A。

当 I_d 较大时，为减少 R 发热，可取式中较小的系数。R 的绝缘管长度应能耐受幅值为 U_d 的冲击电压，并留有适当裕度。表 4-1 列出不同试验电压下，电阻器表面绝缘长度的最小值。

表 4-1　高压保护电阻器的参数

直流试验电压 /kV	电阻值 /MΩ	电阻器表面绝缘长度不小于/mm
60 及以下	0.3～0.5	200
140～160	0.9～1.5	500～600
500	0.9～1.5	2000

高压保护电阻器通常采用水电阻器，水电阻管内径一般不小于 12mm。采用其他电阻材料时应注意防止匝间放电短路。

10. 直流耐压试验后，如何进行放电？

试验完毕，首先切断高压电源，一般需待试品上的电压降至$\frac{1}{2}$试验电压以下，将被试品经电阻接地放电，最后直接接地放电。对于大容量试品，如长电缆、电容器、大电机等，需放电 5min 以上，以使试品上的充电电荷放尽。另外，对附近电力设备，有感应静电电压的可能时，也应予以放电或事先短接。经过充分放电后，才能接触试品。对于在现场组装的倍压整流装置，要对各级电容器逐级放电后，才能进行更改接线或结束试验，拆除接线。

对电力电缆、电容器、发电机、变压器等，必须先经适当的放电电阻对试品进行放电。如果直接对地放电，可能产生频率极高的振荡过电压，对试品的绝缘有危害。放电电阻视试验电压高低和试品的电容而定，必须有足够的电阻值和热容量。通常采用水电阻，电阻值大致上可为每千伏 200～500Ω。放电电阻器两极间的有效长度可参照高压保护电阻器的长度 l 选用。放电棒的绝缘部分的长度 l' 应符合安全规程的规定，并不小于放电电阻器的有效长度。放电棒的尺寸如图 4-9 所示。

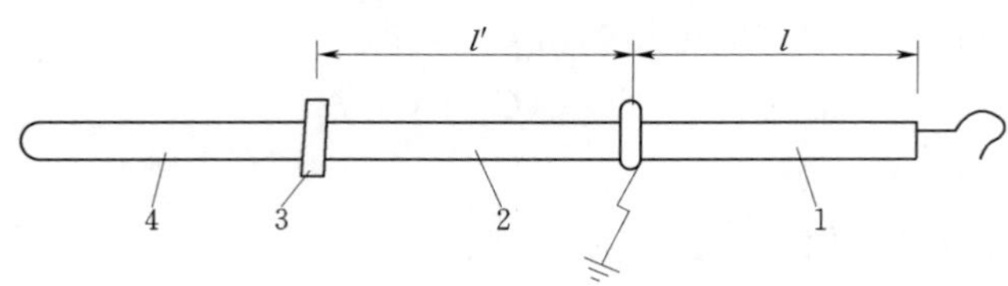

图 4-9　放电棒的尺寸

1—放电电阻器 R；2—绝缘部分；3—握手护环；4—握手处

11. 图 4－10 为泄漏电流试验中的短路开关和微安表的接线，按图 4－10 (b) 接线容易烧坏微安表，为什么?

这是因为按图 4－10（b）接线时，即使 S 处于闭合位置，由于引线电阻及开关 S 触头的接触电阻的压降作用在微安表上，可能将微安表烧坏。例如，有一块微安表，量程为 5μA，内阻为 2000Ω，接触电阻 R_1 与引线电阻 R_2 之和 $R_1+R_2=0.1(\Omega)$，当开关 S 处于闭合位置，流过开关的电流为 1A，这时，在 R_1 与 R_2 上的压降为 $\Delta U=1\times0.1=0.1$（V），这个电压降作用在微安表两端，使微安表中流过的电流为 $I_{\mu A}=\dfrac{0.1}{2000}=0.5\times10^{-4}$（A）$=50\mu A\gg5\mu A$，所以它将导致微安表烧坏。

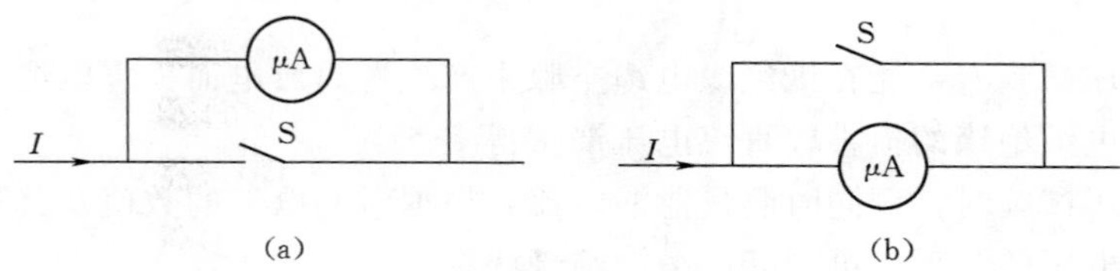

图 4－10 短路开关和微安表的接线

（a）正确接线；（b）不正确接线

若按图 4－10（a）接线，可以消除引线压降的影响，作用于微安表上的电压降低，从而流过微安表中的电流减小，保证了微安表的安全。

12. 在电力设备额定电压下测出的泄漏电流换算成绝缘电阻时，与兆欧表测量的数值较相近，但当高出额定电压较多时，就往往不一致了，为什么?

电力设备的绝缘在干燥的状态和接近额定的工作电压下，其泄漏电流值与电压成正比例，此时的绝缘电阻为常数，故在试验方法和仪器准确的条件下，测出的泄漏电流换算成绝缘电阻与兆欧表测得的数值较相近。但当试验电压高于试品额定电压较多时，由于绝缘表面粗糙和污秽，使端部泄漏、电晕等随着电压的升高而显著增加，此时绝缘电阻已非常数，故由泄漏电流换算出的绝缘电阻值就会低于兆欧表的测量值。

13. 当电力设备做直流泄漏电流试验时，若以半波整流获得直流电压，如不加滤波电容，而分别用球隙、静电电压表和永磁式电压表进行测量，测得的数值是否相同? 为什么?

半波整流电路在不加滤波电容（即为纯电阻负荷）时，电压输出波形每一个周期只有一个半波。用球隙测量电压时，球隙在峰值电场强度最大时击穿，测得电压为直流输出半波的峰值；静电电压表的转动力矩与两电极间施加的电压有效值成正比，故测得的是输出半波的有效值；永磁式电压表测得的是直流输出电压一个周期内的平均值。结果是球隙测得的电压最大，永磁式电压测得的电压最小。

14. 在分析泄漏电流测量结果时，应考虑哪些可能影响测量结果的外界因素?

在分析泄漏电流测量结果时，应考虑的外界影响因素主要有：

（1）高压引线及端头对地电晕电流。

（2）空气湿度、试品表面的清洁程度。

（3）环境湿度、试品湿度。

（4）试验接线、微安表位置。

（5）强电场干扰、地网电位的干扰。

（6）硅堆的质量。

15. 为什么纸绝缘电力电缆不采用交流耐压试验，而只采用直流耐压试验？

（1）电缆电容量大，进行交流耐压试验需要容量大的试验变压器，现场不具备这样的试验条件。

（2）交流耐压试验有可能在纸绝缘电缆空隙中产生游离放电而损害电缆，电压数值相同时，交流电压对电缆绝缘的损害较直流电压严重得多。

（3）直流耐压试验时，可同时测量泄漏电流，根据泄漏电流的数值及其随时间的变化或泄漏电流与试验电压的关系，可判断电缆的绝缘状况。

（4）若纸绝缘电缆存在局部空隙缺陷，直流电压大部分分布在与缺陷相关的部位上，因此更容易暴露电缆的局部缺陷。

16. 为什么交联聚乙烯电缆不宜采用直流高电压进行耐压试验？

（1）交联聚乙烯电缆绝缘在交、直流电压下的电场分布不同。交联聚乙烯电缆绝缘层是采用聚乙烯经化学交联而成，属整体型绝缘结构。其介电常数为2.1～2.3，且一般不受温度变化的影响。在交流电压下，交联聚乙烯电缆绝缘层内的电场分布是由介电常数决定的，即电场强度是按介电常数而反比例分配的。这种分布是比较稳定的。

在直流电压作用下，其绝缘层中的电场强度是按绝缘电阻系数而正比例分配的。然而，绝缘电阻系数分布是不均匀的。这是因为在交联聚乙烯电缆交联过程中不可避免地溶入一定量的副产品，如甲烷、乙酰苯、聚乙醇等，它们具有相对小的绝缘电阻系数，且在绝缘层径向的分布是不均的，所以，在直流电压下，交联聚乙烯电缆绝缘层中的电场分布不同于理想的圆柱体绝缘结构，而与材料的不均匀性有关。

另外，绝缘层的绝缘电阻系数受温度和场强的影响较油纸绝缘要大得多。可用下式表示

$$\rho = \frac{\rho_0 \mathrm{e}^{-\alpha\theta}}{E\gamma}$$

式中 E——工作或试验场强；

θ——温度；

α——温度系数，取为0.15/℃；

γ——系数，取为2.1～2.4。

由于在绝缘层中交、直流电压的电场分布不同，导致击穿不一致性。

（2）直流高电压试验不仅不能有效地发现交联聚乙烯电缆绝缘中的水树枝等绝缘缺陷，而且由于空间电荷的作用，还容易造成高电压电缆在交流情况下某些不会发生问题的地方，在进行直流高电压试验后，投运不久即发生击穿。例如，国际大电网会议（CIGRE）21—09工作组向欧美十几个国家调查，在15份答复中有5份报告了直流耐压后不久即发生运行事故

的情况。我国也有类似的报导，例如，某供电局 110kV 交联聚乙烯电缆，通过直流耐层试验后，投入电网运行时却发生击穿。

此外，电缆的某些部分，例如电缆头在交流情况下存在的某些缺陷，在直流高电压耐压试验时却不会击穿；而在交流情况下某些不会发生问题的地方，在直流高电压试验时却会击穿。

(3) 在现场进行直流高压试验时，发生闪络或击穿可能会对其他正常的电缆和接头的绝缘造成危害。

(4) 直流高电压试验有积累效应，它将加速绝缘老化，缩短使用寿命。

(5) 各国现有的直流耐压试验标准太低，直流试验电压绝大多数在 $4.0U_0$ 以下。我国国家标准《电气装置安装工程　电气设备交接试验标准》(GB 50150—2016) 规定，0.6～26kV 的橡塑电缆，交接试验的直流试验电压为 $4U_0$，而新的中压和高压交联聚乙烯电缆能耐受 $(6.0\sim8.0)U_0$ 直流电压，短时交流强度为 $(4.0\sim5.0)U_0$；有严重的气隙或缺陷的接头的直流强度远大于规定的 $4U_0$（交流强度却小于 $2.5U_0$）。《规程》虽将直流试验电压进行了修改，但 21/35kV 及以上者，其直流试验电压仍在 $3.0U_0$ 以下。

由于上述原因，人们考虑采用 50Hz 交流高电压进行试验，但又遇到试验设备笨重的困难。目前有的单位在研究采用 0.1Hz 超低频试验装置进行试验。

17. 为什么对自容式充油电缆的主绝缘在投运后一般不做直流耐压试验？

(1) 用其他试验进行监视。在运行中，外力可能对自容式充油电缆线路有破坏作用，这可以通过测量外护套的绝缘电阻和对油压进行监视；绝缘老化则可通过油性能变化进行监视。因此，无必要再进行直流耐压试验。

(2) 电压高，试验困难。自容式充油电缆的电压等级高，因此试验电压也高，而且在终端头周围还有许多其他电气设备，一般难以进行电压很高的耐压试验。

基于上述，对自容式充油电缆的主绝缘在投运后，除特殊情况外，一般不做直流耐压试验。

18. 为什么纸绝缘电力电缆做直流耐压及泄漏电流试验时，《规程》规定电缆芯导体接负极性电压？

在绝缘预防性试验中使用的直流电压，是由极性、平均值和脉动因数来表示。为了防止外绝缘的闪络和易于发现绝缘受潮等缺陷，《规程》规定采用负极性直流电压。对后者可作如下解释：

研究表明，电缆在运行中受潮后，有明显的电渗（在外加电场作用下，液体通过多孔固体的运动现象，称为电渗）现象。当电缆芯加正极性试验电压时，在电场作用下，水分被排斥，渗向铅包，绝缘中的水分相对减少，由于水带正电，所以泄漏电流就小，这样，就不易发现绝缘缺陷。当电缆芯导体加负极性试验电压时，由于水带正电，在电场作用下，水分由铅包渗过绝缘向电缆芯集中，使绝缘中的水分相对增加，所以泄漏电流增大，这样就能严格地判断受潮程度。同时，当绝缘有局部缺陷时，将引起局部电场畸变，这有助于使绝缘中的水分集中于局部缺陷区，从而易于发现绝缘局部缺陷。因此，测量泄漏电流时电缆芯导体施加负极性的试验电压。

对于前者的解释是由于极性效应负针正板的火花放电电压高于正针负板的火花放电电压，所以电缆芯导体施加负极性直流试验电压时外绝缘不易闪络。

19. 测量电力电缆的直流泄漏电流时，为什么在测量中微安表指针有时会有周期性摆动？

如果没有电缆终端头脏污及试验电源不稳定等因素的影响，在测量中直流微安表出现周期性摆动。可能是被试的电缆的绝缘中有局部的孔隙性缺陷。孔隙性缺陷在一定的电压下发生击穿，导致泄漏电流增大，电缆电容经过被击穿的间隙放电；当电缆充电电压又逐渐升高，使得间隙又再次被击穿；然后，间隙绝缘又一次得到恢复。如此周而复始，就使测量中的微安表出现周期性的摆动现象。

20. 测量10kV及以上电力电缆泄漏电流时，经常发现泄漏电流随电压升高而快速增长，这是否就能判断电力电缆有问题？在试验方法上应注意哪些问题？

测量10kV及以上电力电缆泄漏电流与直流耐压同时进行。试验电压分4～5级升至3～6倍额定电压值。因电压较高，随电压升高，引线及电缆端头可能发生电晕放电。在直流试验电压超过30kV以后，对于良好绝缘的电力电缆的泄漏电流也会明显增加，所以出现泄漏电流随试验电压上升而快速增长的现象，并不一定说明电力电缆有缺陷。此时必须采用极间障、绝缘层或覆盖，并加粗引线，增大引线对地距离等措施，以减小电晕放电产生的杂散泄漏电流，然后再根据测量结果判断电力电缆的真实绝缘水平。

21. 导致电力电缆泄漏电流偏大测量误差的原因是什么？如何抑制或消除？

测量电力电缆的泄漏电流时，由于施加的试验电压较高，致使电缆的终端头，特别是室内干封头的电场强度较大，容易产生电晕现象。实测表明，即使将微安表接在高压侧并加以屏蔽，而且高压引线采用屏蔽线，但是如果对电缆终端头的出线铜杆裸露部分不采取任何措施，是电缆终端头在直流试验电压作用下产生的电晕将严重地影响泄漏电流的测量结果，导致明显的偏大测量误差，如表4-2所示。当空气潮湿或电缆终端头与周围接地部分间空气距离较小，或电缆终端头本身的相间距离较小时，这种偏大的测量误差将更加显著。另外，在逐级升压过程中，泄漏电流常常会在某一试验电压下迅速升高，类似电缆有缺陷的现象，导致试验人员误判断。

表4-2　某10kV电力电缆泄漏电流的测试结果　单位：μA

电缆终端头电场情况/kV	30	40	50
未采取改善电场措施	6.5	17	38
采取改善电场措施	0.5	1	3

抑制或消除电晕对偏大测量误差影响的主要措施有两个。

（1）采用极间障改变不对称电场中的极间放电条件。根据气体放电理论，在不均匀不对称电场中，放置一个极间障，能改善极间电场分布，从而改变极间放电条件，使电晕及放电电压均可大大提高。根据这一理论，在测量电力电缆泄漏电流时，若在施加试验电压相的裸露终端头处设置一极间障，则可以减小出线铜杆的电晕影响，从而减小泄漏电流偏大的测量误差。具体做法是用35kV多油断路器消弧室屏蔽罩或其他绝缘纸筒套在终端头上，由于户外终端头相间空气距离较大，影响较小，所以

通常套在户内终端头上。表 4-2 中的改善措施就是加装极间障，可见效果非常显著。

（2）采用绝缘层改善引线表面的电场以减小电晕的影响。根据绝缘理论，在不均匀电场中，曲率半径小的电极上包缠固体绝缘层会使引线表面的电场得到改善，从而使电晕电流减小，提高测量的准确性。现场的通常做法是将绝缘手套套在终端头上，这是一种简便有效的方法。

22. 为什么统包绝缘的电力电缆做直流耐压试验时，易发生芯线对铅包的绝缘击穿，而很少发生芯线间的绝缘击穿？

对统包电力电缆做直流耐压试验时，系一芯对其他两芯及铅包间加电压，由于绝缘击穿一般发生在铅包损坏，绝缘受潮后，且芯间绝缘厚度较芯线对铅包绝缘厚度为厚，所以一般绝缘击穿发生在芯线对铅包间，而很少发生在芯线间。

23. 为什么《规程》规定，电力电缆线路的预防性试验耐压时间为 5min？

纸绝缘电力电缆的耐压试验普遍采用是直流耐压，其优点之一就是击穿电压与电压作用时间的关系不大。大量实验证明：当电压作用时间由几秒钟增加到几小时时，击穿电压只减小 8%～15%，而一般缺陷都能在加全压后约 1～2min 内发现。所以，若 5min 内泄漏电流稳定不变，不发生击穿，一般说明电缆良好。

24. 电力电缆做直流耐压试验时，为什么要在冷状态下进行？

因为温度对泄漏电流的影响极大，温度上升，则泄漏电流增加。如果在热状态下进行试验，往往泄漏电流的数值很大，并随着加压时间增长而加大，甚至可能导致热击穿。另外，在热状态时，高电场主要移向到靠近外皮的绝缘层上，使整个绝缘上电压分布不均匀。所以，为了保证试验结果准确和不损伤完好的电缆，试验最好在冷状态下进行并记录土壤温度，以便对照。

25. 为什么做避雷器泄漏（电导）电流试验时要准确测量直流高压，而做电力电缆、少油断路器泄漏电流试验时却不要求十分准确测量直流高压？

阀型避雷器（FZ 型）的并联电阻是非线性电阻。当加在其上的直流高压有很小变化时，其泄漏（电导）电流变化很大（一般电压变化 3%，电流变化 12%）。如不准确测量直流电压，往往会引起很大测量误差。其试验标准又规定了严格的泄漏（电导）电流范围，且非线性系数又是按不同电压下电导电流计算的，所以必须准确测量直流高电压和泄漏（电导）电流。当电压少许变化时，少油断路器、电力电缆的直流泄漏电流，基本按线性关系变化或不变，所以可以在低压电压表换算出高压直流电压下试验，而不十分准确测量高压直流电压也能满足试验要求。

26. 为什么避雷器在做泄漏电流试验时需要并联一个电容器，而电缆和变压器则不需要？

在做避雷器的泄漏电流试验时，常采用半波整流方式，其脉动因数很大。避雷器是非线性元件，由于直流电压有微小的波动，则会引起电导电流很大的变化，造成较大的误差，所以要并联一个滤波电容器以减小脉动因数。

电缆和变压器本身对地电容较大，能起到滤波作用，因此不必另外并联滤波电容器。

27. 绝缘电阻较大的带并联电阻的 FZ 型避雷器，其直流电压下的电导电流是不是一定比绝缘电阻较小的避雷器小？

不一定。FZ 型避雷器的并联电阻系非线性电阻。其伏安特性为 $U = CI^{\alpha}$ ，C 为材料常数，α 为非线性系数。制造厂出厂的 FZ 型避雷器并联电阻的非线性系数 α 一般为 0.35～0.45。因此，每只避雷器并联电阻的伏安特性是不同的。绝缘电阻试验的直流电压为 2.5kV，而电导电流试验时直流试验电压远大于 2.5kV（一般为 16～24kV）。由于伏安特性不同，在 2.5kV 电压下绝缘电阻大的避雷器，在电导电流试验的直流高电压下相应的电阻值，既可能较大也可能相对较小。因此，直流电导电流试验时绝缘电阻（2.5kV 电压下）较大的避雷器不一定比绝缘电阻较小的避雷器的电导电流小。

28. FZ 型和 FS 型阀式避雷器在做预防性试验时，为什么前者不做工频放电试验而要做电导电流试验，后者却要做工频放电试验？

因为两种阀式避雷器的结构不同。FZ 型避雷器的间隙组有并联分路电阻，当工频电压作用于分路电阻时，随着电压增加，其电导电流急增，而分路电阻的热容量甚小，故要求做工频放电试验时的升压时间不得超过 0.2s，而运行单位是很难达到这一要求的，所以 FZ 型不做工频放电试验。为检查分路电阻的完整性和密封情况，应做电导电流试验，并计算非线性系数 α 值。FS 型避雷器无分路电阻，所以不必做电导电流试验，但要做工频放电试验及泄漏电流试验。

29. FZ 型避雷器的电导电流在一定的直流电压下规定为 400～650μA，为什么低于 400μA 或高于 650μA 都有问题？

FZ 型避雷器内的串联放电间隙组都并有一个非线性电阻。当间隙正常时，试验电流主要经并联电阻形成回路。若电阻值基本不变，则在规定的直流电压下，非线性电阻的电导电流应在 400～650μA 范围内。若电压不变，而电导电流超过 650μA，则说明并联电阻变质或放电间隙片间受潮而增加电流分路。如电流低于 400μA，则说明电阻变质，阻值增加，甚至断裂。

30. 在预防性试验中，FZ 型阀式避雷器电导电流的试验电压是如何确定的？

FZ 型阀式避雷器是由火花间隙、并联电阻，阀片等组成，每四个火花间隙放置于 1 个小瓷套内，组成火花间隙组，其上并联一对并联电阻，当其中流过的电导电流为 600μA 时，电压降为 4000V±50V，因此，在《规程》中，测量阀式避雷器电导电流的试验电压是按每对并联电阻施加 4kV 电压来确定的。例如 FZ－15 具有 16 个火花间隙，组成 4 个火花间隙组，装设 4 对并联电阻，所以试验电压为 16kV。

31. 两组由 4×FZ－30 组成的 FZ－110J 型阀式避雷器试验都合格，但电导电流不同，选用哪一组较好？

应选用电导电流大的一组。因为 4×FZ－30 组成的 FZ－110J 阀式避雷器在运行时应力求分布在每节上的电压均匀，而分布在每节上的电压决定于避雷器本身流过的电导电流以及对地杂散电容电流。所以尽管安装了均压环，但实测表明，分布在每节上的电压是从上到下减小的。因对地的杂散电容电流基本不变，当电导电流较大时，杂散电容电流的影响可相对小一些，所以应当选用电导电流较大的一组，可使电压分布较均匀。

32. 带电测量磁吹避雷器的交流电导电流时，为什么采用 MF－20 型万用表，而不采用其他型式的万用表？

因为测量时 MF－20 型万用表选择在 1.5μA 挡位上，此时表的内阻仅为 10Ω，而放电记录器内阀片的电阻约为 1～2kΩ，所以流过 MF－20 型万用表的电流基本等于流过磁吹避雷器的交流电导电流。

其他型式万用表的交流毫安挡的内阻较大，其测量误差很大。

用这一方法也可以测量有放电记录器的普通阀式避雷器的电导电流。

33. 如何带电测量 FZ 型避雷器的电导电流？

带电测量 FZ 型避雷器电导电流的原理图如图 4－11 所示。在图 4－11 中，非线性电阻固定在长 1.5m、直径为 40mm 的绝缘管（宜选用透明有机玻璃绝缘管）内。管内电阻选用 FZ 型阀式避雷器的非线性并联电阻。其阻值要求用 2.5kV 兆欧表测量时为 1200～1800MΩ。为防止运输过程中电阻杆内电阻连接松动或断裂，应在每次测量前用 2.5kV 兆欧表测量电阻杆的电阻值，符合要求后方可使用。

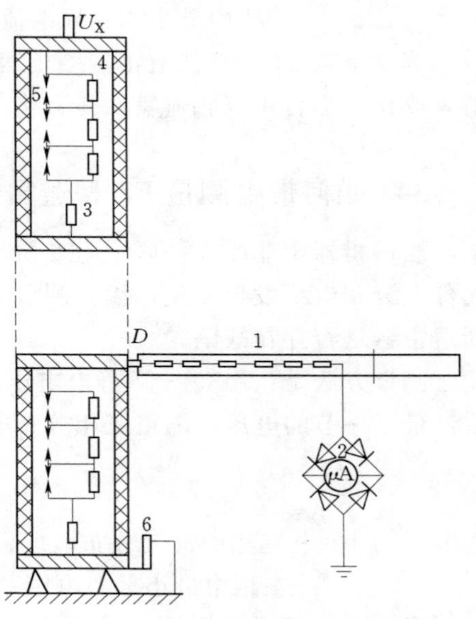

图 4－11　带电测试 FZ 型避雷器交流电导电流原理图

1—非线性电阻杆；2—直流微安表；3—阀片；4—并联电阻；5—放电间隙；6—放电记录器

测量时，仅需测量多元件组成的阀式避雷器的最下一节上端（图 4－11 中的 D 点）的电导电流。此时电导电流如图 4－12 所示，流过 D 点的电流 I，即

$$I = I_1 + I_2$$

当任何一节避雷器发生并联电阻老化、变质、断裂或进水受潮等缺陷时，其电阻值将发生变化。从而使测量的交流电压下的电导电流 I_2 发生变化，现场可以根据 I_2 的大小，历次测量结果的变化以及三相间电流的差别来分析运行中避雷器的绝缘缺陷，或者决定是否应在停电条件下进行常规的预防性试验。根据 I_2 进行分析的方法如下：

（1）若最下节避雷器受潮（短路），例如 FZ－110J 由 4 节 FZ－30J 组成，当最下节短路后，交流运行电压全部分配在上 3 节上，只要每节分配的电压低于 FZ－30J 的最大允许工作电压（灭弧电压）25kV

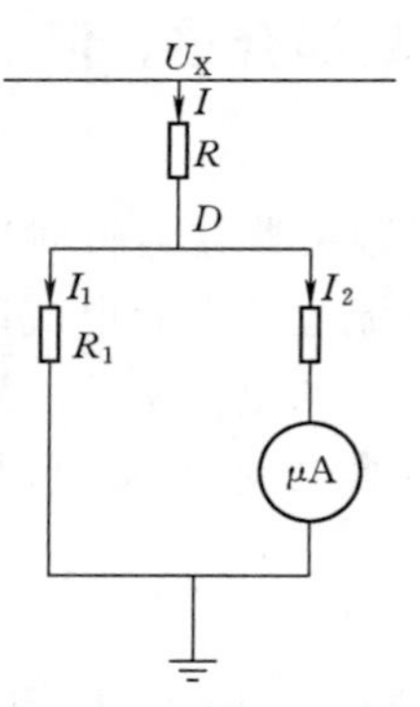

图 4-12 测量交流电导电流的等值电路

R—除最下节以外其余各元件的串联等值电阻；R_1—最下一节的等值电阻

(有效值）时，避雷器是不会爆炸的。但此时整组避雷器已有很严重的缺陷，不能满足防雷保护的要求，必须停止运行。当下节短路后 $R_1 \approx 0$ 时，电流 I 在 D 点处按 R_1、R_2 的电阻值来分配。因 $R_1 \approx 0$，所以 $R_2 \gg R_1$，则 $I_2 \approx 0$，故 $I_1 \approx I$，此时测得的电导电流 I_2 很小，甚至为零。

(2) 最下节避雷器断裂，此时 R_1 的电阻值很大，而 $R_1 \gg R_2$，因此电流 I 在 D 点仍按 R_1、R_2 电阻值分配，则 $I_1 \approx 0, I_2 \approx I$。此时测得的电导电流 I_2 较正常值要大得多。

(3) 上部某节避雷器并联电阻老化、阻值减小或受潮，此时设最下一节元件符合要求，由于上部某节电阻减小而使正常电阻的其他元件分配电压相对增大，即最下节避雷器上的电压较无故障时的分配电压值要高。且由于 R_2 为非线性电阻，电压微小的增加能使电导电流 I_2 产生较大的增加，这样测量的电导电流较正常时要增大许多，易于检出缺陷。

(4) 上部某节并联电阻老化使阻值增加，此时该节分配的电压增加，从而使其余各节避雷器分配电压降低，最下一节上的电压也相应减少，因此使测量的电导电流 I_2 减小。现场测量主要是根据历次测量结果和三相电导电流的相互比较进行分析判断。

(5) 测量时应同时测量三相交流电压下的电导电流。相间电导电流的不平衡系数 γ_i 按下列公式计算

$$\gamma_i = \frac{I_{max} - I_{min}}{I_{min}} (\%)$$

式中 I_{max}——三相中最大相电导电流；

I_{min}——三相中最小相电导电流。

当 $\gamma_i > 25\%$ 时，应使避雷器停止运行，并在停电条件下进行常规预防性试验。当 $\gamma_i < 25\%$ 时，则认为运行中三相避雷器是合格的，可不进行常规的预防性试验。

34. 如何带电测量 FZ 型避雷器的交流分布电压？

当避雷器中非线性并联电阻变质、老化、断裂、受潮时，其阻值发生变化，从而使每个元件上分布电压发生变化，因而测量最下一节避雷器在运行电压下的分布电压，能够分析判断避雷器是否存在缺陷。

测量方法是：用 Q_3-V 静电电压表测量图 4-12 中 D 点的对地电压，即运行中 FZ 型避雷器最下一节的电压。测得三相分布电压后，可计算电压的不平衡系数 γ_u，即

$$\gamma_u = \frac{U_{max} - U_{min}}{U_{min}} (\%)$$

式中 U_{max}——三相中最大分布电压；

U_{min}——三相中最小分布电压。

当 $\gamma_u < 15\%$ 时，认为合格；当 $\gamma_u > 15\%$ 时，建议避雷器停止运行或进行常规预防性试验，进一步鉴定其是否可以继续运行。

顺便指出，除上述方法外，有的单位用 MF-20 型万用表并接在记录器两端测量分布电压，也取得好的经验。

35. 如何测量FCZ型避雷器的电导电流？

测量方法主要有：

（1）串联测量法。如图4-13所示，将MF-20型万用表串接于放电记录器与地之间，并接FYS-0.25压敏电阻作保护，当表计接好后，拉开短路开关（或短接压板），测得电导电流后，即刻合上短路开关（或短接压板）。

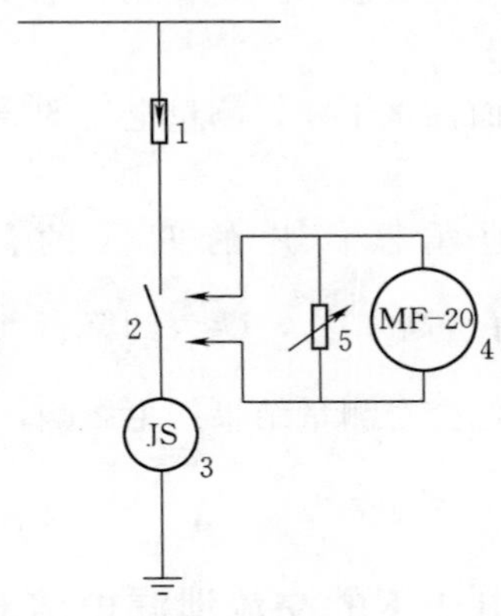

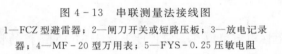

图4-13　串联测量法接线图

1—FCZ型避雷器；2—闸刀开关或短路压板；3—放电记录器；4—MF-20型万用表；5—FYS-0.25压敏电阻

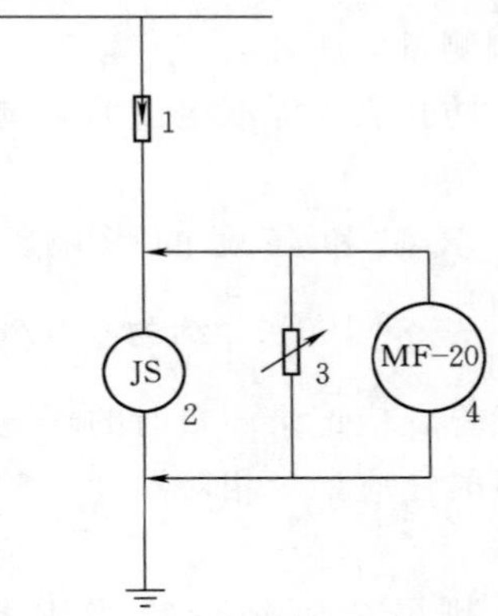

图4-14　并联测量法接线图

1—FCZ型避雷器；2—放电记录器；3—FYS-0.25压敏电阻；4—MF-20型万用表

（2）并联测量法。如图4-14所示，将MF-20型万用表并接于放电记录器两端即可测量。因JS型放电记录器的内阻一般为1～2kΩ，而MF-20型万用表的交流电流部分由于采用了放大器，可以测得微弱的信号电流和电压，其内阻仅10Ω左右，因此测量时流过磁吹避雷器的交流电导电流主要经MF-20型万用表中流过，所以可以用这种方法进行测量。

测量时的注意问题如下：

（1）宜在MF-20型万用表两端并接FYS-0.25压敏电阻进行保护。

（2）为避免万用表内阻的影响，测量时最好固定在某一量程测量。

（3）记录系统电压、温度、湿度以及所用表计及挡位，以便更好分析测试数据。

对测量结果的判断方法是进行以下比较：

（1）三相避雷器相间相互比较。

（2）与上次测量数据比较。

当相间比较差达1倍以上，或与上次数据比较增大30%～50%时，应加强监视，分析原因。必要时停电复测。

华东电管局规定，FCZ_1、FCZ_2的电导电流一般控制在250～380μA左右；FCZ_3的电导电流一般控制在80～150μA左右。

最后指出，上述方法也适用FZ型阀式避雷器。

36. 测量金属氧化物避雷器直流1mA电压（U_{1mA}）时应注意的问题是什么？

当无间隙金属氧化物避雷器中通过1mA直流电流时，被试品两端的电压值称为U_{1mA}。测量U_{1mA}时应注意的主要问题有：

(1) 根据《交流无间隙金属氧化物避雷器》(GB 11032—2010) 规定，直流电压脉动部分应不超过±1.5%。ZGS系列直流高压试验器的输出电压脉动因数小于0.5%，因此可满足试验要求。

(2) 准确读取U_{1mA}。因泄漏电流大于200μA以后，随电压的升高，电流急剧增大，故应仔细地升压，当电流达到1mA时，准确地读取相应的电压U_{1mA}。行业标准《现场绝缘试验实施导则》(DL 474.1～5—2006) 推荐采用高阻器串微安表（用电阻分压器接电压表）在高压侧测量电压。

(3) 防止表面泄漏电流的影响。测量前应将瓷套表面擦拭干净。测量电流的导线应使用屏蔽线。

(4) 气温和湿度的影响。通常金属氧化物避雷器阀片的U_{1mA}的温度系数$\left[\frac{U_2-U_1}{U_1(t_2-t_1)}\times 100\%\right]$约为0.05%～0.17%，即温度每增高10℃，$U_{1mA}$约降低1%，为便于温度换算，应记录测量时的环境温度。由于相对湿度也会对测量结果产生影响，为便于分析，测量时还应记录相对湿度。

37. 测量金属氧化物避雷器（MOA）在运行电压下的交流泄漏电流对发现缺陷的有效性如何?

测试表明，在运行电压下测量全电流、阻性电流可以在一定程度上反映MOA运行的状态。全电流的变化可以反映MOA的严重受潮、内部元件接触不良、阀片严重老化，而阻性电流的变化对阀片初期老化的反应较灵敏。

运行统计表明，MOA事故主要是受潮引起的，而老化引起的损坏则极少。据西安电瓷厂对1991年5月前产品运行中遭损坏的9相MOA的事故分析统计，其中78%是因密封不良侵入潮气引起的；另外22%则是因装配前干燥不彻底导致阀片受潮。

基于上述，在运行电压下测量全电流的变化对发现受潮具有重要意义。

例如，福建某电业局曾在运行电压下测量某变电所中两组110kV MOA的全电流，测试结果如表4-3所示。

表4-3　两组110kV MOA在运行电压下的全电流值

序号	测量日期/(年.月.日)	Ⅱ段母线/μA			主变压器/μA			环境温度/℃
		A	B	C	A	B	C	
1	1991.7.12 交接	600	600	600	600	610	610	30
2	1991.7.12	600	595	610	600	610	600	35
3	1991.9.5	630	610	610	610	610	610	28
4	1992.1.2	620	630	620	620	630	610	15
5	1992.4.5	650	630	625	650	780	650	20
6	1992.4.14	700	640	630	710	920	700	20
7	1992.4.17	800	650	630	780	1080	750	21
8	1992.4.20	910	650	640	830	1250	850	22
9	1992.4.21 停役后复查	910	650	640	830	1250	850	20

注　各次测量时，110kV母线电压在117～119kV间。

由表中数据可见，该变电所Ⅱ段母线A相及主变压器A、B、C三相MOA在运行电压下的全电流明显增大（分别增大了52%、30%、77%、23%），说明上述4相MOA存在受潮的潜伏故障，经解体证实，确属内部受潮。由此可见，测量MOA在运行电压下的全电流对发现MOA受潮还是有效的。

另外，在运行电压下测量MOA的全电流具有原理简单、投资少、设备比较稳定、受外界干扰小等特点，所以应当继续积累经验。

目前国内已生产出两种测量泄漏全电流的测试仪，据报道，已检出多起MOA老化和受潮。

(1) JSH型避雷器漏电流及动作记录器。该产品集毫安电流表和计数器为一体，能够实现避雷器的在线监测。有两种型号：

1）JSH－1A型。与330～500kV电网的金属氧化物避雷器配套。

2）JSH－B型。与220kV及以下电网的金属氧化物避雷器、FCZ型磁吹避雷器及FZ型普通阀式避雷器配套。

(2) JC_1－MOA在线监测仪。主要用来在运行中显示MOA的泄漏全电流及记录MOA动作次数。已运行10000相左右。主要型号有：

1）JC_1－10/600。与35～220kV MOA配套。

2）JC_1－20/1500。与330～500kV MOA配套。

38. 什么是金属氧化物避雷器的初始电流值、报警电流值？报警电流值是多少？

MOA的初始电流值是指在投运之初所测得的通过它的电流值，也称初期电流值，简称初始值。此值可以是交接试验时的测量值，也可以是投产调整试验时的测量值。如果没有这些值，也可用厂家提供的值。

MOA的报警电流值是指投运数年后，MOA的电流逐渐增大到应对其加强监视，并安排停运检查的电流值。根据GB 11032—2010中的技术参数、当前我国电力系统运行的MOA的基本特性以及MOA的伏安特性，表4－4给出了MOA的报警电流值。

表4－4　MOA的报警电流值　　单位：μA

检查项目	系统类别	初始电流值	报警电流值
电阻性电流	中性点非有效接地系统	15～60①	50～240①
	中性点有效接地系统	100～250①	300～550①
全电流	中性点非有效接地系统	100～300	150～400
	中性点直接接地系统	350～550② 600～1050③	500～700 800～1250

注　1. 初始电流值和报警电流值随荷电率和片子尺寸不同而变化。
　　2. 更高电压等级MOA和使用大片子或多柱并联的MOA可以参照本表折算。

① 正峰值。

② 相应110～220kV系统用的国产MOA，一般使用ϕ50mm、ϕ56mm、ϕ66mm片子。

③ 引进的MOA的电流值，110～220kV系统一般使用ϕ48～62mm的片子。

39. 如何用QS_1型西林电桥测量金属氧化物避雷器的泄漏电流？

测量原理接线如图4－15所示。测量方法如下：

（1）测量基波分量。测量时，施加系统正常相电压，合上检流计开关 S，调节 R_3、C_4 使电桥平衡。此时在 R_3 支路及 R_4、C_4 并联支路中，不但有基波分量电流，而且有三次谐波分量电流，但数值不等。由于平衡指示器的谐振频率只为基波分量，所以此时电桥的平衡只是对于基波分量而言的，即

$$U_{A01}=U_{B01}$$

（2）测量基波与谐波分量。电桥平衡后，拉开检流计开关 S，此时金属氧化物避雷器非线性特性所产生的 3 次谐波分量（其他分量略去）只通过 R_3 支路，不能再通过 $G\rightarrow R_3\rightarrow R_4$ 和 C_4 的并联支路，所以拉开检流计开关 S 后，测量电压 U_{A0} 是 3 次谐波与基波电流共同作用在 R_3 上的合成值，测量 U_{A0} 电压后即可通过计算得出在系统正常相电压作用下通过金属氧化物避雷器的总电流，即

$$I_{t1,3}=\frac{U_{A0}}{R_3}$$

拉开检流计开关后，由于 R_3 支路有 3 次谐波及基波电流分量，而 C_4 与 R_4 并联支路中无 3 次谐波电流通路，此时电压 U_{A0} 与 U_{B0} 的关系将为下式

$$U_{A0}=U_{A01}+U_{A03}$$

$$U_{B0}=U_{B01}$$

$$U_{AB}=U_{A0}-U_{B0}=U_{A01}+U_{A03}-U_{B01}=U_{A03}$$

测得的 U_{AB} 即是 3 次谐波电流在电阻 R_3 上产生的电压，所以 3 次谐波电流为

$$I_3=\frac{U_{AB}}{R_3}$$

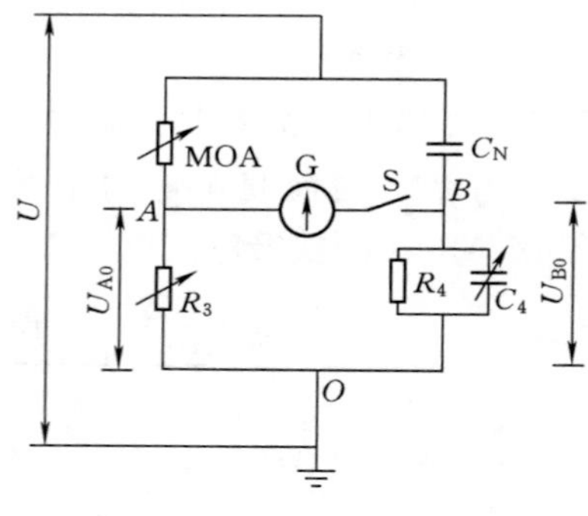

图 4-15　测量原理图

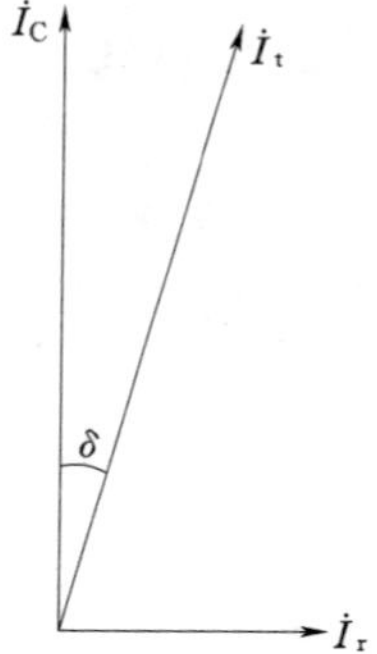

图 4-16　金属氧化物避雷器在系统运行状态下的相量图

由于金属氧化物避雷器的等值电路是由晶界层非线性电阻 R 和阀片电容 C 并联而成，所以在系统运行作用下的相量图如图 4-16 所示。图中的 δ 角可由 QS_1 电桥直接测出的金属氧化物避雷器的介质损耗因数 $\tan\delta$ 计算出来，即

$$\delta=\arctan\delta$$

综上所述，工频有功电流为

$$I_r=I_t\sin\delta=\frac{U_{A01}}{R_3}\sin\delta=\frac{U_{B01}}{R_3}\sin\delta=\frac{U_{B0}}{R_3}\sin\delta$$

容性电流为

$$I_C = I_t\cos\delta = \frac{U_{A01}}{R_3}\cos\delta = \frac{U_{B01}}{R_3}\cos\delta = \frac{U_{B0}}{R_3}\cos\delta$$

平均功率损耗为

$$P_W = I_r U$$

阻性电流分量在某一时刻的峰值为

$$I_{R\cdot P} = \sqrt{2}(I_1 + I_3)$$

综上所述，当在金属氧化物避雷器上加系统运行电压后，调节 QS_1 电桥并使之平衡，然后拉开检流计开关 S，用数字万用表测量电压 U_{A0}、U_{B0}、U_{AB}及电桥体指示值 R_3、$\tan\delta\%$ 值，再根据下列公式即可得到通过金属氧化物避雷器的总电流、阻性分量电流、容性分量电流、3 次谐波分量电流及平均功率损失，即

$$\delta = \arctan\delta$$

$$I_{t1,3} = U_{A0}/R_3$$

$$I_3 = U_{AB}/R_3$$

$$I_r = \frac{U_{B0}}{R_3}\sin\delta$$

$$I_C = \frac{U_{B0}}{R_3}\cos\delta$$

$$P = I_r U$$

$$I_{R\cdot P} = \sqrt{2}(I_1 + I_3)$$

应当指出，现场测量时，由于 QS_1 西林电桥配用的标准电容器工作电压最高只有 10kV，对系统电压在 10kV 以上的金属氧化物避雷器就不能在电容器上直接施加运行电压，这时只有将施加于金属氧化物避雷器上的运行电压和施加于 QS_1 桥体上的工作电压分开，这样既能取得工频标准比较量，又能在运行电压下测量金属氧化物避雷器各分量电流。

现场测量的实际接线如图 4 - 17 所示。

某电厂对一台 Y10W - 200 型金属氧化物避雷器的测量结果如表 4 - 5 所示。

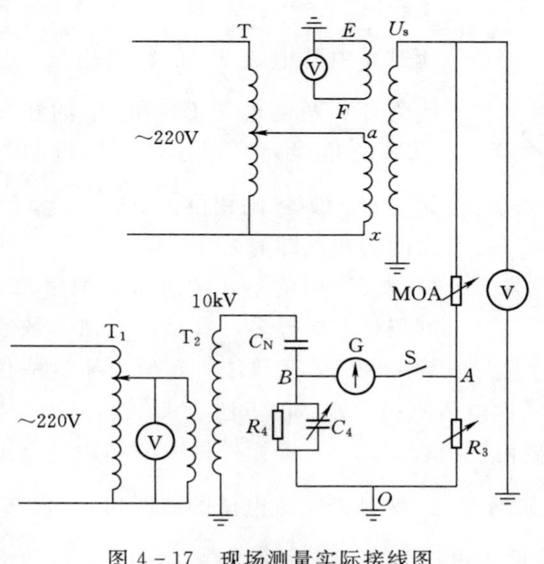

图 4 - 17　现场测量实际接线图

表 4 - 5　　测 量 结 果

项　　目	上　节	下　节
施加电压/kV	63.5	63.5
$\tan\delta$/%	20	19.7
R_3/Ω	907	932
U_{A0}/V	0.058	0.514
U_{B0}/V	0.507	0.515
U_{AB}/V	0.019	0.017
$I_t/\mu A$	560.1	551.5
$I_r/\mu A$	109.63	106.8
$I_1/\mu A$	548.13	552.58
$I_3/\mu A$	20.95	18.24
$I_{R\cdot P}/\mu A$	184.64	176.81
P_W/W	6.96	6.78

40. 说明 DXY－1 型金属氧化物避雷器泄漏电流测试仪的原理和测量方法。

（1）测量原理。如图 4－18 所示的金属氧化物避雷器的等值电路可以近似地用电阻和电容并联来表示。正常运行时，金属氧化物避雷器跨接于相线和地线之间，因此，作用于避雷器上的电压（相电压 U_{xg}）和流过其中的电流 I_x 之间将产生相角差 φ。如果以电源电压 U_{xg} 为基准相量，则通过避雷器的电压电流相量图如图 4－19 所示。由图 4－19 可见，只要测出 φ 角和 I_x 就可以简便地计算出有功分量 I_R 和无功分量 I_C，即

$$I_R = I_x\cos\varphi \tag{4-1}$$

$$I_C = I_x\sin\varphi \tag{4-2}$$

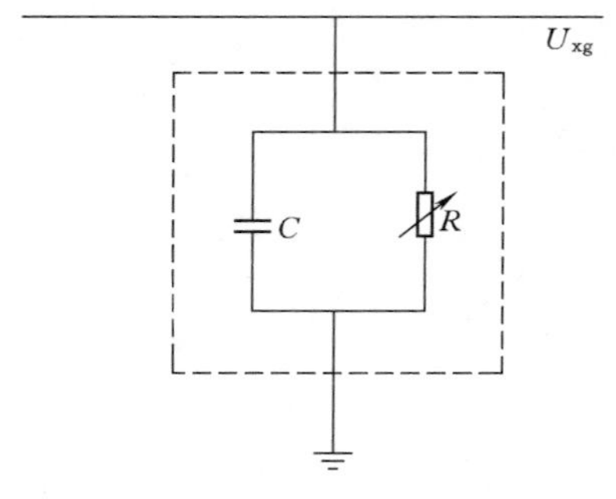

图 4－18　金属氧化物避雷器等值电路

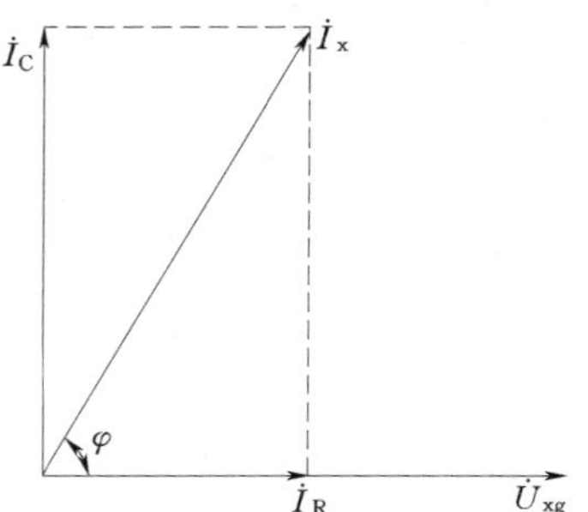

图 4－19　金属氧化物避雷器电压电流相量图

由于 I_x 是金属氧化物避雷器的总电流，它可以用串接在避雷器下端的直流表测得，如图 4－20 所示，而 φ 角采用线性电压法测相差的原理进行测量。

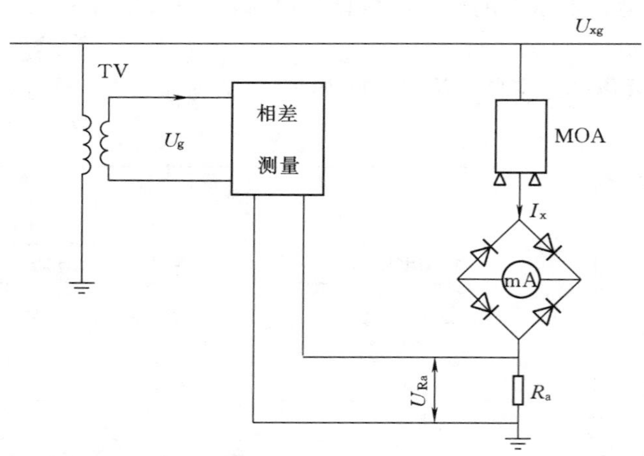

图 4－20　金属氧化物避雷器泄漏电流及相角差测量原理图

图 4－20 是金属氧化物避雷器泄漏电流及相角差测量原理接线图，图中 R_a 是为测量而串入的纯电阻，对于纯电阻来说，其两端的电压 $\dot{U}_{Ra}$ 和流过其中的电流 $\dot{I}_x$ 必然同相位。又因为 TV 两侧电压 $\dot{U}_{xg}$ 和 $\dot{U}_g$ 的相差（TV 的角误差）很小，可以近似地认为 $\dot{U}_{xg}$ 和 $\dot{U}_g$ 同相位，所以 $\dot{U}_{Ra}$ 和 $\dot{U}_g$ 之间的相差即为 φ 角。

（2）相角差 φ 的测量。相角差 φ 的测量方法很多，有示波器法、数字频率表法、微机法等，但由于这些仪器笨重且昂贵，操作也不够简便等，所以选用线性电压测相角差 φ 的方法。

图 4－21 为线性电压形成的原理图，它主要由三极管 V_1、V_2 等元件构成的相敏电路组成，其极性如图所示。因此，$\dot{U}_g$ 与 $\dot{U}_{Ra}$ 同相时加到 V_1、V_2 基极交流电压的波形相差 180°。

显然，只有在 V_1 与 V_2 都截止，即三极管输入电压 $\dot{U}_{Ra}$、$\dot{U}_g$ 都是负的瞬间，a 点的电

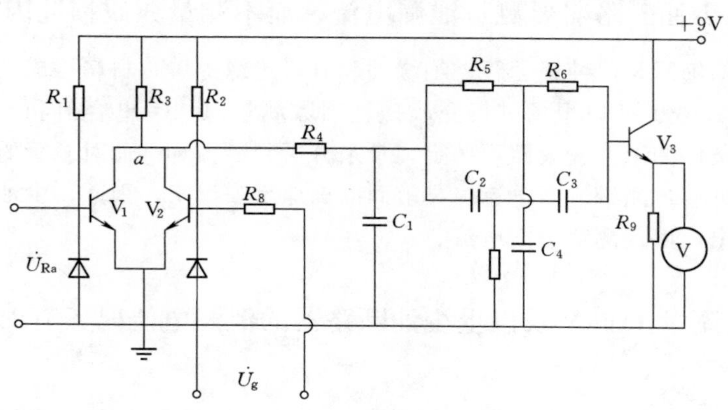

图 4-21　线性电压形成电路图

位才为高电位，从这个意义上讲，三极管 V_1 与 V_2 构成“与”电路；反之，当 V_1、V_2 中任何一个管子基极电位为正，则由于该三极管导通，a 点电位即为低电位，从这个意义上讲它又是“或”逻辑。当 $\dot{U}_g$ 与 $\dot{U}_{Ra}$ 的相差不等于零时，a 点电位的波形 u_a 如图 4-22 所示，它又是一系列幅值一定、宽度与相角差 φ 有关的矩形波，矩形波的宽度反映了 φ 角的大小。

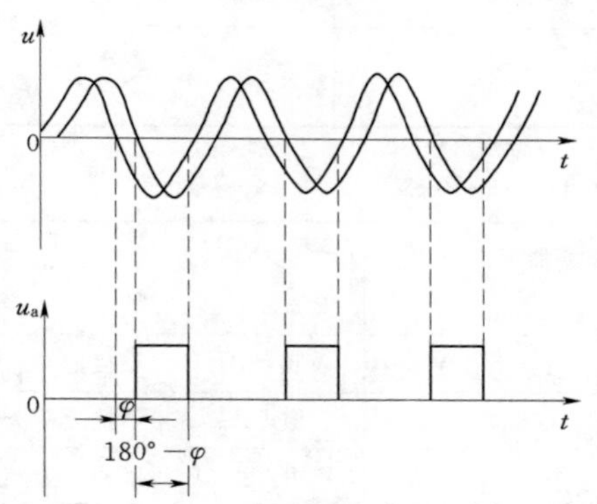

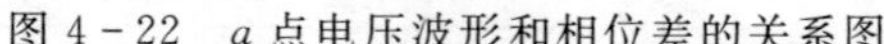

图 4-22　a 点电压波形和相位差的关系图

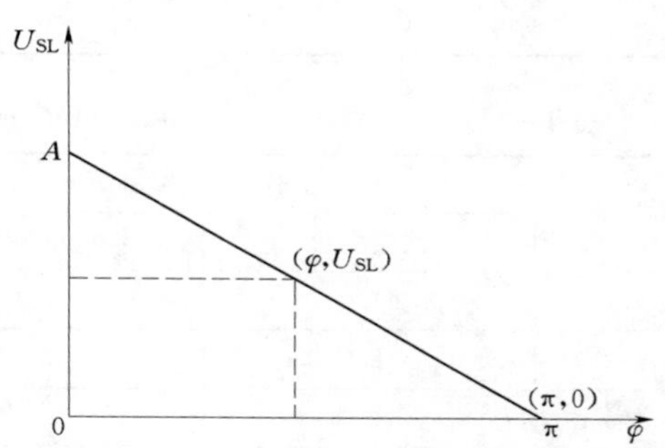

图 4-23　U_{SL} 与 φ 的关系曲线

由 a 点输出的电压方波经 R_4、C_1 组成的积分电路后，近似形成直流电压，再经双 T 型滤波电路后即可得到与 φ 成反比关系的直流电压 U_{SL}，U_{SL} 与 φ 的关系曲线如图 4-23 所示；它是一条通过（0，U_{SLmax}）和（π，0）的直线，U_{SLmax} 是相差等于零时的线性电压值。则对应于 $\varphi\in$［0，π］内的任意一点（φ，U_{SL}），根据直线方程可得到

$$\varphi=\left(1-\frac{U_{SL}}{U_{SLmax}}\right)\pi(\mathrm{rad})$$

或

$$\varphi=180^\circ\left(1-\frac{U_{SL}}{U_{SLmax}}\right)(^\circ)$$

将测得的 φ 值代入式（4-1）、式（4-2）即可得到 I_R 和 I_C。

有关人员曾利用 DXY-1 型测试仪在试验室内和 220kV 变电所对金属氧化物避雷器进行测量，其结果与用其他仪器测量的结果基本一致。

41. 为什么少油断路器要测量泄漏电流，而不测量介质损耗因数？

少油断路器的绝缘是由纯瓷套管、绝缘油和有机绝缘等单一材料构成，且其极间的容量不大，约为 30～50pF。所以现场进行介质损耗因数测量时，其电容值和 tanδ 值受外电场、周围物体和气候条件的影响较大而不稳定，带来分析判断困难。而对套管的开裂、有机材料受潮等缺陷，则可通过测量泄漏电流，灵敏而准确地反映出来。因此，少油断路器一般不测介质损耗因数 tanδ，而仅测量泄漏电流。

42. 为什么测量 110kV 及以上少油断路器的泄漏电流时，有时出现负值？如何消除？

所谓“负值”在这里是指在测量 110kV 及以上少油断路器直流泄漏电流时，接好试验线路后，加 40kV 直流试验电压时，空载泄漏电流比在同样电压下测得的少油断路器的泄漏电流还要大，即 $I_{KZ}>I_L$。产生这种现象的主要原因是高压试验引线的影响，表 4-6 和表 4-7列出了模拟试验和现场实测结果。

表 4-6　　试验室内模拟试验结果

线端头状态	φ1.5mm 多股软线刷状	φ38mm 小铜球	φ14mm 平头螺丝
40kV 直流电压时的泄漏电流/μA	13.8	9.2	9.6

表 4-7　　SW₃-110G 现场测试结果（$U_s=-40$kV）

序　号	空载泄漏电流/μA		断路器泄漏电流/μA	说　　明
	线端刷状	φ50mm（铜球）		
1	11.0	4.0	4.5	A 相，B、C 相不接地
2	8.0	3.7	5.0	C 相，A、B 相不接地
3	11.0	4.0	4.5	B 相，A、C 相接地
4	11.0	4.0	4.5	B 相，A、C 相不接地
5	13.5	4.0	5.5	三相并联

从试验数据可以看出，线端头状态从刷状换为小铜球时，泄漏电流减小了 4.3～9.5μA。这个数量级对于少油断路器泄漏电流允许值仅为 10μA 以下的基数来说，已是一个对测量结果有举足轻重影响的数量。现场测试也证明了这一点：当线端头呈刷状时，测量均为负值；当线端头换为小铜球时，均为正值。

其次，升压速度的快慢及稳压电容充放电时间的长短，也是可能导致出现负值的一个原因。少油断路器对地电容仅为几十皮法，而与之并联的稳压电容器一般高达 0.1～0.01μF。若升压速度快，当升到试验电压后又较快读数，会因电容器充电电流残存的不同，引起负值或各相有差值。

可采用下列措施来消除负值现象。

(1) 引线端头采用均压措施。如用小铜球或光滑的无棱角的小金属体来改善线端头的电场强度，可减小电晕损失。

(2) 尽量减少空载电流，把基数减小。如在高压侧采用屏蔽、清洁设备、接线头不外露

等。增加引线线径，比增加对地距离还好，见表4-8，建议引线用ϕ2.5～4.0mm绝缘较好的多股软线，并尽量短。

表4-8　　引线及其对地距离改变时的电场强度

对地距离/mm	100	500	1000	3000	5000
引线r_1=1mm时场强/(kV/cm)	86.9	64.4	57.9	50.0	47.0
引线r_2=2mm时场强/(kV/cm)	51.1	36.2	32.2	27.4	25.6

（3）保持升压速度一定，认真监视电压表的变化，对稳压电容器要充分放电或每次放电时间大致相同。

（4）尽可能使试验设备、引线远离电磁场源。

（5）采用正极性的试验电压。根据气体放电理论，外施直流试验电压极性不同时，高压引线的起始电晕电压也不同。高压引线对地电场可用典型的棒—板电极等效，实测棒—板电极的起始电晕电压U_0，负极性和正极性分别为2.25kV和4kV，即$U_0^- < U_0^+$，这是由于棒极附近正空间电荷的影响。正空间电荷使紧贴正棒附近的电场减弱，而使负棒附近的电场增强。由此导致外施直流试验电压极性不同时，高压引线的电晕电流是不同的，表4-9列出了在不同极性试验电压高压引线电晕电流的测量结果。

表4-9　　高压引线电晕电流测量结果　　单位：μA

高压引线对地距离/mm		试验电压/kV			
		20	30	40	45
1500	+DC	0.5	2.0	4.0	6.0
	−DC	1.0	3.0	6.0	8.0
1000	+DC	1.0	2.5	5.0	7.0
	−DC	1.5	4.0	9.0	12.5

由表4-9可见，40kV下的电晕电流负极性较正极性高出50%～80%，这对泄漏电流较小（10μA以下）的110kV及以上的少油断路器的测量结果有举足轻重的影响，有时导致负值现象，而采用正极性试验电压进行测量有可能避免这种现象。

43. 如何能较准确地测量35kV多油断路器电容套管的泄漏电流？

测量35kV多油断路器电容套管的泄漏电流时，微安表的接法有三种位置，如图4-24所示。

由于第Ⅱ个位置微安表处于高电位，所以都希望采用第Ⅰ、Ⅲ种位置。但这两个位置测得的准确度不同，见表4-10。由表4-10可知，第Ⅰ种位置测得的泄漏电流误差大，不是试品的真实电流；第Ⅲ种位置测得的泄漏电流与试品实际的泄漏电流非常接近，因此测量套管的泄漏电流时，应采用第Ⅲ种位置的接线。由表4-11可知，采用第Ⅲ种位置接线时，高压连接线对地泄漏电流的影响基本上被消除。

采用第Ⅲ种接法时，应注意湿度的影响。由表4-12可知，试验环境的相对湿度对泄漏电流测量结果影响很大。同样一只套管（如6号）在相对湿度为85%时测得的泄漏电流不合格（大于5μA），但是在相对湿度为76%时测得的泄漏电流就合格。诚然，对试验环境影响的相对湿度应作出规定。

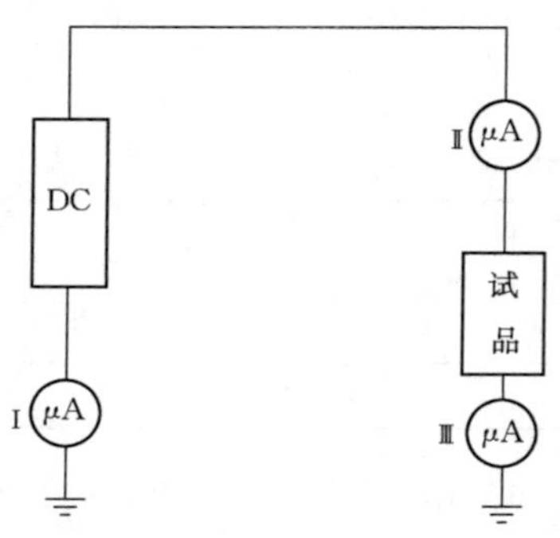

图 4-24　微安表处于三种不同位置

表 4-10　对 35kV 多油断路器电容套管第Ⅰ、Ⅲ种位置接线测得的泄漏电流

编号	第Ⅰ种接法 $I_{Ⅰ}$ /μA	第Ⅲ种接法 $I_{Ⅲ}$ /μA
1	10－8＝2	5
2	12－8＝4	6
3	6－8＝－2	1
4	5－8＝－3	0.5

注　1. U_s＝40kV，温度为 25℃，相对湿度为 85%。
2. 被减数为接上试品后微安表的读数，减数为不接试品时微安表的读数。

表 4-11　高压引线处于不同的高度时测量的对地泄漏电流

测量次序	离地距离 /mm	泄漏电流/μA	
		第Ⅰ种接法	第Ⅲ种接法
1	400	10.3	0
2	850	8.6	0
3	1200	7.8	0
4	1600	6	0
5	2020	3	0

注　U_s＝40kV，温度为 27℃，相对湿度为 74%。

表 4-12　不同的相对湿度下测得的泄漏电流

测量次序	试验室环境条件		套管泄漏电流/μA		
	温度 /℃	相对湿度 /%	5 号	6 号	7 号
1	22.5	90	10	14.5	24
2	22.7	85	7.5	7.5	14
3	24	76	2.5	1.5	3.5

注　U_s＝40kV，微安表采用第Ⅲ种接法。

44. 在 500kV 变电所测变压器泄漏电流时，如何消除感应电压的影响？

在 500kV 变电所测变压器泄漏电流时，由于部分停电，会有感应电压的影响，有时感应电压很高，给测量带来困难。现场试验表明，当在导线上对地并联一个 0.1μF 的电容时，导线上的感应电压便从 19.6kV 下降至 250V。可见在变压器上对地并联一个 0.1μF 左右的电容器后，便可消除感应电压的影响，顺利地进行直流泄漏电流试验了。

45. 在《规程》中为什么要突出测量发电机泄漏电流的重要性？

《规程》规定，在发电机的预防性试验中要测量其定子绕组的泄漏电流并进行直流耐压试验。改变了过去的提法。这是因为通过测量泄漏电流能有效地检出发电机主绝缘受潮和局部缺陷，特别是能检出绕组端部的绝缘缺陷。对直流试验电压作用下的击穿部位进行检查，均可发现诸如裂纹、磁性异物钻孔、磨损、受潮等缺陷或制造工艺不良现象。例如，某发电机前次试验 A、B、C 三相泄漏电流分别为 2μA、2μA、6μA，后又发展为 2μA、2μA、15μA，C 相与前次比较有明显变化。经解体检查发现：泄漏电流显著变化的 C 相线棒上有一铁屑扎进绝缘中。

为了突出测量泄漏电流对判断绝缘性能的重要性，《规程》对原来提法进行了修改。

测试时的试验电压，在小修时或大修后将原来的（2.0～2.5）U_n，改为 2.0U_n，这是因为华北的一些电厂反映 2.5U_n 值偏高，而且小修时目前采用 2.0U_n 试验电压要求后也未出现问题。故《规程》规定在小修时和大修后采用 2.0U_n 试验电压。

46. 影响发电机泄漏电流测试准确性的因素有哪些？

影响发电机泄漏电流测试准确性的主要因素有：

（1）测试接线的影响。测试时，微安表应接在高电位处，并对出线套管表面加以屏蔽，以消除表面泄漏电流和杂散泄漏电流的影响。

（2）应在停机后清除污秽前的热状态下进行测试。因为绕组温度在30～80℃的范围内，其泄漏电流的变化较为明显。如有可能，在发电机冷却过程中，在几种不同温度下进行测试，其结果对分析是非常有益的。

在交接时，或发电机处于备用状态时，可在冷状态下进行测试。由于温度对泄漏电流值影响较大，所以应在相近的温度下进行测试。对不同温度下的测试结果进行比较时，应进行温度换算。

（3）交流与直流耐压顺序的影响。经验表明，在同一温度下，交流耐压前后的直流泄漏电流测试结果是有差别的，在绝缘受潮情况下，差别更加明显，但这种差别没有规律，有的变大，有的变小，每相变化情况也不一致。目前，一般先做直流耐压试验，再做交流耐压试验。在必要情况下，也可以在交流耐压前后各进行一次直流耐压，以利于分析。

（4）发电机绕组引出线端子板的影响。经验表明，发电机绕组引出线端子板对测试结果也往往会产生影响，尤其在环境较潮湿时更严重。因此，可以采取烘干、拆除等措施，以排除影响。

（5）中断试验的影响。应尽量避免在试验过程中中断试验，因为如果在短期内重新升压试验，即使经过了放电，也会使泄漏电流有所变化。

47. 对发电机泄漏电流测量结果如何进行分析判断？

在规定的试验电压下，测得的泄漏电流值应符合下列规定：

（1）各相泄漏电流的差别不应大于最小值的100%（交接时为50%）；最大泄漏电流在20μA以下时，相间差值与历次测试结果比较，不应有显著的变化。

例如，某发电厂13.8kV、72MW、TS845/159－40型水轮发电机，大修前，在$2.5U_n$下测得A、B、C三相泄漏电流分别为65μA、6600μA、4000μA。计算得相间泄漏电流差别分别为

$$\Delta I_1 = \frac{6600-65}{65} \times 100\% = 10053.8\% \gg 100\%$$

$$\Delta I_2 = \frac{4000-65}{65} \times 100\% = 6053.8\% \gg 100\%$$

可见B、C相绕组绝缘有严重问题。分析原因是：①该发电机曾在线棒端部表面不恰当地喷涂半导体漆层，降低了它的绝缘性能；②B、C相绕组的线棒端部锥体接缝处裂纹受潮，引起泄漏电流明显增加。大修后，三相泄漏电流基本平衡。

（2）泄漏电流不应随时间的延长而增大。例如，某发电厂10.5kV、100MW、QFN－100－2型汽轮发电机，小修时，定子绕组在$2.0U_n$的直流试验电压下，测得三相泄漏电流不平衡。其中C_2支路经40s后，泄漏电流由20μA突增至80μA，说明该发电机绝缘有缺陷。在大修分解试验中，发现C_2支路3号槽下线棒泄漏电流为96μA，经检查，该线棒在励磁机侧距槽口220mm处有豆粒大的一块修补充填物，附近绝缘已变色；5号槽下线棒泄漏

电流为26μA，经检查，线棒在励磁机侧距槽口320mm处绝缘内嵌有一段长5mm、ϕ1mm的磁性钢丝；4号槽上线棒抬出后整体断裂。经检查是制造上遗留缺陷。更换线棒后，三相泄漏电流平衡。

（3）泄漏电流随电压不成比例地显著增长。例如，某发电机A相在$2.0U_n$和$2.5U_n$相邻电压阶段的泄漏电流分别为50和75μA。计算得试验电压和泄漏电流的增长率分别为

$$\Delta U = \frac{2.5-2}{2} \times 100\% = 25\%$$

$$\Delta I = \frac{75-50}{50} \times 100\% = 50\%$$

可见，泄漏电流的增长率较试验电压的增长率大1倍。检查发现其绝缘受潮。

（4）任一级试验电压稳定时，泄漏电流的指示不应有剧烈摆动。如有剧烈摆动，表明绝缘可能有断裂性缺陷。缺陷部位一般在槽口或端部靠槽口，或出线套管有裂纹。

48. 发电机泄漏电流异常的常见原因有哪些？

发电机泄漏电流异常的常见原因如表4－13所示，可供分析判断时参考。

表4－13　引起泄漏电流异常的常见原因

故障特征	常见故障原因
在规定电压下各相泄漏电流均超过历年数据的一倍以上，但不随时间延长而增大	出线套管脏污、受潮；绕组端部脏污、受潮，含有水的润滑油
泄漏电流三相不平衡系数超过规定，且一相泄漏电流随时间延长而增大	该相出线套管或绕组端部（包括绑环）有高阻性缺陷
测量某一相泄漏电流时，电压升到某值后，电流表指针剧烈摆动	多半在该相绕组端部、槽口靠接地处绝缘或出线套管有裂纹
一相泄漏电流无充电现象或充电现象不明显，且泄漏电流数值较大	绝缘受潮，严重脏污或有明显贯穿性缺陷
充电现象还属正常，但各相泄漏电流差别较大	可能是出线套管脏污或引出线和焊接处绝缘受潮等缺陷
电压低时泄漏电流是平衡的，当电压升至某一数值时，一相或二相的泄漏电流突然剧增，最大与最小的差别超过30%	有贯穿性缺陷，端部绝缘有断裂；端部表面脏污出现沿面放电；端部或槽口防晕层断裂处气隙放电，绝缘中气隙放电
常温下三相泄漏电流基本平衡，温度升高后不平衡系数增大	有隐形缺陷
绝缘干燥时，泄漏电流不平衡系数小，受潮后不平衡系数大大增加	绕组端部离地部分较远处有缺陷
绝缘受潮后，泄漏电流不平衡系数减小	在离地部分较近处（如槽部、槽口等）或端部相间交叉处有绝缘缺陷
三相泄漏电流不平衡，但能通过工频耐压试验	大多在绕组端部离地部分较远处有绝缘缺陷

49. 什么是电位外移测量法？为什么要研究这种方法？判断标准如何？

电位外移测量法也称表面电位测量法，是一种新的检测发电机定子线棒绝缘缺陷的测量方法。其目的是为了检测定子端部手包绝缘的密实性及相对绝缘强度。它可以弥补发电机定

子绕组交、直流耐压试验所发现不了的端部绝缘缺陷的不足。

例如，某台国产200MW机组，在$2.5U_n$直流耐压试验时三相泄漏电流基本平衡，A相为70μA，B相为42μA，C相为56μA，符合《规程》要求，而做电位外移试验时，其中两侧共有36个接头出现异常，电位外移最大值竟达9.8kV，后来更换绝缘盒，并将接头锥体绝缘伸入绝缘盒内，电位外移现象即消除。

电位外移测量法的具体测量方法是在定子两端手包绝缘外包上铝箔纸，在定子绕组上对地施加一倍额定电压的直流电压，用一根内装100MΩ电阻的绝缘棒（电阻末端串微安表后接地，头部接一探针，同时并接静电电压表）搭在铝箔纸上，读取静电电压表及微安表的读数，当电压或电流超过某标准值时即认为该处绝缘有缺陷。

实践表明，电位外移测量法可以发现引线手包绝缘不良，线圈鼻端绝缘包扎缺陷，绝缘盒填充泥缺陷或填充不满，绑扎涤玻绳固化不良以及端部接头处定子空心铜线焊接质量不良造成的渗漏等缺陷，对防止国产200MW及以上氢冷发电机定子绕组短路事故发挥了重要作用。

关于判断标准，即表面电位高于多少时则必须进一步检查绝缘，这还要继续积累经验。目前，电力部推荐的容量为200MW、300MW国产水氢氢汽轮发电机定子绕组端绝缘判断标准如表4-14所示。

表4-14　　判断推荐标准

发电机状态	测量部位	不同额定电压下的限值/kV			说明
		15.75	18	20	
大修时/kV	手包绝缘引线接头及汽机侧隔相接头	2.0	2.3	2.5	电位外移测量法
	端部接头（包括引水管锥体绝缘）及过渡引线并联块等部位	3.0	3.5	3.8	
新机投产前或现场绝缘处理后/kV	手包绝缘引线接头及汽机侧隔相接头	1.0	1.2	1.3	
	端部接头（包括引水管锥体绝缘）及过渡引线并联等部位	1.5	1.7	1.9	
新机出厂前/μA	手包绝缘引线接头及汽机侧隔相接头	8	9	10	泄漏电流测量法
	端部接头	12	14	16	

为将这种方法应用于双水内冷发电机上，华东电力试验研究院在不改变测量原理的基础上，研制出GC-1型发电机定子端部绝缘状况探测仪。该仪器采用手持式电阻分压器结构，无静电电压表和微安表，采用二次电阻分压方法测量一次电压，同时可推算出泄漏电流。该探测仪的直流工作电压为：0～25.0kV（a型）、0～19.99kV（b型），直流电压脉动因数小于0.003，准确度为1级。

目前已应用该测试仪检出石洞口电厂、吴泾电厂300MW水内冷发电机定子端部绝缘段内水管的微渗透水故障3起。

50. 不拆引线，如何测量变压器本体的泄漏电流？

若要既不拆除全部引线，又屏蔽掉并联元件，如CVT、MOA、隔离开关等的影响，可采用铁芯串接微安表的方法，测量其泄漏电流。试验接线如图4-25所示。

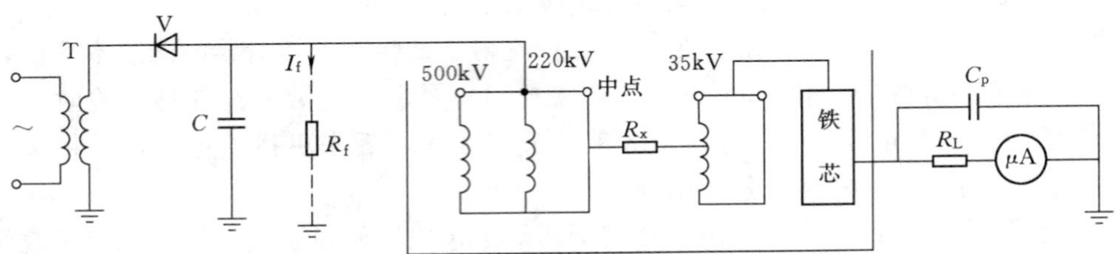

图 4-25　变压器本体泄漏电流测量接线

R_f—并联杂散元件的等效电阻；R_x—被测绕组绝缘的等效电阻；R_L—滤波电阻（1MΩ）；C_p—旁路电容（100μF）

由图 4-25 可见，微安表串接于铁芯与地之间，故表中通过的仅为高、中压绕组对低压绕组及铁芯间绝缘的泄漏电流，因此，可正确的反映变压器的绝缘状况。而变压器外部的所有对地电流 I_f，均由电源提供直接入地，不流过微安表。当 C_p 取为 100μF 时，其工频阻抗为 3.2Ω，远低于 R_L 值（1MΩ），因此，几乎全部交流干扰电流均被旁路掉。而 R_L 值又远远小于被试变压器的绝缘电阻 R_x，故不会对测量产生影响。

这种接线的缺点是不能测出绕组、引线、分接开关对外壳间的绝缘状况。但从变压器内部绝缘结构来看，上述缺陷部位主要为绝缘油，所以可以通过监视油质变化的其他项目，如油绝缘、耐压、介质损耗因数、色谱分析、微水分析等来弥补。

51. 不拆引线，如何测量金属氧化物避雷器的直流参考电压？

（1）变压器出口的 MOA。500kV 变压器出口 MOA 每节直流参考电压为 150kV 左右。当不拆高压引线时，MOA 与 CVT 和变压器相连，若在 MOA 端部施加电压，则此电压将会传递到变压器中性点上，而变压器中性点可能耐受不住这样高的电压，因此，不能采用常规接线测量上节 MOA。由于 MOA 的阀片是非线性电阻，正、反向加压通过的电流一致，因此，可通过反向加压进行测量，即将 MOA 首端通过毫安表接地，在上节 MOA 末端施加直流电压并接分压器。这样，MOA 端部为低电位，CVT 及变压器均不受影响。毫安表测量的仅为上节 MOA 的电流值，下面 3 节 MOA 的电流均由电源提供而不通过毫安表，因而测试结果准确、可靠。通过对比试验，与拆引线的测量结果完全相同。

（2）线路的 MOA。由于线路的 MOA 不经隔离开关而直接与 CVT、耦合电容器 C 及线路相接。因此，上节 MOA 的测量只能用高压读表的方法进行，其接线图如图 4-26 所示。

由图 4-26 可见，表中 mA_1 测量的电流既包括上节 MOA 的电流，也包括各种对地的杂散电流，其中有引线的电晕电流，2、3、4 节的 MOA 的泄漏电流，沿瓷套表面的泄漏电流。为提高测量的准确性，应消除杂散电流的影响。主要措施为采用屏蔽线加压，消除电晕电流的影响。后两者影响较小，例如 mA_2 读数仅为 10～20μA，对 mA 级电流来说，可忽略。表 4-15 列出了某 500kV 线路 MOA 不拆引线的测量结果，可见拆引线和不拆引线的测

表 4-15　　线路 MOA 测量结果

测试时间	相别	参考电压/kV	温度/℃	备　注
1985 年 8 月交接试验	A	182	32	拆引线
	B	180		
	C	182		
1990 年 5 月预试	A	183	28	不拆引线
	B	178		
	C	183		

试结果基本相同。

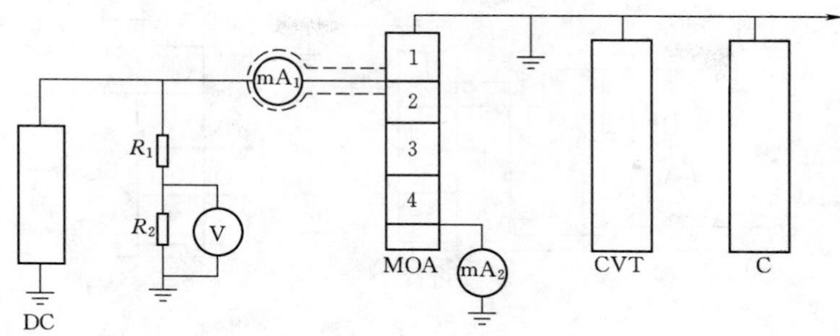

图 4－26　测量线路 MOA 直流参考电压的接线图

52. 不拆引线，微安表接于高电位处，如何测量 220kV 阀式避雷器的直流电导电流？

测量第 1 节避雷器电导电流的接线图如图 4－27 所示。

由图 4－27 可见，微安表 μA_1 指示的电流就是第 1 节避雷器的电导电流，而非被测部分的电流被屏蔽，不经过微安表 μA_1。但应注意，此时的线路输出端和屏蔽端对地电位较高，所以不能和地线相碰。如用绝缘杆操作，绝缘杆应有足够的强度。

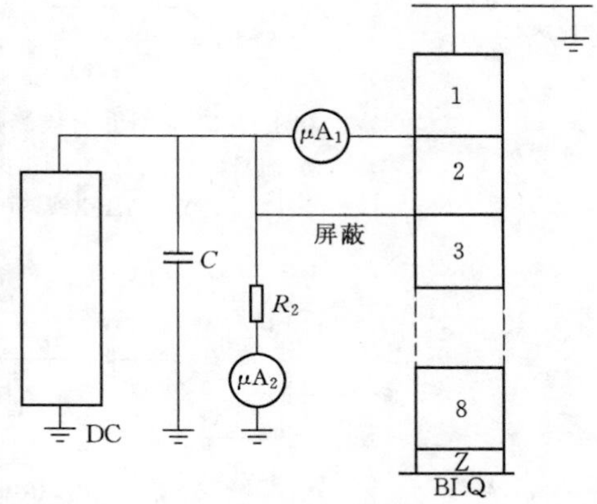

图 4－27　测量第 1 节避雷器电导电流接线图
C—电容器（30kV、0.1μF）；Z—绝缘瓷套座；
R_2、μA_2—测压装置

其他节的测量接线方法与测量绝缘电阻时的接法相同。表 4－16 给出 FZ－220J 型避雷器直流电导电流的测量结果。

需要指出，对于有绝缘底座的避雷器，测试第 8 节电导电流时，应将第 8 节与底座之间直接接地，线路输出端接于第 8 节与第 7 节之间的法兰上，屏蔽端接于第 6 节与第 7 节的法兰上。对于第 8 节是直接接地的，测量第 7 节的电导电流时，应将屏蔽端接于第 5 节与第 6 节的法兰上，线路端接于第 6 节与第 7 节之间的法兰上，然后将第 7 节与第 8 节的法兰接地即可。测量第 8 节时，依次往下推即可。

表 4－16　直流电导电流测量结果

方法	电压/kV	序号							
		1	2	3	4	5	6	7	8
不拆引线	12	80	80	80	80	80	80	80	80
	24	580	580	580	570	575	575	580	580
拆引线	12	80	80	80	80	80	80	80	80
	24	581	581	582	575	568	580	581	581

53. 不拆引线，如何测量 FZ－30 型多节串联的避雷器的电导电流？

对于 4×FZ－30 的 110kV 避雷器，不拆引线测量电导电流的接线图如图 4－28 和图

4-29所示。对 8×FZ-30 的 220kV 避雷器也可仿上述图示接线进行测量。

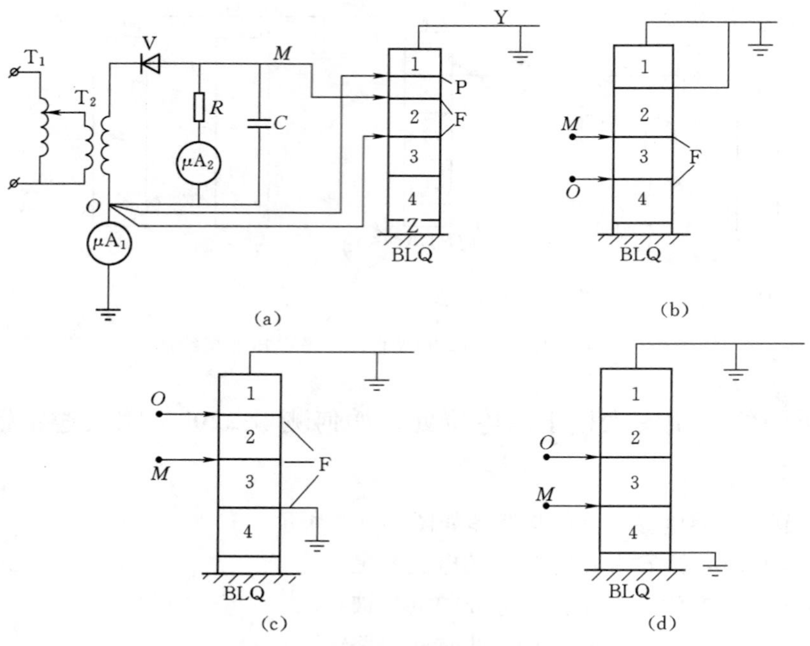

图 4-28 不拆引线测量 110kV 避雷器电导电流接线之一

（a）测量第 1 节；（b）测量第 2 节；（c）测量第 3 节；（d）测量第 4 节

Y—高压引线；P—屏蔽环；F—法兰；Z—底座

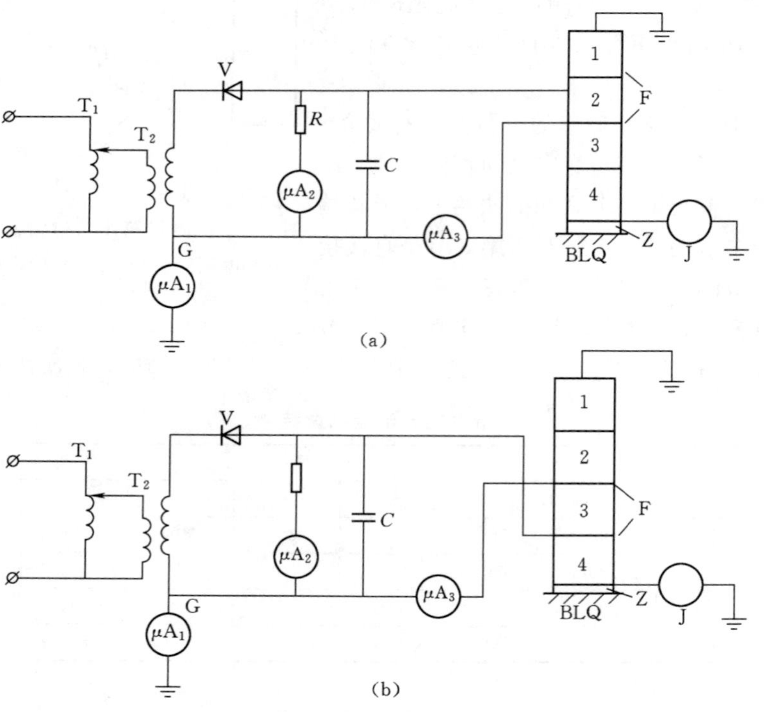

图 4-29 不拆引线测量 110kV 避雷器电导电流接线之二

（a）测量第 1、第 2 节；（b）测量第 3、第 4 节

测量时，直流高压电源，地线和屏蔽线均可用绝缘杆触接相应部位，但应接触良好。

对图 4－29，如天气潮湿，同样可加屏蔽环屏蔽，屏蔽环与 G 点相连。为减小表计误差，μA_1 和 μA_3 应采用同一型号和同一量程的微安表。

54. 不拆引线，如何测量 500kV FCZ 型和 FCX 型磁吹避雷器的电导电流？

不拆引线测量 500kV FCZ 和 FCX 型磁吹避雷器电导电流接线图如图 4－30 和图 4－31 所示。

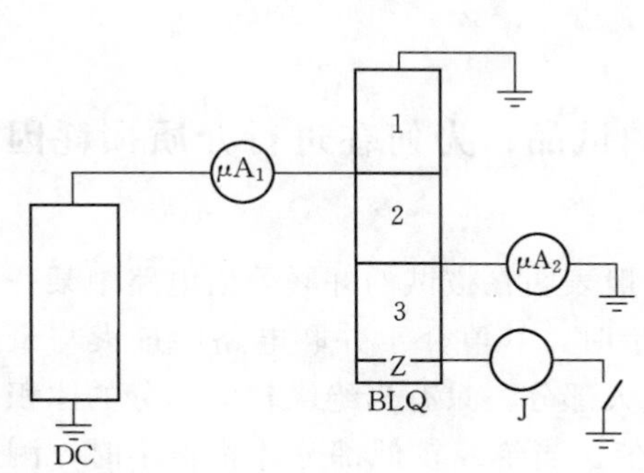

图 4－30　测量第 1、第 2 节电导电流接线图

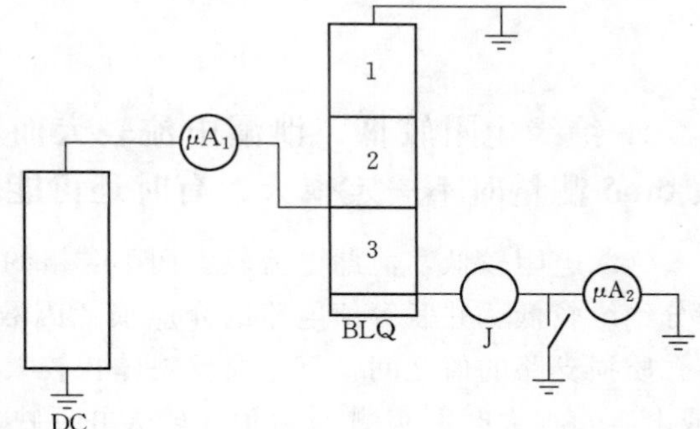

图 4－31　测量第 3 节电导电流接线图

如图 4－31 所示，以 FCX 型为例加以说明。接好线，经检查无误后开始升压，升压至 90kV 时，记录 μA_1 和 μA_2 读数，然后继续升到试验电压 180kV 再读 μA_1 和 μA_2 的数值。第 1 节电导电流数为 $\mu A_1-\mu A_2$；第 2 节电导电流为 μA_2 读数。

采用图 4－31 所示接线，可测出第 3 节的电导电流，其数值为 μA_2 的读数。

表 4－17 列出了某 500kV 变电所 FCX 型避雷器电导电流的测量结果。

应当指出，试验电源引线的电晕电流会影响测量精度，所以应当采取措施消除。另外，试验时，对 FCZ 型避雷器，每节施加 160kV 直流电压，电导电流为 1600～1400μA。对 FCX 型避雷器，每节施加 180kV 直流电压，电导电流为 500～800μA，所以可选用 ZGS200/2 型直流高压试验器作直流试验电源。

表 4－17　　电导电流测量结果

相别	节号	拆引线 /μA		不拆引线 /μA	
		90kV	180kV	90kV	180kV
A	1	81	630	82	650
	2	85	680	35	680
	3	50	530	50	530
B	1	81	510	84	625
	2	81	630	81	630
	3	80	660	80	660
C	1	80	620	83	645
	2	79	615	79	615
	3	68	580	68	580

第五章

测量介质损耗因数 tanδ

1. 绝缘电阻较低，泄漏电流较大而不合格的试品，为何在进行介质损耗因数 tanδ 测量时不一定很大，有时还可能合格呢？

绝缘电阻较低，泄漏电流较大而不合格的试品，一般表明在被试的并联等值电路中某一部分绝缘较低。并联等值电路的介质损耗因数 tanδ 测量时，其值介于并联电路中最大与最小介质损支路的值之间，且主要反映体积较大或电容较大部分。只有当绝缘较低部分的体积（或电容）很大时，实测 tanδ 值才较大并反映出不合格值。当绝缘较低部分体积很小时，测得整体（全部并联支路）的 tanδ 值不一定很大，且有可能小于《规程》规定值。例如，变压器高压对中、低压及对地绝缘很低，此电路包括绕组间、绕组对地和高压套管等并联支路。当套管绝缘很低时，往往就不能从这一整体介质损耗因数测量值中反映出来，所以必须进行单套管试验。

2. 为什么用 tanδ 值进行绝缘分析时，要求 tanδ 值不应有明显的增加和下降？

绝缘的 tanδ 值是判断设备绝缘状态的重要参数之一。当绝缘有缺陷时，有的使 tanδ 值增加，有的却使 tanδ 值明显下降。如华东某变电所一台 120000/220 型自耦变压器，在安装过程中发现进水受潮，但测其 tanδ 值却下降。测试数据如表 5－1 所示。

表 5－1　　某自耦变压器 tanδ 值的测试结果

测试位置	出厂试验（t=35℃）		交接试验（t=36℃）		进水受潮后（t=36℃）	
	C_x/pF	$\tan\delta_x$/%	C_x/pF	$\tan\delta_x$/%	C_x/pF	$\tan\delta$/%
高、中—低及地	13100	0.4	13100	0.4	13390	0.2
低—高中及地	14300	0.3	14340	0.4	14640	0.1
高、中、低—地	13600	0.4	13640	0.4	14010	0.2

由表可见，tanδ 值明显减小，而 C_x 值却增加，约为 2%～2.7%。因为进水后绝缘等值相对介电常数（电容率）ε_r 增加，从而使电容量增加。这样变压器进水后，既可导致有功功率 P 增加，也可导致无功功率 $Q=\omega C_x U^2$ 增加，而 $\tan\delta = P/Q$。所以 tanδ 值既有可能增加，也有可能不变，甚至减小。

在这种情况下，若再测量电容量，则有助于综合分析，发现受潮。另外，若绝缘中存在的局部放电缺陷发展到在试验电压下完全击穿并形成短路时，导电的离子杂质增加，也会使 tanδ 值明显下降。因此现场用 tanδ 值进行电力设备绝缘分析时，要求 tanδ 值不应有明显的

增加和下降，即要求 tanδ 值在历次试验中不应有明显的变化。

3. 测量绝缘油的 tanδ 时，为什么一般要将油加温到约 90℃后再进行？

绝缘油的 tanδ 值随温度升高而增大，越是老化的油，其 tanδ 随温度的变化也越快。例如，老化了的油在 20℃时 tanδ 值仅相当于新油 tanδ 值的 2 倍，在 100℃时可相当于 20 倍。也常遇到这种情况，20℃时油的 tanδ 值不大，而 70℃所测得的 tanδ 又远远超过标准，所以应尽量在高温时测量油的 tanδ。

另外，变压器油的温度常能达到 70～90℃，所以测量 90℃绝缘油的 tanδ 值对保证变压器安全运行是一个较重要的参数。

基于上述，《规程》规定在 90℃下测量绝缘油的 tanδ。

4. 为什么测量电力设备绝缘的介质损耗因数 tanδ 时，一般要求空气的相对湿度小于 80%？

测量电力设备绝缘的 tanδ 时，一般使用 QS_1 型西林电桥。如测量时空气相对湿度较大，会使绝缘表面有低电阻导电支路，对 tanδ 测量形成空间干扰。这种表面低电阻的泄漏，对 tanδ 的影响，因不同试品，不同接线而不同。一般情况下，正接线时有偏小的测量误差；而反接线时则有偏大的测量误差。由于加装屏蔽环会改变测量时的电场分布，因此不易加装屏蔽环。为保证测量 tanδ 的准确度，一般要求测量时相对湿度不大于 80%。

5. 目前现场测量介质损耗因数 tanδ 的仪器有哪些？

主要有以下两类：

（1）传统的仪器。它包括 QS_1 型平衡电桥和 M 型不平衡电桥。由于这些仪器具有测试程序较复杂，操作工作量大，自动化水平低，易受人为因素影响等不足，人们又研制出一些新型的测试仪器。

（2）自动测量仪。随着微电子技术和电子计算机的广泛应用，介质损耗测量技术有很大提高。有的将介质损耗因数 tanδ 的测量问题转化为电压与电流之间的夹角的测量，通过微机的运算处理给出 tanδ 值；有的采用微电脑异频测量，直接显示测量结果。据报道，这类测量仪器有：WJC－1 微电脑绝缘介质损耗测量仪、GCJS－2 智能型介损测量仪、WG－25 微电脑异频介损测量仪、GWS－1 光导微机介质损耗测试仪、便携式数字介质损耗测试仪、BM3A 抗干扰测试仪和 DTS 系列抗干扰介质试验器等。

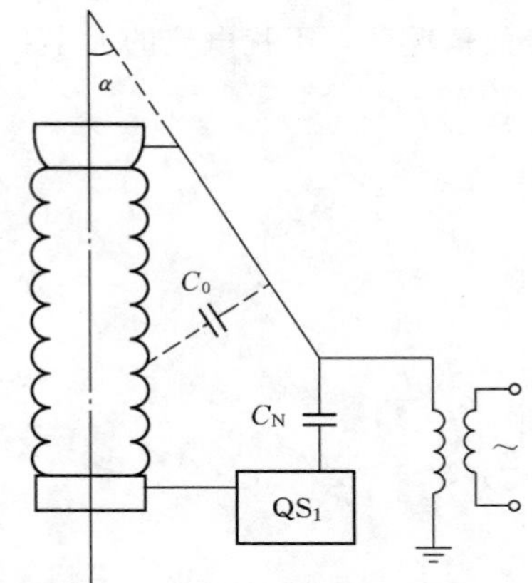

图 5－1　高压引线与电压互感器间的杂散电容

6. 测量小容量试品的介质损耗因数时，为什么要求高压引线与试品的夹角不小于 90°？

由于试品容量很小，高压引线与试品的杂散电容对测量的影响不可忽视。图 5－1 为测量互感器介质损耗因数的接线图。高压引线与试品（端绝缘和支架）间存在杂散电容 C_0，

当瓷套表面存在脏污并受潮时，该杂散电流存在有功分量，使介质损耗因数的测量结果出现正误差。某单位曾对一台电压互感器在高压引线角度 α 为 10°、45°和 90°下进行测量，测得的介质损耗因数 $\tan\delta_{10}$ ∶ $\tan\delta_{45}$ ∶ $\tan\delta_{90}$ =4∶2∶1。显然，为了测量准确，应尽量减小高压引线与试品间的杂散电容，在气候条件较差的情况下尤为重要。由上述实测结果表明，当高压引线与试品夹角 90°时，杂散电容最小，测量结果最接近实际介质损耗因数 $\tan\delta$。

7. 在分析小电容量试品的介质损耗因数 tanδ 测量结果时，应特别注意哪些外界因素的影响？

应特别注意的外界影响因素有：

(1) 电力设备绝缘表面脏污。

(2) 电场干扰和磁场干扰。

(3) 试验引线的设置位置、长度。

(4) 温度与湿度。

(5) 周围环境杂物等。

8. 在电场干扰下测量电力设备绝缘的 tanδ，其干扰电流是怎样形成的？

在现场预防性试验中，往往是部分被试设备停电，而其他高压设备和母线则带电。因此停电设备与带电母线（设备）之间存在着耦合电容，如果被试设备通过测量线路接地，那么沿着它们之间的耦合电容电流便通过测量回路。若把被试设备以外的所有测量线路都屏蔽起来，这时从外部通过被试设备在测量线路中流过的所有电流之和称为干扰电流。因此，干扰电流是沿着干扰元件与测量线路相连接的试品间的部分电容电流的总和。

干扰电流的大小及相位取决于干扰元件和被试设备之间的耦合电容，以及取决于干扰元件上电压的高低和相位。干扰电流的数值可利用 QS_1 电桥进行测量。

干扰电流实际上在大多数情况下是由一个最靠近被试设备的干扰元件（例如一带电母线或邻近带电设备）所产生的。但也必须计及所有干扰元件的影响。因为总干扰电流是由各个干扰源的各自干扰电流所组成，而次要干扰元件能使通过被试设备的干扰电流有不同的数值和相位。由此可知，干扰电流是一个相量，它有大小和方向，当被试设备确定和运行方式不变的情况下，干扰电流的大小和方向即可视为不变。

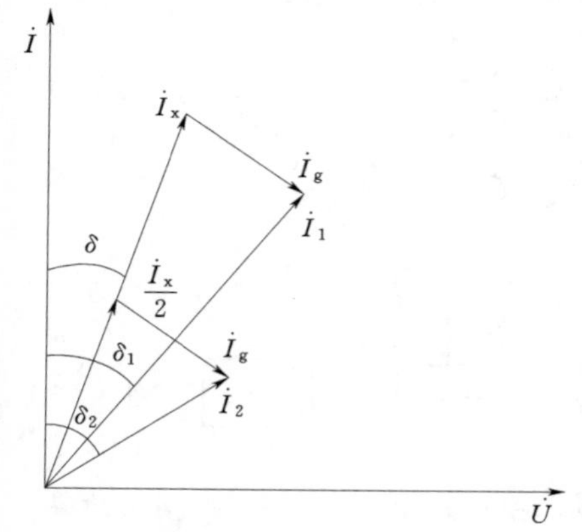

图 5-2　电场干扰相量图

9. 用 QS₁ 型西林电桥测量电力设备绝缘的 tanδ 时，判别有无电场干扰的简便方法是什么？

在变电所中测量高压电力设备绝缘介质损耗因数 $\tan\delta$ 时，一般使用 QS_1 型西林电桥。由于部分停电，测量时往往有电场干扰。现场可用下述简便方法判断有无电场干扰。

用 QS_1 电桥测量绝缘的 $\tan\delta$ 试验电压一般为 10kV。当在 10kV 电压下电桥平衡时，先不减小检流计（平衡指示器）的灵敏度，而缓缓降低试验电压，观察电桥检流计

光带是否展宽。如果展宽，一般认为有明显的电场干扰。其原理分析如图 5－2 所示。

10kV 电压下流过试品的工作电流为 $\dot{I}_x$，设干扰电流为 $\dot{I}_g$，则流过电桥的测量电流 $\dot{I}_1=\dot{I}_g+\dot{I}_x$。测得的试品电容量和介质损耗因数分别为 C_1、$\tan\delta_1$。当试验电压降为 $\frac{\dot{U}}{2}$ 时，流过试品的工作电流为 $\frac{\dot{I}_x}{2}$，而干扰电流仍为 $\dot{I}_g$。则此时流过电桥的测量电流 $\dot{I}_2=\frac{1}{2}\dot{I}_x+\dot{I}_g$，测得的试品电容量和介质损耗因数分别为 C_2、$\tan\delta_2$。现场测量时，在不同电压下，只要 $C_1\neq C_2$（$\tan\delta_1=\tan\delta_2$）、$\tan\delta_1\neq\tan\delta_2$（$C_1=C_2$）或 $C_1\neq C_2$ 且 $\tan\delta_1\neq\tan\delta_2$ 时，电桥光带都将有明显的变化。故当降低试验电压，发现光带明显展宽时，则可认为有电场干扰，应使用“倒相法”或“移相法”进行电场干扰下的介质损失测量，并通过计算求出试品的真实介质损耗因数 tanδ。此时计算不同试验电压下的电容量和介质损耗因数应基本一致。

当然，如果电力设备内部有绝缘缺陷，当试验电压变化时，光带也会发生明显变化。但此时在不同电压下用“倒相法”或“移相法”测量和计算出的试品电容量和介质损耗因数将是不同的。因此，可以方便地鉴别出是电场干扰还是绝缘内部存在缺陷。

10. 如何判断电场干扰的强弱?

现场大量试验表明，测量小电容量（70～100pF）试品的介质损耗因数 tanδ 时，若存在电场干扰，无论采用倒相法还是移相法都难以获得准确的结果。这是目前现场在电场干扰下测量 tanδ 急待解决的问题。

电场干扰下的测量误差主要取决于干扰电流 I_g 与试验电流 I_s 之比，即干扰系数（信噪比的倒数）。设倒相（或移相后倒相）前后两次测量值分别为：R_{31}、$\tan\delta_1$（正相）；R_{32}、$\tan\delta_2$（反相），则干扰电流为

$$I_g = C_N R_4 \frac{\omega U_s}{2R_{31}R_{32}} \sqrt{(\tan\delta_1 R_{32} - \tan\delta_2 R_{31})^2 + (R_{32} - R_{31})^2}$$

式中　C_N——标准电容，取 50pF；

　　R_4——桥臂常数，QS_1 电桥为 3184Ω，P5026 电桥为 318.3Ω；

　　U_s——试验电压，取 10kV。

试验电流为

$$I_s = \omega C_x U_s$$

$$C_x = C_N R_4 \left(\frac{R_{31}+R_{32}}{2R_{31}R_{32}}\right)$$

式中　C_x——试品电容。

干扰系数为

$$K_g = I_g/I_s = \frac{1}{R_{31}+R_{32}} \sqrt{(\tan\delta_1 R_{32} - \tan\delta_2 R_{31})^2 + (R_{32} - R_{31})^2}$$

现场可利用上式计算干扰系数以判断电场干扰的强弱。表 5－2 给出现场测量的干扰系数的统计结果与分析。

由表中数据可知，不同测量接线的干扰系数差别很大。反接线测量时干扰系数最大值较大，因此，为准确测量小电容试品（如电流互感器等）的 tanδ 时，宜选用电桥正接线。

表 5-2　现场测量的干扰系数统计结果与分析

试　　品	C_x /μF	接线方式	干扰系数均值 /%	干扰系数方式 /%	组数	干扰系数最大值 /%
110kV 电流互感器	75～115	反接线	7.26	6.78	141	76.2
110kV 电流互感器	18～60	正接线	1.64	1.13	84	7.2

表 5-3 和表 5-4 分别列出了用 P5026M 型电桥对同一试品 $LCWD_2$-110 采用正接线和反接线进行测量的结果。

表 5-3　一次对二次绕组正接线测量结果

相别 \ 结果		电源正相			电源反相			计算值			变电所全部停电试验
		一组二次	二组二次	三组二次	一组二次	二组二次	三组二次	一组二次	二组二次	三组二次	
A	C_x/pF	15.8	32.2	48.6	16.8	34.2	51.4	16.3	33.2	50	50.2
	tanδ/%	0.91	0.85	0.89	0.76	0.62	0.62	0.83	0.75	0.77	0.78
B	C_x/pF	16.4	33.8	50.8	16.8	34.4	51.2	16.6	34.1	51	51.3
	tanδ/%	1.27	1.24	1.18	1.23	1.18	1.12	1.25	1.21	1.21	1.24
C	C_x/pF	15.1	31.4	46.2	16.7	34.8	51.8	15.9	33.2	49	49.6
	tanδ/%	2.92	2.76	3.06	2.32	2.12	1.70	2.65	2.48	2.42	2.44

注　1. 停电试验为一次对全部二次绕组的测量值。
2. 一组、二组和三组分别表示 $LCWD_2$-110 次级绕组的三组绕组。

表 5-4　一次对二次及地反接线测量结果

相别	电源正相		电源反相			计算值	
	C_x /pF	tanδ /%	C_x /pF	tanδ/% 测量值	tanδ/% 计算值	C_x /pF	tanδ /%
A	70	1.46	78	−6.4	−0.41	74	0.52
B	71	1.14	79	0.52	0.52	75	0.85
C	67	4.88	81	−13.2	−0.82	74	2.02

注　用 QS_1 电桥测量时，对 A、C 相，平衡微安表摆动，QS_1 电桥光带时宽时窄。

由表 5-3 和表 5-4 测量值可知，一般反接线测量值小于正接线测量值。此时引入一次绕组对地小介质损耗因数的影响。现场测试表明，一次绕组对地介质损耗因数主要是外部空气、瓷套表面和油。在表面干燥清洁状态下，一次绕组对地的介质损耗因数一般不大于 0.2%。基于此，宜选用电桥正接线测量一次对二次绕组的 tanδ，而不宜按常规反接线测量一次对二次绕组及地的 tanδ 值作为绝缘状况的判据。

为简化试验方法，可以不拆一次绕组引线，选择任一组二次绕组，用电桥正接线测量一次对二次绕组的 tanδ。非被试二次绕组，此时应短路接地。

11. 用倒相法消除电场干扰如何计算？应注意哪些问题？

消除电场干扰对测量 tanδ 准确度影响的方法，到目前为止有屏蔽法、移相法和倒相法，其中现场使用最普遍的是倒相法。

用 QS_1 型西林电桥测量 $\tan\delta$ 时，在外界电场干扰下的等值电路（以最常用的反接线方式为例）如图 5-3 所示。

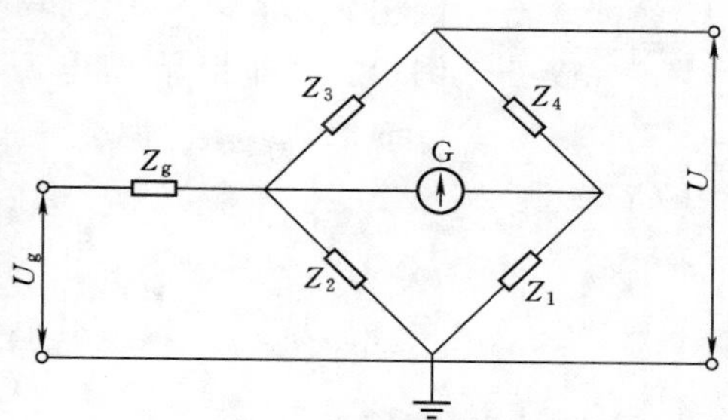

图 5-3　有电场干扰时测量 $\tan\delta$ 的等值电路

U—试验电压；U_g—干扰电压；Z_2—被试品；Z_1、Z_3、Z_4—电桥各臂参数；Z_g—干扰源与被试品间的阻抗

在现场测量 $\tan\delta$ 时，由于安全距离的要求使 $Z_g \gg Z_2$，由此可以用叠加原理得出在电场干扰下的电桥平衡方程式

$$\frac{Z_4}{Z_1 Z_3} - \frac{1}{Z_2} = \frac{\dot{U}_g}{\dot{U} Z_g} \tag{5-1}$$

由式（5-1）知，在电场干扰下的电桥平衡方程式中出现 $\dot{U}_g/\dot{U}Z_g$ 项。如果干扰源电压 $\dot{U}_g=0$ 或干扰源距离试品相当远，即 $Z_g=\infty$ 时，$\dot{U}_g/\dot{U}Z_g=0$，此时式（5-1）变成

$$Z_4/Z_3 = Z_1/Z_2$$

即为无干扰的电桥平衡方程式。

倒相法是在试验电源电压为 $\dot{U}$ 时调整电桥使其平衡（此时调整臂参数的 Z_{41}、Z_{31}），由式（5-1）得

$$\frac{Z_{41}}{Z_1 Z_{31}} - \frac{1}{Z_2} = \frac{\dot{U}_g}{\dot{U} Z_g} \tag{5-2}$$

倒换试验电源极性后，再一次调整电桥使其平衡（此时调整臂参数为 Z_{42}、Z_{32}），由式（5-1）又有

$$\frac{Z_{42}}{Z_1 Z_{32}} - \frac{1}{Z_2} = \frac{\dot{U}_g}{\dot{U} Z_g} \tag{5-3}$$

式（5-2）与式（5-3）相加后，即消去 $\dot{U}_E/\dot{U}Z_E$，可得出

$$\frac{Z_{41}}{Z_{31}} + \frac{Z_{42}}{Z_{32}} = 2\,\frac{Z_1}{Z_2} \tag{5-4}$$

常用的计算公式为

$$\tan\delta_x = \frac{\tan\delta_1 + \tan\delta_2 \dfrac{R_{31}}{R_{32}}}{1 + \dfrac{R_{31}}{R_{32}}} \tag{5-5}$$

$$C_x = \frac{1}{2} C_N R_4 \left(\frac{1}{R_{31}} + \frac{1}{R_{32}} \right) \tag{5-6}$$

上式是由式（5-4）在略去二次微量 $\tan^2\delta$ 项（当测得的 $\tan\delta_1$ 和 $\tan\delta_2$ 不大于 20%时是可以的）后得出的。

式（5-5）也可以写成常见的形式

$$\tan\delta_x = \frac{C_1 \tan\delta_1 + C_2 \tan\delta_2}{C_1 + C_2} \tag{5-7}$$

式中　$\tan\delta_x$——被试品的介质损耗因数；

C_1、$\tan\delta_1$——倒相前（即第一次测量）所测得的被试品的电容值和 $\tan\delta$ 值；

C_2、$\tan\delta_2$——倒相后（即把单相电源的两线互调位置）所测得的被试品的电容值和 $\tan\delta$ 值。

C_1 及 C_2 为

$$C_1 = C_N \frac{R_4}{R_{31}} \tag{5-8}$$

$$C_2 = C_N \frac{R_4}{R_{32}} \tag{5-9}$$

式中 R_{31}——倒相前电桥平衡时，盘面上的 R_3 值记做 R_{31}；

R_{32}——倒相后（即电源翻转 180°）电桥平衡时盘面上的 R_3 值记做 R_{32}。

利用式（5－7）进行计算时，应注意当倒相前后两次测量结果为正值时，分子的符号取加号，即 $C_1\tan\delta_1 + C_2\tan\delta_2$。当两次测量出现一正一负时，分子的运算符号应取减号，即对电桥盘面上的 $-\tan\delta$ 必须经过换算，然后才能按式（5－7）进行计算。$-\tan\delta$ 的换算公式按下式进行

$$\tan\delta = \omega(R_3 + \rho)(-C_4) \times 10^{-6} \tag{5-10}$$

式中 $\tan\delta$——换算后的试品真实 $-\tan\delta$ 值；

$-C_4$——当实行 $-\tan\delta$ 测量时，电桥平衡后，电桥盘面上的 $-\tan\delta$ 值。

将 $-C_4$（盘面上的 $-\tan\delta$ 值）经式（5－10）进行换算，然后将换算后的值代入式（5－7）（取减号）进行计算，以求试品真实的 $\tan\delta$ 值。

例如，在电场干扰下测量某 220kV 电流互感器的 $\tan\delta$，其测量结果为：$R_{31}=175.2\Omega$，$\tan\delta_1=1.5\%$；$R_{32}=174.8\Omega$，$\tan\delta_2=-9.9\%$。按式（5－10）先对 $-\tan\delta$ 进行换算，则

$$C_1 = 50\,\frac{3184}{175.2} = 908.67 \quad (\text{pF})$$

$$C_2 = 50\,\frac{3184}{174.8} = 910.75 \quad (\text{pF})$$

$\tan\delta = 314\times174.8\times(-9.9\%) = -0.54\%$（换算后的试品实际负介质损耗因数）

将 -0.54% 代入式（5－7）得

$$\tan\delta = \frac{908.67\times1.5 - 910.75\times0.54}{908.67 + 910.75} = 0.478\%$$

即被试品真正的介质损耗因数为 0.478%。

在实行 $-\tan\delta$ 测量时，电桥灵敏度较低，因此，当出现较大的 $-\tan\delta$ 时，应利用选相倒相法进行测量，以谋求较小的 $-\tan\delta$ 值。同时必须仔细测量。

电场干扰下测量 $\tan\delta$，在相同的干扰下采用不同的试验接线，干扰电流在桥路中的分配也不相同，正接线受到的影响小，反接线影响大，所以凡能采用正接线测量的设备均应用正接线测量，以减小误差。

12. 目前现场在强电场干扰下测量电力设备绝缘的 tanδ 时采用什么新方法？

目前现场正在研究和采用的新方法如下：

（1）分级加压法。由 11 题分析可知，这种方法的思路源于倒相法。倒相法测量的基本思路是通过两次测量消除平衡方程式（5－1）中的 $\dot{U}_g$ 和 Z_g。而用改变试验电压数值的方法

也可以消除式中的$\dot{U}_g$和Z_g。分级加压法就是在这种思想指导下产生的。其测量方法如下：

先在试验电压为$\dot{U}$时（对QS_1型电桥为10kV）第一次将电桥调至平衡，由式（5-1）有

$$\frac{Z_{41}}{Z_1 Z_{31}}-\frac{1}{Z_2}=\frac{\dot{U}_g}{\dot{U}Z_g} \tag{5-11}$$

再将试验电压降至$\dot{U}/2$（对QS_1型电桥为5kV），第二次调整平衡，由式（5-1）又有

$$\frac{Z_{42}}{Z_1 Z_{32}}-\frac{1}{Z_2}=\frac{\dot{U}_g}{\frac{1}{2}\dot{U}Z_g} \tag{5-12}$$

由式（5-11）、式（5-12）消去$\dot{U}_g/\dot{U}Z_g$得

$$\frac{Z_{42}}{Z_{32}}+\frac{Z_1}{Z_2}=2\frac{Z_{41}}{Z_{31}} \tag{5-13}$$

与由式（5-4）解出式（5-5）、式（5-7）一样解式（5-13）得

$$\tan\delta_x=\frac{2\tan\delta_1-\tan\delta_2-\frac{R_{31}}{R_{32}}}{2-\frac{R_{31}}{R_{32}}}=\frac{2R_{32}\tan\delta_1-R_{31}\tan\delta_2}{2R_{32}-R_{31}}=\frac{2C_1\tan\delta_1-C_2\tan\delta_2}{2C_1-C_2} \tag{5-14}$$

$$C_x=R_4C_N\left(\frac{2}{R_{31}}-\frac{1}{R_{32}}\right)=2C_1-C_2 \tag{5-15}$$

通过在现场同时使用分级加压法和倒相法的测试实践表明，所得出的结果是一致的。例如，在某变电站部分停电时测得某110kV电流互感器的数据如下：

加压10kV时，tanδ%（桥指示）=2.2，$R_3=1390\Omega$；

加压5kV时，tanδ%（桥指示）=4.0，$R_3=1354\Omega$；

倒相后，加压10kV时，tanδ%（桥指示）=−3.5，$R_3=1464\Omega$，tanδ%（计算值）=−1.61；

加压5kV时，tanδ%（桥指示）=−7.7，$R_3=1503\Omega$，tanδ%（计算值）=−3.63。

当用倒相法计算时，代入式（5-5）、式（5-6）得

$$\tan\delta_x=0.34\%$$

$$C_x=111.6\text{pF}$$

当用分级加压法计算时，代入式（5-14）、式（5-15）得：

1）用$\tan\delta_1=2.2\%$、$R_{31}=1390\Omega$和$\tan\delta_2=4.0\%$、$R_{32}=1354\Omega$计算，则

$$\tan\delta_x=0.31\%$$

$$C_x=111.5\text{pF}$$

2）用$\tan\delta_1=-1.01\%$、$R_{31}=1464\Omega$和$\tan\delta_2=-3.63\%$、$R_{32}=1503\Omega$计算，则

$$\tan\delta_x=0.31\%$$

$$C_x=111.6\text{pF}$$

由以上计算可见，用分级加压法和用倒相法的效果是等价的。但现场使用情况表明：用分级加压法比用倒相法操作简便，只需在10kV下调整电桥平衡，然后将试验电压降至5kV。如果电桥仍然平衡，说明无电场干扰；如果不平衡，顺手调至平衡，并记下数据，再用这两组数据按式（5-14）和式（5-15）进行计算。

（2）桥体加反干扰源法。分析研究表明，无论在正、反接线中，干扰电流 $\dot{I}_g$ 均从电桥 B 点注入，分布在 C_x、C_N、R_3 及 Z_4 臂中，通常 $C_x \leqslant 1000\text{pF}$，$\frac{1}{\omega C_x}$约为 3MΩ；$C_N = 50 \sim 100\text{pF}$，$\frac{1}{\omega C_x}$达数十兆欧。而 R_3、Z_4 小于数千欧，试验变压器短路阻抗不超过 15kΩ，因此有

$$|\dot{I}_{g1}| \ll |\dot{I}_{g3}|,\ |\dot{I}_{gN}| \ll |\dot{I}_{g4}|$$

式中 $\dot{I}_{g1}$——流入 C_x 臂的干扰电流；

$\dot{I}_{g3}$——流入 R_3 臂的干扰电流；

$\dot{I}_{gN}$——流入 C_N 臂的干扰电流；

$\dot{I}_{g4}$——流入 Z_4 臂的干扰电流。

这样，干扰电流 $\dot{I}_g$ 可近似表达为 $\dot{I}_g = \dot{I}_{g3} + \dot{I}_{g4}$，如图 5-4 所示。

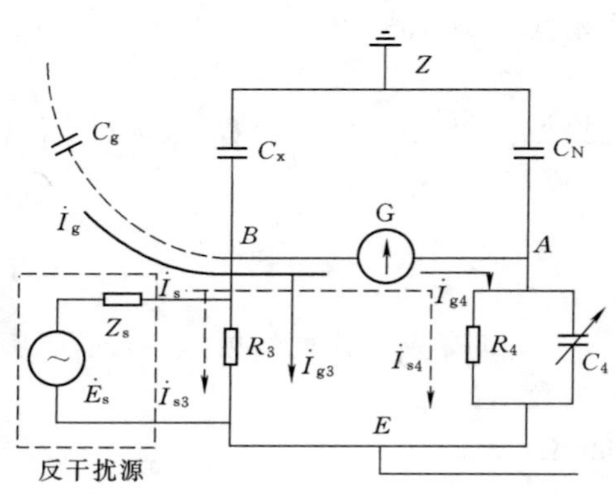

图 5-4　R_3 臂加反干扰电源的等值图

如果不采取措施消除干扰的影响，而是借助 R_3 及 Z_4 的调节来使电桥平衡。电桥读数 $\tan\delta'$ 不是试品真实 $\tan\delta$，随着干扰电流 $\dot{I}_{g3}$ 的大小及相位不同，实测值 $\tan\delta'$ 可能比真实值 $\tan\delta$ 大，也可能小，甚至会出现负值。而且，当干扰特别强时，使得 $\tan\delta'$ 超过 60％值时电桥根本不能平衡。

既然造成 $\tan\delta' \neq \tan\delta$ 或电桥根本不能平衡的原因是干扰源从电桥 B 点注入干扰电流 $\dot{I}_g$，而 $\dot{I}_g$ 又主要是流过 R_3 及 Z_4 臂。那么如果在电桥 R_3 及 Z_4 臂参数处于试品真实 $\tan\delta$ 位置下，不加试验电源时往电桥臂上施加一个特制的可调电源，用以补偿干扰电流 $\dot{I}_g$ 造成的影响。再施加电源电压，电桥就能在消除了干扰源的影响下测出试品真实 $\tan\delta$。这个可调电源可加于 R_3 臂、Z_4 臂，也可施加于检流计之间。实践表明是可以达到完全消除干扰对电桥平衡和对测量的影响，这就是桥体加反干扰源测量 $\tan\delta$ 的新方法。

以 R_3 臂加反干扰源为例进行分析。

在 QS_1 型西林电桥的 R_3 臂并联一个特制可调电源——反干扰电源，其等值电路如图 5-4所示。可调反干扰电源电势 $\dot{E}_s$、内阻 Z_s，首先要求 $|Z_s| \gg |R_3|$。因此，反干扰源的并联不影响干扰电流 $\dot{I}_g$、$\dot{I}_{g3}$、$\dot{I}_{g4}$的分布。又因为 $\frac{1}{\omega C_x} \gg R_3$，$\frac{1}{\omega C_N} \gg |Z_4|$，所以反干扰源电流 $\dot{I}_s$ 主要是流过 R_3 和 Z_4 臂，即 $\dot{I}_s = \dot{I}_{s3} + \dot{I}_{s4}$。

如果电桥 R_3 和 Z_4 臂值正好置于试品真实 $\tan\delta$ 对应位置，调节 $\dot{E}_s$，使之满足

$$\dot{I}_{s3} + \dot{I}_{g3} = 0$$

则
$$(\dot{I}_{s3} + \dot{I}_{gs})R_3 = \Delta\dot{U}_{BE} = 0$$

而
$$\Delta\dot{U}_{BE} = \Delta\dot{U}_{BA} + \Delta\dot{U}_{AE} = (Z_G + Z_4)(\dot{I}_{s4} + \dot{I}_{g4})$$

式中　Z_G——检流计的阻抗。

因为 $Z_G+Z_4\neq 0$，所以 $\dot{I}_{s4}+\dot{I}_{g4}=0$。

这就表示流过检流计的干扰电流 $\dot{I}_{g4}$ 与反干扰电流 $\dot{I}_{s4}$ 之和为零，电桥处于平衡。这时再加试验电压，电桥仍能处于平衡，即能得到真实的 tanδ 值。

以上是以反接线为例进行分析的，其他接线方法的分析完全相同。

对于 Z_4 臂加反干扰源，检流计之间加反干扰源可以仿上进行分析，其效果和方法完全相同，都能达到消除外电场干扰影响的目的。但是不管采用哪种方法都需要一套反干扰电源装置，它包括升流、移相等部分。目前湖南省电力试验研究所已经研制成 FG－1 型反干扰装置，并在现场和实验室进行过多次测量，表 5－5 列出了部分测量结果。

表 5－5　　桥体加反干扰源 tanδ 测量方法应用结果

测试数据 / 试品编号	干扰强度 I_g/I_x	反干扰措施	tanδ/%			R_3/Ω		R_3 预调值 /Ω	平衡情况
			正	反	结果	正	反		
1	0	无	0.7	0.7	0.7	213.9	213.9		
	0.6	无	6.5	−60 以上		212.5	247		不平衡
		R_3 臂反干扰	0.7	0.8	0.75	213.7	213.9	150	一次平衡
2	0	无	6.8	6.8	6.8				
	0.66	无	17.6	−60 以上		210.4	311.5		不平衡
		R_3 臂反干扰	6.6	6.8	6.7	212.6	212.8	150	一次平衡
3	0	无	4.7	4.7	4.7	2177	2177		
	0.2	无	49.1	−42.2	12.45	2292	1830		
		R_3 臂反干扰	4.7		4.7	2182		1800	二次平衡
4	0	无	1.0	1.0	1.0	2434	2434		
	0.3	无	不平衡	不平衡					不平衡
		R_3 臂反干扰	1.0		1.0	2429		2100	一次平衡
5	0	无	0.3	0.3	0.3	213	213		
	0.5	无	16.6	−60 以上		206	235		不平衡
		Z_4 臂反干扰	0.3	0.4	0.35	213	213	330	二次平衡
6	0	无	0.6	0.6	0.6	2261	2261		
	0.3	无	21	−60 以上		3070	2470		不平衡
		Z_4 臂反干扰	0.6		0.6	2182		3000	二次平衡

（3）改变频率法。这种方法是采用与本地区电网频率不同的另一种频率的电源作为试验电源，测量强电场干扰下电力设备的介质损耗因数，此时只需要添一套变频电源。由于采用工频时的测量结果为

$$R_x = \frac{C_4}{C_N} R_3$$

$$C_x = \frac{R_3}{R_3} C_N$$

$$\tan\delta_{50} = \omega R \times C_x = \omega R_4 C_4 = 2\pi f R_4 C_4$$

所以采用变频电源后测得的介质损耗因数为

$$\tan\delta_x = 2\pi f' R_4 C_4 = 2\pi f' R_4 C_4 \frac{f}{f} = 2\pi f R_4 C_4 \frac{f'}{f} = \tan\delta_{50} \frac{f'}{f}$$

$$\tan\delta_{50} = \tan\delta_x \frac{f}{f'}$$

13. 用倒换试验电源极性法测量试品在强电场干扰下的介质损耗因数的效果如何？

用该方法测量时是将倒换试验电源极性前后测得的两个数值通过下列公式进行计算，最后得出无干扰影响下的 $\tan\delta$ 值。

$$\tan\delta_x = \frac{\tan\delta_1 - \tan\delta_2 \dfrac{R_{31}}{R_{32}}(1 + \tan^2\delta_1)}{1 + \dfrac{R_{31}}{R_{32}}(1 + \tan^2\delta_1)} \tag{5-16}$$

$$C_x = \frac{1}{2} C_N R_4 \left\{ \frac{1}{R_{31}} + \frac{1}{R_{32}} [1 - (\tan\delta_1 \tan\delta_2 + \tan\delta_1 \tan\delta_x + \tan\delta_2 \tan\delta_x)] \right\} \tag{5-17}$$

式中 $\tan\delta_1$——倒换试验电源极性前测得的介质损耗因数；

$\tan\delta_2$——倒换试验电源极性后测得的介质损耗因数。

通常 $\tan\delta_x$ 不大，而 $\tan\delta_1$、$\tan\delta_2$ 可能很大，此时式（5－17）可简化为

$$C_x = \frac{1}{2} C_N R_4 \left[\frac{1}{R_{31}} + \frac{1}{R_{32}} (1 - \tan\delta_1 \tan\delta_2) \right] \tag{5-18}$$

该方法不需要采用任何抗干扰措施和移相器等设备，而且适用于各种试验接线。表 5－6 列出了干扰下的计算值和无干扰下的实测值 3 组数据。由表中数据可见，两种情况下得到的 $\tan\delta_x$ 和电容值非常相近，证明该方法是可行的。

表 5－6　干扰下的计算值与无干扰下的实测值

序　号	干扰下的测量值				计算值		无干扰下的实测值		
	$\tan\delta_1$ 测量时		$-\tan\delta_2$ 测量时						
	$\tan\delta_1$ /%	R_{31}	$-\tan\delta_2$ /%	R_{32}	$\tan\delta_x$ /%	C_x /pF	$\tan\delta_x$ /%	R_3	C_x /pF
1	24.1	1697	32.3	1715	2.88	91	2.8	1748	89
2	50.4	1517	44.4	1664	11.1	91	11.3	1749	89
3	16.8	3153	15.7	2697	0.63	54	0.5	3942	54

应用公式时需注意的是，当介质损耗因数为正值时，记为 $\tan\delta_1$，相应的 R_3 记为 R_{31}；介质损耗因数为负值时，记为 $\tan\delta_2$，R_3 记为 R_{32}，$\tan\delta_2$ 要换算成真实的负介质损耗因数值后再用绝对值代入。真实的负介质损耗因数为

$$-\tan\delta_2 = -\tan\delta_d \frac{R_{32}}{R_4}$$

式中　$\tan\delta_d$——读得的介质损耗因数。

14. 用 QS_1 型西林电桥测量试品介质损耗因数时，若测量结果为（$-\tan\delta$），是否表明试品介质损耗很小？

不一定。用 QS_1 型西林电桥测量 $\tan\delta$ 时，出现（$-\tan\delta$）值的原因主要有：在潮湿天气条件下瓷套表面凝结水膜，加接保护环，套管内部油质劣化，套管抽压小套管绝缘电阻降低，试验装置屏蔽不完善等，在试品内部或测试电路中形成三端 T 形网络、电场的干扰以及标准电容介质损耗大于试品介质损耗或者三种影响同时存在所引起。而试品出现（$-\tan\delta$）时，是没有物理意义的。因此，当出现（$-\tan\delta$）时，必须查明原因，消除（$-\tan\delta$）的测量值。

15. 用 QS_1 型西林电桥正接线测量电容型套管的 tanδ，由于法兰没有很好接地而出现负值，为什么？

在华东某 110kV 变电所对 1 号主变压器 110kV 侧套管进行测试。当时该套管未安装在变压器上，而置于固定套管铁支架上。发现将套管由螺丝紧固在套管铁支架上，再将铁支架接地，进行套管介质损耗因数 tanδ 测试时，结果介质损耗因数测量值 A 相为－10％，B 相为－8.3％，C 相为－9.6％。查找各方面原因，最后用接地线直接将法兰接地，负值消除，

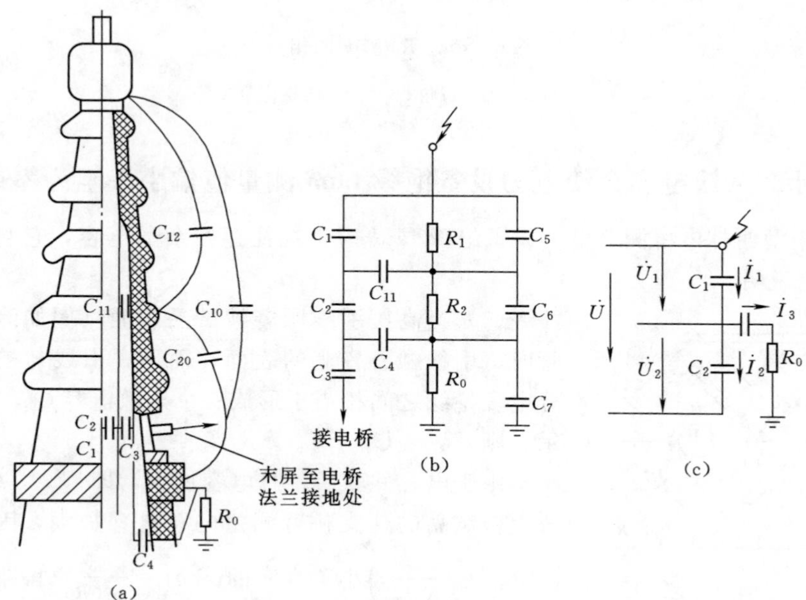

图 5－5　电容型套管的结构示意图和等值电路图

(a) 结构示意图；(b) 等值电路图；(c) 简化等值电路图

R_0—法兰与地之间电阻；R_1、R_2—瓷套表面电阻；C_1、C_2、C_3—串联成电容型套管的导电杆与小套管之间的电容；C_5、C_6、C_7—表面杂散电容；C_{11}—穿芯杆对外瓷套管的电容；C_4—测试电流通路与法兰之间的电容

测得套管介质损耗因数A相为0.5%，B相为0.5%，C相为0.6%。显然，套管介质损耗因数出现负值是由于法兰没有很好接地引起的。下面进行分析。

图5-5分别示出了电容型套管结构图和等值电路图。

当瓷套表面干燥、清洁时，R_1、R_2值较大，且C_5、C_6、G接近于零，故可再将图5-5（b）简化为图5-5（c）。在图5-5（c）中，高电压U施加于C_1和C_2串联电路上。C_1、C_2上电压分别是U_1、U_2，$\dot{U}=\dot{U}_1+\dot{U}_2$。假定$C_1$、$C_2$介质损耗因数$\tan\delta$很小，即$\tan\delta\approx 0$，如果不存在$R_0$，$\dot{I}_3$与$\dot{I}_1$、$\dot{I}_2$同相，均近似为纯容性电流。但由于$R_0$存在，使$\dot{I}_3$与$\dot{U}_2$的夹角$\varphi$小于90°，如图5-6（a）所示，这样$\dot{I}_2=\dot{I}_1-\dot{I}_3$的相位角为90°+$\delta$，所以电桥测得结果为负值，如图5-6（b）所示。因此，实测和理论分析都证明，套管的法兰与地接触不好，形成法兰经一电阻R_0接地，是造成绝缘试品出现负误差，甚至出现负值的原因之一。在一般现场测量中，当R_0越大时，$|\tan\delta|$就越大，出现的负值也越大。因此，在试验中特别对没有安装的套管类试品进行$\tan\delta$测试时，套管法兰应可靠接地。

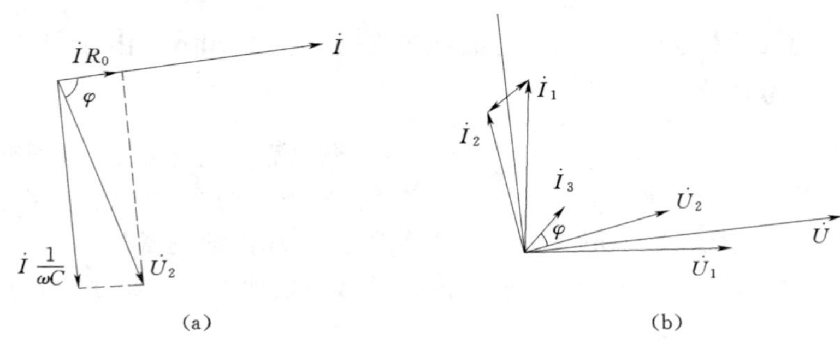

图5-6　考虑R_0影响的相量图

（a）$\dot{I}_3$的相位角；（b）$\dot{I}_2$的相位角

16. 为什么杂散电容会使电力设备绝缘tanδ测量值偏小甚至为零或负值？

在用QS_1型西林电桥测量电力设备绝缘$\tan\delta$时，往往存在杂散电容，它直接影响$\tan\delta$值。下面举例说明。

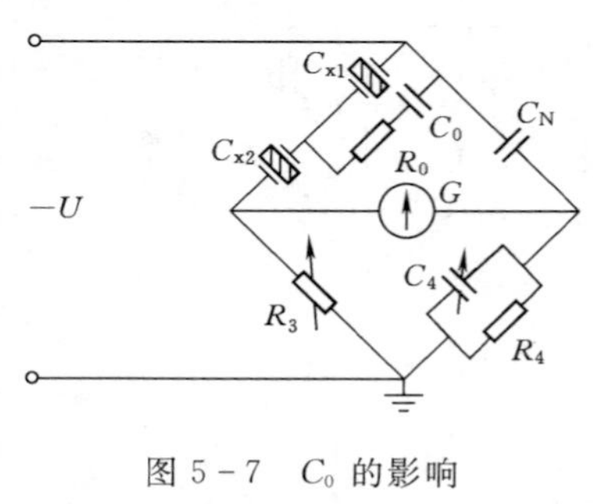

图5-7　C_0的影响

（1）当高压引线顺着被试品表面（例如测量电容型套管时，引线顺着瓷套的表面）而下，引线与被试品的一部分电瓷绝缘之间相当于形成一个杂散电容C_0，如图5-7所示，则$C'_{x1}=C_x \mathbin{/\!/} C_0$。

由于电容并联后，总电容加大，即$C'_{x1}>C_{x1}$，致使电桥上被试品的这支桥臂测量的总电容加大，因此，测出的$\tan\delta'\left(=\frac{1}{\omega R_x C'_x}\right)$小于真实的$\tan\delta\left(=\frac{1}{\omega R_x C_x}\right)$，即出现$\tan\delta$测量值偏小的情况。

（2）当空气湿度较大，瓷套表面潮湿，污秽严重时，高压引线与主电容屏之间也相当于存在与上述情况类同的杂散电容C_0，致使测量的被试品电容值比真实值加大，也会使测量出的$\tan\delta$值偏小。

(3) 当被试品的周围有接地体（如铁梯子、脚手架、墙壁、栅栏或人等），就相当于被试品的下半部引出一条 R_0、C_0 接地支路［图 5-8 (a)］。由于这条支路的存在，影响电桥测试的准确性。现将 AE、BE、DE 的星形干扰网络支路等值变换为三角形网络 ABD 电路［图 5-8 (b)］，其中导纳支路 Y_{AB} 与电源并联，对测量没有影响。Y_{DB} 一般情况下幅值较小，对桥臂 R_3 的影响不大，也可忽略。比较突出的是导纳 Y_{AD}，此支路直接并联在被试品两端，因而使桥臂 1 的测量电流 $\dot{I}'_c$（主要为无功电流）比流过被试品的真实电流 I_c 加大，所以测量出的介质损耗因数 $\tan\delta'=\frac{I_R}{I_c'}$ 小于被试品真实的介质损耗因数 $\tan\delta=\frac{I_R}{I_c}$。

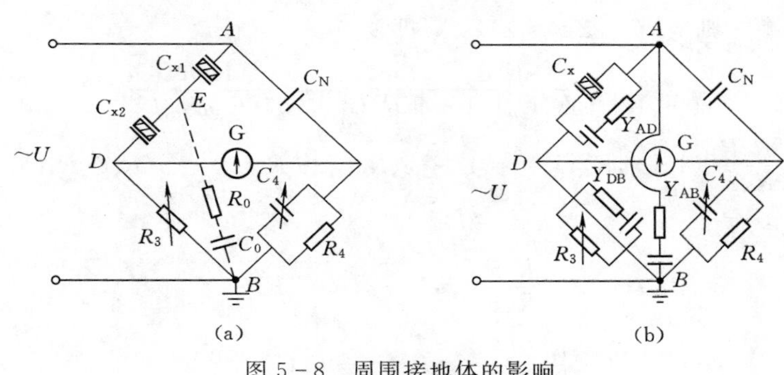

图 5-8　周围接地体的影响

(a) 引入 R_0、C_0 支路；(b) Y—Δ 变换

当 R_0 减小，C_0 增大，不但使总电流 I_c' 加大，而且使电压与电流之间的相角 φ（图 5-9）也变大；另一方面，随着 C_0 增大，导纳支路 Y_{DB} 对桥臂 3 的影响也逐步加大而不容忽略。桥臂 3 不再为纯电阻 R_3，而是电阻与电容的并联组合，因此，被试品的相量图中可能出现 $\varphi=90°$，即 $\delta=0°$，即 $\tan\delta=0$ 的情况。到某一程度时，φ 角再度增大，则 $\delta=90°-\varphi$，即小于 0°，$\tan\delta<0$，出现负值的情况。

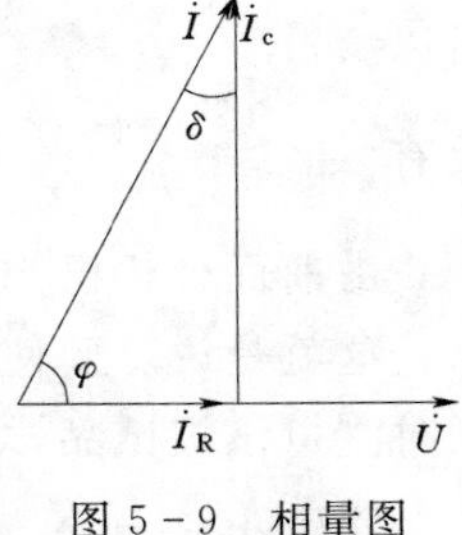

图 5-9　相量图

对于上述三种情况，现场测试中可以分别采取改变高压引线与被试品表面之间的角度，将被试品表面擦拭干净，除去水分和污秽及选择晴朗天气和尽量清除被试品周围的接地体（包括人）的相应措施。

17. 用 QS_1 型西林电桥测量电力设备绝缘的 $\tan\delta$ 时，当把开关倒向“$-\tan\delta$”一方时，测得的介质损耗因数的表达式是什么？

通常我们所说的“标准电容” C_N，即忽略其损耗而将它看作无损电容。现既然被试品的电容和介质损耗比标准电容还要小，因而相比之下标准电容的损耗所归算的电阻 R_N 支路已不容忽略。

由已知条件 $\tan\delta<\tan\delta_N$（被试品电容介质损耗<标准电容介质损耗），则有

$$\frac{1}{\omega R_x C_x}<\frac{1}{\omega R_N C_N}$$

即

$$R_x C_x > R_N C_N$$

又由已知条件 $C_x<C_N$（被试品电容<标准电容），可见 $R_x>R_N$。

(1) 按正常的 C_4 与 R_4 并联法去测量该被试品，如图 5-10 所示，则各桥臂阻抗为

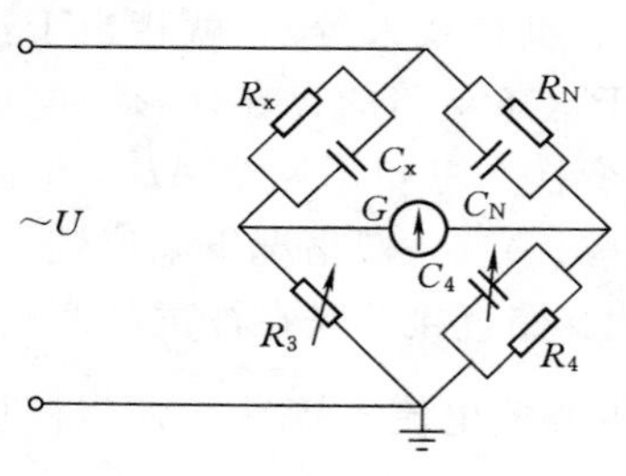

图 5-10　测量接线

$$Z_1 = R_x \ /\!/ \ C_x = \frac{1}{\frac{1}{R_x} + j\omega C_x} = \frac{1}{1 + j\omega R_x C_x}$$

$$Z_2 = R_N \ /\!/ \ C_N = \frac{1}{\frac{1}{R_N} + j\omega C_N} = \frac{R_N}{1 + j\omega R_N C_N}$$

$$Z_3 = R_3$$

$$Z_4 = R_4 \ /\!/ \ C_4 = \frac{1}{\frac{1}{R_4} + j\omega C_4} = \frac{R_4}{1 + j\omega R_4 C_4}$$

要使电桥平衡，则应有 $Z_1 Z_4 = Z_2 Z_3$，即要有

$$\frac{R_x C_4}{(1 + j\omega R_x C_x)(1 + j\omega R_4 C_4)} = \frac{R_N R_3}{1 + j\omega R_N C_N}$$

即
$$\frac{R_x R_4}{R_N R_3}(1 + j\omega R_N C_N) = 1 + j\omega(R_x C_x + R_4 C_4) - \omega^2 R_x C_x R_4 C_4$$

对照实、虚部，应有

$$\frac{R_x R_4}{R_N R_3} = 1 - \omega^2 R_x C_x R_4 C_4 \tag{5-19}$$

$$\frac{R_x R_4 C_N}{R_3} = R_x C_x + R_4 C_4 \tag{5-20}$$

从式（5-20）得

$$R_x C_x + R_4 C_4 = \frac{R_x R_4}{R_3} C_N = \frac{R_x R_4}{R_N R_3} R_N C_N = (1 - \omega^2 R_x C_x R_4 C_4) R_N C_N$$

所以
$$R_4 C_4 (1 + \omega^2 R_x C_x R_N C_N) = R_N C_N - R_x C_x$$

故有
$$C_4 = \frac{1}{R_4} \frac{R_N C_N - R_x C_x}{1 + \omega^2 R_x C_x R_N C_N}$$

由前面分析已知 $R_x C_x > R_N C_N$，因此 $R_N C_N - R_x C_x < 0$，即 $C_4 < 0$。

这就是说，要使电桥平衡，必须有 $C_4 < 0$，而事实上这是不可能的。所以 C_4 与 R_4 并联时测量该被试品，调节电桥总不可能平衡。

(2) 将 C_4 与 R_3 并联（即把开关 S 倒向“$-\tan\delta$”一方）去测量该被试品，则如图 5-11 所示。

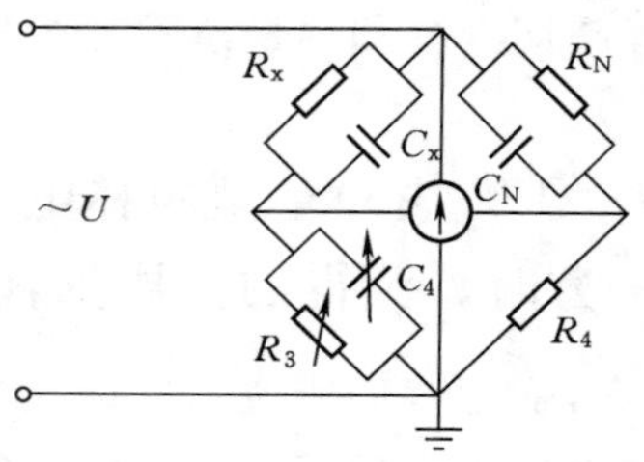

图 5-11　开关 S 倒向“$-\tan\delta$”一方的测量接线

$$Z_1 = R_x \ /\!/ \ C_x = \frac{1}{R_x + j\omega C_x} = \frac{R_x}{1 + j\omega R_x C_x}$$

$$Z_2 = R_N \ /\!/ \ C_N = \frac{1}{\frac{1}{R_N} + j\omega C_x} = \frac{R_N}{1 + j\omega R_N C_N}$$

$$Z_3 = R_3 \ /\!/ \ C_4 = \frac{1}{\frac{1}{R_3} + j\omega C_4} = \frac{R_3}{1 + j\omega R_3 C_3}$$

$$Z_4 = R_4$$

要使电桥平衡，必须 $Z_1 Z_4 = Z_2 Z_3$，即有

$$\frac{R_x R_4}{1 + j\omega R_x C_x} = -\frac{R_N R_3}{(1 + j\omega R_4 C_N)(1 + j\omega R_3 C_4)}$$

$$\frac{R_N R_3}{R_x R_4}(1+j\omega R_x C_x)=1+j\omega(R_N C_N+R_3 C_4)-\omega^2 R_N C_N R_3 R_4$$

对照实、虚部，有

$$1-\omega^2 R_N C_N R_3 C_4=\frac{R_N R_3}{R_x R_4} \tag{5-21}$$

$$R_N C_N+R_3 C_4=\frac{R_N R_3}{R_4}C_x \tag{5-22}$$

将式（5－21）代入式（5－22）得

$$R_N C_N+R_3 C_4=\frac{R_N R_3}{R_x R_4}R_x C_x=(1-\omega^2 R_N C_N R_3 C_4)R_x C_x$$

$$R_3 C_4(1+\omega^2 R_x C_x R_N C_N)=R_x C_x-R_N C_N$$

故有

$$C_4=\frac{1}{R_3}\frac{R_x C_x-R_N C_N}{1+\omega^2 R_x C_x R_N C_N}$$

既然由已知可得 $R_x C_x > R_N C_N$，所以 $C_4>0$ 能成立。

因此将 R_3 与 C_4 并联后可以调节 C_4 使电桥平衡。此时测出该被试品的结果由式（5－21）、式（5－22）得

$$R_x=\frac{R_N R_3}{R_4(1-\omega^2 R_N C_N R_3 C_4)}$$

$$C_x=\frac{R_4(R_N C_N+R_3 C_4)}{R_N R_3}$$

则

$$\tan\delta=\frac{1}{\omega R_x C_x}=\frac{1-\omega^2 R_x C_x R_3 C_4}{\omega(R_N C_N+R_3 C_4)}$$

$$\approx\frac{1}{\omega(R_N C_N+R_3 C_4)}\approx\frac{1}{\omega R_3 C_4}$$

可见将 R_3 与 C_4 关联的方法能够测量出电容和介质损耗都极小的被试品的电容量 C_x 及 tanδ。

18. 用 QS_1 型西林电桥测量电力设备绝缘的介质损耗因数时，C_x 的引线电容对测量结果有何影响？如何消除？

用 QS_1 型西林电桥测量电力设备绝缘的介质损耗因数时，C_x 的引线电容 C_z 对测量结果影响的分析用图如图 5－12 所示。

图 5－12（a）为正接线测量时 C_x 引线的示意图，此时与电桥第三臂 R_3 并联的电容 C_z

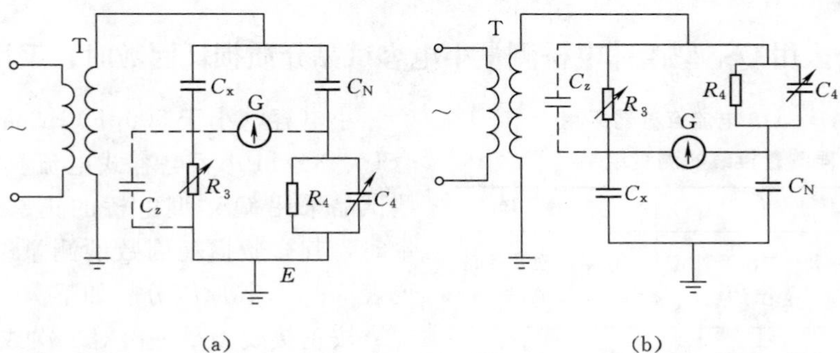

图 5－12　C_x 的引线电容 C_z 对 tanδ 测量结果影响的分析用图

（a）正接线；（b）反接线

E—C_x 引线屏蔽层接点

包括 C_x 的引线电容与试品测量电极对地间电容之和。

图 5－12（b）为反接线测量时 C_x 引线的示意图。此时 C_z 仅为 C_x 引线的电容。当电桥平衡时

$$\tan\delta_c = \tan\delta_x + \omega C_z R_3$$

式中 $\tan\delta_c$——电桥测量值；

$\tan\delta_x$——试品真实介质损耗因数。

可见，由于 C_z 的存在，使试品介质损耗因数有增大的测量误差。

消除 C_z 引起的测量误差的方法有：

（1）测出 C_z，计算 $\tan\delta_x$ 值。可用电容表测出 C_z 值，再根据 $\tan\delta_x=\tan\delta_c-\omega C_z R_3$ 计算出真实的介质损耗因数。

由于 C_x 的引线电容实测值为 100～300pF/m，设试品的引线为 10m，则 C_z＝1000～3000pF。当 R_3＝3184Ω 时，$\omega C_z R_3\approx$（0.1～0.3）%。

（2）根据两次测量结果计算 $\tan\delta_x$ 值。第一次测量结果 $\tan\delta_1$ 为

$$\tan\delta_1 = \tan\delta_x + \omega C_z R_3$$

第二次测量时，将电桥第四臂并入一电阻，使 R_4 值变为 KR_4，则因 C_x 未变，据 $C_x=\frac{R_4}{R_3}C_N$，则 R_3 值也将相应变为 KR_3，此时测得的介质损耗因数为 $\tan\delta_2$，即

$$\tan\delta_2 = \tan\delta_x + K\omega C_z R_3$$

由两次测得结果可得

$$\tan\delta_x = \frac{\tan\delta_2 - K\tan\delta_1}{1-K}$$

若取 $K=0.5$，即 R_4 臂并联一个 3184Ω 的电阻，则上式变为

$$\tan\delta_x = 2\tan\delta_2 - \tan\delta_1$$

应当指出，C_x 的引线引起的测量误差偏大，不仅与 C_x 的引线长短有关，而且与试品电容 C_x 的大小有关。对小电容量试品（如 $LCWD_2$ 电流互感器等），由于 C_x 很小，R_3 值大，因此测量误差也大，易于造成误判断；而当试品电容量 C_x 较大时，且 C_x＞3000pF，QS_1 电桥接入分流电阻，则与 C_z 并联的电阻一般小于 50Ω，因此此时 $\omega C_z R_3$ 值很小，所以 C_x 引线的影响可忽略不计。当试品电容 $C_x\geqslant$10000pF 时，QS_1 型电桥说明书上对 C_x 引线长度可不作规定，因此时与 C_z 并联的电阻很小，$\omega C_z R_3$ 影响可以忽略。

19. 为什么用 QS_1 型西林电桥测量小电容试品介质损耗因数时，采用正接线好？

小电容（小于 500pF）试品主要有电容型套管、3～110kV 电容式电流互感器等。对这些试品采用 QS_1 型电桥的正、反接线进行测量时，其介质损耗因数的测量结果是不同的，见表 5－7。其原因分析如下。

表 5－7 LCWD－110 电流互感器采用不同测量接线的测量结果

正接线				反接线	
一次对二次（外壳接地）		一次对二次及外壳（绝缘）		一次对二次及外壳（接地）	
C_x /pF	$\tan\delta$ /%	C_x /pF	$\tan\delta$ /%	C_x /pF	$\tan\delta$ /%
50	3.3	56.6	3.5	81	2.2

按正接线测量一次对二次或一次对二次及外壳（垫绝缘）的介质损耗因数，测量结果是实际被试品一次对二次及外壳绝缘的介质损耗因数。而一次和顶部周围接地部分的电容和介

质损耗因数均被屏蔽掉（电桥正接线测量时，接地点是电桥的屏蔽点）。由表 5－7 可见，一次对二次的电容量为 50pF，而一次对二次及外壳（垫绝缘）的电容量为 56.6pF，一次对外壳的电容量约为 6.6pF，约为一次对二次及外壳总电容的 1/9，这主要是油及瓷质绝缘的电容。由于电容很小，所以在与一次对二次电容成并联等值电路测量时，一次对外壳的影响很小。因此为了在现场测试方便，可直接测量一次对二次的绝缘介质损耗因数便可以灵敏地发现其进水受潮等绝缘缺陷，而按反接线测量的是一次对二次及地的介质损耗因数值。此时一次和顶部对周围接地部分的电容为 81－56.6＝24.4（pF），为反接线测量时总试品电容的 30％。而这部分的介质损失主要是空气、绝缘油、瓷套等，在干燥及表面清洁的条件下，这部分的介质损耗因数一般小于 10％。由于试品本身电容小，而一次和顶部对周围接地部分的电容所占的比例相对就比较大，也就对测量结果（反接线测量的综合介质损耗因数）有较大的影响。

由于正接线具有良好的抗电场干扰，测量误差较小的特点，一般应以正接线测量结果作为分析判断绝缘状况的依据。

20. 测量电容型套管的介质损耗因数 tanδ 如何接线?

测量装在三相变压器上的任一只电容套管的 tanδ 和电容时，相同电压等级的三相绕组及中性点（若中性点有套管引出者）必须短接加压，将非测量的其他绕组三相短路接地。否则，会造成较大误差。现场常采用高压电桥正接线或 M 型试验器测量，将相应套管的测量用小套管引线接至电桥的 C_x 端或 M 型试验器的接地点一个一个地进行测量。

具有抽压和测量端子（小套管引出线）引出的电容型套管，tanδ 及电容的测量，可分别在导电杆和各端子之间进行。

（1）测量导电杆对测量端子的 tanδ 和电容时，抽压端子悬空。

（2）测量导电杆对抽压端子的 tanδ 和电容时，测量端子悬空。

（3）测量抽压端子对测量端子的 tanδ 和电容时，导电杆悬空。此时测量电压不应超过该端子的正常工作电压。

21. 为什么《规程》要严格规定套管 tanδ 的要求值?

《规程》规定的套管 tanδ 要求值较以往严一些，其主要原因如下：

（1）易于检出受潮缺陷。目前套管在运行中出现的事故和预防性试验检出的故障，受潮缺陷占很大比例，而测量 tanδ 又是监督套管绝缘是否受潮的重要手段。因此，对套管 tanδ 要求值规定得严一些有利于检出受潮缺陷。

（2）符合实际。我国预防性试验的实践表明，正常油纸电容型套管的 tanδ 值一般在 0.4％左右，有的单位对 63～500kV 的 234 支套管统计，tanδ 没有超过 0.6％的。制造厂的出厂标准定为 0.7％，因此运行与大修标准不能严于出厂标准，所以长期以来，tanδ 的要求值偏松。运行经验表明，tanδ 大于 0.8％者，已属异常。如某电业局一支 500kV 套管，严重缺油（油标见不到油面），绝缘受潮，tanδ 只为 0.9％，所以只有严一些才符合实际情况，也才有利于及时发现受潮缺陷。

22. 为什么用 QS_1 型西林电桥测量电力设备绝缘的 $\tan\delta$ 时，有时要在 C_4R_4 臂上并联一电阻？

当被试品的电容量较小，调节可变电阻 R_3 已下降到很小，电桥仍不能平衡时，此时可在固定电阻 R_4 上并联一分流电阻 R_0，使桥臂 C_4R_4 的总阻抗下降，因而可测出数值较小的被试品的介质损耗因数 $\tan\delta$ 和电容 C_x。分析如下：

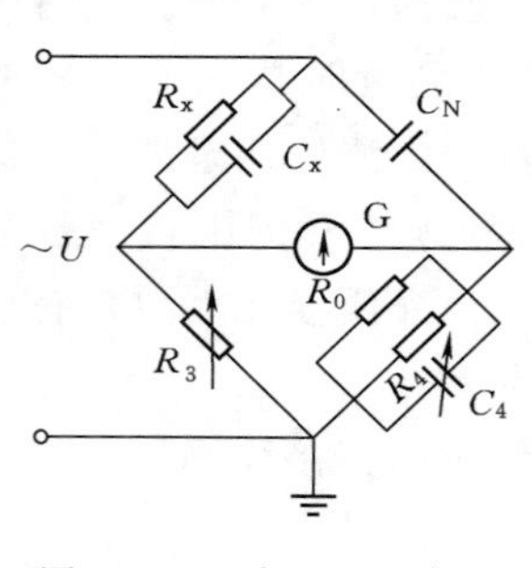

图 5-13　在 C_4R_4 臂上并联 R_0 分析用图

如图 5-13 所示，设分流电阻 $R_0=\frac{R_4}{n}$（$n>0$，n 为整数），则

$$R'_4=R_4 \,//\, R_0=R_4 \,//\, \frac{R_4}{n}=\frac{R_4\frac{R_4}{n}}{R_4+\frac{R_4}{n}}=\frac{R_4}{n+1}$$

故

$$\tan\delta=\omega C_4R'_4=\omega C_4\frac{R_4}{n+1}=\frac{1}{n+1}\omega C_4R_4=\frac{1}{n+1}\tan\delta_q$$

$$C_x=\frac{R'_4C_N}{R_3}=\frac{R_4}{n+1}\frac{C_N}{R_3}=\frac{1}{n+1}\frac{C_NR_4}{R_3}=\frac{1}{n+1}C_q$$

式中　$\tan\delta_q$、C_q——测量时电桥所显示出的介质损耗因数读数和电容读数。

若取 $n=9$，则 $R_0=\frac{R_4}{9}=\frac{3183}{9}\Omega$，将这个数值的电阻与 R_4 并联，则实际被试品的介质损耗因数为

$$\tan\delta=\frac{1}{9+1}\tan\delta_q=\frac{1}{10}\tan\delta_q$$

电容为

$$C=\frac{1}{9+1}C_q=\frac{1}{10}C_q$$

即将电桥上介质损耗因数的读数和电容读数分别除以 10，便可分别得到实际被试品的介质损耗因数和电容值。

23. 用 QS_1 型西林电桥测量电力设备介质损耗因数 $\tan\delta$ 时，容易被忽视的问题有哪些？

（1）外界电场干扰的影响。这是指电压等级较低的情况，例如在 35kV 电压等级的电力设备 $\tan\delta$ 测试中，容易忽视电场干扰的影响。某单位曾测试过一台 35kV 电流互感器的 $\tan\delta$，第一年为 0.4%，第二年为 2.7%，第三年为 3.4%，第四年为 0.6%。四年的测试数据变化很大，且无规律，分析判断很困难。经过分析主要是忽视了电场干扰的影响。35kV 电压等级的电流互感器、电压互感器、断路器套管由于电容量小，受外界的电场干扰比较大，如果一旦忽视，不进行消除，测试数据就不能反映试品质量的真实情况。

（2）高压标准电容器的影响。现场经常使用的 BR-16 型标准电容器，电容量为 50pF，要求 $\tan\delta<0.1\%$。由于标准电容器经过一段时间存放、应用和运输，本身的质量在不断变化，受潮、生锈，忽视了这些质量问题，同样会影响测试的数据。

例如，某变电所测试一只 110kV 电容式变压器套管，第一天测得 $\tan\delta$ 值为 0.4%，第二天测得的 $\tan\delta$ 值却变成 0.8%。而两天测得的电容相近。经过分析比较，天气、温度、湿

度、安放的位置和环境都一样，主要是使用了两只不同的标准电容器。经测试，第一天用的标准电容器本身的 tanδ 值为 0.6%，第二天用的标准电容器本身的 tanδ 值为 0.1%。

（3）试品电容量变化的影响。在用 QS_1 型西林电桥测量电力设备绝缘状况时，往往重视 tanδ 值，而容易忽视试品电容量的变化，从而产生一些事故。

例如，某变电所测试一台套管为充胶型的 35kV 多油断路器，测试结果是 A_1 套管 tanδ 值为 2.3%，电容量为 180pF，A_2 套管 tanδ 值为 2.4%，电容量为 240pF，其他两相四只套管的测试数据同 A_2 相近，测试结果 tanδ 值都符合标准要求。

同历年数据比较，发现 A_1 套管的电容量减小了 60pF 左右，这是个异常现象。马上对该套管重新测试，并对断路器进行解体分析，发现 A_1 套管下部严重漏胶，断路器里的油表面发黑，及时消除了隐患，否则后果不堪设想。因此，为了检出设备缺陷，在重视 tanδ 值变化的同时，也应重视电容量的变化。

（4）消除表面泄漏的方法。表 5-8 给出了 LCLWD-220 型电流互感器在不同空气相对湿度下的 tanδ 测量值。

表 5-8　湿度对 tanδ 值影响的测量结果

相别	空气相对湿度（70%～80%）	空气相对湿度（36%）	$\tan\delta_{70\%\sim80\%}/\tan\delta_{36\%}$
A	1.255	0.433	2.898
B	1.525	0.525	2.904
C	1.215	0.627	1.937

由表中数据可见，湿度对试品 tanδ 值的影响很大，主要是由于表面泄漏造成的。

为消除表面泄漏的影响，有人采用屏蔽环法测量 tanδ 值，这是完全错误的。因为试品加屏蔽以后，改变了试品的电场分布，导致相角的变化，造成了测量误差。有人曾在试验室里对 35kV 的电流互感器、110kV 的电流互感器、110kV 的变压器套管在表面脏污没有清除（即有表面泄漏影响）就装上屏蔽环进行测量，tanδ 值却从不合格的数据一直变到很理想的数据。例如，110kV 的变压器套管做反接线测量，没有装屏蔽环时，tanδ 值为 4.3%；在导电杆附近的裙边上依次加装屏蔽环时，第一裙 tanδ 值为 2.9%，第二裙 tanδ 值为 1.9%，第三裙 tanδ 值为 1.4%，第四裙 tanδ 值为 0.7%，第五裙 tanδ 值为 0.4%。tanδ 的值越变越理想，而电容量变化幅度不大。正接法测试，结果也相似。可见，这种方法是不能采用的，否则不合格试品会变成合格试品。

消除表面泄漏影响的方法很多，主要有：

1）在瓷套部分瓷裙表面涂有机硅油或硅脂。

2）在瓷套的部分瓷裙表面涂石蜡，并用布擦匀。

3）用电热风将瓷套的部分瓷裙表面吹干。

表 5-9 给出了瓷套表面涂硅油或石蜡后 tanδ 值的测量结果。由表可见，效果十分显著。

表 5-9　瓷套表面涂硅油和石蜡时的 tanδ 测量值

套管型式		温度/℃	相对湿度/%	tanδ/%		
				未涂时	涂硅油（四裙）	涂石蜡（四裙）
110kV 油纸电容式	A	26	81	−6.0	0.4	0.5
	B			−6.5	0.3	0.4
	C			−7.2	0.5	0.5

这是因为硅油、石蜡具有增水性能，由于水的界面张力，使水膜凝成不相连的水珠，起到隔离表面泄漏电流通道的作用。

现场测试表明，对表 5-9 中所示的瓷套管用电热风吹干四个瓷裙进行测试，吹干 5min 内进行测量，其结果基本上与涂有机硅油或涂石蜡的测试结果相同。所以，将试品表面擦干净，再采用电热风吹干后，应尽量快地进行测量，否则将产生偏小的测量误差。

（5）测试电源的选择。在现场测试中，有时会遇到试验电源与干扰电源不同步，用移相等方法也难以使电桥平衡的情况。某变电所在测量 1 号主变压器 110kV 电流互感器时就遇到了这种情况。当时变电所内的 110kV 两条线路，母线和 35kV 母线处于带电状态，只是 1 号主变压器和 10kV 系统处于停电检修状态。试验电源由某水电站的 35kV 线路供给所用变压器。由于两个电源不是一个系统，它们中间存在一个频率差，它直接影响了电桥检流计的稳定，使电桥无法平衡。后来利用 110kV 母线电压互感器的二次电压作测试电压，测出了电流互感器的 tanδ 值，排除了干扰。另外，利用 110kV 线路电压互感器的二次电压作为测试电源，也可排除干扰，这是因为对该变电所而言，干扰主要来自 110kV 系统。当试验电源取自 110kV 系统时，试验电源与干扰电源同步，干扰容易消除。

（6）电桥引线的影响。分析研究表明，在一般情况下，C_x 引线长度约为 5～10m，其电容约为 1500～3000pF；而 C_N 引线约为 1～1.5m，其电容约为 300～500pF。当 $R_4=3184\Omega$ 和 R_3 较小时，对测量结果影响很小，但若进行小容量试品测试时，就会产生偏大的测量误差。为克服引线电晕的影响，在测量电流互感器等小容量试品时，可用直径为 50～100mm 的蛇皮管作为高压引线，端部接线要牢固，不应有毛刺。

（7）试验接线方式的影响。测量变压器上套管的 tanδ，一般是将变压器绕组与套管导杆一起施加电压，从末屏抽取信号，进入电桥，采用正接线测量。当绕组开路时，绕组激磁电流将通过绕组与套管的电容屏间的杂散电容耦合，进入电桥测量臂，引起测量误差，尤其是中部出线的变压器，绕组与套管间有较强的杂散耦合，引起误差很大。表 5-10 给出绕组不同连接方式的测量结果。可见接线方式不同，测量结果相差很大。

表 5-10 63MVA、220kV 变压器套管的 tanδ 测量值

电压等级/kV	单独套管 tanδ/%	绕组短路 tanδ/%	绕组开路 tanδ/%	备 注
220	A 相 0.3	0.3	1.8	中部出线
	B 相 0.4	0.3	1.3	
	C 相 0.3	0.2	1.1	

为避免上述误差，《规程》规定，测量变压器套管的 tanδ 时，测量相绕组短路加压，非测量相绕短路接地。

24. 引线电晕对测量介质损耗因数 tanδ 有何影响？如何消除？

为了有效地检出绝缘缺陷，近几年来，有些单位测量 110kV 及以上互感器和套管的高压介质损耗因数 tanδ。由于测量时施加于被试品上的试验电压较高，若用一般的导线做高压引线，当电压超过 50kV 后，就会出现电晕现象。电晕损耗通过杂散电容将被计入被试品的 tanδ 内。严重影响测量结果，并可能导致误判断。表 5-11

表 5-11 某台 110kV 电流互感器采用不同高压引线时 tanδ 测量结果

施加电压/kV	不同高压引线下的 tanδ/%			
	细铁丝	10mm^2 软铜线	ϕ80mm 蛇皮管	ϕ38mm 铜管
36.5	1.46	0.63	0.4	0.4
73	3.5	0.94	0.42	0.42

列出了某台 110kV 电流互感器采用不同高压引线测得的介质损耗因数 $\tan\delta$。

由表 5-11 可知，当高压引线过细时，测得的 $\tan\delta$ 数值甚大，当高压引线外径足够大时，测得的 $\tan\delta$ 值很稳定，且与制造厂的测量数据基本吻合，说明此时的测量结果正确。由此可以得出消除电晕对测量 $\tan\delta$ 影响的主要措施是：增大高压引线的直径。实测表明，当高压引线的直径取为 50～100mm 时可以获得正确的测量结果。若现场无大直径的高压引线时，为消除电晕的影响，宜将高压引线垂直下落接至被试品，尽量减小高压引线对被试品的杂散电容。

25. 为了提高 QS_1 型西林电桥的测试电压，能否把两个 110kV 的标准电容器串联使用？

不能。这可用图 5-14 所示的 QS_1 型电桥的 110kV 标准电容器的示意图来说明。

由图 5-14 可见，110kV 标准电容器由高压电极、测量电极和屏蔽电极组成，并将三者被放在同一个金属外壳内，以消除外界电磁场的干扰。当 QS_1 电桥采用正接线方式测量时，电极 1 接高压，电极 2 接电桥桥臂 C_4R_4，屏蔽电极 3 接地。当采用反接线方式测量时，标准电容器的外壳对地绝缘，其电极 1 接地，电极 2 接电桥桥臂 C_4R_4，再接高压试验变压器的高压端，屏蔽电极 3 也接高压端。

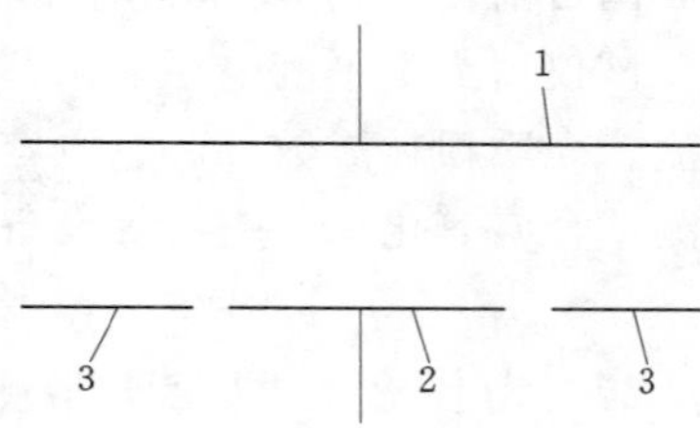

图 5-14 标准电容器示意图
1—高压电极；2—测量电极；3—屏蔽电极

图 5-15 是两个 110kV 标准电容器串联的四种连接方式，假如端子 L 接测量仪表或 QS_1 型电桥的桥臂 C_4R_4。四种连接方式的共同问题是屏蔽电极没有作用，并且通过两个标准电容器的电流不等，两个串联电容的等值电容不等于两个标准电容器的标称电容的串联电容，两个电容上的电压降不同，并且容易受外界电场的影响。因此，两个标准电容器不能串联使用。

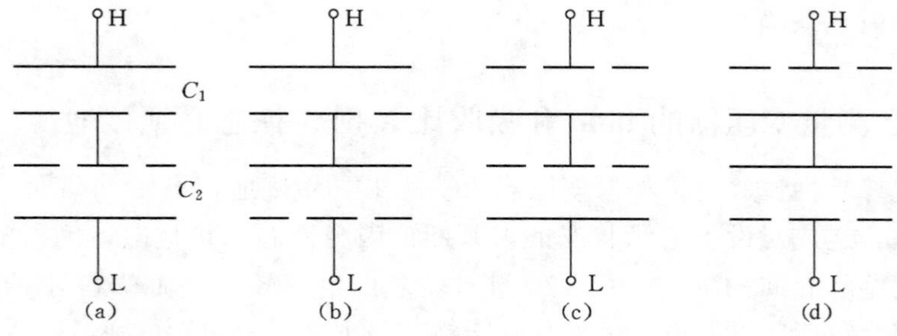

图 5-15 两个标准电容器的串联情况
(a) 两台屏蔽电极相连；(b)、(c) 高压电极与另一台屏蔽电极相连；(d) 两台高压电极相连

26. 美国创造的 M 型试验仪的原理接线及测试的参数有哪些？

美国 Doble 公司于 1929 年创制的 M 型试验仪，在北美及世界许多国家被广泛采用。我国在东北电力系统一直采用引进的 M 型试验器测量电力设备的介质损耗因数和电容量。

美国最新的 M2H-D 型 10kV 介质损失试验仪的原理接线如图 5-16 所示，其操作方法

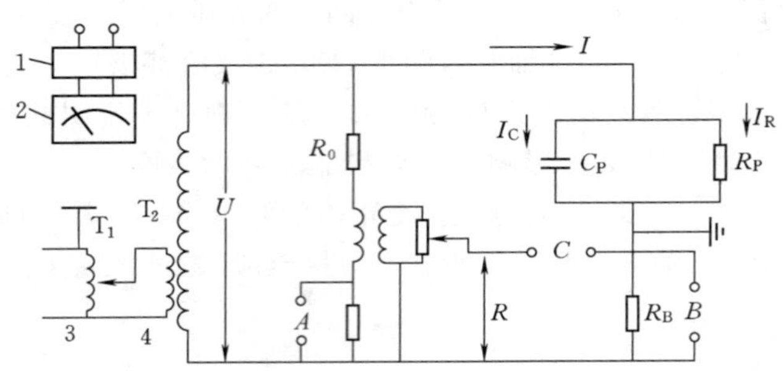

图 5-16　M2H-D 试验仪原理接线

1—放大器；2—电流及有功损耗表；3—变压器；4—调压器

R_0—高阻标准电阻；R—调节电位器；R_B—电阻；

C_P、R_P—被试品等值电容和电阻

与我国目前使用的 M 型试验器相似。

该仪器为不平衡电桥，调节方便、接线简单，通用性及抗干扰性强，除能测量试品的总电流、介质损耗因数 $\tan\delta$、电容值、绝缘电阻外，也可测量变压器的变比、励磁电流等，还可测试金属氧化物避雷器等设备在 2～10kV 下的交流有功损耗，所以深受用户欢迎。

27. 为什么大型变压器测量直流泄漏电流容易发现局部缺陷，而测量 tanδ 却不易发现局部缺陷？

大型变压器体积较大，绝缘材料有油、纸、棉纱等。其绕组对绕组、绕组对铁芯、套管导电芯对外壳，组成多个并联支路。当测量绕组的直流泄漏电流时，能将各个并联支路的总直流泄漏电流值反映出来。$\tan\delta$ 是反映绝缘内部损耗大小的特性参数，与绝缘的体积大小无关，测量 $\tan\delta$ 时，因在并联回路中的 $\tan\delta$ 是介于各并联分支中的最大值和最小值之间。其值的大小决定于缺陷部分损耗与总电容之比。当局部缺陷的 $\tan\delta$ 虽已很大时，但与总体电容之比的值仍然很小，总介质损耗因数较小，只有当缺陷面积较大时，总介质损耗因数才增大。所以不易发现缺陷。

28. 为什么测量变压器的 tanδ 和吸收比 K 时，铁芯必须接地？

变压器做绝缘特性试验时，如果变压器的铁芯未可靠接地，将使 $\tan\delta$ 值和 K 分别有偏大和偏小的误差，造成对设备绝缘状况的误判断。因为铁芯未接地时，测得的 $\tan\delta$ 值实际上是铁芯对地间绝缘介质的 $\tan\delta$，由于绕组对铁芯的电容较大，而铁芯对下夹铁的电容很小，故其容抗很大，所以试验电压大部分降于铁芯与下夹铁之间。再则，铁芯与下夹铁间只垫有 3～5mm 厚的硬纸板，其绝缘强度较低，当电压升高时该处由电离可能发展为局部放电，导致 $\tan\delta$ 增大。

在吸收比测量中，若铁芯未接地，使绕组对外壳间串入了铁芯对外壳间的绝缘介质而使绝缘值升高，而小电容的串入使 $R_{15''}$ 有较大幅度的提高，从而导致吸收比下降。

29. 大型变压器油介质损耗因数增大的原因是什么？如何净化处理？

大型变压器油介质损耗因数增大的可能原因主要有：

（1）油中浸入溶胶杂质。研究表明，变压器在出厂前残油或固体绝缘材料中存在着溶胶杂质；在安装过程中可能再一次浸入溶胶杂质；在运行中还可能产生容胶杂质。变压器油的介质损耗因数主要决定于油的电导，可用下式表示：

$$\tan\delta = \frac{1.8 \times 10^{12}}{\varepsilon f}\gamma$$

式中　γ——体积电导系数；

ε——介电常数；

f——电场频率。

由上式可知，油的介质损耗因数正比于电导系数 γ，油中存在溶胶粒子后，由电泳现象（带电的溶胶粒子在外电场作用下有作定向移动的现象，叫做电泳现象）引起的电导系数，可能超过介质正常电导的几倍或几十倍，因此，tanδ 值增大。

胶粒的沉降平衡，使分散体系在各水平面上浓度不等，越往容器底层浓度越大，可用来解释变压器油上层介质损耗因数小，下层介质损耗因数大的现象。

（2）油的黏度偏低使电泳电导增加引起介质损耗因数增大。有的厂生产的油虽然黏度、比重、闪点等都在合格范围之内，但比较来说是偏低的。因此在同一污染情况下，就更容易受到污染，这是因为黏度低很容易将接触到的固体材料中的尘埃迁移出来，使油单位体积中的溶胶粒子数 n 增加，而液体介质的电泳电导表达式为

$$\gamma_c = \frac{nV^2 r}{6\pi\eta}$$

式中　n——单位体积中的粒子数；

r——粒子半径；

V——粒子动电位；

η——油的黏度。

由此式可知，n 增加、黏度 η 小，均使电泳电导 γ 增加，从而引起总的电导系数增加，即总介质损耗因数增大。

（3）热油循环使油的带电趋势增加引起介质损耗因数增大。大型变压器安装结束之后，要进行热油循环干燥，一般情况下，制造厂供应的是新油，其带电趋势很小，但当油注入变压器以后，有些仍具有新油的低带电趋势，有些带电趋势则增大了。而经过热油循环之后，加热将使所有油的带电趋势均有不同程度的增加，而油的带电趋势与其介质损耗因数有着密切关系，如图 5-17 所示。由图 5-17 可见，油的介质损耗因数随其带电趋势增加而增大。因此，热油循环后油带电趋势的增加，也是引起油的介质损耗因数增大的原因之一。

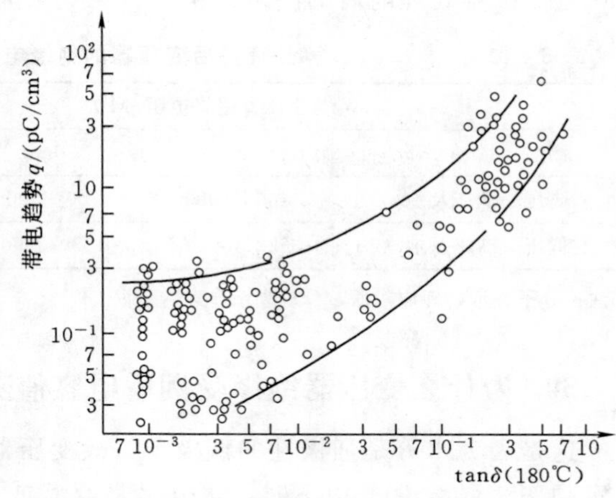

图 5-17　油的介质损耗因数与其带电趋势的关系

（4）微生物细菌感染。微生物细菌感染主要是在安装和大修中苍蝇、蚊虫和细菌类生物的侵入所造成的。在现场对变压器进行吊罩检查中，发现有一些蚊虫附着在绕组的

表面上。微小虫类、细菌类、霉菌类生物等，它们大多数生活在油的下部沉积层中。由于污染所致，在油中含有水、空气、碳化物、有机物、各种矿物质及微细量元素，因而构成了菌类生物生长、代谢、繁殖的基础条件。变压器运行时的温度，适合这些微生物的生长，故温度对油中微生物的生长及油的性能影响很大，试验发现冬季的介质损耗因数 tanδ 值较稳定。

环境条件对油中微生物的增长有直接的关系，而油中微生物的数量又决定了油的电气性能。由于微生物都含有丰富的蛋白质，其本身就有胶体性质，因此，微生物对油的污染实际是一种微生物胶体的污染，而微生物胶体都带有电荷，影响油的电导增大，所以电导损耗也增大。

(5) 油的含水量增加引起介质损耗因数增大。对于纯净的油来说，当油中含水量较低（如 30～40ppm）时，对油的 tanδ 值的影响不大，只有当油中含水量较高时，才有十分显著的影响，见图 5-18。当油的含水量大于 60ppm 时，其介质损耗因数 tanδ 急剧增加。

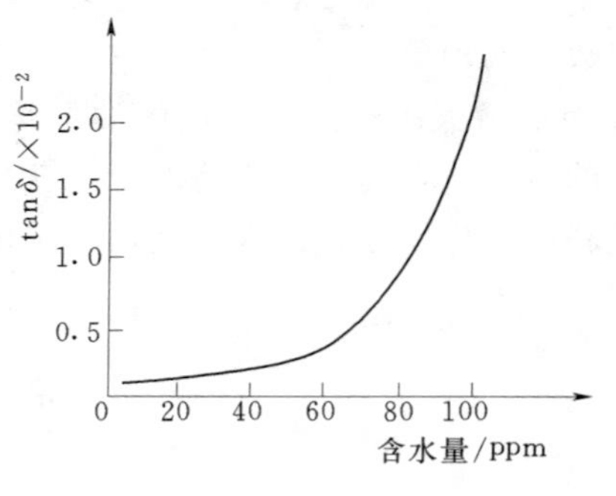

图 5-18 油的含水量对油的介质损耗因数的影响

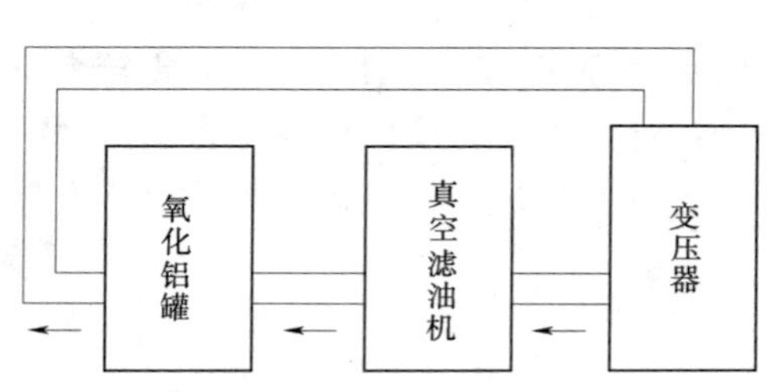

图 5-19 油处理流程图

在实际生产和运行中，常遇到下列情况：油经真空、过滤、净化处理后，油的含水量很小，而油的介质损耗因数值较高。这是因为油的介质损耗因数不仅与含水量有关，而且与许多因素有关。对于溶胶粒子，其直径在 10^{-9}～10^{-7}m 之间，能通过滤纸，所以经过二级真空滤油机处理其介质损耗因数仍降不下来。遇到这种情况，通常采用硅胶或 801 吸附剂进行处理可收到良好效果。处理流程图如图 5-19 所示。表 5-12 列出了某台 SFP27-120000/220 型变压器处理前后的测量结果，可见效果非常显著。

表 5-12　处理前后变压器的绝缘电阻和油的介质损耗因数

变压器绝缘电阻/MΩ				变压器油介质损耗因数 tanδ (90°)
测　量　部	1min	10min	极化指数	
高压—低压及地	460/14000	700/32000	1.52/2.28	6.11%/0.42%
低压—高压及地	520/10000	1300/28000	2.5/2.8	

注　分子表示处理前数据，分母表示处理后数据。

30. 为什么变压器绝缘受潮后电容值随温度升高而增大？

这是因为水分是强极性的偶极子，故变压器的电容值与水分存在的状态和温度有关。在一定频率、温度 10℃以下时，水分呈悬浮状或乳浊状分布于油和绝缘材料中，此时水分的偶极子不能被充分极化，致使变压器的电容较小。当温度升高时，由于分子热运动的结果，

黏度降低，水分扩散并成溶解状分布在油中，此时水分中的偶极子被充分极化，致使变压器电容量增大。

31. 为什么《规程》规定的变压器绕组的介质损耗因数比原《规程》要严？

1985 年版《规程》规定的介质损耗因数标准如表 5－13 所示。

1996 年《规程》规定的要求值是在 20℃时 $\tan\delta$ 不大于下列数值：

330～500kV　　0.6％

63～220kV　　0.8％

35kV 及以下　　1.5％

表 5－13　$\tan\delta$ 值（％）不大于下列数值

高压绕组电压等级	温度 /℃						
	10	20	30	40	50	60	70
35kV 以上	1	1.5	2	3	4	6	8
35kV 及以下	1.5	2	3	4	6	8	11

两者比较可见 1996 年《规程》规定严得多。其主要原因是，当前 220kV 变压器因受潮发生故障（围屏爬电和击穿）较多，并且绕组的介质损耗因数又是反映变压器绝缘受潮的主要特征参数。规定松了不易发现受潮等缺陷。例如，某台 180MVA、220kV 电力变压器，在 40℃下测得吸收比 $K=\dfrac{R_{60}}{R_{15}}=\dfrac{260\text{M}\Omega}{230\text{M}\Omega}=1.13$，介质损耗因数 $\tan\delta=2.7\%$，油击穿电压为 37.2kV。由测试数据可知，该变压器的绝缘电阻值低、吸收比小、介质损耗因数大（远大于 0.8％）、油火花放电电压偏低，由这些数据判断变压器绝缘受潮并不困难。但原《规程》40℃时介质损耗因数 $\tan\delta$ 的允许值为 3％，已不能对该变压器的绝缘受潮做出正确判断。

《规程》规定的要求值是在考虑绝缘纸含水量的基础上，适当放宽并考虑了提高受潮缺陷检测灵敏度后确定的。

按图 3－5 所示的变压器主绝缘结构，绕组的介质损耗因数 $\tan\delta$ 可看成纸和油两部分介质串联的结果。

$$\tan\delta = K_p\tan\delta_p + K_0\tan\delta_0$$

式中　$\tan\delta$——绕组的介质损耗因数；

$\tan\delta_p$——纸的介质损耗因数；

$\tan\delta_0$——油的介质损耗因数；

K_p、K_0——油和纸的介质损耗因数折算系数。

K_p、K_0 取决于绝缘的几何尺寸和介电常数。通常，对于 110～500kV 变压器，$K_p=K_0=0.5$，这样上式可简化为

$$\tan\delta = 0.5\tan\delta_p + 0.5\tan\delta_0$$

用传统的方法测得绕组的 $\tan\delta$，并在同一温度下，测试油的 $\tan\delta_0$，代入上式可得

$$\tan\delta_p = 2\tan\delta - \tan\delta_0$$

即根据绕组和油的介质损耗因数，可以求得变压器中绝缘纸的介质损耗因数 $\tan\delta_p$。并根据 $\tan\delta_p$ 与含水量的关系求出纸的含水量，以对绝缘受潮与否做出准确判断。

绝缘纸的 $\tan\delta_p$ 与含水量的关系国外文献有不少报导。图 5－20 给出了日本《电气绝缘纸》一书中的有关曲线，图 5－21 给出了电缆纸的含水量、温度对 $\tan\delta$ 的影响，供分析时参考。

表 5－14　运行中变压器绕组 $\tan\delta$ 的控制值

温度 /℃	20	30	40	50	60
$\tan\delta$ /％	0.4	0.5	0.7	1.0	1.5

关于绝缘纸中含水量的标准，各国不尽相同，借鉴国外标准并考虑到我国现场介质损耗因数的测试精度，如果将运行中66～220kV变压器的含水量控制在3.5%～4%，按图5-20曲线反推绕组的介质损耗因数应不大于表5-14所列数值。

由此可见，《规程》值较表中的控制值宽一些。

在上例中 $\tan\delta=2.7\%$，实测和理论分析表明，在40～50℃及以下，变压器油的 $\tan\delta_0\approx0$，因此可以求得 $\tan\delta_p=2\tan\delta-\tan\delta_0=2\times2.7\%=5.4\%$，查图5-20可得纸的含水量为4.9%，属于受潮情况。

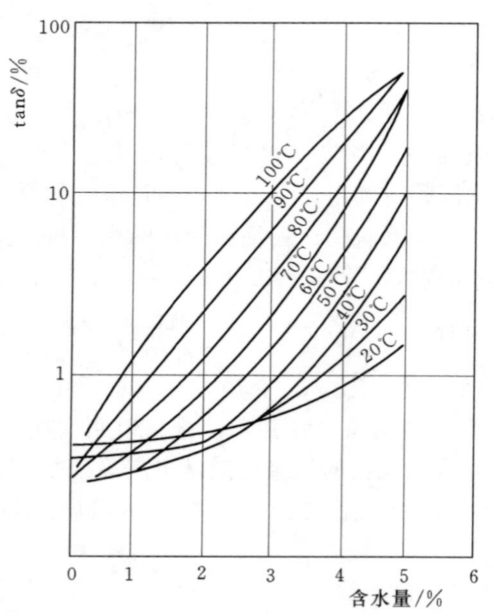

图5-20　纸的含水量

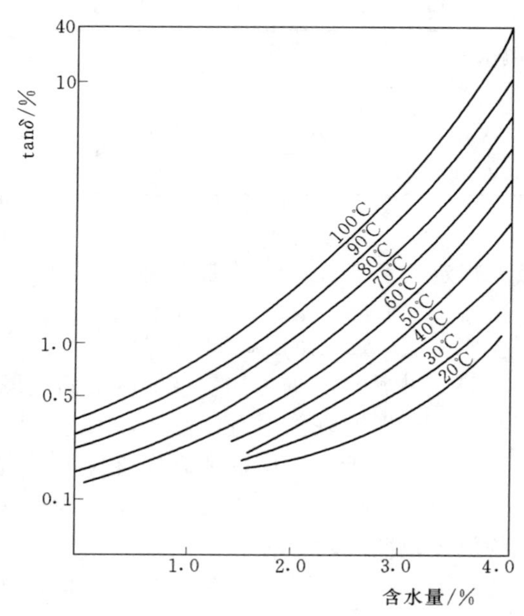

图5-21　含水量和温度对电缆纸 tanδ 的影响

32. 有载调压开关的介质损耗因数对变压器整体的介质损耗因数有何影响?

下面以三绕组变压器为例进行分析。

不带和带有载调压开关变压器的主绝缘电容图如图5-22所示。

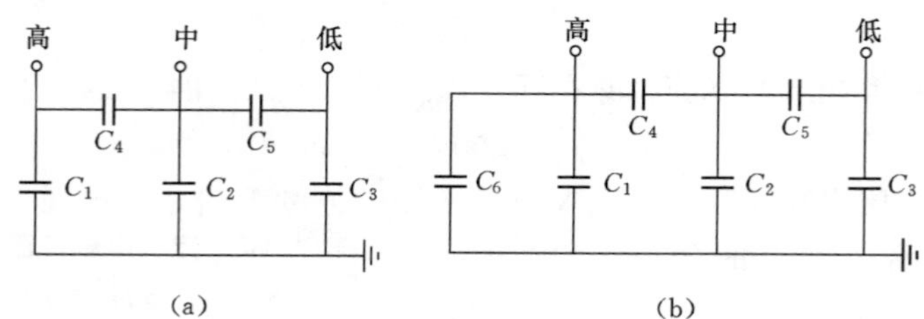

图5-22　三绕组变压器的主绝缘电容图

(a) 不带有载调压开关；(b) 带有载调压开关

C_1、C_2、C_3—高、中、低压绕组对地电容；C_4—高压绕组与中压绕组间电容；C_5—中压绕组与低压绕组间电容；C_6—有载调压开关对地电容

如图 5 - 22（a）所示，高压绕组对中压、低压绕组及地的电容为

$$C_g = C_1 \mathbin{/\!/} C_4$$

如图 5 - 22（b）所示，高压绕组对中压、低压绕组及地的电容为

$$C_{gr} = C_1 \mathbin{/\!/} C_4 \mathbin{/\!/} C_6$$

或

$$C_{gr} = C_g \mathbin{/\!/} C_6$$

根据并联电路的介质损耗因数计算公式有

$$C_{gr}\tan\delta_{gr} = C_g\tan\delta_g + C_6\tan\delta_6$$

若 $C_6 \ll C_g$，则 $C_{gr} \approx C_g$，故

$$\tan\delta_{gr} \approx \tan\delta_g + \frac{C_6}{C_{gr}}\tan\delta_6$$

因此，若 $\tan\delta_6$ 较大，可能导致 $\tan\delta_{gr}$ 较 $\tan\delta_g$ 大得多。例如，某台型号 SFSL - 20000/110、接线组别为 YNyn0d11 的三绕组变压器，不带有载调压开关时，其 $\tan\delta_g = 0.2\%$，$C_g = 7618.07$pF；带 SYJZZ 型有载调压开关时，$\tan\delta_{gr} = 1.0\%$，$C_{gr} = 7966.3$pF。

例如，SYJZZ 型有载调压开关的介质损耗因数为 $\tan\delta_6 = 23\%$，电容 $C_6 = 341$pF。这样可计算出 $\tan\delta_{grJ} = 1.17\%$，接近 1.0%。

由上述分析可知，若有载调压开关本身的介质损耗因数较大，会使变压器的整体介质损耗因数增大。相反，若变压器整体介质损耗因数增大。也可间接查出有载分接开关的介质损耗因数的大小，从而间接得知有载分接开关绝缘是否良好。

33. 如何测量电容式电压互感器的介质损耗因数和电容值？

电容式电压互感器由电容器、电磁单元（包括中间变压器和电抗器）和接线端子盒组成，其原理接线如图 5 - 23 所示。

（1）测量主电容的 C_1 和 $\tan\delta_1$。测量接线如图 5 - 24 所示。由中间变压器励磁加压，X_T 点接地。分压电容 C_2 的“δ”点接高压电桥的标准电容器高压端，主电容 C_1 高压端接高压电桥的“C_x”端，按正接线法测量。由于“δ”点绝缘水平所限，试验电压不超过 3kV。此时 C_2 与 C_N 串联组成标准支路。一般 C_N 的 $\tan\delta \approx 0$，而 $C_2 \gg C_N$，故不影响测量结果。

（2）测量分压电容的 C_2 和 $\tan\delta_2$。测量接线如图 5 - 25 所示。由中间变压器励磁加压，X_T 点接地。分压电容 C_2 的“δ”点接高压电桥的“C_x”端，主电容 C_1 高压端与标准电容 C_N 的高压端相连，按正接线法测量。试验电压为 10kV，应在高压侧测量。此时，C_1 与 C_N 串联组成标准支路。

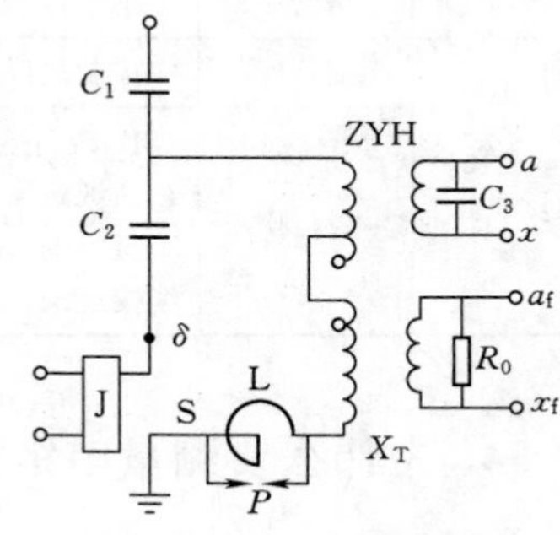

图 5 - 23　电容式电压互感器结构原理图

C_1—主电容；C_2—分压电容；L—电抗器；P—保护间隙；ZYH—中间变压器；R_0—阻尼电阻；C_3—防振电容器；S—接地开关；J—载波耦合装置；δ—C_2 分压电容低压端；X_T—中间变压器低压端；a、x—中间变压器二次绕组；a_f、x_f—ZYH 三次绕组

（3）测量中间变压器的 C 和 $\tan\delta$。测量接线如图 5 - 26（a）所示。采用反接线法测量。将 C_2 末端 δ 与 C_1 首端相连，X_T 悬空，中间变压器二次绕组，三次绕组短路接地。由于 δ 点绝缘水平限制，外施交流电压 3kV，其等值电路如图 5 - 26（b）所示。

电容分压器的判断标准见表 5 - 15。中间变压器的测量结果按《规程》中电磁式电压互感器规定进行判断。

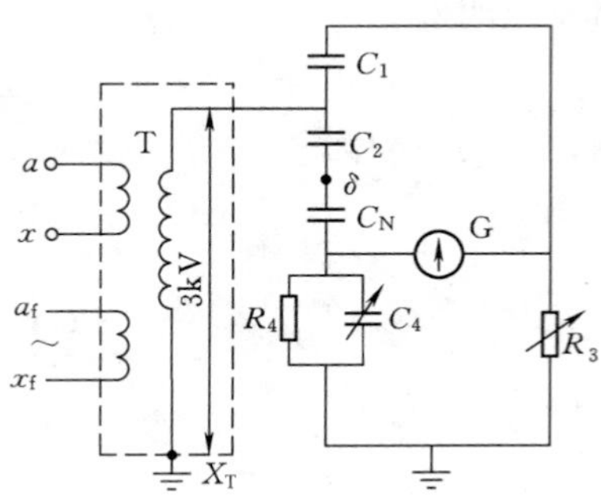

图 5-24 测量 C_1、$\tan\delta_1$ 的接线图

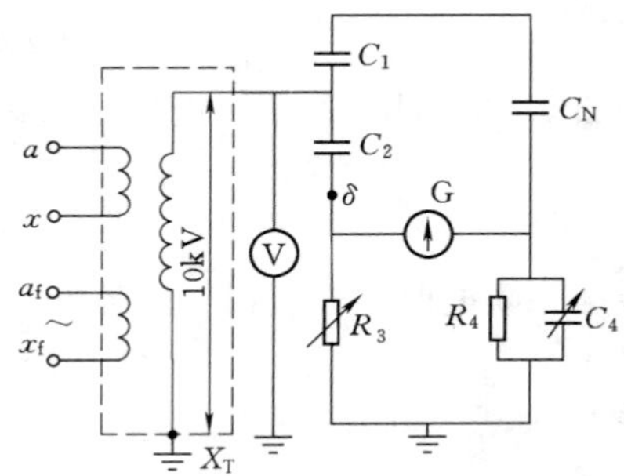

图 5-25 测量 C_2、$\tan\delta_2$ 的接线图

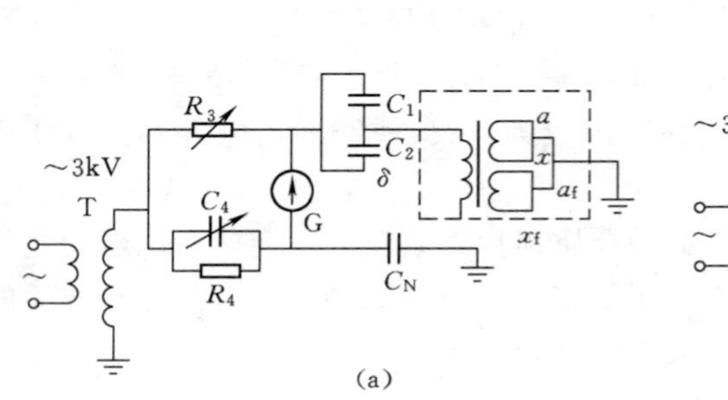

(a)

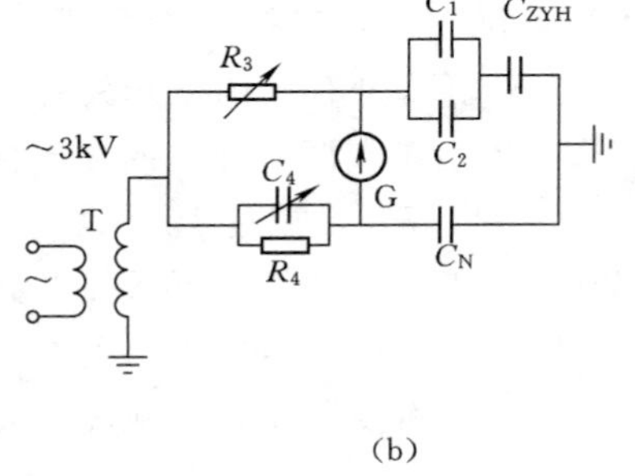

(b)

图 5-26 测量中间变压器 tanδ 和电容 C 的接线及等值电路

(a) 测量接线；(b) 等值电路图

表 5-15 电容分压器测量结果的判断标准

项目	测量类别	要求值
电容值偏差	交接时	不超过出厂值的±5%，500kV 按制造厂规定
	运行中	不超过额定值的-5%～+10%，当大于出厂值的 102%时应缩短试验周期
tanδ 值（20℃）	交接时	按制造厂规定
	运行中	10kV 下的 tanδ 值不大于下列数值： 油纸绝缘为 0.005，膜纸复合绝缘为 0.002 当 tanδ 不符合要求时，可在额定电压下复测，复测值如符合 10kV 下的要求，可继续投运

34. 为什么要测量串级式电压互感器绝缘支架的 tanδ?

近年来，110kV 及以上串级式电压互感器在运行中爆炸和损坏事故频发。事故分析表明，由于支撑不接地铁芯的绝缘支架材质不好，如分层开裂、内部有气泡、杂质、受潮等，使其介质损耗因数 tanδ 较大，在运行条件下绝缘不断劣化而造成事故是其主要原因之一。因此，在《规程》中提出在必要时应测量绝缘支架的 tanδ。

为能充分暴露支架绝缘缺陷，提高检测的有效性，采用“末端屏蔽法”直接测量支架的 tanδ 时，可将试验电压提高至 $1.15U_x$，进行高电压 tanδ 测量。表 5-16 和表 5-17 列出了 5 台串级式电压互感器在不同试验电压下的测量结果。

从表 5-16 所列 5 台串级式电压互感器支架 tanδ 测量表明，只有两台的 tanδ 值小于

《规程》规定值 6%。

当试验电压 U_s=10kV 时，220kV 串级式电压互感器下铁芯对地电压为 $1/4U_s$=2.5kV，110kV 串级式电压互感器铁芯对地电压为 $1/2U_s$=5kV，由于试验电压很低，支架常见的材质不良，往往不易被发现，因而提出高电压测量法。

表 5-16　　直接法绝缘支架 $\tan\delta$ 测量结果（使用 QS_1 电桥）

序号	型　号	出厂日期/（年．月）	试验结果		试验温度/℃
			C_x/pF	$\tan\delta$/%	
1	JCC_2-220	1984.4	18.2	4.45	28
2	JCC_2-220	1985.3	20.3	7.1	28
3	JCC_2-220	1977.12	17.2	7.9	34
4	JCC_2-220	1985.7	18.6	2.8	26
5	JCC_2-110	1979.3	14.3	6.2	36

表 5-17　　高电压 $\tan\delta$ 测量结果（C_N=39pF）（序号同表 5-16）

序号	型　号	试验电压/kV												温度/℃
		10		30		50		70		90		146		
		C_x/pF	$\tan\delta$/%	C_x/pF	$\tan\delta$/%	C_x/pF	$\tan\delta$/%	C_x/pF	$\tan\delta$/%	C_x/pF	$\tan\delta$/%	C_x/pF	$\tan\delta$/%	
1	JCC_2-220	18.2	4.45	18.2	4.6	18.3	4.7	18.3	4.9	18.4	5.3	18.6	5.6	28
2	JCC_2-220	20.3	7.1	20.5	12.0	20.6	12.6	20.8	12.9	21.0	13.5	21.2	14.0	28
3	JCC_2-220	17.2	7.9	17.3	8.0	17.4	8.2	17.5	8.6	17.6	8.9	17.7	9.4	34
4	JCC_2-220	18.6	2.8	18.6	2.8	18.7	3.0	18.8	3.1	18.9	3.5	19.0	4.1	26
5	JCC_2-110	14.3	6.2	14.4	14.6	15.0	17.0	15.1	19.0					36

由表 5-17 可看出，序号 2、3 和 5 支架 $\tan\delta$ 在 10kV 电压下略大于 6%，而在高电压下（大于 30kV）$\tan\delta$ 值远大于 6%。其中序号 2 的 JCC_2-220 电压互感器，制造厂一次同时干燥两台，另一台已在运行 274 天后发生爆炸。对序号 5 的 JJC_2-110 电压互感器进行了吊芯检查，检查发现支架上有多处针眼大的放电点，支架上有 20cm 左右的分层开裂裂缝。为此又对这台互感器取油样进行了色谱分析。其分析结果中，氢气、总烃均超过规定值，乙炔含量达 11.9ppm。

由此可见，为有效地检测支架的绝缘缺陷，应进行串级式电压互感器支架的高电压 $\tan\delta$ 的测量。

另外，《规程》规定支架绝缘 $\tan\delta$ 一般不大于 6%，这比原《规程》的 10%严了，也有利于检出支架的绝缘缺陷。

35. 测量串级式电压互感器介质损耗因数 $\tan\delta$ 的方法有哪些？

根据电力行业标准《现场绝缘试验实施导则》（DL 474.1～6—2006），测量串级式电压互感器介质损耗因数的方法有四种。

（1）常规法。试验接线如图 5-27 和图 5-28 所示。

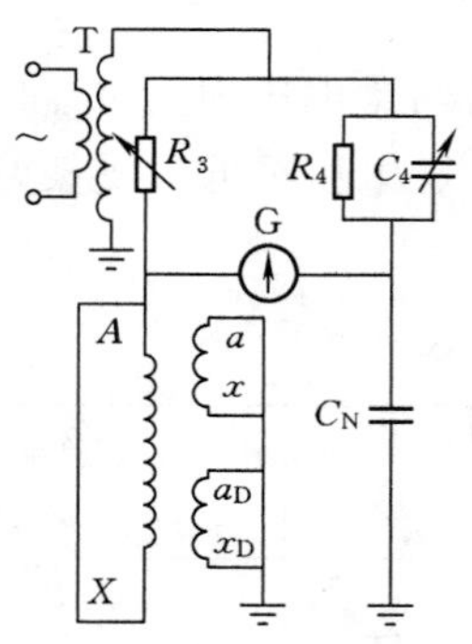

图 5-27　常规反接法接线图

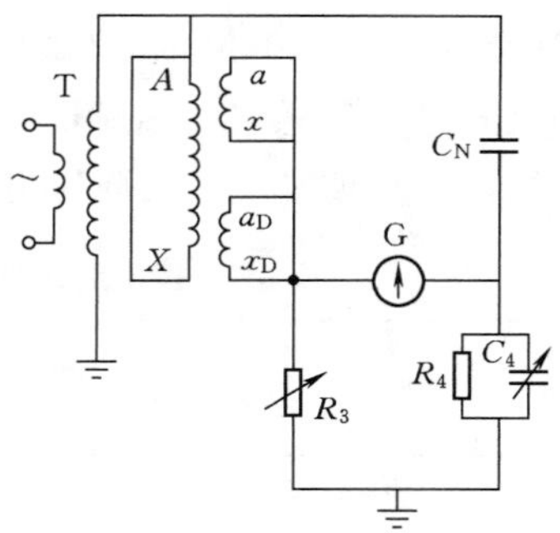

图 5-28　常规正接法接线图

常规反接法是测量以下三部分绝缘的介质损耗因数：①一次静电屏（即 X 端）对二次、三次绕组的绝缘；②一次绕组对二次、三次绕组端部绝缘；③绝缘支架对地绝缘。

由于一次静电屏对二次、三次绕组绝缘，其电容量达 1000pF 左右，而其他两项绝缘电容量均很小，约为十几到数十皮法，因此此测量方法主要是反映一次静电屏对二次、三次绕组绝缘情况。另外，因受 X 端电压限制，试验电压只能加到 2500V，故影响了电桥的测量灵敏度。第三个缺点是 X 端引出端子板及小瓷套的脏污会影响测量结果，故误差很大。

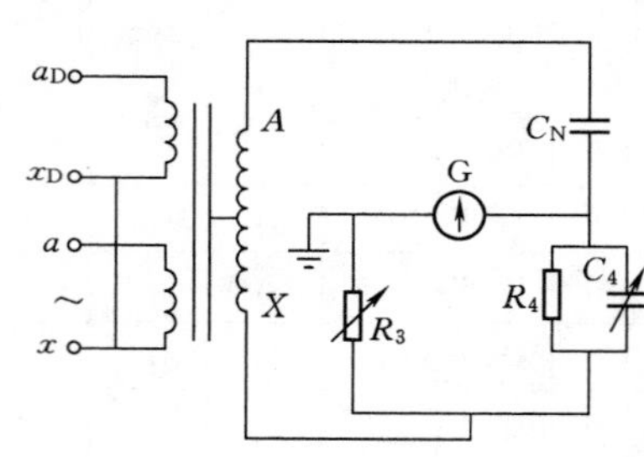

图 5-29　自激法测介质损耗因数接线图

为了减小端子板及小瓷套脏污的影响，可采用常规正接法接线测量。它也是主要测量一次静电屏对二次、三次绕组间的介质损耗因数，其测量误差仍很大。

（2）自激法。试验接线如图 5-29 所示。这种线路的电压分布与电压互感器工作时一致，X 端对地的损耗处于屏蔽状态，一次绕组对二次、三次绕组端绝缘以及绝缘支架对地绝缘的介质损耗因数均能测出。但缺点是：①由于一次绕组对大地的杂散电容也测量进去，故测出结果为负误差；②低压励磁可引起一次绕组电压的相位偏移，从而导致测量误差；③易受空间电场干扰。

（3）末端加压法。试验接线如图 5-30 所示。图 5-30（a）所示电路测量绕组间、二次端子和三次端子的绝缘状况；图 5-30（b）所示电路测量绕组间和二次端子的绝缘状况。这种接线采用较广，它的优点是电压互感器 A 点接地，抗电场干扰能力较强，不足之处是

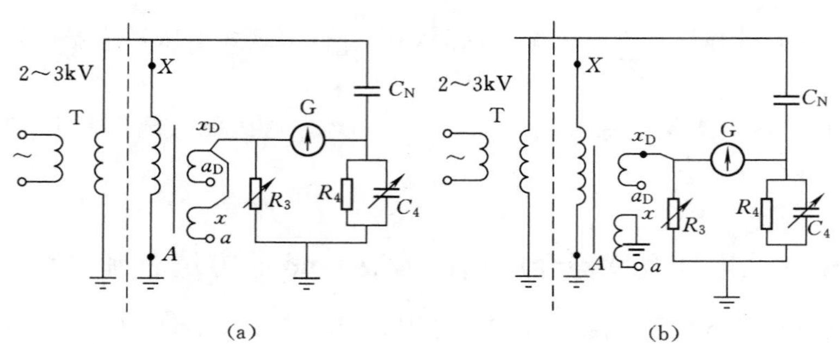

图 5-30　末端加压法测量接线

（a）测量绕组间二次、三次端子的 $\tan\delta$；（b）测量绕组间二次端子的 $\tan\delta$

存在二次端子板的影响，且不能测绝缘支架的 $\tan\delta$ 值。

当采用末端加压法时，被试电容 C_x 的计算式为

$$C_x = \frac{1}{K}\frac{R_4}{R_3}C_N$$

式中 K 为测量时第二绕组、第三绕组（ax、a_Dx_D）所在铁芯的电位与试验电压的比值。对 JCC_2-220 型电压互感器，$K=\frac{3}{4}$；对 JCC－110 型电压互感器，$K=\frac{1}{2}$。

（4）末端屏蔽法。

1）测量接线。测量接线如图 5－31、图 5－32、图 5－33 所示。这种方法是目前测试串级式电压互感器介质损耗因数 $\tan\delta$ 比较完善的方法。图 5－31 是测量绕组端绝缘 $\tan\delta$ 的接线图，由于 X 端及底座法兰接地，小瓷套及端子板的脏污都被屏蔽掉，一次静电屏对二次、三次绕组以及绝缘支架的 $\tan\delta$ 都测不到，只测量下铁芯柱上一次绕组对二次、三次绕组的 $\tan\delta$，该处是运行中长期承受高电压的部分，又是最容易受潮的部位，因此测量此处的介质损耗因数十分必要。

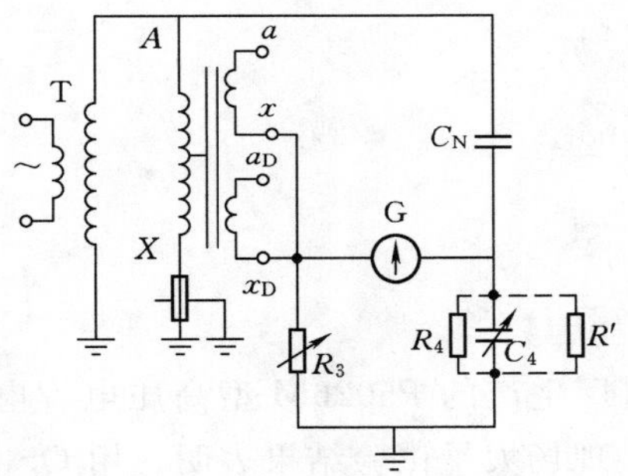

图 5－31　末端屏蔽法测量绕组端绝缘 $\tan\delta$ 接线图

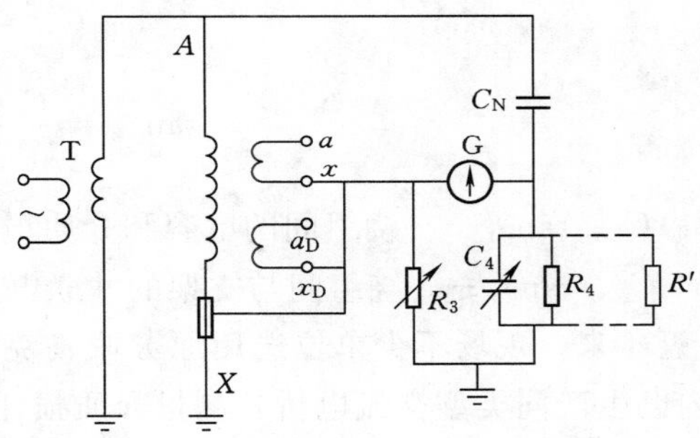

图 5－32　末端屏蔽法测量支架与线端并联的 $\tan\delta$ 接线图

图 5－32 是用末端屏蔽法测量支架与线端并联的 $\tan\delta$ 接线图，其中 x、x_D 和对地绝缘的底座接电桥的 C_x，X 端接地。

图 5－33 是直接测量绝缘支架对地 $\tan\delta$ 的接线图。X 端仍接地，底座绝缘起来并接入电桥，用正接法测量，只测绝缘支架的 $\tan\delta$。

2）绕组及支架的 $\tan\delta$ 和电容量的计算。由电桥平衡原理可以证明，试品的 $\tan\delta_x=\omega C_4R_4$，试品的电容量 $C_x=\frac{1}{K}C_NR_4/R_3$，式中 K 为测量时第二绕组、第三绕组（ax、a_Dx_D）所在铁芯的电位与试验电压的比值。

对 JCC－220 型电压互感器 $K=\frac{1}{4}$；JCC－110 型电压互感器 $K=\frac{1}{2}$。

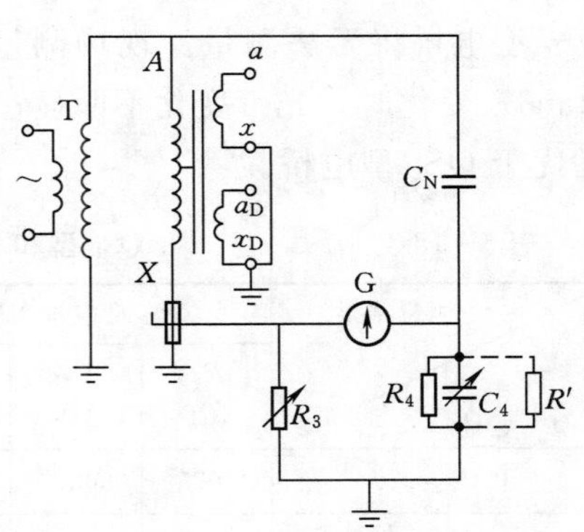

图 5－33　末端屏蔽法直接测量绝缘支架的 $\tan\delta$ 接线图

由于被试品电容器太小，故 QS_1 电桥需扩大量程。即在 C_4R_4 臂上并接 R'，此时被试品电容量和介质损耗因数应用下式计算

试品电容量 $C_x = \frac{1}{K}\frac{C_N R_4}{R_3} \times \frac{R'}{3184 + R'}$

试品的介质损耗因数 $\tan\delta_x = \tan\delta_z \times \frac{R'}{3184 + R'}$

式中 $\tan\delta_z$——介质损耗因数的测量值；

R'——C_4R_4 臂的并联电阻值。

3）应注意如下问题：①避免在气候潮湿或瓷套表面脏污的情况下进行测量；②必须扩大电桥量程才能进行测量；③测量绝缘支架 tanδ 时，注意法兰底座绝缘垫必须良好（最好用 10^4MΩ，1000mm×1000mm×20mm 的树脂绝缘板支垫），否则会出现介质损耗因数的正误差；④尽量减小高压引线对互感器的杂散电容。

4）用间接法测量绝缘支架 tanδ 和电容量。由于支架的电容量很小（一般为 10～25pF），因此按图 5－33 直接法测量的灵敏度很低，在强电场干扰下往往不易测准，建议使用间接法，按图 5－31 和图 5－32 两次测量后，用下式计算出绝缘支架的电容 C_3 和介质损耗因数 $\tan\delta_3$，即

$$C_3 = C_2 - C_1$$

$$\tan\delta_3 = \frac{C_2\tan\delta_2 - C_1\tan\delta_1}{C_2 - C_1}$$

式中 C_1、$\tan\delta_1$——绕组间的电容和介质损耗因数；

C_2、$\tan\delta_2$——绕组间与支架的并联电容和介质损耗因数。

近年来，现场不少单位选用原苏联乌克兰精密仪器厂生产的 P5026M 型高压电容电桥（国内已生产同类型交流电桥）测量介质损耗因数 tanδ。现场大量试验结果表明，用 QS_1 型西林电桥测量高压电压互感器绝缘支架 tanδ，其测量灵敏度和准确度较低，往往无法测出结果。而采用 P5026M 型电桥可以按要求准确地测出绝缘支架的 tanδ，其测量接线，既可以采用直接法，也可以采用间接法。表 5－18 和表 5－19 分别给出了现场用直接法和间接法测量电压互感器绝缘支架 tanδ 的结果。

由表 5－18 可以看出，当 QS_1 型电桥的 R_4 为 318.3Ω 时，若试品的 $\tan\delta_x>6.1\%$，则 QS_1 型电桥将无法测量。现场测量人员都会感到，用 QS_1 型电桥测量时，当桥臂 R_3、C_4（tanδ）变化时，光带变化不明显；而用 P5026M 型电桥测量时，其灵敏度及分辨率均较高，远优于 QS_1 型电桥。

表 5－18　QS_1 型和 P5026M 型电桥采用直接法的测量值

测量结果 型号	QS_1 型电桥（R_4＝318.3Ω）				P5026M 型电桥（R_4＝318.3Ω）				试验温度 /℃
	R_3 /Ω	C_x /pF	C_4 /μF	$\tan\delta_x$ /%	R_3 /Ω	C_x /pF	C_4 /μF	$\tan\delta_x$ /%	
JCC_5-220	1675	38.0	>0.61	>6.1	1656	38.4	0.720	7.20	29
JCC_5-220	1874	34.0	>0.61	>6.1	1798	35.4	0.686	6.86	33
JCC_6-110	1125	28.3	>0.61	>6.1	1075	29.4	0.788	7.88	30
JCC_1M-110	988	32.2	0.59	5.9	899	35.4	0.588	5.88	28
JCC_6-110	1035	30.75	>0.61	>6.1	989	32.2	0.867	8.67	27

表 5-19　　P5026M 型电桥采用间接法测量值

型　号	测　量　结　果				计　算　值		试验温度/℃
	C_1/pF	$\tan\delta_1$/%	C_2/pF	$\tan\delta_2$/%	C_3/pF	$\tan\delta_3$/%	
JCC_5-220	40.3	1.44	77.9	4.26	37.6	7.28	29
JCC_5-220	35.2	1.83	68.9	4.256	33.7	6.79	33
JCC_6-110	29.3	0.93	57.1	4.36	27.8	7.96	30
JCC_1M-110	31.9	0.76	64.5	3.37	32.6	5.92	28
JCC_6-110	29.89	1.38	60.84	5.02	30.95	8.53	27

由表 5-18 和表 5-19 的测量结果可以看出，用 P5026M 型电桥，无论采用直接法还是间接法都能灵敏而准确地测出小电容的高压电压互感器绝缘支架的介质损耗因数，可以满足《规程》的要求。因此，建议采用灵敏度和准确度较高的电桥测量高压电压互感器绝缘支架的 tanδ 值。

36. 对 110kV 及以上的电压互感器，在预防性试验中测得的介质损耗因数 tanδ 增大时，如何分析可能是受潮引起的？

分析的方法主要有：

（1）检查测量接线是否正确，QS_1 型电桥的准确性以及是否存在外电场的干扰。

（2）排除电压互感器接线板和小套管的脏污和外绝缘表面的脏污的影响。

（3）油的气相色谱分析中氢的含量是否升高很多。

（4）绝缘电阻是否下降。

在排除上述因测量方法和外界的影响因素后，确知油中氢含量增高，且测得的绝缘电阻下降，则可判断这种变化由于受潮引起的，否则应进一步进行其他测试查明原因。

37. 为什么温差变化和湿度增大会使高压互感器的 tanδ 超标？如何处理？

互感器外部主要有底座、储油柜和接有一次绕组出线的大瓷套和二次绕组出线的小瓷套。当它们内部和外部的温度变化时，tanδ 也会变化，因为 tanδ 值与温度有一定的关系。当大小瓷套在温度较大的空气中，使瓷套表面附上了肉眼看不见的小水珠，这些小水珠凝结在试品的大小瓷套上，造成了试品绝缘电阻降低和电容量减小。对电容量较大的 U 形电容式互感器，电容改变的相当大，导致出现负 tanδ 值，如表 5-20 所示。

如果想降低 tanδ 值，一是按照技术条件和标准要求，在规定的温度和湿度情况下测量 tanδ 值；二是在实际温度下想办法排除大小瓷套上的水分，使试品恢复原来本身实际的电容量和绝缘电阻，以达到测出试品的 tanδ 值的真实数据，如表 5-20 所示。

处理方法有：化学去湿法、红外线灯泡照射法、烘房加热法等。处理后的测量结果如表 5-20 所示。

若采用上述方法处理后，个别试品 tanδ 值仍降不下来，就要从试品的制造工艺和干燥水平上找原因。根据经验，如果是电流互感器，造成 tanδ 值偏大的主要原因有试品包扎后时间过长，试品吸尘、吸潮或有碰伤等现象。电容式结构的试品，还可能出现电容屏断裂或地屏接触不良或断开现象，造成 tanδ 值偏大或测不出来。如果是电压互感器，主要是由于试品的胶木撑板干燥不透或有开裂现象，造成 tanδ 值偏大。一般电压互感器的胶木支撑板，不应采用 3020 酚醛纸板，而应采用哈尔滨绝缘材料厂生产的 9309 环氧纸板。因为胶木撑板的好坏，直接影响试品的 tanδ 值。

表 5-20　　处理前后的 tanδ 值

产品型号	试验值 tanδ/%（处理前）	试验值 tanδ/%（处理后）	标准值 tanδ/%	环境温度 /℃	相对湿度 /%
$LCWB_6$-110	−0.8	0.2	≤0.8	19	87
$LCWD_2P$-110	2.9	1.0	≤2	19	87
JDC_5-220	3.3（整体）	1.1（整体）	≤2（整体）	19	87
	9.8（支架）	3.8（支架）	≤5（支架）		
JCC_6-110	3.5（整体）	1.3（整体）	≤2（整体）	19	87
	9.5（支架）	3.7（支架）	≤5（支架）		

38. 为什么要测量电容型套管末屏对地绝缘电阻和介质损耗因数 tanδ？要求值是多少？

主要原因如下：

（1）易发现绝缘受潮。66kV 及以上电压等级的套管均为电容型结构。其主绝缘是由若干串联的电容链组成的，在电容芯外部充有绝缘油。当套管由于密封不良等原因受潮时，水分往往通过外层绝缘，逐渐侵入电容芯，也就是说，受潮是先从外层绝缘开始的，这时测量外层绝缘即末屏对地的绝缘电阻和 tanδ，显然能灵敏地发现绝缘是否受潮。

（2）通过对比发现受潮。通过对比主绝缘（导杆对末屏）及外层绝缘（末屏对地）的绝缘电阻和 tanδ，有利于发现绝缘是否受潮。例如，某支 220kV 套管，投运前发现储油柜漏油，添加 50kg 合格绝缘油后才见到油位。其测试结果如表 5-21 所示。

表 5-21　　220kV 套管测试结果

测试部位	tanδ /%	绝缘电阻 /MΩ
主绝缘	0.33	50000
末屏对地	6.3	60

若只看主绝缘的测试结果，则绝缘无异常。但是与末屏对地测试结果比较可知，由于外层绝缘已严重受潮，所以主绝缘也会受潮，只是没有达到严重的程度而已。

电容型套管末屏对地绝缘电阻，《规程》规定应不小于 1000MΩ。当该绝缘电阻小于 1000MΩ 时，应测量末屏对地的介质损耗因数 tanδ，其值不大于 2%。

39. 如何测量电容型电流互感器末屏对地的介质损耗因数 tanδ？要求值是多少？

测量电容型电流互感器末屏对地的介质损耗因数 tanδ 主要是检查电流互感器底部和电容芯子表面的绝缘状况。这是因为电流互感器的电容芯子绝缘干燥不彻底或因密封不良而进

水受潮的水分往往残留在底部，引起末屏对地的介质损耗因数升高。所以测量 tanδ 对检出绝缘受潮具有重要意义。

测量电容型电流互感器末屏对地的介质损耗因数 tanδ，通常利用 QS_1 型西林电桥进行，其接线方式有正、反两种接法。在电力系统中，采用反接线较方便，这时电流互感器的末屏接西林电桥，所有二次绕组与油箱底座短接后接地。正、反接线的测量结果列于表5－22中。

表 5－22　电流互感器末屏介质损耗因数正、反接线测量结果

试品型号及编号	正接线			反接线		
	R_3/Ω	tanδ/%	C_x/pF	R_3/Ω	tanδ/%	C_x/pF
LCWB－220 356 号	173.95	0.5	915.2	164.0	0.5	970.7
LCWB－220 397 号	190.2	1.3	837.0	176.3	1.2	903.0
LCWB－220 673 号	201.0	0.7	792.0	189.0	0.7	842.3
LCWB－220 697 号	284.52	0.5	559.5	267.82	0.5	594.4

注　$U_s=3kV$，$C_N=50pF$，$R_4=3184\Omega$。

由表 5－22 可见，两种接线方式测得的介质损耗因数值相当吻合，只是电容值有所差别，反接法测得的 C_x 比正接线法测得的大几十皮法。这是由于用反接法测量时，将互感器末屏对地的杂散电容测进来的缘故，杂散电容与试品电容并联，因此测得的总电容就偏大。干扰较大时，宜采用正接线。

测量时应注意末屏引出结构方式对介质损耗的影响，由环氧玻璃布板直接引出的末屏介质损耗一般都较大，最大可达 8%左右，即使合格的也在 1%～1.5%之间。由绝缘小瓷套管引出的末屏介质损耗一般都较小，在 1%以下。最小的在 0.4%左右。

测量时还应注意空气相对湿度的影响，当试区空气相对湿度达到 85%以上时，用反接法测得的介质损耗因数产生较大的正偏差，这是因为湿度大时，在末屏引出的环氧玻璃布板或绝缘小瓷套表面形成游离水膜而产生泄漏电导电流所致。只有试区的空气相对湿度在 75%以下时，才能达到正确的数据。

表 5－23　不同相对湿度时末屏介质损耗因数 tanδ

试品型号及编号	试区空气相对湿度/%	末屏 tanδ/%
LCWB－220 685 号	89 71（加去湿机）	2.9 0.6
LCWB－220 5 号	89 71（加去湿机）	2.8 0.7
LCWB—220 256 号	90 74（加去湿机）	2.0 0.8
LCWB－110 257 号	90 74（加去湿机）	2.6 1.1

试验区空气相对湿度的影响如表 5－23 所示。

《规程》规定，测量电容型电流互感器末屏对地的介质损耗因数 tanδ 时，试验电压为 3kV，测量值不得大于 2%。

40. 高压电流互感器末屏引出结构方式对介质损耗因数有何影响?

高压电流互感器末屏引出的结构方式有两种:一种是从二次接线板(环氧酚醛层压玻璃布板)上引出;另一种是利用一个绝缘小瓷套管,从油箱底座上引出,如图 5－34 所示。

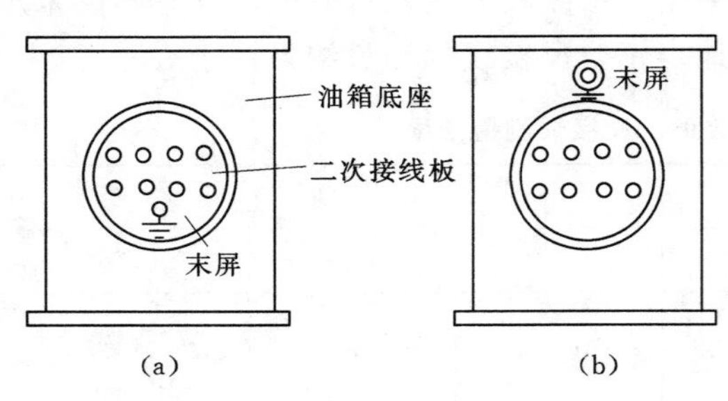

图 5－34　电流互感器末屏引出结构方式
(a) 二次接线板引出;(b) 绝缘小瓷套管引出

现场测试验表明,电流互感器的末屏引出结构方式对其介质损耗因数测量结果影响较大。由二次接线的环氧玻璃布板上直接引出的末屏介质损耗因数一般都较大,最大可达 8%左右,即使合格的也在 1%～1.5%之间;由于绝缘小瓷套管引出的末屏介质损耗因数一般都较小,在 1%以下,最小的在 0.4%左右。

对于由二次接线板上直接引出的末屏介质损耗因数不合格的电流互感器,可采取更换二次接线板的方法。但是,有的更换了二次接线板后,末屏介质损耗合格,在 1%～1.5%之间,而有的更换了二次接线板后,介质损耗因数反而增大。对于这种情况,应采取更换油箱底座的办法,即将其末屏改为由绝缘小瓷套管引出,更换后的末屏介质损耗因数可达 1%以下。

两种末屏引出结构方式对末屏介质损耗因数影响如此之大,主要是与末屏引出的绝缘结构材料有关。电流互感器的末屏对二次绕组及地之间,可以看成一个等效电容,它由油纸、变压器油和环氧玻璃布板或小瓷套管串联组成。末屏介质损耗因数的大小与上述串联的绝缘介质的性能如其 $\tan\delta$ 和介电常数 ε 有很大关系。

若将环氧玻璃布板和瓷套管的 $\tan\delta$ 和 ε 进行对比,环氧玻璃布板在 20℃、50Hz 下的 $\tan\delta$ 为 5%,ε 为 2.0;而瓷套管在 20℃、50Hz 下的 $\tan\delta$ 为 2%,ε 为 7.0。根据电介质理论,绝缘介质的 $\tan\delta$ 大、ε 小必然使末屏介质损耗因数小。此外,环氧玻璃布板是由电工用无碱玻璃布浸以环氧酚醛树脂经热压而成,其压层间难免出现一些微小的气泡和杂质,有的甚至出现夹层和裂纹,这种有缺陷的环氧玻璃布板不但会影响末屏介质损耗因数,导致其增大,而且会影响到末屏对二次及地的绝缘电阻的降低,有的甚至降到 1500MΩ 以下而不合格。

采用绝缘小瓷套管的末屏引出方式,不但能保证电流互感器的末屏介质损耗因数在合格的范围内,而且能够提高末屏对地的绝缘水平。一般来说,末屏对地绝缘电阻可达 5000MΩ 以上,末屏对地的 1min 工频耐压可由 2kV 提高到 5kV。

41. 用末屏试验法测量电流互感器的介质损耗因数时存在什么问题?如何改进?

现场测量 110～220kV 电流互感器末屏介质损耗因数时,通常采用 QS_1 电桥反接线,如图 5－35 所示。

该试验方法是减小外界干扰对测试影响的一种手段,但存在以下两个问题:

(1) 测试的电容量是 C_1 和 C_2 并联的电容量,而不是末屏对地的电容量。

(2) 测试的介质损耗因数不是末屏对地的介质损耗因数,而是 C_1 与 C_2 并联的综合介质损耗因数值,即

$$\tan\delta = \frac{C_1\tan\delta_1 + C_2\tan\delta_2}{C_1 + C_2}$$

式中 $\tan\delta_1$——一次介质损耗因数；

$\tan\delta_2$——末屏介质损耗因数。

若 $\tan\delta_1 = \tan\delta_2$，则该接线的测量结果等于实际值；若 $\tan\delta_1 \neq \tan\delta_2$，则测量结果 $\tan\delta$ 值介于 $\tan\delta_1$ 与 $\tan\delta_2$ 之间，所以不能真实地反映末屏对地的绝缘情况。

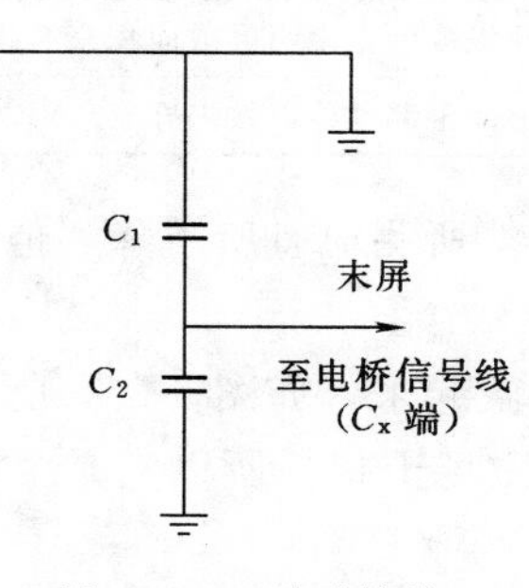

图 5-35 试验接线

C_1—一次对末屏电容；

C_2—末屏对地电容

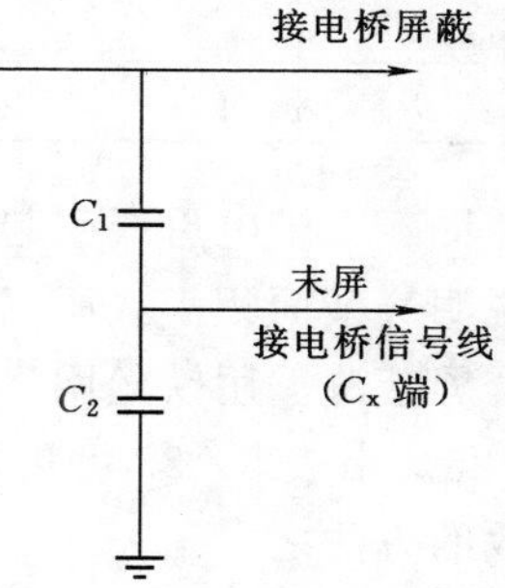

图 5-36 改进后的试验接线

为了能真实准确地测量末屏与地之间的介质损耗因数，又消除外界电场干扰和 C_1 对测试结果的影响，将图 5-35 的接线改为图 5-36 所示的接线，用两种接线在 18℃时测量同一台电流互感器的结果如表 5-24 所示。

表 5-24 **两种接线的测量结果**

接线方式	高压端接地			高压端接屏蔽		
相别	A	B	C	A	B	C
介质损耗因数/%	0.3	0.4	0.3	0.4	0.4	0.3
电容量/pF	1310.1	1411	1338	551	682	701

注 该电流互感器一次的介质损耗因数为：A 相 0.4%；B 相 0.4%；C 相 0.3%。

由表 5-24 可见，按图 5-35 的接线测得的末屏介质损耗因数不能真实地反映绝缘状况。

另外，采用图 5-35 所示的接线进行测量，还可能将介质损耗因数不合格的电流互感器误判断为合格。例如：某局的一台 $LCWB_6$-110 型电流互感器，其末屏的实际介质损耗因数为 3.5%，而采用图 5-35 接线测量时，末屏介质损耗因数的测量值为 2.0%，掩盖了设备缺陷。

42. 用屏蔽法测量高压电流互感器介质损耗因数 tanδ 的效果如何？

为消除电磁干扰，现场曾用 QS_1 型电桥反接线并采用部分屏蔽法和全屏蔽法测量 LC-WD_2-110 型高压电流互感器的介质损耗因数 $\tan\delta$，其测量结果如下：

(1) 部分屏蔽法。采用钢板进行部分屏蔽，如图 5-37 所示，其测量结果见表 5-25，U_s=10kV。

表 5-25　LCWD$_2$-110 型高压电流互感器介质损耗因数 tanδ 的测量结果（%）

项　目	A	B	C	备　　注
大修后	8.7	4.2	2.4	绝缘电阻 A、B、C 三相分别为 4000MΩ、4000MΩ、6000MΩ，油耐压为 58kV，合格，tanδ 值较大，有人建议换油
换油后	8.6	3.8	1.6	A、B 相 tanδ 值仍不合格，分析为电流互感器上方带电母线干扰所致
部分屏蔽	−7.3			屏蔽起作用，但仍超出规程范围，说明屏蔽面积小
全屏蔽	0.3	0.1	0.3	用铁丝网将电流互感器上部全部屏蔽，效果好

可见，屏蔽对带电母线引起的电场干扰起了一定作用，所测值有所下降，但仍超出规程范围，这说明屏蔽面积小，所以决定采用全屏蔽。

（2）全屏蔽法。用铁丝网将电流互感器的上部全部屏蔽起来，如图 5-38 所示，测量结果见表 5-25。由表 5-25 可见，全屏蔽法基本消除了电磁场干扰。所以它是消除电磁场干扰行之有效的方法之一。

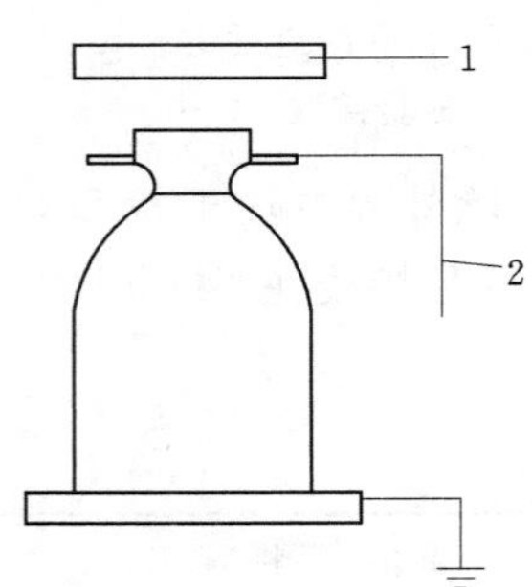

图 5-37　用钢板部分屏蔽

1—钢板；2—试验线

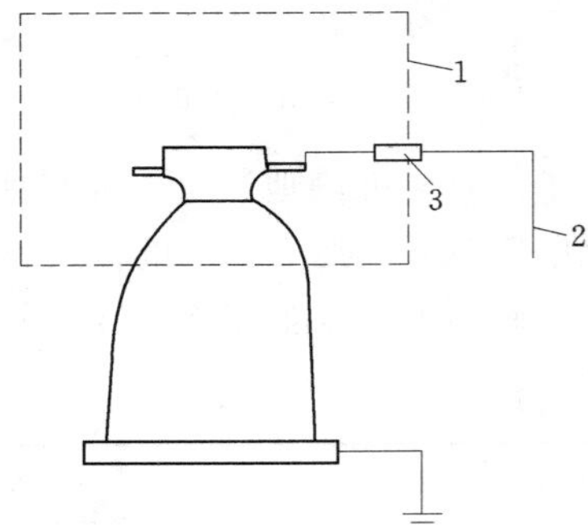

图 5-38　用屏蔽罩全屏蔽

1—屏蔽罩；2—试验线；3—引线小套管

43. 电容型电流互感器产品出厂后介质损耗因数变化的原因及预防措施是什么？

根据《规程》和《电气装置安装工程电气设备交接试验标准》规定，对 35kV 及以上电压等级的油浸式电流互感器应测量其介质损耗因数。但试验表明，测量结果往往不够稳定，有的产品甚至超标。据电力科学研究院 1991 年统计，在线产品在做预防性试验时发现，110kV 及以上互感器的介质损耗因数超标的就有 190 台，有的产品在投入运行前做验收试验时就发现，其介质损耗因数值比出厂试验值有所增加，甚至超标。究其主要原因是器身真空干燥不彻底，绝缘内层含水量高，或者是器身在出炉装配时，由于暴露时间过长或其他原因而使器身表面受潮。现分析于下。

不管是主绝缘内屏的含水量偏高，还是干燥透的器身外部受潮，在经过一段时间后，都会使产品的介质损耗因数值有所变化（回升），因为电容型电流互感器是多主屏组成主绝缘，其介质损耗因数可用下式表示

$$\tan\delta=\frac{\dfrac{\tan\delta_1}{C_1}+\dfrac{\tan\delta_2}{C_2}+\dfrac{\tan\delta_3}{C_3}+\cdots+\dfrac{\tan\delta_n}{C_n}}{\dfrac{1}{C_1}+\dfrac{1}{C_2}+\dfrac{1}{C_3}+\cdots+\dfrac{1}{C_n}}$$

若 $C_1 = C_2 = \cdots = C_n$，则

$$\tan\delta = \frac{1}{n}(\tan\delta_1 + \tan\delta_2 + \cdots + \tan\delta_n)$$

式中　　C_1、C_2、…、C_n——各屏的电容量；

$\tan\delta_1$、$\tan\delta_2$、…、$\tan\delta_n$——各屏间介质损耗因数。

由上式可见，产品的介质损耗因数为各屏间介质损耗因数的平均值。对于 220kV 产品，一般取 10 个主屏，假如其中有 1～2 个屏间介质内的水分没有除净，或者器身外部受潮（通过对地屏介质损耗因数的测试可判定是否是外部受潮），出厂时对测量产品的介质损耗因数值似乎影响不大，但存放一段时间后，其中的水分将会慢慢扩散到其他屏间的介质中去，产品的介质损耗因数值将比出厂的测量值有所增加，这就是所谓的介质损耗因数值"回升"现象。绝缘中局部区域（特别是内层）含水量过高，是引起 tanδ 回升的主要原因。

为防止电容型电流互感器介质损耗因数回升，对运行部门应做到：

(1) 加强运行维护，运行中一定要按使用说明书及时补油，发现渗漏或介质损耗因数变化时要及时采取措施，避免产品内部受潮或水分漫延。

(2) 由于试验条件的差异，测量结果会有一定的分散性，当介质损耗因数变化较大，但未超标的产品，可视其局部放电、色谱分析结果等性能符合要求与否，决定可否投入运行。但要注意监视介质损耗因数值增长的速度，如增长很快，达到警戒值时，应及时退出运行检查修复。

(3) 对于介质损耗因数超标的产品，可视其值大小决定重新处理方法和时间的长短。因为浸油后的绝缘纸排水速度仅为不浸油时的 $\frac{1}{20} \sim \frac{1}{30}$，若重新进灌处理，方法不当可能导致介质损耗因数上升。建议用低温（50～60℃）、高真空（残压在 15Pa 以下）、长时间（7～15d）的方法进行处理。如果处理效果不理想，只好返工重新包扎绝缘，直至产品合格。

44. 在预防性试验中，如何测量 110kV LB 型电流互感器的介质损耗因数？

LB 型电流互感器是油浸电容型的，在预防性试验中，可按图 5-39 测量其介质损耗因数。

测试前要将瓷套擦干净，以免瓷套不洁或潮湿而影响测量准确度。在运行中 110kV 的油浸式电流互感器的介质损耗因数 20℃时应小于 3%；大修后应小于 2%；若测试时的温度不是 20℃，则应将测试值换算到 20℃的值，以便比较。

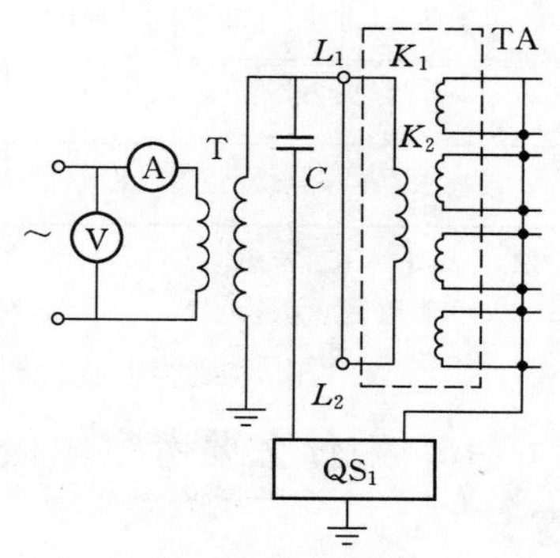

图 5-39　测量 LB 型电流互感器介质损耗因数接线图

T—试验变压器；C—标准电容器；TA—被试电流互感器；L_1、L_2—电流互感器的一次接线端子；K_1、K_2—电流互感器的二次线端子

45. 为什么《规程》规定充油型及油纸电容型电流互感器的介质损耗因数一般不进行温度换算？

油纸绝缘的介质损耗因数 tanδ 与温度的关系取决于油与

纸的综合性能。良好的绝缘油是非极性介质，油的 tanδ 主要是电导损耗，它随温度升高而增大。而纸是极性介质，其 tanδ 由偶极子的松弛损耗所决定，一般情况下，纸的 tanδ 在 −40～60℃的温度范围内随温度升高而减小。因此，不含导电杂质和水分的良好油纸绝缘，在此温度范围内其 tanδ 没有明显变化，所以可不进行温度换算。若要换算，也不宜采用充油设备的温度换算方式，因为其温度换算系数不符合油纸绝缘的 tanδ 随温度变化的真实情况。表 5-26 为日本日新电机株式会社目前执行的电流互感器温度换算系数，与我国电容型设备的 tanδ 实测结果较为接近，可供温度换算参考。

当绝缘中残存有较多水分与杂质时，tanδ 与温度的关系就不同于上述情况，tanδ 随温度升高明显增加。如两台 220kV 电流互感器通入 50%额定电流，加温 9h，测取通入电流前后 tanδ 的变化，tanδ 初始值为 0.53%的一台无变化，tanδ 初始值为 0.8%的一台则上升为 1.1%。实际上已属非良好绝缘（《规程》要求值为不大于 0.8%），故 tanδ 随温度上升而增加。因此，当常温下测得的 tanδ 较大时，为进一步确认绝缘状况，应考察高温下的 tanδ 变化，若高温下 tanδ 明显增加时，则应认为绝缘存在缺陷。

一般可采用短路法使绝缘温度升高，并保持一段时间，测量时取消短路电压，以免影响测量准确性。

表 5-26　日新电机株式会社油浸纸绝缘温度系数表

t_x/℃	0	1	2	3	4	5	6	7	8
系数 K	0.807	0.824	0.840	0.855	0.868	0.880	0.891	0.902	0.912
t_x/℃	9	10	11	12	13	14	15	16	17
系数 K	0.922	0.930	0.940	0.948	0.956	0.964	0.971	0.978	0.984
t_x/℃	18	19	20	21	22	23	24	25	26
系数 K	0.989	0.995	1.00	1.006	1.011	1.016	1.021	1.026	1.030
t_x/℃	27	28	29	30	31	32	33	34	35
系数 K	1.035	1.040	0.044	1.048	1.052	1.056	1.060	1.064	1.068
t_x/℃	36	37	38	39	40				
系数 K	1.072	1.075	1.079	1.081	1.084				

注　$\tan\delta_{20}=K\ [t_x/℃]\ \times\tan\delta\ [t_x/℃]$。式中的 $\tan\delta_{20}$、tanδ 分别为 20℃的介质损耗因数和 t_x（℃）的介质损耗因数实测值。

46. 为什么要考察电流互感器的 tanδ 与电压的关系？它对综合分析判断有何意义？

研究表明，良好绝缘在允许的电压范围内，无论电压上升或下降，其 tanδ 均无明显变化。当 tanδ 初始值比较大，而且随电压上升或下降有明显变化（《规程》规定，试验电压由 10kV 升到最高运行相电压 $U_m/\sqrt{3}$，tanδ 变化量不得超过±0.3%）时，以及电压下降到初始值（10kV）tanδ 未能恢复到初始值（大于初始值）时，一般认为绝缘存在受潮性缺陷或已老化。

表 5 - 27　三台 500kV 电流互感器的 tanδ（%）与电压的关系

编　号	测量电压/kV		变化情况
	160	320	
1	0.31	0.33	施加 320kV，1250A，36h，tanδ 稳定在 0.3%
2	0.63	0.71	施加 320kV，1250A，18h，tanδ 增加到 0.8%
3	0.79	0.56	施加 320kV，64℃，1h，tanδ 增加到 1.64%，2h，绝缘击穿

表 5 - 27 列出三台 500kV 电流互感器的 tanδ 与电压的关系，可证明上述观点。

基于上述，《规程》规定，对充油型和油纸电容型的电流互感器，当其 tanδ 值与出厂值或上一次试验值比较有明显增长时，应综合分析 tanδ 与温度、电压的关系，以确定其绝缘是否有缺陷。

表 5 - 28　500kV 电流互感器 tanδ（%）的测试结果

电压/kV	温度/℃			
	14	64		
		0h	1h	2h
10	0.90	—	—	—
140	0.77	—	—	—
320	0.56	1.46	1.63	击穿

表 5 - 28 给出了表 5 - 27 中序号 3 的电流互感器击穿前 tanδ 的测试结果。由表中数据可知：在 14℃时，试验电压从 10kV 增加到 $U_m/\sqrt{3}=1.1\times500/\sqrt{3}=317.5\approx320$（kV），tanδ 增量为 $\Delta\tan\delta=-(0.9-0.56)\%=-0.34\%$，超过 −0.3%；当温度由 14℃ 增加到 64℃时，tanδ 明显增加，综合分析判断该电流互感器有绝缘缺陷。实测故障点附近含水量为 8.626%。

47. 为什么《规程》中将耦合电容器偏小的误差由−10%改为−5%？

耦合电容器偏小的电容量误差除了测量误差外，就是其本身存在缺陷，而常见的缺陷主要是缺油和电容层断开。然而电容层断开后，一般由于分布电压较高，会导致击穿，因而使断开处再次接通，所以电容量偏小主要是渗漏油形成的缺油。

现场实测和计算都表明，即使耦合电容器中的绝缘油全部漏完，其电容量偏小误差也不致达到−10%，某些省区的实测结果仅为−3%～−7%。

为有效地检出这类绝缘缺陷，同时考虑现场在测量电容量时的测量误差，在《规程》中将耦合电容器电容量相对误差由 $-10\%\leqslant\frac{\Delta C}{C}\leqslant10\%$ 改为 $-5\%\leqslant\frac{\Delta C}{C}\leqslant10\%$。

48. 为什么要规定电容器的电容值与出厂值之间的偏差？而各种电容器的偏差要求值又不相同？

在《规程》中，除了规定电容值偏差不超过额定值的−5%～+10%以外，还规定电容值与出厂值之间的偏差，对高压并联电容器等和集合式电容器分别不应小于出厂值的 95% 和 96%；对耦合电容器等电容值不应大于出厂值的 102%（否则应缩短试验周期）。其主要原因是控制运行中元件电压不超过规定值的 1.1 倍。

对高压并联电容器，它有不带内部熔丝和带内部熔丝的两种。对不带内部熔丝的，在大多情况下，击穿一个元件，电容量变化一般均超过+10%。此时，部分完好元件上的电压将升高10%以上，电容器应退出运行。但对带内部熔丝的，元件损坏引起电容减小，要控制电容量允许变化值不超过元件电压规定值 U_n/m（U_n 为电容器额定电压，m 为串联元件数）的1.1倍。例如，电容器元件为13并8串，当电容量减小9.7%时，部分完好元件上电压可能最大升高21%。如果出厂试验电容偏差+5%，则运行中电容偏差虽未降至−5%，就可能有元件的运行电压超过1.1倍规定值了，此时电容器也应退出运行，所以有这条规定对保证电容器的安全运行有利。

对耦合电容器，也是由多个元件串联而成，大多数单节耦合电容器的串联元件数在100个左右，当有一个元件击穿时，电容值约增大1%，考虑到温度和测试条件影响，电容值增大2%以上时，应考虑有一个元件击穿。此时，虽然电容器仍可以继续运行，但应缩短预防性试验周期，查明原因，以保证安全运行。

对集合式电容器，规定每相电容偏差不超过出厂值的−4%，也是从这个角度考虑的。

49. 为什么在测量耦合电容器介质损耗因数 tanδ 时会出现异常现象？

安徽省某供电局在某变电所110kV全停的条件下曾对两台耦合电容器（OY−110/$\sqrt{3}$型）用 QS_1 型西林电桥进行介质损耗因数 tanδ 测量，均出现相似的异常测量结果，其中一台的测量结果如表5−29。由于电源正反相时试验结果相同，说明没有外界电场干扰。

表5−29　耦合电容器现场测量结果

试验电压/kV	反接线				正接线		引流器位置	备注
	$\tan\delta_z$/%	tanδ(计算)/%	R_3/Ω	C_x/pF	$\tan\delta_z$/%	C_x/pF		
3	−6	−0.08	69.62	6464	0.2	6527	0.0259	电源正反相测量结果相同
5	−10	−0.13	70	6444	0.2	6527	0.0259	电源正反相测量结果相同
7.5	−26	−0.34	69.62	6464	0.2	6527	0.0259	电源正反相测量结果相同
10	−46	−0.6	70.1	6438	0.2	6527	0.0259	电源正反相测量结果相同

由表5−29可见，出现的异常现象是：

（1）用反接线测量时，介质损耗因数随试验电压的增高不断减小，而用正接线测量时却没有这一异常现象。

（2）一般情况下，用反接线测量时电容量应该比正接线多出一个并联支路，即一次对底座及地的电容。理论上应该是反接线测量的电容值比正接线要大，而实际测得的电容值却小于正接线测得的电容值。

研究表明，出现异常现象的主要原因是不同接线时杂散阻抗的影响。对于tanδ，检查发现主要是引出线的三脚插头胶木已靠着出线有机玻璃板，且试验时相对湿度为78%，使有机玻璃板和胶木的电导增加，并且随试验电压的增加电导电流相应增加，从而使被试品和标准电容的杂散电容损耗 $\tan\delta_{x0}$ 和 $\tan\delta_{N0}$ 随试验电压增高而增加，以致反接线时出现表中tanδ的异常结果。对于电容值，反接线测得的电容量小于正接线测量值的主要原因是：反接线测量时由于被试品电容量较大，杂散电容 C_{x0} 的影响可以忽略。C_{N0} 的影响使标准电容器的电容量增大，但在计算被试品电容时却仍按 $C_N=50$pF 进行计算，使计算

出的电容量较实际电容量小，所以出现偏小的测量误差。而在正接线测量时，没有 C_{N0} 的影响，所以测得的电容量为实际被试品的电容量。从而使反接线测量的电容量小于正接线测量的电容量。

正、反接线测量介质损耗因数 $\tan\delta$ 时，杂散电容的示意图如图 5－40 所示。

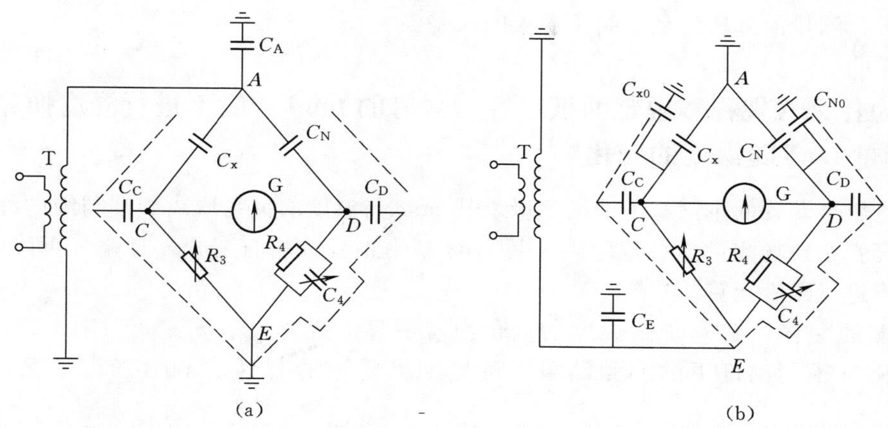

图 5－40　QS_1 型西林电桥测量 $\tan\delta$ 时杂散电容示意图

(a) 正接线；(b) 反接线

50. 为什么预防性试验合格的耦合电容器会在运行中发生爆炸？

从耦合电容器的结构可知，整台耦合电容器是由 100 个左右的单元件串联后组成的。就电容量而言，其变化＋10%，在 100 个单元件如有 10 个以下的元件发生短路损坏，还是在允许范围之内。此时，另外 90 个左右单元件电容要承担较高的运行电压，这对运行中的耦合电容器的绝缘造成了极大的危害。

造成耦合电容器损坏事故的主要原因，多数是由于在出厂时就带有一定的先天缺陷。有的厂家对电容芯子烘干不好，留有较多的水分；或元件卷制后没有及时转入压装，造成元件在空气中的滞留时间太长，另外，还有在卷制中碰破电容器纸等。个别电容器由于胶圈密封不严，进入水分。此时一部分水分沉积在电容器底部，另一部分水分在交流电场的作用下将悬浮在油层的表面，此时如顶部单元件电容器有气隙，它最容易吸收水分，又由于顶部电容器的场强较高，这部分电容器最易损坏。对损坏的电容器解体后分析得知，电容器表面已形成水膜。由于表面存在杂质，使水膜迅速电离而导电，引起了电容量的漂移，介电强度、电晕电压和绝缘电阻降低，损耗增大，从而使电容器发热，最后造成了电容器的失效。所以每年的预防性试验测量绝缘电阻、介质损耗因数并计算出电容量是十分必要的。即使绝缘电阻、介质损耗因数和电容量都在合格范围内，当单元件电容器有少量损坏时，还不可能及早发现电容器内部存在的严重缺陷。

电容器的击穿往往是与电场的不均匀相联系的，在很大程度上决定于宏观结构和工艺条件，而电容器的击穿就发生在这些弱点处。电容器内部无论是先天缺陷还是运行中受潮，都首先造成部分电容器损坏，运行电压将被完好电容器重新分配，此时每个单元件上的电压较正常时偏高，从而导致完好的电容器继续损坏，最后导致电容器击穿。

为减少耦合电容器的爆炸事故发生，对运行中的耦合电容器应连续监测或带电测量电容电流，并分析电容量的变化情况。

51. 为什么套管注油后要静置一段时间才能测量其 tanδ?

刚检修注油后的套管，无论是采取真空注油还是非真空注油，总会或多或少地残留少量气泡在油中。这些气泡在试验电压下往往发生局部放电，因而使实测的 tanδ 增大。为保证测量的准确度，对于非真空注油及真空注油的套管，一般都采取注油后静置一段时间让气泡逸出后再进行测量的方法，从而纠正偏大的误差。

52. 为什么《规程》规定油纸电容型套管的 tanδ 一般不进行温度换算？有时又要求测量 tanδ 随温度的变化?

油纸电容型套管的主绝缘为油纸绝缘，其 tanδ 与温度的关系取决于油与纸的综合性能。良好绝缘套管在现场测量温度范围内，其 tanδ 基本不变或略有变化，且略呈下降趋势。因此，一般不进行温度换算。

对受潮的套管，其 tanδ 随温度的变化而有明显的变化。表 5－30 列出了现场对油纸电容型套管在不同温度下的实测结果。可见绝缘受潮的套管的 tanδ 随温度升高而显著增大。

表 5－30　油纸电容型套管在不同温度下的实测结果

序号	下列温度（℃）下的 tanδ 值/%				备　注
	20	40	60	80	
1	0.37	0.34	0.23	0.21	1. 套管温度系套管下部插入油箱的温度； 2. 被试套管为 220kV 电压等级，测量电压为 176kV； 3. 序号 1～4 为良好绝缘套管； 4. 序号 5 为绝缘受潮套管
2	0.50	0.45	0.33	0.30	
3	0.28	0.20	0.18	0.18	
4	0.25	0.22	0.20	0.18	
5	0.80	0.89	0.99	1.10	

基于上述，《规程》规定，当 tanδ 的测量值与出厂值或上一次测试值比较有明显增长或接近于《规程》要求值时，应综合分析 tanδ 与温度、电压的关系，当 tanδ 随温度增加明显增大或试验电压从 10kV 升到 $U_m/\sqrt{3}$，tanδ 增量超过±3%时，不应继续运行。

鉴于近年来电力部门频繁发生套管试验合格而在运行中爆炸的事故以及电容型套管 tanδ 的要求值提高到 0.8%～1.0%，现场认为再用准确度较低的 QS_1 型电桥（绝对误差为 $|\Delta\tan\delta| \leqslant 0.3\%$）进行测量值得商榷，建议采用准确度高的测量仪器，其测量误差应达到 $|\Delta\tan\delta| \leqslant 0.1\%$，以准确测量小介质损耗因数 tanδ。

53. 为什么测量大电容量、多元件组合的电力设备绝缘的 tanδ 对反映局部缺陷并不灵敏?

对小电容量电力设备的整体缺陷，tanδ 确有较高的检测力，比如纯净的变压器油耐压强度为 250kV/cm；坏的变压器油是 25kV/cm，相差 10 倍。但测量介质损耗因数时，tanδ（好油）＝0.01%，tanδ（坏油）＝10%，要相差 1000 倍。可见介质损耗试验比耐压试验灵敏得多。但是，对于大容量，多元件组合的设备，如发电机、变压器、电缆、多油断路器等，实际测量的总体设备介质损耗因数 $\tan\delta_z$ 则是介于各个元件的 tanδ 最大值与最小值之

间。这样，对于局部的严重缺陷，测量 $\tan\delta_z$ 反映并不灵敏。所以有可能使隐患发展为运行故障。比如，测量多油断路器合闸时的 tanδ，可能大于，也可能小于分闸时单只套管的 tanδ，这是很常见的事。再如有一次测量电流互感器 $LCLWCD_3$－220 型试验时，做解体试验把电容屏的零屏引线与导电芯断开，测得导电芯对电容屏的零屏之间介质损耗因数 $\tan\delta_1=0.5\%$，$C_1=2744$pF，而电容屏自身的零屏对末屏之间的 $\tan\delta_2=0.2\%$，$C_2=816$pF。把互感器看作这两部分的串联组合体，则由求串联元件组合体的公式可得

$$\tan\delta_2=\frac{\dfrac{\tan\delta_1}{C_1}+\dfrac{\tan\delta_2}{C_2}}{\dfrac{1}{C_1}+\dfrac{1}{C_2}}=\frac{C_2\tan\delta_1+C_1\tan\delta_2}{C_1+C_2}$$

$$=\frac{816\times0.5\%+2744\times0.2\%}{2744+816}\approx0.27\%$$

$$C_2=\frac{1}{\dfrac{1}{C_1}+\dfrac{1}{C_2}}=\frac{C_1C_2}{C_1+C_2}=\frac{2744\times816}{2744+816}\approx629(\text{pF})$$

鉴于上述情况，对大容量，多元件组合体的电力设备，测量 tanδ 必须解体试验，才能从各元件的介质损耗因数值的大小上检验其局部缺陷。

54. 测量多油断路器 tanδ 时，如何进行分解试验及分析测量结果？

测量多油断路器 tanδ 时，首先测量其分闸状态时每支套管断路器整体（即套管线端对壳）的 tanδ 值。若测得的结果超出标准或与以前测量值比较有显著增大时，必须进行分解试验。分解试验可按下列步骤进行。

（1）落下油箱或对于结构上不能落下油箱者放去绝缘油，使灭弧室及套管下部露出油面，进行测试。若 tanδ 值明显下降（实践经验为 tanδ 值降低 3%，DW_1－35 降低 5%以上时）可以认为引起 tanδ 值降低的原因是油箱绝缘（油及绝缘围屏）不良。

（2）如落下油箱或放油后，tanδ 值仍无明显变化，则应将油箱内的套管表面擦净，并采取措施消除灭弧室的影响（可在灭弧室外加一金属屏蔽罩或包铝箔接于电桥的屏蔽回路，或者拆掉灭弧室）后再进行测试。如 tanδ 值明显下降（实践经验为 tanδ 值降低 2.5%以上时），则说明灭弧室受潮，否则说明套管绝缘不良。

为使上述测试过程清楚明了，现举例列于表 5－31 中。

表 5－31 多油断路器 tanδ 分解测试结果

断路器		试验情况	折算到 20℃ 时的 tanδ /%	试验温度 /℃	判断结果
DW_1－35	1	分闸状态一支套管	7.9	27	需解体试验
		落下油箱	6.2	24.5	油箱绝缘良好，需再解体
		去掉灭弧室	5.7	24.5	灭弧室良好，套管不合格
	2	分闸状态一支套管	8.4	23	需解体试验
		落下油箱	3.5	25	油箱绝缘不良①，还有不良部位，需解体
		去掉灭弧室	0.7	26	灭弧室受潮，套管良好

续表

断路器		试验情况	折算到20℃时的 tanδ /%	试验温度 /℃	判 断 结 果
DW_3-35	1	分闸状态一支套管	8.2	30	不合格，需解体试验
		落下油箱	6.3	29	油箱绝缘良好，需再解体
		去掉灭弧室	5.4	28	灭弧室良好，套管不合格
	2	分闸状态一支套管	9.3	20	不合格，需解体试验
		落下油箱	4.1	22	油箱绝缘不良，需再解体
		去掉灭弧室	0.9	23	灭弧室受潮，套管良好

① 油箱内油质不合格且油箱内绝缘筒受潮。

55. 为什么测量110kV及以上高压电容型套管的介质损耗因数时，套管的放置位置不同，往往测量结果有较大的差别？

测量高压电容型套管的介质损耗因数时，由于其电容小，当放置不同时，因高压电极和测量电极对周围未完全接地的构架、物体、墙壁和地面的杂散阻抗的影响，会对套管的实测结果有很大影响。不同的放置位置，这些影响又各不相同，所以往往出现分散性很大的测量结果。因此，测量高压电容型套管的介质损耗因数时，要求垂直放置在妥善接地的套管架上进行，而不应该把套管水平放置或用绝缘索吊起来在任意角度进行测量。

56. 测得电容式套管等电容型少油设备的电容量与历史数据不同时，一般说明什么缺陷？为什么？

这有以下两种情况：

（1）测得电容型少油设备的电容量比历史数据增大。此时一般存在两种缺陷：①设备密封不良，进水受潮，因水分是强极性介质，相对介电常数很大（$\varepsilon_r=81$），而电容与ε_r成正比，水分侵入使电容量增大。②电容型少油设备内部游离放电，烧坏部分绝缘层的绝缘。导致电极间的短路。由于电容型少油设备的电容量是多层电极串联电容的总电容量，如一层或多层被短路，相当于串联电容的个数减少，则电容量就比原来增大。

（2）测得电容型少油设备的电容量比历史数据减小。此时，主要是漏油，即设备内部进入了部分空气，因空气的介电常数ε约为1。故使设备电容量减小。表5-32列出了几台少油设备电容量变化及检出的缺陷。

表5-32　少油设备的电容量变化检出缺陷实例

序号	设备名称		绝缘电阻 /MΩ	tanδ/%		C_x/pF			综合分析结论
				上次	本次	上次	本次	增长率 /%	
1	66kV 油浸电容式套管	A		0.8	0.81	179.3	162.4	−9.43	绝缘不合格，两支套管的下端部密封不良，运行中渗漏严重缺油
		B		0.7	1.0	183.2	165.9	−9.44	

续表

序号	设备名称		绝缘电阻/MΩ	tanδ/%		C_x/pF			综合分析结论
				上次	本次	上次	本次	增长率/%	
2	LCWD-60 型电流互感器	A	25		3.27	正常值约100pF	1670.75	16.7 倍	绝缘不合格，互感器内部放出大量积水，由于端部结构设计密封不良进水
		C	25		3.28	正常值约100pF	1695.75	16.7 倍	
3	$LCWD_1$-220 型电流互感器			0.51	0.75			+6.0	绝缘不合格，电容芯棒的U形底部最外一对电容屏间绝缘击穿短路
4	$LCLWD_3$-220 型电流互感器		10000	0.41	1.4			+10	绝缘不合格，端部密封不良，进水，在互感器内部放出大量积水

57. 不拆引线，如何测量变压器套管的介质损耗因数？

（1）正接线测量法。在套管端部感应电压不很高（＜2000V）的情况下，可采用 QS_1 型西林电桥正接线的方法测量。此时，由于感应电压能量很小，当接上试验变压器后，感应电压将大幅度降低。又由于试验变压器入口阻抗 Z_{Br} 远小于套管阻抗 Z_x，故大部分干扰电流将通过 Z_{Br} 旁路而不经过电桥，因此，测量精度仍能保证。值得注意的是，当干扰电源很强时，需要进行试验电源移相，倒相操作，通过计算校正测量误差，给试验工作带来不便。因此，在套管端部感应电压很高时，宜利用感应电压进行测量。

（2）感应电压测量法。当感应电压超过 2000V 时，可利用感应电压测量变压器套管的介质损耗因数，其原理接线图如图 5-41 所示。

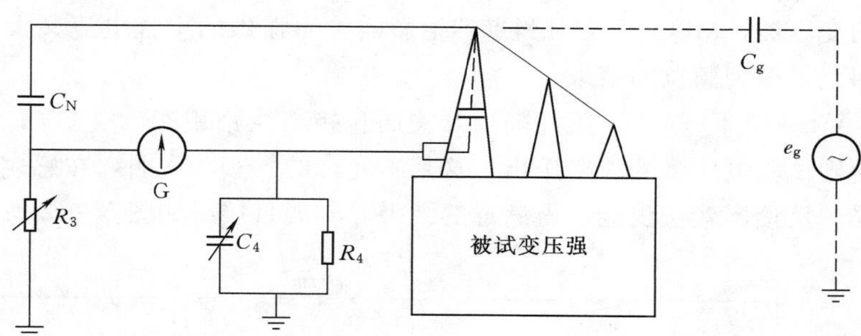

图 5-41　利用感应电压法测量变压器套管介质损耗因数接线图

采用此种接线无需使用试验变压器外施电压，而是利用感应电压作为试验电源。因并联标准电容器 C_N 仅为 50pF，阻抗很大，虽干扰源的能量很小，但由于去掉了阻抗较低的试验变压器，故套管端部的感应电压无明显降低。由图 5-41 可见，整个测试回路中仅有 e_g 一个电源，因此，不存在电源叠加，即电源干扰的问题，这样，不但使电桥操作简便、易行，同时也提高了测量的准确性。

表 5-33 给出了某供电局利用外施电压和感应电压法测量变压器介质损耗因数的测量结果。

表 5－33　　　　测 量 结 果 表

方法		A相		B相		C相		温度/℃		试验周期
		500kV	220kV	500kV	220kV	500kV	220kV	外	油	
tanδ/%	外施电压法	0.65	0.25	0.55	0.3	0.6	0.3	17	36.5	1987年5月
	感应电压法	0.6	0.3	0.3	0.2	—	—	17	36.5	
感应电压/V		1400	2000							
tanδ/%	外施电压法	0.75	0.3	0.7	0.5	0.65	0.4	20	30	1989年5月
	感应电压法	0.6	0.3	0.5	0.3	—	—	20	30	
感应电压/V		2500～3000		2500～3000						

表5－33中C相没有采用感应电压法测量，C相变压器运行位置距带电设备较远，感应电压过低，不适宜用感应电压法测量。

58. 不拆引线，如何测量电容式电压互感器（CVT）的介质损耗因数？

电力系统中运行着大量的220kV及以上的电容式电压互感器（CVT），它用于电压与功率测量、继电保护和载波通信。常见的型式有国产YDR和TYD系列，国外500kV CVT由三节主电容、一节分电容和一只中间变压器组成。CVT依其安装位置不同，可分为线路、母线和变压器出口几种，对不同的CVT，可分别采用QS_1电桥正接线、反接线和利用感应电压法测量其介质损耗因数。

（1）母线和变压器出口CVT。可采用正接线测量。由于该CVT与MOA或MOA、变压器相连，不拆高压引线，只拆除变压器中性点接地引线，MOA及变压器均可承受施加于CVT上的10kV交流试验电压。流经MOA及变压器的电流由试验电源提供，不流过电桥本体，故并联的变压器，MOA不会对测量产生影响，而强烈的干扰电流又大部分被试验变压器旁路掉，因此可得到满意的结果。

（2）线路CVT。由于该CVT不经隔离开关而直接与线路相连，故CVT上节不可采用正接线测量，否则试验电压将随线路送出，这是不允许的。实践表明，在感应电压不十分强烈的情况下，采用反接屏蔽法仍能取得满意的结果。其测量接线如图5－42所示。

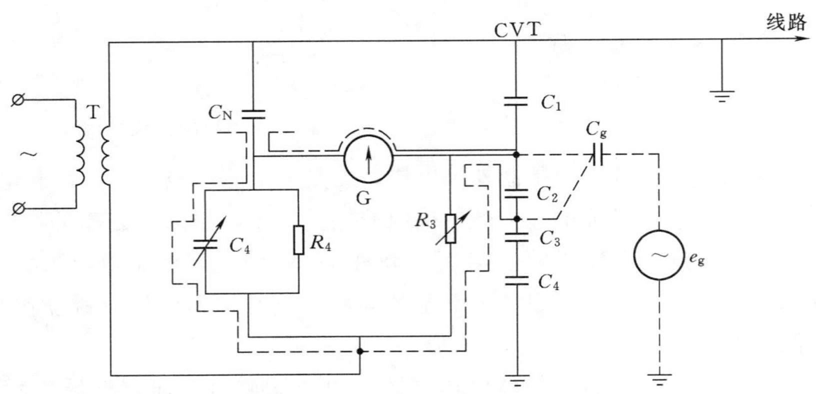

图5－42　测量CVT介质损耗因数的反接屏蔽法接线图

测量 C_1 的介质损耗因数时，测量线 C_x 接在 C_1 末端，由于 C_1 首端及 C_4 末端接地，则对于测点来讲，C_1 与 C_2、C_3、C_4 的串联值是并联的关系。为避免 C_2、C_3、C_4 对 C_1 的测量结果造成影响，则应将 QS_1 电桥的屏蔽极接于 C_2 末端，这样 C_2 两端电位基本相等，C_2 中无电流流过，C_3、C_4 中的电流直接由电源通过屏蔽极提供，不流经电桥本体，因而不会对测量 C_1 的介质损耗因数造成影响。表 5－34 列出了对某条 500kV 线路 CVT 的测量结果。

表 5－34　某 500kV 线路 CVT 测量结果

项　目	A 相		B 相		C 相	
	C/pF	tanδ/%	C/pF	tanδ/%	C/pF	tanδ/%
全停拆引线	19337	0.1	19385	0.1	19200	0.1
不拆引线	18907	0.1	19001	0.1	18978	0.1

应当指出，采用 QS_1 电桥反接线测量，由于抗干扰能力较差，所以必须采用电源倒相的方法，其 2 节、3 节、4 节仍应用正接线测量。在个别感应电压过强的 CVT 上采用感应电压法更合适，其测量接线，可参考图 5－41。

对于 220kV 及以上的 CVT 有的单位将 C_2 底部接地（C_1 上部已接地）采用 QS_1 电桥反接线法，在 C_1 与 C_2 连接处加压进行测量，先测出 C_1 与 C_2 并联的 $\tan\delta_{C_1+C_2}$，再按正接线法测量 C_2 和 $\tan\delta_2$，根据下述基本公式计算 C_1 和 $\tan\delta_1$

$$C_1 = C_x - C_2$$

$$\tan\delta_1 = \frac{C_x \tan\delta_{C_1+C_2} - C_2 \tan\delta_2}{C_1}$$

下节 C_3 的测量可根据 A 端子的引出与否采用反接线或自激法测量，上节引线不拆对 C_2、C_3 的测量没有影响。表 5－35 列出一组测量结果，供参考。

表 5－35　TYD－330/T_3－0.005 型电压互感器实测结果

相　别	A	B	C	备　注
C_1+C_2/pF	30141	29876	30282	不拆引线，反接线
$\tan\delta_{C_1+C_2}$/%	0.1	0.1	0.1	
C_2/pF	15173	14913	15191	正接线
$\tan\delta_2$/%	0.1	0.1	0.1	
C_1/pF	14968	14963	15091	计算值
$\tan\delta_1$/%	0.1	0.1	0.1	
C_1/pF	15218	15312	15229	实测值、拆引线、正接线
$\tan\delta_1$/%	0.1	0.1	0.1	

59. 500kV 变电所部分停电时，测量少油设备 tanδ 采用什么新方法？

有的单位在 500kV 变电所测量 tanδ 时，发现电场干扰十分严重，这种干扰来自未停电设备。为了克服这种电场干扰，除采用电源移相结合电源倒相外，还采用以下两种新方法：

（1）电流补偿法。西林电桥的四个桥臂之中，C_N、R_3、C_4 和 R_4 三个桥臂都有完好的屏蔽层，可使它们免受电场干扰，唯有试品臂 C_x 暴露在强电场中，当然也可以对它加以屏蔽，但 500kV 少油设备尺寸很大，而且离地有数米之距，实行起来十分困难。因而考虑采用补偿法。

当试品受到干扰时，可设想为有一干扰电流 I_g 经耦合电容注入电桥之 c 点，该电流使电桥原来的平衡受到破坏，使测量结果失准。为了消除干扰电流的影响，可在 c 点注入一补偿电流，使其幅值与干扰电流相等，方向与干扰电流相反，如图 5－43 所示。为了使补偿回路的参数不致对电桥的参数产生影响，补偿电源的阻抗 R_i 应远大于桥臂电阻 R_3，否则应把 R_i 与 R_3 的并联值作为该桥臂的阻抗值，在调节补偿时，暂将试品顶端接地，用电桥本身的检流计作指示计，观察补偿程度。

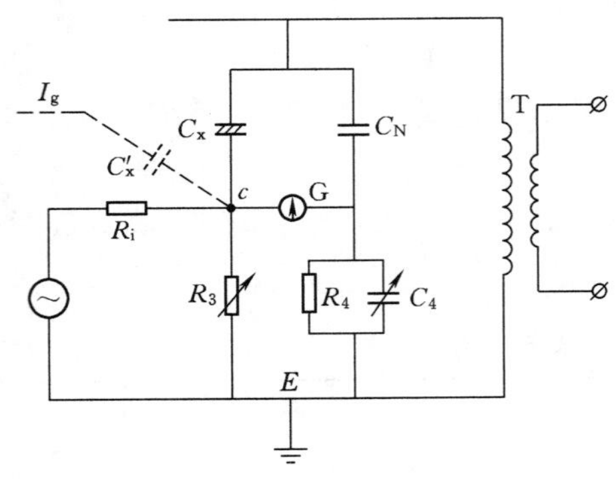

图 5－43　电流补偿法原理图

补偿回路中的移相电源，可用感应移相器，然后再用调压器调节幅值。为了简化回路接线，将补偿回路装在一个 140mm×95mm×83mm 的小盒内，作为电桥附件，使用起来比较方便，其接线如图 5－44所示。

调节电位器 R_2，可改变补偿电流幅值；调节 R_1 可使输出电压相位在 0～180°的范围内变化。如果将这阻容移相装置与反相开关配合使用，可使输出相位在 0～360°范围内变化。

（2）E 点电位补偿法。如图 5－45 所示，将电桥的屏蔽层与 E 点分开，在 E 点和地之间串入一个补偿电势，调节补偿电势的幅值和相位可使干扰电流得到补偿，从而可使电桥正确地测出试品的电容和 tanδ 值。

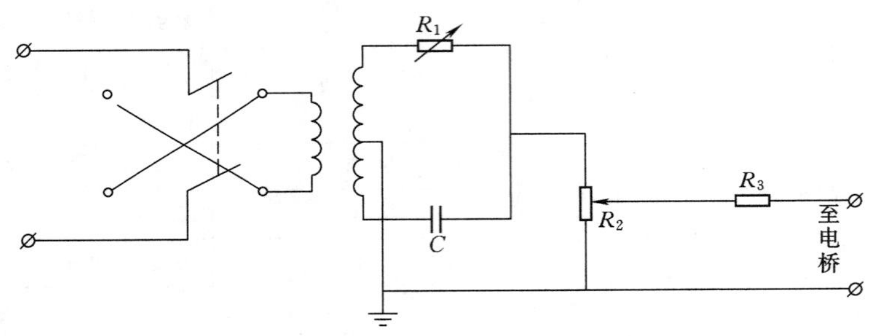

图 5－44　补偿回路接线图

例如，东北某 500kV 变电所曾用上述方法对 500kVA 相变压器套管、母联回路 TA 以及母联开关均压电容器进行了测量，其结果如表 5－36 所示。

由表可以看出，在合理地处理了试品顶端的感应电压以及对电场干扰采取防护措施之后，在部分停电的情况下是可以准确地测出少油设备的电容量及 tanδ 值的。上述方法中，移相—倒相法可以较准确地测出套管和 TA 的电容及介质损耗因数。但对于开关均压电容，由于干扰过于强烈，测不出可信的结果。电流补偿法和 E 点电位补偿法能够准确地测量各种少油设备的电容量及 tanδ，而且所需的补偿设备容量很小。但 E 点电位补偿要求预先知道 R_3 及 tanδ 的数值，如若测量结果与预置值有明显差异，尚需再次调整补偿和电桥桥臂参数，逐步逼近其真值（最多不超过 2～3 次）。电流补偿法，其补偿程度一般与电桥桥臂参数无明显关系，在调整平衡时，补偿度基本上不随 R_3 和 C_4 而变化，可一次测出结果。

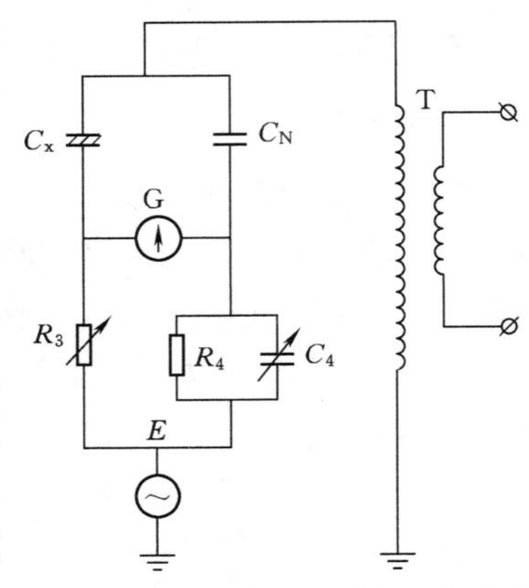

图 5－45　E 点电位补偿法原理图

表 5-36 三种方法的测量结果

全停测量	A相套管		母联TA		均压电容Ⅰ		均压电容Ⅱ	
	603	0.4	1061	0.3	920	0.3	829	0.3
电源移相倒相法	610	0.4	1061	0.4				
电流补偿法	607	0.4	1059	0.4	929	0.3	823	0.3
E点电位补偿法	609	0.4	1062	0.4	932	0.3	822	0.3

第六章
交 流 耐 压 试 验

1. 为什么要对电力设备做交流耐压试验？交流耐压试验有哪些特点？

交流耐压试验是鉴定电力设备绝缘强度最有效和最直接的方法。

电力设备在运行中，绝缘长期受着电场、温度和机械振动的作用会逐渐发生劣化。其中包括整体劣化和部分劣化，形成缺陷。例如由于局部地方电场比较集中或者局部绝缘比较脆弱就存在局部的缺陷。各种预防性试验方法，各有所长，均能分别发现一些缺陷，反映出绝缘的状况，但其他试验方法的试验电压往往都低于电力设备的工作电压，作为安全运行的保证还不够有力。直流耐压试验虽然试验电压比较高，能发现一些绝缘的弱点，但是由于电力设备的绝缘大多数都是组合电介质，在直流电压的作用下，其电压是按电阻分布的，所以交流电力设备在交流电场下的弱点使用直流作试验就不一定能够发现，例如发电机的槽部缺陷在直流下就不易被发现。交流耐压试验符合电力设备在运行中所承受的电气状况，同时交流耐压试验电压一般比运行电压高，因此通过试验后，设备有较大的安全裕度，所以这种试验已成为保证安全运行的一个重要手段。

但是由于交流耐压试验所采用的试验电压比运行电压高得多，过高的电压会使绝缘介质损失增大、发热、放电，会加速绝缘缺陷的发展，因此，从某种意义上讲，交流耐压试验是一种破坏性试验。

在进行交流耐压试验前，必须预先进行各项非破坏性试验，如测量绝缘电阻、吸收比、介质损耗因数 $\tan\delta$、直流泄漏电流等，对各项试验结果进行综合分析，以决定该设备是否受潮或含有缺陷。若发现已存在问题，需预先进行处理，待缺陷消除后，方可进行交流耐压试验，以免在交流耐压试验过程中，发生绝缘击穿，扩大绝缘缺陷，延长检修时间，增加检修工作量。

2. 耐压试验时，电力设备绝缘不合格的可能原因有哪些？

耐压试验时，电力设备绝缘不合格的可能原因有：

（1）绝缘性能变坏。如变压器油中进入水分、固体绝缘受潮、绝缘老化等，都会导致绝缘性能下降，在耐压试验时可能不合格。

（2）试验方法和电压测量方法不正确。例如在进行变压器试验时，未将非被试绕组短接接地，非被试绕组可能对地放电，误判为不合格。再如，试验大容量试品时，仍在低压侧测量电压，由于容升效应，实际加在被试品上的电压超过试验电压，导致被试品击穿，误判为不合格。

（3）没有正确地考虑影响绝缘特性的大气条件。由于气压、温度和湿度对火花放电电压

及击穿电压都有一定的影响，若不考虑这些因素就可能导致设备不合格的结论。

3. 如何选择试验变压器？

选择试验变压器时，主要考虑以下几点：

（1）电压。依据试品的要求，首先选用具有合适电压的试验变压器，使试验变压器的高压侧额定电压 U_n 高于被试品的试验电压 U_s，即 $U_n>U_s$。其次应检查试验变压器所需的低压侧电压，是否能和现场电源电压，调压器相匹配。

（2）电流。试验变压器的额定输出电流 I_n 应大于被试品所需的电流 I_s，即 $I_n>I_s$。被试品所需的电流可按其电容估算，$I_s=U_s\omega C_x$，其中 C_x 包括试品电容和附加电容。

（3）容量。根据试验变压器输出的额定电流及额定电压，便可确定试验变压器的容量，即 $P=U_nI_n$。

根据部颁标准规定，我国试验变压器的电压等级有：5kV、10kV、25kV、35kV、50kV、100kV、150kV、300kV 等；容量等级有：3kVA、5kVA、10kVA、25kVA、50kVA、100kVA、150kVA、200kVA 等。

由计算结果，查部颁标准即可选出所需要的试验变压器。如有特殊要求，一般可向制造厂订购特殊规格的试验变压器。

例如某单位的配电变压器的电压等级和容量是 10kV、1000kVA，碰到的试品又基本上是 10kV 的，就可选择 50kV、5kVA 的试验变压器，因为 10kV、1000kVA 的配电变压器的出厂试验电压为 35kV，交流试验电压为 30kV；同时又可满足 10kV 绝缘子以及高压开关柜的试验（试验电压为 42kV）和 10kV 电缆的直流试验（直流电压为 60kV，对应的交流电压为 42.83kV）的要求。在试验容量方面，一台 10kV、1000kVA 的被试变压器，其充电时的电容电流在 30～35kV 试验时约为 80～110mA，因为 35kV×110mA<5kVA，因此 5kVA 能满足要求。又如一台 35kV、2000～4000kVA 的变压器，当试验电压在 72～85kV 时的电容电流约为 150～260mA，6000～8000kVA 的约为 300～420mA，10000kVA 的约为 800～1000mA 等，此时所选试验变压器的容量必须大于上述试品电容电流所对应的容量。一般认为，试验变压器容量为被试品（电力变压器）容量的 5‰。

4. 在交流耐压试验中，如何选择保护电阻器？

在交流耐压试验中，试验变压器的高压输出端应串接保护电阻器，用来降低试品闪络或击穿时变压器高压绕组出口端的过电压，并能限制短路电流。

该保护电阻值一般按 0.1～0.5Ω/V 选取，并应有足够的热容量和长度。其阻值不宜太大，否则会引起正常工作时回路产生较大的压降和功耗。保护电阻器可采用水电阻器或线绕电阻器，线绕电阻器应注意匝间绝缘的强度，防止匝间闪络。保护电阻器的长度是这样选择的：当试品击穿或闪络时，保护电阻器应不发生沿面闪络，它的长度应能耐受最大试验电压，并留有适当裕度。保护电阻器的最小长度可参照表6－1选用。

表 6－1 保护电阻器的最小长度

试验电压 /kV	电阻器长度 /mm
50	250
100	500
150	800

与保护球隙串联的保护电阻器，其电阻值通

常取为1Ω/V，电阻器长度也按表6－1选取。

5. 试验变压器使用前应进行哪些检查?

(1) 经存放或运输的试验变压器使用前要擦去污垢，检查变压器内的油是否缺少，否则应补充合格的变压器油，注油后应排除油箱内空气。

(2) 用2500V兆欧表检查各绕组对外壳及地的绝缘电阻。

(3) 应检查高压套管上的短路杆或串级杆是否插到位，方法是用×1k挡的万用表测量此杆与高压尾之间电阻值，指针应有明显的向阻值小的方向滑动的标记。

(4) 操作箱应校核表计并用短路法检查过流继电器工作情况。

6. 对被试设备进行耐压试验前要做好哪些准备?

试验前要充分利用其他测试手段先进行检测，如测量绝缘电阻和吸收比，测量直流泄漏电流，测量介质损耗因数 $\tan\delta$ 和绝缘油试验，并参照以往的测量结果进行综合分析。如发现试品不能承受规定的试验电压值，就要查明原因并排除后才能进行试验。例如因外绝缘受潮，有污垢，可去潮烘干，擦拭干净后再进行耐压，绝缘油也可以进行滤油处理。

新注油的设备需静置一定时间，待气泡消失后才能进行耐压试验。对带绕组的被试品用外施电压法进行耐压试验前，要将各绕组头尾相连，再根据试验需要接线。

7. 耐压试验时对升压速度有无规定? 为什么?

除对瓷绝缘、开关类的试品不作规定外，其余试品做耐压试验时应从低电压开始，均匀地比较快地升压，但必须保证能在仪表上准确读数。当升至试验电压75%以后，则以每秒2%的速率上升至100%试验电压，将此电压保持规定时间，然后迅速降压到1/3试验电压或更低，才能切断电源。直流耐压试验后还应用放电棒对滤波电容和试品放电。绝不允许突然加压或在较高电压时突然切断电源，以免在变压器和被试品上造成破坏性的暂态过电压。

8. 在交流耐压试验中，为什么要测量试验电压的峰值?

在交流耐压试验和其他绝缘试验中，规定测量试验电压峰值的主要原因有：

(1) 波形畸变。近几年来，用电单位投入了许多非线性负荷，增大了谐波电流分量，使地区电网电压波形产生畸变的问题愈来愈严重。此外，还进一步发现高压试验变压器等设备，由于结构和设计问题，也引起高压试验电压波形发生畸变。例如交流高压试验变压器铁芯饱和，使激磁电流出现明显的3次谐波，试验电压出现尖顶波，特别是近年来国内流行的体积小，重量轻的所谓轻型变压器，铁芯用得小，磁密选得高，使输出电压波形畸变更严重；又如某些阻抗较大的移圈调压器和部分磁路可能出现饱和的感应调压器，也使输出电压波形发生畸变。试验电压波形畸变对试验结果带来明显的误差和问题，引起了人们的关注。为了保证试验结果正确，对高压交流试验电压的测量，应按国家标准GB 311.3—83和电力行业标准DL 474.1～6—2006的规定，测量其峰值。

(2) 电力设备绝缘的击穿或闪络、放电取决于交流试验电压峰值。在交流耐压试验和其他绝缘试验时，被试电力设备被击穿或产生闪络、放电，通常主要取决于交流试验电压的峰

值。这是由于交流电压波形在峰值时，绝缘中的瞬时电场强度达到最大值，若绝缘不良，一般都在此时发生击穿或闪络、放电。这个现象已为长期的实践和理论研究所证实，而且对内绝缘击穿（大多数为由严重的局部放电发展为击穿）和外绝缘的闪络、放电都是如此。交流高电压试验常遇到试验电压波形畸变的情况，因此形成了交流高电压试验电压值应以峰值为基准的理论基础。

基于上述原因，在 GB 311.3—2006 中规定：试验电压值是指峰值除以$\sqrt{2}$。试验电压的波形应接近正弦，两个半波完全一样，且峰值和方均根值（有效值）之比应在$\sqrt{2}\pm0.07$ 的范围内。显然，它是以测量交流电压的峰值作为基础的，国际标准 IEC 60 - 2—73 和美国、英国、德国、日本及苏联等国的标准均作内容基本相同的规定。

在 DL 474.1～5—2006 中，也规定应测量交流电压的峰值，除以$\sqrt{2}$作为试验电压值，以此来消除由于电压波形畸变引起的测量误差。

目前，国内已有精度为 0.5 级的 PZP1 型交流峰值电压表等，其输入阻抗较高，除可与试验变压器测量线圈配套使用外，还可以与电容、电阻或阻容式高压分压器配合使用。

9. 对电力设备进行耐压试验时，为什么必须拆除与其相关联的电子线路部件？

对电力设备进行耐压试验的目的主要是考核电力设备的绝缘强度。试验时，按《规程》规定在被试设备施加一定数值的交流或直流试验电压，低者几千伏，高者几百千伏。显然，目前电子线路中的电路板及多数电子元器件的绝缘都不能承受上述这么高的电压，同时，耐压试验中所感应的静电，还可能导致诸如 MOS 等电子元件损坏。因此，在电力设备进行耐压试验前，必须拆除与其相关联的电子线路及其电子线路的部件。

10. 采用串级试验变压器的目的是什么？它有何优缺点？

采用串级试验变压器的主要目的是获得更高的试验电压，以满足高试验电压的要求。目前广泛采用的串级试验变压器的连接方式如图 6 - 1 所示。采用串级试验变压器的优点是：

(1) 单个变压器的电压不必太高，重量不会过重，运输及安装比较方便，绝缘价格便宜，容易制造。

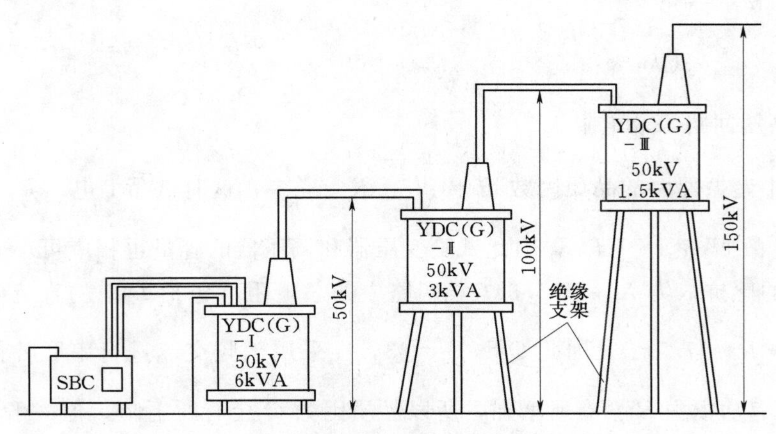

图 6 - 1　串级试验变压器的连接方式

（2）如需较低电压时，只需用其中一台或两台，以便电源侧的励磁不必过小，且电感也可减小。

（3）每个变压器可以分开单独使用，工作地点可增为3处。

（4）坏了一台其余的试验变压器可继续使用，损失也比较小。

但这种串级变压器也有如下一些缺点：

1）由于上一级变压器的能量需要由下一级来供给，例如第三级变压器的容量为P，第二级为$2P$（其中$1P$的容量供给负荷，$1P$的容量供给励磁），第一级为$3P$，虽然串级装置输出功率仅为$3P$，但设备容量为$6P$。

2）由于励磁绕组及低压绕组中漏抗的存在，当级数增多时，总的电感增加过快，电抗过大，在正常负载下压降也过大，而且输出电压的波形也不好。电感过大，在放电时可能发生振荡，故级数不能过多，一般不超过三级。

3）过电压在各级间的分布不均，可能发生套管闪络及励磁线圈中发生过电压等危险。

以上缺点，当采用一定技术措施后可获得改善。

图6-1是3台50kV试验变压器串级连接图。总输出电压为150kV，总容量为6kVA（即第1级试验变压器容量）；第2级试验变压器容量为3kVA；第3级为1.5kVA。

串级试验变压器容量与电压的选择，同样需符合上述原则。

11. 采用串联谐振法进行工频交流耐压试验的目的是什么？如何选择其参数？

串联谐振法工频耐压试验工作原理如图6-2所示。调节回路中的电感、电容或频率都可以使电感与电容处于串联谐振状态，即$\omega L=\frac{1}{\omega C}$。此时在电感和电容上的电压可以大大超出回路外加电压，达到以低电压、小容量电源来使试品的绝缘承受高电压的考验的目的。

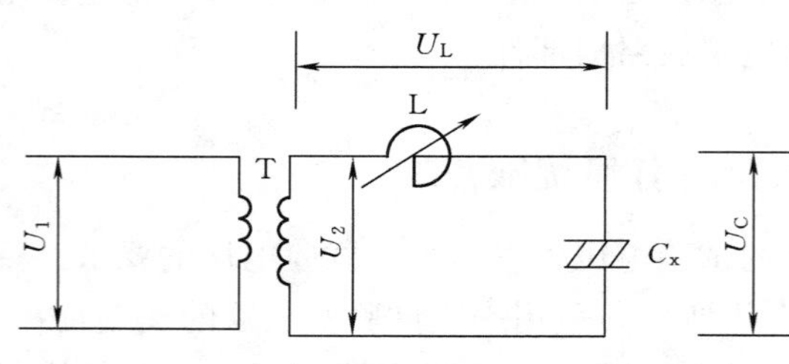

图6-2 串联谐振法工频交流耐压试验工作原理图

T—试验变压器；L—调谐电感；C_x—试品电容

流过高压回路的电流，在谐振状态时达到最大值，即

$$I_{max}=\frac{U_2}{R}$$

式中 R——高压回路等效电阻。

试验回路中谐振回路的品质因数$Q=\sqrt{\frac{L}{C}}/R=\frac{\omega L}{R}$，这时试品上电压$U_C=QU_2$。由于$Q$值远大于1，故$U_2$远小于$U_C$，因此试验变压器和调压器的容量也相应可小$Q$倍。

假设回路的感抗取为$X_L=585.3\text{k}\Omega$，回路中的总电阻（包括L中的直流电阻和被试设备的有功损失）$R=17.5\text{k}\Omega$。因此$Q=\frac{X_L}{R}=33$，在采用工频交流进行串联补偿耐压时，随U_C电压增高，有功损失R会有所增加，所以品质因数Q会有所下降，但一般不会低于25，即U_C电压可达电源电压的25倍。模拟试验证明，天气情况对Q值影响很大，如阴天、湿

度较大的天气，Q值会减少30%左右。故该项试验最好选择晴天或较干燥的天气进行。

对输出电压为150kV的串联补偿减容耐压试验装置的设备参数可作如下选择：

（1）电源变压器。因一般设备耐压时的品质因数$Q>25$，故耐压140kV只需6kV左右的电源电压。某局最大的66kV变压器在耐压120kV时的电容电流为600mA，但以300～350mA的最多，现选择330mA、3.3kV两台小变压器串联起来做电源变压器，遇特殊情况可用几台变压器串并以提高容量。

（2）补偿电感。由于可调电感制作困难，所以某局绕制了150kV/80mA、150kV/250mA和150kV/400mA的三组电感，每组由三节串联组成。三组并联起来可达到120kV/660mA。具体使用时可根据被试品电容量的大小选择。

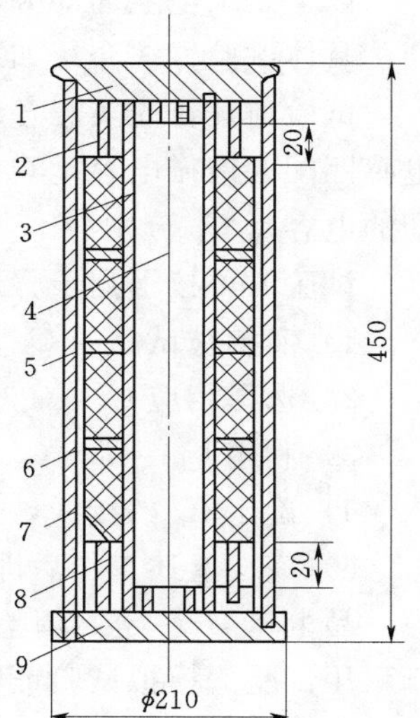

图6-3　补偿电感的结构
1—上盖；2—凡士林油；3、7—环氧玻璃丝布管；4—铁芯；5—线包；6—垫环；8—垫筒；9—下盖

补偿电感的结构如图6-3所示。

1）上盖。用25mm的环氧玻璃丝布板车制而成。与“7”螺纹装配。

2）凡士林油。整个电感组装完毕后充以凡士林油。

3）环氧玻璃丝布管。其内径为80mm，外径为84mm，长为410mm。

4）铁芯。其截面为阶梯圆形。

5）线包。外缠三层绢布带。缠后其内径为86mm，外径小于175mm。层间绝缘为0.05mm电缆纸。

6）垫环。其内径为84mm，外径为174mm，厚为3mm。

7）环氧玻璃丝布管。其内径为175mm，外径为195mm，长为430mm。

8）垫筒。

9）下盖。与上盖相同，用环氧树脂将其与“7”粘为一体。

每节电感线包及铁芯如表6-2所示。

表6-2　电感规格及铁芯参数

电感规格	线径/mm	电流密度/(A/mm²)	匝数	线包数	铁芯长/mm	线包厚/mm	铁芯截面/cm²	磁密/T
80mA/150kV	ϕ0.23	1.93	17700	5	50	310	34.4	7879×10^{-4}
250mA/150kV	ϕ0.33	2.9	12500	4	60	310	34.4	14000×10^{-4}
400mA/140kV	ϕ0.41	3.03	8220	4	68	330	38.9	15000×10^{-4}

（3）补偿电容。因上述各组电感很难与被试设备构成谐振条件（$X_L=X_C$）。某局采用了在被试设备上并联补偿电容的办法以达到谐振。采用的补偿电容如下：

1）JY-40-0.0015电容4只（220kV少油开关的均压电容）。每两支串联为一组，共两组，该电容器额定电压40kV，出厂试验电压为120kV。

2）CBY-40-12000pF薄膜电容25只为一组。CBY-40-8000pF薄膜电容50只，分两组。用它们改变串联电容个数（在15～23个之间）来微调电容量，使回路达到谐振条件。

利用以上五组电容，可补偿电流20～180mA，和不同电感相配合，即可对所有66kV

系统设备进行串补耐压。每只 CBY 电容交流耐压只能达到 10kV，故使用时每只不应超过 8.5kV。因此，120kV 耐压每串不得少于 15 只，140kV 耐压不得少于 18 只。

以上是某电业局 66kV 系统串补耐压所需的总设备，具体试验只需其中一部分。

具体试验方法介绍如下。

试验前，首先实测各组自绕电感的参数 X_L，并利用 $X_L=X_C$ 的谐振条件计算出与各组电感匹配的谐振电容量 C_L。某局绕制的 80mA、250mA 和 400mA 的三组电感经实测与之匹配的电容量 C_L 分别为 1730pF、5440pF 和 10600pF。

试验时可按下列步骤进行：

1）实测被试品的 C_x 值（利用 M 型介质试验器或西林电桥等方法）。

2）选择相应 $C_x<C_L$ 的电感。

3）利用 $C_b=C_L-C_x$ 计算出补偿电容。

4）确定 C_b 的接线，适当考虑 C_b 便于调谐。

5）完成上述工作后即可按图 6-4 接好线，在低电压下调谐。方法如下：每次调谐时让被试品电压 U_1' 一定，调整 C_b，观察 U_2' 为最小时即谐振点。此时固定 C_b，升至额定电压进行耐压试验。模拟试验证明，低压谐振点即为高压谐振点。

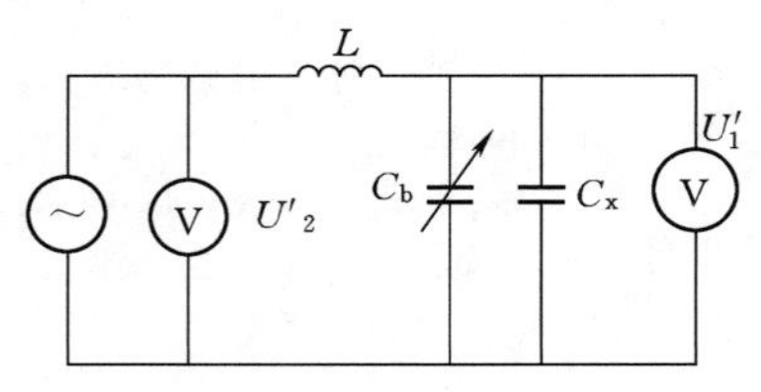

图 6-4 调谐电路图

下面以对某变电所 7500kVA 主变压器耐压实例来说明试验步骤。

1）实测该主变压器一次对地电容，$C_x=4080$pF。

2）选择 $C_x<C_L$ 的电感，由前述三种中选用与 5440pF 对应的（即 250mA 的）电感。

3）利用 $C_b=C_L-C_x$ 计算出补偿电容，所得 $C_b=5440-4080=1360$（pF）。

4）确定 C_b 组成。其中包括测压杆 154pF、一组裂口电容 775pF 和前述 8000pF 薄膜电容一组。这三组并联组成 C_b，它的调谐范围可为 1276～1462pF。

5）按图 6-5 接好线。在低电压下调整串联电容的个数，以微调谐振电容量，如表 6-3 所示。

表 6-3　串联电容调整表

调谐次数	薄膜电容个数	U_2/V	U_2'/V	U_1/V	U_1'/V	U_1'/U_2'
1	20	104	1500	200	53340	34.2
2	18	102	1530	200	53340	34.9
3	17	105	1575	200	53340	33.9
4	18	308	4620	450	120000	26

注　1. U_2、U_1 分别为测压 TV 和静电电压表读数。
2. U'_2、U'_1 分别为变压器输出电压与被试品电压。

以上是在该次试验中的计算与调谐全过程。可见调谐到共振点并不困难。

该次试验的实际接线如图 6-5 所示。

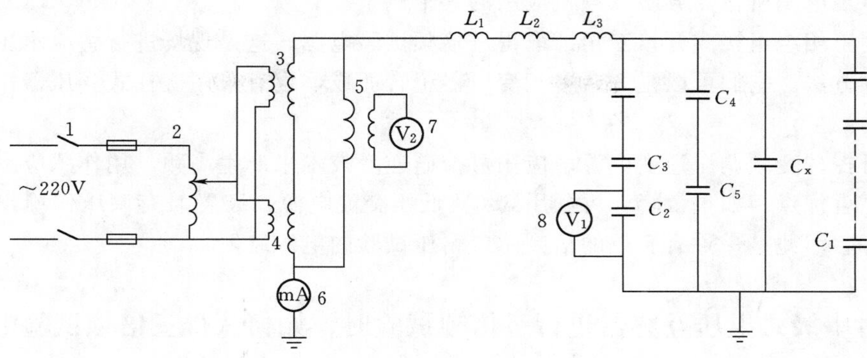

图 6-5 串联补偿减容耐压试验接线图

1—刀闸；2—单卷调压器；3、4—3.3kV、1kVA 变压器；5—测压 TV；6—毫安表；7—600V 电压表；8—600V 静电电压表；L_1、L_2、L_3—150kV/81.5mA 补偿电感；C_3—154pF；C_2—0.041μF；C_4、C_5—裂口电容（两节串联为 775pF）；C_1—8000pF 薄膜电容（15～23 个串联，电容值为 348～533pF）；C_x—一次对地电容（4080pF）

12. 为什么要对变压器等设备进行交流感应耐压试验？如何获得高频率电源？

交流感应耐压试验是考核变压器、电抗器和电压互感器等设备电气强度的另一个重要试验项目。以变压器为例，工频交流耐压试验只检查了绕组主绝缘的电气强度，即高压、中压、低压绕组间和对油箱、铁芯等接地部分的绝缘。而纵绝缘，即绕组匝间、层间、段间的绝缘没有检验。交流感应耐压试验就是在变压器的低压侧施加比额定电压高一定倍数的电压，靠变压器自身的电磁感应在高压绕组上得到所需的试验电压来检验变压器的主绝缘和纵绝缘。特别是对中性点分级绝缘的变压器，由于不能采用外施高压进行线端工频交流耐压试验，其主绝缘和纵绝缘均由感应耐压试验来考核。

为了提高试验电压，又不使铁芯饱和，多采用提高电源频率的方法，这可从变压器的电势方程式来理解。

$$E = KfB$$

式中 E——感应电势；

K——常数；

f——频率；

B——磁通密度。

由此可见，若欲使磁通密度不变，当电压增加一倍时，频率 f 就要相应地增加一倍。因此感应耐压试验电源的频率要大于额定频率两倍以上，一般采用 100Hz、150Hz、200Hz 的电源频率。

获得这样高频率的电源有以下几种方法：

（1）高频发电机组。它是由一个电动机拖动一个高频的周期发电机所组成。发电机组的调压是通过改变励磁机的励磁变阻器，用励磁机来调节对发电机转子的励磁，从而达到发电机的定子输出电压平滑可调的目的。这种方法多在制造厂中应用。

（2）绕线式异步电动机反拖取得两倍频的试验电源。这种方法称为反拖法。它实际上是将绕线式异步电动机作为异步变频机应用的一个例子。

(3) 用三相绕组接成开口三角形取得三倍频试验电源。这是现场进行感应耐压试验较易实现的一种方法。它们可以是3台单相变压器组合而成，也有采用五柱式变压器作为专用三倍频电源的。

(4) 可控硅变频调压逆变电源。应用可控硅逆变技术来产生高频，用作感应耐压试验电源，具有显著优点。如重量轻，可利用380V低压交流电源，装置兼有调压作用，节省大量调压设备等，因此是一种有希望的倍频感应耐压试验的电源装置。

13. 对串级式电压互感器进行三倍频试验时，如何获得三倍频试验电源？

对110kV及220kV串级式电压互感器，由于绕组导线漆膜脱落形成的匝间短路、局部放电造成的层间绝缘损伤以及绝缘支架的酚醛板分层起泡等原因，在过电压作用下就可能损坏。近些年来电力系统中连续发生电压互感器爆炸事故，造成了重大损失，因此一些电力部门正在通过现场耐压试验对运行中的串级式电压互感器的质量逐一进行检查，发现了一些缺陷。例如，福建某电厂根据1976年7月在运行中发生一台JCC_1-220型电压互感器因匝间绝缘损坏造成事故，使全变电站停电的教训，对全厂6台JCC_1-220型电压互感器（4台备用，2台运行）进行150Hz、360kV的感应耐压试验。发现一台备用互感器在330kV电压下击穿。检查发现高压绕组第四个线圈匝间短路引起了层间击穿，共600匝，此缺陷属制造质量不良。基于此，《规程》规定，在大修后及必要时对串级式或分级绝缘式的电压互感器进行倍频感应耐压试验。为适应这一需要，一些小企业生产了三倍频变压器用做耐压试验时的150Hz电源，也有一些单位自行研制三倍频试验电源。常见的是将3台单相变压器的一次绕组接成星形，二次绕组接成开口三角形，一次侧接于工频电源，并适当过励磁。由于正弦波电流在饱和的铁芯中产生非正弦的磁通，由此感应的电动势也是非正弦的，而其中主要成分是基波和3次谐波分量。因变压器的一次绕组接成星形，所以3次谐波分量没有通路，在二次侧的三角形开口端，三相绕组基波感应电势的相量和为零，而3次谐波感应电势相位相同。因此，从开口三角端输出三相3次谐波（150Hz）电势的算术和。

下面介绍东北某电业局研制的三倍频发生装置，供参考。

(1) 三倍频变压器的性能。每台容量为3kVA，过励磁倍数为1.3～1.5，原边电压为380～400V，开口三角电压大于500V，一次、二次绕组电流小于25A。

当铁芯绕上绕组后，放入绝缘清漆中浸泡，干燥后装入木箱中，不充油，只充填一些木块，以便固定牢靠。

(2) 组成及重量。3kVA普通调压器1台，重18kg；3kVA倍频变压器3台，每台重16kg；补偿电感一台，重12kg。

总重为78kg。据报道，该装置携带方便，试验接线十分简单，4个试验人员只需1h即可轻而易举的完成试验任务，而且对66kV以下电压等级的电压互感器不需用电感线圈来补偿。

(3) 三倍频变压器技术参数的选定：

1) 匝电压的确定。在已选定的3kVA调压器铁芯上绕临时线圈，加不同电压，测定相应电流，作一条$V—A$特性曲线，选择拐点，由此确定每匝电压，即$e_t=1V/匝$。此时铁芯的磁通密度$B=\frac{4.5\times10^5 e_t}{s}=\frac{4.5\times10^5\times1}{33.3}=13500\times10^{-4}$（T）（$s=3.33$，为3kVA调压器

铁芯截面实测值)。

2) 铜导线的选择。对串级式电压互感器进行三倍频感应耐压试验,加压时间 $t=60\times\frac{100}{150}=40$ (s),加上升压过程不超过 1min 多,散热条件又较好(只绕一层铜线),所以电流密度的选择可较普通变压器大得多。$\phi2.02$ 的圆铜线通电流 25A。2min 后只感到微热,看来截面积已足够,$s=\frac{d^2}{4}\pi=\frac{2.02^2}{4}\times3.1416\approx3.2$ (mm^2),电流密度 $I\delta=\frac{I}{s}=\frac{25}{3.2}\approx7.82$ (A/mm^2)。一次、二次绕组取同规格的导线。

3) 一次、二次绕组匝数的确定方法如下:①一次绕组匝数的确定。设电源电压为 400V,$U_x=400/\sqrt{3}=231$ (V)。根据运行经验,过励磁倍数约为 1.4 时为最佳,这里取 $k=1.37$,因此每台变压器的一次绕组匝数 $\omega_1=\frac{U_x}{K_x e_t}=\frac{231}{1.37\times1}\approx169$ (匝)。另外在 156 匝处抽一引出端,以便适用于 380V 以上电源电压接线。②二次绕组匝数的确定。三倍频变压器的二次绕组阻抗是一个变化数值,在 3 台变压器铁芯上绕临时线圈,接成 Y,d 式,当电源电压由 300V 升至 400V 时,开口三角形的内阻抗则由 170Ω 降至 20Ω,这里以 380V 时内阻抗 $Z_1=25\Omega$ 作为计算依据。

1973 年第一次在辽宁某一次变电所对一组 JCC_1-220 型电压互感器进行倍频感应耐压试验,取得如下数据:当一次电压 $U=360V$ 时,二次电压 $U_2=170V$,二次电流 $I_2=20\sim25A$,这里取 24A 作为计算参考值。二次电流的大小,除与电压互感器本身特性有一定关系外,且与三次侧的补偿阻抗 Z_3 有关,试验接线如图 6-6 所示。假定在一定的过励磁倍数下,开口三角形电压 U_1 为 510V,则开口三角形电流 $I_1=I_2\frac{U_2}{U_1}=24\times\frac{170}{510}=8$ (A)。

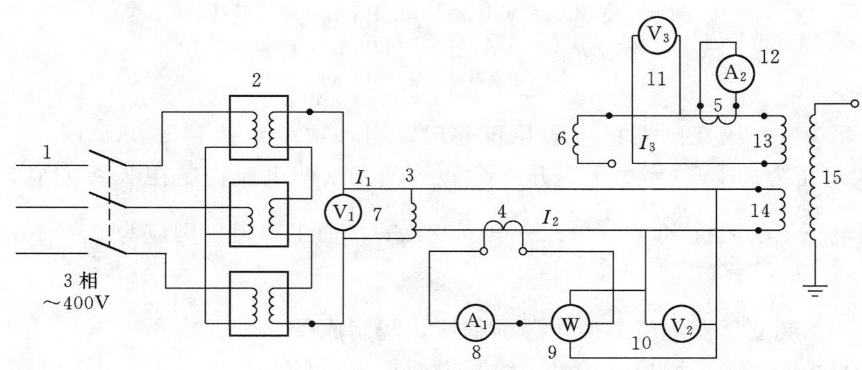

图 6-6 倍频感应耐压试验接线图

1—电源开关(500V,25A);2—倍频变压器(3kVA×3,$169\times\sqrt{3}/170V\times3$);3—调压器(3kVA,0~250V);4、5—电流互感器(30/5A);6—电感线圈(3.5、4、5Ω,25A);7、10、11—电压表(0~150~600V);8、12—电流表(0~2.5~5A);9—功率表(2.5、5A,160、300V);13—被试电压互感器三次绕组;14—被试电压互感器二次绕组;15—被试电压互感器一次绕组

按上面给定的数据,三倍频变压器组的二次阻抗压降 $U_2=I_1Z_1=8\times25=200$ (V)。已知 220kV 电压互感器一次感应电压达到 360kV 时,二次侧感应电压约为 170V,所以开口三角形最低的输出电压必须大于 370V。考虑到其他一些意外因素,输出电压有可能大于 450V,即每台倍频变压器的二次额定电压应大于 150V 为好。

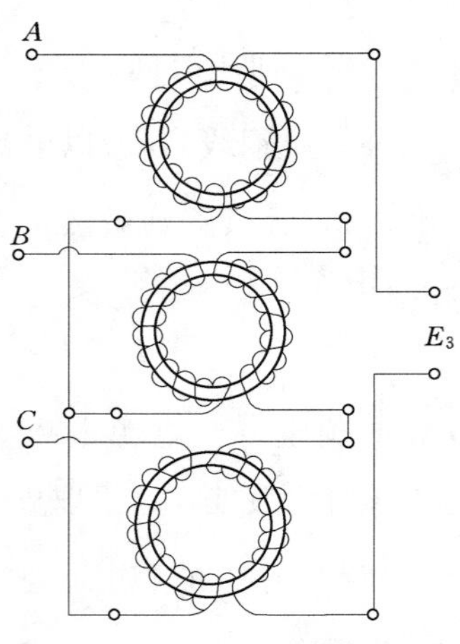

图 6-7　三倍频变压器接线图

三倍频变压器开口三角形的输出电压就是3台单相变压器的二次电压之和。所设计的三倍频变压器，每台原边绕169、156匝，副边绕在同一调压器铁芯上，紧接着绕了170匝。当原边接成星形，投入到380～400V电源上，过励磁可在1.3～1.47倍内调节，实测开口三角形电压大于500V，完全能满足220kV电压互感器感应耐压的需要。三倍频变压器接线如图6-7所示。

（4）补偿电感线圈的制作。由于电压互感器进行感应耐压时，二次侧所加的是三倍频电压，所以阻抗性能发生了变化。感抗 X_{L3} 增大了3倍，而容抗 X_{C3} 则减小了3倍，使 X_{C3} 反而小于 X_{L3}，因此电压互感器在三倍频电压下的电流呈容性。如在三次侧用一个电感线圈进行补偿，即感应耐压试验所需容量，只考虑有功损耗即可。

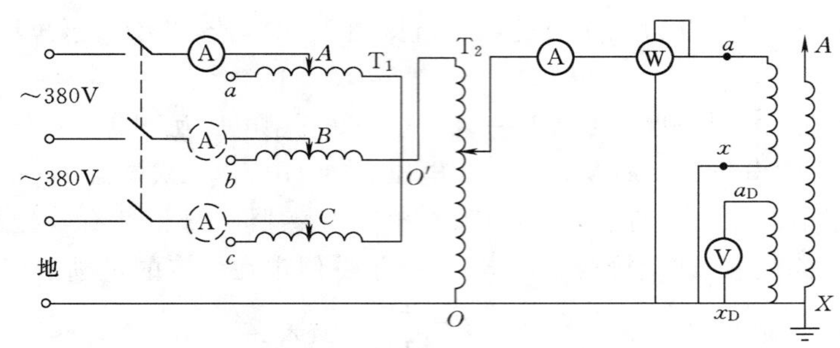

图 6-8　用三相调压器获得三倍频电源试验接线

A—电流表（0～5A）；T_1—三相调压器（50kVA）；

T_2—单相调压器（5kVA）

JCC_1-220型电压互感器感应耐压试验时，当一次绕组达到360kV时，二次侧需加170V，三次电压为261V（考虑了容升8%）。为使三次侧电流控制在24A左右，则三次绕组在三倍频电压下的阻抗 $Z_3=\frac{U_3}{I_3}=\frac{261}{24}\approx 10.9$（Ω），而工频阻抗则应为 $Z_3'=10.9/3=3.64$（Ω）。

选择和三倍频变压器绕组截面相等的铜线，绕制成带分接头的空心线圈。为了增加电感量，线圈内部夹入适量的长条硅钢片，使其工频阻抗满足3.5、4、5Ω，就能适应不同电源电压、不同特性电压互感器对于倍频感应耐压补偿值的要求。

（5）使用情况。自1974年以来，某电业局曾用这台装置先后对40多台220kV电压互感器、60多台66kV电压互感器、3台35kV电压互感器进行了三倍频感应耐压试验，及时发现了绝缘缺陷。

除上述外，有的单位还采用一个三相调压器进行串级式电压互感器的三倍频试验。试验接线如图6-8所示，调

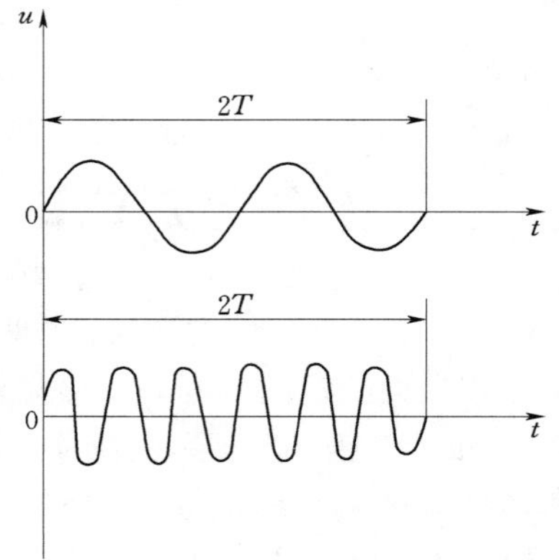

图 6-9　三倍频装置输出波形

压器 T_1 滑点应在最大电压位置（这时阻抗最大），T_2 滑点应放在零位，然后按下列步骤操作：

1）调整 T_1 使电流表指示到 15～20A。

2）调整 T_2 使电压表指示到所需数值。

该装置的输出波形如图 6-9 所示。应用该装置进行试验的试验结果如表 6-4 所示。

表 6-4　　TV 三倍频耐压试验表

型　式	编号	额定电压 /kV	出厂时间 /（年．月）	U_{Ax} /kV	试验频率 /Hz	$U_{a_Dx_D}$ /V	试验时间 /s	I_0 /A		P_0 /W	
JCC_1-110	102	110	1986.10	180	150	155	40	前	3.5	前	95
								后	3.5	后	95
JCC_1-110	116	110	1986.10	180	150	155	40	前	3.2	前	94
								后	3.2	后	94
JCC_1-110	157	110	1986.10	180	150	155	40	前	6.0	前	105
								后	6.0	后	105
$JDJJ_1-35$	276	35	1986.3	85	150	236	40	前	0.5	前	14
								后	0.5	后	14

注　1. 对 110kV 以上的串级式 TV 应在基本绕组 ax 上加压，而在辅助绕组 a_Dx_D 端子上测量，并减去 5%的容升值。

2. 对于 220kV 的串级式 TV 应在二次侧接补偿线圈。

3. 35kVTV 试验时应减去 3%的容升值。

还有利用已有的 10kV 五柱式电压互感器铁芯，重新改绕一、二次绕组，并将一次绕组接成星形，二次绕组三相接成开口三角形，即成一台轻便的三倍频试验变压器。例如，可利用原 JSJW 型五柱电压互感器（电压比为 10000V/100V，最大容量为 960VA，3 相，50Hz）的铁芯，其截面如图 6-10 所示。

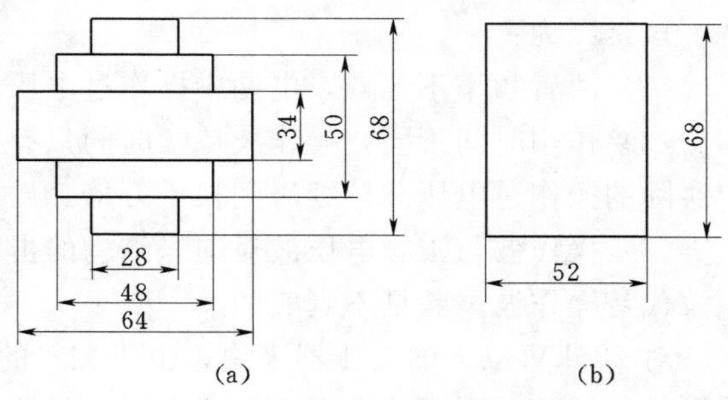

图 6-10　铁芯截面简图（单位：mm）

（a）铁芯截面；（b）铁轭截面

铁芯有效截面取 32.6cm^2，磁通密度取 17400×10^{-4} T，每伏匝数为 1.26 匝，原边匝数定为 174 匝，副边匝数为 156 匝，均用直径为 3.53mm（净纸带为 3.83mm）纸包圆铜线绕成。该三倍频试验变压器在空载和负载时输出电压波形均为正弦波。

14. 对串级式电压互感器进行三倍频感应耐压试验时，在哪个绕组上加压？又在哪个绕组上补偿？为什么？

为说明这个问题，我们引入表 6-5 所示的试验结果。

由表 6-5 可见，在 ax 绕组上补偿效果更佳一些，而且所用电量明显减小。所以目前在串级式电压互感的三倍频感应耐压试验中，为了减小三倍频电压发生器的体积、重量，改善三倍频电压波形，都采用串级式电压互感器二次侧 a_Dx_D 绕组加压、ax 绕组补偿的方式。

补偿后的功率因数宜大于 0.7，补偿量可按下式选择

$$x_L=(1.1\sim1.2)x_C$$

式中　x_L——ax 绕组的补偿电感的感抗；

x_C——不加补偿时测出的等值容抗。

另外，还有的单位采用将 ax 和 a_Dx_D 两绕组串联起来加压的方法，实践证明，也比较好。此时互感器低压侧电流仅为 20A（JCC_1-220，$U_s=360$kV），电压为 414V。一般不需要再加电感补偿，即能满足试验要求。

表 6－5　　不同绕组补偿结果的比较

JCC_2-220	不补偿	a_Dx_D 加压，ax 补偿	ax 加压，a_Dx_D 补偿
$\cos\varphi_c$	0.40	0.93	0.48
$\cos\varphi_{a_Dx_D}$	0.165	0.9	0.82
补偿后三倍频电压发生器输出容量下降倍数		2.81	1.61
三倍频发生器输出电压下降倍数		1.271	1.275
折算到 a_Dx_D 侧补偿量/mH		9	8.85
实际补偿量/mH		3	8.85

15. 为什么 220kV 以上的变压器要做操作波耐压试验，而不能用 1min 工频耐压试验代替？

操作波耐压试验是考核电力设备承受操作过电压能力的，一般不宜用 1min 工频来代替，这是因为：

（1）两者频率不等效，电网中操作过电压波的等值频率远大于工频，一般为几千赫。

（2）作用时间不同，操作波持续时间只有几百到几千微秒，而工频耐压为 60s，比电网中实际的操作过电压波持续时间长千万倍。

（3）操作波与工频电压波对绝缘结构的击穿机理不同、放电路径也不同，因此用工频电压波代替操作波试验是不真实的。

对 220kV 以上的变压器来说，由于相对的绝缘水平较低，如用 1min 工频耐压试验来代替操作波试验，则难以保证变压器安全运行，所以要做操作波试验。

16. 在工频耐压试验中，被试品局部击穿，为什么有时会产生过电压？如何限制过电压？

若被试品是较复杂的绝缘结构，可认为是几个串联电容，绝缘局部击穿就是其中一个电容被短接放电，其等值电路如图 6－11 所示。

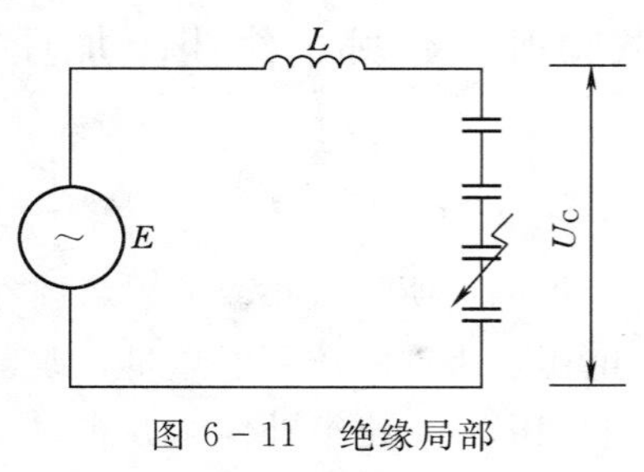

图 6－11　绝缘局部击穿示意图

图中 E 为归算到试验变压器高压侧的电源电势；L 为试验装置漏抗。当一个电容击穿，它的电压迅速降到零，无论此部分绝缘强度是否自动恢复，被试品未击穿部分所分布的电压已低于电源电势，电源就要对被试品充电，使其电压再上升。这时，试验装置的漏抗和被试品电容形成振荡回路，使被试品电压超过高压绕组的电势。电路里接有保护电阻，一般情况下，可限制这种过电压。但试验装

置漏抗很大时，就不足以阻尼这种振荡。这种过电压一般不高，但电压等级较高的试验变压器绝缘裕度也不大，当它工作在接近额定电压时，这种过电压可能对它有危险，甚至击穿被试品。一般被试品并联保护球隙，当出现过电压时，保护球隙击穿，限制电压升高。

17. 工频耐压试验时的试验电压，为什么要从零升起，试毕又应将电压降到零后再切断电源？

工频耐压试验时，电压若不是由零逐渐升压，而是在试验变压器初级绕组上突然加压，这时将由于励磁涌流而在被试品上出现过电压。若在试验过程中突然将电源切断，对于小电容量试品，会由于自感电势而引起过电压。因此对试品做工频耐压试验时，必须通过调压器逐渐升压或降压。

18. 在工频耐压试验中可能产生的过电压有哪些？如何防止？

对这个问题可以从稳态过程及过渡过程两个方面来分析。

从稳态方面来看，一般被试品均为电容性负荷，负荷的电容性电流流经变压器和调压器的漏抗，在漏抗上造成的压降，使得被试品上的试验电压高于电源电压，即所谓容升现象。克服这种现象的方法是在高压侧直接测量电压。

如果变压器和调压器的漏抗较大，甚至有可能与被试品的容抗形成工频基波串联谐振，被试品将出现很高的过电压，对被试品造成严重的威胁。为防止这种过电压可增大回路阻尼或改变回路的参数。

从过渡过程方面来看，下列情况会产生过电压：

(1) 对初级绕组突然加压，而不是由零电压逐渐升高。

(2) 尚有较高电压时突然将电源切断，而不是均匀退降到零再切断电压。

由变压器绕组的过渡过程可知，以上两种情况均会在被试品上造成过电压，这是不允许的。对于(1)，通过控制电路来闭锁，防止非零电压突然加压。对于(2)，应严格执行正确操作方法来避免。

(3) 被试品突然击穿。这是经常遇到的，而且是不可避免的。如试验变压器出线端直接与被试品相接，则当被试品突然击穿时，试验变压器出线端电位立即强迫为零，这就等于在试验变压器出线端突然作用一个波前极陡的冲击电压波，其峰值与被试品击穿瞬时试验电压的瞬时值相等，而极性则相反。这将在试验变压器绕组纵绝缘上产生危险的过电压。防止的办法是在试验变压器出线端与被试品之间串接一适当阻值的保护电阻，这样，极性相反的冲击电压就作用在保护电阻与变压器入口电容的串联回路上，短时间内，绝大部分电压降落在保护电阻上。

19. 在现场可用哪些简易方法组成电容分压器测量工频高电压？

根据电容分压器原理，选择电容量较小，能承受被测交流高电压的电容器作为主电容(如少油断路器的均压电容、几只双层或多层黏合式支柱绝缘子，一串悬垂绝缘子等都可以作为高压分压器主电容)，再串接一套低压测量电容就组成了简易的电容分压器。只要在使用前校验准确后，即可在现场使用，测量工频高电压。

20. 为什么《规程》规定50Hz交流耐压试验的试验电压持续时间为1min，而在产品出厂试验中又允许将该时间缩短为1s?

电力设备耐压试验要规定耐压时间，这是因为绝缘材料的击穿电压大小与加压时间有关，时间越长，交变电压使绝缘材料由于介质损耗而产生的热量增加，击穿电压降低。《规程》规定试验电压持续时间为1min，这样既可能将设备存在的绝缘弱点暴露出来，也不会因时间过长而引起不应有的绝缘损伤或击穿。但产品出厂检查中，为提高试验速度，允许将持续时间缩短至1s，但必须把试验电压提高25%。由于绝缘介质耐压水平与电压幅值和时间都有关，所以现阶段电力行业也提倡产品出厂试验应严格把关。

21. 直流耐压与交流耐压相比，直流耐压的试验设备容量为什么可小些?

当试品电容量较大时，如用交流高电压进行耐压试验，则会有很大的电容电流，故要求试验变压器有较大的容量。当用直流电源进行耐压时，可避免电容电流，只需供给绝缘以泄漏电流，由于泄漏电流很小，是微安级，所以可减小试验设备的容量。因此，对于一些大电容的试品，如长电缆等，常用直流耐压试验代替交流耐压试验。

22. 什么是小间隙试油器？推广这种试油器有何意义?

小间隙试油器是指电极间隙小于2.5mm的试油器。近年来，美国、加拿大等国家采用1.02mm小间隙，而我国采用1.20mm的小间隙并研制成QP-8WA微型试油器。推广这种试油器的重要意义在于重量轻、体积小、操作安全，很适合现场使用，不但能节省大量的绝缘油，而且明显减少了对电力设备特别是少油设备的补油工作，因此也减少了潮湿空气进入设备的机会，提高了设备绝缘的可靠性。

23. 绝缘油在电气强度试验中，其火花放电电压值的变化情况有几种？试分析其原因。

绝缘油在电气强度试验中，每杯试样试验6次，取其平均值，即为该试样的电气强度或介电强度。

试验中，其火花放电电压的变化有四种情况：

（1）第一次火花放电电压特别低。第一次试验可能因向油杯中注油样时或注油前油杯电极表面不洁带进了一些外界因素的影响，使得第一次的数值偏低。这时可取2～6次的平均值。

（2）6次火花放电电压数值逐渐升高。一般在未净化处理或处理不够彻底而吸有潮气的油样品中出现，这是因为油被火花放电后油品潮湿程度得到改善所致。

（3）6次火花放电电压数值逐渐降低。一般出现在试验较纯净的油中，因为生成的游离带电粒子、气泡和碳屑量相继增加，损坏了油的绝缘性能。另外，还有的自动油试验器在连续试验6次中不搅拌，电极间的碳粒逐渐增加，导致火花放电电压逐渐降低。

（4）火花放电电压数值两头偏低中间高。这属于正常现象。

24. 为什么绝缘油火花放电试验的电极采用平板型电极而不采用球形电极？

绝缘油火花放电试验用平板型电极，因其极间电场分布均匀，易使油中杂质连成“小桥”，故火花放电电压在较大程度上决定于杂质的多少。如用球形电极，由于球间电场强度比较集中，杂质有较多的机会碰到球面，接受电荷后又被强电场斥去，故不容易构成“小桥”。绝缘油火花放电试验目的是检查油中的水分、纤维等杂质，因此采用平板型电极较好。我国规定使用直径为25mm的平板形标准电极进行绝缘油火花放电试验，极间距离规定为2.5mm。

25. 变压器等设备注油后，为什么必须静置一定的时间才可进行耐压试验？

变压器在注油时，其内部将产生许多气泡，潜伏在变压器油及部件中。由于绝缘材料的介电常数不同，因此承受电场强度的能力也不同，介电常数小的绝缘材料不能承受较大的电场强度。如果变压器注油后便进行耐压试验，因空气（气泡）的介电常数小于变压器油及其他绝缘材料的介电常数，随着耐压试验电压的升高，气泡很快先发生放电，气泡周围绝缘材料局部温度升高，电流也增大，温度再升高，最后导致绝缘击穿。所以变压器注油后，必须按照《规程》的规定静置一定时间方可进行耐压试验，以防因气体未排完而造成绝缘击穿，损坏变压器。

《规程》规定，500kV者静置时间应大于72h；220kV及330kV者静置时间应大于48h；110kV及以下者静置时间应大于24h。

26. 为什么对含有少量水分的变压器油进行火花放电试验时，在不同的温度时分别有不同的耐压数值？

造成这种现象的原因是变压器油中，水分在不同温度下的状态不同，因而形成“小桥”的难易程度不同。在0℃以下水分结成冰，油黏稠，“搭桥”效应减弱，耐压值较高。略高于0℃时，油中水呈悬浮胶状，导电“小桥”最易形成，耐压值最低。温度升高，水分从悬浮胶状变为溶解状，较分散，不易形成导电“小桥”，耐压值增高。在60～80℃时，达到最大值。当温度高于80℃后，水分形成气泡，气泡的电气强度较油低，易放电并形成更多气泡搭成气泡桥，耐压值又下降了。

27. 为什么有时会在变压器油火花放电电压合格的变压器内部放出水分？

当水分进入变压器油以后，水分在油中的状态可分为：悬浮状、溶解状和沉积状。由电介质理论可知，水分呈悬浮状时，使油的火花放电电压下降最为显著；溶解状态次之；沉积状态一般影响很小。因此，当水沉积在变压器底部，取油样时常常不一定取到有水的油进行试验，则其火花放电电压仍然很高。而在解体或放油检查时，则往往会发现变压器内有水。为监测这类进水受潮，因此《规程》中规定，除了油火花放电电压合格外，对大型变压器还要求进行变压器油的微量水测定，以测量悬浮和溶解状态下的水分含量。

28. 绝缘油做耐压试验时，如升压速度过快，为什么其火花放电电压会偏高？

对绝缘油作耐压试验时，当电压升高，电极附近油中纤维、水分等杂质便向电场强度较大处移动，并顺着电场的方向在电极间逐渐构成一个“小桥”。当电压升到一定值时，即沿小桥放电。但是，杂质在电场作用下，需要一定时间才能形成极间的“小桥”，如升压速度过快，会来不及形成“小桥”而使火花放电电压不正常地偏高。

29. 对变压器与少油断路器中绝缘油的火花放电电压要求哪个高？为什么？

对变压器中绝缘油的要求更高。这是因为变压器中绝缘油主要起绝缘和冷却作用，如油中含有杂质、水分等，则会降低整体的绝缘强度，导致绝缘损坏事故。表 6－6 列出了绝缘油的火花放电电压与其含水量的关系。

表 6－6　绝缘油火花放电电压与其含水量的关系

油含水量/ppm	10	20	30	40	50	60	70	80
火花放电电压/kV	70	60	63	56	46	38	34	25

对少油断路器灭弧室内的绝缘油而言，其主要作用是灭弧。灭弧的强度取决于油分解产生的油气混合物，即使油的火花放电电压低些，也不会明显影响其灭弧能力。所以对其要求可低些，但应满足《规程》的要求值。

30. 为什么 110kV 充油套管要进行绝缘油试验，而电容型套管却不进行绝缘油试验？

110kV 充油套管不是全密封结构，以油为主绝缘，在运行中易受潮，可通过绝缘油的试验有效地监测其绝缘水平。油纸或胶纸电容型套管为全密封结构，潮气不易侵入，主绝缘不仅是绝缘油还有油浸纸或胶纸。另外，由于套管是全密封结构，所以取油样困难，而且在取油后必须用真空注油的方法补充油，工艺比较复杂。因此，仅在对单套管进行绝缘试验时，并对绝缘有怀疑的情况下，才取油样进行试验。

31. 35kV 变压器的充油套管为什么不允许在无油状态下做耐压试验？但又允许做 tanδ 及泄漏电流试验？

由于空气的介电常数 $\varepsilon_1=1$，电气强度 $E_1=30$kV/cm，而油的 $\varepsilon_2=2.2$，E_2 可达 80～120kV/cm，若套管不充油做耐压试验，导杆表面出现的场强会大于正常空气的耐受场强，造成瓷套空腔放电，电压加在全部瓷套上，导致瓷套击穿损坏。若套管在充油状态下做耐压试验，因油的电气强度比空气的高，能够承受导杆表面处的场强，不会引起瓷套损坏，因此不允许在无油状态下做耐压试验。套管不充油作 $\tan\delta$ 和泄漏试验，所加电压低，如测 $\tan\delta$ 时，其试验电压 $U_s=10$kV，测泄漏电流时，施加的电压规定为充油状态下的 U_s 的 50%，不会出现导杆表面的场强大于空气的电气强度的现象，也就不会造成瓷套损坏，故允许在无油状态下测量 $\tan\delta$ 和泄漏电流。

32. 为什么在预防性试验中，对并联电容器不进行极间耐压试验？

耐压试验是电机、变压器、开关、电缆等电力设备进行预防性试验的重要项目之一。但

对并联电容器来讲，却是例外。由于电容器极间的绝缘裕度特别小，进行耐压试验可能会造成绝缘的损坏和隐患。我国国家标准和IEC规定电容器的出厂耐压试验标准为：交流2.15倍额定电压；直流4.3倍额定电压，加压时间为10s。而投入运行后，除交接时可以进行极对外壳的交流耐压试验外，不宜再进行极间绝缘的定期耐压试验。

33. 对电力电缆做交流耐压试验时，为什么必须直接测量电缆端的电压?

这是因为电缆的电容效应会使电缆端的电压升高。当电缆充电容量接近于变压器容量时，这个电压可升高到25%左右。因此，必须使用高电压电压表或经过电压互感器直接测量电缆端的电压，使试验电压不超过规定值。

34. 电缆发生高阻接地故障时，往往要将故障点烧穿至低阻，为什么常用直流而少用交流?

交流烧穿时，由于电缆电容量大，因而电流也较大，这样，需要的电源设备容量也就大，交流过零时容易熄弧。直流烧穿时，所需电源设备容量小，只要通过电流达1A左右即可烧穿故障点，又因为采用电容器充放电，烧穿电流稳定，但必须采用负极性，因为正极性易使水分蒸发，造成故障点绝缘电阻上升。烧穿时还要掌握好电流上升的速度及时间。另外，使用交流法难以掌握恰当的电压、电流、容易将故障点电阻烧断。

35. 阀式避雷器做工频放电试验时，为什么要规定电压波形不能畸变? 如何消除谐波影响?

因为阀式避雷器做工频放电试验时，工频放电电压标准值有上限和下限，低于下限或超过上限均为不合格，因此测量电压时必须尽量准确。而做工频放电试验时大都使用一般的电压表，即读数为电压的有效值。当电源波形畸变时，电压最大值与有效值的比值不等于$\sqrt{2}$，这时测量到的电压就有误差。例如，某单位曾对10组FZ_2-10型避雷器在两处进行测试，虽然在两处所采用的仪器接线完全相同，但测试结果差别甚大。表6-7仅列出2组避雷器的测量结果其他避雷器测试结果类似。

由表6-7可见，在变电站的测量值均在22～31.1kV之间，而在局内试验室的测量值均在29.5～30kV之间。通过反复的对比试验，找出在两处测量值不同的原因是电源谐波的影响。

表6-7　　避雷器工频放电电压的测量结果

编号		工频放电电压值/kV				备注
		变电站			局内	
		A	B	C		
1号避雷器	第一次	23.1	23	23	30	1. 均采用静电电压表在高压侧测量电压； 2. 交接时放电电压在26～31kV之间为合格
	第二次	22.5	22.5	21	30	
2号避雷器	第一次	22.5	23	23	29.5	
	第二次	23.1	23.1	22.9	29.5	

消除谐波影响的方法有：

(1) 采用线电压。当相电压波形畸变而影响测量结果时，可采用线电压作电源进行测量，因为线电压中无3次谐波分量。具体做法是，在试验回路中串接一个三相调压器，取线电压作试验电源，其试验接线如图6-12所示。

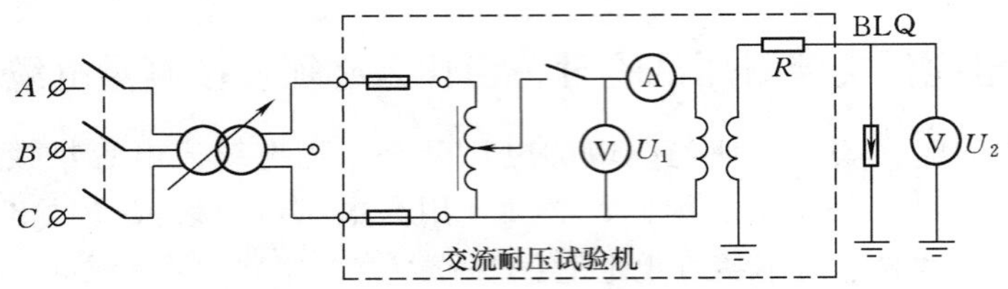

图6-12 取用线电压作电源的试验接线

试验时，只要准确测得三相调压器输出电压为220V，三相调压器就可不再调整。再把这一电压输入交流耐压试验机就可以测FS型阀式避雷器BLQ工频放电电压，此法简单、易行（若在三相调压器与耐压试验机之间加一只闸刀，就更为安全）。

过去，某供电局在变电站内测试时，大批FS型避雷器工频放电电压不合格，拆回供电局复试大部分都合格。串接三相调压器后基本解决了这一问题。这里仅将几只避雷器（FS-10型）的工频放电电压数据列入表6-8中。

表6-8　不同试验条件下的工频放电电压

试验条件	工频放电电压/kV							
	变电站Ⅰ			变电站Ⅱ			变电站Ⅲ	
	A	B	C	A	B	C	A	B
未串三相调压器	19	21	24	23	27	24	21	17
回局复试	24	25	28	28	30	28	26	22
串入三相调压器	23.5	24.5	27	26.5	29.5	27	25	22

尽管各次试验操作过程中难免存在升压速度和读表偏差，但这些数据基本上还是反映出串接三相调压器后的效果。按FS-10型避雷器工频放电电压23～33kV考虑，误判断率大大降低，试验数据基本上接近于回局复试测得的实际值（试验人员认为之所以存在偏差，不仅是由于操作原因，更重要的是除3次谐波外其他谐波干扰仍然存在）。这就大大防止了避雷器被误判报废，对搞好防雷工作起到了较好的作用。这种方法对其他重要电力设备的交流耐压试验也是可行的。

(2) 滤波。在试验变压器低压侧并联电容或电容电感串联谐振电路，使谐波电流有一个低阻抗分路。详见第37题。

(3) 采用峰值电压表测量。

36. 试验变压器的输出电压波形为什么会畸变？如何改善？

电压波形畸变的可能原因是调压器和高压试验变压器的特性引起的，这是因为试验变压器在试品放电前实际上几乎是工作在空载状态，此时只有励磁电流 i_0 通过变压器的原边。当变压器工作在饱和状态时，励磁电流是非正弦的，含有3次、5次等谐波分量，因而是尖

顶波形。图 6－13 给出了变压器的磁化特性曲线（Φ—i 曲线），由于它的起始部分 oa 及饱和部分 bc 是非线性的，因此即使正弦电压作用到原边，其磁通为正弦的，但励磁电流仍为非正弦的，图中用作图法做出了励磁电流 i_0 的波形。

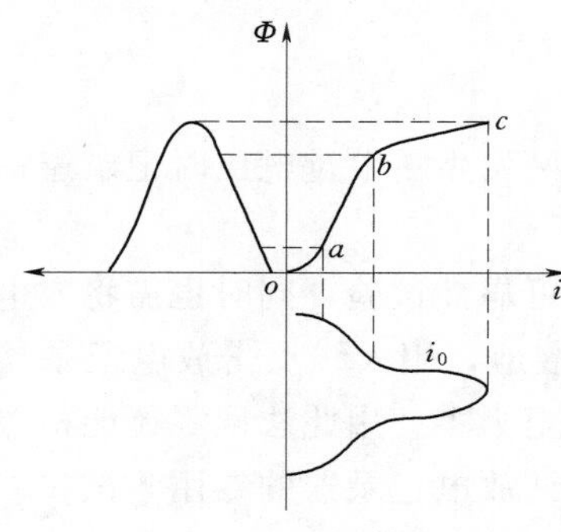

图 6－13　励磁电流的波形

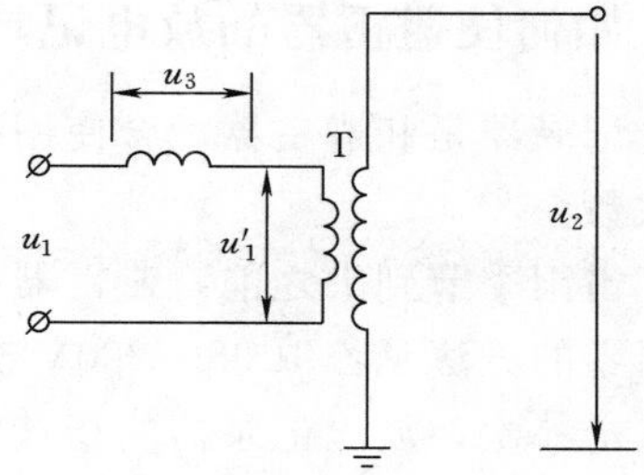

图 6－14　非正弦励磁电流在调压器漏抗上产生的非正弦压降 u_3

如果计及磁化曲线的磁滞回线，励磁电流波形将左右不对称。这一非正弦的励磁电流将流过调压器的漏抗产生非正弦的电压降 u_3，如图 6－14 所示，因此在试验变压器的原边电压 u_1' 变为非正弦，其中含有调压器漏抗压降中的高次谐波（主要是 3 次谐波），于是试验变压器的高压输出电压就被畸变了。试验变压器的铁芯愈饱和（即电压愈接近额定值），调压器的漏抗愈大，波形畸变就愈严重。由于移圈式调压器漏抗大，因此当用它调压时，波形畸变颇为严重。实际运行表明，波形畸变在输出电压较低时也同样严重，这是因为此时移圈式调压器本身漏抗最大，但非正弦漏抗压降 u_3 在试验变压器原边电压 u_1' 中占很大的比重。

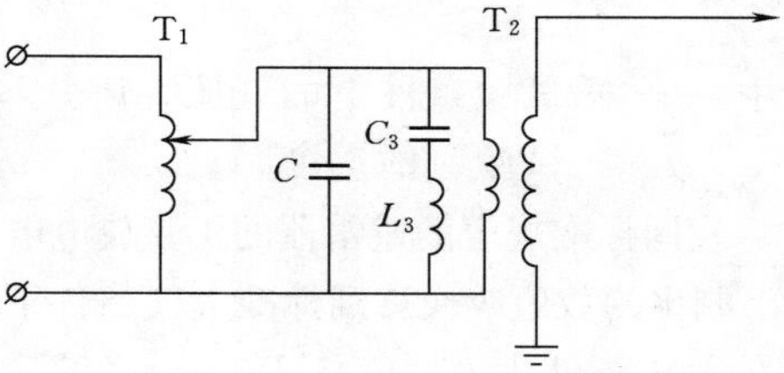

为了改善试验变压器的输出电压波形，可以在它的原边并联适当数值的电容器或电容电感串联谐振电路，如图 6－15 所示。

图 6－15　改善输出电压波形的措施

对 100kV 的试验变压器，在其原边及移圈调压器之间并联 16μF 的电容后，其电压波形可以得到很大的改善，基本上满足要求。

对 150kV、25kVA 的试验变压器，对 3 次谐波可取 $C_3=25\mu$F、$L_3=4.58$mH；对 5 次谐波，可取 $C_5=110\mu$F、$L_5=3.66$mH，构成谐振电路，使谐波分量被低阻抗分路。

37. 为什么避雷器工频放电电压会偏高或偏低?

避雷器工频放电电压偏高或偏低，除了限流电阻选择不当，升压速度不当和试验电源波形畸变等外部原因外，还有避雷器的内部原因。

避雷器工频放电电压偏高的内部原因是：内部压紧弹簧压力不足，搬运时使火花间隙发生位移；黏合的 O 形环云母片受热膨胀分层，增大了火花间隙，固定电阻盘间隙的小瓷套破碎，间隙电极位移；制造厂出厂时工频放电电压接近上限。

避雷器工频放电电压偏低的内部原因是：火花间隙组受潮，电极腐蚀生成氧化物，同时

O形环云母片的绝缘电阻下降，使电压分布不均匀；避雷器经多次动作、放电，而电极灼伤产生毛刺；由于间隙组装不当，导致部分间隙短接；弹簧压力过大，使火花间隙放电距离缩短。

38. 如何使避雷器的放电记录器回零？

放电记录器是和避雷器配合使用的设备，它能在电网发生雷电过电压时记录避雷器对地放电的次数。

每年雷雨季节到来之前，避雷器都要进行投运前的可靠性试验，同时也需将放电记录器回零。回零的方法是：取380/220V交流电源，将零线接地，用火线点击放电记录器的上端头，每点击一次，放电记录器的指针就跳一个数字，直至为零。用此法回零还能检查出放电记录器是否处在良好的运行状态。目前已生产出用来测试放电记录器的专用测试仪。

39. FS型避雷器的工频放电电压与大气条件的关系如何？

FS型避雷器的工频放电电压值由间隙放电特性决定。而间隙的放电特性除与间隙本身结构、距离等有关外，还与大气条件有关，由于避雷器间隙是均匀电场，所以其放电电压只与温度和压力有关，通常引入气体的相对密度δ进行校正

$$\delta = 0.0029\frac{b}{273+t}$$

式中　b——试验条件下的气压，Pa；

　　　t——试验时的温度，℃。

我国标准规定的避雷器的工频放电电压值是在标准大气条件下的放电电压值，因此在任意条件下测出的数值应换算到标准大气条件下的数值才能判断出其是否合格。例如，FS-10型避雷器在大气条件为b=94654Pa，t=28℃时测得工频放电电压为24.5kV，而新装避雷器的验收标准为26～31kV，若不换算，则可能误判断为不合格。若测量值换算到标准大气条件下，则应为

$$U_b = U/\delta = \frac{24.5}{0.0029\dfrac{b}{273+t}} = \frac{24.5}{0.91} = 26.9(\text{kV})$$

所以该避雷器的工频放电电压是合格的。

40. 某35kV电力变压器，在大气条件为$P=1.05\times10^5$Pa（1050mbar）、t=27℃时做工频耐压试验，应选用球隙的球极直径为多大？球隙距离为多少？

根据《规程》，35kV电力变压器的试验电压为U_s=85×85%=72（kV）。因为电力变压器绝缘性能基本上不受周围大气条件的影响，所以保护球隙的实际放电电压应为

$$U_0 = (1.05\sim1.15)U_s$$

若取$U_0=1.05U_s=1.05\times72\times\sqrt{2}=106.9$（kV，最大值），也就是说，球隙的实际放电电压等于106.9kV（最大值）。因为球隙的放电电压与球极直径和球隙距离之间关系是在标准大气状态下得到的，所以应当把实际放电电压换算到标准大气状态下的放电电压U_0，即

$$U_0 = \frac{273+27}{0.289 \times 1050} \times 106.9 = 105.7(\text{kV},\text{最大值})$$

查球隙的工频放电电压表，若选取球极直径为10cm，则球隙距离为4cm时，在标准大气状态下的放电电压为105kV（最大值）。而在试验大气状态下的放电电压为

$$U_0' = \frac{0.289 \times 1050}{300} \times 105 = 106.2(\text{kV},\text{最大值})$$

41. 进行6～10kV分段母线（一段带电）交流耐压试验时应注意些什么？

通常应注意以下几点：

（1）用刀闸断开与加压母线相连的所有分路，其中包括架空线和电缆线路、避雷器、电压互感器、站用变压器等。

（2）当加压段与带电段之间的分段刀闸绝缘距离不足时，应加装绝缘隔板（即极间障）或采用选相加压的方法，以防止加压段与带电段之间发生火花放电。

（3）试验变压器容量是否足够，并应在高压侧测量电压，以克服容升效应。

42. SW_4-110 断路器在雷雨季节检修时常发生下瓷套和三角箱内的绝缘油不合格，经用合格油冲洗及长时间使用压力滤油机过滤后，油样耐压仍达不到标准，何故？应如何处理？

少油断路器中的油量较少，油中稍有污染（水分、杂质等）对油的品质影响极为敏感。对于 SW_4-110 断路器在雷雨季节注油不易合格的现象，要根据具体情况采取措施。

对于断路器内部轻度受潮，一般可在常温下通过循环滤油处理，循环次数一般按耐压标准确定。有条件时，最好测定油中微量水分。大修后水分含量不大于30ppm。如果效果不好，可将油加热，以提高效率，但不论加热与否，所用的滤纸必须采用事先经过良好焙烘的干燥纸。

对于断路器内部严重受潮，只采用上述方法往往难以奏效。在这种情况下，通常要先将内部绝缘部件，如灭弧室、绝缘提升杆等，进行彻底烘焙干燥后，再进行循环滤油处理才能奏效。

进行绝缘油处理与现场天气情况大有关系。由于干燥的油，绝缘纸特别容易吸收潮气，这可使处理后的油和滤纸以及所取的油样又吸收潮气，往往耐压不合格。因此，原则上讲，要避开在雷雨季节或高温度天气对油进行处理。

43. 0.1Hz超低频电压在高电压试验中有哪些应用？

50Hz交流耐压试验是鉴定电力设备绝缘强度最有效和最直接的方法。但是，在试验大容量电力设备时，需要大容量的试验变压器，这种变压器体积大而笨重，搬运很不方便。基于此，用直流耐压试验来代替50Hz交流耐压试验；然而，由于直流耐压试验的局限性，所以有人又研究采用0.1Hz超低频电压来代替50Hz交流电压进行试验。研究表明，这两种试验电压在迭层复合绝缘上的电位分布（按电容分布）是相同的，因而对绝缘缺陷的检验是相同的，即两者具有较好的等效性，所以它是一项很有前途的预防性试验项目。目前0.1Hz超低频电压在高压试验中的应用情况介绍如下：

(1) 交联聚乙烯(XLPE)电缆耐压试验。国内外长期以来都是使用直流高电压对油浸纸绝缘电力电缆进行预防性试验。研究表明，不宜将这种试验方法用于检测交联聚乙烯电缆缺陷，其主要原因有以下几个：

1) 直流高电压试验在绝缘中的应力分布与实际交流运行电压在绝缘中的应力分布是不同的，前者主要按电阻分布，后者主要按电容分布，所以直流高电压试验并不能反映交联聚乙烯电缆的故障及实际运行情况。

2) 直流高电压试验不仅不能有效地发现交联聚乙烯电缆绝缘中的水树枝等绝缘缺陷，而且由于空间电荷的作用，还容易造成高电压电缆在运行条件下击穿。例如，电缆头在交流情况下存在的某些缺陷，直流高电压耐压试验时却不会击穿，而电缆头在交流情况下某些不会发生问题的地方，直流高压试验却会击穿，电缆在交流情况下某些不会发生问题的地方，在进行直流高电压试验后，投运不久却发生击穿。

3) 直流高电压试验时发生闪络或击穿可能会对其他正常的电缆和接头的绝缘部分引起危害。

4) 直流高电压试验有积累效应，将加速绝缘的老化，缩短使用寿命。

5) 各国现有的直流耐压试验标准太低，新的中、高压交联聚乙烯电缆能耐受(6.0～8.0)U_0直流电压，短时交流强度为(4.0～5.0)U_0，有严重的气隙或缺陷的接头的直流强度远大于规定的4.0U_0(交流强度却小于2.5U_0)，其中U_0为设计用每相导体与屏蔽或每相导体与护套之间的额定电压(有效值)。

由于上述原因，人们考虑采用50Hz交流高压进行试验，但是，采用这种方法需要笨重的试验设备，例如，一条1km长的8.7/10kV交联聚乙烯电缆，其芯一地电容为0.35μF，在工频额定电压下电缆的电容电流$I=U_n\omega C=8.7\times10^3\times314\times0.35\times10^{-6}=0.96$(A)，由此可知试验变压器的体积甚大，因此就提出采用0.1Hz超低频法进行试验，由于其频率甚低，对电缆的充电电流小，所以试验设备的重量显著减小。例如，英国和奥地利开发的用于7km以下的20kV电缆做耐压试验的超低频设备全部重量仅为150kg。

试验研究认为，对交联聚乙烯电缆进行耐压试验，采用0.1Hz超低频电压进行试验时，其试验电压可取为50Hz时的1.5～1.8倍。

表6-9列出了美国电缆技术实验公司于1992年公布的15kV交联聚乙烯电缆在不同人为故障情况下分别施加超低频和直流试验电压时的试验结果。

表6-9　　15kV交联聚乙烯绝缘电缆的试验结果

电缆上的人为故障形式	击穿电压		0.1Hz/直流
	直流/kV	0.1Hz/kV(有效值)	
刀割绝缘层(剩余绝缘厚度为0.58mm)	47.5	9.2	0.19
尖针穿刺绝缘层(剩余绝缘厚度为0.58mm)	41.0	8.2	0.20
绝缘层中钻孔(剩余绝缘厚度为0.25mm)	92.0	21.9	0.24
尖针穿刺绝缘层(剩余绝缘厚度为1.47mm)	80.0	21.9	0.27

由表6-9可见，用0.1Hz超低频电压进行试验较直流耐压更容易发现电缆的绝缘缺陷。

研究表明，用0.1Hz超低频电压进行试验较50Hz交流电压易使绝缘缺陷暴露击穿。

综上所述，对交联聚乙烯电缆采用 0.1Hz 超低频电压进行试验具有很多优越性，在我国应深入开展这方面的研究工作。

（2）发电机耐压试验。对较大容量的发电机进行工频交流耐压试验时往往需要数百千伏安的试验变压器和相应的调压器，以及巨大的低压试验电源，而且这些试验变压器的短路容量大，绝缘击穿时有可能损坏铁芯，造成检修困难。如果采用 0.1Hz 超低频电压进行试验，则试验变压器的容量可以减小到工频的 $\frac{1}{500}$，用 3～5kVA 容量的 0.1Hz 试验设备能解决工频试验容量数百千伏安的试验问题。所以我国从 20 世纪 70 年代开始就广泛开展这方面研究工作。目前有的单位已将 0.1Hz 超低频电压应用于大容量发电机耐压试验中。表 6－10 列出了某台 10.5kV、41.25MW，运行 22 年的水轮发电机定子云母烘卷绝缘，用直流、0.1Hz 及 50Hz 交流电压进行击穿试验的试验结果。

表 6－10 绝缘击穿数量与击穿率

击穿部位	50Hz 电压	直流电压	0.1Hz 电压
端部	16/12.7	27/21.4	23/18.2
槽部	10/7.9	4/3.2	7/5.6
槽口	16/12.7	11/8.7	12/9.5

注 分子为击穿数量；分母为击穿率。

由表 6－10 可知，0.1Hz 电压检出端部绕组绝缘缺陷的效果近似于直流电压，检出槽部和槽口绕组绝缘缺陷的效果略优于直流电压而稍逊色于 50Hz 交流电压。所以可以用 0.1Hz 交流耐压代替直流和交流 50Hz 交流耐压。那么选择 0.1Hz 的多大试验电压值能与 50Hz 交流试验电压完全等效呢？这就要引入等效系数 β，它的定义为 0.1Hz 交流电压对电机绝缘击穿电压峰值 $U_{m0.1}$ 与 50Hz 交流电压对电机绝缘击穿电压有效值 U_{m50} 的比值，即

$$\beta = U_{m0.1}/U_{m50}$$

目前国内外选用的等效系数 β 如表 2－85 所示。

在我国，由表 6－11 可知，$U_{sm0.1}=1.2U_{sm50}$。

表 6－11 等效系数 β

国家和组织	美 国	瑞 典	日 本	英 国	IEC	中 国
β 值	1.15	1.2	1.15～1.2	1.15	1.15～1.2	1.2

（3）电力设备局部放电监测。监测高压电力设备局部放电，目前主要困难是试验设备容量不足和现场干扰。采用 0.1Hz 试验电压监测局部放电，不仅可以减小试验设备容量，而且可以明显地增强抗干扰性能。对后者，是因为干扰源与试验电压在频率上相差 500 倍，可有效地抑制干扰源，所以在现场试验中，是极为有效的抗干扰措施。

模拟试验表明，在 0.1Hz 和 50Hz 两种不同试验电压下监测高压电力设备的局部放电，其规律和效果是相似的，只有在气隙电阻较低时才需要加以校正。

在实际监测中一般宜采用多通道脉冲高度分析仪对局部放电在整个频带内进行比较；也可用超低频峰值电压表（电力部电力科学研究院高压所已研制出静电式超低频峰值电压表）监测局部放电的幅值，当与电桥电路检测系统结合使用时，测试精度能达到 1～10pC。

监测中施加的 0.1Hz 试验电压，可根据等效系数 β 的大小来确定。

44. 交联聚乙烯电缆的电容值是多少?

在确定 50Hz 或 0.1Hz 交流试验装置的容量时，需要知道交联聚乙烯电缆的电容值，不同电压等级、不同截面的电缆，其电容值不同，如表 6－12 所示。

表 6－12　　交联聚乙烯绝缘单芯电力电缆的电容　　单位：μF/km

额定电压 /kV	线芯标称面积 /mm²											
	16	25	35	50	70	95	120	150	185	240	270	400
10	0.15	0.17	0.18	0.19	0.21	0.24	0.26	0.28	0.32	0.38	—	—
35	—	—	—	0.11	0.12	0.13	0.14	0.15	0.16	0.17	0.19	—
额定电压 /kV	线芯标称面积 /mm²											
	240	300	400	500	630	800	1000	1200	1400	1600	1800	2000
110	0.132	0.143	0.161	0.177	0.197	0.219	0.265	0.202	—	—	—	—
220	0.107	0.114	0.122	0.131	0.141	0.152	0.180	0.190	0.198	0.200	0.212	0.22

注　110kV、220kV 电缆的电容值为计算值。

45. 如何计算和测量发电机定子绕组每相对地电容值?

采用 50Hz 或 0.1Hz 交流对发电机定子绕组进行耐压时，为确定试验装置容量，不仅需要知道试验电压大小，还要知道发电机定子绕组每相对地电容 C_x 的大小。该对地电容值可用平板电容公式计算，即

$$C_x = \frac{\varepsilon_r Z(2h+b)l}{3\times 36\pi d\times 10^5}(\mu F)$$

式中　ε_r——发电机定子绕组绝缘材料的介电常数；

Z——定子铁芯槽数；

h——定子线槽深度，cm；

b——定子线槽宽度，cm；

l——定子铁芯长度，cm；

d——线棒主绝缘单面厚度，cm。

将某 300MW 发电机的有关参数代入上式后计算得

$$C_x = \frac{5\times 468\times(2\times 24.4+2.84)\times 275}{3\times 36\times 3.14\times 0.53\times 10^5} = 1.85(\mu F)$$

实测 C_x=1.7μF，比按上式计算结果小 8.8%。

经验表明，按上式计算结果较其他公式计算结果的误差小。所以可用上式估算发电机定子绕组每相对地电容值。

发电机定子绕组每相对地电容值的实测方法很多，如电容电桥法、加低电压 50Hz 交流法、加高电压 50Hz 交流法、自放电法等。由于自放电法较为简便，故介绍如下：

测试时，按图 6－16 接线，合上 S_1、S_2，使直流电源对发电机充电，当充电稳定后从静电电压表 V，微安表 μA 上可测得发电机上的电压 U_1 和泄漏电流 I。然后打开 S_1、S_2，并开始计时。经 60s 后再闭合 S_2，测得发电机定子绕组对地电压 U_2，由下式计算其对地电

容 C_x。

$$C_x=\frac{tI}{U_1-U_2}$$

式中 U_1、U_2——放电前、后的试验电压，V，U_1 为相电压平均值；

t——测量间隔中发电机放电时间，s；

I——U_1 稳定时的泄漏电流值，A。

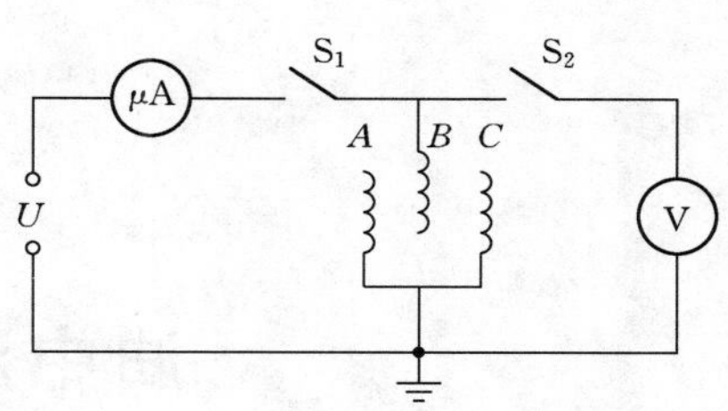

图 6-16 自放电法测量相对地电容原理图

U—直流电源（KGF-180 型直流发生器）；V—静电电压表（Q_4-V 型，20～50kV～100kV）；μA—微安表（100μA）

某水电厂曾用此法测量了一台容量为 257MVA、额定电压为 15.75kV 水轮发电机的单相对地电容。试验电压的计算值为$\frac{15.75\text{kV}}{\sqrt{3}}\times 0.898=8166\text{V}$，实际试验电压 U_1 为 8000V，按上式试验步骤和计算公式得出各相电容值如表 6-13 所示。

表 6-13　　用不同方法测得的 257MVA 水轮发电机三相对地电容值　　单位：μF

相别	自放电法	加高压 50Hz 交流	每根线棒值换算成整相值
A	1.155	1.158	1.206
B	1.147	1.166	1.313
C	1.154	1.167	1.357

由表 6-13 中数据可见，自放电法测得的电容值与加高压 50Hz 交流阻抗法相比，最大误差不超过 2%，可以满足工程要求。

第七章

油中溶解气体色谱分析

1. ppm 表示什么意思？

ppm 是 Patts Per Million 的缩写，意为百万分率。1ppm 就是 1 百万分之一，即 1ppm＝1×10^{-6}，所以它是语言文字的分数词缩写，既不是单位名称，也不是数学符号。

对于油中溶解气体的含量等，我国常采用 ppm 表示。《规程》采用的是“10^{-6}”表示方法。例如，当油中溶解气体总烃含量大于 150×10^{-6}时应引起注意（而不写成 150ppm）。

2. 目前对油中溶解气体色谱分析结果的表示方法有几种？

目前国外多采用油量与气体量的比值来表示油中溶解气体的含量。主要方法有三种：

（1）mL/100mL。有时用比值数乘以 10^{-2}来表示。

（2）μL/L。通常用在比值数后标以 ppm 或乘以 10^{-6}来表示。

（3）油的体积的百分数％。

三者的关系是：0.0001mL/100mL＝1ppm＝0.0001％。

我国多采用第二种方法表示。例如，在国家标准《变压器油中溶解气体分析和判断导则》（GB/T 7252—2001）中，将油中溶解气体总烃含量注意值表示成 150μL/L。

3. 新变压器或大修后的变压器投入运行前，为什么要进行色谱分析？

当新变压器或大修后的变压器投入运行前，变压器油应进行真空过滤，滤油后采取一个油样进行色谱分析，以此作为变压器运行状态分析的基础数据。220kV 及以上的所有变压器、容量在 120MVA 及以上的发电厂主变压器，在投运后的第 4 天、10 天、30 天（500kV 增加投运后第 1 天），分别采取油样进行色谱分析，将这些分析结果与投运前的分析结果进行比较。假如前后几次分析结果变化较小，而且绝对值均小于《规程》规定的注意值，无异常，可以认为变压器在运输、安装等各环节不存在问题，变压器可按正常检测周期进行检测。与此同时，应该建立变压器的综合档案，记载变压器历次色谱分析结果，有关大、小修记录和运行情况，以便今后有利于故障的分析和诊断。

4. 为什么说油中溶解气体色谱分析既是定期试验项目，又是检查性试验项目？

定期试验是指例行的周期性的试验，或者按制造厂或有关规程、标准的规定，运行到满足一定条件时必须做的试验。目前的《规程》对重要充油设备如电力变压器、电抗器、电压

互感器、电流互感器、套管的油中溶解气体分析都列为定期试验项目，而且对检测周期、注意值都作了详细的明确规定。还把电力变压器、电抗器的油中溶解气体色谱分析放在显著重要地位，成为定期试验不可缺少的项目。

检查性试验是指在定期试验中发现有异常时，为进一步查明故障，进行相应的一些试验，也称诊断试验或跟踪试验。当定期色谱分析发现设备异常时，往往要进行跟踪试验，以查明异常原因。这时的色谱分析就成为检查性试验了。运行变压器的轻重气体继电器动作后，一般都要同时取油样及气体继电器里的气样做色谱分析，此时的色谱分析也属于检查性试验。

5. 什么是三比值法？其编码规则是什么？

用 5 种特征气体的三对比值，来判断变压器或电抗器等充油设备故障性质的方法称为三比值法。在三比值法中，相同的比值范围，三对比值以不同的编码表示，其编码规则如表 7－1所示。

表 7－1　　三比值法的编码规则

<table>
<tr><th rowspan="2">特征气体的比值</th><th colspan="3">比值范围编码</th><th rowspan="2">说明</th></tr>
<tr><th>$\frac{C_2H_2}{C_2H_4}$</th><th>$\frac{CH_4}{H_2}$</th><th>$\frac{C_2H_4}{C_2H_6}$</th></tr>
<tr><td><0.1</td><td>0</td><td>1</td><td>0</td><td rowspan="4">例如：$\frac{C_2H_2}{C_2H_4}=1\sim3$ 时，编码为 1；
$\frac{CH_4}{H_2}=1\sim3$ 时，编码为 2；
$\frac{C_2H_4}{C_2H_6}=1\sim3$ 时，编码为 1</td></tr>
<tr><td>0.1～1</td><td>1</td><td>0</td><td>0</td></tr>
<tr><td>1～3</td><td>1</td><td>2</td><td>1</td></tr>
<tr><td>>3</td><td>2</td><td>2</td><td>2</td></tr>
</table>

6. 采用 IEC 三比值法确定变压器故障性质时应注意些什么？

应用三比值法时应当注意的问题有：

(1) 对油中各种气体含量正常的变压器等设备，其比值没有意义。

(2) 只有油中气体各组分含量足够高（通常超过注意值），并且经综合分析确定变压器内部存在故障后才能进一步用三比值法判断其故障性质。如果不论变压器是否存在故障，一律使用三比值法，就有可能将正常的变压器误判断为故障变压器，造成不必要的经济损失。

(3) 在表 7－12 中，每一种故障对应于一组比值，对多种故障的联合作用，可能找不到相对应的比值组合，而实际是存在的。

(4) 在实际中可能出现没有包括在表 7－12 中的比值组合，对于某些组合的判断正在研究中。例如，121 或 122 对应于某些过热与放电同时存在的情况；202 或 201 对于有载调压变压器，应考虑切换开关油室的油可能向变压器的本体油箱渗漏的情况。

(5) 三比值法不适用于气体继电器里收集到的气体分析判断。

总之，由于三比值法还未能包括和反映变压器内部故障的所有形态，所以它还在发展及积累经验之中。

7. 怎样用四比值法判断故障的性质？

所谓四比值法，即利用表7-2所示判断方法对故障进行判断。

比值法的表示方法是：两组分浓度比值如大于1，则用1表示；如小于1，则用0表示；在1左右，表示故障性质的中间变化过程；比值越大，则故障性质的显示越明显。如同时有两种性质的故障存在，例如1 0 1 1，则可解释为连续电火花与过热。

表7-2　　　判断故障性质的四比值法

C_2H_4/H_2	C_2H_6/CH_4	C_2H_4/C_2H_6	C_2H_2/C_2H_4	判　断　结　果
0	0	0	0	$CH_4/H_2<0.1$表示局部放电，其他表示正常老化
1	0	0	0	轻微过热，温度约小于150℃
1	1	0	0	轻微过热，温度为150～200℃
0	1	0	0	轻微过热，温度为150～200℃
0	0	1	0	一般导体过热
1	0	1	0	循环电流及（或）连接点过热
0	0	0	1	低能火花放电
0	1	0	1	电弧性烧损
0	0	1	1	永久性火花放电或电弧放电

8. 运行中的电力变压器及电抗器油中溶解气体色谱分析周期是如何规定的？要求的注意值是多少？

运行中的电力变压器及电抗器，电压等级不同、容量不同，其检测周期也不同。《规程》规定，对330kV及以上的变压器和电抗器为3个月；220kV变压器为6个月；120MVA及以上的发电厂主变压器为6个月；8MVA及以上的变压器为1年。其他油浸式变压器可自行规定。

运行中，油中溶解气体含量超过下列任何一项值时应引起注意：

(1) 总烃含量大于150μL/L；

(2) H_2含量大于150μL/L；

(3) C_2H_2含量大于5μL/L（500kV变压器为1μL/L）。

当烃类气体总和的产气速率达到0.25mL/h（开放式）和0.5mL/h（密封式），相对产气速率大于10%/mon时，则认为设备有异常。

当设备有异常时，宜缩短检测周期，进行追踪分析。

9. 为什么电抗器可在超过注意值较大的情况下运行？

这是因为编制国家标准《变压器油中溶解气体分析和判断导则》（GB/T 7252—2001）（以下可简称《导则》）时运行经验还很少，近年来通过对500kV的70多台电抗器运行情况调查表明，油中总烃等气体含量超过注意值的比例远大于变压器，除了明显的局部缺陷，大多与电抗器固有的运行方式和结构特点有关。吊检发现以铁芯夹件因漏磁涡流发热引起居多。由于存在这种金属表面的低温过热，使有的电抗器总烃增长至非常大的数值仍在运行

中。研究分析和运行经验证明，尚不致严重危及其安全运行，而这类毛病在现场处理又是十分困难。据此，《规程》规定，电抗器可在超过注意值较大的情况下运行。并且也不像变压器那样进行短周期的跟踪检测。

电抗器低温过热故障的特征气体主要是 CH_4、H_2，如 C_2H_2 快速增长，说明过热比较严重，应予以重视。而 C_2H_2 是放电性故障的特征气体，一旦出现痕量（小于 5μL/L），也应引起注意。运行中可配合测量局部放电进行观察和定位。

10. 运行中的互感器和套管油中溶解气体色谱分析周期是如何规定的？要求的注意值各是多少？

互感器和套管在投运前均应做油中溶解气体的色谱分析，作为以后分析的基础数据。投入运行后，对 66kV 及以上的互感器检测周期为 1～3 年，套管的检测周期自行规定。

互感器和套管油中溶解气体含量超过表 7-3 中规定的任一值时应引起注意。

套管的注意值用 CH_4 而不用总烃，是因为考虑到套管的故障属放电性居多，CH_4 比总烃的放电特征更明显。

表 7-3　油中溶解气体含量的注意值

设备名称	气体组分 /(μL/L)				备注
	CH_4	总烃	H_2	C_2H_2	
电流互感器	—	100	150	1（220～500kV） 2（110kV 及以下）	新投运的互感器中不应含有 C_2H_2
电压互感器	—	100	150	2	
套管	100	—	500	1（220～500kV） 2（110kV 及以下）	有的 H_2 含量低于表中数值，若增加较快，也应引起注意

11. 如何判断主变压器过热性故障回路？

主变压器过热性故障回路包括导电回路和磁回路。其判断方法如下：

(1) 磁回路过热性故障判据。在四比值法中，当 $CH_4/H_2=1\sim3$，$C_2H_6/CH_4<1$，$C_2H_4/C_2H_6\geqslant3$，$C_2H_2/C_2H_4<0.5$ 时，则变压器存在磁回路过热性故障。实践表明，它对判断变压器回路过热性故障具有相当高的准确性。

例如，某变电所 180MVA 的主变压器，投运以来，可燃性气体含量不断上升，几经脱气并吊钟罩检查也未彻底查清故障，其色谱分析结果如表 7-4 所示。

表 7-4　色谱分析结果　　单位：μL/L

H_2	CH_4	C_2H_6	C_2H_4	C_2H_2	C_1+C_2	CO	CO_2
39	103	67	233	0.49	403.49	271	206.7

由表中数据计算得 $CH_4/H_2=2.95$（1～3），$C_2H_6/CH_4=0.65$（<1），$C_2H_4/C_2H_6=3.47$（>3），$C_2H_2/C_2H_4=0.002$（<0.5），所以可判断为磁回路存在过热性故障。对该变压器返厂大修时，确认为铁芯过热性故障。

例如，某变电所一台 120MVA 主变压器的色谱分析结果如表 7-5 所示。

表 7-5　色谱分析结果　单位：μL/L

H_2	CH_4	C_2H_6	C_2H_4	C_2H_2	C_1+C_2	CO	CO_2
12	17.8	3.2	25.5	5.96	52.31	97	617

由表中数据计算得

$$CH_4/H_2=1.48\ (1\sim3)$$
$$C_2H_6/CH_4=0.18\ (<1)$$
$$C_2H_4/C_2H_6=8\ (>3)$$
$$C_2H_2/C_2H_4=0.23\ (<0.5)$$

所以判断为磁回路过热性故障。通过空载、带各种负荷等不同运行方式的验证，也确认磁回路有过热性故障。

(2) 将三比值法与磁回路过热判据结合使用判断磁回路与导电回路的过热性故障。由上述可知，磁回路过热判据与《导则》(GB 7252) 中的三比值法比较，有三个比值项是共同的。在这三个比值项中，磁回路过热判据基本上与三比值法的比值组合 022 相同。因此，当基于三比值法判断为 022 热故障后，再将其中的 CH_4/H_2 的比值按 1～3 和≥3 划分为：

$CH_4/H_2=1\sim3$，编码记为 2_C（C—磁）；

$CH_4/H_2\geqslant3$，编码记为 2_D（D—电）。

这样，当比值组合为：

02_C2 时为磁回路过热性故障；

02_D2 时为导电回路过热性故障。

例如，某变电所一台 120MVA 主变压器的色谱分析结果如表 7-6 所示。

由表中数据可知，应用三比值法编码为 022，其中 $CH_4/H_2=\frac{238.9}{73.6}=3.2>3$，可将编码记为 02_D2，即为导电回路过热性故障。

根据直流电阻测试结果，并对分接头开关直接检查，确认为分接头开关接触不良。

表 7-6　色谱分析结果　单位：μL/L

H_2	CH_4	C_2H_6	C_2H_4	C_2H_2	C_1+C_2	CO	CO_2
73.6	238.9	58	476.7	6.75	730	242	2715

12. 采用产气速率来预测变压器故障的发展趋势时，应注意些什么?

判断变压器故障发展趋势的主要依据是考察油中故障特征气体的产生速率。当变压器内部的故障处于早期发展阶段时，气体的产生比较缓慢，故障进一步发展时，产生气体的速度也随着增大。具体判断时注意以下几点：

(1) 产气速率计算方法及其可比性。由上述可知，计算产气速率有两种方法。对相对产气速率，由于它与第一次取样测得的油中某种气体含量 C_{i1} 成反比，所以若 C_{i1} 的值很小或为零时，则 r_r 值较大或无法计算；另外，由于设备的油量不等，同样故障的产气量也会出现不同的 r_r 值，因此不同设备的产气速率是不可比的。对绝对产气速率，由于它是以每小时

产生气体的毫升数来表示，能直观地反映故障能量与气体量的关系，故障能量愈大，气体量愈多，故不同设备的绝对产气率是可比的。

（2）产气速率判断法只适用于过热性故障。由上述可知，变压器故障有放电性故障和过热性故障两种。对放电性为主的变压器故障，一旦确诊，应立即停运检修，不能要求进行产气速率的考察。考察产气速率只能适用于过热性为主的变压器故障。表7－7列出了某电力科学研究院的考察经验，供参考。

表7－7　　考察结果判断

判　据	变压器状态	判　据	变压器状态
总烃的绝对值小于注意值 总烃产气速率小于注意值	变压器正常	3倍的注意值＞总烃＞注意值 总烃产气速率为注意值的1～2倍	变压器有故障应缩短分析周期，密切注意故障发展
3倍的注意值＞总烃＞注意值 总烃产气速率小于注意值	缓慢，可继续运行	总烃大于3倍注意值 总烃产气速率大于注意值的3倍	设备有严重故障，发展迅速，应立即采取必要的措施，有条件时可进行吊罩检修

（3）追踪分析时间间隔。时间间隔应适中，太短不便于考察；太长，无法保证变压器正常运行，一般以间隔1～3个月为宜，而且必须采用同一方法进行气体分析。

（4）负荷保持稳定。考察产气速率期间，变压器不得停运，并且负荷应保持稳定。如果要考察产气速率与负荷的相互关系时，则可有计划地改变负荷进行考察。

13. 变压器油中气体单项组分超过注意值的原因是什么？如何处理？

变压器油中单项组分超标，是指其 H_2 含量或 C_2H_2 含量超过《规程》规定的注意值。

变压器和套管中油的 H_2 含量单项超标，绝大多数原因是设备进水受潮所致。如果伴随着 H_2 含量的超标，CO、CO_2 含量较大，即是固体绝缘受潮后加速老化的结果。当色谱分析出现 H_2 含量是单项超标时，应建议进行电气试验和微水分析。

如果通过测试证实了变压器进水，那么就要设法在现场除去或降低变压器油中含水量。由于固体绝缘材料含水量要比油中含水量大100多倍，它们之间的水分存在着相对平衡，因此，一般现场降低油中含水量所采用的真空滤油法不能长久地降低油中的含水量，它对变压器整体的水分影响很小，但是目前没有一种有效的去水法。为了确保设备安全运行和延长使用寿命，定时进行滤油是必要的，有条件的单位应对变压器内部的固体绝缘进行干燥处理。

例如，某主变压器1988年7月13日色谱分析发现 H_2 含量单项超标（为343.4mg/L），超过注意值的2倍以上，判断为主变压器内部进水，经微水分析（54mg/L）得以证实，7月30日进行滤油含水量降至18mg/L，H_2 含量也降至7.4mg/L，但是只运行了半个月，含水量又上升至45mg/L，H_2 含量也上升至134.8mg/L，CO、CO_2 含量也较高，是固体绝缘材料老化所致。

C_2H_2 的产生与放电性故障有关，应引起重视。如果 C_2H_2 含量超标，但是其他的组分含量较低，而且增长速度较缓慢，很可能是变压器内有载调压开关油或是引线套管油渗入本体所造成的，这是因为 C_2H_2 注意值很低，总烃和 H_2 含量的注意值较高，只要有载调压开关油或者有故障的变压器套管的油渗入本体，C_2H_2 含量就会很快超标。

如果 C_2H_2 含量超标，而其他组分没有超标，但增长速率较快，可能是变压器内部存在放电性故障，这时应根据三比值法进行故障判断。总之，对于 C_2H_2 单项超标，应结合电气试验和历史数据进行分析判断，特别注意附件缺陷的影响。当引起 C_2H_2 含量单项超标的原因确定后，应根据具体情况进行具体处理。

14. 气体继电器动作的原因是什么？如何判断？

气体继电器保护是油浸式电力变压器内部故障的一种基本保护。近几年来，由于多种原因导致气体继电器频繁动作，引起运行、检修、试验人员广泛重视，共同关心气体继电器的动作原因和判断方法，以避免误判断造成设备损坏或人力物力浪费。

气体继电器动作有三种原因：一是变压器内部存在故障；二是变压器附件或辅助系统存在缺陷；三是气体继电器发生误动作。下面简介如下：

（1）变压器内部故障。当变压器内部出现匝间短路、绝缘损坏、接触不良、铁芯多点接地等故障时，都将产生大量的热能，使油分解出可燃性气体，向油枕（储油柜）方向流动。当流速超过气体继电器的整定值时，气体继电器的挡板受到冲击，使断路器跳闸，从而避免事故扩大，这种情况通常称之为重瓦斯保护动作。当气体沿油面上升，聚集在气体继电器内超过 30mL 时，也可以使气体继电器的信号接点接通，发出警报，通常称之为轻瓦斯保护动作。

例如：①某台 220kV、120MVA 主变压器瓦斯保护动作，经试验和吊芯检查判断为 35kV 侧 B 相绕组上部匝间绝缘损坏，形成层或匝间短路造成的。②某 220kV、60MVA 的主变压器轻，重瓦斯保护动作，经综合分析和放油检查确定为 63kV 侧 B 相套管均压球对升高座放电造成的，与推断吻合，避免了吊芯检查。③某台 35kV、4.2MVA 的主变压器，轻瓦斯保护一天连续动作两次，色谱分析为裸金属过热，经测直流电阻为分接开关故障，吊芯检查发现分接开关的动静触点错位 2/3。这是引起气体继电器动作的根本原因。

（2）辅助设备异常：

1）呼吸系统不畅通。变压器的呼吸系统包括气囊呼吸器、防爆筒呼吸器（有的产品两者合一）等。分析表明，呼吸系统不畅或堵塞会造成轻重瓦斯保护动作，并大多伴有喷油或跑油现象。例如，某台 110kV、63MVA 主变压器，投运半年后，轻重瓦斯保护动作，且压力阀喷油。但色谱分析正常，经检查，轻、重瓦斯保护动作的原因为变压器气囊呼吸堵塞。又如某台 220kV、120MVA 主变压器，在气温为 33～35℃下运行，上层油温为 75～80℃。在系统无任何冲击的情况下，突然重瓦斯保护动作跳闸，经试验和检查，证明是呼吸器堵塞，在高温下突通造成油流冲击，导致重瓦斯保护动作。

2）冷却系统漏气。当冷却系统密封不严进入了空气，或新投入运行的变压器未经真空脱气时，都会引起气体继电器的动作。例如某台主变气体继电器频繁动作，经分析是空气进入冷却系统引起的，最后查出第 7 号风冷器漏气。

3）冷却器入口阀口关闭。冷却器入口阀门关闭造成堵塞也会引起气体继电器频繁动作。例如，某电厂厂用变压器大修后，投运一段时间，气体继电器突然动作，但色谱分析正常，经检查发现冷却器入口阀门造成堵塞，相当于潜油泵向变压器注入空气，造成气体继电器频繁动作。

4）散热器上部进油阀门关闭。散热器上部进油阀门关闭，也会引起气体继电器的频繁

动作。例如，某 220kV、120MVA 主变压器冲击送电时，冷却系统投入则发生重瓦斯保护动作引起跳闸。其原因是因为变压器 7 号散热器上部进油蝶阀被误关闭，而下部出油蝶阀处于正常打开位置，当装于该处的潜油泵通电后，迅速将散热器内的油排入本体，散热器内呈真空状态，本体油量增加时，油便以很快的速度经气体继电器及管路流向油枕，在高速油流冲击下，气体继电器动作导致跳闸。

5）潜油泵缺陷对油中气体有很大影响，其一是潜油泵本身烧损，使本体油热分解，产生大量可燃性气体。例如某 110kV、75MVA 的主变压器，由于潜油泵严重磨损，在一周内使油中总烃由 786μL/L 增加到 1491μL/L。其二是当窥视玻璃破裂时，由于轴尖处油流急速而造成负压，可以带入大量空气。即使玻璃未破裂，也有由于滤网堵塞形成负压空间使油脱出气泡，其结果气体继电器动作，这种情况比较常见。例如，某 220kV、120MVA 强油导向风冷变压器的气体继电器频繁动作，其原因之一就是潜油泵内分流冷却回路底部的滤网堵塞而造成的。又如，某 220kV、120MVA 主变压器轻瓦斯保护动作，是由于潜油泵负压区漏气造成的。

6）变压器进气。运行经验表明，轻瓦斯保护动作绝大多数是由于变压器进入空气所致。造成进气的原因较多，主要有：密封垫老化和破损、法兰结合面变形、油循环系统进气、潜油泵滤网堵塞、焊接处砂眼进气等。例如某台 220kV、120MVA 的主变压器，轻瓦斯保护频繁动作，用平衡判据分析油样和气样表明，油中溶解气体的理论值与实测值近似相等，且故障气体各组分含量较小，故该变压器内部没有故障。经过反复检查，最后确定轻瓦斯保护动作是由于油循环系统密封不良进气造成的。

7）变压器内出现负压区。变压器在运行中有的部位的阀门可能被误关闭，如：①油枕下部与油箱连通管上的蝶阀或气体继电器与油枕连通管之间的蝶阀；②安装时，油枕上盖关得很紧而吸湿器下端的密封胶圈又未取下等。由于上述阀门被误关闭，当气温下降时，变压器主体内油的体积缩小，而缺油又不能及时补充过来，致使油箱顶部或气体继电器内出现负压区，有时在气体继电器中还会形成油气上下浮动。油中逸出的气体向负压区流动，最终导致气体继电器动作。例如，某 220kV 的主变压器，由于在短路事故后关闭了油枕下部与油箱连通管上的阀门，投运后又未打开，使变压器主体内"缺油集气"，造成轻瓦斯保护频繁动作。又如某 35kV、5600kVA 主变压器在两次大雨中均发生重瓦斯保护动作，就是因为夜间突降大雨，使变压器急剧冷却，内部油位也随之下降，由于蝶阀关闭，油枕内的油不能随油位一同下降，在气体继电器内形成了一个无油的负压区，使溶解在油中的气体逸出并充满了气体继电器，造成气体继电器的下浮桶下沉，引起重瓦斯保护动作。

8）油枕油室中有气体。大型变压器通常装有胶囊隔膜式油枕，胶囊将油枕分为气室和油室两部分。若油室中有气体，当运行时油面升高就会产生假油面，严重时会从呼吸器喷油或防爆膜破裂。此时变压器油箱内的压力经呼吸器法兰突然释放，在气体继电器管路产生油流，同时套管升高座等死区的气体被压缩而积累的能量也突然释放，使油流的速度加快，导致瓦斯保护动作。例如某电厂 2 号主变压器就是因油枕油室中有气体受热时对油室产生附加压力所致。

9）净油器的气体进入变压器。在检修后安装净油器时，由于排气不彻底，净油器入口胶垫密封不好等原因，使空气进入变压器导致轻瓦斯保护动作。

另外，停用净油器时也可能引起轻瓦斯保护动作。例如，某 110kV、31.5MVA 的主变压器，因其净油器渗漏而停用时，由于净油器上下蝶阀没有关死，变压器本体的油仍可以渗到净油器中，迫使净油器中的空气进入本体，集在气体继电器中造成主变压器发生轻瓦斯保护动作。

10）气温骤降。对开放式的变压器，其油中总气量约为10%，大多数分解气体在油中的溶解度是随温度的升高而降低的。但空气却不同，当温度升高时，它在油中的溶解度是增加的。因此，对于空气饱和的油，如果温度降低，将会有空气释放出来。即使油未饱和，但当负荷或环境温度骤然降低时，油的体积收缩，油面压力来不及通过呼吸器与大气平衡而降低，油中溶解的空气也会释放出来。所以，运行正常的变压器，压力和温度下降时，有时空气成为过饱和而逸出，严重时甚至引起瓦斯保护运作。例如，某35kV、5600kVA的变压器，就发生过因气温骤降，引起瓦斯保护动作的现象。

11）忽视气体继电器防雨。气体继电器的接线端子有的采用圆柱形瓷套管绝缘。固定在继电器顶盖上的接线盒里，避免下雨时油枕上的雨水滴进接线盒内。该接线盒盖子盖好后还应当用外罩罩住。某110kV、10MVA的主变压器的气体继电器既无接线盒的盖子又无防雨罩（实际是丢在地面上），以至于下大雨时，气体继电器的触点被接线端子和地之间的雨水漏电阻短接，使跳闸回路接通。当出口继电器两端电压达到其动作电压时，导致变压器两侧的断路器跳闸。显然，在上述条件下，若出口继电器的动作电压过低，就更容易引起跳闸。

（3）放气操作不当。当气温很高、变压器负荷又大时，或虽然气温不很高，负荷突然增大时，运行值班员应加强巡视，发现油位计油位异常升高（压力表指示数增大）时，应及时进行放气。放气时，必须是缓慢地打开放气阀，而不要快速大开阀门，以防止因油枕空间压力骤然降低，油箱的油迅速涌向油枕，而导致重瓦斯保护运作，引起跳闸。

气体继电器动作后的判断方法如下：

气体继电器动作后，一方面要调查运行、检修情况；另一方面应取油样进行色谱分析，利用平衡判据等进行综合判断，确定变压器是内部故障还是附属设备故障，进而确定故障的性质、部位或部件，以便及时进行检修。图7-1给出综合分析判断程序，供参考。

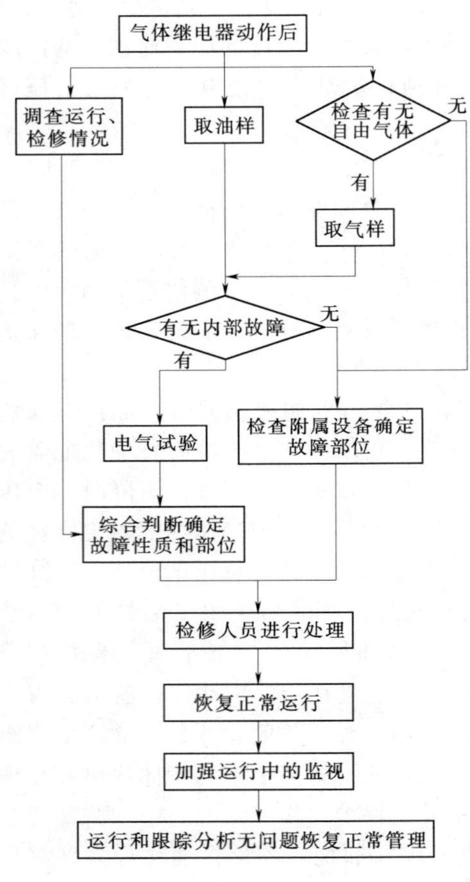

图7-1　综合分析判断程序图

15. 如何应用平衡判据判别气体继电器动作的原因？

变压器的气体继电器动作后，应该采取油样和气样进行色谱分析，根据色谱分析结果、历史情况和平衡判据法进行判断。平衡判据法可以判别气体继电器中气体是以溶解气体过饱和的油中释出，即是平衡条件下释出，还是由于油和固体绝缘材料突发严重的损坏事故而突然形成的大量裂解气体所引起的。

平衡判据的计算公式如下

$$q_i = \frac{C_{ig} K_i(T)}{C_{iL}}$$

式中　C_{ig}——气体继电器中气体某组分的浓度，mg/L；

C_{iL}——油中溶解气体某组分的浓度，mg/L；

$K_i(T)$——温度为 T℃时某部分的溶解度系数。

根据现场经验，在平衡条件下释放气体时，几乎所有组分的 q_i 值均在 0.5～2 的范围内，在突发故障释放气体时，特征气体的 q_i 值一般远大于 2。

若根据色谱分析和平衡判据判明变压器内部无故障，则气体继电器动作绝大多数是由于变压器进入空气所致。由上述可知，造成进气的原因主要有：密封垫破损、法兰结合面变形、油处理系统进气、油泵堵塞等，其中油泵滤网堵塞所造成的气体（轻瓦斯）继电器动作是近年来较为常见的。

在排除上述两种情况后，气体（轻瓦斯）继电器动作就是其本身的问题了。

为了防止变压器的气体继电器频繁动作，在变压器运行中，必须保持潜油泵的入口处于微正压，以免产生负压而吸入空气；应对变压器油系统进行定期检查和维护，消除滤网的杂质，更新胶垫，保证油系统通道的顺畅和系统的严密性；应加强对气体继电器的维护。

例如，某 500kV 变电站的一台主变压器 A 相在调试中发生轻瓦斯动作，取气样和油样进行色谱分析，其分析结果如表 7-8 所示。

表 7-8　　色谱分析结果

分析日期	气体组分 /(mg/L)							
	H_2	CH_4	C_2H_6	C_2H_4	C_2H_2	CO	CO_2	C_1+C_2
1985 年 11 月 27 日（油样）	310	790	120	498	800	1270	1920	2210
1985 年 11 月 27 日（气样）	216800	30200	720	32000	51200	10900	100	114100
q_i	35.0	16.4	14.4	109.2	76.8	1.02	0.06	

根据平衡判据计算公式计算出的 q_i 值均远大于 2.0，说明此变压器存在突发性故障，经检查发现该变压器的三只穿芯螺钉的垫圈严重烧坏，并有很多铁粒。

例如，某变电所一台主变压器的气体（轻瓦斯）继电器曾频繁动作，色谱分析结果如表 7-9 所示。

表 7-9　　色谱分析结果

分析日期	气体组分 /(mg/L)							
	H_2	CH_4	C_2H_6	C_2H_4	C_2H_2	CO	CO_2	C_1+C_2
1988 年 3 月 10 日（油样）	148.5	28.3	9.7	24.3	2.2	1560	15251	61.5
1988 年 3 月 10 日（气样）	75.2	76.2	3.7	12.8	无	11868	13138	92.7
q_i	0.03	1.2	0.9	0.9	0	0.9	0.9	

根据平衡判据计算公式算出的 q_i 值，大部分在 0.5～2.0 的范围内，说明该变压器气体继电器中的气体是在平衡条件下释出的，变压器没有发生突发性故障。经过变压器检查发现，两台潜油泵滤网全部堵塞，有 5 台潜油泵存在不同程度的堵塞，变压器本体未发现异常。分析认为，气体（轻瓦斯）继电器频繁动作是由于滤网堵塞，潜油泵入口形成负压吸入

空气所致。CO、CO_2 高则是因固体绝缘材料老化所致。该变压器经滤油，并对潜油泵处理后投入运行，一直正常。

例如，某变电所一台主变压器的气体（轻瓦斯）继电器在 7 天内连续动作，色谱分析结果如表 7－10 所示。

表 7－10　　色谱分析结果

分析日期	气体组分/(mg/L)						
	H_2	CH_4	C_2H_6	C_2H_4	C_2H_2	CO	CO_2
1992 年 2 月 26 日（油样）	9	18.37	6.3	35.88	0.8	525.58	1164.24
1992 年 2 月 26 日（气样）	9	27.60	5.46	36.46	0.8	569.66	1034.88
q_i	0.05	0.47	1.56	1.42	0.9	0.13	0.89

根据平衡判据计算公式算出的 q_i 值大部分在 0.5～2.0 的范围内，说明变压器内部没有故障。经分析认为气体（轻瓦斯）继电器频繁动作是由于油系统密封不良所致。

变压器油系统密封不良进气包括冷却器进气、潜油泵进气、焊接处砂眼及密封垫老化进气。所以立即对可能进气的油管道、油循环系统作了检查和紧固，但气体继电器仍然动作，并且动作间隔时间逐次缩短，说明变压器进气点仍然存在。接着在不停电情况下，又进一步紧固油循环管道以及冷却器、潜油泵、净油器等各处阀门，更换渗油的潜油泵和耐油垫，补焊变压器下部的砂眼，并对冷却器加油检漏。

又在停电情况下，紧固变压器上部各处密封耐油垫，补焊变压器上部的砂眼，对变压器整体脱气，最后用真空脱气法处理变压器油。经处理后投入运行，一直正常。

16. 如何综合判断变压器内部的潜伏性故障？

变压器油中溶解气体是由以下三个原因产生的：一是外来引入；二是绝缘材料的自然老化；三是变压器在故障时绝缘材料裂解。因此，在判断一台变压器是否存在潜伏性故障时，一定要把特征气体的浓度与变压器的运行状况、电气试验结果等综合起来分析，以获得正确可靠的判断结论。

通常采用的判断方法有：

（1）按油中可燃性气体含量判断法。此法可初步确定故障的严重程度，其原理是故障产生的可燃性气体量是随着故障点的能量密度值的增加而增加的规律。对充油设备可按表 7－3 所列数值判断。

若分析结果超出表 7－3 所列数值时，表明设备处于非正常状态下运行，但这种方法只能是粗略地判断变压器等设备内部可能有早期的故障存在，而不能确定故障的性质和状态。

顺便提及，有文献根据国内、外运行经验和规定指出，当油中出现乙炔时，即使它小于“注意值”，仍应引起注意，不能机械地视其浓度是否达到“注意值”而决定追踪分析。

（2）特征气体判断法。特征气体可反映故障点引起的周围油、纸绝缘的热分解本质。气体特征随着故障类型、故障能量及其涉及的绝缘材料不同而不同，即故障点产生烃类气体的不饱和度与故障源的能量密度之间有密切关系，见表 7－11。因此，特征气体判断法对故障性质有较强的针对性，比较直观方便，缺点是没有明确量的概念。

表 7-11　　判断故障性质的特征气体法

序号	故障性质	特征气体的特点
1	一般过热性故障	总烃较高，C_2H_2<5μL/L
2	严重过热性故障	总烃高，C_2H_2>5μL/L，但 C_2H_2 未构成总烃的主要成分，H_2 含量较高
3	局部放电	总烃不高，H_2>100μL/L，CH_4 占烃中的主要成分
4	火花放电	总烃不高，C_2H_2>10μL/L，H_2 较高
5	电弧放电	总烃高，C_2H_2 高并构成总烃中的主要成分，H_2 含量高

当 H_2 含量增大，而其他组分不增加时，有可能是由于设备进水或有气泡引起水和铁的化学反应，或在高电场强度作用下，水或气体分子的分解或电晕作用而产生的。

实践证明，采用特征气体法结合可燃性气体含量法，可作出对故障性质的判断，但是，要对故障性质作进一步的探讨，预估故障源的温度范围等，还必须找出故障产气组分的相对比值与故障点温度或电应力的依赖关系及其变化规律，即组分比值法。目前常用的是 IEC 三比值法。

（3）IEC 三比值判断法。首先求出 5 种特征气体的三对比值，其次根据比值确定比值范围编码，最后根据比值范围编码查表 7-12 判断故障性质。

表 7-12　　判断故障性质的三比值法

序号	故障性质	比值范围编码			典型例子
		$\frac{C_2H_2}{C_2H_4}$	$\frac{CH_4}{H_2}$	$\frac{C_2H_4}{C_2H_6}$	
0	无故障	0	0	0	正常老化
1	低能量密度的局部放电	0⑤	1	0	含气空腔中的放电，这种空腔是由于不完全浸渍、气体过饱和、空吸作用或高温等原因造成的
2	高能量密度的局部放电	1	1	0	同上，但已导致固体绝缘的放电痕迹或穿孔
3	低能量放电①	1→2	0	1→2	不同电位的不良连接点间或者悬浮电位体的连续火花放电，固体材料之间油的击穿
4	高能量放电	1	0	2	有工频续流的放电。线圈、线饼、线匝之间或线圈对地之间的油的电弧击穿，有载分接开关的选择开关切断电流
5	低于 150℃的热故障②	0	0	1	通常是包有绝缘的导线过热
6	150～300℃低温范围的过热故障③	0	2	0	由于磁通集中引起的铁芯局部过热，热点温度以下述情况为序而增加：铁芯中的小热点、铁芯短路、由于涡流引起的铜过热。接头或接触不良（形成焦炭），铁芯和外壳的环流
7	300～700℃中等温度范围的热故障	0	2	1	
8	高于 700℃高温范围的热故障④	0	2	2	

① 随着火花放电强度的增长，特征气体的比值有如下增长的趋势：乙炔/乙烯从 0.1～3 增加到 3 以上；乙烯/乙烷从 0.1～3 增加到 3 以上。

② 在这一情况中，气体主要来自固体绝缘的分解。说明了乙烯/乙烷的比值变化。

③ 这种故障情况通常由气体浓度的不断增加来反映。甲烷/氢的值通常大约为 1。实际值大于 1 与很多因素有关，如油保护系统的方式，实际的温度水平和油的质量等。

④ 故障温度较低时，油中气体组分主要是甲烷，随着温度升高，产气的顺序是甲烷→乙烷→乙烯→乙炔，乙炔含量的增加，表明热点温度可能高于 1000℃。

⑤ 乙炔和乙烯的含量均未达到应引起注意的数值。

当比值范围为0 2 2时，故障指示为高于700℃的热故障。为进一步求得具体的故障点温度，可按如下经验公式估算

$$T = 322\lg\left(\frac{C_2H_4}{C_2H_6}\right) + 525$$

通过200台次不同程度的故障变压器数据的分析对照，IEC三比值法能较准确地判断出潜伏性故障的性质，同时对并发性的故障也可显示，见表7-13。

表7-13　　用IEC三比值法对200台变压器故障判断的数据统计

<table>
<tr><th rowspan="2">故障类型</th><th rowspan="2">序号</th><th colspan="2">IEC三比值法分析</th><th colspan="2">变压器台数</th><th rowspan="2">故障的实际情况</th></tr>
<tr><th>比值范围</th><th>故障特征</th><th>台数</th><th>占同类型故障/%</th></tr>
<tr><td rowspan="7">分接开关及高低压引线故障</td><td>1</td><td>0 2 0</td><td>低温热点150～300℃</td><td>4</td><td>4</td><td rowspan="2">引线焊接不良造成过热损坏绝缘</td></tr>
<tr><td>2</td><td>0 2 1</td><td>中温热点300～700℃</td><td>23</td><td>24</td></tr>
<tr><td>3</td><td>0 2 2</td><td>高温热点700℃以上</td><td>55</td><td>57</td><td rowspan="2">开关接触不良，触头烧毛或烧伤</td></tr>
<tr><td>4</td><td>0 0 2</td><td>低温过热150℃以下</td><td>5</td><td>5</td></tr>
<tr><td>5</td><td>1 2 1</td><td>热点伴有放电</td><td>4</td><td>4</td><td rowspan="2">导致毛刺或绝缘不良导致匝、层间放电</td></tr>
<tr><td>6</td><td>1 2 2</td><td>热点伴有放电</td><td>5</td><td>5</td></tr>
<tr><td>7</td><td>2 0 1</td><td>低能放电</td><td>1</td><td>1</td><td>有载开关滴漏油</td></tr>
<tr><td rowspan="6">引线及匝层间短路故障</td><td>8</td><td>1 0 1</td><td>低能放电</td><td>3</td><td>10</td><td rowspan="6">引线短路、绕组匝层间短路烧伤绝缘，分接开关电弧烧伤</td></tr>
<tr><td>9</td><td>1 0 2</td><td>高能放电</td><td>15</td><td>50</td></tr>
<tr><td>10</td><td>1 2 2</td><td>放电伴有过热</td><td>5</td><td>17</td></tr>
<tr><td>11</td><td>2 2 2</td><td>放电伴有过热</td><td>3</td><td>10</td></tr>
<tr><td>12</td><td>2 0 1</td><td>低能放电</td><td>1</td><td>3</td></tr>
<tr><td>13</td><td>2 0 2</td><td>高能放电</td><td>3</td><td>10</td></tr>
<tr><td rowspan="5">铁芯及夹件故障</td><td>14</td><td>0 2 0</td><td>低温热点150～300℃</td><td>6</td><td>13</td><td rowspan="5">层间短路烧伤绝缘铁芯多点接地致使铁芯局部过热、铁芯局部短路、烧坏</td></tr>
<tr><td>15</td><td>0 2 1</td><td>中温热点300～700℃</td><td>18</td><td>39</td></tr>
<tr><td>16</td><td>0 2 2</td><td>高温热点700℃以上</td><td>14</td><td>30</td></tr>
<tr><td>17</td><td>001～2</td><td>低温过热150℃以下</td><td>7</td><td>15</td></tr>
<tr><td>18</td><td>1 0 2</td><td>高能放电</td><td>1</td><td>2</td></tr>
<tr><td rowspan="4">固体绝缘故障</td><td>19</td><td>001～2</td><td>低温过热150℃以下</td><td>6</td><td>35</td><td rowspan="4">长时间在高温下运行或散热不良造成绝缘老化或焦化</td></tr>
<tr><td>20</td><td>0 2 0</td><td>低温热点150～300℃</td><td>3</td><td>18</td></tr>
<tr><td>21</td><td>0 2 1</td><td>中温热点300～700℃</td><td>4</td><td>24</td></tr>
<tr><td>22</td><td>0 2 2</td><td>高温热点700℃以上</td><td>4</td><td>24</td></tr>
<tr><td>无故障</td><td>23</td><td>0 0 0</td><td>正常老化</td><td>10</td><td>100</td><td></td></tr>
</table>

（4）故障产气速率判断法。检测出的潜伏性故障常处于发展状态，单纯根据一次试验数据不能预测故障的发展趋势，而产气速率取决于故障点的功率、温度以及故障范围。对于某些发展状态的故障，求出其产气速率更是准确判断故障的重要环节，目前采用较多的是绝对产气速率法，它以每小时产生可燃气体组分的毫升数表示。另外还有相对产气速率计算法和单位负荷平均产气速率计算法，前者是以每月可燃气体组分增加原有值的百分数表示，后者

的单位是以负荷电流平方与小时乘积对可燃气体增加的平均值表示。

对于无初始值的运行设备，可采取缩短取样测试周期连续监视的方法，以求出连续两次的产气速率值。

《规程》规定了下列两种方式（或其中任一种）来表示产气速率：

1）绝对产气速率。每个运行小时产生某种气体的平均值，单位为mL/h，计算公式为

$$r_a = \frac{C_{i2} - C_{i1}}{\Delta t} \frac{c}{d}$$

式中　r_a——绝对产气速率，/mL/h；

C_{i2}——第二次取样测得油中某气体含量，μL/L；

C_{i1}——第一次取样测得油中某气体含量，μL/L；

Δt——二次取样时间间隔中的实际运行时间，h；

c——设备总油量，t；

d——油的密度，t/m³。

2）相对产气速率。每个月（或折算到每个月）某种气体含量增加原有值的百分数的平均值。单位为%/月。

计算方法：

$$r_r = \frac{C_{i2} - C_{i1}}{C_{i1}} \frac{1}{\Delta t} \times 100\%$$

式中　r_r——相对产气速率，%/月；

C_{i2}——第二次取样测得油中某气体含量，μL/L；

C_{i1}——第一次取样测得油中某气体含量，μL/L；

Δt——二次取样时间间隔中的实际运行时间，月。

《规程》规定的绝对产气速率如表7-14所示。当变压器和电抗器总烃绝对产气速率达表中数值时，则认为设备有异常。

表7-14　总烃产气速率限值

设备型式	开放式	密封式
产气速率/(mL/h)	0.25	0.5

以相对产气速率用来判断充油电气设备内部状况时，总烃的相对产气速率大于10%/月时，则认为设备有异常。

由上分析可知，要正确使用气相色谱分析判断变压器等设备内部故障，应掌握两项关键技术：①气相色谱分析仪应提供准确的气体组分含量，因为数据是诊断的依据；②准确、及时地诊断变压器内部故障，决定变压器是否继续运行。

（5）电气试验与油色谱试验参照判断法。对于当前超高压大容量变压器的故障探测，虽然IEC三比值法可以作出故障性质和温度范围的判断，但是为了要在停电检查之前得到可靠的依据，或确定是否退出运行，可通过选择与油中气体分析结果有直接关系的电气试验项目作对照验证。如色谱判断为裸金属过热故障时，则可能是主回路各连接件及开关切换装置接触不良，可以选试直流电阻来验证。如色谱鉴定为放电性故障时，可能是层间短路引起的，可选试变压比试验，或测量低压励磁电流，辅以油中微量金属元素的原子吸收光谱分析等。

实践证明，将气体分析结果与其他试验综合判断对提高判断的准确率是很有帮助的。

在表7-15中所举的例子，充分证明了其他试验的必要性。

表中分析的结论与实际情况具有一致性。它说明当气体组分中总烃较高时，油的闪光点可能会明显下降，当导电回路接触不良而引起过热故障时，直流电阻不平衡的程度可能会超过规定标准；当乙炔单独升高时，如预先判断为内部可能存在低能量放电故障，则可使用超声波局部放电检测仪进行测试，用以进一步查明预判断的准确性；如果 H_2 单独升高时，预测设备可能有进水受潮，必须进行外部检查、观察，是否存在受潮路径，同时还应对变压器本体和油作电气性能试验，对油作微水量测定。此外，当认为变压器可能存在匝间、层间短路故障时，可以另行升压，来测定变压器的空载电流。

表 7-15　　变压器故障综合判断例

例序	特征气体	电气与化学试验结果	分析结论	故障真相
1	C_1+C_2 (930μL/L) CH_4 (350μL/L) C_2H_4 (440μL/L)	闪光点下降 5.5	过　热	分接开关过热烧毛
2	C_1+C_2 (160μL/L) C_2H_2 (136μL/L)	直流电阻不平衡率大于 2%	过　热	分接开关烧损
3	C_1+C_2 (162μL/L) C_2H_2 (62μL/L) H_2 (81μL/L)	在 A、B、C 三相高压套管升高座处用超声波测局放，分别为：850∶400∶300	低能量放电	A 相高压引线对穿缆导管内壁放电，多股铜线烧断数根
4	C_1+C_2 (62μL/L) H_2 (250μL/L)	绝缘电阻显著下降 泄漏电流明显增加	受　潮	油箱底部有明显积水
5	C_1+C_2 (30μL/L) H_2 (672μL/L)	绝缘电阻下降甚多，介质损失角增加 4.5 倍	受　潮	油箱底部有明显积水

但也必须说明一点，在很多情况下，当变压器内部故障还处在早期阶段时，一些常规的电气、物理、化学试验，未必能发现故障的特征。这说明油的气体分析比较灵敏。但不能否定其他试验的有效性。

对中、小型变压器，可采用下述的简易方法诊断其内部故障：

1）测量直流电阻。用电桥测量每相高低压绕组的直流电阻，看其各相间阻值是否平衡，是否与制造厂出厂数据相符，若不能测相电阻，则可测线电阻，从绕组的直流电阻值即可判断绕组是否完整，有无短路和断路情况，以及分接开关的接触电阻是否正常。若切换分接开关后直流电阻变化较大，则说明问题出在分接开关触点上，而不是在绕组本身。上述测试还能检查套管导杆与引线、引线与绕组之间连接是否良好。

2）测量绝缘电阻。用兆欧表测量各绕组间、绕组对地之间的绝缘电阻值和 R_{60}/R_{15}，根据测得的数值可以判断各侧绕组的绝缘有无受潮，彼此之间以及对地有无击穿与闪络的可能。

3）测量介质损耗因数 $\tan\delta$。用 QS_1 型西林电桥测量绕组间和绕组对地的介质损耗因数 $\tan\delta$，根据测试结果，可判断各侧绕组绝缘是否受潮，是否有整体劣化等。

4）取绝缘油样作简化试验。用闪点仪测量绝缘油的闪光点是否降低，绝缘油有无炭粒、纸屑，并注意油样有无焦的臭味，如有气相色谱分析仪，则可测油中的气体含量，用上述方法判断故障的种类、性质等。

5）空载试验。对变压器进行空载试验，测量三相空载电流和空载损耗值，以此判断变压器的铁芯硅钢片间有无故障，磁路有无短路，以及线圈短路故障等现象。

17. 试举出实例说明变压器缺陷的综合分析判断过程。

(1) 东北某台 110kV、31.5MVA 的变压器投运半年后，色谱分析发现各类气体都有所增加，其中氢、甲烷、乙烯、总烃等气体增加的幅度较大，总烃已达规定的注意值，具体数据如表 7-16 所示。

由表 7-16 序号 3 数据可知，该变压器存在大于 700℃的高温过热，而且不是单纯的裸金属过热，还伴随着放电。

表 7-16　　色谱跟踪分析数据

序号	时　间 /(年.月.日)	各类气体含量 /(μL/L)								备　注
		H_2	CH_4	C_2H_6	C_2H_4	C_2H_2	CO	CO_2	C_1+C_2	
1	1986.8.20	23.2	2.0	36.0	14.0		67.8	173.1	52.9	投运前
2	1986.11.27	49.3	45.0	19.8	125.2	0.7	54.5	182.7	188.7	监视
3	1986.12.12	56.0	99.9	51.4	248.8	2.3	50.7	108.7	402.4	过热，跟踪
4	1987.1.1	91.7	191.1	92.4	470.8	5.1	40.1	274.0	759.2	过热，跟踪
5	1987.1.8	118.0	282.7	131.4	608.8	3.5	59.0	354.8	1026.4	过热，跟踪
6	1987.2.10	105.8	296.9	187.9	738.9		24.0	20.0	1223.7	第一次脱气
7	1987.2.11	15.7	174.7	134.7	393.0		2.26	3.8	951.7	脱气中跟踪
8	1987.2.12	4.9	42.8	45.9	165.8		29.2	365.2	254.5	脱气中跟踪
9	1987.2.13	4.3	15.9	18.0	79.9		17.5	1210.6	110.8	停止脱气
10	1987.2.15	13.6	46.5	45.0	116.1		52.1	1210.6	141.7	跟踪
11	1987.2.17	19.1	87.3	79.6	310.1		47.0	1070.2	477.0	跟踪
12	1987.3.27	50.9	122.9	105.1	471.8	1.0	62.1	920.3	696.5	第二次脱气
13	1987.4.1	17.8	48.8	50.0	282.9	0.5	40.1	706.7	382.2	跟踪
14	1987.4.3	29.9	24.1	34.3	92.5	0.8	30.4	486.1	151.7	停止脱气
15	1987.4.7	43.2	49.3	54.8	188.7	痕	29.5	618.8	292.8	跟踪
16	1987.4.18	34.9	60.8	63.0	293.1	1.4	54.5	639.7	418.8	跟踪
17	1987.4.30	81.9	78.3	77.8	120.4		94.9	919.6	576.5	跟踪
18	1987.5.14	148.0	239.0	113.0	878.0	4.0	134.0	944.8	1234.0	跟踪

初步认为产生的原因可能是：

1) 内部放电。

2) 内部有过热故障：①铁芯有短路；②铁芯多点接地；③分接开关接触不良；④引线及绕组接头部分接触不良；⑤层、匝间有短路故障。

3) 带电补焊外壳。

为了查找内部过热，于 1986 年 12 月 15 日进行直流电阻测试，中、低压均合格，高压侧数据如表 7-17 所示。

由表 7-17 序号 3 可知，不平衡度为 0.16%，未超出规定值 2%。

对铁芯的绝缘电阻也做了测量未发现异常。

为了更好地查明主变压器内部是否有故障，于 1987 年 2 月 10 日进行第一次脱气，目的是将原有的特征气体脱掉，重新进行色谱跟踪分析。脱气后各类气体下降，至 1987 年 2 月

13 日停止脱气时总烃降到 110.8μL/L。停止脱气后，继续进行色谱跟踪。2 月 13 日至 3 月 27 日间特征气体呈上升的趋势。由于时间紧张，未能吊罩检查，又于 1987 年 3 月 27 日进行第二次脱气，脱气后色谱跟踪情况见表 7－16 所示。

表 7－17　　几次直流电阻测试结果

序号	测　试	相别	分接开关位置					备　注
			Ⅰ	Ⅱ	Ⅲ	Ⅳ	Ⅴ	
1	出厂试验	AO BO CO 误差	0.5794 0.5875 0.5819	0.5670 0.5739 0.5684	0.5538 0.5603 0.5546	0.5404 0.5466 0.5407	0.5270 0.5331 0.5270	用双桥测定
2	交接试验	AO BO CO 误差	 0.585 0.575 1.21%	0.564 0.571 0.565 0.88%	0.550 0.560 0.549 1.27%	0.536 0.546 0.536 1.3%	0.519 0.529 0.521 1.15%	用双桥测定
3	查找故障试　验	AO BO CO 误差			0.610 0.611 0.610 0.16%			用 C_4 型电流电压表测定

由表 7－16 序号 12 以后的数据可知，经过第二次脱气后特征气体不是逐渐减小，而是随时间继续增加，产气速率也很快。各类气体的绝对产气速率见表 7－18，三比值编码如表 7－19 所示。

表 7－18　各种气体绝对产气速率　单位：mL/h

H_2	CH_4	C_2H_6	C_2H_4	C_1+C_2
3.4	1.2	1.0	9.2	11.5

表 7－19　　三比值编码

$\frac{C_2H_2}{C_2H_4}$	$\frac{CH_4}{H_2}$	$\frac{C_2H_4}{C_2H_6}$	故障类型
0	2	2	高于 700℃高温范围的过热性故障

从表 7－18、表 7－19 可以看出，产气速率是很高的，故障类型属高温过热，并伴随着放电和绝缘过热。

如前初步分析，带电补焊外壳产气已为多次色谱数据所排除；铁芯不良也已排除。绕组部分是否存在接触不良就是必须弄清的问题。

在 1986 年 12 月的直流电阻测试中已表明绕组尚未发现接触不良问题，如果这种缺陷存在，那么运行半年后，缺陷应有所发展，这种判断在 1987 年 5 月的直流电阻测量中得到了证实。测量结果发现 110kV 高压侧的直流电阻为 AO 0.555Ω，BO 0.615Ω，CO 0.554Ω，不平衡度为 10.6%。

根据这次测量结果可分析出：

1）认为故障在高压侧 B 相；

2）根据分接开关五个挡柱的直流电阻规律看，故障不在分接开关，因为变动分接开关的挡柱，对误差影响不大。若怀疑分接开关问题，也只能是动触头的问题，但可能性很小。所以判定为高压侧 B 相绕组或引线有严重接触不良的故障存在。

由于烃类气体发展迅速，对该变压器必须进行吊罩查找与处理，吊罩前的准备工作是充

分的，并已确定故障部位是高压侧B相绕组，于1987年5月22日进行了吊罩，但吊罩后表面上看不到故障部位。为了进一步查找缺陷，必须进行分解测试。

高压绕组接线如图7-2所示（只画故障B相），绕组分上下两段，高压出线是从中间引出的，每段为双线同绕，每相绕组共四根铝线并联，原理图如图7-3所示。

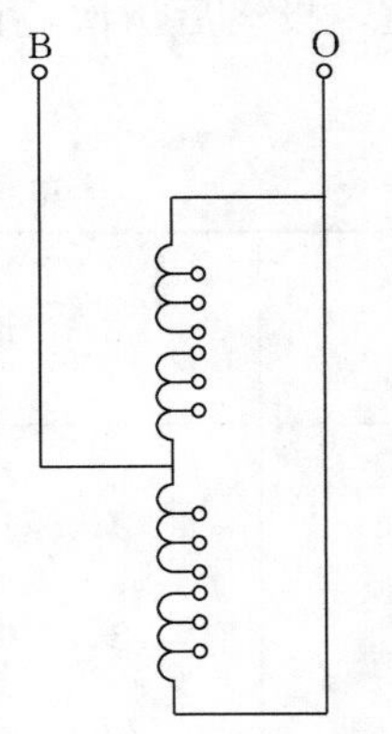

图7-2　B相绕组接线图

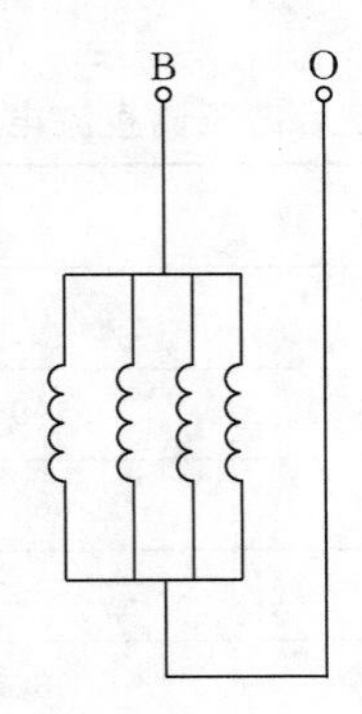

图7-3　绕组原理图

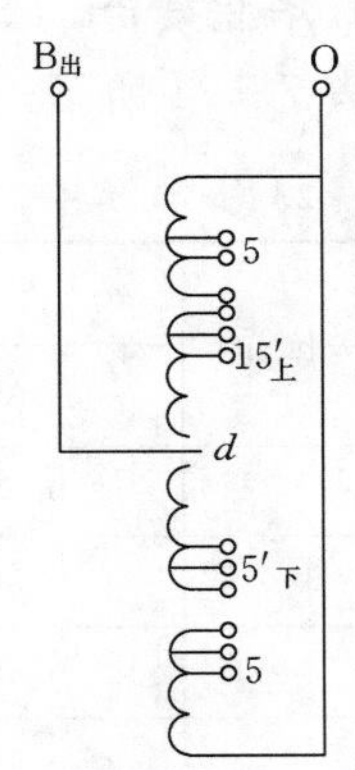

图7-4　绕组接线图

1）查找故障在引线段绕组还是在中间段。分别测0—5和0—5′间电阻，分接开关放在空挡，接线如图7-4，测得电阻值列于表7-20。

从表7-20测得数据分析，B相分接开关至高压引出线段间，有严重接触不良故障。

2）打开d点绝缘，测试$B_出$—d间电阻（如图7-4所示），测得电阻为0.0009232Ω，说明引线接触部分良好。

3）打开d点，分别测量$B_出$—$5'_下$段间和$B_出$—$5'_上$段间电阻（见图7-4），测得结果列于表7-21中。

表7-20　　B、C相上下段电阻值　　单位：Ω

测量线段	B相	C相	不平衡度/%
0—5	0.2244	0.2252	0.35
$B_出$—5′	0.4125	0.3300	22.2

表7-21　　分段的电阻值　　单位：Ω

被测线段	电阻值	不平衡度/%
$B_出$—$5'_上$	1.094	50.6
$B_出$—$5'_下$	0.6519	

从表7-21看出B相引出线侧上段绕组电阻比下段大50.6%，说明故障在上段绕组内。

4）查故障在哪一环。在绕组中9个线饼有一个过渡环节，拆开其绝缘层，分环查，测得电阻如表7-22。从表7-22中结果可以看出，故障在第一环内。

5）进一步查找故障在哪一饼。将换位过渡线的绝缘去掉，分别测其电阻，查出故障在第39饼绕组内（从上往下数），每个线饼共有34层线圈，拆开线圈后发现第39饼从里往外第3层线圈已烧断。

表7-22　　各环电阻值　　单位：Ω

测量部位	电阻值	不平衡度
$B_{出(上段)}$—1环	0.380	33.3
$B_{出(上段)}$—2环	0.217	

从故障点看，其原因是由于接触不良，产生过热，逐渐形成恶性循环，使故障日趋严重。根据故障点电阻可求得$P=I^2R=130^2\times0.061=1030.9$（W），相当于有1000W的电热在B相故障点处发热。问题是很严重的，

若不吊罩处理，必将酿成变压器烧损的严重事故。

故障点找到后，迅速进行修复，修复后高压侧直流电阻列于表7-23中。

由上可见色谱分析配合电气试验不仅可以发现故障，确定故障性质，而且可以找出故障位置。

(2) 华北某台SFSZ-2000/10型变压器，1987年6月22日投运，投运后历次色谱分析数据如表7-24所示。

表7-23　修复后高压侧直流电阻　单位：Ω

分接开关位置	被测线圈			不平衡度/%	结论
	AO	BO	CO		
Ⅰ	0.5994	0.5935	0.5995	0.35	合格
Ⅱ	0.5815	0.5794	0.5804		
Ⅲ	0.5676	0.5656	0.5665		
Ⅳ	0.5590	0.5520	0.5527		
Ⅴ	0.5399	0.5382	0.5386		

表7-24　历次色谱分析结果

组分　含量/(μL/L)　时间/(年．月．日)	1987.5.16	1987.6.28	1987.6.28	1987.9.23	1987.12.12	1988.1.29	1988.2.3
H_2	0	痕	32	45	45	—	—
CO	22	110	76	243	120	250	178
CO_2	190	406	630	648	280	320	262
CH_4	0.39	3.6	10	17	28	58	67
C_2H_4	痕	6.4	8.2	37	68	137	150
C_2H_6	痕	3.3	0.8	5.7	5.7	11	12
C_2H_2	0	痕	57	0.86	1.6	5	4.8
总烃	0.39	13	74	61	93	210	230
注	投运前	投运后	有载油开关				

1）从油中烃类气体诊断故障。从色谱分析中各气体组分的含量及各组分间比例关系，可知变压器内部有裸金属高温过热。由于在总烃含量中乙烯为主导，故可诊断为磁路部分局部过热。

2）常规试验辅助判断故障部位。为了确定过热故障点的部位，做了单相空载试验，试验结果如下。

①各项空载损耗数据

$$P_{oab}=20000\text{W}$$
$$P_{obc}=18200\text{W}$$
$$P_{oca}=30000\text{W}$$

②各项损耗比

$$P_{oca}/P_{oab} = 1.5$$
$$P_{oca}/P_{obc} = 1.65$$
$$P_{oab}/P_{obc} = 1.099$$

从损耗测量数据及各项损耗比可诊断出故障点在铁芯的a相芯柱或靠近a相芯柱的铁轭处。此结果与色谱分析诊断完全一致。

3）现场吊罩检查结果。在上述测试的基础上，在1988年3月26日进行了吊罩检查。经检查测试后发现故障点在下铁轭ab芯柱间穿芯螺栓的钢座套与铁芯之间。故障原因是由于钢座套与铁芯之间有金属异物搭桥而引起铁芯多点接地。在故障部位相对应的绕组端绝缘纸板及油箱底部发现有焦炭状的铜渣，在故障部位的座套和铁芯处均明显有烧伤痕迹。

故障处理后于1988年4月5日投入运行，至今运行正常。

18. 变压器油色谱分析中会遇到哪些外来干扰？如何处理？

电力变压器的内部故障是变压器油中气体含量增长的主要原因。根据我国有关单位的运行经验，某些外部原因也可能引起变压器油中气体含量增长，干扰色谱分析，造成误判断。

常见的外部干扰如下：

（1）变压器油箱补焊。变压器在运行中由于上下层油循环，在顶盖下面的上层油面有一定波动现象（如果是强油导向冷却，波动现象更加严重）。由于变压器顶盖上密封，焊接部位很多，如果这些部位有不严的情况，那么在油层向上波动时会把变压器油挤出来，形成渗油。对渗油部位往往要带油补焊，这样可使油在高温下分解产生大量的氢、烃类气体。例如，某些变压器带油补焊前后氢、烃类气体的变化如表7-25所示。

表7-25　变压器带油补焊前后色谱分析结果

序号	取样原因	气体组分/(μL/L)						比值范围编码			可能误判
		H_2	CH_4	C_2H_6	C_2H_4	C_2H_2	C_1+C_2	$\frac{C_2H_2}{C_2H_4}$	$\frac{CH_4}{H_2}$	$\frac{C_2H_4}{C_2H_6}$	
1	周期（1989年8月3日）	14.67	3.68	10.54	2.71	0.20	17.13				
	补焊投运后一周（1989年9月28日）	14.2	4.40	13.96	2.48	0.37	21.21				
	周期（1990年10月2日）	97.9	103.3	31.6	131.3	19.7	285.8	1	2	2	放电兼过热
2	带油补焊前	10	3	痕	1.5	无	4.5				
	补焊14d后	45	85	32	188	1.7	307	0	2	2	高于700℃高温范围的热故障
3	补焊前	6.21	12.34	1.23	9.10	2.23	24.9				
	补焊后10d	20.24	19.21	2.83	25.11	6.29	53.44	1	0	2	高能量放电
4	带油补焊后	450	1740	470	1850	3.8	4420	0	2	2	高于700℃高温范围的热故障

对序号1，补焊一周进行色谱分析未发现油中气体含量增高，其原因可能是：①所焊之处皆为死区，虽运行一周，油借助本身油温的上下层温差进行循环，温差不大，循环不剧

烈，时间短，特征气体难于均匀遍于油中；②取样前，放油充洗量不够。

运行一年后，补焊时产生的气体仍在油中也大有可能，因一来未脱气；二来该主变压器贮油柜为气囊式充氮保护，油中气体是无法自行散出去的。

对序号2、3、4，补焊后氢、烃类也明显增加。

由表7-25可见，若仅采用三比值法进行分析，可能导致误判断。对于油箱补焊引起的气体含量增高，可以通过气体试验和查阅设备历史状况作深入综合分析。若电气试验结果正常，而有补焊史且补焊后又未进行脱气处理，就可以认为气体增长是由于补焊引起的，为证实这个观点，可以再进行脱气处理，并跟踪监视。为消除补焊后引起的气体增长，对色谱分析的干扰可采用脱气法进行处理。

（2）水分侵入油中。在变压器运行过程中由于温度的变化或冷油器的渗漏，安全防爆管、套管、潜油泵、管路等不严都可能使水分侵入变压器油中，以溶解状态或结合状态存在于油中的水分，随着油的流动参与强迫循环或自然循环的过程，其中有少量水分在强电场作用下发生离解而析出氢气，这些游离氢又部分地被变压器油所溶解造成油中含氢量增加。有时水分甚至沉入变压器底部，水分的存在加速了金属的腐蚀。由于钢材本身含有杂质，铁与杂质间存在电位差，当水溶解了空气中的二氧化碳，或油中的少量低分子酸后，便成了能够导电的溶液，这种溶液与其杂质构成了一个微小的原电池。其化学反应为

阴极（铁）　　$Fe-2e=Fe^{2+}$

阳极（杂质）　　$2H^{+}+2e=H_2\uparrow$

溶液中反应为

$$Fe+2H_2O=Fe(OH)_2\downarrow+H_2\uparrow$$

$$CO_2+H_2O\rightleftharpoons H_2CO_3\rightleftharpoons H^{+}+HCO_3^{-}$$

铁失去电子生成Fe^{2+}后，与溶液中的OH^-结合成Fe（OH）$_2$，吸附在铁表面的H^+，在阳极获得电子，生成H_2，放出氢气。例如，某电厂3号主变压器1988年7月油中氢气含量骤增至485μL/L，微水含量50μL/L，用真空滤油机对变压器油脱气，脱水处理，两个月后含氢量又增至321μL/L，微水含量为44～68μL/L，10月换新油时，吊罩检查未见异常及明显水迹。但8个月后油中氢气含量又增高至538μL/L，1990年对该主变压器绕组进行真空加热，干燥处理后运行正常。

运行经验表明。当运行着的变压器内部不存在电热性故障，而油中含氢量单项偏高时，油中含氢量的高低与微水含量呈正比关系，而且含氢量的变化滞后于微水含量的变化。

当色谱分析出现H_2含量单项超标时，可取油样进行耐压试验和微水分析，根据测试结果再进行综合分析判断。

（3）补油的含气量高。某主变压器三只高压套管进行油色谱分析，发现三只套管总烃突然同时升高，如表7-26所示。

查运行记录发现，这三只套管同时加过未经色谱分析的补充油。于是对尚未加进去的补充油进行色谱分析，发现其总烃是较高的，所以确认套管中油总烃增高是由于补油造成的。为避免此类现象发生，在补油时除做耐压试验等外，还应做色谱分析。

表7-26　补油前后总烃值　单位：μL/L

相别	补油前	补油后
A	28	84.29
B	31.4	92.6
C	34.6	86.6

（4）真空滤油机故障。滤油机发生故障会引起油中含气量增长，例如某变压器小修后采用

ZLY-100型真空滤油机滤本体油15h后，未进行色谱分析就将变压器投入运行。15d后取油样进行色谱分析，油中总烃含量达656.09μL/L，继此之后又运行一个月，总烃高达1313μL/L，据了解其他单位采用该台滤油机也有过类似现象。

为分析油中总烃含量增高的原因，采用该台（ZLY-100型）滤油机对密闭筒装有约800kg的变压器油进行循环滤油，过滤前油中总烃为7.10μL/L，经2h滤油后总烃上升到167μL/L；继续滤油14h时，总烃含量猛增到4067.48μL/L。显然，油中总烃含量增加是滤油机造成的。事故后将滤油机解体，发现：①部分滤过的油碳化；②滤油机的SRY-4-3型加热器有一支烧的严重弯曲，加热器金属管有脱层现象，由于加热器严重过热，导致变压器油分解出大量烃类气体。通过对比找出了原因，避免了差错。

（5）切换开关室的油渗漏。若有载变压器中切换开关室的油向变压器本体渗漏，则可引起变压器本体油的气体含量增高，这是因为切换开关室的油受开关切换动作时的电弧放电作用，分解产生大量的C_2H_2（可达总烃的60%以上）和氢（可达氢总量的50%以上），通过渗油有可能使本体油被污染而含有较高的C_2H_2和H_2。例如某电厂主变压器于1982年11月24日测得变压器本体油和切换开关室油中C_2H_2含量分别为5.8μL/L和19.4μL/L；1983年4月3日，测得变压器本体油内C_2H_2增长为10.4μL/L，就是因为有载调压器切换开关室与变压器本体隔离得不严密而发生的渗漏引起的。为鉴别本体油中的气体是否来自切换开关室的渗漏，可先向该切换开关室注入一特定气体（如氦），每隔一定时间对本体油进行分析，如果本体油中也出现这种特定气体并随时间而增长，则证明存在渗漏现象。

经验表明，若C_2H_2含量超过注意值，但其他成分含量较低，而且增长速度较缓慢，就可能是上述渗漏引起的。如果C_2H_2超标而是变压器内部存在放电性故障，这时应根据三比值法进行故障判断。总之，对C_2H_2单项超标，应结合电气试验及历史数据进行分析判断，特别注意附件特性的影响。

（6）绕组及绝缘中残留吸收的气体。变压器发生故障后，其油虽经过脱气处理，但绕组及绝缘中仍残留有吸收的气体，这些气体缓慢释放于油中，使油中的气体含量增加。例如某电厂5号主变压器曾发生低压侧三相无激磁分接开关烧坏事故，经处理（包括油）后，投入运行，表7-27为处理前、后的色谱分析结果。

表7-27　　5号主变压器处理前、后的色谱分析

状态	气体组分/%						比值范围编码	可能误判断
	H_2	CH_4	C_2H_6	C_2H_4	C_2H_2	C_1+C_2		
吊芯前	0.62	4.84	1.87	12.27	0.074	19.054	022	高于700℃高温范围的热故障
吊芯处理后	0.018	0.17	0.085	0.64	0.0078	0.897		

由表7-27中数据可见，处理前H_2、C_2H_2、C_1和C_2都超过正常值很多，后来将变压器油再进行真空脱气处理，色谱分析结果明显好转，所以对残留气体主要采用脱气法进行消除，脱气后再用色谱分析法进行校验。

值得注意的是，有的变压器内部发生故障后，其油虽经过脱气处理，但绕组及绝缘材料中仍可能残留有吸收的气体缓慢释放于油中，使油中的气体含量增加。某台110kV电力变压器检修及脱气后的色谱分析结果如表7-28所示。

表 7-28　　色谱分析结果

取样原因/(年.月.日)	气体组分/(mg/L)						比值范围编码			可能误判断
	H_2	CH_4	C_2H_6	C_2H_4	C_2H_2	C_1+C_2	$\frac{C_2H_2}{C_2H_4}$	$\frac{CH_4}{H_2}$	$\frac{C_2H_4}{C_2H_6}$	
检修后未脱气(1984.5.14)	没测	10.3	3.8	11.4	41.9	67.4				
脱一次气(1986.5.14)	没测	1.8	1.2	3.5	8.9	15.4				
脱二次气(1986.5.14)	没测	0.9	0.1	1.0	1.0	3.0				
跟　踪(1986.12.31)	9.2	2.7	1.1	4.0	3.7	11.5	1	0	2	高能量放电
跟　踪(1987.5.4)	9.9	2.8	1.0	3.2	3.4	10.4	1	0	2	高能量放电

由表 7-28 可见，虽然在故障检修后二次脱气，但运行几个月后仍有残留的气体释放出来。若不掌握设备的历史状态，容易导致误判断。

(7) 变压器油深度精制。深度精制变压器油在电场和热的作用下容易产生 H_2 和烷类气体。这是因为深度精制的结果，去除了原油中大部分重芳烃、中芳烃及一部分轻芳烃，因此该油中的芳烃含量过低（2%～4%），这对油品的抗氧化性能是极为不利的，但是芳香烃含量的降低会引起油品抗析气性能恶化及高温介质损失不稳定。该油用于不密封或密封条件不严格的充油电力设备时就容易产生 H_2 和烷类气体偏高的现象，例如，某电厂 2 号主变压器采用深度精制的油，投入运行半年后，总烃增长 65.84 倍，甲烷增长 38.8 倍，乙烷增长 102.5 倍，氢增长 28.9 倍。对油质进行化验，其介质损耗因数 $\tan\delta=0.111\%$，微水含量为 10.34μL/L，可排除内部受潮的可能性。又跟踪一个月后，各种气体含量逐渐降低，基本恢复到投运时的数据，所以认为是变压器油深度精制所致。若不掌握这种油的特点，也容易给色谱分析结果的判断带来干扰，甚至造成误判断。

(8) 强制冷却系统附属设备故障。变压器强制冷却系统附属设备，特别是潜油泵故障、磨损、窥视玻璃破裂、滤网堵塞等引起的油中气体含量增高。这是因为当潜油泵本身烧损，使本体油含有过热性特征气体，用三比值法判断均为过热性故障，如果误判断而吊罩进行内部检查，会造成人力、物力的浪费；当窥视玻璃破裂时，由于轴尖处油流迅速而造成负压，可以带入大量空气。即使玻璃未破裂，也由于滤网堵塞形成负压空间而使油脱出气泡，其结果会造成气体继电器动作，并因空气泡进入时，造成气泡放电，导致氢气明显增加。表 7-29 给出几个实例。

表 7-29　　色谱分析结果

序号	取样部位及日期/(年.月.日)	气体组分/(μL/L)						比值范围编码			可能误判断
		H_2	CH_4	C_2H_6	C_2H_4	C_2H_2	C_1+C_2	$\frac{C_2H_2}{C_2H_4}$	$\frac{CH_4}{H_2}$	$\frac{C_2H_4}{C_2H_6}$	
1	本　体(1981.6.23)	45	46	13	99	0.6	159				
	本　体(1981.9.15)	86	170	42	400	1.1	620	0	2	2	高于 700℃高温范围的热故障

续表

序号	取样部位及日期/(年．月．日)	气体组分/(μL/L)						比值范围编码			可能误判断
		H_2	CH_4	C_2H_6	C_2H_4	C_2H_2	C_1+C_2	$\frac{C_2H_2}{C_2H_4}$	$\frac{CH_4}{H_2}$	$\frac{C_2H_4}{C_2H_6}$	
2	本　体(1991.11.21)	117	12.3	12.5	21.6	46	92.4				
	本　体(1991.11.23)	107	14.2	13.8	23.4	48.2	99.6				
	本　体(1991.11.26)	121	15.0	15.0	24.9	52.9	107.6	1	0	1	低能量的放电
	5号潜油泵(1991.11.26)	80	9.5	8.7	15.3	29.4	62.9				
	4号潜油泵(1991.11.26)	2186	418.6	83.5	1102.8	1964	3568.9				
3	本体　处理前	43.3	45.2	9.5	32.9	0	87.6	0	2	2	高于700℃的高温范围的热故障
	本体　处理后	5.4	13.7	4.2	11.6	0	25.7				

由序号1可知，变压器油总烃突增至620μL/L，达正常值的6倍，连续跟踪1个月，其结果基本不变。然后停机吊罩检查，发现潜油泵轴承严重损坏，经化验，变压器油箱底部存油含有大量碳分，滤油纸呈黑色。

由序号2可知，主变压器油中气体含量出现异常。为查找异常原因，采取对设备本体和附件分别进行色谱分析，如表7-29所示。

分析结果表明，9台潜水泵（只列出5号）与变压器本体的油色谱分析结果相近，而4号散热器潜油泵的色谱分析极为异常，经解体检查发现油内有铝末，转子与定子严重磨损，深度为7mm，叶轮侧轴承盖碎成三段，该变压器经更换潜油泵及脱气处理后运行正常。

对序号3，主变压器油中，气体含量出现异常，经检查为潜油泵漏气，将潜油泵处理后，恢复正常。

对上述情况，可将本体和附件的油分别进行色谱分析，查明原因，排除附件中油的干扰，作出正确判断。

（9）变压器内部使用活性金属材料。目前有的大型电力变压器使用了相当数量的不锈钢，如奥氏体不锈钢，它起触媒作用，能促进变压器油发生脱氧反应，使油中出现H_2单值增高，会造成故障征兆的现象。因此，当油中H_2增高时，除考虑受潮或局部放电外，还应考虑是否存在这种结构材料的影响。一般来说，中小型开放式变压器受潮的可能性较大，而密封式的大型变压器由于结构紧凑工作电压高，局部放电的可能性较大（当然也有套管将军帽进水受潮的事例）。大型变压器有的使用了相当数量的不锈钢，在运行的初期可能使氢急增。另一方面，气泡通过高电场强度区域时会发生电离，也可能附加产生氢。色谱分析时应当排除上述故障征兆假象带来的干扰。

（10）油流静电放电。大型强迫油循环冷却方式的电力变压器内部，由于变压器油的流动而产生的静电带电现象称为油流带电。油流带电会产生静电放电，放电产生的气体主要是H_2和C_2H_2。如某台主变压器在运行期间由于磁屏蔽接地不良产生了油流放电，引起油中

C_2H_2 和总烃含量不断增加。再如，某水电厂1～3号主变压器由于油流静电放电导致总烃含量增高分别为30μL/L和164μL/L。根据对油流速度和静电电压的测定结果进行综合分析，确认是由于油流放电引起的。

目前已初步搞清影响变压器油流带电的主要因素是油流速度，变压器油的种类、油温、固体绝缘体的表面状态和运行状态。其中油流速度大小是影响油流带电的关键因素。在上例中，将潜流泵由4台减少为3台，经过半年的监测结果表明，C_2H_2 含量显著降低并趋于稳定。这样就消除了油流带电发生放电对色谱分析结果判断的干扰。

（11）标准气样不合格。标准气样不纯也是导致变压器油中气体含量增高的原因之一。

某主变压器于1984年3月及5月取样进行色谱分析，其结果列于表7-30中。

表7-30　色谱分析结果

检测日期/(年.月)	气体组分/%				
	CH_4	C_2H_4	C_2H_6	C_2H_2	CO
1984.3	0.0027	0.017	0.00070	0	0.67
1984.5	0.0066	0.031	0.00074	0.00066	4.98

由表7-30可见，CO含量显著提高，可能有潜伏性故障存在。于是在5月和6月分别取三次油样送省试研所分析，其结果是CO含量均在5%以下，为弄清差异的原因，对局里使用的分析器和标准气样等进行复查，检查结果是仪器正常而标准气样不纯，所以这种CO升高的现象是由于标准气样不纯造成的。

标准气样浓度降低会使待测的气体组分增大，这是因为混合标准气的浓度是试样组分定量的基础。在进行试样组分含量的计算中，当待测组分 i 和外标物 s 为相同组分时，各待测组分浓度用下式计算

$$\text{ppm}(i)=0.929\times\frac{C_s h_i}{h_s}\left(K_i+\frac{V_g}{V_L}\right)$$

式中　C_s——外标气体组分的浓度，μL/L；

h_s——外标气体组分的峰高，mm；

h_i——待测组分的峰高，mm；

K_i——油中气体溶解度浓度常数；

V_g——待测油样脱出气体的体积，mL；

V_L——待测油样的体积，mL。

从上式可以看出，当外标气体组分浓度降低时，因 C_s 是标定值不变，变化的量只有 h_s（减小），结果造成待测组分必然增大。若试验人员在分析中忽视此问题，也会由于干扰引起误判断。

（12）压紧装置故障。压紧装置发生故障使压钉压紧力不足，导致压钉与压钉碗之间发生悬浮电位放电，长时间的放电是变压器油色谱分析结果中 C_2H_2 含量逐渐增长的主要原因。例如某台单相主变压器1984年投运，1990年2月进行色谱分析发现，C_2H_2 为5.24μL/L，以后逐年增长，到1991年2月 C_2H_2 已达到16.58μL/L，占总烃含量的38%。为查找原因，将该变压器空载挂网监视运行，开始趋于稳定后仍有增长趋势，而测量局部放电和超声波定位均未发现问题，6月15日吊罩检查发现是压紧装置故障所致。再如，某发电厂主变压器，大修后色谱一直不正常，每月 C_2H_2 值上升3～5μL/L，最大值达到36.6μL/L，后经脱气处理，排油检查均未发现问题，最后吊罩检查也是由于压紧装置松动造成的。

（13）变压器铁芯漏磁。某局有两台主变压器，在运行中均发生了轻瓦斯动作，且 C_2H_2、C_2H_4 异常，高于其他的变压器，对其中的一台在现场进行电气试验吊芯等均未发现异常，脱气后继续投运且跟踪几个月发现油中仍有 C_2H_2，而且总烃逐步升高，超过注意值，

根据三比值法判断为大于700℃的高温过热，但吊芯检查又无异常，后来被迫退出运行。

另一台返厂，在厂里进行一系列试验、检查，并增做冲击试验和吊芯，均无异常，最后分析可能是铁芯和外壳的漏磁、环流引起部分漏磁回路中的局部过热。为进一步判断该主变压器是电气回路故障还是励磁回路问题，对该主变压器又增加了工频和倍频空载试验。工频试验时，为能在较短的时间内充分暴露故障情况，取$U_s=1.14U_e$，持续运行并采取色谱分析跟踪，空载运行32h就出现了色谱分析值异常情况，C_2H_2、C_2H_4含量较高，C_1+C_2超过注意值。倍频试验时仍取$U_s=1.14U_e$，色谱分析结果无异常，这样可排除主电气回路绕组匝、层间短路、接头发热、接触不良等故障，进而说明变压器故障来源于励磁系统，认为它是主变压器铁芯上、下夹件由变压器漏磁引起环流而造成局部过热。为证实这个观点，把8个夹紧螺栓换为不导磁的不锈钢螺栓，使主变压器的夹件在漏磁情况下不能形成回路，结果找到了气体增高的根源。

(14) 周围环境引起。例如，在电石炉车间的变压器，有可能吸入C_2H_2或电石粉，使油中C_2H_2含量大于10μL/L。

(15) 超负荷引起。例如，某主变压器色谱分析总烃含量为538μL/L超标5倍多，进行电气试验等，均无异常现象，经负荷试验证明这种现象是由于超负荷引起的，当超负荷130%时，总烃剧烈增加。再如，某台主变压器在1991年10月14日的色谱分析中，突然发现C_2H_2的含量由9月7日的0增加到5.9μL/L，由于是单一故障气体含量突增，曾怀疑是由于潜油泵的轴承损坏所致，为此对每台潜油泵的出口取样进行色谱分析，无异常，最后分析与负荷有关。测试发现，当该主变压器220kV侧分接开关在负荷电流140A以上时，有明显电弧，而在120A以下时，则完全消失，所以C_2H_2的增长是由于开关接触不良在大电流下产生电弧引起的。

(16) 假油位。某主变压器，在施工单位安装时，由于油标出现假油位，致使该主变压器少注油约30t，因而运行时出现温升过高，其色谱分析结果如表7-31所示。

表7-31　色谱分析结果

项目	气体组分/(μL/L)								比值范围编码			可能误判
	H_2	CH_4	C_2H_6	C_2H_4	C_2H_2	CO	CO_2	C_1+C_2	$\frac{C_2H_2}{C_2H_4}$	$\frac{CH_4}{H_2}$	$\frac{C_2H_4}{C_2H_6}$	
处理前	75.8	9.2	3.5	10.9	1.9	408.6	246.3	25.5	1	0	2	高能量放电
处理后	35.4	2.6	1.2	3.5	0.4	169.3	68.8	7.7				

由表7-31中数据可知，容易误判为高能量放电，干扰对温升过高原因的分析。

(17) 套管端部接线松动过热。某主变压器10kV套管端部螺母松动而过热，传导到油箱本体内，使油受热分解产气超标，其色谱分析结果如表7-32所示。

表7-32　色谱分析结果

项目	气体组分/(μL/L)								比值范围编码			可能误判
	H_2	CH_4	C_2H_6	C_2H_4	C_2H_2	CO	CO_2	C_1+C_2	$\frac{C_2H_2}{C_2H_4}$	$\frac{CH_4}{H_2}$	$\frac{C_2H_4}{C_2H_6}$	
处理前	21.9	2896.0	106.9	831.6	0	118.3	323.9	1262.4	0	2	2	高于700℃高温范围的热故障
处理后	0	3.1	2.1	13.6	0	8.9	236.2	18.3				

由表7-32数据可知，由于干扰可能误判为高于700℃高温范围的热故障，影响查找色谱分析结果异常的真正原因。

(18) 冷却系统异常。现场常见的冷却系统异常包括风扇停转反转或散热器堵塞。它使主变压器的油温升高。表7-33列出了风扇反转的色谱分析结果。

表7-33　色谱分析结果

项目	气体组分/(μL/L)								比值范围编码			可能误判
	H_2	CH_4	C_2H_6	C_2H_4	C_2H_2	CO	CO_2	C_1+C_2	$\frac{C_2H_2}{C_2H_4}$	$\frac{CH_4}{H_2}$	$\frac{C_2H_4}{C_2H_6}$	
修理前	3.6	1.0	1.4	1.1	0.1	5.1	110.0	3.6	0	0	0	正常老化
修理后	1.3	0.5	0.2	0.4	0	10.3	163.3	1.1				

由表7-33所列数据可知，可能误判为绝缘正常老化，其实是一种假象，干扰了对主变压器温度升高真实原因的分析。对于这种情况，可采用对比的方式分析。

(19) 抽真空导气管污染。对某台110kV、160MVA变压器进行色谱分析发现，主变压器套管油中氢气含量较高(在76～102μL/L之间)，因此决定对主变压器套管的油重新进行处理，处理后发现油中乙炔含量特高，如表7-34所示。

进一步查找发现，安装时，在对套管抽真空时，使用了乙炔导气管，从而使套管中混入乙炔气，造成套管油污染。

表7-34　色谱分析结果

相别	气体组分/(μL/L)						
	H_2	CO	CO_2	CH_4	C_2H_6	C_2H_4	C_2H_2
A	110	41	1658	2	1	4	40
B		20	708	2	1	11	36
C		35	929	1	1	3	38

对这种情况，若找不出真实原因，易误判断。

(20) 混油引起。某台$SFSZ_7$-40000/110三绕组变压器，投运后负荷率一直在50%左右，做油样气相色谱分析发现，总烃达561.4μL/L，大大超过《规程》规定的注意值150μL/L；可燃性气体总和达1040.9μL/L，大于日本标准中的注意值。发现问题后，立即跟踪分析，通过近一个月的分析，发现总烃含量虽有增加的趋势，最高达717.5μL/L，但产气速率却为0.012mL/h，低于《规程》要求值。经反复测试和分析，最后发现变压器油到货时，有10号油与25号油搞混的情况。即变压器中注入的是两种牌号的油。换油后，多次色谱分析均正常，其总烃在15～20μL/L之间，乙炔含量基本为0。

综上所述可见：

1) 电力变压器油中气体增长的原因是多种多样的，为正确判断故障，应采取多种测试方法进行测试，由测试结果并结合历史数据进行综合分析判断避免盲目的吊罩检查。

2) 若氢气单项增高，其主要原因可能是变压器油进水受潮，可以根据局部放电、耐压试验及微水分析结果等进行综合分析判断。

3) 若C_2H_2含量单项增高，其主要原因可能是切换开关室渗漏、油流放电、压紧装置故障等。通过分析与论证来确定C_2H_2增高的原因，并采取相应的对策处理。

4) 对三比值法，只有在确定变压器内部发生故障后才能使用，否则可能导致误判，造成人力、物力的浪费和不必要的经济损失。

5) 综合分析判断是一门科学，只有采用综合分析判断才能确定变压器是否有故障，故

障是内因还是外因造成的，故障的性质，故障的严重程度和发展速度，故障的部位等。

19. 如何用色谱分析法诊断电力变压器树枝状放电故障？

（1）在IEC三比值法中增加三个编码。最近的试验研究表明，随着树枝状放电故障的发展，CH_4/H_2编码由1向0变化，因此会出现CH_4/H_2的0编码。据此，有人建议在IEC三比值法中增加112、102、212三个编码组合，以112、102、212、202四个编码组合为依据，诊断电力变压器树枝状放电故障。也就是说，对油中溶解气体进行分析时，如果出现上述四个编码中的任何一个，就有理由怀疑电力变压器出现了树枝状放电故障。电力变压器主绝缘中树枝状放电故障对应的特征气体比值编码可能有两种变化过程，即

$$110 \longrightarrow 112 \longrightarrow \begin{cases} 102 \\ 212 \end{cases} \longrightarrow 202$$

电力变压器树枝状放电故障可能存在两种机制：一种是110→112→102→202，即线圈与长垫块接触处的油隙中长期存在局部放电，然后局部放电导致第一油隙沿长垫块表面闪络，并进一步引起围屏纸板表面爬电的一个慢速发展过程；另一种是110→112→212→202，即线圈与长垫块接触处出现局部放电后，在短时间内就发展成围屏爬电的快速发展过程。故障在哪个阶段爆发是随机的，故障在某一放电阶段存在的时间越长，故障能量越大，那么在该放电阶段爆发的可能性就越大。所以在故障爆发前能捕捉到前述四个编码中的哪一个编码也是随机的。东北电网数起220kV电力变压器树枝状放电故障色谱分析中已出现了102、112、202三种编码。

（2）充分注意特征气体和总烃的产气速率。在故障诊断中，应充分注意特征气体和总烃的产气速率。有关资料在初步研究的基础上，推荐特征气体和总烃产气速率参考注意值为：$H_2$0.400mL/h、$CH_4$0.012mL/h、$C_2H_6$0.01mL/h、$C_2H_4$0.020mL/h、$C_2H_2$0.04mL/h、$C_1+C_2$0.1mL/h。

20. 大型变压器油中CO和CO_2含量异常的判断指标是什么？

在变压器等充油设备中，主要的绝缘材料是绝缘油和绝缘纸、纸板等，在运行中将逐渐老化。绝缘油分解产生的主要气体是氢、烃类气体，绝缘纸等固体材料分解产生的主要气体是CO和CO_2。因此可将CO和CO_2作为油纸绝缘系统中固体材料分解的特征气体。变压器发生低温过热性故障，因温度不高，往往油的分解不剧烈，因此烃类气体含量并不高，而CO和CO_2含量变化较大。故而用CO和CO_2的产气速率和绝对值判断变压器固体绝缘老化状况，再辅之以对油进行糠醛分析，完全可能发现一些绝缘老化、低温过热故障。

东北电力试验研究院的研究表明，图7-5所示CO和CO_2的绝对值及其曲线的斜率，可作为隔膜密封变压器的判断指标。当变压器油中CO和CO_2含量超过图7-5的值或产气速率大于曲线的斜率时，应该对设备引起注意，了解设备在运行中有否过负荷，冷却系统和油路是否正常，绝缘含水量是否过高，以及了解设备结构，有否可能产生局部过热使绝缘老化。为了诊断设备是否存在故障，应当考察油中CO和CO_2的增长趋势，并结合其他检测手段（如测定油中糠醛含量等）对设备进行综合分析。

例如，东北某厂一台240MVA的升压变压器，正常运行负荷率为90%左右，上层油温一般不超过70℃。

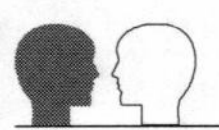

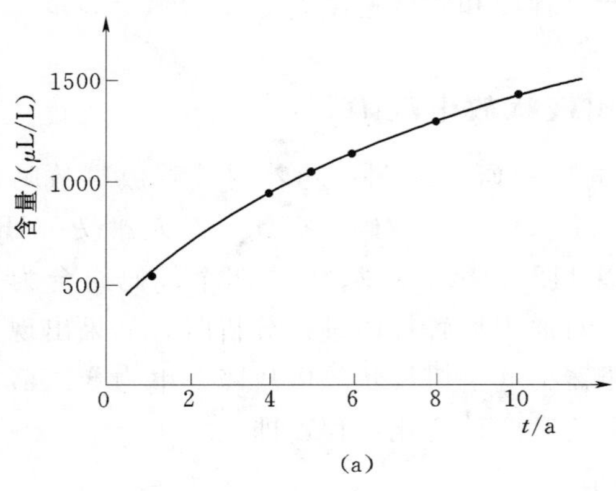

(a)

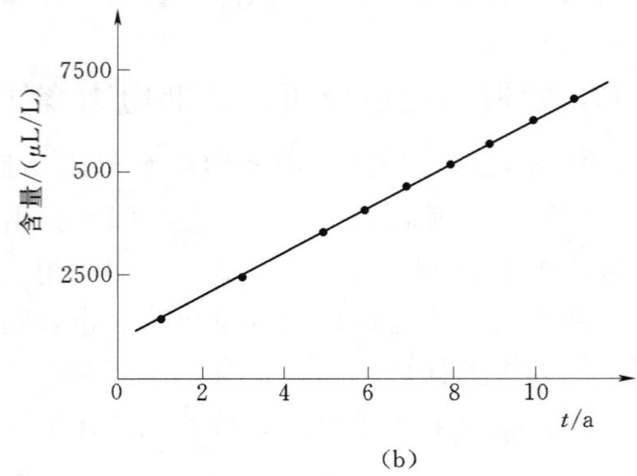

(b)

图 7-5 隔膜式变压器 CO 和 CO_2 含量的判断指标

(a) CO 年均含量与运行年的关系；(b) CO_2 年均含量与运行年的关系

表 7-35 糠醛分析结果

年份	1988	1989	1990	1991
糠醛值/(mg/L)	1.67	1.41	1.38	1.79

1988 年以来，对该变压器进行糠醛分析，其结果如表 7-35 所示，由表 7-35 可知，变压器绝缘有老化现象。色谱分析结果如表 7-36所示，其中 CO 和 CO_2 含量的变化曲线如图 7-6 所示。可见总烃并不高，而 CO 和

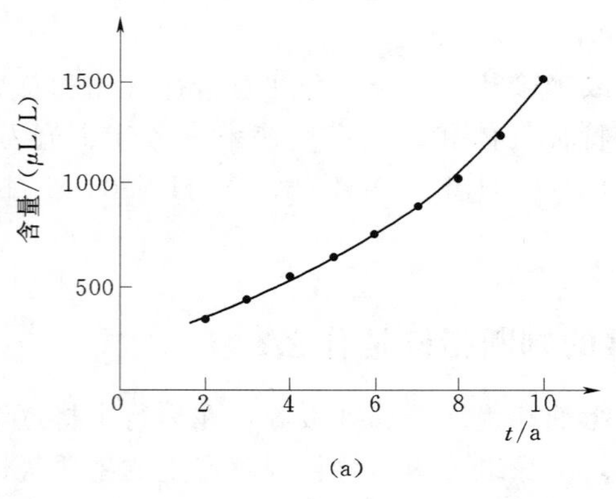

(a)

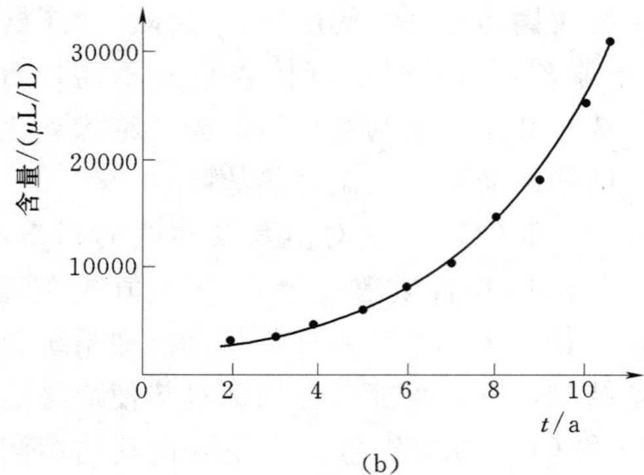

(b)

图 7-6 240MVA 变压器 CO、CO_2 变化曲线

(a) CO 随年运行年限的变化；

(b) CO_2 随年运行年限的变化

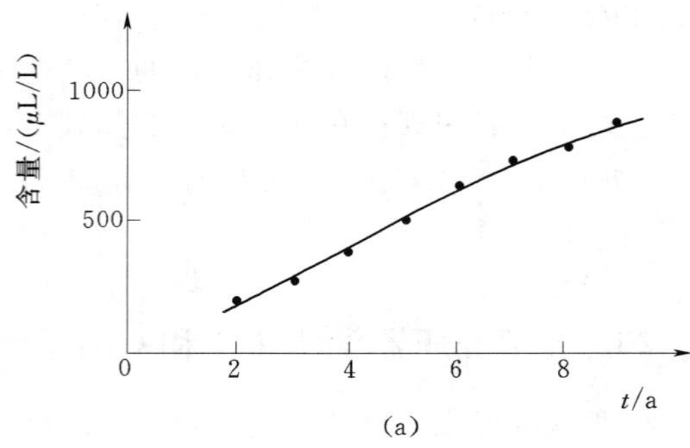

(a)

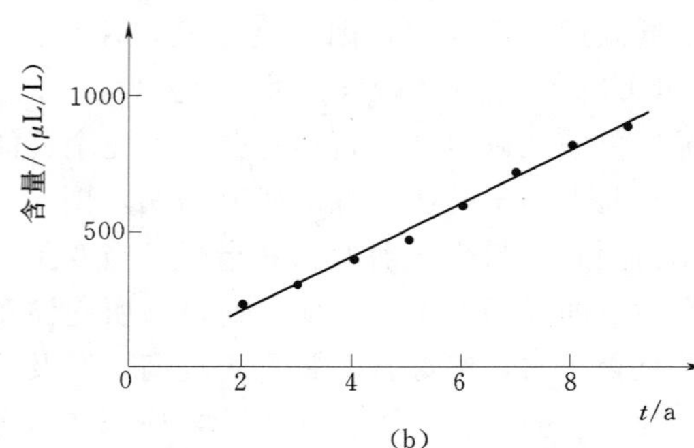

(b)

图 7-7 正常变压器 CO 和 CO_2 变化曲线

(a) CO 随运行年限的变化；

(b) CO_2 随运行年限的变化

CO_2 的绝对值和增长率均比较高。经吊芯检查发现，A 相低压绕组单半螺旋绕组半螺旋处 1.5mm 油道已全部堵死，4.5mm 油道也仅能插入 1.4mm 纸板。由于段间油道堵塞，油流不畅，匝绝缘得不到充分冷却。经 10 年运行匝绝缘严重老化，以致发糊、变脆，在长期电磁振动下，绝缘脱落，局部露铜，形成匝间（段间）短路。

表 7－36　　　　　　**色谱分析结果**　　　　　　单位：μL/L

时　间 /（年．月）	H_2	CH_4	C_2H_6	C_2H_4	C_2H_2	C_1+C_2	CO	CO_2
1992.4	24.0	27.8	24.4	30.0	无	82.2	1589.5	26395
1992.5	33.9	36.5	31.5	39.3	无	107.2	2412.0	47201

应当指出，CO 和 CO_2 是绝缘正常老化的产物，也是故障的特征气体，两者之间的区别是绝缘老化速度不同，即产气速率变化规律不同。图 7－7 给出正常变压器 CO 和 CO_2 的变化曲线，它与图 7－6 所示的故障变压器 CO 和 CO_2 变化曲线有明显差别。

21. 诊断电力变压器绝缘老化并推断其剩余寿命的方法有哪些？

诊断电力变压器绝缘老化，并推断其剩余寿命的方法如下：

（1）利用气相色谱法测定 CO 和 CO_2 生成量由于绝缘纸老化会分解出 CO 和 CO_2，所以测量 CO 和 CO_2 生成总量可以在一定程度上反映纸的老化情况。但是，绝缘油氧化，国产变压器中使用的 1030 号或 1032 号漆在运行温度下都会分解出 CO 和 CO_2，这就给分析带来一定的困难，有时得不到明确的结论。

（2）测量绝缘纸的聚合度。测量变压器绝缘纸的聚合度（指绝缘纸分子包含纤维素分子的数目）是确定变压器老化程度的一种比较可靠的手段。纸聚合度的大小直接反映了纸的老化程度，它是变压器绝缘老化的主要判据。当聚合度小于 250 时，应引起注意。然而，这项试验要求变压器停运、吊罩，以便取纸样。因此，正在运行的变压器无法进行这项试验。

（3）测量油中的糠醛浓度。绝缘纸中的主要化学成分是纤维素。纤维素大分子是由 D－葡萄糖基单体聚合而成。当绝缘纸出现老化时纤维素历经如下化学变化：D－葡萄糖的聚合物由于受热，水解和氧化而解聚，生成 D－葡萄糖单糖。D－葡萄糖单糖很不稳定，容易水解，最后产生一系列氧环化合物。糠醛是绝缘纸中纤维素大分子解聚后形成的一种主要氧环化合物。它溶解在变压器的绝缘油中，是绝缘纸因降解形成的主要特征液体。可以用高效液相色谱分析仪测出其含量，根据浓度的大小判断绝缘纸的老化程度，并根据糠醛的产生速率 [mg/(L·a)] 可进一步推断其剩余寿命。糠醛分析的优点是：

1）取样方便，用油样量少，一般只需油样十至十几毫升。

2）不需变压器停电。

3）油样不需特别的容器，保存方便。

4）糠醛为高沸点液态产物，不易逸散损失。

5）油老化不产生糠醛。

其缺点是，当对油作脱气或再生处理时，如油通过硅胶吸附时，则会损失部分糠醛，但损失程度比 CO 和 CO_2 气体损失小得多。

应指出，油中糠醛分析对于运行年限不长的变压器，还可以结合油中 CO 和 CO_2 含量分析来综合诊断其内部是否存在固体绝缘局部过热故障。所以可以作为变压器监督的常规试验手段，《规程》建议在以下情况检测油中糠醛含量：

1）油中气体总烃超标或CO、CO_2过高。

2）500kV变压器和电抗器及150MVA以上升压变压器投运2～3年后。

3）需了解绝缘老化情况。

通过对油中糠醛含量的检测可为下列情况提供判断依据：

1）已知变压器存在内部故障时，该故障是否涉及固体绝缘材料。

2）是否存在引起变压器绕组绝缘局部老化的低温过热。

3）判断运行年久变压器等的绝缘老化程度。

油中糠醛含量的判据，《规程》规定如下：

表7-37　变压器油中糠醛含量参考值表

运行年限	1～5	5～10	10～15	15～20
糠醛量/(mg/L)	0.1	0.2	0.4	0.75

1）糠醛含量超过表7-37中所列数时，一般为非正常老化，需连续检测，并注意增长率。

2）测试值大于4mg/L时，认为老化已比较严重。变压器整体绝缘水平处于寿命晚期。此时宜测定绝缘纸（板）的聚合度，综合判断。

有的研究者认为油中糠醛含量达到1～2mg/L，变压器绝缘劣化严重；油中糠醛含量达到3.5mg/L，变压器绝缘寿命终止。

22. 为什么有的运行年久的变压器糠醛含量不高?

糠醛是绝缘纸劣化的产物之一。测定油中糠醛的浓度可以判断变压器绝缘的劣化程度。实测表明，随着变压器运行年限的增长，其油中的糠醛含量增高，这是因为变压器绝缘在运行中受温度等因素的作用会产生劣化，从而导致糠醛含量增高。

然而，有的变压器虽然运行年久，但其油中糠醛含量并不高，甚至很低。其原因如下：

（1）糠醛损失。测试经验证明，变压器油如果经过处理，则会不同程度地降低油中糠醛含量。例如，变压器油经白土处理后，能使油中糠醛含量下降到极低值，甚至测不出来，经过一段较长的运行时间后才能升高到原始值，在做判断时一定要注意这种情况，否则易造成误判断。

（2）运行条件。有的变压器绝缘中含水量少、密封情况好、运行温度低；有的变压器投运后经常处于停运或轻载状态，这也是导致变压器油中糠醛含量低的原因。

基于上述，对变压器油中糠醛含量高的变压器要引起重视，对糠醛含量低的变压器也不能轻易判其是否老化，要具体情况具体分析。分析时还要认真调查研究变压器的绝缘结构、运行史、故障史、检修史等。

23. 少油设备氢含量增高的原因是什么？如何处理？

少油设备是指互感器和电容型套管等。近几年来对国产带金属膨胀器的密封式互感器测试发现，氢含量偏高，如表7-38所示，通常认为造成互感器油中单值氢组分增高的原因是互感器进水受潮，或在生产过程中干燥不彻底，在运输、存放及运行一段时间后潮气溶向油中，水分在电场作用下产生电解或水与铁起化学反应而产生氢。但测试表明，绝大多数密封式互感器油中含水量都比较低。所以氢气单值增高的原因不能简单地归结为进水受潮。常见的原因主要有：

表 7-38　**$LCWB_5-60$ 互感器油中氢含量测量结果**　单位：μL/L

序号	出厂日期/(年．月)	试验时间/(年．月．日)	氢含量	序号	出厂日期/(年．月)	试验时间/(年．月．日)	氢含量
1	1989.3	1990.6.19	136.55	3	1989.2	1990.6.19	114.14
		1991.4.24	688.19			1991.4.24	302.81
		1991.11.22	232.20			1991.11.22	232.20
2	1989.3	1990.6.19	30	4	1989.3	1990.6.19	0
		1991.4.24	427.87			1991.4.24	398.45
		1991.11.22	156.35			1991.11.22	363.87

(1) 加装金属膨胀器。研究表明，氢含量增高与加装金属膨胀器有关，某 L-110 型电流互感器 1991 年加装金属膨胀器前后的色谱分析结果如表 7-39 所示。

表 7-39　**L-110 型互感器加装金属膨胀器前后色谱分析结果**　单位：μL/L

采样时间/(年．月)	H_2	CH_4	C_2H_4	C_2H_6	C_2H_2	CO	CO_2	C_1+C_2	H_2O
1989.10	无	无	无	无	无	85.8	1612.8	无	
1990.5	28.9	2.1	3.5	痕	无	86.4	1272.6	5.6	
1992.8	691.9	6.4	10.8	2.9	无	445.5	28190	20.1	15.8
1993.8	1144.9	6.8	8.7	2.2	无	525.6	2770.7	17.7	18.8

由表 7-39 中数据可知，改装后氢含量明显增高，这是因为金属膨胀器采用的金属是不锈钢等，它们在加工时吸附的氢未得到处理，在油的浸泡和电场的作用下释放出来了，而且释放的速度非常快。从表 7-38 中数据可明显看出互感器氢含量的变化规律：从投运前的一定量增长到最高量，然后逐渐下降，有的甚至达到零。这就是说，投运前由于油浸的原因产生一定量的氢，投运后在电场作用下，增长到最高量，然后不再增长而逐渐下降。有的互感器在投运前含有一定量的氢，投运后并不增高，一直下降，这说明在投运前，在油浸下氢已经充分释放，达到了最高量，投运后在电场作用下，也不会释放了，故呈下降趋势。

(2) 产品制造缺陷。如真空处理不彻底、装配不良、电屏错位或断裂等因素，都可致使互感器在正常工作电压或过电压下产生局部放电，其累积结果导致油纸绝缘老化分解。此外，末屏接触不良，屏极电位悬浮，将产生严重局部放电，表面滑闪放电，甚至击穿。其产气特征除了 H_2 及 CO、CO_2 外，还可检出乙炔。

(3) 互感器内部一次连接夹板、螺杆、螺母等松动，接触电阻大，局部温升剧增，从而导致油的过热，分解出大量气体，它可使金属膨胀器伸长顶起上盖。此类故障在出厂检验时难以发现，只能靠严格的质量管理来保证。

(4) 密封不良、产品受潮。特别是 20 世纪 70 年代前制造的 $LCLWD_3-220$、$LCWD_2-110$ 和 JCC_2-110 等型产品，其密封多为带橡胶隔膜和装有吸湿器结构，易于进水受潮而使油氧化分解，水分侵蚀铁的氧化物也会产生氢气。

(5) 检修不当。由于现场条件所限，换油后真空脱气不充分，油纸间隙中残存气泡；现场带油电焊补漏；吊芯干燥在一般烘房中进行，而未采取真空干燥工艺等，都是检修后新的致氢原因。

有的单位在电容型套管测试中也发现上述现象，如表 7－40 所示。这是因为含碳量高的金属也具有放氢特性。

表 7－40　　电容型套管氢含量测量结果　　单位：μL/L

序号	型式	试验日期/(年.月.日)	氢含量	序号	型式	试验日期/(年.月.日)	氢含量
1	$BRL_3/60$	1990.6.27 1991.4.23 1992.4.20	136.16 70 0	6	DRDLW/220	1989.5.11 1990.5.8 1991.5.22	47.43 51.36 0
2	$BRL_3/60$	1990.6.27 1991.4.23 1992.4.20	47.58 140 107.8	7	$BRWV_3$	1989.9.23 1991.5 1992.4.13	331.96 194.5 0
3	$BRL_3/60$	1990.6.27 1991.4.23 1992.4.20	52.56 20.5 0	8	$BRWV_3$	1989.9.23 1991.5 1992.4.13	303.28 140.2 0
4	$BRL_3/60$	1990.6.27 1991.4.23 1992.4.20	210.25 150 84.89	9	$BRWV_3$	1989.9.23 1991.5 1992.4.13	299.58 136.3 0
5	DRDLW/220	1989.5.11 1990.5.8 1991.5.22	18.88 8.43 0	10	$BRWV_3$	1989.9.23 1991.5 1992.4.13	380.93 200.34 0

当发现少油设备氢含量单值增高时，有的单位认为，对氢含量小于 1000μL/L 时，可以不处理，仅适当缩短监测周期，只要氢含量不再增高，稳定下来过段时间自然会呈下降趋势，慢慢散发掉，个别设备氢含量达到 1000μL/L，应及时处理。

少油设备氢气含量增高的处理方法如下：

(1) 对装有金属膨胀器的互感器，若油中出现单纯氢超标，而水分含量又在合格范围内，可进行一段时间的跟踪试验，待氢含量趋于稳定或下降后，则减少或取消跟踪试验。

(2) 结合设备检修对油进行真空脱气，效果很好。处理后，由于氢气浓度变小，引起化学平衡移动，投运后油中氢气可能还会有所增加，但要比处理前低得多。

(3) 在运行中发现少油设备氢气含量增高后，应结合产品绝缘电阻值、介质损耗因数、局部放电量、油的油中微水含量、高温介质损耗因数及产气率等测量结果进行综合分析判断，确定故障的原因。

24. 高压互感器投运前氢气超标的原因是什么?

运行部门对投运前高压互感器的油进行色谱分析表明，不少产品的氢含量明显增大，甚至严重超标，如表 7－41 所示。

表 7－41　　电流互感器投运前油色谱分析值　　单位：μL/L

产品号	检测值	H_2	CH_4	C_2H_6	C_2H_4	C_2H_2	CO	CO_2
110kV (1号)	出厂值 投运前	17.88 324	1.06 1.9	0 3.4	0 0.5	0 0	9.6 176	65.1 1083

续表

产品号	检测值	H_2	CH_4	C_2H_6	C_2H_4	C_2H_2	CO	CO_2
110kV (2号)	出厂值 投运前	19.93 600	1.37 2.8	4.41 8.5	0 0.5	0 0	48.9 320	186 1200
220kV (3号)	出厂值 投运前	22.4 289	1.76 2	1.47 6	0 痕	0 0	15.1 351	102 995
220kV (4号)	出厂值 投运前	16.73 389	2.54 2	2.96 6	0 痕	0 0	32.6 339	146 4052

研究分析表明，产生这种现象的主要原因有：

(1) 互感器在施加工频试验电压时，主绝缘中铝箔电屏边缘、一次绕组端部等都可能产生电晕放电；产品真空干燥、注油及脱气等工艺不完善时，油纸绝缘中残存气泡亦可能游离；器身包绕或产品组装时卫生不良，悬浮于油中的尘埃微粒形成导电小桥。这些都将降低产品的局放水平，导致油的分解产气。

(2) 互感器底箱及储油柜内壁涂刷的绝缘清漆干燥程度将影响油中含氢量。表 7－42 列出 A30－11 型绝缘清漆的干燥时间和方法，对油中氢含量影响的试验数据，试验是用 ϕ150mm×180mm 金属筒刷漆作盛油容器。试验表明，漆膜干燥不良是一个重要的致氢源，而且不易清除。

表 7－42　　绝缘清漆对油中含氢的影响　　单位：μL/L

试样	干燥情况	H_2	CH_4	C_2H_6	C_2H_4	C_2H_2	CO	CO_2
1号	晾干 24h	925	10	53	痕	0	372	2131
2号	晾干 48h	458	14	97	7	0	410	2111
3号	晾干 72h	256	13	83	7	0	217	1603
4号	烘干 48h	37	2	6	0	0	53	618

注　烘干时温度为 80℃。

(3) 产品内部的不锈钢材料能吸附氢气，特别是用 Ti9Ni18Cr 不锈钢薄板制成的金属膨胀器，在等离子焊接过程中会产生氢气，如不注意除氢工艺的处理，则膨胀器波纹片缝隙所藏存的氢气将带入互感器中。

(4) 变压器油的来源及其处理工艺也影响氢的含量。油中烷烃组分的热稳定性最差，易于热分解产生低分子的烯烃和氢气。不同厂家的变压器油的烯烃组分差异较大，兰州炼油厂的 25 号油含烷烃约 45%，而有的厂家高达 60%，因此油源的选择应予重视。

(5) 互感器的器身在加热干燥处理时，若过于靠近罐壁，将使以纸纤维为主的绝缘材料过热。温度过高将析出氢气。

(6) 产品底箱带油补焊也会产生油的局部过热而析出氢气。表 7－43 是上述盛油试验容器，在烧焊前后的油色谱测试数据。它证实了带油补焊是不容忽视的致氢源，而且还有乙炔析出。

表 7-43　带油容器焊接前后油色谱数据　单位：$\mu L/L$

试样	状况	H_2	CH_4	C_2H_6	C_2H_4	C_2H_2	CO	CO_2
1号	焊前 焊后	81 1219	2 2690	6 405	0 3593	0 123	4.8 2250	4.6 2325
2号	焊前 焊后	37 674	2 731	6 101	0 1178	0 66	37 674	53 1671
3号	焊前 焊后	51 783	2 783	0 80	0 865	0 34	51 330	470 4024
4号	焊前 焊后	26 6602	2 5321	0 1197	0 14571	0 475	62 190	520 1203

25. 如何根据色谱分析结果正确判断电流互感器和套管的绝缘缺陷?

（1）要高度重视乙炔的含量。这是因为乙炔是反映放电性故障的主要指标。正常的电流互感器和套管几乎不出现乙炔组分，一旦出现乙炔组分，就意味着设备异常。此时应当再进行检查性试验检出缺陷。所以《规程》对这类设备乙炔的注意值（220～500kV 为 1μL/L，110kV 及以下为 2μL/L）提出严格要求，这是可以理解的。稍有疏忽可能导致事故发生。例如，某台电流互感器的乙炔含量达 8.1μL/L，在持续运行的一个月内发生了爆炸。

应指出，当乙炔含量较大时，往往表现为绝缘介质内部存在严重局部放电或 L_1 端子放电等。对于一次绕组端子放电，一般伴有电弧烧伤与过热的情况，因此通常会出现乙烯含量明显增长，且占总烃较大的比例。据此，对于电容型结构，一般应检查 L_1 端子的绝缘垫是否有电弧放电烧伤痕迹，对链形（8 字形）结构，则要检查一次绕组紧固螺帽是否松动引起放电等。

（2）不能忽视氢气和甲烷。因为这些组分是局部放电初期，低能放电的主要特征气体。若随着氢气、甲烷增长的同时，接着又出现乙炔，即使未达到注意值也应给予高度重视。因为这可能存在着由低能放电发展成高能放电的危险。

判断时对氢气的含量要作具体分析。有的互感器氢气基值较高，尤其是金属膨胀器密封的互感器，由于未进行氢处理，氢气含量较大。虽然达到注意值，如果数据稳定，没有增长趋势，且局部放电与含水量没有异常，则不一定是故障的反映。但是，当氢气含量接近注意值而且与过去值相比有明显增长时，则应引起注意，如某台 220kV 电流互感器，1983 年氢气含量为 75μL/L，1984 年 12 月为 650μL/L，1985 年 9 月在正常运行中爆炸，经检查系端部胶垫压偏，导致密封不良，在运行中进水所致。另外，有的氢气含量虽然没有达到注意值，但增长较快，则不能忽视，如一支 220kV 套管氢气含量为 25μL/L（≪500μL/L），而 $\tan\delta$ 达 6%（≫0.8%），局部放电量为 200pC（≫20pC），这说明绝缘已存在缺陷，应当及时检查，找出原因。

26. 变压器充油后甲烷增高的原因是什么?

某厂对三台电力变压器绝缘油进行色谱分析后发现：

（1）在未做任何电气试验的情况下，仅把新油（含甲烷不超过 1μL/L）注入变压器后，就产生大量的甲烷，其中含量最高的一台竟达到 573.4μL/L。

（2）三台变压器中的甲烷随时间增长而逐渐减少，但仍然大大超标。

（3）换油后，变压器中的甲烷含量比换油前更高。

（4）从上部取油样，测得甲烷含量为 3.5μL/L，从下部取油样，测得甲烷含量高达 300μL/L。

检查设计图纸发现，油的取样管是从一个打了孔的橡胶板中穿出的，三台变压器均是如此，这就怀疑是橡胶件有问题。

为证实这种看法，有关厂家对丁腈橡胶制品在变压器油中产生甲烷的机理进行了试验研究，通过对试验结果的分析认为，丁腈在变压器油中产生甲烷的本质是橡胶将本身所含的甲烷释放到了油中，而不是将油催化、裂化为甲烷。

硫化丁腈橡胶向变压器油中释放甲烷的主要组分是硫化剂，其次是增塑剂、硬脂酸、促进剂等含甲基的物质。释放量取决于硫化条件。

27. 对充油设备进行多次工频耐压试验后，其色谱分析结果是否会发生变化？

会发生变化。目前，国家标准 GB 311 虽然降低了工频耐压值，对减少油中可燃性气体的含量有益处，但经多次工频耐压试验后也会使充油设备中的可燃性气体含量成倍地增长。表 7－44 列出了某 110kV 套管的色谱分析结果。

表 7－44　　110kV 套管色谱分析结果

项　目	气体组分/(μL/L)						
	H_2	CH_4	C_2H_6	C_2H_4	C_2H_2	CO	CO_2
耐压试验前	173	14.5	2.9	1.4	0	192	1860
多次耐压试验后	1170	205	35	8.1	3	1120	5409

由表 7－44 可见，多次工频耐压试验后，可燃性气体含量显著增加，而且还对固体绝缘有损伤，所以应尽量减少耐压次数。

28. 目前变压器油中溶解气体的在线监测装置主要有哪些？

我国目前变压器油中溶解气体的在线监装置主要有两类：

（1）变压器油中氢气浓度在线监测装置。目前国内外已有多种形式的变压器油中溶解氢气监测仪。在国内，主要是利用钯栅场效应管作为变压器油中溶解氢气监测仪的传感元件，但由于该元件尚存在物理特性的缺陷和工艺问题，使得此类监测仪器在工作的稳定性、可靠性以及寿命方面存在一些问题。基于此，电力科学研究院 1995 年新开发研制了 Dog－1000 型变压器油氢气浓度在线监测仪，该仪器主要由带有氢敏元件的前置装置和智能化采集处理系统两大部分组成。采用催化燃烧测试技术，结合现代科技，通过检测油中氢气含量的变化，可发现充油高压电力设备早期故障，在实用性、经济性、可靠性三个方面比国内外现有的测试装置有显著的优点。

（2）变压器油中乙炔现场监测装置。通常认为，故障部位的温度能代表故障的程度。氢气产生的起始温度最低，而乙炔产生的起始温度最高，大约在 750℃。一般认为，在故障诊断中，油中乙炔的浓度比氢气更为关键。基于此，上海电力学院研制出便携式智能型乙炔测定仪。它主要由脱气、乙炔传感器、单片机（控制及数据处理）、输出等部分组成。目前已使用该仪器检测出变压器故障。例如，某制造厂的一台500kV变压器在出厂试验时，发现有微量乙炔，虽然其浓度只有0.5μL/L，但考虑到新注入的变压器油中乙炔的含量原为零，而在试验时就出现乙炔，即使是痕量也必须引起注意。于是，打开变压器油箱检查，果然发现有放电部位。

除上述外，本溪电业局还研制了变压器油色谱分析在线监测装置，它能够连续监测运行变压器油中的甲烷、乙烷、乙烯、乙炔等气体组分含量。目前该装置已安装于本溪电业局卧龙变电所220kV、60MVA的主变压器上试运行。

第八章

接地电阻及其测量

1. 为什么常采用直径约为5cm、长度为2.5m的钢管作人工接地体?

若钢管直径小于约5cm，则由于机械强度小，容易弯曲，不适宜采用机械方法打入土中。如直径大于5cm根据试验结果，当直径由5cm增加到12.5cm时，流散电阻仅减少15%，所以从经济效果来看并不合算。接地体长度若小于2.5m，流散电阻增加很多；反之，若接地体长度再增加时，流散电阻减小得并不多。所以常采用直径约为5cm、长度为2.5m的钢管作人工接地体。

2. 为什么垂直敷设的接地极常用铁管?

这是因为与重量相同的其他铁件相比，用铁管作接地极有许多优点：它中空而有较大的直径，增加与土壤的接触面；管子刚度大，打入土壤时不易弯曲；冲击接地电流有趋肤效应；铁管的金属利用率高，有利于接地电流传导。所以垂直敷设的接地极大多数采用铁管。

3. 为什么要对新安装的接地装置进行检验? 怎样验收?

对新安装的接地装置，为了确定其是否符合设计或《规程》的要求，在工程完工后，必须经过检验才能投入正式运行。检验时，施工单位必须提交下列技术文件：

(1) 施工图与接地装置接线图；

(2) 接地装置地下部分的安装记录；

(3) 接地装置的测试记录。

另外，还必须对接地装置的外露部分进行外观检查。外观检查的项目大致如下：检查接地线或接零线的导体是否完整、平直与连续；接地线或接零线与电力设备间的连接，当采用螺栓连接时，是否装有弹簧垫圈和接触可靠；接线或接零线相互间的焊接，其迭焊长度与焊缝是否合乎要求；接地线与接零线穿过墙建筑物的墙壁或基础时，是否加装了防护套管；当与电缆管道、铁路交叉时，是否有遮盖物加以保护；在经过建筑物的伸缩缝处是否装设了补偿装置；当利用电线管、封闭式母线外壳或行车钢轨等作为接地或接零干线时，各分段处是否有良好的焊接；接地线或接零线是否按规定进行了涂漆或涂色等。

除外观检察外，还必须进行接地装置的接地电阻测量和重点抽查触及接点的电阻。

4. 为什么要对接地装置进行定期检查和试验?

在运行过程中，接地线或接零线由于有时遭受外力破坏或化学腐蚀等影响，往往会有损

伤或断裂的现象发生，接地体周围的土壤也会由于干旱、冰冻的影响而使接地电阻发生变化。因此为保证接地与接零的可靠，必须对接地装置进行定期的检查和试验。

5. 测量接地电阻应用交流还是直流？

应用交流。这是因为土壤导电常常要经过水溶液，如果用直流测量，则会在电极上聚集电解出来的气泡，减小了导电截面，增加了电阻，影响测量准确度，所以应当用交流不能使用直流。

6. 用 ZC－8 型接地电阻测定器测量接地电阻有何优缺点？

此测定器是测量输、配电线路杆塔接地、独立避雷针接地等小型接地装置工频接地电阻的专用仪器。其测量接线如图 8－1 所示。

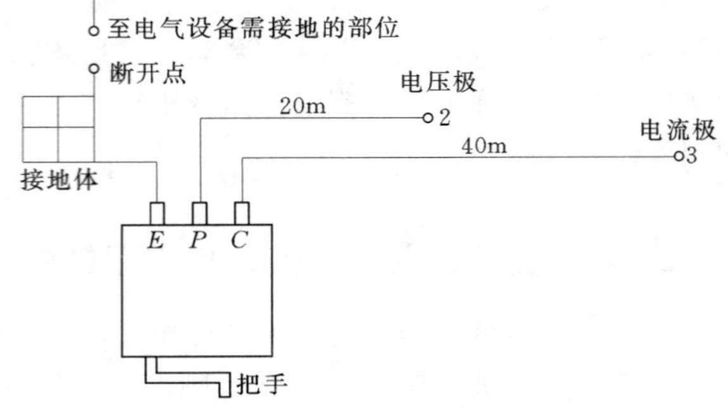

图 8－1 用 ZC－8 型接地电阻测定器测量接地电阻接线图

测量时，以 120r/s 的速度摇仪器中的发电机，对指示数逐渐地进行调节，这样可以直接从刻度盘上读出被测的接地体的工频接地电阻。

采用测定器测量接地电阻的优点如下：

（1）测定器本身有自备电源，不需要另外的电源设备。

（2）测定器携带方便，使用方法简单，可以直接从仪器上读取被测接地体的接地电阻。

（3）测量时所需要的辅助接地体和接地棒，往往与仪器成套供应，而不需另行制作，从而简化了测量的准备工作。

（4）抗干扰能力较好。

其主要缺点是不能用来测量大面积变电所接地网的接地电阻。

表 8－1 列出了用不同方法对两个变电所接地网的测量结果。

表 8－1 变电所接地网阻抗测量值

单位：Ω

变电所名称	大电流注入法	苏产 MC－07	ZC－8
甲变电所	1.33	1.35	2.3
乙变电所	0.496	0.55	2

由表 8－1 可见，采用 ZC－8 型接地电阻测定器测量的结果与使用下述的工频大电流法测量的结果误差很大。这是因为 ZC－8 型接地电阻测定器是根据测试纯电阻的原理设计和检验的。用来测量具有阻抗特性的接地网必然产生误差，这种误差是结构性的。有资料指出，当阻抗中含有大量的电感分量时（通常在接地阻抗小于 0.5Ω 时发生）就不能用传统的仪表（如 ZC－8）来进行测量，通常采用电流—电压表法进行测量。

7. 用接地电阻测试仪测量接地电阻时，为什么电位探棒要距接地体 20m？

为说明这个问题，我们引入一个用图 8－2 进行测试的测试结果，如表 8－2 所示。

表 8-2　　测量结果（$l_{EL}=40m$）

d/m	5	10	15	18	20	22
测量值/Ω	1.8	1.9	2.0	2.1	2.1	2.1

由表 8-2 可见，由于注入接地体的电流不变，电位探棒距接地体越近，它们之间的电位差就越小。当距被测接地体 18～22m 时，测量值相等，此值最接近被测接地体的电阻值。换言之，向单根接地体注入电流后，在距单根接地体 20m 附近，电位已趋近于零，因此要测出接地体的对地电位，必须把电位探棒打到距接地体 20m 左右的地方。

实际在测量时，如果电流极无法打入距接地体 40m 的地方，可采用下述方法：

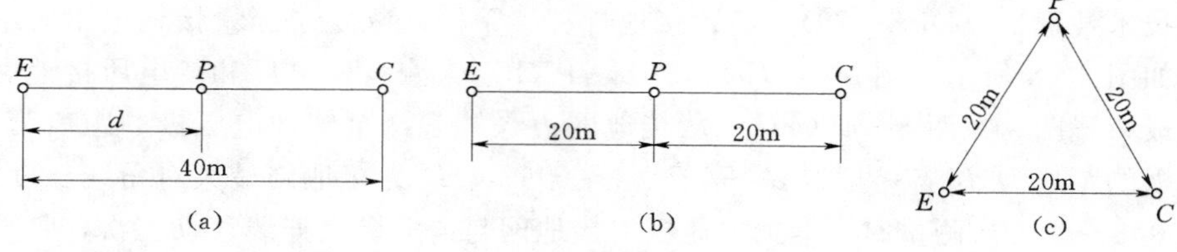

图 8-2　测量接线

(a) 常规直线布置；(b) 直线布置（E 在 P、C 中间）；(c) 三角形布置

(1) 如图 8-2 所示，将电位棒和电流探棒打在接地体的前后两面，与接地体相距 20m 以上，且三点成一直线。

(2) 如图 8-2 所示，将电位探棒、电流探棒和接地体布置成三角形，三者都相距 20m 以上。

现场曾用同一台接地电阻测试仪，用上述三种接线分别对同一接地体进行测量，测量结果基本相同。

当接地体周围是混凝土路面时，可采用下述方法测量：将两块平整的钢板（250mm×250mm）放在混凝土路面上，在钢板和混凝土路面之间浇水，测试线夹在钢板上，其测量结果和探棒打在地下测量结果相同。

8. 如何用电流电压表法测量大型接地网的接地电阻？影响测量准确性的因素有哪些？

用电流电压表法测量工频接地电阻的接线图，如图 8-3 所示。

图中的自耦调压器是用来调节电压的，它也可用可调电阻等进行调压。电流电压表法所采用的电源最好是交流电源，因为在直流电压作用下，土壤会发生极化现象，使所测的数值不易准确（掌握极化规律性后，有可能测量得较准确些，但仍不如交流电压电流法准确，各专门的“接地电阻测定器”内也是手摇交流发电机或是手摇直流发电机再经过“换流器”产生一交变电流）。图中的隔离变压器，是考虑到经常的低压交流电源是一火一地而设置的。有了隔离变压器后，使测量所用的电源对地是

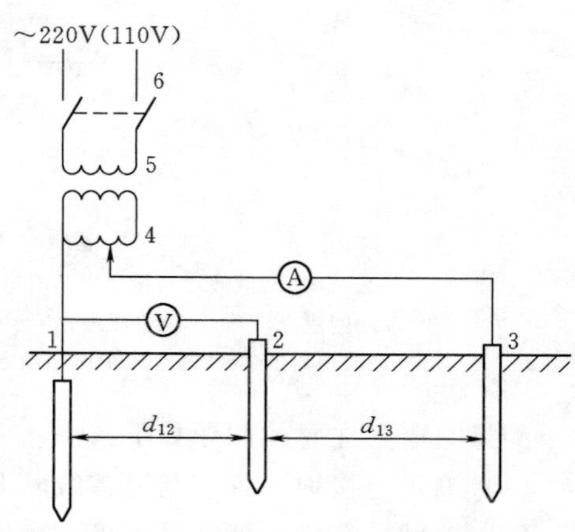

图 8-3　用自耦调压器调节电流大小的电流电压表法测量接地电阻的接线图

1—被测电极；2—电压极；3—电流极；4—自耦变压器；5—隔离变压器；6—刀闸

隔离的（即不和地直接构成回路），若无此变压器则可能使火线直接合闸到被测接地装置上，使所需试验电流增大。

图中的电流辅助电极是用来与被测接地电极构成电流回路，电压辅助电极用来取得被测接地的电位。

当在电流极与接地网之间施加工频电压，便有工频电流 I 通过接地网的接地电阻流通，用电压表在 1、2 两点间测量电流在接地电阻上的压降，则接地电阻 R_{jd} 值由下式决定

$$R_{jd} = \frac{U}{I}$$

保证测量准确度的关键在于电流辅助极和电压辅助极的位置要选择得合适。《电力设备接地设计技术规程》（SDJ 8—79）（简称接地规程，下同）规定了测量接地电阻时电极的布置方法，如图 8－4 所示。图 8－4（a）、图 8－4（b）为测量发电厂和变电所接地网接地电阻时的电极布置图。在图 8－4（a）中从接地网边缘算起，至辅助电压极的距离为 d_{12}，至辅助电流极的距离为 d_{13}，一般取 d_{13} 等于（4～5）D，D 为接地网最大对角线长度，取 d_{12} 为 d_{13} 的 50%～60%。测量时，辅助电压极沿接地网与电流极之连线移动三次，每次移动距离约为 d_{13} 的 5%，三次测得的电阻值互相接近，即认为辅助电压极选择得合适。如 d_{13} 取（4～5）D 有困难，在土壤电阻率较均匀的地区，d_{13} 可取 $2D$，d_{12} 取 D；在土壤电阻率不均匀的地区或城区，d_{13} 可取 $3D$，d_{12} 可取 $1.7D$。如当地地形对测量工作有利，也可采用图 8－4（b）所示的布置方法，这时 $d_{12}=d_{13}\geqslant 2D$，夹角 $\theta=30°$。图 8－4（c）是测量杆塔接地电阻时电极的布置图，d_{13} 一般取接地装置最长射线长度 l 的 4 倍，d_{12} 取 l 的 2.5 倍。

由于这种测量方法只含有三个电极，所以通常称为三极法。

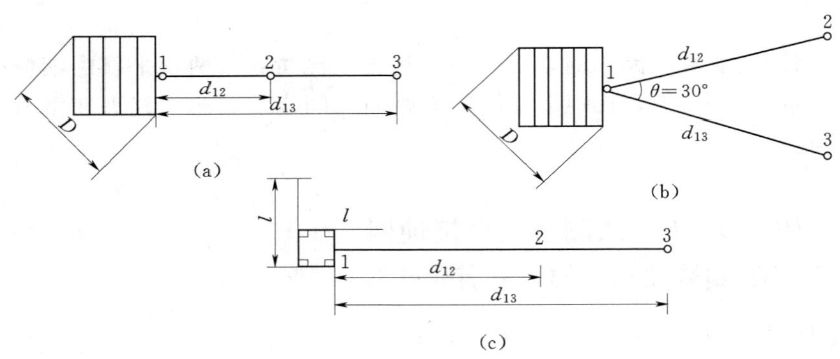

图 8－4　电压电流表法测接地电阻时电极布置图

（a）、（b）测量接地网接地电阻时电极的布置图；（c）测量杆塔接地电阻时电极布置图
1—被测接地网边缘；2—辅助电压极；3—辅助电流极；D—接地网最大对角线；l—杆塔接地最大射线长度；d_{12}—接地网边缘距离辅助电压极距离；d_{13}—接地网边缘距辅助电流极的距离

测量时需要注意的问题如下：

（1）测量时接地装置宜与避雷线断开，试验完毕后恢复。

（2）辅助电流极，辅助电压极应布置在与线路或地下金属管道垂直的方向上。

（3）应避免在雨后立即测量接地电阻，测量工作应在干燥天气进行，工作完毕后，应记录当时的气候情况，并画下辅助电流极和电压极的布置图。

（4）采用电流电压表法时，电极的布置宜采用图 8－4（b）的方式，夹角应接近 29°。

（5）如在辅助电流极通电以前，电压表已有读数，说明存在外来干扰，可调换电源极性进行两次测量，并按下式计算实际电压

$$U=\sqrt{\frac{1}{2}(U_1^2+U_2^2-2U_0^2)}$$

式中　U——由测量电流产生的实际电压；

U_1——接通电源后测得的电压；

U_2——电源极性调换后测得的电压；

U_0——未加电源前测得的干扰电压。

如果电源是三相的，也可将电源OA、OB、OC依次接入，测出三种情况下电压表读数U_a、U_b、U_c，然后按下式换算实际电压

$$U=\sqrt{\frac{1}{3}(U_a^2+U_b^2+U_c^2-3U_0^2)}$$

如虽发现有干扰，但调换电源极性后测得的电压不变，即$U_1=U_2=U_M$或$U_a=U_b=U_c=U_M$，则可能是外来干扰电压有不同的频率，这时可按下式校正

$$U=\sqrt{U_M^2-U_0^2}$$

如根据现场情况，可能产生直流干扰，则应将电压表通过试验用电压互感器接入被测回路。

（6）辅助电流极通电时，其附近将产生较大的压降，可能危及人畜安全，试验进行的过程中，应设人看守，不要让人或畜走近。

（7）电源输入端应加设保险，仪器、仪表操作时宜垫橡胶绝缘。仪表读数后不宜带负荷拉掉调压器刀闸，防止电压梯度大，损坏仪表。

影响测量准确性的因素主要有：

（1）电流线与电压线间互感的影响。在现场应用三极法实测接地装置的接地电阻时，常采用10kV或35kV的线路中的两相作电流导线和电压导线。电极的布置又常采用三角形布置或直线布置。当电极为直线布置时，由于两引线平行且距离又长，因互感作用，使电压导线上产生感应电压，约为3～2V/（10A·km），该电压直接由电压表读出而引起误差，这就影响了测量准确度。

目前，为消除互感的影响，有关文献提出的方法有四极法、双电位极引线法、瓦特表法、功率因数表法、变频法和附加串联电阻法等。

（2）零电位的影响。地网建立后，由于用电设备负荷的不平衡，产生单相短路，有可能引起三相电源不平衡，在地网中形成地网电位，其电位分布极不均匀，电源零线接地点及短路点的电位最高，于无穷远处逐渐下降为零，在这种高电位差的作用下，在地下产生频率、相位、峰值都在变化的零序电流，干扰着测量的准确度。

实测表明，工频干扰电流，在不同变电所，数值不同；在同一变电所，不同运行方式时数值也不同，甚至同一运行方式，而时间不同，数值也有区别。所以很难掌握干扰电流在某个变电所的具体变化规律。为提高测量的准确度，往往采用增大测试电流的方法。增大测试电流后，相应地提高电压极上测得的电压的数值，使其大于零电位约1～2个数量级，从而可以忽略零电位的影响。

（3）气候的影响。接地网接地电阻的测量应选择在天气晴朗的枯水季节，连续无雨水天气在一周以上进行，否则测出的接地电阻数值不能全面反映实际运行情况。

温度也可能影响测量的准确性，有关单位跟踪测量证明，水平地网的温度影响较大，在夏季温度升高，土壤松弛地区的水分蒸发量增加，抵消了由于温度增加可能发生的电阻降低。而在冬季，由于地下水位下降及冰冻的发生使得接地电阻增加，在带有水位的土壤内，交替的冰冻和融化造成逐渐累积的变化，在地表面下形成水平冰壳及很大的冰楔和冰体构造，土壤像岩石一样坚硬，土壤电阻率很高，不能准确测量出真实的接地电阻，一般在严重冰冻时不宜进行接地电阻测量。

(4) 仪器、仪表及其他方面的影响。采用三极法测量接地网的接地电阻时，对仪器、仪表的要求很高，三相调压器对满刻度的要求为最大电流值，电压表要求为高内阻、高灵敏度的晶体管电压表，电流表最好选用精确度为 0.5～1.5 级的低阻抗的交流电流表，选用带灭弧装置的刀闸和三相转换开关，所有线路必须能承载最大调整电流。

接地网上与外界有电的联系的地埋及架空线路也会影响测量的精度，所以在实际测量中，尽可能地解除被测接地网上的所有与外界连接线路（如架空避雷线，地埋铠装电缆的接地点，三相四线制的零线，音频电缆，屏蔽层接地点等）。若无法将其解除时，可将未解除段算在被测地网上，适当延长电流、电压线的长度，进行测量也可消除其影响。

接线敷设辅助电极及接线的接触电阻也会影响测量精度，所以一般要求接线截面大，电极与土壤良好地接触，在疏松土壤中可在电极四周浇灌一些水，使土壤湿润，达到消除接触电阻的影响。

9. 采用电流电压表法测量接地装置的接地电阻时，为什么要加接隔离变压器？

为保证接地电阻测量值的准确性，规定测量时要使用交流电源，但常用的 220V、380V 交流电源一般都采用中性点直接接地的连接方式。如果用这种电源直接测量接地电阻就可能造成接地短路，产生短路电流，并因分流影响而使测得的电流值不是流过接地装置的实际值。

加接隔离变压器后，由于这种变压器的初、次级绕组之间只有磁的联系而无电的联系，故不会造成电源接地短路，使测得的电流值是流过接地装置的实际值。

10. 如何用四极法测量大型接地网的接地电阻？测量中应注意的问题有哪些？

图 8－5 是四极法测量工频接地电阻的原理接线图。其中四极是指被测接地装置 G、测量用的电流极 C 和电压极 P 以及辅助电极 S。辅助电极 S 离被测接地装置边缘的距离 $d_{GS}=$ 30～100m。

测量时，用高输入阻抗电压表测量点 2 与点 3、点 3 与 4 以及点 4 与点 2 之间的电压 U_{23}、U_{34} 和 U_{42}，由电压 U_{23}、U_{34} 和 U_{42} 以及通过接地装置流入地中的电流 I，得到被测接地装置的工频接地电阻为

$$R=\frac{1}{2U_{23}I}(U_{42}^2+U_{23}^2-U_{34}^2)$$

测量中应注意的问题有：

(1) 为了使测量结果可信，要求电压表和电流表的准确度不低于 1.0 级，电压表的输入阻抗不小于 100kΩ。最好用分辨率不大于 1%的数字电压表（满程约 50V）。

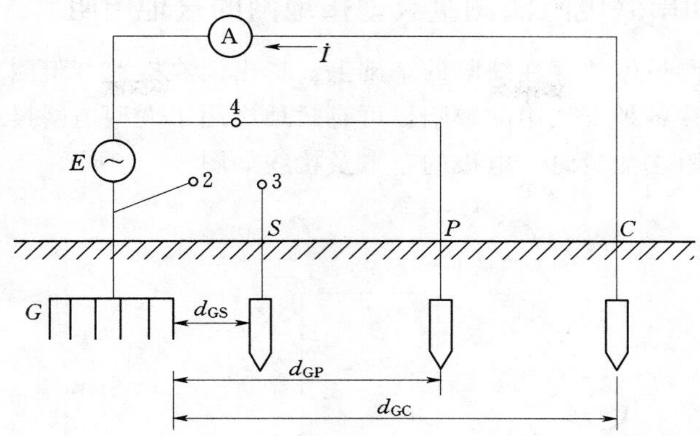

图 8-5　四极法测量工频接地电阻的原理接线图

G—被测接地装置；P—测量用电压极；C—测量用电流极；S—测量用的辅助电极；E—工频电源

(2) 对接地装置中零序电流的影响，既可以用增大通过接地装置的测试电流值的办法减小，也可以用倒相法或三相电源法消除。

用倒相法得到的工频接地电阻值为

$$R_G = \frac{1}{I}\sqrt{\frac{1}{2}[(U'_G)^2 + (U''_G)^2] - U_{G0}^2}$$

式中　I——通过接地装置的测试电流，一般不宜小于 30A，且测试电流倒相前后保持不变；

U'_G、U''_G——测试电压倒相前后的接地装置的对地电压；

U_{G0}——不加测试电压时接地装置的对地电压，即零序电流在接地装置上产生的电压降。

三相电源法是将三相电源的三相电压相继加在接地装置上，保持通过接地装置的测试电流值 I 不变，则被测接地装置的工频接地电阻值为

$$R_G = \frac{1}{I}\sqrt{\frac{1}{3}(U_{GA}^2 + U_{GB}^2 + U_{GC}^2) - U_{G0}^2}$$

式中　U_{GA}、U_{GB}、U_{GC}——把 A 相电压、B 相电压和 C 相电压作为测试电源电压时接地装置的对地电压；

U_{G0}——在不加测试电源电压时，电力系统的零序电流在接地装置上产生的电压降；

I——通过接地装置的测试电流。

(3) 为减小由于广播电磁场等交流电磁场产生的高频干扰电压对测量结果的影响，可在电压表的两端子上并接一个电容器，其工频容抗应比电压表的输入阻抗大 100 倍以上。

(4) 测量前，应把避雷线与变电所的接地装置的电连接断开。

(5) 为了得到较大的测试电流，一般要求电流极的接地电阻不大于 10Ω，也可以利用杆塔的接地装置作为电流极。

(6) 为减小干扰的影响，测量线应尽可能远离运行中的输电线路或与之垂直。

(7) 测量电极的布置要避开河流、水渠、地下管道等。

11. 如何用附加串联电阻法测量大型接地网的接地电阻？

这是在总结上述测量方法存在缺陷的基础上，提出消除接地电阻测量中互感影响的新方法。该方法能克服以往各种方法中的缺陷，可有效地应用于大型地网接地电阻的现场测量。

采用附加串联电阻法测量时，电极的布置及接线如图 8－6 所示。

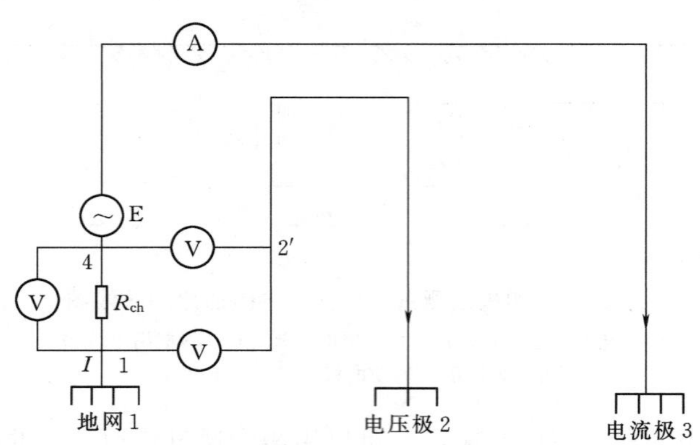

图 8－6　附加串联电阻法测量原理接线图

测量时，施加电源电压 E 后，选用高内阻数字式电压表分别测出 U_{42}、U_{12} 和 U_{41}，然后用下式（推导从略）计算接地网接地电阻 R_1 为

$$R_1 = \frac{U_{42}^2 - U_{12}^2 - U_{41}^2}{2IU_{41}^2}$$

式中　U_{42}——4 与 2 点间的电压值，V；

U_{12}——1 与 2 点间的电压值，V；

U_{41}——4 与 1 点间的电压值，V；

I——测试电流，A。

若有地中干扰电流等影响可采用倒相法消除。

测量中应注意的问题如下：

（1）对附加电阻的精度要求极低，因为它不出现在计算公式中。可用容量足够的非线性电阻，只要其在测试电流时的阻值大致合理即可。现场常采用无感电阻，并以尽可能短的引线接到接地网上。

（2）对用 6～35kV 架空线进行测试的场合，附加串联电阻值应大致为 10.3～0.27L 或大些，其中 L 为电位极引线的长度（km）。

12. 如何用功率因数表法测量大型接地网的接地电阻？

功率因数表法的实质是在三极法的基础上加接一个功率因数表，通过测量电流、电压和功率因数，可完全消除互感的影响。其测量接线如图 8－7 所示，相量图如图 8－8 所示。

由于功率因数表电压回路的内阻 R_V 较高，通过电压回路的电流可忽略不计。则可得

$$U_{12} = \dot{I}R_G + j\omega M\dot{I}$$

由图 8－8 可见

$$R_G = U_{12}\cos\varphi / I \qquad (8-1)$$

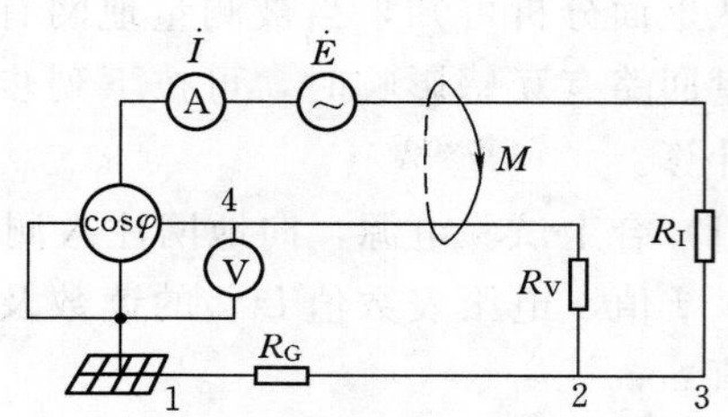

图 8-7 功率因数表法测量接地电阻的接线图

R_G—地网 1 的接地电阻；R_V—为电压极 2 的接地电阻；R_I—电流极 3 的接地电阻；M—电流回路与电压回路的互感；φ—$\dot{U}_{12}$与$\dot{I}$间的夹角

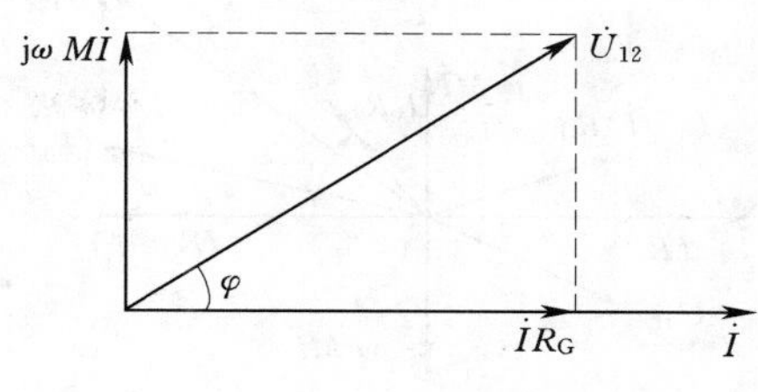

图 8-8 相量图

当地网中存在较大干扰电流时，功率因数表法测量接地电阻的等值电路见图 8-9。为消除附近干扰电流的影响，采用倒相法进行测量。

（1）合上电源，向地网注入电流 $\dot{I}$，如前考虑，则流入地网的电流可认为是（$\dot{I}+\dot{I}_0$）。因此图 8-9 中电压表电压用复数表示为

$$\dot{U}_{12Z}=(\dot{I}_0+\dot{I})R_G+\mathrm{j}\omega M\dot{I} \tag{8-2}$$

式中U的下角“Z”表示“正”向接法。

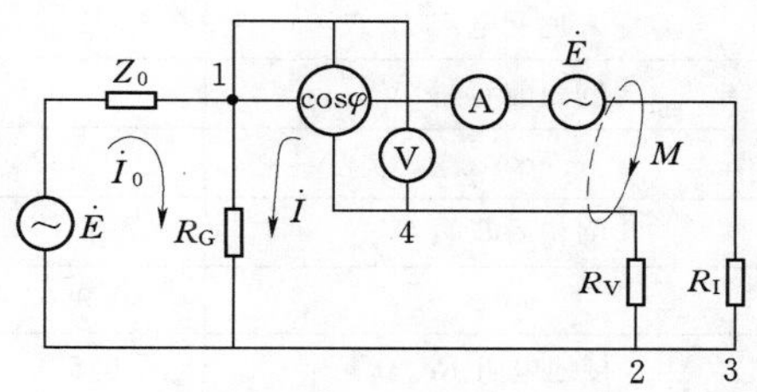

图 8-9 有干扰电流时功率因数表法测量接地电阻的等值电路

$\dot{E}$—测量电源电势；$\dot{I}$—注入地网的测量电流；$\dot{I}_0$—通过地网的干扰电流；Z_0—干扰电源的等值阻抗

由相量图 8-10 可知，功率因数值有

$$\cos\varphi_Z=\frac{IR_G+I_0R_G\cos\alpha}{U_{12Z}} \tag{8-3}$$

式中 φ_Z——$\dot{U}_{12Z}$与$\dot{I}$的夹角；

α——$\dot{I}_0$与$\dot{I}$的夹角。

由式（8-3）可得

$$\frac{U_{12Z}\cos\varphi_Z}{R_G}-I=I_0\cos\alpha \tag{8-4}$$

（2）将测量电源倒相，保持注入地中电流数值不变，于是电压表电压用复数表示为

$$\dot{U}_{12F}=(\dot{I}_0-\dot{I})R_G-\mathrm{j}\omega M\dot{I} \tag{8-5}$$

式中U的下角“F”表示“反”向接法。

由图 8-10 可知

$$\cos\varphi_F=\frac{IR_G-I_0R_G\cos\alpha}{U_{12F}} \tag{8-6}$$

式中 φ_F——$\dot{U}_{12F}$与$-\dot{I}$间的夹角。

由式（8-6）可得

$$I-\frac{U_{12F}\cos\varphi_F}{R_G}=I_0\cos\alpha \tag{8-7}$$

因此由式（8-4）、式（8-7）可推出

$$R_G=\frac{U_{12Z}\cos\varphi_Z+U_{12F}\cos\varphi_F}{2I} \tag{8-8}$$

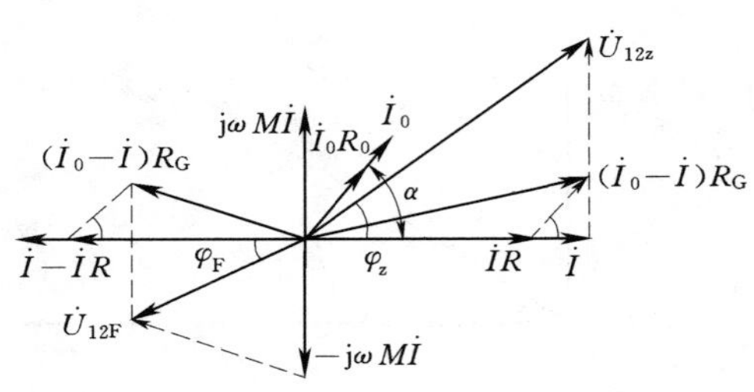

图 8－10　有干扰电流及互感影响施加正、反向电流时各参数的相量图

从上面分析可知，当被测量地网有干扰电流且测量回路有互感影响时，可按下列步骤进行测量、计算。

（1）合上试验电源，向地网注入测量电流 I，并记录 I 值、电压表数值 U_{12Z} 的读数及功率因数表数值 $\cos\varphi_Z$。

（2）把试验电源倒相，合上电源，向地网注入大小相同的电流 I，并记录电压表数值 U_{12F}、功率因数表读数 $\cos\varphi_F$。

（3）把上面所记录的数据代入式（8－8）即可得地网接地电阻的准确值。

表 8－3 列出了华东某 220kV 变电站接地网用功率因数表法测得的接地电阻值。

表 8－3　　某 220kV 变电站地网接地电阻测量结果

注入地网电流 I/A	10	20	30	40	50
倒相前 U_{12Z}/V	7.6	13.0	18.4	25.0	31.3
$\cos\varphi_Z$	0.982	0.994	0.994	0.994	0.994
倒相后 U_{12F}/V	4.1	10.4	16.4	21.7	27.1
$\cos\varphi_F$	0.9905	0.9905	0.9925	0.994	0.995
接地电阻 R_G/Ω	0.576	0.581	0.576	0.580	0.58

注　1. 测试日期为 1991 年 1 月 6 日晴，8℃。
2. 测量时主变压器 110kV、220kV 侧中性点电流均为 0.8A。
3. 测量时干扰电压 3～4V。

13. 如何用瓦特表法测量大型接地网的接地电阻？

瓦特表法就是采用三极法的工作原理，通过测量电流和功率求得接地电阻，瓦特表测量布线如图 8－11 所示。

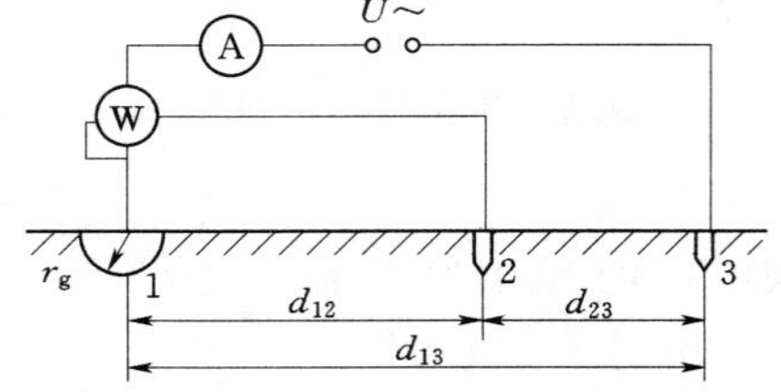

图 8－11　瓦特表法测接地电阻的测量接线

设大地的土壤均匀，电阻率为 ρ，经接地体 1 流入大地的电流为 I，则电极 1 和电极 2 之间的电压为

$$U_{12}=\frac{I\rho}{2\pi}\left(\frac{1}{r_g}-\frac{1}{d_{12}}+\frac{1}{d_{23}}-\frac{1}{d_{13}}\right)$$

瓦特表测得的功率为

$$P=U_{12}I=\frac{I^2\rho}{2\pi}\left(\frac{1}{r_g}-\frac{1}{d_{12}}+\frac{1}{d_{23}}-\frac{1}{d_{13}}\right)$$

因此电极 1 和电极 2 之间呈现的电阻 R_G 为

$$R_G=\frac{\rho}{I^2}=\frac{\rho}{2\pi}\left(\frac{1}{r_g}-\frac{1}{d_{12}}+\frac{1}{d_{23}}-\frac{1}{d_{13}}\right)$$

当用远离法或补偿法使

$$\frac{1}{d_{12}}-\frac{1}{d_{23}}+\frac{1}{d_{13}}=0$$

就得

$$R_G=\frac{\rho}{2\pi r_g}$$

此即为接地网的接地电阻值。

图 8-11 的等值电路如图 8-12 所示。

考虑到 R_V 与瓦特表电压回路的高内阻相比是微不足道的，因此 R_V 两端电位相等，电压回路中的电流可以忽略不计，如图 8-12 的等值电路有

$$\dot{U}_{12} = \dot{I}R_G + j\omega M\dot{I}$$

$$P = I^2 R_G$$

则

$$R_G = \frac{P}{I^2}$$

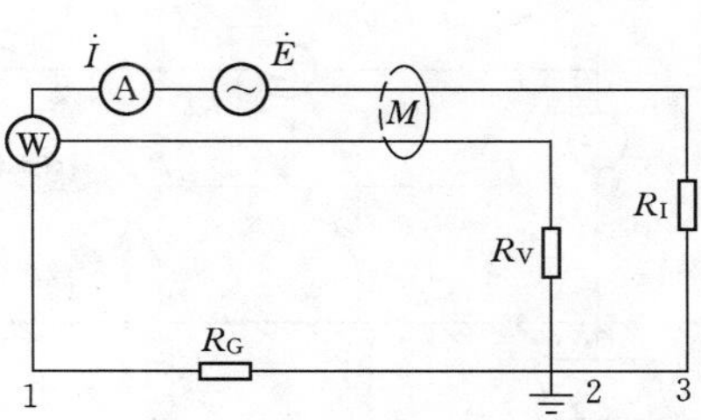

图 8-12　瓦特表法测量接地电阻等值电路

R_G—地网 1 的接地电阻；R_V—电压极 2 的接地电阻；R_I—电极 3 的接地电阻；M—电流回路与电压回路之间的互感

当接地网存在较大的干扰电流时，为消除干扰电流的影响，可采用倒相法进行测量。接地网的接地电阻为

$$R_G = \frac{P_Z + P_F}{2I^2}$$

式中　P_Z——电源为正极性（即倒相前）瓦特表所测得的功率；

P_F——电源为反极性（即倒相后）瓦特表所测得的功率。

值得注意的是，当注入电流不足够大时，测量结果会出现偏差。

14. 如何用变频法测量大型接地网的接地电阻？

采用变频法测量时，其原理接线如图 8-13 所示。电压线与电流线夹角为 30°，可避免互感的影响。还可用隔离变压器阻断电网与测试仪的电联系，试验电流约为 1～3A。

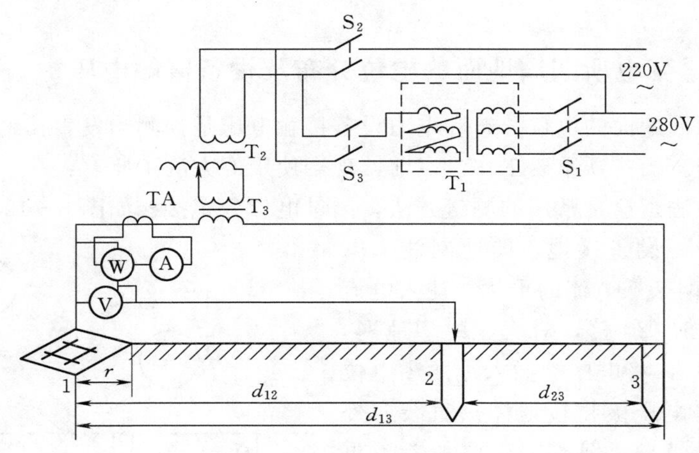

图 8-13　变频法测量的原理接线

1—地网中心；2—电压极；3—电流极；r—地网对角线一半；d_{12}—地网中心到电压极的距离；d_{13}—地网中心到电流极的距离；d_{23}—电压、电流极间距离

目前有的单位采用九江仪表厂生产的 PC-19 大型地网接地电阻测量仪进行测量。

15. 如何用电位极引线中点接地法测量大型接地网的接地电阻？

测量的原理接线如图 8-14 所示。

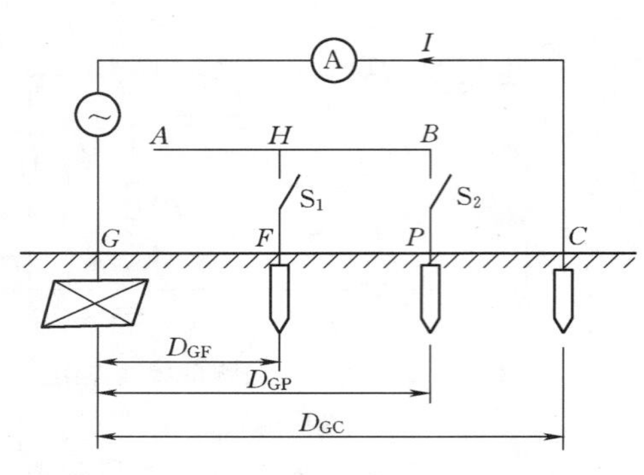

图 8-14 测量原理接线图

测量时，首先读取 I，再用高内阻电压表直接读出下列电压：

(1) 合上 S_1，断开 S_2，读出 U_{GA}、U_{BP}；

(2) 断开 S_1，合上 S_2，读出 U'_{GA}。

根据推导，地网的接地电阻为

$$R=[(U_{GA}^2-U_{BP}^2)/I]\times[2(U_{GA}^2+U_{BP}^2)-(U'_{GA})^2]^{-\frac{1}{2}}$$

如果地网存在不平衡干扰电流，干扰电流造成的误差可用倒相法消除。首先在不加测量电流的情况下测量 U_{GA}、U_{BP} 和 U'_{GA}，然后再加上测量电流，在正反两种极性下测量这三个量。按下面的统一公式可分别求出消除干扰后此三量相应的值

$$U_x=\sqrt{\frac{1}{2}(U_{x1}^2+U_{x2}^2-2U_{x0}^2)}$$

式中 U_{x0}、U_{x1}、U_{x2}——某参量在不加测量电流，加正极性测量电流、反极性测量电流的值；

U_x——该参量消除工频干扰后的值。

为减小测量误差，电流极距地网中心的距离宜取为地网半径的 10 倍。

该方法可以消除电流、电压引线互感的影响，结合倒相法还可以消除不平衡电流引起的工频干扰，且计算公式简单，结合现代的通信工具，现场很容易实现。

16. 如何测量变电所四周地面的电位分布及设备接触电压?

测量变电所四周地面的电位分布和电力设备接触电压是预测当发生接地短路故障时是否会发生危及人身安全的一项重要工作。目前，现场使用的方法主要有：

(1) 探针钻孔法。这是常用的测量方法，测量电位分布接线如图 8-15 所示。

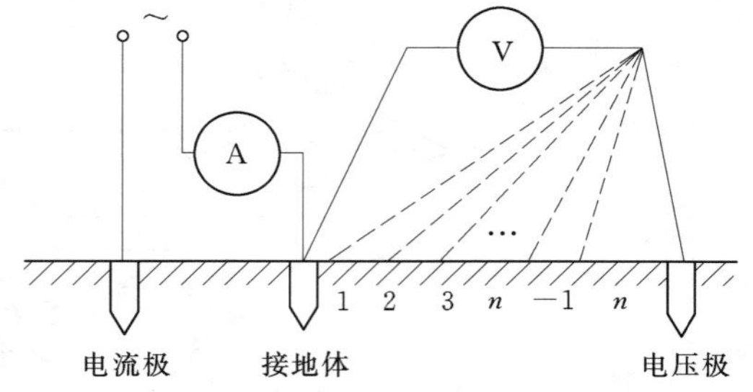

图 8-15 测量地面电位分布接线图

测量时，选择一设备接地，向地网注入电流 I（为了克服地网杂散电流的干扰，注入电流应为干扰电流的 15～20 倍，对大、中型地网，通常取为 20～40A)，将电压极插入地的零电位处，具体做法是将电压极自接地体沿直线向外移动，当电压极继续向外延伸时，电位差不再增加，该电位差则为最高电压 U_g，此时从电流注入点接地体开始，沿直线方向每隔 0.8m 测定各点对接地体的电压 U_1、U_2、…、U_{n-1}、U_n，然后以 U_g 分别减去各测点电压值，或者固定电压极不动，从接地体起每隔 0.8m 测量一次各点对电压极的电压，即得各点（对零电位点）的电位分布。接地体流过接地短路电流 I_{max} 时的实际电位，应乘以系数 K 确定。测得各点的电位分布后，相距 0.8m 两点间的跨步电压为

$$U_K=K(U_n-U_{n-1})$$

式中　U_K——任意相距0.8m两点间的实际跨步电压，V；

K——系数，其值等于接地体流过的最大接地短路电流I_{max}与测量时注入电流I之比。

这种方法的缺点是测量各测量点时，均要将探针打入地中，若是土质地面则较容易，但对混凝土地面，就有一定困难。

测量设备接触电压的接线如图8-16所示。测量时从设备外壳对电流极加上电压后读取电流值和电压值，然后计算当流过最大短路电流I_{max}时的实际接触电压

$$U_{jmax}=U_{js}\frac{I_{max}}{I}=KU_{js}$$

式中　U_{jmax}——接地体流过最大接地电流I_{max}时的接触电压，V；

U_{js}——接地体流过试验电流I时的实测接触电压，V；

K——系数，其值为$\frac{I_{max}}{I}$。

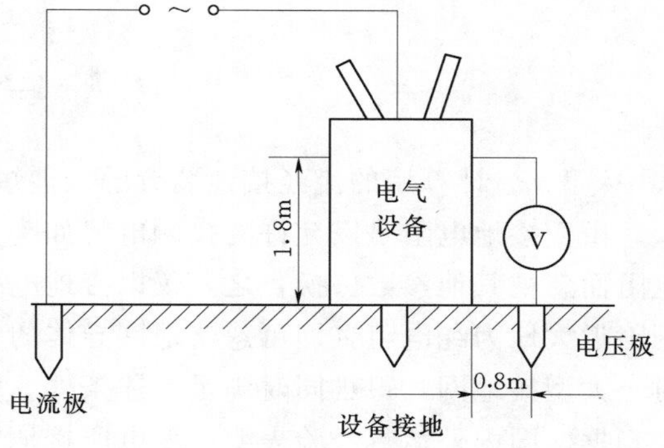

图8-16　测量电力设备接触电压接线图

(2) 圆盘取样法。这种方法是为解决探针钻孔法在混凝土地面钻孔困难而提出的。具体做法是：事先加工4～6个直径为25cm、厚0.8cm的圆钢盘或铜盘，其底部加工成的光洁面，圆盘中间钻一个直径2cm的孔，上部对着孔焊接一个圆锥形的漏斗，再焊上接线螺丝和手提环。测量时代替测试极（探针），平放在需要测试的点上，为了解决测量极与地面的电接触问题，在测量时向漏斗中注入少许水，用4～6个圆盘取样极来回替换。这样不仅可成倍地提高工作效率，而且使混凝土路面、设备基础等处的电位分布测量和电力设备接触电压测量都非常方便。实测表明，该方法与探针钻孔法的测量结果基本一致。

17. 接地网的安全判据是什么?

变电所接地网的主要电气参数是接地电阻、接触电势和跨步电势。

我国《接地规程》规定，大接地短路电流系统发生单相接地或同点两相接地时，发电厂和变电所电力设备接地装置的接触电势和跨步电势不应超过下列数值

$$E_j=\frac{250+0.25\rho_b}{\sqrt{t}} \tag{8-9}$$

$$E_k=\frac{250+\rho_b}{\sqrt{t}} \tag{8-10}$$

式中　ρ_b——人脚站立处地表面的土壤电阻率，Ω·m；

t——接地短路电流的持续时间，s。

式(8-9)和式(8-10)既然规定了允许的接触电势和跨步电势，实际上也就规定了接地电阻值。因此由所设计的接地网，可以计算出接触电势和跨步电势为

$$E_j=K_jE_w \tag{8-11}$$

$$E_k=K_kE_w \tag{8-12}$$

式中　E_w——接地网的电位，$E_w=IR$；

K_j——接触系数；

K_k——跨步系数。

令式（8－9）和式（8－10）分别与式（8－11）和式（8－12）相等，电击时间取1s，故可写出允许的接触电势和跨步电势所要求的接地电阻R为

$$R\leqslant\frac{250+0.25\rho_b}{K_j I} \tag{8-13}$$

$$R\leqslant\frac{250+\rho_b}{K_k I}$$

式中　I——计算用的流经接地装置的入地短路电流，A。

由于接地电阻是以允许的接触电势如跨步电势为依据决定的，所以现场往往只监测接地电阻而忽视其他参数。换言之，仅以接地电阻值作为接地网运行的安全判据。这种做法对地网附近大地为纯电阻（即可忽略地网导体的电感压降）和短路电流足够小时是有效的。但是对于大型接地网，很难同时满足上述条件，所以不能再以单纯的接地电阻值作为接地网的安全判据。国内外运行经验表明，变电所接地电阻值低，并不能保证安全。这是因为：

（1）接地系统的总接地电阻与可能遭受到的最大冲击电流之间不存在简单的关系，即使对接地电阻比较低的变电所，在某些情况下可能是危险的，而对某些接地电阻很高的变电所，只要精心设计，仍然是安全的或者可以使之达到安全。

（2）当人接触接地物体时，人体可能承受的电压和许多因素有关，如流经接地体的电流、电流的持续时间、接地体的结构、土壤电阻率等。计算表明，在一定的条件下，接触接地物体的安全性，甚至当接地电阻值超过0.5Ω时，也能得到保证。所以国际上许多国家一般不在设计标准中对接地网的接地电阻值作规定。

在我国变电所事故调查中，曾发现有四个变电所当发生单相接地或两相接地故障时，共烧毁控制电缆5500多m，实测变电所的接地电阻值分别仅为0.24Ω、0.15Ω、0.155Ω和0.15Ω。究其原因主要是接地网内各点电位分布不均匀所致。事实上影响变电所能否安全运行的是能否始终保持整个地网为同一电位，所以为保证接地网的安全运行，应该以控制地电位升高甚至主要以控制网内电位分布为主，充分考虑接地网电位梯度所带来的危险。目前，在美国变电所安全接地导则中，在对接触电压、跨步电压和网格电压进行比较后，认为网格电压是影响地网安全运行的主要因素，我国可以此作借鉴，在充分调查研究的基础上，把地网接地电阻（决定着地网的最大电位升）和网格电压（人站在地网范围内地面上可能遭受的最大接触电压）作为接地网的安全判据。

网格电压可用下式计算

$$E_w=\rho K_n K_i I_G/L \tag{8-14}$$

式中　K_n——由于接地网的电极间隔、导体尺寸、埋设深度、导体数所决定的网格间隔系数；

K_i——网格修正系数；

I_G——最大对地短路电流，A；

L——埋设导体（包括水平电极和垂直电极）的总长度，m。

当采用萨珀尔提出的简易算法时，K_i可用式（8－15）求出

$$K_i=0.644+0.148n \tag{8-15}$$

而

$$n=abcd \tag{8-16}$$

$$a=2L_t/L_p$$

$$b=\sqrt{\frac{L_p}{4}\sqrt{A}}$$

$$c=(L_xL_y/A)^{0.7A/(L_xL_y)}$$

$$d=D_m/\sqrt{(L_x^2+L_y^2)}$$

式中　L_t——平行导体全长，m；

L_p——电极周长，m；

A——电极（网）面积，m^2；

L_x——x 方向电极长度的最大值，m；

L_y——y 方向电极长度的最大值，m；

D_m——电极上两点间距离的最大值，m。

图 8－17 给出了 L_x、L_y 和 D_m 的示意图，L_t、L_p 及 A 也不难由图 8－17 中求出。

求出了网格电压就可以知道接地网内的电位梯度。当电位梯度超过允许值时，可采用下列均压措施：

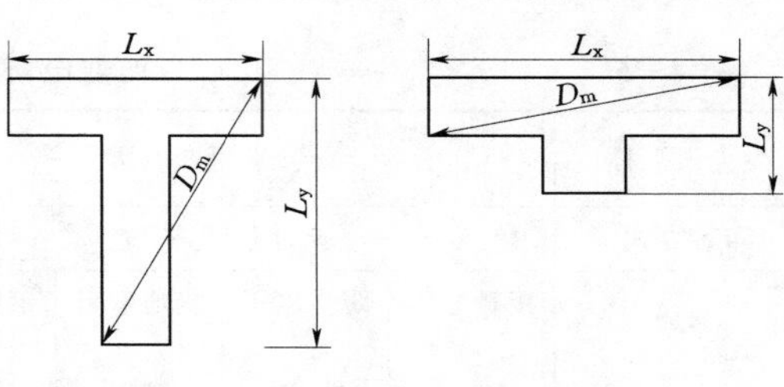

图 8－17　L_x、L_y 和 D_m 示意图

（1）采用方孔接地网。实测表明，方孔接地网是提高变电所接地网均压效果的有力措施。据有关文献介绍，某变电所接地网将长孔网改成方孔网后，均压带总条数虽然达到 29 根，而其电位比长孔网的电位下降幅度普遍超过 30%，所以建议以后新设计接地网时，应优先采用方孔型接地网。

（2）采用不等间距接地网。它是近年来我国发电厂、变电所接地网设计中所采用的一项新技术。它在技术上解决了工频电压均压问题，在经济上可以大量节省钢材，是符合我国国情、安全可靠、经济合理的接地网布置方式。

其具体做法是将均压导体间的间隔距离从地网边缘到中部按一定规律增加，其规律为

$$L_{ik}=LS_{ik} \tag{8-17}$$

式中　L_{ik}——第 i 段导体的长度；

L——地网一边的长度；

S_{ik}——第 i 段导体长 L_{ik} 占边长 L 的百分数；

k——导体的分段数，如图 8－18 所示。

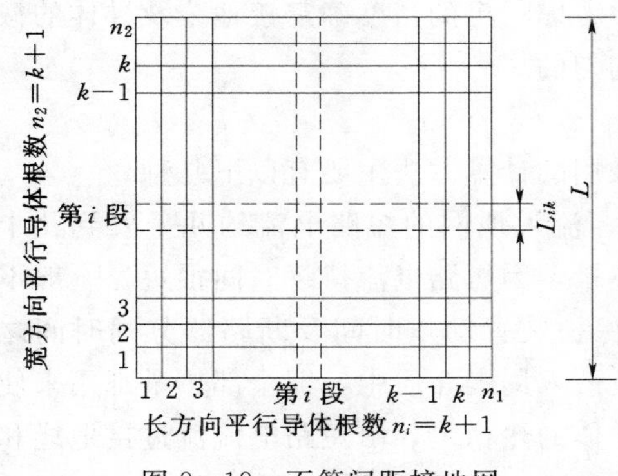

图 8－18　不等间距接地网

表 8－4 列出了 6 个变电所接地网采用不同间距布置的技术经济比较结果。

由表 8－4 可知，在等间距布置和不等间距布置的最大网孔电压基本相同的情况下，后者比前者节约钢材 47%～90%。接地网面积越大，布置的导体根数越多，节约的钢材用量也越多。反之，在同样钢材用量下，按不等间距布置的接地网，其最大网孔电压要较等间距布置时的最大网孔电压低 46.5% 及以上，从而提高了接地网的安全水平。

表 8－5 列出了另两个变电所接地网采用不同

间距布置方式的技术经济比较。

表8-4　等间距布置和不等间距布置时的技术经济比较

地网面积 $S=L_1\times L_2$ /（m×m）	等间距布置			不等间距布置			节约钢材 /%
	导体根数 $n=n_1+n_2$	最大网孔电压 /kV	钢材用量 /m	导体根数 $n=n_1+n_2$	最大网孔电压 /kV	钢材用量 /m	
120×80	$n_1=9$，$n_2=13$	1.930	2120	$n_1=6$，$n_2=9$	1.800	1440	47.2
120×120	$n_1=n_2=11$	1.667	2640	$n_1=n_2=7$	1.660	1680	57.1
180×180	$n_1=n_2=19$	0.868	6840	$n_1=n_2=10$	0.800	3600	90.0
240×240	$n_1=n_2=11$	0.978	5280	$n_1=n_2=11$	0.993	3360	57.1
120×120	$n_1=n_2=16$	1.304	3840	$n_1=n_2=9$	1.252	2160	77.8
240×240	$n_1=n_2=16$	0.773	7680	$n_1=n_2=9$	0.746	4320	77.8

表8-5　两变电所技术和经济比较

变电所名称	220kV 甲变电所				220kV 乙变电所				
布置方式	等间距布置				不等间距布置				
比较内容	接触电压 U_j/V	跨步电压 U_k/V	接地电阻 R/Ω	钢材用量 /m	最大网孔电压 U_{max}/V	最小网孔电压 U_{min}/V	最大接触电压 U_{jmax}/V	接地电阻 R/Ω	钢材用量 /m
比较结果	359	84	0.352	3512.5	847.48	834.89	241.89	0.315	3140

由表8-5可见，两个自然条件和地网面积（144m×170m）基本相同的220kV变电所，接地网采用不等间距布置有明显的均压效果，其最大网孔电压与最小网孔电压之差仅为12.59V。目前，我国已将不等间距布置方式应用于500kV变电所。

18. 选择地网接地线及导体截面的计算方法有哪些？

近些年来，由于地网接地线及导体截面不够，接地引下线烧断或地网腐蚀，导致地网电位升高而引起的重大设备事故屡有发生。所以合理选择地网接地线及导体的截面是保证地网安全运行的重要环节。

选择地网接地线及导体截面时，首先应根据热稳定要求来确定其最小截面，然后再根据对地网运行寿命的要求，以及地网在土壤中的腐蚀并考虑一定的裕度确定接地线及导体的截面。考虑裕度的原因是因为在土壤中的腐蚀并不是均匀的。

通常按热稳定选择接地线及导体的截面。

目前我国对地网接地线及导体截面热稳定校验采用的计算方法主要有以下几种。

（1）《接地规程》法。在大接地短路电流系统中，流入地网的短路电流约几千安到几十千安，它将在接地引下线及地网导体中产生很大的热量，因短路电流持续时间很短，一般不大于1s。它取决于离短路点最近的断路器的主继电保护装置动作时间及断路器分闸时间之和。在这样短的时间内，可假设所产生的热量来不及散入周围介质中，即全部热量都用来使接地线和导体温度升高，在计算中按绝热过程校验导体的热稳定，由短路电流流过接地线和导体，使其温度升高来确定地网接地线最小截面 S_{jd}，《接地规程》推荐的计算公式为

$$S_{jd} \geqslant \frac{I_{jd}}{C}\sqrt{t_d} \tag{8-18}$$

式中 S_{jd}——接地线的最小截面，mm^2；

I_{jd}——流过接地线的短路电流稳定值，A，根据系统5～10年发展规划，按系统最大运行方式确度；

t_d——相当于继电保护主保护动作的短路等效持续时间，s；

C——接地线材料的热稳定系数，根据材料的种类、性能及最高允许温度和短路前接地线内初始温度确定，对大接地短路电流系统，钢材取为70，铜取为210，铝取为120。

（2）美国变电所安全接地导则法。该导则给出的接地线短路热稳定计算公式为

$$S = 1.9735I\sqrt{\beta t/\ln(t_m, t_a, k_0)} \tag{8-19}$$

$$K_0 = \frac{1}{\alpha_0}$$

$$\beta = \frac{1}{(K_0 + t_0)TCAP}\rho_0 \times 10^4$$

$$TCAP = 4.184 \times 比热 \times 密度$$

式中 S——接地线的截面积，mm^2；

I——短路电流有效值，kA；

t——短路电流流过的时间，s；

t_m——最高允许温度，℃；

t_a——环境温度，℃；

α_0——0℃时电阻的温度系数；

t_0——对物理常数的参考温度；

ρ_0——t_0 时的材料电阻率，$\mu\Omega \cdot cm$。

我国有关文献用式（8-18）和式（8-19）算得的接地线截面选择数据如表8-6所示。由表8-6可见，在相同的短路持续时间下，两个公式的计算结果相差甚小，而式（8-18）显然要比式（8-19）简便得多，因此有些单位在地网改造中仍用式（8-18）进行地网的热稳定校验。

表8-6　按式（8-18）和式（8-19）计算接地线最小截面比较表

短路电流持续时间 /s		短路电流 /kA							
		3	5	8	10	12	15	20	25
0.5	式（8-18）	30.3	50.5	80.8	101	121.2	151.5	202	252.5
	式（8-19）	30.7	51.1	81.8	102.2	122.6	153.3	204.4	255.5
1.0	式（8-18）	42.9	71.4	114.3	142.7	171.4	214.3	285.7	357.1
	式（8-19）	43.4	72.3	115.6	144.5	173.5	216.8	289.1	361.4
2.0	式（8-18）	60.6	101	161.6	202	242.4	303	404.1	505.1
	式（8-19）	61.3	102.2	163.5	204.4	245.3	306.6	408.8	511
3.0	式（8-18）	74.2	123.7	197.9	247.4	296.9	371.2	494.9	618.6
	式（8-19）	75.1	125.2	200.3	250.4	300.4	375.5	500.7	626

(3)《高电压技术》法。《高电压技术》(1987 年第 2 期) 刊登的《接地网导体材料及截面的选择原则》一文给出一个计算公式，公式推导中，仍假定接地线导体短时发出的热量全部用来使导体温度升高，要使导体满足热稳定要求，即温度不超过允许温度，则

$$\int_0^{t_j} I^2 R \mathrm{d}t \leqslant \int_{\theta_s}^{\theta_r} Gc\,\mathrm{d}\theta \tag{8-20}$$

根据式 (8-20)，进一步推导出满足热稳定的导体最小截面为

$$S \geqslant \frac{I}{C}\sqrt{t_j} \tag{8-21}$$

$$C = \sqrt{\frac{\gamma C_0 A}{\rho_0}}$$

$$A = \frac{\alpha - \beta}{\alpha^2}\ln\frac{(1+\alpha\theta_r)}{(1+2\theta_s)} + \frac{\beta}{\alpha}(\theta_r - \theta_s)$$

式中 S——导体的截面积，mm^2；

I——短路电流稳定值，有效值，A；

t_j——短路电流等效持续时间，s；

C——导体的比热，W·s/(g·℃)；

γ——导体的比重，g/mm^3；

C_0——0℃时导体的比热，W·s/(g·℃)；

ρ_0——0℃时导体的电阻率，Ω·mm；

α——导体的电阻温度系数，$℃^{-1}$；

β——导体的比热温度系数，$℃^{-1}$；

θ_s——土壤环境温度，℃；

θ_r——短时最高允许温度，℃。

某文献取 $\theta_s=40℃$，$\theta_r=400℃$ 时，$C=74$W·s/(g·℃)，其计算结果与式 (8-14) 取 $C=70$W·s/(g·℃) 的计算结果基本相同。

该文献指出，式 (8-21) 适用于各种金属导体材料，而式 (8-19) 仅为式 (8-21) 的一个特例。

上述是按绝热过程推导公式的，实际上，电流自地网流散入土壤，使土壤温度升高的因素是不可忽视的。有的文献认为进行地网热稳定计算时应同时考虑电流自地网流散所引起的土壤温升。

除上述方法外，在《电力工程设计手册》(1972 年上海科技出版社出版)、《电力工程电气设计手册》(1989 年水利电力出版社出版)、《水电站机电设计手册》(1982 年水利电力出版社出版) 中还介绍了按热稳定选择接地线截面的计算方法，其中的关键问题是短路电流的稳定值和短路电流的等效持续时间应该取多少？对短路电流稳定值取值的看法是：对于一个大型变电所，从设计论证到投产运行，也许 5 年已经过去了。况且，近年和今后电网容量增加很快，其短路容量越来越大，地网又是个埋在地下的隐蔽工程，总得要有几十年的使用寿命，所以为了满足实用要求，短路电流的稳定值应根据能够得到的尽可能多年份的系统发展规划计算出的远景短路电流作依据。这样在系统短路容量增加以及多年腐蚀后发生接地故障而流过短路电流时，接地线和导体的截面仍能满足热稳定校验的要求，为此，有的省根据本省的情况，已取用 15 年系统发展规划的短路电流分析结果。对于短路电流持续时间的选取，有两种看法。一种意见认为，考虑主保护失灵，应以第一后备保护时间为依据，电力部

[1994] 16号文明确要求，按照后备保护动作时间及热稳定短路电流校验主变压器中性点接地线的热稳定性。另一种意见认为，应该由主保护的可靠性来确定，一般取0.6s。其理由是：①对于大、中型发电厂的升压站和220kV变电所，通常在电网中的地位比较重要，对其保护的设置比较完善，主保护的可靠性比较高，有的220kV线路还设有双重化的主保护，主保护失灵的可能性很小，某地统计5年保护切除故障次数99%均由主保护完成。②从电网稳定计算结果来看，220kV电网一般从故障开始0.5s后，电网已开始失稳。某些故障只要0.2s不切除，电网就会失稳。所以从系统稳定的角度也要求提高主保护的可靠性。③220kV电网的故障、发电厂升压站的故障会使用户电压降低和失常，时间长了会影响重要用户的供电质量，这也要求提高主保护的可靠性。为安全起见，有人提出按主保护动作时间校验时，宜另加0.3～0.5s的安全裕度，即 t_d=主保护动作时间+断路器全分闸时间+(0.3～0.5) ≈0.5～1 (s)。国外资料所介绍的取值也多小于1s。

110kV及以下变电所一般为普通降压变电所，在电网中重要性相对低一些，保护的可靠性要差一些，接地短路电流也小一些，为防止接地装置扩大事故，其热稳定校验时间宜按第一后备保护考虑。应当指出，接地线烧断除了热容量不够之外，另一个重要原因是接地线与地网接地极接触不良，甚至漏焊，出现较大的电位差，产生电弧，从而在高温下烧断。所以单纯增大接地线截面积并不是保证地网运行可靠性的唯一措施。另外，为了减小接地引下线的波阻抗，从而减小局部电位升高，减小干扰，凡是带有二次回路的设备都采用至少两根截面符合要求（每根截面积均应满足通过全部短路电流的热容量）的接地引下线分别焊接到接地网两根纵横交叉的主干线上。这样做的另一优点是可以起到互为备用的效果。

接地线的截面确定后，就可以根据接地线的截面来选取地网接地极（导体）的截面。由于接地引下线中通过的是系统短路的全部电流，而注入地网后，地网接地极至少有两支分流，考虑各种因素使分流不均匀，一般取接地线与接地极的截面积比例为10∶7。

对于66kV及以下电压等级的系统，进行接地网热稳定性校验时，其短路电流采取两相短路电流值，其校验时间宜取相当于继电保护第一后备保护动作的等效持续时间。

19. 地网腐蚀的主要部位有哪些?

地网腐蚀是严重威胁地网安全运行的原因之一。地网腐蚀的主要部位有以下几处：

(1) 主地网的腐蚀。这是材质埋在地下0.5～0.8m土层中的一种腐蚀。它具有一般土壤腐蚀的特点。表8-7列出了某些厂、所主地网腐蚀状况。

表8-7　主地网腐蚀状况

厂所名称	投运时间/（年.月）	主地网电极尺寸/mm	腐蚀状况	厂所名称	投运时间/（年.月）	主地网电极尺寸/mm	腐蚀状况
甲变电所	1972	ϕ8	局部地段多处锈断	戊变电所	1973.5	40×4，ϕ8	4处锈断
乙变电所	1964	ϕ8	多处锈断	甲电厂	1978	ϕ10～12	多处锈断
丙变电所	1975	ϕ10～12	有一处锈断	乙电厂	1956	40×4	全网锈蚀
丁变电所	1970.12	ϕ8	多处锈断	丙电厂		25×5，ϕ8	全网锈蚀

注　开挖检查时间为1986年9月至1987年5月。

（2）引下线的腐蚀。这是材质介于大气和土壤两种介质的一种腐蚀。由于大气介质和土壤介质电化学腐蚀机理的差别和土壤表层结构组成的不均一性，使得引下线材质的腐蚀比主地网更加严重，而且构件数量多，施工任务重，因此接地引下线的腐蚀就成为接地工程中值得重视的大问题。为便于比较，表 8－8 和表 8－9 分别列出了 268 处主地网干线和 63 处接地引下线均采用扁钢的腐蚀率统计结果。

表 8－8　主地网干线腐蚀率统计分布表

腐蚀范围/mm	测点数	百分数/%	腐蚀范围/mm	测点数	百分数/%
0～0.019	85	31.8	0.1～0.119	16	6
0.02～0.039	55	20.7	0.12～0.139	9	3.4
0.04～0.059	39	14.6	0.14～0.159	11	4.1
0.06～0.079	29	7	0.16～0.179	3	1.17
0.08～0.09	25	9.4	0.18～0.199	5	1.9

表 8－9　接地引下线腐蚀率统计分布表

腐蚀范围/mm	0.1～0.19	0.2～0.29	0.3～0.39
测点数	45	13	5
百分数/%	71.43	20.64	7.94

比较表 8－8 和表 8－9 可以明显看出，接地引下线的腐蚀率比主接地网高。例如，腐蚀范围为 0.1～0.19mm 时，主接地网干线腐蚀率为 16.57%，而接地引下线高达 71.43%。

（3）电缆沟中接地带的腐蚀。这是一种湿式大气条件下的腐蚀。由于电缆沟中经常积水，而水又不易蒸发，致使比在一般大气条件下产生更严重的腐蚀。有的变电所大气受污染，其腐蚀速度就更快。表 8－10 列出了某些变电所电缆沟接地体的腐蚀情况。

某局根据实测的 331 处腐蚀数据及腐蚀率的统计分布状况，从既保证地网安全运行又节约投资等方面综合考虑，推荐变电所接地网不同部位的年腐蚀深度取值如表 8－11 所示。可供环境相近地区设计时参考。

表 8－10　某些运行变电所电缆沟接地体腐蚀数据

所　名	敷设截面/mm^2	腐蚀深度/(mm/a)	腐蚀面积/(mm^2/a)	运行时间/a	腐蚀状况
甲变电所	40×4	＞0.267	＞10.66	15	多处锈断
乙变电所	25×4	＞0.21	＞5.26	19	多处锈断
丙变电所	25×4	＞0.133	＞3.3	30	多处锈断
丁变电所	25×4	＞0.235	＞5.68	17	多处锈断
戊变电所	20×4	＞0.235	＞4.7	17	多处锈断
己变电所	45×4	0.233	6.47	15	严重腐蚀
庚变电所	30×4	＞0.4	＞0.4	10	多处锈断

注　表中＞的意义为在检查时扁钢已腐蚀断，计算腐蚀率时只能用投运年去除投运时的扁钢厚度，计算的腐蚀率明显偏小，故用了＞（大于）。

表 8-11 地网不同部位的年腐蚀率推荐值

部 位	主网干线	接地引下线	电缆沟接地体
扁钢年腐蚀率（深度）/(mm/a)	0.1～0.12	0.2～0.3	0.4
圆钢年腐蚀率（直径）/(mm/a)	0.2～0.3	无	无

20. 地网腐蚀的机理是什么？

地网是由金属导体组成的。金属腐蚀的本质是金属原子失掉电子后变成金属离子，这些金属离子再与其所接触的物质结合成腐蚀产物。金属腐蚀分为化学腐蚀和电化学腐蚀两种，大多数情况下两种腐蚀同时存在，后者较严重，是地网腐蚀的主要形式。下面分别说明地网各部位的腐蚀机理。

（1）主接地网。主接地网干线的局部腐蚀主要是电化学腐蚀，它是由于土壤中电解质浓度的不均匀性造成的，如主地网各部分所在土壤的水饱和程度不同，致使土壤中扁钢表面的不同部位之间产生电位差，形成腐蚀电池。

腐蚀电池按阴阳极距离的大小可分为微电池腐蚀和宏电池腐蚀。阴阳极相距仅数毫米或数微米的，一般称为微电池腐蚀。例如土壤中小片金属试样的腐蚀基本上可看成是微电池腐蚀，其外形特征十分均匀。当腐蚀电池达几十厘米的、数米的乃至几公里时，这种大阳极和阴极就构成宏电池腐蚀，它是地网主干线腐蚀的主要形式，其结果导致地网导体形成穿孔和严重局部锈蚀，而且腐蚀速度较高。

（2）接地引下线。基本是土壤内的金属腐蚀，由于接地引下线埋设深度不同，会构成宏观腐蚀电池。其影响因素很多，如土壤的性质、温度及均匀性等都对腐蚀速度有一定影响，影响较大的是氧浓差电池引起的电化学腐蚀。接地引下线（如扁钢）从空气中垂直入地部分，扁钢与土壤间会有一很小的间隙，使垂直段的扁钢周围充满空气。而拐弯处或拐弯以后的扁钢与土壤能较紧密地贴在一起，其周围的空气则比垂直段少，由此引起接地引下线不同部位周围土壤含氧浓度的不同，在垂直段与拐弯段就形成了氧浓差腐蚀电池。缺氧的拐弯段为阳极，不缺氧的垂直段为阴极。腐蚀电流从缺氧的拐弯段（阳极）出发，经过土壤到不缺氧的垂直段（阴极区），通过接地体构成回路。因电流走最小阻力的路径。在缺氧区与不缺氧区的距离最短处电流比较集中，腐蚀也最严重。

应力也是造成接地引下线拐弯处腐蚀的原因之一，接地扁钢与一定的介质（如碱、硝酸及工业大气）接触将会产生应力腐蚀。由于应力撕破了金属的保护膜，使金属表面出现许多微小裂纹，造成表面电化学过程不均匀，裂纹尖端的微小表面比没有裂纹表面的电位为负而成为阳极，没有裂纹的表面为阴极，由于它们两个部分的面积相差很大，造成了大阴极和小阳极。使裂纹的尖端部分成为腐蚀的活性点，裂纹不断向纵深发展，最终导致断裂。显然，污秽地区的应力腐蚀较清洁区更为严重。

泄漏电流也会使接地引下线腐蚀。当有泄漏电流流过接地引下线时会加速其腐蚀，虽然交流电流不产生腐蚀，但大约有 0.01%的交流电流在钢筋和水泥的交界处被整流成直流，而小的直流电流会造成钢材料的腐蚀，据统计，在 1A 电流下，水泥中的钢筋一年可腐蚀 9kg。

（3）电缆沟中接地带。其腐蚀也主要是电化学腐蚀。由于电缆沟内比较潮湿，潮气在接地扁钢表面形成许多小水珠或一层水膜。由于氧气在水珠或水膜中的浓度不均匀（如水珠边缘部分氧的浓度大于中心），在水珠的边缘和中心间就形成了氧浓差腐蚀电池，边缘为阴极，中心为阳极，造成了接地扁钢的腐蚀。引起电缆沟接地体电化学腐蚀的必备条件为接地体表面有水珠或水膜，发生电化学腐蚀的湿度约为65%以上。相对湿度越高，腐蚀速度越快，如相对湿度从90%增加到100%时，锈蚀量约增大20倍左右。如果相对湿度小于65%，对接地体就几乎没有危害，若变电所由于下雨等原因造成电缆沟经常积水，且水汽不易扩散使得电缆沟内潮气较大，会造成电缆沟接地带腐蚀率增大。

21. 影响地网腐蚀的因素有哪些?

（1）土壤的理化性质。土壤的理化性质包括土壤电阻率、土壤中的含水量、含氧量、含盐量、土壤的酸度等。

1）土壤电阻率。当腐蚀电池形成后，土壤是它的回路介质，土壤电阻率小，腐蚀电流就大，腐蚀就越严重，因而土壤电阻率被普遍作为评价其腐蚀性的重要指标。表8-12列出国外的土壤电阻率腐蚀性指标，表8-13列出国内某些油田的土壤电阻率腐蚀性指标。

表8-12　国外部分国家的土壤电阻率腐蚀性指标　单位：Ω·m

国　别	很大	大	中	小
美国	<1	1～10	10～60	>60
苏联	<5	5～20	20～100	>100
日本	<20	20～45	45～60	>60
英国	<9	9～23	23～100	>100
法国	<5	5～15	15～25	>25

表8-13　某些油田土壤电阻率腐蚀性指标　单位：Ω·m

油田号	特强	强	中	弱
Ⅰ		<20	20～50	>50
Ⅱ	<5	5～50	50～100	>100
Ⅲ	<5	5～10	10～50	>50

注　Ⅰ的指标也称为一般地区土壤腐蚀分级标准。

钢材在不同土壤电阻率下的平均腐蚀速度如表8-14所示，不同土壤种类中的水平接地体腐蚀深度的国外试验数据如表8-15所示。

表8-14　土壤电阻率与腐蚀速度的关系

土壤电阻率/（Ω·m）	腐蚀性	钢的平均腐蚀速度/（mm/a）
0～5	很高	>1
5～20	高	0.2～1
20～100	中等	0.05～0.2
>100	低	<0.05

表8-15　变电所中水平接地体腐蚀深度的平均值　单位：mm

土壤种类	使用时间/a				
	10	20	30	40	50
轻盐沙质黏土	1.95	2.8	3.37	3.88	4.27
带有黏土的腐殖土	1.52	2.17	2.6	2.96	3.26
盐渍化的砂质黏土	1.12	1.57	1.88	2.1	2.35
砂质黏土	0.449	0.656	0.8	0.92	1.02
重砂质黏土	0.252	0.34	0.4	0.44	0.48

2）土壤中的含氧量。它对腐蚀过程也有很大的影响，除了酸性很强的土壤另当别论外，通常金属在土壤中的腐蚀，主要由下面的阴极反应所支配

$$\frac{1}{2}O_2 + H_2O + 2e = 2OH^-$$

土壤中的氧主要来源于：①从地表渗透出来的空气；②在雨水、地下水中原有溶解的

氧。后者的含氧量是很有限的，对土壤起主要作用的是土壤颗粒缝中的氧。在干燥的砂土中，由于氧容易渗透，所以含氧量较多：在潮湿的砂土中，因氧较难通过，含氧量少，在这样含氧量不同的土壤中埋设金属导体，就可能形成充气不均匀的腐蚀电池。

3）土壤中的含水量。它是一个容易变化的物理因素。它不仅会影响土壤的透气性，也会影响土壤中溶液可溶盐的数量及其导电性。对一般土壤来说，当其中含水量很低时，土壤电阻大，腐蚀很小。随着含水量增加，腐蚀速度提高，直至达到某一临界值为止。如果含水量再增大，腐蚀性反而减小。试验表明，对于黏土和砂质黏土，土壤腐蚀性与含水量之间的关系是：含水量为零时，没有腐蚀；含水量为10%～12%时达最大值；含水量为12%～25%时保持最大腐蚀速度；含水量为25%～40%时腐蚀速度降低；含水量超过40%时则出现较低恒定腐蚀速度。

4）土壤中的含盐量。它对土壤的腐蚀性影响也是明显的。含盐量高，土壤电阻率小，腐蚀速度就大。如果含 Cl^- 和 SO_4^{2+} 的盐类，一般会促进金属的腐蚀，特别是 Cl^- 的盐类，妨碍金属表面铁化膜的形成。SO_4^{2+} 对钢铁的危害仅次于 Cl^- 的化合物。表 8－16 给出我国某油田的含盐量腐蚀性指标。

表 8－16　某油田含盐量腐蚀性分级标准　%

油田号	特强	强	中	弱
Ⅰ		＞1.2	1.2～0.2	0.2～0.05
Ⅱ	＞0.75	0.75～0.05	0.05～0.01	＜0.01

5）土壤的 pH 值和酸度。大部分土壤水的 pH 值为 6～6.75，即显中性，但也有 pH 值为 7.5～9.5 的盐碱土，还有 pH 值为 3～6 的酸性土。一般认为，pH 值低的土壤，其腐蚀性大。

酸度的分级标准有两种：一种是根据 pH 值的大小分级，pH 值小于 4.5 的为强腐蚀，4.5～6.5 的为中等腐蚀，6.5～8.5 的为不腐蚀；另一种是根据土壤的交换性总酸度分级，每 100g 土壤交换性总酸度小于 40mg 当量的为低腐蚀性，4.1～8.0 的为中腐蚀性，8.1～12.0 的为较高腐蚀性，12.0～16.0 的为高腐蚀性，大于 16.0 的为特高腐蚀性。

当土壤中含有大量的有机酸（如腐殖酸）时，其 pH 值虽然接近中性，但其腐蚀性仍然很强，特别是对于铁、锌、铝和铜等金属。因此，在检验土壤的腐蚀性时，不能只看 pH 值这个指标，最好同时测定土壤的交换性总酸度。

（2）接地体的敷设方式。实测表明，接地体的敷设方式对其腐蚀是有影响的。例如，扁钢立放和平放所引起的腐蚀深度是有差异的，其原因是：①扁钢平放时有可能回填土夯得不实，造成扁钢下部（渠底未动的土）比较实，上部松散，从地面透入的氧气容易进入。以致形成扁钢上部的土壤不缺氧，造成氧浓差腐蚀电池。②平放比立放容易积水，从地面渗入的水分容易积在扁钢上面，使腐蚀速度增大。而立放时，由于两侧松散程度及积水量基本一样，不易形成氧浓差电池，所以腐蚀率低。

（3）接地极的形状。某局介绍了开挖的 20 多个变电所接地网的情况，其中绝大部分为扁钢，有部分变电所的个别地方使用圆钢。表 8－17 列出了在同一个变电所的相近

表 8－17　部分变电所圆钢和扁钢的腐蚀数据

所　名	年腐蚀深度 /（mm/a）		年腐蚀截面 /（mm^2/a）	
	圆钢	扁钢	圆钢	扁钢
甲变电所	0.3	0.167	5.4	6.7
乙变电所	0.174	0.087	2.185	1.174
丙变电所	0.043	0.0343	0.623	0.686
丁变电所	0.143	0.09	2.35	1.24
戊变电所	0.172	0.167	2.014	2.5

点使用圆钢和扁钢的腐蚀数据。

由表 8－17 可见，圆钢的年腐蚀深度（圆钢指直径，扁钢指厚度）比扁钢大。如果按年腐蚀面积计算，扁钢的年腐蚀截面多数较圆钢大，因为在同样的截面下，扁钢的表面积比圆钢大。由于接地网截面积对保证其安全运行至关重要，所以用年腐蚀截面积来衡量腐蚀速度更切合实际。

（4）基建残物。施工时有的单位将砖块、木块等基建残物倒进地网沟，它影响地网的散流和加快地网的局部腐蚀。已有的调查表明，地网干线周围有基建残物时，其腐蚀速度是正常情况的 2 倍以上。

影响土壤腐蚀接地网的因素是相当多的，各地的情况也不尽相同，所以要因地而异，并根据不同部位采取不同的防腐措施。

22. 防止地网腐蚀的措施有哪些？

（1）主地网的防腐措施如下：

1）采用降阻防腐剂。试验表明，降阻防腐剂具有良好的防腐效果。表 8－18 列出了试片的锈蚀率。

由表 8－18 可见：①试片在原土中的锈蚀率大于降阻剂中的锈蚀率；②埋入 6 个月的两种试片，甲试片锈蚀率大，这是因为两块试片的表面积不同，甲试片表面积大，则锈蚀量也就大。

试片埋在降阻防腐剂中比原土中的腐蚀率小的原因是：①降阻防腐剂为弱碱性，pH＝10，原土壤为弱酸性，pH＝6，故铁的析氢腐蚀作用和吸氧腐蚀作用都无法存在。②降阻防腐剂中的阴离子 $(OH)^-$ 数量比原土壤大，它与铁之间的“标准电极电位差”就比较小，故可抑制铁失去电子的能力。减小了腐蚀作用。③降阻防腐剂中含有大量钙、钠、镁、铝的金属氧化物，它们的金属离子都比铁的“标准电极电位”低，故可起一定的阴极保护作用。④降阻防腐剂呈胶粘体状，它将铁紧密地包围着，使空气（氧气）无法与铁表面接触，故可防止氧化腐蚀作用。⑤降阻防腐剂与铁表面发生化学反应，生成一层密实而坚固稳定的氧化膜，使铁表面被“钝化处理”，故不易腐蚀。⑥铁的氧化物属于碱性氧化物，与水作用后生成难溶于水的弱碱，仅能与酸反应。因此，铁埋在具有弱碱性的降阻防腐蚀中，受到了保护作用。

表 8－18　试片的锈蚀率比较表

试片种类	埋入时间/月	原土中锈蚀率/% / 降阻剂中锈蚀率/%	原土中月均锈蚀率/% / 降阻剂中月均锈蚀率/%
甲	2	2.90/0.91	1.45/0.46
	4	4.11/1.74	1.03/0.44
	6	5.67/2.63	0.95/0.44
乙	6	2.22/0.85	5.45/0.14
	17	5.45/2.61	0.32/0.15

另外，据报道，大别山牌高效膨润土降阻防腐剂具有很好的降阻性能、防腐性能和长效性，对钢接地体的平均腐蚀率＜0.0035～0.004mm/a。

2）采用导电防腐涂料 BD01 和锌牺牲电极联合保护。这个方法是将接地网涂两遍自制

的BD01涂料，再连接牺牲阳极埋于地下。应用面积约为115cm^{2}的试片试验表明，无涂料无牺牲阳极保护的阴极，其腐蚀率为0.0278mm/a；无涂料有牺牲阳极保护的阴极，其腐蚀率为0.0085mm/a；有涂料有牺牲阳极保护的阴极，其腐蚀率为0.0000mm/a。

采用这种方法的技术条件是：有涂料和无涂料的阴极（接地网）的面积和阳极面积比分别为25.7∶1和7.5∶1，保护电位至少比自然电位偏负0.237V。

采用导电涂料能降低接地电阻，而且能使接地网接地电阻变化平稳，比一般接地网少投资50%，能保护40年以上。

3）采用无腐蚀性或腐蚀性小的回填土。在腐蚀性强的地区，宜采用腐蚀性小或无腐蚀性的土壤回填接地体，并避免施工残物回填，尽量减小导致腐蚀的因素。

4）采用圆断面接地体。在腐蚀速度快的地域，宜选用圆断面的接地体，由上述可知，在相同的腐蚀条件下，扁导体的残留断面减少得更快。另外，最好采用镀锌接地体。

（2）接地引下线的防腐措施如下：

1）涂防锈漆或镀锌。它属于一般的防腐措施。

2）采用特殊防腐措施。采用一般的防腐措施，不可能满足运行30～50年的要求，为此，必须采取特殊的防腐措施。其中包括在接地体周围尤其在拐弯处加适当的石灰，提高pH值，或在其周围包上碳素粉加热后形成复合钢体。对于化工区的接地引下线的拐弯处，可在590～650℃范围内退火清除应力后，再涂防腐涂料。另外，在接地引下线地下近地面10～20cm处最容易被锈蚀，可在此段套一段绝缘（如塑料等），以防腐蚀。前苏联在采用此项措施后，达到了较为满意的效果。

（3）电缆沟的防腐措施如下：

1）降低电缆沟的相对湿度，使其相对湿度在65%以下，消除电化学腐蚀的条件。

2）接地体涂防锈涂料，但目前的防锈涂料只能维持两年左右。

3）接地体采用镀锌或热镀锌处理。

4）改变接地体周围的介质，这是一种较好的方法，其具体做法是用水泥混凝土将扁钢浇注到电缆沟的壁内。由于水泥混凝土是一种多孔体，地中或电缆沟内湿气中的水分渗进混凝土后即变为强碱性的，pH值在12～14范围内。根据腐蚀理论，钢在碱性电解质中（pH≥12），其表面会形成一层氧化膜，它能有效地抑制钢的腐蚀。如某电厂升压站电缆沟内的接地扁钢就浇注在电缆沟混凝土两壁，运行了30年，最大腐蚀深度小于1mm，年腐蚀深度小于0.025mm。某些供电局的变电所，电缆沟内的扁钢也浇注在混凝土两壁，它们都运行了20多年，暴露在空气中的一面几乎没有发现锈蚀现象，只是在个别焊点上有轻微锈点。相反，电缆的外皮及支撑电缆的角铁架已严重锈蚀，有的铁架已被锈断。

因此，在电缆沟施工中将接地扁钢三面浇注到混凝土两壁中，对于各焊点再作特殊处理，如打掉焊渣，涂沥青或用混凝土覆盖，这样处理，基本可保证在40年内电缆沟中的接地扁钢不被腐蚀或仅轻微腐蚀。

23. 降低地网接地电阻的新方法有哪些？

目前，降低地网接地电阻的新方法主要是深孔爆破制裂—压力灌降阻剂法。这种方法是采用钻孔机在地中垂直钻一定直径、深度一般为10～80m的孔，在孔中插入电极，然后沿孔的整个深度隔一定距离安放一定的炸药进行爆破，将岩石爆裂、爆松，接着用压力机将调

表 8-19　　**D 与 K 取值表**

地　质	低电阻率层	K	D/m
强风化土壤	无 有	0.5～0.8 0.3～0.6	15～20
中风化土壤	无 有	0.8～1.0 0.5～0.8	10～15
轻风化土壤	无 有	1.0～1.3 0.7～1.0	5～10

成浆状的降阻剂压入深孔中及爆破制裂产生的缝隙中，以达到通过降阻剂将地下巨大范围的土壤内部沟通及加强接地电极与土壤（岩石）的接触，形成内部互联，从而较大幅度降低接地电阻的目的。根据工程实践：钻孔孔径为100mm，深度为 20～40m，炸药量为 3～15kg，降阻剂用量为 450～2500kg。地网的极间距离应根据地质状况及爆破制裂时炸药用量选取，一般为 20～40m 较合适。

地网接地电阻的计算公式为

$$R = K\frac{\rho}{2\pi r}$$

式中　r——内部互联的立体地网的等值半径，约等于最深孔深 h 加等效制裂宽度 D，即 $r=h+D$，D 与接地装置所在处的地质状况有关，取值见表 8-19；

K——爆破制裂及地质系数，与地质状况及爆破制裂的效果有关，取值见表 8-19；

ρ——土壤电阻率，Ω·m。

例如，某变电所土壤的电阻率为 1100Ω·m、水平地网面积为 120m×120m，采用深孔爆破制裂—压力灌降阻剂法时的垂直接地极深为 100m，施工后测量接地电阻为 0.43Ω，达到了 0.5Ω 设计值的要求。

除上述外，还有深孔（井）法和非单层接地等方法，应用这些方法也可有效降低地网的接地电阻。

第九章

超高压电力设备预防性试验

1. 750kV 电力设备预防性试验的原则是什么?

750kV 电力设备预防性试验的原则如下：

（1）试验结果应与该设备历次试验结果相比较，与同类设备试验结果相比较，参照相关的试验结果，根据变化规律和趋势，进行全面分析后作出判断。

（2）50Hz 交流耐压试验，加至试验电压后的持续时间，凡无特殊说明者均为 1min；其他耐压试验的试验电压施加时间在有关设备的试验要求中规定。

（3）充油电力设备在注油后应有足够的静置时间才可进行耐压试验。静置时间如无制造厂规定，则应依据设备的额定电压满足以下要求：

1）电力变压器、并联电抗器大于 96h；

2）高压套管、电容式电压互感器、电流互感器大于 96h。

（4）进行耐压试验时，应尽量将连在一起的各种设备分离开来单独试验（制造厂装置的成套设备不在此限），但同一试验电压的设备可以连在一起进行试验。

（5）当电力设备的额定电压与实际使用的额定工作电压不同时，应根据下列原则确定试验电压：

1）当采用额定电压较高的设备以加强绝缘时，应按照设备的额定电压确定其试验电压；

2）当采用额定电压较高的设备作为代用设备时，应按照实际使用的额定工作电压确定其试验电压；

3）为满足高海拔地区的要求而采用较高电压等级的设备时，应在安装地点按实际使用的额定工作电压确定其试验电压。

（6）在进行与温度和湿度有关的各种试验（如测量直流电阻、绝缘电阻、$\tan\delta$、泄漏电流等）时，应同时测量被试品的温度和周围空气的温度、湿度。

进行绝缘试验时，被试品温度一般不应低于＋5℃，户外试验应在良好的天气进行，且空气相对湿度一般不高于 80％。

（7）在进行直流高压试验时，应采用负极性接线。

（8）遇到特殊情况需要改变试验项目、周期或要求时，需经上一级主管部门审查批准后执行。

（9）如产品的 IEC 标准、国家标准或行业标准有变动，执行本规程时应作相应调整。

（10）如经实用考核证明利用带电测量和在线监测技术能达到停电试验的效果，经批准可以不做停电试验或适当延长周期。

2. 750kV 电力变压器的试验项目、试验周期和试验要求是什么？

电力变压器试验项目、周期和要求见表 9－1。

表 9－1 电力变压器的试验项目、周期和要求

序号	项目	周期	要求	说明
1	油中溶解气体色谱分析	1）1 个月 2）大修投运后 1 天、3 天、10 天、20 天、30 天 3）必要时	1）油中 H_2 和烃类气体含量超过下列任何一项值时要引起注意： H_2 大于 150μL/L C_2H_2 大于 1μL/L 总烃大于 150μL/L 2）总烃的相对产气速率大于 10%/月或下列几种气体的绝对产气速率大于以下数值后则认为设备有异常： 总烃 12mL/d $C_2H_2$0.2mL/d $H_2$10mL/d CO100mL/d $CO_2$200mL/d	1）新投运的变压器应与投运前的测试数值比较 2）油中气体含量有增长时，应结合产气速率判断，必要时应缩短周期追踪分析 3）总烃含量低时，不宜采用相对产气速率进行判断
2	绕组的直流电阻	1）1 年 2）无励磁分接开关变换分接位置后 3）有载分接开关检修后 4）大修后 5）必要时	1）各绕组直流电阻值的相间差别不应大于三相平均值的 2% 2）与以前相同部位测试结果比较，其变化不应大于 2%，当变化大于 1%就应引起注意	1）无励磁调压变压器应在分接开关位置锁定不动后测量 2）不同温度下的电阻值按下式换算： $R_2 = R_1\left(\frac{T+t_2}{T+t_1}\right)$ 式中 R_1、R_2—在温度 t_1、t_2 时的电阻值； T—电阻温度常数，铜导线取 235
3	绕组绝缘电阻、吸收比和极化指数	1）1 年 2）大修后 3）必要时	1）绝缘电阻换算至同一温度下，与前一次测试结果相比应无明显变化 2）吸收比不低于 1.3 或极化指数不低于 1.5 3）当绝缘电阻值大于 10000MΩ 时，可不考虑吸收比和极化指数的大小	1）采用 2500V 或 5000V 电动兆欧表 2）测量前被试绕组应充分放电 3）测量温度以顶层油温为准，并尽量在油温低于 50℃时测量 4）不同温度下的绝缘电阻值一般可按下式换算： $R_2 = R_1 \times 1.5^{(t_1-t_2)/10}$ 式中 R_1、R_2—温度 t_1、t_2 时的绝缘电阻值 5）吸收比和极化指数不进行温度换算
4	绕组的 $\tan\delta$	1）1 年 2）大修后 3）必要时	1）试验电压为 10kV 2）20℃时各绕组 $\tan\delta$ 均应小于 0.5%	1）被试绕组短路接仪器，非被试绕组短路接地 2）同一变压器各绕组 $\tan\delta$ 的要求值相同 3）测量温度以顶层油温为准 4）尽量在油温低于 50℃时测量，不同温度下的 $\tan\delta$ 值一般可按下式换算： $\tan\delta = \tan\delta_1 \times 1.3^{(t_2-t_1)/10}$ 式中 $\tan\delta_1$、$\tan\delta_2$—温度 t_1、t_2 时的 $\tan\delta$ 值

续表

<table>
<tr><th>序号</th><th>项目</th><th>周期</th><th>要　求</th><th>说　明</th></tr>
<tr><td>5</td><td>电容型套管 tanδ 和电容值</td><td>1）1年
2）大修后
3）必要时</td><td>见表9-8所示高压套管试验项目，周期和要求中2</td><td>1）用正接法测量
2）测量时记录环境温度及变压器顶层油温</td></tr>
<tr><td>6</td><td>绕组的泄漏电流</td><td>1）1年
2）大修后
3）必要时</td><td>1）直流试验电压如下表
<table>
<tr><th>绕组电压等级/kV</th><th>试验电压/kV</th></tr>
<tr><td>750</td><td>60</td></tr>
<tr><td>500</td><td>60</td></tr>
<tr><td>63～330</td><td>40</td></tr>
<tr><td>20～35</td><td>20</td></tr>
</table>
2）泄漏电流参考值　μA
<table>
<tr><th rowspan="2">绕组电压/kV</th><th colspan="8">不同温度/℃</th></tr>
<tr><th>10</th><th>20</th><th>30</th><th>40</th><th>50</th><th>60</th><th>70</th><th>80</th></tr>
<tr><td>750</td><td>20</td><td>30</td><td>45</td><td>67</td><td>100</td><td>150</td><td>235</td><td>330</td></tr>
<tr><td>500</td><td>20</td><td>30</td><td>45</td><td>67</td><td>100</td><td>150</td><td>235</td><td>330</td></tr>
<tr><td>63～330</td><td>33</td><td>50</td><td>74</td><td>111</td><td>167</td><td>250</td><td>400</td><td>570</td></tr>
<tr><td>20～35</td><td>33</td><td>50</td><td>74</td><td>111</td><td>167</td><td>250</td><td>400</td><td>570</td></tr>
</table>
</td><td>1）被试绕组短路接仪器，非被试绕组短路接地
2）读取1min时高压端的泄漏电流值
3）试验电压可分为4～6级，读取各级电压下的泄漏电流，并注意其变化趋势</td></tr>
<tr><td>7</td><td>校核引出线的极性</td><td>1）更换绕组后
2）必要时</td><td>必须与变压器铭牌和箱盖上的端子标志相一致</td><td></td></tr>
<tr><td>8</td><td>绕组的电压比</td><td>1）分接开关引线拆装后
2）更换绕组后
3）必要时</td><td>1）各分接头的电压比与铭牌值相比，不应有显著差别，且符合规律
2）额定分接电压比允许偏差为±0.5%，其他分接电压比允许偏差不得超过±1%</td><td>一般应对所有分接位置进行测量</td></tr>
<tr><td>9</td><td>铁芯和夹件的绝缘电阻</td><td>1）1年
2）大修后
3）必要时</td><td>1）一般应不低于500MΩ
2）与前次测量结果相比不应有显著差别
3）运行中铁芯接地电流一般不应大于0.1A</td><td>1）使用2500V兆欧表
2）夹件单独引出接地的应分别测量</td></tr>
<tr><td>10</td><td>绑扎钢带、屏蔽、压环等的绝缘电阻</td><td>1）吊罩大修时
2）必要时</td><td>一般应不低于500MΩ</td><td>使用2500V兆欧表</td></tr>
<tr><td>11</td><td>绝缘油试验</td><td>1）1年
2）大修后
3）必要时</td><td>见表9-11绝缘油试验项目和要求</td><td></td></tr>
</table>

续表

<table>
<tr><th>序号</th><th>项目</th><th>周期</th><th>要　　求</th><th>说　　明</th></tr>
<tr><td>12</td><td>油中糠醛含量</td><td>必要时</td><td>1）含量超过下表数值时为非正常老化<table><tr><td>运行时间/a</td><td>1～5</td><td>5～10</td><td>10～15</td><td>15～20</td></tr><tr><td>糠醛含量/(mg/L)</td><td>0.1</td><td>0.2</td><td>0.4</td><td>0.75</td></tr></table>2）大于上表数值后应跟踪检测并用其他试验结果综合判断</td><td>投运3～5年后开始测量</td></tr>
<tr><td>13</td><td>测量绝缘纸（板）的含水量</td><td>必要时</td><td>含水量（质量分数）一般应不大于0.8%</td><td>1）用露点法测量
2）可用绕组tanδ值进行推算</td></tr>
<tr><td>14</td><td>测量空载电流和空载损耗</td><td>1）更换绕组后
2）必要时</td><td>1）与前次试验值相比应无明显变化
2）与出厂试验值相比亦应无明显差别</td><td>试验电压可用额定电压，也可用低电压</td></tr>
<tr><td>15</td><td>局部放电试验</td><td>1）消缺性大修后
2）更换绕组后
3）必要时</td><td>在线端对地电压为$1.3U_m/\sqrt{3}$时，放电量一般应不大于300pC；在$1.5U_m/\sqrt{3}$时，放电量应不大于500pC</td><td>试验方法参照《电力变压器　第3部分：绝缘水平、绝缘试验和外绝缘空气间隙》（GB 1094.3—2003）中ACLD试验的规定</td></tr>
<tr><td>16</td><td>油流静电试验</td><td>必要时</td><td>1）测量绕绕对地电流应小于0.1μA
2）测量铁芯对地电流应小于0.1μA
3）开启潜油泵4h后进行测量</td><td>试验时变压器不带电，拆除各侧引出线，但应开启额定负载运行时的全部冷却装置和潜油泵</td></tr>
<tr><td>17</td><td>感应耐压试验</td><td>1）更换绕组后
2）必要时</td><td>试验电压值按有关标准</td><td></td></tr>
<tr><td>18</td><td>绕组变形测量</td><td>1）出线短路后
2）更换绕组后
3）必要时</td><td>1）与以前测量结果比较，应无明显变化
2）同一组变压器的三相测量结果比较应无显著差别</td><td>采用频响法和低电压短路阻抗法测量</td></tr>
<tr><td>19</td><td>有载分接开关的试验</td><td>1）大修时
2）更换绕组后
3）必要时</td><td>1）范围开关、选择开关、切换开关的动作顺序应符合制造厂的技术要求
2）过渡电阻的阻值应与出厂值相符
3）动、静触头平整光滑、无烧损且接触良好，电气回路连接良好
4）操作箱的接触器、电动机、传动齿轮等工作正常，位置指示和计数器指示正确
5）手动操作轻松，三相同步偏差，正反向切换时间的偏差均与技术要求相符
6）电动操作无卡涩，无连调现象，电气和机械限位动作正常
7）开关室绝缘油合格
8）二次回路的绝缘电阻不低于1MΩ</td><td>测量绝缘电阻时使用2500V兆欧表</td></tr>
<tr><td>20</td><td>套管式电流互感器的试验</td><td>1）大修时
2）更换绕组后
3）必要时</td><td>1）二次端子的极性和接线应与铭牌标志相符
2）各绕组的比差和角差应在允许范围内
3）二次绕组及二次回路的绝缘电阻不低于1MΩ</td><td>测量绝缘电阻时使用2500V兆欧表</td></tr>
</table>

续表

序号	项目	周期	要　求	说　明
21	测温装置及其二次回路试验	1）1年 2）大修时 3）必要时	1）测温元件的电阻值应与出厂试验值相符 2）温度指示正确，密封良好 3）二次回路的绝缘电阻不低于1MΩ	测量绝缘电阻时使用2500V兆欧表
22	气体继电器及其二次回路试验	1）1年 2）大修时 3）必要时	1）整定值应符合运行规程要求，动作正确 2）二次回路的绝缘电阻不低于1MΩ	测量绝缘电阻时使用2500V兆欧表
23	压力释放器校验	1）大修时 2）必要时	动作值与铭牌值相差应在±10%范围内或按制造厂规定	
24	冷却装置及其二次回路试验	1）大修时 2）必要时	1）潜油泵和风扇运转平稳、无异常声响、无渗漏、电动机三相电流基本平衡 2）二次回路的绝缘电阻不低于1MΩ	测量绝缘电阻时使用2500V兆欧表
25	整体密封性检查	1）大修后 2）必要时	在油枕顶部施加0.035MPa压力，试验持续时间24h应无渗漏	
26	全电压下空载合闸试验	更换绕组后	1）部分更换绕组后，空载合闸3次，每次间隔5min 2）全部更换绕组后，空载合闸5次，每次间隔5min	1）在使用分接上进行 2）中性点应接地 3）由高压侧或中压侧加压
27	噪声测量	必要时	1）分别在空载和额定负载下测量 2）与出厂值比不应有明显差别	测量方法按《电力变压器　第10部分：声级测定》（GB/T 1094.10）的规定
28	测量油箱表面的温度分布	必要时	局部热点温升应不超过80K	用红外热成像仪测量
29	测量套管表面的温度	必要时	1）局部热点温度与环境温度之差不超过20℃ 2）各相套管间的温度差应不超过20℃	用红外热成像仪测量

3. 判断750kV电力变压器故障时可选用哪些试验项目？

判断变压器故障时可供选用的试验项目如下。

（1）当油中溶解气体色谱分析判断变压器有过热性故障时，可选择下列检查和试验项目：

1）检查潜油泵及其电动机；

2）测量铁芯接地引线中的电流；

3）测量铁芯对地的绝缘电阻；

4）测量绕组的直流电阻；

5）测量油箱表面的温度分布；

6）测量套管的表面温度；

7）测量油中糠醛含量；

8）单相空载试验；

9）检查套管与绕组连接的接触情况。

（2）当油中溶解气体色谱分析判断变压器有放电性故障时，可选择下列检查和试验项目：

1）检查潜油泵及其电动机；

2）测量绝缘油中水分含量；

3）测量绝缘油中含气量；

4）测量绝缘油的击穿电压和 $\tan\delta$；

5）长时间空载运行，监视油中溶解气体的变化；

6）油流静电试验；

7）检查分接开关上有无放电痕迹；

8）检查分接开关油箱是否渗漏；

9）调查近期在变压器油箱上是否焊接堵漏；

10）现场局部放电测量及超声波定位；

11）倍频感应耐压试验。

（3）变压器出口短路后，可选择下列检查和试验项目：

1）油中溶解气体色谱分析；

2）测量绕组的直流电阻；

3）测量绕组的绝缘电阻、吸收比和极化指数；

4）测量绕组的频率响应特性；

5）在低电压下测量绕组的短路阻抗；

6）单相空载试验。

（4）判断绝缘是否受潮，可选择下列检查和试验项目：

1）测量绝缘油的击穿电压和 $\tan\delta$；

2）测量绝缘油中水分含量；

3）测量绝缘纸（板）的含水量；

4）测量绝缘油中含气量；

5）测量绕组的绝缘电阻、吸收比和极化指数；

6）测量绕组的 $\tan\delta$；

7）测量绕组的直流泄漏电流；

8）检查水冷却装置是否渗漏；

9）整体密封性检查。

（5）气体继电器动作后，可选择下列检查和试验项目：

1）收集气体继电器中的气体作点燃试验；

2）收集气体继电器中的气体作色谱分析；

3）油中溶解气体色谱分析；

4）测量油中含气量；

5）对保护回路进行检查试验；

6）对气体继电器进行检查和校验；

7）检查冷却装置是否漏气；

8）整体密封性检查。

4. 750kV 并联电抗器的试验项目、周期和要求是什么？

关联电抗器的试验项目、周期和要求见表 9－2。

表 9－2　750kV 电抗器的试验项目、周期和要求

序号	项目	周期	要　求	说　明
1	油中溶解气体色谱分析	1）1 个月 2）大修投运后 1 天、3 天、10 天、20 天、30 天 3）必要时	1）油中 H_2 和烃类气体含量超过下列任何一项值时要引起注意： H_2 大于 150μL/L C_2H_2 大于 1μL/L 总烃大于 150μL/L 2）总烃的相对产生速率大于 10%/月或下列几种气体的绝对产生速率大于以下数值后，则认为设备有异常： 总烃 12mL/d $C_2H_2$0.2mL/d $H_2$10mL/d CO100mL/d $CO_2$200mL/d	1）新投运的电抗器应与投运前的测试数值比较 2）油中气体含量有增加时，应结合产气速率判断，必要时应缩短追踪分析 3）总烃含量低时，不宜采用相对产气速率进行判断
2	绕组的直流电阻	1）1 年 2）大修后 3）必要时	1）直流电阻值的相间差别不应大于三相平均值的 2% 2）与以前的测试结果比较，其变化不应大于 2%，当变化大于 1%就应引起注意	不同温度下的直流电阻值按下式换算： $R_2 = R_1\left(\frac{T+t_2}{T+t_1}\right)$ 式中　R_1、R_2—温度 t_1、t_2 时的电阻值； T—铜导线的电阻温度常数，取 235
3	阻抗测量	必要时	1）与出厂试验值相差应小于±5% 2）相间差别不应大于三相平均值的 2%	
4	绕组的绝缘电阻、吸收比和极化指数	1）1 年 2）大修后 3）必要时	1）与前一次测试结果相比应无明显变化 2）常温下吸收比不低于 1.3 或极化指数不低于 1.5 3）当绝缘电阻值大于 10000MΩ 时，可不考虑吸收比和极化指数的大小	1）使用 5000V 或 2500V 电动兆欧表 2）测量前被试绕组应充分放电 3）测量温度以顶层油温为准，并尽量在油温低于 50℃时测量 4）不同温度下的绝缘电阻值可按下式换算： $R_2 = R_1 \times 1.5^{(t_1-t_2)/10}$ 式中　R_1、R_2—温度 t_1、t_2 时的绝缘电阻值 5）吸收比和极化指数不进行温度换算
5	绕组的 $\tan\delta$	1）1 年 2）大修后 3）必要时	1）试验电压为 10kV 2）20℃时绕组的 $\tan\delta$ 应小于 0.5%	1）被试绕组短路接仪器 2）测量温度以顶层油温为准，并尽量在油温低于 50℃时测量 3）不同温度下的 $\tan\delta$ 可按下式换算： $\tan\delta_2 = \tan\delta_1 \times 1.3^{(t_2-t_1)/10}$ 式中　$\tan\delta_1$、$\tan\delta_2$—温度 t_1、t_2 时的 $\tan\delta$ 值

续表

<table>
<tr><th>序号</th><th>项目</th><th>周期</th><th>要　　求</th><th>说　　明</th></tr>
<tr><td>6</td><td>电容型套管的 tanδ</td><td>1）1 年
2）大修后
3）必要时</td><td>见表 9－8 高压套管的试验项目、周期和要求中序号 2</td><td></td></tr>
<tr><td>7</td><td>绕组的泄漏电流</td><td>1）1 年
2）大修后
3）必要时</td><td>1）直流试验电压为 60kV
2）不同温度下的泄漏电流参考值如下表<table><tr><td>温度/℃</td><td>10</td><td>20</td><td>30</td><td>40</td><td>50</td><td>60</td><td>70</td><td>80</td></tr><tr><td>泄漏电流/μA</td><td>20</td><td>30</td><td>45</td><td>67</td><td>100</td><td>150</td><td>235</td><td>330</td></tr></table></td><td>1）被试绕组短路加电压
2）读取 1min 时的泄漏电流值
3）试验电压可分为 4～6 级，读取各级电压下的泄漏电流，并注意其变化趋势</td></tr>
<tr><td>8</td><td>铁芯和紧固件的绝缘电阻</td><td>1）1 年
2）大修后
3）必要时</td><td>1）一般应不低于 500MΩ
2）与前次测量结果相比，不应有显著差别
3）运行中铁芯接地电流一般应不大于 0.1A</td><td>1）使用 2500V 兆欧表
2）紧固件单独引出接地的，应分别测量</td></tr>
<tr><td>9</td><td>压环，屏蔽等的绝缘电阻</td><td>1）吊罩大修时
2）必要时</td><td>一般应不低于 500MΩ</td><td>使用 2500V 兆欧表</td></tr>
<tr><td>10</td><td>绝缘油试验</td><td>1）1 年
2）大修时
3）必要时</td><td>见表 9－11 绝缘油的试验项目和要求</td><td></td></tr>
<tr><td>11</td><td>油中糠醛含量</td><td>必要时</td><td>1）含量超过下表数值时为非正常老化<table><tr><td>运行时间/a</td><td>1～5</td><td>5～10</td><td>10～15</td><td>15～20</td></tr><tr><td>糠醛含量/(mg/L)</td><td>0.1</td><td>0.2</td><td>0.4</td><td>0.75</td></tr></table>2）大于上表数值后应跟踪检测，并用其他试验结果综合判断</td><td></td></tr>
<tr><td>12</td><td>绝缘纸板的含水量</td><td>必要时</td><td>含水量（质量分数）一般应不大于 0.8%</td><td>1）用露点法测量
2）可用绕组 tanδ 值进行推算</td></tr>
<tr><td>13</td><td>交流耐压试验</td><td>1）更换绕组后
2）必要时</td><td>试验电压按绕组末端出厂试验值的 80%计算，即 160kV</td><td>外施工频耐压或谐振耐压</td></tr>
<tr><td>14</td><td>套管式电流互感器试验</td><td>1）大修时
2）更换绕组后
3）必要时</td><td>1）二次端子的极性和接线应与铭牌标志相符
2）各绕组的比差和角差应在允许范围内
3）二次绕组及二次回路的绝缘电阻不低于 1MΩ</td><td>测量绝缘电阻时使用 2500V 兆欧表</td></tr>
<tr><td>15</td><td>测量装置及其二次回路试验</td><td>1）1 年
2）大修时
3）必要时</td><td>1）测量元件的电阻值应与出厂试验值相符
2）温度指示正确，密封良好
3）二次回路的绝缘电阻不低于 1MΩ</td><td>测量绝缘电阻时使用 2500V 兆欧表</td></tr>
<tr><td>16</td><td>气体继电器及其二次回路试验</td><td>1）1 年
2）大修时
3）必要时</td><td>1）整定值应符合运行规程要求，动作正确
2）二次回路的绝缘电阻不低于 1MΩ</td><td>测量绝缘电阻时使用 2500V 兆欧表</td></tr>
</table>

续表

序号	项目	周期	要　求	说　明
17	压力释放器校验	1）大修时 2）必要时	动作值与铭牌值相差应在±10%范围内，或按制造厂的规定	
18	冷却装置及其二次回路试验	1）大修时 2）必要时	1）风扇运转平衡、无异常声响、无渗漏，电动机三相电流基本平衡 2）二次回路的绝缘电阻不低于1MΩ	测量绝缘电阻时使用2500V兆欧表
19	整体密封检查	1）大修后 2）必要时	在油枕顶部施加0.035MPa压力，试验持续时间24h应无渗漏	
20	全电压下冲击合闸试验	更换绕组后	1）冲击合闸3次，每次间隔5min以上 2）冲击合闸前后的油色谱分析结果应无明显差别	可带线路冲击合闸
21	阻抗测量	必要时	与出厂试验值或交接试验值相差在±5%，与三相或三相绕组平均值相差在±2%范围内	如受试验条件限制可在运行电压下测量
22	噪声测量	必要时	与出厂试验值或交接试验值应无明显差别	测量方法按GB/T 1094.10的规定
23	油箱振动测量	必要时	油箱壁振动波的波峰的最大值应不超过100μm	测量方法按《电抗器》（GB 10229—1998）的有关规定
24	测量谐波电流幅值	必要时	电流的三次谐波分量的幅值应不大于基波值的3%	用谐波分析仪测量
25	测量油箱表面的温度分布	必要时	局部热点温升应不超过80K	用红外热成像仪测量
26	测量套管表面的温度	必要时	1）局部热点温度与环境温度之差不超过20℃ 2）三相套管间的温度差应不超过20℃	用红外热成像仪测量

5. 判断电抗器故障时可供选用的试验项目有哪些？

判断电抗器故障时可供选用的试验项目如下。

（1）当油中溶解气体色谱分析判断电抗器有过热性故障时，可选择下列检查和试验项目：

1）测量铁芯接地引线中的电流；

2）测量铁芯对地的绝缘电阻；

3）测量绕组的直流电阻；

4）测量油箱表面的温度分布；

5）测量套管的表面温度；

6）测量油中糠醛含量；

7）检查套管与绕组连接的接触情况。

（2）当油中溶解气体色谱分析判断电抗器有放电性故障时，可选择下列检查和试验项目：

1）测量绕组的绝缘电阻、吸收比和极化指数；

2）测量绕组的 tanδ 和直流泄漏电流；
3）测量绝缘油中水分含量；
4）测量绝缘油中含气量；
5）测量绝缘油的击穿电压和 tanδ；
6）超声波定位测量；
7）调查近期在油箱上是否焊接堵漏。
（3）判断绝缘是否受潮，可选择下列检查和试验项目：
1）测量绝缘油的击穿电压和 tanδ；
2）测量绝缘油中水分含量；
3）测量绝缘纸（板）含水量；
4）测量绝缘油中含气量；
5）测量绕组的绝缘电阻、吸收比和极化指数；
6）测量绕组的 tanδ；
7）测量绕组的直流泄漏电流；
8）整体密封性检查。
（4）电抗器振动和噪声异常时，可选择下列检查和试验项目：
1）油中溶解气体色谱分析；
2）阻抗测量；
3）检查散热器等附件的固定情况；
4）振动测量；
5）噪声测量。
（5）气体继电器动作后，可选择下列检查和试验项目：
1）收集气体继电器中的气体作点燃试验；
2）收集气体继电器中的气体作色谱分析；
3）油中溶解气体色谱分析；
4）测量油中含气量；
5）对保护回路进行检查试验；
6）对气体继电器进行检查和校验；
7）整体密封性检查。

6. 电容式电压互感器的试验项目、周期和要求是什么?

电容式电压互感器的试验项目、周期和要求见表 9－3。

表 9－3　　电容式电压互感器的试验项目、周期和要求

序号	项目	周期	要　求	说　明
1	分压电容器极间的绝缘电阻	1）1年 2）大修后 3）必要时	一般应不低于 5000MΩ	使用 2500V 兆欧表
2	电容分压器低压端对地的绝缘电阻	1）1年 2）大修后 3）必要时	一般应不低于 100MΩ	使用 2500V 兆欧表

续表

序号	项目	周期	要求	说明
3	分压电容器的 $\tan\delta$ 和电容量	1）1 年 2）大修后 3）必要时	1）试验电压为 10kV 2）油纸绝缘电容器不大于 0.5% 3）膜纸复合绝缘电容器不大于 0.2% 4）当 $\tan\delta$ 值不符合要求时，可在额定电压下复测。若复测满足要求，可继续运行	1）每节电容器的电容值偏差应小于额定值的±5% 2）一相中任两节电容器的实测电容值相差应小于 5% 3）当电容值大于额定值的 102%时应缩短试验周期
4	分压电容器渗漏油检查	3 个月	发现漏油时应停止运行	用目视观察法
5	分压电容器的局部放电试验	必要时	$1.1U_m/\sqrt{3}$电压下的局部放电量应不大于 20pC	试验方法见 GB/T 4703
6	分压电容器的交流耐压试验	必要时	试验电压为出厂试验电压的 75%	
7	中间变压器的绝缘电阻	1）1 年 2）大修后 3）必要时	1）高低压绕组间应不低于 100MΩ 2）低压绕组对地应不低于 1MΩ	使用 2500V 兆欧表
8	中间变压器的 $\tan\delta$	1 年	1）一般应不大于 2.5% 2）与初始值相比不应有显著变化	
9	中间变压器的变比	1）大修后 2）必要时	应与铭牌值相符	
10	测量中间变压器绕组的直流电阻	1）1 年 2）大修后 3）必要时	与出厂试验值或上次试验值比较应无明显差别	
11	保护装置的工频放电电压试验	1）大修后 2）必要时	工频放电电压应不大于 2kV，或与出厂试验值无明显差别	
12	电磁单元的密封性检查	1）1 年 2）大修后 3）必要时	发现渗漏油要及时进行处理	
13	中间变压器交流耐压试验	必要时	1）一次绕组对二次绕组及油箱的试验电压值为出厂试验电压值的 80% 2）二次绕组对地的工频试验电压为 2kV	中间变压器与分压电容器无法分开的可不进行

7. SF_6 电流互感器的试验项目、周期和要求是什么？

SF_6 电流互感器的试验项目、周期和要求见表 9－4。

表 9－4　SF_6 电流互感器的试验项目、周期和要求

序号	项　目	周　期	要　求	说　明
1	绕组的绝缘电阻	1）1 年 2）大修后 3）必要时	1）一、二次绕组间的绝缘电阻值应大于 10000MΩ 2）一次绕组段间的绝缘电阻值应大于 10MΩ 3）二次绕组对地及绕组间的绝缘电阻值应大于 1MΩ	使用 2500V 兆欧表

续表

序号	项目	周期	要求	说明
2	检查绕组的极性	1）大修后 2）必要时	应与铭牌及端子的标志相符	
3	各二次绕组的变比检查	1）大修后 2）必要时	应与铭牌值相符	
4	SF_6 气体湿度检测	1）1年 2）大修后 3）必要时	1）大修后水分含量应小于 200μL/L 2）运行中水分含量应小于 400μL/L	
5	SF_6 气体泄漏试验	1）大修后 2）必要时	年漏气率应小于1%	使用灵敏度不低于1μL/L的检漏仪
6	气体压力表校验	1）大修后 2）必要时	误差应在产品相应等级的允许范围内	
7	气体密度监视器校验	1）1年 2）大修后 3）必要时	应符合制造厂规定	
8	校核励磁特性曲线	必要时	与制造厂提供的励磁特性相比较，应无明显差别	继电保护有要求时进行
9	交流耐压试验	必要时	1）主绝缘的试验电压值应为出厂试验电压值的80% 2）交流耐压前应进行老炼试验 3）一次绕组段间的试验电压值为3kV	主绝缘耐压可用工频试验电压，也可用串联谐振耐压

8. SF_6 高压交流断路器的试验项目、周期和要求是什么？

SF_6 高压交流断路器的试验项目、周期和要求见表 9-5。

表 9-5　SF_6 高压交流断路器的试验项目、周期和要求

序号	项目	周期	要求	说明
1	断路器内 SF_6 气体的湿度以及气体的其他检测项目	见表 9-12		
2	SF_6 气体泄漏试验	1）大修后 2）必要时	年漏气率不大于0.5%或符合制造厂规定	1）SF_6 泄漏值的测量应在断路器充气24h后进行 2）采用局部包扎法检漏，每个密封部位包扎后历时5h，测得的 SF_6 气体含量不大于30μL/L
3	辅助回路和控制回路绝缘电阻	1）1～3年 2）大修后	绝缘电阻不低于2MΩ	采用500V或1000V兆欧表

续表

序号	项　目	周期	要　求	说　明
4	辅助回路和控制回路交流耐压试验	大修后	试验电压为2kV	耐压试验后的绝缘电阻值不应降低
5	交流耐压试验	1）大修后 2）必要时	进行交流耐压试验，施加电压为出厂试验电压的80%	1）试验在SF_6气体额定压力下进行 2）罐式断路器的耐压试验方式：合闸对地及端口间耐压 3）对瓷柱式定开距型断路器只作断口间耐压
6	导体回路电阻	1）1～3年 2）大修后	测量值不大于出厂实测值	用直流压降法测量，电流不小于100A
7	断口间并联电容器的绝缘电阻、电容量和$\tan\delta$	1）1～3年 2）大修后 3）必要时	1）对瓷柱式断路器和断口同时测量，测得的电容值和$\tan\delta$与原始值比较，应无明显变化 2）罐式断路器按制造厂规定	1）大修时，对瓷柱式断路器应测量电容器和断口并联后整体的电容值和$\tan\delta$，作为该设备的原始数据 2）对罐式断路器（包括GIS中的SF_6断路器）必要时进行试验，试验方法按制造厂规定
8	合闸电阻值和合闸电阻的投入时间	1）1～3年 2）大修后 3）必要时	1）除制造厂另有规定外，阻值变化允许范围不得大于±5% 2）合闸电阻的有效接入时间应符合制造厂规定	罐式断路器的合闸电阻布置在罐体内部，只有解体大修时才能测定
9	断路器的速度特性	大修后	测量方法和测量结果应符合制造厂规定	制造厂无要求时可以不测
10	断路器分、合闸时间及不同期性的测量	1）大修后 2）机构大修后	分、合闸时间应符合制造厂规定，除制造厂另有规定外，不同期性应符合下列要求： 相间分闸不同期≤3ms 相间合闸不同期≤5ms 同相各断口间分闸不同期≤2ms 同相各断口间合闸不同期≤3ms	
11	分、合闸线圈电阻及直流电阻测量	1）大修后 2）机构大修后	1）分、合闸线圈及合闸接触器线圈的绝缘电阻值不应低于10MΩ 2）直流电流值应满足制造厂要求	
12	SF_6气体密度继电器（包括整定值）及压力表校验（或调整）	1）1～3年 2）大修后 3）必要时	应符合制造厂规定	
13	机构操作压力（气压、液压）整定值校验，机械安全阀校验	1）1～3年 2）大修后	应符合制造厂规定	

续表

序号	项目	周期	要求	说明
14	操动机构在分闸、合闸、重合闸下的操作压力下降值	1）大修后 2）机构大修后	应符合制造厂规定	
15	液压操动机构的泄漏试验	1）1～3年 2）大修后 3）必要时	应符合制造厂规定	
16	油（气）泵补压及零起打压的运转时间	1）1～3年 1）大修后 3）必要时	应符合制造厂规定	
17	液压机构及采用差压原理的气动机构的防失压慢分试验	1）大修后 2）机构大修时	应符合制造厂规定	
18	闭锁、防跳跃及防止非全相合闸等辅助控制装置的动作性能	1）大修后 2）必要时	应符合制造厂规定	
19	分闸、合闸电磁铁的动作电压	1）大修后 2）必要时 3）机构大修时	1）合闸线圈动作电压为80%～110%额定电压 2）双分闸线圈动作电压为65%～120%额定电压 3）30%及以下额定电压不动作	
20	套管式电流互感器	大修后	1）检查二次端子的极性和接线，应与铭牌标志相符 2）各分接头变比检查	要求2）针对更换绕组后应测量比值差和相位差

9. SF_6交流断路器的各类试验项目如何选择？

SF_6交流断路器各类试验项目进行如下选择：

（1）定期试验项目见表9－5中序号1、3、6、7、8、12、13、15、16、19。

（2）大修后试验项目见表9－5。

10. 气体绝缘金属封闭开关设备的试验项目、周期和要求是什么？

气体绝缘金属封闭开关设备的试验项目、周期和要求见表9－6。

表9－6　气体绝缘金属封闭开关设备的试验项目、周期和要求

序号	项目	周期	要求	说明
1	断路器内SF_6气体的湿度以及气体的其他检测项目	表9－12		

续表

序号	项　目	周期	要　求	说　明
2	SF_6 气体泄漏试验	1）大修后 2）必要时	每个气室的年漏气率不大于0.5%或符合制造厂规定	1）SF_6 泄漏值的测量应在断路器充气24h后进行 2）采用局部包扎法检漏，每个密封部位包扎后历时5h，测得的 SF_6 气体含量不大于30μL/L
3	辅助回路和控制回路绝缘电阻	1）1～3年 2）大修后	绝缘电阻不低于2MΩ	采用500V或1000V兆欧表
4	辅助回路和控制回路交流耐压试验	大修后	试验电压为2kV	耐压试验后的绝缘电阻值不应降低
5	交流耐压试验	1）大修后 2）必要时	1）交流耐压试验电压为0.8出厂试验电压，交流耐压值为768kV 2）在运行电压下，测量局部放电量	1）试验在 SF_6 气体额定压力下进行 2）交流耐压施加于主回路对地 3）应尽量避免未检修间隔进行耐压试验 4）局部放电量测试方法见《气体绝缘金属封闭开关设备现场耐压及绝缘试验导则》（DL/T 555—2004）附录A
6	导体回路	1）1～3年 2）大修后	测量值不大于出厂实测值	用直流压降法测量，电流不小于100A
7	断口间并联电容器试验	必要时	应符合制造厂规定	
8	合闸电阻值和合闸电阻的投入时间	1）大修后 2）必要时	1）除制造厂另有规定外，阻值变化允许范围不得大于±5% 2）合闸电阻有效接入时间应符合制造厂规定	
9	断路器的速度特性	大修后	测量方法和测量结果应符合制造厂规定	制造厂无要求时可以不测量
10	断路器分、合闸时间及不同期性的测量	1）大修后 2）机构大修后	分、合闸时间应符合制造厂规定，除制造厂另有规定外，不同期性应符合下列要求： 相间分闸不同期≤3ms 相间合闸不同期≤5ms 同相各断口间分闸不同期≤2ms 同相各断口间合闸不同期≤3ms	
11	分、合闸线圈电阻及直流电阻测量	1）大修后 2）机构大修后	1）分、合闸线圈及合闸接触器线圈的绝缘电阻值不应低于10MΩ 2）直流电流值应满足制造厂要求	
12	SF_6 气体密度继电器（包括整定值）及压力表校验（或调整）	1）1～3年 2）大修后 3）必要时	应符合制造厂规定	

续表

序号	项　目	周期	要　求	说　明
13	机构操作压力（气压、液压）整定值校验，机械安全阀校验	1）1～3年 2）大修后	应符合制造厂规定	
14	操动机构在分闸、合闸、重合闸下的操作压力下降值	1）大修后 2）机构大修后	应符合制造厂规定	
15	液压操动机构的泄漏试验	1）1～3年 2）大修后 3）必要时	应符合制造厂规定	应在分、合闸位置下分别试验
16	油（气）泵补压及零起打压的运转时间	1）1～3年 2）大修后 3）必要时	应符合制造厂规定	
17	液压机构的防失压慢分试验	1）大修后 2）机构大修时	应符合制造厂规定	
18	闭锁、防跳跃及防止非全相合闸等辅助控制装置的动作性能	1）大修后 2）必要时	应符合制造厂规定	
19	分闸、合闸电磁铁的动作电压	1）大修后 2）必要时 3）机构大修时	1）合闸线圈动作电压为80%～110%额定电压 2）双分闸线圈动作电压为65%～120%额定电压 3）30%及以下额定电压不动作	
20	套管式电流互感器	大修后	1）检查二次端子的极性和接线，应与铭牌标志相符 2）各分接头变比检查	要求2）针对更换绕组后应测量比值差和相位差
21	电压互感器	1）大修后 2）必要时	按制造厂要求进行	
22	氧化锌避雷器的运行电压下全电流和阻性电流	1）1年 2）大修后 3）必要时	测量结果与交接和历年试验值相比较	

11. 气体绝缘金属封闭开关设备的各类试验项目如何选择？

气体绝缘金属封闭开关设备各类试验项目进行如下选择：

（1）定期试验项目见表9-6中序号1、3、6、7、8、12、13、15、16、19。

（2）大修后试验项目见表9-6。

12. 隔离开关的试验项目、周期和要求是什么？

隔离开关的试验项目、周期和要求见表 9－7。

表 9－7　　隔离开关的试验项目、周期和要求

序号	项　目	周期	要　求	说　明
1	二次回路的绝缘电阻	1）1～3 年 2）大修后 3）必要时	绝缘电阻不低于 2MΩ	采用 500V 兆欧表
2	二次回路交流耐压试验	大修后	试验电压为 2kV	
3	交流耐压试验	大修更换支柱绝缘子后	任选下列一项进行： 1）施加 100％的出厂试验电压 2）采用探访试验代替	
4	导电回路电阻测量	1）大修后 2）必要时	不大于制造厂规定值的 1.5 倍	用直流压降法测量，电流值不小于 100A
5	电动、气动或液压操动机构线圈的最低动作电压	大修后	最低动作电压一般在操作电源额定电压的 30％～80％范围内	气动或液压应在额定压力下进行
6	操动机构的动作情况	大修后	1）电动、气动或液压操动机构在额定的操作电压（气压、液压）下分、合闸 5 次，动作正常 2）手动操动机构操作时灵活、无卡涩 3）闭锁装置应可靠	
7	探伤试验	1）1～5 年 2）大修后 3）必要时	1）采用超声波方法，发生频率为 2.5～10MHz，斜角纵波探伤 2）探伤部位在瓷件法兰根部 3）已接收回波信号的强弱为判断标准	采用超声波探伤仪探测

13. 隔离开关的各类试验项目如何选择？

隔离开关各类试验项目进行如下选择：

（1）定期试验项目见表 9－7 中序号 1、7。

（2）大修后试验项目见表 9－7。

14. 高压套管的试验项目、周期和要求是什么？

变压器、电抗器套管和穿墙套管的试验项目、周期和要求见表 9－8。

表 9－8　　高压套管的试验项目、周期和要求

序号	项　目	周期	要　求	说　明
1	套管主绝缘和末屏对地的绝缘电阻	1）1 年 2）大修后 3）必要时	1）主绝缘的绝缘电阻值一般应不低于 10000MΩ 2）末屏对地的绝缘电阻值应不低于 1000MΩ（温度 20℃时）	使用 2500V 兆欧表

续表

<table>
<tr><th>序号</th><th>项　目</th><th>周期</th><th>要　求</th><th>说　明</th></tr>
<tr><td>2</td><td>套管主绝缘及末屏的 tanδ 和电容量</td><td>1）1 年
2）大修后
3）必要时</td><td>1）主绝缘在 10kV 电压下的 tanδ 值应不大于下表中数值<table><tr><th>套管主绝缘类型</th><th>tanδ /%</th></tr><tr><td>油浸纸电容式</td><td>0.8</td></tr><tr><td>气体绝缘电容式</td><td>1.0</td></tr><tr><td>浇注树脂电容式</td><td>1.0</td></tr></table>2）电容型套管的电容值与出厂值或上一次试验值的差别超过±5%时应查明原因
3）当电容型套管末屏对地绝缘电阻低于 1000MΩ 时应测量末屏对地的 tanδ，试验电压 2kV 下 tanδ 值应不大于 2%</td><td>1）电容型套管的 tanδ 一般不进行温度换算，当 tanδ 值与出厂试验值或上一次测试值比较有明显增长或接近表中数值时，应综合分析 tanδ 和温度、电压的关系。必要时可测量 $U_m/\sqrt{3}$电压下的 tanδ，且当试验电压，由 10kV 升到 $U_m/\sqrt{3}$时的 tanδ 增量超过±0.3%时，不应继续运行
2）测量主绝缘 tanδ 用正接线，测量末屏对地 tanδ 用反接线
3）存放 1 年以上的套管应测量 $U_m/\sqrt{3}$电压下的 tanδ</td></tr>
<tr><td>3</td><td>油中溶解气体色谱分析</td><td>1）投运前
2）大修后
3）必要时</td><td>油中溶解气体含量超过下列任一值时应引起注意：
H_2 500μL/L
CH_4 100μL/L
C_2H_2 μL/L</td><td>1）应密封取油样
2）无密封取样阀的套管可不做</td></tr>
<tr><td>4</td><td>交流耐压试验</td><td>1）套管解体大修后
2）必要时</td><td>试验电压值为出厂试验值的 80%，即 720kV</td><td></td></tr>
<tr><td>5</td><td>电容型套管的局部放电试验</td><td>1）套管解体大修后
2）必要时</td><td>1）试验电压值为 $1.05U_m/\sqrt{3}$（变压器、电抗器套管局部放电试验电压为 $1.5U_m/\sqrt{3}$）
2）在试验电压下的局部放电量（pC）应不大于下表数值<table><tr><th>套管型式</th><th>油纸电容型</th></tr><tr><td>大修后</td><td>10</td></tr><tr><td>运行中</td><td>20</td></tr></table></td><td></td></tr>
<tr><td>6</td><td>套管表面温度</td><td>1）运行中 1 年
2）必要时</td><td>1）与环境温度温差不大于 20℃
2）三相互差不大于 20℃</td><td>用红外成像仪测量</td></tr>
</table>

15. 金属氧化物避雷器的试验项目、周期和要求是什么？

金属氧化物避雷器的试验项目、周期和要求见表 9－9。

表 9-9　　金属氧化物避雷器的试验项目、周期和要求

序号	项　目	周　期	要　求	说　明
1	绝缘电阻	1）发电厂、变电所避雷器每年雷雨季节前 2）必要时	不低于 2500MΩ	采用 2500V 及以上兆欧表
2	直流 1mA 电压（U_{1mA}）及 0.75U_{1mA} 下的漏电流	1）发电厂、变电所避雷器每年雷雨季前 2）必要时	1）U_{1mA}不得低于技术条件规定值 2）U_{1mA}实测值与初始值或制造厂规定值比较，变化不应大于±5% 3）0.75U_{1mA}下的漏电流不应大于 65μA	1）要记录试验时的环境温度和相对湿度 2）测量电流的导线应使用屏蔽线 3）初始值系指交接试验或投产试验时的测量值
3	运行电压下的交流漏电流	1）投运第一年每季测一次后，以后每年雷雨季节前 1 次 2）必要时	测量运行电压下的全电流、阻性电流或功率损耗，测量值与初始值比较，有明显变化时应加强监测，当阻性电流增加 1 倍时，应停电检查	应记录测量时的环境温度、相对湿度和运行电压。测量宜在瓷套表面干燥时进行。应注意相间干扰的影响
4	底座绝缘电阻	1）发电厂、变电所避雷器每年雷雨季前 2）必要时	自行规定	采用 2500V 及以上兆欧表
5	检查放电计数器动作情况	1）发电厂、变电所避雷器每年雷雨季前 2）必要时	测试 3～5 次，均应正常动作	
6	记录全电流计数电流值	每天巡视	全电流值超大至 1 倍，应进行交流泄漏电流试验	

16. 悬式绝缘子、支柱绝缘子和复合绝缘子的试验项目、周期和要求是什么?

悬式绝缘子、支柱绝缘子和复合绝缘子试验项目、周期和要求见表 9-10。

表 9-10　　悬式绝缘子、支柱绝缘子和复合绝缘子试验项目、周期和要求

序号	项　目	周　期	要　求	说　明
1	悬式绝缘子检测	1）3～8 年 2）必要时	在运行电压下检测	1）可根据绝缘子的劣化率调整检测周期 2）可采用紫光线、超声等方法代替带电检测
2	支柱绝缘子探伤检测	1）3～8 年 2）大修后 3）必要时	1）采用超声波方法，发生频率为 2.5～10MHz，斜角纵波探伤 2）探伤部位在瓷件法兰根部 3）已接收回波信号的强弱为判断标准	采用超声波探伤仪探测

续表

序号	项　目	周　期	要　求	说　明
3	复合绝缘子定期抽样试验	1）3～8年 2）必要时	1）抽样数量：每批产品的抽样数量不少于总数的3%，最少不得少于3只 2）抽试项目：外观检查、憎水性试验、湿工频耐受电压试验、水煮试验、陡波冲击耐受电压试验、密封性能试验、机械破坏负荷试验	试验方法参照IEC 61109执行
4	绝缘子表面污秽物的等值盐密	1年	参照DL/T 596—1996附录C污秽等级与对应附盐密度值检查所测盐密值及当地污秽等级是否一致。结合运行经验，将测量值作为调整耐污绝缘水平和监督绝缘安全运行的依据。盐密值超过规定时，应根据情况采取调爬、清扫、涂料等措施	应分别在户外能代表当地污染程度的至少一串悬垂绝缘子和一根棒式支柱上取样，测量在当地积污最重的时期进行

注　玻璃悬式绝缘子不进行序号1项中的试验，运行中自破的绝缘子应及时更换。

17. 750kV充油电气设备中变压器油（绝缘油）的试验项目和要求是什么？

750kV充油电气设备中变压器油（绝缘油）的试验项目和要求见表9-11。

表9-11　　**绝缘油的试验项目和要求**

序号	项　目	要　求		说　明
		注入设备前的油	运行设备中的油	
1	外观	透明、无杂质或悬浮物		目测
2	水溶性酸pH值	≥5.4	≥4.5	按《运行中变压器油、汽轮机油水溶性酸测定法（比色法）》（GB 7598）进行试验
3	酸值/(mgKOH/g)	≤0.03	≤0.06	按《运行中变压器油、汽轮机油酸值测定法（BTB法）》（GB 7599）进行试验
4	闪点（闭口）/℃	≥140	≥135	按《石油产品闪点测定法（闭口杯法）》（GB 261）进行试验
5	界面张力（25℃）/(mN/m)	≥35	≥19	按《石油产品油对水界面张力测定法（圆杯法）》（GB 261）进行试验
6	油泥与沉淀物/%	无	<0.02	按《石油产品和添加剂机械杂质测定法（重量法）》（GB/T 511）进行试验
7	击穿电压/kV	≥70	≥60	按《绝缘油介电强度测定法》（DL/T 429.9）进行试验
8	体积电阻率（90℃）/(Ω·m)	$>6\times10^{10}$	$>1\times10^{10}$	按《液体绝缘材料工频相对介电常数、介质损耗因数和体积电阻率的测量》（GB 5654）进行试验
9	tanδ（90℃）/%	≤0.5	≤1.0	按《液体绝缘材料工频相对介电常数、介质损耗因数和体积电阻率的测量》（GB 5654）进行试验

续表

序号	项　目	要　求		说　明
		注入设备前的油	运行设备中的油	
10	油中水分含量 /(mg/L)	<10	<15	按《运行中变压器油水分含量测定法（库仑法）》（GB 7600）或《运行中变压器油水分测定法（气相色谱法）》（GB 7601）进行试验
11	油中含气量 /%	≤1.0	≤2.0	按《绝缘油中含气量的测定（真空压差法）》（DL/T 423）或《绝缘油中含气量的测定方法（二氧化碳洗脱法）》（DL/T 450）进行试验

18. 运行中 SF_6 气体试验项目、周期和要求是什么？

SF_6 气体试验项目、周期和要求见表 9-12。

表 9-12　　运行中 SF_6 气体试验项目、周期和要求

序号	项　目	周　期	要　求	说　明
1	湿度（20℃）/(μL/L)	1）1～3 年 2）大修后 3）必要时	1）断路器灭弧室气室 大修后不大于 150 运行中不大于 300 2）其他气室 大修后不大于 250 运行中不大于 500	1）按《工业六氟化硫》（GB 12022）、《六氟化硫气体中水分含量测定法（电解法）》（SD 306）和《现场 SF_6 气体水分测定方法》（DL 506—1992）进行试验 2）新装及大修后 1 年内复测 1 次，如湿度符合要求，则正常运行中 1～3 年测 1 次 3）周期中的“必要时”是指新装及大修后 1 年内复测湿度不符合要求或漏气超过表 5 和表 6 中序号 2 的要求和设备异常时，按实际情况增加的检测
2	密度（标准状态下）/(g/L)	必要时	6.16	按 SD 308《六氟化硫新气中密度测定法》进行
3	毒性	必要时	无毒	按 SD 312《六氟化硫气体毒性生物试验方法》进行
4	酸度 /(μg/g)	1）大修后 2）必要时	≤0.3	按 SD 307《六氟化硫新气中酸度测定法》或用检测管进行测量
5	四氟化碳（质量分数）/%	1）大修后 2）必要时	1）大修后≤0.05 2）运行中≤0.1	按 SD 311《六氟化硫新气中空气—四氟化碳的气相色谱测定法》进行
6	空气（质量分数）/%	1）大修后 2）必要时	1）大修后≤0.05 2）运行中≤0.2	按 SD 311《六氟化硫新气中空气—四氟化碳的气相色谱测定法》进行
7	可水解氟化物 /(μg/g)	1）大修后 2）必要时	≤1.0	按 SD 309《六氟化碳气体中可水解氟化物含量测定法》进行
8	矿物油 /(μg/g)	1）大修后 2）必要时	≤10	按 SD 310《六氟化硫气体中矿物油含量测定法（红外光谱法）》进行

19. 接地装置的试验项目、周期和要求是什么?

接地装置的试验项目、周期和要求见表 9-13。

表 9-13　　接地装置的试验项目、周期和要求

序号	项目	周期	要求	说明
1	变电所、升压站接地装置的接地电阻	1）不超过 6 年 2）可以根据该接地网挖开检查的结果斟酌延长或缩短周期	$R\leqslant 2000/I$ 或 $R\leqslant 0.5\Omega$（当 $I>4000$A 时） 式中　I—经接地网流入地中的短路电流，A； R—考虑到季节变化的最大接地电阻，Ω	1）测量接地电阻时，若在必需的最小电极布置范围内土壤电阻率基本均匀，可采用各种补偿法，否则，应采用远离法 2）在高土壤电阻率地区，接地电阻如按规定值要求，在技术经济上极不合理时，允许有较大的数值。但必须采取措施以保证发生接地短路时，在该接地网上： ①接触电压和跨步电压均不超过允许的数值 ②不发生高电位引外和低电位引内 3）在预防性试验前或每 3 年以及必要时验算一次 I 值，并校验设备接地引下线的热稳定
2	独立微波站的接地电阻	不超过 6 年	不宜大于 5Ω	
3	独立避雷针（线）的接地电阻	不超过 6 年	不宜大于 10Ω	在高土壤电阻率地区难以将接地电阻降到 10Ω 时，允许有较大的数值，但应符合防止避雷针（线）对罐体及管、阀等反击的要求
4	线路杆塔的接地电阻	不超过 3 年	当杆塔高度在 40m 以下时，按下列要求，如杆塔高度达到或超过 40m 时，则取下表值的 50%，但当土壤电阻率大于 2000Ω·m，接地电阻难以达到 15Ω 时可增加至 20Ω 土壤电阻率/（Ω·m）：接地电阻/Ω 100 及以下：10 100～500：15 500～1000：20 1000～2000：25 2000 以上：30	对于高度在 40m 以下的杆塔，如土壤电阻率很高，接地电阻难以降到 30Ω 时，可采用 6～8 根总长不超过 500m 的放射形接地体或连续伸长接地体，其接地电阻可不受限制。但对于高度达到或超过 40m 的杆塔，其接地电阻也不宜超过 20Ω
5	检查有效地系统的电力设备接地引下线与接地网的连接情况	不超过 3 年	不得有开断、松脱或严重腐蚀等现象	如采用测量接地引下线与接地网（或与相邻设备）之间的电阻值来检查其连接情况，可将所测的数据与历次数据比较和相互比较，通过分析决定是否进行挖开检查
6	抽样开挖检查发电厂、变电所地中接地网的腐蚀情况	1）本项目只限于已经运行 10 年以上（包括改造后重新运行达到这个年限）的接地网 2）以后的检查年限可根据前次开挖检查的结果自行决定	不得有开断、松脱或严重腐蚀等现象	可根据电气设备的重要性和施工的安全性，选择 5～8 个点沿接地引下线进行开挖检查，如有疑问还应扩大开挖的范围

注　进行序号 1 项试验时，应断开线路的架空地线。

第十章
带电作业工具、装置和设备预防性试验

1. 带电作业工具、装置和设备预防性试验的原则是什么？

带电作业工具、装置和设备预防性试验的原则如下：

（1）试验结果应与该工具、装置和设备历次试验结果相比较，与同类工具、装置和设备试验结果相比较，参照相关的试验结果，根据变化规律和趋势，进行全面分析后作出判断。

（2）遇到特殊情况需要改变试验项目、周期和要求时，可由本单位总工程师审查批准后执行。

（3）50Hz 交流耐压试验，加至试验电压后的持续时间，220kV 及以下电压等级的带电作业工具、装置和设备，为 1min；330kV 及以上电压等级的带电作业工具、装置和设备，为 3min。

非标准电压等级的带电作业工具、装置和设备的交流耐压试验值，可根据本规程规定的相邻电压等级按插入法计算。

（4）直流耐压试验，加至试验电压后的持续时间，一般为 3min。在进行直流高压试验时，应采用负极性接线，操作波耐压应采用正极性。

（5）为满足高海拔地区的要求而采用加强绝缘或较高电压等级的带电作业工具、装置和设备，应在实际使用地点（进行海拔校正后）进行耐压试验。

（6）在测量泄漏电流时，应同时测量被试品的温度和周围空气的温度和湿度。进行绝缘试验时，被试品温度应不低于＋5℃，户外试验应在良好的天气进行，且空气相对湿度一般不高于 80％。

（7）经预防性试验合格的带电作业工具、装置和设备应在明显位置贴上试验合格标志，标志的式样和要求详见有关标准。

（8）进行预防性试验时，一般宜先进行外观检查，再进行机械试验，最后进行电气试验。电气试验按 GB/T 16927.1 的要求进行。

2. 绝缘支、拉、吊杆的预防性试验包括哪些内容？

绝缘支、拉、吊杆的预防性试验包括以下内容：

1. 外观及尺寸检查

试品应光滑，无气泡、皱纹、开裂，玻璃纤维布与树脂间黏接完好不得开胶，杆段间连接牢固。各部分尺寸应符合表 10－1 的规定。

表 10－1　　支、拉、吊杆的最短有效绝缘长度

额定电压/kV	最短有效绝缘长度/m	固定部分长度/m		支杆活动部分长度/m
		支杆	拉（吊）杆	
10	0.40	0.60	0.20	0.50
35	0.60	0.60	0.20	0.60
66	0.70	0.70	0.20	0.60
110	1.00	0.70	0.20	0.60
220	1.80	0.80	0.20	0.60
330	2.80	0.80	0.20	0.60
500	3.70	0.80	0.20	0.60
750	4.70	0.80	0.20	0.60
1000	6.80	0.80	0.20	0.60
±500	3.20	0.80	0.20	0.60

2. 电气试验

（1）周期和试验项目。

试验周期：12 个月。

试验项目：工频耐压试验和操作冲击耐压试验。

（2）要求。

220kV 及以下电压等级的试品应能通过短时工频耐受电压试验（以无击穿、无闪络及无明显发热为合格）；330kV 及以上电压等级的试品应能通过长时间工频耐受电压试验（以无击穿、无闪络及无明显发热为合格），以及操作冲击耐受电压试验（15 次加压以无一次击穿、闪络及明显过热为合格）。其电气性能应符合表 10－2 和表 10－3 的规定。

表 10－2　　10～220kV 电压等级支、拉、吊杆的电气性能

额定电压/kV	试验电极间距离/m	1min 工频耐受电压/kV
10	0.40	45
35	0.60	95
66	0.70	175
110	1.00	220
220	1.80	440

表 10－3　　330～1000kV 电压等级支杆、拉、吊杆的电气性能

额定电压/kV	试验电极间距离/m	3min 工频耐受电压/kV	操作冲击耐受电压/kV
330	2.80	380	800
500	3.70	580	1050
750	4.70	780	1300
1000	6.30	1150	1695
±500	3.20	680①	950

① 为±500kV 直流耐压试验的加压值。

3. 机械试验

（1）周期和试验项目。

试验周期：24 个月。

试验项目：静负荷试验、动负荷试验。

（2）要求。

静负荷试验应在如表 10－4、表 10－5 所列数值下持续 1min 无变形、无损伤。

动负荷试验应在如表 10－4、表 10－5 所列数值下操作 3 次，要求机构动作灵活、无卡住现象。

表 10－4　支杆机械性能　单位：kN

支杆分类级别	额定荷载	静荷载	动荷载
1kN 级	1.00	1.20	1.00
3kN 级	3.00	3.60	3.00
5kN 级	5.00	6.00	5.00

表 10－5　拉（吊）杆机械性能　单位：kN

拉（吊）杆分类级别	额定荷载	静荷载	动荷载
10kN	10.0	12.0	10.0
30kN	30.0	36.0	30.0
50kN	50.0	60.0	50.0
100kN	100	120	100
120kN	120	144	120
300kN	300	360	300

注　支杆按表 10－4 的要求作压缩试验；拉、吊杆按表 10－5 的要求作拉伸试验。

3. 绝缘托瓶架的预防性试验包括哪些内容?

托瓶架中的绝缘部件可用空心管、泡沫填充管、异型管（填充管）、绝缘板等制作。试验包括：

1. 外观及尺寸检查

试品应光滑，无气泡、皱纹、开裂，玻璃纤维布与树脂间黏接完好不得开胶，杆、段、板间连接牢固。最短有效绝缘长度应符合表 10－6 的规定。

表 10－6　托瓶架的最短有效绝缘长度

额定电压/kV	110	220	330	500	750	±500
最短有效绝缘长度/m	1.00	1.80	2.80	3.70	4.70	3.20

2. 电气试验

（1）周期和试验项目。

试验周期：12 个月。

试验项目：外观及尺寸检查、工频耐压试验和操作冲击耐压试验。

（2）要求。

外观及尺寸：试品应光滑，无气泡、皱纹、开裂，玻璃纤维布与树脂间黏接完好，杆、段、板间连接牢固。最短有效绝缘长度应符合表 10－6 的规定。

工频耐压和操作冲击耐压：220kV 及以下电压等级的试品应能通过短时工频耐受电压试验（以无击穿、无闪络及发热为合格）；330kV 及以上电压等级的试品应能通过长时间工频耐受电压试验（以无击穿、无闪络及发热为合格），以及操作冲击耐受电压试验（以无一次击穿、闪络及过热为合格）。其电气性能应符合表 10－7、表 10－8 的规定。

表 10－7　110kV、220kV 电压等级托瓶架的电气性能

额定电压/kV	试验电极间距离/m	1min 工频耐受电压/kV
110	1.00	220
220	1.80	440

表 10－8　　330～1000kV 电压等级托瓶架的电气性能

额定电压 /kV	试验电极间距离 /m	3min 工频耐受电压 /kV	操作冲击耐受电压 /kV
330	2.80	380	800
500	3.70	580	1050
750	4.70	780	1300
1000	6.30	1150	1695
±500	3.20	680①	950

① 为±500kV 直流耐压试验的加压值。

3. 机械试验

（1）周期和试验项目。

试验周期：24 个月。

试验项目：静抗弯负荷试验、动抗弯负荷试验。

（2）要求。

静抗弯负荷试验应在如表 10－9 所列数值下持续 1min 各部件无变形、列裂纹、无损伤。

动抗弯负荷试验应在如表 10－9 所列数值下操作 3 次，各部件无变形、无裂纹、无损伤。

110kV 为中间一点加载，220kV 为中间两点加载，330kV 为中间三点加载，500kV、750kV、±500kV 为中间四点加载。

表 10－9　　托瓶架机械性能

额定电压 /kV	试验长度 /m	额定负荷 /kN	静抗弯负荷 /kN	动抗弯负荷 /kN
110	1.17	0.6	0.72	0.6
220	2.05	1.2	1.44	1.2
330	2.95	1.8	2.16	1.8
500	4.70	3.0	3.6	3.0
750	5.90	3.4	4.08	3.4
1000	10.00	6.0	7.2	6.0
±500	5.20	3.2	3.84	3.2

4. 绝缘滑车的预防性试验包括哪些内容？

绝缘滑车的预防性试验包括：

1. 外观及尺寸检查

试品的绝缘部分应光滑，无气泡、皱纹、开裂等现象；滑轮在中轴上应转动灵活，无卡阻和碰擦轮缘现象；吊钩、吊环在吊梁上应转动灵活；侧板开口在 90°范围内无卡阻现象。

2. 电气试验

（1）周期和试验项目。

试验周期：12 个月。

试验项目：工频耐压试验。

（2）要求。

各种型号的绝缘滑车均应能通过交流工频25kV、1min耐压试验。其中，绝缘钩型滑车应能通过交流工频37kV、1min耐压试验。试验以不发热、不击穿为合格。

3. 机械试验

（1）周期和试验项目。

试验周期：12个月。

试验项目：拉力试验。

（2）要求。

试品与绝缘绳组装后进行拉力试验。5kN、10kN、15kN、20kN、30kN、50kN级的各类滑车，均应分别能通过6kN、12kN、18kN、24kN、36kN、60kN拉力负荷，持续时间5min的机械拉力试验，试验以无永久变形或裂纹为合格。

5. 绝缘操作杆的预防性试验包括哪些内容？

绝缘操作杆一般采用泡沫填充绝缘管制作，其接头可采用固定式或拆卸式，固定在操作杆上的接头为高强度材料。试验项目如下：

1. 外观及尺寸检查

试品应光滑，无气泡、皱纹、开裂，玻璃纤维布与树脂间黏接完好不得开胶，杆段间连接牢固。各部位尺寸应符合表10-10的规定。

表10-10　操作杆各部分长度要求

额定电压/kV	最短有效绝缘长度/m	端部金属接头长度/m	手持部分长度/m
10	0.70	≤0.10	≥0.60
35	0.90	≤0.10	≥0.60
66	1.00	≤0.10	≥0.60
110	1.30	≤0.10	≥0.70
220	2.10	≤0.10	≥0.90
330	3.10	≤0.10	≥1.00
500	4.00	≤0.10	≥1.00
750	5.00	≤0.10	≥1.00
1000	6.8	≤0.20	≥1.00
±500	3.50	≤0.10	≥1.00

2. 电气试验

（1）周期和试验项目。

试验周期：12个月。

试验项目：外观及尺寸检查、工频耐压试验和操作冲击耐压试验。

（2）要求。

220kV及以下电压等级的试品应能通过短时工频耐受电压试验（以无击穿、无闪络及发热为合格）；330kV及以上电压等级的试品应能通过长时间工频耐受电压试验（以无击穿、无闪络及发热为合格），以及操作冲击耐受电压试验（15 次加压以无一次击穿、闪络及过热为合格）。其电气性能应符合表 10－11、表 10－12 的规定。

表 10－11　10～220kV 电压等级操作杆的电气性能

额定电压/kV	试验电极间距离/m	1min 工频耐受电压/kV
10	0.40	45
35	0.60	95
66	0.70	175
110	1.00	220
220	1.80	440

表 10－12　330～1000kV 电压等级操作杆的电气性能

额定电压/kV	试验电极间距离/m	3min 工频耐受电压/kV	操作冲击耐受电压/kV
330	2.80	380	800
500	3.70	580	1050
750	4.70	780	1300
1000	6.30	1150	1695
±500	3.20	680①	950

①　为±500kV 直流耐压试验的加压值。

3. 机械试验

（1）周期和试验项目。

试验周期：24 个月。

试验项目：抗弯、抗扭静负荷试验；抗弯动负荷试验。

（2）要求。

静负荷试验应在如表 10－13 所列数值下持续 1min 无变形、无损伤。

动负荷试验应在如表 10－13 所列数值下操作 3 次，要求机构动作灵活、无卡住现象。

表 10－13　操作杆的机械性能　　单位：N·m

试　　品	静抗弯负荷	动抗弯负荷	静抗扭负荷
标称外径 28mm 以下	108	90	36
标称外径 28mm 以上	132	110	36

6. 绝缘硬梯的预防性试验包括哪些内容？

绝缘硬梯的绝缘部件应选用绝缘板材、管材、异型材和泡沫填充管等绝缘材料制作，绝缘硬梯具有平梯、挂梯、直立独杆梯、升降梯和人字梯等类别。试验项目如下：

1. 外观及尺寸

外观及尺寸检查：试品应光滑，无气泡、皱纹、开裂，玻璃纤维布与树脂间黏接完好不得开胶，杆段间连接牢固。

2. 电气试验

（1）周期和试验项目。

试验周期：12 个月。

试验项目：工频耐压试验和操作冲击耐压试验。

（2）要求。

220kV 及以下电压等级的试品应能通过短时工频耐受电压试验（以无击穿、无闪络及无明显发热为合格）；330kV 及以上电压等级的试品应能通过长时间工频耐受电压试验（以无击穿、无闪络及无明显发热为合格），以及操作冲击耐受电压试验（15 次加压以无一次击

穿、闪络及明显过热为合格)。其电气性能应符合表10-14、表10-15的规定。

表10-14　10～220kV电压等级绝缘硬梯的电气性能

额定电压/kV	试验电极间距离/m	1min工频耐受电压/kV
10	0.40	45
35	0.60	95
66	0.70	175
110	1.00	220
220	1.80	440

表10-15　330～1000kV电压等级绝缘硬梯的电气性能

额定电压/kV	试验电极间距离/m	3min工频耐受电压/kV	操作冲击耐受电压/kV
330	2.80	380	800
500	3.70	580	1050
750	4.70	780	1300
1000	6.30	1150	1695
±500	3.20	680①	950

①　为±500kV直流耐压试验的加压值。

3. 机械试验

(1) 周期和试验项目。

试验周期：24个月；

试验项目：抗弯静负荷试验；抗弯动负荷试验。

(2) 要求。

进行机械强度试验时，其负荷的作用位置及方向应与部件实际使用时相同，静负荷试验应在如表16所列数值下持续5min无变形、无损伤；动负荷试验应在如表10-16所列数值下操作3次，要求机构动作灵活、无卡住现象。

表10-16　硬梯的机械性能

负荷种类	额定负荷	静抗弯负荷	动抗弯负荷
试验加压值/N	1000	1200	1000

7. 绝缘软梯的预防性试验包括哪些内容?

绝缘软梯的边绳和环行绳应采用桑蚕丝或不低于桑蚕丝性能的阻燃绝缘纤维为原材料制作。

横蹬应采用环氧酚醛层压玻璃布管为原材料制作。试验项目如下：

1. 外观及尺寸检查

环行绳与边绳的连接应牢固、平服。捻合成的绳索合绳股应紧密绞合，不得有松散、分股的现象。绳索各股及各股中丝线不应有叠痕、凸起、压伤、背股、抽筋等缺陷，不得有错乱、交叉的丝、线、股。环行绳与边绳的绳径为10mm，绳股的捻距为32mm±0.3mm。

用作横蹬的环氧酚醛层压玻璃布管，其外径为22mm，壁厚为3mm，长度为300mm，两端管口呈$R1.5$的圆弧状，且应平整、光滑，外表面涂有绝缘漆。

2. 电气试验

(1) 周期和试验项目。

试验周期：12个月。

试验项目：工频耐压试验和操作冲击耐压试验。

（2）要求。

绝缘软梯的电气性能应符合表 10－17、表 10－18 的要求。试验时，将绝缘软梯按其适用的电压等级相应的电极长度折叠后进行耐压试验。

表 10－17　10～220kV 电压等级绝缘软梯的电气性能

额定电压/kV	试验电极间距离/m	1min 工频耐受电压/kV
10	0.40	45
35	0.60	95
66	0.70	175
110	1.00	220
220	1.80	440

表 10－18　330～1000kV 电压等级绝缘软梯的电气性能

额定电压/kV	试验电极间距离/m	3min 工频耐受电压/kV	操作冲击耐受电压/kV
330	2.80	380	800
500	3.70	580	1050
750	4.70	780	1300
1000	6.30	1150	1695
±500	3.20	680①	950

① 为±500kV 直流耐压试验的加压值。

3. 机械试验

（1）周期和试验项目。

试验周期：24 个月；

试验项目：抗拉性能试验、软梯头静负荷试验、软梯头动负荷试验。

（2）要求。

绝缘软梯的抗拉性能应在表 10－19 的所列数值下持续 5min 无变形、无损伤。

软梯头的整体挂重性能应符合表 10－20 的要求，静负荷试验应在如表 10－20 所列数值下持续 5min 无变形、无损伤；动负荷试验应在如表 10－20 所列数值下操作 3 次，加载后要求能在导、地上移动自如灵活、无卡住现象。

表 10－19　绝缘软梯抗拉性能

受拉部位	两边绳上下端绳索套扣	两边绳上端绳索套扣至横蹬中心点
拉力/kN	16.2	2.4

表 10－20　软梯头挂重性能

试验项目	试验负荷/kN
静负荷试验	2.45①
动负荷试验	2.0

① 为 DL/T 1240—2013 中对 1000kV 绝缘软梯的要求。

8. 绝缘绳索类工具的预防性试验包括哪些内容?

人身绝缘保险绳、导线绝缘保险绳、消弧绳、绝缘测距绳应采用桑蚕丝为原料，绳套宜采用锦纶长丝为原料制成。绝缘绳索类工具的试验项目如下：

1. 外观及尺寸

所有绝缘绳索类工具的捻合成的绳索合绳股应紧密绞合，不得有松散、分股的现象。绳索各股及各股中丝线不应有叠痕、凸起、压伤、背股、抽筋等缺陷，不得有错乱、交叉的丝、线、股。人身绝缘保险绳、导线绝缘保险绳、消弧绳、绝缘测距绳以及绳套均应满足各自的功能规定和工艺要求。

2. 电气试验

（1）周期和试验项目。

试验周期：12 个月。

试验项目：工频耐压试验、操作冲击耐压试验。

（2）要求。

220kV 及以下电压等级的试品应能通过短时工频耐受电压试验（以无击穿、无闪络及无明显发热为合格）；330kV 及以上电压等级的试品应能通过长时间工频耐受电压试验（以无击穿、无闪络及无明显发热为合格），以及操作冲击耐受电压试验（15 次加压以无一次击穿、闪络及明显过热为合格）。其电气性能应符合表 10－21、表 10－22 的规定。

表 10－21　10～220kV 电压等级绝缘绳索类工具的电气性能

额定电压 /kV	试验电极间距离 /m	1min 工频耐受电压 /kV
10	0.40	45
35	0.60	95
66	0.70	175
110	1.00	220
220	1.80	440

表 10－22　330～1000kV 电压等级绝缘绳索类工具的电气性能

额定电压 /kV	试验电极间距离 /m	3min 工频耐受电压 /kV	操作冲击耐受电压 /kV
330	2.80	380	800
500	3.70	580	1050
750	4.70	780	1300
1000	6.30	1150	1695
±500	3.20	680①	950

①　±500kV 直流耐压试验的加压值。

3. 机械试验

（1）周期和试验项目。

试验周期：24 个月。

试验项目：静拉力试验。

（2）要求。

人身、导线绝缘保险绳的抗拉性能应在表 10－23 的所列数值下持续 5min 无变形、无损伤。

表 10－23　人身、导线绝缘保险绳的抗拉性能　单位：kN

名　　称	静拉力
人身绝缘保险绳	4.4
$240mm^2$ 及以下单导线绝缘保险绳	20
$400mm^2$ 及以下单导线绝缘保险绳	30
$2\times300mm^2$ 及以下双分裂导线绝缘保险绳	60
$2\times630mm^2$ 及以下双分裂导线绝缘保险绳	60
$4\times400mm^2$ 及以下四分裂导线绝缘保险绳	60
$4\times720mm^2$ 及以下四分裂导线绝缘保险绳	110
$8\times500mm^2$ 及以下八分裂导线绝缘保险绳	300
$8\times630mm^2$ 及以下八分裂导线绝缘保险绳	400

9. 绝缘手工工具的预防性试验包括哪些内容？

带电作业用绝缘手工工具，根据其使用功能必须具有足够的机械强度，用于制造包覆绝缘手工工具和绝缘手工工具的绝缘材料应有足够的电气绝缘强度和良好的阻燃性能。试验项目包括。

1. 外观及尺寸检查

在环境温度为－20～＋70℃范围内（能用于－40℃低温环境的工具应标有C类标记），工具的使用性能应满足工作要求，制作工具的绝缘材料应完好无孔洞、裂纹等破损，且应牢固地黏附在导电部件上，金属工具的裸露部分应无锈蚀，标志应清晰完整。按照相应标准中的技术要求检查尺寸。

表 10－24　绝缘手工工具电气性能

工具类别	试验电压/kV	加压时间/min
包覆层长度≤20cm的工具	10	3
包覆层长度＞20cm的工具	10	3
全绝缘工具	10	3

2. 电气试验

(1) 周期和试验项目。

试验周期：12个月。

试验项目：工频耐压试验。

(2) 要求。

工频耐压试验：试验时如果没有发生击穿、放电或闪络，且符合表10－24的规定，则试验通过。

10. 绝缘子卡具的预防性试验包括哪些内容？

绝缘子卡具主要有自封卜、间接自封卜、斜卡、活页卡等类型，应采用高强度铝合金或高强度合金钢制造。试验项目包括：

1. 外观及尺寸检查

所有卡具与绝缘子串端部连接金具应配合紧密可靠，装卸方便灵活。卡具各组成部分零件表面均应光滑无尖棱、毛刺、裂纹等缺陷。自封卡的前（后）卡的凸轮闭锁机构要灵活、可靠、有效，摩擦销钉要调整合适，以保证前卡齿轮丝杆机构旋转同步。尺寸应符合相关标准要求。

2. 机械试验

(1) 周期和试验项目。

试验周期：12个月。

试验项目：静态负荷试验、动态负荷试验。

(2) 要求。

静态负荷和动态负荷：所有卡具应按实际受力状态布置，分别进行动、静状态下的整体抗拉试验。试验应在液压拉力试验机（台）上进行。动态负荷试验按卡具实际工作状态进行3次操作，操作应灵活可靠。静态负荷试验在负荷作用下，持续5min后卸载，试件各组成部分应无永久变形或损伤。机械特性见表10－25。

表 10－25　绝缘子卡具机械特性　单位：kN

卡具级别	额定负荷	动态试验负荷	静态试验负荷	卡具级别	额定负荷	动态试验负荷	静态试验负荷
20	20	20	24	60①	60	72	60
28	28	28	33.6	80①	80	96	80
36	36	36	43.2	110①	110	132	110
45	45	45	54	150①	150	180	150

① 为DL/T 1240—2013中对1000kV绝缘子片具要求。

11. 紧线卡线器的预防性试验包括哪些内容?

铝合金紧线卡线器分为单牵式(U形拉环式)和双牵式(机翼拉板式)两类,主要受力零件材料采用LC4铝合金制造。试验项目包括:

1. 外观及尺寸检查

各型铝合金紧线卡线器的主要零件表面应光滑,无尖边毛刺,无缺口裂纹等缺陷。各部件连接应紧密可靠,开合夹口方便灵活,整体性能好。所有零件表面均应进行防蚀处理。各部尺寸应符合相关标准要求。

2. 机械试验

(1)周期和试验项目。

试验周期:12个月。

试验项目:静态负荷试验、动态负荷试验。

(2)要求。

静态负荷和动态负荷:所有紧线卡线器应按其适用规格的导线安装好,分别进行动、静状态下的整体抗拉试验。试验应在液压拉力试验机(台)上进行。动态负荷试验按卡线器实际工作状态进行3次操作,操作应灵活可靠。静态负荷试验在其相应负荷作用下,持续5min后卸载,试件各组成部分应无永久变形或损伤。机械特性见表10-26。

表10-26　各型紧线卡线器机械特性

型　号	额定负荷/kN	动态试验负荷/kN	静态试验负荷/kN	型　号	额定负荷/kN	动态试验负荷/kN	静态试验负荷/kN
LJKa25-70	8.0	8.0	9.6	LJKe400	35.0	35.0	42.0
LJKb95-120	15.0	15.0	18.0	LJKf500	42.0	42.0	50.4
LJKc150-240	24.0	24.0	28.8	LJKg630	47.0	47.0	56.4
LJKd300	30.0	30.0	36.0	LJKh720	49.0	49.0	58.8

12. 屏蔽服装的预防性试验包括哪些内容?

屏蔽服装应具有较好的屏蔽性能、较低的电阻、适当的通流容量、一定的阻燃性及较好的服用性能,采用金属纤维和阻燃纤维混纺织成的衣料制度。试验项目包括:

1. 外观及尺寸检查

整套屏蔽服装,包括上衣、裤子、鞋子、袜子和帽子均应完好无损,无明显孔洞,分流连接线完好,连接头连接可靠(工作中不会自动脱开)。

连接头组装检查:上衣、裤子、帽子之间应有两个连接头,上衣与手套、裤子与袜子每端分别各有一个连接头。将连接头组装好后,轻扯连接部位,确认其具有一定的机械强度。

2. 电气试验

(1)周期和试验项目。

试验周期:6个月。

试验项目:成衣(包括鞋、袜)电阻试验、整套服装的屏蔽效率试验。

(2)要求。

成衣(包括鞋、袜)电阻试验:先分别测量上衣、裤子、手套、袜子任意两个最远端之间的电阻，以及鞋的电阻。然后再测量整套屏蔽服装（将上衣、裤子、手套、袜子、帽子和鞋全部组装好）的电阻。其电气特性应符合表10－27的要求。

整套服装的屏蔽效率试验：上衣在左右前胸正中、后背正中各测一点，裤子位于膝盖处各测一点。将测得的5点的数据之算术平均值作为整套屏蔽服装的屏蔽效率值。整套屏蔽服装的屏蔽效率不得小于30dB。

表10－27　屏蔽服装的电阻要求

屏蔽服装部位名称	电阻值/Ω	屏蔽服装部位名称	电阻值/Ω
上衣	≤15	手套	≤15
裤子	≤15	鞋	≤500
袜子	≤15	整套屏蔽服装	≤20

13. 静电防护服的预防性试验包括哪些内容？

高压静电防护服装与屏蔽服装的原理和作用是相同的，但由于其使用位置不一样，故技术参数相对较低。高压静电防护服装应具有一定的屏蔽性能、较低的电阻及较好的服用性能，采用金属纤维和棉或合成纤维混纺织成的衣料制作。试验项目包括：

1. 外观及尺寸检查

整套防护服装，包括上衣、裤子、鞋子、袜子和帽子均应完好无损，无明显孔洞，连接带连接可靠（工作中不至于脱开）。

连接带检查：上衣、裤子、帽子之间应有两个连接带，上衣与手套、裤子与袜子每端分别各有一个连接带。轻扯连接带与服装各部位的连接，确认其具有一定的机械强度。

2. 电气试验

（1）周期和试验项目。

试验周期：6个月。

试验项目：整套防护服装的屏蔽效率试验。

（2）要求。

整套防护服装的屏蔽效率试验：上衣在左右前胸正中、后背正中各测一点，裤子位于膝盖处各测一点。将测得的5点的数据之算术平均值作为整套静电防护服装的屏蔽效率值。整套静电防护服装的屏蔽效率不得小于26dB。

根据DL/T1240—2013规定，对于1000kV带电作业要求屏蔽效率不小于30dB。

14. 绝缘服（披肩）的预防性试验包括哪些内容？

绝缘服应具有较高的击穿电压、一定的机械强度，且耐磨、耐撕裂。一般采用多层材料制作，其外表层为憎水性强、防潮性能好、沿面闪络电压高、泄漏电流小的材料；内衬为憎水性强、柔软性好、层向击穿电压高、服用性能好的材料制作。试验项目包括：

1. 外观及尺寸检查

整套绝缘服，包括上衣（披肩）、裤子均应完好无损，无深度划痕和裂缝、无明显孔洞。

2. 电气试验

（1）周期和试验项目。

表 10-28　绝缘服（披肩）的电气特性　单位：V

绝缘服（披肩）级别	额定电压	1min 交流耐受电压（有效值）
0	380	5000
1	3000	10000
2	10000	20000

试验周期：6 个月。

试验项目：整衣层向工频耐压试验。

（2）要求。

整衣层向工频耐压试验：对绝缘服进行整衣层向工频耐压时绝缘上衣的前胸、后背、左袖、右袖；披肩的双肩和左右袖；绝缘裤的左右腿的各部位均应进行试验。电气性能应符合表 10-28 的规定。以无电晕发生、无闪络、无击穿、无明显发热为合格。

15. 绝缘袖套的预防性试验包括哪些内容？

绝缘袖套分为直筒式和曲肘式两种式样，采用橡胶或其他绝缘材料制成。试验项目包括：

1. 外观及尺寸检查

整套应为无缝制作，内外表面均应完好无损，无深度划痕、裂缝、折缝，无明显孔洞。尺寸应符合相关标准要求。

2. 电气试验

（1）周期和试验项目。

试验周期：6 个月。

试验项目：标志检查、交流耐压或直流耐压试验。

（2）要求。

标志检查：采用肥皂水浸泡过的软麻布先擦 15s，然后再用汽油浸泡过的软麻布再擦 15s，如标志仍清晰，则试验通过。

交流耐压或直流耐压试验：对绝缘袖套进行交流耐压或直流耐压时，其电气性能应符合表 10-29 的规定。以无电晕发生、无闪络、无击穿、无明显发热为合格。

表 10-29　绝缘袖套的电气特征　单位：V

袖套级别	额定电压	1min 交流耐受电压（有效值）	3min 直流耐受电压（平均值）
0	380	5000	10000
1	3000	10000	20000
2	10000	20000	30000

16. 绝缘手套的预防性试验包括哪些内容？

绝缘手套的外形形状为分指式（异形），采用合成橡胶或天然橡胶制成。试验项目包括：

1. 外观及尺寸检查

绝缘手套应具有良好的电气性能、较高的机械性能和柔软良好的服用性能，内外表面均应完好无损，无划痕、裂缝、折缝和孔洞。尺寸应符合相关标准要求。

2. 电气试验

（1）周期和试验项目。

试验周期：6 个月。

试验项目：交流耐压试验、直流耐压试验。

（2）要求。

交流耐压试验：对绝缘手套进行交流耐压试验时，加压时间保持 1min，其电气性能应符合表 10－30 的规定。以无电晕发生、无闪络、无击穿、无明显发热为合格。

直流耐压试验：对绝缘手套进行直流耐压试验时，加压时间保持 1min，其电气性能应符合表 10－31 的规定。以无电晕发生、无闪络、无击穿、无明显发热为合格。

表 10－30　绝缘手套的电气特性　单位：V

型号	额定电压	交流耐受电压（有效值）
1	3000	10000
2	10000	20000
3	20000	30000

表 10－31　绝缘手套的直流耐压值　单位：V

型号	额定电压	直流耐受电压（平均值）
1	3000	20000
2	10000	30000
3	20000	40000

17. 防机械刺穿手套的预防性试验包括哪些内容?

防机械刺穿手套有连指式和分指式两种式样，其表面应能防止机械磨损、化学腐蚀，抗机械刺穿并具有一定的抗氧化能力和阻燃特性。采用加衬的合成橡胶材料制成。试验项目包括：

1. 外观及尺寸检查

防机械刺穿手套应具有良好的电气绝缘特性、较高的机械性能和柔软良好的使用性能，内外表面均应完好无损，无划痕、裂缝、折缝和孔洞。尺寸应符合相关标准要求。外观、厚度检查以目测为主，并用量具测定缺陷程度，尺寸长度用精度为 1mm 的钢直尺测量，厚度用精度为 0.02mm 的游标卡尺测量。

2. 电气试验

（1）周期和试验项目。

试验周期：6 个月。

试验项目：交流耐压试验、直流耐压试验。

（2）要求。

交流耐压试验：对防机械刺穿手套进行交流耐压试验时，加压时间保持 1min，其电气性能应符合表 10－32 的规定。以无电晕发生、无闪络、无击穿、无明显发热为合格。

直流耐压试验：对防机械刺穿手套进行直流耐压试验时，加压时间保持 1min，其电气性能应符合表 10－33 的规定。以无电晕发生、无闪络、无击穿、无明显发热为合格。

表 10－32　防机械刺穿手套的电气特性　单位：V

型号	额定电压	交流耐受压（有效值）
00	400	2500
0	1000	5000
1	3000	10000

表 10－33　防机械刺穿手套的直流耐压值　单位：V

型号	额定电压	直流耐受电压（平均值）
00	380	4000
0	1000	10000
1	3000	20000

18. 绝缘安全帽的预防性试验包括哪些内容？

绝缘安全帽具有较轻的质量、较好的抗机械冲击特性、较强的电气性能，并有阻燃特性。采用高强度塑料或玻璃钢等绝缘材料制作。试验项目包括：

1. 外观及尺寸检查

绝缘安全帽内外表面均应完好无损，无划痕、裂缝和孔洞。尺寸应符合相关标准要求。

2. 电气试验

(1) 周期和试验项目。

试验周期：6个月。

试验项目：交流耐压试验。

(2) 要求。

交流耐压试验：对绝缘安全帽进行交流耐压试验时，应将绝缘安全帽倒置于试验水槽内，注水进行试验。试验电压应从较低值开始上升，以大约1000V/s的速度逐渐升压至20kV，加压时间保持1min，试验时以无闪络、无击穿、无明显发热为合格。

19. 绝缘鞋的预防性试验包括哪些内容？

绝缘鞋（靴）有布面、皮面和胶面三个类别，鞋底采用橡胶类绝缘材料制作。试验项目包括：

1. 外观及尺寸

外观及尺寸检查：绝缘鞋（靴）一般为平跟而且有防滑花纹，因此，凡绝缘鞋（靴）有破损、鞋底防滑齿磨平、外底磨透露出绝缘层，均不得再作绝缘鞋（靴）使用。

2. 电气试验

(1) 周期和试验项目。

试验周期：6个月。

试验项目：交流耐压试验。

(2) 要求。

交流耐压试验：对绝缘鞋（靴）进行交流耐压试验时，加压时间保持1min，其电气性能应符合表10-34的规定。以无电晕发生、无闪络、无击穿、无明显发热为合格。

表10-34　绝缘鞋（靴）的电气特性　　单位：V

额定电压	交流耐受电压（有效值）
400	3500
3000～10000	15000

20. 绝缘毯的预防性试验包括哪些内容？

绝缘毯一般为平展式和开槽式两种类型，也可以专门设计以满足特殊用途的需要。采用橡胶类和塑胶类绝缘材料制成。试验项目包括：

1. 外观及尺寸检查

绝缘毯上下表面均不应存在有害的缺陷，如小孔、裂缝、局部隆起、切口、夹杂导电异物、折缝、空隙、凹凸波纹等。应按相关标准进行厚度检查，在整个毯面上随机选择5个以上不同的点进行测量和检查。测量时，使用千分尺或同样精度的仪器进行测量。千分尺的精度应在0.02mm以内，测钻的直径为6mm，平面压脚的直径为(3.17±0.25)mm，压脚应能施加(0.83±0.03)N的压力。绝缘毯应平展放置，以使千分尺测量面之间是平滑的。

2. 电气试验

（1）周期和试验项目。

试验周期：6个月。

试验项目：交流耐压试验。

（2）要求。

交流耐压试验：对绝缘毯进行交流耐压试验时，加压时间保持1min，其电气性能应符合表10－35的规定。以无电晕发生、无闪络、无击穿、无明显发热为合格。

表10－35　　绝缘毯的交流耐压值　　单位：V

级别	额定电压	交流耐受电压（有效值）	级别	额定电压	交流耐受电压（有效值）
0	380	5000	2	6000、10000	20000
1	3000	10000	3	20000	30000

21. 绝缘垫的预防性试验包括哪些内容？

绝缘垫一般为卷筒型和特殊型两种类型，也可以专门设计以满足特殊用途的需要。采用橡胶类绝缘材料制成。试验项目包括：

1. 外观及尺寸检查

绝缘垫上下表面均不应存在有害的缺陷，如小孔、裂缝、局部隆起、切口、夹杂导电异物、折缝、空隙等。应按相关标准进行厚度检查，在整个垫面上随机选择5个以上不同的点进行测量和检查。测量时，使用千分尺或同样精度的仪器进行测量。千分尺的精度应在0.02mm以内，测钻的直径为6mm，平面压脚的直径为（3.17±0.25）mm，压脚应能施加（0.83±0.03）N的压力。绝缘垫应平展放置，以使千分尺测量面之间是平滑的。

2. 电气试验

（1）周期和试验项目。

试验周期：6个月。

试验项目：交流耐压试验。

（2）要求。

交流耐压试验：对绝缘垫进行交流耐压试验时，加压时间保持1min，其电气性能应符合表10－36的规定。以无电晕发生、无闪络、无击穿、无明显发热为合格。

表10－36　　绝缘垫的交流耐压值　　单位：V

级别	额定电压	交流耐受电压（有效值）	级别	额定电压	交流耐受电压（有效值）
0	380	5000	2	6000、10000	20000
1	3000	10000	3	20000	30000

22. 导线软质遮蔽罩的预防性试验内容包括哪些？

导线软质遮蔽罩一般为直管式、带接头的直管式、下边缘延裙式、带接头的下边缘延裙式、自锁式等5种类型，也可以为专门设计以满足特殊用途的需要的其他类型。采用橡胶类

和软质塑料类绝缘材料制成。试验项目如下。

1. 观观及尺寸检查

导线软质遮蔽罩上下表面均不应存在有害的缺陷，如小孔、裂缝、局部隆起、切口、夹杂导电异物、折缝、空隙、凹凸波纹等。尺寸应符合相关标准要求。

2. 电气试验

(1) 周期和试验项目。

试验周期：6 个月。

试验项目：交流耐压试验、直流耐压试验。

(2) 要求。

交流耐压试验、直流耐压试验：对导线软质遮蔽罩进行交、直流耐压试验时，加压时间保持 1min，其电气性能应符合表 10-37 的规定。以无电晕发生、无闪络、无击穿、无明显发热为合格。

表 10-37　导线软质遮蔽罩的电气特性　单位：V

级别	额定电压	交流耐受电压（有效值）	直流耐受电压（平均值）
0①	380	5000	5000①
1	3000	10000	30000
2	6000、10000	20000	35000
3	20000	30000	50000

① 对于 0 级 C 类（下边缘延裙式）和 D 类（带接头的下边缘延裙式）两个类别的直流耐受试验时加压值为 10000V。

23. 遮蔽罩的预防性试验项目包括哪些内容？

遮蔽罩根据不同用途一般可分为导线、针式绝缘子、耐张装置、悬垂装置、线夹、棒型绝缘子、电杆、横担、套管、跌落式开关所专用的以及为被遮物体所设计的其他类型遮蔽罩。采用环氧树脂、塑料、橡胶及聚合物等绝缘材料制成。试验项目包括：

1. 外观及尺寸检查

各类遮蔽罩上下表面均不应存在有害的缺陷，如小孔、裂缝、局部隆起、切口夹杂导电异物、折缝、空隙、凹凸波纹等。尺寸应符合相关标准要求。

表 10-38　遮蔽罩的交流耐压值

级别	额定电压 /V	交流耐受电压（有效值） /V
0	380	5000
1	3000	10000
2	6000、10000	20000
3	20000	30000
4	35000	50000

2. 电气试验

(1) 周期和试验项目。

试验周期：6 个月。

试验项目：交流耐压试验。

(2) 要求。

交流耐压试验：对遮蔽罩进行交流耐压试验时，加压时间保持 1min，其电气性能应符合表 10-38 的规定。以无电晕发生、无闪络、无击穿、无明显发热为合格。

24. 绝缘斗臂车的预防性试验包括哪些内容？

绝缘斗臂车分为直接伸缩绝缘臂式、折叠式和折叠带伸缩绝缘臂式等三种类型。其作业工作斗有单双斗和单双层（内、外）斗之分。绝缘臂和绝缘外斗一般采用环氧玻璃钢等材料制作，绝缘内衬（绝缘内斗）一般采用聚四氟乙烯等高分子材料制作。试验项目包括：

1. 外观及尺寸

外观及尺寸检查：定期检查必须由受过专业训练的人来完成。

用肉眼检查绝缘斗、臂表面的损伤情况，如裂缝、绝缘剥落、深度划痕等，对内衬外斗的壁厚进行测量，是否符合制造厂的壁厚限值。还要进行下列检查：

（1）结构件的变形、裂缝或锈蚀；

（2）轴销、轴承、转轴、齿轮、滚轮、锁紧装置、链条、链轮、钢缆、皮带轮等零件的磨损或变形；

（3）气动、液压保险阀装置；

（4）气动、液压装置中软管和管路的泄漏痕迹、非正常变形或过量磨损；

（5）压缩机、油泵、电动机、发动机的松动、泄漏、非正常噪声或振动、运转速度变缓或过热现象；

（6）气动、液压阀的错误动作、阀体外部的裂缝、漏洞以及渗出物黏附在线圈上；

（7）气动、液压、闭锁阀的错误动作和可见损伤；

（8）气动、液压装置的洁净程度，在系统中出现其他物质，并发生了恶变；

（9）不太容易发现的电气系统及部件的损坏或磨损；

（10）泄漏监视系统的状况；

（11）真空保护系统的操作应充分尊重制造厂商的建议；

（12）上下两臂的运行测试；

（13）螺栓和其他紧固件的松紧状况；

（14）生产厂商特别指出的焊缝。

2. 电气试验

（1）周期和试验项目。

试验周期：6个月。

试验项目：交流耐压及泄漏电流试验。

（2）要求。

交流耐压及泄漏电流试验：对绝缘斗臂车进行交流耐压及泄漏电流试验时，应分别对绝缘上臂、绝缘下臂、绝缘外斗、绝缘内衬、绝缘吊臂进行试验，其电气性能应分别符合表10－39、表10－40、表10－41的规定。以无闪络、无击穿、无明显发热为合格。

表10－39　　绝缘斗臂车的泄漏电流允许值

测试部位	斗臂车的额定电压（有效值）/kV	试验距离/m	试验电压（有效值）/kV	允许最大泄漏电流/μA
上臂	10	1.0	20	400
	35	1.5	60	400
	66	1.5	120	400
	110	2.0	200	400
	220	3.0	320	400

表 10-40　　斗臂车绝缘部件的定期电气试验

测试部位	试验电压（有效值）/kV	试验时间/min	要　求
下臂绝缘部分	35	3.0	无火花放电、闪络或击穿现象，无发热现象（温差 10℃）
绝缘外斗	35	1.0	无闪络或击穿现象
绝缘内衬（斗）	35	1.0	无闪络或击穿现象
绝缘吊臂	100/m	1.0	无火花放电、闪络或击穿现象，无发热现象（温差 10℃）

表 10-41　　绝缘斗臂车的定期工频耐压试验

测试部位	交流试验			
	斗臂车的额定电压（有效值）/kV	试验距离/m	试验电压（有效值）/kV	试验时间/min
上臂	10	1.0	45	1.0
	35	1.5	95	1.0
	66	1.5	175	1.0
	110	2.0	220	1.0
	220	3.0	440	1.0

3. 机械试验

（1）周期和试验项目。

试验周期：6 个月。

试验项目：额定荷载全工况试验。

（2）要求。

额定荷载全工况试验即按工作斗的额定荷载加载，按全工况曲线图全部操作 3 遍。若上下臂和斗以及汽车底盘、外伸支腿均无异常，则试验通过。

25. 接地及接地短路装置的预防性试验包括哪些内容？

携带型接地及接地短路装置的线夹为铜或铝合金材料，接地电缆、短路电缆为多股铜质软绞线或编织线外覆绝缘材料制成。而接地操作杆则为泡沫填充绝缘管或空心绝缘管等绝缘材料制成。试验项目包括：

1. 外观及尺寸检查

携带型接地及接地短路装置的电缆与金属端头（线鼻子）的连接部位抗疲劳性能要良好，连接部位要有防止松动、滑动和转动的措施。连接线夹应与导线表面形状相配，电缆的绝缘护层应完好无损，接地操作杆的绝缘部件应光滑，无气泡、皱纹、开裂，玻璃纤维布与树脂间黏接完好，杆段间连接牢固，绝缘件与金属件的连接应牢固可靠。短路电缆、短路条、接地电缆的横截面积应符合相关标准的要求。

2. 电气试验

（1）周期和试验项目。

试验周期：12 个月。

试验项目：工频耐压试验、操作冲击耐压试验。

（2）要求。

工频耐压试验：对10～220kV的接地操作杆进行工频耐压试验时，加压时间保持1min，其电气性能应符合表10-42的规定。以无闪络、无击穿、无明显发热为合格。

工频耐压与操作冲击耐压试验：330kV及以上电压等级的试品应能通过长时间工频耐受电压试验（以无击穿、无闪络及无明显发热为合格），以及操作冲击耐受电压试验（15次加压以无一次击穿、闪络及明显过热为合格）。其电气性能应符合表10-43的规定。

表10-42　　10～220kV接地操作杆交流耐压试验值

额定电压/kV	试验电极间距离/m	1min工频耐压值/kV	额定电压/kV	试验电极间距离/m	1min工频耐压值/kV
10	0.40	45	220	1.80	440
35	0.60	95	220～500绝缘架空地线	0.40	45
66	0.70	175			
110	1.00	220	试验设备	0.40	45

表10-43　　330～750kV接地操作杆电气特性

额定电压/kV	试验电极间距离/m	3min工频耐受电压/kV	操作冲击耐受电压/kV
330	2.80	380	800
500	3.70	580	1050
750	4.70	780	1300

26. 带电清扫机的预防性试验包括哪些内容？

带电清扫机分为便携式软轴连接型和叉车配套型两类，其绝缘部件均采用增强型环氧玻璃纤维引拔棒材、管材制成。试验项目包括：

1. 外观及尺寸检查

带电清扫机由叉车（电动机）、软轴（绝缘传动杆）、空心绝缘管（绝缘主轴）、毛刷盘和毛刷等部件组成。所有绝缘部件应光滑，无气泡、皱纹、开裂，玻璃纤维布与树脂间粘接完好，杆段间连接牢固，绝缘杆与金属件的连接应牢固可靠。

2. 电气试验

（1）周期和试验项目。

试验周期：12个月。

试验项目：工频耐压试验，操作冲击耐压试验。

（2）要求。

220kV及以下电压等级的试品应能通过短时工频耐受电压试验（以无击穿、无闪络及无明显发热为合格）；330kV及以上电压等级的试品应能通过长时间工频耐受电压试验（以无击穿、无闪络及无明显发热为合格），以及操作冲击耐受电压试验（15次加压

以无一次击穿、闪络及明显过热为合格）。其电气性能应符合表10－44、表10－45的规定。

表10－44　35～220kV电压等级带电清扫机绝缘部件的电气性能

额定电压/kV	试验电极间距离/m	1min工频耐受电压/kV	额定电压/kV	试验电极间距离/m	1min工频耐受电压/kV
35	0.60	95	110	1.00	220
66	0.70	175	220	1.80	440

表10－45　330～500kV电压等级带电清扫机绝缘部件的电气性能

额定电压/kV	试验电极间距离/m	3min工频耐受电压/kV	操作冲击耐受电压/kV
330	2.80	380	800
500	3.70	580	1050

3. 机械试验

（1）周期和试验项目。

试验周期：12个月。

试验项目：空载运行试验。

（2）要求。

两个类型的带电清扫机，即便携式软轴连接型和叉车配套升降型清扫机均应进行空载运行试验。

便携式软轴连接型清扫机启动后，观察软轴、软轴插接头、绝缘主轴、短软轴及毛刷的运转情况，以运转灵活、无卡涩、无异常声响为合格。

叉车配套升降型清扫机启动后，在清扫毛刷维持运行的情况下，叉车货架和绝缘升降梯两极升降均应完成全行程3次往复，蟹钳形毛盘刷应完成10次开合操作，观察叉车货架和绝缘升降梯升降过程中是否平稳，传动绝缘主轴、短软轴及毛刷的运转情况，以运转灵活、无卡涩、无异常声响为合格。

上述两类清扫机启动后开始计时，空载运行1h。

27. 气吹清洗工具的预防性试验包括哪些内容？

用于制作气吹清扫工具操作杆的绝缘材料应采用泡沫填充绝缘管，通气软管应采用绝缘性能好、机械强度高的塑料管。试验项目包括：

1. 外观及尺寸检查

带电气吹清扫工具由喷嘴、通气软管、储气风包、空气压缩机、辅料罐和操作杆等组合而成，各部件应完好无损。喷嘴若用金属材料制作时，长度不宜超过100mm，内径以3.5～6mm为宜。

2. 电气试验

（1）周期和试验项目。

试验周期：12个月。

试验项目：工频耐压试验。

（2）要求。

操作杆及通气软管的电气性能应满足表10－46的要求，以无闪络、无击穿、无发热为合格。

表10－46　操作杆及通气软管电气性能

额定电压/kV	试验电极间距离/m	1min工频耐受电压/kV	额定电压/kV	试验电极间距离/m	1min工频耐受电压/kV
10	0.40	45	110	1.00	220
35	0.60	95	220	1.80	440
66	0.70	175			

3．机械试验

（1）周期和试验项目。

试验周期：12个月。

试验项目：水压试验。

（2）要求。

通气软管、储气风包、辅料罐等压力容器应进行水压试验。

将通气软管、储气风包、辅料罐连接起来后通水，水压为108N/cm、5min后，各部件及各连接处均无泄漏，则试验通过。

28．核相仪的预防性试验包括哪些内容？

核相仪按测量原理分有电阻型、电容型两类，按使用场所则有户内型和户外型之分，而户外型户内户外均可使用。绝缘部件采用增强型环氧引拔管等绝缘材料制成。试验项目包括：

1．外观及尺寸检查

对核相仪的各部件，包括手柄、手护环、绝缘元件、电阻元件、限位标记和接触电极、连接引线、接地引线、指示器、转接器和绝缘杆等均应无明显损伤。各部件连接应牢固可靠，指示器应密封完好，表面应光滑、平整，指示器上的标志应完整。绝缘杆内外表面应清洁、光滑，无划痕及硬伤。

2．电气试验

（1）周期和试验项目。

试验周期：6个月。

试验项目：工频耐压及泄漏电流试验。

（2）要求。

工频耐压及泄漏电流试验：对核相仪进行交流耐压及泄漏电流试验时，加压时间保持1min，其电气性能应符合表10－47的规定。以无闪络、无击穿、无明显发热为合格。

表10－47　核相仪绝缘部件的电气特性

额定电压/kV	试验电极间距离/mm	1min工频耐受电压/kV	允许最大泄漏电流/μA
10及以下	300	12	500
20	450	24	500
35	600	42	500

29. 验电器的预防性试验包括哪些内容？

验电器按显示方式分有声类、光类、数字类、回转类、组合式类等，按连接方式则有整体式和分体组装式两类。绝缘部件采用增强型环氧引拔管等绝缘材料制成。试验项目包括：

1. 外观及尺寸检查

对验电器的各部件，包括手柄、手护环、绝缘元件、限位标记和接触电极、指示器和绝缘杆等均应无明显损伤。各部件连接应牢固可靠，指示器应密封完好，表面应光滑、平整，指示器上的标志应完整。绝缘杆内外表面应清洁、光滑，无划痕及硬伤。

2. 电气试验

（1）周期和试验项目。

试验周期：6个月。

试验项目：工频耐压及泄漏电流试验。

（2）要求。

工频耐压及泄漏电流试验：对验电器进行交流耐压及泄漏电流试验时，加压时间保持1min，其电气性能应符合表10-48的规定。以无闪络、无击穿、无明显发热为合格。

表10-48　　10～220kV电压等级验电器操作杆的电气性能

额定电压/kV	试验电极间距离/m	1min工频耐受电压/kV	允许最大泄漏电流/μA
10	0.40	45	500
35	0.60	95	500
66	0.70	175	500
110	1.00	220	500
220	1.80	440	500

30. 500kV四分裂导线飞车的预防性试验包括哪些内容？

500kV四分裂导线飞车

500kV四分裂导线飞车为双驱动摆滚式在架空导线上行驶的特殊车辆，其框架材料采用机械性能不低于LY12的铝合金材料制成。试验项目包括：

1. 外观及尺寸检查

500kV四分裂导线飞车的整车外形及尺寸应符合相关标准的要求，主要零件表面应光滑，无尖边毛刺，无明显缺陷。其主动轮轮槽镶嵌的导电橡胶是否完好。

2. 机械试验

（1）周期和试验项目。

试验周期：12个月。

试验项目：静态负荷试验、动态负荷试验。

（2）要求。

静态负荷和动态负荷：500kV四分裂导线飞车应分别进行动、静状态下的整体试验。将飞车挂在模拟线路上，动态负荷试验时，在飞车坐垫上施加900N的负荷，在装有间隔棒、防振锤和悬垂绝缘子串的模拟线路上进行3次来回操作踏行，操作应灵活可靠。静态负荷试验在飞车坐垫上施加1080N的负荷，持续5min后卸载，试件各组成部分应无永久变形或损伤。

31. 绝缘子电位分布测试仪的预防性试验包括哪些内容？

绝缘子电位分布测试仪的探测电极用普通碳素钢等金属材料制成，绝缘操作杆一般采用泡沫填充绝缘管制作。试验项目包括：

1. 外观及尺寸检查

检查绝缘子电位分布测试仪的各部分连接是否完好，整体外形有无损伤、变形，标志是否清晰。

2. 电气试验

（1）周期和试验项目。

试验周期：12个月。

试验项目：测量精度校验试验、工频耐压试验、操作冲击耐压试验。

（2）要求。

测量精度校验试验：以一个标准的工频电压与绝缘子电位分布测试仪测得的电压进行比较，3次比较试验两电压值之间的误差小于1%，则试验通过。

工频耐压试验：对66～220kV的电位分布测试仪操作杆进行工频耐压试验时，加压时间保持1min，其电气性能应符合表10-49的规定。以无闪络、无击穿、无明显发热为合格。

表10-49 66～220kV电位分布测试仪操作杆交流耐压试验值

额定电压/kV	试验电极间距离/m	1min工频耐压值/kV
66	0.70	175
110	1.00	220
220	1.80	440

工频耐压与操作冲击耐压试验：330kV及以上电压等级的试品应能通过长时间工频耐受电压试验（以无击穿、无闪络及无明显发热为合格），以及操作冲击耐受电压试验（15次加压以无一次击穿、闪络及明显过热为合格）。其电气性能应符合表10-50的规定。

表10-50 330～1000kV电位分布测试仪操作杆电气特性

额定电压/kV	试验电极间距离/m	3min工频耐受电压/kV	操作冲击耐受电压/kV
330	2.80	380	800
500	3.70	580	1050
750	4.70	780	1300
1000	6.30	1150	1695

32. 火花间隙检测装置的预防性试验包括哪些内容？

火花间隙检测装置的探针用普通碳素钢等金属材料制成，支承板用绝缘板制成，绝缘操作杆一般采用泡沫填充绝缘管制作。试验项目如下。

1. 外观及尺寸检查

检查火花间隙检测装置的各部分连接是否完好，整体外形有无损伤、变形，标志是否

清晰。

2. 电气试验

（1）周期和试验项目。

试验周期：12 个月。

试验项目：间隙调整与放电试验、工频耐压试验、操作冲击耐压试验。

（2）要求。

间隙调整与放电试验：间隙放电试验的次数应不少于 10 次，取 10 次放电电压的平均值，校正到标准状态后，与相应电极形状的空气间隙放电电压与间隙距离关系曲线比较，偏差在±5%内时，试验通过。

工频耐压试验：对 66～220kV 火花间隙检测装置的操作杆进行工频耐压试验时，加压时间保持 1min，其电气性能应符合表 10－51 的规定。以无闪络、无击穿、无明显发热为合格。

表 10－51　66～220kV 火花间隙检测装置的操作杆交流耐压试验值

额定电压 /kV	试验电极间距离 /m	1min 工频耐压值 /kV
66	0.70	175
110	1.00	220
220	1.80	440

工频耐压与操作冲击耐压试验：330kV 及以上电压等级的试品应能通过长时间工频耐受电压试验（以无击穿、无闪络及发热为合格），以及操作冲击耐受电压试验（15 次加压以无一次击穿、闪络及明显过热为合格）。其电气性能应符合表 10－52 的规定。

表 10－52　330～1000kV 火花间隙检测装置的操作杆电气特性

额定电压 /kV	试验电极间距离 /m	3min 工频耐受电压 /kV	操作冲击耐受电压 /kV
330	2.80	380	800
500	3.70	580	1050
750	4.70	780	1300
1000	6.30	1150	1695

33. 小水量冲洗工具的预防性试验包括哪些内容？

长水柱短水枪型冲洗工具的枪管、水枪的挡水环、三用接头、防水罩、操作杆及引水管宜采用绝缘材料制成。水枪的通水部件应能承受配套水泵的额定排出压力而无渗漏。试验项目如下：

1. 外观及尺寸

水枪、引水管的表面质量用目视检查，内径用游标卡尺测量。水枪内表面应平整光滑，引水管应无气泡、缩径及裂纹等缺陷。

2. 电气试验

（1）周期和试验项目。

试验周期：12 个月。

试验项目：整套冲洗设备工频泄漏电流试验。

（2）要求。

整套冲洗设备工频泄漏电流应满足表 10－53 的规定。

表 10-53　工频泄漏电流要求

额定电压/kV	试验电压/kV	水柱长度/m	试验时间/min	泄漏电流/mA
10	15	0.4	5	≤1
35	46	0.6	5	≤1
66	80	0.7	5	≤1
110	110	1.0	5	≤1
220	220	1.8	5	≤1

3. 机械试验

(1) 周期和试验项目。

试验周期：12 个月。

试验项目：水泵压力和流量试验、整组试验。

(2) 要求。

水泵的额定排出压力和流量应不低于表 10-54 的要求；

整组清洗工具在仰角 45°喷射时，呈直柱状态的水柱长度，不得小于表 10-55 的规定。

表 10-54　水泵的额定排出压力和流量

技术要求	额定排出压力/kPa	流量/(L/min)
手动水泵	758	8
机动水泵	1961	20

表 10-55　喷射的水柱长度

额定电压/kV	35	66	110	220
水柱长度/m	0.8	1.0	1.2	1.8

第十一章 电力安全工器具预防性试验

1. 什么是电力安全工器具？

电力安全工器具指防止触电、灼伤、坠落、摔跌等事故，保障工作人员人身安全的各种专用工具和器具。

2. 电力安全工器具分为哪两类？

电力安全工器具分为绝缘安全工器具和一般防护安全工器具两大类。

3. 绝缘安全工器具分为哪两类？

绝缘安全工器具分为基本绝缘安全工器具和辅助绝缘安全工器具。

4. 什么是基本绝缘安全工器具？

基本绝缘安全工器具是指能直接操作带电设备或接触及可能接触带电体的工器具，如电容型验电器、绝缘杆、核相器、绝缘罩和绝缘隔板等，这类工器和带电作业工器具的区别在于工作过程中为短时间接触带电体或非接触带电体。

5. 什么是辅助绝缘安全工器具？

辅助绝缘安全工器具是指绝缘强度不是承受设备或线路的工作电压，只是对基本绝缘安全工器具起保安作用，用以防止接触电压、跨步电压、泄漏电流、电弧对操作人员的伤害，不能用辅助绝缘安全工器具直接接触高压设备带电部分。属于这一类的安全工器具有绝缘手套、绝缘靴、绝缘胶垫等。

6. 什么是一般防护安全工器具？

一般防护安全工器具是指防护工作人员发生事故的工器具，如安全带、安全帽等，登杆用的脚扣、升降板和登高用的梯子等也归入这个范畴。

7. 对电容型验电器的预防性试验有哪些要求？

电容型验电器的预防性试验项目、周期和要求如表 11－1 所示。

表 11-1　　电容型验电器的预防性试验项目、周期和要求

项目	周期	要求				说明
启动电压试验	1年	启动电压值不高于额定电压的40%，不低于额定电压的15%				试验时接触电极应与试验电极相接触
工频耐压试验	1年	额定电压/kV	试验长度/m	工频耐压/kV		
				1min	5min	
		10	0.7	45	—	
		35	0.9	95	—	
		63	1.0	175	—	
		110	1.3	220	—	
		220	2.1	440	—	
		330	3.2	—	380	
		500	4.1	—	580	

8. 怎样进行电容型验电器的启动电压试验?

验电器启动电压试验方法如下：高压电极由金属球体构成，在1m空间范围内不应放置其他物体，将验电器的接触电极与一极接地的交流电压的高压电极相接触，逐渐升高高压电极的电压，当验电器发出“电压存在”信号，如“声光”指示时，记录此时的启动电压，如该电压在0.15～0.4倍额定电压之间，则认为试验通过。

9. 怎样进行电容型验电器的工频耐压试验?

工频耐压试验方法如下：高压试验电极布置在绝缘杆的工作部分，高压试验电极和接地极间的长度即为试验长度，根据表11-1中规定确定两电极间距离，如在绝缘杆间有金属连接头，两试验电极间的距离还应在此值上再加上金属部件的长度，绝缘杆间应保持一定距离，以便于观察实验情况。接地极和高压试验电极以宽50mm的金属箔或用导线包绕。对于各个电压等级的绝缘杆，施加对应的电压。对于10～220kV电压等级的绝缘杆，加压时间1min；对于330～500kV电压等级的绝缘杆，加压时间5min。缓慢升高电压，以便能在仪表上准确读数，达到0.75倍试验电压值时，以每秒2%试验电压的升压速率至规定的值，保持相应的时间，然后迅速降压，但不能突然切断，试验中各绝缘杆应不发生闪络或击穿，试验后绝缘杆应不发生闪络或击穿，试验后绝缘杆应无放电、烧伤痕迹，应不发热。若试验变压器电压等级达不到试验的要求，可分段进行试验，最多可分成4段，分段试验电压应为整体试验电压除以分段数再乘以1.2倍的系数。

10. 对携带型短路接地线的预防性试验有哪些要求?

携带型短路接地线的试验项目、周期和要求见表11-2。

表 11-2　　携带型短路接地线的试验项目、周期和要求

项目	周期	要　　求	说明
成组直流电阻试验	不超过5年	在各接线鼻之间测量直流电阻，对于25mm²、35mm²、50mm²、70mm²、95mm²、120mm²的各种截面，平均每米的电阻值应分别小于0.79Ω	同一批次抽测，不少于2条

11. 对绝缘杆的预防性试验有哪些要求？

每年一次对绝缘杆进行工频耐压试验，其要求如表 11-3 所示。

表 11-3　　绝缘杆工频耐压试验要求

额定电压/kV	试验长度/m	工频耐压/kV	
		1min	5min
10	0.7	45	—
35	0.9	95	—
63	1.0	175	—
110	1.3	220	—
220	2.1	440	—
330	3.2	—	380
500	4.1	—	580

12. 怎样对核相器进行预防性试验？

核相器的试验项目、周期和要求见表 11-4。

表 11-4　　核相器的试验项目、周期和要求

<table>
<tr><th>序号</th><th>项目</th><th>周期</th><th colspan="4">要　求</th><th>说明</th></tr>
<tr><td rowspan="3">1</td><td rowspan="3">连接导线绝缘强度试验</td><td rowspan="3">必要时</td><td>额定电压/kV</td><td colspan="2">工频耐压/kV</td><td>持续时间/min</td><td rowspan="3">浸在电阻率小于100Ω·m的水中</td></tr>
<tr><td>10</td><td colspan="2">8</td><td>5</td></tr>
<tr><td>35</td><td colspan="2">28</td><td>5</td></tr>
<tr><td rowspan="3">2</td><td rowspan="3">绝缘部分工频耐压试验</td><td rowspan="3">1年</td><td>额定电压/kV</td><td>试验长度/m</td><td>工频耐压/kV</td><td>持续时间/min</td><td rowspan="7"></td></tr>
<tr><td>10</td><td>0.7</td><td>45</td><td>1</td></tr>
<tr><td>35</td><td>0.9</td><td>95</td><td>1</td></tr>
<tr><td rowspan="3">3</td><td rowspan="3">电阻管泄漏电流试验</td><td rowspan="3">半年</td><td>额定电压/kV</td><td>工频耐压/kV</td><td>持续时间/min</td><td>泄漏电流/mA</td></tr>
<tr><td>10</td><td>10</td><td>1</td><td>≤2</td></tr>
<tr><td>35</td><td>35</td><td>1</td><td>≤2</td></tr>
<tr><td></td><td>动作电压试验</td><td>1年</td><td colspan="4">最低动作电压应达0.25倍额定电压</td></tr>
</table>

13. 用什么方法对核相器的连接导线进行绝缘强度试验？

答：将连接导线拉直，放在电阻率小于100Ω·m的水中浸泡，也可直接浸泡在自来水中，两端应有350mm长度露出水面，连接导线绝缘强度试验电路图如图 11-1 所示。

在金属盆与连接导线之间施加表 3-16 规定的电压，以1000V/s的恒定速度逐渐加压，到达规定电压后，保持5min，如果没有出现击穿，则试验合格。

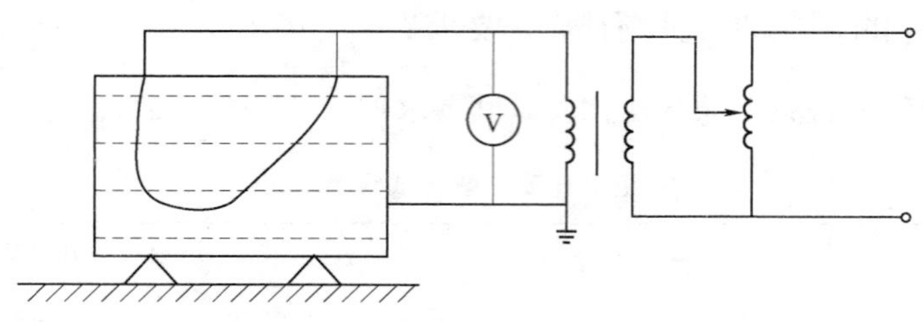

图 11-1 连接导线绝缘强度试验电路图

14. 核相器动作电压试验方法是怎样的?

答：将核相器的接触电极与一极接地的交流电压的两极相接触，逐渐升高交流电压，测量核相器的动作电压，如动作电压最低达到 0.25 倍额定电压，则认为试验通过。

15. 怎样对绝缘罩进行预防性试验?

答：绝缘罩的预防性试验项目只有工频耐压试验，周期为 1 年，试验要求，如表 11-5 所示。

表 11-5　绝缘罩的预防性试验要求

额定电压/kV	工频耐压/kV	时间/min
6～10	30	1
35	80	1

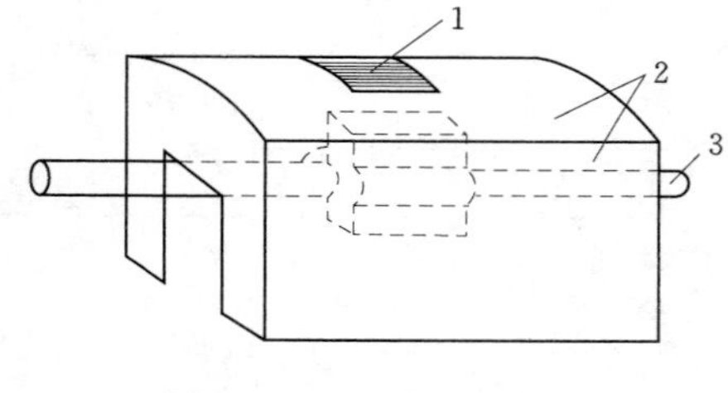

图 11-2 试验电极布置

1—接地电极；2—金属箔或导电漆；3—高压电极

工频耐压试验电极布置如图 11-2 所示。

对于功能类型不同的遮蔽罩，应使用不同形式的电极。通常遮蔽罩的内部的电极是一金属芯棒，并置于遮蔽罩内中心处，遮蔽罩外部电极为接地电极，由导电材料（如金属箔或导电漆）等制成。在试验电极间，按规定，施加工频电压，持续时间 5min，试验中，试验品不应出现闪络或击穿。试验后，试验各部位应无灼伤，发热现象。

16. 对绝缘隔板的预防性试验项目、周期和要求有哪些?

绝缘隔板的试验项目、周期和要求见表 11-6。

表 11-6　绝缘隔板的试验项目、周期和要求

序号	项目	周期	要求			说明
			额定电压/kV	工频耐压/kV	持续时间/min	
1	表面工频耐压试验	1 年	6～35	60	1	电极间距离 300mm
2	工频耐压试验	1 年	6～10	30	1	
			35	80	1	

17. 绝缘隔板工频耐压试验方法是怎样的？

试验时，先将待试验的绝缘隔板上下铺上湿布或金属箔，除上下四周边缘各留出200mm左右的距离以免沿面放电之外，应覆盖试品的所有区域，并在其上下安好金属极板，然后按规定加压试验，试验中，试品不应出现闪络和击穿，试验后试验各部位应无灼伤，无发热现象。

18. 对绝缘胶垫进行预防性试验的要求是什么？

绝缘胶垫的试验项目只有一项，即工频耐压试验，周期为1年，具体要求，如表11-7所示。

表11-7　绝缘胶垫工频耐压试验要求

电压等级	工频耐压/kV	持续时间/min
高压	15	1
低压	3.5	1

注　绝缘胶垫使用于带电设备区域。

19. 绝缘胶垫工频耐压试验方法是怎样的？

绝缘胶垫试验接线如图11-3所示。试验时先将绝缘胶垫上下铺上湿布或金属箔，并应比被测绝缘胶垫四周小200mm，连续均匀升压至规定的电压值，保持1min，观察有无击穿现象，若无击穿，则试验通过。试验分段试验时，两段试验边缘要重合。

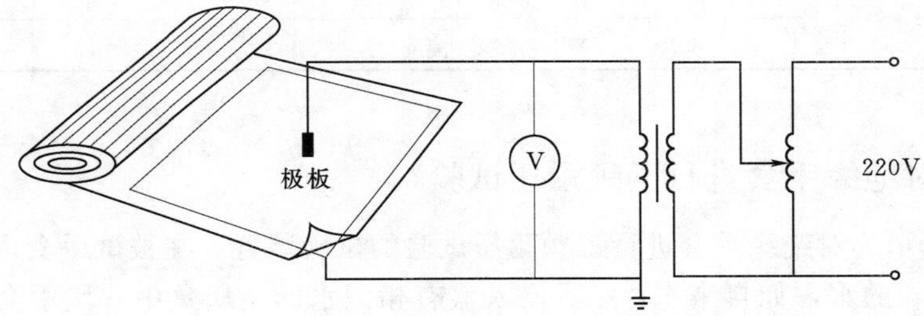

图11-3　绝缘胶垫试验电路图

20. 绝缘靴的预防性试验项目、周期和要求有哪些？

绝缘靴的预防性试验项目、周期和要求见表11-8。

表11-8　绝缘靴的预防性试验项目、周期和要求

项目	周期	要求		
		工频耐压/kV	持续时间/min	泄漏电流/mA
工频耐压试验	半年	25	1	≤10

21. 怎样对绝缘靴进行工频耐压试验？

将一个与试样鞋号一致的金属片作为内电极放入鞋内，金属片上铺满直径不大于4mm的金属球，其高度不小于15mm，外接导线焊一片直径大于4mm的铜片，并埋入金属球内。

外电极为置于金属器内的浸水海绵，试验电路如图 11－4 所示。以 1kV/s 的速度使电压从零上升到规定的电压值。当电压升到规定的电压时，保持 1min，然后记录毫安表的读数。电流值小于 10mA，则认为试验通过。

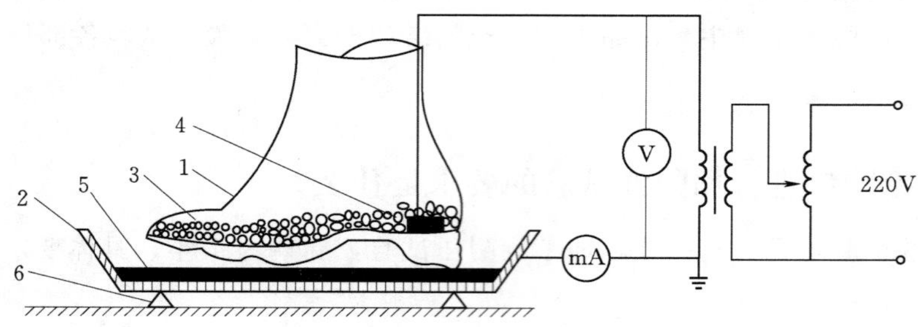

图 11－4　绝缘靴试验电路示意图

1—被试靴；2—金属盘；3—金属球；4—金属片；5—海绵和水；6—绝缘支架

22. 绝缘手套预防性试验项目、周期和要求有哪些？

绝缘手套的预防性试验项目、周期和要求见表 11－9。

表 11－9　　绝缘手套的预防性试验项目、周期和要求

项目	周期	要求			
工频耐压试验	半年	电压等级	工频耐压/kV	持续时间/min	泄漏电流/mA
		高压	8	1	≤9
		低压	2.5	1	≤2.5

23. 怎样对绝缘手套进行工频耐压试验？

图 11－5 所示为对绝缘手套进行工频耐压试验的试验装置。在被试手套内部放入电阻率不大于 100Ω·m 的水，如自来水，然后浸入盛有相同水的金属盆中，使手套内外水平面呈相同高度，手套露出水面部分应为 90mm，这一部分应该擦干，试验接线方法如图 11－6 所示。以恒定速度升压至规定的电压值，保持 1min，不应发生电气击穿，测量泄漏电流，其值满足规定的数值，则认为试验通过。

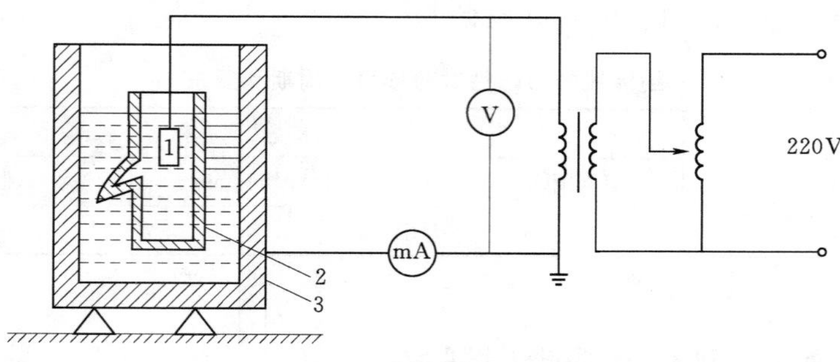

图 11－5　绝缘手套试验装置示意图

1—电极；2—试样；3—盛水金属器皿

24. 绝缘鞋的试验项目、周期和要求是怎样的?

对穿用的绝缘鞋累计不超过200h就应进行直流电阻试验，如直流电阻值小于100kΩ则认为试验通过。

25. 绝缘鞋的试验方法是怎样的?

以100V直流作为试验电源，绝缘鞋电阻值测量试验电路如图11-6所示。内电极由直径4mm的钢球组成，外接导线焊一片直径大于4mm的铜片埋入钢球中。在试验鞋内装满钢球，钢球总质量应达到4kg，如果鞋帮高度不够，装不下全部钢球，可用绝缘材料加高鞋帮高度，加电压时间为1min。测量电压值和电流值，并根据欧姆定律算出电阻，如电阻小于100kΩ，则试验通过。

26. 怎样对安全带进行静负荷试验?

用拉力试验机对安全带进行静负荷试验如图11-7所示。拉伸速度为100mm/min，根据表11-10中的种类，施加对应的静拉力，载荷时间为5min，如不变形或破断，则认为合格。

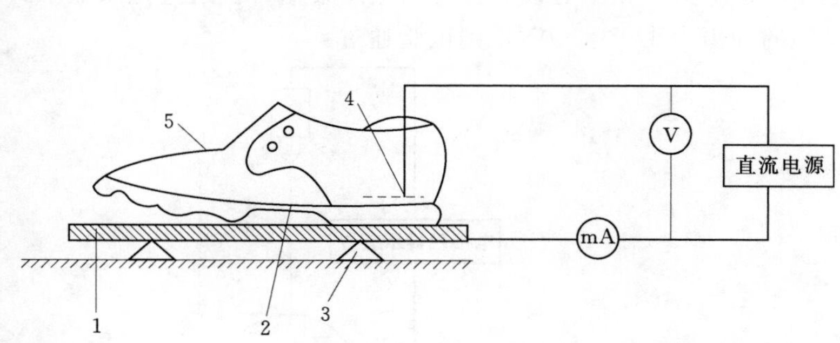

图11-6　绝缘鞋电阻值测量试验电路图

1—铜板；2—导电涂层；3—绝缘支架；4—内电极；5—试样

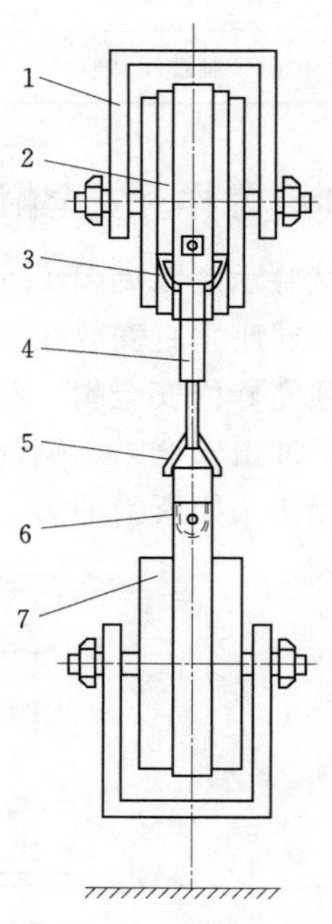

图11-7　安全带整体静负荷试验图

1—夹具；2—安全带；3—半圆环；4—钩；5—三角环；6—带、绳；7—木轮

表 11-10 安全带的试验项目、周期和要求

项目	周期	要求			说明
		种类	试验静拉力/N	载荷时间/min	
静负荷试验	1年	围杆带	2205	5	牛皮带试验周期为半年
		围杆绳	2205	5	
		护腰带	1470	5	
		安全绳	2205	5	

27. 对安全帽的试验项目、周期和要求有哪些?

安全帽的使用期从产品制造完成之日计算，根据表 11-11 的规定，使用期满后，要进行抽查测试，合格后方可继续使用。抽检时，每批从最严酷使用场合中抽取，每项试验，试样不少于 2 项。以后每年抽检一次，有一项不合格则该批安全帽报废。

表 11-11 安全帽的试验项目、周期和要求

序号	项目	周期	要求	说明
1	冲击性能试验	按规定期限	冲击力小于 4900N	制造之日起，柳条帽不大于 2 年，塑料帽不大于 2.5 年，玻璃钢帽不大于 3.5 年
2	耐穿刺性能试验	按规定期限	钢锥不接触头模表面	

28. 怎样对安全帽进行冲击性能试验?

试验示意图见图 11-8 所示，基座由不小于 500kg 的混凝土座构成。将头模、力传感器装置及底座垂直安放在基座上，力传感器装置安装在头模与底座之间，帽衬调至适当位置后将一顶完好的安全帽，戴到头模上，钢锤从 1m 高度（锤的底面至安全帽顶的距离）自由导向落下冲击安全帽。钢锤重心运动轨迹应与头模中心线和传感器敏感轴重合。通过记录显示仪器测出头模所受的力。如记录到的冲击力小于 4900N，则试验通过。

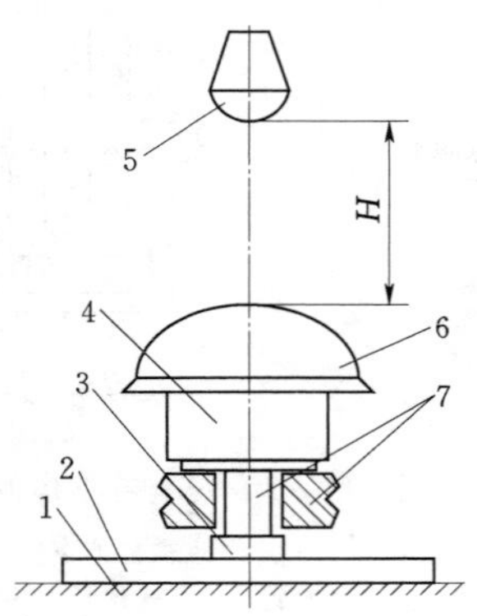

图 11-8 冲击吸收性能试验示意图（采用压电式力传感器）

1—混凝土基座；2—底座；3—压电式传感器；4—头模；5—钢锤；6—安全帽；7—力传感器配套装置；H—冲击距离

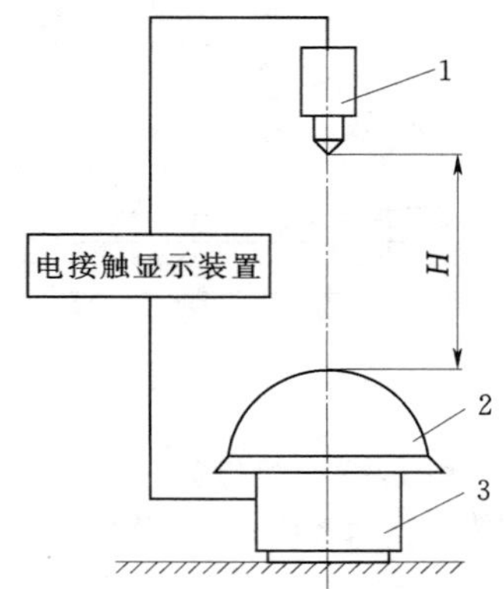

图 11-9 耐穿刺性能试验示意图

1—钢锥；2—安全帽；3—头模；H—冲击距离

29. 怎样对安全帽进行耐穿刺性能试验?

试验示意图见图 11-9 所示，将一顶完好的安全帽安放在头模上，安全帽衬垫与头模之间放置电接触显示装置的一个电极，该电极由铜片或铝片制成，如钢锥与该电极相接触，可形成一个电闭合回路，电接触显示装置会有指示。用 3kg 的钢锥从 1m 高度自由或导向下落穿刺安全帽，钢锥着帽点应在帽顶中心 ϕ100mm 范围内的薄弱部分，穿刺后观察电接触显示装置，如无显示，则试验通过。

30. 电力安全工器具试验完毕后应进行哪些工作?

电力安全工器具试验完毕后，试验人员应及时出具试验报告，试验报告应用不干胶或挂牌制成试验合格标志牌。标志牌式样和内容，如图 11-10 所示。

安全工器具试验合格证

名称__________　编号__________

试验日期______年______月______日

下次试验日期______年______月______日

试验人：

图 11-10　电力安全工器具试验合格证标志牌

第十二章

其他相关试验

1. 为何变压器分接开关变挡时需测量各部分接头的直流电阻？

因为变压器分接开关的触头部分在运行中可能磨损，而未使用的分接开关的触头部分长期浸在油中，也可能因氧化而在触头表面生成一层氧化膜，使开关接触不良。为防止分接开关故障，在分接开关换挡时，必须来回转动分接开关手柄 10 数次，以消除触头表面的氧化膜和油垢，使其接触良好；然后核对开关指示位置与实际接线是否符合；最后测量切换后的各分接头的直流电阻值三相应平衡，互差不能超过 2%，否则，应查明原因，进行处理。

例如，某局的一台 SFS31500/110 型 110/35/10kV 变压器，大修后，做电气试验各项绝缘指标合格。仅中压侧直流电阻在Ⅳ挡位置上，A、B、C 相间差达到 2.77%，超过标准 0.77%，后又复测数据如表 12－1 所示。

表 12－1　各项直流电阻测量值

单位：Ω（环境温度为 26℃）

挡＼相	A_mO_m	B_mO_m	C_mO_m	$\Delta R/\%$
Ⅲ	0.10055	0.10051	0.10100	0.49
Ⅳ	0.10095	0.09820	0.09860	2.8
Ⅴ	0.09740	0.09650	0.09610	1.34

表 12－2　各相局部焊接头的过渡电阻

单位：Ω（气温为 26℃）

测量位置	$A_{m1}A_{m6}$	$B_{m1}B_{m6}$	$A_{m7}O_m$	$B_{m7}O_m$
电阻值	0.06385	0.05645	0.04890	0.04920

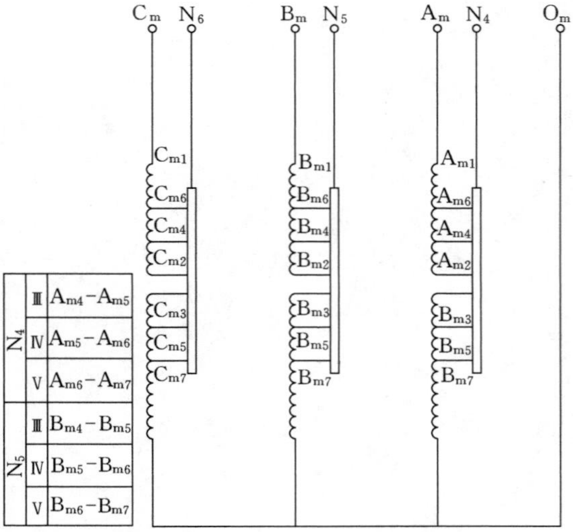

为寻测缺陷点，吊罩检查各相分接开关及测量局部焊接头的过渡电阻，测得数值如表 12－2 所示，测量部位如图 12－1 所示。

测量引线是用紫铜片锡焊后，垫入分接开关动触头内，依靠分接本身的弹簧压力而压紧，并用薄绝缘纸垫入隔离。测量仪器使用 QJ－44 型直流电桥。

检测证明，缺陷点在 $A_{m1}-A_{m6}$ 段上。经剥开绝缘检查并测量焊接头，未发现异常情况。后再测量 A_{m6} 线段（分接头至焊接头一段），并用手摇动该引线，直流电桥检流计指针出现冲击摆动现象。说明分接开关静触头引线松动，按其结构分析，在不

图 12－1　分接开关挡位及中压绕组接线原理图

必焊开引线的情况下，直接拖动引出线一圈，凭手上触觉已拧紧该引线的螺丝后，复测直流电阻值合格。

引出线紧固后，重新检测各项试验，均合格，投入运行以来，色谱分析各项气体指标正常。

2. 用双臂电桥测量电阻时，为什么按下测量按钮的时间不能太长?

双臂电桥的主要特点是可以排除接触电阻对测量结果的影响，常用于对小阻值电阻的精确测量。正因为被测电阻的阻值较小，双臂电桥必须对被测电阻通以足够大的电流，才能获得较高的灵敏度，以保证测量精度。所以，在被测电阻通电截面较小的情况下，电流密度就较大，如果通电时间过长就会因被测电阻发热而使其电阻值变化，影响测量准确性。另外，长时间通以大电流还会使桥体的接点烧结而产生一层氧化膜，影响正常测量。在测量前应对被测电阻的阻值有一估计范围，这样可缩短按下测量按钮的时间。

3. 为什么大型三相电力变压器三角形接线的低压绕组直流电阻不平衡一般较大，而且常常又是 ac 相电阻最大?

大型三相电力变压器的接线组别一般为 YNyn0，d11 和 Yd11。其低压绕组三角形接线如图 12－2 所示。

由于大型电力变压器低压绕组直流电阻一般很小，且连接引线 cx 远大于 ay 和 bz。因引线影响相对较大，故测量低压绕组的直流电阻时，其不平衡一般较大。且测量结果一般都是 ac 相间直流电阻最大。

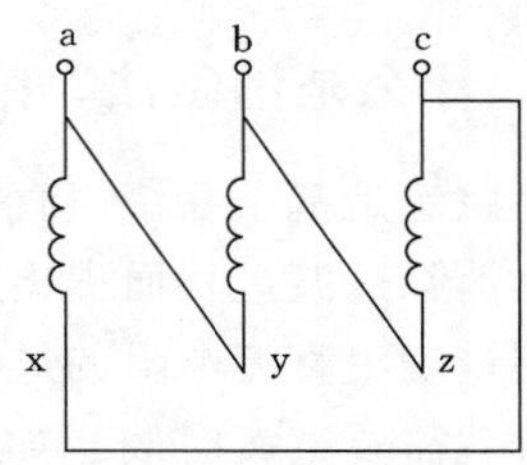

图 12－2　三角形接线

4. 测量变压器绕组直流电阻与测量一般直流电阻有什么不同?

测量变压器绕组直流电阻与测量一般直流电阻的不同之处是变压器绕组具有巨大的电感。随着变压器电压等级的提高和单台容量的增大，高压绕组的电感可达数百亨，低压绕组的电感在数亨和十数亨之间。例如，某台 240MVA、220kV 变压器高、低压绕组的电感分别为 160H 和 2.53H。

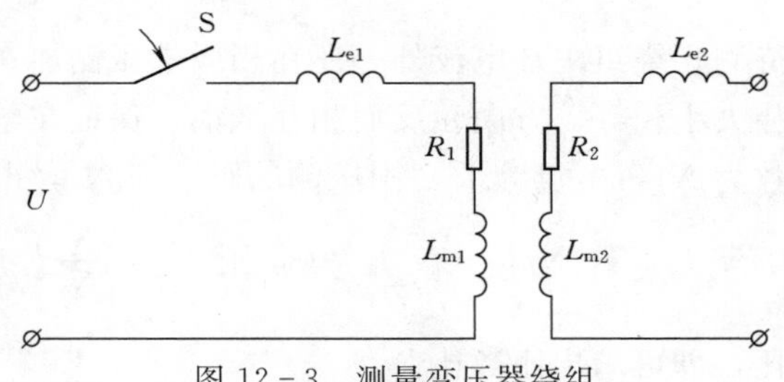

图 12－3　测量变压器绕组直流电阻的等值电路

L_{e1}、R_1、L_{m1}—变压器一次绕组的漏感、导线电阻和激磁电感；L_{e2}、R_2、L_{m2}—变压器二次绕组的漏感、导线电阻和激磁电感；S—开关；U—直流电源

由于变压器绕组具有巨大的电感，在绕组两端施加直流电压时，通过绕组的电流不是稳定值，而是由零逐渐增大到稳态值，这个过程称为绕组的充电过程。在充电过程中，充电电流的变化规律可用图 12－3 所示的等值电路来分析。

在二次绕组两端开路的情况下，闭合开关 S，通过一次绕组的电流为

$$i = \frac{U}{R_1}(1 - e^{-\frac{t}{\tau_1}})$$

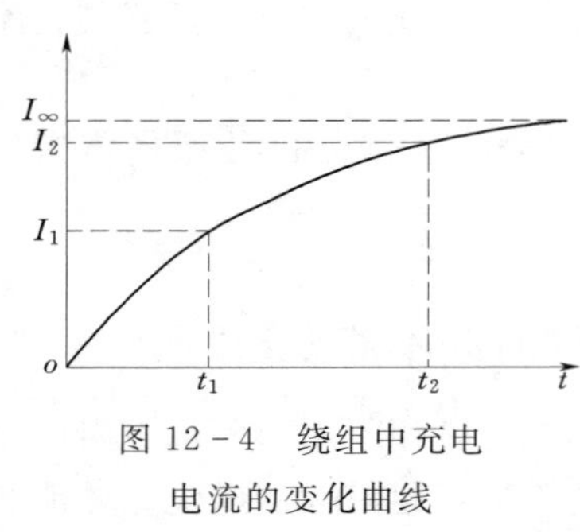

图 12-4　绕组中充电电流的变化曲线

$$\tau_1 = \frac{L_1}{R_1}, L_1 = L_{e1} + L_{m1}$$

式中　τ_1——回路的时间常数。

图 12-4 给出了绕组中充电电流的变化曲线示意图。图中曲线表明，在开关 S 闭合后的时刻 t_1 和 t_2 时的电压与电流的比值 U/I_1 和 U/I_2 即绕组直流电阻的实测值 R_{t1} 与 R_{t2} 是不相等的，并且与绕组的实际直流电阻（绕组两端的直流电压与稳定电流的比值）$R=U/I_{1\infty}$ 之间有较大的差别，因而出现较大的误差。为减小误差，就得读取稳定电流值，由于 τ_1 很大，所以要得到稳定电流值就要等待很长时间，这是试验工作者难以接受的。为此提出减小时间常数，这在技术上是可以办到的。

减小时间常数的办法可从两方面入手：

（1）增大充电回路的电阻。具体做法有提高充电电压、增加电阻和分阶段改变电阻法。这种方法主要于三相三柱式变压器。

（2）减小充电回路电感。具体做法有消磁法和助磁法。两者既适用于三相三柱式变压器，也适用于三相五柱变压器。

5. 什么是消磁法？给出其测量接线。

消磁法是基于在绕组直流电阻的整个测量过程中保持铁芯磁通为零（略去剩磁），从而根本上消除过渡过程而提出来的一种减小电感的方法。

测量绕组直流电阻的过渡过程是由于磁通不能突变引起的，当由一种稳态转换到另一种稳态时就需要过渡时间。如果略去剩磁，则测变压器绕组直流电阻时，其起始状态磁通为零。如果设法在整个测量过程中保持这种零状态，那就从根本上消除了过渡过程，达到快速测量的目的。

如何保持这种零状态呢？对图 12-3 所示的双绕变压器，若把其二次绕组的两端短接，则可以基本上消除铁芯中的磁通，使激磁电感 L_{m1} 和 L_{m2} 值降低到接近于零的数值，即把绕组的等值电感显著地减小，时间常数也显著减小，充电过程加快，通过绕组的电流很快达到稳定值。

对于三绕组变压器，可以采取高中压（或低中压）绕组反向同时加电流，借以抵消磁场实现减小电感的目的。

当测量高压侧绕组直流电阻时，除在高压待测相绕组中加电流外，还在相应中压侧加一电流，使此电流产生的磁势与高压侧产生的磁势大小相等、方向相反而相互抵消，保证在整个测量过程中磁通保持零状态。设高压侧的匝数为 N_1，电流为 I_1，中压侧的匝数为 N_2，电流为 I_2，则高压侧磁势为 N_1I_1，中压侧磁势为 N_2I_2，若 $N_1I_1+N_2I_2=0$，则 $I_2=\frac{N_1}{N_2}I_1$，因 $\frac{N_1}{N_2}=\frac{U_1}{U_2}$，故由铭牌上给定的某一分头电压比，即可求出匝数比。

当测量低压侧绕组时，中低压匝数比为中压相电压和低压线电压之比。设低压线电压为 U_3，中压线电压为 U_2，则 $N_2/N_3=\frac{U_2/\sqrt{3}}{U_3}$，又因低压绕组系 b、c 相串联后再与 a 相并联

(图 12-5)，故总注入电流 I_3 为 a 相电流的 1.5 倍，即

$$I_3=-1.5\frac{U_2/\sqrt{3}}{U_3}I_2$$

满足上式关系即可使中低压磁势相互抵消。

某地区电业局用消磁法与恒流法对一台 $SFPSZ_4$ -120000/220 型，YNyn0d11 变压器进行绕组直流电阻测试，接线图如图 12-6 所示。对该三相五柱式变压器高、中、低压绕组的直流电阻测试表明，用消磁法最多 3min 即可达到稳定状态，比仅用恒流法缩短充电时间 10 倍以上。

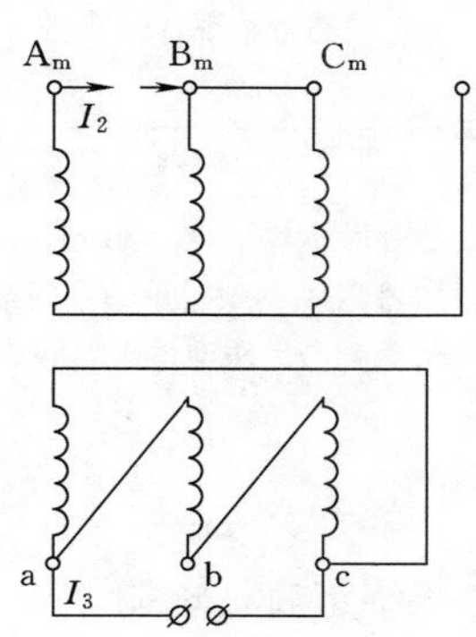

图 12-5 测量低压侧绕组直流电阻的简化电路

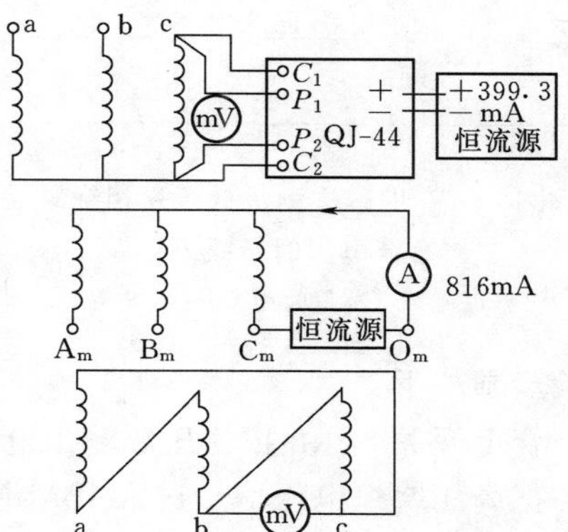

图 12-6 消磁法测量高压绕组直流电阻时的接线图（对应于测 co 绕组）

通过高压绕组 co 的电流为 399.3mA，相应中压 C_mO_m 加反向电流 816mA，分别监测低压 bc 间感应电势，并在被测高压绕组两端接一数字电压表测量绕组压降，用伏安法求绕组电阻，并和 QJ-44 型电桥读数相比较，如表 12-3 所示。

表 12-3　电桥读数与伏安法结果的比较

相　别	消磁法（QJ-44）/Ω	伏安法（U/I）/Ω	时间 /s	感应电势 /mV
AO	0.7143	$\frac{285.3\text{mV}}{399.3\text{mA}}=0.7145$	45	$E_{ac}=0.01$
BO	0.7165	$\frac{286.2\text{mV}}{399.3\text{mA}}=0.7168$	35	$E_{ba}=0.01$
CO	0.7215	$\frac{288.1\text{mV}}{399.3\text{mA}}=0.7215$	33	$E_{cb}=0.01$

6. 什么是助磁法？给出其测量接线。

助磁法与消磁法相反，其出发点是变压器同一铁芯柱上高、低压绕组工作在饱和状态下的激磁电流相差数十倍，因此把高、低压绕组串联起来，借助于高压绕组的安匝数，使变压器铁芯饱和，降低电感，即降低时间常数，达到快速测量的目的。值得注意的是，高、低压绕组的电流方向要一致。

华东某电厂用助磁法测量某台 SSP-360000/220 型变压器双三角低压绕组直流电阻的

接线图如图 12-7 所示。与用蓄电池采用电流电压法相比较测试工效提高 5～7 倍。华北电力试验研究院采用同样的测试接线，配合 IBM 微机测量系统，同时测量 AO 和 ac 的电阻更加简便易行，其测量接线如图 12-8 所示。

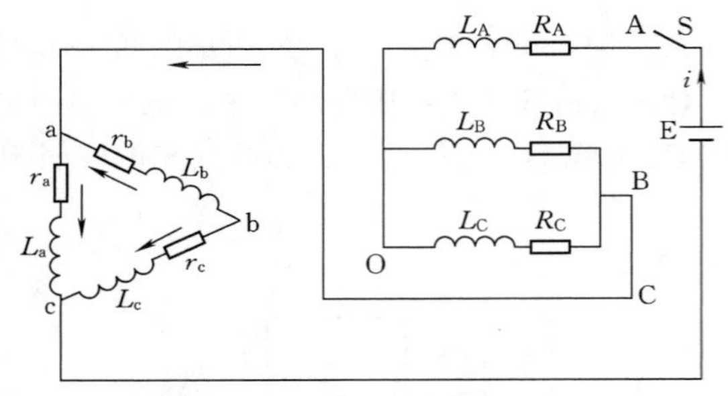

图 12-7　助磁法测量低压 a 相绕组直流电阻时接线图

E—恒流源（测量时用 QJ-44 电桥）

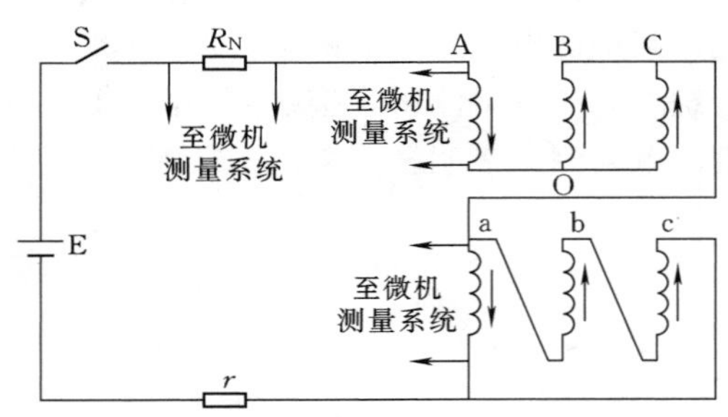

图 12-8　助磁法测量 R_{AO}、R_{ac} 接线图

E-JDW-20 型稳压器；R_N—取样电阻（阻值为 1 Ω，精度为 0.005%）；r—限流电阻（15Ω）

试验步骤如下：

（1）合上开关 S，并把稳压源输出电压由零调至合适值。

（2）把高压绕组电压信号送入 IBM 微机测量系统，测量高压绕组直流电阻。

（3）高压绕组直流电阻测量完毕后，再把低压绕组电压信号送入 IBM 微机测量系统。这样就可以在不改变铁芯中磁通的情况下，完成低压绕组直流电阻测量，提高了工效。

（4）高、低压绕组直阻测量完毕后，把稳压源输出电压降至零。待回路中电流基本上为零后，打开开关 S，换相测量。

应用助磁法对某电厂的 SFP-240000/500 型 YN d11 五柱式电力变压器绕组直流电阻的测试结果如表 12-4 所示。

表 12-4　　主变高、低压绕组直流电阻测试结果

被测绕组	测量电流 /A	电源电压 /V	直流电阻测量值 /mΩ	测量时间 /min	油温 /℃	直流电阻换算值 /mΩ(75℃)	预试相间差 /%	交接试验值 /mΩ(75℃)	交接试验相间差 /%
R_{AO}	1.1	20	1250	30	41	1404		1538	
R_{BO}	1.6	28	1252	20	41.5	1404	0.56	1542	0.4
R_{CO}	1.6	28	1253	14	40	1412		1544	
R_{ac}	1.7	30	1.490	20	41	1.674		1.803	
R_{ba}	1.6	28	1.487	20	41.5	1.667	0.72	1.809	0.3
R_{cb}	1.6	28	1.474	35	40	1.662		1.803	

注　环境温度为 19℃。

7. 在测量大型变压器直流电阻时，为什么试验接线和顺序混乱会使测量数据有较大的分散性？

现场测试结果表明，在测量大型电力变压器直流电阻时，试验接线和顺序混乱会使测量数据有较大的分散性。现以用 QJ-44 双臂电桥测量 Y d11 大型电力变压器的直流电阻为例

进行简要分析。

变压器低压侧三角形接线图和接线板布置如图 12-9 所示。

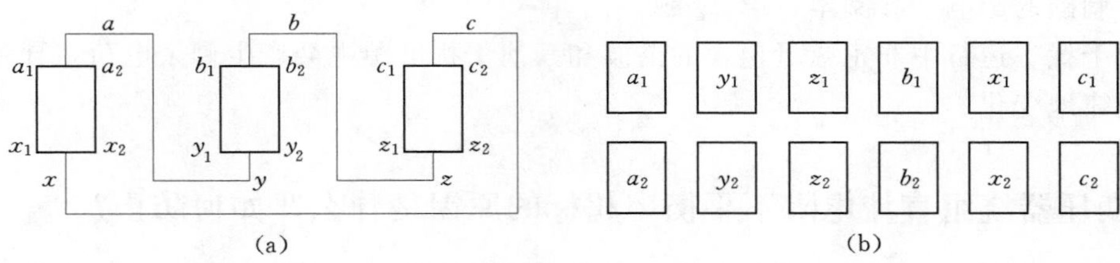

图 12-9　三角形接线及板面布置图

(a) 三角形接线；(b) 接线板面布置

测量接线如图 12-10 所示，同一相两个绕组并联测量，测量结果如表 12-5 所示。

由表可见，其相间差远远大于《规程》规定的 2%，但从数据上不难看出其测量值呈没有规律的变化，由此可排除被测变压器有缺陷的可能。

然而，在测量中发现，当某一相测得值与其他两相测得值相比偏大或偏小时，调换两个测量线端子，如把原来接 a（或 b、c）的 C_1P_1，接 x（或 y、z）的 C_2P_2，调换 180°，让 C_2P_2 接 a 相（或 b、c），C_1P_1 接 x（或 y、z），则其测量值与其他两相比较明显地平衡起来，其相间差一般不大于 1%。

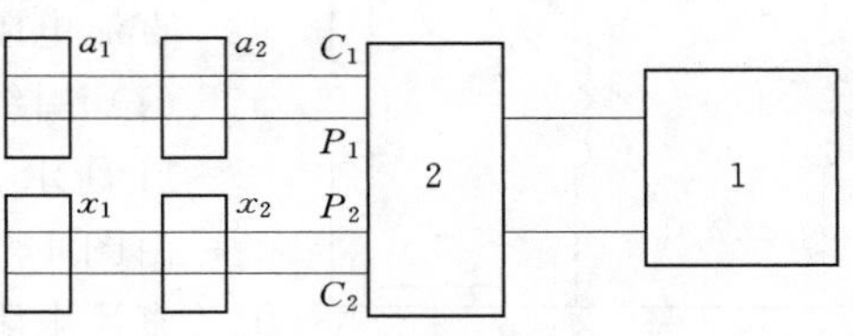

图 12-10　直流电阻测量接线图

1—QYH-5 型全压恒流源；

2—QJ-44 双臂电桥

引起上述分散性的原因主要有：

(1) 感应电势的影响。按图 12-10 接线，当 C_1P_1 端子接 a 或 b、c，C_2P_2 端子接 x 或 y、z，由于低压绕组 12 个接线板排列较乱，当测完一相而测另一相时，有可能使 C_1P_1 接 x 或 y、z，而 C_2P_2 接 a 或 b、c。三相绕组由于磁路上的联系，前一相的充电电势必和后两相的感应电势相反。根据楞次定律和法拉第电磁感应定律，此感应电势产生的感应电荷必将影响其充电电流，从而导致测量的电阻发生变化，引起相间差超标。

表 12-5　　变压器直流电阻测量结果

序号	型号及试验日期	测量绕组	几组典型的测量数据/Ω			
1	SFPL-120000/110 Yd11 1991 年 4 月 2 日	ax	0.00315	0.003365	0.00319	0.002737
		by	0.00285	0.002940	0.00280	0.002985
		cz	0.00283	0.003025	0.00396	0.002776
		相间差/%	11.3	15	41.25	9
2	SFPL-120000/110 Yd11 1992 年 3 月 3 日	ax	0.00418	0.00431	0.00454	0.00455
		by	0.00405	0.00459	0.00413	0.00428
		cz	0.00414	0.00448	0.00447	0.00411
		相间差/%	3.2	6.4	9.9	10.7

（2）油流静电的影响。变压器刚停运后，冷却油沿着油箱外壁和箱体流动，因有摩擦作用，也会在绕组中产生剩余电荷，此电荷产生的电势有可能引起直流电阻的变化。

（3）剩磁的影响。参阅本章第 29 题。

（4）干扰。运行中非正弦量包含的谐波和其他干扰电源也会产生剩余电荷，导致直流电阻值无规律地变化。

8. 变压器绕组直流电阻不平衡率超标的原因是什么？如何防止？

测量变压器绕组的直流电阻是出厂、交接和预防性试验的基本项目之一，也是变压器故障后的重要检查项目，这是因为直流电阻及其不平衡率对综合判断变压器绕组（包括导杆与引线的连接、分接开关及绕组整个系统）的故障具有重要的意义。事故分析表明，影响直流电阻不平衡率的因素很多，下面通过实例重点分析结构设计、导线材质以及绕组回路各元件本身故障等原因引起的不平衡率超标，并指出防止措施。

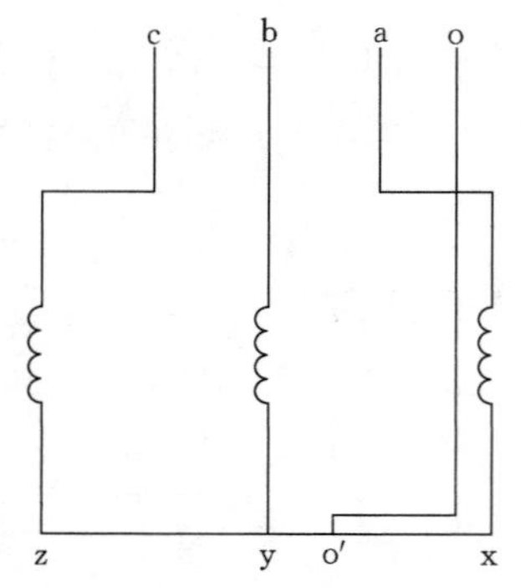

图 12－11　引线结构示意图

直流电阻不平衡率超标的原因及防止措施如下：

（1）引线电阻的差异。中小型变压器的引线结构示意图如图 12－11 所示。

由图 12－11 可见，各相绕组的引线长短不同，因此各相绕组的直流电阻就不同，可能导致其不平衡率超标。根据变压器引线结构的具体尺寸，S_9－1000/10 及 SL_7－315/6.3 型变压器低压侧直流电阻及不平衡率的计算值及实测值列于表 12－6 中。

表 12－6　　变压器的直流电阻及不平衡率

型号		直流电阻/Ω			最大不平衡率/%	
		ao	bo	co	相	线
S_9－315/10	计算	—	—	—	4.09	2.17
	实测	—	—	—	4.02	2.18
SL_7－315/6.3	计算	0.0020977	0.0020339	0.0021722	4.58	—
	实测	0.002036	0.001992	0.00211	5.77	—

由表 12－6 可见，由于引线的影响可导致变压器绕组的不平衡率超标。对于三相线圈直流电阻非常相近的变压器，a、c 两相绕组的直流电阻受引线的影响最大，因此其不平衡率容易超标。

为消除引线电阻差异的影响，可采用下列措施：

1）在保证机械强度和电气绝缘距离的情况下，尽量增大低压套管间的距离，使 a、c 相的引线缩短，因而引线电阻减小。这样可以使三相引线电阻尽量接近。

2）适当增加 a、c 相首端引线铜（铝）排的厚度或宽度。如能保证各相的引线长度和截面之比近似相等，则三相电阻值也近似相等。

3）适当减小 b 相引线的截面。在保证引线允许载流量的条件下，适当减小 b 相引线截面使三相引线电阻近似相等，这也是一种可行的办法。

4）寻找中性点引线的合适焊点。对 a、b、c 三相末端连接铜（铝）排，用仪器找出三相电阻相平衡的点，然后将中性点引出线焊在此点上。

5）在最长引线的绕组末端连接线上并联铜板（如图中 zy 之间）以减小其引线电阻。

6）将三个绕组中电阻值最大的绕组套在 b 相，这样可以弥补 b 相引线短的影响。

对上述方法，在实际中可以选择其中之一单独使用，也可综合使用。

（2）导线质量。实测表明，有的变压器绕组的直流电阻偏大，有的偏差较大，其主要原因是某些导线的铜和银的含量低于国家标准规定限额。有时即使采用合格的导线，但由于导线截面尺寸偏差不同，也可能导致绕组直流电阻不平衡率超标。例如用三盘 3.15×10 型扁铜线分别绕制某台变压器的三相绕组，导线铜材的电阻率很好，$\rho_{20}=0.017241\Omega\cdot mm^2/m$，截面尺寸都合格，只是其中一盘的尺寸是最大负偏差，窄边 a 为－0.03，宽边 b 为－0.07；圆角半径 r 为＋25%。而另两盘的尺寸是最大正偏差，a 为＋0.03，b 为＋0.07，r 为－25%。经计算，最大负偏差的一盘线，其导线截面 $S_{min}=31.713mm^2$，每米电阻 $R_{20}=0.0005723\Omega/m$，而最大正偏差的两盘线，其导线截面积 $S_{max}=31.713mm^2$，$R_{20}=0.0005436\Omega/m$。对这台变压器，即使排除其他因素的影响，其直流电阻不平衡率也达 5.18%。

再如，某台 6300kVA 的电力变压器，其高压侧三相直流电阻不平衡率超过 4%，经反复检查发现 B 相绕组的铝线本身质量不佳。

为消除导线质量问题的因素可采取下列措施：

1）加强对入库线材的检测，控制劣质导线流入生产的现象，以保证直流电阻不平衡率合格。

2）把作为标准的最小截面 S_{min} 改为标称截面，有的厂采用这种方法，把测量电阻值与标称截面的电阻值相比较，这样就等于把偏差范围缩小一半，有效地消除直流电阻不平衡率超标现象。

（3）连接不紧。测试实践表明，引线与套管导杆或分接开关之间连接不紧，都可能导致变压器直流电阻不平衡率超标。例如：

1）某 SJL－1000/10 型配电变压器，其直流电阻如表 12－7 所示。

由表 12－7 可知，变压器直流电阻不平衡率远大于 4%，所以怀疑绕组系统有问题。在综合分析后，经吊芯检查，发现 C 相低压绕组与套管导电铜螺栓连接处的软铜排发热变色，连接处的紧固螺母松了。清除氧化层，锁紧紧固螺母后再测不平衡率符合要求。

2）某台 SFSL1－10000/110 型降压变压器的中压绕组的直流电阻不平衡如表 12－8。

由表 12－8 可知，变压器中压绕组直流电阻不平衡率远大于 2%。综合分析后，经吊罩检修确认，中压绕组 B 相第六个分接引线电缆头螺牙与分接开关导电柱内螺牙连接松动。

表 12－7　变压器直流电阻及不平衡率

测试时间	直流电阻/Ω			最大不平衡率/%
	ao	bo	co	
预　试	0.001072	0.001073	0.001495	39.16
处理后	0.001072	0.001073	0.001081	0.84

表 12－8　变压器直流电阻

分接位置	直流电阻/Ω			最大不平衡率/%
	AO_m	BO_m	CO_m	
Ⅳ	0.316	0.385	0.317	20.3
Ⅴ	0.308	0.346	0.307	12.18

3）某台 $SFSLZ_B$－50000kVA/110 型变压器，色谱分析结果异常，又测试 35kV 侧直流电阻，A 相为 0.0604Ω，B 相为 0.0550Ω，C 相为 0.0550Ω。可见 A 相直流电阻增大，经现场进一步检查是 35kVA 相套管铜棒与引线间的接触不良。

4）某台 $SFSLB_1$－31500/110 型变压器，预防性试验时发现 35kV 侧运行Ⅲ分接头直流电阻不平衡率超标。测试结果如表 12－9 所示。

由表 12－9 可见，35kV 侧直流电阻不平衡率远大于 2%，怀疑分接开关有问题，故转动分接开关后复测，其不平衡率仍然很大，又分别测其他几个分接位置的直流电阻，其不平衡率都在 11%以上，而且规律都是 A 相直流电阻偏大，好似在 A 相线圈中串入一个电阻，这一电阻的产生可能出现在 A 相绕组的首端或套管的引线连接处，是连接不良造成。经分析确认后，停电打开 A 相套管下部的手孔门检查，发现引线与套管连接松动（螺丝连接），主要由于安装时无垫圈引起，经紧固后恢复正常。

5）某台 10000kVA、60kV 的有载调压变压器，在预试时发现直流电阻不合格，如表 12－10 所示。

表 12－9　　变压器直流电阻

测试时间	直流电阻/Ω			最大不平衡率/%
	AO_m	BO_m	CO_m	
预　　试	0.116	0.103	0.103	12.1
复试（转动分接开关后）	0.1167	0.1038	0.1039	11.9

表 12－10　　变压器直流电阻

分接位置	直流电阻/Ω			最大不平衡率/%
	AO	BO	CO	
Ⅶ	1.140	1.217	1.139	6.7
Ⅷ	1.118	1.198	1.116	7.1
Ⅸ	1.139	1.219	1.137	7.0

由表 12－10 可见，在三个分接位置，B 相的直流电阻均较其他两相大 7%左右。分析认为 B 相接触不良。停电检查发现，确是 B 相穿缆引线鼻子与将军帽接触不紧造成的。

由上述，消除连接不紧应采取下列措施：

1）提高安装与检修质量，严格检查各连接部位是否连接良好。

2）在运行中，可利用色谱分析结果综合判断，及时检出不良部位，及早处理。

（4）分接开关接触不良。有载和无载分接开关接触不良的缺陷，是主变压器各类缺陷中数量最多的一种，约占 40%，给变压器安全运行带来很大威胁。例如：

1）某台 $SFSLB_1$－20000/110 型主变压器，预试时直流电阻三相平衡，但运行 8 个月后，110kV 侧中相套管喷油，温度达 84℃。色谱分析结果认为该变压器内部有热故障，最热点温度为 150～300℃，分析是导电回路接触不良造成的。又进行直流电阻测试，在中压运行分接位置Ⅳ时的结果是 AO_m 为 0.286Ω，BO_m 为 0.281Ω，CO_m 为 0.35Ω，不平衡率为 24.55%。其他部位测试结果正常，这样就把缺陷范围缩小在中压 C 相绕组的引线→分接开关→套管之内。吊芯检查发现中压 C 相分接开关Ⅳ分头的动静触头接触不良，且有过热变色和烧损情况。更换分接开关后，运行良好。

2）某台 $OTSFPS_B$－120000/220 型主变压器，色谱分析发现变压器内部有过热故障。测直流电阻发现相间不平衡率达 7.4%。见表 12－11。

由表 12－11 可知，直流电阻不平衡率为 7.4%，且 A 相直流电阻较上年增长 11.2%，所以通过综合分析判断为 A 相分接开关接触有问题。后经几次追踪分析，问题依然存在，最后由人孔门进入变压器检查，发现 A 相分接开关动静触头接触不良，烧伤二处。吊罩更

换分接开关运行正常。

表 12－11　　变压器直流电阻

测试时间 /（年．月．日）	直流电阻 /Ω			最大不平衡率 /%	说明
	AO	BO	CO		
预试（1983.11.24）	0.7000	0.7000	0.6980	0.286	油 28℃，气温 8℃
故障后（1984.9.17）	0.7875	0.7344	0.7320	7.4	油 36℃，气温 19℃
转动后	0.7490	—	—	—	A 相分接开关倒 4 圈
转动后	0.7392	—	—	—	A 相分接开关再倒 2 圈
转动后	0.7318	—	—	—	A 相分接开关再倒 2 圈

分接开关接触不良的直接原因是：接触点压力不够和接点表面镀层材料易于氧化，而根本原因则是结构设计有不合理之处，也没有采取有效的保证接触良好的措施。改善接触不良的主要措施有：

1）在结构设计上采取有效措施保证触头接触良好。

2）避免分接开关机件的各部分螺钉松动。

3）有载调压开关 5～6 年至少应检修一次。即使切换次数很少，也应照此执行。

（5）绕组断股。变压器绕组断股往往导致直流电阻不平衡率超标。例如，某电厂SFPSL-12000/220 型主变压器，色谱分析结果发现总烃含量急剧增长，测直流电阻，其结果是高、低压侧与制造厂及历年的数值相比较无异常，但中压侧的直流电阻 A、B 相偏大，如表 12－12 所示。

表 12－12　　变压器直流电阻值

测试单位		实测值/Ω			换算值/Ω			最大不平衡率 /%
		R_{AB}	R_{BC}	R_{AC}	R_A	R_B	R_C	
制造厂	10℃	0.094	0.09435	0.09428	0.141	0.14069	0.1417	0.7
	75℃	0.12	0.12045	0.12036	—	—	—	
电厂	15℃	0.103	0.09645	0.1025	0.157	0.1549	0.1396	11.56
	75℃	0.1288	0.12056	0.12813	—	—	—	

在分析 A、B 相直流电阻增大的原因时，考虑到变压器在运行中曾遭受过两次严重短路电流冲击，所以怀疑是绕组断股，经解体检查发现，故障点部位在 A 相套管的根部附近，并且 A 相引线在套管根部与套管均压帽焊在一起，引线烧断的面积为 42.3mm^2，占总截面积的 10%。由于故障点在 A 相引线，所以与该引线连接的 B 相直流电阻也增大。

为消除由于断股引起的直流电阻不平衡率超标，宜采取的措施有：

1）变压器受到短路电流冲击后，应及时测量其直流电阻，及时发现断股故障，及时检修。

2）利用色谱分析结果进行综合分析判断，经验证明，这是一种有效的方法。

综上所述可见：

（1）变压器绕组直流电阻不平衡率超标的原因很多，上述仅涉及几个主要方面供分析故障参考。

（2）采用色谱分析与测量直流电阻综合分析判断，是检测运行变压器绕组直流电阻不平衡率超标的有效方法，可在实践中采用。

(3) 精心设计，认真安装与检修，加强运行管理是减少和消除直流电阻不平衡率超标的主要措施，应当引起有关方面重视。

9. 有载调压分接开关的切换开关筒上静触头压力偏小时对变压器直流电阻有什么影响?

当切换开关筒上静触头压力偏小时，可能造成变压器绕组直流电阻不平衡。例如，对某变电所一台 SFZ_7－20000/110 型变压器的 110kV 绕组进行直流电阻测试时，有载调压分接开关［长征电器一厂 1990 年产品（ZY_1－Ⅲ500/60C，±9），由切换开关和选择开关组合而成］连续调节几挡，三相直流电阻相对误差都比上年增加，其中第Ⅳ挡和第Ⅴ挡直流电阻相对误差达到 2.1%，多次测试，误差不变，超过国家标准，与上年相同温度下比较，A 相绕组直流电阻明显偏小，并且是增大相对误差的主要因素。

为查出三相绕组直流电阻误差增大的原因，首先进行色谱分析并测量变压比，排除绕组本身可能发生匝间短路等；其次将有载调压分接开关中的切换开关从变压器本体中吊出，同时采用厂家带来的酒精温度计检测温度，这样测试变压器连同绕组的直流电阻，测试结果是三相直流电阻相对误差很小，折算到标准温度后，与上年测试数据接近。此时又因酒精温度计与本体温度计比较，三者之间误差很大，本体温度计偏高 8℃，经检查系温度计座里面油已干，照此折算开始测量的三相绕组直流电阻，实质上是 A 相绕组直流电阻正确，B、C 两相绕组直流电阻偏大，再检查切换开关和切换开关绝缘筒，发现 B、C 两相切换开关与绝缘筒之间静触头压力偏小，导致了 B、C 两相绕组电阻增大，造成相对误差增大。

对此问题的处理方法是：拧下切换开关绝缘筒静触头，采用 0.5mm 厚镀锡软铜皮垫入 B、C 两相静触头内侧，再恢复到变压器正常状态下进行测试，测试结果是，三相绕组的各挡直流电阻相对误差都很小，只有一挡最大误差值也仅为 1.35%。达到合格标准。

10. 大型电力变压器进行现场空载试验的方法有哪些?

现场空载试验常用的方法有：

(1) 用同步发电机组做电源。大多数变压器制造厂均采用交流同步电动机拖动的同步发电机组做电源。

(2) 用调压器做电源。用电网电源经调压器进行空载试验，其调压特性好，基本上可以从较低电压开始进行。

(3) 直接用系统做电源。将系统电源直接接到被试变压器上，试验前将测试仪器、仪表一次接好，并将电流互感器二次侧用小型刀闸开关短接，然后在系统电压下关合电源开关。待涌流过后，再打开开关进行测试。

空载试验电源的容量 S_0 可用下式计算：

$$S_0 = (S_n I_0\%) K_0 K_a K_b$$

式中 S_n——被试变压器的额定容量；

$I_0\%$——被试变压器的空载电流占额定电流的百分数；

K_0——波形容量系数；

K_a——变换系数；

K_b——安全系数。

例如一台型号为SFPS7-120000/220的变压器，$I_0=0.5\%$，则其所需空载试验电源容量为

$$S_0=(120000\times0.005)\times2\times1.2\times1.0=1440(\mathrm{kVA})$$

这样大容量的试验电源现场很难解决。当现场既没有足够容量的发电机或调压器，又没有合适的系统电源做空载试验时，可采用下述方法进行试验。

1）电容器补偿法。该方法的原理图如图12-12所示。

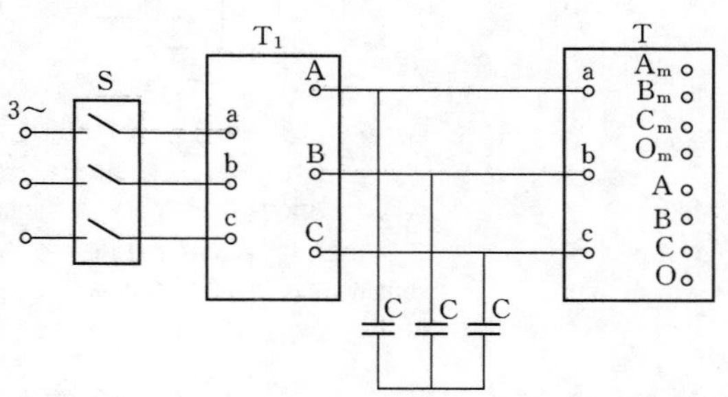

图12-12　用电容器补偿法进行空载试验原理图

3～—三相交流电源（400V，容量稍大于被试变压器三相空载损耗值）；S—电源开关；T$_1$—中间升压变压器；C—补偿电容器组；T—被试变压器

采用电容补偿法进行空载试验可以使三相交流电源的容量大大降低，远小于上式的计算值，且这样容量的试验电源现场也极易解决。中间变压器的一次电压为400V，二次与被试变压器的加压端电压相等。电容器组并接在中间变压器的高压端子上，采用星形接法，中性点不接地。为了使电容器组的电压与被试变压器额定电压匹配，并使电容器组电流与被试变压器空载感性电流达最佳补偿，可采用多个电容器串联。被试变压器空载感性电流可按以下方法计算。

空载电流阻性分量
$$I_{0R}=\frac{P_0}{\sqrt{3}U_n}$$

空载电流感性分量
$$I_{0L}=\sqrt{I_0^2-I_{0R}^2}=\sqrt{I_0^2-\left(\frac{P_0}{\sqrt{3}U_n}\right)^2}$$

式中　I_0——被试变压器空载电流设计值或出厂试验值；

P_0——被试变压器空载损耗设计值或出厂试验值；

U_n——被试变压器加压端额定电压。

选配电容器组时，应使电容的电流I_C与I_{0L}相当或稍大于I_{0L}。空载试验时，测量用的电流互感器、电压互感器及其测量仪表接在电容器组与被试变压器之间。试验前将测试仪表、仪器一次接好，并将电流互感器二次侧用小型刀闸开关短接，然后合上电源开关S，待试品涌流过后再打开小型刀闸开关进行测试。当达到最佳补偿时，对于开关S来说，合闸时涌流不大，也不会产生操作过电压。用这种方法测试时波形很好，没有畸变，可完全满足对测量精度的要求。

2）变频电源柜加电容器补偿法。用电容补偿法进行三相空载试验时，虽然大大降低了试验电源的容量，但缺少相应容量的三相调压器，因此，在大多数情况下，试验只能在全电压下合闸。当对被试变压器质量有怀疑时，用此方法显然不合适。此时可采用变频电源柜加电容器补偿法进行单相空载试验，试验时可以实现零起升压。其试验原理图如12-13所示。

补偿电容器组的选配方法与前述一样，使I_C与I_{0L}相当。测试用电流互感器与电压互感器接在中间变压器和电容器组之后，被试变压器之前。试验时先合上电源开关S，调节变频电源柜的频率为50Hz，自零开始逐步调节变频电源柜的输出电压至被试变压器的额定电压，然后进行测试。试验过程中可以用示波器观察被试变压器的电压波形，实践证明该方法输出

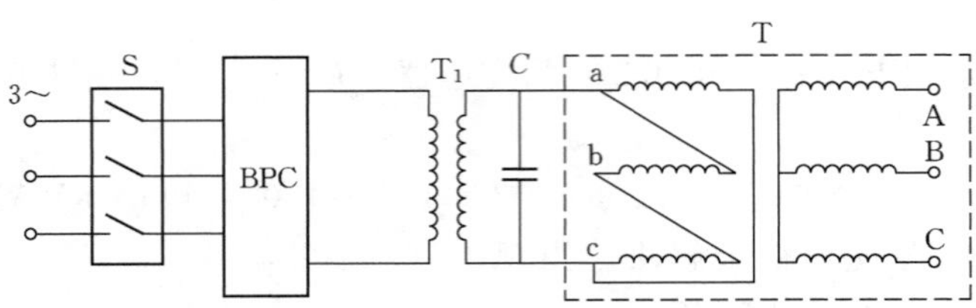

图 12-13　用变频电源柜加电容器补偿法进行单相空载试验原理图

3~—三相交流电源（400V，容量略高于被试变压器单相空损耗值）；S—400V 电源开关；BPC—变频电源柜［AC400V/（0～400V），300kW，30～300Hz，可调］；C—补偿用电容器组；T_1—中间升压变压器［电压为400V/（10～40kV），容量为315kVA］；T—被试变压器

波形很好，解决了试验电源容量不足和零起升压的问题，而且现场操作简单、安全，测试准确。

例如，某局对型号为 OSFP7-90000/220、容量为 90000/90000/45000kVA、电压为 220±2×2.5%/121/38.5kV 的变压器，在现场更换绕组大修后进行空载试验，采用电容器补偿法，从被试变压器低压侧（38.5kV）进行加压。对所需补偿电容器的电容量估算如下

空载电流为
$$I_0 = \frac{S_n}{\sqrt{3}U_n} i_0 = 4.09(\text{A})$$

空载电流阻性分量为
$$I_{0R} = \frac{P_0}{\sqrt{3}U_n} = 0.825(\text{A})$$

空载电流感性分量为

$$I_{0L} = \sqrt{I_0^2 - I_{0L}^2} = \sqrt{4.09^2 - 0.825^2} = 4.00(\text{A})$$

若达到最佳补偿，应使 $I_C = I_{0L}$，则所需电容器电容量为

$$C = \frac{I_C}{2\pi f(U_n/\sqrt{3})} = \frac{4.00 \times \sqrt{3}}{314 \times 38.5 \times 10^3} = 0.57 \times 10^{-6}(\text{F}) = 0.57\mu\text{F}$$

为使补偿后整个负载略呈容性，则电容器组每相电容量应大于 0.57μF。实际试验时采用三组电容器接成星形，每相电容器为 6 个电压为 $11/\sqrt{3}$kV，容量为 50kvar 的电容器（3.89μF）串联而成。试验所测数据如下：$P_0 = 46.2$kW，$I_0 = 0.293\%$（大修前 $P_0 =$ 55kW，$I_0 = 0.303\%$）。

表 12-13　加压方式及试验数据

序号	低压加压端子	短接端子	测量数据
1	a，b	b，c	$P_{0ab} = 134.9$kW $I_{0ab} = 20.7$A
2	b，c	c，a	$P_{0bc} = 134.4$kW $I_{0bc} = 20.6$A
3	c，a	a，b	$P_{0ca} = 136.2$kW $I_{0ca} = 24.2$A

例如，某厂对型号为 SFP9—360000/220，容量为 360000kVA，电压为 242±2×2.5%/20kV，电流为 858.9/10392.5A，出厂空载损耗为 166.4kW，空载电流为 0.18%。该变压器因运输途中受冲撞，内部铁芯发生严重缺陷。经厂家现场修复，需在现场进行空载试验，以检查该变压器铁芯经处理后是否正常。由于对该变压器是否仍存故障难以断定，不能在全电压下合闸来进行试验。为此采用变频电

源柜加电容器补偿法进行单相空载试验，可以实现零起升压。试验时，用两台 200kvar、11kV（C=5.26μF）的电力电容器以串联方式接入进行补偿，试验可用电源容量仅为 250kVA。试验加压方式及试验数据如表 12-13 所示。

11. 为什么变压器空载试验能发现铁芯的缺陷？

空载损耗基本上是铁芯的磁滞损失和涡流损失之和，仅有很小一部分是空载电流流过线圈形成的电阻损耗。因此空载损失的增加主要反映铁芯部分的缺陷。如硅钢片间的绝缘漆质量不良，漆膜劣化造成硅钢片间短路，可能使空载损失增大 10%～15%；穿心螺栓、轭铁梁等部分的绝缘损坏，都会使铁芯涡流增大，引起局部发热，也使总的空载损失增加。另外，制造过程中选用了比设计值为厚的或质量差的硅钢片以及铁芯磁路对接部位缝隙过大，也会使空载损失增大。因此测得的损失情况可反映铁芯的缺陷。

12. 怎样进行变压器的空载电流与空载损耗测试？

对单相变压器的测量接线如图 12-14 所示。把变压器的高压绕组开路，在低压绕组的端子上加以额定电压，从接在电路中的电流表读取变压器的空载电流值，从电力表读取变压器的空载损耗值。

如果加电压的绕组有分接头时，应当把分接开关切换到额定电压的分接头上。有条件时，最好从零开始，递升加电压。当所加电压低于变压器绕组的额定电压时，测出的空载损耗值要经过换算，同时扣除测量仪表所产生的损耗。外加电压应当具有正弦波形与额定频率，电压表与电力表应当尽量接在靠近绕组的端子处，以减小测量误差。变压器运行中处于地电位的引线端子与油箱均应接地。

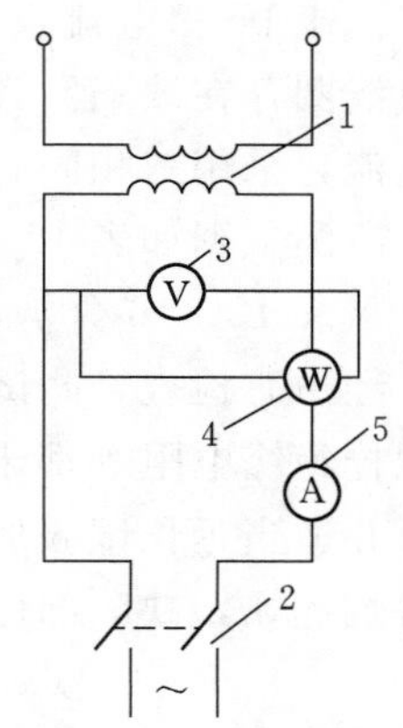

图 12-14 测量空载电流与空载损耗接线图

1—被测变压器；2—开关；3—电压表；4—电力表；5—电流表

对于三相变压器，可用类似于上图的单相变压器测量接线，接进三相电源，直接读取空载电流与空载损耗；也可以把单相电源轮流接进各相绕组中，测量空载电流与总的空载损耗。如果三相变压器的磁路系统不对称，中间一相的空载电流比两侧为小，此时，应当取三相测量值的算术平均值作为变压器的空载电流。

当加电压的绕组作三角形联结时，可以把第三铁芯柱上的高压与低压绕组分别短路，使每次测量只有两个铁芯柱里面产生磁通，以消除磁通经过第三铁芯柱时所产生的损耗。

要求变压器的空载电流与空载损耗在额定频率和额定电压下的数值应等于或接近制造厂提供的数据。实际上，由于现场条件的限制，在安装与运行时，一般都不测量变压器的空载电流与空载损耗，所以《规程》中也明确规定“必要时”进行。但根据近年来的运行经验说明，变压器磁路的缺陷，电工钢片的缺陷，以及铁芯压紧螺杆与压板的绝缘损坏，绕组匝间短路等问题往往能从空载电流与空载损耗的变化中反映出来，因此，在有条件时进行这项试验还是有意义的。

例如，某台 66/6.3kV、31500kVA 的三相变压器，其空载试验数据，如表 12-14 所示。经检查发现 C 相存在半匝短路。

表 12-14　　　　空载试验数据

空载损耗/kW	AB	BC	CA	三相损耗	出厂三相损耗
	58.6	75	82	117.5	94
空载电流/A	90	96	105		

当不具备全电压空载试验时，有的单位进行低压空载试验，也发现一些缺陷。例如，某变电所为了积累技术数据和检测磁路情况，在各项电气试验合格的情况下，又补充进行低压单相空载试验，试验结果如表 12-15 所示。

表 12-15　　　　SJ_1-3200/35 变压器低压单相空载试验结果

相别 / 外施电压/V	ab 加压		bc 加压		ac 加压	
	I_a/A	W_a/W	I_b/A	W_b/W	I_c/A	W_c/W
100	11	1	11	1	14	1
200	16	5.2	17	6.8	22.5	5.8
300	22	13.8	*	25	29.5	13.5
400	26	20.8			35.5	27

* 电流过大，超过电流表量，未予记录。

由于 bc 相电流及空载损耗剧增，怀疑磁路或线圈存在缺陷。为慎重起见，重测一次空载电流，采用三相同时加压，校核其电压电流值。所测数据如表 12-16 所示。

表 12-16　　空载电流测量值

电流/A			电压/V		
I_a	I_b	I_c	U_{ab}	U_{bc}	U_{ca}
5	10	5	66.5	54	57

从表 12-16 分析，B 相回路存在缺陷。

经吊芯检查，测试变压比、直流电阻、穿芯螺栓绝缘电阻等都未发现异常情况。经研究，又在无油浸的条件下，再重复低压空载试验，并适当延长试验加压时间。对 bc 相加压至 2min 左右，发现在 35kV 侧分接开关绝缘支架冒烟起弧，缺陷部位明显暴露。断开试验电源后检查，确认是分接开关绝缘支架的层压板条中部开裂，裂缝中有油烟附着。在较低的空载试验电压下，相间绝缘已承受不了电压作用而导致试验电流增大。经用 2500V 兆欧表测量该支架对地绝缘（即对铁芯与顶盖部分）的电阻值，仍有 1500MΩ 的读数。说明仅分接开关的相间部分 B_2C_2 及 B_3C_3 段开裂受潮，如图 12-15 所示。

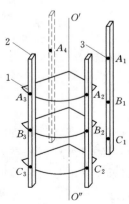

图 12-15　35kV 分接开关绝缘支架示意图
1—动触头；2—绝缘支架；3—静触头；$O'O''$—动触头转动轴

上述的绝缘缺陷，一般的绝缘试验项目，如主绝缘的交流耐压试验及绝缘电阻试验均不易发现；因为试验接线方法是考核不了如图 12-15 所示的 $A_2B_2C_2$、$A_3B_3C_3$ 之间这一段的绝缘强度的。而感应耐压试验现场设备及条件又难于具备。所以在这种情况下，可进行低压空载试验。

某供电局采用该方法曾先后发现 31500kVA 及以下容量的双绕组及三绕组变压器的磁路缺陷及分接开关绝缘支架缺陷。低压空载试验设备易于携带，试验接线（单相）简单，在现场试验中，对于不具备感应耐压试验条件及全电压空载试验条件的情况下，作为中

小型变压器试验项目中的一点补充是有意义的。上述变压器经更换分接开关绝缘支架后，试验合格，投运后无异常。

对电磁式电压互感器进行空载试验对发现层、匝间短路故障也具有重要意义。

13. 为什么在变压器空载试验中要采用低功率因数的功率表？

有的单位在进行变压器空载试验时，不问功率表的额定功率因数为多少，拿起来就测量。例如有用 D_{26}—W、D_{50}—W 等型 $\cos\varphi_W=1$ 的瓦特表来测量的，殊不知前者的准确度虽达 0.5 级，后者甚至达到 0.1 级，但其指示值反映的是 U、I、$\cos\varphi$，三个参数综合影响的结果，仪表的量程是按 $\cos\varphi_W=1$ 来确定的。而在测量大型变压器的空载或短路损耗时，因为功率因数很低，甚至达到 $\cos\varphi\leqslant 0.1$，若用它测量，则势必出现功率表的电压和电流都已达到标准值，但表头指示值和表针偏转角却很小的情况。如要指示清楚些，就可能造成某一线圈过载。另外，在功率表内因无相间补偿线路，故给读数造成很大的误差。

设功率表的功率常数为 c_W，则有

$$c_W = U_N I_N \cos\varphi_W / a_N \text{（W/格）}$$

式中 U_N——功率表电压端子所处位置的标称电压，V；

I_N——功率表电流端子所处位置的标称电流，A；

$\cos\varphi_W$——功率表的额定功率因数；

a_N——功率表的满刻度格数。

举一个例子来说明这个问题。若被测量的电压和电流等于功率表的额定值 100V 和 5A，当功率表和被测量的功率因数皆等于 1 时，则功率表的读数为满刻度 100 格，功率常数等于 5W/格。若被测量的功率因数为 0.1 时，同样采用上面那只功率因数等于 1 的功率表来测量，则功率表的读数便只有 10 格。很明显，在原来的 1/10 刻度范围内读出的数其准确性很差。假如换用功率因数也是 0.1 的瓦特表来测量，则读数可提高到满刻度 100 格，功率常数为 0.5W/格。从两个读数来看，采用低功率因数的功率表读数误差可以减小很多。

14. 低功率因数功率表都采用光标指示，为什么？

低功率因数功率表，因测试对象的功率因数都很低，功率小，表可动部分的转矩就很小，这样，摩擦力矩对它的影响就很大。为了消除轴承的摩擦力矩和提高表的灵敏度，所以低功率因数功率表都采用张丝结构代替轴承。这就是低功率因数功率表都采用光标指示数的原因。

15. 为什么电力变压器做短路试验时，多数从高压侧加电压？而做空载试验时，又多数从低压侧加电压？

短路试验是测量额定电流下的短路损耗和阻抗电压。试验时，低压侧短路，高压侧加电压，试验电流为高压额定电流，试验电流较小，容易满足要求，而测量的是从高压侧表示的阻抗电压，数值大，比较准确。故短路试验一般都从高压侧加电压。

空载试验是测量额定电压下的空载损耗和空载电流。试验时，高压开路，低压加压，试验电压是低压额定电压，试验电压容易满足，而测量的是低压侧表示的空载电流，数值大，比较准确，故空载试验一般都从低压侧加压。

16. 新安装的大型变压器正式投运前，为何要做冲击试验？

当空载变压器投运时，会产生励磁涌流，可以达到 8 倍左右的额定电流，励磁涌流将产生很大的电动力，为了考核变压器的机械强度，同时考核励磁涌流在衰减周期内能否造成继电保护误动，故要做冲击试验。

当空载变压器断开时，又可能产生操作过电压。中性点不接地或经消弧线圈接地时过电压幅值可达 4.5 倍最大运行相电压，中性点直接接地时可达 3 倍最大运行相电压。为了考核变压器绝缘强度能否承受全电压或操作过电压，故也要冲击试验，冲击次数为 5 次。

17. 油样的采集与存放不当对绝缘油的测试有哪些影响？

（1）微水含量增大。例如，某 110kV 变电所新安装后，测得几种设备的微水含量如表 12－17 所示。

表 12－17　几种设备的微水含量测量结果　　单位：μL/L

主变压器	主变压器套管			110kVTV			110kVTA		
	A	*B*	*C*	*A*	*B*	*C*	*A*	*B*	*C*
35	42	33	43	41	41	30	25	24	33

根据《规程》规定，新安装运行的 110kV 变电设备油中微水含量应小于 20μL/L，由表 12－17 可见，所有设备的微水含量均超标。

（2）火花放电电压降低。例如，某 35kV 主变压器在现场测得油样三次火花放电电压分别为 64kV、65kV、63kV；而将油样带回试验室测得的三次火花放电电压分别为 36kV、38kV、37kV，明显降低。

经分析研究，产生上述现象的原因主要是由于油样采集与存放不当引起的。因为取样箱及衬垫物往往不完全干燥，多数单位都是用棉纱或废毛巾作为取样箱中的衬垫物，长期在不同季节使用，早已受潮，取样时用这种物品做衬垫，很难保证所取油样的真实性。另外，在实践中还发现，由于温差的影响，取样瓶中有水分，有时即使肉眼看不到明显的水分，但实际上取样瓶和注射器早已受潮。

为了获得真实可信的测量结果，必须从根本上改变油样采集及存放方法。基本做法是：在前一天将玻璃注射器等彻底烘干，冷却后用橡皮胶头密封好，并且在取样箱中放入干燥的硅胶作为干燥剂，然后再放置好注射器，带到变电所取样。取样时，尽量做到密封取样，尽量使所取油样在空气中暴露的时间较短。

18. 为什么变压器绝缘油的微水含量与温度关系很大？而高压串级式电压互感器绝缘油的微水含量却与温度关系不大？

电力变压器为油纸绝缘，在不同温度下油纸中含水量有不同的平衡关系曲线。一般情况下，温度升高，纸内水分要向油中析出，反之，则纸要吸取油中水分。因此，当温度较高时，高压变压器内绝缘油的微水含量较大，反之，微水含量就小。而高压串级式电压互感器

绕组一般选用漆包线。绝缘纸（纸板）用得不多，所以油中微水含量与温度关系不大。

19. 什么是油中含水量？含水量大有何危害？取样时应注意哪些问题？

油中含水量是指溶解在油中的水分体积的含量。它是影响绝缘特性的重要因素之一。油中含有微量水分对绝缘介质的电气性能和理化性能都有极大危害，水分可导致绝缘的击穿电压降低，介质损耗因数增大，促进绝缘油老化，使绝缘性能降低，导致电力设备的运行可靠性和寿命降低甚至损坏设备和危及人身安全。据 140 台变压器绕组事故统计，有 34 台是由于进水受潮而造成的，占绕组事故的 17.4%。这是因为水分可能使介质损耗大到足以产生热不稳定的数值，同时水被电解而形成氢和氧的气泡，气泡游离而导致电击穿。因此，油中含水量的测定极为重要，《规程》列为定期测试项目或检查项目。

测定时按《运行中变压器油和汽轮机油水分含量测定法（库仑法）》（GB 7600—2014）或《运行中变压器油、汽轮机油水分测定法（气相色谱法）》（GB 7601—2008）方法进行，但一定要注意取样时的变压器温度，否则可能造成误判断。这是因为油在不同温度下有不同的饱和溶解量，饱和溶解值随温度升高而增大，因而在高温下绝缘纸中水分进入油中。溶解在油中的水，一方面有可能在低温时析出，形成悬浮水滴在电场作用下很容易侵入绝缘纸中（在强油循环时的可能性更大），或在底部形成沉积水。另一方面在油纸绝缘系统中，油与纸的含水量在不同温度下将达到不同的平衡状态。当油温下降时，油中水分有一部分将向纸中扩散，使油的含水量下降。一般来说，运行温度越高，纸中水分向油中扩散越多，因而使油中含水量增高。实现平衡需要一个较长的过程（按月计）。因此用油中含水量多少来肯定或否定变压器受潮是很不全面的。特别是在环境温度很低、而变压器又在停运状态下测出的油中很低的含水量，不能作为绝缘干燥的唯一判据。相反，在变压器的运行温度较高时（不短暂的升高），所测油的含水量很低，倒是可以作为绝缘状态良好的依据之一。因此规定设备在较高的运行温度下取样测量油中含水量并确定其限制值，也是根据上述规律提出的。

国标规定取油样温度为 40～60℃，《规程》规定，尽量在顶层油温高于 50℃时采样。运行油的要求值是：66～110kV 者不大于 35mg/L；220kV 者不大于 25mg/L；330～500kV 者不大于 15mg/L。

另外，现场取样，要随用随取，不可久置，以防失真。取样应在良好天气进行，在频繁的取样中，每次都应按章操作，并避免取样器受污染。例如，有个单位在测定时，由于取样器受污染，使本来含水量小于 10mg/L 的合格油，变成含水量大于 30mg/L 的不合格油，导致误判断。

20. 什么是油中含气量？油中含气有何危害？要求值是多少？

油中含气量是指以分子状态溶解在油中的气体所占油体积的百分含量。一般说，溶解的气体主要是空气，只要油中不存在占有一定几何位置的气泡，油中含气量的大小不影响油的绝缘强度。但是气体含量较多时会带来一定的危害，主要有：

（1）降低绝缘强度。气体在油中的溶解度具有饱和临界值，在 25℃和一个大气压下，可溶解 10.8%（体积）的空气。所以油中气体在一定条件下会超出饱和溶解量而析出气泡。不少文献介绍，由于高电场区存在气泡，可使油的绝缘强度降低 2/3。当小气泡附着在绕组表面逐渐形成大气泡而突然向上浮动时，经高电场区域，可能引起局部放电，并且含气的油在发生局部放电时还会产生二次气泡，进一步危害绝缘，甚至发生闪络。

（2）加速绝缘老化。绝缘油在温度的作用下，如果接触空气中的氧气，会发生热（氧）老化。老化的结果除产生水之外，还生成酸和油泥等。油泥沉积在绕组和铁芯等的表面，会影响冷却效果、也会降低绝缘强度。

（3）导致气体继电器动作。若油中的含气量高，一旦温度和压力变化，将使气体逸出，导致气体继电器动作报警，甚至引起断路器跳闸。例如，某台 OSFPSB－120000/220/110/38.5kV 型主变压器气体继电器多次动作报警，就是油循环系统密封不良进入空气造成的。

油中含气量的检测方法，目前《规程》推荐采用绝缘油含气量的测定真空压差法（DL/T 423）等。

油中含气量要求值，《规程》规定，对 330 及 500kV 运行中的变压器油，其含气量一般不大于 3%(*V*/*V*)。因为国外研究表明，油中含气量小于 3%时，产生气泡的危险极为罕见。

21. 剩磁对变压器哪些试验项目产生影响?

在大型变压器某些试验项目中，由于剩磁，会出现一些异常现象，这些项目是：

（1）测量电压比。目前在测量电压比时，大都使用 QJ－35、AQJ－1、ZB1、2791 等类型的电压比电桥，它们的工作电压都比较低，施加于一次绕组的电流也比较小，在铁芯中产生的工作磁通很低，有时可能抵消不了剩磁的影响，造成测得的电压比偏差超过允许范围。遇到这种情况可采用双电压表法。在绕组上施加较高的电压，克服剩磁的影响。

（2）测量直流电阻。剩磁会对充电绕组的电感值产生影响，从而使测量时间增长。为减少剩磁的影响，可按一定的顺序进行测量。

（3）空载测量。在一般情况下，铁芯中的剩磁对额定电压下的空载损耗的测量不会带来较大的影响。主要是由于在额定电压下，空载电流所产生的磁通能克服剩磁的作用，使铁芯中的剩磁通随外施空载电流的励磁方向而进入正常的运行状况。但是，在三相五柱的大型产品进行零序阻抗测量后，由于零序磁通可由旁轭构成回路，其零序阻抗都比较大，与正序阻抗近似。在结束零序阻抗试验后，其铁芯中留有少量磁通即剩磁，若此时进行空载测量，在加压的开始阶段三相瓦特表及电流表会出现异常指示。遇到这种情况，施加电压可多持续一段时间，待电流及瓦特表指示恢复正常再读数。

22. 何谓悬浮电位？试举例说明高压电力设备中的悬浮放电现象及其危害？

高压电力设备中某一金属部件，由于结构上原因，或运输过程和运行中造成接触不良而断开，处于高压与低压电极间，按其阻抗形成分压。而在这一金属部件上产生一对地电位，称之为悬浮电位。悬浮电位由于电压高，场强较集中，一般会使周围固体介质烧坏或炭化。也会使绝缘油在悬浮电位作用下分解出大量特征气体，从而使绝缘油色谱分析结果超标。

变压器高压套管端部接触不良会形成悬浮电位放电。

23. 如何测试运行中 SF_6 气体的含水量?

运行中气体水分含量的测试及控制是 SF_6 绝缘设备运行维护的主要内容之一。SF_6 气体中的水分，特别是在 GIS 中绝缘部件上结露时，会使 SF_6 绝缘设备的绝缘强度大为降低。此外，气体中的水分还参与电弧作用下的分解反应，生成许多有害的物质，这些电弧副产物

的形成不但造成设备内部某些结构材料的腐蚀老化，同时在设备有气体泄漏点存在时或在设备解体维修时可能对工作人员的健康产生影响。

目前我国采用的测试仪器及其测试结果列于表 12－18 中。

表 12－18　不同类型微水测定仪对同一瓶 SF_6 新气含水量测试结果比较

仪器型号	制造厂家	含水量实测值/(μL/L)	仪器型号	制造厂家	含水量实测值/(μL/L)
SHAW	英国	3.0	WTY180	法国	22.1
MODEL700	英国	37.0	SH－81	上海 515 厂	47.0
MODEL2000	英国	70.5	USI－Ⅰ	成都	20.0
M－340	美国杜邦	39.5	USI－ⅠA	成都	9.6
WMY270	西德	40.5	DWS－Ⅱ	上海唐山仪表厂	42.8

由表可见，测定仪不同，测试结果差别很大，这可能与仪器本身、所用的气体管路、操作等因素有关。

关于 SF_6 气体中水分含量，《规程》规定的要求值如表 12－19 所示。

微量水测定应在断路器充气 24h 后进行。

表 11－20 列举了两个大型变电所 500kV 及 220kVSF_6 断路器中水分含量现场实测结果，试验中采用了上海唐山仪表厂制造的 DWS－Ⅱ微水测定仪及英国制造的 MODEL2000 微水测定仪同时进行，结果表明，采用后者测得的数据比前者平均低 7%。

表 12－19　SF_6 气体中水分含量要求值　　单位：μL/L

项　目	断路器灭弧室气室	其他气室
交接试验	<150	<500
大修后	<150	<250
运行中	<300	<500

微量水测定应在断路充气 24h 后进行。

由表 12－20 可见，SF_6 断路器中气体含水量很高，500kV 断路器中气体含水量为 300～600μL/L，200kV 断路器中气体含水量为 270～530μL/L。比较表 12－19 和表 12－20 可知，表 12－20 列举的 SF_6 断路器气体含水量基本上都超过了运行的允许值（300μL/L）。

由于我国各单位测试设备不尽相同，测试技术因人而异，测试季节及气候条件相差很远，甚至对运行中气体含水量的标准并没有统一认识，因此，关于测试结果的可比性和气体质量估价是难以作出判断的。

表 12－20　大型 SF_6 变电所 *A* 气体和 *B* 气体含水量实测值（冬天测试）

设　备		测　试		测试时气象条件				含水量实测值/(μL/L)			
		时　间		气　温		湿　度		DWS－Ⅱ		MODEL2000	
气　体		*A*	*B*	*A*	*B*	*A*	*B*	*A*	*B*	*A*	*B*
500kV SF_6 断路器	A_1	1983 年 12 月 20 日	1984 年 1 月 11 日	13℃	15.5℃	60%	52%	620	330	567	292
	A_2							590	380	518	292
	B_1							600	320	599	300
	B_2							590	370	567	300
	C_1							600	350	608	348
	C_2							600	400	591	389

续表

设备		测试		测试时气象条件				含水量实测值/(μL/L)			
		时间		气温		湿度		DWS-Ⅱ		MODEL2000	
220kV SF_6 断路器	*A*	1984年2月25日	1984年1月11日	13℃	15.5℃	57%	52%	270	390	315	421
	B							340	470	300	401
	C							400	530	300	446

然而 SF_6 气体中含水量还是应当监测的，所以建议：①对同一台设备坚持用同一微水测定仪测试，以提高实测数据的可比性；更好掌握 SF_6 气体中含水量的变化；②测试宜在夏天进行，以获得 SF_6 绝缘设备中水分含量的最大值，因为在一年之中气体中水分含量随气温升高而升高。

24. 为什么测量高压断路器主回路电阻时，通常通以100A至额定电流的任一数值的电流？

因为高压断路器工作电流通常大于100A。在主回路中通以100A以上的电流，可以使回路中接触面上的一层极薄的膜电阻击穿，所测得的主回路电阻值与实际工作时的电阻值比较接近。

25. 高压电容型电流互感器受潮的特征是什么？如何干燥？

高压电容型电流互感器现场常见的受潮状况有三种情况。

（1）轻度受潮。进潮量较少，时间不长，又称初期受潮。其特征为：主屏的 $\tan\delta$ 无明显变化；末屏绝缘电阻降低，$\tan\delta$ 增大；油中含水量增加。例如，某台220kV电容型电流互感器，受潮初期，由于水分还来不及向电容屏内部扩散，致使互感器主屏绝缘的 $\tan\delta$ 值为0.3%，反映不明显，而末屏对地绝缘电阻仅为5MΩ，下降很多。

（2）严重进水受潮。进水量较大，时间不太长。其特征为：底部往往能放出水分；油耐压降低；末屏绝缘电阻较低，$\tan\delta$ 较大；若水分向下渗透过程中影响到端屏，主屏 $\tan\delta$ 将有较大增量，否则不一定有明显变化。例如，某台220kV电流互感器，预防性试验中曾从底部放出约400mL的水，测得 $\tan\delta$ 值为1.4%，较前一年增加3.4倍，电容量增加约10%。由于认为 $\tan\delta$ 值没有超过原《规程》的允许值3%，将互感器继续投入运行，6h后，互感器爆炸。

（3）深度受潮。进潮量不一定很大，但受潮时间较长。其特性是：由于长期渗透，潮气进入电容芯部，使主屏 $\tan\delta$ 增大；末屏绝缘电阻较低，$\tan\delta$ 较大；油中含水量增加。

当确定互感器受潮后，可用真空热油循环法进行干燥。目前认为这是一种最适宜的处理方式。干燥时所用设备及连接方法如图12-16所示。

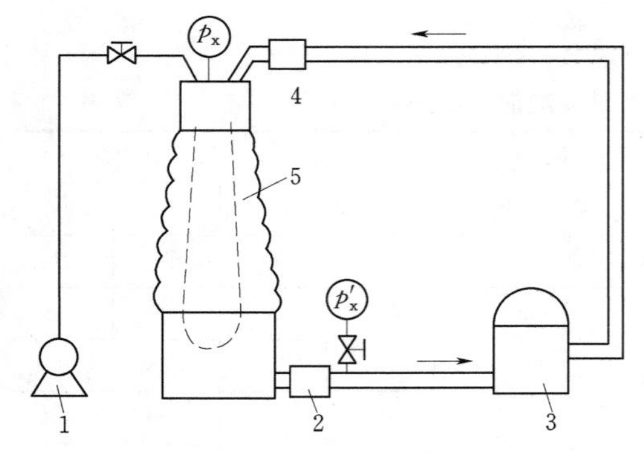

图12-16　电流互感器真空热油循环干燥的布置图

1—真空泵；2—出油测温点；3—真空滤油机；4—进油测温点；5—电流互感器

26. 大型变压器烧损后，如何处理其中的变压器油？

大型变压器烧损后，可采用沉降—压力过滤—真空脱气—硅胶净化的联合处理方法处理其中的变压器油。处理系统图如图 12-17 所示，具体处理步骤如下：

（1）将油用油泵打进锥底油罐中静置沉淀 72h 后，放去底部沉积物。

（2）用压力滤油机过滤，直至过滤后无游离碳、金属粉末等杂质，并经绝缘强度试验合格为止。

（3）用真空滤油机对油进行脱气，保持真空滤油机的真空度在 99.2kPa（740mmHg）以上，油温为 45～50℃开始脱气时取样作一次色谱分析，以后每隔 4～8h 分析一次考察脱气效果。当总烃含量小于 100μL/L，乙炔含量小于 10μL/L 时，暂停真空滤油机。

（4）将真空滤油机出口接至充满排气油的硅胶过滤器入口，硅胶过滤器的出口与压力滤油机连接，进行硅胶净化处理。使用前硅胶要经 140℃烘干 4～6h 后筛选，除去细粒，提高其表面活性；过滤网要经 100℃烘干 8h。

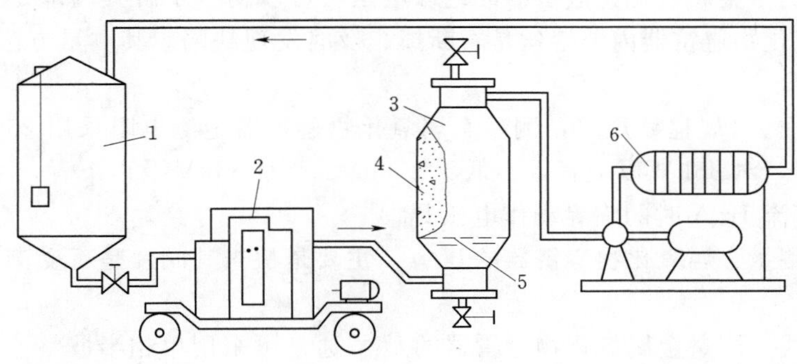

图 12-17 硅胶净化处理系统图

1—锥底油罐，装油量约 5t；2—ZLY-100 型真空滤油机；3—硅胶过滤器（装硅胶 350kg）；4—粗粒球型白色硅胶（ϕ4～8mm）；5—过滤网；6—LY-150 型压力式滤油机

经过处理的油性能不仅能得到恢复，而且接近新油的水平。处理前后的性能对比如表 12-21 和表 12-22 所示。

表 12-21 变压器油处理前后比较

比较项目	事故前	事故后	处理后	比较项目	事故前	事故后	处理后
水分	无	有	无	酸值/（mgKOH/g）	0.012	—	0.005
机械杂质（外观目测）	无	大量	无	酸碱反应（pH 值）	5.2	5	5.4
游离碳（外观目测）	无	大量	无	黏度/（50℃，cst）	6.5	—	6.3
透明度（外观目测）	清澈透明	黑色混浊	清澈透明	凝固点/℃	−28	—	−29
绝缘强度/kV	51	3	60	抗氧化剂含量/%	0.28	—	0.24
闪点/℃（闭口）	155	—	156	介质损耗因数（70℃）/%	0.63	—	0.41

表 12-22　　变压器油处理前后溶气量的比较

气体组分	气体组分含量/(μL/L)			气体组分	气体组分含量/(μL/L)		
	事故前	事故后	处理后		事故前	事故后	处理后
CH_4	5	1344	1	H_2	27	9600	0
C_2H_4	7	784	痕量	O_2	10002	14800	1160
C_2H_6	2	29	痕量	CO	118	3470	5
C_2H_2	3	1690	1	CO_2	1180	1680	9
烃类总量（C_1+C_2）	17	3847	2	油中溶气总量/%	6.5	10.5	1.6

27. 金属氧化物避雷器预防性试验做哪些项目？如何进行？

根据《规程》，金属氧化物避雷器预防性试验项目主要有：测量绝缘电阻；测量直流 1mA 下的电压及 75%该电压下的泄漏电流；测量运行电压下交流泄漏电流。

（1）测量绝缘电阻：

1）目的。测量金属氧化物避雷器的绝缘电阻，可以初步了解其内部是否受潮，还可以检查低压金属氧化物避雷器内部熔丝是否断掉、及时发现缺陷。其测量方法与 FS 型避雷器相同。

2）判断标准。《规程》规定，测量金属氧化物避雷器绝缘电阻采用 2500V 及以上的兆欧表。其测量值，对 35kV 以上者，不低于 2500MΩ；对 35kV 及以下者，不低于 1000MΩ。

（2）测量直流 1mA 时的临界动作电压 U_{1mA}：

1）目的。测量金属氧化物避雷器的 U_{1mA}，主要是检查其阀片是否受潮，确定其动作性能是否符合要求。

2）测量接线。测量金属氧化物避雷器的 U_{1mA} 通常可采用单相半波整流电路，如图 12-18 所示。图中各元件参数随被试金属氧化物避雷器电压不同而异。

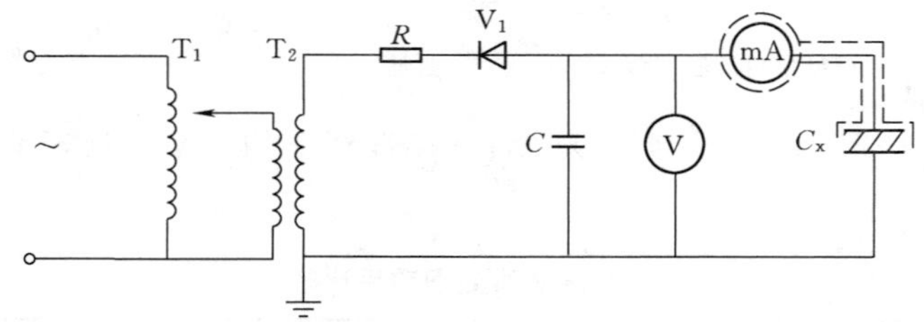

图 12-18　测量 U_{1mA} 的半波整流电路

T_1—单相调压器；T_2—试验变压器；V_1—硅堆；R—保护电阻；C—滤波电容（容量为 0.01～0.1μF）；V—高内阻电压表；mA—直流毫安表；C_x—金属氧化物避雷器

当试品为 10kV 金属氧化物避雷器时，试验变压器的额定电压略大于 U_{1mA}，硅堆的反峰电压应大于 $2.5U_{1mA}$，滤波电容的电压等级应能满足临界动作电压最大值的要求。电容取 0.01～0.1μF，根据规定整流后的电压脉动系数应不大于 1.5%，经计算和实测证明，当 C 等于 0.1μF 时，脉动系数小于 1%，U_{1mA} 误差不大于 1%。

当试品为低压金属氧化物避雷器时，T_2 可采用 200/500V、30VA 的隔离变压器，也可用电子管收音机的电源变压器（220/2×230V），滤波电容 C 为 630V、4μF 以上的油质

电容。

整流电路除单相半波整流外，也可用其他整流电路，如单相桥式、倍压整流和可控硅整流电路等。

3）判断标准。发电厂、变电所避雷器每年雷雨季前都要进行测量。《规程》规定，U_{1mA} 实测值与初始值或制造厂规定值比较，变化应不大于±5%。

（3）测量 $0.75U_{1mA}$ 直流电压下的泄漏电流：

1）目的。$0.75U_{1mA}$ 直流电压值一般比最大工作相电压（峰值）要高一些，在此电压下主要检测长期允许工作电流是否符合规定，因为这一电流与金属氧化物避雷器的寿命有直接关系，一般在同一温度下泄漏电流与寿命成反比。

2）测量接线。测量接线如图 12-18 所示。测量时，应先测 U_{1mA}，然后再在 $0.75U_{1mA}$ 下读取相应的电流值。

3）判断标准。根据《规程》规定，$0.75U_{1mA}$ 下的泄漏电流应不大于 50μA。

（4）测量运行电压下交流泄漏电流：

1）目的。在交流电压下，避雷器的总泄漏电流包含阻性电流（有功分量）和容性电流（无功分量）。在正常运行情况下，流过避雷器的主要为容性电流，阻性电流只占很小一部分，约为 10%～20%。但当阀片老化时，避雷器受潮、内部绝缘部件受损以及表面严重污秽时，容性电流变化不多，而阻性电流大大增加，所以测量交流泄漏电流及其有功分量和无功分量是现场监测避雷器的主要方法。

2）测量方法与接线。目前国内测量交流泄漏电流及有功分量的方法很多，各种方法都致力于既测出总泄漏电流又测出有功分量，而且希望能在线监测。对前者是容易实现的，但对后者是困难的。然而根据阻性电流和容性电流有 90°的相差，以及阻性电流中包含有 3 次及高次谐波的特点，提出了 3 次谐波法、同期整流法、常规补偿法和非常规补偿法，并研制了一些实用于现场的测试仪器、推动了测试工作的开展。

停电测量交流泄漏电流时，某供电局推荐的测量接线如图 12-19 所示。高压试验变压器的额定电压应大于避雷器的最大工作电压。

国内电力部门采用的在线监测方法及仪器很多，图 12-20 绘出的是测量总泄漏电流装置

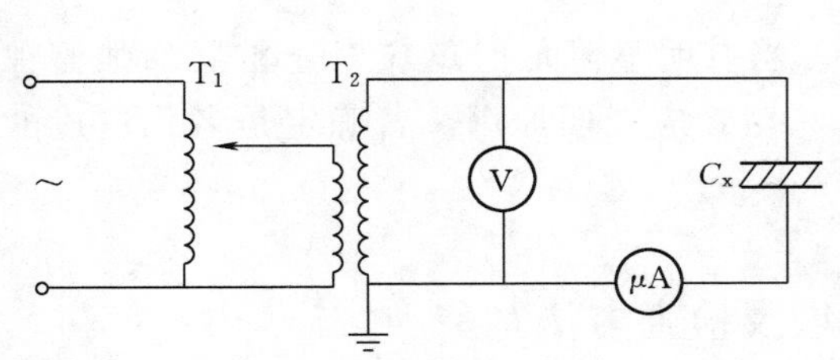

图 12-19　测量交流泄漏电流接线图

T_1—单相调压器；T_2—高压试验变压器；V—静电压表；μA—交流微安表或 MF-20 型万用表

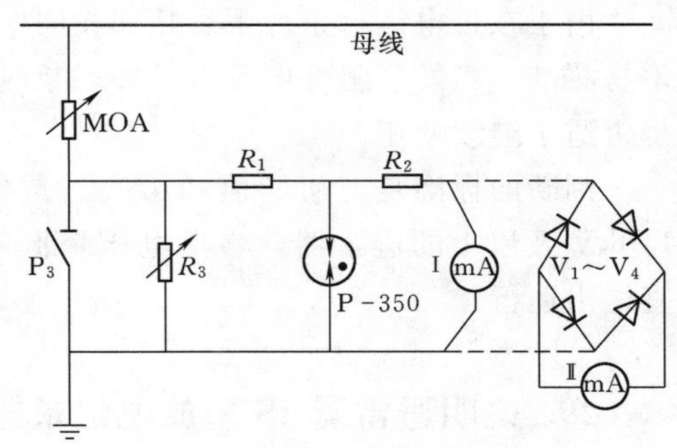

图 12-20　苏联在线监测接线图

P_3—接地刀闸；V_1～V_4—整流二极管；R_3—过电压保护的压敏电阻；P-350—气体放电管；R_1、R_2—限流电阻；mA—交直流毫安表（其中表Ⅰ测总泄漏电流的交流有效值，表Ⅱ测全电流全波整流后的平均值）

的接线，该装置是前苏联于1983年研制的，我国有些单位采用，该装置测量安全方便，但不能测量阻性电流值。目前国内研制的测量阻性电流的仪器有武汉电子仪器三厂生产的FLC－1型测试仪、西安电瓷研究所生产的ZJ－1测试仪、北京电力科学研究院生产的避雷器泄漏电流探测器、东北电力试验研究院生产的MOA－RCD型阻电流测试仪、新乡供电局生产的DXY－1型金属氧化物避雷器泄漏电流测试仪，苏州电工设备厂生产的SD系列金属氧化物避雷器测试仪、重庆大学生产的MCM－1型MOA阻些电流微机测试仪等。

3）判断标准。《规程》规定，新投运的110kV及以上的金属氧化物避雷器，3个月测量1次运行电压下的交流泄漏电流，3个月后，每半年测量1次，运行1年后，每年雷雨季节前测量1次。在运行电压下，全电流、阻性电流或功率损耗的测量值与初始值比较，有明显变化时应加强监测，当阻性电流增加1倍时，应停电检查。

应指出，目前许多单位已经对110kV及以上系统的金属氧化物避雷器，当阻性电流增加30%～50%时，便注意加强监测。当阻性电流增加到2倍时，就报警，并安排停电检查。

4）注意的问题：①为便于分析、比较、测量时应记录环境温度、相对湿度、运行电压；②测量宜在瓷套表面干燥时进行。并应注意相间干扰的影响；③在运行电压下测量金属氧化物避雷器交流泄漏电流时，如发现电流表计抖动或数字表数字跳动很大，可接示波器观察电流波形。当证实内部确有放电时，应尽快同厂家协商解。金属氧化物避雷器内部放电且局部放电量大大超过50pC的原因是避雷器出厂时没有做局部放电试验或者经运输后内部结构松动。现场曾发生类似问题。

28. 如何测量金属氧化物避雷器的工频参考电压？

工频参考电压是无间隙金属氧化物避雷器的一个重要参数，它表明阀片的伏安特性曲线饱和点的位置。运行一定时期后，工频参考电压的变化能直接反映避雷器的老化、变质程度。

所谓工频参考电压是指将制造厂规定的工频参考电流（以阻性电流分量的峰值表示，通常约为1～20mA），施加于金属氧化物避雷器，在避雷器两端测得的峰值电压，即为工频参考电压。

由于在带电运行条件下受相邻相间电容耦合的影响，金属氧化物避雷器的阻性电流分量不易测准，当发现阻性电流有可疑现象时，应测量工频参考电压，它能进一步判断该避雷器是否适于继续使用。

判断的标准是与初始值和历次测量值比较，当有明显降低时就应对避雷器加强监视，110kV及以上的避雷器，参考电压降低超过10%时，应查明原因，若确定是老化造成的，宜退出运行。

29. 说明避雷器JS型放电记录器的原理及检查方法？

如图12－21所示，R_1、R_2为非线性电阻，当冲击电流流过R_1时产生一定的电压降，该压降经非线性电阻R_2使C_2充电，适当选择R_2，能够确保C在不同幅值的冲击电流流过去后，C上的电荷将对计数器的电磁线圈L放电。10/20μs冲击电流幅值为150～5000A都可能动作。记录器上电压降加在残压上，所以R_1上的电压降要比避雷器的残压小得多才行。

JS型记录器不应使用在FCD和FS型避雷器上，因为FCD及FS型避雷器的残压很低，接入JS后使总的残压增加，对电力设备绝缘不利，对FCD和FS型避雷器可使用压降极小的JLG型感应型记录器。

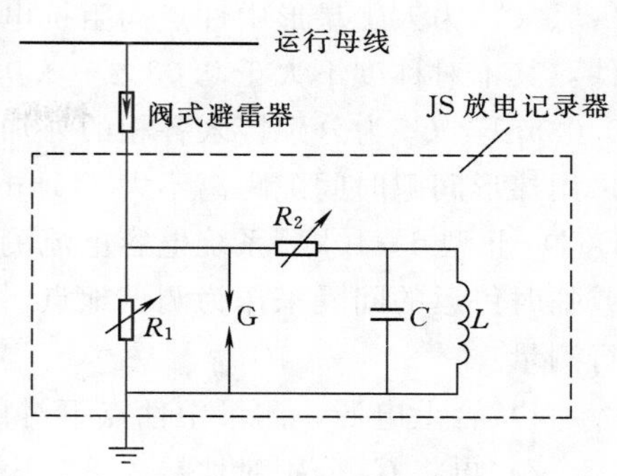

图12-21 JS型放电记录器原理接线图

JS型记录在停电时的检查方法有交流法和直流法：

(1) 交流法。用一般6～10kV/100V电压互感器，升压至1500～2500V后用绝缘拉杆触及放电记录器，使放电记录器突然被加上1500～2500V的交流电压，以观察记录器指示是否跳字。

(2) 直流法。用2500V兆欧表对一只4～6μF的电容器充电，待充好电后拆除兆欧表线，将电容器对记录器触及放电，以观察其指示是否跳字。

在运行条件下，也可用直流法直接进行测量，其方法是用电容器充好电后对记录器与避雷器连接点触及，电容器的另一端与接地相连，观察指示器动作情况。如果指示器不动，应拆下记录器再进行试验以确定其是否良好。

试验证明，交流法试验时宜使用容量较小的电压互感器作试验电源，而不宜使用一般容量较大的试验变压器。另外，一般情况下直流法较交流法动作灵敏度高。从统计的规律表明，凡不动作的放电记录器，其中有95%属不合格的。

拆除运行中的放电记录器时要特别注意安全，应先接地后再谨慎拆除接线。

30. 目前常用的电容电流测量方法有哪些?

测量配电网的电容电流是确定该电网装设消弧线圈的重要依据，因此要求采用的测量方法既准确，又安全。

目前现场应用较多的是采用附加电容的人工不平衡法。它又可以分为无人工中性点和有人工中性点两种。

(1) 具有人工中性点的人工不平衡法。具有人工中性点的人工不平衡法的测量接线如图12-22所示。

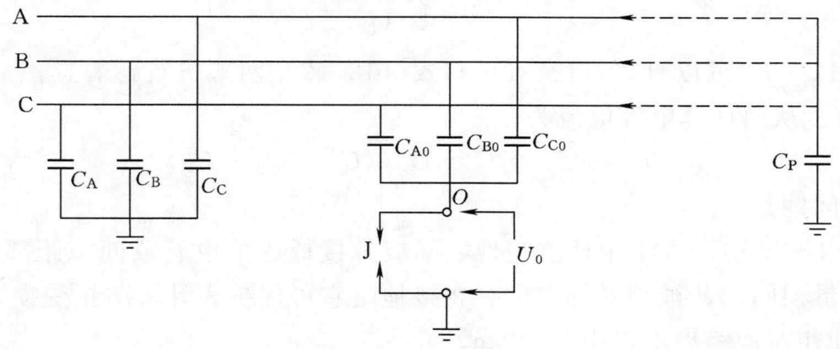

图12-22 具有人工中性点的人工不平衡法测量电容电流接线图

在图12-22中，O点为人工中性点：C_A、C_B、C_C为被测系统各相对地电容；C_{A0}、

C_{BO}、C_{CO}为人工星形中性点高阻抗电容器组，可采用新型内置式 DCD－Ⅰ型或Ⅱ型电容器元件，其不对称度不大于 0.03%～0.05%，三者之和在 0.10～0.5μF 范围内，通常每相取为 0.035μF，C_p 为分别接入各相的外加电容器组（0.035μF）。J 为保护表计的间隙或放电管。采用棒形间隙时间隙距离不大于 1mm。目前已有人将 C_{AO}、C_{BO}、C_{CO}和 J 组装在一起，做成 DCD－Ⅱ型 6－10kV 系统电容电流测量装置。测量时，可利用变电站被测系统的一个冷备用或临时停运的间隔来作为测试地点，将测试装置放于绝缘垫上，接好中性点，按下列步骤进行测量：

1）合上电源，测量中性点不对称电压 U_0；

2）再将 C_p 分别对地接入 A、B、C 三相（接拆线应在停电状态下进行），分别测量对地电压 U_{AO}、U_{BO}、U_{CO}以及流过 C_p 的电流 I_{CPA}、I_{CPB}和 I_{CPC}；

3）用测量电容的数学式表计测出 C_p，校正误差不大于 0.2%；

4）将测得的数据代入下列公式进行计算

$$\sum C = C_A + C_B + C_C = C_p\left[U_\varphi / \sqrt{\frac{1}{3}(U_{AO}^2 + U_{BO}^2 + U_{CO}^2) - K^2U_0^2}\right] \quad (12-1)$$

$$U_\phi = \frac{1}{3K\omega C_p}(I_{CPA} + I_{CPB} + I_{CPC}) \quad (12-2)$$

式中 K——被测系统的不对称度，它是决定测量结果准确度的关键。

$$K = \frac{C_A + C_B + C_C}{C_A + C_B + C_C + C_p} \quad (12-3)$$

由于引入 C_p，C_p 分相接入系统任一相，引起的中性点位移电压分量为

$$U_{OCP} = \sqrt{\frac{1}{3}(U_{AO}^2 + U_{BO}^2 + U_{CO}^2) - K^2U_0^2} = U_\varphi C_p/(C_A + C_B + C_C) \quad (12-4)$$

$$\sum C = C_A + C_B + C_C = C_p\left(\frac{U_\varphi}{U_{OCP}} - 1\right) \quad (12-5)$$

由式（12－3）、式（12－4）可得

$$K = \frac{C_A + C_B + C_C}{C_A + C_B + C_C + C_p} = \frac{C_p\left(\frac{U_\varphi}{U_{OCP}} - 1\right)}{C_p\left(\frac{U_\varphi}{U_{OCP}} - 1\right) + C_p} = 1 - \frac{U_{OCP}}{U_\varphi} \quad (12-6)$$

利用式（12－6）可以对式（12－1）和式（12－2）两式进行运算，然后得到较为精确的$\sum C$ 和 U_φ值。从而计算电容电流为

$$I_C = U_\varphi\omega\sum C = U_\varphi\omega(C_A + C_B + C_C) \quad (12-7)$$

应注意的问题是：

1）在图 12－22 中，人工中性点与地之间应并接低压放电管或间隙距离不大于 1mm 的放电间隙，测量期间，若被测系统发生一相接地时它可保护表计，防止受损。

2）相间和相对地距离不得小于 30cm。

3）在测量过程中，系统波动会产生测量误差，故测量 U_0、U_{AO}、U_{BO}、U_{CO}时，每次间隔 10～15min。当系统波动不大时，测得的 I_C 可保证误差不大于 5%。

4）在同一地点应测量 2～3 次，然后取测量的平均值作为计算值。

5）测量U_0、U_{AO}、U_{BO}、U_{CO}的电压表应为高内阻电压表，精度不大于1.5级。测量I_{CPA}、I_{CPB}和I_{CPC}的电流表精度不大于0.5级。

6）若不测I_{CPA}、I_{CPB}和I_{CPC}，可用母线电磁式电压互感器测量U_{CP}（由电磁式电压互感器低压侧测得三个相电压取平均值后，再乘以变比即得U_φ）。这时可直接以式（12-1）计算$\sum C$，以式（12-7）计算I_C，但K值迭代仍需进行。

例如，某变电所主变压器为2×31.5MVA，10kV系统架空线长约170km，电缆长约为20km，10kV母线Ⅰ段、Ⅱ段常年并联运行，10kV最大短路容量达3.84MVA，三相对称短路电流达22kA。测量结果见表12-23。

根据上述测量结果进行计算的计算程序如图12-23，K值的迭代计算如表12-24所示。

由表12-24可见，第四次迭代后，U_φ和$\sum C$的值已达精确，所以$I_C=U_\varphi\omega\sum C=6163.378\times314\times15.5369\times10^{-6}=30.068$（A）。

在图12-22中，若将C_{AO}、C_{BO}和C_{CO}去掉，则构成无人工中性点的测量接线，此时C_p可选为$3C_A$的1%～5%。该方法的缺点是对电网冲击大，测量准确度较前者差。

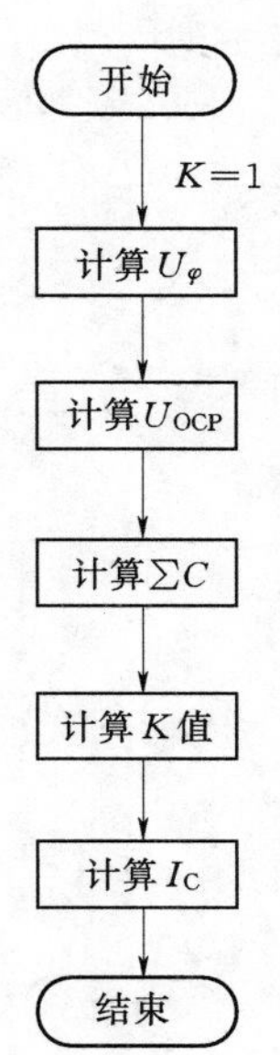

图12-23　计算程序框图

表12-23　**测量结果**

测量项目	U_{CPA}/V	U_{CPB}/V	U_{CPC}/V	U_0/V	I_{CPA}/mA	I_{CPB}/mA	I_{CPC}/mA
测量值	84.7	64.0	89.0	78.95	67.5	68.5	66.75

注　表中各值均为三次测量的平均值。

表12-24　**K值迭式计算结果**

K值迭代	U_φ/V	U_{OCP}/V	$\sum C/\mu$F
第一次迭代$K=1$	6149.5298	12.8034	16.7756
第二次迭代$K=0.997918$	6162.3599	13.7788	15.6182
第三次迭代$K=0.997764$	6163.3108	13.8481	15.5422
第四次迭代$K=0.997753$	6163.3789	13.8531	15.5369

（2）电压电流法。这是源于附加电容法的一种方法，其显著特点是：①不受电网自然不对称影响；②安全、方便且测量精度较高。

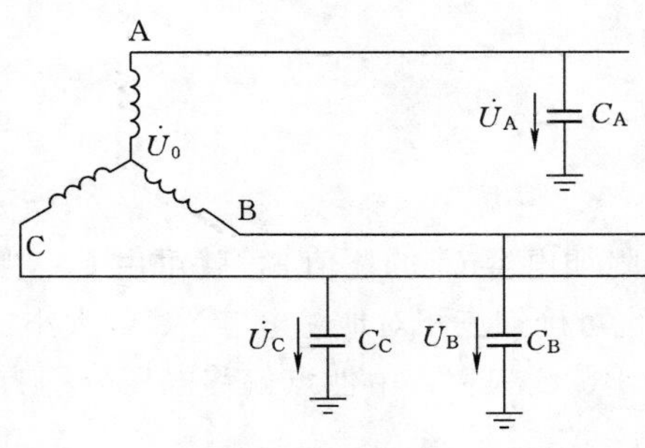

图12-24　中性点不接地系统等值电路图

1）测量原理。在中性点不接地电网中，由于三相不对称，其各相接地电容电流是不相等的，所以要精确地测定电网电容电流就必须具体测定各相接地的电容电流，否则测量精度不高。事实上，当在某一相对地间附加一电容C_f后，在C_f中流过的电流I_f同该相直接接地时的电容电流I_D之间存在一比例关系，一旦确定出这种关系后，即可由C_f中的电流推知该相接地电容电流。如图12-24所示，设电网三相对称，对地电容分别为C_A、C_B、C_C。在图

12-24中

$$\dot{U}_A = \frac{1}{C_A}\frac{\left(\frac{1}{C_B}+\frac{1}{C_C}\right)\underline{/30^\circ} - \frac{1}{C_B}\underline{/90^\circ}}{\Delta}\sqrt{3}U_x \tag{12-8}$$

$$\dot{U}_B = \frac{1}{C_B}\frac{-C_A\underline{/90^\circ} - \frac{1}{C_C}\underline{/30^\circ}}{\Delta}\sqrt{3}U_x \tag{12-9}$$

$$\dot{U}_C = \frac{1}{C_C}\frac{\left(\frac{1}{C_A}+\frac{1}{C_B}\right)\underline{/90^\circ} - \frac{1}{C_C}\underline{/30^\circ}}{\Delta}\sqrt{3}U_x \tag{12-10}$$

$$\dot{U}_0 = -\frac{1}{3}(\dot{U}_A+\dot{U}_B+\dot{U}_C) = \frac{C_A + C_B\alpha^2 + \alpha C_C}{\sum C}U_x \tag{12-11}$$

$$\Delta = \frac{C_A + C_B + C_C}{C_A C_B C_C}$$

$$\sum C = C_A + C_B + C_C$$

将一电容 C_f 接于A相与地之间，根据式（11-10），C_f 上的电压为

$$\dot{U}'_A = \frac{1}{C_A + C_f}\frac{\left(\frac{1}{C_B}+\frac{1}{C_C}\right)\underline{/30^\circ} - \frac{1}{C_B}\underline{/90^\circ}}{\Delta'}\sqrt{3}U_x \tag{12-12}$$

$$\Delta' = \frac{\sum C + C_f}{(C_A + C_f)C_B C_C}$$

C_f 支路的电流为

$$\dot{I}_{fA} = j\omega C_f \dot{U}'_A = \frac{(C_B + C_C)\alpha + C_C}{\sum C + C_f}\sqrt{3}\omega C_f U_x \tag{12-13}$$

A相金属接地时的电容电流为

$$\dot{I}_{DA} = \lim_{C_f\to\infty}\dot{I}_{fA} = [(C_B + C_C)\alpha + C_C]\sqrt{3}\omega U_x \tag{12-14}$$

$$\frac{I_{DA}}{I_{fA}} = \left|\frac{\dot{I}_{DA}}{\dot{I}_{fA}}\right| = \frac{\sum C + C_f}{C_f} = 1 + \delta \tag{12-15}$$

$$\delta = \sum C / C_f$$

同理可得，当 C_f 接入B相时

$$I_{DB}/I_{fB} = 1 + \delta \tag{12-16}$$

当 C_f 接入C相时

$$I_{DC}/I_{fC} = 1 + \delta \tag{12-17}$$

式中 I_{DB}——B相金属性接地电容电流；

I_{fB}——C_f 接入B相时流过其中的电流；

I_{DC}——C相金属性接地电容电流；

I_{fC}——C_f 接入C相时流过其中的电流。

由上述分析可见，只要确定三相对地总电容 $\sum C$ 与附加电容 C_f 的比值 δ，就可由 C_f 支路电流方便地得到各相接地电流的大小。如果需要的话，也可确知三相对地总电容 $\sum C$ 的大小。

2）确定 δ 值的方法有两种。①将 C_f 分别接入A、B、C三相，中性点偏移电压分别为

$$\Delta\dot{U}_A = \frac{C_A + C_f + \alpha^2 C_B + \alpha C_C}{\sum C + C_f}\dot{U}_x = \frac{\delta\dot{U}_0}{1+\delta} + \frac{1}{1+\delta}\dot{U}_x \tag{12-18}$$

$$\Delta\dot{U}_B = \frac{\delta\dot{U}_0}{1+\delta} + \frac{\alpha^2}{1+\delta}\dot{U}_x \tag{12-19}$$

$$\Delta\dot{U}_C = \frac{\delta\dot{U}_0}{1+\delta} + \frac{\alpha}{1+\delta}\dot{U}_x \tag{12-20}$$

将相量方程（12-18）～方程（12-20）化为标量方程后解得

$$\delta = \frac{-\Delta U^2 + \sqrt{\Delta U^2(U_0^2+U_x^2) - U_0^2 U_x^2}}{\Delta U^2 - U_0^2} \tag{12-21}$$

$$\Delta U = \frac{\Delta U_A^2 + \Delta U_B^2 + \Delta U_C^2}{3}$$

②将式（12-8）除以式（12-12）得

$$\frac{\dot{U}_A}{\dot{U}'_A} = \frac{\dfrac{1}{C_A+\Delta}}{\dfrac{1}{C_A+C_f}\Delta'} = 1 + \frac{1}{\delta}$$

由此可见，$\dot{U}_A$ 与 $\dot{U}'_A$ 同相位，且两者大小之比为

$$\frac{U_A}{U'_A} = 1 + \frac{1}{\delta}$$

由上式可以推得

$$\delta = \frac{U'_A}{U_A - \dot{U}'_A} \tag{12-22}$$

从而只需要测量出电网正常时 A 相对地电压 U_A 及 A 相接入 C_f 后的 A 相对地电压 U'_A，即可求出 δ。

实测中系统相电压 U_x 可经测定线电压取均值后除以 $\sqrt{3}$ 得到，而 C_f 大小可由下列关系确定

$$(50 \sim 100)\sqrt{3}I'_D/314U_n$$

式中　C_f——附加电容，μF；

U_n——电网线电压，kV；

I'_D——电网电容电流估算值，A。

例如，某变电所 10kV 系统的估算电容电流 I'_D=25A，应选取的 C_f 为

$$C_f = (50 \sim 100)\sqrt{3} \times 25/314 \times 10$$
$$= (0.69 \sim 1.37)(\mu F)$$

若采用 10kV 移相电容器三台并联，则电容值 C_f 为 1.03μF。

C_f 支路电流由串联在该支路中的电流表测得。如利用方法①求取 δ 值，U_0 及 ΔU_A、ΔU_B、ΔU_C 可用电压表在电压互感器开口三角上测得的值进行换算。如用方法②求取 δ 值，只需用电压表在电压互感器二次侧分别测定 C_f 接入前后某相的电压即可。由测量值定出 δ 值后代入公式中，从而得到 A、B、C 三相各相接地时的电容电流大小。可见这种方法全面考虑了电网的自然不对称性这一现实

表 12-25　直接法与间接法测量比较

测量电网编号	A 相接地短路电流/A	误差/%
1	23.0/23.2	+0.95
2	72.0/70.1	−2.64
3	41.4/42.5	+2.65

注　分子为金属性直接接地测量值；分母为电压电流法间接测量值。

情况，而不像其他方法那样认为三相对称，从而提高了测量的精度，减小了所需附加电容的大小。表 12-25 列出了直接法与间接法对三个电网的测量结果。误差一般在 3%以内。

该方法适用于 6～35kV 中性点不接地系统。

31. 如何用串联谐振法测量消弧线圈的伏安特性？

消弧线圈的补偿电流除与实际运行电压有关，与消弧线圈本身的阻抗无关。由于消弧线圈的磁通密度不同，引起阻抗值不同，使铭牌的额定补偿电流有差别。因此需要测试消弧线圈的伏安特性，以得到准确的补偿电流。

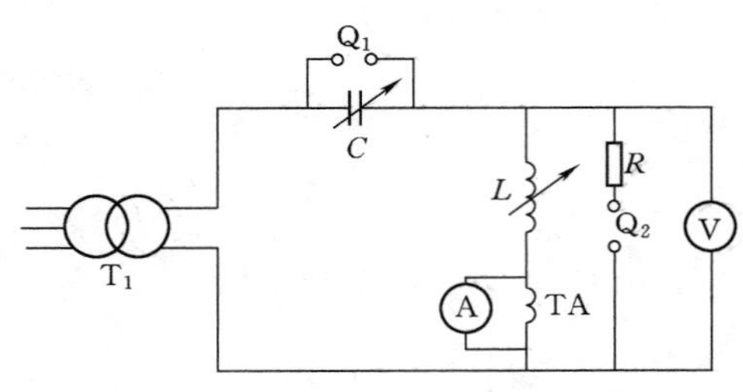

图 12-25 串联谐振法试验接线

录制消弧线圈伏安特性的方法较多，但最为安全、最易实现，用得最广泛的是串联谐振法。

（1）串联谐振法是利用消弧线圈的电感和外加电容组成串联回路，并使其感抗与容抗匹配（$X_L=X_C$）产生电压幅值很高的过电压，得到高电压和大电流。其试验接线如图 12-25 所示。图中 T_t 为调压器（50kVA，0～450V）；C 为电容器；L 为被试的消弧线圈；Q_1、Q_2 为保护球隙；V 为静电电压表（0～30kV）；A 为电流表（0～5A，0.5 级）；TA 为电流互感器。

（2）试验步骤：

1）根据消弧线圈的电感值，对需要匹配的移相电容器的电容量进行估计（对 550kVA 的消弧线圈抽头 1～9 为 1.9～3.6μF），然后用串、并联方法组合成所需要的电容量。

2）按图 11-35 接好线，经检查无误后，试验人员按分工就位。

3）合上电源开关，缓慢调节三相调压器后，当消弧线圈 L 的端电压从静电电压表 V 读到 7kV、8kV、10kV、12kV、15kV、17kV、20kV、22kV 时，对应从电流表 A 上读出电流，并做好记录。

4）调节调压器 T_t，使电压缓慢地降到零，拉开电源开关。

5）改变消弧线圈的抽头位置，同时改变电容器 C 的电容量，使之与电感值匹配，然后再按上述步骤重复进行测试。

6）根据电压表和电流表的读数画出消弧线圈的伏安特性曲线。

对 XDJ-550/35 消弧线圈伏安特性的测试结果如表 12-26 所示，根据表 12-26 数据作出的伏安特性曲线如图 12-26 所示。

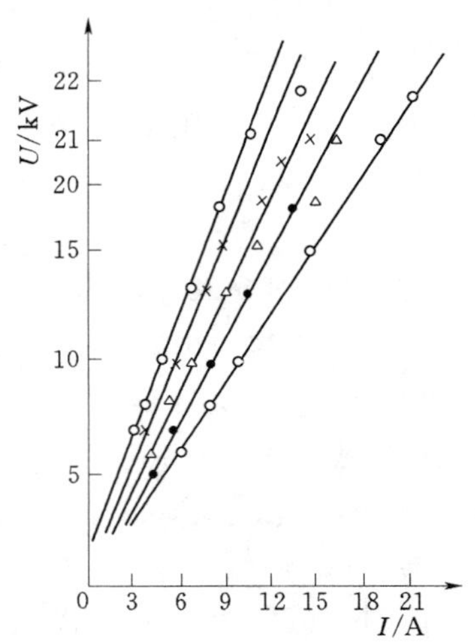

图 12-26 XDJ-550/35 消弧线圈的伏安特性

（3）测试应注意的问题：

1）考虑串联谐振回路电感 L 值时，应考虑调压器的电感，即回路电感应为消弧线圈的电感值和调压器电感值之和，若不考虑调压器的电感值，会导致电容器匹配不当，工作点离调谐点较远，谐振幅值也低。若考虑调压器的电感值时，一般可将消弧线圈的电感值再加大 3.5%～4%即可。

表 12-26　　XDJ-550/35 消弧线圈伏安特性试验结果

分头位置	电容值 /μF	电压/kV/电流/A							
Ⅰ	1.725	7/3.4	8/4.1	10/5.06	12/6.14	15/7.7	17/8.76	20/10.86	22/13.9
Ⅱ	1.9554	5/2.4	7/4.04	10/5.84	12/6.96	15/8.7	17.5/11.2	19/13.2	20/14.94
Ⅲ	2.32	6/4.16	8.4/5.56	10/6.84	12/8.26	15/11.24	17/15	20/16.5	22/18
Ⅳ	2.80	5/4	7/5.6	10/7.9	12/9.56	15/15.5	17.5/—	20/18.3	22/19.5
Ⅴ	3.37	6/5.96	8/7.9	10/9.84	12/17.4	14/—	15/14.8	20/19.5	22/21.5

2）对于 35kV 系统，当发生单相接地时，消弧线圈上最高的电压是相电压，即 22kV，伏安特性试验其试验电压也应加到 22kV。为安全起见，需先将串联电容器作工频耐压试验。试验电压为 24kV，耐压时间为 1min。

3）在调节时，为避免谐振出现过高电压损坏被试的消弧线圈，要并接保护球隙 Q_2（直径 5cm）及水电阻（0.1Ω/V），为保护电容器要并接保护球隙 Q_1。

4）调压器只能朝一个方向上升，避免磁滞的影响。每一个抽头应选择同一个量程进行测量，中途不要改变量程，以免影响试验的准确度。

这种方法可在现场就地试验，接线简单，操作方便，安全可靠，并能节约能源消耗和试验费用。

录制大容量消弧线圈伏安特性曲线的试验方法还有小型调压器法、配电变压器串级相位调压法和阻抗与多次接地法等。

32. 如何采用补偿法测量消弧线圈的伏安特性？

采用补偿法测量消弧线圈伏安特性的原理接线如图 12-27 所示。

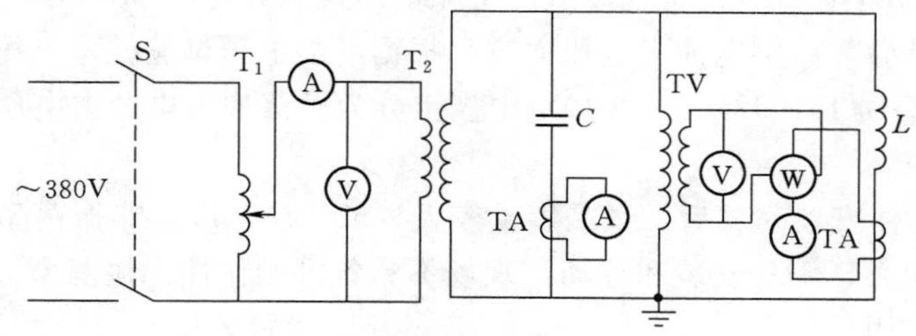

图 12-27　测量消弧线圈伏安特性接线图

L—消弧线圈；C—补偿电容器；T_1—调压器；T_2—试验变压器；TV—电压互感器；TA—电流互感器；A—电流表；V—电压表；S—刀闸开关；W—低功率因数瓦特表

具体做法是：选择合适的电容器，将试验变压器高压侧电流补偿至小于 1A，也就是使变压器低压侧，即调压器输出电流限制在 80A 以内，并采用过补偿的方法。采用这种方法只要用 50kVA、35/0.4kV 的试验变压器，30kVA、380V 的调压器及相应的控制设备和若干高压电容器，即可对容量 1112kVA 的消弧线圈伏安特性进行测量。实践表明，在上述测量中，可采用 100kvar、21.9kV 的电容器，整个测量过程只要 0.5h。

33. GIS设备现场安装完成后为什么有条件还要增加冲击电压试验?

GIS设备在运输和安装过程中可能出现的绝缘缺陷就其类型讲主要有两种，一是自由导电微粒和灰尘侵入GIS设备内部，并在电场作用下移动造成，称作活动绝缘缺陷；二是由于绝缘件的制造缺陷、安装运输中的意外造成电极表面的损伤等，这些称为固定绝缘缺陷。GIS设备的绝缘特性决定了不同的试验电压波形对不同绝缘缺陷的灵敏度，具体如表12-27所示。

表12-27　不同的试验电压波形与绝缘缺陷敏感程度

绝缘缺陷	活动绝缘缺陷	固定绝缘缺陷
交流电压（AC）	对自由导电微粒特别敏感	对固定的绝缘缺陷不敏感
操作冲击电压（SI）	对活动绝缘缺陷的敏感性比AC低，但比LI高得多	对固定绝缘缺陷的敏感性比LI低，但比AC高得多
雷电冲击电压（LI）	对自由导电微粒不敏感	对固定绝缘缺陷最为敏感

从表12-27中可以看出，GIS设备组装完成后，工频耐压试验对发现绝缘介质污染这一类型的故障比较有效，作为投运前的交接试验手段老炼效果良好；而冲击电压试验对发现绝缘子表面的脏污和导电毛刺等电场结构异常特别有效，两种试验手段具有互补性。可以说现场只进行交流耐压试验不能暴露所有的缺陷，即使交流耐压试验通过，投运时仍有可能发生闪络。工程上也出现过交流耐压试验通过，在投运阶段发生GIS设备内部闪络故障。因此现场需开展冲击电压试验，与交流耐压试验形成技术互补，为GIS设备投运前提供全面的最终检查。

34. GIS设备现场冲击电压试验采用什么波形?

根据《额定电压72.5kV及以上气体绝缘金属封闭开关设备》（GB/T 7674—2008）中规定，对于252kV级以上GIS设备现场进行工频电压试验并持续1min，并对每一极性进行三次雷电冲击电压试验。就雷电冲击电压而言，根据《高电压试验技术　第3部分：现场试验的定义及要求》（GB/T 16927.3—2010）中规定分为振荡型雷电冲击电压和非振荡型雷电冲击电压。

GIS设备现场总体安装完成后，试品容量较大（nF级），产生非振荡型冲击电压所需要的试验设备笨重、庞大、不易安装和移动，现场不具备可操作性。振荡型冲击波型具有产生效率高、适合现场使用。

35. 振荡型雷电冲击电压波形是如何规定的?

振荡形雷电冲击电压波的波前时间 T_1 不大于15μs，实际记录的振荡雷电冲击电压峰值与规定值之间的容许偏差为±3%。振荡频率为15～400kHz。

对于振荡雷电冲击波形，波形曲线偏离零线的最大值，即确定为峰值。在前沿波形上取幅度为峰值的30%和90%的A和B两点。此两点连线与零线的交点确定为冲击波形的视在零点 O_1，它是振荡雷电冲击波波前时间参数的计时起点。波前时间 T_1，它即为A、B两点之间时间间隔 T 的1.67倍，见图12-28。

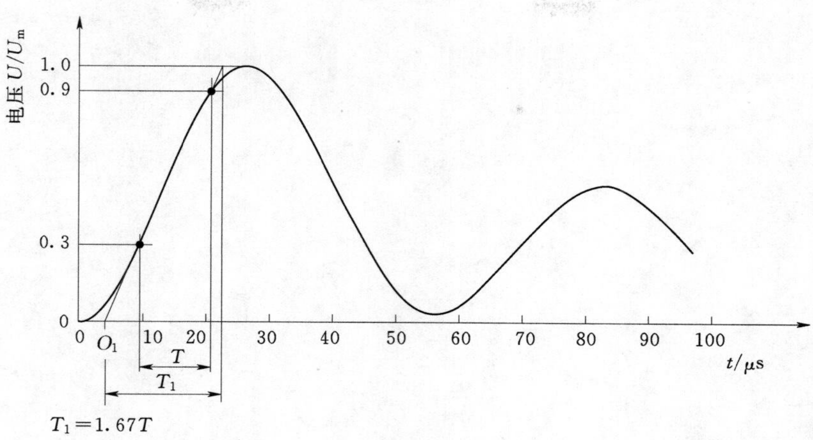

图 12-28　振荡雷电冲击全波

36. GIS 设备现场开展冲击电压前应具备什么条件？

被试品应完全安装好，并充以合格的 SF_6 气体，气体密度应保持在额定值。进行现场冲击电压试验前，被试品应已完成除冲击电压以外全部试验项目，并合格。试验时，GIS 上所有电流互感器的二次绕组、带电显示装置等应短路并接地。高压电缆、电力变压器和并联电抗器、电压互感器、避雷器、架空线及气体绝缘金属封闭输电线路（GIL）应采取隔离措施，避免施加试验电压。

第二篇

电力设备在线监测与故障诊断技术

第十三章 旋转电机的在线监测与故障诊断

1. 为什么说旋转电机是电力设备中极易发生故障的设备？

旋转电机包括发电机和电动机。发电机是电力系统的“心脏”，其能否安全运行，将直接涉及电力系统的稳定和电能的质量。旋转电机的绝缘材料由于长期处在高温和潮湿的恶劣环境下，并且承受着巨大的机械应力，极易发生绝缘故障。与变压器相比，旋转电机增加了旋转部分，故影响其安全运行的因素，除绝缘故障外，还增加了各种机械故障。另外，发电机除本身机械结构复杂外，还有庞大的辅机设备，使得发电机系统的任一部件发生故障都可能导致整个系统停止运行。

2. 发生旋转电机的定子铁芯故障的原因是什么？有哪些征兆？

铁芯故障通常发生在大型汽轮发电机上。由于制造或安装过程中损伤了定子铁芯，形成片间短路，流过短路处的环流随时间逐渐增大，致使硅钢片熔化，并流入定子槽，从而烧坏绕组绝缘；最后因定子绕组接地导致发电机失效。小型发电机则可能由于自身振动过于剧烈、轴承损坏等原因，造成定、转子间摩擦而损坏定子铁芯。这类故障的早期征兆是大的短路电流、高温和绝缘材料的热解。

3. 发生旋转电机的绕组绝缘故障的原因有哪些？有什么征兆？

绕组绝缘发生故障的主要原因有 3 个：

（1）绝缘老化。主要发生在空冷的大容量水轮发电机定子槽内。环氧云母绝缘因存在放电而受损，最后引发绝缘事故。

（2）绝缘的先天性缺陷。主绝缘中存在的空洞或杂质引起局部放电，进一步发展，从而引起绝缘故障。

（3）电机引线套管因机械应力或振动引起破裂，表面受到污染后导致沿套管表面放电。

以上故障的征兆都是电机定子绕组放电量的增加。

4. 发生发电机定子绕组股线故障的原因有哪些？有哪些早期征兆？

绕组股线故障主要是股线短路故障，多发生在电负荷大、定子绕组承受较大的电、热以及机械应力的大型发电机。定子线棒通常由多根股线组合而成，股间有绝缘，并需进行换位。现代电机运用先进换位技术，股线间的电位差已很小。但老式电机因换位是在定子绕组端部的连接头上实现的，股线间电位差可达 50V。运行中，若发生严重的绕组机械移位，则可能损坏股线间的绝缘，导致股线间短路而产生电弧放电，进而侵蚀和熔化其他股线，热解定子线棒的主绝缘。进一步可能发生接地故障或相间短路故障。当绕组振动过大时，也会引起槽口等处的定子线棒股线间的绝缘疲劳断裂，从而导致电弧放电。

这类故障的早期征兆是绝缘材料的热解，热解产生的气态物质会进入冷却系统，在水冷电机的冷却水中，可能存在热解气体。

5. 发生旋转电机的定子端部绕组故障的原因是什么？有哪些先兆？

电机运行时，持续的机械应力或因暂态过程产生巨大的冲击力，可使定子端部绕组发生机械位移。大型汽轮发电机中，此类位移有时可达几毫米，从而使端部产生振动，引发疲劳磨损，使绝缘材料出现裂缝，从而发生局部放电。

这类故障的先兆是振动和局部放电。

6. 发生旋转电机冷却水系统故障的原因是什么？有什么先兆？

电机的冷却水质因不洁等原因会引起部分冷却水管道堵塞，导致电机局部过热，并最后烧坏绝缘。其先兆是定子线棒或冷却水的温度偏高，材料热解使冷却介质中产生杂质微粒，使发电机的放电量增加。

7. 发生异步电机转子绕组故障的原因是什么？有什么先兆？如何判断该类故障？

鼠笼式电机由于制造工艺等的缺陷，会导致转子电阻值过大而发热，使转子温度过高。另外，由于作用于转子鼠笼端环上的离心力过大，会导致端环和笼条变形，最后导致端环和笼条断裂。

笼条断裂的早期征兆是电机速度、电流和杂散漏磁通等出现脉振现象。绕线式转子电机由于离心力作用，会造成端部绕组交叉处或连接处的匝间短路，引起端部绕组损坏；转子绕组的外接电阻故障、造成相间不平衡，使流过转子绕组的电流不平衡，从而产生过热并引起转子绕组绝缘迅速老化。

可通过监测各相电流的差异、机组的振动和绝缘材料的热解成分判断该类故障。

8. 发生发电机转子绕组故障的原因是什么？有什么危害？如何判断该类故障？

汽轮发电机中转子故障的主要原因是巨大的离心力。离心力使端部绝缘损坏，从而引起绕组匝间短路，造成局部过热，进而损坏绝缘。严重时，可导致匝间短路，形成恶性循环。匝间短路会使发电机中出现磁通量不对称，转子受力不平衡，引起转子振动。因此，可通过监测机组振动是否加强，气隙磁通波形畸变程度，以及与之相关的电机四周的漏磁通是否发生变化来诊断该类故障。

9. 发生旋转电机转子的本体故障的原因是什么？早期征兆是什么？

强大的离心力同样也可能引起转子本体故障，例如：转子自重力的作用导致高频疲劳，使转子本体及与之相连部件的表面发生裂纹；进一步发展，将导致转子发生灾难性故障。转

子过热也会引起严重的疲劳断裂。电力系统突发暂态过程时，会对转子产生冲击应力，若电机和系统之间存在共振条件时，转子会激发扭振现象。导致转子或联轴器发生机械故障。转子偏心也会引起振动，引发转子本体故障。

这类故障早期征兆仍是轴承处过量的振动。

10. 为诊断旋转电机可能出现的上述八种故障（本章问题2～问题9），应进行哪些在线监测项目？

为诊断这些故障，应监测以下内容：①放电监测；②温度监测；③热解产生的微粒监测；④振动监测；⑤气隙磁通密度监测；⑥气隙间距监测等。

11. 利用电磁铁芯故障检测仪来检测旋转电机定子铁芯故障的方法有什么优点？

利用电磁铁芯故障检测仪（Electromagnetic Core Imperfection Detector，EMCID）来检查定子铁芯故障的方法与沿用多年的传统试验方法相比，具有试验电源功率小、安全、简便灵活及能检出铁芯内部深处故障点等系列优点，而逐渐由制造厂推广到电厂采用。

12. EMCID 的工作原理是怎样的？

EMCID 电磁检测仪系统如图 13－1 所示，其工作原理是，在定子铁芯上绕励磁线圈，在铁芯中建立起能满足检测所需要的磁场（仅为发电机额定磁通百分之几，故可用小容量电源），EMCID 的测试系统可探测并直接测量出故障点在所加励磁情况下的感应电流，由感应电流的幅值确定故障的严重程度。

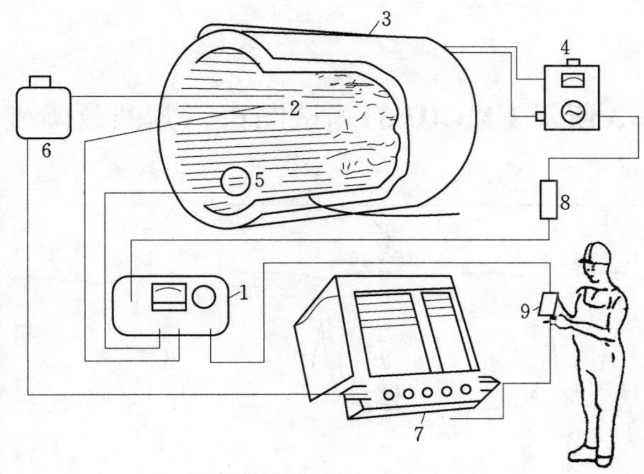

图 13－1　EMCID 电磁检测仪系统

1—铁芯故障电磁检测仪；2—传感器探头；3—励磁线圈；4—电源调压器；5—参考线圈；6—X 信号；7—打印绘图仪；8—电源充电器；9—Y 轴步进指令器

13. EMCID 专用的探测线圈的作用是什么？

EMCID 专用的探测线圈称 Chattock 磁位计，是由细导线绕在柔性框架组成的细长螺线管，其端头跨接于定子铁芯两个相邻齿的外边角上，如图 13－2 所示。根据安培定律，磁场

强度向量 H 沿任一闭合回路的线积分等于该回路所包含的电流 i，即 $H \cdot dl = i$，当铁芯表面有电流时，因铁磁材料的磁导率为空气的 1000 倍之多，故铁芯内部的磁场强度与空气中相比可忽略不计，即可认为磁场强度的线积分（磁势）为该电流值。这就是说，要测取铁芯表面的故障电流，需要测量铁芯齿间（空气）的磁势，即磁位差，Chattock 磁位计的作用即在于此。在使用时，磁位计可在铁芯内膛沿轴向滑动。

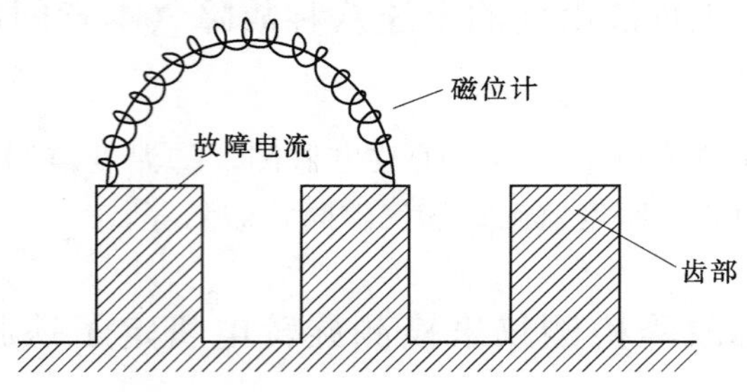

图 13-2　ELCID 试验中 Chattock 磁位计安装位置

14. EMCID 中参考线圈有什么作用？

在实际测量时，跨接在两齿间的 Chattock 磁位计两端总是产生出由励磁线圈感应的幅值较大的电压，为区分励磁磁通和铁芯故障环流感应磁通，仪器在铁芯内圆上方 50mm 处放置一个补偿线圈（又称参考线圈，reference coil，见图 13-1）以消除 Chattock 磁位计感应电压中励磁感应电压的影响，突出故障环流感应磁通。实际应用中，完全消除这种影响是难以达到的，如铁芯磁导率的局部变化、现场测试中调整不当等诸多因素影响，需要凭使用经验规定一个背景参考数值，如在无故障时仪器会显示 10～20mA 甚至更大，有故障时规定一个诊断标准。

15. 根据图 13-3 所示 EMCID 的测试图谱，判断故障发生在定子铁芯的哪个部位？

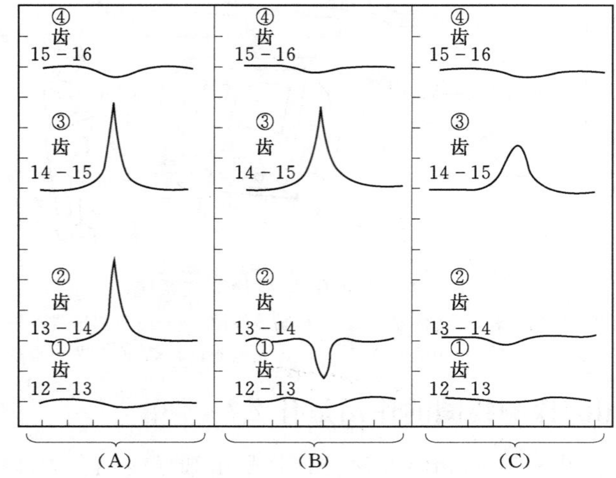

图 13-3　EMCID 测试图谱

故障点在：(A)——铁齿表面，(B)——齿角下方，(C)——槽底上方，如图 13-4 所示。

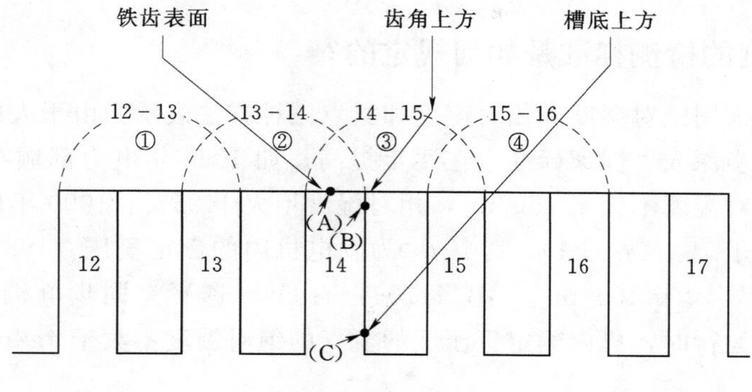

图 13-4　定子铁芯

16. GCM 电机过热监测器有什么特点？

由于发电机内部不同绝缘材料热解生成物的成分很相似，因此，传统测量方法无法对过热点进行定位。美国通用电气公司开发的 GCM（Generator Condition Monitor）电机过热监测器也是基于有机物热分解的原理，但该装置的特点是不直接测量电机绝缘的热解生成物，而是检测一种称为 Gen-Tags 涂料的热解生成物。通用电气公司可提供 6 种不同颜色的 Gen-Tags 涂料，事先将他们分别涂抹在电机容易发生过热的部位。涂料表面用环氧树脂等材料封装，可以保证涂料在电机的整个寿命中都能发挥作用。GCM 装置只对这 6 种涂料的热解生成物敏感，并且有较快的响应速度。通常，测量装置在 30min 后即能检测到大约 $10mm^2$ 的过热面积产生的热解物。仪器根据检测到的热解物的成分，从而判断过热点位置。

17. 美国通用公司提供的 6 种涂料各是什么颜色？其各自的化学名称是什么？应用在电力设备的什么部位？

如表 13-1 所示。

表 13-1　Gen-Tags 涂料的颜色化学名称和应用部位

涂料颜色	Gen-Tags 涂料化学名称	封装材料	应用部位
土黄	N-十二烷基亚胺	环氧树脂	励磁侧定子绕组
亮橙	环十二烷基亚胺	环氧树脂	汽轮机侧定子绕组
浅灰	环十烷基亚胺	环氧树脂	定子绕组中段
淡蓝	二乙基胺酸	醇酸树脂	转子表面及定位环
绿	十二烷基金钢合金胺酸	环氧树脂	套管及其出线
苏丹蓝	环庚基亚胺	环氧树脂	变压器及反应堆

18. 对氢冷发电机氢气干湿度有什么要求？

大型汽轮发电机普遍采用氢气作冷却介质，为保证电机的安全运行，对氢气冷却介质的干湿度有严格要求。氢气湿度过低，会造成绝缘收缩、线棒干裂、绝缘垫产生裂纹等故障。而氢气湿度过大，则会引起电机的绝缘电阻下降；并且，水分还会与机内因电晕产生的臭氧、氮化物等反应生成硝酸类物质，腐蚀机内的金属结构件和转子护环；氢气中含有水分，会使流动性变差，冷却效率下降，最终影响发电机的出力。

19. 氢气湿度的检测标准是如何规定的?

氢气湿度通常采用绝对湿度、相对湿度和露点三种方法表示。由于人们对氢气湿度超标的危害性的认识逐步深入，国家标准也在逐年提高。如 1966 年电力部颁布的发电机运行规程规定：氢气的绝对湿度不大于 15g/m^3，相对湿度不大于 85%。1990 年规定：发电机内氢气的绝对湿度不大于 15/（p_N+1)，其中 p_N 为发电机内的额定氢压。1991 年规定：发电机内氢气的绝对湿度不大于 10g/m^3。GB/T 7064—1996《透平型同步电机技术要求》规定：氢冷发电机在额定运行时，机内额定氢压下的氢气的绝对湿度不大于 4g/m^3。

20. 为什么国际上普遍用露点来表示氢气的干湿度?

水气的露点定义为水气结露时的温度，而气体的露点和气体中的绝对湿度和气压相关。因此，通过测量水气的露点，可以将水气湿度的测量转化为温度和气压的测量。由于温度和气压的测量技术成熟，测量准确度高，重复性好，因此，国际上普遍用露点来表示氢气的干湿度。DL/T 651—1998 规定，新建、扩建电厂（站）氢气露点温度 $t_d \leqslant -50$℃，已建电厂（站）氢气露点温度 $t_d \leqslant -25$℃。

21. 励磁碳刷火花评定办法的最大问题是什么?

碳刷火花的评定，一直都靠运行人员用眼睛观察和判断。这种评定办法的最大问题是火花等级的确定，往往带有观察者的主观感觉。

为了解决换向火花客观评定问题，很久以来，换向火花的检测技术一直是很多电机制造厂家、使用单位和研究部门在致力于开发的课题，目前，常用的监测方法有三种，即检测火花放电电压、检测火花的电磁辐射能量和检测火花的亮度。

22. 检测火花放电电压方法的优缺点是什么?

火花是一种电弧放电现象，测量它的电弧电压就能划分火花等级。研究表明，火花电压主要频谱是在 30kHz～3MHz 范围之内，因此，如果设计一个合适的带通滤波器，可以避开干扰信号，以检测火花的放电电压。

但是这种滤波式火花监测装置存在一个问题，它检测的电压中同时包括了其他电机的火花频率成分，因而使用受到限制。

23. 检测火花的电磁辐射能量方法的优缺点是什么?

火花是一种电弧放电现象，在放电时必然有电磁能量向四周辐射，如果能检测火花的电磁辐射能量，就可以测出火花的大小。这种测量装置通常包括一个射频接收天线、射频放大器和指示仪表，射频接收范围通常为 5～100MHz。

这种装置也可以灵敏地指示火花大小，但是难以从数量上加以量计，这是由于接收天线和电刷之间的距离和方向都会对测量结果产生影响。同时它检测的信号中也包含其他电机的

火花频率成分，在存在电磁干扰的情况下，会有较大误差，所以目前仍未推广。

24. 检测火花的亮度方法的优缺点是什么?

这种检测方法是利用光电检测器件来检测火花的亮度，据此来划分火花等级。

但是光电器件大部分有一种特性，即对光的波长敏感度不同，所以往往只能检测限定波长的火花亮度，传统的方法是检测火花中的紫外光辐射强度。

由于目前各国规定的火花等级，都是以能观察到的火花的大小和形状来划分的，因此，火花亮度检测和火花等级有较直接的对应关系。

25. 紫外线碳刷火花检测装置的工作原理是什么?

检测火花紫外光辐射强度的监测装置是由日本三菱电机株式会社开发的，在日本已用于大型直流电机的火花在线监测。

装置的检测原理是利用紫外光放电管来检测火花中紫外光强度，根据紫外光的强度来确定火花等级。

为了躲开太阳光谱中的紫外线频段，其监测紫外光的波长被限定在一定范围之内，因此，这种装置的一个最大特点是能够防止可见光对测量的干扰，克服因火花不同颜色而造成的测量误差。

26. 紫外线碳刷火花检测装置由哪几部分组成? 各起什么作用?

紫外线碳刷火花检测装置由火花检测器、测量放大器、指示仪表和报警装置等 4 部分组成，如图 13－5 所示。

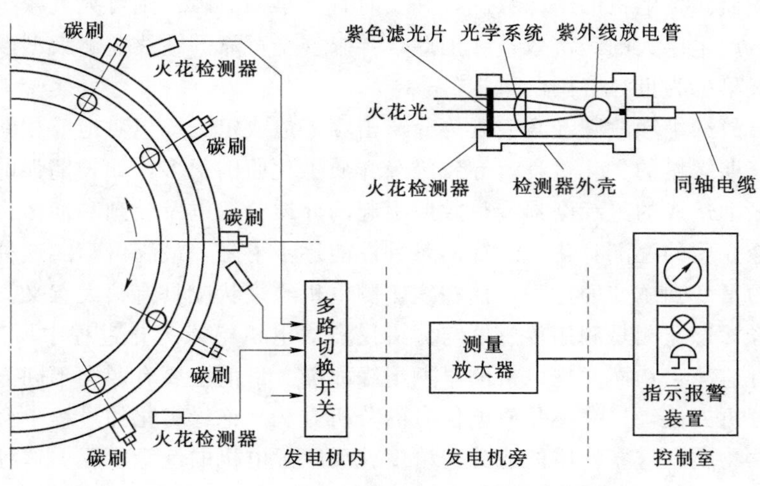

图 13－5　紫外线碳刷火花监测装置原理图

(1) 火花检测器。火花检测器的检测元件是一个紫外线放电管，在紫外线辐射时就能产生放电现象，通过检测放电脉冲就能测得换向火花中紫外光辐射强度。除检测元件外，检测器前部有一个紫外光石英滤光片，其作用是只能让 180～260nm 波长的紫外光进入检测器。在紫色滤光片后，是一个光学系统，由几块透镜组成，它的作用是将一定视野的火花紫外光聚焦在放电管上，以提高检测灵敏度。检测器的放电管由500V直流电源供电。检测器外形是一个直径34mm、长度110mm的金属壳圆柱形探头，装设在端罩内，方向对准电刷边缘。为防止电磁干扰，探头和引出电缆必须屏蔽。

（2）测量放大器。测量放大器的作用是将火花检测器的脉冲放电信号转换和放大成标准的直流电信号，其电路主要部分由整流回路、直流放大器、电流放大器、电平比较器和高阻抗放大器组成，电流放大器输出供给指示仪表，其输出是直流电压信号。电平比较器是将测量电压与设定电压进行比较，当测量值达到设定值时，立即进行报警。它输出的报警信号，实际上是一个继电器触点闭合信号。高阻抗放大器的输出是与火花成正比的模拟量，可供显示器显示。测量放大器中还包括一个直流电源，它除了向测量放大器电路供电外，还向火花检测器提供500V直流电压。

（3）多路开关和循环检测。由于电机有多排电刷架，因此，检测系统中往往有多个火花检测器。装置采用多路开关将所有的火花检测器循环输入测量放大器。每次循环，指示器只显示最大读数的火花强度。

（4）报警系统。报警系统由继电器和声、光报警元件组成。当测量放大器中电平比较器动作后，继电器动作，实行声、光报警。报警指示部分通常装在控制室内，让操作人员随时监视电机的火花情况。

27. 大型发电机局部放电在线监测方法有哪些?

据有关文献介绍，国内因定子绝缘故障而引起大型发电机烧坏定子绕组的事故时有发生，严重影响电力部门的安全生产，造成巨大的经济损失。这个问题的解决一方面有赖于电机制造厂提高产品的质量，另一方面有赖于电机的使用运行部门提高运行维修水平。若能在运行状态下在线监测发电机的绝缘状况，并及时查出早期故障，则可大大减少大型发电机的恶性绝缘事故，产生巨大的经济效益。因此，寻求安全可靠的在线监测大型发电机的绝缘早期事故的方法，早已为世界各国所重视。

引起恶性事故的绝缘故障经常表现为介质击穿，造成定子绕组对地或相间短路。绝缘击穿前介质会有长期缓慢的劣化过程，导致绝缘介质劣化原因很多，如长期强电场作用产生的电腐蚀、机械振动造成的绝缘磨损、热效应引起的介质分解以及受潮和油污染造成的介质腐蚀等。随着绝缘介质的逐渐劣化，绝缘的各种性能逐步下降，最终击穿。这种绝缘劣化、性能下降、击穿的量变到质变的过程，使在线监测电机绝缘状况具有很大意义。

电机的绝缘状态监测是利用传感器与分析仪器对电机绝缘劣化过程中所产生的物理的、化学的反应进行监测，从而发现电机的早期绝缘故障。目前主要有两类不同方法：一类是绝缘劣化的化学分析方法，另一类是放电信号的分析方法。绝缘劣化的过程中会产生气态、液态和固态的化学物质，这些物质的成分与浓度就反映了电机的绝缘状况。这种方法偏重于监测整机的绝缘的综合状况，对绝缘的局部故障反映并不一定灵敏。绝缘介质逐渐劣化时，承受电场作用的能力逐步降低，在运行过程中电机内部将发生越来越严重的局部放电现象，而这又加剧了绝缘介质的劣化过程。此外，电机的其他一些故障，如绕组断股，不同电位点出现污染物等都会产生放电现象，使整机放电信号的电平明显提高。所以在线监测电机的放电信号是电机诊断技术的重要手段之一。

尽管局部放电信号比较微弱，但它包含有丰富的电机绝缘状况信息。自20世纪50年代

起，国外围绕这项技术已经开展了大量的研究工作（包括基础研究与应用开发研究），使该项技术有了很大的发展，已有多种方法应用于实际。国内有关该技术的研究也已起步，与国外相比有一定的差距。

国外已应用于实际的大型发电机在线监测方法有：

(1) 中性点耦合监测方法。20 世纪 50 年代美国西屋公司的 Johnson 研制出了用于电机局部放电在线监测的槽放电探测器（Slot Discharge Detector）。工作原理是由定子绕组的中性点引出放电信号，通过一带通滤波器送入示波器，在示波器荧光屏上显示出信号的时域波形。实际应用中噪声信号和放电信号要由有经验的操作人员来识别。

(2) 便携式电容耦合监测法。20 世纪 70 年代加拿大 Ontaxio Hydro 分公司研制了一种局部放电在线监测装置。监测放电信号时，将三个电容（每个 375pF，25kV）搭接在发电机三相出线上，通过电容检出放电信号。此信号通过一带通滤波器（30kHz 至 1MHz）引入示波器，并显示出放电信号的时域波形。这种方法在加拿大的一些电厂得到应用，并取得了较好的效果。它的缺点仍然是依靠有经验的操作人员来区分外部干扰信号和内部放电信号，致使这种监测方法的推广受到了一定的限制。

(3) 射频监测法。射频监测（Radio Frequency Monitoring）法实际上是对 Johnson 提出的方法改进。该法利用高频电流互感器从发电机定子绕组中性线上引出放电信号，对信号进行频谱分析及时域波形分析，由有经验的运行人员综合时域波形与频谱来区分干扰信号和内部放电信号。

(4) PDA 监测法。PDA 是局部放电分析仪英文名称 Partial Discharge Analyzer 的缩写。PDA 监测法由加拿大 Ontaio Hyaro 公司于 20 世纪 70 年代提出，主要用于在线监测水轮发电机内的局部放电。它利用绕组内放电信号和外部噪声信号在绕组中传播时具有不同特点来抑制噪声，提取放电信号，原理图如图 13-6 所示。若水轮发电机定子每相为双支路（或偶数支数）对称绕组，则在每条支路（在水轮机的端部的环形母线上）永久性地装两个耦合电容器，将两对耦合电容器的输出信号利用相同长度的电缆引至 PDA 输入差分放大器。对于外部噪声信号，每相绕组的两个信号耦合电容器，将产生相同的响应，因而 PDA 的差分放大器无输出，噪声被抑制。对于内部放电信号，由于信号传播距离不同，在到达每相绕组的两个耦合电容器时将出现时差，耦合电容器所取得的信号也将出现相对时延，差分放大器的输出就是放电信号。PDA 试验法在国外水轮发电机的在线监测中已被采用。

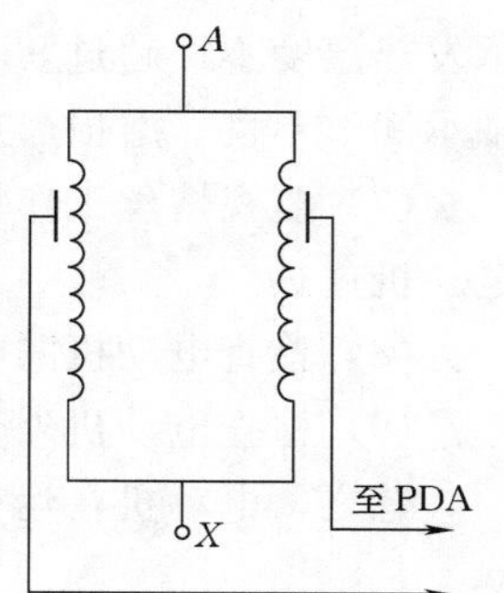

图 13-6　PDA 原理图

(5) 槽耦合器（SSC）监测法。由于汽轮发电机定子绕组的结构不同于水轮发电机，PDA 试验不能满意地应用于汽轮发电机的在线监测，加拿大 Ontaio Hydro 公司和 Iris Power Engineering 于 1991 年将 TGA（Turbine Generator Analyzer）用于汽轮发电机局部放电信号的在线监测。这种方法代价较高，要求在定子每槽的槽楔下面埋有一特制器件——定子槽耦合器（Stator Slot Coupler，SSC），利用 SSC 探测每槽的放电脉冲，然后由同轴电缆将放电信号引至电机外部的分析仪器。SSC 外形很像一长方形温度探测器，它实际上就是一个宽频带耦合天线，对脉宽仅为纳秒级的局部放电脉冲也可以探测到。当来自于电机外部的噪声信号传至 SSC 时，其中的高频成分将严重衰减，因此根据 SSC 探测到的信号特征可区分外部噪声信号和内部放电信号。目前这种带 SSC 的 TGA 试验方法仍有待进一步完善。

目前国内已有几个单位研制了大型发电机的局部放电在线监测仪，有的还投入现场运行。今后的发展方向是开发智能型在线监测系统，以解决在线监测中遇到的发电机规格、品种、结构不同，厂房内电器等布置相异，噪声背景不一样，工作人员素质不同等复杂问题。

28. 电动机在运行中应注意哪些事项？

（1）监视电源电压的变化。电压变化范围不应超过或低于额定电压的10%，若低于该范围，应适当减轻负载运行。同时，三相电压不平衡也不能过大。任意两相电压的差数不应超过5%，否则都会使电动机发热过快。电动机电源最好装一只电压表和转换开关直接监视。

（2）监视电动机的运行电流。在正常情况下，运行电流应不超过铭牌上的额定值。同时还应注意三相电流是否平衡，任意两相间的电流差值不应大于额定电流的10%，否则说明电动机有故障。特别要注意是否有缺相运行。容量较大的电动机应装设电流表监视运行电流，容量较小的电动机应随时用钳形电流表测量线电流。

（3）监视电动机的温度不得超过规定，特别是电动机温升不能超过允许值，以防电动机过热烧毁。

（4）监视电动机在运转中的声音、振动和气味。电动机正常运行时，声音均匀，运转平稳，无绝缘漆气味和焦臭味。若存在异常声响、剧烈振动、绝缘漆焦臭味等，说明电动机过热或有其他故障。

（5）监视传动装置的工作情况。要随时注意带轮或联轴器是否有松动，传动带有无打滑现象（打滑是传动带太松），传动带接头是否完好。

（6）监视轴承的工作情况。注意轴承的声响和发热情况。当用温度计法测量时，滚动轴承发热温度不许超过95℃，滑动轴承发热温度不许超过80℃。轴承声音不正常或过热，是轴承润滑不良、磨损严重所致。

（7）监视熔丝工作情况。应随时注意是否有一相熔丝熔断的情况，以免造成缺相运行使电动机过热。

（8）检查电动机漏电保护器运行是否良好。

（9）检查电动机外壳接地或接零是否良好。

总之，电动机在运行过程中，监视其电流、温度的变化，发现问题及时解决。

29. 电动机不能启动或达不到额定转速的原因与处理方法有哪些？

电动机不能起动或达不到额定转速的原因是：

（1）电源电压过低。

（2）电动机绕组三角形连接误接成星形连接。

（3）绕线转子电刷或起动变阻器接触不良。

（4）定、转子绕组有局部线圈接错或接反。

（5）绕组重绕时，匝数过多。

（6）绕线转子一相断路。

（7）电刷与集电环接触不良。

处理方法是：

(1) 用电压表检查电动机输入端电压，确认电源电压过低后进行调整。

(2) 改为三角形连接。

(3) 检查电刷和启动变阻器的接触部位。

(4) 检查出故障线圈后进行正确接线。

(5) 按正确的匝数重绕。

(6) 用校验灯或万能表检查断路处，然后排除故障。

(7) 改善电刷与集电环的接触面积，研磨电刷工作面、调刷压和车削集电环表面等。

30. 电动机声音不正常或发生振动的原因与处理方法有哪些?

(1) 定子、转子绕组有轻微短路，造成电动机内部磁场不均匀，产生嗡嗡的异常声音。此时，可用电桥测量电动机绕组的三相直流电阻并加以比较，如相差很大，应进一步检查绕组是否短路，找出短路点，拆换短路绕组或包扎上绝缘后重新嵌入槽中。对线绕式转子可使转子静止，绕组开路，在定子绕组上施以三相额定电压，迅速测量转子三相开路电压与铭牌数值或本身三相比较，找出短路点并进行处理。

(2) 电动机启动时，启动电流很大，如接地现象严重，会产生响声，振动特别厉害，但启动后会趋于好转。这是因为电动机绕组有接地处，造成磁场严重不均匀而产生的，应用绝缘电阻表检查绕组是否接地。

(3) 一相突然断路，电动机单相或两相运行，表现一相电流表指示零（电动机△接线时不为零，但三相电流相差很大）。应立即停机并设法找出断路点。

(4) 气隙不均使电动机发出周期性的嗡嗡声，甚至使电动机振动，严重时会发出急促的撞击声。此时应检查大盖止口与机座，轴承与轴、大盖的配合是否太松，气隙不均匀度和轴承磨损量是否超过规定要求，轴是否弯曲，大小盖螺钉是否均匀地拧紧，铁芯有无凸出部分。

(5) 从轴承处传出连续或时隐时现的清脆响声，可能是轴承滚珠定位架损坏或进入沙粒。这时应检查轴承，并进行清洗、修理或更换。

(6) 底座或其他部分固定螺钉松动，应检查、紧固。

(7) 传动系统不平衡，转子不平衡，应检查确定原因并予以消除。

(8) 安装不妥，与负荷不同心或地基不符合规定，应予以纠正。

(9) 风扇与风扇罩或端盖间掉进脏物，应立即停机消除。

(10) 电动机改极后，槽配合不当，可改变绕组跨距。不易解决时，可将转子外径车小0.5mm左右试之。

31. 电动机过热的原因与处理方法有哪些?

(1) 电动机空载时过热可能有以下4种原因：

原因一：定子绕组连接错误（例如将星形接成三角形接法）。

处理方法：核对接线方式。

原因二：电源电压太高。

处理方法：检查主电源电压及空载电流。

原因三：由于通风道堵塞而无法冷却。

处理方法：消除通风道通风障碍。

原因四：风扇的旋转方向错误（设计成单向旋转的电动机）。

处理方法：核对风扇及旋转方向。

（2）电动机负载时过热的可能有以下4种原因：

原因一：电动机过负荷。

处理方法：核对电流，适当减载。

原因二：电压太高或太低。

处理方法：核对电压。

原因三：电动机单向运行。

处理方法：查出进线断开处。

原因四：定、转子相擦，冷却器水流量不足或局部阻塞。

处理方法：检查气隙，调整水压、水量，排气。

（3）定子局部过热的原因是定子匝间短路（某些绕组过热，并有嗡嗡声）；其处理方法是找出短路绕组进行处理。

32. 电动机轴承过热的原因与处理方法有哪些？

（1）轴承损坏，应予以更换。

（2）滚动轴承润滑脂过少、过多或有铁屑等杂质。轴承润滑脂的容量不应超过总容积的70%，有杂质者应予以更换。

（3）轴与轴承配合过紧或过松。过紧时应重新磨削，过松时应给转轴镶套。

（4）轴承与端盖配合过紧或过松。过紧时加工轴承室，过松时在端盖内镶钢套。

（5）电动机两端盖或轴承盖装配不良。将端盖或轴承盖止口装进、装平，拧紧螺钉。

（6）传动带过紧或联轴器装配不良。调整传动带张力，找正联轴器。

（7）滑动轴承润滑油太少、有杂质或油环卡住。应加油、换新油，修理或更换油环。

33. 常见的电动机故障主要有哪些？

电动机故障可分为机械故障和电气故障两大类。常见的机械故障主要有轴承损坏、转子扫膛、转轴弯曲或变形、风叶断缺或不平衡、传动带拉得过紧或联轴器没有找正、润滑油内混有砂粒、铁屑等。常见的电气故障主要是定子绕组短路、断路、接地和绝缘受潮、转子断笼或端环断裂等。

34. 电动机启动困难或不能启动的主要原因有哪些？如何诊断检查？

（1）电源是否缺一相电。若电源缺相，则应及时进行处理。

（2）主电路是否有断路或接触不良。首先查看熔丝是否有一相熔断，查看各开关触点是否被烧毁或是否有接触不良的现象，检查主电路导线及接头处是否被烧毁或虚接。查出后应及时进行处理。

（3）电源电压是否过低。过低时，应调动变压器分接开关或改变启动补偿器抽头提高电压。

(4) 电动机定子绕组是否短路、断路，转子是否有断笼或端环断裂等故障。

(5) 线路导线截面积是否过小，距离过长，致使电动机启动时线路压降过大，启动时间延长。

(6) 电动机或被拖动机械的转动部分是否被卡阻，是否有轴承损坏、转轴弯曲变形或转子扫膛现象。对采用带传动的电动机，应检查是否因传动带打蜡过多而增大转动阻力或传动带拉得过紧不能正常传动等。对采用联轴器传动的电动机，应检查是否有发生机械位移而造成联轴器不正等情况。

对重绕绕组后的电动机，除应检查上述原因外，还应检查是否发生定子绕组接线错误，特别是将三角形接线的电动机接成星形，或是电动机某相绕组的头尾接反（出现此故障者较多）。负载的静阻力矩接近或大于电动机的启动转矩时，电动机也会造成启动困难或不能启动，这种情况应选用绕线式或双鼠笼式异步电动机。

35. 电动机在运行中振动过大的原因是什么?

电动机在运行中振动过大的原因主要是：

(1) 电动机基础不稳或固定不牢。

(2) 风叶断缺不平衡或是带轮安装不正不平衡。

(3) 转轴弯曲变形或轴承损坏。

(4) 传动带接头不好或联轴器没有找正。

(5) 负载不稳定，时大时小。

(6) 缺相运行。

36. 电动机合闸后只嗡嗡响，却转不起来的原因是什么?

(1) 判断原因如下：

1) 是否定子回路一相断线。

2) 转子回路断线或接触不良。

3) 电动机被拖动的机械卡死。

4) 定回路接线错误。

(2) 处理方法如下：

1) 立即断开电动机开关及刀闸。

2) 通知检修人员检查电动机。

37. 电动机三相电压不平衡的原因有哪些?

(1) 三相电压不平衡。

(2) 电动机绕组匝间短路。

(3) 绕组断路（或并联支路中一条或几条支路断路）。

(4) 定子绕组部分线圈接反。

(5) 三相匝数不相等。

38. 异步电动机运行中温度过高是什么原因？

异步电动机运行中温度过高有以下几种原因。

（1）过载运行。过载是指超负荷运行，此时电动机仍可以勉强拖动。电动机过载运行时，电磁转矩减小，转差率增大，转速下降，定子电流超过额定值使电动机温度升高。过载运行往往因生产机械与电动机搭配不当或拖动机械传动带过紧、转轴运转不灵活、机械部分卡住等原因造成。因此，应适当增大电动机容量或减轻负载，调整传动带松紧度，检修机械部分。

（2）电动机故障。定子绕组匝间或相间发生短路接地、轴承磨损、转子偏心扫膛等均会引起电动机局部温度过高。可用绝缘电阻表或万用表测相间及地绝缘电阻，匝间短路可采用短路探查器查找以更换损坏的绕组，轴承损坏应更换之并加注适量黄油，校准转子中心。

（3）电源电压过高、过低或三相电压不平衡。若负载不变，电源电压升高，电动机铁芯内磁通密度增加，甚至达到饱和，导致铁损增大，同时电流增大会引起铜损增加。电源电压过低时，使电动机电磁转矩显著降低，电动机温度升高。同样，三相电压不平衡引起三相电流不平衡，电动机转矩减小，电流过大，电动机过热。以上情况应用万用表检查电源电压，也可借用电动机所接的电压表监视电压，应在额定电压的－5％～＋10％范围变动。电压最大不对称度不能超过额定电压的－5％～＋10％。

39. 如何诊断和处理电动机绕组接地故障？

绕组与铁芯或与机壳绝缘破坏而造成的接地。

（1）故障现象。机壳带电、控制线路失控、绕组短路发热，致使电动机无法正常运行。

（2）产生原因。绕组受潮使绝缘电阻下降；电动机长期过载运行；有害气体腐蚀；金属异物侵入绕组内部损坏绝缘；重绕定子绕组时绝缘损坏碰铁芯；绕组端部碰机座端盖；定、转子摩擦引起绝缘灼伤；引出线绝缘损坏与壳体相碰；过电压（如雷击）使绝缘击穿。

（3）检查方法：

1）观察法。通过目测绕组端部及线槽内绝缘物观察有无损伤和焦黑的痕迹，如有就是接地点。

2）万用表检查法。用万用表低阻挡检查，读数很小，则为接地。

3）绝缘电阻表法。根据不同的等级选用不同的绝缘电阻表测量每相电阻的绝缘电阻，若读数为零，则表示该相绕组接地。但对电动机绝缘受潮或因事故而击穿，需依据经验判定，一般来说指针在“0”处摇摆不定时，可认为其具有一定的电阻值。

4）试灯法。如果试灯亮，说明绕组接地，若发现某处伴有火花或冒烟，则该处为绕组接地故障点。若灯微亮，则绝缘有接地击穿。若灯不亮，但测试棒接地时也出现火花，说明绕组尚未击穿，只是严重受潮。也可用硬木在外壳的止口边缘轻敲，敲到某一处灯一灭一亮时，说明电流时通时断，则该处就是接地点。

5）电流穿烧法。用一台调压变压器，接上电源后，接地点很快发热，绝缘物冒烟处即为接地点。应特别注意小型电动机不得超过额定电流的两倍，时间不超过30s；大电动机为额定电流的20％～50％或逐步增大电流，到接地点刚冒烟时立即断电。

6）分组淘汰法。对于接地点在铁芯中且烧灼比较厉害，烧损的铜线与铁芯熔在一起。采用的方法是把接地的一相绕组分成两半，依此类推，最后找出接地点。

此外，还有高压试验法、磁针探索法、工频振动法等，此处不再一一介绍。

(4) 处理方法：

1) 绕组受潮引起接地的应先进行烘干，当冷却到60～70℃时，浇上绝缘漆后再烘干。

2) 绕组端部绝缘损坏时，在接地处重新进行绝缘处理，涂漆，再烘干。

3) 绕组接地点在槽内时，应重绕绕组或更换部分绕组元件。

最后应用不同的绝缘电阻表进行测量，满足技术要求即可。

40. 如何诊断和处理电动机绕组短路故障？

由于电动机电流过大、电源电压变动过大、单相运行、机械碰伤、制造不良等造成绝缘损坏所致，分绕组匝间短路、绕组间短路、绕组极间短路和绕组相间短路。

(1) 故障现象。定子的磁场分布不均，三相电流不平衡而使电动机运行时振动和噪声加剧，严重时电动机不能启动，而在短路绕组中产生很大的短路电流，导致绕组迅速发热而烧毁。

(2) 产生原因。电动机长期过载，使绝缘老化失去绝缘作用；嵌线时造成绝缘损坏；绕组受潮使绝缘电阻下降造成绝缘击穿；端部和层间绝缘材料没垫好或整形时损坏；端部连接线绝缘损坏；过电压或遭雷击使绝缘击穿；转子与定子绕组端部相互摩擦造成绝缘损坏；金属异物落入电动机内部和油污过多。

(3) 检查方法：

1) 外部观察法。观察接线盒绕组端部有无烧焦，绕组过热后留下深褐色，并有臭味。

2) 探温检查法。空载运行20min（发现异常时应马上停止），用手背摸绕组各部分是否超过正常温度。

3) 通电实验法。用电流表测量，若某相电流过大，说明该相有短路处。

4) 电桥检查。测量各绕组直流电阻，一般相差不应超过5%以上，如超过，则电阻小的一相有短路故障。

5) 短路侦察器法。被测绕组有短路，则钢片就会产生振动。

6) 万用表或绝缘电阻表法。测任意两相绕组相间的绝缘电阻，若读数极小或为零，说明该两相绕组相间有短路。

7) 电压降法。把三绕组串联后通入低压安全交流电，测得读数小的一相有短路故障。

8) 电流法。电动机空载运行，先测量三相电流，在调换两相测量并对比，若不随电源调换而改变，较大电流的一相绕组有短路。

(4) 短路处理方法：

1) 短路点在端部。可用绝缘材料将短路点隔开，也可重包绝缘线，再上漆烘干。

2) 短路在线槽内。将其软化后，找出短路点修复，重新放入线槽后，再上漆烘干。

3) 对短路线匝数少于1/12的每相绕组，串联匝数时切断全部短路线，将导通部分连接，形成闭合回路，供应急使用。

4) 绕组短路点匝数超过1/12时，要全部拆除重绕。

41. 如何诊断和处理电动机绕组断路故障？

由于焊接不良或使用腐蚀性焊剂，焊接后又未清除干净，就可能造成虚焊或松脱；受机械应力或碰撞时绕组短路；短路与接地故障也可使导线烧毁，在并绕的几根导线中有一根或几根导线短路时，另几根导线由于电流的增加而温度上升，引起绕组发热而断路。一般分为一相绕组端部断线、匝间短路、并联支路处断路、多根导线并绕中一根断路、转子断笼。

(1) 故障现象：电动机不能启动，三相电流不平衡，有异常噪声或振动大，温升超过允许值或冒烟。

(2) 产生原因：

1) 在检修和维护保养时碰断或制造质量问题。

2) 绕组各元件、极（相）组和绕组与引接线等接线头焊接不良，长期运行过热脱焊。

3) 受机械力和电磁场力使绕组损伤或拉断。

4) 匝间或相间短路及接地造成绕组严重烧焦或熔断等。

(3) 检查方法：

1) 观察法。断点大多数发生在绕组端部，看有无碰折、接头处有无脱焊。

2) 万用表法。利用电阻挡，对Y接法的将一支表笔接在Y的中心点上，另一支表笔依次接在三相绕组的首端，无穷大的一相为断路点；△接法的断开连接后，分别测每相绕组，无穷大的则为断路点。

3) 试灯法。方法同前，灯不亮的一相为断路。

4) 绝缘电阻表法。阻值趋向无穷大（即不为零值）的一相为断路点。

5) 电流表法。电动机在运行时，用电流表测三相电流，若三相电流不平衡、无短路现象，则电流较小的一相绕组有部分断路故障。

6) 电桥法。当电动机某一相电阻比其他两相电阻大时，说明该相绕组有部分断路故障。

7) 电流平衡法。对于Y接法的，可将三相绕组并联后，通入低电压大电流的交流电，如果三相绕组中的电流相差大于10%，则电流小的一端为断路；对于△形接法的，先将定子绕组的一个接点拆开，再逐相通入低电压大电流，其中电流小的一相为断路。

8) 断笼侦察器检查法。检查时，如果转子断笼，则毫伏表的读数应减小。

(4) 断路处理方法：

1) 断路在端部时，连接好后焊牢，包上绝缘材料，套上绝缘管，绑扎好，再烘干。

2) 绕组由于匝间、相间短路和接地等原因而造成绕组严重烧焦的一般应更换新绕组。

3) 对断路点在槽内的，属少量断点的作应急处理，采用分组淘汰法找出断点，并在绕组断部将其连接好并绝缘合格后使用。

4) 对笼型转子断笼的可采用焊接法、冷接法或换条法修复。

42. 如何诊断和处理电动机绕组接错故障?

绕组接错造成不完整的旋转磁场，致使启动困难、三相电流不平衡、噪声大等，严重时若不及时处理会烧坏绕组。绕组接错有下列几种情况：某极相中一只或几只线圈嵌反或头尾接错；极（相）组接反；某相绕组接反；多路并联绕组支路接错；△、Y接法错误。

(1) 故障现象：电动机不能启动、空载电流过大或不平衡过大、温升太快或有剧烈振动并有很大的噪声、烧断熔丝等现象。

(2) 产生原因：误将△接法接成Y接法；维修保养时三相绕组有一相首尾接反；减压启动是抽头位置选择不合适或内部接线错误；新电动机在下线时，绕组连接错误；旧电动机

出头判断不对。

（3）检修方法：

1）滚珠法。如滚珠沿定子内圆周表面旋转滚动，说明正确，否则绕组有接错现象。

2）指南针法。如果绕组没有接错，则在一相绕组中，指南针经过相邻的极（相）组时，所指的极性应相反，在三相绕组中相邻的不同相的极（相）组也相反；如极性方向不变，说明有一极（相）组反接；若指向不定，则相组内有反接的线圈。

3）万用表电压法。按接线图，如果两次测量电压表均无指示，或一次有读数、另一次没有读数，说明绕组有接反处。

4）常见的还有干电池法、毫安表剩磁法、电动机转向法等。

（4）处理方法：

1）一个线圈或线圈组接反，则空载电流有较大的不平衡，应进厂返修。

2）引出线错误的应正确判断首尾后重新连接。

3）减压启动接错的应对照接线图或原理图，认真校对重新接线。

4）新电动机下线或重接新绕组后接线错误的，应送厂返修。

5）定子绕组一相接反时，接反的一相电流特别大，可根据这个特点查找故障并进行维修。

6）把Y接法接成△接法或匝数不够，则空载电流大，应及时更正。三相异步电动机六个引出线的相同端头用干电池和万用表判别。

43. 绕线式电动机启动变阻器过热是什么原因?

（1）油浸式变阻器缺油或油质过于黏稠，使起动变阻器热量不易外散。

（2）干式变阻器通风条件差或表面油灰多，使热量不易向外散失。

（3）启动时间长，而且启动频繁。

44. 某电动机使用Y-D启动电路。运行时线路电流表显示的电流值刚刚达到该电动机的额定值。但运行时间不长电动机就已很热，立即停机检查却没有发现电动机有任何异常，电源电压和负载也正常。请问是什么原因导致上述现象的发生呢?

已知该电动机使用Y-D启动电路，它的动作时间和热元件整定电流可参考以下口诀：

电动机启动星三角，启动时间好整定；容量开方乘以二，积数加四单位秒。电动机启动星三角，过载保护热元件；整定电流相电流，容量乘八除以七。

（1）自动Y-D启动器，由三只交流接触器、一只三相热继电器和一只时间继电器组成，外配一只启动按钮和一只停止按钮。启动器在使用前，应对时间继电器和热继电器进行适当的调整，这两项工作均在启动器安装现场进行。电工大多数只知电动机的容量，而不知电动机正常启动时间、电动机额定电流。时间继电器的动作时间就是电动机的启动时间（从启动到转速达到额定值的时间），此时间数值可用口诀来算。

（2）时间继电器调整时，暂不接入电动机进行操作，试验时间继电器的动作时间是否能与所控制的电动机的起动时间一致。如果不一致，就应先微调时间继电器的动作时间，再进行试验。但两次试验的间隔要在90s以上，以保证双金属时间继电器自动复位。

（3）热继电器的调整，由于热继电器中的热元件串联在电动机相电流电路中，而电动机在运行时是接成三角形的，则电动机运行时的相电流是线电流（即额定电流）的 $1/\sqrt{3}$倍。所以，热继电器热元件的整定电流值应用口诀中“容量乘八除以七”计算。根据计算所得值，将热继电器的整定电流旋钮调整到相应的刻度——中线刻度左右。如果计算所得值不在热继电器热元件额定电流调节范围，即大于或小于调节机构的刻度标注高限或低限数值，则需更换适当的热继电器，或选择适当的热元件。

45. 某电动机使用 Y－D 启动电路。Y 接时电动机启动正常。可当转换成 D 接时，断路器马上跳闸。请问出现上述现象的原因是什么?

其实是转换后接线构不成三角形接法，再者是交流继电器、热继电器接触不良及整定有误所致，因此断路器马上跳闸，电动机不转，属于接线错误。电动机三角形接法有两种，其中有一种接法时，若不小心将电动机接线盒的两进线上下位置弄错，则会出现上述情况。

46. 某电动机使用 Y－D 启动电路。Y 接时电动机启动正常。可当转换成 D 接时，电动机停转。请问为什么会出现这种现象?

转换成 D 接时，电动机停转的原因是属于接线错误，若不小心将电动机接线盒的两进线上下位置弄错，则会出现上述情况。

47. 某电动机运行时线路电流表显示的数值没有超过其额定电流值。但运行一段时间后，电动机轴承和轴伸就已很热。立即停机检查却没有发现电动机有任何异常，电源电压也正常。请问为什么会出现上述现象?

（1）机械摩擦（包括定、转子相擦）：检查转动部分与静止部分间隙，找出相摩擦原因，进行校正。

（2）单相运行：断电、再合闸，如果不能起动，则可能有一相断电，检查电源或电动机并加以修复。

（3）滚动轴承缺油或损坏：清洗轴承，加新油；轴承损坏，更换新轴承。

（4）电动机接线错误：查明原因，加以更正。

（5）绕线转子异步电动机转子绕组断路：查出断路处，加以修复。

（6）轴伸弯曲：校直或更换转轴。

（7）转子不平衡：校平衡。

（8）联轴器连接松动：查清松动处，把螺栓拧紧。

（9）安装基础不平或有缺陷：检查基础和底板的固定情况加以纠正。

48. 某台绕线转子电动机运行时，一直感觉出力不足。检查电动机定、转子绕组的直流电阻和绝缘都没有异常，电源电压也正常。为什么会出现这种现象?

感觉出力不足，可能由以下原因形成：

（1）电刷的安装不当。电刷装入刷握内要保证能够上下自由移动，电刷侧面与刷握内壁

的间隙应在 0.1～0.3mm 之间，以免电刷卡在刷握中因应间隙过大而产生摆动。刷握下端边缘距换向器表面的距离应保证在 2～3mm 范围内，其距离过小，刷握易触伤换向刷；过大，电刷易颠动而导致损坏。研磨电刷弧面时，应用玻璃砂纸（勿用金刚砂纸），将其蒙在换集器或集电环上，在电刷上施加同于运行时的弹簧压力，沿电动机旋转方向抽动砂纸（拉回砂纸时应将电刷提起），直到电刷弧面与换向器或集电环基本吻合为止，清除研磨下来的粉末和砂粒，电动机空转 30min，然后以 25%的负荷运转，待电刷与换向器或集电环接触完好，电动机即可投入正常运行。

（2）电刷的压力不均。施于电刷上的弹簧压力应尽可能均一，尤其是并联使用的电刷，不然将导致各电刷负荷的不均。不同电动机，其弹簧压力也不相同。圆周速度较高的电动机，其电刷压力也应适当增大，但压力过大将增加电刷的磨损。

（3）电刷磨损。电刷磨去原高度 2/3 或 1/2 就需更换新的电刷。更换新电刷时，旧电刷应全部从电动机上取下，更换的新电刷在型号、规格上应和原用电刷相同。同一台电动机的换向器或集电环不允许混用两种或两种以上型号的电刷。

（4）电刷的维护。电动机运行时，换向器或集电环表面经常保持一层光亮的棕色氧化薄膜，以便于稳定电刷的接触电压降低摩擦系数，减少电刷对换向器或集电环的磨损。氧化膜过厚，则接触电压增加，引起电刷过热及增加电气损耗；氧化膜过薄，则加剧电刷、换向器或集电环的磨损，并易产生强烈的火花。氧化膜的形成，在电动机 25%的额定负荷下，较为容易，氧化膜形成的厚薄与电动机使用环境有关，在温度高、湿度大和有腐蚀性气体的情况下，换向器及集电环易形成较厚的氧化膜。反之，在高原地区及空气稀薄的情况下，换向器及集电环则不易形成氧化膜。在特殊环境中使用的电刷，应选择用适当浸渍剂处理过的电刷。连续工作的电动机，电刷的负荷不应超过允许值。各种电刷都具有自润滑性能，因此严禁在换向器或集电环上涂油、石蜡等润滑剂。

（5）换向器偏心。当电动机换向器或集电环的椭圆度超过 0.02mm 时，就应车削、研磨，以免电刷因换向器或集电环的偏心度过大而颤震。换向器片间云母是不允许突出的，云母槽应保持在 1～2mm 的深度。

（6）部分电动机因起动频繁，铜导电环使用寿命短，更换频繁。若改为钢环，使用寿命会有所提高。

（7）为避免集电环放炮，要求高压电动机每次停机后需对整个集电环部位进行去灰清洁，检查电刷状况（是否在刷盒内卡死，是否歪斜、是否全部表面贴紧集电环，压力是否过高或过低）。当电刷磨损后只剩下 25～30mm 时需更换，当集电环表面磨损后出现沟槽需更换。

第十四章
变压器在线监测与故障诊断

1. 油色谱分析的在线检测多种组分的装置有哪些部分组成?

油气分离器件、气体组分分离、检测器、数据处理。

2. 可以检测油中可燃气体总量装置的特点是什么?

检测可燃性气体总量的装置采用气体渗透膜，检测以氢气为主的可燃性气体，在国内不少单位采用，对于过热性故障取得一定效果。以上两种装置均采用渗透膜技术，尽管检测气体的组分各有所长，但对特征气体的反映都有一定的时间延迟（10～20h)，因此对急剧发展的放电故障（如绕组匝层间的放电）难以及时反映。

3. 在线检测多种组分的装置有什么特点?

(1) 油气分离器件。采用特制的无源、高效、长寿命油气分离装置，具有平衡时间较短、机械强度高、耐油耐温特点。

(2) 气体组分分离。采用专用的固定相复合色谱柱，能高效分离 H_2、CO、CH_4、C_2H_6、C_2H_2、C_2H_4 六种气体。

(3) 检测器。采用广谱型气体检测器，具有很高的灵敏度和稳定性。

(4) 数据处理。采用智能谱峰识别技术：自动进行谱峰识别，采用专用的外标定量算法计算出 H_2、CO、CH_4、C_2H_6、C_2H_2、C_2H_4 总烃含量及其增长率。

这种装置在国内已有部分单位使用，由于能比较灵敏地检测乙炔气体，正在受到更多用户的关注。

4. 可以检测多种组分的装置的检测指标是怎样规定的?

检测指标见表 14－1。

表 14－1　　检　测　指　标

序号	气体组分	最低检测线/(μL/L)	检测范围/(μL/L)	精度
1	H_2	1	1～1000	±10%或±10μL/L
2	CO	2	2～2000	±10%
3	CH_4	20	20～2000	±10%或±10μL/L
4	C_2H_6	20	20～2000	±10%或±20μL/L
5	C_2H_2	0.5	0.5～2000	±10%或±0.5μL/L
6	C_2H_4	1	1～1000	±10%

5. 局部放电在线检测技术与油色谱分析在线检测技术相比较有哪些优势?

局部放电的在线（带电）检测技术远没有油色谱分析在线检测技术成熟，一方面是检测技术本身的难度比较高，另一方面是变压器存在的过热性故障比放电故障的概率高，使得检测放电故障的机会也较少，一定程度影响了检测技术的发展。从油色谱分析在线检测技术对急剧发展的放电故障难以及时反映的缺点看，局部放电在线（带电）检测技术应该是大有作为的。

6. 局部放电的超声波检测技术有什么特点?

局部放电在线（带电）检测的难度是如何排除外部干扰，目前以检测局部放电的超声波比较常见，它比较容易排除变压器外部的电气干扰，有的还具有放电定位功能，特别是在变压器制造厂使用，取得一定效果。局部放电的超声波检测有的直接从变压器油箱外壁检测。有的借助油箱上的油阀门，将超声波探头置于油中，减少了油箱壁的衰减和反射。如果油阀门的位置和数量（2 个以上）合适，放电点又不是深入绝缘内部，可以取得 100pC 的检测灵敏度和有效定位。

7. 局部放电的电气法在线（带电）检测技术有什么特点?

局部放电电气法检测有多种排除（或降低）外部干扰的办法：多测点的脉冲平衡抵消；特高频检测，远离一般干扰的频段；结合超声波检测技术，例如寻找与超声波信号有关联的电气信号，两者互为补充，排除干扰等。

目前的局部放电在线（带电）检测技术正在发展中，有的技术尚不大成熟，有的价格过于昂贵，实际的现场使用不多。

8. 铁芯多点接地故障的带电检测技术应注意哪些事项?

采用钳形电流表测试，铁芯外引接地处的电流，诊断铁芯有无多点接地故障。检测时除注意变压器高电压下的安全外，还应注意周围磁场对钳形电流表的干扰。

9. 套管的在线检测技术原理是什么?

套管的在线检测与一般电容型设备的在线检测相同，测试套管的电容量和介损。测试原理主要为三相平衡式和标准电容器式两种。

(1) 三相平衡式是将三相套管的试品电流引入一平衡检测回路，以平衡被破坏，作为判断某相套管出现异常。该方法比较简便易行，缺点是不能直接显示异常相。

(2) 标准电容器是取同相电压互感器的二次电压作为标准电压，再配一低压标准电容器，对套管进行介损和电容量的检测。它可以直接反映常相套管，缺点是动用电压互感器二次电压，给继电保护回路带来新的故障因素。

10. 变压器（电抗器）故障的综合诊断思路有几种?

变压器（电抗器）故障诊断是变压器状态评估的一个部分，故障诊断除进行巡视检查、定期检测和在线检测直接判断外，还应进行综合诊断。在故障的综合诊断中，一种是按照变压器在运行中最容易和最有效的油色谱分析为主线条的潜伏性故障诊断，以及变压器继电保护动作后的故障诊断分析；另一种是以各种可能的故障为目标的故障诊断。

11. 按照油色谱分析为主线条的油色谱跟踪的故障诊断程序是怎样的？

油色谱分析异常时的诊断过程如图 14－1 所示。

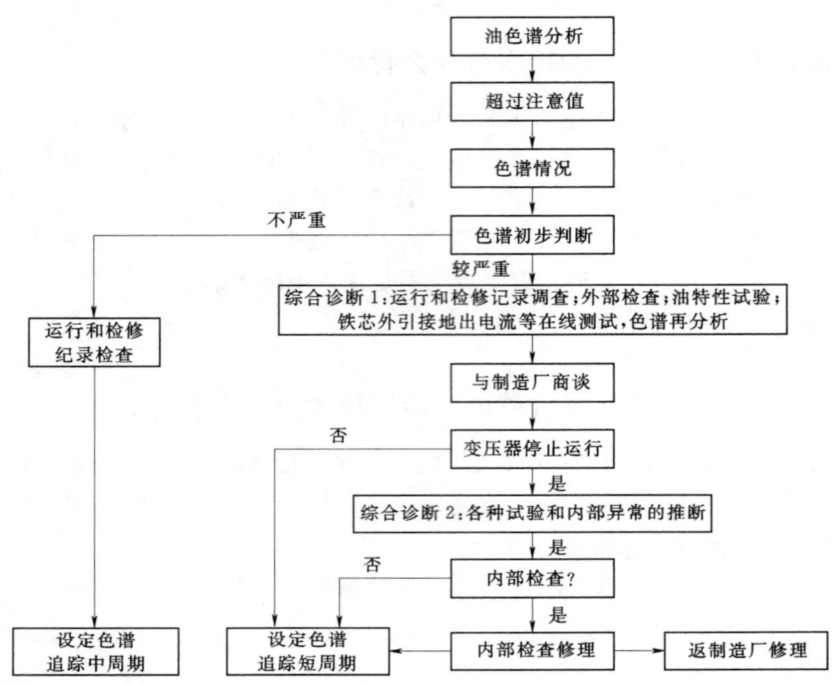

图 14－1　油色谱分析异常时的诊断过程

12. 油中溶解气体的含量的注意值是如何规定的？

气体含量的注意值如表 14－2 所示。油色谱分析结果可能有气体组分含量、气体增长率或气体相对速率等一个或多个超过注意值。

表 14－2　　**油中溶解气体含量的注意值**　　单位：μL/L

设　备	气体组分	含　　量	
		300kV 及以上	220kV 及以下
变压器和电抗器	总烃	150	150
	乙炔	1	5
	氢	150	150
	一氧化碳	见本章 13 题	见本章 13 题
	二氧化碳	见本章 13 题	见本章 13 题
套管	甲烷	100	100
	乙炔	1	2
	氢	500	500

注　1. 该注意值不适用与从气体继电器的气样。

2. 对于 330kV 及以上的电抗器，当出现痕量（小于 1μL/L）乙炔时也应引起注意；如气体分析已出现异常，但判断不至于危及绕组和铁芯安全时，可在超过注意值较大的情况下运行。

13. 怎样判断油中 CO 和 CO_2 含量？

当故障涉及固体绝缘时，会引起 CO 和 CO_2 的明显增长。根据现有的统计资料分析显示，固体绝缘的正常老化过程与故障情况下的劣化分解，表现在油中 CO 和 CO_2 含量上，一般没有严格的界限，规律也不明显。这主要是由于从空气中吸收的 CO_2、固体绝缘老化及油的长期氧化形成 CO 和 CO_2 的基值过高造成的。开放式变压器溶解空气的饱和量为 10%，设备里可以含有来自空气中的 300μL/L 的 CO_2。在密封设备里空气也可能经泄漏而进入设备油中，这样，油中的 CO_2 浓度将以空气的比率存在。经验证明，变压器中 CO_2/CO 比值是随着运行年限的增长而逐渐变大的。当怀疑设备固体绝缘材料老化时，一般 $CO_2/CO>7$。当怀疑故障涉及固体绝缘材料时（高于 200℃），CO 的产生量增加，使 CO_2/CO 值降低，可能 $CO_2/CO<3$，必要时，应从最后一次的测试结果中减去上一次的测试数据，重新计算比值，以确定故障是否涉及固体绝缘。

对运行中的设备，随着油和固体绝缘材料的老化，CO 和 CO_2 会呈现有规律的增长，当这一增长趋势发生突变时，应与其他气体（CH_4、C_2H_2 及总烃）的变化情况进行综合分析，以判断故障是否涉及固体绝缘。

CO 和 CO_2 的产生速率还与固体材料的含湿量有关。温度一定，含湿量越高，分解出的 CO_2 就越多；反之，含湿量越低，分解出的 CO 就越多。因此，在判断固体材料热分解时，应结合 CO 和 CO_2 的绝对值、CO_2/CO 比值以及固体材料的含湿量（可由油中含水量推测或直接测量）进行判断。同时由于 CO 容易逸散，有时当设备出现涉及固体材料分解的突发性故障时，油中溶解气体中 CO 的绝对值并不高，从 CO_2/CO 比值上得不到反映，但此时如果轻瓦斯动作，收集的气体中 CO 的含量就会较高，这是判断故障的重要线索。

14. 怎样计算气体绝对产气速率？气体增长率注意值是如何规定的？

气体绝对产气速率 r_a 按式（14－1）计算，注意值如表 14－3 所示。

$$r_a=\frac{C_2+C_1}{t}\times\frac{G}{P} \tag{14-1}$$

式中　r_a——绝对产气速率，mL/天；

C_2——第二次取样测得的某气体浓度，μL/L；

C_1——第一次取样测得的某气体浓度，μL/；

t——两次取样的时间间隔中的运行时间，天；

G——设备总油量，t；

P——油的密度，t/m³。

表 14－3　　**气体增长率注意值**　　单位：mL/天

气体组分	开放式储油柜	胶囊式储油柜
总烃	6	12
乙炔	0.1	0.2
氢	5	10
一氧化碳	50	100
二氧化碳	100	200

15. 怎样计算气体相对产气速率？气体相对产气速率大于多少应引起注意？

气体相对产气速率为每运行一个月某种气体含量增加原有值的百分数的平均值，按式（14－2）计算。

$$r_r(\%)=\frac{C_2-C_1}{C_1}\times\frac{1}{t}\times 100 \tag{14-2}$$

式中 r_r——相对产气速率，%/月；

C_2——第二次取样测得油中某气体浓度，μL/L；

C_1——第一次取样测得油中某气体浓度，μL/L；

t——两次取样时间间隔中的实际运行时间，月。

气体相对产气速率大于10%，应引起注意。

16. 根据油色谱分析的初步诊断方法是怎样的？

如果色谱情况，包括气体含量、气体绝对增长率或相对增长率的一种或几种超过注意值时，应采用“三比值法”进行故障的初步判断。“三比值法”的编码规则和故障判断分别如表14－4和表14－5所示。

表14－4　“三比值法”的编码规则

气体 比值范围	比值范围的规则		
	C_2H_2/C_2H_4	CH_4/H_2	C_2H_4/C_2H_6
<0.1	0	1	0
≥0.1～<1	1	0	0
≥1～<3	1	2	1
≥3	2	2	2

表14－5　“三比值法”判断故障类型的方法

编码组合			故障类型判断	故障实例（参考）
C_2H_2/C_2H_4	CH_4/H_2	C_2H_4/C_2H_6		
0	0	1	低温过热（低于150℃）	绝缘导线过热，注意CO和CO_2含量和CO_2/CO值
	2	0	低温过热（150～300℃）	分接开关接触不良，引线夹件、螺丝松动或接头焊接不良，涡流引起铜过热，铁芯漏磁、局部短路、层间绝缘不良，铁芯多点接地等
	2	1	中温过热（300～700℃）	
	0，1，2	2	高温过热（高于700℃）	
	1	0	局部放电	高湿度、高含气量引起油中低能量密度的局部放电
2	0，1	0，1，2	低能放电	引线对电位未固定部件间连续火花放电，分接抽头引线和油隙闪络，不同电位之间的油中火花放电或悬浮电位间火花放电
	2	0，1，2	低能放电兼过热	
1	0，1	0，1，2	电弧放电	线圈匝间、层间短路、相间闪络、分接引线间油隙闪络、引线对箱壳放电、线圈熔断、分接开关飞弧、因环流引起电弧、引线对接地体放电
	2	0，1，2	电弧放电兼过热	

在判断故障中应特别注意CO和CO_2的含量及其增长情况。当故障涉及固体绝缘时，

会引起 CO 和 CO_2 的明显增长，固体绝缘的不可恢复性决定了这两种气体的重要性。固体绝缘的正常老化过程与故障时的劣化分解，表现在油中 CO 和 CO_2 含量上，一般没有严格的界限。主要从以下两个方面进行判别：

（1）如果 CO 和 CO_2 气体的增长与烃类气体同步增长，表示故障涉及固体绝缘。

（2）固体绝缘老化主要受油中空气的影响，CO_2 和 CO 气体一般以空气的比率存在，这时 $CO_2/CO>7$。如果故障涉及固体绝缘，可能是 $CO_2/CO<3$。

此外，当怀疑固体绝缘老化时，可以测试油中的糠醛含量。

在电力变压器中，有载调压开关操作产生的气体与低能量放电情况比较接近，要注意有载调压开关的油或气体污染变压器本体油箱，避免误判断。通常，变压器本体油箱中 $C_2H_2/H_2>2$，存在有载调压污染的迹象。这种情况下，通过比较两者的气体组分，可以进一步确认。

17. 油色谱分析在线检测综合诊断的主要内容有哪些？

通过油色谱分析的初步判断，如果气体组分超过注意值不多，特别是不存在标志放电故障的乙炔（C_2H_2）气体，且可燃性气体增长速率较低时，可认为情况不严重，在检查运行和检修纪录的基础上，继续色谱的跟踪分析；如果气体组分增长较快，或出现乙炔气体，应视为情况比较严重，应在色谱初步判断的基础上，进行运行和检修纪录检查、外部检查、油特性试验和铁芯外引接地处电流测试等综合诊断，必要时进行油色谱再分析。油特性试验应包括介损和带电度等诊断油流放电的测试项目。铁芯外引接地处电流的测试，可以判定铁芯是否存在多点接地故障。当油色谱分析显示可燃性气体或乙炔上升，且伴随变压器噪声和振动增加，应适时测量变压器中性点直流电流，确认是否由直流偏磁引起，当怀疑存在局部放电时，可进行局部放电超声波测试。

在认为故障情况比较严重时，有必要与制造厂商量，取得制造厂在这方面的经验和帮助。如果制造厂有令人信服的事实根据，并提出进行色谱跟踪的意见，可考虑继续进行色谱跟踪；否则应考虑变压器退出运行，进行必要的电气试验，以便进一步诊断。

18. 诊断变压器内部异常的电气试验项目有哪些？

诊断变压器内部异常的电气试验项目和针对的异常情况如表 14－6 所示。

表 14－6　电气试验项目和针对的异常情况

电气试验项目	针对的异常情况
绕组直流电阻	绕组断线或断股，绕组引线或分接引线接触不良
绝缘电阻吸收比和极化指数	绝缘受潮，油质劣化等
绕组绝缘介质和电容量	绝缘受潮，油质劣化，绕组变形
低电压空载试验	铁芯局部短路，绕组匝层间短路
低电压短路试验	绕组股间短路，绕组变形
绕组变比试验	绕组匝层间短路，可区别高、中和低压绕组的短路
绕组频响试验	线圈变形
现场局部放电测试（有破坏性）	证实放电的存在，配合超声波测试进行放电定位

续表

电气试验项目	针对的异常情况
绕组中性点油流静电电流测试	油流放电
变压器噪声和振动测试	直流偏磁或内部部件松动
红外热成像测试	油箱局部过热，套管油位异常或内部电容芯故障

19. 变压器内部检查和修理分为几种方式?

在上述检查和试验（色谱、油特性、在线测试和电气试验等）的基础上，对可能的内部异常有一定认识后，可考虑进行内部检查和修理。内部的检查和修理分为在现场和返回制造厂两种方式。

（1）现场的检查和修理。现场的检查和修理又分为变压器的排油和吊罩两种类型。变压器器身的排油检查和修理，最节省时间、人力和物力，且对变压器绝缘的影响最轻，但检查的部位受局限，修理就更加困难了。在排油检查前，要对进行检查和修理的可能性进行充分评估，有较大的成功把握时，可采用排油处理的方式。此外，排油检查往往也是决定是否返回制造厂修理的预检查，现场经常采用。吊罩检查，检查人员的人数和位置不受限制，可以取得比排油检查更好的效果。

（2）返回制造厂检查和修理。对于比较难以处理的故障，推荐返回制造厂修理。譬如，涉及更换故障线圈和固体绝缘等，限于现场条件的不足，应返回制造厂修理。对于更换器身外表面的固体绝缘，有时在现场也可以进行，但因严格工艺，在进行必要的干燥处理后，变压器才能重新投入运行。

对于现场检查和修理的变压器，在重新投入运行后，应继续进行色谱的跟踪检测，证实变压器内部的故障确实已经消失。

20. 变压器继电保护动作后的故障诊断过程是怎样的?

变压器继电保护动作后的故障诊断过程如图 14－2 所示。

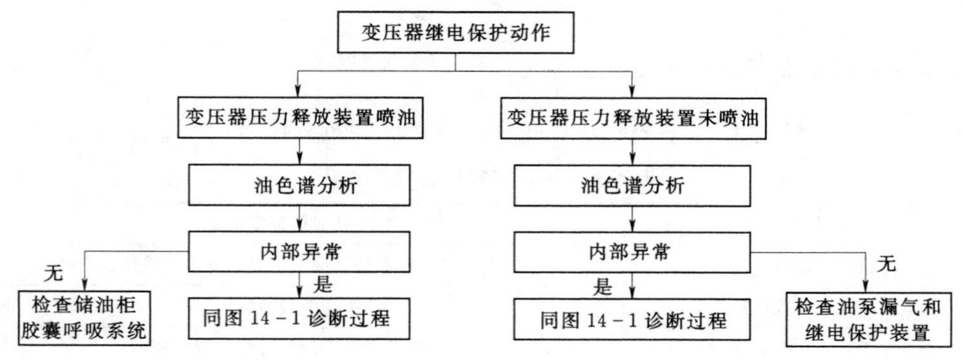

图 14－2　变压器继电保护动作后的故障诊断过程

21. 变压器压力释放装置动作并喷油后的故障诊断过程是怎样的?

变压器压力释放装置动作并喷油后的故障诊断过程如图 14－3 所示。

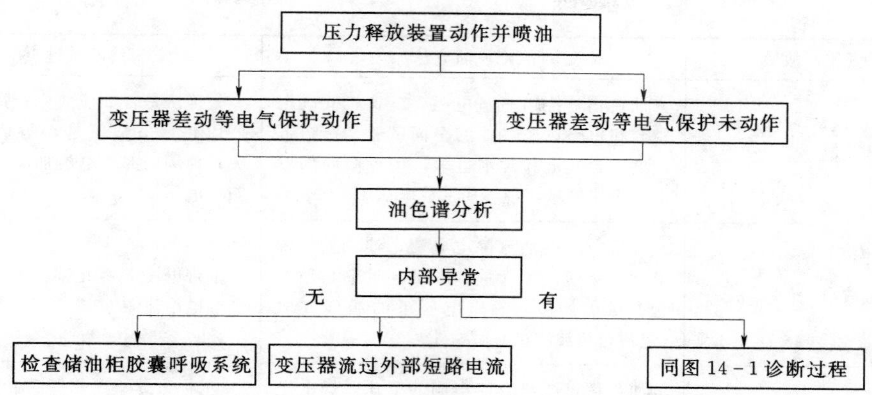

图 14－3　变压器压力释放装置动作并喷油后的故障诊断过程

需要指出，当变压器压力释放装置动作并喷油后，进行油色谱分析，对于直接判断变压器是否存在内部故障非常重要。当变压器流过外部穿越性短路电流时，变压器绕组产生机械力，并发生振动，可能引起变压器油箱的压力变化并导致压力释放装置动作。

22. 常见变压器故障以及故障诊断方法和诊断的关键点有哪些？

变压器常见故障以及故障诊断方法和诊断关键点见表 14－7。

表 14－7　变压器常见故障诊断方法和诊断关键点

序号	变压器故障	故障诊断方法	诊断关键点
1	绝缘受潮	绝缘电阻吸收比和极化指数，介损，油含水量、含气量、击穿电压和体积电阻率，局部绝缘的介损测试，铁芯绝缘电阻和介损	绝缘的介损升高
2	铁芯过热	油色谱（CO 和 CO_2 增长不明显），铁芯外引接地处电流，空载试验，铁芯绝缘电阻和介损	测试铁芯外引接地电流，确认是否多点接地；不能排除铁芯段间短路
3	磁屏蔽放电和过热	油色谱（总烃升高，早期乙炔比例较高，后期以总烃为主），测试局部放电的超声波，排除电流回路过热	局部放电的超声波值与负载电流密切有关
4	零序磁通引起铁芯夹件过热	油色谱（CO 和 CO_2 增长不明显），铁芯外引接地处电流，空载试验，铁芯绝缘电阻和介损	在排除铁芯多点接地和段间短路后，对于全星形或带稳定绕组的全星形变压器要注意
5	电流回路过热	油色谱（注意 CO 和 CO_2 的增长是否明显），绕组直流电阻，低电压短路试验	绕组直流电阻增大
6	无励磁分解开关放电和过热	油色谱（CO 和 CO_2 增长不明显，有时乙炔比例较高），绕组直流电阻，测试局部放电超声波	局部放电的超声波值高与分接开关的位置相关；绕组直流电阻增大
7	绕组变形	油色谱，低电压空载和短路试验，变比，频响试验，绕组绝缘介损和电容量测试	绕组短路阻抗或频响变化
8	绕组匝层间短路	油色谱，低电压空载和短路试验，变比，绕组直流电阻试验	低电压空载和短路试验，从高、中和电压侧的变比测试

续表

序号	变压器故障	故障诊断方法	诊断关键点
9	局部放电	油色谱，绕组直流电阻，变比，低电压空载和短路试验，油的全面试验，包括带电度、含气量和含水量等，运行中局部放电超声波测量，现场局部放电试验	先确认是否油流放电；运行中局部放电超声波数值是否与负载密切有关；现场局部放电施加电压不宜超过额定电压
10	油流放电	绕组中性点油流静电电流，油色谱、带电度、介损、含气量、体积电阻率和油中含铜量等测度，额定电压下的局部放电（包括超超波测试）	油带电度等特性试验，测绕组中性点静电电流
11	电弧放电	油色谱，绕组直流电阻，变比，低电压空载和短路试验	是否涉及固体绝缘
12	悬浮放电	油色谱，绕组直流电阻，变比，低电压空载和短路试验，电压不高的感应和外施电压下局部放电试验，运行中局部放电超声波测量	是否涉及固体绝缘；是否与负载密切有关
13	绝缘老化	油色谱，油中糠醛、介损、含气量和体积电阻率测试，绕组绝缘电阻和介损	油中糖醛
14	绝缘油劣化（区别受潮）	油色谱，油介损、含水量、击穿电压、含气量和体积电阻率测试，绕组绝缘电阻和介损（绕组间和对地分别测试），铁芯对地绝缘电阻和介损	涉及固体绝缘多的介损大，而涉及绝缘油多的介损小，特别是铁芯对地介损小，可判断油劣化
15	变压器轻瓦斯频繁动作	油和瓦斯气色谱	油和瓦斯气色谱正常，仅氢气稍高
16	变压器受到直流偏磁引起油色谱分析异常	变压器中性点直流电流，变压器噪声，振动	变压器中性点直流电流
17	套管油位异常	油位计，红外热成像	红外热成像
18	套管电容芯故障	套管电容芯电容量和介损，红外热成像	套管电容芯电容量和介损，红外热成像

23. 变压器铁芯多点接地的常见原因及表现特征是什么?

统计资料表明，变压器铁芯多点接地故障在变压器总事故中占第三位，主要原因是变压器在现场装配及施工中不慎，遗落金属异物，造成多点接地或铁轭与夹件短路，芯柱与夹件相碰等。

铁芯接地故障的表现特征有：

（1）铁芯局部过热，使铁芯损耗增加，甚至烧坏；

（2）过热造成的温升，使变压器油分解，产生的气体溶解于油中，引起变压器油性能下降；

（3）油中气体不断增加并析出（电弧放电故障时，气体析出量较之更高、更快），可能导致气体继电器动作而使变压器跳闸。

在实践中，可以根据上述表现特征进行判断，其中检测特征气体是判断变压器铁芯接地

的重要依据。

24. 如何检测变压器铁芯多点接地故障？

变压器在运行中检测铁芯接地故障一般有两种方法：

(1) 气相色谱法。它是发现大型变压器铁芯多点接地的最有效方法。首先要注意的是在变压器安装完毕投运之前和旧变压器吊罩大修后投运之前一定要做一次油的色谱分析以便留下可比数据。在变压器投运后一定要按《规程》的规定，在变压器投运后3d、10d、30d各做一次色谱检测，若无异常再转为定期检测。若出现异常，则应缩短检测周期，严密监视。

众多发生铁芯多点接地故障的变压器油色谱分析报告表明，变压器发生这一故障时，油色谱分析结果通常有以下特点：

1) 总烃含量高，超过《规程》规定的注意值（150μL/L）；乙烯（C_2H_4）在其中占较大比重；乙炔（C_2H_2）含量低或不出现，即使出现一般达不到《规程》规定的注意值（5μL/L）。

2) 总烃产生速率往往超过《规程》规定的注意值（密封式0.5mL/h），其中乙烯的产生速率呈急剧上升趋势。

3) 用IEC－599文件推荐的三比值法，特征气体的比值编码一般为022。某县2号变压器、某局1号变压器发现多点接地时三比值编码均为022。

4) 估算故障点温度一般高于700℃，低于1000℃。产生高温的能量来源于两方面：一是正常负载的磁通在铁芯故障部位的磁滞和涡流损耗；二是两接地点间的环流在铁芯故障部位的有功损耗，后者往往占绝大部分。例如，某县2号变压器在螺丝岗运行发生多点接地时，1981年2月测算为720℃；1986年3月测算为845℃；1988年12月下旬至1989年1月初的测算值分别为895℃、869℃、871℃、876℃。

故障点温度估算通常采用日本月岗淑郎推导的经验公式，即

$$T = 322\lg\left(\frac{C_2H_4}{C_2H_6}\right) + 525(℃)$$

色谱分析出现上述特征，并设法证实不是分接开关接触不良和潜油泵故障引起的裸金属过热。同时，如测得铁芯绝缘电阻为零或比投运前明显下降，则基本上可以判断变压器发生了铁芯多点接地故障。

由于铁芯多点接地故障有时会伴随其他短路故障发生，这时色谱分析结果就不一定出现上述情况了。

5) 若气体中的甲烷及烯烃组分很高，而一氧化碳气体和以往相比变化甚少或正常时，则可判断为裸金属过热。变压器中的裸金属件主要是铁芯，当出现乙炔时，则可认为这种接地故障属间歇型。例如某变电所一台$SFSL_1$－25000/110型变压器，色谱分析总烃达到400μL/L，其中甲烷158μL/L、乙烯217μL/L、乙炔8μL/L，经吊芯检查证实接地故障是时隐时现型。

应指出，在《导则》中规定，相对产气率也可以用来判断充油电力设备内部状况，总烃的相对产气率大于10%时应引起注意。对总烃起始含量很低的设备不宜采用此判据。实践表明，有时运用已有的判据不很理想，这时可采用四比值法中的“铁件或油箱出现不平衡电流”一项来判定变压器铁芯多点接地故障，其准确度相当高。其判据为

$$CH_4/H_2=1\sim3$$
$$C_2H_6/CH_4<1$$
$$C_2H_4/C_2H_6\geqslant3$$
$$C_2H_2/C_2H_4<0.5$$

其中 CH_4、H_2、C_2H_6、C_2H_2、C_2H_4 为被测充油设备中特征气体的含量（μL/L）。满足判据条件即可判定为铁芯多点接地故障。

（2）利用变压器铁芯的外引接地套管，测量地线上是否有电流出现。一般正常时，因无电流回路，地线上电流很小（0.1A 以下）或等于零。当有多点接地后，铁芯主磁通周围有短路匝存在，匝内将流过环流，其值决定于故障点与正常接地点距离，即包围磁通的多少。一般可达几十安，如 $SFPB_1$－240000/220 和 $SFSL_1$－25000/100 型变压器，地线上故障电流竟达到 17～25A。

对于铁芯和上夹件分别引出油箱外接地的变压器，如测出夹件对地电流为 I_1 和铁芯对地电流为 I_2，据此可初步判断：

当 $I_1=I_2$，且数值在数安以上时，上铁轭有多点接地；

当 $I_2\gg I_1$，I_2 数值在数安以上时，下铁轭有多点接地；

当 $I_1\gg I_2$，I_1 数值在数安以上时，夹件碰箱壳。

运行中发现铁芯故障后，为保证设备安全，均需停电进行内部检查和处理，对于杂物引起的接地，较为直观，也比较容易处理。但也有某些情况，停电吊罩后找不到故障点，为了能确切找到接地点，现场可采用如下方法：

1）直流法。将铁芯与夹件的连接片打开，在轭两侧的硅钢片上通入 6V 的直流，然后用直流电压表依次测量各级硅钢片间的电压，如图 14－4 所示。当电压等于零或者表针指示反向时，则可认为该处是故障接地点。

2）交流法。将变压器低压绕组接入交流电压 220～380V，此时铁芯中有磁通存在。如果有多点接地故障时，用毫安表测量会出现电流（铁芯和夹件的连接片应打开）。当 mA 表沿铁轭各级逐点测量如图 14－5 所示，当 mA 表中电流为零时，则该处为故障点。这种测电流法比较测电压法准确、直观。

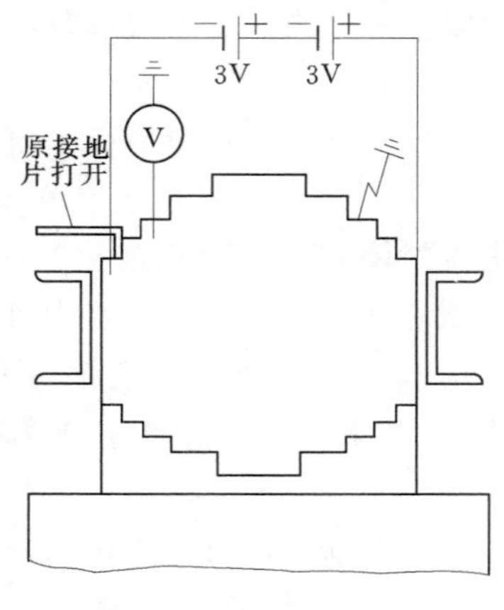

图 14－4　检测电压接线图

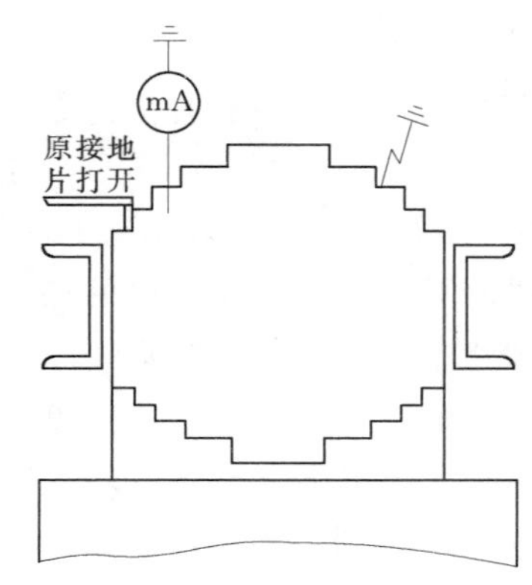

图 14－5　测量电流接线图

例如，某局对 220kV 变压器取油样化验时，发现主变压器绝缘油总烃严重超过注意值

达到 910μL/L，而且乙炔也超过注意值达到 12μL/L。这说明主变压器内部有高温过热性故障。于是又由三个单位多次对主变压器进行绝缘油色谱分析，结果是总烃含量已达 999μL/L。根据总烃含量增长的速率，通过三比值法分析可知，故障的严重性在于迅速发展。

各次主变压器色谱分析结果如表 14－8 所示。

1）故障点温度估计。根据经验公式计算热点温度，估算为 770～780℃；通过三比值计算，查比值编码均为 022，是高于 700℃高温范围的热故障；从乙炔含量的增加表明热点温度可能高于 1000℃。

2）故障点产气速率。根据第 3 天、4 天色谱分析，18h 的绝对产气速率为：总烃 97mL/h，乙炔 4.7mL/h。根据第 5 天、6 天分析，23h 的绝对产气速率为：总烃 135mL/h，乙炔 5.1mL/h，乙烯 97.1mL/h。

表 14－8　　**主变压器色谱分析结果**　　单位：μL/L

取样时间	氢 (H_2)	甲烷 (CH_4)	乙烷 (C_2H_6)	乙烯 (C_2H_4)	一氧化碳 (CO)	二氧化碳 (CO_2)	乙炔 (C_2H_2)	总烃 (C_1+C_2)
第 1 天	32	158	110	630	154	2770	12	910
第 2 天	63	213	131	643	239	3408	12	999
第 3 天	54	214	131	735	204	3494	13	1093
第 4 天	57	225	133	781	206	3486	16	1155
第 5 天	66	245	145	876	246	3545	20	1286
第 6 天	64	250	145	846	265	3887	23	1264

3）故障点部位估计。从一氧化碳和二氧化碳含量推断故障未涉及固体绝缘，在所做的电气试验中未发现异常，也证实了主变压器绝缘未受损伤。由第 1 天的色谱分析结果知：C_2H_2 占氢烃总量为 $\frac{C_2H_2}{H_2+C_1+C_2}=\frac{12}{942}\times100\%=1.3\%$。而 $C_2H_4/C_2H_6=630/110=5.7$。由第 6 天的分析结果知：$C_2H_2$ 占氢烃总量为 $\frac{C_2H_2}{H_2+C_1+C_2}=\frac{23}{1328}\times100\%=1.7\%$，而 $C_2H_4/C_2H_6=846/145=5.8$。

根据资料推荐，C_2H_2 一般只占氢烃总量的 2%以下，C_2H_2/C_2H_6 的比值一般小于 6。所以油中乙炔含量比其他故障气体较小，C_2H_4/C_2H_6 也小于 6。估计故障部位可能在主变压器磁路。

根据对主变压器 9 台潜油泵进行的油中溶解气体分析，其结果与主体本体相同，也说明故障气源于主变压器本体。

主变压器吊罩检查时发现低压侧上夹件内衬加强铁斜边与上铁轭的下部阶梯形棱边距离不够，加上运行中的振动，使之在 C 相端处相碰，形成了故障接地点，如图 14－6 所示。这样就与原来的接地点形成了环流发热。

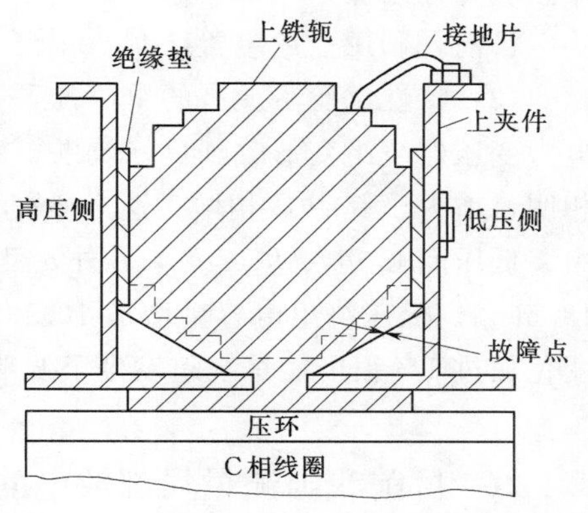

图 14－6　铁芯的接地故障点

故障点在磁路部位，其检查结果证实了色谱分析和对故障部位的估计是正确的。

25. 如何测试变压器绕组变形?

电力变压器在运行中难免要受到各种短路冲击，其中出口处短路对变压器的危害尤为严重。这些短路在变压器绕组中引起巨大电流，它通常达数十倍额定电流，使其承受的机械力增大几十倍至几百倍。有可能造成绕组变形，导致恶性事故。国内外的电力变压器运行事故分析表明，短路事故是引起变压器损坏的主要原因之一。我国 1985—1989 年 110kV 的电力变压器，因外部短路事故烧损的有 21 台，容量约为 649MVA，占 110kV 变压器事故的 15%。

我国从 20 世纪 70 年代就开始研究变压器绕组变形的测试方法，主要有以下几种。

(1) 低压脉冲法。它是利用等值电路中各个小单元内分布参数 L_0、C_0、g_0 的微小变化所造成波形上的变化，来反映绕组结构上的变化。当外施脉冲波具有足够陡度，即包含有足够高频分量时，并且使用足够频率响应的示波器，就能把这些变化清楚地反映出来。

(2) 频响分析法。它是用扫描发生器将一组不同频率的正弦波电压加到变压器绕组的一端，把所选择的变压器其他端子上得到的信号振幅和相位作为频率的函数绘制成曲线。当变压器结构定型后，它的频响特性是一定的，一旦变压器绕组发生变形，则谐振点的位置和数量将有所改变。目前，北京电力科学研究院已根据此原理研制出变压器绕组变形测试装置，如图 14－7 所示，其测试过程是：

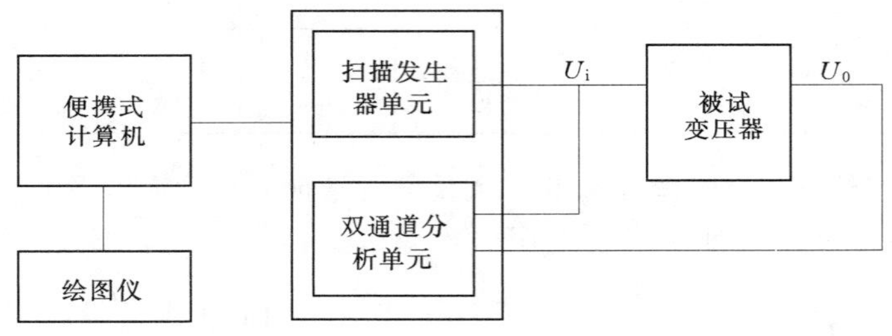

图 14－7　变压器绕组变形测试装置工作原理框图

首先，计算机发出命令，让扫描发生器单元输出一系列频率的正弦波电压，加到被试变压器上；同时让双通道分析单元分析、处理 U_i、U_0 信号，并传送到计算机存贮起来；待试验数据采集完毕后，计算机判断被试变压器有无绕组变形，并可以屏幕显示或绘制被试变压器频响特性曲线。

目前，利用上述装置已对 80 余台电力变压器进行测试。

(3) 特性试验法。有的单位曾采用单相低压空载试验和短路试验检测 220kV、120kVA 电力变压器绕组变形收到良好效果。例如，短路试验测得高、中之间 B、C 相短路阻抗比 A 相明显增大，其中 C 相增大达 8.6%，其余情况下，B、C 相比 A 相均减小，减小最多的是中、低压间 C 相，达 17%。另外，测量电容量发现，该台变压器高、中压绕组容量增加 13.56%。低压绕组电容量增加 10.11%，所以有人认为，变压器受到短路冲击后，电容量变化超过 1%很可能是绕组发生了变形。

26. 目前我国测量局部放电的方法有几种类型?

(1) 电测法。利用示波仪或无线电干扰仪，查找放电的特征波形或无线电干扰程度。电

测法的灵敏度较高，以视在放电量计，可以达到几皮库的分辨率。

（2）超声测法。检测放电中出现的声波，并把声波变换为电信号，录在磁带上进行分析。超声测法的灵敏度较低，大约几千皮库，它的优点是可以“定位”。利用电信号和声信号的传递时间差异，可以求得探测点到放电点的距离。

（3）化学测法。检测油内各种溶解气体的含量及增减变化规律。此法在运行监测上十分适用，通称“气相色谱法”。化学测法灵敏度不高，但它在时间上可以“积累”，假如几天测一次，就可发现油中含气的组成，比例以及数量的变化，从而判定有无局部放电（或局部过热）。

27. 在测量局部放电时，为什么要规定有预加压的过程？

在测量电力设备的局部放电时，试验标准中包括了一个短时间比规定的试验电压值高的预加电压过程，这是考虑到在实际运行过程中局部放电往往是由于过电压激发的预加电压的目的就是人为地造成一个过电压的条件来模拟实际运行情况，以观察绝缘在规定条件下的局部放电水平。

28. 引线电晕对局部放电测量有何影响？如何抑制或消除？

高压引线及设备高压端部（法兰、金属盖帽等）的电晕放电产生的干扰信号会严重影响对被试品内部放电量的准确测量和判断。例如，某 JCC－220 型电压互感器在进行局部放电测量时，试验电压应为 $1.3U_m/\sqrt{3}=190$kV，允许的局部放电量不大于 20pC。但是，当试验电压升到 90kV 时，就听到高压端有呲呲的放电声，沿最上端尖部铁质部分对瓷裙表面尚有火花闪动，从局部放电仪皮库表上指示的放电量竟达千皮库数量级，大大超过标准规定。从椭圆示波图上看，放电脉冲首先出现在负半周峰值位置，随着电压升高，放电次数增加，并向两边扩散，电压再升高，放电脉冲频率增高，淹没内部放电信号，给测量和识别带来困难。为此应抑制或消除电晕放电产生的干扰，通常采用的方法有：

采用防晕高压引线或在设备高压端部加装防晕罩。由于空气的起始电晕场强为 30kV/cm（峰值），所以可以认为场强在 20kV/cm 以下时，即可保证高压带电部位不会出现电晕放电，因此设计防晕高压引线和防晕罩时的最大场强可按 $E_{max}<20$kV/cm（有效值）来考虑。

对防晕高压引线，其最大电场强度可按圆柱—平板电场计算，即

$$E_{max}=\frac{9U}{10r\ln\frac{r+l}{r}} \tag{14-3}$$

式中　U——圆柱与平板之间的电压，kV；

r——圆柱的半径，cm；

l——圆柱与平板之间的距离，cm。

由此式可见，将高压引线加粗可降低 E_{max}，其具体做法是：采用较粗的蛇皮管、薄铁皮圆筒、铝或铝合金筒。

对防晕罩，其最大电场强度可按球—平板电场计算，即

$$E_{max}=\frac{9U(r+l)}{10lr} \tag{14-4}$$

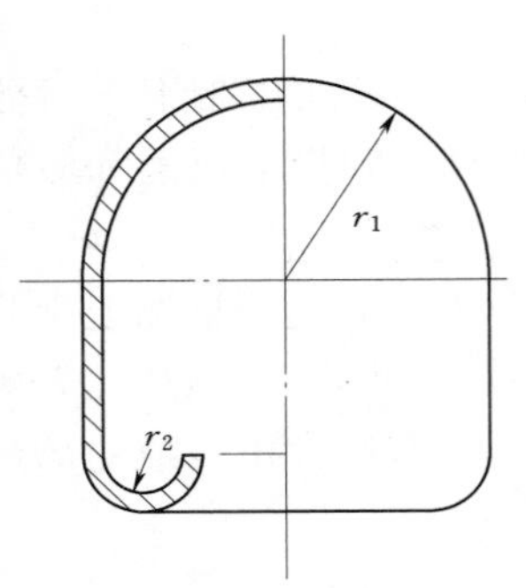

图 14-8　馒头形防晕罩

式中　U——球与平板间的电压，kV；

l——球与平板之间的距离，cm；

r——球的半径，cm。

防晕罩通常设计成馒头形，如图 14-8 所示。其上部半径 r_1 可按式（14-4）进行计算，下部半径 r_2 可按“孤立圆环”的最大场强来估算。

对上述 JCC-220 型电压互感器，测量局部放电时，采用这种馒头形防晕罩将尖端部分罩严，当电压升到额定试验电压时，其放电声消失，电晕放电干扰脉冲也不复存在，椭圆示波图上只剩下清晰的被试品内部放电的脉冲波形，便于识别。

为了连线方便，有时将防晕罩设计成双环形，其结构和具体尺寸均列在电力行业标准《电力设备局部放电现场测量导则》（DL 417—91）中。

29. 在大型电力变压器现场局部放电试验中为什么要采用 125Hz 试验电源？

大型电力变压器在现场局部放电试验的难度远比在实验室中大得多，主要是电源、补偿以及抗干扰问题等。

局部放电试验是对电压很敏感的试验。只有当内部缺陷的场强达到起始放电场强时，放电才能观察到。因此，试验标准对加压幅值及持续时间，试验接线等都作了明确的规定，必须严格按标准进行加压试验，才能对设备的局部放电性能作出正确的评估。

根据国家标准和 IEC 标准，在对变压器进行局部放电试验时，被试绕组的中性点应接地，高压端电压应按图 14-9 所示的程序施加。施加电压程序中包括 5s 内电压升高到最高工作电压 U_m，这主要是模拟系统中的过电压对局部放电的激发作用。

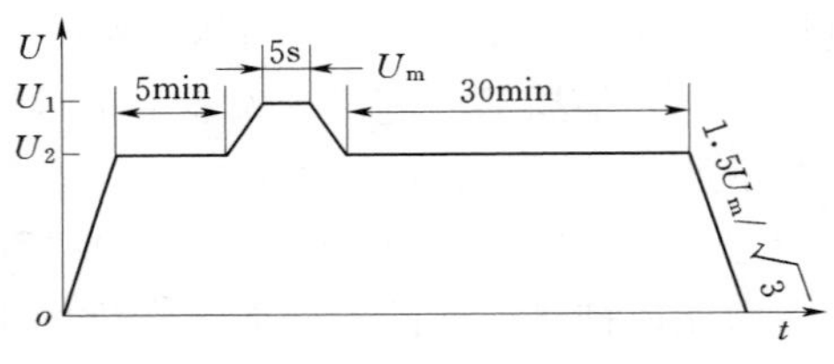

图 14-9　局部放电试验施加电压的时间程序

采用工频试验电源是不可能使绕组中感应出这样高的试验电压的。因为铁芯磁通密度饱和，激磁电流及铁磁损耗都会急剧增加，因此提高电源频率是唯一可行的办法。

然而，试验电源的频率要选择合适，保证在被试变压器加试验电压铁芯不饱和的前提下，尽量减小试验电源频率，以利于减小补偿电感的容量。通过对现有 500kV、220kV 主变压器无功容量的计算，选择了 125Hz 为试验电源的额定频率。

30. 如何检测大型电力变压器油流带电故障？

在现场检测大型电力变压器油流带电故障可采用下列方法：

（1）色谱分析法。当变压器油中发生油流带电故障时，通常色谱分析结果会出现异常现象，而且 C_2H_2 增长很快。

（2）检测局部放电超声信号和局部放电量。确定变压器是否存在油流带电及故障程度，可在变压器停运状态下开启全部冷却油泵，用局部放电超声仪检测局部放电信号。因变压器已停运，所以仪器若能捕捉到放电超声信号，即为变压器油流带电放电产生的信号。测得的

放电量越大，说明故障程度越严重。

（3）测量绕组静电感应电压。由于电容的作用，变压器存在油流带电时，在绕组上会产生感应电压，其中油泵全部开启状态下的绕组感应电压最高。测试时可用高内阻的 Q_3—V 型静电电压表。

（4）测量油的有关参数。当怀疑油流带电故障与油质有关时，可测量油的介质损耗因数 $\tan\delta$、电导率或油中电荷密度。通常测量介质损耗因数 $\tan\delta$ 较简便。

例如，某电厂一台 240MVA 变压器的色谱分析结果出现异常，见表 14-9。由表中数据可见，各组分含量均增加，其中 C_2H_2 增长很快。

表 14-9　色谱分析结果

日期/（年．月．日）	气体组分/(μL/L)							
	H_2	CH_4	C_2H_6	C_2H_4	C_2H_2	C_1+C_2	CO	CO_2
1991.1.28	1	3	1	5	2	11	69	305
1991.4.14	68	8	3	8	11	30	129	594
1991.5.8	66	12	14	11	16	43	160	673
1991.5.20	52	20	5	13	24	62	182	828
1991.5.24	59	32	4	18	29	83	183	647
1991.6.1	81	16	5	20	30	71	204	682
1991.6.8	114	19	6	25	44	94	215	649
1991.6.9	116	20	7	27	54	108	226	651

经分析是油流带电引起的，于是又进行下列测试：

（1）开启全部油泵进行超声波测量。油泵全开时，导向油管内的最大油速为 0.5m/s。测量时，采用 AE-PD-4 型超声局部放电仪多次捕捉到典型的放电超声信号。在变压器低压出线一侧 B 相位置检测到很强的局部放电产生的超声信号。信号的强度相当于 1m 油隙距离、10^5pC 放电量产生的信号大小。它比一般正常变压器上测到的信号大 2～3 个数量级。比同一台变压器上其他部位测得的信号也要大 1～3 个数量级。

（2）测量绕组静电感应电压：

1）油泵全开（共 5 台），用 Q_3-V 型静电电压表，测量结果为：

高压绕组对地：3.4kV（3min 稳定值）；

铁芯对地：3.8kV（2min 稳定值）；

低压绕组对铁芯：13kV（5min 稳定值）；

低压绕组对地：15kV（14min 稳定值）。

2）改变开泵组合，测得低压绕组对地电压为：

只开 1 号泵：1.22kV（3min 稳定值）；

只开 4 号泵：3.2kV（3min 稳定值）；

开 1 号、2 号、4 号泵：7kV（9min 稳定值）；

开 1 号、3 号、4 号、5 号泵：11kV（7min 稳定值）。

3）测量同型号、同厂家 1 号主变压器的低压绕组对地电压为：

全开泵：1kV（5min 稳定值）。

由此可见，2 号主变压器确实存在油流带电，而使变压器绕组产生静电感应电压，其中以油泵全开状态下的低压绕组感应电压最高，它为正常变压器的 15 倍。

（3）测量局部放电量：

1）常规标准试验条件下的局部放电试验。停泵状态下的常规局部放电试验正常。

2）测量运行电压下的局部放电量。测量时，C 相加额定运行电压，A、B 相加半电压。试验分三种状态进行：

不开油泵：测得局部放电量为 100pC。

油泵全开：测得局部放电量为 500～600pC，间或达到 16000pC，偶尔出现幅值很高的单个放电脉冲，放电量达 30000pC 及 50000pC，在只加半电压的 A、B 相也出现很大的放电脉冲。

任意停一台油泵，大的放电脉冲个数及幅值明显减少，任意停 2 台泵，明显的放电脉冲就观察不到。

3）不加电压，油泵全开状态下的局部放电测量。在这种情况下，仍可观察到放电信号，偶然观察到 30000pC 的单个放电脉冲，并同时听见放电声。

通过以上油泵全开状态下的局部放电测试，证明变压器确实存在较为严重的油流带电及放电故障。

（4）测量介质损耗因数 tanδ。为分析引起本变压器油流带电的主要原因，测量了变压器油在高温下的介质损耗因数 tanδ，如表 14-10 所示。

表 14-10　　主变压器油高温介质损耗角正切测量结果

序号	日　期 /（年．月．日）	测试项目	测试数据					
1	1991.6.28	油温/℃	32	70	90	67	60	32
		tanδ/%	0.13	1.05	2.03	0.77	0.58	0.03
2	1991.9.7	油温/℃	30	70	89			
		tanδ/%	0.1	0.28	1.08			
3	1991.12.14	油温/℃	10	70	90	70	65	30
		tanδ/%	0.02	0.19	0.32	0.19	0.17	0.04
4	1991.6.25	油温/℃	25	70	90	64		
		tanδ/%	0	0.10	0.23	0.10		

注　1. 序号 1 油样为油已过滤且加入了 3t 新油。
2. 序号 2 油样为开启热虹吸工作一个半月以后。
3. 序号 3 油样为开启热虹吸工作 4 个月以后。
4. 序号 4 油样为 1 号主变压器的。

由表中数据可知，2 号变压器的油质量明显不良，好油 90℃的 tanδ 在 0.5%以下，其原因是 1990 年 12 月 2 日曾发生过油质污染事件。因此油质不良是导致 2 号主变压器油流带电和色谱分析结果异常的重要原因。

对油质原因导致油流带电的变压器，可因地制宜采用硅胶进行吸附处理，它具有效果显著，经济易行的优点。对装有热虹吸装置的变压器应适当开启使用，以确保油质经常处于良好状态。

31. 大型变压器低压绕组引线木支架过热碳化的原因是什么？

东北某电厂 SFP_3-240000/220 型升压变压器，在正常大修吊罩后发现其低压铜排 a_2、b_1、b_2 绕组引出头处三个木支架均已烧焦、碳化，其中 b_2 处一个最为严重。支架与铜排脱离后，木件从中间断开，完全失去了原来的强度。

分析认为，木支架过热碳化的原因是：由于支撑木支架的金属构件（角铁）距低压引出线 b_2 仅 10～15mm，金属结构件处在强漏磁场中，故而产生漏磁发热。因角铁本身是热的良导体，因此，距之较近的木件热量逐渐积累以致碳化。低压引线距金属构件越近，漏磁发热越严重，由于 a_2、b_1 引线处距金属构件相对较远，所以其木支架过热情况较 b_2 轻。这些过热碳化的木支架，由于完全失去了机械强度，一旦出现出口短路冲击，变压器低压母线必然造成短路，扩大事故，其后果十分严重。

大电流引线支架因漏磁发热引起木支架过热，碳化故障是一种新型的故障类型。究其原因完全是由于设计不合理造成的。为消除此种故障，宜将 b_1、b_2、a_2 三个出线端邻近的木支架支持角铁移位，使之最小距离均在 50mm 以上，并对现已焦化的木块进行更换。

这种故障在出厂前的各项试验均不可能发现，只有在长期运行中才逐渐表现出来。为及时检出这种故障，应加强监视。

（1）定期进行色谱分析。由于这种故障已涉及到固体绝缘，所以应注意 CO 和 CO_2 的变化规律，认真总结摸索经验。如某电厂 260000kVA 变压器低压绕组过热故障就是从 CO、CO_2 变化中判断出来的。

（2）坚持检修制度。对新投入运行的变压器在 5 年内进行第一次大修对发现变压器的各类制造缺陷是十分有利的，应当坚持。

32. 取变压器油样时应注意什么？

（1）应在天气干燥的晴天进行取油样。

（2）装油样的容器应选用带毛玻璃塞密封性能良好的玻璃瓶，瓶内应干净且已经干燥处理。如用一般小口玻璃瓶，取出油样装瓶后用塞子塞紧，瓶口还要用原纸包扎，再用火漆或石蜡加封。火漆、石蜡不得触及瓶口，以免与油发生化学反应。

（3）取油样的数量由试验内容决定，耐压试验应不少于 0.5L，耐压试验不少于 1L。

（4）取油样方法。从变压器底部油门处放油，先放走底部的污油（约 2L），然后用干净布将油门擦净，再放少许油冲洗油门，并放少许油将取样瓶洗涤两次，才可将油样灌入取样瓶。取油时应特别谨慎，以免泥土、水分、灰尘、纤维丝等落入油样中，瓶塞应用变压器油擦洗干净进行密封。

（5）启瓶时，室温应接近取油样时的温度，否则油样会受潮。运行中的变压器取油样，切勿在缺油时进行，取样前应检查油位所指示的油位是否正常。

33. 给运行中的变压器补油时应注意什么？

（1）新补入的变压器油应经过试验证明油质合格。

（2）禁止从变压器下部放油阀处向变压器内打油，以防变压器底部污物进入绕组内。应从变压器储油柜向变压器注油。

（3）补油要适量，油位与油温要相适应。

（4）补油前应将重瓦斯保护改投信号位置，防止瓦斯保护误动使变压器跳闸。

（5）补油后应注意检查瓦斯继电器，及时放出气体。待变压器空气排尽后方可将瓦斯保护重新投入跳闸位置。

34. 为什么检修变压器时要打开储油柜集污器的放污阀，放掉污油？

变压器储油柜集污器的作用就是用来储存储油柜内积污的。由于储油柜与油箱连通管的管头位置高于储油柜的底部，所以当储油柜内有油污时便会沉淀到储油柜的底部，而不致流到油箱内。因此，要定期打开集污器的放油阀放掉里面的油污，以防时间过长，油污超过连通管的管头位置而流入油箱内。

35. 电力变压器铁芯常见的故障有哪些，应如何处理？

常见故障的原因及处理方法：

（1）电压升高时内部有轻微放电声。接地片断裂，吊出器身检查并修复接地片。

（2）绕组绝缘电阻下降。绕组受潮，对绕组进行干燥处理。

（3）铁芯响声不正常。

1）铁芯油道内或夹件下面松动。

2）铁芯的紧固零件松动。

3）将自由端用纸板塞紧压住。

4）检查紧固件并予以紧固。

（4）气体继电器信号回路动作。

1）铁芯片间绝缘损坏。

2）穿心螺栓绝缘损坏。

3）铁芯接地方法不正确构成短路。

4）吊出器身，检查并修复铁芯片间绝缘损坏处。

5）更换或修复穿心螺栓。

6）改变接地方法。

（5）气体继电器跳闸回路动作。

1）绕组匝间短路。

2）绕组断线。

3）绕组对地击穿。

4）绕组线间短路。吊出器身进行全面检查，修复损坏部位，消除故障点。

（6）绝缘油油质变坏。

1）变压器内部故障。

2）油中水分杂质超标。

3）吊出器身进行检查。

4）过滤或更换绝缘油。

（7）套管对地击穿。绝缘子表面较脏或有裂纹，清扫或更换套管。

（8）套管间放电。套管间有杂物存在，检查并清扫套管间的杂物。

（9）分接开关触点表面灼伤。解构与装配上存在缺陷，如接触不可靠、弹簧压力不够

等，检查并调整分接开关。

（10）分接开关相间触点放电或各分接头放电。过电压作用，变压器内部有灰尘或绝缘受潮，吊芯检查，清扫变压器内的灰尘或对绝缘进行干燥。

36. 电力变压器绕组发生对地击穿故障的原因是什么？

（1）因主绝缘老化或有剧烈折断等缺陷。

（2）变压器油受潮。

（3）绕组内有杂物落入。

（4）过电压。

（5）短路对绕组变形。

（6）缺油。

37. 在不打开变压器外壳的情况下，如何用电桥判断哪相绕组有故障？

在不打开变压器外壳的情况下，用电桥测出 R_{AB}、R_{BC} 和 R_{AC} 这三个直流电阻，根据这三个电阻，通过下式即可得出每相的电阻值，从而判断出故障相。

$$R_A=\frac{R_{AB}+R_{AC}-R_{BC}}{2},\quad R_B=\frac{R_{AB}+R_{BC}-R_{AC}}{2},\quad R_C=\frac{R_{AC}+R_{BC}-R_{AB}}{2}$$

38. 电力变压器突然喷油的原因是什么？

变压器呼吸器或加油栓有喷油现象时，一般原因认为是：

（1）变压器二次侧短路，而保护未动作。

（2）变压器匝间短路。

（3）变压器内部放电造成短路。

（4）出气孔堵塞，影响了油的正常呼吸。

上述某个原因或共同作用使变压器内部温升增加，导致油箱内压力增加而喷油。

39. 何谓铁芯多点接地故障？大中型电力变压器发生铁芯多点接地故障常用的处理方法有哪些？

所谓变压器铁芯多点接地，就是当铁芯由于某种原因在某位置出现另一点接地时，则正常接地的引线上就会有环流的现象。

大中型电力变压器发生铁芯多点接地故障常用的处理方法是：

（1）临时应急处理。对于系统暂不允许停运检查的可采用在铁芯接地回路上串接电阻的临时应急措施，以限制铁芯接地回路的环流，防止故障进一步恶化。在串接电阻前，分别对铁芯接地回路的环流和开路电压进行测量，使环流限制在 300mA 以下。

（2）吊罩检查。一般在解开铁芯与夹件等连接片后，进行如下检查试验：

1）测量穿心螺杆对铁芯的绝缘。

2）检查各间隙、槽部有无螺母、硅钢片废料等金属物。

3）对铁芯底部看不到地方用铁丝进行清理。

4）对各间隙进行油冲洗或氮气冲吹清理。

（3）电容放电排除法。对于那些铁芯毛刺、铁锈和焊渣的积聚引起的接地故障，吊罩直接检查处理往往无法奏效，可用电容放电法烧掉毛刺，用600V直流电压冲击把毛刺烧掉，而且冲击放电声很明显，当听不到放电声时，说明接地点已消除，测铁芯绝缘合格。

（4）不吊罩处理。对于安装于室内，且从以谱分析判断出为动态性质的接地故障，可利用榔头敲击的振动和放油时的油流使金属异物落到箱底或带出箱外，检查铁芯对地绝缘合格即可。

40. 变压器铁芯可能发生的故障及其处理方法有哪些？

变压器铁芯可能发生的故障及其处理方法如下：

（1）下夹件支板因距铁芯或铁轭的机械距离不够，变压器在运输或运行中受到冲击或振动，使铁芯或夹件产生位移后，两者相碰，造成铁芯多点接地。

处理方法：在故障点所处部位，即铁芯夹件支板和铁芯硅钢片碰触部位，垫入2mm厚的绝缘纸板2～3层，并将其固定牢靠。

（2）上下铁轭表面硅钢片因波浪突起，在夹件油道两垫条之间与穿心螺杆的钢座套或夹件相碰，引起铁芯多点接地。

处理方法：将钢座套锯短，使之与硅钢片距离不小于5mm；在与夹件碰接处垫2～3mm厚绝缘纸板2～3层固定即可。

（3）因铁芯方铁与铁轭硅钢片之间的间隙太大，在吊起器身时，不是方铁先受力，而是穿心螺杆先受力，致使在穿心螺杆上套装的电木绝缘管被挤坏，使穿心螺杆和钢座套相碰，造成铁芯多点接地。

处理方法：更换被挤坏的绝缘筒，减小铁芯方铁与铁芯硅钢片之间的距离，在吊起器身时，使方铁受力先于铁芯的穿心螺杆。

（4）夹件和油箱壁相碰造成铁芯多点接地，这是因夹件本身就太长或铁芯定位装置松动后，在器身受冲击力发生位移时形成的。

处理方法：找正器身位置，紧固铁芯定位装置或割去夹件地长部分，使夹件与油箱壁间隙保持大于10mm的间隙。

（5）三相五柱式铁芯旁轭围屏的接地引线和下铁轭相碰，造成铁芯多点接地。

处理方法：恢复旁轭接地引线的装置，并用绝缘物将接地引线包好固定。

（6）因穿心螺杆上所套的钢座与铁芯表面硅钢片相碰，造成铁芯多点接地。

处理方法：将太长的钢座套锯短，使钢座套与铁芯表面硅钢片之间保持不小于5mm距离。

（7）铁芯底部垫脚绝缘薄弱受损或因油泥等杂物沉淀于箱底，造成铁芯下铁轭和油箱底部相连接，形成铁芯多点接地。

处理方法：将油箱底部清理干净，找出并除去“搭桥”的导电体。

（8）穿心螺杆在铁轭中因绝缘筒破裂造成铁芯硅钢片的局部短路。

处理方法：找出损坏的绝缘筒并更换之。

（9）铁芯上落有导电的异物，使硅钢片之间短路。

处理方法：将异物清除。若遇有接地火花灼损，则清除炭焦并刷绝缘漆。

41. 变压器故障点在高压绕组下部时的修理方案和施工方法是什么？

（1）修理方案：

1）确定合适的修理台架，便于操作人员工作。

2）选择起吊用的槽钢。一般用两根槽钢架在铁芯的铁轭上部，大小由实际情况而定，槽钢的吊钩开孔应与吊钩螺杆相配合。横梁的孔距计算公式为

$$L=0.707D$$

式中　L——横梁孔距；

D——绕组外径。

根据故障点离上铁轭顶端的高低，设计吊钩的长短。吊钩的材质根据起吊线段的重量选择，必要时从专业厂借用吊钩。

1）备好一般常用工具并登记造册专人保管。

2）器身保护：对不修理的绕组，要用清洁的防雨布或优质塑料布包好。对要修理的绕组，拆卸的零部件由专人登记保管，用防潮布盖好。除被修理绕组故障损坏部分外，均用清洁防雨布、防潮布包好，防止污损。

3）确定修理进度，防止器身受潮，否则要进行器身干燥。

4）修理所用材料必须进行干燥处理，除蜡布带外，在80～100℃温度下干燥12h。

5）对导线或器身的焊接，最好用氩弧焊，不能用水冷却，需要时用CO_2灭火器冷却。焊接现场应备灭火器，防止发生火灾。

（2）施工方法：

1）拆绕组围屏和其他零部件，松开被修绕组的压钉。

2）将故障点上部未损坏的完好绕组吊起来，吊钩的位置应沿圆周对称放置，吊钩和放在上铁轭的横梁槽钢相结合，用扳手扭动吊钩上端螺母，将线段吊起30～50mm即可。

3）拆下烧损线段，在拆时必须一段一段地拆，每拆一段前要记录实绕匝数，以免绕新绕组时出差错。

4）检查主绝缘是否有损伤。如无损伤，将故障点周围已炭化的绝缘物及散落金属渣从线段上及其周围彻底清除干净。

5）将所有毁坏线段全部换掉，然后做好整个绕组的整形、压紧、连接外部连线等工作。

42. 目前变压器在线检测可行的主要项目有哪些？

（1）至今，变压器在线检测成效最卓著的项目还是首推油中微量气体的色谱分析。现在已发展到将色谱分析装置也上生产线。这对220kV及以上的大型变压器是很必要、很值得的。

（2）目前，已开展作为试行的项目还有：①铁芯接地电流测试；②油中糠醛含量测试。

（3）对变压器附件的项目有：借助传感器采接地小套管的接地电流测高压电容套管的电容量和介损 $\tan\delta$ 值。

（4）已经很有成效，但尚未规范化的项目就是红外热像诊断。可以诊断：

1）本体油位和套管油位的实际位置（由于密封和抽真空不当，时有出现假油位现象）。

2）冷却系统运转是否正常？（由于强油循环和导向系统故障，可能发生反向和环流等异常状况，潜油泵也常有轴承过分磨损，转子擦膛等故障）。

3）外（端）部各接头电气接触是否完好。

（5）还在摸索中的项目有：

1）通过测试有载开关操动电动机的工作电流或动作声学指纹来分析转换机构有无卡涩和不到位的现象。

2）用超声高频法探测变电器内部有无放电及放电部位。

3）用质谱法检测变压器油中的微量金属离子，以诊断变压器内部有无放电及放电部位。

4）变压器油中的微水分析。

（6）传统的在线检测项目就是油的常规试验。

第十五章

开关电器在线监测与故障诊断

1. 如何进行 SF_6 断路器的泄漏测试?

漏气是 SF_6 断路器的致命缺陷，所以其密封性能是考核产品质量的关键性能指标之一，它对保证断路器的安全运行和人身安全都具有重要意义。

目前我国使用的仪器有：上海唐山仪表厂生产的 LF-1 型 SF_6 检漏仪、日本三菱公司生产的 MC-SF_6-DB 型检漏仪、西德生产的 3AX59.11 型检漏仪以及法国、瑞士等厂家随断路器带来的袖珍式检漏仪。

检漏仪虽多种多样，但通常都主要由探头、探测器和泵体三部分组成，当大气中有 SF_6 气体时，探头借助真空泵的抽力将 SF_6 气体吸进并进入探测器二极管产生电晕放电，使得二极管电极的电流减小，电流减小的信号通过电子线路变换成一种可以听得到见得着的声、光报警信号，泄漏量越大，声光信号越强烈卤素气体均可使检漏仪发出警报。

日本三菱公司产 MC-SF_6-DB 型检漏仪中探测器的工作原理如图 15-1 所示。

当探测器中水银灯电源合上，1849Å 波长的紫外线通过阳极网照射在光阴极上，产生光电子，当待测气体进入阴阳极板之间时，气体中的 O_2 和 SF_6 被其间产生光电子结合成 O_2^- 和 SF_6^- 形式，这些离子按照各自的速度移动，从而在二极板之间产生电磁场。利用 O_2^- 和 SF_6^- 的移动速度不同，引起电子流量的变化，从而可通过测试电阻检测 SF_6 的含量。

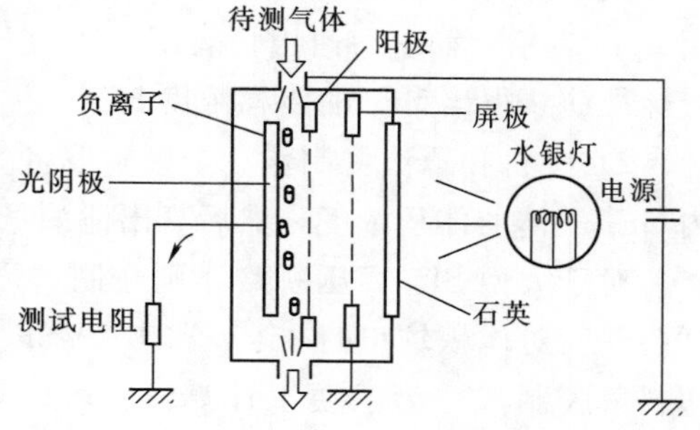

图 15-1 MC-SF_6-DB 型 SF_6 检漏仪气体检测原理图

检测分定性和定量两种。

(1) 泄漏的定性查找。无论何种型号的检漏仪，测量前应将仪器调试到工作状态，有些仪器根据工作需要可调节到一定的灵敏度，然后拿起探头，仔细探测设备外部易泄漏部位及检漏口，根据检测仪所发出的声光报警信号及仪器指针的偏转度来确定泄漏位置及粗略浓度，也可以进行定量检查。

SF_6 断路器，易漏部位主要是：

1) 对 220kVSF_6 高压断路器，各检测口、焊缝、SF_6 气体充气嘴、法兰连接面、压力表连接管和滑动密封底座；

2) 对 35kV 和 10kVSF_6 断路器，SF_6 气体充气嘴、操作机构、导电杆环氧树脂密封处及压力表连接管路。

（2）泄漏的定量测试：

1）挂瓶检漏法。法国MG公司及平顶山开关厂FA系列SF_6断路器在各法兰接合面等处留有检测口，检测口与密封圈外侧槽沟相通，能够收集密封圈泄漏时的SF_6气体，当定性检查发现泄漏口有SF_6气体泄漏时，可在检测口进行挂瓶测量。

根据原水电部科技司和机械部电工局规定的检漏标准，挂瓶检漏（额定压力为588kPa时），漏气率不得超过0.26Pa·ML/s。

检漏瓶为1000mL塑料瓶，挂瓶前将检测口螺丝卸下，历时24h，使得检漏口内积聚的SF_6气体排掉，然后进行挂瓶。挂瓶时间为33min，再用检漏仪检查瓶中SF_6气体浓度。

漏气率的计算公式如下

$$f = PVK/t$$

式中 f——漏气率，Pa·mL/s；

P——大气压力，Pa；

V——检漏瓶容积，1000mL；

K——SF_6气体的体积浓度；

t——33min。

若大气压力为1Pa，则

$$f = \frac{1 \times 1000 \times K}{33 \times 60} = \frac{1}{2}K(\text{Pa} \cdot \text{mL/s})$$

关于K值，日本三菱公司生产的MC－SF_6－DB型检漏仪可直接从仪器的表盘中读出，用ppm表示，而上海唐山仪表厂生产的LF－1型SF_6检漏仪、需根据检漏仪所指示的格数，查标准曲线得出SF_6的体积浓度。

2）整机扣罩法。制作一个密封罩将SF_6设备整体罩住，一定时间后，用检测仪测定罩内SF_6气体的体积浓度，然后算出泄漏量及泄漏率，比较准确可靠。

对于大型SF_6高压断路器则在制造厂内进行测试，由于体积太大，在现场无法用该法试验。而对体积较小的35kV和10kVSF_6断路器可在现场用整机扣罩法测试。密封罩可用塑料薄膜制成，为了便于计算，尽可能做成一定的几何形状，将罩子分上、中、下、前、后、左、右开适当小孔，用胶布密封作为测试孔。

漏气量的计算公式为

$$Q = \frac{K}{\Delta t}VPt$$

式中 Q——漏气量，g；

K——SF_6气体的体积浓度；

V——体积，L，即罩子体积减去被测设备的体积；

P——SF_6的比重，6.16g/L；

Δt——测试的时间，h；

t——被测对象的工作时间，h，在这段时间内没有再充气，如求年漏气量则$t = 365 \times 24 = 8760(\text{h})$。

漏气率为

$$\eta = \frac{Q}{M} \times 100\%$$

式中　M——设备中所充入 SF_6 气体的总重量，g。

上海唐山仪表厂生产的 LF-1 型 SF_6 检漏仪、西德生产的 3AX59.11 型检漏仪，探头上的指针格数不等于实际 SF_6 浓度，为了和实际浓度对应起来，必须绘制定量标准曲线，一定时间后，还需要对曲线校检，方法如下。

首先配制不同浓度的 SF_6 气体。配气的方法是针筒法，用 1mL 针筒从钢瓶里抽取纯 SF_6 气体 1mL，注入一只 100mL 针筒中并用室外空气稀释到 100mL 刻度，其浓度为 1%(10^{-2})，再用 20mL 针筒抽取 10mL10^{-2} SF_6 浓度的气体，注入到另一只 100mL 针筒中去，并用室外空气稀释到 100mL 刻度，其浓度为 0.1%（10^{-3}），按上述方法配制出 10^{-4}、10^{-5}、10^{-6}、10^{-7}、10^{-8}等浓度的 SF_6 气体。

然后将检漏仪通电、开机，10min 后将微安表调整到以出厂空白基数为准的刻度上。当仪器处于正常工作状态时，分别用 20mL 针筒抽取上述配制好待用的不同浓度 SF_6 气体 10mL，将这 10mLSF_6 气体由检漏仪上的探头吸入，此时微安表上会显示各种浓度下的信号刻度数（格）。由此绘出 SF_6 气体的定量校准曲线，如图 15-2 所示。

3）局部包扎法。对安装后的 220kV 及以上电压等级的 SF_6 断路器和 GIS，由于体积很大，无法实施整体扣罩，可采用局部包扎法进行检测。下面以 FA_2-252 型断路器的局部包扎检漏为例加以说明。检漏仪用 MC-SF_6-DB 检漏仪。按图 15-3 包扎，分 8 点进行局部检测。

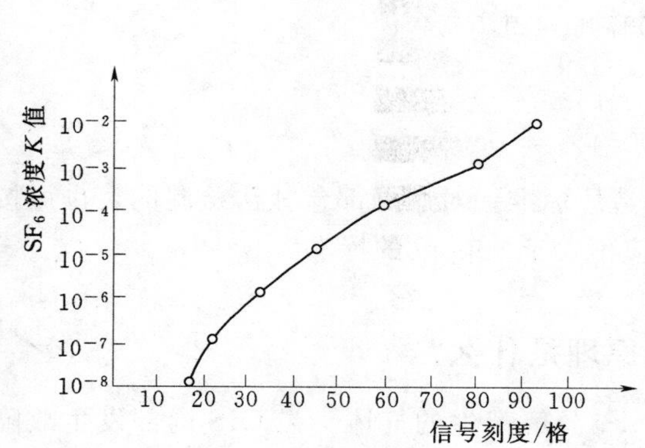

图 15-2　定量校正曲线

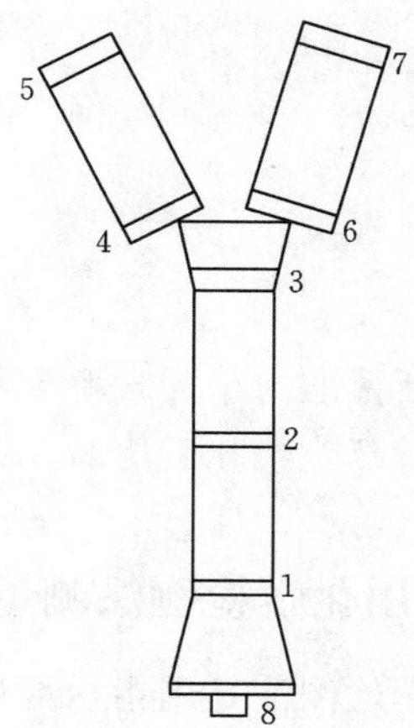

图 15-3　FA_2-252 局部检漏点

1～8—检测点

首先用塑料布包被测点，24h 后测量漏气量的计算公式为

$$Q = \frac{VK}{\Delta t} \times 10^{-6}\,(\mathrm{L/h})$$

式中　V——包扎局部的容积——被包物的体积，L；

K——仪器读数，ppm；

Δt——放置时间，24h。

表 15-1 列出了某台 FA_2-252 型断路器的一相实测值和计算结果。

表 15-1　　FA_2-252 型断路器的局部漏气量

测量部位	K /ppm	V /L	Δt /h	漏气量 /（L/h）	测量部位	K /ppm	V /L	Δt /h	漏气量 /（L/h）
下法兰 1	6.05	6.01	24	1.25×10^{-6}	上法兰 5	1.5	1.67	18	0.139×10^{-6}
中法兰 2	3.75	16.1	24	2.52×10^{-6}	下法兰 6	1.7	0.42	18	0.040×10^{-6}
三连箱 3	0.9	20.16	18	0.76×10^{-6}	上法兰 7	0.8	1.67	18	0.074×10^{-6}
下法兰 4	1.25	0.42	18	0.029×10^{-6}	继电器 8	0.35	2.5	12	0.0729×10^{-6}

总漏气量为

$$\sum Q = 5.1549\times10^{-6}\,(\text{L/h})$$

年漏气率为

$$\eta = \frac{\sum QtP}{M}\times100\% = \frac{5.1549\times10^{-6}\times8760\times6.14}{10.3\times10^{3}}\times100\% = 0.0027\%$$

然后检测分、合闸拉杆漏气量。用塑料布封住漏气口，1 年分合闸次数按 120 次计算。试验分合闸操作 5 次后，测漏塑料布封内 SF_6 气浓度为 90ppm。操作 120 次后的浓度应为

$$90\text{ppm}\times24 = 2160\text{ppm}$$

年漏气率

$$\eta = \frac{VKP\times10^{-6}}{M}\times100\% = \frac{21.2\times2160\times6.14\times10^{-6}}{10.3\times10^{3}}\times100\% = 0.0027\%$$

综合年漏气率

$$\eta = 0.0027\% + 0.0027\% = 0.0054\%$$

年漏气量

$$Q = 10.3\times10^{3}\times0.0054\% = 0.556(\text{g})$$

判断标准为年漏气率应不大于 1%，或按制造厂标准。对用局部包扎法检漏的，也可按每个密封部位包扎后历时 5h，测得的 SF_6 含量应不大于 30ppm 的标准。

2. 用化学检测法测量 GIS 局部放电的原理是什么？

化学检测法是用指示剂检测因局部放电使 SF_6 分解产生的气体。当 GIS 内部发生故障时，就会产生局部放电，一部分的电量会引起 SF_6 气体分解，产生 SF_4 及 SOF_2、HF、SO_2 等活泼气体。用化学分析法对这些被分解的气体进行检查，就会测出 GIS 内部是否发生局部放电。

3. 做 GIS 交流耐压试验应注意什么问题？

（1）规定的试验电压应施加在每一相导体和金属外壳之间，每次只能一相加压，其他相导体和接地金属外壳相连接，试验电压一般从进出线套管处施加。

（2）当试验电源容量有限时，可将 GIS 用具内部的断路器或隔离开关分断成几个部分

分别进行试验，同时对不试验的部分应接地，并保证断路器断口、断口电容器或隔离开关断口上承受电压值不超过允许值。

(3) 规定的试验程序应使每个部位都至少施加一次试验电压。但在编制试验方案时，必须尽可能减少固体绝缘重复耐压次数，例如尽量在GIS主回路的不同部位引入试验电压。

GIS内部的避雷器在进行交流耐压试验时应与被试回路断开，GIS内部的电压互感器、电流互感器的交流耐压试验应参照相应的试验标准执行。

4. 做GIS交流耐压试验分哪三步进行？各需多少时间？

做GIS交流耐压试验的步骤根据《气体绝缘金属封闭开关设备现场耐压及绝缘试验导则》(DL/T 555—2004) 中的加压程序3，如图15-4所示。

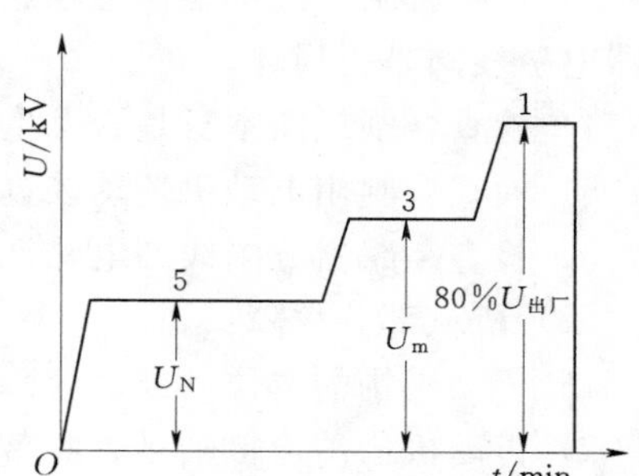

图15-4　做GIS交流耐压试验的步骤图

耐压时间分：

(1) 额定相电压 (U_N)，持续时间为5min。

(2) 最大持续运行线电压 (U_m)，持续时间为3min。

(3) 80%出厂试验电压 (80%$U_{出厂}$)，持续时间为1min。

5. 当GIS进行交流耐压试验时，如果有电压互感器，避雷器（氧化锌避雷器），应如何分别配合进行避雷器及电压互感器交接试验相关项目？有什么要求？

结合交流耐压试验可配合进行电压互感器、避雷器的试验。通过试验套管施加电压。

进行电压互感器耐压试验前，拉开其他回路所有母线隔离开关，合上电压互感器闸刀，先测量一次绝缘电阻值。再通入10kV电压，测二次、三次电压，用双电压表法测变比，也可用变比电桥测量，接下来进行绝缘电阻、一次直阻及极性的测量。拉开TV母线隔离开关做空载特性试验。

再合上TV母线隔离开关，用变频电源开始做GIS交流耐压试验，合上TV和避雷器闸刀，先用工频电压（一般为45～65Hz）加至持续运行电压下作避雷器的全电流及阻性电流试验，此时电压信号从TV二次取得，再根据规定的阻性电流峰值升压读取参考电压值。

降压，拉开避雷器闸刀，在TA厂方同意下进行GIS交流耐压试验，同理一定要用大于耐压倍数的变频电源频率，耐压时间为 $T=60\times\frac{100}{f_s}$。若 $f_s=150\text{Hz}$，时间为40s，故需在GIS 1min要严密监视TV二次电压表的动态，一有异常当即断开试验电源。

6. 目前有哪些方法可以对GIS的局部放电进行在线测量？

对GIS进行局部放电的在线监测可以采用对SF_6气体化学成分分解的监测、非电量的振动测量以及电气参量的监测等方法。

7. 断路器发生合闸失灵时应怎样进行检查?

断路器合闸失灵时，可以从电气回路、机械部分以及传动机构等方面进行检查。

(1) 电气回路故障:

1) 检查是否由于蓄电池或者硅整流器的实际容量下降，造成合闸时电源电压过低，超过了合闸电压的最低允许值。

2) 检查合闸回路的熔断器或其他动作元件，有无发生熔断、接触不良和断线等现象。

3) 检查合闸直流接触器主触点或辅助触点是否失灵，辅助触点滑动行程是否足够，接触器电磁线圈是否损坏。

4) 检查合闸线圈本身是否发生故障(如匝间绝缘损坏)而使电磁吸力不够。

5) 检查合闸用电动机传动装置的各元件，是否有短路、断线、接触不良等现象。

6) 检查断路器分闸线圈电磁铁顶杆是否有卡住未回原位等现象。

(2) 机械部分故障:

1) 传动机构的定位(或套管)是否发生移动而产生顶、卡现象，使动作不到位。

2) 传动机构的连接轴是否脱落。

(3) 传动机构故障:

1) 检查合闸铁芯的超越行程调整是否够量。

2) 检查合闸铁芯顶杆有无卡住或未回原位等现象。

3) 检查合闸缓冲间隙量是否调节得不够，使合闸不到位。

4) 检查合闸托架的坡度是否太陡、有无托架与合闸主轴的接触程度不够以及不在托架中心位置及振动滑落现象。

5) 检查分闸连板三点位置，有无合闸时发生分闸连板向上移动的现象。

6) 检查分闸有无卡住、未复归到原位的现象。

7) 检查机构的复位弹簧是否失效等。

8. 断路器发生跳闸失灵时应怎样进行检查?

断路器跳闸失灵时，可以从电气回路故障和机械部分故障两方面检查。

(1) 电气回路故障:

1) 检查电源电压是否过低，导致分闸铁芯的冲力不足或本身低电压分闸值不合格。

2) 检查分闸回路中熔断器是否熔断或其他动作元件有无接触不良及断路的现象。

3) 检查分闸回路的联锁触点有无接触不良。

4) 检查分闸线圈是否损坏(短路或断路)。

5) 检查断路器分闸线圈电磁铁顶杆是否有卡住未回原位等现象。

(2) 机械部分故障:

1) 检查分闸连板位置是否过低或合闸主轴在托架上吃度过深，而增加了抗劲。

2) 检查分闸铁芯行程是否不够或铁芯上的顶杆是否脱落。

9. 断路器跳闸后发现喷油，应如何判断检查和处理?

(1) 根据喷油现象的严重程度来确定断路器是因遮断容量不够造成的，还是由于断路器的分闸—合闸—再分闸这个过程中，间隔时间过短造成。

（2）根据故障跳闸的次数和喷油现象严重程度，进行断路器解体检修，以详细检查触点和灭弧室的状态，并消除缺陷。

（3）对遮断容量和动作时限进行验算，以采取相应措施。

10. 断路器在运行中发生哪些异常现象时，应立即停止运行？

断路器在运行中，发现下列现象时，应立即停止运行：

（1）严重漏油造成油面低下而看不到油面时。

（2）断路器支持绝缘子断裂或套管炸裂。

（3）断路器内发生放电声响。

（4）断路器连接点处过热变色。

（5）断路器瓷瓶绝缘表面严重放电。

（6）故障掉闸后，断路器严重喷油冒烟。

在停止运行前，应根据断路器所带负荷的重要程度和异常现象的严重程度，尽量采取措施将负荷倒出。

11. 对断路器触点的接触误差有什么规定？

为了避免触点因三相不同时接触（或分离）而造成烧伤或引起触点间电弧重燃而产生操作过电压。所以，要调整触点使其同期，并允许一定的误差。误差值应符合制造厂的规定。

12. 用直流电源进行分、合闸的断路器，为什么要试验最低分、合闸电压值？具体规定是多少？

断路器的控制电源额定值是DC220V，由蓄电池提供，在控制回路中可能存在寄生回路，会在分、合闸回路中产生高达几十伏的电压。为了确保在非控制电压下断路器不误动作，同时确保断路器在蓄电池出故障电压不足的时候在一定电压下能可靠动作，所以要在试验中做最低分、合闸电压值。

具体规定是：国网企业标准《750kV电力设备预防性试验规程》（Q/GDW 158—2007）和南方电网《电力设备预防性试验规程》（Q-CSG 10007—2004）规定是一致的：分闸30%额定电压（66V）不能动作，65%额定电压（143V）可靠动作；合闸80%～110%额定电压（176～242V）可靠动作。

13. 调整断路器分闸辅助触点时应注意什么？

分闸辅助触点是指断路器分闸回路中串联的辅助触点，调节时应注意将辅助触点调节在先投入后切开的位置。当断路器的动、静触点尚未接通时，分闸辅助触点即已先投入，接通了断路器的分闸回路，在断路器万一发生带故障合闸时，能够保证其迅速跳闸。

14. 低压开关设备电气触头的要求是什么？

（1）低压开关设备电气触头的结构要可靠。

（2）电气触头要有良好的导电性能和接触性能，即触点必须有低的电阻值。

(3) 电气触头通过规定的电流时，表面不过热。
(4) 电气触头能可靠地开断规定容量的电流及有足够的抗熔焊性能和抗电弧烧伤性能。
(5) 电气触头通过短路电流时，应具有足够的动稳定性和热稳定性。

15. 低压开关设备电气触头接触电阻过大的危害有哪些？怎样减小？

低压开关设备触头接触电阻过大的危害有：
(1) 接触电阻过大会使设备的接触点发热。
(2) 缩短设备的使用寿命。
(3) 严重时可引起火灾，造成更大经济损失。
低压开关设备减少接触电阻的常用方法如下：
(1) 磨光触点接触面，增大触点接触面积。
(2) 加大接触部分压力，保证可靠接触。
(3) 涂抹导电膏，采用铜、铝过渡线夹等。

16. 低压空气断路器的常见故障及处理方法有哪些？

低压空气断路器的常见故障及处理方法见表 15-2。

表 15-2　低压空气断路器的常见故障及处理方法

故障现象	可能原因	处理方法
手动操作的断路器不能合闸	失电压脱扣器线圈无电压，线圈烧毁 储能弹簧变形，致使合闸力不够 释放弹簧的反作用力过大 机构不能复位再扣	检查线圈电压，更换线圈 换上新的储能弹簧 重新调整或更换新弹簧 将再扣面调整到规定值
电动操作的断路器不能合闸	电源电压不符 电源容量不够 电动机或电磁铁损坏 电磁铁拉杆行程不够 电动机操作定位开关失灵 控制器中整流元件或电容等损坏	检查电源电压 增大电源容量 修复或更换 调整或更换拉杆 调整或更换定位开关 检查并更换元件
有一相触点不能闭合	该相连杆损坏 限流开关拆开机构的可拆连杆间的角度增大	更换连杆 调整到规定要求
断路器过热	触点之间的压力太小 触点接触不良或严重磨损 两个导电部件连接螺栓松动 触点表面有油污或被氧化	调整触点压力或更换触点弹簧 修整接触面或更换触点，或更换整个断路器 拧紧螺栓 清除油污及氧化层
失电压脱扣器不能使断路器分闸	释放弹簧压力太小 如为储能释放，则储能弹簧力过小 机构卡死	调整释放弹簧 调整储能弹簧 查出原因，并排除
失电压脱扣器有噪声	反力弹簧的反力太大 短路环断裂 铁芯工作面有油污	调整或更换反力弹簧 修复短路环，更换铁芯或衔铁 清除油污

续表

故障现象	可能原因	处理方法
分励脱扣器不能使断路器分闸	分励线圈的电源电压太低 分励线圈烧毁 再扣接触面太大 螺栓松动	升高电压 更换线圈 调整再扣面 拧紧螺栓
断路器在电动机起动时很快自动分闸	过电流脱扣器长延时整定值不正确 空气式脱扣器的阀门失灵或橡胶膜破损	调整过电流脱扣器瞬时整定弹簧 查明原因，作适当处理
断路器闭合后，经一定时间自行分闸	过电流脱扣器长延时整定值不正确 热元件或半导体延时电路元件变质	重新调整长延时整定值 查出变质元件并更换
辅助开关发生故障	动触桥卡死或脱落 传动杆断裂或滚轮脱落	调整或重新装好动触桥 更换损坏的元件或更换辅助开关
带半导体脱扣器断路器误动作	半导体脱扣器元件损坏 外界电磁干扰	更换损坏的元件 消除外界干扰，如采取隔离或更换线路等措施

17. 低压空气断路器检修的注意事项有哪些？

检修低压空气断路器应注意以下几个方面：

（1）要保证低压空气断路器外装灭弧室与相邻电器的导电部分和接地部分之间有安全距离，杜绝漏装断路器的隔弧板。只有严格按《低压自动空气开关检修规程》要求装上隔弧板后，低压空气断路器方可投入运行。否则，在切断电路时很容易产生电弧，引起相间短路。

（2）要定期检查低压空气断路器的信号指示与电路分、合闸状态是否相符，检查其与母线或出线连接点有无过热现象。检查时要及时彻底清除低压空气断路器表面上的尘垢，以免影响操作和绝缘性能。停电后，要取下灭弧罩，检查灭弧栅片的完整性，清除表面的烟痕和金属粉末。外壳应完整无损，若有损坏，应及时更换。

（3）要仔细检查低压空气断路器动、静触点，发现触点表面有毛刺和金属颗粒时应及时清理修整，以保证其接触良好。若触点银钨合金表面烧损超过 1mm，应及时更换。

（4）要认真检查低压空气断路器触点压力有无过热而失效，适时调节三相触点的位置和压力，使其保持三相同时闭合，保证接触面完整、接触压力一致。用手缓慢分、合闸，检查辅助触点的断、合工作状态是否符合《低压自动空气开关检修规程》要求。

（5）要全面检查低压空气断路器脱扣器的衔接和弹簧活动是否正常，动作应无卡阻，电磁铁工作极面应清洁平滑，无锈蚀、毛刺和污垢；查看热元件的各部位有无损坏，其间隙是否符合《低压自动空气开关检修规程》要求。若有不正常情况，应进行清理或调整。还要对各摩擦部位定期加润滑油，确保其正确动作，可靠运行。

18. 交流接触器通电后吸不上或吸不紧的原因是什么？怎样处理？

（1）故障原因：

1）电源电压过低或波动过大。

2）操作回路电源容量不足或发生接线错误及控制触点接触不良。

3）线圈参数与使用条件不符。

4）接触器受损（如线圈断路或烧毁，机械可动部分卡阻，转轴生锈或歪斜等）。

5）触点弹簧压力与超程过大。

6）错装或漏装有关零件。

（2）处理办法：

1）检查电源电压并调整。

2）增加电源容量，纠正错误接线，修理控制触点。

3）更换线圈。

4）更换线圈，排除卡阻故障，修理受损零件。

5）调整触点弹簧压力及超程。

6）按要求调整触点参数。

19. 交流接触器电磁噪声大的原因是什么？怎样处理？

（1）故障原因：

1）电源电压过低。

2）触点弹簧压力过大。

3）磁系统歪斜或机械卡住，使铁芯不能吸平。

4）极面生锈或有异物侵入铁芯极面。

5）铁芯极面磨损过度而不平。

6）短路环断裂。

（2）处理方法：

1）提高操作回路电压。

2）调整触点弹簧压力。

3）修理磁系统，排除机械卡阻故障。

4）清理铁芯极面。

5）更换铁芯。

6）修复短路环或调整铁芯。

20. 交流接触器触点熔焊的原因是什么？怎样处理？

（1）故障原因：

1）操作频率过高或负荷过重。

2）负荷侧短路。

3）触点弹簧压力过小。

4）触点表面有金属颗粒凸起或有异物。

5）两极触点动作不同步。

6）操作回路电压过低或机械卡阻，使吸合过程中有停滞现象，触点停顿在刚接触的位置上。

（2）处理方法：

1）降低操作频率，减轻负荷调整合适的接触器。
2）排除短路故障，更换触点。
3）调整触点弹簧压力。
4）清理触点表面。
5）调整触点使之同步。
6）提高操作电源电压，排除机械卡阻，使接触器吸合可靠。

21. 交流接触器断电不释放或释放缓慢的原因是什么？怎样处理？

（1）故障原因：
1）触点弹簧或反力弹簧压力过小。
2）触点熔焊。
3）机械可动部分被卡阻，转轴生锈或歪斜。
4）反力弹簧损坏。
5）铁芯极面有油污、尘埃黏着。
6）当E形铁芯寿命终了时，因去磁气隙消失，剩磁增大，使铁芯不释放。
（2）处理方法：
1）更换弹簧，调整触点参数。
2）排除熔焊故障，修理或更换触点。
3）排除卡阻现象，修理受伤零件。
4）更换反力弹簧。
5）清理铁芯极面。
6）更换铁芯。

22. 交流接触器线圈过热或烧毁的原因是什么？怎样处理？

（1）故障原因：
1）电源电压过高或过低。
2）线圈技术参数（如额定电压、频率、通电持续率及适用工作制等）与实际条件不符。
3）制造不良或由于机械损伤、绝缘损坏等。
4）使用环境条件差，如空气潮湿、含有腐蚀性气体或环境温度过高。
5）运动部分卡阻。
6）操作频率过高。
7）交流铁芯极面不平或中柱铁芯气隙过大。
8）交流接触器派生直流操作的双线圈，因常闭联锁触点熔焊不释放，而使线圈过热。
（2）处理方法：
1）检查电源电压。
2）更换线圈或接触器。
3）更换线圈，排除引起线圈机械损伤的原因。
4）改善使用条件，加强维护或采用特殊设计的线圈。
5）排除卡阻现象。

6）降低操作频率或选用其他合适接触器。

7）修整极面，调整铁芯。

8）调整联锁触点参数及更换烧毁线圈。

23. 高压断路器的机械故障监测与诊断项目有哪些?

（1）合、分闸线圈电流的监测。断路器合、分闸线圈电流的监测是通过其电流波形的诊断来判断机械系统的变动情况的。当断路器机构传动系统卡涩时，合、分闸线圈中的铁芯驱动脱扣系统将产生阻力，其电流波形会发生明显变化。记录每一次断路器操作过程中合、分闸线圈电流的波形，分析波形中特征点的时间参数，并进行前后对照比较，是诊断断路器机构异常的重要方法。图 15－5 所示为分闸线圈正常电流波形（与合闸线圈类似）。电流的波形及其特征量可以反映的状态有：

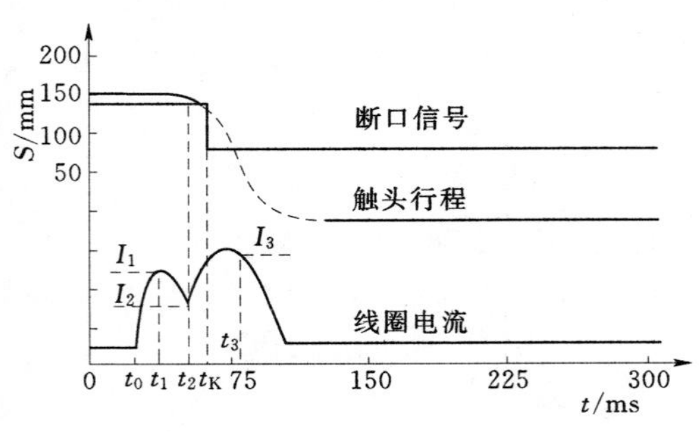

图 15－5 断路器分闸线圈正常电流波形

t_0—断路器分（合）闸的正常命令下达时刻，t_1—线圈中电流、磁通上升到铁芯开始运动的时刻；t_2—控制电流的谷点，表示铁芯已触动机械负载而明显减速；t_3—断路器辅助触点切换的时刻。$t_2 \sim t_1$ 表征铁芯空行程有无卡涩及机械负载变动情况，$t_3 \sim t_2$ 表征操作传动系统运动情况

1）铁芯空行程。

2）铁芯止涩。

3）线圈状态。

4）与铁芯顶杆连接的锁闩和阀门的状态。

5）合、分闸线圈的辅助触点状态与转换时间。

可据上述反映特征进行机械故障诊断。合、分闸线圈几种典型的电流波形如图 15－6 所示。

（2）行程、速度的监测。真空断路器行程的监测可选用旋转式光栅行程传感器，安装在操动机构的转动轴上，间接计算触头的运动特性。其结构原理如图 15－7 所示。

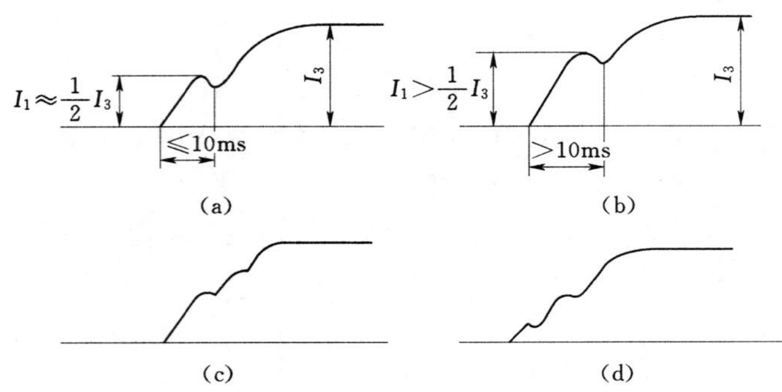

图 15－6 合、分闸线圈几种典型的电流波形

（a）正常的电流波形；（b）电磁铁开始动作有卡涩或铁芯空行程太大；（c）电磁铁动作有卡涩或铁芯空行程太小；（d）铁芯总行程和空行程均太小

由图 15－7 可见，将圆形光栅安装在真空断路器操动机构的转动轴上，发光元件发出的光经过圆形光栅为接收元件所接收。圆形光栅旋转时接收元件将接收到一系列光脉冲并将之转换为电脉冲。经数据处理后可得断路器操作过程中的行程和速度随时间的变化关系。据此

可计算出动触头行程、合分闸同期性、超行程、平均速度、刚分后及刚合前 10ms 内速度的平均值、最大速度等。

（3）振动信号的监测。真空断路器在合、分闸过程中，由于操动机构、联动机构、动触头等的运动、撞击，将产生一系列振动信号。应用振动传感器（通常使用频率响应达几十千赫的加速度传感器）在断路器体外采集振动信号，轻信号处理后可以得到一系列反映断路器机械振动的参数，可用以判断真空断路器的机械状态。

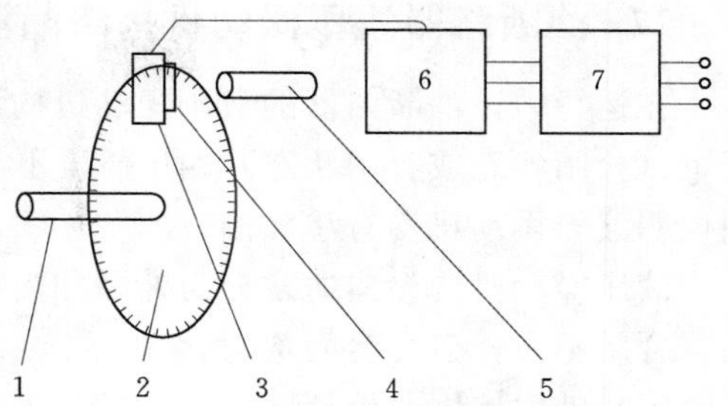

图 15－7　旋转式光栅行程传感器的结构原理
1—旋转轴；2—光栅；3—接收元件；4—狭缝；5—发光元件；6—信号处理单元；7—输出单元

24. 油断路器过热的原因是什么？怎样判断油断路器运行温度是否过高？

油断路器在运行中过热的原因是：

（1）断路器过负荷。如负荷电流超过额定值或断路器达不到铭牌容量。

（2）触头接触电阻过大。如触头表面氧化、动静触头未接触好、动触头插入静触头的深度不够、静触头的触指歪斜或压紧弹簧松弛及支持环裂开、变形，使动触杆与静触指接触不紧，造成接触电阻增大。

（3）周围环境温度升高。周围环境温度高于断路器的额定环境温度且断路器仍在额定电流下运行，造成断路器过热。

判断油断路器运行温度过高的方法是对如果发现运行中的油断路器油箱外部的颜色变红、油位升高、有焦气味、声音异常等现象，则可判为断路器的温度过高。

25. 油断路器着火可能是什么原因造成的？如何处理？

油断路器着火可能是以下原因造成：

（1）油断路器外部套管污秽受潮，造成对地闪络或相间闪络及油断路器内部闪络。

（2）油断路器分闸时动作缓慢或遮断容量不足。

（3）油断路器内油面上的缓冲空间不足。

（4）在切断强大电流发生电弧时会形成强大的压力使油喷出着火。

油断路器着火而未自动跳闸时，应立即用远方操作切断燃烧着的油断路器，并将油断路器两侧的隔离开关拉开，使其与可能涉及的运行设备隔开，并用干式灭火器灭火。如不能扑灭，则用泡沫灭火器扑灭。

26. 油断路器误跳闸的原因是什么？如何处理？

油断路器误跳闸的主要原因有：

（1）保护误动作。

（2）断路器操作机构的不正确动作。

（3）二次回路绝缘问题。

（4）有寄生跳闸回路。

针对上述四个油断路器误跳闸的主要原因，逐个检查予以排除。

27. 油断路器液压操动机构渗漏油的原因是什么？如何处理？

在运行中，油断路器的液压操动机构渗漏油现象是不可避免的。液压操动机构在额定表压下（分闸状态或合闸状态）24h 补压不超过 2 次的可视为液压操动机构不渗漏油；反之，则说明液压操动机构有渗漏油。

液压操动机构渗漏通常分为外漏和内漏两大类。内漏又可分为合闸漏，分闸不漏；分闸漏，合闸不漏；分、合闸均漏。

（1）外漏原因及处理：

1）发生外漏的主要原因如下：①管接头拧紧力矩不够，接头松动；②接头卡套损坏、有毛刺及破裂；③密封圈、势片变形损坏；④安装不妥使接头受力，变形损坏。

2）主要处理方法如下：①拧紧接头；②除毛刺或更换卡套；③更换密封圈、垫片（铜垫注意褪火使之变软，安装时最好是一次成功，否则铜垫在装拆几次后易产生新的渗漏点）；④安装接头要受力均衡，避免接头受损。

（2）内漏原因及处理：

1）发生内漏的主要原因如下：①液压元件的动静密封圈、垫片损坏老化；②锥阀及阀座密封损坏，球阀及阀线损坏，阀线宽度大于 0.2mm；③液压元件内部接头松动。

2）主要处理方法：①更换密封圈、垫片；②更换锥阀及阀座密封圈，阀线宽度符合要求；③液压元件内部接头紧固。

28. 油断路器合闸未到位的原因是什么？如何处理？

（1）首先应该怀疑柜子外部问题。如果将小车摇到试验位，然后在试验位断路器合闸正常，再把小车推到工作位；还不行，就考虑一下负载是否有问题。

（2）合闸后自动激活跳闸回路，合闸回路电源就断开而跳闸，检查后发现停止压扣按下后未弹起（复位）。

（3）相信“中央信号屏显示”的提示，检查跳闸回路是否有断路现象。

（4）另外还有以下原因：一是储能不到位，二是机构有问题，三是失电压脱扣线圈失电（或断线），四是分励脱扣线圈得电，五是释能电磁铁动作不到位，六是合闸时合在短路故障上，七是电流速断脱扣机构未复位。建议在断路器上下两侧无电的情况下，手动合闸试验几次，发现问题及时予以排除。

29. 高压隔离开关的异常运行有哪些？如何处理？

（1）隔离开关拉不开的原因及处理方法。

1）故障原因：①冰雪冻结；②传动机构、转轴等处生锈；③接头处熔接。

2）处理办法。轻轻扳动操动机构手柄，找寻卡涩位置。如不能转动，可解开相与相间连杆，分相检查，然后进行有针对性的处理，对损坏的部件应予更换。

（2）隔离开关拒合的原因及处理方法。

1）轴销脱落，铸铁件断裂，使隔离开关与传动机构脱节。检修时，可将轴销固定好，更换损坏的部件。

2）电气回路故障，应检查合闸回路各触点接触面的接触状态，以及导线是否有断线。

3）传动机构松动，使两接触面不在一条直线上。检修时，应调整松动部件，使两接触

面处在一条直线上。

(3) 隔离开关刀片发生弯曲的处理。引起隔离开关刀片发生弯曲的原因是由于刀片间的电动力方向交替变化或调整部位发生松动，刀片偏离原来位置而强行合闸使刀片变形。处理时，检查接触面中心线是否在同一直线上，调整刀片或瓷柱位置，并紧固松动的部件。

发生上述情况十分危险，尤其是当有人在停电设备上工作时，很可能会造成人身伤害、设备损坏以及带地线合闸事故等。当发生这种情况时，应按照带负荷合隔离开关的处理方法进行处理。

隔离开关动触点自动掉落合闸的主要原因如下：

1) 处于分闸位置的隔离开关操动机构未加锁或其他形式的防误操作装置失灵。

2) 机械闭锁失灵，如弹簧销子振动滑出。

为防止类似情况发生，要求操动机构的闭锁装置可靠，拉开隔离开关后必须加锁。

(4) 隔离开关合闸不到位或三相不同期。隔离开关合闸不到位，多数是由机构锈蚀、卡涩及检修调试未调好等原因引起的。发生这种情况，可拉开隔离开关再次合闸，对 220kV 隔离开关，可用绝缘棒推入。必要时，申请停电处理。

(5) 隔离开关和接地开关不能进行机械操作的处理。

1) 检查隔离开关和接地开关之间机械闭锁是否解除。

2) 检查机械传动部分的各元件有无明显的松脱、损坏、卡阻和变形等现象。

3) 检查动、静触点是否变形卡阻。

30. 跌落式熔断器熔体熔断后熔管不能迅速跌落的原因是什么？如何处理？

检查跌落式熔断器安装方法是否正确，其正确安装时应将熔体拉紧，否则容易引起触点发热，使用的熔体必须是合格产品，且有一定的机械强度。熔管应有向下 25°（±2°）的倾角，熔管的长度应调整适中，要求合闸后鸭嘴舌头能扣住触头长度的 2/3 以上，以免在运行中发生自行跌落的误动作，熔管不可顶死鸭嘴，以防止熔体熔断后熔管不能及时跌落。

如果跌落式熔断器有一管件跌落。取下后，发现高压熔丝没有熔断，且拉力适中，管件两端固定良好，则表明跌落的原因是由于振动或风力所致，可立即予以恢复运行。合好后，用绝缘棒轻拉熔管上的拉环，验证是否合闸良好。如果管件再次跌落，说明管件内熔丝长度调节不适中，动、静触点难以吻合，或绝缘子上端静触点上的止挡磨损严重，难以卡住动触点。前者可以进行调节，后者只能更换静触点或更换跌落式熔断器。

31. 跌落式熔断器熔体误熔断或熔管误跌落的原因是什么？如何处理？

(1) 熔管误跌落。如果熔管长度与熔断器固定部分配合不好，或者操作时未压紧，或者上盖被烧坏而不能起阻挡作用，则遇上振动或被大风吹动，熔管就会脱落。

(2) 熔体选择不当而误熔断。如果熔体多次重复熔断，就应考虑熔体选择是否适当。有时保护协调配合不好，上下级无选择性而导致熔体熔断。在这种情况下，应重新计算，选择规格合适的熔体。此外，熔体质量不佳也可能造成误熔断。

(3) 熔管烧坏。由于转动轴制造粗糙、不灵活，或者安装不正或安装角度不合适，当熔体熔断时熔管不能迅速跌落而烧坏；在短路容量较大的容量较大的电网中，由于故障容量往往大于熔断器的断流容量，也会造成熔管烧坏。

32. 跌落式熔断器的异常运行情况有哪些？发生原因是什么？如何处理？

跌落式熔断器的异常运行情况、发生原因及处理方法见表 15－3。

表 15－3　　跌落式熔断器的异常运行情况、发生原因及处理方法

序号	异常运行情况	发生原因	处理方法
1	高压熔断器接触部分发热	（1）压紧弹簧或螺栓松动。 （2）接触面氧化造成接触不良。 （3）熔体管长度不当	找出发热原因，根据发热情况降低负荷或停电，针对缺陷进行处理
2	熔断器瓷体损伤或断裂	（1）外力破坏。 （2）制造质量不当。 （3）合闸时用力过猛。 （4）安装角度不当，在拉合闸时断裂	应停电进行处理，安装角度不当时，应调整安装角度符合垂直倾斜角为 20°～25°
3	熔断器瓷件闪络	（1）遭受雷击或操作过电压。 （2）环境污秽。 （3）爬距不够	（1）应停电更换过电压击穿的瓷件。 （2）应及时清扫，污秽严重的地区应装设防污型瓷件，缩短清扫周期。 （3）更换爬距大的熔断器
4	上鸭嘴和下部接触处喷火，熔体未断便跌落	（1）熔管长度不当。 （2）合部时未合到底。 （3）弹簧已失去弹性	应停电调整熔体长度或更换簧片或重新合闸
5	变压器低压侧正常运行时熔体熔断	（1）熔体选择过小。 （2）熔体安装时受到损伤	停电更换适当的熔体，安装熔体时应注意不使其受到损伤
6	跌落式熔断器的熔体熔断后，熔管不能迅速跌落	主要是安装不良所引起的。 （1）转动轴粗糙而转动不灵活或熔管被其他杂物堵塞，使熔管转动卡住。 （2）上、下转动轴安装不正，俯角不合适，仅靠熔管自重的作用时，不能迅速跌落。 （3）熔体管的附件太粗，熔体管太细，出现卡阻现象，即使熔体管熔断，熔体元件也不易从管中脱出，使熔管不能迅速跌落	（1）可用粗砂纸将转动轴打光，或将熔体管的杂物清除干净。 （2）应按要求正确安装，调整俯角为 15°～30°。 （3）应安装相应规格的熔体配套附件
7	跌落式熔断器的熔管烧坏	一般是安装不良和熔断器规格选择不当造成的 （1）在中小电网中，熔管烧坏多数是熔体熔断后不能迅速跌落所造成。 （2）在较大电网中，若熔断器规格选择不当，短路电流超过了熔断器的断流容量，使熔管烧坏	（1）可参照上述进行处理。 （2）可按短路电流的大小合理选择熔断器规格。熔体的额定电流与变压器容量的配合，可参照表 15－4 选择
8	跌落式熔断器熔管误跌落及熔体误熔断	一般是由装配不良，操作粗心大意及熔体选择不当所引起的。 （1）熔管的长度与熔断器固定接触部分的尺寸配合不合适，在遇到大风时熔管容易被吹落。 （2）操作者疏忽大意，使熔管未合紧，引起动、静触头配合不良，稍受振动就自行脱落。 （3）熔断器上部静触头的弹簧压力过小，压帽（熔断器上盖）内舐舌烧毁或磨损，挡不住熔体管而跌落。 （4）熔管本身质量不好，焊接处受温度和机械力作用而脱开，如熔体多次更换，反复熔断，是熔体容量选择过小，或下一级配合不当而发生越级熔断	（1）应重新装配，适当调整熔体管两端铜套的距离。 （2）操作时应试合几次并观察配合情况，可用绝缘棒端触及操作环轻微晃动几下，确认合紧即可。 （3）应更换熔断器。 （4）应更换合格的熔体

表 15-4　　变压器与熔体配合表

变压器容量/kVA	单相变压器			三相变压器		
	高压/kV		低压/kV	高压/kV		低压/kV
	6	10	0.4	6	10	0.4
5	2	1	15	—	—	—
10	3	2	30	2	2	15
20	7.5	5	50	3	3	30
30	10	7.5	80	5	5	50
40	15	10	120	7.5	5	60
50	20	10	150	10	7.5	80
63	30	15	150	15	7.5	100
80	30	20	200	20	10	120
100	40	30	250	20	15	150
125	—	—	—	30	20	200
160	—	—	—	40	20	250
200	—	—	—	40	20	300
250	—	—	—	50	30	400
315	—	—	—	75	40	500

33. 跌落式熔断器熔管误跌开和熔体误熔断的原因是什么？如何处理？

（1）短路故障或过载运行而正常熔断。安装新熔体前，先要找出熔体熔断原因，若未确定熔断原因，不要更换熔体试送。

（2）熔体使用时间过久，熔体因受氧化或运行中温度高，使熔体特性变化而误断。

要换新熔体时，要检查熔体的额定值是否与被保护设备相匹配。

34. 高压开关柜继电保护动作是由什么原因引起的？

（1）所带负载过大，导致继电器保护动作。

（2）所带负载内部存在短路现象，瞬间产生大电流，使熔断器烧毁。

（3）高压电机的三角形或者星形接法是否正确。

（4）电机绝缘没有达到要求。

（5）高压电缆打压试验结果不符合要求。

（6）继电保护或断路器接线错误。

35. 高压开关柜连接处发热的主要原因是什么？怎样处理？

高压开关柜连接处发热原因主要有：

（1）电气接头和设备线夹接触面氧化。接触面无论压接多紧，总有缝隙，长时间运行后，在接触面上会形成一层氧化膜，增大接头和线夹的接触电阻，接触电阻的增大使本部位运行时接头变热，这种接头变热又会加速接触面氧化，如此反复，最后形成发热故障。

（2）检修人员工作失误。检修人员进行开关检修或试验时必须拆开部分连接点，工作结束时再恢复原样。由于工作人员失误，本来应该安装弹簧垫圈，结果没有安装弹簧垫圈；本来应该安装四只紧固螺栓的接头，结果只装了三只。由于工作人员失误，在母排重新刷相序时，其油漆进入母排的连接接触面内，造成接触不良。线路负荷较小时这些隐患不会被立即发现，当负荷突增时该接头就会过热。

（3）电气设备连接工艺不当。一般发生在线电缆与开关引出线的连接处。6kV 连接开关的引线一般使用 40mm 宽铝牌，6kV 电缆较粗，通常只使用一个螺栓来连接，连接的受力面较小，电流通过的有效截面积较小，于是造成发热。有的连接处接触面太小，主要表现在计量电流互感器和电缆接头上，这些部位一般只有一个螺栓连接，使通流截面积不足，在大电流使用下，形成发热。还有铜、铝导体相互间连接不当，引发接头氧化造成发热。

（4）隔离开关触点发热。触点发热多数是隔离开关长期运行触指压紧弹簧疲劳或者弹簧锈蚀老化造成变差，使触点与触指的压力变小，触指与触点单边接触，接触电阻增加和通流截面积变小造成发热。在运行中由于触指压紧弹簧长期受压缩，如果工作电流较大，温升超过允许值，会使其弹性变差造成压紧力不足，加速发热，恶性循环，最终造成隔离开关发热。隔离开关触点每年检修都需要涂导电膏（电力复合脂），导电膏是一种复合材料，并不是良导体，如果在涂抹新导电膏前不将往年的导电膏去掉或者涂抹太多，反而会使隔离开关触点的导电性能下降，形成发热。

（5）电力负荷突变对设备的影响。电力负荷的变化会影响设备的温度，正常的负荷变化引起的温度升高不会超过规定的 75℃。如果负荷增加较多时（如比平时增加一倍或几倍），或者线路受到短路电流冲击后，设备的薄弱环节就会发热变红，发热后连接点的材料会发生变形、氧化等物理或化学变化，发热后如不及时发现，再次受负荷冲击后，又会加热，经过多次反复的恶性循环，接头的连接状况越来越差，最后甚至造成接头熔断事故。

发热故障对设备和供电危害巨大，严重时可能烧坏设备、线夹和导线，影响正常运行。为了消除发热故障，必须做到以下几点：

（1）防氧化。设备接头的接触表面要进行防氧化处理，接头接触面可采用锉刀或砂纸把接头接触面严重不平的地方和毛刺锉掉，使接触面平整光洁，然后涂抹导电膏（涂抹导电膏应符合标准，一般以 0.7～1mm 为宜），同时用符合接触面通流要求的螺栓紧固，保证接触面的紧固力和密封性能。

（2）实际检修人员责任制。一是提高检修人员的维修技能；二是设备在检修完毕后必须设专人对设备进行全面检查，杜绝检修人员工作的失误。

（3）连接工艺改进。连接工艺问题多数发生在出线电缆与开关引出线的连接处。6kV 电缆较粗，通常只有一个螺栓来连接，连接的受力面积较小，电流通过的有效截面积也就小，于是容易造成发热。另外，部分检修人员在接头的连接上存有误区，认为连接螺栓拧得越紧越好，其实不然。因为铝质母线弹性系数小，当螺母的压力达到某个临界压力值时，若材料的强度差，再继续增加不当的压力，将会造成接触面部分变形隆起，反而使接触面积减小，接触电阻增大。因此进行螺栓紧固时，螺栓不能拧得过紧，以弹簧垫圈压平即可。有条件时，应用力矩扳手进行紧固，以防压力过大。铜铝连接点之间，应采用导电膏涂覆，代替母排端头的镀锡工艺，可稳定接点的接触电阻，防止接头发热。

（4）防止隔离开关触点发热。实践证明，当接头处的运行工作温度超过 80℃时，接头金属将因过热而膨胀，使接触表面位置错开，形成微小空隙而氧化。当负荷电流减小、温度

降低回到原安装时金属间的直接接触。每次温度变化的循环所增加的温度又使接头的工作状况进一步恶化，因而形成恶性循环。开关柜的动触点是最容易发热的部位，由于该部位接触不良、脏污等原因，接触电阻较大，在大电流情况下该处的热功率很大，结果是接头发热严重，危及系统安全运行。要早发现、早处理，使各部位接触良好，接触电阻达到标准值，避免事故发生，保证电网安全、稳定运行。

（5）电力负荷的突变会影响设备的温度。正常的负荷变化引起的温度升高不会超过规定的75℃，要及时对电力负荷进行合理调控，对设备定期维护、检修、预防性试验，防患于未然。

36. 发生10kV高压开关柜柜内电器烧毁或爆炸的原因是什么？

由于10kV高压开关柜长期温升超标而加速了柜内设备绝缘的老化，导致柜内10kV真空断路器绝缘拉杆性能下降而发生单相弧光接地；而柜内10kV三相限压保护器由于选型不当而在暂时过电压作用下发生烧毁或爆炸，引起相间短路，进而扩大了事故范围。

37. 高压开关柜接触器合不上的原因是什么？如何处理？

高压开关柜在使用过程中，经常会出现接触合不上的状况。总的来说，首先是电气回路的故障，包括电压过低、开关辅助接触不良、断线、短路等；其次就是机械部分故障，包括开关本身和接触器卡住、机构卡住、不能复位、托架坡度大、不正或尺度小等。

遇到上面的状况发生，当电动开关失灵时，首先判断是电气部分的原因还是机械本身的原因。如果接触器合不上，则是控制回路故障；如果接触器动作，开关不动，那就是开关回路故障。根据上述分析判断，逐步缩小范围，找到原因及时处理。

38. 目前断路器在线检测可行的主要项目有哪些？

（1）用热像法诊断一次大电流回路有无接触不良点（效果显著的项目）。

（2）油中微水分析（可试行项目）。

（3）油的常规试验（传统项目）。

（4）测试和分析分、合闸电流波形诊断机械传动有无卡涩（摸索中的项目）。

（5）测传动杆的泄漏电流（谨慎试行的项目）。

第十六章
套管、绝缘子在线监测与故障诊断

1. 为什么Q/GDW 1168—2013中规定油纸电容型套管的介质损耗因数一般不进行温度换算？

因为油纸电容型套管的主绝缘为油纸绝缘，其 $\tan\delta$ 与温度的关系取决于油与纸的综合性能。良好绝缘套管在现场测量温度范围内，其 $\tan\delta$ 基本不变或略有变化，且略呈下降趋势。而对受潮的套管，其 $\tan\delta$ 随温度的变化而有明显的变化。绝缘受潮的套管的 $\tan\delta$ 随温度升高而显著增大。所以对油纸电容型套管的介质损耗因数 $\tan\delta$ 一般不进行温度换算。

2. 做变压器套管介质损耗试验为什么一定要把变压器绕组短路加压，非试绕组短路接地？

变压器绕组短路加压，使变压器高压端绕组首末两端处于同一电位，防止绕组上有电流通过，消除绕组的电感效应，只有套管的电容效应，否则所测套管介质损耗会偏小。

非试绕组短路接地是为了防止励磁电流影响测量结果。

3. 做变压器套管介质损耗试验为什么不能全部末屏拆开连续做？

做变压器套管介质损耗试验高压端所有套管短路接高压引线，若末屏全部拆开，则非试验端末屏会承受高电压10kV，而末屏只能承受2kV电压，将会发生放电现象。

4. 变压器套管闪络的原因有哪些？变压器套管裂纹有什么危害？

变压器套管闪络的原因如下：

（1）套管表面过脏。

（2）高压套管制造不良。

（3）系统出现内部或外部过电压。

（4）套管外绝缘水平配置不合理。

变压器套管出现裂纹会使绝缘强度降低，造成绝缘的进一步损坏，直至全部击穿。

5. 高压套管电气性能应满足哪些要求？

高压套管电气性能方面通常要满足以下要求：长期工作电压下不发生有害的局部放电；1min 工频耐压试验不发生滑闪放电；工频耐压试验或冲击电压下不击穿；防污性能良好。

6. 变压器绝缘套管的作用是什么？

（1）将变压器内部的高、低压引线引到油箱的外部；

（2）固定引线。

7. 检测运行中劣化的悬式绝缘子时，宜选用何种火花间隙检测装置？

近年来，随着科学技术的发展，劣化悬式绝缘子检测方法有了新的进展，如光电式检测杆、自爬式检测仪、超声波检测仪、红外成像技术检测等。但真正被广泛用于生产实践的还是火花间隙检测装置。

从我国目前使用的火花间隙检测装置来看，大体可分为固定式和可变式两种类型。

所谓固定式，就是在检测过程中，其间隙是固定不变的。利用此种间隙的两根探针短接绝缘子两端部件瞬间的放电与否来判断绝缘子的好坏。此种火花间隙检测装置又分为可调式和不可调式两种。前者可根据检测绝缘子电压等级不同来调整其间隙距离，以适应不同电压等级需要。后者则没有这种功能，仅凭测试先将一探针接触绝缘子一端金属部件，再用另一探针缓慢接触绝缘子另一端金属部件时被击穿的放电响声来判断。

所谓可变式，则是在检测过程中可变动间隙的距离，来粗略检测绝缘子的分布电压。

比较上述两种不同的火花间隙检测装置，可以看出：固定可调式结构简单、轻巧、可快速定性，且适用于不同电压等级的悬式绝缘子零值和低值检测。至于能粗略测量绝缘子分布电压的可变式火花间隙检测装置，尽管这比第一类有了进步，但在目前分布电压测试仪研制较多且灵敏度较高的情况下，可变式火花间隙检测装置是不可取的。

综上所述，选择固定可调式火花间隙检测装置作为检测零值和低值绝缘子工具是适当的，其示意图如图 16-1 所示。

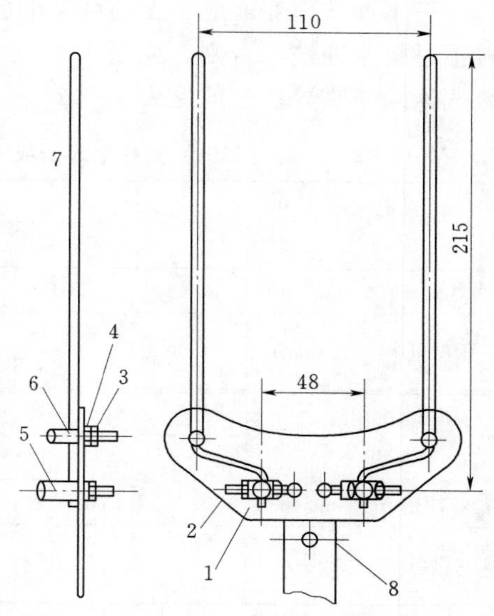

图 16-1　火花间隙检测装置

1—支承板；2—电极；3—调整螺母；4—垫圈；5—电极、探针固定架；6—探针固定架；7—探针；8—工作头

我国以往使用的火花间隙电极大都为尖对尖，而球对球的电极形状放电分散性较小。考虑到分散性小和过去实际使用的电极形状，故在行业标准《带电作业用火花间隙检测装置》（DL 415—91）中采用了球对球和尖对尖两种电极。测量时的间距如表 16-1 所示。

表 16-1　各级电压等级火花间隙的间隙距离

额定电压 /kV	绝缘子串最低正常分布电压值 /kV	50%最低正常分布电压值 /kV	按 50%最低正常分布电压的 0.9 得出的相应间隙距离/mm	
			球—球	尖—尖
63	4.0	2.0	0.4	0.4
110	4.5	2.25	0.5	0.5
220	5.0	2.50	0.6	0.65
330	5.0	2.50	0.6	0.65

当测得的分布电压下降到最低正常分布电压50%时，则认为是不合格的，需要更换。

8. 在线检测绝缘子的绝缘值的新方法有哪几种?

（1）自爬式不良绝缘检测器。

（2）电晕脉冲式检测器。

（3）电子光学探测器。

（4）利用红外热像仪检测不良绝缘子。

（5）利用紫外成像仪检测不良绝缘子。

9. 请问220kV支柱绝缘子或密闭瓷套管和线路悬式绝缘子临界盐密值为多少?

带水冲洗作业前应掌握绝缘子的脏污情况，当盐密值大于最大临界盐密值的规定时，一般不进行水冲洗，否则，应增大水电阻率来补救。220kV支柱绝缘子或密闭瓷套管和线路悬式绝缘子临界盐密值见表16-2。

表16-2　220kV支柱绝缘子或密闭瓷套管和线路悬式绝缘子临界盐密值

爬电比距/（mm/kV）	发电厂及变电站支柱绝缘子或密闭瓷套管							
	14.8～16（普通型）				20～31（防污型）			
临界盐密值/（mg/cm²）	0.02	0.04	0.08	0.12	0.08	0.12	0.16	0.2
水电阻率/（Ω·cm）	1500	3000	10000	50000及以上	1500	3000	10000	50000及以上
爬电比距/（mm/kV）	绝缘悬式绝缘子							
	14.8～16/（普通型）					20～31（防污型）		
盐界盐密值/（mg/cm²）	0.05	0.07	0.12	0.15	0.12	0.15	0.2	0.22
水电阻率/（Ω·cm）	1500	3000	10000	50000及以上	1500	3000	10000	50000及以上

注　1. 330kV以上等级的临界盐密值尚不成熟，暂不列入。
2. 爬电比距指电力设备外绝缘的爬电距离与设备最高工作电压之比。

10. 表征电气设备外绝缘污秽程度的参数主要有哪几个?

表征电气设备外绝缘污秽程度的参数主要有以下三个：

（1）现场等值盐密和灰密。等值附盐密度（ESDD）指绝缘子单位绝缘表面上的等值附盐量，单位为mg/cm^2。不溶物简称灰密（NSDD），指绝缘子单位表面上清洗的非可溶残留物总量除以表面积，单位为mg/cm^2。

（2）污层的表面电导。污层的表面电导以表面电导来反映绝缘子表面综合状态。

（3）泄漏电流脉冲。在运行电压下，绝缘子能产生泄漏电流脉冲，通过测量脉冲次数，可反映绝缘子污秽的综合情况。

第十七章

互感器、电容器、电抗器、避雷器在线监测与故障诊断

1. 不拆引线，如何测量500kV电容式电压互感器的各单元间分压电容的介质损耗角正切值？

500kV电容式电压互感器结构示意图如图17-1所示。

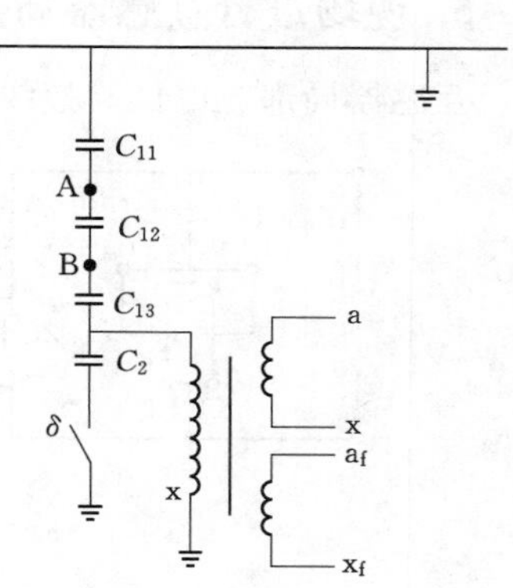

图17-1 500kV电容式电压互感器结构示意图

(1) 测量500kV CVT最上节 C_{11} 时，采用反接法接线，加压至CVT的A端（C_{11} 电容末端）。在B端 C_{12} 电容末端接电桥屏蔽端，C_{12} 两端电位基本相等，相当于 C_{12} 短路，避免了其他电容给测量带来的影响。

(2) 测量 C_{12} 时，采用正接法接线，即A端加压，B端接信号 C_x。

(3) 测量 C_{13}、C_2 采用自激法，接线见110kV电容式电压互感器。

(4) 测量中间变压器采用末端屏蔽法，δ 端加压，X接地，x，x_D 接 C_x 电桥，加压 δ 端3kV，电桥采用正接线。

2. 如何测量500kV CVT各电容绝缘电阻（以不拆引线为例）？

先拆除电容式电压互感器的 δ、X接地端子，如图17-1所示。

(1) 测 C_{11} 的绝缘电阻，CVT的最上端不拆头，已接地，绝缘电阻表相线接入CVT下的A端即可进行试验，测出 C_{11} 的绝缘电阻。

(2) 测 C_{12} 的绝缘电阻，绝缘电阻表火线接入CVT的B端，CVT的A端接地，即可测出 C_{12} 绝缘电阻。

(3) 测 C_{13} 的绝缘电阻，CVT的B端加压（接L），中间变压器X端接地，即可测出 C_{13} 绝缘电阻。

(4) 测 C_2 的绝缘电阻，CVT的 δ 端加压（接L），绝缘电阻表相线接入，中间变压器的X端接地，即可测出 C_2 绝缘电阻。

(5) 中间变压器绝缘：一次绕组对二次绕组、三次绕组：X端接L，二次绕组、三次短路接地；

二次绕组对其他绕组：二次加压（接L），其他绕组接地；

三次绕组对其他绕组：三次加压（接L），其他绕组接地。

3. 互感器常见故障有哪些?

互感器常见故障有局部放电、过热和受潮等。一般可以通过油的色谱分析和一些电气的试验如局部放电试验等，检查出潜伏性故障的性质。

4. 为什么要对环氧树脂浇注式互感器进行局部放电试验?

因为工艺原因，不可避免地会存在气泡和杂质，气泡和杂质的介电系数较小，周围场强较大，加之气泡和杂质的耐电强度低，使得气泡和杂质先行放电，产生局部放电。局部放电会产生氮氧化合物、臭氧等腐蚀性气体，使以绝缘材料老化，最后导致整个绝缘介质的贯穿性放电击穿。因此应该严格控制环氧树脂浇注式互感器的局部放电量。

5. 现场进行互感器局部放电试验如何接线?

互感器局部放电试验接线如图 17－2 所示。

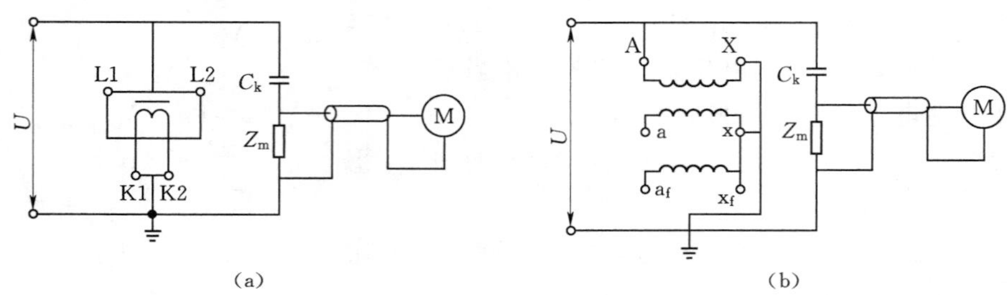

图 17－2　互感器局部放电试验接线图

(a) 电流互感器局部放电试验接线图；(b) 电压互感器局部放电试验接线图

C_k—耦合电容器；Z_m—测量阻抗

6. 如何测量电容式电压互感器的极性?

用直流感应法测量电容型电压互感器的极性。把电容式电压互感器 C_2 末端 δ 端接电池＋极，中间变压器一次侧 X 端接电池一极，二次绕组（三次绕组）a（a_f）端接表计＋极，二次绕组（三次绕组）x（x_f）端接表计一极，合上一次侧的测量开关，如果表计指针指向＋，说明测量线圈间为减极性绕向。

7. 如何测量电压互感器的变比?

测量时被测电压互感器 TV_x 的一次侧应尽量施加额定的稳定电压，用标准 TV_N 测量一次电压，二次侧要加规定的负荷。其接线如图 17－3 所示，所用电压表应比被测电压互感器的准确度高。

8. 什么是末端屏蔽法?

末端屏蔽法是测量电压互感器介质损耗因素的一种方法。以串级式电压互感器为例，如

图 17－4 所示，其具体测量接线是电桥按正接线连接，被试互感器高压绕组的 A 端与标准电容的高压端相连接，末端 X 接地；低压绕组的 x 端与辅助绕组的 x_d 端相互连接后接到电桥 C_x 端上，其他的两个端子 a、a_d 空着。由于这种接线属于自感应耐压类试验接线，电位强制为零，故对支架、小套管及端子板的表面泄漏影响进行了较好的屏蔽。其反映的介质损耗只有一次绕组 AX 和二次绕组 $a_x x_1$、三次绕组 $a_2 x_2$ 之间的介质损耗。

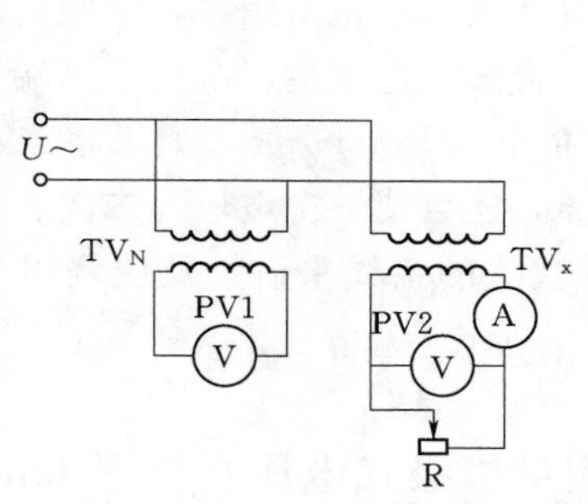

图 17－3　电压互感器变比测量接线图

TV_N—标准电压互感器；TV_x—被测电压互感器；R—负荷电阻；PV1、PV2—标准电压表

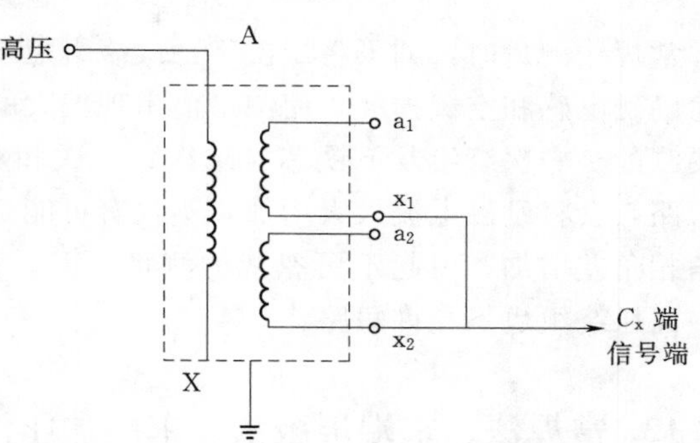

图 17－4　末端屏蔽法测量介质损耗的示意图

9. 为什么用末端屏蔽法测量介质损耗的抗干扰能力较差？

末端屏蔽法测量 tanδ 的试验电压为 10kV，但由于此类串级式电压互感器的二次、三次绕组只与一次绕组的部分绕组发生磁耦合，因此真正耦合的试验电压，对 110kV 等级的设备为 1/2 试验电压，即 5kV；对 220kV 等级的设备为 1/4 试验电压，即 2.5kV，且试验电压都沿一次绕组逐渐降至为零。所以，对于反映一次绕组 AX 和二次绕组 $a_1 x_1$、三次绕组 $a_2 x_2$ 之间介质损耗的灵敏度较低，测出的电容量也偏小。同时，由于 A 端会受到强电磁场的干扰，使此接线的测量抗干扰能力较差。

10. 什么是末端加压法？

末端加压法与末端屏蔽法均为“自激法”，正接线测量，试验电压为 2.5kV 左右。以串级式电压互感器为例，如图 17－5 所示，试验电压加在 X 端，也就是互感器绝缘最容易出现破坏的部位，因此对考验一次绕组 AX 和二次绕组 $a_1 x_1$、三次绕组 $a_2 x_2$ 端部之间的绝缘非常有效，灵敏度也较高，但却无法反映支架介质损耗。

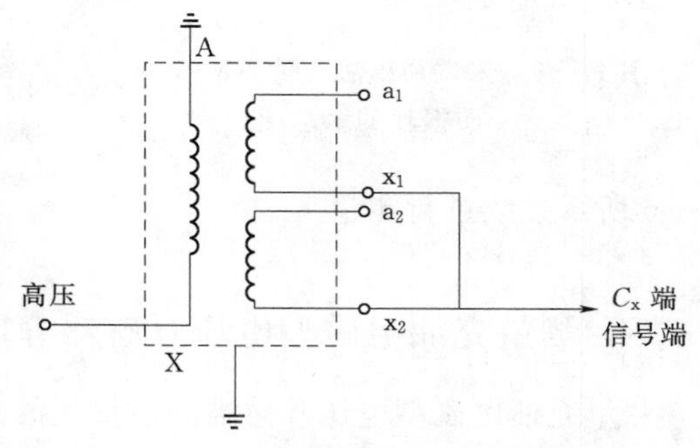

图 17－5　末端加压法测量介质损耗的示意图

11. 用末端加压法测量电压互感器介质损耗角正切值会受哪些因素的影响？

此接线受小套管表面和端子板表面绝缘状况的因素较大。由于 A 端接地，电位强制为零，故其抗干扰能力较好，但由于 X 端带高电位，小套管表面和端子板表面绝缘状况对介质损耗角正切值的测量将产生的影响较大，常常会使试验人员对绕组间的绝缘状况作出错误的判断。

12. 串级式电压互感器介质损耗角正切值测量时，常规法要将二次、三次绕组短接，而末端屏蔽法和末端加压法却不许短接，为什么？

常规法测量时，如不将二次、三次绕组短接，若此时一次绕组也不短接，试验回路中将产生励磁电感和空载损耗，使测量值出现偏大的误差。而自激法、末端屏蔽法、末端加压法主要测的是一次绕组及下铁芯对二次、三次和对地的分布电容和 $\tan\delta$ 值。如果将二次、三次短路，会将励磁电流大大增加，不仅有可能烧坏互感器，还会使一次电压与二次、三次电压角相角差增加，引起不可忽视的测量误差。另外从自激法的接线来讲，低压绕组用于励磁，高压绕组也不允许短路。

13. 常规法、末端屏蔽法、末端加压法均可测量串级式电压互感器 tanδ，现场测量时应如何选择试验方法？

现场选择试验方法时应参考以下几点：

(1) 若湿度较小，脏污不多，二次端子板、小套管表面绝缘良好，则选用短接法反接线，以判断互感器整体绝缘状况。若只想判断绕组间绝缘，不考虑支架绝缘，则选用短接法正接线进行测量。

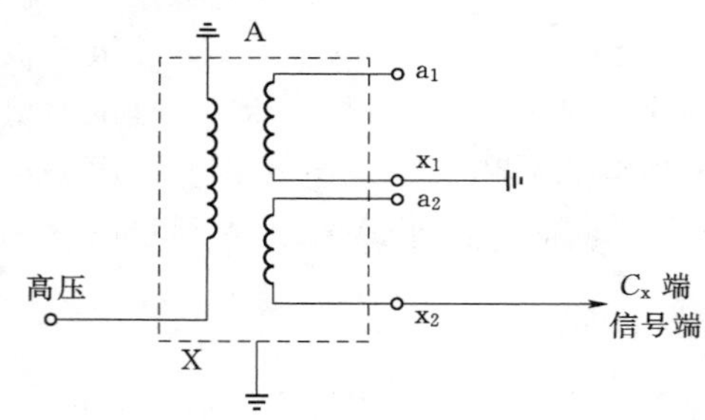

图 17－6　末端加压法测量 $AX-a_2x_2$ 介质损耗的示意图

(2) 若二次端子板、小套管表面绝缘受湿度、脏污影响较大，则选用末端屏蔽接线可判断绕组间绝缘状况。

(3) 若用上述两法测出试验结果合格，但仍怀疑绕组绝缘有问题，或者现场电磁干扰较大时，则可选用末端加压法进一步测量。

(4) 三次绕组 a_2x_2 处于串级式电压互感器绝缘的最外层，是最容易发生受潮缺陷的部位，但由于它与 AX 耦合的等值电容比较小，即便存在严重缺陷，常规试验都无法反映出来，可采用图 17－6 所示接线进行测量。

14. 测量充油电磁型电压互感器介质损耗时的注意事项是什么？

测量充油电磁型电压互感器介质损耗的注意事项如下。

(1) 采用常规短接法的正、反接线和末端加压法都要注意二次端子板、小套管表面绝缘的影响，而末端屏蔽法则可屏蔽二次端子板、小套管表面绝缘的影响。

(2) 采用末端屏蔽法和末端加压法接线进行试验时，二次、三次绕组的首尾端都不能短接，应把二次、三次绕组尾端 x_1 和 x_2 一起短接后接入测试仪器。

(3) 串级式电压互感器的一次绕组与二次、三次绕组在磁路结构上并没有全部发生耦合，所以，若测量仪器选用西林电桥（QS1 型电桥），由于其测量原理的要求，应对测量的

电容值进行换算。

110kV 等级　　　　　　　　　　　$C_x = 2C_N R_4 / R_3$

220kV 等级　　　　　　　　　　　$C_x = 4C_N R_4 / R_3$

式中　C_x——电容真实值，pF；

R_3——电桥盘面读数；

C_N——取值为 50pF；

R_4——取值为 3184Ω。

对于常规短路法，由于加压绕组电压都相等，测试部位电压与 QS1 型电桥所用标准电容器电压相同，测量接线与 QS1 型电桥工作原理相同，则其所测电容值无需换算。

15. 对大电容量的耦合电容器进行介质损耗试验时，试验电压应为多少?

介质损耗试验电压由被试品电容量而定。一般在试验前可根据被试品铭牌电容量来进行估算，即

$$I_C = U_x \omega C_x$$

试验电流不应大于试验介质损耗仪的最大工作电流。如 1kVA 介质损耗电桥，最高工作电压为 10kV，最大工作电流 $I_N = 0.1$A。如果 $I_C > I_N$，应降低试验电压，使 $I_C \leqslant I_N$。

16. 为什么预防性试验合格的耦合电容器可能会在运行中发生爆炸?

造成耦合电容器损坏事故的主要原因，多数是由于在出厂时就带有一定的先天缺陷。有的厂家对电容芯子烘干不彻底，留有较多的水分；或元件卷制后没有及时转入压装，造成元件在空气中的滞留时间太长，留有较多的水分；还有在卷制中碰破电容器纸等。个别电容器由于胶圈密封不严，进入水分。此时一部分水分沉积在电容器底部，另一部分水分在交流电场的作用下将悬浮在油层的表面，此时如顶部单元件最容易吸收水分，又由于顶部电容器的场强较高，这部分电容器最易损坏。对损坏的电容器解体后分析得知，电容器表面已形成水膜。由于表面存在杂质，使水膜迅速电离而导电，引起了电容量的漂移，介电强度、电晕电压和绝缘电阻降低，损耗增大，从而使电容器发热，最后造成了电容器的失效。所以每年的预防性试验测量绝缘电阻、介质损耗因数并计算出电容量是十分必要的。

电容器的击穿往往与电场的不均匀相联系，在很大程度上取决于宏观结构和工艺条件，而电容器的击穿就发生在这些弱点处。电容器内部无论是先天缺陷还是运行中受潮，都首先造成部分电容器损坏，运行电压将被完好电容器重新分配，此时每个单元件上的电压较正常时偏高，最后导致电容器击穿。

为减少耦合电容器的爆炸事故发生，对运行中的耦合电容器应连续监测或带电测量电容电流，并分析电容量的变化情况。

17. 画出测量集合式电容器极对壳绝缘电阻的接线图。

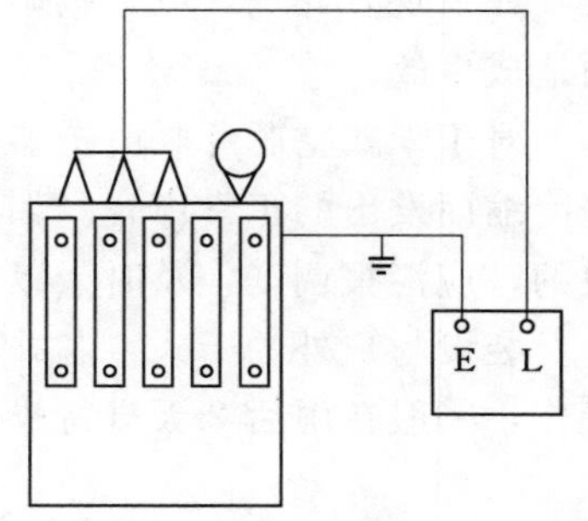

图 17－7　测量集合式电容器绝缘电阻接线图

对集合式电容器要测量极对壳的绝缘电阻，用 2500V 绝缘电阻表测量，测量接线如图 17－7 所示。

18. 对油浸并联电抗器正常运行有哪些规定?

(1) 允许温度和温升。采用A级绝缘材料的并联电抗器，其油箱上层油温度一般不超过85℃，最高不超过95℃；运行时的允许温升为：绕组温升不超过65℃，上层油温升不超过55℃，铁芯本体、油箱及结构件表面不超过80℃。当上层温度达到85℃时报警，达到105℃时跳闸。

(2) 允许电压和允许电流。油浸并联电抗器运行时，一般按不超过铭牌规定的额定电压和额定电流长期连续运行。运行电压的允许变化范围为：额定值的±5%。当运行电压超过额定值时，在不超过允许温升的条件下，油浸并联电抗器过电压允许运行时间应遵守表17-1的规定，当运行电压低于0.95U_N时，应考虑退出部分油浸并联电抗器运行，以保证系统的电压水平。

表17-1　500kV油浸并联电抗器最大允许过电压时间

过电压倍数U/U_N	1.05	1.12	1.14	1.16	1.18	1.28	1.45	1.5
最大允许时间	连续	60min	20min	10min	3min	20s	8s	6s

(3) 直接并联在线路上的电抗器，线路与油浸并联电抗器必须同时运行，不允许线路脱离油浸并联电抗器运行。

19. 哪些故障现象会造成消弧线圈停用?

(1) 消弧线圈温度或温升超过极限值。
(2) 调整消弧线圈分接头后，分接开关接触不良。
(3) 消弧线圈套管破碎或有明显的裂纹。
(4) 接地引线断裂或接触不良。
(5) 隔离开关接触不良或根本不接触。
(6) 消弧线圈严重漏油，油位计无油位指示且有异声或放电声。
(7) 消弧线圈着火，冒烟或油温超过95℃。

20. 当电抗器正常运行时发出均匀的嗡嗡声或咔咔声该如何处理?

当电抗器正常运行时，发出均匀的嗡嗡声。如馈线短路或电抗器内部故障，响声则会加强，如发现有异响，应汇报调度，及时予以检查处理，以防止电抗器内部由于局部缺陷发展而造成事故。

对于干式空芯并联电抗器，在运行中或刚带电后经常会听到咔咔声，这是电抗器由于热胀冷缩而发出的正常声音。如有其他异常噪声，可能是紧固件、螺钉等松动或是内部放电造成的，应汇报调度，及时予以检查处理。

装设与户外的干式空芯并联电抗器在系统电压允许时，应尽量避免在雨时及雨后的投入操作，一般在雨后2天进行投入并联电抗器的操作。

21. 并联电抗器与中性点电抗器在结构上有何区别?

(1) 并联电抗器与中性点电抗器都是一个电感线圈，区别在于并联电抗器的绕组为带间

隙的铁芯，而中性点电抗器的绕组没有铁芯（相当于消弧线圈）。

（2）并联电抗器有散热器，中性点电抗器没有散热器。

22. 决定消弧线圈是过补偿运行还是欠补偿运行的条件是什么？

为避免线路跳闸后发生的串联共振，消弧线圈应采用过补偿，但当补偿设备容量不足时，可采用欠补偿运行，脱谐度采用10%，一般电流不超过5～10A。

23. 何谓并联电抗器的补偿度？其值是多少？

并联电抗器的容量 Q_L 与空载长线路无功功率 Q_C 的比值 Q_L/Q_C 称为补偿度。通常补偿度为60%左右。

24. 并联电抗器接入线路的方式有几种？

超高压并联电抗器，一般接成星形接线，并在其中性点经一小电抗接地。并联电抗器接入线路的方式主要有以下三种：

（1）通过断路器、隔离开关将电抗器接入线路。这种接入方式投资大，但运行方式较灵活。在线路重载时，能方便地切除部分电抗器，以保证系统的电压的稳定。

（2）通过隔离开关或直接将电抗器接入线路。采用这种接入方式，当电抗器故障或保护误动时，会使线路随之停电。在线路传输很大容量时，需要适量电抗器退出运行。但只有将线路短时停电，方能将电抗器退出，这往往比较困难。

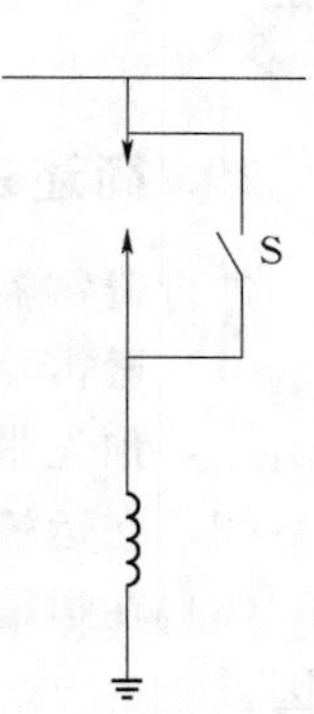

图17-8　用放电间隙并联电抗器

（3）将电抗器通过间隙接入线路。放中间歇应能耐受一定的工频电压，它被一个开关S所并联，如图17-8所示。正常情况下，开关S断开，电抗器退出运行。当该处电压达到间歇放电电压时，开关S就立即动作，电抗器自动投入，工频电压限即降至额定值以下。故该接入方式是比较好的接入方式。

25. 并联电抗器的漏磁通是如何产生的？它对电抗器有何危害？

并联电抗器中的磁通是由主磁通和漏磁通组成。主磁通通过铁芯闭合，漏磁通通过空气闭合，它分布的空间大，在电抗器本身及其外壳中产生涡流，这样将使并联电抗器涡流损耗增加，即铁损增加，使并联电抗器容易产生过热以及局部过热现象，同时在运行中容易发生振动。

26. 并联电抗器铁芯多点接地有何危害？如何判断多点接地？

正常时并联电抗器铁芯仅有一点接地。如果铁芯出现两点及两点以上的接地时，则铁芯与地之间通过两接地点产生环流，引起铁芯过热。

27. 目前使用的避雷器有哪些类型？

目前使用避雷器有以下四种类型，按结构可分为：①保护间隙避雷器；②管型避雷器；

③阀型避雷器（包括普通阀型避雷器和磁吹型避雷器）；④氧化锌避雷器（也称金属氧化锌避雷器）。

28. 对避雷器的基本要求是什么?

为了可靠地保护电气设备，使电力系统安全运行，任何避雷器必须满足下列要求：

（1）避雷器的伏秒特性与被保护设备的伏秒特性要正确配合，即避雷器地冲击放电电压值任何时刻都要低于被保护设备的冲击电压值。

（2）避雷器的伏安特性与被保护的电气设备的伏安特性要正确配合，即避雷器动作后的残压要比被保护设备最大所能耐受的电压低。

（3）避雷器的灭弧电压与安装地点的最高工频电压要正确地配合，使在系统发生一相接地的故障情况下，避雷器也能可靠地熄灭工频续流电弧，从而避免避雷器发生爆炸。

（4）当导线过电压超过一定值时，避雷器产生放电动作，直接或经电阻接地，以限制过电压。

29. 简述进行避雷器试验的目的和意义。

进行避雷器试验的目的和意义如下。

（1）避雷器在制造过程中可能存在缺陷而未被检查出来，如在空气潮湿的时候或季节装配出厂，预先带进潮气。

（2）在运输过程中受损，内部瓷碗破裂，并联电阻振断，外部瓷套碰伤。

（3）在运输时受潮，瓷套端部不平，滚压不严，密封橡胶垫圈老化变硬，瓷套裂纹等原因。

（4）并联电阻和阀片在运行中老化和电阻断开。

（5）其他劣化。这些劣化都可以通过预防性试验发现，从而防止避雷器在运行中的误动作和爆炸等事故。

30. 利用电容补偿法测量仪测量避雷器阻性电流时应注意哪些问题?

（1）注意正确选取参考电压相位、电流相位，以保证 I_x 与 U 夹角的正确性。

（2）现场试验测量回路应一点可靠接地。

（3）330kV 及以上电压等级避雷器在现场带电测量时应注意其相间干扰。

31. 金属氧化物避雷器运行中劣化的征兆有哪几种?

金属氧化物避雷器在运行中劣化主要是指电气特性和物理状态发生变化，这些变化使其伏安特性漂移，热稳定性破坏，非线性系统改变，电阻局部劣化等。一般情况下这些变化都可以从避雷器的几种电气参数的变化上反映出来。

（1）在运行电压下，泄漏电流阻性分量峰值的绝对值增大；

（2）在运行电压下，泄漏电流谐波分量明显增大；

（3）运行电压下的有功损耗绝对值增大；

（4）运行电压下的全泄漏电流的绝对值增大，但不一定明显。

32. 氧化锌避雷器阀片老化有什么特征?

氧化锌避雷器阀片老化时，U_{1mA}直流参考电压下降，75%U_{1mA}泄漏电流增大，一般75%U_{1mA}泄漏电流会超过50μA。另外，阀片老化时，运行电压下的交流泄漏电流阻性分量也大大增加。

33. 现场检查计数器动作的方法有哪几种?

现场检查计数器动作的方法有电容器放电法、交流法和标准冲击电流法。其中标准冲击电流法最为可靠，冲击电流发生器发出8/20μs、100A的冲击电流波作用于动作计数器，若计数器动作正常，则说明仪器良好，反之则应找出原因。

34. 避雷器故障类型、发生原因及诊断方法是什么?

(1) 避雷器故障类型。

1) 受潮。受潮原因主要是密封机构密封不良，瓷套管上有裂纹，外部的潮气侵入内腔而受潮，从而使绝缘下降。

2) 火花间隙绝缘老化。这是在间隙内放电时从电极产生的金属蒸发物附在绝缘物上而导致逐渐老化。

3) 瓷套表面污染。这将造成表面闪络和恶化串联间隙的电压分布。

4) 端子紧固不良。造成断线故障。

5) 固定不牢。造成故障。

6) 阀片制造质量不良。造成特性变化。

7) 并联电阻的老化。

(2) 避雷器故障机理及故障状态。阀元件受运行电压、过电压和局部放电的影响而劣化，使电阻电流和元件发热量增加，导致避雷器发热失控。

避雷器劣化故障发展机理和劣化分析程序步骤分别如图17-9和图17-10所示。

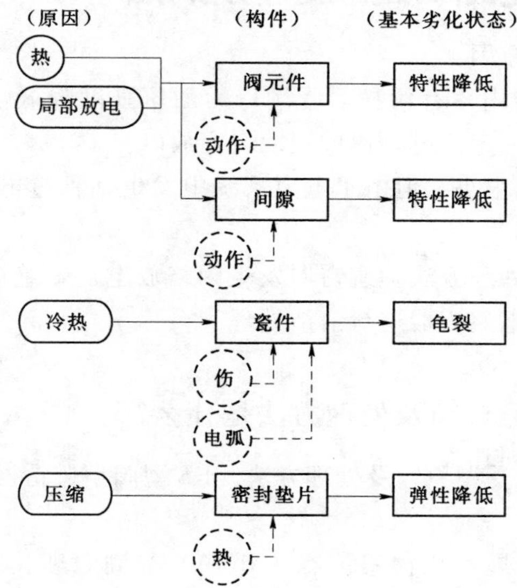

图17-9　避雷器劣化故障发展机理

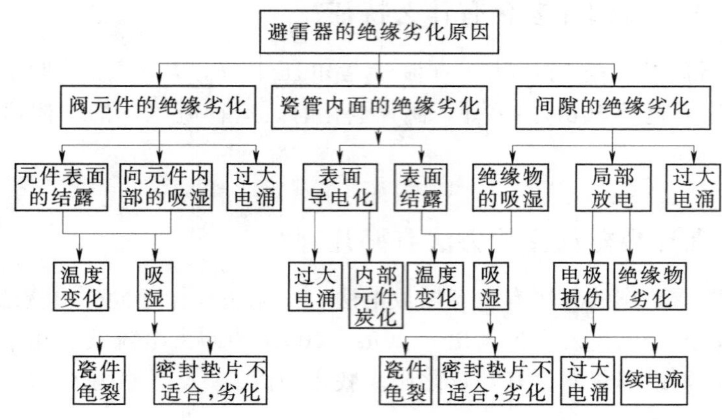

图 17-10　避雷器劣化分析程序步骤

35. 发生避雷器瓷套裂纹或爆炸故障后的处理方法是什么？

当发现避雷器瓷套裂纹时，应根据具体情况决定处理方法。

（1）如天气正常，应请示调度停下损伤相的避雷器，更换为合格的避雷器。一时无备件时，在不至于威胁安全运行的条件下，可在裂纹深处涂漆和环氧树脂肪止受潮，并安排在短期内更换。

（2）如天气不正常（雷雨），应尽可能不使避雷器退出运行，待雷雨后再处理。如果因瓷质裂纹已造成闪络，但尚未接地，在可能条件下应将避雷器停用。

当发现避雷器爆炸时应作如下处理：

（1）避雷器爆炸尚未造成接地时，在雷雨过后接开相应隔离开关，停用、更换避雷器。

（2）避雷器瓷套裂纹或爆炸已造成接地时，需停电更换，禁止用隔离开关停用故障的避雷器。

36. 避雷器闪络放电故障诊断及处理方法有哪些？

（1）避雷器闪络放电原因：

1）避雷器表面和瓷裙内落有污秽，受潮以后耐压强度降低，绝缘表面形成放电回路，使泄漏电流增大，当达到一定值时，造成表面击穿放电。

2）避雷器表面污秽虽很小，但由于电力系统中发生某种过电压，在过电压的作用下使避雷器绝缘表面闪络放电。

（2）避雷器闪络放电处理方法。避雷器发生闪络放电后，绝缘表面绝缘性能下降很大，应立即更换，并对闪络放电避雷器进行清洁处理。

37. 避雷器受潮故障诊断及处理方法是什么？

（1）FS 型阀型避雷器受潮原因及处理方法。FS 型阀型避雷器受潮原因及处理方法见表 17-2。

（2）FZ 型避雷器和金属氧化物避雷器（MOA）受潮原理及处理方法。FZ 型避雷器和金属氧化物避雷器受潮原因及处理方法见表 17-3。

表 17－2　　FS 型阀型避雷器受潮原因及处理方法

受潮原因	处理方法
密封小孔未焊牢导致潮气进入	密封试验后，焊牢小孔，仔细检查焊口，防止虚焊
密封垫圈老化开裂，失去密封作用	更换密封垫圈
瓷套与法兰胶合处不平整或瓷套有裂纹	可采用加厚密封垫圈的方法来调整或重新胶合，瓷套有裂纹应予以调换
瓷套顶部密封用的螺栓垫圈未焊死或长期运行后垫圈老化开裂，潮气、水分沿螺栓渗入内腔	拆出螺栓，将螺栓和垫圈焊死，并更换已老化的橡胶垫圈
顶部紧固用的螺母在安装时被旋松，导致顶部漏水	瓷套顶部螺杆上应配有 3 只螺母，最下一只旋紧后涂上堵漏胶

表 17－3　　FZ 型避雷器和金属氧化物避雷器受潮原因及处理方法

受潮原因	处理方法
密封小孔未焊牢导致潮气进入	密封试验后，焊牢小孔，仔细检查焊口，防止虚焊
密封垫圈老化开裂，失去密封作用	更换密封垫圈
瓷套与法兰胶合处不平整或瓷套有裂纹	可采用加厚密封垫圈的方法来调整或重新胶合，瓷套有裂纹应予以调换
上下密封底板位置不正，四周密封螺栓受力不均或松动，使底部撬裂引起空隙，或密封垫圈位置不正	在检修复装时，注意橡胶垫圈位置，在旋紧底板时防止垫圈位移，四周密封螺栓均匀旋紧，底板歪斜过度应平整处理后复装

38. 避雷器工频放电电压不合格故障诊断及处理方法有哪些？

避雷器工频放电电压不合格的原因及处理方法如表 17－4 所示。

表 17－4　　避雷器工频放电电压不合格的原因及处理方法

故障类型	故障原因		处理方法
放电电压偏高	内部间隙位移	压紧弹簧松弛，搬运时使内部间隙产生位移 固定内部间隙用的小瓷套破碎使间隙电极位移 固定内部间隙用的小瓷套破碎使间隙电极位移	(1) 调换弹簧，增加压力 (2) 用金属管或经短接的阀片填高使压力增加 更换良好的小瓷套，并重新调整间隙工频放电电压值
	黏合的云母垫圈因受潮膨胀使间隙增大		(1) 更换云母垫圈 (2) 将电极与云母片干燥处理重新黏合
	制造厂未控制工频放电电压上限值		重新测量单个火花间隙的工频放电电压，对偏高者进行调整
放电电压偏低	潮气使电极腐蚀生成残留物，绝缘垫圈及固定间隙用小瓷套绝缘下降，使电压分布不均匀		清洗间隙电极、烘干绝缘垫圈及瓷套等内部构件，重新调整间隙工频放电电压
	避雷器多次动作放电使电极灼伤产生毛刺		调换严重灼伤的电极，一般灼伤的用砂纸（0 号或 00 号）磨平毛刺并重新调整间隙及工频放电电压

续表

故障类型	故障原因	处理方法
放电电压偏低	组装不当，使部分间隙被短接	重新组装并测量间隙工频放电电压
	密封抽气后，未放时足量气体使瓷套内部气压低于正常气压	抽气密封试验后，过5min再放进足量的干燥空气后封小孔
	弹簧压力过大，使小瓷套破碎、间隙变形、距离缩小	更换压力适当的弹簧及破碎小瓷套，重新调整间隙
	避雷器内各对非线性分路电阻不均匀或变质，造成各对间隙上的电压不均匀	更换不合格的分路电阻并重新调整

39. 阀型避雷器电导电流明显减小故障诊断及处理方法是什么?

(1) 检查分路电阻，断路、变质、烧坏的分路电阻（可能是运输、搬运不当或安装不慎造成）予以更换。

(2) 测量单个分路电阻非线性系数，分路电阻配对组合不合格者应更换。

(3) 对受潮分路电阻进行干燥后，重新测试组合。

(4) 调整电导电流，可用喷铝缩短分路电阻极间距离，但两极内缘间距离不得小于50mm，以免发生表面闪络。

(5) 检查各处铆接，松脱、接触不良或胶合处接触不良者应重新铆接。

40. 阀型避雷器阀片损坏故障诊断及处理方法是什么?

阀型避雷器阀片损坏的原因及处理方法如表17-5所示。

表17-5　阀型避雷器阀片损坏的原因及处理方法

损坏的原因	处理方法
阀片受潮后表面呈白色氧化物	对阀片进行干燥处理，测量残压后重新组合使用
制造不良或内部过电压下经常动作，造成阀片上出现放电黑点或贯穿性小孔	更换有贯穿性小孔的阀片；测量有黑点阀片的残压，更换不合格者
装配、运输冲击，导致阀片碰撞，使釉面脱落损坏	更换损坏的阀片

41. 判断金属氧化物避雷器（MOA）质量状况的方法是什么?

(1) 参照标准法。由于每个厂家的阀片配方和装配工艺不同，所以MOA的泄漏电流和阻性电流标准也不一样，测试时可以根据厂家提供的标准来进行测试。若全电流或阻性电流基波值超标，则可初步判定MOA存在质量问题，然后需停电做直流试验，根据直流测试数据作出最终判断。

(2) 横向比较法。对于同一厂家、同一批次的产品，MOA各参数应大致相同。如果全电流或阻性电流差别较大，即使参数不超标，MOA也可能有异常。

(3) 纵向比较法，对同一产品在同样的环境条件下，不同时间测得的数据可以作纵向比较，当发现全电流或阻性电流有明显增大趋势时，应缩短检测周期或停电做直流试验，以确

保安全。

（4）综合分析法。在实际运行中，有的MOA存在劣化现象但并不太明显，从测得的数据不能直观地判断出MOA的质量状况。根据多年现场测试经验，总结出对MOA测试数据进行综合分析的方法，即一看全电流，二看阻性电流，三看谐波含量，四看夹角，对各项参数作系统分析后，判定出MOA的运行情况。

42. 对金属氧化物避雷器（MOA）的故障处理要求有哪些？

氧化锌避雷器比阀型避雷器有着更优越的性能，正常情况下不易发生故障，因此一旦出现异常现象，应立即对异常现象进行分析判断，并及时采取措施进行故障处理。

（1）当发生下列情况之一时，应立即将避雷器停用，并更换合格的避雷器：瓷套严重裂纹、破损，避雷器有严重放电，已威胁安全运行；避雷器内部有严重异音、异味、冒烟或着火；本体或引线端子有严重电过热。

（2）避雷器在运行中突然爆炸，但尚未造成永久性接地，可在雷雨过后，拉开故障相的隔离开关将避雷器停用，并及时更换合格的避雷器。若爆炸后已引起系统永久性接地，则禁止使用隔离开关来操作故障的避雷器。

（3）避雷器动作指示器内部烧黑或烧毁，接地引下线连接点烧断，泄漏电流增大。出现以上这些异常现象，应及时对避雷器做电气试验。

43. 金属氧化物避雷器（MOA）的安装方法是什么？

金属氧化物避雷器（MOA）的安装方法如下：

（1）首先将避雷器底座固定于避雷器基座上，再安装避雷器元件。对于220kV系列避雷器，推荐底座安装高度为2.5m以上。

（2）由上、下节元件串接组成的避雷器，220kV系列可依次将底座、连接板、避雷器下节、连接板、避雷器上节用螺栓连接牢固；110kV及中性点系列可依次将底座、避雷器下节、排气罩、避雷器上节、防雨铁帽用螺栓连接牢固。注意上下节型号、编号一致、配套安装，不可反接，不允许两连接后吊装。

（3）避雷器应垂直安装不得倾斜，其中心沿垂线的偏斜量不大于全高的2%。引线要连接牢固，避雷器上接线端子不得受力。接地引下线与被保护设备的金属外壳应可靠地与接地连接。

（4）为防止避雷器正常运行或雷击后发生故障，影响电力系统正常运行，避雷器安装位置处于跌落式熔断器保护范围之内。

44. 金属氧化物避雷器（MOA）的在线监测内容有哪些？

对金属氧化物避雷器的运行状态进行在线监测内容，主要是针对以下三个方面：

（1）金属氧化物避雷器老化与发生热击穿的情况。导致发生热击穿的最终原因是发热功率，积蓄的热量使阀片温度升高直到发生热击穿。只要氧化锌阀片温度不超过稳定温度阈值，就不会发生热击穿；反之，阀片的温度超过不稳定阈值，热击穿就不可避免。氧化锌阀片的发热功率取决于流过氧化锌阀片电流的有功分量，散热功率取决于氧化锌阀片所处的环境温度、周围介质特性及其结构和尺寸。因此，监测全电流中的有功分量，就可以了解其发热功率的变化，只要发热功率与散热功率之间有足够的裕度，就不会发生热击穿。据此监测阻性电流分量的变化，可以对运行是否安全进行预报。

（2）金属氧化物避雷器内部受潮。自身密封不严，会导致内部受潮，或在安装时内部有水分侵入，那么在运行中全电流将出现增大现象。如果受潮严重，则在运行电压作用下，会发生沿氧化锌阀片柱表面或避雷器瓷套内壁表面而放电，严重时可能引起避雷器爆炸，这是必须要注意的一个问题。受潮引起的全电流的增加，主要是由于基波阻性分量增加造成的，监测基波阻性电流分量的变化，根据其变化的大小可以判断受潮的程度。

（3）氧化锌阀片与外瓷套之间局部放电现象。当外瓷套受到污秽作用时，外部瓷套上电位分布发生变化，内部阀片与外部瓷套之间电位差加大，严重时可发生径向局部放电，产生脉冲电流。如果这种脉冲电流很大，会使氧化锌阀片中电流聚集的地方被烧熔，损坏氧化锌阀片，导致整个避雷器的损坏。这种情况对避雷器的危害很大，必须退出运行，以保证设备的安全运行。有资料提出在发生阀片与外部瓷套之间放电产生脉冲电流时，在避雷器阻性电流波形上会有脉冲电流尖峰出现，这个现象可以作为一个判断依据，用于及时发现内部径向放电故障，并加以处理，以保证避雷器的安全正常运行。

45. 金属氧化物避雷器（MOA）在线监测方法是什么?

（1）泄漏电流。评价 MOA 运行质量状况好坏的一个重要参数就是泄漏电流的大小。MOA 的泄漏电流（简称全电流）由阻性电流分量 I_r（简称阻性电流）和容性电流分量 I_c（简称容性电流）两部分组成。阻性电流 I_r 的基波分量与电压同相，I_c 的超前电压 90°。

全电流基波相位取决于 I_r 与 I_c 分量的大小，因此，可以用补偿容性电流的方法直接测量泄漏全电流及阻性电流的大小。

（2）检测方法。MOA 的定期检查是指在不停电的情况下定期测量避雷器的泄漏电流或功率损耗，然后根据测试数据对避雷器的运行状况作出判断分析，对隐患做到早发现早处理，确保电网安全运行。目前经常采用的几种监测方法有：

1）全电流法。直接在 MOA 接地引下线中串接电流监测仪（如交流毫安表），平时将其用闸刀短路，读数时则将闸刀打开，流过毫安表的电流可视为总泄漏电流。该法简便，适于在现场大量监测使用。但当阻性电流变化时，总泄漏电流的变化不是很明显，灵敏度也低。

2）基波法。基波法是通过采用数学谐波分析技术从总泄漏电流中分离出阻性电流的基波值，并以此来判断金属氧化锌避雷器的健康状况。

3）谐波法。由于金属氧化物的非线性特性，当在其两端加正弦波电压时，泄漏电流的阻性电流中不仅含有基波还含有谐波。对于特定的 MOA，其阻性电流和谐波量的关系是可以预先找到的。这样就可以通过测量谐波达到测量 MOA 阻性电流的目的。但当 MOA 两端施加的电压含有谐波时，就不能正确测量阻性电流；MOA 受潮时也不能测量出来。

46. 金属氧化物避雷器（MOA）阻性电流在线监测方法是什么?

监测流经 MOA 的阻性电流分量或由此产生的功耗能发现 MOA 的早期老化。由于阻性电流仅占全电流的 5%～20%，监测全电流很难判断 MOA 的绝缘劣化，故应进行阻性电流的在线监测。而在线监测 MOA 全电流、谐波电流、零序电流等方法都只是从 MOA 下端取

得电流信号，但要从全电流中分出阻性分量来，需取试品的端电压来作为参考信号。

我国引进最多的 LCD－4 型阻性电流测量仪就是利用这原理，其基本原理如图 17－11 所示。

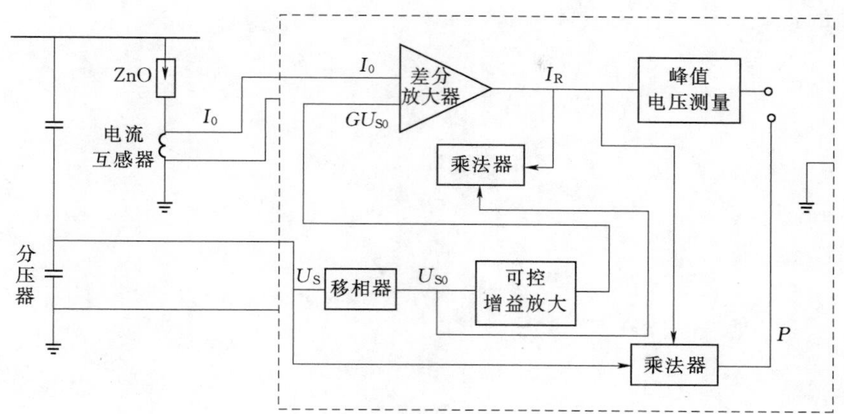

图 17－11　LCD－4 型阻性电流测量仪基本原理

它是先用钳形电流互感器（传感器）从 MOA 的引下线处取得电流信号，再从分压器或电压互感器侧取得电压信号。电压信号经移相器前移 90°相位后得到（以便与电容电流分量同相），再经放大后与电流信号一起送入差分放大器。在放大器中，由乘法器等组成的自动反馈跟踪，以控制放大器的增益 G 使同相的差值降为零，G 中的容性分量全部被补偿掉，剩下的仅为阻性分量，可获得 MOA 的功率损耗 P。

采用这种类型的阻性电流测量仪比较方便实用，因为它是以钳形电流互感器取样，不必断开原有接线，而且无需人工调节，自动补偿到能直接读取。钳形电流互感器的磁芯质量很重要，要保证电流互感器磁芯励磁电流变化而引起比差（特别是角差）的改变，并需要采用良好的屏蔽结构以尽量减小实测时外来干扰的影响，国内依据上述原理研制开发出多种阻性电流在线测量仪。

47. 目前电流互感器在线检测可行的主要项目有哪些？

（1）油中含气的色谱分析（已上《规程》，效果显著）。

（2）通过一次绕组对地泄漏电流的采样分析测主绝缘的介损值（可试行项目）。

（3）用热像法诊断一次大电流回路接触是否良好（效果卓著的项目）。

（4）用超声法探测腔内有无放电（摸索中的项目）。

（5）油中微水分析（可试行的项目）。

（6）油的常规试验（传统项目）。

48. 目前电压互感器在线检测可行的主要项目有哪些？

（1）油中含气的色谱分析（已上《规程》，效果显著）。

（2）通过一次绕组对地泄漏电流的采样分析测主绝缘的介损值（可试行项目）。

（3）通过一次绕组工作电流的采样分析测试铁芯损耗是否超限（可试行项目）。

（4）用超声法探测腔内有无放电（摸索中的项目）。

(5) 油中微水分析（可试行的项目）。

(6) 用热像法诊断铁芯和励磁回路工作状况是否正常（摸索中的项目）。

(7) 用热像法间接测试其介损（摸索中的项目）。

(8) 油的常规试验（传统项目）。

第十八章

绝缘油和六氟化硫气体故障诊断方法

1. 怎样判断充油电气设备内部是否有故障发生？

正常运行下，充油电气设备内部的绝缘油和有机绝缘材料，在热和电的作用下，会逐渐老化和分解，产生少量的各种低分子烃类气体及 CO、CO_2 等气体。在热和电故障的情况下也会产生这些气体，这两种气体来源在技术上不能区分，在数值上也没有严格的界限。而且依赖于负荷、温度、油中的含水量、油的保护系统和循环系统，以及与取样和测试的许多可变因素有关。因此在判断设备是否存在故障及其故障的严重程度时，要根据设备运行的历史状况和设备的结构特点以及外部环境等因素进行综合判断。有时设备内并不存在故障，而由于其他原因，在油中也会出现上述气体，要注意这些可能引起误判断的气体来源。

此外，还应注意油冷却系统附属设备（如潜油泵）的故障产生的气体也会进入到变压器本体的油中。

2. 对出厂和新投运的充油电气设备气体含量的要求是什么?

对出厂和新投运的变压器和电抗器要求为：出厂试验前后的两次分析结果，以及投运前后的两次分析结果不应有明显的区别。此外气体含量应符合表 18－1 的要求。

表 18－1　　对出厂和投运前的设备气体含量的要求　　单位：μL/L

气　体	变压器和电抗器	互　感　器	套　管
氢	＜30	＜50	＜150
乙炔	0	0	0
总烃	＜20	＜10	＜10

3. 运行设备油中溶解气体组分含量注意值是多少?

运行中设备内部油中气体含量超过表 18－2、表 18－3 所列数值时，应引起注意。

表 18－2　　变压器、电抗器和套管油中溶解气体含量的注意值　　单位：μL/L

设　备	气体组分	含　量	
		330kV 及以上	220kV 及以下
变压器和电抗器	总烃	150	150
	乙炔	1	5
	氢	150	150

续表

设　备	气体组分	含　量	
		330kV 及以上	220kV 及以下
变压器和电抗器	一氧化碳	见第 14 章第 13 题	
	二氧化碳		
套管	甲烷	100	100
	乙炔	1	2
	氢	500	500

注　该表所列数值不适用于从气体继电器放气嘴取出的气样。

表 18-3　**互感器油中溶解气体含量的注意值**　单位：μL/L

设　备	气体组分	含　量	
		220kV 及以上	110kV 及以下
电流互感器	总烃	100	100
	乙炔	1	2
电压互感器	总烃	100	100
	乙炔	2	3
	氢	150	150

4. 在识别设备是否存在故障时，不仅要考虑油中溶解气体含量的绝对值，还应注意哪些事项？

（1）注意值不是划分设备有无故障的唯一标准。当气体浓度达到注意值时，应进行追踪分析，注意监视气体的增长情况并查找气体来源。

（2）对 330kV 及以上的电抗器，当出现小于 1μL/L 乙炔时也应引起注意；如气体分析虽已出现异常，但判断不至于危及绕组和铁芯安全时，也可在超过注意值较大的情况下运行。

（3）影响电流互感器和电容式套管油中氢气含量的因素较多，有的氢气含量虽低于表中的数值，但有增长趋势，也应引起注意；有的只有氢气含量超过表中数值，若无明显增长趋势，也可判断为正常。

（4）注意区别非故障情况下的气体来源，进行综合分析。

“注意值”表示当油中溶解气体含量达到这一水平时应引起注意的一个信号，也是对设备正常或有怀疑的一个粗略的筛选。应在气体含量绝对值的基础上，追踪分析考察特征气体的增长速度。

5. 设备中气体增长率与哪些因素有关？

气体增长速率是判断故障的重要依据。故障点的产气速率与故障消耗能量大小、故障部位、故障点的温度等情况有直接关系。

6. 什么是绝对产气速率？变压器和电抗器的绝对产气速率注意值是多少？

绝对产气速率是指每运行日产生某种气体的平均值，按下式计算

$$\gamma_a=\frac{C_{i2}-C_{i1}}{\Delta t}\times\frac{G}{\rho} \tag{18-1}$$

式中　γ_a——绝对产气速率，mL/d；

C_{i2}——第二次取样测得油中某气体浓度，μL/L；

C_{i1}——第一次取样测得油中某气体浓度，μL/L；

Δt——二次取样时间间隔中的实际运行时间，d；

G——设备总油量，t；

ρ——油的密度，t/m^3。

变压器和电抗器绝对产气速率的注意值如表18－4所示。

表18－4　变压器和电抗器的绝对产气速率的注意值　　单位：mL/d

气体组分	开放式	隔膜式
总烃	6	12
乙炔	0.1	0.2
氢	5	10
一氧化碳	50	100
二氧化碳	100	200

注　当产气速率达到注意值时，应缩短检测周期，进行追踪分析。

导则只推荐了各组分绝对产气速率的“注意值”，没有规定“故障值”。这是因为故障的情况是多种多样的，其危害性也依故障的部位不同而不同，不可能简单地划一个界限。对于超过“注意值”的设备，一方面应继续考察产气速率的增长趋势；另一方面应分析该设备运行的历史状况、负荷情况、附属设备运行情况，查找气体来源。总烃绝对产气速率达到“注意值”两倍以上时，一般可以明确判定设备存在内部故障。

7. 什么是相对产气速率？对判断充油电气设备内部状况有什么作用？

相对产气速率是指每运行月（或折算到月）某种气体含量增加原有值的百分数的平均值，按下式计算

$$\gamma_r(\%)=\frac{C_{i2}-C_{i1}}{C_{i1}}\times\frac{1}{\Delta t}\times 100 \tag{18-2}$$

式中　γ_r——相对产气速率，%/月；

C_{i2}——第二次取样测得油中某气体浓度，μL/L；

C_{i1}——第一次取样测得油中某气体浓度，μL/L；

Δt——两次取样时间间隔中的实际运行时间，月。

相对产气速率也可以用来判断充油电气设备内部状况，总烃的相对产气速率大于10%时应引起注意。相对产气速率比较直观，使用方便，但它只是一个比较粗略的衡量手段。对总烃起始含量很低的设备不宜采用此判据。

8. 考察产气速率时必须注意哪些问题？

对于发现气体含量有缓慢增长趋势的设备，应适当缩短检测周期，考察产气速率，以便监视故障发展趋势。

考察产气速率时必须注意以下事项：

(1) 产气速率与测试误差有一定的关系。如果两次测试结果的测试误差不小于10%，增长率也在同样的数量级，考察产气速率是没有意义的。

(2) 由于在产气速率的计算中没有考虑气体损失，而这种损失又是与设备的温度、负荷大小及变化的幅度、变压器的结构型式等因素有关，因此在考察产气速率期间，负荷应尽可能保持稳定。如欲考察产气速率与负荷的相互关系时，则可以有计划地改变负荷，同时取样进行分析。

(3) 考察绝对产气速率时，追踪的时间间隔应适中，时间间隔太长，计算值为这一长时间内的平均值，如该故障是在发展中，该平均值会比实际的最大值偏低；反之，时间间隔太短，增长量就不明显，计算值受测试误差的影响较大。另外，故障发展往往并不是均匀的，而多为加速的。考察产气速率的时间间隔应根据所观察到的故障发展趋势而定。经验证明，一般起初以1～3个月的时间间隔为宜。当故障逐渐加剧时，就要缩短测试周期，当故障平稳或消失时，逐渐减少取样次数或转入正常定期监测。

(4) 对于油中气体浓度很高的开放式变压器，由于随着油中气体浓度的增加，油中溶解气体与油面上空间的气体组分压差越来越大，气体的损失亦越来越大，这时考察产气速率会有降低的趋势，或明显出现越来越低的现象。因此对于气体浓度很高的变压器，为可靠地判断其产气状况，可将油进行脱气处理。但要注意，由于残油及油浸纤维材料所吸附的故障特征气体，会逐渐向已脱气的油中释放，在脱气后的投运初期，特征气体明显增长不一定是故障的象征。应待这种释放达到平衡后（有时可能长达两三个月），才能考察出真正的产气速率。

9. 判断充油电气设备故障类型的特征气体法将故障分为几类？

当设备内部存在过热或局部放电等故障时，绝缘油或固体绝缘材料会裂解，产生少量低分子烃类和CO、CO_2等气体，并溶解于油中。不同故障类型，产生不同的特征气体。

充油电气设备的故障一般可分为两大类：

(1) 热故障。油裂解产生的气体包括乙烯和甲烷，少量的氢和乙烷。假如故障严重或包括电的因素，也会生成痕量的乙炔。主要气体是乙烯，其数量可占总可燃气的60%以上。

过热的固体纤维素绝缘会生成大量的CO和CO_2，假如故障包括了油浸结构，也会生成碳氢化合物，如乙烯、甲烷。主要气体是CO，其数量可占总可燃气的90%以上。

(2) 电故障。低能量放电产生氢、甲烷和少量的乙烯和乙炔。当涉及固体纤维素绝缘时也可产生CO和CO_2。主要气体是氢气，其数量可占总可燃气的85%以上。

在高能量的电弧放电时产生大量的氢气和乙炔，以及相当数量的甲烷和乙烯，假如故障涉及固体纤维素绝缘，也可生成CO和CO_2，油可能被碳化。主要气体是乙炔，其数量可占总可燃气的30%，同时有相当数量的氢气。

10. 什么是判断充油电气设备故障类型的三比值法?

在热动力学和实践的基础上，推荐改良三比值法作为判断充油电气设备故障类型的主要方法。改良三比值法是用五种气体的三对比值以不同的编码表示，编码规则和故障类型判断方法见表 18-5 和表 18-6。

表 18-5　　编码规则

气体比值范围	比值范围的编码		
	C_2H_2/C_2H_4	CH_4/H_2	C_2H_4/C_2H_6
<0.1	0	1	0
≥0.1～<1	1	0	0
≥1～<3	1	2	1
≥3	2	2	2

表 18-6　　故障类型判断方法

<table>
<tr><th colspan="3">编码组合</th><th rowspan="2">故障类型判断</th><th rowspan="2">故障实例（参考）</th></tr>
<tr><th>C_2H_2/C_2H_4</th><th>CH_4/H_2</th><th>C_2H_4/C_2H_6</th></tr>
<tr><td rowspan="5">0</td><td>0</td><td>1</td><td>低温过热（低于 150℃）</td><td>绝缘导线过热，注意 CO、CO_2 含量和 CO_2/CO 值</td></tr>
<tr><td>2</td><td>0</td><td>低温过热（150～300℃）</td><td rowspan="3">分接开关接触不良，引线夹件螺钉松动或接头焊接不良，涡流引起铜过热，铁芯漏磁，局部短路，层间绝缘不良，铁芯多点接地等</td></tr>
<tr><td>2</td><td>1</td><td>中温过热（300～700℃）</td></tr>
<tr><td>0，1，2</td><td>2</td><td>高温过热（高于 700℃）</td></tr>
<tr><td>1</td><td>0</td><td>局部放电</td><td>高湿度、高含气量引起油中低能量密度的局部放电</td></tr>
<tr><td rowspan="2">2</td><td>0，1</td><td>0，1，2</td><td>低能放电</td><td rowspan="2">引线对电位未固定的部件之间连续火花放电，分接抽头引线和油隙闪络，不同电位之间的油中火花放电或悬浮电位之间的火花放电</td></tr>
<tr><td>2</td><td>0，1，2</td><td>低能放电兼过热</td></tr>
<tr><td rowspan="2">1</td><td>0，1</td><td>0，1，2</td><td>电弧放电</td><td rowspan="2">线圈匝间、层间短路，相间闪络、分接头引线间油隙闪络、引线对箱壳放电、线圈熔断、分接开关飞弧、因环路电流引起电弧、引线对其他接地体放电等①</td></tr>
<tr><td>2</td><td>0，1，2</td><td>电弧放电兼过热</td></tr>
</table>

① 当发生电弧放电时，由于电弧周围的温度很高，在产生 C_2H_2 的同时，还产生大量的 C_2H_4，因此，C_2H_2/C_2H_4 反而比低能放电要小一些。

11. 比值法的应用原则是什么?

比值法应用原则如下：

（1）只有根据气体各组分含量的注意值或气体增长率的注意值有理由判断设备可能存在故障时，气体比值才是有效的。对气体含量正常且无增长趋势的设备，比值没有意义。

（2）假如气体的比值和以前的不同，可能有新的故障重叠在老故障或正常老化上。为了得到仅仅相应于新故障的气体比值，要从最后一次的分析结果中减去上一次的分析数据，并重新计算比值（尤其是在 CO 和 CO_2 含量较大的情况下）。在进行比较时要注意在相同的负荷、温度等情况下和在相同的位置取样。

（3）由于溶解气体分析本身存在的试验误差，导致气体比值也存在某些不确定性。利用三比值法判断充油电气设备故障时，特别要注意溶解气体分析结果的重复性和再现性。对气体浓度高于 10μL/L 的气体，两次的测试误差不应大于平均值的 10%，而在计算气体比值时，误差将提高到 20%。当气体浓度低于 10μL/L 时，误差会更大，使比值的精确度迅速降低。因此在使用比值法判断设备故障性质时，应注意各种可能降低精确度的因素。尤其是对正常值普遍较低的电压互感器、电流互感器和套管，更要注意这种情况。

12. 什么是判断充油电气设备内部故障的比值 O_2/N_2 及总含气量法？

通常油中溶解一定量的空气。空气的含量与油的保护方式有关。在开放式变压器中，油被空气所饱和，含气量约占油总体积的 10%。由于溶解度的影响，其中氧的含量约为 30%。经真空滤油的新的密封式变压器中，一般含气量为 1%～3%，也以这个比例存在于油中。在设备里，考虑到 O_2 和 N_2 的相对溶解度，油中 O_2/N_2 的比值反映空气的组成，接近 0.5。运行中由于油的氧化或纸的老化，这个比值可能降低。当 $O_2/N_2<0.3$ 时，一般认为是氧被极度消耗的迹象。运行中可能发生：

（1）总含气量增长，氧的含量也随之增高。如果不是取样或分析过程中引进的误差，则可能是隔膜或附件泄漏所致。一段时间后有可能导致油中溶解空气过饱和，当负荷、温度变化时，就会释放出气体，有可能引起气体继电器动作而报警。

（2）如果总含气量增长，而氧的含量却很低，甚至有时因氩气的影响在色谱仪上出现负峰，则设备内部可能存在故障。

（3）对充氮式变压器，当负荷和环境温度变化而使油温变化时，不会使油中氧的含量有明显的变化。当总含气量和氧含量明显增加时，可能是充氮系统密封不良或防爆膜龟裂。应查明原因。

（4）无论哪种保护方式，当设备内部存在有热点时，分解气体不仅使油中总含气量增加，而且由于氧化作用，加速消耗氧，使油中氧的含量不断降低。随着故障的严重化，高浓度的故障特征气体还会将油中的部分氧置换出来，氧又很难通过油来得到补充，就会导致油中的氧不断降低。实践证明，故障持续的时间越长，油中总含气量就越高，氧的含量就会越低。

13. 比值 C_2H_2/H_2 的作用是什么？

装有有载调压的变压器，常常发生调压开关油箱中的油向主油箱渗漏，或有载调压开关油箱与变压器共用一个储油罐，或两者的储油罐连通，致使开关油箱中由于开关操作产生的大量氢气和乙炔污染主油箱中的油，C_2H_2/H_2 有助于对这种情况的判断。

14. 当气体继电器中聚集有游离气体时使用平衡判据有什么优越性？

所有故障的产气率均与故障的能量释放紧密相关。对于能量较低、气体释放缓慢的故障（如低温热点或局部放电），所生成的气体大部分溶解于油中，就整体而言，基本处于平衡状态；对于能量较大（如铁芯过热）造成故障气体生成较快，当产气速率大于溶解速率时可能形成气泡。在气泡上升的过程中，一部分气体溶解于油中（并与已溶解于油中的气体进行交换），改变了所生成气体的组分和含量。未溶解的气体和油中被置换出来的气体，最终进入继电器而积累；对于有高能量的电弧性放电故障，迅速生成大量气体，所形成的大量气泡迅速上升并聚集在继电器里，引起继电器报警。这些气体几乎没有机会与油中溶解气体进行交

换，因而远没有达到平衡。如果长时间留在继电器中，某些组分，特别是电弧性故障产生的乙炔，很容易溶于油中，而改变继电器里的游离气体组分，以至导致错误的判断结果。因此当气体继电器发出信号时，除应立即取气体继电器中的游离气体进行色谱分析外，还应同时取油样进行溶解气体分析，并比较油中溶解气体和继电器中的游离气体的浓度，用以判断游离气体与溶解气体是否处于平衡状态，进而可以判断故障的持续时间和气泡上升的距离。

比较方法：首先要把游离气体中各组分的浓度值利用各组分的奥斯特瓦尔德系数 k_i 计算出平衡状况下油中溶解气体的理论值，再与从油样分析中得到的溶解气体组分的浓度值进行比较。

计算公式为

$$C_{oi}=k_i\times C_{gi} \tag{18-3}$$

式中　C_{oi}——油中溶解组分 i 浓度的理论值，μL/L；

C_{gi}——继电器中游离气体中组分的 i 浓度值，μL/L；

k_i——组分 i 的奥斯特瓦尔德系数，见表 18-7。

表 18-7　各种气体在矿物绝缘油中的奥斯特瓦尔德系数 k_i

标　准	温度/℃	H_2	N_2	O_2	CO	CO_2	CH_4	C_2H_2	C_2H_4	C_2H_6
GB/T 17623—1998①	50	0.06	0.09	0.17	0.12	0.92	0.39	1.02	1.46	2.30
IEC 60599—1999②	20	0.05	0.09	0.17	0.12	1.08	0.43	1.20	1.70	2.40
	50	0.05	0.09	0.17	0.12	1.00	0.40	0.90	1.40	1.80

① 国产油测试的平均值。

② 这是从国际上几种最常用的牌号的变压器油得到的一些数据的平均值。实际数据与表中的这些数据会有些不同，然而可以使用上面给出的数据，而不影响从计算结果得出的结论。

判断方法如下：

(1) 如果理论值和油中溶解气体的实测值近似相等，可认为气体是在平衡条件下释放出来的。这里有两种可能：一种是故障气体各组分浓度均很低，说明设备是正常的。应搞清这些气体的来源及继电器报警的原因。另一种是溶解气体浓度略高于理论值则说明设备存在产生气体较缓慢的潜伏性故障。

(2) 如果气体继电器内的游离气体浓度明显超过油中溶解气体浓度，说明释放气体较多，设备内部存在产生气体较快的故障。应进一步计算气体的增长率。进而可以判断故障的持续时间及估计故障的大致位置。

(3) 判断故障类型的方法，原则上和油中溶解气体相同，但是如上所述，应将游离气体浓度换算为平衡状况下的溶解气体浓度，然后计算比值。

15. 判断充油电气设备内部故障的步骤是怎样的?

(1) 出厂前的设备。按规定进行测试，和表 18-1 比较，并注意积累数据。当根据试验结果怀疑有故障时，应结合其他检查性试验进行综合判断。

(2) 运行中的设备：

1) 将试验结果的几项主要指标（总烃、甲烷、乙炔、氢）与表 18-2、表 18-3 列出的油中溶解气体含量注意值作比较，同时注意产气速率，与表 18-4 列出的绝对产气速率注意值作比较。短期内各种气体含量迅速增加，但尚未超过表 18-2、表 18-3 中的数值，也可

判断为内部有异常状况；有的设备因某种原因使气体含量基值较高，超过表 18-2、表 18-3 的注意值，但增长速率低于表 18-4 绝对产气速率的注意值，仍可认为是正常设备。

2）当认为设备内部存在故障时，可用特征气体法、三比值法以及上述的其他方法对故障的类型进行判断。

3）对一氧化碳和二氧化碳的判断。当故障涉及固体绝缘时，会引起 CO 和 CO_2 的明显增长。根据现有的统计资料分析显示，固体绝缘的正常老化过程与故障情况下的劣化分解，表现在油中 CO 和 CO_2 含量上，一般没有严格的界限，规律也不明显。这主要是由于从空气中吸收的 CO_2、固体绝缘老化及油的长期氧化形成 CO 和 CO_2 的基值过高造成的。开放式变压器溶解空气的饱和量为 10%，设备里可以含有来自空气中的 300μL/L 的 CO_2。在密封设备里空气也可能经泄漏而进入设备油中，这样，油中的 CO_2 浓度将以空气的比率存在。经验证明，变压器中 CO_2/CO 比值是随着运行年限的增长而逐渐变大的。当怀疑设备固体绝缘材料老化时，一般 $CO_2/CO>7$。当怀疑故障涉及固体绝缘材料时（高于 200℃），CO 的产生量增加，使 CO_2/CO 值降低，可能 $CO_2/CO<3$，必要时，应从最后一次的测试结果中减去上一次的测试数据，重新计算比值，以确定故障是否涉及固体绝缘。

对运行中的设备，随着油和固体绝缘材料的老化，CO 和 CO_2 会呈现有规律的增长，当这一增长趋势发生突变时，应与其他气体（CH_4、C_2H_2 及总烃）的变化情况进行综合分析，以判断故障是否涉及固体绝缘。

CO 和 CO_2 的产生速率还与固体材料的含湿量有关。温度一定，含湿量越高，分解出的 CO_2 就越多；反之，含湿量越低，分解出的 CO 就越多。因此，在判断固体材料热分解时，应结合 CO 和 CO_2 的绝对值、CO_2/CO 比值以及固体材料的含湿量（可由油中含水量推测或直接测量）进行判断。同时由于 CO 容易逸散，有时当设备出现涉及固体材料分解的突发性故障时，油中溶解气体中 CO 的绝对值并不高，从 CO_2/CO 比值上得不到反映；但此时如果轻瓦斯动作，收集的气体中 CO 的含量就会较高，这是判断故障的重要线索。

4）当气体继电器内出现气体时，应将继电器内气样的分析结果按本章第 14 题所述的方法进行判断。

5）根据上述结果以及其他检查性试验（如测量绕组直流电阻、空载特性试验、绝缘试验、局部放电试验和测量微量水分等）的结果，并结合该设备的结构、运行、检修等情况，综合分析，判断故障的性质及部位。根据具体情况对设备采取不同的处理措施（如缩短试验周期、加强监视、限制负荷、近期安排内部检查、立即停止运行等）。

16. 为什么在判断充油电气设备内部故障时提倡综合分析判断法？

通常设备内部故障的形成和发展总是比较复杂的，往往与多种因素有关，这就需要全面地进行分析。例如绝缘预防性试验结果和检修的历史档案，设备当时的运行情况（温升、过负荷、过励磁、过电压等），设备的结构特点，制造厂同类产品有无故障先例，设计和工艺有无缺点等。另外，在根据油中热解气体分析结果对设备进行诊断时，一般不应盲目地建议吊罩、吊芯，或滤油，还应从安全和经济两方面考虑。

在分析故障的同时，应广泛采用新的测试技术，例如电气或超声波法的局部放电测量和定位、铁芯多点接地，油及固体绝缘材料中的微量水分测定，油中糠醛含量的测定，以及油中金属含量的测定等，以利于寻找故障的线索。

17. 取油样应注意哪些事项?

要求所取的油样能代表油箱本体油中溶解气体的含量，一般在下部放油阀取油样。但不排除在特殊情况下由不同位置取油样的必要性。用注射器取样。取样过程应保持密封。

为避免油在光照下发生变化和逸散，取样容器要避光保存并及时分析。

18. 脱气应注意的关键问题是什么?

利用气相色谱法分析油中溶解气体必须将溶解的气体从油中脱出来，再注入气相色谱仪，进行组分和含量的分析。脱气这一环节是本试验方法误差的主要来源，要达到试验结果的一致性，首先必须保证脱气结果的重复性。

不同的脱气装置有不同的脱气率，同一脱气装置对不同的组分因溶解度不同也有不同的脱气率，应对脱气率进行校核。

19. 对色谱仪的基本要求是什么?

目前使用的色谱仪型号很多，其基本原理都是有氢火焰离子化和热传导两个检测器，并带有甲烷转化炉，一般只要选择适用的色谱柱固定相、色谱流程及适当的操作条件，都能满足本试验的要求。对色谱仪的基本要求是色谱柱对所检测组分的分离度 R 应满足定量分析的要求，即 $1.5>R\geqslant1$，两相邻峰仅有少部分重叠，不影响定量。色谱仪应当天标定，试验结果以每升油中含有某组分的微升数 μL/L 表示。

20. 对试验结果的重复性和再现性有什么规定?

本试验方法的操作环节较多，各个环节都有引进误差的可能性。导则中规定同一实验室的重复性应在 10%以内。因为在连续监测设备时，根据产气速率判断设备故障发展情况时，就有 10%/月的相对产气速率的指标，因此 10%的重复性可看作是最起码的要求。油中气体含量低于 10L/L 时，可允许误差稍大。

21. 简述测量 SF_6 气体的含水量露点法测量原理。

露点法测量原理：使被测气体在恒定的压力下，以一定流量经露点仪测试室中的抛光金属镜面，此镜面用人工方法冷却。当气体中的水蒸气随着镜面温度的逐渐降低而达到饱和时，镜面上开始出现露，此时所测量的镜面温度即为露点温度，通过露点温度求得所要求的气体含水量。

22. 简述测量 SF_6 气体的含水量阻容法测量原理。

阻容法测量原理：通过电化学方法在金属铝表面形成一层氧化铝膜，进而在膜上镀一薄层金属，这样铝基体和金属膜便构成了一个电容器。当 SF_6 气体通过时，多孔氧化铝层就吸附了水蒸气，使两极间阻抗或容抗发生改变，其改变量与水蒸气浓度成一定关系，经过标定即可测定 SF_6 气体含水量。

23. 用露点仪测量 SF_6 气体含水量为什么常采用取样气体压力等于 0.1MPa 压力下测量?

一般用露点仪测量有两种方法。一种是取样气体压力等于大气压即 0.1MPa 下测量，测量的露点按上述方法换算成体积比含水量；另一种方法是取样气体压力等于其工作压力，此时测量露点将代表设备内所含水蒸气的真实露点，但 SF_6 气体的工作压力较高时，其本身液化温度也比较高，从而使测量困难。如 SF_6 气体工作压力为 0.7MPa，其液化温度 −20℃，因此用该方法测量是不可能测到比 −20℃ 更低的露点，也就不一定能测到真实的水蒸气含量。因此通常采用 0.1MPa 压力下进行测量。

24. 当某台 SF_6 断路器额定压力为 0.7MPa 时，为摸底充入 0.15MPa SF_6 气体，测出含水量为 300μL/L，问：如果充入含水量合格的 SF_6 气体至额定压力，断路器 SF_6 含水量合格否？（0.7MPa 为绝对压力，0.15MPa 为表压）

在充入含水量合格的 SF_6 气体时，可用下面公式计算

$$H_1 = H_2 \frac{P_2}{P_1} = 300 \times \frac{0.15 + 0.1}{0.7} = 107.14(\mu L/L)$$

式中 H_1——断路器含水量在额定压力下的含水量，μL/L；

P_1——断路器 SF_6 额定绝对压力，MPa；

H_2——0.15MPa（表压）下测得含水量，μL/L；

P_2——摸底时断路器充入 SF_6 压力（表压），MPa。

因此，在此摸底压力下，水分含量合格（≤150μL/L），把干燥的，含水量合格的 SF_6 气体充入至断路器额定压力下，含水量也会合格。

25. 为什么要对 SF_6 电气设备进行检漏试验?

SF_6 电气设备中气体绝缘介质的绝缘与灭弧能力主要依赖于有足够的充气密度（压力）和气体的高纯度，设备中气体的泄漏直接影响设备的绝缘性能。所以，SF_6 气体泄漏量的检查是 SF_6 电气设备交接和运行监督的主要项目之一。

26. SF_6 电气设备检漏试验分哪几种形式?

SF_6 分子具有极强的负电特性，所以检漏仪均利用这一特性检测 SF_6 气体泄漏情况。SF_6 电气设备的气体泄漏检查可分为定性和定量两种形式。定性检查是直接对设备各接头进行检测，可以查出设备泄漏点的位置。定量检查是通过包扎检查或压力折算求出泄漏点的泄漏量，从而得到气室的年泄漏率。定量法又可分为挂瓶检漏法、整机扣罩法、局部包扎法和压力降法。

27. 常用 SF_6 气体检漏仪有几种? 各有什么特点?

常用 SF_6 气体检漏仪有四种：紫外电离、电子捕获、真空高频电离及负电晕放电。电子捕获测试仪灵敏度高稳定性好，但价格昂贵，气源要求高；紫外电离和负电晕放电检测仪灵敏度适中、稳定性较好，但负电晕放电检测仪准确性较差，价格低；真空高频电离测量范

围宽、灵敏度高、但测量误差大，只能作定性半定量使用，且体积大、稳定时间长。

28. 简述常用（负电晕放电检测仪）定性测量的卤素气体检漏仪的工作原理。

负电晕放电检测仪用高频负电晕脉冲连续放电，引起探测器二极管产生电晕放电，当大气中有 SF_6 气体时，探头借助真空泵的吸力将 SF_6 气体吸进并进入探测器，负电特性气体对电晕电场有抑制作用，使得二极管电极电流减小，电流减小的信号通过电子线路变换成一种可以听得到见得着的声光警报信号。卤素气体均可使检漏仪发出警报。

29. SF_6 电气设备检漏试验标准是多少？

我国规定，设备中每个气室的 SF_6 年漏气率小于1%。

现场进行局部包扎法时规定，每一个包扎点5h以上泄漏量不大于30μL/L。

30. 怎样计算年漏气率？

年漏气率的计算公式如下

$$\eta=\frac{Q}{M}\times 100\%$$

$$Q=\frac{K}{\Delta t}V\rho t$$

式中　η——年漏气率；

Q——年漏气量，g；

K——包扎体中的 SF_6 气体浓度，体积比；

V——包扎体积（扣除被测设备的体积），L；

ρ——SF_6 气体密度（6.16g/L）；

Δt——包扎时间，h；

t——年小时，8760h；

M——设备中所充入 SF_6 气体的总重量，g。

第十九章

电力电缆线路在线监测与故障诊断

1. 10kV 及以上电力电缆进行直流耐压试验时，往往发现泄漏电流随电压升高，增加很快，问是否就能判断电缆有问题？在试验方法上应注意哪些问题？

10kV 及以上电力电缆直流耐压试验时，试验电压分 4～5 级升至 3～6 倍额定电压值。因电压较高，随电压升高，若无较好的防止引线及电缆端头游离放电的措施，则在直流电压超过 30kV 以后，对于良好绝缘的泄漏电流也会明显增加，所以随试验电压的上升泄漏电流增大很快不一定是电缆缺陷。此时必须采取极间屏障或绝缘覆盖（在电缆头上缠绕绝缘层）等措施减少游离放电的杂散泄漏电流之后，才能判断电缆绝缘水平。

2. 进行电缆直流耐压和泄漏电流试验时应注意哪些问题？

电缆直流耐压和泄漏电流试验时应注意以下几个问题：

（1）微安表接在高压端。绝缘良好的电缆泄漏电流很小，一般在几十微安以下，而设备及引线的杂散电流相对较大，影响较大。这时微安表接在低压端，会有较大误差。

（2）两端头屏蔽。电压在 35kV 及以上的电缆，由于试验电压高，通过被试品表面及周围空间的泄漏电流相当大，所以电缆两端的终端头均应屏蔽。但是在电缆较长时不容易实现。

（3）在高压侧测量电压。如电缆较长、电容量较大时，在整流回路中引起电压降，低压侧的表计将不能反映高压侧的实际电压，故需要在高压侧直接测量电压。

（4）试验电压太高时需要用倍压装置。35kV 及以上电压等级电缆需要的试验电压很高，一般单级直流装置不能满足试验要求，需要采用倍压装置。

3. 进行电缆直流耐压和泄漏电流试验时如何采用屏蔽法来消除被试品表面及周围空间的泄漏电流的影响？

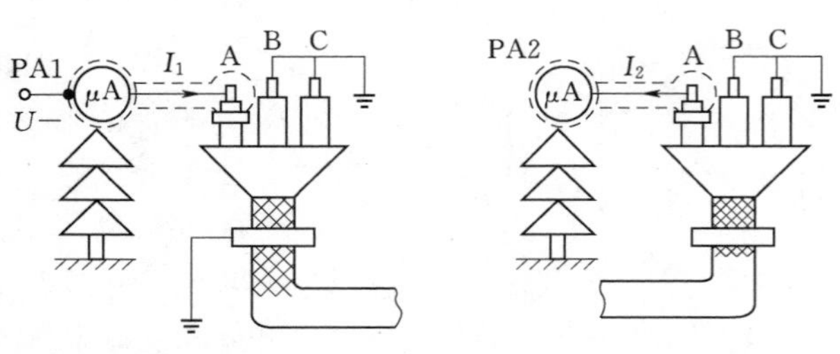

图 19－1　一端接屏蔽一端接收时测量泄漏电流的接线图

电缆直流耐压和泄漏电流试验时可采用一端接屏蔽一端接收时测量泄漏电流的接线方式（见图 19－1）来消除被试品表面及周围空间的泄漏电流的影响。

这时电源端采取屏蔽将表面及周围空间的泄漏电流的影响排除，另一

端的杂散泄漏电流 I_2 流经微安表 PA2。于是，被试品的泄漏电流 I_x 可由微安表 PA1 的读数 I_1 减去 I_2 而得，即

$$I_x = I_1 - I_2$$

4. 对电力电缆线路进行故障探测有什么重要意义？

随着电缆线路的增多，电缆故障对供电可靠性的影响日益增大，因而迅速准确地探测故障点的位置对保证故障电缆的及时修复、及时恢复供电有着重要意义。

5. 电力电缆线路故障性质可分为哪几类？如何进行判断？

电缆故障的探测方法取决于故障的性质，因此探测工作先要判断故障的性质。电缆故障大致可分两大类：①因缆芯之间或缆芯对外皮间的绝缘破坏，形成短路、接地或闪络击穿；②因缆芯连续性受到破坏，形成断线和不完全断线，有时也发生兼有两种情况的故障。但通常以第一类故障为多，其中短路、接地又有高阻和低阻之分。

判断故障性质的方法可采用绝缘电阻表进行，先在一端测量电缆各芯间和芯对地的绝缘电阻，再将另外一端短路进行测量，检查电缆线路是否存在断线。

6. 电缆故障点距离的测量方法有哪几种？

电缆故障的性质确定后，要根据不同的故障，选择适当方法测定从电缆一端到故障点的距离，这就是故障测距，常用的测距方法有直流电桥法和脉冲法。

7. 直流电桥法判断电缆故障点距离的基本原理是什么？

直流电桥法是至今广泛应用的一种测距方法。它基于电缆沿线均匀，电缆长度与缆芯电阻成正比，测量其比值。由测得的比值和电缆全长，可获得测量端到故障点的大致距离。直流电桥测量原理如图 19－2 所示，图中 R_L 是电缆全长的单芯电阻，R_x 是测量端到故障点的电阻。

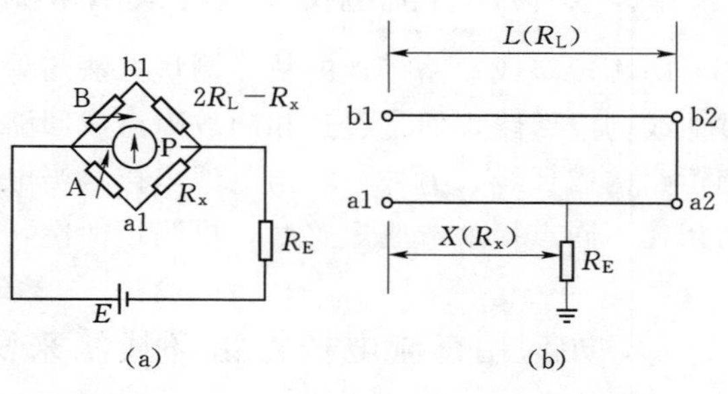

图 19－2　直流电桥测量原理图
(a) 组成的单臂电桥；(b) 故障电缆回路

8. 测量高电阻性接地和低电阻性接地电缆故障的方法是什么？

直流电桥法有多种接线方式，经常采用的是缪雷环线法。对低电阻性接地采用低压缪雷环线法，电源电压不超过 1kV；高电阻性接地采用高压缪雷环线法，电压可到几千甚至上万伏。但所谓的低电阻和高电阻并没有严格界线，随所使用的仪器的电源电压和检测灵敏度而定。普通的单臂电桥和双臂电桥，大多外接数十伏到数百伏的直流电源，以 2～3kΩ 作为划分低电阻和高电阻的界线是适当的，因为这时能达到电桥测量所必需的 10～50mA 的测量电流，电桥足够准确。当电阻超过 3kΩ 时，电桥灵敏度不够，需要增大电流，方法是提高电压和降低电阻，提高电压就是采用高压缪雷环线法，它和低压缪雷法没有本质区别，只是仪器能承受高压。

9. 如何用直流电桥缪雷环线法来测量单相接地故障的电缆故障点距离?

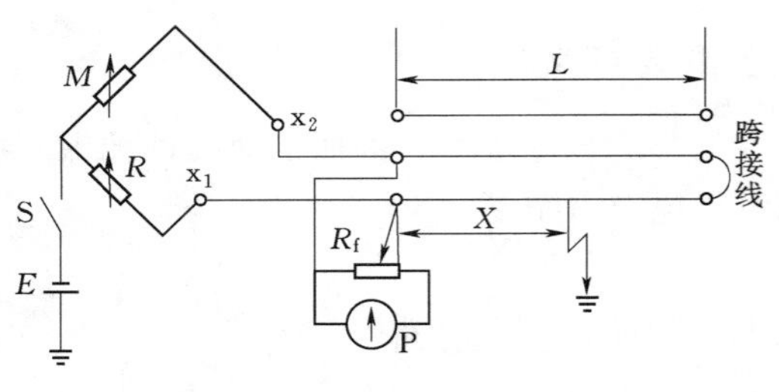

图 19-3 用缪雷环线法测量单线接地故障接线图
R—可调测量臂电阻;R_f—检流计灵敏度调整电阻;M—比例臂;P—检流计

单相接地故障的测量:用缪雷环线法测量单线接地故障接线如图 19-3 所示。

将电桥的测量端子 x_1 和 x_2 分别接在故障缆芯和完好缆芯,这两芯的另外一端用线短接成环线。于是电桥本身有两臂(比例臂 M 和测量臂 L);故障点两侧的缆芯环线构成另外两臂。当电桥平衡时,则有

$$MXr=(2L-X)rR$$

得到

$$X=2LR/(R+M)$$

式中 X——从测量端到故障点的距离,m;

L——电缆长度,m;

R——测量臂电阻,Ω;

M——比例臂的电阻,Ω;

r——电缆每米长度的电阻,Ω/m。

10. 如何用直流电桥缪雷环线法来测量两相短路或短路接地电缆故障点距离?

两相短路或短路接地的故障测量方法与单相接地基本相同。两相短路时的测量电流不经过地线构成回路,而是经过相间故障点成回路。故障相缆芯接往电桥,其一相的末端与完好相短路构成环线,另外一相与电池串接。当电桥平衡时,同样计算出到故障点的距离 X。当两相在不同点接地造成短路时,可测量两次,分别测量出它们的故障距离 X 和 X'。

11. 如何用直流电桥缪雷环线法来测量三相短路或短路并接地电缆故障点距离?

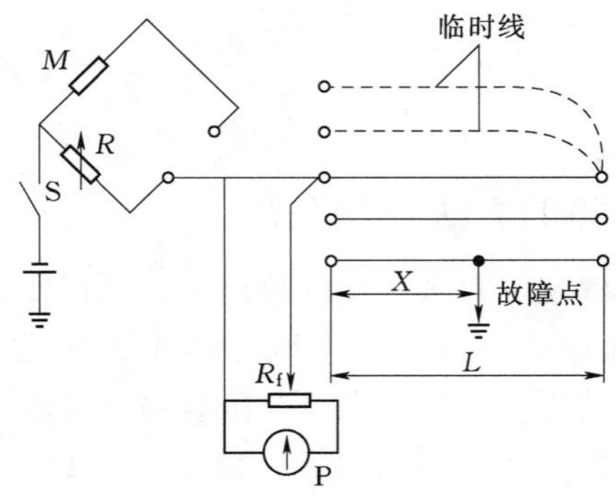

图 19-4 用临时线测量三相短路或短路并接地电缆故障

用电桥法测量三相短路或短路并接地的故障时,必须借助辅助线。如果附近有完好的平行电缆线路,可用其一根芯线作为辅助线,在末端与故障缆芯任一相(常取绝缘电阻最低的一相)短路构成环线。测量方法与单相接地和两相短路的测量方法相同。如没有平行电缆线路,应布设临时线作为辅助线,临时辅助线可用低压塑料二芯线,其一芯与阻值较大的 M 桥臂相串联,另外一芯接到检流计,这样测量误差小,临时辅助线的截面无严格要求,只需测量出其电阻值。测量接线如图 19-4 所示。

接线时因将临时线的两芯线的另外一端同时接往缆芯中绝缘电阻最小的一相，不要在两线芯连接好后再用短线接往缆芯。因为这样等于接长了电缆而带来误差。设临时线单边的电阻值为 r，当电桥平衡时，则有

$$(M+r)X=(L-X)R$$
$$X=RL/[(M+r)+R]$$

12. 如何用高压直流烧穿法测量电缆线路高阻性故障?

用低压电桥法测量高阻性故障首先必须将高电阻烧穿为低电阻，但烧穿电流太小，不能达到扩大炭化通道而使电阻下降的目的，烧穿电流太大，又可能使炭化通道温度过高而遭到破坏，电阻反而增大。根据现场经验，一般用高压直流烧穿法比较合理，其接线与直流耐压相同，它仅供给流经故障点的有功电流，从而大大减小试验设备的体积，适合现场使用。烧穿开始时，在几万伏电压下保持几毫安至几十毫安，使故障电阻逐步下降。此后，随着电流增大而逐步降低电压，在几百伏电压下保持几安电流。在整个试验过程中电流保持平衡，缓缓增大，输出电压为负极性。由于直流烧穿法电流较大，限流水电阻不便使用，试验设备的容量要足够大，否则容易损坏。

13. 脉冲法测量电缆故障点的基本探测原理是什么?

脉冲法测量电缆故障点的基本探测原理是将电缆认为均匀长线，应用行波理论进行分析判断，并且通过观察脉冲在电缆中往返所需要的时间来计算到故障点距离。该方法能较好地解决高阻和闪络性故障的探测，而不必过多依赖电缆长度、截面等原始资料，所以得到越来越多的应用。

14. 为什么要采用定点法测量故障点的距离？定点法有哪几种?

测距只能估计故障区段，实际过程中要求更准确地判断故障地点以减少挖掘量。因此，在开挖前要先准确定点，测量的绝对误差因不大于 1m。对长度为数十米的短电缆，可不必测量而直接定点，且故障点多在终端头。定点法有多种，包括声测法、感应法、探针法和电流方向法。

15. 简单描述声测法的工作原理。

声测法灵敏可靠，常被采用，除了接地电阻特别小（小于 50Ω）的接地故障外，都能适用。声测法的原理接线与高压脉冲反射法类似。当高压电容器 C 充电到一定电压时，球间隙击穿，电容器电压加在故障电缆上，使故障点与间隙之间击穿，产生火花放电，引起电磁波辐射和机械的音频振动。声测法的原理就是利用放电的机械效应，即电容器储藏的能量在故障点以声能形式耗散的现象，在地表面用声波接收器探头拾取振波，根据振波强弱判定故障点。

16. 如何判断电缆故障的性质及故障点?

电缆线路故障有电缆线芯的断线或不完全断线、电缆的相间短路、接地或闪络型故

障等。

判断电缆线路故障的性质一般是用绝缘电阻表。若怀疑线芯断线或不完全断线，可将电缆一端的线芯短接，在另一端摇测每两条线芯间的绝缘电阻，若为无穷大，则为完全断线；若虽不为无穷大但也不为零，则为不完全断线。若怀疑为线芯间短路或接地，可将一端的线芯完全散开，在另一端摇测每两条线芯间或线芯与接地线的绝缘电阻，若为零，则为短路或接地。

若怀疑为闪络型故障，可采用脉冲电流法。其基本原理是，采用施加直流高电压将电缆故障点瞬时击穿，故障点放电的脉冲电流在电缆中传输，通过线性电流耦合器采集电缆故障击穿点产生的脉冲电流信号，用仪器自动记录，同时计算脉冲波自测量端到故障点往返一次所需时间 Δt，并在仪器显示屏上直接显示出测量端到故障点的距离。

17. 电缆线路的高阻类故障测寻有哪些方法？

对于高阻类故障，目前一般不经烧穿，而直接用闪测仪闪测法进行粗测，而后用声测法定点。但对于某些高阻故障，由于故障点受潮面积较大，不能闪络或闪络不好，用“直闪”法或“冲闪”法都测不出真正反映实际的故障波形，因此，还需要进行“烧穿”，以改变故障点的状态，使之闪络，而后再用闪测法进行测寻。

对于闪络性故障，可先通过“烧穿”来降低故障点电阻，再用测寻高阻类故障的方法进行测寻。但“烧穿”是相当困难的。经验证明，闪络性故障多发生在中间接头和终端头，只要电缆图纸资料准确，便可在向故障电缆施加直流高压的同时，将闪测仪接好，以便在闪络的瞬间记下故障波形；然后将粗测故障点位置与图纸给出的位置进行比较，以确定发生故障的中间接头或终端头。

18. 电缆绝缘击穿的原因有哪些？

电缆绝缘击穿的主要原因有机械损伤、绝缘老化、绝缘受潮、电缆头故障及过电压等。

(1) 机械损伤。在电缆绝缘击穿事故中，机械损伤所占比例很大，常见的原因如下：

1) 直接受外力作用而损伤，如重物由高处掉下砸伤电缆、挖土不慎误伤电缆等。

2) 敷设时电缆弯曲过大使绝缘受伤，装运时电缆被严重挤压而使绝缘和保护层损坏。

3) 直埋电缆因地层沉陷而承受过大压力，导致绝缘受损，严重时甚至拉断电缆。

(2) 绝缘老化。在电缆的长期运行过程中，由于散热不良使电缆温度过高，从而导致绝缘材料的电气性能和机械性能均劣化，致使绝缘变脆和断裂。

(3) 绝缘受潮。电缆绝缘受潮的主要原因是：

1) 由于电缆头施工不良，水分侵入电缆内部。

2) 由于电缆内护层破损而使水分侵入，如内护层直接机械损伤；铅包电缆敷设在振源附近，因长期振动而产生疲劳龟裂；电缆外皮受化学腐蚀而产生孔洞；由于制造不良，铅包上有小孔或裂缝等。

(4) 电缆头故障。电缆终端头和中间接头是电缆线路的薄弱环节，由于施工不良和使用的材料质量较差，电缆头发生故障而导致绝缘击穿。

(5) 过电压。由于大气过电压或内部过电压而引起绝缘击穿，特别是系统内部过电压往往造成多根电缆同时被击穿。

19. 防止电缆绝缘击穿的措施有哪些？

防止电缆绝缘击穿的措施有以下几个方面：

（1）加强电缆线路的运行维护。应定期巡视检查电缆线路，发现隐患及时排除；电缆线路不要长期过负荷运行，并遵守运行规程。

（2）防止机械损伤。架空电缆，特别是沿墙敷设的电缆，应进行遮盖。厂内动土工程应办理由电气部门签字的动土证；对厂外电缆线路应加强巡视检查，及时制止在电缆线路附近的挖土、取土作业。

（3）严防电缆绝缘受潮。电缆铅包被腐蚀会导致绝缘受潮击穿，所以应加强电缆外护层的维护，每隔2～3年要在电缆外护层上涂刷一层沥青。

（4）提高电缆头的施工质量。由于气泡和水分对电缆头绝缘的耐压强度影响很大，因此在电缆头的制作、安装过程中绝缘包缠要紧密，不得出现空隙。环氧树脂和石英粉使用前应严格进行干燥处理。电缆终端头附近的电场分布很不均匀，护套边缘处的电场强度最大，应加强该处的绝缘。

（5）搬运电缆要小心，敷设电缆应保证质量。搬运电缆时，应避免挤压电缆。敷设时电缆弯曲不可过大，以免损伤内部绝缘。对于油浸纸绝缘电缆，在安装中要特别注意两端的高低差不得超过规定值。

20. 电缆线路的低阻类故障测寻有哪些方法？

电缆线路故障电阻较低时，可先用电桥法或低压脉冲反射法进行粗测，而后用音频感应法定点；也可先用冲击放电法来提高故障点的电阻，而后用声测法定点。

应注意如下特殊情况：对于三相短路故障，难以用电桥法进行测寻时，必须用低压脉冲反射法进行粗测。对于单相接地故障，用音频感应法测寻可能会导致全电缆线路上都有音频信号，而不能定点。此时可先通过冲击放电法来提高故障点的电阻，而后再用声测法定点。对于故障电阻根本不能提高的故障，只有采用音频感应法，并配合使用差动电感探头。

21. 交联聚乙烯电力电缆进水的原因是什么？有哪些防止措施？

交联聚乙烯电力电缆进水的原因如下：

（1）保管不善。新买的成筒电缆，其两头均使用塑料密封套封住，但用去其中一段之后，余下的就用塑料纸一裹，外面只用绳子绑扎，如此造成密封性不好，时间一长，水气就会渗入电缆。

（2）敷设不慎。电缆敷设时，其用塑料纸裹住的电缆头有时会浸泡在水中，使水进入电缆。另外在牵引和穿管时，会发生外护套破裂现象，使电缆进水。

（3）电缆头制作不及时。电缆敷设后，未能及时进行电缆头制作，使未经密封处理的电缆端口长期暴露在空气中，甚至浸泡在水中，使水汽大量进入电缆。

（4）电缆制作时大意。在制作电缆头（包括终端头和中间接头）时，由于制作人员的大意，电缆端头有时会滑入有积水的电缆井中，导致电缆进水。

（5）电缆运行故障。在运行中，当电缆发生中间接头击穿等故障时，电缆井中的积水便会沿着缺口进入电缆；在建筑工地，由于外力引起电缆破损或击穿，也会发生电缆进水。

研究表明，电缆进水后，在电场作用下会发生水树状老化现象，最后导致电缆击穿，所以应采取相应对策防止进水。其主要措施如下：

（1）电缆头应严格密封。对锯掉的电缆头，无论是暂时不用或敷设，均要采用电缆专用的密封套进行严格的密封，以防止潮气渗入电缆。

（2）电缆敷设后要及时制作电缆头。

（3）购买定点厂的产品，以保证质量。

（4）加强电缆头制作工艺管理。

（5）采用冷缩电缆头。可选用冷缩硅橡胶电缆附件制作。

（6）长电缆采用电缆分支箱，以限制进水长度，当电缆发生故障时也便于分段查找。

（7）采用8.7/10kV电缆。由于该电缆绝缘厚度（4.5mm）较6/10kV电缆的厚度（3.4mm）厚，降低了场强，从而防止了水树状老化。

（8）采用PVC塑料双壁波纹管。由于这种波纹管耐腐蚀、内壁光滑、强度与韧性良好，因而在电缆直埋敷设时，可大大减少电缆外护套破损。

（9）改进电缆沟（管）和电缆井的设计，使之便于排水、施工和管理。

（10）认真进行试验。在电缆头制作后，投运之前要做一次高压试验，运行后要认真进行预防性试验。

22. 检查油浸纸绝缘电缆绝缘受潮的简易方法是什么？有哪些处理方法？

应当指出，在检查电缆绝缘纸是否受潮时，要特别注意靠近铅包处的统包纸绝缘及导线线芯表面的纸层，因为水分大多数是沿着铅包表面或导体线芯的缝隙侵入电缆内部。检查绝缘时不要用半导体屏蔽纸做试验，因它有吸收气体的特性，容易引起误解。一般检查绝缘纸时，施工人员应先用汽油将手擦干净，并用预先在热电缆油洗过的钳子夹取被试绝缘纸，不得用手直接提取，以防纸层从手指上吸收潮气。

（1）点燃法。撕下绝缘纸进行点燃，如果有嘶嘶声或白色泡沫出现，则说明绝缘纸已受潮。

（2）热油法。

1）将绝缘纸放入150℃左右的电缆油中，如果有嘶嘶声或白色泡沫出现，则说明绝缘纸已受潮。

2）用钳子将电缆的导体绞线松开，浸入150℃左右的电缆油中，如果已有潮气侵入，同样会有嘶嘶声或白色泡沫出现。

如果发现电缆绝缘纸有潮气存在，处理方法是，从电缆头开始，逐段将受潮部分的电缆割除，重复试验，直到不再有潮气为止。每次割除的长度为0.3～1m。视绝缘受潮程度而定。

（3）用绝缘电阻表测量电缆的绝缘电阻。额定电压为0.6/1kV的电缆用1000V绝缘电阻表，其测量值换算到20℃时，每千米的绝缘电阻应不小于50MΩ。

23. 用什么方法确定橡塑电缆内衬层和外护层破坏进水？

直埋橡塑电缆的外护层，特别是聚氯乙烯外护套，受地下水的长期浸泡吸水后，或者受到外力破坏而又未完全破损时，其绝缘电阻均有可能下降至规定值以下，因此不能仅根据绝缘电阻值降低来判断外护套破损进水。为此，提出了根据不同金属在电解质中形成原电池的

原理进行判断的方法。

橡塑电缆的金属层、铠装层及其涂层用的材料有铜、铅、铁、锌和铝等。这些金属的电极电位如表19-1所示。

表19-1 金属的电极电位

金属种类	铜（Cu）	铅（Pb）	铁（Fe）	锌（Zn）	铝（Al）
电极电位/V	+0.334	−0.122	−0.44	−0.76	−1.33

当橡塑电缆的外护套破损并进水后，由于地下水是电解质，在铠装层的镀锌钢带上会产生对地−0.76V的电位，如内衬层也破损进水后，在镀锌钢带与铜屏蔽层之间形成原电池，会产生 $0.334-(-0.76)\approx 1.1(\text{V})$ 的电位差。当进水很多时，测到的电位差会变小。在原电池中铜为“+”极，镀锌钢带为“−”极。

当外护套或内衬层破损进水后，用绝缘电阻表测量时，每千米绝缘电阻值低于0.5MΩ时，用万用表的“+”、“−”表笔轮换测量铠装层对地或铠装层对铜屏蔽层的绝缘电阻，此时在测量回路内由于形成的原电池与万用表内干电池相串联，当极性组合使电压相加时，测得的电阻值较小；反之，测得的电阻值较大。因此，当上述两次测得的绝缘电阻值相差较大时，表明已形成原电池，就可判断外护套和内衬层已破损进水。

外护套破损不一定要立即修理，但内衬层破损进水后，由于水分直接与电缆芯接触并可能会腐蚀铜屏蔽层，一般应尽快检修。

24. 电缆接地的原因及处理方法是什么？

（1）地下动土刨伤，损坏绝缘，引起电缆接地。应挖开地面，修复绝缘。

（2）人为的接地线未拆除，引起电缆接地。应拆除接地线。

（3）负荷大、温度高，造成绝缘老化，引起电缆接地。应调整负荷，采取降温措施，更换老化绝缘。

（4）套管脏污、有裂纹造成放电（室外受潮或漏进水），引起电缆接地。应清洗脏污的套管，更换有裂纹的套管。

25. 电缆短路崩烧的原因是什么？怎样处理？

（1）设计时电缆选择不合理，动、热稳定度不够，造成绝缘损坏，发生短路崩烧。应合理选择电缆或修复后降低电缆负荷，使线路继续运行。

（2）多相接地或接地线、短路线未拆除，引起电缆短路崩烧。应加强责任心，仔细检查。

（3）相间绝缘老化和机械损伤，引起电缆短路崩烧。应注意不要造成人为的机械损伤，不要超负荷或超温度运行。

（4）电缆头接头松动（如铜卡子接得不紧），造成过热，发生短路崩烧。应加强维修。

26. 交联电缆接头故障原因有哪些？

由于交联电缆附件种类、形式、规格较多，质量参差不齐，施工人员技术水平高低不等，电缆接头运行方式和条件各异，致使交联电缆接头发生故障原因各不相同。

（1）工艺不佳。主要是指电缆接头施工人员在导体连接前后的施工工艺不佳。

1）连接金具接触面处理不佳。接线端子或连接管受生产或保管条件影响，导致管体内壁常有杂质、毛刺和氧化层存在，这是不为人们重视的缺陷，但对导体连接质量影响颇为严重。特别是铝表面极易生成一层坚硬而又绝缘的氧化铝薄膜，使铝导体连接要比铜导体连接增添不少麻烦。造成连接（如压接、焊接和机械连接）处发热的主要原因，除机具、材料性能因素外，关键是工艺技术和责任心。施工人员不了解连接机理，没有严格按工艺要求操作，就会造成连接处达不到电气强度和机械强度。运行证明，当压接金具与导线接触表面越清洁，接头温度升高时，所产生氧化膜就越薄，接触电阻就越小。

2）导体损伤。交联电缆绝缘层强度较大、剥切困难，环切时施工人员用电工刀左划右切，干脆用钢锯环切深痕，往往操作不当而使导线损伤。剥切完毕导线损伤不很严重，但线芯弯曲和压接蠕动时，会造成受伤处导体损伤加剧或断裂，压接完毕不易发现，因截面积减小而引起发热严重。

3）导体连接时线芯不到位。导体连接时绝缘剥切长度要求压接金具孔深加 5mm，但因产品孔深不标准，易造成剥切长度不够，或因压接时串位使导线端部形成空隙，仅靠金具壁厚导通，致使接触电阻增大，发热量增加。

（2）压力不够。现今有关制作接头工艺及标准图中只提到电缆连接时每端压坑数量，而没有详述压接面积和压接深度。施工人员按要求压够压坑数量，但效果无法确定。不论是哪种形式的压力连接，接头电阻主要是接触电阻，而接触电阻大小与接触力的大小和实际接触面积的多少有关，与使用压接工具的出力吨位有关。造成导体连接压力不够的主要原因如下：

1）压接机具压力不足。近年压接机具生产厂家较多，管理混乱，没有统一标准，特别是近年生产的机械压钳，压坑不仅窄小，而且压接到位后上下压模不能吻合；还有一些厂家购买或生产国外类型压钳，由于执行的是国外标准，与国产导线标称截面积不适应，压接质量难以保证。

2）连接金具空隙大。现在交联电缆接头多数单位使用的连接金具，多数不是按油纸电缆扇形导线生产的端子和压接管。从理论上讲圆形线芯和扇形线芯的有效截面积是一样的，但从运行实际比较，二者压接效果相差甚大。由于交联电缆导体是紧绞的圆形线芯，与常用的金具内径有较大的空隙，压接后达不到足够的压缩力。接触电阻与施加压力成反比，因此将导致接触电阻增大。

3）假冒伪劣金具产品质量差。假冒伪劣金具不仅材质不纯，外观粗糙，压后易出现裂纹，而且规格不够标准，有效截面积与正品相差很大，根本达不到压接质量要求，在正常情况下运行发热严重，负荷稍有波动必然发生故障。

（3）散热不好。绕包式接头和各种浇铸式接头，不仅统包绝缘较电缆交联绝缘层厚，而且外壳内还铸有混合物，就是热缩接头，其绝缘和保护层还比电缆本体增加一倍多。这样无论何种结构形式的接头均存在散热难问题。现行各种接头的绝缘材料耐热性能较差，如 j－20 型橡胶自黏带正常工作温度不超过 75℃，j－30 型也才达 90℃；热缩材料使用条件为－50～100℃。当电缆在正常负荷下运行时，接头内部的温度可达 100℃；当电缆满负荷时，电缆芯线温度达到 90℃，接头温度会达 140℃左右。当温度再升高时，接头处的氧化膜加厚，接触电阻随之增大，在一定通电时间的作用下，接头的绝缘材料炭化为非绝缘物，导致故障发生。

综上所述，增加连接金具接点的压力、降低运行温度、清洁连接金属材料的表面、改进连接金具的结构尺寸、选用优质标准的附件、严格施工工艺是降低接触电阻的几个关键因素。

27. 提高交联电缆接头质量的对策有哪些?

(1) 必须选用技术先进、工艺成熟、质量可靠、能适应所使用的环境和条件的电缆附件。对假冒伪劣产品必须坚决抵制，对新技术、新工艺、新产品应重点试验，不断总结提高，逐年逐步推广应用。

(2) 采用材质优良，规格、截面积符合要求，能安全可靠运行的连接金具。对于接线端子，应尽可能选用堵油型，因为这种端子一般截面积较大，能减少发热，而且还能有效地解决防潮密封。连接管应采用紫铜棒或 1 号铝车制加工，规格尺寸应同交联电缆线芯直径配合。

(3) 选用压接吨位大、模具吻合好、压坑面积足、压接效果能满足技术要求的压接机具，作好压接前的界面处理，并涂敷导电膏。

(4) 培训技术有素、工艺熟练、工作认真负责，且能胜任电缆施工安装和运行维护的电缆技工。提高施工人员对交联电缆的认识，增强对交联电缆附件特性的了解，研究技术，改进工艺，制定施工规范，加强质量控制，保证安全运行。由于交联电缆推广应用时间较短，电缆附件品种杂乱，施工人员技术水平高低不等，加之接头的接触力和实际接触面积是随着接头在运行中所处的不同运行条件而在变化，所以交联电缆各种接头发生故障的原因也就各不相同。

除发热问题外，对于密封问题、应力问题、连接问题、接地问题等引起的接头故障也应予以重视。

第二十章

架空电力线路在线监测与故障诊断

1. 为什么要对新建成或改造后的架空电力线路（包括电缆线路）投运前测量其线路参数？

对于新建成或改造后的线路（包括电缆）除了检查线路架设的质量、核定相位、绝缘情况外，由于计算系统短路电流、继电保护整定、推算电网潮流分布和选择合理的运行方式等工作的实际依据需要，应测量线路的工频参数。虽然各种导线都有设计值可供参考，但由于线路长短、相间距离、对地距离、排列方式、换位情况、架空地线、杆塔材质等因素影响，还有平行导线、合杆线路等互感影响，使工频参数的设计值与实际测量值有误差，所以要在线路架设工作全部结束后，实际测量该线路的工频参数。

2. 线路参数测量项目有哪些？

线路参数测量的项目有核对相位、每相之间及对地绝缘电阻、直流电阻、正序阻抗、零序阻抗、正序电容、零序电容，对于合杆架设的双回路线路，还应测量它们之间的互感阻抗和耦合电容。

3. 能够测量线路参数的条件有哪些？如何消除感应电干扰、消除误差，从而使测量结果更加准确？

线路参数测量一般应选在天气良好的情况下进行，否则会对测量的实际参数有一定影响。而且如果有合杆线路，或距离较近的有电线路互感影响。特别是阴雨天气，空气湿度大，静电感应电压更高，影响各个项目的测量，加大测量误差。

测量前被测线路应在检修状况（即线路两端均应三相短路接地），以便释放线路电容积蓄的静电荷，从而保证人身和设备安全，以及保证测量的正确性。也便于工作人员线路挂接上测量用接线。

如果被测线路有静电感应电压，应在测量前先测量感应电压大小。以便在测量时预选必要的安全技术措施，测量各项目时采取一定的方法来尽量消除或减小测量误差。方法是：如果直接用调压器升压的话，把被测线路三根连接引线接上升压用调压器，用实际测量用电压表，分别测量 U_{ab}、U_{bc}、U_{ac}、U_{a0}、U_{b0}、U_{c0}。U_{a0}、U_{b0}、U_{c0}是对地电压（见图 20－1）。并应在非测量站，即对侧站，在被测线路三相短路接地状态下及三相全部拉开不短路不接地状态下分别测量，以便正确判断感应电压大小。如果大的即应加隔离变压器，把线路上引线接至隔离变压器上。用试验测量用的电压表量范（由大到小）分别测量线间电压及对地电压

U_{ab}、U_{bc}、U_{ac}、U_{a0}、U_{b0}、U_{c0}（见图 20-2）。

注：测量的感应电压有时会很高，但由于其容量不大，所以测量感应电压的表计，由于内阻不同有很大差异，为了比对及掌握测量误差，要求测量感应电压的电压表应用测量工频参数时使用的电压表。

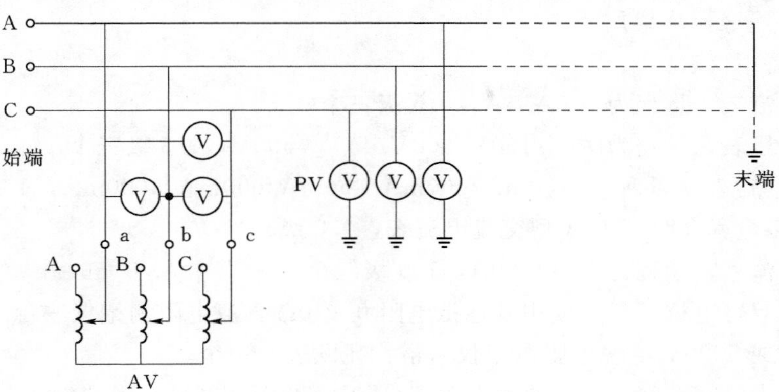

图 20-1　感应电压的测量

AV—三相自耦调压器；PV—交流电压表

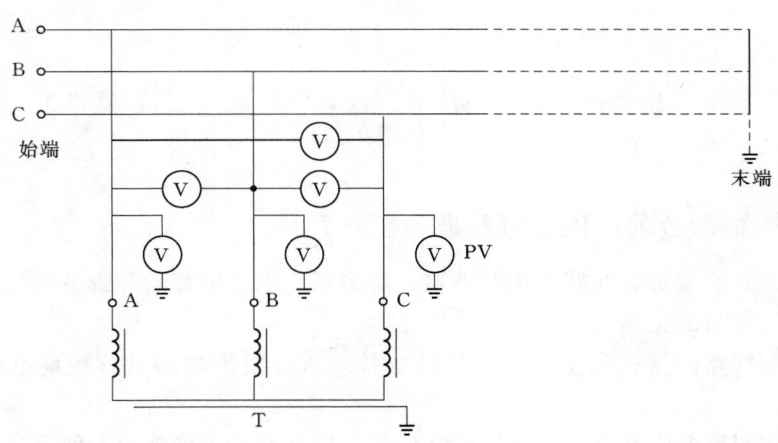

图 20-2　通过隔离变压器测量感应电压

T—隔离变压器；PV—交流电压表

4. 线路工频参数测量需用的设备和仪表有哪些？

（1）电源隔离变压器一台。电源隔离变压器主要作用如下：

1）如被测线路有感应电影响，用隔离变压器与试验电源隔离，减小测量误差。

2）使被测线路感应电压在有隔离变压器负载与正式测量接线相同情况下，测量感应电压大小，以便在测量时知道误差大小，尽量想法消除或减小误差。

3）根据线路长短及排列方式（双分裂、四分裂等）选择合适使用电压作为测量电源。

4）在做正序电容、零序电容时，试验电压较高，用隔离变压器升高电压。

（2）15kVA、380V 自耦变压器一台，作为调节电压用。

（3）电压互感器 10000V/100V 三个。

（4）仪用电流互感器三个，50A；100A/5A。

(5) 抗干扰用滤波电容 400μf/600V 若干个，100MΩ 高压合成膜电阻两个。

(6) 测量用电源线，仪表接线，电源闸刀，等于或大于 25mm² 以上接地线等若干。

(7) 测量互感用 1.5m 钢钎两根，铁锤两把，及引线 2000m。

(8) 10kV 绝缘台（架）。

(9) 试验需用仪表：

1) 交流电流表，量程为 2.5A/5A，0.5 级三个。

2) 交流电压表，量程为 75V/150V/300V/450V/600V，0.5 级三个。

3) 交流电流表，量程为 150mA/300mA/450mA/600mA/1000mA，1A/3A/5A，0.5 级三只（宜用多量程 T24 - V/A 型交流电流表，0.2 级）。

4) 钳形电流表，量程为 50A/100A，1.0 级三个。

5) 单臂或双臂电桥一只，或用其他抵电阻 0～10Ω 直流电阻测量仪一台。

6) 2500V 或 5000V 绝缘电阻测定仪（俗称兆欧表）一个。

7) 高功率表，cosφ 为 1.0，量程为 75V/150V/300V/600V，5A/10A，0.5 级，两个。

8) 低功率表，cosφ 为 0.2 或 cosφ 为 0.1，量程为 75V/150V/300V/600V，2.5A/5.0A，0.5 级，两个。

9) 万用表一个。

10) 频率表一个。

11) 测量互感电压用高内阻交流电压表（或真空管电压表），量程为 10V/30V/50V/100V/300V，0.5 级，一个。

5. 测量线路参数前应做好哪些准备工作？

(1) 被测线路两端拆除线路电压互感器、避雷器、耦合电容器等设备高压引线即与被测线路分离，保证测量的正确性。

(2) 在被测线路两端在测量时需要接地的接地极，要预先测量其接地电阻值，其值应 <0.5Ω。

(3) 在被测线路两端有良好的通信联络设备，以便两端正确配合，使测量正常进行。

(4) 在线路一端为测量站，对侧另一端为配合站，要派专人负责，根据测量项目要求更改接线。

(5) 为消除接地闸刀与被测线路接触上误差，所以配合站需用 >25mm² 的多股裸铜软线（系统用接地线）来作为测量时短路及接地用。

6. 核对相位和测量绝缘电阻的目的是什么？

核对相位和测量绝缘电阻可同时进行，用同一方法。核对相位是确定线路两端相位是否一致，以免由于线路两侧相位不一致，在投入运行时造成短路。

测量绝缘电阻是工频参数测量前的第一个项目，是保证下面的工频参数测量项目能正常进行的项目。保证测量正确性的首要项目。

测量绝缘电阻的目的是检查线路绝缘情况。检查有无线路上遗留的临时接地线，有无相间短路，有无在换位时相位搞错，线路是否全线接通等情况。绝缘电阻测量虽然不属于工频参数，但它对今后线路正式投入运行提供正常、安全、可靠的保证。

7. 测量线路绝缘电阻的方法是什么?

在对侧配合站挂好三相临时接地线，拉开接地闸刀。使用 2500V 或 5000V 绝缘电阻表。在测量站通知 A 相不接地，B、C 相接地。接到对侧通知已完成该接线要求后，测量站拉开线路接地闸刀，测量 A 相绝缘。A 相测完充分放电后，再测 B、C 相，应为“0”值。结束后再通知对侧配合站，依次测 B、C 相绝缘电阻。

8. 测量线路绝缘电阻的注意事项有哪些?

对测量结果应结合气候和线路具体情况进行综合分析，作出正确判断。另外如在测量中发现对侧配合站应接地相，测量时仍有绝缘，说明该相线路未接通，也可能在继续换相试验中判断出相位错，说明线路中间换位，或引入线相位错。在对侧已断开接地闸刀时，该相仍接地，说明线路中间有临时接地线。如果感应电压高，需在绝缘电阻表相线端串接 100MΩ 高压合成膜电阻，并在测量前校正，在测量值中扣除。

9. 测量线路直流电阻的目的是什么?

测量直流电阻目的是被测线路导线的规格与设计值是否相符，线路中间连接处是否良好，并可与正序阻抗中正序电阻值进行校对。

10. 测量线路直流电阻的方法与接线有哪两种?

测量直流电阻方法与接线有电流电压表法和电桥法。对侧配合站用专用接地线三相末端短路接地（短路一定要紧密）。

（1）电流电压表法。电流电压表法测量直流电阻如图 20－3 所示。

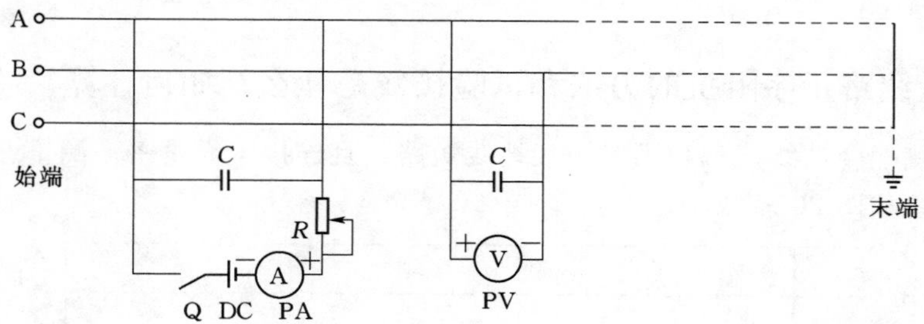

图 20－3　电流电压表法测量直流电阻

Q—电源开关；DC—蓄电池电源；R—调节电阻；PA—直流电流表；PV—直流电压表；C—滤波电容

电流电压表法对有感应电压的线路尤为重要。因为如果有感应电压电桥法就无法测量。蓄电池也可用站内蓄电池（注意不能影响站内继电保护可靠安全性），也可用汽车蓄电池。根据估算选择适当量范的电流、电压表和足够容量的滑线电阻。为消除感应电影响，在电源端和电压表端可放置具有一定耐压的滤波电容器。然后进行测量。

分别读取 U_{AB}、I_{AB}、U_{BC}、I_{BC}、U_{AC}、I_{AC}，再进行计算

$$R_{AB}=\frac{U_{AB}}{I_{AB}},R_{BC}=\frac{U_{BC}}{I_{BC}},R_{AC}=\frac{U_{AC}}{I_{AC}}$$

注：三相直流电阻值相差很小，应基本相同。

再计算三相直流电阻平均值，即

$$R_t=\frac{R_{AB}+R_{BC}+R_{AC}}{6}$$

根据当时气温换算至20℃时直流电阻值，即

$$R_{20}=R_t\frac{T+20}{T+t}$$

式中 R_{20}——20℃时直流电阻值，Ω；

R_t——测量时温度下的电阻值；

T——换算系数，铝线为225，铜线为235；

t——在测试时线路两端环境温度平均值，℃。

由于线路的导线一般为钢芯铝线，所以温度换算后的值也不是绝对值，只是与设计值参考比较。把计算结果除以导线长度可折算成每公里的电阻值。

现在还有直流电阻测量仪（如变压器直流电阻测量仪），其原理也是电流电压表法，直接读数，这样更便捷。如有感应电压仍需在电流、电压端子上并上滤波电容。

（2）电桥法。可根据估算值选用单臂或双臂电桥，为防止感应电压影响，也需在电源端及检流计两端并上滤波电容。

11. 测量线路直流电阻的注意事项有哪些?

（1）使用单臂电桥要预先测量引线电阻，并在测量后分别扣除，再进行计算。

（2）由于导线有氧化层，所以接线的接触面要清洁，接触紧密。

（3）因有感应电压应采取多种技术措施，如加滤波电容、加装分流电阻等，要防止损坏仪表。

12. 测量线路正序阻抗的方法和试验接线是什么？如何计算？

（1）把对侧配合站线路三相用专用接地线短路，且连接牢靠紧密。测量站三相开路，测量正序阻抗接线如图20-4所示。

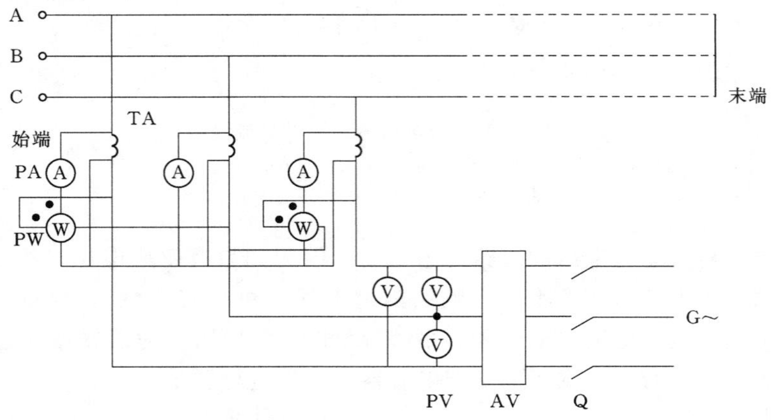

图20-4 测量正序阻抗接线图（不加隔离变压器）

G~—三相380V电源；AV—三相调压器；TA—电流互感器；PV—交流电压表；PA—交流电流表；PW—交流功率表；Q—电源开关

(2) 计算公式：以图中仪表读数的 U_1、I_1、P_1 进行计算：

每相正序阻抗
$$Z_1=\frac{U_1}{\sqrt{3}I_1}(\Omega)$$

每相正序电阻
$$R_1=\frac{P_1}{3I_1^2}(\Omega)$$

每相正序电抗
$$X_1=\sqrt{Z_1^2-R_1^2}(\Omega)$$

每相正序电感
$$L_1=\frac{X_1}{2\pi f}(\text{H})$$

式中　U_1——三相线电压平均值，V；

I_1——三相电流平均值，A；

P_1——三相总功率，W；

f——测量电源频率，Hz。

Z_1、R_1、X_1 分别除以线路长度，得出每公里值。

把以上数据除以线路长度，可得出相应的每公里数值。

13. 测量线路正序阻抗的注意事项有哪些?

测量线路参数正序阻抗注意事项如下。

(1) 功率表可用三个也可用两个（见图 20－4），注意：极性不能错，否则测量结果错误。计算时 $P_1=W_1+W_2$ 即为三相总功率。W_1 为负值时，$P_1=-W_1+W_2$。

(2) 读数要注意电压表、电流表、功率表的倍率，要准确读数。如果有电流互感器、电压互感器还应乘上相应的倍率。功率表的倍率为

$$P=C\alpha\cos\varphi$$

式中　P——被测功率表示瓦数；

C——功率表分格系数；

α——指针偏转格数；

$\cos\varphi$——高低功率表倍率。

(3) 此接线方式，宜在线路长度小于 100km 内使用。如果线路长度大于 100km，需要提高试验电压，并用电压互感器，把二次电压接入电压表及功率表的电压端（注意倍率），这样可提高测量灵敏度。在长线路上测量，要考虑分布系数、波阻抗的影响。此时可在对侧站用电流表、电压表（需要时用互感器）测出相对应的电流、电压值。这样取测量端及末端的电流、电压平均值，以该平均值来计算；基本上可满足工程上准确度的要求。

(4) 功率表和电流互感器极性千万不要接错，否则可能损坏功率表，而且得出错误的结论。

(5) 为减小测量误差，线路上测量引线应分别用电流引线及电压引线，来消除电流引线误差。

(6) 测量前一般应先进行估算，以便查对试验接线和读数的正确性。先根据试验设备、试验电源的容量（如隔离变压器、调压器、电源的容量），算出能送出的电压及电流值，即

$$S=\sqrt{3}UI\times10^{-3}(\text{kVA})$$

根据公式，算出准备送出的最大电流。根据线路的资料，再根据估算公式

$$I=\frac{U\cos\varphi}{1.1R_{直}}$$

算出准备送出的电压值。其中 $\cos\varphi$ 的取值，对一般 220kV 单线，长线路取 0.3，短线路取 0.25；220kV 双拼线路可取 0.2；110kV 线路可取 0.35～0.4；总之可根据线路导线的粗细、长短并根据出厂的设计值，并参考相应的线路经验积累数据来进行估算。这样能保证测量工作顺利进行，并可查对试验数据的准确性。

（7）如果有合杆线路，而且另一条线路在停电接地状态，需把该线路两端接地闸刀打开，使合杆线路不接地，否则由于互感影响，给测量结果带来误差。

14. 简述测量线路零序阻抗的方法和接线方式。

测量线路参数零序阻抗的方法与接线：对侧配合站线路三相用专用接地线短路接地。注意一定要短路接触一定要紧密牢靠，接地要保证接地良好，且接地极电阻要小于 0.5Ω。测量站线路三相短路。并按图 20－5 所示接线图接好引线。

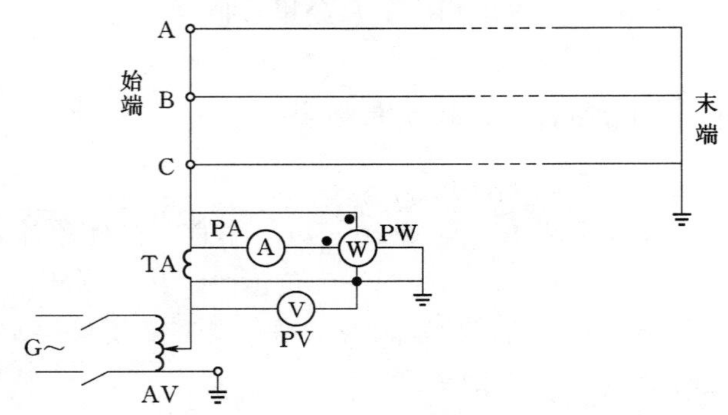

图 20－5 测量线路参数零序阻抗原理接线图
AV—自耦调压器；TA—电流互感器；PA—交流电流表；PV—交流电压表；PW—交流功率表；G～—一端接地的 220V 交流电源

（1）对于无感应电压，且线路较短的情况下，可采用调压器加电压测量。

注意：低压电源需一相一地，且接地必须紧密牢靠，接地极电阻小于 0.5Ω。

（2）计算公式：用上述方法读数后取得 U_0、I_0、P_0，进行计算。

每相零序阻抗 $$Z_0=\frac{3U_0}{I_0}\quad(\Omega)\tag{20-1}$$

每相零序电阻 $$R_0=\frac{3P_0^2}{I_0^2}\quad(\Omega)\tag{20-2}$$

每相零序电抗 $$X_0=\sqrt{Z_0^2-R_0^2}\quad(\Omega)\tag{20-3}$$

每相零序电感 $$L_0=\frac{X_0}{2\pi f}\quad(\mathrm{H})\tag{20-4}$$

零序阻抗角 $$\angle 1=\arccos\frac{R_0}{Z_0}\quad(°)\tag{20-5}$$

式中 U_0——测得的电压，V；

I_0——测得的电流，A；

P_0——测得的功率，W。

用电源正、反相测时，U_0、I_0、P_0 为正、反相平均值。零序电阻经温度换算得出 20℃时值（相关计算公式同正序电阻）。把以上数据除以线路长度，便得出相应的每公里数值。

15. 测量零序阻抗的注意事项是什么?

（1）电流表、电压表、功率表都要注意倍率，功率表应乘以该表 $\cos\varphi$ 规定值。

（2）对于＞100km 的长线路，需要提高试验电压，可用电压互感器来读数。并在对侧站也用电流表、电压表（需要时可用互感器）读取电流、电压值后与测量站的电流表、电压表读数相加取平均值，再计算 Z_0、X_0、R_0。

（3）为保证测量精度，线路上测量引线应分别用电流引线及电压引线，来消除电流引线误差。

（4）测量前可先进行估算。线路的零序阻抗数值差别较大，先应按下式计算

$$X_0 = L\times\left(0.145\lg\frac{D}{r}+2\times0.145\lg\frac{D}{D_P}\right) \tag{20-6}$$

钢芯铝线 $$r=0.95\times\frac{d}{2}\times10^{-3}$$

式中 X_0——零序电抗，Ω；

D——地中电流等值深度，可取 1000m；

D_P——导线的等值均距，m；

r——导线的等值半径，m；

d——导线直径，mm；

L——导线长度，km。

根据可施加的最大电压值，估算电流，即

$$I_0=\frac{3U\sqrt{1-\cos\varphi}}{X_0} \tag{20-7}$$

其中 $\cos\varphi$ 可取 0.3。

试验设备容量为 $S=U_0I_0\times10^{-3}$(kVA)。

如果有合杆线路，而且该合杆线路在停电接地状态，应把该线路两端接地闸刀打开。使合杆线路不接地，否则由于互感影响，给测量结果带来误差。

16. 简述测量线路正序电容的方法与接线方式。

（1）对侧配合站三相开路不接地。由于电压高，要注意安全。接到测量站通知后，再拉开接地闸刀（或接地线），测量站三相也开路。并按图 20-6 所示接线方式接好引线。要等全部接线完毕后再拉开接地闸刀，并通知配合站：拉开接地闸刀，注意线路将有高压。

（2）由于电容电流较小，所以需要用升压变压器，把试验电压升高至 6～10kV。此时应用电流互感器、电压互感器，再接入电流表、电压表。也可用绝缘台，把电流表直接串入高压引线回路，放在绝缘台上。但测量时千万要注意安全距离。不要触及表计，为防止电流表内部放电，把端子一头与仪表外壳相连，使之同电位。测量正序电容原理接线如图 20-7 所示。

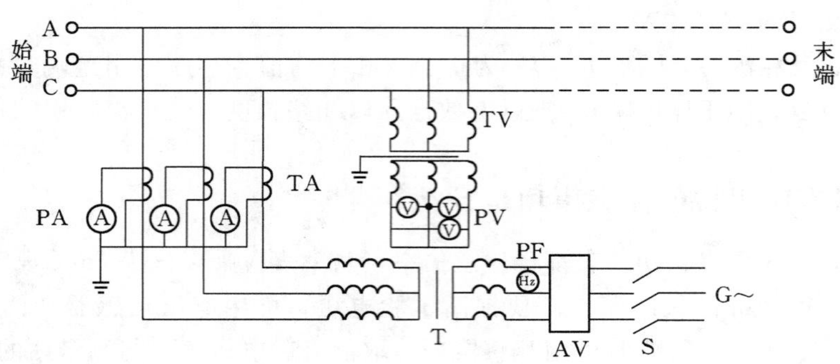

图 20－6　测量正序电容原理接线图（有电流互感器）
G～—三相 380V 电源；T—升压变压器；AV—三相调压器；TA—电流互感器；TV—电压互感器；PA—交流电流表；PV—交流电压表；PF—频率表（Hz）；S—电源开关

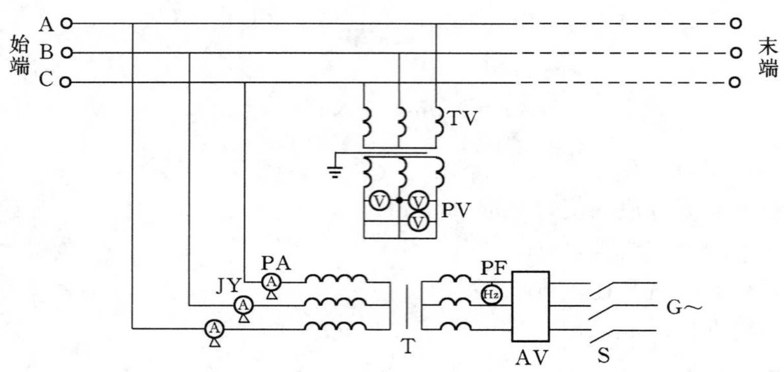

图 20－7　测量正序电容原理接线图（无电流互感器）
G～—三相 380V 电源；T—升压变压器；AV—三相调压器；JY—绝缘台；TV—电压互感器；PA—交流电流表；PV—交流电压表；PF—频率表（Hz）；S—电源开关

（3）有感应电压情况下，可提高测量电压，以减小误差。并可把电压三相互相轮番三次，读取三次电流电压值，取其算术平均值，即电压平均值、电流平均值。

（4）由于功率损耗很小，可略去不计。所以不接功率表，只接电流表，进行计算，可以满足测量要求。

（5）计算公式：根据测量数据得三相电流，电压测量值 U_{C1}、I_{C1}。

正序容抗
$$X_{C1}=\frac{U_{C1}}{\sqrt{3}I_{C1}}=\frac{1}{2\pi fC_1}(\Omega) \tag{20-8}$$

正序电容
$$C_1=\sqrt{3}I_{C1}/2\pi fU_{C1}\times10^6(\mu\text{F}) \tag{20-9}$$

式中　U_{C1}——三相平均线电压，V；

I_{C1}——三相平均相电流，A；

f——测量时电源频率，Hz。

最后根据线路长度折算为相应的每公里的数值。

17. 测量线路正序电容的注意事项有哪些?

测量正序电容的注意事项如下:

(1) 由于电压较高,线路始末端都要做好安全措施,以防触及被测线路及测试设备。

(2) 读出读数后要注意乘以电流互感器、电压互感器倍率。

(3) 如果用电流表直接读数,注意需要改变电流表量程时要断开电源,测量时保持距离。

(4) 被测线路如果包括有部分电缆线路,电容电流较大,应根据出厂值参考估算。

(5) 如果有合杆线路,且合杆线路在停电接地状态。要把该合杆线路接地闸刀拉开(始末均需拉开),否则测量误差大。

(6) 如果线路长,可在配合站也加电压互感器测得电压值,电流值与测量站数据取算术平均值。

18. 简述测量线路零序电容的方法和接线方式。

测量零序电容的方法与接线方式如下:

(1) 测量零序电容接线如图 20-8 和图 20-9 所示。

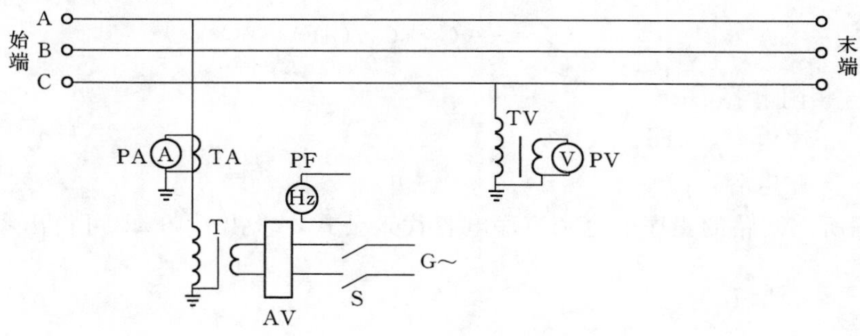

图 20-8　测量零序电容原理接线图(用电流互感器)

G~—三相 380V 电源;T—单相升压变压器;AV—单相调压器;TA—电流互感器;
TV—电压互感器;PA—交流电流表;PV—交流电压表;
PF—频率表(Hz);S—电源开关

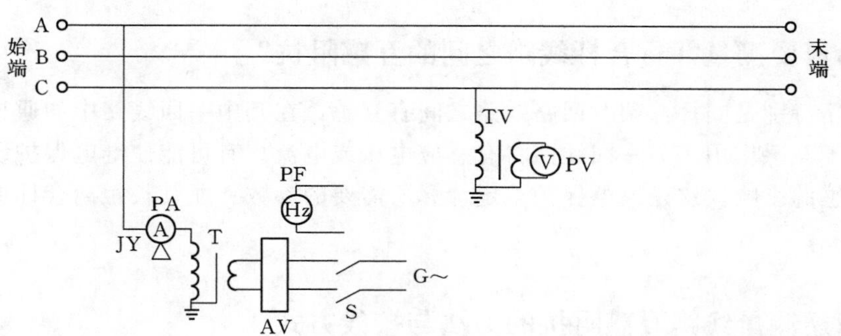

图 20-9　测量零序电容接线图(不用电流互感器)

G~—220V 交流电源;T—单相升压变压器;AV—单相调压器;JY—绝缘台;
TV—电压互感器;PA—交流电流表;PV—交流电压表;
PF—频率表(Hz);S—电源开关

（2）如有感应电压，可提高测量电压，减小误差。并把高压绕组头尾对调，得出两次电流值、电压值。取其算术平均值得出 U_{C0}、I_{C0}。

（3）由于功率损耗很小，故不接功率表，把损耗略去不计也可满足测量要求。计算公式如下：

零序容抗
$$X_{C0}=\frac{3U_{C0}}{I_{C0}}=\frac{1}{\omega C_0}(\Omega) \quad (20-10)$$

零序电容
$$C_0=\frac{I_{C0}}{3U_{C0}\omega}=\frac{I_{C0}}{3U_{C0}2\pi f}\times 10^6(\mu F) \quad (20-11)$$

式中 U_{C0}——测量电压值，V；

I_{C0}——测量电流值，A；

f——测量电源频率，Hz。

最后根据线路长度折算为相应每公里的数值。

19. 如何计算线路零序电容与相间电容之比？

高压输电线路设计上已考虑三相对称的，即各相间电容和对地电容基本相等。测量正序电容 C_1 时包括了每相之间电容及每相对地电容。

相间电容
$$C_{12}=\frac{1}{3}(C_1-C_0)(\mu F)$$

式中 C_{12}——相间电容，μF；

C_1——正序电容，μF；

C_0——零序电容，μF。

所以利用所测线路的正序电容和零序电容代入公式，求出 C_{12}，即可得出零序电容与相间电容之比 $\frac{C_0}{C_{12}}$。

20. 为何要测量线路合杆平行线路间的耦合电容？

因为当一条合杆线路发生故障时，通过电容传递的过电压可能危及另一线路的所在系统的安全，所以分析电容传递过电压时，需用到两条线路之间的耦合电容。

21. 为何要测量并行合杆线路之间的互感阻抗？

相邻线路特别是同杆并架双回路线路之间有互感，在其中一回线路中如通过不对称短路电流，则由于互感作用，另一回线路将有感应电压或电流。有可能使继电保护误动作，所以必须考虑互感的影响。这是继电保护整定计算所需要的参数。尤其长距离合杆更应测量互感阻抗值。

22. 简述测量线路互感阻抗的方法与接线方式。

测量线路互感阻抗的方法与接线方式如下：

（1）在测量站与对侧站各在距离站内总接地网 3～4 倍总接地网对角线长的地方，用 1.5m 长钢钎打入地下 1.2～1.4m，作为测量电压用接地极。并用 3～5mm^2 带有绝缘包皮的

软铜线与钢钎紧密结扎牢固。用该线引入站内被测量线路处作为互感电压测量的电压引线，简称电压极。需测量互感阻抗的两条线路在线路两端均三相短路，试验接线如图 20－10 所示，如果有感应电压，需用隔离变压器提供测量用大电流，以提高测量互感电压的灵敏度，接线如图 20－11 所示。

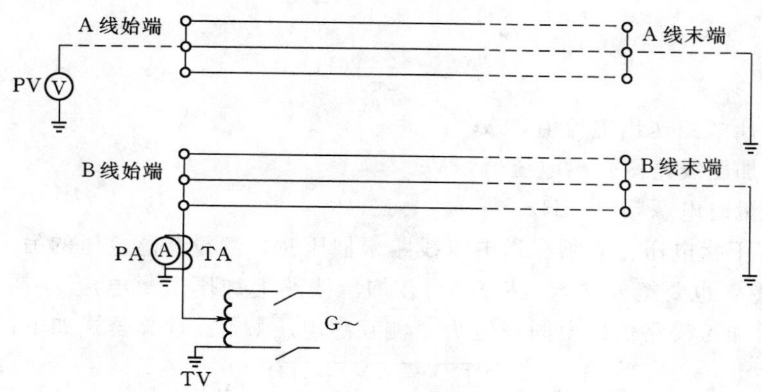

图 20－10　测量平行（合杆）线路互感器原理接线图（不用隔离变压器）
G～—220V 交流电源；AV—自耦调压器；TA—电流互感器；
PV—交流电压表；PA—交流电流表

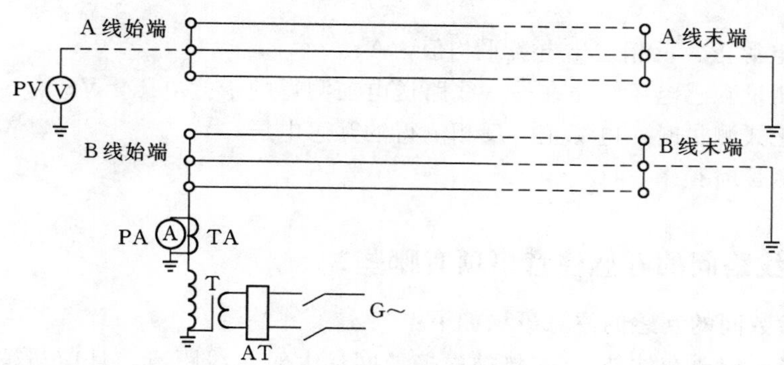

图 20－11　测量平行（合杆）线路互感器原理接线图（用隔离变压器）
G～—单相 220V 交流电源；AT—调压器；T—隔离升压变
压器；TA—电流互感器；PV—交流电压表；
PA—交流电流表

（2）送出电流一回线路接线与零序阻抗相同，接地极均用站内接地极。对侧配合站，接三相短路接地。

（3）测量互感电压另一回路线路，在测量端用高内阻电压表。再接上站外电压极，对侧配合站也要接上站外电压极。

（4）无感应电压即可直接用自耦调压器送出电流 I_0，如果有感应电压需要隔离变压器送出电流 I_0。

（5）如果有感应电压，在测量感应电压的一条线路上先测量感应电压 U_f，并做好记录，计算时会用到。

（6）有感应电压，要把电源反相后再测一次电压，取得 U'_{m0}、U''_{m0}。

(7) 两条线路应互测互感电压：即 A 相送电流，B 相测互感电压；再 B 相送电流，A 相测互感电压。而感应电压 U_f 也应两条测电压线路上分别测量，分别计算。计算公式如下：

没有干扰（感应电压）情况下，把测得的 U_{m0}、I_0 直接计算：

互感阻抗 $$Z_{m0}=\frac{U_{m0}}{I_0}(\Omega)$$

互感 $$M_{m0}=\frac{Z_{m0}}{2\pi f}(\mathrm{H})$$

式中 I_0——加压线路送出电流值，A；

U_{m0}——非加压线路测互感电压值，V；

f——测量时电源频率，Hz。

(8) 如果有干扰电压，必须在送电流线路未加压时，测量互感电压的另一条线路测好感应电压 U_f（注意：也要接外接电压极），再在加压线路上加压送出电流 I_0 测互感电压 U'_{m0}；再把电源倒相后加压线路仍送出同一值 I_0，测互感电压 U''_{m0}。计算公式如下：

互感电压 $$U_{m0}=\sqrt{\frac{U'^2_{m0}+U''^2_{m0}-2U_f^2}{2}}\ (\mathrm{V})$$

互感阻抗 $$Z_{m0}=\frac{U_{m0}}{I_0}(\Omega)$$

互感 $$M_{m0}=\frac{Z_{m0}}{2\pi f}(\mathrm{H})$$

式中 I_0——电源正、反相送出电流平均值，A；

U_f——测量互感电压线路在另一线路送电前测得的干扰电压，V；

U'_{m0}，U''_{m0}——正式测量时，电源正、反相测得的互感电压，V；

f——测量时频率，Hz。

23. 测量线路间的互感注意事项有哪些？

测量线路参数间的互感的注意事项如下：

(1) 电压极一定要在站外 3～4 倍站内接地网最大对角线距离，且应与被测线路垂直或相反方向安放。否则由于与电流回路线路产生大地互感影响，造成测量误差。

(2) 由于互感电压较小，尤其短线路。故希望有条件能尽量加大送出电流 I_0。

(3) 互感电压在平行或合杆线路上容量不大，故测量互感的电压表一定要用高内阻电压表，否则会产生较大误差。

(4) 如果要测每条线路相间互感可把一相加电压送电流，另两相短路接电压表，同样需要用专门设置的电压极。轮换三相依次做完，算出相同互感三相平均值。计算公式与线路间互感测量相同。

第二十一章
接地装置故障诊断

1. 电力系统中性点的接地方式有哪几种？

电力系统中性点的接地方式主要有：中性点不接地系统、中性点经消弧线圈接地系统和中性点直接接地系统。

采用何种接地方式是根据系统容量大小、电压等级的高低、线路的长短和运行气象条件等因素经过技术经济综合比较来确定的。

2. 常见接地装置的允许接地电阻值是多少？

接地装置在运行中能发挥应有的作用，其接地电阻均应符合规程要求。对于各类常用的接地装置，其允许接地电阻值（Ω）分别为：

（1）电源容量100kVA以上的变压器或发电动机的工作接地，$R=4\Omega$。

（2）电源容量小于等于100kVA的变压器或发电动机的工作接地，$R=10\Omega$。

（3）100kVA以及以下低压配电系统的零线重复接地，$R=10\Omega$；当重复接地有3处以上时，$R=30\Omega$。

（4）电气设备不带电金属部分的保护接地，$R=4\Omega$；引入线装有25A以下熔断器的设备保护接地，$R=10\Omega$。

（5）低压线路杆塔的接地或低压进户线绝缘子脚的接地，$R=30\Omega$。

（6）变配电所母线上FZ型阀型避雷器的接地，$R=4\Omega$。

（7）线路出线端FS型阀型避雷器的接地、管型避雷器的接地、独立避雷针接地（个别可取$R=30\Omega$）、工业电子设备（包括X光机）的保护接地，均为$R=10\Omega$。

（8）烟囱的防雷保护接地，$R=30\Omega$（包括水塔或料仓的防雷接地均同此项要求）等。

3. 标准规范是如何要求不同接地装置的接地电阻的？

（1）独立的防雷保护接地电阻应不小于10Ω。

（2）独立的安全保护接地电阻应不小于4Ω。

（3）独立的交流工作接地电阻应不小于4Ω。

（4）独立的直流工作接地电阻应不小于4Ω。

（5）防静电接地电阻一般要求小于等于100Ω。

4. 为什么同一低压配电系统中，保护接地与保护接零不能混用?

在同一段母线供电的低压配电系统中，只宜采取同一种保护方式，或者全部采用保护接地，或者全部采用保护接零，而不应同时采取接地与接零两种不同的保护方式。

因为同时采用了接地与接零两种不同保护方式，则当实行保护接地的设备万一发生了碰壳故障，零线的对地电压将会升高到电源相电压的一半或更高。这时，实行保护接零（因直接与零线相接）的所有设备便会带有同样高的电位，使设备的外壳等金属部分将呈现较高的对地电压，从而危及操作人员的安全。所以，在同一低压配电系统中，保护接零与保护接地这两种不同的方式一定不能混用。

5. 怎样为低压配电网选择接零保护或接地保护?

电气设备究竟应采用保护接零还是采用保护接地方式，主要取决于配电系统的中性点是否接地、低压电网的性质以及电气设备的暂定电压等级。

在中性点有良好接地的低压配电系统中，应该采用保护接零方式。大多数工厂、企业都由单独的配电变压器供电，故均属此类。但下列情况除外：城市公用电网（即由同一台配电变压器供给众多用户用电的低压网络）应采用统一的保护方式；所有农村配电网络，皆因不便于统一与严格管理等原因，为避免接零与接地两种保护方式混用而引起事故，所以规定一律不得实行保护接零，而应采用保护接地方式。

在中性点不接地的低压配电网络中，采用保护接地。对于高压电气设备，一般实行保护接地。

6. 对接地装置的要求有哪些?

对接地装置提出下列要求（其中包括对接地体的）：

（1）接地体顶面埋设深度不应小于0.6m。角钢及钢管接地体应垂直配置，除接地体外接地体的引出线应作防腐处理，使用镀锌扁钢时引出线的焊接部分应刷防腐漆。

（2）为减少相邻接地体的屏蔽作用，垂直接地体的间距不得小于其长度的2倍，水平接地体的间距不宜小于5m。

（3）接地线在与公路、铁路、管道等交叉及其他可能使地线遭受损伤之处均应用角钢或管子加以保护。

（4）电气装置的每个接地部分应以单独的接地线与接地干线相连接。不得在一个接地线中串接几个需要接地部分。

（5）接地干线至少在不同两点与接地网连接，自然接地体至少应在不同的两点与接地干线相连接。

（6）接地体的回填土不应夹有石块及建筑材料工业垃圾等。

（7）各类接地的接地电阻值应满足《电力设备预防性试验规程》（DL/T 596—1996）规定的要求。

7. 对电气设备接地装置的安装要求是什么?

电气设备的金属外壳接地，不是随便处理就行的，它是将接地体或称接地装置，按一定

要求埋入地中。接地装置包括接地极与接地线两部分。其安装要求和方法是：

接地极一般多用钢管、钢筋、角铁之类金属制成；接地线为接地极与电气设备外壳的连接线。

（1）接地极：如用钢管，其直径一般为20～50mm；钢筋的直径为10～12mm；角铁为20mm×20mm×3mm或者50mm×50mm×5mm规格。长度约2.5～3m。垂直埋入地下。

（2）接地线：裸铜线、铝线、钢线都可作为接地线，铝线易断最好不用。铜线截面积不应小于$4mm^2$，铝线截面积不小于$6mm^2$。接地线与接地极最好采用焊接方法连接。与设备相接时需用螺栓拧紧固牢。

为了使接地装置发挥作用，关键是接地电阻R_d要小，一般要求保证接地电阻R_d不大于10Ω。有时受到土壤地下水位等因数的影响，往往接地电阻太大保证不了要求的数值。因此可适当增加接地极根数（接地极间距离不小于2.5m），土壤可埋些黏土，适当加食盐和木炭等混合物。

8. 哪些电气设备和家用电器必须进行接地保护或接零保护?

（1）发电机、变压器、电动机、高压电器和照明器具的底座或外壳。

（2）电力设备的传动装置。

（3）互感器二次绕组。

（4）配电盘和控制盘的框架。

（5）室内外配电装置的金属架构、混凝土架构和金属围栏。

（6）电缆头和电缆盒的外壳、电缆外皮和穿线钢管。

（7）电力线路的杆塔和装在配电线路电杆上的开关设备及电容器的外壳等。

（8）家用电器如洗衣机、电冰箱等外壳。

9. 为什么必须对接地装置进行定期检查与试验?

在电气设备运行过程中，接地线或接零线由于有时遭受外力破坏或化学腐蚀等影响，往往会有损伤或断裂的现象发生，接地体周围的土壤也会由于干旱、冰冻的影响而使接地电阻发生变化。因此为保证接地与接零的可靠，必须用接地电阻测试仪对接地装置进行定期的检查和试验。

10. 测量接地电阻的仪器有哪些?

测量接地电阻常用的测试仪器有数字式接地电阻测试仪、接地电阻、地阻仪、接地表、接地电阻仪、接地电阻测量仪、地桩式接地电阻测试仪、数字式接地电阻表、便携式接地电阻测试仪、保护接地电阻测试仪、地线接地电阻测试仪等。

11. 接地装置的常见故障诊断及处理方法有哪些?

（1）连接点松动或脱落。最容易出现松动的是移动电具的接地线与外壳之间的连接处，发现松动时应及时处理。

（2）遗漏接地或接错位置。在设备进行维修或更换时，一般都要拆卸接地线头。在重新

安装设备时，往往会因疏忽而把接地线头漏接或接错，发现时应及时改正。

（3）接地线局部电阻大。常见的是：连接点存在轻度松动；连接点的接触面存在氧化层或其他污垢；跨度过渡线松散等。如有上述情况，应重新拧紧压接螺栓或清除氧化层及污垢并连接好。

（4）接地线面积太小。这种情况通常是由于设备容量增加后而接地线没有相应更换所引起的。应该在设备容量增加时，同时更换相应的接地线。

（5）接地体的散流电阻增大。通常是由于接地体被严重腐蚀引起散流电阻增大，也可能是接地体与接地干线之间的接触不良所引起的。若发现这种情况应重新更换接地体，或重新把连接处接妥。

12. 什么是防雷接地？防雷接地装置包括哪几部分？

为把雷电流迅速导入大地以防止雷害为目的的接地称为防雷接地。防雷接地装置包括以下部分：

（1）雷电接收装置。直接或间接接收雷电的金属杆，如避雷针、避雷带（网）、架空地线及避雷器等。

（2）接地线（引下线）。雷电接收装置与接地装置连接用的金属导体。

（3）接地装置（即接地线和接地体的总和）。

13. 接地装置的接地电阻应符合哪些要求？

在一般情况下，接地装置的接地电阻应符合如下要求：

当接地装置的接地电阻不符合要求时，可通过技术经济比较增大接地电阻，但不得大于5Ω，且应采取隔离、均压等措施。对不接地、消弧线圈接地和高阻接地系统接地装置的接地电阻做了要求，但不应大于4Ω。

14. 接地装置的形式有哪些？

接地装置由于敷设不同分为水平接地体和垂直接地体。

（1）水平接地体。用圆钢或扁钢水平铺设在地面以下深0.5～1m的坑内，长度不超过100m。送电线路的防雷接地一般采用水平接地体。

（2）垂直接地体。用角钢、圆钢或钢管垂直埋入地下。当单个接地体不能满足要求时，可采用多个接地体组合而成。

第二十二章
蓄电池与直流系统故障诊断

1. 常用的蓄电池有几种形式？

常用的蓄电池有铅酸蓄电池和碱性蓄电池两大类。铅酸电池可分为固定用开口式铅酸蓄电池和固定用防酸隔爆式蓄电池两种。碱性蓄电池可分为铁镍蓄电池和镉镍蓄电池两种。

2. 常用铅酸蓄电池的构造和基本原理是什么？

铅酸蓄电池的正极板做成玻璃丝管式结构，增大极板与电解液的接触面积，以减小内电阻和增大单位体积的蓄电容量。玻璃丝管内部充填有多孔性的有效物质——铅的氧化物（褐色的二氧化铅），玻璃丝管可以防止多孔性有效物质的脱落。负极板为涂膏式结构，即将铅粉混合稀硫酸及少量的硫酸钡、腐殖酸、松香等调制成糊状混合物涂填在铅质栅格骨架上（其有效物质为灰色的铅棉）。为了防止极板之间短路，正、负极板之间用绝缘隔条或多孔性隔板隔开，电解液电纯硫酸和蒸馏水配制而成，其密度在温度15℃时为1.21g/cm³。负极板比正极板多一块，两边均为负极板，这样使正极板两面均发生化学作用，以免翘曲变形。电解液面比极板上边高10mm，以防止极板翘曲，电解液面比容器上沿低15～20mm，以免在充电过程中电解液沸腾从容器内溢出。容器上还盖以玻璃板，防止灰尘落入或电解液溢出。

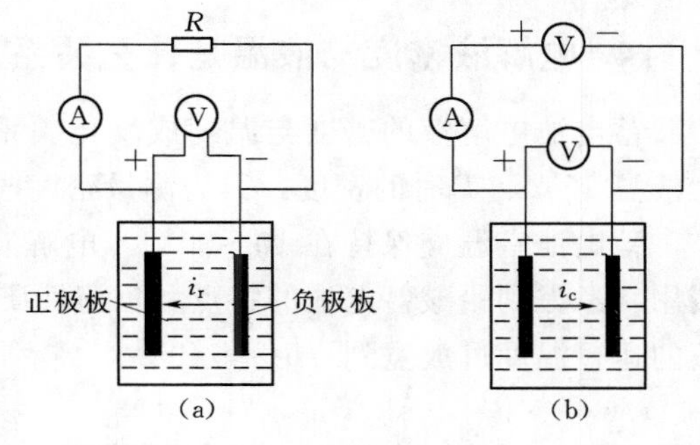

图 22-1　铅酸蓄电池的工作原理

(a) 放电过程；(b) 充电过程

铅酸蓄电池的工作原理如图22-1所示。

(1) 蓄电池的放电。蓄电池放电时，放电电流在蓄电池内部由负极板流向正极板，即电解液中 H^+ 移向正极板，SO_4^{2-} 移向负极板，放电时化学反应为

负极　　$Pb + SO_4^{2-} \longrightarrow PbSO_4 + 2e$

正极　　$PbO_2 + 2H^+ + H_2SO_4 + 2e \longrightarrow PbSO_4 + 2H_2O$

蓄电池在放电时，正、负极都变成了 $PbSO_4$，消耗了 H_2SO_4，同时析出 H_2O，使电解液相对密度减小。

$$U_f = E - I_f r_{in}$$

式中　r_{in}——内电阻；

U_f——端电压。

(2) 蓄电池的容量。蓄电池的容量是指蓄电池从放电到终止电压时，所能放出的电量

Q，即 $Q=I_{ft}$。

（3）蓄电池的自放电。充足电的蓄电池，经过一定的时期后，电量渐渐失去的现象称为自放电。

（4）蓄电池的充电。蓄电池的正、负极分别接直接电源的正、负极。当电源端电压高于蓄电池电动势时，蓄电池中将有 I_c 通过，在其内部，电流从正极板流向负极板，即 H^+ 移向负极，SO_4^{2-} 移向正极。充电时的化学反应式为

负极 $$PbSO_4+2e \longrightarrow Pb+SO_4^{2-}$$

正极 $$PbSO_4+2H_2O \longrightarrow PbO_2+2H^++H_2SO_4+2e$$

所以蓄电池充电后，正极板恢复原来的 PbO_2，负极板恢复原来的铅棉 Pb，电解液 H_2SO_4 溶液的相对密度恢复原来的数值。

$$\text{端电压}\ U_s=E+I_c r_m \quad U_e=E+I_e r_{in}$$

3. 铅酸蓄电池的电动势、内阻各与什么因素有关？

蓄电池电动势的大小和极板上活性物质的电化性质和电解液的密度有关。当活性物质已经固定，蓄电池的电动势主要由电解液的密度来决定。

蓄电池的内电路主要由电解液构成。电解液有电阻，而极栅、活性物质、连接物、隔离物等都有一定的电阻，这些电阻之和就是蓄电池的内阻。影响内阻大小的因素很多，主要有各部分的构成材料、组装工艺、电解液的密度和温度等。所以，内阻不是固定的，而是在充、放电过程中，随电解液的各种参数的变化而变化。

4. 电解液密度与液温是什么关系，对蓄电池室温和液温有何要求？

蓄电池电解液的密度与温度成反比关系，$\rho_{15}=\rho_T+0.0007(T-15)$，其中 ρ_{15}、ρ_T 分别为液温 15℃、T 时的密度，T 为测量密度时的液温，℃。

蓄电池室温应保持在 10～30℃，电解液的温度在 10～35℃内最合适。但为了减少维护费用，考虑到铅酸蓄电池的特点和负荷性质，在不损坏设备和保证负荷需要的原则下，电解液的运行温度可放宽到－5～＋40℃。

5. 铅酸蓄电池产生自放电的原因是什么？

产生自放电的原因有：电解液中或极板本身含有杂质，这些杂质沉附在极板上，使杂质与极板之间、极板上各杂质之间产生电位差；极板本身各部分之间和极板处于不同浓度的电解液层各部分之间存在电位差。它们相当于一个个小的局部电池，通过电解液形成电流，使极板上的活性物质溶解或电化转变为硫酸铅，导致其容量损失。

6. 什么是蓄电池的额定容量，蓄电池有哪些优缺点？

蓄电池在充满电的情况下以 10h 放电率放电时，放电电流的大小与放电时间的乘积即为蓄电池的额定容量。

蓄电池的优点是具有独立性，比较可靠；电压较稳定，质量好。缺点是维护工作量大；寿命较短；建筑面积大，安装工期长，造价高；需装设定充、浮充等附属设备。

7. 变电站中常用的蓄电池有几种类型？

目前变电站采用的蓄电池类型很多，主要有以下两种：

（1）硅整流蓄电池组直流系统。操作电源为直流系统，它是由相当数量的蓄电池串联成蓄电池组供电的。这种操作电源的优点是供电不受电网电压的影响，所以供电非常可靠。但蓄电池价格较贵，投资大，寿命短，随着蓄电池技术的不断发展，蓄电池组直流系统是目前变电站普遍采用的操作电源。硅整流蓄电池组储能直流系统接线示意图如图 22-2 所示。

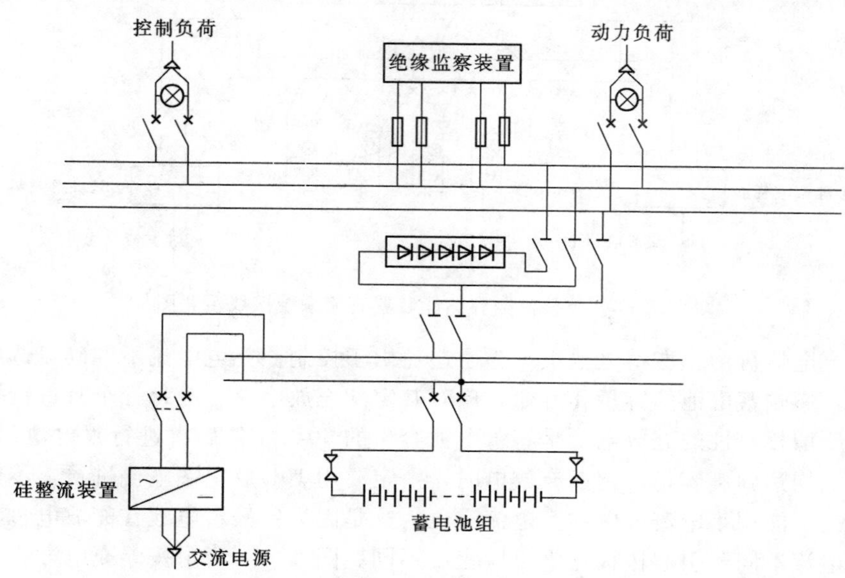

图 22-2　硅整流蓄电池组储能直流系统接线示意图

（2）硅整流电容储能装置直流系统。硅整流电容储能直流操作电源，由硅整流设备和储能电容器两部分组成。当正常运行时，由硅整流设备和储能电容器两部分并联供电；当发生交流电源消失故障时，由储能电容器维持供电。储能电容器部分因容量有限，仅在交流电源消失时向继电保护装置、自动装置和断路器跳闸回路供电。

比起蓄电池组直流系统，这种操作电源的可靠性较差，但它具有价格便宜、寿命长、投资小、运行维护简便、易实现自动化和远动化等优点，所以一般应用在对操作电源要求不高的场所。硅整流电容储能装置直流系统接线示意图如图 22-3 所示。

8. 什么是蓄电池浮充电？为什么要进行核对性充放电、均衡充电及个别充电？

蓄电池浮充电是指首先将蓄电池组充好电，然后将充电设备与蓄电池组并联在一起工作。充电设备既要给直流母线上的正常负荷供电，又要以不大的电流向蓄电池组浮充电，用来补偿由于自放电而损失的能量。这样就可使蓄电池经常处于满充电状态，从而延长了蓄电池的寿命。当直流母线上有冲击负荷时，蓄电池组由于内阻很小，担任了冲击负荷的供电任务（如提供合闸电流）。而当交流系统故障引起充电设备断电时，蓄电池组就担负全部直流负荷的供电任务，直至故障解除、充电设备恢复供电为止。此时蓄电池又可按浮充电方式运行。

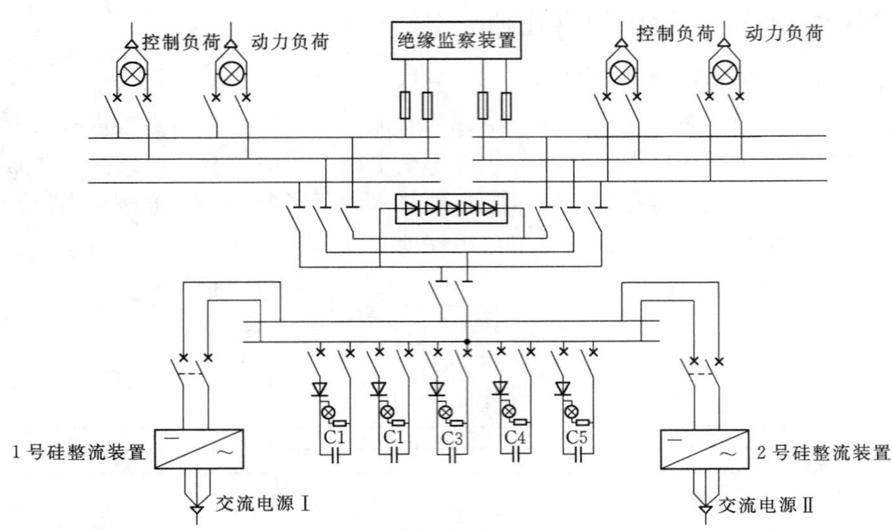

图 22-3　硅整流电容储能装置直流系统接线示意图

对按浮充电运行的铅酸蓄电池组，为了避免由于控制浮充电电流不准确，造成硫酸铅沉淀在极板上，影响蓄电池的容量和寿命，应对其定期充放电。一般每三个月进行一次核对性的充放电。所谓核对性的充放电，是将蓄电池容量的60%放掉后再进行蓄电池组的全充电，使全组蓄电池均达到满容量。定期充放电时，一定要用10h放电率电流进行，不能用小电流放电，尤其是不能用小电流放电和大电流充电。这是因为铅酸蓄电池在充放电过程中，充电电流与放电电流不同，引起极板化学反应程度不同。图 22-4 所示按浮充电方式运行的直流系统接线示意图。

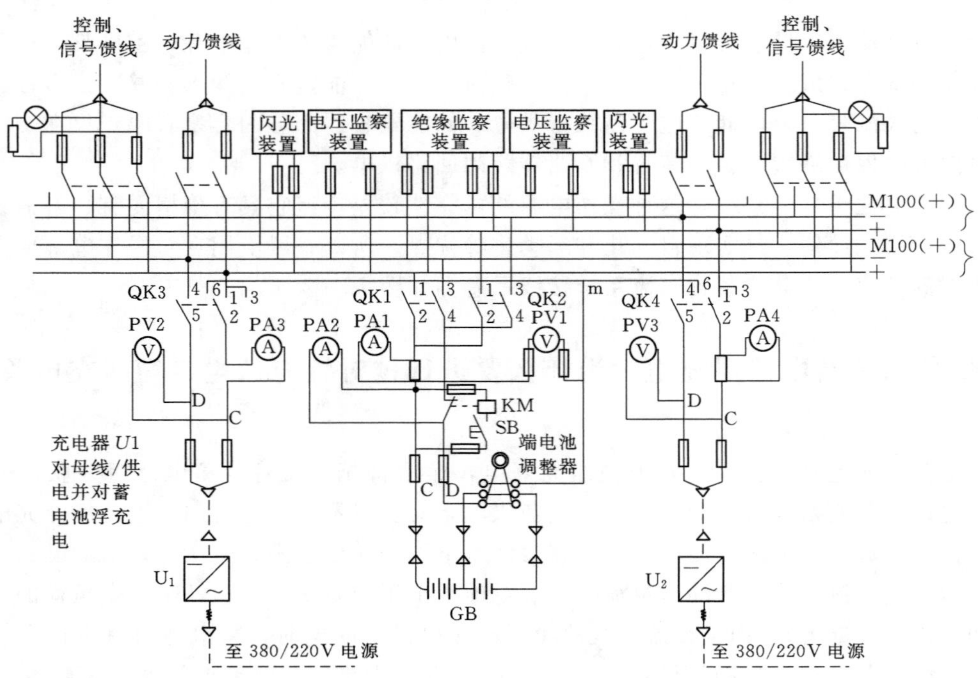

图 22-4　按浮充电方式运行的直流系统接线示意图

定期充放电也称作核对性充放电，就是对浮充电运行的蓄电池，经过一定时间要使其极板的物质进行一次较大的充放电反应，以检查蓄电池容量，并可以发现老化蓄电池，及时维护处理，以保证蓄电池的正常运行，定期充放电一般是一年不少于一次。

平时不建议均充，蓄电池放电后或事故停电后，管理人员应及时到蓄电池室，检查充电机充电电流，防止充电电流过大或失控。合适的均充电压是保证蓄电池长寿命的基础。通过适当的过充电来保证蓄电池组中落后蓄电池充足电，这一方法由于要对蓄电池组过充而应限制使用，可以使用单个蓄电池补充充电代替均衡充电，如果必须对电池组进行均衡充电，必须严格按照电池生产厂的规定选取均衡充电电压。

9. 对蓄电池巡视检查的内容有哪些？维护铅酸蓄电池应注意哪些安全事项？

对蓄电池的巡检项目有：

（1）直流母线电压应正常，不应超出平均电压的2%，浮充电流应适当，无过充电或欠电现象发生。

（2）测量各种参数。浮充电时，蓄电池电压应保持在2.1～2.2V，充放电电压不得低于1.8～1.9V。电解液的相对密度应在1.215～1.229之间，液温应保持在15～35℃之间。

（3）检查极板颜色是否正常，有无倾斜、弯曲、短路、生盐及有效物质脱落等现象。

（4）木隔板、铅卡子应完整，无脱落现象。

（5）液面应高于极板10～20mm。

（6）蓄电池外壳应完整，无倾斜，表面应清洁。

（7）各接头连接应紧固，无腐蚀现象并涂有凡士林。

（8）通风设备及其他附属设备应完好，室内无强烈气味，蓄电池室温度应在10～30℃之间。

（9）浮充电设备运行正常。

（10）直流系统绝缘良好。

（11）对碱性蓄电池还应检查瓶盖是否拧好，出气孔应畅通。

维护铅酸蓄电池时应注意以下事项：

（1）在配置电解液时，应将硫酸缓慢注入蒸馏水内，同时用玻璃棒不断搅拌，以便混合均匀，散热迅速，严禁将水注入硫酸内，以免发生剧热而爆炸。

（2）定期清扫蓄电池和蓄电池室，清扫工作中严禁将水洒入蓄电池中。

（3）维护人员要戴防护眼镜，避免硫酸溅入眼内。

（4）为使维护人员身体和衣服不被电解液烧伤和损坏，应采取保护措施，如果有电解液沾到皮肤或衣服上，应立即用5%苏打水擦洗，再用水清洗。

（5）室内禁止烟火，尤其在充电状态中不得将任何烟火或能产生火花的器械带入室内，定期充电时应将电热停用。

（6）蓄电池室门窗应严密，防止尘土入内，要保持清洁、干燥、通风良好，不要使日光直射电池。

（7）维护蓄电池时，要防止触电、蓄电池短路或断路，清扫时要经常使用绝缘工具。

10. 为什么用硅整流加储能电容作为直流系统操作电源？

如果采用硅整流加储能电容作为直流系统操作电源，则当受电电源发生短路故障时，交流电源电压下降，经整流后输出直流电压常常不能满足继电保护装置动作的需要，这时采用电容器蓄能来补偿是一个比较简单可行的解决办法。选用的电容器，所蓄能量应满足继电保护装置和断路器跳闸线圈动作时所需的能量需求。

硅整流加储能电容作为操作电源如果维护不当，例如电容失效，则有可能出现断路器拒动，酿成重大电气事故，甚至引起电气火灾。因此采用硅整流加储能电容作为直流操作电源的变电站，特别需要加强对这一系统的监视。如发现异常应及时查清原因，进行整改，以保证操作电源供电的可靠性。

11. 为什么用铅酸蓄电池作为直流系统操作电源？

目前，铅酸蓄电池作为直流系统操作电源被广泛使用。由于阀控式铅酸蓄电池结构的特殊性，在运行中可靠地检测蓄电池的性能，并有针对性地对蓄电池进行维护变得既困难又迫切。针对电源系统运行的高可靠性要求，各类蓄电池监测系统也在广泛使用。但不同的测试模式对蓄电池的性能状况反映也不一样，多年的研究和运用表明，内阻检测是目前最为可靠的测试方式之一。而蓄电池的不同失效模式对内阻的反映情况也不一样，了解蓄电池的内阻和各种失效模式的关系，合理地分析阀控式铅酸蓄电池的内阻数据，有利于更好地对蓄电池进行检测和维护。近年来，由于原材料的涨价，国内很多阀控式铅酸蓄电池厂家采用了新的生产工艺，由此带来对新工艺蓄电池内阻数据分析也发生了变化。合理地选择此类蓄电池内阻数据基准，对判断阀控式铅酸蓄电池性能有很大的帮助。合理地运用内阻数据维护蓄电池，对延长蓄电池的使用寿命有很大的作用，为获得最大的安全效益和经济效益有着很重要的意义。

12. 为什么用镉镍蓄电池作为直流系统操作电源？

变电站高压开关，继电保护、自动装置、事故照明等的操作电源必须具有放电能量大、使用可靠性高等特点。加强直流电源系统中蓄电池组的日常巡检和维护保养，能够保证系统最佳的工作状态。镉镍蓄电池直流电源系统的特点和使用情况，镉镍蓄电池直流系统由碱性镉镍蓄电池和直流馈出盘以及供给蓄电池强充电、浮充电的装置组合而成。它具有瞬时放电能量大、占地面积小、寿命长、总投资小、工作可靠、不产生腐蚀性气体等优点，可以作为电磁操动机构分合闸、经常负荷以及在事故状态下的应急事故负荷的电源。镉镍蓄电池直流电源系统，作为35kV和10kV高压开关的一次回路、二次回路的直流电源和事故照明的电源。直流系统在使用过程中，蓄电池组出现了一些设备说明书未曾提及的问题。系统运行初期，变电站继保回路经常发生警铃报警的预告信号，光字牌显示“系统接地”。通过检查变电站一、二次回路，发现镉镍蓄电池溢碱与电屏金属外壳短路，造成了系统接地。通过查找资料，详细了解了蓄电池的结构和性能，在此基础上可以定期采用自来水冲洗蓄电池表面，保持蓄电池外表的清洁，防止溢碱引起的接地现象。在洁净的蓄电池极柱螺母及跨接板上涂凡士林。

13. 镉镍蓄电池有什么特点？

镉镍蓄电池是指采用金属镉作为负极活性物质、氢氧化为镍作为正极活性物质的碱性蓄电池。正、负极材料分别填充在穿孔的附镍钢带（或镍带）中，经拉浆、滚压、烧结、化成或涂膏、烘干、压片等方法制成极板，用聚酰胺非织布等材料作为隔离层；用氢氧化钾水溶液作为电解质溶液，电极经卷绕或叠合组装在塑料或镀镍钢壳内。

镉镍蓄电池由塑料外壳、正负极板、隔膜、顶盖、气塞帽以及电解液等组成。与铅酸蓄电池比较，镉镍蓄电池放电电压平稳，体积小，寿命长，机械强度高，维护方便，占地面积小，但是价格昂贵。

14. 对放电容量不合格的蓄电池如何处理？

如蓄电池组的容量不合格，应首先进行正常充电和过充电，然后做放电试验，如此反复进行几次，直到放电试验合格为止。

15. 以浮充电运行的酸性蓄电池组在做定期充放电时，应注意哪些事项？

（1）按规定每年做一次定期充放电。

（2）铅酸蓄电池的充放电应以 10h 放电率进行，严禁用小电流放电。

（3）按规定蓄电池放出的容量，应为额定容量的 60%，终期电压达到 1.9V 或蓄电池放电电压低于规定标准即应停止放电。

（4）充放电过程中，要注意保持合格的母线电压。

（5）蓄电池在进行定期充放电时处于非正常运行状态，对法规中应满足事故放电 1h 及两台断路器同时合闸的要求应不作考虑。

16. 根据什么条件来选择蓄电池的容量？

蓄电池的容量可根据不同的放电电流和放电时间来选择，选择条件如下：

（1）按放电时间来选择蓄电池的容量，其容量应能满足在事故全停状态下长时间放电容量的要求。

（2）按放电电流来选择蓄电池的容量，其容量应能满足在事故运行时供给最大的冲击负荷电流的要求。

一般按上述两条件计算，结果取其大者作为蓄电池的容量。

17. 蓄电池和硅整流各有哪些优缺点？

正常运行时直流系统主要由整流装置供电，一旦直流负荷突然增加很多时主要就由蓄电池放电供电，因为蓄电池的放电特性比较好，再说两者本来就是并联的，整流装置的电压要高于蓄电池电压少许，负荷突增（如起动直流电动机）直流母线电压下降（这个时候蓄电池的电压高于母线了），蓄电池自然放电。

两者所起的作用大致相同，唯一不同的是蓄电池可以单独供负载，硅整流原则上是不允许单独供负载的。

18. 蓄电池的端电压与电动势有什么区别?

电动势是蓄电池反应的化学能全部可逆转化成电能条件下的两电极电动势差，此时蓄电池反应（物质转换）可逆，电流无限小（能量转换可逆），需要用电位差计才能测到蓄电池电动势。

而蓄电池电压则是在能量转换并非完全可逆的情况下得到的，当蓄电池接有负载时，电流流过负载，必然有能量损失，这是电池的工作电压。

而即便是蓄电池未连接有负载，此时测得的电压为开路电压，仍不能等同于蓄电池电动势，因为蓄电池本身也有内阻。

蓄电池的电动势、开路电压、工作电压三者大小关系为电动势＞开路电压＞工作电压。

第二十三章

局部放电在线检测技术

1. 什么是局部放电？局部放电测试目的和意义是什么？

局部放电是指发生在电极之间但并未贯穿电极的放电，它是由于设备绝缘内部存在弱点或生产过程中造成的缺陷，在高电场强度作用下发生重复击穿和熄灭的现象。它表现为绝缘内气体的击穿，小范围内固体或液体介质的局部击穿或金属表面的边缘及尖角部位场强集中引起的局部击穿放电等。

这种放电的能量是很小的，所以它的短时存在并不影响到电气设备的绝缘强度。但若电气设备在运行电压下不断出现局部放电，这些微弱的放电将产生累积效应会使绝缘的介电性能逐渐劣化并使局部缺陷扩大，最后导致整个绝缘击穿。虽然局部放电会使绝缘劣化而导致损坏，但它的发展是需要一定时间，所以需定期测局部放电。

2. 简述局部放电的形式和分类。

局部放电是只发生在电极之间但并未贯通电极的放电，这种放电可能会出现在固体绝缘的空穴中，也可能在液体绝缘的气泡中，或者不同介电特性的绝缘层间，或金属表面的边缘尖角部位。从放电类型来分，可分为绝缘材料内部放电、表面放电及高压电极的尖端放电。

3. 什么是局部放电的视在放电量？

局部放电的视在放电量是指将该电荷瞬时注入试品的两端，引起试品两端电压瞬时变化量与局部放电本身所引起的电压瞬时变化量相等的电荷量。视在电荷量一般用 pC（皮库）来表示。

4. 视在放电量与实际放电量之间的关系是什么？

视在放电量不等于实际放电量。因为当试品试电时，电流脉冲在测量阻抗上的电压波形与注入电流脉冲在阻抗元件上的电压波形不同，但通常认为两者在测量仪器上读的响应值相等，故把视在放电量作为试品的局部放电量，即

$$Q_q = U_q C_0$$

式中　Q_q——放电量；

U_q——阻抗元件上的电压幅值；

C_0——仪器注入电容。

5. 什么是局部放电起始电压 U_i?

当加于试品上的电压从未测量到局部放电的较低值逐渐增加时，直至试验测试回路中观察到产生这个放电值的最低电压。实际上，起始电压 U_i 是局部放电量值等于或大于某一规定的最低电压。

6. 什么是局部放电熄灭电压?

当加于试品上的电压从已测到局部放电的较高值逐渐降低时，直至在试验测量回路中观察不到这个放电的最低电压。实际上，熄灭电压 U_e 是局部放电量值等于或小于某一规定的最低电压。

7. 局部放电的等效电路是怎样的?

在交流电压下，内部放电可用等效电路来表明，如图 23-1 所示。

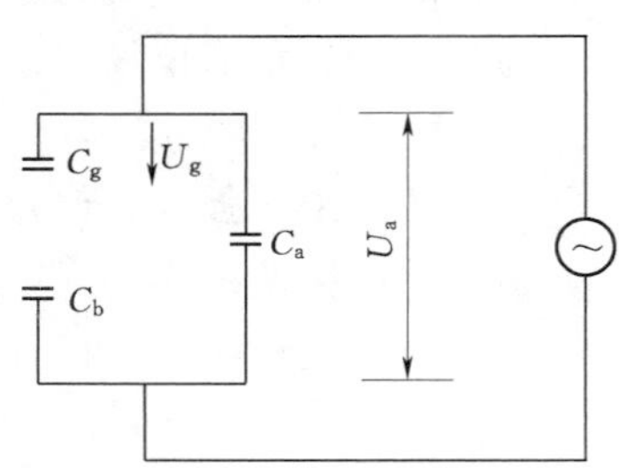

图 23-1　局部放电的等效电路图
C_g—空穴电容；C_b—绝缘介质与空穴串联部分电容；C_a—介质其余部分的电容；U_g—空穴电压；U_a—绝缘介质的外施电压

8. 为什么在固体绝缘中如存在气泡易产生局部放电?

在一般绝缘介质中，如存在空穴，大多数为气穴。其介电系数一般为 1，而介质介电常数大于 1，如环氧树脂 $\varepsilon_r=3.8$，在交流电场下，气穴中的电场强度比绝缘介质完好部分所承受的场强高 3.8 倍。再者，空穴气体的击穿场强又比固体介质的击穿场强小，如环氧树脂击穿场强比空气高 10 倍。由此可见，气隙承受的场强高，它的击穿场强又低，所以当外施电压达到一定值，气体被击穿，而周围介质仍保持完好的绝缘特性，也就形成了局部放电。

9. 为什么内部局部放电总是出现在电源周期第一或第三象限?

当绝缘介质上外施电压，并上升时，使空穴中电压达到其击穿电压 U_g，则空穴出现放电，空穴放电时，空穴的电压瞬时下降，当其电压下降到空穴放电熄灭电压 U_r 时，放电熄灭，但这个放电时下降时间很短，约 10^{-7}s，与 50Hz 电源的周期相比非常小，因此可将它看成一脉冲波。放电熄灭后，空穴电压又重新建立，当其达到 U_g 时，又产生放电，当电源反相时，上述情况同样出现。如此重复，形成连续局部放电脉冲。

由上述可知，内部局部放电总是出现在第一或第三象限。

10. 局部放电的测量方法有哪几类?

根据局部放电产生各种物理、化学现象，人们提出了很多测量局部放电方法，归纳起来分为两大类：电测法和非电测法。

(1) 电测法是根据局部放电产生的各种电的信息来测量的方法。目前主要有脉冲电流

法、无线电干扰法和放电能量法。

（2）非电测法是利用局部放电产生各种非电信息来测定局部放电的方法，目前主要有超声波法、超高频法、绝缘油气体色谱分析法和测 SF_6 气体分解（或生成）物法。

11. 为什么测量局部放电前先进行视在放电量的校正?

局部放电脉冲电流在检测阻抗上的压降 U 与视在放电量 q 成正比，其校准系数 k 取决于试品电容 C_x、测量阻抗入口电容 C_P、高压对地杂散电容 C_s、耦合电容 C_k 及元件参量 Z_m。因为测试时不知道这些电容量的大小，故需测量 k 值，且试验回路改变一次就必须进行一次校准。

12. 局部放电测量的程序是什么?

局部放电测量的程序如下：

（1）试品预处理。试验前，试品表面温度保持清洁、干燥。试品在局放试验前不受机械、热或气作用。油浸绝缘试品长途运输后或注油后应静止一段时间后，方能试验。

（2）检查测试回路本身的局部放电水平。先不接试品，仅在试验回路上施加电压，如其局部放电干扰水平超过试品允许放电量的50%，需找出干扰源并采取措施以降低干扰水平。当试品允许放电量较低（如小于10pC），则背景噪声水平允许到试品允许放电量100%。

（3）接上试品，不接试验电源，进行测试回路的校准。加压前对测试回路中仪器校准，确定校准系数 k。

（4）测量规定电压下的局部放电量。

13. 用什么方法测量校准系数 k?

通过电容 C_0 注入方波电压与输出固定校正电量组成方波发生器，该方波注入被试品上，通过局部放电仪测量该方波电压在 C_x 上的输出值，按比例换算得到校准系数 k。

14. 局部放电测量中常见的干扰有哪几种？如何抑制干扰?

局部放电测量中常见的干扰有：

（1）高压测量回路干扰。

（2）电源测侵入的干扰。

（3）高压带电部位接触不良引起的干扰。

（4）试区高压电场作用范围内金属物处于悬浮电位或接地不良的干扰。

（5）空间电磁波干扰，包括电台、高频设备的干扰等。

（6）零序电流从入地端进入局部放电测量仪器带来的干扰。

（7）整个试验回路选择一点接地可抑制试验回路接地系统的干扰。

（8）对高压端部电晕放电的抑制措施是选用合适的无晕环及无晕导电杆作为高压连线。

对来自电源干扰用以下方法抑制：

（1）在试验变压器一次侧设置高压低通滤波器来抑制电源供电网络中的干扰。试验电源和仪器用电源设置屏蔽式隔离变压器，抑制电源供电网络的干扰。在试验变压器初级设置低通滤波器，抑制试验供电网络干扰。

(2) 此外可采用平衡接线法抑制干扰，对相位固定、幅值较高的干扰，用带有选通元件的仪器，就十分有效地分隔这种干扰。

15. 对局部放电测量仪器系统的一般要求是什么?

对局部放电测量仪器系统的一般要求有以下三种：

(1) 有足够的增益，这样才能将测量阻抗的信号放大到足够大。

(2) 仪器噪声要小，这样才不至于使放电信号淹没在噪声中。

(3) 仪器的通频带要可选择，可以根据不同测量对象选择带通。

16. 示波器由哪几部分组成?

示波器主要由以下几部分组成：

(1) Y 轴系统，这是对被测信号进行处理，供给示波管 Y 偏转电压，以形成垂直扫描的系统。它包括输入探头、衰减器、放大器等部分。

(2) X 轴系统，这是产生锯齿波电压，供给示波管 X 偏转电压，以形成水平线性扫描的系统。它包括振荡，锯齿波形成、放大、触发等部分。它的扫描频率可以在相当宽的范围内调整，以配合 Y 轴的需要。

(3) 显示部分，一般用示波管作为显示器，也有少量用显像管作显示器的，其用途是把被测信号的波形由屏幕上显示出来。

(4) 电源部分，是供给各部分电路需要的多种电压的电路，其中包括显像管需要的直流高压电源。

17. 局部放电的检测包括哪几个方面内容?

局部放电的检测内容主要包括以下内容：

(1) 测量是否存在局部放电，并测量放电起始电压和熄灭电压。

(2) 测量放电强度即放电量。

(3) 确定放电位置。

18. 局部放电测试仪内门单元的作用是什么?

门单元是抑制干扰的间接措施之一。将荧光屏上显示出来的脉冲分布图上认为是干扰脉冲的一段用关门的办法将其擦去，使放电量不受干扰脉冲的影响，而仅对所需观察的局部放电脉冲的最大值作出响应，这种方法对哪些相位比较固定，而又对干扰脉冲的抑制是很有效的。

19. 检测阻抗分成哪几种? 各有什么特点?

检测阻抗主要分成 RC 和 RLC 两类。

对 RC 型，当电容 C 较小时，检测阻抗上的波形与流过被试品的脉冲电流相似，但其频带较宽，噪声较大，被试品的工频充电电流大时使检测阻抗上工频分量不能完全滤除，从而影响测量。

RLC型对局部放电脉冲检测有很高的灵敏度，而对被试品工频的充电电流呈现低阻抗，频带较窄，噪声水平较低，但波形易呈现振荡，可适当选择R(2～3kΩ)，可使振荡阻尼抑制。

20. 局部放电测试方法分哪两大类？每类各有什么方法测局部放电？现场多采用什么方法？画出现场使用该方法采用的串联或并联接线图。

局部放电测试方法分为电测法和非电测法两大类。各类所采用的方法如下：

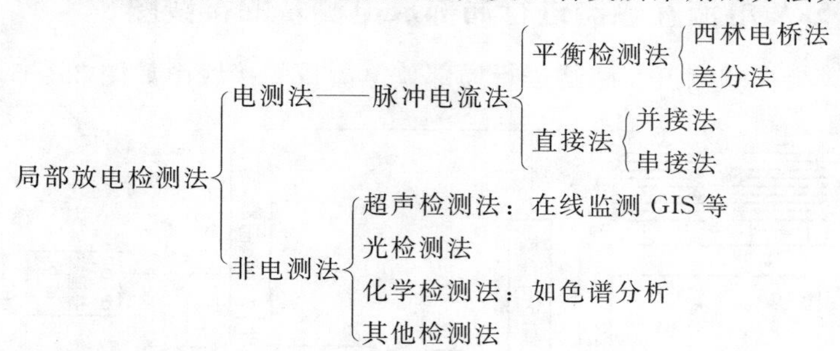

现场多采用脉冲电流法中的直接法，如图23-2所示。

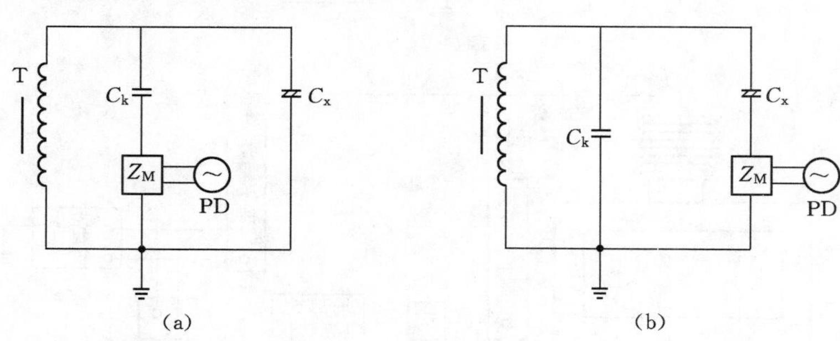

图23-2　脉冲电流法电路图

(a) 并接法；(b) 串接法

T—试验变压器；C_k—耦合电容；Z_M—阻抗元件；PD—局部放电测试仪

21. 画出脉冲电流法试验接线图，选择采取试验回路的基本原则。

测量阻抗与耦合电容器串联回路接线如图23-3所示，也称并接法。测量阻抗与试品串联回路接线如图23-4所示，也称串接法。

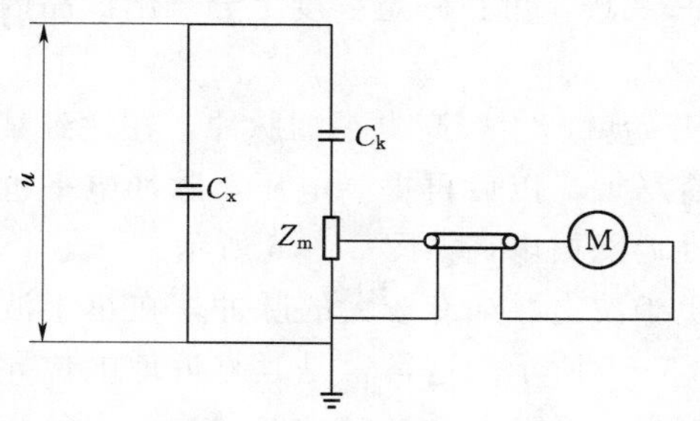

图23-3　测量阻抗与耦合电容器串联回路接线图（并接法）

C_x—被试品等效电容；C_k—耦合电容（在试验电压下无明显的局部放电）；Z_m—测量阻抗；M—测量仪器

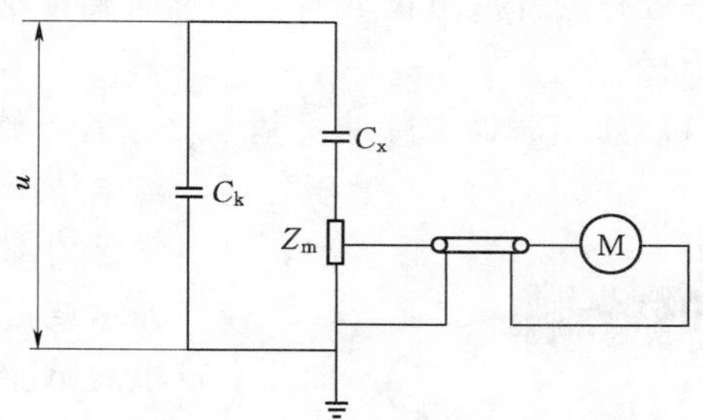

图23-4　测量阻抗与试品串联回路接线图（串接法）

C_x—被试品等效电容；C_k—耦合电容（在试验电压下无明显的局部放电）；Z_m—测量阻抗；M—测量仪器

试验回路选择的基本原则如下：

工频试验电压下，试品的电容电流超出测量阻抗 Z_m 的允许值，或试品的接地部位固定接地时，可采用测量阻抗与耦合电容器串联回路。

工频试验电压下，试品的电容电流符合测量阻抗 Z_m 的允许值时，可采用测量阻抗与试品串联的回路。

22. 画出35kV电流互感器进行局部放电测量的接线图。

全绝缘和分级绝缘的电流互感器进行局部放电测量的接线图如图 23－5 所示。

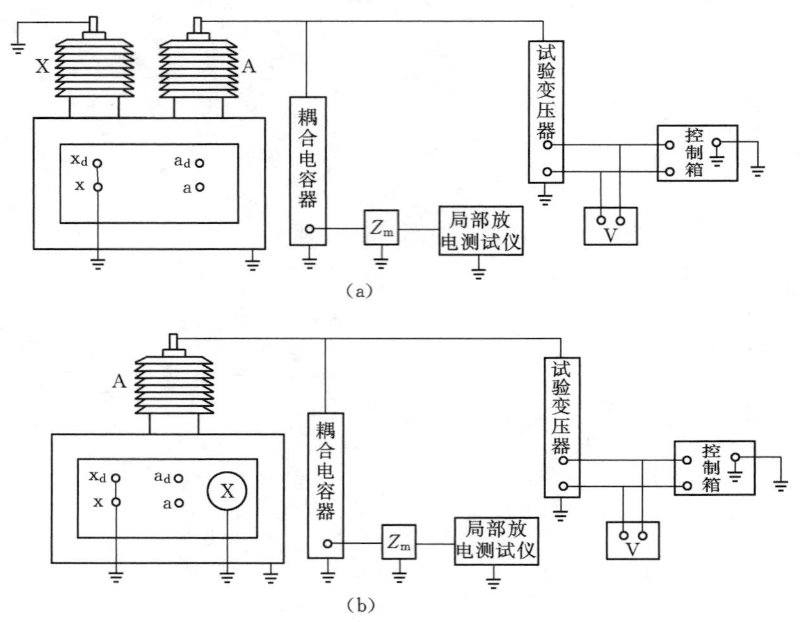

图 23－5　35kV 电流互感器局部放电测量接线图

（a）全绝缘电流互感器；（b）分级绝缘电流互感器

23. 局部放电试验中，如何从示波器中观察、分辨出试品内部放电与外来干扰？

在进行局部放电试验时，用椭圆扫描示波器来观察，可在一定程度上分辨出试品内部放电和干扰。

（1）如示波器中脉冲是基本对称的，放电一开始就产生较高电平的脉冲，在达到某一电压之前，随电压上升略有增加，以后再提高电压，脉冲电平也不增高，这常常是内部气隙性局部放电，如图 23－6 所示。

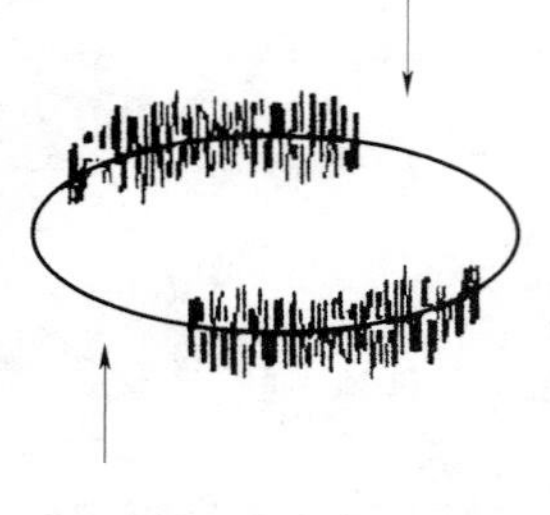

图 23－6　局部放电

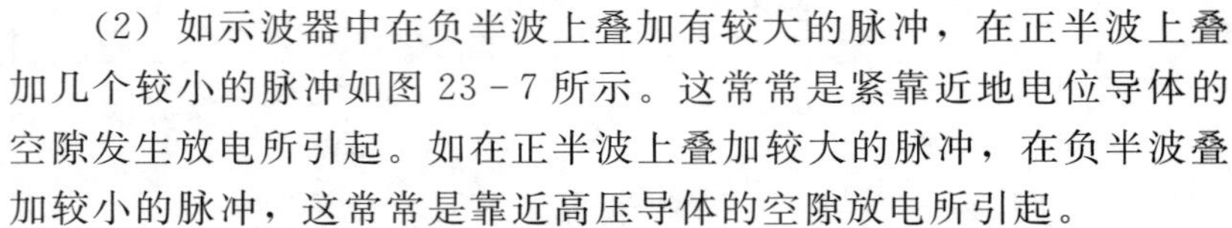

（2）如示波器中在负半波上叠加有较大的脉冲，在正半波上叠加几个较小的脉冲如图 23－7 所示。这常常是紧靠近地电位导体的空隙发生放电所引起。如在正半波上叠加较大的脉冲，在负半波叠加较小的脉冲，这常常是靠近高压导体的空隙放电所引起。

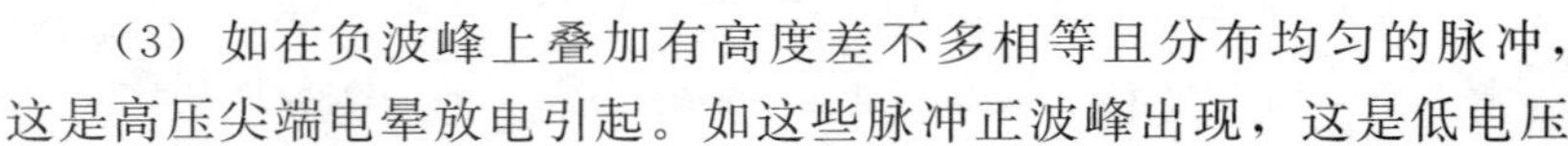

（3）如在负波峰上叠加有高度差不多相等且分布均匀的脉冲，这是高压尖端电晕放电引起。如这些脉冲正波峰出现，这是低电压

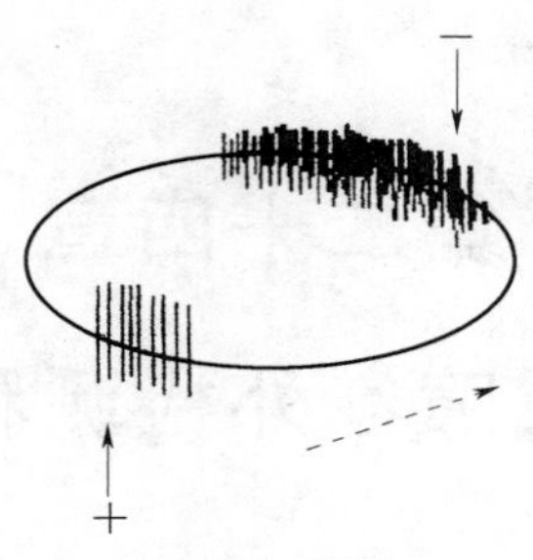

图 23-7　示波器中的脉冲

尖端电晕放电引起，如图 23-8 所示。

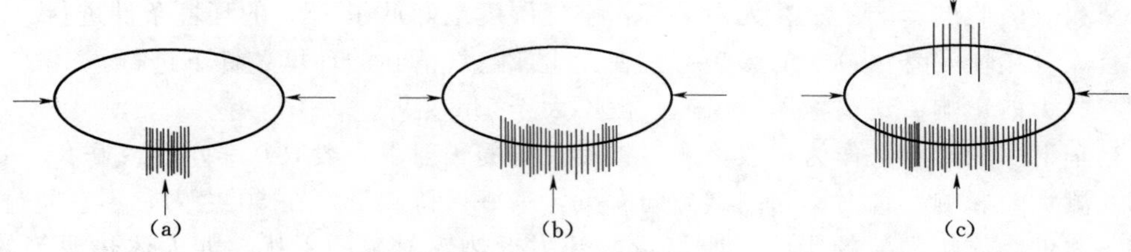

图 23-8　尖端电晕放电

(a) 电晕放电出现在金属尖端；(b) 脉冲个数（宽度）对称增加；(c) 另一个半周也会出现放电

(4) 在零点附近有不规则脉冲带，这是由于接触不良引起的。外部干扰如图 23-9 所示。

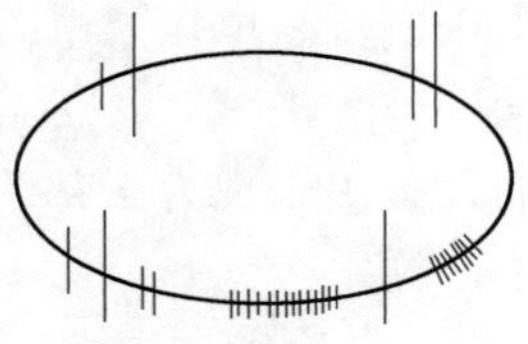

图 23-9　外部干扰

第二十四章
电力设备故障红外检测和诊断技术

1. 影响红外检测准确的主要因素及检测中的应对措施有哪些？

（1）大气吸收的影响：宜在无雨无雾，空气湿度最好低于75%的环境条件进行。

（2）大气尘埃及悬浮粒子的影响：宜在无尘或空气清新的环境条件下进行。

（3）风力的影响：建议检测时风速一般不大于5m/s。

（4）辐射率的影响：作为一般检测，被测设备的辐射率一般取0.9左右或0.85～0.95。

（5）测量角影响：辐射率与测试方向有关，最好保持测量角在30°之内，不宜超过45°。

（6）邻近物体热辐射的影响：应尽量避开附近热辐射源的干扰，如人体热源等的红外辐射。

（7）太阳光辐射的影响：红外测温时最好选择在天暗或没有阳光直射的阴天进行。

2. 电力设备的发热形式有哪几种？正常运行与异常运行时的发热是否一样？

电力设备在正常工作的时候，由于电流、电压及电磁的作用，将产生发热。这些发热形式有电阻损耗、介质损耗和铁磁损耗。

这三种发热形式，在正常运行的设备中表现为正常的热分布。若设备出现异常，则其热分布图像与正常情况的热分布图像不一样。

3. 哪些情况下应该增加红外检测电气设备的次数？

（1）对于运行环境差、已陈旧或有缺陷的设备；

（2）大负荷运行期间、系统运行方式改变且设备负荷突然增加等情况下需对电气设备增加检测次数。

4. 变压器出口短路后可进行哪些试验项目？

变压器出口短路后可进行油中溶解气体分析、绕组直流电阻、短路阻抗、绕组的频率响应、空载电流和损耗试验。

5. 引起变压器绝缘油色谱分析结果异常的原因主要有哪些？可以利用绝缘油色谱分析方法检测的变压器内部故障主要有哪几种类型？

引起变压器绝缘油色谱分析结果异常的原因主要有绝缘中存在局部放电、导电部件局部过热、铁芯局部过热、短时过载运行、耐压试验残存气体、油箱带油焊接、分接开关漏油、

油箱局部过热和潜油泵故障。可以利用绝缘油色谱分析方法检测的变压器内部故障主要有放电性故障和绝缘件、导体、铁芯局部过热性故障等。

6. 解释红外测温时所涉及的环境温度参照体的概念。

环境温度参照体是用来采集环境温度的物体，它不一定具有当时的真实环境温度，但具有与被检测设备相似的物理属性，并与被检测设备处于相似的环境之中。

7. 金属氧化物避雷器运行中持续电流检测有全电流、阻性电流检测，检测阻性电流的意义是什么?

当工频电压作用于金属氧化物避雷器时，该避雷器相当于一个有损耗的电容器，其中容性电流的大小仅对电压分布有意义，并不影响发热，而阻性电流是造成金属氧化物避雷器电阻片发热的原因。

良好的金属氧化物避雷器虽然在运行中长期承受工频运行电压，但因流过的工频电流阻性分量通常小于工频参考电流，引起热的作用极微，不致引起避雷器性能的改变。而在避雷器内部出现故障时，工频电流的阻性分量将明显增大，并可能导致热稳定破坏，造成避雷器的损坏。因此运行中定期监测金属氧化物避雷器的工频电流的阻性分量，是保证安全运行的有效措施。

8. 某变压器运行中发现铁芯接地电流为2A，问是否有故障发生？若有，可能是什么故障？会引起什么后果？应采取什么手段作进一步的诊断？

因变压器运行时，铁芯正常接地电流一般不超过0.1A，若在变压器运行中发现铁芯接地电流为2A，可能是铁芯存在多点接地故障。引起的后果：

（1）铁芯局部过热，使铁芯损耗增加，甚至烧坏；

（2）过热造成的温升，使变压器油分解，产生的气体溶解于油中，引起变压器油性能下降，油中总烃大大超标；

（3）油中气体不断增加并析出（电弧放电故障时，气体析出量较之更高、更快），可能导致气体继电器动作发信号甚至使变压器跳闸。

在实践中，可以根据上述表现特征进行判断，其中检测油中溶解气体色谱和空载损耗是判断变压器铁芯多点接地的重要依据。

9. 简述阻性电流在线监测仪的基本原理。

阻性电流在线监测仪的基本原理如图24-1所示。它是先用钳形电流表（传感器）从MOA的引下线处取得电路信号 $\dot{I}_0$，再从分压器或电压互感器侧取得电压信号 $\dot{U}_s$。后者经移相器前移90°相位后得 $\dot{U}_{s0}$（以便与 $\dot{I}_0$ 中的电容电流分量 $\dot{I}_C$ 同相），再经放大后与 $\dot{I}_0$ 一起送入差分放大器。在放大器中，将 $G\dot{U}_{s0}$ 与 $\dot{I}_0$ 相减；并由乘法器等组成的自动反馈跟踪，以控制放大器的增益 G 使同相的（$\dot{I}_C-G\dot{U}_{s0}$）的差值降为零，即 $\dot{I}_0$ 中的容性分量全部被补偿掉，剩下的仅为阻性分量 $\dot{I}_R$，再根据 $\dot{U}_s$ 及 $\dot{I}_R$ 即可获得MOA的功率损耗 P 了。

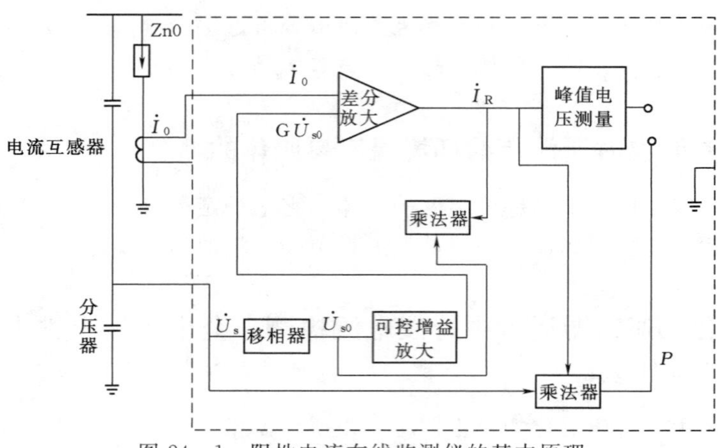

图 24－1　阻性电流在线监测仪的基本原理

10. 图 24－2 所示的红外成像图表明是什么缺陷?

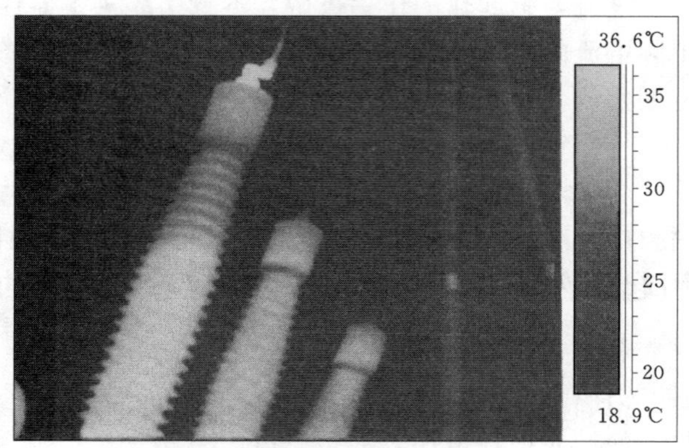

图 24－2

存在套管缺油及套管柱头发热套管油渗漏及柱头连接不良。

11. 图 24－3 所示的红外成像图表明是什么缺陷?

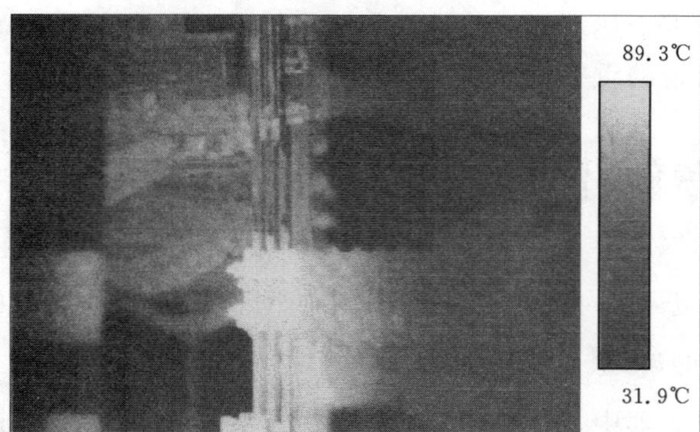

图 24－3

涡流引起的铁件发热。

12. 图 24－4 所示的红外成像图表明是什么缺陷？

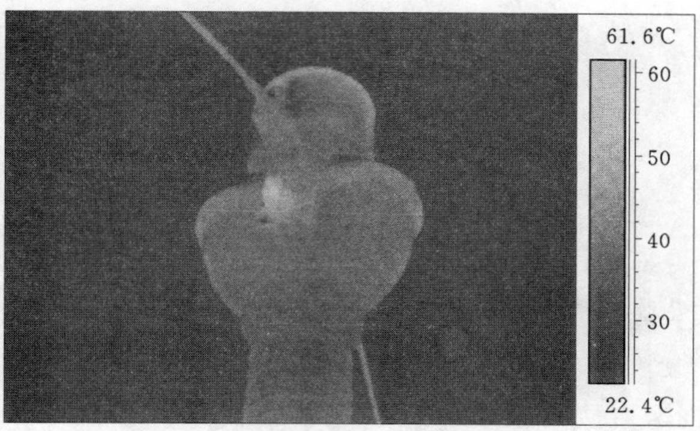

图 24－4

变比接头连接不良发热。

13. 图 24－5 所示的红外成像图表明是什么缺陷？

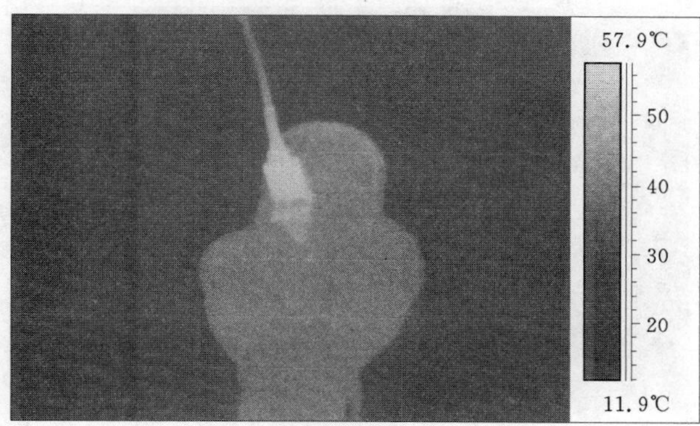

图 24－5

接头螺钉连接不良发热。

14. 图 24－6 所示的红外成像图表明是什么缺陷？

图 24－6

变压器漏磁引起螺栓发热。

15. 图 24－7 所示的红外成像图表明是什么缺陷?

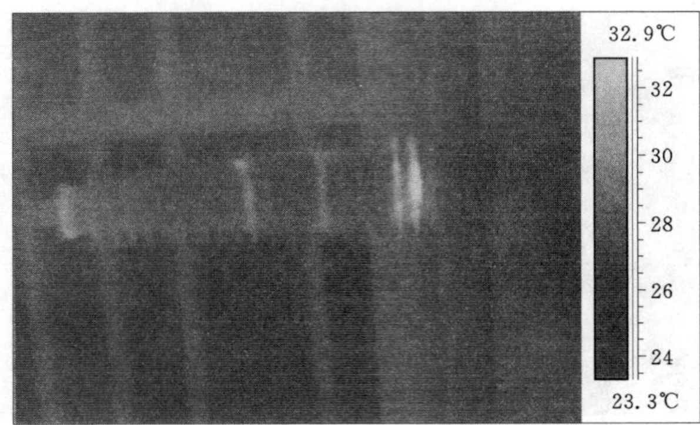

图 24－7

表面污秽引起局部过热。

16. 图 24－8 所示的红外成像图表明是什么缺陷?

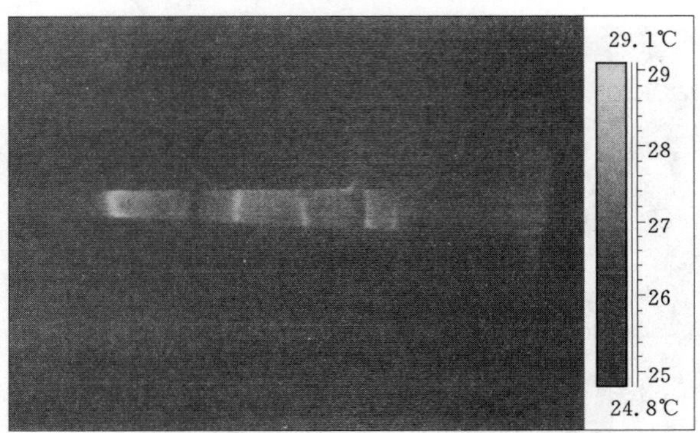

图 24－8

浇铸不良引起的过热。

17. 图 24－9 所示的红外成像图表明是什么缺陷?

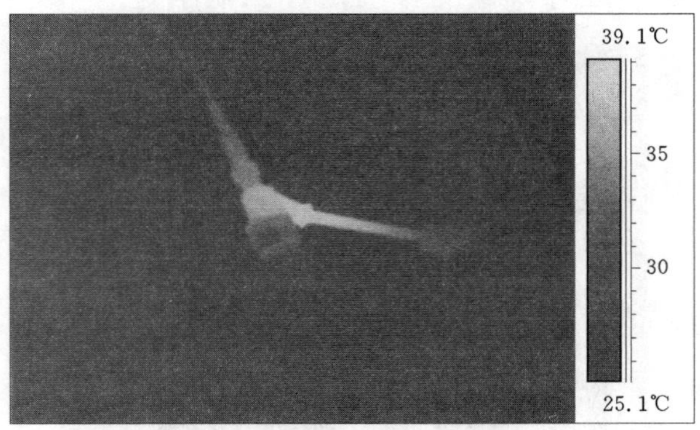

图 24－9

转头内侧未夹紧发热。

18. 图 24－10 所示的红外成像图表明是什么缺陷？

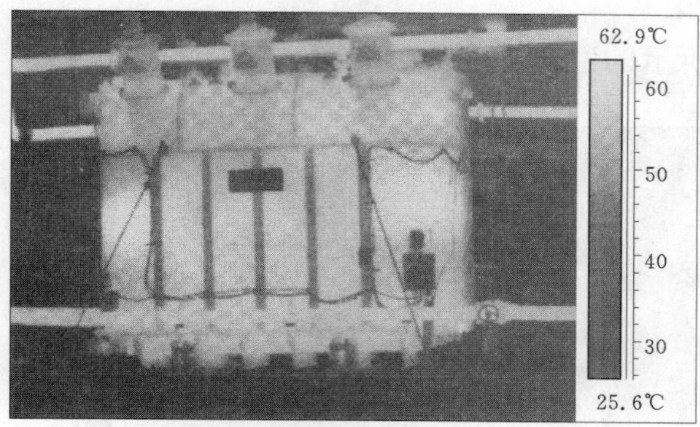

图 24－10

磁屏蔽不良引起箱体局部发热。

19. 图 24－11 所示的红外成像图表明是什么缺陷？

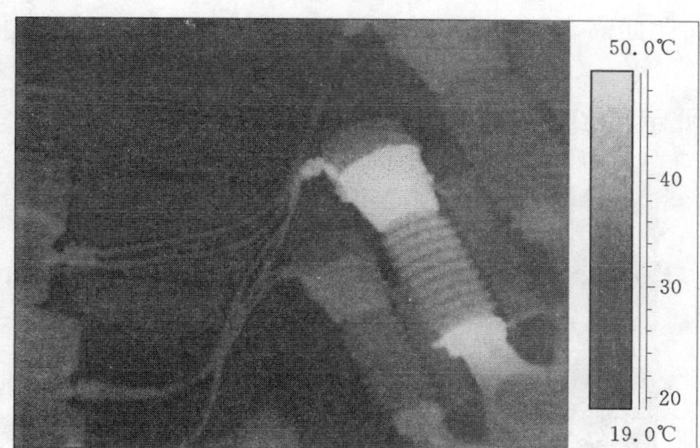

图 24－11

内部中间触头接触不良。

20. 图 24－12 所示的红外成像图表明是什么缺陷？

图 24－12

110kV 电流互感器中间相介质损耗超标引起整体发热。

21. 图 24－13 所示的红外成像图表明是什么缺陷?

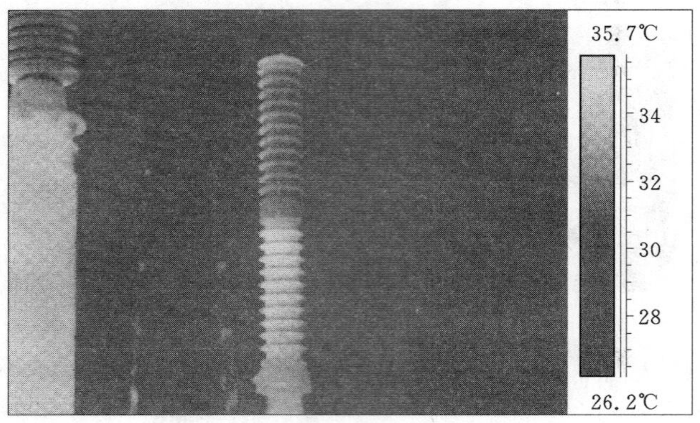

图 24－13

电容器下节介质损耗偏高发热。

22. 图 24－14 所示的红外成像图表明是什么缺陷?

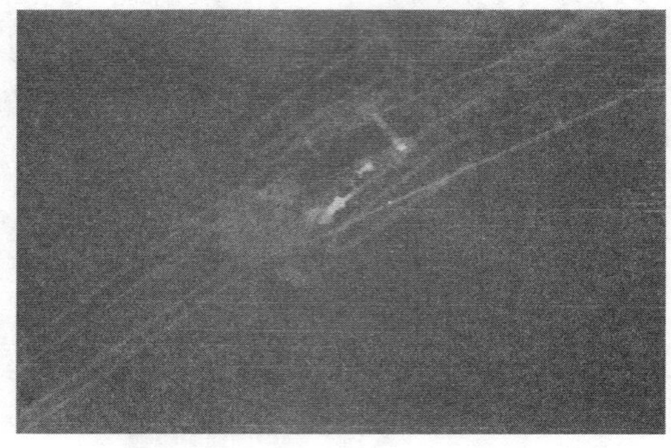

图 24－14

500kV 线路导线连接处严重过热故障。

注：当时拍摄距离为 50m，线路尚处于运行之中，红外热像图显示发热点最高温度为 256℃。

第二十五章 电力试验安全工作规定

1. 在一经合闸即可送电到工作地点的隔离开关操作把手上，应悬挂什么样的标示牌？此类标示牌有什么特点？

在一经合闸即可送电到工作地点的隔离开关操作把手上，应悬挂“禁止合闸，有人工作！”或“禁止合闸，线路有人工作！”标示牌。此类标示牌的字样为黑字，白底，红色圆形斜杠，黑色禁止标志符号。悬挂在隔离开关（刀闸）把手上。

2. 在计算机显示屏上操作的隔离开关操作处，应设置什么样的标示牌？

在计算机显示屏上操作的隔离开关操作处，应设置“禁止合闸，有人工作！”、“禁止合闸，线路有人工作！”的标示牌。

3. 在室内高压设备上工作，应在什么地点部位悬挂什么样的标示牌？

在室内高压设备上工作，应在工作地点两旁及对侧运行设备间隔的遮栏上和禁止通行的过道遮栏上悬挂“止步，高压危险！”的标示牌。

4. 高压开关柜内手车开关拉至“检修”位置时，应设置什么样的标示牌？

高压开关柜内手车开关拉至“检修”位置时，隔离带电部位的挡板封闭后不应开启，并设置“止步，高压危险！”的标示牌。

5. 在室外高压设备上工作，应如何设置遮栏和悬挂标示牌？

在室外高压设备上工作，应在工作地点四周装设遮栏，遮栏上悬挂适当数量朝向里面的“止步，高压危险！”标示牌，遮栏出入口要围至邻近道路旁边，并设有“从此进出！”的标示牌。

6. 若室外只有个别地点设备带电应如何装设遮栏和悬挂标示牌？

若室外只有个别地点设备带电，可在其四周装设全封闭遮栏，遮栏上悬挂适当数量朝向外面的“止步，高压危险！”标示牌。

7. 工作地点应设置什么标示牌？

工作地点应设置“在此工作！”的标示牌。

8. 室外构架上工作，应悬挂什么样的标示牌？

（1）室外构架上工作，应在工作地点邻近带电部分的横梁上悬挂“止步，高压危险！”的标示牌。

（2）在工作人员上下的铁架或梯子上，应悬挂“从此上下！”的标示牌。

（3）在邻近其他可能误登的带电构架上，应悬挂“禁止攀登，高压危险！”的标示牌。

9. 在带电的电磁式电流互感器二次回路上工作时应防止什么？

在带电的电磁式电流互感器二次回路上工作时，应防止二次侧开路。

10. 在带电的电磁式或电容式电压互感器二次回路上工作时应防止什么？

在带电的电磁式或电容式电压互感器二次回路上工作时，应防止二次侧短路或接地。

11. 试验工作结束后应做好哪些工作？

试验工作结束后，应恢复同运行设备有关的接线，拆除临时接线，检查装置内无异物，屏面信号及各种装置状态正常，各相关压板及切换开关位置恢复至工作许可时的状态。

12. 电气试验的一般要求是什么？

（1）电气试验应符合高压试验作业、试验装置、试验过程及测量工作的安全要求。

（2）电气试验的具体标准、方法等应遵照国家、行业的相关标准、导则执行。

13. 高压试验应遵守哪些规定？

（1）在同一电气连接部分许可高压试验前，应将其他检修工作暂停；试验完成前不应许可其他工作。

（2）如加压部分与检修部分断开点之间满足试验电压对应的安全距离，且检修侧有接地线时，应在断开点装设“止步，高压危险！”的标示牌后方可工作。

（3）试验装置的金属外壳应可靠接地。低压回路中应有过负荷自动保护装置的开关并串用双极刀开关。

（4）应采用专用的高压试验线，试验线的长度应尽量缩短，必要时用绝缘物支撑牢固。

（5）试验现场应装设遮栏，遮栏与试验设备高压部分应有足够的安全距离，向外悬挂“止步，高压危险！”的标示牌。被试设备两端不在同一地点时，一端加压，另一端采取防范措施。

（6）未接地的大电容被试设备，应先行放电再做试验。高压直流试验间断或结束时，应将设备对地放电数次并短路接地。

（7）加压前应通知所有人员离开被试设备，取得试验负责人许可后方可加压。操作人员应站在绝缘物上。

（8）变更接线或试验结束时，应断开试验电源，将升压设备的高压部分放电、短路接地。

（9）试验结束后，试验人员应拆除自行装设的短路接地线，并检查被试设备，恢复试验前的状态。

14. 怎样正确使用钳形电流表？测量时应采取哪些安全措施？

使用钳形电流表时，应注意钳形电流表的电压等级。

测量时应戴绝缘手套，站在绝缘物上，不应触及其他设备，以防短路或接地。

测量低压熔断器和水平排列低压母线电流前，应将各相熔断器和母线用绝缘材料加以隔离。

观测表计时，应注意保持头部与带电部分的安全距离。

15. 用绝缘电阻表测量设备绝缘电阻应注意哪些事项？

（1）测量设备绝缘电阻应将被测量设备各侧断开，验明无压，确认设备无人工作，方可进行。

（2）在测量中不应让他人接近被测设备。

（3）测量前后，应将被测设备对地放电。

16. 用绝缘电阻表测量线路绝缘电阻应注意哪些事项？

测量线路绝缘电阻，若有感应电压，应将相关线路同时停电，取得许可，通知对侧后方可进行。

17. 用接地电阻测量仪测量接地网的接地电阻应注意哪些事项？

发现发电厂和变电站升压站有系统接地故障时，不应测量接地网的接地电阻。

18. 电缆试验时应采取哪些安全措施？

（1）电缆试验前后以及更换试验引线时，应对被试电缆（或试验设备）充分放电。

（2）电缆试验时，应防止人员误入试验场所。

（3）电缆两端不在同一地点时，另一端应采服防范措施。

（4）电缆耐压试验分相进行时，电缆另两相应短路接地。

（5）电缆试验结束，应在被试电缆上加装临时接电线，待电缆尾线接通后方可拆除。

19. 测量杆塔、配电变压器和避雷器的接地电阻应注意哪些事项？

（1）测量杆塔、配电变压器和避雷器的接地电阻，可在线路和设备带电的情况下进行。

（2）解开或恢复配电变压器和避雷器的接地引线时，应戴绝缘手套。

（3）不应直接接触与地电位断开的接地引线。

20. 用钳形电流表测量线路或配电变压器低压侧的电流时应注意哪些事项？

用钳形电流表测量线路或配电变压器低压侧的电流时，不应触及其他带电部分。

21. 对高压试验人员的基本安全要求有哪些?

(1) 高压试验人员应具有高压试验专业知识，熟悉设备和试品，熟悉《电力安全工作规程 高压试验室部分》，并经培训考试合格后方能从事高压试验工作。

(2) 新参加高压试验的实习人员，应在有经验的高压试验人员监护下参加指定的高压试验工作，不宜担任工作负责人和监护人。

(3) 外来的参加试验人员，应进行现场安全工作培训和技术交底。

(4) 高压试验人员对《电力安全工作规程 高压试验室部分》每年进行一次考试。

(5) 此外，高压试验人员应：

1) 身体健康，无妨碍高压试验工作的病症。

2) 学会紧急救护法，特别要学会触电急救法。

3) 了解消防的一般知识，会使用试验室的消防设施。

22. 对高压试验室的接地系统的要求是什么?

(1) 高压试验室（场）应有良好的接地系统，以保证高压试验测量准确度和人身安全。

(2) 接地电阻应符合设计规范要求，一般不超过0.5Ω。

(3) 试验设备的接地点与被式设备的接地点之间应有可靠的金属性连接。

(4) 试验室（场）内所有的金属架构、固定的金属安全屏蔽遮（栅）栏均应与接地网有牢固的连接。

(5) 接地点应有明显可见的标志。

(6) 为了保证接地系统始终处于完好状态，每5年应测量一次接地电阻，针对接地线和接地点的连接进行一次检查。

23. 对试区的要求是什么?

(1) 高压试验室内应采用安全遮栏围成符合《高电压试验技术 第1部分：一般试验要求》(GB/T 16927.1) 临近效应影响要求的试区，试区内不应堆放杂物。

(2) 在不影响安全的前提下，试区也可采用专用隔离带围成（特别是对于高压户外试验场的大试区）。

24. 对高压试验室环境的要求是什么?

(1) 高压试验室应保持光线充足，门窗严密，通风设施完备。

(2) 高压试验室内宜留有符合要求、标志清晰的信道。

(3) 高压试验室周围应有消防通道，并保证畅通。

(4) 控制室应铺橡胶绝缘垫。

(5) 高压试验室宜配备相应的安全工器具，防毒、防射线、防烫伤（人身三防）的防护用品以及防爆和消防安全设施，配备应急照明电源。

25. 对高压试验室的安全工作制度和工作记录有哪些要求?

(1) 试验室应有安全工作制度。主要设备均应编制安全操作规程，建立完备的技术

档案。

(2) 每次试验全过程应有完整、详细的记录。

(3) 使用试验设备后，对设备的状况应有描述、维修宜有完整的记录。

26. 对高压试验室的防火、防爆、防毒工作有哪些要求?

(1) 易燃易爆或放电后可能产生毒性物质的设备应做好防火、防爆、防毒措施。

(2) 六氟化硫气体绝缘高压试验设备及试品应密封良好，试验现场应按规定装设强力通风装置和防护设施。

27. 对重要的仪器和弱电设备应怎样保护?

重要的仪器和弱电设备应装设防止放电反击和感应电压的保护装置或采取其他安全措施。

28. 高压试验室应在哪些方面建立健全哪些安全管理措施?

(1) 制度建设与监督检查。

(2) 人员配备和分工。

29. 在高压试验室的制度建设与监督检查方面应做好哪些工作?

(1) 高压试验室应执行《电力安全工作规程 高压试验室部分》及试验室制定的各项安全制度。

(2) 应结合自身的特点和实际情况，制定安全规范、设备安全操作细则和试验作业指导书制度。

(3) 试验室应设立专职或兼职安全员，负责监督检查《电力安全工作规程 高压试验室部分》及有关安全规程、安全制度的贯彻执行。在发生人身和设备事故时参加事故调查处理。

(4) 对涉及主要试验设备的重要试验项目，试验负责人应组织编写高压试验方案。方案中应明确保证安全的组织措施和技术措施。方案的主要内容一般包括试验任务、试验时间、试验接线、使用设备、人员名单及分工、操作步骤、安全措施，安全监护人等。

(5) 试验方案由试验室技术负责人批准后执行。试验方案的编写人不应担任试验方案批准人。特别重要的大型试验项目的试验方案应经主管部门批准。

30. 在高压试验室人员配备和分工上有哪些规定?

(1) 进行高压试验时，应明确试验负责人，试验人员不得少于 2 人。

(2) 试验负责人即是安全责任人，对试验工作的安全全面负责。

(3) 在高压试验过程中，由试验负责人统一发布操作指令，试验人员应按试验负责人的指令进行试验操作，不应擅自操作。

(4) 必要时，应在高压试验方案中明确保证安全的具体措施、安全监护人等。

(5) 高压试验室技术负责人应由从事高压试验工作 5 年以上，并具有工程师及以上职称

的人员担任。试验负责人应由从事高压试验工作2年以上的助理工程师及以上职称人员或技术熟练的高压试验人员担任。

31. 高压试验室应采取的安全技术措施有哪些？

（1）设置遮栏。

（2）安全距离。

（3）人员防护。

（4）接地与接地放电。

32. 对高压试区周围设置的遮栏有哪些规定？

（1）高压试验试区周围应设置遮栏，遮栏上悬挂适当数量的“止步，高压危险!”标示牌。标示牌的标示应朝向遮栏的外侧。

（2）必要时，通往试区的安全遮栏门与试验电源应有连锁装置，当通往试区的安全遮拦门打开时，试验电源应无法接通，并发出报警信号。

（3）在户外试验场进行试验时，除设置必要的遮栏、安全警示牌和安全信号灯外，应派专人监视，以防人员闯入试区。

（4）屏蔽遮栏宜由金属制成，可靠接地，其高度不低于2m。

（5）在同一试验室内同时进行不同的高压试验时，各试区间应按各自的安全距离用遮栏隔开，同时设置明显的标示牌，留有安全通道。

（6）户外试验场可根据试验需要，设置符合安全要求的固定观测点。

33. 怎样做好高压试验时的人员防护工作？

（1）当试验电压较高时，特别是冲击试验电压（峰值）高于2000kV时，由于放电路径的不规律性，有可能出现异常放电，所有人员应留在能防止异常放电危及人身安全的地带，如控制室、观察室或屏蔽遮栏外。切断试验电源前，任何人员不应进入试验区内。

（2）进行高低温、低气压试验时，应有可行的防止伤害人身的防护措施；进 行大电流试验时，应有防止因试品损害产生爆裂伤害人身的防护措施。

34. 对高压试验时的接地有哪些规定？

（1）高压试验设备的接地端和试品接地端或外壳应良好接地，接地线应采用多股编织裸铜线或外覆透明绝缘层铜质软绞线或铜带，接地线截面应能满足试验要求，但不得小于$4mm^2$。动力配电装置上所用的接地线，其截面不得小于$25mm^2$。

（2）接地线与接地系统的连接应采用螺栓连接在固定的接地桩（带）上，接地线长度应尽可能短，且明显可见。不得将接地线接在水管、暖气片和低压电气回路的中性点上。

（3）进行高压试验时，试验设备附近的其他仪器设备应短接并可靠接地。

（4）试验室闲置的电容设备应短路接地。

35. 对接地棒的要求是什么？

对高压试验设备和试品放电应使用接地棒。接地棒绝缘长度按安全作业的要求选择，但最小总长度不得小于 1000mm，其中绝缘部分 700mm。

36. 对使用接地棒接地放电的操作有哪些要求？

(1) 使用接地棒时，手不得超过握柄部分的护环。接地线与人体的距离应大于接地棒的有效绝缘长度。

(2) 对高压试验设备及试品在高压试验前、试验后的放电，应先将接地棒的接地线可靠地连接在接地桩（带）上，再用接地棒接触高压试验设备及试品是高压端，进行接地放电。

(3) 对大电容的直流试验设备和试品以及直流试验电压超过 100kV 的设备和试品接地放电时，应先用带接地电阻的接地棒放电，然后再直接短路接地放电。

(4) 变更冲击电压发生器波头和波尾电阻或直流发生器更换接线前，应对电容器及充电电路逐级短路接地放电或启动短路接地装置。

(5) 放电后将接地棒挂在高压端，保持接地状态，再次试验前取下。

37. 对使用接地棒接地放电的放电时间是怎样规定的？

高压试验后，对高压试验设备和试品进行接地放电，从接地棒接触高压试验设备和试品的高压端至试验人员能接触的时间，一般不短于 3min。对大容量试品的放电时间，应在 5min 以上。

38. 高压试验开始前的准备工作有哪些？

试验开始前，试验负责人向全体试验人员详细布置试验任务和安全措施，并应进行如下检查：

(1) 安全措施是否完备。

(2) 试验设备、试品及试验接线是否正确。

(3) 表计倍率、调压器零位及测量系统的开始状态。

(4) 试验设备高压端和试品加压端接地线是否已拆除。

(5) 所有人员是否已全部退离试区，转移到安全地带。

(6) 试区遮栏门是否已关上。

一切检查无误后方可开始试验升压。

39. 试验升压的步骤是怎样的？升压过程应注意哪些事项？

(1) 由试验负责人下令加压，操作人员应复诵“准备升压”并鸣铃示警，然后操作电源开关合上电源，按试验要求规定的升压速率升高电压到规定的试验电压值。升压过程中应有人监护并呼唱，并有人监视试验设备及试品。

(2) 在升压过程中，若发现异常情况，应立即停止试验，迅速将电压降至零，断开电源。

(3) 试验遇到恶劣气象条件，应评估对人身和设备的影响，必要时应中止试验。

40. 试验间断和试验结束的标志是什么？试验间断和结束时试验人员应进行哪些工作？

（1）试验人员将电压降至零，断开电源，在电源开关把手挂上“禁止合闸，有人工作”警示牌后，试验人员进入试区，按《电力安全工作规程 高压试验部分》“接地放电”的要求对高压试验设备和试品进行放电。此时，才能视为一次高压试验结束或试验间断。

（2）试验人员应在试验间断或结束状态更换试品、更改接线或检查试验异常原因。再一次或恢复试验时，应重新检查试验接线和安全措施。

41. 试验人员离开试验室前应做好哪些工作？

（1）试验人员离开试验室前，应切断相关电源。

（2）对于继续使用的电源，应在电源开关处悬挂“有人工作，不得拉闸！”警示牌。

42. 试品起吊和搬运应遵守哪些规定？

试品起吊除应严格执行起重操作规程和要求外，试品起吊和搬运时还应做到：

（1）起吊、搬运大型试品或精密试验设备应事先制定安全技术措施，由专人负责指挥，参加工作的人员应熟悉起吊搬运方案。

（2）起吊现场作业人员应戴安全帽。

（3）起吊工作开始前，应检查工具、机具及绳索质量是否良好，不符合要求者严禁使用。

（4）起吊试品应绑牢，起吊点应在被吊物品的垂直上方。起吊重物稍一离地/支持物，应再次检查悬吊及捆绑情况，确认可靠及吊绳不会损坏试品后方准继续起吊。

（5）工作人员不得随起吊物升降，起重机正在吊物时，任何人员不得在吊物下停留或行走。

43. 高处作业人员的条件是什么？

凡离地面 2m 以上的地点进行工作都应视为高处作业。担任高处作业的人员应身体健康。患有精神病、癫痫病、高血压、心脏病等的人员不应从事高处作业。

44. 高处作业应遵守哪些规定？

（1）高处作业前，应检查栏杆、梯子、安全带是否牢固可靠，人字梯须有坚固的铰链和限制开度的拉绳。

（2）高处作业时，应正确使用安全防护用具，或采取其他可靠的安全措施。

（3）工具、材料不得抛扔传递，应用绳索吊送。

45. 高压试验室内的高处作业车应遵守哪些规定？

高压试验室内的高处作业车应由经过培训考试合格的专人操作。在试验加压期间，不应开动高处作业车。

46. 高压试验室的消防工作应遵守哪些规定?

(1) 高压试验室的消防设施应符合消防规定要求,应设置灭火设施和灭火器。

(2) 遇有电气设备着火时,试验人员应迅速切断电源,立即进行救火。

47. 高压试验室应怎样做好对人员的防护?

对有剧毒、易燃、易爆的试验用药品和试剂应根据有关规定储放,并由专人负责保管。对接触有害物质的试验应制定专门的防护措施。

48. 高压试验室的安全工器具和起重机械设备应遵守哪些规定?

高压试验室的安全工器具和起重机械设备应按规定做预防性试验。

附　录

相关技术标准及技术数据

附录一　电力设备预防性试验规程

（DL/T 596—1996）

预防性试验是电力设备运行和维护工作中的一个重要环节，是保证电力系统安全运行的有效手段之一。预防性试验规程是电力系统绝缘监督工作的主要依据，在我国已有40年的使用经验。1985年由原水利电力部颁发的《电气设备预防性试验规程》，适用于330kV及以下的设备，该规程在生产中发挥了重要作用，并积累了丰富的经验。随着电力生产规模的扩大和技术水平的提高，电力设备品种、参数和技术性能有较大的发展，需要对1985年颁布的规程进行补充和修改。1991年电力工业部组织有关人员在广泛征求意见的基础上，对该规程进行了修订，同时把电压等级扩大到500kV，并更名为《电力设备预防性试验规程》。

本标准从1997年1月1日起实施。

本标准从生效之日起代替1985年原水利电力部颁发的《电气设备预防性试验规程》，凡其他规程、规定涉及电力设备预防性试验的项目、内容、要求等与本规程有抵触的，以本标准为准。

本标准的附录A、附录B是标准的附录。

本标准的附录C、附录D、附录E、附录F、附录G是提示的附录。

本标准由中华人民共和国电力工业部安全监察及生产协调司和国家电力调度通信中心提出。

本标准起草单位：电力工业部电力科学研究院、电力工业部武汉高压研究所、电力工业部西安热工研究院、华北电力科学研究院、西北电力试验研究院、华中电力试验研究所、东北电力科学研究院、华东电力试验研究院等。

本标准主要起草人：王乃庆、王焜明、冯复生、凌愍、陈英、曹荣江、白健群、樊力、盛国钊、孙桂兰、孟玉婵、周慧娟等。

1　范围

本标准规定了各种电力设备预防性试验的项目、周期和要求，用以判断设备是否符合运行条件，预防设备损坏、保证安全运行。

本标准适用于500kV及以下的交流电力设备。

本标准不适用于高压直流输电设备、矿用及其他特殊条件下使用的电力设备，也不适用于电力系统的继电保护装置、自动装置、测量装置等电气设备和安全用具。

从国外进口的设备应以该设备的产品标准为基础，参照本标准执行。

2　引用标准

下列标准所包含的条文，通过在本标准中引用而构成为本标准的条文。本标准出版时，所示版本均为有效。所有标准都会被修订，使用本标准的各方应探讨使用下列标准最新版本的可能性。

GB 261—83	石油产品闪点测定法
GB 264—83	石油产品酸值测定法
GB 311—83	高压输变电设备的绝缘配合　高电压试验技术
GB/T 507—86	绝缘油介电强度测定法
GB/T 511—88	石油产品和添加剂机械杂质测定法
GB 1094.1～5—85	电力变压器

GB 2536—90	变电器油
GB 5583—85	互感器局部放电测量
GB 5654—85	液体绝缘材料工频相对介电常数、介质损耗因数和体积电阻率的测量
GB 6450—86	干式电力变压器
GB/T 6541—86	石油产品油对水界面张力测定法（圆环法）
GB 7252—87	变压器油中溶解气体分析和判断导则
GB 7328—87	变压器和电抗器的声级测定
GB 7595—87	运行中变压器油质量标准
GB/T 7598—87	运行中变压器油、汽轮机油水溶性酸测定法（比色法）
GB/T 7599—87	运行中变压器油、汽轮机油酸值测定法（BTB 法）
GB 7600—87	运行中变压器油水分含量测定法（库仑法）
GB 7601—87	运行中变压器油水分含量测定法（气相色谱法）
GB 9326.1～5—88	交流 330kV 及以下油纸绝缘自容式充油电缆及附件
GB 11022—89	高压开关设备通用技术条件
GB 11023—89	高压开关设备六氟化硫气体密封试验导则
GB 11032—89	交流无间隙金属氧化物避雷器
GB 12022—89	工业六氟化硫
DL/T 421—91	绝缘油体积电阻率测定法
DL/T 423—91	绝缘油中含气量测定真空压差法
DL/T 429.9—91	电力系统油质试验方法绝缘油介电强度测定法
DL/T 450—91	绝缘油中含气量的测定方法（二氧化碳洗脱法）
DL/T 459—92	镉镍蓄电池直流屏订货技术条件
DL/T 492—92	发电机定子绕组环氧粉云母绝缘老化鉴定导则
DL/T 593—1996	高压开关设备的共用订货技术导则
SH 0040—91	超高压变压器油
SH 0351—92	断路器油

3 定义、符号

3.1 预防性试验

为了发现运行中设备的隐患，预防发生事故或设备损坏，对设备进行的检查、试验或监测，也包括取油样或气样进行的试验。

3.2 在线监测

在不影响设备运行的条件下，对设备状况连续或定时进行的监测，通常是自动进行的。

3.3 带电测量

对在运行电压下的设备，采用专用仪器，由人员参与进行的测量。

3.4 绝缘电阻

在绝缘结构的两个电极之间施加的直流电压值与流经该对电极的泄流电流值之比。常用兆欧表直接测得绝缘电阻值。本规程中，若无说明，均指加压 1min 时的测得值。

3.5 吸收比

在同一次试验中，1min 时的绝缘电阻值与 15s 时的绝缘电阻值之比。

3.6 极化指数

在同一次试验中，10min 时的绝缘电阻值与 1min 时的绝缘电阻值之比。

3.7 本规程所用的符号

U_n　设备额定电压（对发电机转子是指额定励磁电压）；

U_m　设备最高电压；

U_0/U　电缆额定电压（其中U_0为电缆导体与金属套或金属屏蔽之间的设计电压，U为导体与导体之间的设计电压）；

U_{1mA}　避雷器直流1mA下的参考电压；

tgδ　介质损耗因数。

4　总则

4.1　试验结果应与该设备历次试验结果相比较，与同类设备试验结果相比较，参照相关的试验结果，根据变化规律和趋势，进行全面分析后做出判断。

4.2　遇到特殊情况需要改变试验项目、周期或要求时，对主要设备需经上一级主管部门审查批准后执行；对其他设备可由本单位总工程师审查批准后执行。

4.3　110kV以下的电力设备，应按本规程进行耐压试验（有特殊规定者除外）。110kV及以上的电力设备，在必要时应进行耐压试验。

50Hz交流耐压试验，加至试验电压后的持续时间，凡无特殊说明者，均为1min；其他耐压试验的试验电压施加时间在有关设备的试验要求中规定。

非标准电压等级的电力设备的交流耐压试验值，可根据本规程规定的相邻电压等级按插入法计算。

充油电力设备在注油后应有足够的静置时间才可进行耐压试验。静置时间如无制造厂规定，则应依据设备的额定电压满足以下要求：

500kV　　＞72h

220及330kV　　＞48h

110kV及以下　　＞24h

4.4　进行耐压试验时，应尽量将连在一起的各种设备分离开来单独试验（制造厂装配的成套设备不在此限），但同一试验电压的设备可以连在一起进行试验。已有单独试验记录的若干不同试验电压的电力设备，在单独试验有困难时，也可以连在一起进行试验，此时，试验电压应采用所连接设备中的最低试验电压。

4.5　当电力设备的额定电压与实际使用的额定工作电压不同时，应根据下列原则确定试验电压：

a）当采用额定电压较高的设备以加强绝缘时，应按照设备的额定电压确定其试验电压；

b）当采用额定电压较高的设备作为代用设备时，应按照实际使用的额定工作电压确定其试验电压；

c）为满足高海拔地区的要求而采用较高电压等级的设备时，应在安装地点按实际使用的额定工作电压确定其试验电压。

4.6　在进行与温度和湿度有关的各种试验时（如测量直流电阻、绝缘电阻、tgδ、泄漏电流等），应同时测量被试品的温度和周围空气的温度和湿度。

进行绝缘试验时，被试品温度不应低于＋5℃，户外试验应在良好的天气进行，且空气相对湿度一般不高于80％。

4.7　在进行直流高压试验时，应采用负极性接线。

4.8　如产品的国家标准或行业标准有变动，执行本规程时应作相应调整。

4.9　如经实用考核证明利用带电测量和在线监测技术能达到停电试验的效果，经批准可以不做停电试验或适当延长周期。

4.10　执行本规程时，可根据具体情况制定本地区或本单位的实施规程。

5　旋转电机

5.1　同步发电机和调相机

5.1.1　容量为6000kW及以上的同步发电机的试验项目、周期和要求见表1，6000kW以下者可参照执行。

表 1　　容量为 6000kW 及以上的同步发电机的试验项目、周期和要求

<table>
<tr><th>序号</th><th>项　目</th><th>周　期</th><th>要　求</th><th>说　明</th></tr>
<tr><td>1</td><td>定子绕组的绝缘电阻、吸收比或极化指数</td><td>1）1 年或小修时
2）大修前、后</td><td>1）绝缘电阻值自行规定。若在相近试验条件（温度、湿度）下，绝缘电阻值降低到历年正常值的 1/3 以下时，应查明原因
2）各相或各分支绝缘电阻值的差值不应大于最小值的 100%
3）吸收比或极化指数：沥青浸胶及烘卷云母绝缘吸收比不应小于 1.3 或极化指数不应小于 1.5；环氧粉云母绝缘吸收比不应小于 1.6 或极化指数不应小于 2.0；水内冷定子绕组自行规定</td><td>1）额定电压为 1000V 以上者，采用 2500V 兆欧表，量程一般不低于 10000MΩ
2）水内冷定子绕组用专用兆欧表
3）200MW 及以上机组推荐测量极化指数</td></tr>
<tr><td>2</td><td>定子绕组的直流电阻</td><td>1）大修时
2）出口短路后</td><td>汽轮发电机各相或各分支的直流电阻值，在校正了由于引线长度不同而引起的误差后相互间差别以及与初次（出厂或交接时）测量值比较，相差不得大于最小值的 1.5%（水轮发电机为 1%）。超出要求者，应查明原因</td><td>1）在冷态下测量，绕组表面温度与周围空气温度之差不应大于±3℃
2）汽轮发电机相间（或分支间）差别及其历年的相对变化大于 1% 时，应引起注意</td></tr>
<tr><td>3</td><td>定子绕组泄漏电流和直流耐压试验</td><td>1）1 年或小修时
2）大修前、后
3）更换绕组后</td><td>1）试验电压如下：
<table>
<tr><td colspan="2">全部更换定子绕组并修好后</td><td>$3.0U_n$</td></tr>
<tr><td colspan="2">局部更换定子绕组并修好后</td><td>$2.5U_n$</td></tr>
<tr><td rowspan="3">大修前</td><td>运行 20 年及以下者</td><td>$2.5U_n$</td></tr>
<tr><td>运行 20 年以上与架空线直接连接者</td><td>$2.5U_n$</td></tr>
<tr><td>运行 20 年以上不与架空线直接连接者</td><td>$(2.0\sim2.5)U_n$</td></tr>
<tr><td colspan="2">小修时和大修后</td><td>$2.0U_n$</td></tr>
</table>
2）在规定试验电压下，各相泄漏电流的差别不应大于最小值的 100%；最大泄漏电流在 20μA 以下者，相间差值与历次试验结果比较，不应有显著的变化
3）泄漏电流不随时间的延长而增大</td><td>1）应在停机后清除污秽前热状态下进行。处于备用状态时，可在冷态下进行。氢冷发电机应在充氢后氢纯度为 96% 以上或排氢后含氢量在 3% 以下时进行，严禁在置换过程中进行试验
2）试验电压按每级 $0.5U_n$ 分阶段升高，每阶段停留 1min
3）不符合 2）、3）要求之一者，应尽可能找出原因并消除，但并非不能运行
4）泄漏电流随电压不成比例显著增长时，应注意分析
5）试验时，微安表应接在高压侧，并对出线套管表面加以屏蔽。水内冷发电机汇水管有绝缘者，应采用低压屏蔽法接线；汇水管直接接地者，应在不通水和引水管吹净条件下进行试验。冷却水质应透明纯净，无机械混杂物，导电率在水温 20℃ 时要求：对于开启式水系统不大于 5.0×10^2μS/m；对于独立的密闭循环水系统为 1.5×10^2μS/m</td></tr>
<tr><td>4</td><td>定子绕组交流耐压试验</td><td>1）大修前
2）更换绕组后</td><td>1）全部更换定子绕组并修好后的试验电压如下：
<table>
<tr><th>容量 kW 或 kVA</th><th>额定电压 U_n V</th><th>试验电压 V</th></tr>
<tr><td>小于 10000</td><td>36 以上</td><td>$2U_n+1000$ 但最低为 1500</td></tr>
</table></td><td>1）应在停机后清除污秽前热状态下进行。处于备用状态时，可在冷状态下进行。氢冷发电机试验条件同本表序号 3 的说明 1）
2）水内冷电机一般应在通水的情况下进行试验，进口机组按厂家规定，水质要求同本表序号 3 说明 5）</td></tr>
</table>

续表

<table>
<tr><th>序号</th><th>项　目</th><th>周　期</th><th>要　求</th><th>说　明</th></tr>
<tr><td>4</td><td>定子绕组交流耐压试验</td><td>1）大修前
2）更换绕组后</td><td><table><tr><th>容量 kW 或 kVA</th><th>额定电压 U_n V</th><th>试验电压 V</th></tr><tr><td rowspan="3">10000 及以上</td><td>6000 以下</td><td>$2.5U_n$</td></tr><tr><td>6000～18000</td><td>$2U_n+3000$</td></tr><tr><td>18000 以上</td><td>按专门协议</td></tr></table>2）大修前或局部更换定子绕组并修好后试验电压为：<table><tr><td>运行 20 年及以下者</td><td>$1.5U_n$</td></tr><tr><td>运行 20 年以上与架空线路直接连接者</td><td>$1.5U_n$</td></tr><tr><td>运行 20 年以上不与架空线路直接连接者</td><td>$(1.3\sim1.5)U_n$</td></tr></table></td><td>3）有条件时，可采用超低频（0.1Hz）耐压，试验电压峰值为工频试验电压峰值的 1.2 倍
4）全部或局部更换定子绕组的工艺过程中的试验电压见附录 A</td></tr>
<tr><td>5</td><td>转子绕组的绝缘电阻</td><td>1）小修时
2）大修中转子清扫前、后</td><td>1）绝缘电阻值在室温时一般不小于 0.5MΩ
2）水内冷转子绕组绝缘电阻值在室温时一般不应小于 5kΩ</td><td>1）采用 1000V 兆欧表测量。水内冷发电机用 500V 及以下兆欧表或其他测量仪器
2）对于 300MW 以下的隐极式电机，当定子绕组已干燥完毕而转子绕组未干燥完毕，如果转子绕组的绝缘电阻值在 75℃ 时不小于 2kΩ，或在 20℃ 时不小于 20kΩ，允许投入运行
3）对于 300MW 及以上的隐极式电机，转子绕组的绝缘电阻值在 10～30℃ 时不小于 0.5MΩ</td></tr>
<tr><td>6</td><td>转子绕组的直流电阻</td><td>大修时</td><td>与初次（交接或大修）所测结果比较，其差别一般不超过 2%</td><td>1）在冷态下进行测量
2）显极式转子绕组还应对各磁极线圈间的连接点进行测量</td></tr>
<tr><td>7</td><td>转子绕组交流耐压试验</td><td>1）显极式转子大修时和更换绕组后
2）隐极式转子拆卸套箍后，局部修理槽内绝缘和更换绕组后</td><td>试验电压如下：<table><tr><td>显极式和隐极式转子全部更换绕组并修好后</td><td>额定励磁电压 500V 及以下者为 $10U_n$，但不低于 1500V；500V 以上者为 $2U_n+4000$V</td></tr><tr><td>显极式转子大修时及局部更换绕组并修好后</td><td>$5U_n$，但不低于 1000V，不大于 2000V</td></tr></table></td><td>1）隐极式转子拆卸套箍只修理端部绝缘时，可用 2500V 兆欧表测绝缘电阻代替
2）隐极式转子若在端部有铝鞍，则在拆卸套箍后作绕组对铝鞍的耐压试验。试验时将转子绕组与轴连接，在铝鞍上加电压 2000V
3）全部更换转子绕组工艺过程中的试验电压值按制造厂规定</td></tr>
</table>

续表

<table>
<tr><th>序号</th><th>项目</th><th>周期</th><th>要求</th><th>说明</th></tr>
<tr><td>7</td><td>转子绕组交流耐压试验</td><td>1）显极式转子大修时和更换绕组后
2）隐极式转子拆卸套箍后，局部修理槽内绝缘和更换绕组后</td><td>试验电压如下：<table><tr><td>隐极式转子局部修理槽内绝缘后及局部更换绕组并修好后</td><td>$5U_n$，但不低于 1000V，不大于 2000V</td></tr></table></td><td></td></tr>
<tr><td>8</td><td>发电机和励磁机的励磁回路所连接的设备（不包括发电机转子和励磁机电枢）的绝缘电阻</td><td>1）小修时
2）大修时</td><td>绝缘电阻值不应低于 0.5MΩ，否则应查明原因并消除</td><td>1）小修时用 1000V 兆欧表
2）大修时用 2500V 兆欧表</td></tr>
<tr><td>9</td><td>发电机和励磁机的励磁回路所连接的设备（不包括发电机转子和励磁机电枢）的交流耐压试验</td><td>大修时</td><td>试验电压为 1kV</td><td>可用 2500V 兆欧表测绝缘电阻代替</td></tr>
<tr><td>10</td><td>定子铁芯试验</td><td>1）重新组装或更换、修理硅钢片后
2）必要时</td><td>1）磁密在 1T 下齿的最高温升不大于 25K，齿的最大温差不大于 15K，单位损耗不大于 1.3 倍参考值，在 1.4T 下自行规定
2）单位损耗参考值见附录 A
3）对运行年久的电机自行规定</td><td>1）在磁密为 1T 下持续试验时间为 90min，在磁密为 1.4T 下持续时间为 45min。对直径较大的水轮发电机试验时应注意校正由于磁通密度分布不均匀所引起的误差
2）用红外热像仪测温</td></tr>
<tr><td>11</td><td>发电机组和励磁机轴承的绝缘电阻</td><td>大修时</td><td>1）汽轮发电机组的轴承不得低于 0.5MΩ
2）立式水轮发电机组的推力轴承每一轴瓦不得低于 100MΩ；油槽充油并顶起转子时，不得低于 0.3MΩ
3）所有类型的水轮发电机，凡有绝缘的导轴承，油槽充油前，每一轴瓦不得低于 100MΩ</td><td>汽轮发电机组的轴承绝缘，用 1000V 兆欧表在安装好油管后进行测量</td></tr>
<tr><td>12</td><td>灭磁电阻器（或自同期电阻器）的直流电阻</td><td>大修时</td><td>与铭牌或最初测得的数据比较，其差别不应超过 10%</td><td></td></tr>
</table>

续表

<table>
<tr><th>序号</th><th>项　目</th><th>周　期</th><th>要　求</th><th>说　明</th></tr>
<tr><td>13</td><td>灭磁开关的并联电阻</td><td>大修时</td><td>与初始值比较应无显著差别</td><td>电阻值应分段测量</td></tr>
<tr><td>14</td><td>转子绕组的交流阻抗和功率损耗</td><td>大修时</td><td>阻抗和功率损耗值自行规定。在相同试验条件下与历年数值比较，不应有显著变化</td><td>1）隐极式转子在膛外或膛内以及不同转速下测量。显极式转子对每一个转子绕组测量
2）每次试验应在相同条件、相同电压下进行，试验电压峰值不超过额定励磁电压（显极式转子自行规定）
3）本试验可用动态匝间短路监测法代替</td></tr>
<tr><td>15</td><td>检温计绝缘电阻和温度误差检验</td><td>大修时</td><td>1）绝缘电阻值自行规定
2）检温计指标值误差不应超过制造厂规定</td><td>1）用250V及以下的兆欧表
2）检温计除埋入式外还包括水内冷定子绕组引水管出水温度计</td></tr>
<tr><td>16</td><td>定子槽部线圈防晕层对地电位</td><td>必要时</td><td>不大于10V</td><td>1）运行中检温元件电位升高、槽楔松动或防晕层损坏时测量
2）试验时对定子绕组施加额定交流相电压值，用高内阻电压表测量绕组表面对地电压值
3）有条件时可采用超声法探测槽放电</td></tr>
<tr><td>17</td><td>汽轮发电机定子绕组引线的自振频率</td><td>必要时</td><td>自振频率不得介于基频或倍频的±10%范围内</td><td></td></tr>
<tr><td>18</td><td>定子绕组端部手包绝缘施加直流电压测量</td><td>1）投产后
2）第一次大修时
3）必要时</td><td>1）直流试验电压值为U_n
2）测试结果一般不大于下表中的值<table><tr><td>手包绝缘引线接头，汽机侧隔相接头</td><td>20μA；100MΩ电阻上的电压降值为2000V</td></tr><tr><td>端部接头（包括引水管锥体绝缘）和过渡引线并联块</td><td>30μA；100MΩ电阻上的电压降值为3000V</td></tr></table></td><td>1）本项试验适用于200MW及以上的国产水氢氢汽轮发电机
2）可在通水条件下进行试验，以发现定子接头漏水缺陷
3）尽量在投产前进行，若未进行则投产后应尽快安排试验</td></tr>
<tr><td>19</td><td>轴电压</td><td>大修后</td><td>1）汽轮发电机的轴承油膜被短路时，转子两端轴上的电压一般应等于轴承与机座间的电压
2）汽轮发电机大轴对地电压一般小于10V
3）水轮发电机不做规定</td><td>测量时采用高内阻（不小于100kΩ/V）的交流电压表</td></tr>
</table>

续表

序号	项 目	周 期	要 求	说 明
20	定子绕组绝缘老化鉴定	累计运行时间20年以上且运行或预防性试验中绝缘频繁击穿时	见附录A	新机投产后第一次大修有条件时可对定子绕组做试验，取得初始值
21	空载特性曲线	1）大修后 2）更换绕组后	1）与制造厂（或以前测得的）数据比较，应在测量误差的范围以内 2）在额定转速下的定子电压最高值： a）水轮发电机为 $1.5U_n$（以不超过额定励磁电流为限） b）汽轮发电机为 $1.3U_n$（带变压器时为 $1.1U_n$） 3）对于有匝间绝缘的电机最高电压时持续时间为5min	1）无起动电动机的同步调相机不作此项试验 2）新机交接未进行本项试验时，应在1年内做不带变压器的 $1.3U_n$ 空载特性曲线试验；一般性大修时可以带主变压器试验
22	三相稳定短路特性曲线	1）更换绕组后 2）必要时	与制造厂出厂（或以前测得的）数据比较，其差别应在测量误差的范围以内	1）无起动电动机的同步调相机不作此项试验 2）新机交接未进行本项试验时应在1年内做不带变压器的三相稳定短路特性曲线试验
23	发电机定子开路时的灭磁时间常数	更换灭磁开关后	时间常数与出厂试验或更换前相比较应无明显差异	
24	检查相序	改动接线时	应与电网的相序一致	
25	温升试验	1）定、转子绕组更换后 2）冷却系统改进后 3）第一次大修前 4）必要时	应符合制造厂规定	如对埋入式温度计测量值有怀疑时，用带电测平均温度的方法进行校核

5.1.2 各类试验项目：

定期试验项目见表1中序号1、3。

大修前试验项目见表1中序号1、3、4。

大修时试验项目见表1中序号2、5、6、8、9、11、12、13、14、15、18。

大修后试验项目见表1中序号1、3、19、21。

5.1.3 有关定子绕组干燥问题的规定。

5.1.3.1 发电机和同步调相机大修中更换绕组时，容量为10MW（MVA）以上的定子绕组绝缘状况应满足下列条件，而容量为10MW（MVA）及以下时满足下列条件之一者，可以不经干燥投入运行：

a）沥青浸胶及烘卷云母绝缘分相测得的吸收比不小于1.3或极化指数不小于1.5，对于环氧粉云母绝缘吸收比不小于1.6或极化指数不小于2.0。水内冷发电机的吸收比和极化指数自行规定。

b）在40℃时三相绕组并联对地绝缘电阻值不小于 (U_n+1) MΩ（取 U_n 的千伏数，下同），分相试验时，不小于 $2(U_n+1)$ MΩ。若定子绕组温度不是40℃，绝缘电阻值应进行换算。

5.1.3.2 运行中的发电机和同步调相机，在大修中未更换绕组时，除在绕组中有明显进水或严重油

污（特别是含水的油）外，满足上述条件时，一般可不经干燥投入运行。

5.2　直流电机

5.2.1　直流电机的试验项目、周期和要求见表2。

表2　　**直流电机的试验项目、周期和要求**

序号	项　目	周　期	要　　求	说　　明
1	绕组的绝缘电阻	1）小修时 2）大修时	绝缘电阻值一般不低于0.5MΩ	1）用1000V兆欧表 2）对励磁机应测量电枢绕组对轴和金属绑线的绝缘电阻
2	绕组的直流电阻	大修时	1）与制造厂试验数据或以前测得值比较，相差一般不大于2%；补偿绕组自行规定 2）100kW以下的不重要的电机自行规定	
3	电枢绕组片间的直流电阻	大修时	相互间的差值不应超过正常最小值的10%	1）由于均压线产生的有规律变化，应在各相应的片间进行比较判断 2）对波绕组或蛙绕组应根据在整流子上实际节距测量电阻值
4	绕组的交流耐压试验	大修时	磁场绕组对机壳和电枢对轴的试验电压为1000V	100kW以下不重要的直流电机电枢绕组对轴的交流耐压可用2500V兆欧表试验代替
5	磁场可变电阻器的直流电阻	大修时	与铭牌数据或最初测量值比较相差不应大于10%	应在不同分接头位置测量，电阻值变化应有规律性
6	磁场可变电阻器的绝缘电阻	大修时	绝缘电阻值一般不低于0.5MΩ	1）磁场可变电阻器可随同励磁回路进行 2）用2500V兆欧表
7	调整碳刷的中心位置	大修时	核对位置是否正确，应满足良好换向要求	必要时可做无火花换向试验
8	检查绕组的极性及其连接的正确性	接线变动时	极性和连接均应正确	
9	测量电枢及磁极间的空气间隙	大修时	各点气隙与平均值的相对偏差应在下列范围： 3mm以下气隙±10% 3mm及以上气隙±5%	
10	直流发电机的特性试验	1）更换绕组后 2）必要时	与制造厂试验数据比较，应在测量误差范围内	1）空载特性：测录至最大励磁电压值 2）负载特性：仅测录励磁机负载特性；测量时，以同步发电机的励磁绕组作为负载 3）外特性：必要时进行 4）励磁电压的增长速度：在励磁机空载额定电压下进行
11	直流电动机的空转检查	1）大修后 2）更换绕组后	1）转动正常 2）调速范围合乎要求	空转检查的时间一般不小于1h

5.2.2 各类试验项目：

定期试验项目见表 2 中序号 1。

大修时试验项目见表 2 中序号 1、2、3、4、5、6、7、9。

大修后试验项目见表 2 中序号 11。

5.3 中频发电机

5.3.1 中频发电机的试验项目、周期和要求见表 3。

表 3　中频发电机的试验项目、周期和要求

序号	项　目	周　期	要　求	说　明
1	绕组的绝缘电阻	1）小修时 2）大修时	绝缘电阻值不应低于 0.5MΩ	1000V 以下的中频发电机使用 1000V 兆欧表测量；1000V 及以上者使用 2500V 兆欧表测量
2	绕组的直流电阻	大修时	1）各相绕组直流电阻值的相互间差别不超过最小值的 2% 2）励磁绕组直流电阻值与出厂值比较不应有显著差别	
3	绕组的交流耐压试验	大修时	试验电压为出厂试验电压的 75%	副励磁机的交流耐压试验可用 1000V 兆欧表测绝缘电阻代替
4	可变电阻器或起动电阻器的直流电阻	大修时	与制造厂数值或最初测得值比较相差不得超过 10%	1000V 及以上中频发电机应在所有分接头上测量
5	中频发电机的特性试验	1）更换绕组后 2）必要时	与制造厂试验数据比较应在测量误差范围内	1）空载特性：测录至最大励磁电压值 2）负载特性：仅测录励磁机的负载特性；测录时，以同步发电机的励磁绕组为负载 3）外特性：必要时进行
6	温升	必要时	按制造厂规定	新机投运后创造条件进行

5.3.2 各类试验项目：

定期试验项目见表 3 中序号 1。

大修时试验项目见表 3 中序号 1、2、3、4。

5.4 交流电动机

5.4.1 交流电动机的试验项目、周期和要求见表 4。

5.4.2 各类试验项目：

定期试验项目见表 4 中序号 1、2。

大修时试验项目见表 4 中序号 1、2、3、6、7、8、9、10。

大修后试验项目见表 4 中序号 4、5。

容量在 100kW 以下的电动机一般只进行序号 1、4、13 项试验，对于特殊电动机的试验项目按制造厂规定。

表 4　　**交流电动机的试验项目、周期和要求**

<table>
<tr><th>序号</th><th>项 目</th><th>周 期</th><th>要 求</th><th>说 明</th></tr>
<tr><td>1</td><td>绕组的绝缘电阻和吸收比</td><td>1）小修时
2）大修时</td><td>1）绝缘电阻值：
a）额定电压 3000V 以下者，室温下不应低于 0.5MΩ
b）额定电压 3000V 及以上者，交流耐压前，定子绕组在接近运行温度时的绝缘电阻值不应低于 U_nMΩ（取 U_n 的千伏数，下同）；投运前室温下（包括电缆）不应低于 U_nMΩ
c）转子绕组不应低于 0.5MΩ
2）吸收比自行规定</td><td>1）500kW 及以上的电动机，应测量吸收比（或极化指数），参照表 1 序号 1
2）3kV 以下的电动机使用 1000V 兆欧表；3kV 及以上者使用 2500V 兆欧表
3）小修时定子绕组可与其所连接的电缆一起测量，转子绕组可与起动设备一起测量
4）有条件时可分相测量</td></tr>
<tr><td>2</td><td>绕组的直流电阻</td><td>1）1 年（3kV 及以上或 100kW 及以上）
2）大修时
3）必要时</td><td>1）3kV 及以上或 100kW 及以上的电动机各相绕组直流电阻值的相互差别不应超过最小值的 2%；中性点未引出者，可测量线间电阻，其相互差别不应超过 1%
2）其余电动机自行规定
3）应注意相互间差别的历年相对变化</td><td></td></tr>
<tr><td>3</td><td>定子绕组泄漏电流和直流耐压试验</td><td>1）大修时
2）更换绕组后</td><td>1）试验电压：全部更换绕组时为 $3U_n$；大修或局部更换绕组时为 $2.5U_n$
2）泄漏电流相间差别一般不大于最小值的 100%，泄漏电流为 20μA 以下者不作规定
3）500kW 以下的电动机自行规定</td><td>有条件时可分相进行</td></tr>
<tr><td>4</td><td>定子绕组的交流耐压试验</td><td>1）大修后
2）更换绕组后</td><td>1）大修时不更换或局部更换定子绕组后试验电压为 $1.5U_n$，但不低于 1000V
2）全部更换定子绕组后试验电压为 $(2U_n+1000)$V，但不低于 1500V</td><td>1）低压和 100kW 以下不重要的电动机，交流耐压试验可用 2500V 兆欧表测量代替
2）更换定子绕组时工艺过程中的交流耐压试验按制造厂规定</td></tr>
<tr><td>5</td><td>绕线式电动机转子绕组的交流耐压试验</td><td>1）大修后
2）更换绕组后</td><td>试验电压如下：<table><tr><th></th><th>不可逆式</th><th>可逆式</th></tr><tr><td>大修不更换转子绕组或局部更换转子绕组后</td><td>$1.5U_k$，但不小于 1000V</td><td>$3.0U_k$，但不小于 2000V</td></tr><tr><td>全部更换转子绕组后</td><td>$2U_k+1000$V</td><td>$4U_k+1000$V</td></tr></table></td><td>1）绕线式电机已改为直接短路起动者，可不做交流耐压试验
2）U_k 为转子静止时在定子绕组上加额定电压于滑环上测得的电压</td></tr>
<tr><td>6</td><td>同步电动机转子绕组交流耐压试验</td><td>大修时</td><td>试验电压为 1000V</td><td>可用 2500V 兆欧表测量代替</td></tr>
</table>

续表

序号	项目	周期	要求	说明
7	可变电阻器或起动电阻器的直流电阻	大修时	与制造厂数值或最初测得结果比较，相差不应超过10%	3kV及以上的电动机应在所有分接头上测量
8	可变电阻器与同步电动机灭磁电阻器的交流耐压试验	大修时	试验电压为1000V	可用2500V兆欧表测量代替
9	同步电动机及其励磁机轴承的绝缘电阻	大修时	绝缘电阻不应低于0.5MΩ	在油管安装完毕后，用1000V兆欧表测量
10	转子金属绑线的交流耐压	大修时	试验电压为1000V	可用2500V兆欧表测量代替
11	检查定子绕组的极性	接线变动时	定子绕组的极性与连接应正确	1）对双绕组的电动机，应检查两分支间连接的正确性 2）中性点无引出者可不检查极性
12	定子铁芯试验	1）全部更换绕组时或修理铁芯后 2）必要时	参照表1中序号10	1）3kV或500kW及以上电动机应做此项试验 2）如果电动机定子铁芯没有局部缺陷，只为检查整体叠片状况，可仅测量空载损耗值
13	电动机空转并测空载电流和空载损耗	必要时	1）转动正常，空载电流自行规定 2）额定电压下的空载损耗值不得超过原来值的50%	1）空转检查的时间一般不小于1h 2）测定空载电流仅在对电动机有怀疑时进行 3）3kV以下电动机仅测空载电流不测空载损耗
14	双电动机拖动时测量转矩—转速特性	必要时	两台电动机的转矩—转速特性曲线上各点相差不得大于10%	1）应使用同型号、同制造厂、同期出厂的电动机 2）更换时，应选择两台转矩—转速特性相近似的电动机

6 电力变压器及电抗器

6.1 电力变压器及电抗器的试验项目、周期和要求见表5。

6.2 电力变压器交流试验电压值及操作波试验电压值见表6。

6.3 油浸式电力变压器（1.6MVA以上）

6.3.1 定期试验项目

见表5中序号1、2、3、4、5、6、7、8、10、11、12、18、19、20、23，其中10、11项适用于330kV及以上变压器。

6.3.2 大修试验项目

a）一般性大修见表5中序号1、2、3、4、5、6、7、8、9、10、11、17、18、19、20、22、23、24，其中10、11项适用于330kV及以上变压器。

表 5　　　　电力变压器及电抗器的试验项目、周期和要求

序号	项　目	周　期	要　　求	说　　明
1	油中溶解气体色谱分析	1）220kV 及以上的所有变压器、容量 120MVA 及以上的发电厂主变压器和 330kV 及以上的电抗器在投运后的 4、10、30 天（500kV 设备还应增加 1 次在投运后 1 天） 2）运行中：a）330kV 及以上变压器和电抗器为 3 个月；b）220 kV 变压器为 6 个月；c）120MVA 及以上的发电厂主变压器为 6 个月；d）其余 8MVA 及以上的变压器为 1 年；e）8MVA 以下的油浸式变压器自行规定 3）大修后 4）必要时	1）运行设备的油中 H_2 与烃类气体含量（体积分数）超过下列任何一项值时应引起注意：总烃含量大于 150×10^{-6} H_2 含量大于 150×10^{-6} C_2H_2 含量大于 5×10^{-6}（500kV 变压器为 1×10^{-6}） 2）烃类气体总和的产气速率大于 0.25mL/h（开放式）和 0.5mL/h（密封式），或相对产气速率大于 10%/月则认为设备有异常 3）对 330kV 及以上的电抗器，当出现痕量（小于 5×10^{-6}）乙炔时也应引起注意；如气体分析虽已出现异常，但判断不至于危及绕组和铁芯安全时，可在超过注意值较大的情况下运行	1）总烃包括：CH_4、C_2H_6、C_2H_4 和 C_2H_2 四种气体 2）溶解气体组分含量有增长趋势时，可结合产气速率判断，必要时缩短周期进行追踪分析 3）总烃含量低的设备不宜采用相对产气速率进行判断 4）新投运的变压器应有投运前的测试数据 5）测试周期中 1）项的规定适用于大修后的变压器
2	绕组直流电阻	1）1～3 年或自行规定 2）无励磁调压变压器变换分接位置后 3）有载调压变压器的分接开关检修后（在所有分接侧） 4）大修后 5）必要时	1）1.6MVA 以上变压器，各相绕组电阻相互间的差别不应大于三相平均值的 2%，无中性点引出的绕组，线间差别不应大于三相平均值的 1% 2）1.6MVA 及以下的变压器，相间差别一般不大于三相平均值的 4%，线间差别一般不大于三相平均值的 2% 3）与以前相同部位测得值比较，其变化不应大于 2% 4）电抗器参照执行	1）如电阻相间差在出厂时超过规定，制造厂已说明了这种偏差的原因，按要求中 3）项执行。 2）不同温度下的电阻值按下式换算 $R_2=R_1\left(\frac{T+t_2}{T+t_1}\right)$ 式中 R_1、R_2 分别为在温度 t_1、t_2 时的电阻值；T 为计算用常数，铜导线取 235，铝导线取 225 3）无励磁调压变压器应在使用的分接锁定后测量
3	绕组绝缘电阻、吸收比或（和）极化指数	1）1～3 年或自行规定 2）大修后 3）必要时	1）绝缘电阻换算至同一温度下，与前一次测试结果相比应无明显变化 2）吸收比（10～30℃范围）不低于 1.3 或极化指数不低于 1.5	1）采用 2500V 或 5000V 兆欧表 2）测量前被试绕组应充分放电 3）测量温度以顶层油温为准，尽量使每次测量温度相近 4）尽量在油温低于 50℃时测量，不同温度下的绝缘电阻值一般可按下式换算 $R_2=R_1\times1.5^{(t_1-t_2)/10}$ 式中 R_1、R_2 分别为温度 t_1、t_2 时的绝缘电阻值 5）吸收比和极化指数不进行温度换算

续表

<table>
<tr><th>序号</th><th>项　目</th><th>周　期</th><th>要　求</th><th>说　明</th></tr>
<tr><td>4</td><td>绕组的 tgδ</td><td>1）1～3 年或自行规定
2）大修后
3）必要时</td><td>1）20℃时 tgδ 不大于下列数值：
330～500kV 0.6%
66～220kV 0.8%
35kV 及以下 1.5%
2）tgδ 值与历年的数值比较不应有显著变化（一般不大于 30%）
3）试验电压如下：<table><tr><td>绕组电压 10kV 及以上</td><td>10kV</td></tr><tr><td>绕组电压 10kV 以下</td><td>U_n</td></tr></table>4）用 M 型试验器时试验电压自行规定</td><td>1）非被试绕组应接地或屏蔽
2）同一变压器各绕组 tgδ 的要求值相同
3）测量温度以顶层油温为准，尽量使每次测量的温度相近
4）尽量在油温低于 50℃时测量，不同温度下的 tgδ 值一般可按下式换算
$\mathrm{tg}\delta_2=\mathrm{tg}\delta_1\times 1.3^{(t_2-t_1)10}$
式中 $\mathrm{tg}\delta_1$、$\mathrm{tg}\delta_2$ 分别为温度 t_1、t_2 时的 tgδ 值</td></tr>
<tr><td>5</td><td>电容型套管的 tgδ 和电容值</td><td>1）1～3 年或自行规定
2）大修后
3）必要时</td><td>见第 9 章</td><td>1）用正接法测量
2）测量时记录环境温度及变压器（电抗器）顶层油温</td></tr>
<tr><td>6</td><td>绝缘油试验</td><td>1）1～3 年或自行规定
2）大修后
3）必要时</td><td colspan="2">见第 13 章</td></tr>
<tr><td>7</td><td>交流耐压试验</td><td>1）1～5 年（10kV 及以下）
2）大修后（66kV 及以下）
3）更换绕组后
4）必要时</td><td>1）油浸变压器（电抗器）试验电压值按表 6（定期试验按部分更换绕组电压值）
2）干式变压器全部更换绕组时，按出厂试验电压值；部分更换绕组和定期试验时，按出厂试验电压值的 0.85 倍</td><td>1）可采用倍频感应或操作波感应法
2）66kV 及以下全绝缘变压器，现场条件不具备时，可只进行外施工频耐压试验
3）电抗器进行外施工频耐压试验</td></tr>
<tr><td>8</td><td>铁芯（有外引接地线的）绝缘电阻</td><td>1）1～3 年或自行规定
2）大修后
3）必要时</td><td>1）与以前测试结果相比无显著差别
2）运行中铁芯接地电流一般不大于 0.1A</td><td>1）采用 2500V 兆欧表（对运行年久的变压器可用 1000V 兆欧表）
2）夹件引出接地的可单独对夹件进行测量</td></tr>
<tr><td>9</td><td>穿心螺栓、铁轭夹件、绑扎钢带、铁芯、线圈压环及屏蔽等的绝缘电阻</td><td>1）大修后
2）必要时</td><td>220kV 及以上者绝缘电阻一般不低于 500MΩ，其他自行规定</td><td>1）采用 2500V 兆欧表（对运行年久的变压器可用 1000V 兆欧表）
2）连接片不能拆开者可不进行</td></tr>
<tr><td>10</td><td>油中含水量</td><td colspan="3">见第 13 章</td></tr>
<tr><td>11</td><td>油中含气量</td><td colspan="3">见第 13 章</td></tr>
</table>

续表

序号	项　目	周　期	要　求	说　明
12	绕组泄漏电流	1）1～3年或自行规定 2）必要时	1）试验电压一般如下： 绕组额定电压 kV：3；6～10；20～35；66～330；500 直流试验电压 kV：5；10；20；40；60 2）与前一次测试结果相比应无明显变化	读取1min时的泄漏电流值
13	绕组所有分接的电压比	1）分接开关引线拆装后 2）更换绕组后 3）必要时	1）各相应接头的电压比与铭牌值相比，不应有显著差别，且符合规律 2）电压35kV以下，电压比小于3的变压器电压比允许偏差为±1%；其他所有变压器：额定分接电压比允许偏差为±0.5%，其他分接的电压比应在变压器阻抗电压值（%）的1/10以内，但不得超过±1%	
14	校核三相变压器的组别或单相变压器极性	更换绕组后	必须与变压器铭牌和顶盖上的端子标志相一致	
15	空载电流和空载损耗	1）更换绕组后 2）必要时	与前次试验值相比，无明显变化	试验电源可用三相或单相；试验电压可用额定电压或较低电压值（如制造厂提供了较低电压下的值，可在相同电压下进行比较）
16	短路阻抗和负载损耗	1）更换绕组后 2）必要时	与前次试验值相比，无明显变化	试验电源可用三相或单相；试验电流可用额定值或较低电流值（如制造厂提供了较低电流下的测量值，可在相同电流下进行比较）
17	局部放电测量	1）大修后（220kV及以上） 2）更换绕组后（220kV及以上、120MVA及以上） 3）必要时	1）在线端电压为$1.5U_m/\sqrt{3}$时，放电量一般不大于500pC；在线端电压为$1.3U_m/\sqrt{3}$时，放电量一般不大于300pC 2）干式变压器按GB 6450规定执行	1）试验方法符合GB 1094.3的规定 2）周期中“大修后”系指消缺性大修后，一般性大修后的试验可自行规定 3）电抗器可进行运行电压下局部放电监测
18	有载调压装置的试验和检查	1）1年或按制造厂要求 2）大修后 3）必要时		
	1）检查动作顺序，动作角度		范围开关、选择开关、切换开关的动作顺序应符合制造厂的技术要求，其动作角度应与出厂试验记录相符	

续表

序号	项　目	周　期	要　　求	说　　明
18	2）操作试验：变压器带电时手动操作、电动操作、远方操作各2个循环	1）1年或按制造厂要求 2）大修后 3）必要时	手动操作应轻松，必要时用力矩表测量，其值不超过制造厂的规定，电动操作应无卡涩，没有连动现象，电气和机械限位动作正常	
	3）检查和切换测试：			有条件时进行
	a）测量过渡电阻的阻值		与出厂值相符	
	b）测量切换时间		三相同步的偏差，切换时间的数值及正反向切换时间的偏差均与制造厂的技术要求相符	
	c）检查插入触头、动静触头的接触情况，电气回路的连接情况		动、静触头平整光滑，触头烧损厚度不超过制造厂的规定值，回路连接良好	
	d）单、双数触头间非线性电阻的试验		按制造厂的技术要求	
	e）检查单、双数触头间放电间隙		无烧伤或变动	
	4）检查操作箱		接触器、电动机、传动齿轮、辅助接点、位置指示器、计数器等工作正常	
	5）切换开关室绝缘油试验		符合制造厂的技术要求，击穿电压一般不低于25kV	
	6）二次回路绝缘试验		绝缘电阻一般不低于1MΩ	采用2500V兆欧表
19	测温装置及其二次回路试验	1）1～3年 2）大修后 3）必要时	密封良好，指示正确，测温电阻值应和出厂值相符 绝缘电阻一般不低于1MΩ	测量绝缘电阻采用2500V兆欧表
20	气体继电器及其二次回路试验	1）1～3年（二次回路） 2）大修后 3）必要时	整定值符合运行规程要求，动作正确绝缘电阻一般不低于1MΩ	测量绝缘电阻采用2500V兆欧表
21	压力释放器校验	必要时	动作值与铭牌值相差应在±10%范围内或按制造厂规定	

续表

<table>
<tr><th>序号</th><th>项　目</th><th>周　期</th><th>要　求</th><th>说　明</th></tr>
<tr><td>22</td><td>整体密封检查</td><td>大修后</td><td>1）35kV及以下管状和平面油箱变压器采用超过油枕顶部0.6m油柱试验（约5kPa压力），对于波纹油箱和有散热器的油箱采用超过油枕顶部0.3m油柱试验（约2.5kPa压力），试验时间12h无渗漏
2）110kV及以上变压器，在油枕顶部施加0.035MPa压力，试验持续时间24h无渗漏</td><td>试验时带冷却器，不带压力释放装置</td></tr>
<tr><td>23</td><td>冷却装置及其二次回路检查试验</td><td>1）自行规定
2）大修后
3）必要时</td><td>1）投运后，流向、温升和声响正常，无渗漏
2）强油水冷装置的检查和试验，按制造厂规定
3）绝缘电阻一般不低于1MΩ</td><td>测量绝缘电阻采用2500V兆欧表</td></tr>
<tr><td>24</td><td>套管中的电流互感器绝缘试验</td><td>1）大修后
2）必要时</td><td>绝缘电阻一般不低于1MΩ</td><td>采用2500V兆欧表</td></tr>
<tr><td>25</td><td>全电压下空载合闸</td><td>更换绕组后</td><td>1）全部更换绕组，空载合闸5次，每次间隔5min
2）部分更换绕组，空载合闸3次，每次间隔5min</td><td>1）在使用分接上进行
2）由变压器高压或中压侧加压
3）110kV及以上的变压器中性点接地
4）发电机变压器组的中间连接无断开点的变压器，可不进行</td></tr>
<tr><td>26</td><td>油中糠醛含量</td><td>必要时</td><td>1）含量超过下表值时，一般为非正常老化需跟踪检测：<table><tr><td>运行年限</td><td>1～5</td><td>5～10</td><td>10～15</td><td>15～20</td></tr><tr><td>糠醛量mg/L</td><td>0.1</td><td>0.2</td><td>0.4</td><td>0.75</td></tr></table>2）跟踪检测时，注意增长率
3）测试值大于4mg/L时，认为绝缘老化已比较严重</td><td>建议在以下情况进行：
1）油中气体总烃超标或CO、CO_2过高
2）500kV变压器和电抗器及150MVA以上升压变压器投运3～5年后
3）需了解绝缘老化情况</td></tr>
<tr><td>27</td><td>绝缘纸（板）聚合度</td><td>必要时</td><td>当聚合度小于250时，应引起注意</td><td>1）试样可取引线上绝缘纸、垫块、绝缘纸板等数克
2）对运行时间较长的变压器尽量利用吊检的机会取样</td></tr>
<tr><td>28</td><td>绝缘纸（板）含水量</td><td>必要时</td><td>含水量（质量分数）一般不大于下值：<table><tr><td>500kV</td><td>1%</td></tr><tr><td>330kV</td><td>2%</td></tr><tr><td>220kV</td><td>3%</td></tr></table></td><td>可用所测绕组的tgδ值推算或取纸样直接测量。有条件时，可按部颁DL/T 580—96《用露点法测定变压器绝缘纸中平均含水量的方法》标准进行测量</td></tr>
<tr><td>29</td><td>阻抗测量</td><td>必要时</td><td>与出厂值相差在±5%，与三相或三相组平均值相差在±2%范围内</td><td>适用于电抗器，如受试验条件限制可在运行电压下测量</td></tr>
<tr><td>30</td><td>振动</td><td>必要时</td><td>与出厂值比不应有明显差别</td><td></td></tr>
<tr><td>31</td><td>噪声</td><td>必要时</td><td>与出厂值比不应有明显差别</td><td>按GB 7328要求进行</td></tr>
<tr><td>32</td><td>油箱表面温度分布</td><td>必要时</td><td>局部热点温升不超过80K</td><td></td></tr>
</table>

表 6　　电力变压器交流试验电压值及操作波试验电压值

额定电压 kV	最高工作电压 kV	线端交流试验电压值 kV		中性点交流试验电压值 kV		线端操作波试验电压值 kV	
		全部更换绕组	部分更换绕组	全部更换绕组	部分更换绕组	全部更换绕组	部分更换绕组
<1	≤1	3	2.5	3	2.5	—	—
3	3.5	18	15	18	15	35	30
6	6.9	25	21	25	21	50	40
10	11.5	35	30	35	30	60	50
15	17.5	45	38	45	38	90	75
20	23.0	55	47	55	47	105	90
35	40.5	85	72	85	72	170	145
66	72.5	140	120	140	120	270	230
110	126.0	200	170 (195)	95	80	375	319
220	252.0	360 395	306 336	85 (200)	72 (170)	750	638
330	363.0	460 510	391 434	85 (230)	72 (195)	850 950	722 808
500	550.0	630 680	536 578	85 140	72 120	1050 1175	892 999

注　1. 括号内数值适用于不固定接地或经小电抗接地系统。

2. 操作波的波形为：波头大于 20μs，90%以上幅值持续时间大于 200μs，波长大于 500μs；负极性三次。

b）更换绕组的大修见表 5 中序号 1、2、3、4、5、6、7、8、9、10、11、13、14、15、16、17、18、19、20、22、23、24、25，其中 10、11 项适用于 330kV 及以上变压器。

6.4　油浸式电力变压器（1.6MVA 及以下）

6.4.1　定期试验项目见表 5 中序号 2、3、4、5、6、7、8、19、20，其中 4、5 项适用于 35kV 及以上变电所用变压器。

6.4.2　大修试验项目见表 5 中序号 2、3、4、5、6、7、8、9、13、14、15、16、19、20、22，其中 13、14、15、16 适用于更换绕组时，4、5 项适用于 35kV 及以上变电所用变压器。

6.5　油浸式电抗器

6.5.1　定期试验项目见表 5 中序号 1、2、3、4、5、6、8、19、20（10kV 及以下只作 2、3、6、7）。

6.5.2　大修试验项目见表 5 中序号 1、2、3、4、5、6、8、9、10、11、19、20、22、23、24，其中 10、11 项适用于 330kV 及以上电抗器（10kV 及以下只作 2、3、6、7、9、22）。

6.6　消弧线圈

6.6.1　定期试验项目见表 5 中序号 1、2、3、4、6。

6.6.2　大修试验项目见表 5 中序号 1、2、3、4、6、7、9、22，装在消弧线圈内的电压、电流互感器的二次绕组应测绝缘电阻（参照表 5 中序号 24）。

6.7　干式变压器

6.7.1　定期试验项目见表 5 中序号 2、3、7、19。

6.7.2　更换绕组的大修试验项目见表 5 中序号 2、3、7、9、13、14、15、16、17、19，其中 17 项适用于浇注型干式变压器。

6.8　气体绝缘变压器

6.8.1　定期试验项目见表 5 中序号 2、3、7 和表 38 中序号 1。

6.8.2　大修试验项目见表 5 中序号 2、3、7、19、表 38 中序号 1 和参照表 10 中序号 2。

6.9　干式电抗器试验项目

在所连接的系统设备大修时作交流耐压试验见表5中序号7。

6.10　接地变压器

6.10.1　定期试验项目见表5中序号3、6、7。

6.10.2　大修试验项目见表5中序号2、3、6、7、9、15、16、22，其中15、16项适用于更换绕组时进行。

6.11　判断故障时可供选用的试验项目

本条主要针对容量为1.6MVA以上变压器和330、500kV电抗器，其他设备可作参考。

a）当油中气体分析判断有异常时可选择下列试验项目：

——绕组直流电阻

——铁芯绝缘电阻和接地电流

——空载损耗和空载电流测量或长时间空载（或轻负载下）运行，用油中气体分析及局部放电检测仪监视

——长时间负载（或用短路法）试验，用油中气体色谱分析监视

——油泵及水冷却器检查试验

——有载调压开关油箱渗漏检查试验

——绝缘特性（绝缘电阻、吸收比、极化指数、tgδ、泄漏电流）

——绝缘油的击穿电压、tgδ

——绝缘油含水量

——绝缘油含气量（500kV）

——局部放电（可在变压器停运或运行中测量）

——绝缘油中糠醛含量

——耐压试验

——油箱表面温度分布和套管端部接头温度

b）气体继电器报警后，进行变压器油中溶解气体和继电器中的气体分析。

c）变压器出口短路后可进行下列试验：

——油中溶解气体分析

——绕组直流电阻

——短路阻抗

——绕组的频率响应

——空载电流和损耗

d）判断绝缘受潮可进行下列试验：

——绝缘特性（绝缘电阻、吸收比、极化指数、tgδ、泄漏电流）

——绝缘油的击穿电压、tgδ、含水量、含气量（500kV）

——绝缘纸的含水量

e）判断绝缘老化可进行下列试验：

——油中溶解气体分析（特别是CO、CO_2含量及变化）

——绝缘油酸值

——油中糠醛含量

——油中含水量

——绝缘纸或纸板的聚合度

f）振动、噪音异常时可进行下列试验：

——振动测量

——噪声测量

——油中溶解气体分析

——阻抗测量

7　互感器

7.1　电流互感器

7.1.1　电流互感器的试验项目、周期和要求，见表7。

表7　　电流互感器的试验项目、周期和要求

<table>
<tr><th>序号</th><th>项　目</th><th>周　期</th><th>要　求</th><th>说　明</th></tr>
<tr><td>1</td><td>绕组及末屏的绝缘电阻</td><td>1）投运前
2）1～3年
3）大修后
4）必要时</td><td>1）绕组绝缘电阻与初始值及历次数据比较，不应有显著变化
2）电容型电流互感器末屏对地绝缘电阻一般不低于1000MΩ</td><td>采用2500V兆欧表</td></tr>
<tr><td>2</td><td>tgδ及电容量</td><td>1）投运前
2）1～3年
3）大修后
4）必要时</td><td>1）主绝缘tgδ（%）不应大于下表中的数值，且与历年数据比较，不应有显著变化：
<table>
<tr><td colspan="2">电压等级 kV</td><td>20～35</td><td>66～110</td><td>220</td><td>330～500</td></tr>
<tr><td rowspan="3">大修后</td><td>油纸电容型</td><td>—</td><td>1.0</td><td>0.7</td><td>0.6</td></tr>
<tr><td>充油型</td><td>3.0</td><td>2.0</td><td>—</td><td>—</td></tr>
<tr><td>胶纸电容型</td><td>2.5</td><td>2.0</td><td>—</td><td>—</td></tr>
<tr><td rowspan="3">运行中</td><td>油纸电容型</td><td>—</td><td>1.0</td><td>0.8</td><td>0.7</td></tr>
<tr><td>充油型</td><td>3.5</td><td>2.5</td><td>—</td><td>—</td></tr>
<tr><td>胶纸电容型</td><td>3.0</td><td>2.5</td><td>—</td><td>—</td></tr>
</table>
2）电容型电流互感器主绝缘电容量与初始值或出厂值差别超出±5%范围时应查明原因
3）当电容型电流互感器末屏对地绝缘电阻小于1000MΩ时，应测量末屏对地tgδ，其值不大于2%</td><td>1）主绝缘tgδ试验电压为10kV，末屏对地tgδ试验电压为2kV
2）油纸电容型tgδ一般不进行温度换算，当tgδ值与出厂值或上一次试验值比较有明显增长时，应综合分析tgδ与温度、电压的关系，当tgδ随温度明显变化或试验电压由10kV升到$U_m/\sqrt{3}$时，tgδ增量超过±0.3%，不应继续运行
3）固体绝缘互感器可不进行tgδ测量</td></tr>
<tr><td>3</td><td>油中溶解气体色谱分析</td><td>1）投运前
2）1～3年（66kV及以上）
3）大修后
4）必要时</td><td>油中溶解气体组分含量（体积分数）超过下列任一值时应引起注意：
总烃 100×10^{-6}
H_2 150×10^{-6}
C_2H_2 2×10^{-6}（110kV及以下）
1×10^{-6}（220～500kV）</td><td>1）新投运互感器的油中不应含有C_2H_2
2）全密封互感器按制造厂要求（如果有）进行</td></tr>
<tr><td>4</td><td>交流耐压试验</td><td>1）1～3年（20kV及以下）
2）大修后
3）必要时</td><td>1）一次绕组按出厂值的85%进行。出厂值不明的按下列电压进行试验：
<table>
<tr><td>电压等级 kV</td><td>3</td><td>6</td><td>10</td><td>15</td><td>20</td><td>35</td><td>66</td></tr>
<tr><td>试验电压 kV</td><td>15</td><td>21</td><td>30</td><td>38</td><td>47</td><td>72</td><td>120</td></tr>
</table>
</td><td></td></tr>
</table>

续表

序号	项　目	周　期	要　求	说　明
4	交流耐压试验	1）1～3年（20kV及以下） 2）大修后 3）必要时	2）二次绕组之间及末屏对地为2kV 3）全部更换绕组绝缘后，应按出厂值进行	
5	局部放电测量	1）1～3年（20～35kV固体绝缘互感器） 2）大修后 3）必要时	1）固体绝缘互感器在电压为 $1.1U_m/\sqrt{3}$ 时，放电量不大于100pC，在电压为 $1.1U_m$ 时（必要时），放电量不大于500pC 2）110kV及以上油浸式互感器在电压为 $1.1U_m/\sqrt{3}$ 时，放电量不大于20pC	试验按GB 5583进行
6	极性检查	1）大修后 2）必要时	与铭牌标志相符	
7	各分接头的变化检查	1）大修后 2）必要时	与铭牌标志相符	更换绕组后应测量比值差和相位差
8	校核励磁特性曲线	必要时	与同类型互感器特性曲线或制造厂提供的特性曲线相比较，应无明显差别	继电保护有要求时进行
9	密封检查	1）大修后 2）必要时	应无渗漏油现象	试验方法按制造厂规定
10	一次绕组直流电阻测量	1）大修后 2）必要时	与初始值或出厂值比较，应无明显差别	
11	绝缘油击穿电压	1）大修后 2）必要时	见第13章	

注　投运前是指交接后长时间未投运而准备投运之前，及库存的新设备投运之前。

7.1.2　各类试验项目

定期试验项目见表7中序号1、2、3、4、5。

大修后试验项目见表7中序号1、2、3、4、5、6、7、9、10、11（不更换绕组，可不进行6、7、8项）。

7.2　电压互感器

7.2.1　电磁式和电容式电压互感器的试验项目、周期和要求分别见表8和表9。

表8　　**电磁式电压互感器的试验项目、周期和要求**

序号	项　目	周　期	要　求	说　明
1	绝缘电阻	1）1～3年 2）大修后 3）必要时	自行规定	一次绕组用2500V兆欧表，二次绕组用1000V或2500V兆欧表

续表

<table>
<tr><th>序号</th><th>项 目</th><th>周 期</th><th>要 求</th><th>说 明</th></tr>
<tr><td>2</td><td>tgδ（20kV及以上）</td><td>1）绕组绝缘：
a）1～3 年
b）大修后
c）必要时
2）66～220kV串级式电压互感器支架：
a）投运前
b）大修后
c）必要时</td><td>1）绕组绝缘 tgδ（%）不应大于下表中数值：<table><tr><td colspan="2">温度
℃</td><td>5</td><td>10</td><td>20</td><td>30</td><td>40</td></tr><tr><td rowspan="2">35kV
及以下</td><td>大修后</td><td>1.5</td><td>2.5</td><td>3.0</td><td>5.0</td><td>7.0</td></tr><tr><td>运行中</td><td>2.0</td><td>2.5</td><td>3.5</td><td>5.5</td><td>8.0</td></tr><tr><td rowspan="2">35kV
以上</td><td>大修后</td><td>1.0</td><td>1.5</td><td>2.0</td><td>3.5</td><td>5.0</td></tr><tr><td>运行中</td><td>1.5</td><td>2.0</td><td>2.5</td><td>4.0</td><td>5.5</td></tr></table>2）支架绝缘 tgδ 一般不大于 6%</td><td>串级式电压互感器的 tgδ 试验方法建议采用末端屏蔽法，其他试验方法与要求自行规定</td></tr>
<tr><td>3</td><td>油中溶解气体的色谱分析</td><td>1）投运前
2）1～3 年（66kV 及以上）
3）大修后
4）必要时</td><td>油中溶解气体组分含量（体积分数）超过下列任一值时应引起注意：
总烃 100×10^{-6}
H_2 150×10^{-6}
C_2H_2 2×10^{-6}</td><td>1）新投运互感器的油中不应含有 C_2H_2
2）全密封互感器按制造厂要求（如果有）进行</td></tr>
<tr><td>4</td><td>交流耐压试验</td><td>1）3 年（20kV及以下）
2）大修后
3）必要时</td><td>1）一次绕组按出厂值的 85% 进行，出厂值不明的，按下列电压进行试验：<table><tr><td>电压等级 kV</td><td>3</td><td>6</td><td>10</td><td>15</td><td>20</td><td>35</td><td>66</td></tr><tr><td>试验电压 kV</td><td>15</td><td>21</td><td>30</td><td>38</td><td>47</td><td>72</td><td>120</td></tr></table>2）二次绕组之间及末屏对地为 2kV
3）全部更换绕组绝缘后按出厂值进行</td><td>1）串级式或分级绝缘式的互感器用倍频感应耐压试验
2）进行倍频感应耐压试验时应考虑互感器的容升电压
3）倍频耐压试验前后，应检查有否绝缘损伤</td></tr>
<tr><td>5</td><td>局部放电测量</td><td>1）投运前
2）1～3 年（20～35kV固体绝缘互感器）
3）大修后
4）必要时</td><td>1）固体绝缘相对地电压互感器在电压为 $1.1U_m/\sqrt{3}$时，放电量不大于 100pC，在电压为 $1.1U_m$ 时（必要时），放电量不大于 500pC。固体绝缘相对相电压互感器，在电压为 $1.1U_m$ 时，放电量不大于 100pC
2）110kV 及以上油浸式电压互感器在电压为 $1.1U_m/\sqrt{3}$时，放电量不大于 20pC</td><td>1）试验按 GB 5583 进行
2）出厂时有试验报告者投运前可不进行试验或只进行抽查试验</td></tr>
</table>

续表

序号	项　目	周　期	要　　求	说　　明
6	空载电流测量	1）大修后 2）必要时	1）在额定电压下，空载电流与出厂数值比较无明显差别 2）在下列试验电压下，空载电流不应大于最大允许电流 中性点非有效接地系统 $1.9U_n/\sqrt{3}$ 中性点接地系统 $1.5U_n/\sqrt{3}$	
7	密封检查	1）大修后 2）必要时	应无渗漏油现象	试验方法按制造厂规定
8	铁芯夹紧螺栓（可接触到的）绝缘电阻	大修时	自行规定	采用 2500V 兆欧表
9	联结组别和极性	1）更换绕组后 2）接线变动后	与铭牌和端子标志相符	
10	电压比	1）更换绕组后 2）接线变动后	与铭牌标志相符	更换绕组后应测量比值差和相位差
11	绝缘油击穿电压	1）大修后 2）必要时	见第 13 章	

注　投运前指交接后长时间未投运而准备投运之前，及库存的新设备投运之前。

表 9　　电容式电压互感器的试验项目、周期和要求

序号	项　目	周　期	要　　求	说　　明
1	电压比	1）大修后 2）必要时	与铭牌标志相符	
2	中间变压器的绝缘电阻	1）大修后 2）必要时	自行规定	采用 2500V 兆欧表
3	中间变压器的 tgδ	1）大修后 2）必要时	与初始值相比不应有显著变化	

注　电容式电压互感器的电容分压器部分的试验项目、周期和要求见第 12 章。

7.2.2　各类试验项目：

定期试验项目见表 8 中序号 1、2、3、4、5。

大修时或大修后试验项目见表 8 中序号 1、2、3、4、5、6、7、8、9、10、11（不更换绕组可不进行 9、10 项）和表 9 中序号 1、2、3。

8　开关设备

8.1　SF_6 断路器和 GIS

8.1.1　SF_6 断路器和 GIS 的试验项目、周期和要求见表 10。

表 10　　SF_6 断路器和 GIS 的试验项目、周期和要求

序号	项　目	周　期	要　　求	说　　明
1	断路器和 GIS 内 SF_6 气体的湿度以及气体的其他检测项目	见第 13 章		
2	SF_6 气体泄漏试验	1）大修后 2）必要时	年漏气率不大于 1%或按制造厂要求	1）按 GB 11023 方法进行 2）对电压等级较高的断路器以及 GIS，因体积大可用局部包扎法检漏，每个密封部位包扎后历时 5h，测得的 SF_6 气体含量（体积分数）不大于 30×10^{-6}
3	辅助回路和控制回路绝缘电阻	1）1～3 年 2）大修后	绝缘电阻不低于 2MΩ	采用 500V 或 1000V 兆欧表
4	耐压试验	1）大修后 2）必要时	交流耐压或操作冲击耐压的试验电压为出厂试验电压值的 80%	1）试验在 SF_6 气体额定压力下进行 2）对 GIS 试验时不包括其中的电磁式电压互感器及避雷器，但在投运前应对它们进行试验电压值为 U_m 的 5min 耐压试验 3）罐式断路器的耐压试验方式：合闸对地；分闸状态两端轮流加压，另一端接地。建议在交流耐压试验的同时测量局部放电 4）对瓷柱式定开距型断路器只作断口间耐压
5	辅助回路和控制回路交流耐压试验	大修后	试验电压为 2kV	耐压试验后的绝缘电阻值不应降低
6	断口间并联电容器的绝缘电阻、电容量和 $\operatorname{tg}\delta$	1）1～3 年 2）大修后 3）必要时	1）对瓷柱式断路器和断口同时测量，测得的电容值和 $\operatorname{tg}\delta$ 与原始值比较，应无明显变化 2）罐式断路器（包括 GIS 中的 SF_6 断路器）按制造厂规定 3）单节电容器按第 12 章规定	1）大修时，对瓷柱式断路器应测量电容器和断口并联后整体的电容值和 $\operatorname{tg}\delta$，作为该设备的原始数据 2）对罐式断路器（包括 GIS 中的 SF_6 断路器）必要时进行试验，试验方法按制造厂规定
7	合闸电阻值和合闸电阻的投入时间	1）1～3 年（罐式断路器除外） 2）大修后	1）除制造厂另有规定外，阻值变化允许范围不得大于±5% 2）合闸电阻的有效接入时间按制造厂规定校核	罐式断路器的合闸电阻布置在罐体内部，只有解体大修时才能测定
8	断路器的速度特性	大修后	测量方法和测量结果应符合制造厂规定	制造厂无要求时不测

续表

序号	项 目	周 期	要 求	说 明
9	断路器的时间参量	1）大修后 2）机构大修后	除制造厂另有规定外，断路器的分、合闸同期性应满足下列要求： 相间合闸不同期不大于5ms 相间分闸不同期不大于3ms 同相各断口间合闸不同期不大于3ms 同相各断口间分闸不同期不大于2ms	
10	分、合闸电磁铁的动作电压	1）1～3年 2）大修后 3）机构大修后	1）操动机构分、合闸电磁铁或合闸接触器端子上的最低动作电压应在操作电压额定值的30%～65%之间 2）在使用电磁机构时，合闸电磁铁线圈通流时的端电压为操作电压额定值的80%（关合电流峰值等于及大于50kA时为85%）时应可靠动作 3）进口设备按制造厂规定	
11	导电回路电阻	1）1～3年 2）大修后	1）敞开式断路器的测量值不大于制造厂规定值的120% 2）对GIS中的断路器按制造厂规定	用直流压降法测量，电流不小于100A
12	分、合闸线圈直流电阻	1）大修后 2）机构大修后	应符合制造厂规定	
13	SF_6气体密度监视器（包括整定值）检验	1）1～3年 2）大修后 3）必要时	按制造厂规定	
14	压力表检验（或调整），机构操作压力（气压、液压）整定值校验，机械安全阀校验	1）1～3年 2）大修后	按制造厂规定	对气动机构应校验各级气压的整定值（减压阀及机械安全阀）
15	操动机构在分闸、合闸、重合闸下的操作压力（气压、液压）下降值	1）大修后 2）机构大修后	应符合制造厂规定	

续表

序号	项　目	周　期	要　　求	说　　明
16	液（气）压操动机构的泄漏试验	1）1～3年 2）大修后 3）必要时	按制造厂规定	应在分、合闸位置下分别试验
17	油（气）泵补压及零起打压的运转时间	1）1～3年 2）大修后 3）必要时	应符合制造厂规定	
18	液压机构及采用差压原理的气动机构的防失压慢分试验	1）大修后 2）机构大修时	按制造厂规定	
19	闭锁、防跳跃及防止非全相合闸等辅助控制装置的动作性能	1）大修后 2）必要时	按制造厂规定	
20	GIS中的电流互感器、电压互感器和避雷器	1）大修后 2）必要时	按制造厂规定，或分别按第7章、第14章进行	

8.1.2　各类试验项目：

定期试验项目见表10中序号1、3、6、7、10、11、13、14、16、17。

大修后试验项目见表10中序号1、2、3、4、5、6、7、8、9、10、11、12、13、14、15、16、17、18、19、20。

8.2　多油断路器和少油断路器

8.2.1　多油断路器和少油断路器的试验项目、周期和要求见表11。

8.2.2　各类试验项目：

定期试验项目见表11中序号1、2、3、4、6、7、13、14。

大修后试验项目见表11中序号1、2、3、4、5、6、7、8、9、10、11、12、13、14、15。

8.3　磁吹断路器

8.3.1　磁吹断路器的试验项目、周期、要求见表11中的序号1、4、5、6、8、10、11、12、13。

表11　　多油断路器和少油断路器的试验项目、周期和要求

<table>
<tr><th>序号</th><th>项　目</th><th>周　期</th><th>要　　求</th><th>说　　明</th></tr>
<tr><td>1</td><td>绝缘电阻</td><td>1）1～3年
2）大修后</td><td>1）整体绝缘电阻自行规定
2）断口和有机物制成的提升杆的绝缘电阻不应低于下表数值：
MΩ
<table>
<tr><td rowspan="2">试验类别</td><td colspan="4">额定电压　kV</td></tr>
<tr><td><24</td><td>24～40.5</td><td>72.5～252</td><td>363</td></tr>
<tr><td>大修后</td><td>1000</td><td>2500</td><td>5000</td><td>10000</td></tr>
<tr><td>运行中</td><td>300</td><td>1000</td><td>3000</td><td>5000</td></tr>
</table></td><td>使用2500V兆欧表</td></tr>
</table>

续表

<table>
<tr><th>序号</th><th>项　目</th><th>周　期</th><th>要　求</th><th>说　明</th></tr>
<tr><td>2</td><td>40.5kV及以上非纯瓷套管和多油断路器的tgδ</td><td>1）1～3年
2）大修后</td><td>1）20℃时多油断路器的非纯瓷套管的tgδ（%）值见表20
2）20℃时非纯瓷套管断路器的tgδ（%）值，可比表20中相应的tgδ（%）值增加下列数值：<table><tr><td>额定电压kV</td><td>≥126</td><td><126</td><td>40.5（DW1－35 DW1－35D）</td></tr><tr><td>tgδ(%)值的增加数</td><td>1</td><td>2</td><td>3</td></tr></table></td><td>1）在分闸状态下按每支套管进行测量。测量的tgδ超过规定值或有显著增大时，必须落下油箱进行分解试验。对不能落下油箱的断路器，则应将油放出，使套管下部及灭弧室露出油面，然后进行分解试验
2）断路器大修而套管不大修时，应按套管运行中规定的相应数值增加
3）带并联电阻断路器的整体tgδ（%）可相应增加1</td></tr>
<tr><td>3</td><td>40.5kV及以上少油断路器的泄漏电流</td><td>1）1～3年
2）大修后</td><td>1）每一元件的试验电压如下：<table><tr><td>额定电压kV</td><td>40.5</td><td>72.5～252</td><td>≥363</td></tr><tr><td>直流试验电压kV</td><td>20</td><td>40</td><td>60</td></tr></table>2）泄漏电流一般不大于10μA</td><td>252kV及以上少油断路器提升杆（包括支持瓷套）的泄漏电流大于5μA时，应引起注意</td></tr>
<tr><td>4</td><td>断路器对地、断口及相间交流耐压试验</td><td>1）1～3年（12kV及以下）
2）大修后
3）必要时（72.5kV及以上）</td><td>断路器在分、合闸状态下分别进行，试验电压值如下：
12～40.5kV断路器对地及相间按DL/T 593规定值
72.5kV及以上者按DL/T 593规定值的80%</td><td>对于三相共箱式的油断路器应作相间耐压，其试验电压值与对地耐压值相同</td></tr>
<tr><td>5</td><td>126kV及以上油断路器提升杆的交流耐压试验</td><td>1）大修后
2）必要时</td><td>试验电压按DL/T 593规定值的80%</td><td>1）耐压设备不能满足要求时可分段进行，分段数不应超过6段（252kV），或3段（126kV），加压时间为5min
2）每段试验电压可取整段试验电压值除以分段数所得值的1.2倍或自行规定</td></tr>
<tr><td>6</td><td>辅助回路和控制回路交流耐压试验</td><td>1）1～3年
2）大修后</td><td>试验电压为2kV</td><td></td></tr>
<tr><td>7</td><td>导电回路电阻</td><td>1）1～3年
2）大修后</td><td>1）大修后应符合制造厂规定
2）运行中自行规定</td><td>用直流压降法测量，电流不小于100A</td></tr>
<tr><td>8</td><td>灭弧室的并联电阻值，并联电容器的电容量和tgδ</td><td>1）大修后
2）必要时</td><td>1）并联电阻值应符合制定厂规定
2）并联电容器按第12章规定</td><td></td></tr>
<tr><td>9</td><td>断路器的合闸时间和分闸时间</td><td>大修后</td><td>应符合制造厂规定</td><td>在额定操作电压（气压、液压）下进行</td></tr>
</table>

续表

序号	项　目	周　期	要　求	说　明
10	断路器分闸和合闸的速度	大修后	应符合制造厂规定	在额定操作电压（气压、液压）下进行
11	断路器触头分、合闸的同期性	1）大修后 2）必要时	应符合制造厂规定	
12	操动机构合闸接触器和分、合闸电磁铁的最低动作电压	1）大修后 2）操动机构大修后	1）操动机构分、合闸电磁铁或合闸接触器端子上的最低动作电压应在操作电压额定值的30%～65%间 2）在使用电磁机构时，合闸电磁铁线圈通流时的端电压为操作电压额定值的80%（关合电流峰值等于及大于50kA时为85%）时应可靠动作	
13	合闸接触器和分、合闸电磁铁线圈的绝缘电阻和直流电阻，辅助回路和控制回路绝缘电阻	1）1～3年 2）大修后	1）绝缘电阻不应小于2MΩ 2）直流电阻应符合制造厂规定	采用500V或1000V兆欧表
14	断路器本体和套管中绝缘油试验	见第13章		
15	断路器的电流互感器	1）大修后 2）必要时	见第7章	

8.3.2　各类试验项目：

定期试验项目见表11中序号1、4、6、13。

大修后试验项目见表11中序号1、4、5、6、8、10、11、12、13。

8.4　低压断路器和自动灭磁开关

8.4.1　低压断路器和自动灭磁开关的试验项目、周期和要求见表11中序号12和13。

8.4.2　各类试验项目：

定期试验项目见表11中序号13。

大修后试验项目见表11中序号12和13。

8.4.3　对自动灭磁开关尚应作常开、常闭触点分合切换顺序，主触头、灭弧触头表面情况和动作配合情况以及灭弧栅是否完整等检查。对新换的DM型灭磁开关尚应检查灭弧栅片数。

8.5　空气断路器

8.5.1　空气断路器的试验项目、周期和要求见表12。

8.5.2　各类试验项目：

定期试验项目见表12中序号1、3、4。

大修后试验项目见表12中序号1、2、3、4、5、6、7、8、9、10、11、12、13、14。

表 12　　空气断路器的试验项目、周期和要求

<table>
<tr><th>序号</th><th>项　目</th><th>周　期</th><th>要　求</th><th>说　明</th></tr>
<tr><td>1</td><td>40.5kV及以上的支持瓷套管及提升杆的泄漏电流</td><td>1）1～3年
2）大修后</td><td>1）试验电压如下：
<table>
<tr><td>额定电压
kV</td><td>40.5</td><td>72.5～
252</td><td>≥363</td></tr>
<tr><td>直流试验
电压
kV</td><td>20</td><td>40</td><td>60</td></tr>
</table>
2）泄漏电流一般不大于 10μA，252kV 及以上者不大于 5μA</td><td></td></tr>
<tr><td>2</td><td>耐压试验</td><td>大修后</td><td>12～40.5kV 断路器对地及相间试验电压值按 DL/T 593 规定值；72.5kV 及以上者按 DL/T 593 规定值的 80%</td><td>126kV 及以上有条件时进行</td></tr>
<tr><td>3</td><td>辅助回路和控制回路交流耐压试验</td><td>1）1～3年
2）大修后</td><td>试验电压为 2kV</td><td></td></tr>
<tr><td>4</td><td>导电回路电阻</td><td>1）1～3年
2）大修后</td><td>1）大修后应符合制造厂规定
2）运行中的电阻值允许比制造厂规定值提高 1 倍</td><td>用直流压降法测量，电流不小于 100A</td></tr>
<tr><td>5</td><td>灭弧室的并联电阻，均压电容器的电容量和 tgδ</td><td>大修后</td><td>1）并联电阻值符合制造厂规定
2）均压电容器按第 12 章规定</td><td></td></tr>
<tr><td>6</td><td>主、辅触头分、合闸配合时间</td><td>大修后</td><td>应符合制造厂规定</td><td></td></tr>
<tr><td>7</td><td>断路器的分、合闸时间及合分时间</td><td>大修后</td><td>连续测量 3 次均应符合制造厂规定</td><td></td></tr>
<tr><td>8</td><td>同相各断口及三相间的分、合闸同期性</td><td>大修后</td><td>应符合制造厂规定，制造厂无规定时，则相间合闸不同期不大于 5ms；分闸不同期不大于 3ms；同相断口间合闸不同期不大于 3ms；分闸不同期不大于 2ms</td><td></td></tr>
<tr><td>9</td><td>分、合闸电磁铁线圈的最低动作电压</td><td>大修后</td><td>操动机构分、合闸电磁铁的最低动作电压应在操作电压额定值的 30%～65%间</td><td>在额定气压下测量</td></tr>
<tr><td>10</td><td>分闸和合闸电磁铁线圈的绝缘电阻和直流电阻</td><td>大修后</td><td>1）绝缘电阻不应小于 2MΩ
2）直流电阻应符合制造厂规定</td><td>采用 1000V 兆欧表</td></tr>
</table>

续表

序号	项　目	周　期	要　　求	说　　明
11	分闸、合闸和重合闸的气压降	大修后	应符合制造厂规定	
12	断路器操作时的最低动作气压	大修后	应符合制造厂规定	
13	压缩空气系统、阀门及断路器本体严密性	大修后	应符合制造厂规定	
14	低气压下不能合闸的自卫能力试验	大修后	应符合制造厂规定	

8.6　真空断路器

8.6.1　真空断路器的试验项目、周期和要求见表13。

表13　　真空断路器的试验项目、周期、要求

<table>
<tr><th>序号</th><th>项　目</th><th>周　期</th><th>要　　求</th><th>说　　明</th></tr>
<tr><td>1</td><td>绝缘电阻</td><td>1）1～3年
2）大修后</td><td>1）整体绝缘电阻参照制造厂规定或自行规定
2）断口和用有机物制成的提升杆的绝缘电阻不应低于下表中的数值：
MΩ
<table>
<tr><td rowspan="2">试验类别</td><td colspan="3">额定电压　kV</td></tr>
<tr><td><24</td><td>24～40.5</td><td>72.5</td></tr>
<tr><td>大修后</td><td>1000</td><td>2500</td><td>5000</td></tr>
<tr><td>运行中</td><td>300</td><td>1000</td><td>3000</td></tr>
</table></td><td></td></tr>
<tr><td>2</td><td>交流耐压试验（断路器主回路对地、相间及断口）</td><td>1）1～3年（12kV及以下）
2）大修后
3）必要时（40.5、72.5kV）</td><td>断路器在分、合闸状态下分别进行，试验电压值按DL/T 593规定值</td><td>1）更换或干燥后的绝缘提升杆必须进行耐压试验，耐压设备不能满足时可分段进行
2）相间、相对地及断口的耐压值相同</td></tr>
<tr><td>3</td><td>辅助回路和控制回路交流耐压试验</td><td>1）1～3年
2）大修后</td><td>试验电压为2kV</td><td></td></tr>
<tr><td>4</td><td>导电回路电阻</td><td>1）1～3年
2）大修后</td><td>1）大修后应符合制造厂规定
2）运行中自行规定，建议不大于1.2倍出厂值</td><td>用直流压降法测量，电流不小于100A</td></tr>
<tr><td>5</td><td>断路器的合闸时间和分闸时间，分、合闸的同期性，触头开距，合闸时的弹跳过程</td><td>大修后</td><td>应符合制造厂规定</td><td>在额定操作电压下进行</td></tr>
</table>

续表

序号	项　目	周　期	要　求	说　明
6	操动机构合闸接触器和分、合闸电磁铁的最低动作电压	大修后	1）操动机构分、合闸电磁铁或合闸接触器端子上的最低动作电压应在操作电压额定值的30%～65%间 在使用电磁机构时，合闸电磁铁线圈通流时的端电压为操作电压额定值的80%（关合峰值电流等于或大于50kA时为85%）时应可靠动作 2）进口设备按制造厂规定	
7	合闸接触器和分、合闸电磁铁线圈的绝缘电阻和直流电阻	1）1～3年 2）大修后	1）绝缘电阻不应小于2MΩ 2）直流电阻应符合制造厂规定	采用1000V兆欧表
8	真空灭弧室真空度的测量	大、小修时	自行规定	有条件时进行
9	检查动触头上的软联结夹片有无松动	大修后	应无松动	

8.6.2　各类试验项目：

定期试验项目见表13中序号1、2、3、4、7。

大修时或大修后试验项目见表13中序号1、2、3、4、5、6、7、8、9。

8.7　重合器（包括以油、真空及SF_6气体为绝缘介质的各种12kV重合器）

8.7.1　重合器的试验项目、周期和要求见表14。

表14　　重合器的试验项目、周期和要求

序号	项　目	周　期	要　求	说　明
1	绝缘电阻	1）1～3年 2）大修后	1）整体绝缘电阻自行规定 2）用有机物制成的拉杆的绝缘电阻不应低于下列数值： 大修后　1000MΩ 运行中　300MΩ	采用2500V兆欧表测量
2	SF_6重合器内气体的湿度	1）大修后 2）必要时	见第13章	
3	SF_6气体泄漏	1）大修后 2）必要时	年漏气率不大于1%或按制造厂规定	
4	控制回路的绝缘电阻	1）1～3年 2）大修后	绝缘电阻不应低于2MΩ	采用1000V兆欧表

续表

序号	项　目	周　期	要　　求	说　　明
5	交流耐压试验	1）1～3年 2）大修后	试验电压为42kV	试验在主回路对地及断口间进行
6	辅助和控制回路的交流耐压试验	大修后	试验电压为2kV	
7	合闸时间，分闸时间，三相触头分、合闸同期性，触头弹跳	大修后	应符合制造厂的规定	在额定操作电压（液压、气压）下进行
8	油重合器分、合闸速度	大修后	应符合制造厂的规定	在额定操作电压（液压、气压）下进行，或按制造厂规定
9	合闸电磁铁线圈的操作电压	1）大修后 2）必要时	在额定电压的85%～115%范围内应可靠动作	
10	导电回路电阻	1）大修后 2）必要时	1）大修后应符合制造厂规定 2）运行中自行规定	用直流压降法测量，电流值不得小于100A
11	分闸线圈直流电阻	大修后	应符合制造厂规定	
12	分闸起动器的动作电压	大修后	应符合制造厂规定	
13	合闸电磁铁线圈直流电阻	大修后	应符合制造厂规定	
14	最小分闸电流	大修后	应符合制造厂规定	
15	额定操作顺序	大修后	操作顺序应符合制造厂要求	
16	利用远方操作装置检查重合器的动作情况	大修后	按规定操作顺序在试验回路中操作3次，动作应正确	
17	检查单分功能可靠性	大修后	将操作顺序调至单分，操作2次，动作应正确	
18	绝缘油试验	大修后	见第13章	

8.7.2 各类试验项目：

定期试验项目见表14中序号1、4、5。

大修后试验项目见表14中序号1、2、3、4、5、6、7、8、9、10、11、12、13、14、15、16、17、18。

8.8　分段器（仅限于12kV级）

8.8.1　SF_6分段器

8.8.1.1　SF_6分段器的试验项目、周期和要求见表15。

8.8.1.2　各类试验项目：

定期试验项目见表15中序号1、2。

大修后试验项目见表15中序号1、2、3、4、5、6、7、8、9。

表15　　SF_6分段器的试验项目、周期和要求

序号	项　目	周　期	要　求	说　明
1	绝缘电阻	1）1～3年 2）大修后	1）整体绝缘电阻值自行规定 2）用有机物制成的拉杆的绝缘电阻值不应低于下列数值： 大修后　1000MΩ 运行中　300MΩ 3）控制回路绝缘电阻值不小于2MΩ	一次回路用2500V兆欧表 控制回路用1000V兆欧表
2	交流耐压试验	1）1～3年 2）大修后	试验电压为42kV	试验在主回路对地及断口间进行
3	导电回路电阻	1）大修后 2）必要时	1）大修后应符合制造厂规定 2）运行中自行规定	用直流压降法测量，电流值不小于100A
4	合闸电磁铁线圈的操作电压	1）大修后 2）必要时	在制造厂规定的电压范围内应可靠动作	
5	合闸时间、分闸时间两相触头分、合闸的同期性	大修后	应符合制造厂的规定	在额定操作电压（液压、气压）下进行
6	分、合闸线圈的直流电阻	大修后	应符合制造厂的规定	
7	利用远方操作装置检查分段器的动作情况	大修后	在额定操作电压下分、合各3次，动作应正确	
8	SF_6气体泄漏	1）大修后 2）必要时	年漏气率不大于1%或按制造厂规定	
9	SF_6气体湿度	1）大修后 2）必要时	见第13章	

8.8.2　油分段器

8.8.2.1　油分段器的试验项目、周期和要求除按表15中序号1、2、3、4、5、6、7进行外，还应按表16进行。

表 16　　油分段器的试验项目、周期和要求

序号	项　目	周　期	要　求	说　明
1	绝缘油试验	1）大修后 2）必要时	见第 13 章	
2	自动计数操作	大修后	按制造厂的规定完成计数操作	

8.8.2.2　各类试验项目：

定期试验项目见表 15 中序号 1、2。

大修后试验项目见表 15 中序号 1、2、3、4、5、6、7 及表 16 中序号 1、2。

8.8.3　真空分段器

8.8.3.1　真空分段器的试验项目、周期和要求按表 15 中序号 1、2、3、4、5、6、7 和表 16 中序号 1、2 进行。

8.8.3.2　各类试验项目：

定期试验项目见表 15 中序号 1、2。

大修后试验项目见表 15 中序号 1、2、3、4、5、6、7 和表 16 中序号 1、2。

8.9　隔离开关

8.9.1　隔离开关的试验项目、周期和要求见表 17。

表 17　　隔离开关的试验项目、周期和要求

<table>
<tr><th>序号</th><th>项　目</th><th>周　期</th><th>要　求</th><th>说　明</th></tr>
<tr><td>1</td><td>有机材料支持绝缘子及提升杆的绝缘电阻</td><td>1）1～3 年
2）大修后</td><td>1）用兆欧表测量胶合元件分层电阻
2）有机材料传动提升杆的绝缘电阻值不得低于下表数值：
MΩ<table><tr><td rowspan="2">试验类别</td><td colspan="2">额定电压　kV</td></tr><tr><td><24</td><td>24～40.5</td></tr><tr><td>大修后</td><td>1000</td><td>2500</td></tr><tr><td>运行中</td><td>300</td><td>1000</td></tr></table></td><td>采用 2500V 兆欧表</td></tr>
<tr><td>2</td><td>二次回路的绝缘电阻</td><td>1）1～3 年
2）大修后
3）必要时</td><td>绝缘电阻不低于 2MΩ</td><td>采用 1000V 兆欧表</td></tr>
<tr><td>3</td><td>交流耐压试验</td><td>大修后</td><td>1）试验电压值按 DL/T 593 规定
2）用单个或多个元件支柱绝缘子组成的隔离开关进行整体耐压有困难时，可对各胶合元件分别做耐压试验，其试验周期和要求按第 10 章的规定进行</td><td>在交流耐压试验前、后应测量绝缘电阻；耐压后的阻值不得降低</td></tr>
<tr><td>4</td><td>二次回路交流耐压试验</td><td>大修后</td><td>试验电压为 2kV</td><td></td></tr>
<tr><td>5</td><td>电动、气动或液压操动机构线圈的最低动作电压</td><td>大修后</td><td>最低动作电压一般在操作电源额定电压的 30%～80%范围内</td><td>气动或液压应在额定压力下进行</td></tr>
</table>

续表

序号	项　目	周　期	要　　求	说　明
6	导电回路电阻测量	大修后	不大于制造厂规定值的 1.5 倍	用直流压降法测量，电流值不小于 100A
7	操动机构的动作情况	大修后	1）电动、气动或液压操动机构在额定的操作电压（气压、液压）下分、合闸 5 次，动作正常 2）手动操动机构操作时灵活，无卡涩 3）闭锁装置应可靠	

8.9.2 各类试验项目：

定期试验项目见表 17 中序号 1、2。

大修后试验项目见表 17 中 1、2、3、4、5、6、7。

8.10 高压开关柜

8.10.1 高压开关柜的试验项目、周期和要求见表 18。

8.10.2 配少油断路器和真空断路器的高压开关柜的各类试验项目。

定期试验项目见表 18 中序号 1、5、8、9、10、13。

大修后试验项目见表 18 中序号 1、2、3、4、5、6、7、8、9、10、13、15。

表 18　　**高压开关柜的试验项目、周期和要求**

序号	项　目	周　期	要　　求	说　明
1	辅助回路和控制回路绝缘电阻	1）1～3 年 2）大修后	绝缘电阻不应低于 2MΩ	采用 1000V 兆欧表
2	辅助回路和控制回路交流耐压试验	大修后	试验电压为 2kV	
3	断路器速度特性	大修后	应符合制造厂规定	如制造厂无规定可不进行
4	断路器的合闸时间、分闸时间和三相分、合闸同期性	大修后	应符合制造厂规定	
5	断路器、隔离开关及隔离插头的导电回路电阻	1）1～3 年 2）大修后	1）大修后应符合制造厂规定 2）运行中应不大于制造厂规定值的 1.5 倍	隔离开关和隔离插头回路电阻的测量在有条件时进行
6	操动机构合闸接触器和分、合闸电磁铁的最低动作电压	1）大修后 2）机构大修后	参照表 11 中序号 12	

续表

序号	项　目	周　期	要　　求	说　　明
7	合闸接触器和分合闸电磁铁线圈的绝缘电阻和直流电阻	大修后	1）绝缘电阻应大于2MΩ 2）直流电阻应符合制造厂规定	采用1000V兆欧表
8	绝缘电阻试验	1）1～3年（12kV及以上） 2）大修后	应符合制造厂规定	在交流耐压试验前、后分别进行
9	交流耐压试验	1）1～3年（12kV及以上） 2）大修后	试验电压值按DL/T 593规定	1）试验电压施加方式：合闸时各相对地及相间；分闸时各相断口 2）相间、相对地及断口的试验电压值相同
10	检查电压抽取（带电显示）装置	1）1年 2）大修后	应符合制造厂规定	
11	SF_6 气体泄漏试验	1）大修后 2）必要时	应符合制造厂规定	
12	压力表及密度继电器校验	1～3年	应符合制造厂规定	
13	五防性能检查	1）1～3年 2）大修后	应符合制造厂规定	五防是：①防止误分、误合断路器；②防止带负荷拉、合隔离开关；③防止带电（挂）合接地（线）开关；④防止带接地线（开关）合断路器；⑤防止误入带电间隔
14	对断路器的其他要求	1）大修后 2）必要时	根据断路器型式，应符合8.1、8.2、8.6条中的有关规定	
15	高压开关柜的电流互感器	1）大修后 2）必要时	见第7章	

8.10.3　配 SF_6 断路器的高压开关柜的各类试验项目：

定期试验项目见表18中序号1、5、8、9、10、12、13。

大修后试验项目见表18中1、2、3、4、5、6、7、8、9、10、11、13、14、15。

8.10.4　其他型式高压开关柜的各类试验项目：

其他型式，如计量柜，电压互感器柜和电容器柜等的试验项目、周期和要求可参照表18中有关序号进行。柜内主要元件（如互感器、电容器、避雷器等）的试验项目按本规程有关章节规定。

8.11　镉镍蓄电池直流屏

8.11.1　镉镍蓄电池直流屏（柜）的试验项目、周期和要求见表19。

表19　　镉镍蓄电池直流屏（柜）的试验项目、周期和要求

序号	项　目	周　期	要　　求	说　　明
1	镉镍蓄电池组容量测试	1）1年 2）必要时	按DL/T 459规定	

续表

序号	项　目	周　期	要　求	说　明
2	蓄电池放电终止电压测试	1）1年 2）必要时	按 DL/T 459 规定	
3	各项保护检查	1年	各项功能均应正常	检查项目有： a）闪光系统 b）绝缘监察系统 c）电压监视系统 d）光字牌 e）声响
4	镉镍屏（柜）中控制母线和动力母线的绝缘电阻	必要时	绝缘电阻不应低于10MΩ	采用1000V兆欧表。有两组电池时轮流测量

8.11.2　各类试验项目：

定期试验项目见表19中序号1、2、3。

9　套管

9.1　套管的试验项目、周期和要求见表20。

表20　　**套管的试验项目、周期和要求**

<table>
<tr><th>序号</th><th>项　目</th><th>周　期</th><th>要　求</th><th>说　明</th></tr>
<tr><td>1</td><td>主绝缘及电容型套管末屏对地绝缘电阻</td><td>1）1～3年
2）大修（包括主设备大修）后
3）必要时</td><td>1）主绝缘的绝缘电阻值不应低于10000MΩ
2）末屏对地的绝缘电阻不应低于1000MΩ</td><td>采用2500V兆欧表</td></tr>
<tr><td>2</td><td>主绝缘及电容型套管对地末屏 tgδ 与电容量</td><td>1）1～3年
2）大修（包括主设备大修）后
3）必要时</td><td>1）20℃时的 tgδ（%）值应不大于下表中数值：
<table>
<tr><th colspan="2">电压等级
kV</th><th>20～35</th><th>66～110</th><th>220～500</th></tr>
<tr><td rowspan="5">大修后</td><td>充油型</td><td>3.0</td><td>1.5</td><td>—</td></tr>
<tr><td>油纸电容型</td><td>1.0</td><td>1.0</td><td>0.8</td></tr>
<tr><td>充胶型</td><td>3.0</td><td>2.0</td><td>—</td></tr>
<tr><td>胶纸电容型</td><td>2.0</td><td>1.5</td><td>1.0</td></tr>
<tr><td>胶纸型</td><td>2.5</td><td>2.0</td><td>—</td></tr>
<tr><td rowspan="5">运行中</td><td>充油型</td><td>3.5</td><td>1.5</td><td>—</td></tr>
<tr><td>油纸电容型</td><td>1.0</td><td>1.0</td><td>0.8</td></tr>
<tr><td>充胶型</td><td>3.5</td><td>2.0</td><td>—</td></tr>
<tr><td>胶纸电容型</td><td>3.0</td><td>1.5</td><td>1.0</td></tr>
<tr><td>胶纸型</td><td>3.5</td><td>2.0</td><td>—</td></tr>
</table>
2）当电容型套管末屏对地绝缘电阻小于1000MΩ时，应测量末屏对地 tgδ，其值不大于2%
3）电容型套管的电容值与出厂值或上一次试验值的差别超出±5%时，应查明原因</td><td>1）油纸电容型套管的 tgδ 一般不进行温度换算，当 tgδ 与出厂值或上一次测试值比较有明显增长或接近左表数值时，应综合分析 tgδ 与温度、电压的关系。当 tgδ 随温度增加明显增大或试验电压由10kV升到 $U_m/\sqrt{3}$ 时，tgδ 增量超过±0.3%，不应继续运行
2）20kV以下纯瓷套管及与变压器油连通的油压式套管不测 tgδ
3）测量变压器套管 tgδ 时，与被试套管相连的所有绕组端子连在一起加压，其余绕组端子均接地，末屏接电桥，正接线测量</td></tr>
</table>

续表

<table>
<tr><th>序号</th><th>项目</th><th>周期</th><th>要求</th><th>说明</th></tr>
<tr><td>3</td><td>油中溶解气体色谱分析</td><td>1）投运前
2）大修后
3）必要时</td><td>油中溶解气体组分含量（体积分数）超过下列任一值时应引起注意：
H_2 500×10^{-6}
CH_4 100×10^{-6}
C_2H_2 2×10^{-6}（110kV及以下）
1×10^{-6}（220～500kV）</td><td></td></tr>
<tr><td>4</td><td>交流耐压试验</td><td>1）大修后
2）必要时</td><td>试验电压值为出厂值的85%</td><td>35kV及以下纯瓷穿墙套管可随母线绝缘子一起耐压</td></tr>
<tr><td>5</td><td>66kV及以上电容型套管的局部放电测量</td><td>1）大修后
2）必要时</td><td>1）变压器及电抗器套管的试验电压为$1.5U_m/\sqrt{3}$
2）其他套管的试验电压为$1.05U_m/\sqrt{3}$
3）在试验电压下局部放电值（pC）不大于：
<table><tr><th></th><th>油纸电容型</th><th>胶纸电容型</th></tr><tr><td>大修后</td><td>10</td><td>250（100）</td></tr><tr><td>运行中</td><td>20</td><td>自行规定</td></tr></table></td><td>1）垂直安装的套管水平存放1年以上投运前宜进行本项目试验
2）括号内的局部放电值适用于非变压器、电抗器的套管</td></tr>
</table>

注 1. 充油套管指以油作为主绝缘的套管。
2. 油纸电容型套管指以油纸电容芯为主绝缘的套管。
3. 充胶套管指以胶为主绝缘的套管。
4. 胶纸电容型套管指以胶纸电容芯为主绝缘的套管。
5. 胶纸型套管指以胶纸为主绝缘与外绝缘的套管（如一般室内无瓷套胶纸套管）。

9.2 各类试验项目。

定期试验项目见表20中序号1、2。

大修后试验项目见表20中序号1、2、3、4、5。

10 支柱绝缘子和悬式绝缘子

发电厂和变电所的支柱绝缘子和悬式绝缘子的试验项目、周期和要求见表21。

11 电力电缆线路

11.1 一般规定

表21 发电厂和变电所的支柱绝缘子和悬式绝缘子的试验项目、周期和要求

<table>
<tr><th>序号</th><th>项目</th><th>周期</th><th>要求</th><th>说明</th></tr>
<tr><td>1</td><td>零值绝缘子检测（66kV及以上）</td><td>1～5年</td><td>在运行电压下检测</td><td>1）可根据绝缘子的劣化率调整检测周期
2）对多元件针式绝缘子应检测每一元件</td></tr>
<tr><td>2</td><td>绝缘电阻</td><td>1）悬式绝缘子1～5年
2）针式支柱绝缘子1～5年</td><td>1）针式支柱绝缘子的每一元件和每片悬式绝缘子的绝缘电阻不应低于300MΩ，500kV悬式绝缘子不低于500MΩ
2）半导体釉绝缘子的绝缘电阻自行规定</td><td>1）采用2500V及以上兆欧表
2）棒式支柱绝缘子不进行此项试验</td></tr>
</table>

续表

序号	项目	周期	要求	说明
3	交流耐压试验	1）单元件支柱绝缘子1～5年 2）悬式绝缘子1～5年 3）针式支柱绝缘子1～5年 4）随主设备 5）更换绝缘子时	1）支柱绝缘子的交流耐压试验电压值见附录B 2）35kV针式支柱绝缘子交流耐压试验电压值如下： 两个胶合元件者，每元件50kV；三个胶合元件者，每元件34kV 3）机械破坏负荷为60～300kN的盘形悬式绝缘子交流耐压试验电压值均取60kV	1）35kV针式支柱绝缘子可根据具体情况按左栏要求1）或2）进行 2）棒式绝缘子不进行此项试验
4	绝缘子表面污秽物的等值盐密	1年	参照附录C污秽等级与对应附盐密度值检查所测盐密值与当地污秽等级是否一致。结合运行经验，将测量值作为调整耐污绝缘水平和监督绝缘安全运行的依据。盐密值超过规定时，应根据情况采取调爬、清扫、涂料等措施	应分别在户外能代表当地污染程度的至少一串悬垂绝缘子和一根棒式支柱上取样，测量在当地积污最重的时期进行

注 运行中针式支柱绝缘子和悬式绝缘子的试验项目可在检查零值、绝缘电阻及交流耐压试验中任选一项。玻璃悬式绝缘子不进行序号1、2、3项中的试验，运行中自破的绝缘子应及时更换。

11.1.1 对电缆的主绝缘作直流耐压试验或测量绝缘电阻时，应分别在每一相上进行。对一相进行试验或测量时，其他两相导体、金属屏蔽或金属套和铠装层一起接地。

11.1.2 新敷设的电缆线路投入运行3～12个月，一般应作1次直流耐压试验，以后再按正常周期试验。

11.1.3 试验结果异常，但根据综合判断允许在监视条件下继续运行的电缆线路，其试验周期应缩短，如在不少于6个月时间内，经连续3次以上试验，试验结果不变坏，则以后可以按正常周期试验。

11.1.4 对金属屏蔽或金属套一端接地，另一端装有护层过电压保护器的单芯电缆主绝缘作直流耐压试验时，必须将护层过电压保护器短接，使这一端的电缆金属屏蔽或金属套临时接地。

11.1.5 耐压试验后，使导体放电时，必须通过每千伏约80kΩ的限流电阻反复几次放电直至无火花后，才允许直接接地放电。

11.1.6 除自容式充油电缆线路外，其他电缆线路在停电后投运之前，必须确认电缆的绝缘状况良好。凡停电超过一星期但不满一个月的电缆线路，应用兆欧表测量该电缆导体对地绝缘电阻，如有疑问时，必须用低于常规直流耐压试验电压的直流电压进行试验，加压时间1min；停电超过一个月但不满一年的电缆线路，必须做50%规定试验电压值的直流耐压试验，加压时间1min；停电超过一年的电缆线路必须做常规的直流耐压试验。

11.1.7 对额定电压为0.6/1kV的电缆线路可用1000V或2500V兆欧表测量导体对地绝缘电阻代替直流耐压试验。

11.1.8 直流耐压试验时，应在试验电压升至规定值后1min以及加压时间达到规定时测量泄漏电流。泄漏电流值和不平衡系数（最大值与最小值之比）只作为判断绝缘状况的参考，不作为是否能投入运行的判据。但如发现泄漏电流与上次试验值相比有很大变化，或泄漏电流不稳定，随试验电压的升高或加压时间的增加而急剧上升时，应查明原因。如系终端头表面泄漏电流或对地杂散电流等因素的影响，则应加以消除；如怀疑电缆线路绝缘不良，则可提高试验电压（以不超过产品标准规定的出厂试验直流电压为宜）或延长试验时间，确定能否继续运行。

11.1.9 运行部门根据电缆线路的运行情况、以往的经验和试验成绩，可以适当延长试验周期。

11.2 纸绝缘电力电缆线路

本条规定适用于黏性油纸绝缘电力电缆和不滴流油纸绝缘电力电缆线路。纸绝缘电力电缆线路的试验项目、周期和要求见表22。

11.3 橡塑绝缘电力电缆线路

橡塑绝缘电力电缆是指聚氯乙烯绝缘、交联聚乙烯绝缘和乙丙橡皮绝缘电力电缆。

11.3.1 橡塑绝缘电力电缆线路的试验项目、周期和要求见表24。

表22　　纸绝缘电力电缆线路的试验项目、周期和要求

序号	项　目	周　期	要　　求	说　　明
1	绝缘电阻	在直流耐压试验之前进行	自行规定	额定电压0.6/1kV电缆用1000V兆欧表；0.6/1kV以上电缆用2500V兆欧表（6/6kV及以上电缆也可用5000V兆欧表）
2	直流耐压试验	1）1～3年 2）新作终端或接头后进行	1）试验电压值按表23规定，加压时间5min，不击穿 2）耐压5min时的泄漏电流值不应大于耐压1min时的泄漏电流值 3）三相之间的泄漏电流不平衡系数不应大于2	6/6kV及以下电缆的泄漏电流小于10μA，8.7/10kV电缆的泄漏电流小于20μA时，对不平衡系数不作规定

表23　　纸绝缘电力电缆的直流耐压试验电压　　kV

电缆额定电压 U_0/U	直流试验电压	电缆额定电压 U_0/U	直流试验电压	电缆额定电压 U_0/U	直流试验电压
1.0/3	12	6/6	30	21/35	105
3.6/6	17	6/10	40	26/35	130
3.6/6	24	8.7/10	47		

表24　　橡塑绝缘电力电缆线路的试验项目、周期和要求

序号	项　目	周　期	要　　求	说　　明
1	电缆主绝缘绝缘电阻	1）重要电缆：1年 2）一般电缆： a）3.6/6kV及以上3年 b）3.6/6kV以下5年	自行规定	0.6/1kV电缆用1000V兆欧表；0.6/1kV以上电缆用2500V兆欧表（6/6kV及以上电缆也可用5000V兆欧表）
2	电缆外护套绝缘电阻	1）重要电缆：1年 2）一般电缆： a）3.6/6kV及以上3年 b）3.6/6kV以下5年	每千米绝缘电阻值不应低于0.5MΩ	采用500V兆欧表。当每千米的绝缘电阻低于0.5MΩ时应采用附录D中叙述的方法判断外护套是否进水 本项试验只适用于三芯电缆的外护套，单芯电缆外护套试验按本表第6项
3	电缆内衬层绝缘电阻	1）重要电缆：1年 2）一般电缆： a）3.6/6kV及以上3年 b）3.6/6kV以下5年	每千米绝缘电阻值不应低于0.5MΩ	采用500V兆欧表。当每千米的绝缘电阻低于0.5MΩ时应采用附录D中叙述的方法判断内衬层是否进水

续表

序号	项　目	周　期	要　求	说　明
4	铜屏蔽层电阻和导体电阻比	1）投运前 2）重作终端或接头后 3）内衬层破损进水后	对照投运前测量数据自行规定	试验方法见 11.3.2 条
5	电缆主绝缘直流耐压试验	新作终端或接头后	1）试验电压值按表 25 规定，加压时间 5min，不击穿 2）耐压 5min 时的泄漏电流不应大于耐压 1min 时的泄漏电流	
6	交叉互联系统	2～3 年	见 11.4.4 条	

注　为了实现序号 2、3 和 4 项的测量，必须对橡塑电缆附件安装工艺中金属层的传统接地方法按附录 E 加以改变。

11.3.2　铜屏蔽层电阻和导体电阻比的试验方法：

a）用双臂电桥测量在相同温度下的铜屏蔽层和导体的直流电阻。

b）当前者与后者之比与投运前相比增加时，表明铜屏蔽层的直流电阻增大，铜屏蔽层有可能被腐蚀；当该比值与投运前相比减少时，表明附件中的导体连接点的接触电阻有增大的可能。

表 25　　**橡塑绝缘电力电缆的直流耐压试验电压**　　kV

电缆额定电压 U_0/U	直流试验电压	电缆额定电压 U_0/U	直流试验电压	电缆额定电压 U_0/U	直流试验电压
1.8/3	11	8.7/10	37	64/110	192
3.6/6	18	21/35	63	127/220	305
6/6	25	26/35	78		
6/10	25	48/66	144		

11.4　自容式充油电缆线路

11.4.1　自容式充油电缆线路的试验项目、周期和要求见表 26。

表 26　　**自容式充油电缆线路的试验项目、周期和要求**

序号	项　目	周　期	要　求	说　明
1	电缆主绝缘直流耐压试验	1）电缆失去油压并导致受潮或进气经修复后 2）新作终端或接头后	试验电压值按表 27 规定，加压时间 5min，不击穿	
2	电缆外护套和接头外护套的直流耐压试验	2～3 年	试验电压 6kV，试验时间 1min，不击穿	1）根据以往的试验成绩，积累经验后，可以用测量绝缘电阻代替，有疑问时再作直流耐压试验 2）本试验可与交叉互联系统中绝缘接头外护套的直流耐压试验结合在一起进行

续表

序号	项　目	周　期	要　求	说　明
3	压力箱 a）供油特性 b）电缆油击穿电压 c）电缆油的 tgδ	与其直接连接的终端和塞止接头发生故障后	见 11.4.2 条 不低于 50kV 不大于 0.005（100℃时）	见 11.4.2 条 见 11.4.5.1 条 见 11.4.5.2 条
4	油压示警系统 a）信号指示 b）控制电缆线芯对地绝缘	6 个月 1～2 年	能正确发出相应的示警信号 每千米绝缘电阻不小于 1MΩ	见 11.4.3 条 采用 100V 或 250V 兆欧表测量
5	交叉互联系统	2～3 年	见 11.4.4 条	
6	电缆及附件内的电缆油 a）击穿电压 b）tgδ c）油中溶解气体	2～3 年 2～3 年 怀疑电缆绝缘过热老化或终端或塞止接头存在严重局部放电时	不低于 45kV 见 11.4.5.2 条 见表 28	

表 27　　自容式充油电缆主绝缘直流耐压试验电压　　kV

电缆额定电压 U_0/U	GB 311.1 规定的雷电冲击耐受电压	直流试验电压	电缆额定电压 U_0/U	GB 311.1 规定的雷电冲击耐受电压	直流试验电压
48/66	325 350	163 175	190/330	1050 1175 1300	525 590 650
64/110	450 550	225 275			
127/220	850 950 1050	425 475 510	290/500	1425 1550 1675	715 775 840

11.4.2　压力箱供油特性的试验方法和要求：

试验按 GB 9326.5 中 6.3 进行。压力箱的供油量不应小于压力箱供油特性曲线所代表的标称供油量的 90%。

11.4.3　油压示警系统信号指示的试验方法和要求：

合上示警信号装置的试验开关应能正确发出相应的声、光示警信号。

11.4.4　交叉互联系统试验方法和要求：

交叉互联系统除进行下列定期试验外，如在交叉互联大段内发生故障，则也应对该大段进行试验。如交叉互联系统内直接接地的接头发生故障时，则与该接头连接的相邻两个大段都应进行试验。

11.4.4.1　电缆外护套、绝缘接头外护套与绝缘夹板的直流耐压试验：试验时必须将护层过电压保护器断开。在互联箱中将另一侧的三段电缆金属套都接地，使绝缘接头的绝缘夹板也能结合在一起试验，然后在

每段电缆金属屏蔽或金属套与地之间施加直流电压5kV，加压时间1min，不应击穿。

11.4.4.2　非线性电阻型护层过电压保护器。

a）碳化硅电阻片：将连接线拆开后，分别对三组电阻片施加产品标准规定的直流电压后测量流过电阻片的电流值。这三组电阻片的直流电流值应在产品标准规定的最小和最大值之间。如试验时的温度不是20℃，则被测电流值应乘以修正系数（$120-t$)/100（t为电阻片的温度,℃）。

b）氧化锌电阻片：对电阻片施加直流参考电流后测量其压降，即直流参考电压，其值应在产品标准规定的范围之内。

c）非线性电阻片及其引线的对地绝缘电阻：将非线性电阻片的全部引线并联在一起与接地的外壳绝缘后，用1000V兆欧计测量引线与外壳之间的绝缘电阻，其值不应小于10MΩ。

11.4.4.3　互联箱。

a）接触电阻：本试验在作完护层过电压保护器的上述试验后进行。将闸刀（或连接片）恢复到正常工作位置后，用双臂电桥测量闸刀（或连接片）的接触电阻，其值不应大于20μΩ。

b）闸刀（或连接片）连接位置：本试验在以上交叉互联系统的试验合格后密封互联箱之前进行。连接位置应正确。如发现连接错误而重新连接后，则必须重测闸刀（或连接片）的接触电阻。

11.4.5　电缆及附件内的电缆油的试验方法和要求。

11.4.5.1　击穿电压：试验按GB/T 507规定进行。在室温下测量油的击穿电压。

11.4.5.2　tgδ：采用电桥以及带有加热套能自动控温的专用油杯进行测量。电桥的灵敏度不得低于1×10^{-5}，准确度不得低于1.5%，油杯的固有tgδ不得大于5×10^{-5}，在100℃及以下的电容变化率不得大于2%。加热套控温的控温灵敏度为0.5℃或更小，升温至试验温度100℃的时间不得超过1h。

电缆油在温度100±1℃和场强1MV/m下的tgδ不应大于下列数值：

53/66～127/220kV　　0.03

190/330kV　　0.01

11.4.6　油中溶解气体分析的试验方法和要求按GB 7252规定。电缆油中溶解的各气体组分含量的注意值见表28，但注意值不是判断充油电缆有无故障的唯一指标，当气体含量达到注意值时，应进行追踪分析查明原因，试验和判断方法参照GB 7252进行。

表28　　电缆油中溶解气体组分含量的注意值

电缆油中溶解气体的组分	注意值$\times10^{-6}$（体积分数）	电缆油中溶解气体的组分	注意值$\times10^{-6}$（体积分数）
可燃气体总量	1500	CO_2	1000
H_2	500	CH_4	200
C_2H_2	痕量	C_2H_6	200
CO	100	C_2H_4	200

12　电容器

12.1　高压并联电容器、串联电容器和交流滤波电容器

12.1.1　高压并联电容器、串联电容器和交流滤波电容器的试验项目、周期和要求见表29。

表29　　高压并联电容器、串联电容器和交流滤波电容器的试验项目、周期和要求

序号	项　目	周　期	要　求	说　明
1	极对壳绝缘电阻	1）投运后1年内 2）1～5年	不低于2000MΩ	1）串联电容器用1000V兆欧表，其他用2500V兆欧表 2）单套管电容器不测

续表

序号	项　目	周　期	要　　求	说　　明
2	电容值	1）投运后1年内 2）1～5年	1）电容值偏差不超出额定值的－5%～＋10%范围 2）电容值不应小于出厂值的95%	用电桥法或电流电压法测量
3	并联电阻值测量	1）投运后1年内 2）1～5年	电阻值与出厂值的偏差应在±10%范围内	用自放电法测量
4	渗漏油检查	6个月	漏油时停止使用	观察法

12.1.2　定期试验项目见表29中全部项目。

12.1.3　交流滤波电容器组的总电容值应满足交流滤波器调谐的要求。

12.2　耦合电容器和电容式电压互感器的电容分压器

12.2.1　耦合电容器和电容式电压互感器的电容分压器的试验项目、周期和要求见表30。

表30　　耦合电容器和电容式电压互感器的电容分压器的试验项目、周期和要求

序号	项　目	周　期	要　　求	说　　明
1	极间绝缘电阻	1）投运后1年内 2）1～3年	一般不低于5000MΩ	用2500V兆欧表
2	电容值	1）投运后1年内 2）1～3年	1）每节电容值偏差不超出额定值的－5%～＋10%范围 2）电容值大于出厂值的102%时应缩短试验周期 3）一相中任两节实测电容值相差不超过5%	用电桥法
3	tgδ	1）投运后1年内 2）1～3年	10kV下的tgδ值不大于下列数值： 油纸绝缘0.005 膜纸复合绝缘0.002	1）当tgδ值不符合要求时，可在额定电压下复测，复测值如符合10kV下的要求，可继续投运 2）电容式电压互感器低压电容的试验电压值自定
4	渗漏油检查	6个月	漏油时停止使用	用观察法
5	低压端对地绝缘电阻	1～3年	一般不低于100MΩ	采用1000V兆欧表
6	局部放电试验	必要时	预加电压$0.8\times1.3U_m$，持续时间不小于10s，然后在测量电压$1.1U_m/\sqrt{3}$下保持1min，局部放电量一般不大于10pC	如受试验设备限制预加电压可以适当降低
7	交流耐压试验	必要时	试验电压为出厂试验电压的75%	

12.2.2　定期试验项目见表30中序号1、2、3、4、5。

12.2.3　电容式电压互感器的电容分压器的电容值与出厂值相差超出±2%范围时，或电容分压比与出厂试验实测分压比相差超过2%时，准确度0.5级及0.2级的互感器应进行准确度试验。

12.2.4　局部放电试验仅在其他试验项目判断电容器绝缘有疑问时进行。放电量超过规定时，应综合判断。局部放电量无明显增长时一般仍可用，但应加强监视。

12.2.5　带电测量耦合电容器的电容值能够判断设备的绝缘状况，可以在运行中随时进行测量。

12.2.5.1　测量方法：

在运行电压下，用电流表或电流变换器测量流过耦合电容器接地线上的工作电流，并同时记录运行电压，然后计算其电容值。

12.2.5.2　判断方法：

a）计算得到的电容值的偏差超出额定值的－5%～＋10%范围时，应停电进行试验。

b）与上次测量相比，电容值变化超过±10%时，应停电进行试验。

c）电容值与出厂试验值相差超出±5%时，应增加带电测量次数，若测量数据基本稳定，可以继续运行。

12.2.5.3　对每台由两节组成的耦合电容器，仅对整台进行测量，判断方法中的偏差限值均除以2。本方法不适用于每台由三节及四节组成的耦合电容器。

12.3　断路器电容器

断路器电容器的试验项目、周期和要求见表31。

表31　断路器电容器的试验项目、周期和要求

序号	项　目	周　期	要　　求	说　　明
1	极间绝缘电阻	1）1～3年 2）断路器大修后	一般不低于5000MΩ	采用2500V兆欧表
2	电容值	1）1～3年 2）断路器大修后	电容值偏差应在额定值的±5%范围内	用电桥法
3	tgδ	1）1～3年 2）断路器大修后	10kV下的tgδ值不大于下列数值： 油纸绝缘0.005 膜纸复合绝缘0.0025	
4	渗漏油检查	6个月	漏油时停止使用	

12.4　集合式电容器

集合式电容器的试验项目、周期和要求见表32。

表32　集合式电容器的试验项目、周期和要求

序号	项　目	周　期	要　　求	说　　明
1	相间和极对壳绝缘电阻	1）1～5年 2）吊芯修理后	自行规定	1）采用2500V兆欧表 2）仅对有六个套管的三相电容器测量相间绝缘电阻
2	电容值	1）投运后1年内 2）1～5年 3）吊芯修理后	1）每相电容值偏差应在额定值的－5%～＋10%的范围内，且电容值不小于出厂值的96% 2）三相中每两线路端子间测得的电容值的最大值与最小值之比不大于1.06 3）每相用三个套管引出的电容器组，应测量每两个套管之间的电容	

续表

序号	项　目	周　期	要　　求	说　　明
2	电容值	1）投运后1年内 2）1～5年 3）吊芯修理后	量，其值与出厂值相差在±5%范围内	
3	相间和极对壳交流耐压试验	1）必要时 2）吊芯修理后	试验电压为出厂试验值的75%	仅对有六个套管的三相电容器进行相间耐压
4	绝缘油击穿电压	1）1～5年 2）吊芯修理后	参照表36中序号6	
5	渗漏油检查	1年	漏油应修复	观察法

12.5　高压并联电容器装置

装置中的开关、并联电容器、电压互感器、电流互感器、母线支架、避雷器及二次回路按本规程的有关规定。

12.5.1　单台保护用熔断器。

单台保护用熔断器的试验项目、周期和要求见表33。

表33　　单台保护用熔断器的试验项目、周期和要求

序号	项　目	周　期	要　　求	说　　明
1	直流电阻	必要时	与出厂值相差不大于20%	
2	检查外壳及弹簧情况	1年	无明显锈蚀现象，弹簧拉力无明显变化，工作位置正确，指示装置无卡死等现象	

12.5.2　串联电抗器。

12.5.2.1　串联电抗器的试验项目、周期和要求见表34。

表34　　串联电抗器的试验项目、周期和要求

序号	项　目	周　期	要　　求	说　　明
1	绕组绝缘电阻	1）1～5年 2）大修后	一般不低于1000MΩ（20℃）	采用2500V兆欧表
2	绕组直流电阻	1）必要时 2）大修后	1）三相绕组间的差别不应大于三相平均值的4% 2）与上次测量值相差不大于2%	
3	电抗（或电感）值	1）1～5年 2）大修后	自行规定	
4	绝缘油击穿电压	1）1～5年 2）大修后	参照表36中序号6	
5	绕组 $tg\delta$	1）大修后 2）必要时	20℃下的 $tg\delta$（%）值不大于： 35kV及以下3.5 66kV 2.5	仅对800kvar以上的油浸铁芯电抗器进行

续表

序号	项　目	周　期	要　求	说　明
6	绕组对铁芯和外壳交流耐压及相间交流耐压	1）大修后 2）必要时	1）油浸铁芯电抗器，试验电压为出厂试验电压的85% 2）干式空心电抗器只需对绝缘支架进行试验，试验电压同支柱绝缘子	
7	轭铁梁和穿芯螺栓（可接触到）的绝缘电阻	大修时	自行规定	

12.5.2.2　各类试验项目：

定期试验项目见表34中序号1、3、4。

大修时或大修后试验项目见表34中序号1、2、3、4、5、6、7。

12.5.3　放电线圈。

12.5.3.1　放电线圈的试验项目、周期和要求见表35。

表35　　放电线圈的试验项目、周期和要求

序号	项　目	周　期	要　求	说　明
1	绝缘电阻	1）1～5年 2）大修后	不低于1000MΩ	一次绕组用2500V兆欧表，二次绕组用1000V兆欧表
2	绕组的tgδ	1）大修后 2）必要时	参照表8中序号2	
3	交流耐压试验	1）大修后 2）必要时	试验电压为出厂试验电压的85%	用感应耐压法
4	绝缘油击穿电压	1）大修后 2）必要时	参照表36中序号6	
5	一次绕组直流电阻	1）大修后 2）必要时	与上次测量值相比无明显差异	
6	电压比	必要时	符合制造厂规定	

12.5.3.2　各类试验项目：

定期试验项目见表35中序号1。

大修后试验项目见表35中序号1、2、3、4、5。

13　绝缘油和六氟化硫气体

13.1　变压器油

13.1.1　新变压器油的验收，应按GB 2536或SH 0040的规定。

13.1.2　运行中变压器油的试验项目和要求见表36，试验周期如下：

a）330kV和500kV变压器、电抗器油，试验周期为1年的项目有序号1、2、3、5、6、7、8、9、10；

b）66～220kV变压器、电抗器和1000kVA及以上所、厂用变压器油，试验周期为1年的项目有序号1、2、3、6，必要时试验的项目有5、8、9；

表 36　　变压器油的试验项目和要求

序号	项　目	要　求		说　明
		投入运行前的油	运　行　油	
1	外观	透明、无杂质或悬浮物		将油样注入试管中冷却至5℃在光线充足的地方观察
2	水溶性酸 pH 值	≥5.4	≥4.2	按 GB 7598 进行试验
3	酸值 mgKOH/g	≤0.03	≤0.1	按 GB 264 或 GB 7599 进行试验
4	闪点（闭口）℃	≥140（10 号、25 号油） ≥135（45 号油）	1）不应比左栏要求低 5℃ 2）不应比上次测定值低 5℃	按 GB 261 进行试验
5	水分　mg/L	66～110kV≤20 220kV≤15 330～500kV≤10	66～110kV≤35 220kV≤25 330～500kV≤15	运行中设备，测量时应注意温度的影响，尽量在顶层油温高于 50℃时采样，按 GB 7600 或 GB 7601 进行试验
6	击穿电压　kV	15kV 以下≥30 15～35kV≥35 66～220kV≥40 330kV≥50 500kV≥60	15kV 以下≥25 15～35kV≥30 66～220kV≥35 330kV≥45 500kV≥50	按 GB/T 507 和 DL/T 429.9 方法进行试验
7	界面张力（25℃）mN/m	≥35	≥19	按 GB/T 6541 进行试验
8	tgδ（90℃）%	330kV 及以下≤1 500kV　≤0.7	300kV 及以下≤4 500kV　≤2	按 GB 5654 进行试验
9	体积电阻率（90℃）　Ω·m	≥6×10^{10}	500kV≥1×10^{10} 330kV 及以下≥3×10^{9}	按 DL/T 421 或 GB 5654 进行试验
10	油中含气量（体积分数）　%	330kV 500kV ≤1	一般不大于 3	按 DL/T 423 或 DL/T 450 进行试验
11	油泥与沉淀物（质量分数）　%		一般不大于 0.02	按 GB/T 511 试验，若只测定油泥含量，试验最后采用乙醇一苯（1∶4）将油泥洗于恒重容器中，称重
12	油中溶解气体色谱分析	变压器、电抗器 互感器 套管 电力电缆	见第 6 章 见第 7 章 见第 9 章 见第 11 章	取样、试验和判断方法分别按 GB 7597、SD 304 和 GB 7252 的规定进行

注　1. 对全密封式设备加互感器，不易取样或补充油，应根据具体情况决定是否采样。
2. 有载调压开关用的变压器油的试验项目、周期和要求按制造厂规定。

c）35kV 及以下变压器油试验周期为 3 年的项目有序号 6；

d）新变压器、电抗器投运前、大修后油试验项目有序号 1、2、3、4、5、6、7、8、9（对 330、500kV 的设备增加序号 10）；

e）互感器、套管油的试验结合油中溶解气体色谱分析试验进行，项目按第 7、9 章有关规定；

f）序号 11 项目在必要时进行。

13.1.3　设备和运行条件的不同，会导致油质老化速度不同，当主要设备用油的 pH 值接近 4.4 或颜色骤

然变深，其他指标接近允许值或不合格时，应缩短试验周期，增加试验项目，必要时采取处理措施。

13.1.4　关于补油或不同牌号油混合使用的规定。

13.1.4.1　补加油品的各项特性指标不应低于设备内的油。如果补加到已接近运行油质量要求下限的设备油中，有时会导致油中迅速析出油泥，故应预先进行混油样品的油泥析出和 tgδ 试验。试验结果无沉淀物产生且 tgδ 不大于原设备内油的 tgδ 值时，才可混合。

13.1.4.2　不同牌号新油或相同质量的运行中油，原则上不宜混合使用。如必须混合时应按混合油实测的凝点决定是否可用。

13.1.4.3　对于国外进口油、来源不明以及所含添加剂的类型并不完全相同的油，如需要与不同牌号油混合时，应预先进行参加混合的油及混合后油样的老化试验。

13.1.4.4　油样的混合比应与实际使用的混合比一致，如实际使用比不详，则采用1∶1 比例混合。

13.2　断路器油

13.2.1　断路器专用油的新油应按 SH 0351 进行验收。

13.2.2　运行中断路器油的试验项目、周期和要求见表 37。

表 37　　**运行中断路器油的试验项目、周期和要求**

序号	项　目	要　求	周　期	说　明
1	水溶性酸 pH 值	≥4.2	1）110kV 及以上新设备投运前或大修后检验项目为序号 1～7，运行中为 1 年，检验项目为序号 4 2）110kV 以下新设备投运前或大修后检验项目为序号 1～7。运行中不大于 3 年，检验项目为序号 4 3）少油断路器（油量为 60kg 以下）小于 3 年或以换油代替	按 GB 7598 进行试验
2	机械杂质	无		外观目测
3	游离碳	无较多碳悬浮于油中		外观目测
4	击穿电压　kV	110kV 以上： 投运前或大修后≥40 运行中≥35 110kV 及以下： 投运前或大修后≥35 运行中≥30		按 GB/T 507 和 DL/T 429.9 方法进行试验
5	水分　mg/L	110kV 以上： 投运前或大修后≤15 运行中≤25 110kV 及以下： 投运前或大修后≤20 运行中≤35		见表 36 序号 5
6	酸值 mgKOH/g	≤0.1		按 GB 264 或 GB 7599 进行试验
7	闪点（闭口）℃	不应比新油低 5		按 GB 261 进行试验

13.3　SF_6 气体

13.3.1　SF_6 新气到货后，充入设备前应按 GB 12022 验收。抽检率为十分之三。同一批相同出厂日期的，只测定含水量和纯度。

13.3.2　SF_6 气体在充入电气设备 24h 后，方可进行试验。

13.3.3　关于补气和气体混合使用的规定：

a）所补气体必须符合新气质量标准，补气时应注意接头及管路的干燥；

b）符合新气质量标准的气体均可混合使用。

13.3.4　运行中 SF_6 气体的试验项目、周期和要求见表 38。

表 38　　运行中 SF_6 气体的试验项目、周期和要求

序号	项　目	周　期	要　求	说　明
1	湿度（20℃ 体积分数）　10^{-6}	1）1～3 年（35kV 以上） 2）大修后 3）必要时	1）断路器灭弧室气室 大修后不大于 150 运行中不大于 300 2）其他气室 大修后不大于 250 运行中不大于 500	1）按 GB 12022、SD 306［六氟化硫气体中水分含量测定法（电解法）］和 DL 506—92《现场 SF_6 气体水分测定方法》进行 2）新装及大修后 1 年内复测 1 次，如湿度符合要求，则正常运行中 1～3 年 1 次 3）周期中的“必要时”是指新装及大修后 1 年内复测湿度不符合要求或漏气超过表 10 中序号 2 的要求和设备异常时，按实际情况增加的检测
2	密度（标准状态下）　kg/m^3	必要时	6.16	按 SD 308《六氟化硫新气中密度测定法》进行
3	毒性	必要时	无毒	按 SD 312《六氟化硫气体毒性生物试验方法》进行
4	酸度　μg/g	1）大修后 2）必要时	≤0.3	按 SD 307《六氟化硫新气中酸度测定法》或用检测管进行测量
5	四氟化碳（质量分数）　%	1）大修后 2）必要时	1）大修后≤0.05 2）运行中≤0.1	按 SD 311《六氟化硫新气中空气一四氟化碳的气相色谱测定法》进行
6	空气（质量分数）　%	1）大修后 2）必要时	1）大修后≤0.05 2）运行中≤0.2	按 SD 311《六氟化硫新气中空气一四氟化碳的气相色谱测定法》进行
7	可水解氟化物　μg/g	1）大修后 2）必要时	≤1.0	按 SD 309《六氟化碳气体中可水解氟化物含量测定法》进行
8	矿物油　μg/g	1）大修后 2）必要时	≤10	按 SD 310《六氟化硫气体中矿物油含量测定法（红外光谱法）》进行

14　避雷器

14.1　阀式避雷器的试验项目、周期和要求见表 39。

14.2　金属氧化物避雷器的试验项目、周期和要求见表 40。

14.3　GIS 用金属氧化物避雷器的试验项目、周期和要求：

a）避雷器大修时，其 SF_6 气体按表 38 的规定；

b）避雷器运行中的密封检查按表 10 的规定；

c）其他有关项目按表 40 中序号 3、4、6 规定。

15　母线

15.1　封闭母线

15.1.1　封闭母线的试验项目、周期和要求见表 41。

15.1.2　各类试验项目：

大修时试验项目见表 41 中序号 1、2。

15.2　一般母线

15.2.1　一般母线的试验项目、周期和要求见表 42。

15.2.2　各类试验项目：

定期试验项目见表 42 中序号 1、2。

大修时试验项目见表 42 中序号 1、2。

16 二次回路

16.1 二次回路的试验项目、周期和要求见表 43。

16.2 各类试验项目：

大修时试验项目见表 43 中序号 1、2。

17 1kV 及以下的配电装置和电力布线

1kV 及以下的配电装置和电力布线的试验项目、周期和要求见表 44。

表 39 **阀式避雷器的试验项目、周期和要求**

<table>
<tr><th>序号</th><th>项　目</th><th>周　期</th><th>要　　求</th><th>说　　明</th></tr>
<tr><td>1</td><td>绝缘电阻</td><td>1）发电厂、变电所避雷器每年雷雨季前
2）线路上避雷器 1～3 年
3）大修后
4）必要时</td><td>1）FZ（PBC. LD）、FCZ 和 FCD 型避雷器的绝缘电阻自行规定，但与前一次或同类型的测量数据进行比较，不应有显著变化
2）FS 型避雷器绝缘电阻应不低于 2500MΩ</td><td>1）采用 2500V 及以上兆欧表
2）FZ、FCZ 和 FCD 型主要检查并联电阻通断和接触情况</td></tr>
<tr><td>2</td><td>电导电流及串联组合元件的非线性因数差值</td><td>1）每年雷雨季前
2）大修后
3）必要时</td><td>1）FZ、FCZ、FCD 型避雷器的电导电流参考值见附录 F 或制造厂规定值，还应与历年数据比较，不应有显著变化
2）同一相内串联组合元件的非线性因数差值，不应大于 0.05；电导电流相差值（%）不应大于 30%
3）试验电压如下：
<table><tr><td>元件额定电压 kV</td><td>3</td><td>6</td><td>10</td><td>15</td><td>20</td><td>30</td></tr><tr><td>试验电压 U_1 kV</td><td>—</td><td>—</td><td>—</td><td>8</td><td>10</td><td>12</td></tr><tr><td>试验电压 U_2 kV</td><td>4</td><td>6</td><td>10</td><td>16</td><td>20</td><td>24</td></tr></table></td><td>1）整流回路中应加滤波电容器，其电容值一般为 0.01～0.1μF，并应在高压侧测量电流
2）由两个及以上元件组成的避雷器应对每个元件进行试验
3）非线性因数差值及电导电流相差值计算见附录 F
4）可用带电测量方法进行测量，如对测量结果有疑问时，应根据停电测量的结果作出判断
5）如 FZ 型避雷器的非线性因数差值大于 0.05，但电导电流合格，允许作换节处理，换节后的非线性因数差值不应大于 0.05
6）运行中 PBC 型避雷器的电导电流一般应在 300～400μA 范围内</td></tr>
<tr><td>3</td><td>工频放电电压</td><td>1）1～3 年
2）大修后
3）必要时</td><td>1）FS 型避雷器的工频放电电压在下列范围内：
<table><tr><td colspan="2">额定电压 kV</td><td>3</td><td>6</td><td>10</td></tr><tr><td rowspan="2">放电电压 kV</td><td>大修后</td><td>9～11</td><td>16～19</td><td>26～31</td></tr><tr><td>运行中</td><td>8～12</td><td>15～21</td><td>23～33</td></tr></table>2）FZ、FCZ 和 FCD 型避雷器的电导电流值及 FZ、FCZ 型避雷器的工频放电电压参考值见附录 F</td><td>带有非线性并联电阻的阀型避雷器只在解体大修后进行</td></tr>
</table>

续表

序号	项目	周期	要求	说明
4	底座绝缘电阻	1）发电厂、变电所避雷器每年雷雨季前 2）线路上避雷器1～3年 3）大修后 4）必要时	自行规定	采用2500V及以上的兆欧表
5	检查放电计数器的动作情况	1）发电厂、变电所内避雷器每年雷雨季前 2）线路上避雷器1～3年 3）大修后 4）必要时	测试3～5次，均应正常动作，测试后计数器指示应调到“0”	
6	检查密封情况	1）大修后 2）必要时	避雷器内腔抽真空至（300～400）×133Pa后，在5min内其内部气压的增加不应超过100Pa	

表40　　金属氧化物避雷器的试验项目、周期和要求

序号	项目	周期	要求	说明
1	绝缘电阻	1）发电厂、变电所避雷器每年雷雨季节前 2）必要时	1）35kV以上，不低于2500MΩ 2）35kV及以下，不低于1000MΩ	采用2500V及以上兆欧表
2	直流1mA电压（U_{1mA}）及$0.75U_{1mA}$下的泄漏电流	1）发电厂、变电所避雷器每年雷雨季前 2）必要时	1）不得低于GB 11032规定值 2）U_{1mA}实测值与初始值或制造厂规定值比较，变化不应大于±5% 3）$0.75U_{1mA}$下的泄漏电流不应大于50μA	1）要记录试验时的环境温度和相对湿度 2）测量电流的导线应使用屏蔽线 3）初始值系指交接试验或投产试验时的测量值
3	运行电压下的交流泄漏电流	1）新投运的110kV及以上者投运3个月后测量1次；以后每半年1次；运行1年后，每年雷雨季节前1次 2）必要时	测量运行电压下的全电流、阻性电流或功率损耗，测量值与初始值比较，有明显变化时应加强监测，当阻性电流增加1倍时，应停电检查	应记录测量时的环境温度，相对湿度和运行电压。测量宜在瓷套表面干燥时进行。应注意相间干扰的影响
4	工频参考电流下的工频参考电压	必要时	应符合GB 11032或制造厂规定	1）测量环境温度20±15℃ 2）测量应每节单独进行，整相避雷器有一节不合格，应更换该节避雷器（或整相更换），使该相避雷器为合格

续表

序号	项　目	周　期	要　求	说　明
5	底座绝缘电阻	1）发电厂、变电所避雷器每年雷雨季前 2）必要时	自行规定	采用2500V及以上兆欧表
6	检查放电计数器动作情况	1）发电厂、变电所避雷器每年雷雨季前 2）必要时	测试3～5次，均应正常动作，测试后计数器指示应调到“0”	

表41　　**封闭母线的试验项目、周期和要求**

序号	项　目	周　期	要　求	说　明
1	绝缘电阻	大修时	1）额定电压为15kV及以上全连式离相封闭母线在常温下分相绝缘电阻值不小于50MΩ 2）6kV共箱封闭母线在常温下分相绝缘电阻值不小于6MΩ	采用2500V兆欧表
2	交流耐压试验	大修时	<table><tr><th rowspan="2">额定电压 kV</th><th colspan="2">试验电压 kV</th></tr><tr><th>出　厂</th><th>现　场</th></tr><tr><td>≤1</td><td>4.2</td><td>3.2</td></tr><tr><td>6</td><td>42</td><td>32</td></tr><tr><td>15</td><td>57</td><td>43</td></tr><tr><td>20</td><td>68</td><td>51</td></tr><tr><td>24</td><td>70</td><td>53</td></tr></table>	

表42　　**一般母线的试验项目、周期和要求**

序号	项　目	周　期	要　求	说　明
1	绝缘电阻	1）1～3年 2）大修时	不应低于1MΩ/kV	
2	交流耐压试验	1）1～3年 2）大修时	额定电压在1kV以上时，试验电压参照表21中序号3；额定电压在1kV及以下时，试验电压参照表44中序号2	

表43　　**二次回路的试验项目、周期和要求**

序号	项　目	周　期	要　求	说　明
1	绝缘电阻	1）大修时 2）更换二次线时	1）直流小母线和控制盘的电压小母线，在断开所有其他并联支路时不应小于10MΩ 2）二次回路的每一支路和断路器、隔离开关、操作机构的电源回路不小于1MΩ；在比较潮湿的地方，允许降到0.5MΩ	采用500V或1000V兆欧表

续表

序号	项　目	周　期	要　求	说　明
2	交流耐压试验	1）大修时 2）更换二次线时	试验电压为1000V	1）不重要回路可用2500V兆欧表试验代替 2）48V及以下回路不做交流耐压试验 3）带有电子元件的回路，试验时应将其取出或两端短接

表44　　1kV及以下的配电装置和电力布线的试验项目、周期和要求

序号	项　目	周　期	要　求	说　明
1	绝缘电阻	设备大修时	1）配电装置每一段的绝缘电阻不应小于0.5MΩ 2）电力布线绝缘电阻一般不小于0.5MΩ	1）采用1000V兆欧表 2）测量电力布线的绝缘电阻时应将熔断器、用电设备、电器和仪表等断开
2	配电装置的交流耐压试验	设备大修时	试验电压为1000V	1）配电装置耐压为各相对地，48V及以下的配电装置不做交流耐压试验 2）可用2500V兆欧表试验代替
3	检查相位	更动设备或接线时	各相两端及其连接回路的相位应一致	

注　1. 配电装置指配电盘、配电台、配电柜、操作盘及载流部分。
2. 电力布线不进行交流耐压试验。

18　1kV以上的架空电力线路

1kV以上的架空电力线路的试验项目、周期和要求见表45。

表45　　1kV以上的架空电力线路的试验项目、周期和要求

序号	项　目	周　期	要　求	说　明
1	检查导线连接管的连接情况	1）2年 2）线路检修时	1）外观检查无异常 2）连接管压接后的尺寸及外形应符合要求	铜线的连接管检查周期可延长至5年
2	悬式绝缘子串的零值绝缘子检测（66kV及以上）	必要时	在运行电压下检测	玻璃绝缘子不进行此项试验，自破后应及时更换
3	线路的绝缘电阻（有带电的平行线路时不测）	线路检修后	自行规定	采用2500V及以上的兆欧表
4	检查相位	线路连接有变动时	线路两端相位应一致	
5	间隔棒检查	1）3年 2）线路检修时	状态完好，无松动无胶垫脱落等情况	

续表

序号	项　目	周　期	要　求	说　明
6	阻尼设施的检查	1）1～3年 2）线路检修时	无磨损松动等情况	
7	绝缘子表面等值附盐密度	1年	参照附录C污秽等级与对应附盐密度值检验所测盐密值与当地污秽等级是否一致。结合运行经验，将测量值作为调整耐污绝缘水平和监督绝缘安全运行的依据。盐密值超过规定时，应根据情况采取调整爬距、清扫、涂料等措施	在污秽地区积污最重的时期进行测量。根据沿线路污染状况，每5～10km选一串悬垂绝缘子测试

注　关于架空电力线路离地距离、离建筑物距离、空气间隙、交叉距离和跨越距离的检查，杆塔和过电压保护装置的接地电阻测量、杆塔和地下金属部分的检查，导线断股检查等项目，应按架空电力线路和电气设备接地装置有关规程的规定进行。

19　接地装置

19.1　接地装置的试验项目、周期和要求见表46。

表46　　**接地装置的试验项目、周期和要求**

序号	项　目	周　期	要　求	说　明
1	有效接地系统的电力设备的接地电阻	1）不超过6年 2）可以根据该接地网挖开检查的结果斟酌延长或缩短周期	$R\leqslant 2000/I$ 或$R\leqslant 0.5\Omega$，（当$I>4000$A时） 式中　I—经接地网流入地中的短路电流，A； R—考虑到季节变化的最大接地电阻，Ω	1）测量接地电阻时，如在必须的最小布极范围内土壤电阻率基本均匀，可采用各种补偿法，否则，应采用远离法 2）在高土壤电阻率地区，接地电阻如按规定值要求，在技术经济上极不合理时，允许有较大的数值。但必须采取措施以保证发生接地短路时，在该接地网上： a）接触电压和跨步电压均不超过允许的数值 b）不发生高电位引外和低电位引内 c）3～10kV阀式避雷器不动作 3）在预防性试验前或每3年以及必要时验算一次I值，并校验设备接地引下线的热稳定
2	非有效接地系统的电力设备的接地电阻	1）不超过6年 2）可以根据该接地网挖开检查的结果斟酌延长或缩短周期	1）当接地网与1kV及以下设备共用接地时，接地电阻 $R\leqslant 120/I$ 2）当接地网仅用于1kV以上设备时，接地电阻 $R\leqslant 250/I$ 3）在上述任一情况下，接地电阻一般不得大于10Ω 式中　I—经接地网流入地中的短路电流，A； R—考虑到季节变化最大接地电阻，Ω	

续表

序号	项　目	周　期	要　　求	说　　明
3	利用大地作导体的电力设备的接地电阻	1年	1）长久利用时，接地电阻为 $R\leqslant\frac{50}{I}$ 2）临时利用时，接地电阻为 $R\leqslant\frac{100}{I}$ 式中　I—接地装置流入地中的电流，A； R—考虑到季节变化的最大接地电阻，Ω	
4	1kV以下电力设备的接地电阻	不超过6年	使用同一接地装置的所有这类电力设备，当总容量达到或超过100kVA时，其接地电阻不宜大于4Ω。如总容量小于100kVA时，则接地电阻允许大于4Ω，但不超过10Ω	对于在电源处接地的低压电力网（包括孤立运行的低压电力网）中的用电设备，只进行接零，不作接地。所用零线的接地电阻就是电源设备的接地电阻，其要求按序号2确定，但不得大于相同容量的低压设备的接地电阻
5	独立微波部的接地电阻	不超过6年	不宜大于5Ω	
6	独立的燃油、易爆气体贮罐及其管道的接地电阻	不超过6年	不宜大于30Ω	
7	露天配电装置避雷针的集中接地装置的接地电阻	不超过6年	不宜大于10Ω	与接地网连在一起的可不测量，但按表47序号1的要求检查与接地网的连接情况
8	发电厂烟囱附近的吸风机及引风机处装设的集中接地装置的接地电阻	不超过6年	不宜大于10Ω	与接地网连在一起的可不测量，但按表47序号1的要求检查与接地网的连接情况
9	独立避雷针（线）的接地电阻	不超过6年	不宜大于10Ω	在高土壤电阻率地区难以将接地电阻降到10Ω时，允许有较大的数值，但应符合防止避雷针（线）对罐体及管、阀等反击的要求
10	与架空线直接连接的旋转电机进线段上排气式和阀式避雷器的接地电阻	与所在进线段上杆塔接地电阻的测量周期相同	排气式和阀式避雷器的接地电阻，分别不大于5Ω和3Ω，但对于300～1500kW的小型直配电机，如不采用SDJ 7《电力设备过电压保护设计技术规程》中相应接线时，此值可酌情放宽	

续表

序号	项　目	周　期	要　求	说　明
11	有架空地线的线路杆塔的接地电阻	1）发电厂或变电所进出线1～2km内的杆塔1～2年 2）其他线路杆塔不超过5年	当杆塔高度在40m以下时，按下列要求，如杆塔高度达到或超过40m时，则取下表值的50%，但当土壤电阻率大于2000Ω·m，接地电阻难以达到15Ω时可增加至20Ω 土壤电阻率 Ω·m ／ 接地电阻 Ω： 100及以下 ／ 10 100～500 ／ 15 500～1000 ／ 20 1000～2000 ／ 25 2000以上 ／ 30	对于高度在40m以下的杆塔，如土壤电阻率很高，接地电阻难以降到30Ω时，可采用6～8根总长不超过500m的放射形接地体或连续伸长接地体，其接地电阻可不受限制。但对于高度达到或超过40m的杆塔，其接地电阻也不宜超过20Ω
12	无架空地线的线路杆塔接地电阻	1）发电厂或变电所进出线1～2km内的杆塔1～2年 2）其他线路杆塔不超过5年	种类 ／ 接地电阻 Ω： 非有效接地系统的钢筋混凝土杆、金属杆 ／ 30 中性点不接地的低压电力网的线路钢筋混凝土杆、金属杆 ／ 50 低压进户线绝缘子铁脚 ／ 30	

注　进行序号1、2项试验时，应断开线路的架空地线。

19.2　接地装置的检查项目、周期和要求见表47。

表47　　**接地装置的检查项目、周期和要求**

序号	项　目	周　期	要　求	说　明
1	检查有效接地系统的电力设备接地引下线与接地网的连接情况	不超过3年	不得有开断、松脱或严重腐蚀等现象	如采用测量接地引下线与接地网（或与相邻设备）之间的电阻值来检查其连接情况，可将所测的数据与历次数据比较和相互比较，通过分析决定是否进行挖开检查
2	抽样开挖检查发电厂、变电所地中接地网的腐蚀情况	1）本项目只限于已经运行10年以上（包括改造后重新运行达到这个年限）的接地网 2）以后的检查年限可根据前次开挖检查的结果自行决定	不得有开断、松脱或严重腐蚀等现象	可根据电气设备的重要性和施工的安全性，选择5～8个点沿接地引下线进行开挖检查，如有疑问还应扩大开挖的范围

20 电除尘器

20.1 高压硅整流变压器的试验项目、周期和要求见表48。

表48 高压硅整流变压器的试验项目、周期和要求

序号	项目	周期	要求	说明
1	高压绕组对低压绕组及对地的绝缘电阻	1）大修后 2）必要时	＞500MΩ	采用2500V兆欧表
2	低压绕组的绝缘电阻	1）大修后 2）必要时	＞300MΩ	采用1000V兆欧表
3	硅整流元件及高压套管对地的绝缘电阻	1）大修后 2）必要时	＞2000MΩ	
4	穿芯螺杆对地的绝缘电阻	1）大修后 2）必要时	不作规定	
5	高、低压绕组的直流电阻	1）大修后 2）必要时	与出厂值相差不超出±2%范围	换算到75℃
6	电流、电压取样电阻	1）大修后 2）必要时	偏差不超出规定值的±5%	
7	各桥臂正、反向电阻值	1）大修后 2）必要时	桥臂间阻值相差小于10%	
8	变压器油试验	1）1年 2）大修后	参照表36中序号1、2、3、6	
9	油中溶解气体色谱分析	1）1年 2）大修后	参照表5中序号1，注意值自行规定	
10	空载升压	1）大修时 2）更换绕组后 3）必要时	输出$1.5U_n$，保持1min，应无闪络，无击穿现象，并记录空载电流	不带电除尘器电场

20.2 低压电抗器的试验项目、周期和要求见表49。

20.3 绝缘支撑及连接元件的试验项目、周期和要求见表50。

20.4 高压直流电缆的试验项目、周期和要求见表51。

20.5 电除尘器本体壳体对地网的连接电阻一般小于1Ω。

20.6 高、低压开关柜及通用电气部分按有关章节执行。

表49 低压电抗器的试验项目、周期和要求

序号	项目	周期	要求	说明
1	穿芯螺杆对地的绝缘电阻	大修时	不作规定	
2	绕组对地的绝缘电阻	大修后	＞300MΩ	
3	绕组各抽头的直流电阻	必要时	与出厂值相差不超出±2%范围	换算到75℃
4	变压器油击穿电压	大修后	＞20kV	参照表36序号6

表 50　　绝缘支撑及连接元件的试验项目、周期和要求

序号	项　　目	周　期	要　求	说　明
1	绝缘电阻	更换后	>500MΩ	采用 2500V 兆欧表
2	耐压试验	更换后	直流 100kV 或交流 72kV，保持 1min 无闪络	

表 51　　高压直流电缆的试验项目、周期和要求

序号	项　目	周　期	要　　求	说　明
1	绝缘电阻	大修后	>1500MΩ	采用 2500V 兆欧表
2	直流耐压并测量泄漏电流	1）大修后 2）重做电缆头时	电缆工作电压的 1.7 倍，10min，当电缆长度小于 100m 时，泄漏电流一般小于 30μA	

附录 A
（标准的附录）
同步发电机和调相机定子绕组的交流试验电压、老化鉴定和硅钢片单位损耗

A1　交流电机全部更换定子绕组时的交流试验电压见表 A1、表 A2。

表 A1　　不分瓣定子圈式线圈的试验电压　　单位：kV

序号	试验阶段	试验形式	<10MW（MVA）	≥10MW（MVA）	
			≥2	2～6	10.5～18
1	线圈绝缘后，下线前	—	$2.75U_n+4.5$	$2.75U_n+4.5$	$2.75U_n+6.5$
2	下线打槽楔后	—	$2.5U_n+2.5$	$2.5U_n+2.5$	$2.5U_n+4.5$
3	并头、连接绝缘后	分相	$2.25U_n+2.0$	$2.25U_n+2.0$	$2.25U_n+4.0$
4	电机装配后	分相	$2.0U_n+1.0$	$2.5U_n$	$2.0U_n+3.0$

表 A2　　不分瓣定子条式线圈的试验电压　　单位：kV

序号	试验阶段	试验形式	<10MW（MVA）	≥10MW（MVA）	
			≥2	2～6	10.5～18
1	线圈绝缘后，下线前	—	$2.75U_n+4.5$	$2.75U_n+4.5$	$2.75U_n+6.5$
2	下层线圈下线后	—	$2.5U_n+2.5$	$2.5U_n+2.5$	$2.5U_n+4.5$
3	上层线圈下线后打完槽楔与下层线圈同试	—	$2.5U_n+1.5$	$2.5U_n+1.5$	$2.5U_n+4.0$
4	焊好并头，装好连线、引线包好绝缘	分相	$2.25U_n+2.0$	$2.25U_n+2.0$	$2.25U_n+4.0$
5	电机装配后	分相	$2.0U_n+1.0$	$2.5U_n$	$2.0U_n+3.0$

A2 交流电机局部更换定子绕组时的交流试验电压见表A3、表A4。

表A3 整台圈式线圈（在电厂修理）的试验电压 kV

序号	试验阶段	试验形式	<10MW（MVA）	≥10MW（MVA）	
			≥2	2～6	10.5～18
1	拆除故障线圈后，留在槽中的老线圈	—	0.8（$2.0U_n+1.0$）	0.8（$2.0U_n+3.0$）	0.8（$2.0U_n+3.0$）
2	线圈下线前	—	$2.75U_n$	$2.75U_n$	$2.75U_n+2.5$
3	下线后打完槽楔	—	$0.75\times2.5U_n$	0.75（$2.5U_n+0.5$）	0.75（$2.5U_n+2.5$）
4	并头、连接绝缘后，定子完成	分相	0.75（$2.0U_n+1.0$）	$0.75\times2.5U_n$	0.75（$2.0U_n+3.0$）
5	电机装配后	分相	$1.5U_n$	$1.5U_n$	$1.5U_n$

注 1. 对于运行年久的电机，序号1，4，5项试验电压值可根据具体条件适当降低。
2. 20kV电压等级可参照10.5～18kV电压等级的有关规定。

表A4 整台条式线圈（在电厂修理）的试验电压 kV

序号	试验阶段	试验形式	<10MW（MVA）	≥10MW（MVA）	
			≥2	2～6	10.5～18
1	拆除故障线圈后，留在槽中的老线圈	—	0.8（$2.0U_n+1.0$）	0.8（$2.0U_n+3.0$）	0.8（$2.0U_n+3.0$）
2	线圈下线前	—	$2.75U_n$	$2.75U_n$	$2.75U_n+2.5$
3	下层线圈下线后	—	0.75（$2.5U_n+0.5$）	0.75（$2.5U_n+1.0$）	0.75（$2.5U_n+2.0$）
4	上层线圈下线后，打完槽楔与下层线圈同试	—	$0.75\times2.5U_n$	0.75（$2.5U_n+0.5$）	0.75（$2.5U_n+1.0$）
5	焊好并头，装好接线，引线包好绝缘，定子完成	分相	0.75（$2.0U_n+1.0$）	$0.75\times2.5U_n$	0.75（$2.0U_n+3.0$）
6	电机装配后	分相	$1.5U_n$	$1.5U_n$	$1.5U_n$

注 1. 对于运行年久的电机，试验电压值可根据具体条件适当降低。
2. 20kV电压等级可参照10.5～18kV电压等级的有关规定。

A3 同步发电机转子绕组全部更换绝缘时的交流试验电压按制造厂规定。

A4 同步发电机、调相机定子绕组沥青云母和烘卷云母绝缘老化鉴定试验项目和要求见表A5。

表A5 同步发电机、调相机定子绕组沥青云母和烘卷云母绝缘老化鉴定试验项目和要求

<table>
<tr><th>序号</th><th>项目</th><th>要求</th><th>说明</th></tr>
<tr><td>1</td><td>整相绕组（或分支）及单根线棒的tgδ增量（Δtgδ）</td><td>1）整相绕相（或分支）的Δtgδ值不大于下列值：
<table><tr><th>定子电压等级
kV</th><th>Δtgδ
%</th></tr><tr><td>6</td><td>6.5</td></tr><tr><td>10</td><td>6.5</td></tr></table></td><td>1）在绝缘不受潮的状态下进行试验
2）槽外测量单根线棒tgδ时，线棒两端应加屏蔽环
3）可在环境温度下试验</td></tr>
</table>

续表

<table>
<tr><th>序号</th><th>项　　目</th><th>要　　求</th><th>说　　明</th></tr>
<tr><td>1</td><td>整相绕组（或分支）及单根线棒的 tgδ 增量（Δtgδ）</td><td>Δtgδ（%）值指额定电压下和起始游离电压下 tgδ（%）之差值。对于 6kV 及 10kV 电压等级，起始游离电压分别取 3kV 和 4kV
2）定子电压为 6kV 和 10kV 的单根线棒在两个不同电压下的 Δtgδ（%）值不大于下列值：
<table><tr><td>1.5U_n 和 0.5U_n</td><td>相邻 0.2U_n 电压间隔</td><td>0.8U_n 和 0.2U_n</td></tr><tr><td>11</td><td>2.5</td><td>3.5</td></tr></table>凡现场条件具备者，最高试验电压可选择 1.5U_n；否则也可选择（0.8～1.0）U_n。相邻 0.2U_n 电压间隔值，即指 1.0U_n 和 0.8U_n、0.8U_n 和 0.6U_n，0.6U_n 和 0.4U_n、0.4U_n 和 0.2U_n</td><td></td></tr>
<tr><td>2</td><td>整相绕组（或分支）及单根线棒的第二电流增加率 ΔI（%）</td><td>1）整相绕组（或分支）P_{i2} 在额定电压 U_n 以内明显出现者（电流增加倾向倍数 m_2＞1.6），属于有老化特征。绝缘良好者，P_{i2} 不出现或在 U_n 以上不明显出现
2）单根线棒实测或由 P_{i2} 预测的平均击穿电压，不小于（2.5～3）U_n
3）整相绕组电流增加率不大于下列值：
<table><tr><td>定子电压等级 kV</td><td>6</td><td>10</td></tr><tr><td>试验电压 kV</td><td>6</td><td>10</td></tr><tr><td>额定电压下电流增加率　%</td><td>8.5</td><td>12</td></tr></table></td><td>1）在绝缘不受潮的状态下进行试验
2）按下图作出电流电压特性曲线
3）电流增加率
$$\Delta I=\frac{I-I_0}{I_0}\times 100\%$$
式中　I—在 U_n 下的实际电容电流；
I_0—在 U_n 下 $I=f(U)$ 曲线中按线性关系求得的电容电流
4）电流增加倾向倍数
$$m_2=\text{tg}\theta_2/\text{tg}\theta_0$$
式中　tgθ_2—$I=f(U)$ 特性曲线出现 P_{i2} 点之斜率；
tgθ_0—$I=f(U)$ 特性曲线中出现 P_{i1} 点以下之斜率</td></tr>
</table>

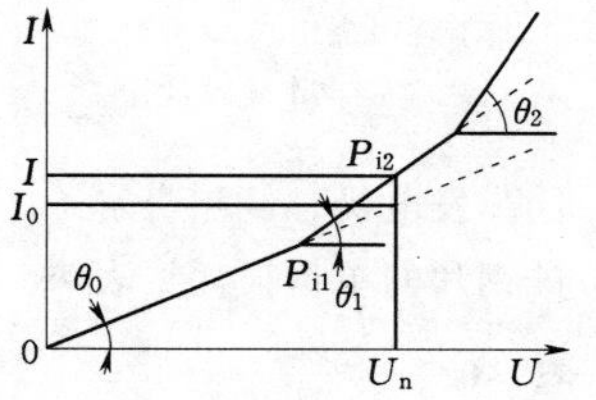

续表

<table>
<tr><th>序号</th><th>项目</th><th colspan="3">要求</th><th>说明</th></tr>
<tr><td rowspan="6">3</td><td rowspan="6">整相绕组（或分支）及单根线棒之局部放电量</td><td colspan="3">1）整相绕组（或分支）之局部放电量不大于下列值：</td><td rowspan="6"></td></tr>
<tr><td>定子电压等级
kV</td><td>6</td><td>10</td></tr>
<tr><td>最高试验电压
kV</td><td>6</td><td>10</td></tr>
<tr><td>局部放电试验电压
kV</td><td>4</td><td>6</td></tr>
<tr><td>最大放电量
C</td><td>1.5×10^{-8}</td><td>1.5×10^{-8}</td></tr>
<tr><td colspan="3">2）单根线棒参照整相绕组要求执行</td></tr>
<tr><td>4</td><td>整相绕组（或分支）交、直流耐压试验</td><td colspan="3">应符合表1中序号3、4有关规定</td><td></td></tr>
</table>

注 1. 进行绝缘老化鉴定时，应对发电机的过负荷及超温运行时间、历次事故原因及处理情况、历次检修中发现的问题以及试验情况进行综合分析，对绝缘运行状况做出评定。

2. 当发电机定子绕组绝缘老化程度达到如下各项状况时，应考虑处理或更换绝缘，其采用方式包括局部绝缘处理、局部绝缘更换及全部线棒更换。

a）累计运行时间超过30年（对于沥青云母和烘卷云母绝缘为20年），制造工艺不良者，可以适当提前。

b）运行中或预防性试验中，多次发生绝缘击穿事故。

c）外观和解剖检查时，发现绝缘严重分层发空、固化不良、失去整体性、局部放电严重及股间绝缘破坏等老化现象。

d）鉴定试验结果与历次试验结果相比，出现异常并超出表中规定。

3. 鉴定试验时，应首先做整相绕组绝缘试验，一般可在停机后热状态下进行，若运行或试验中出现绝缘击穿，同时整相绕组试验不合格者，应做单根线棒的抽样试验，抽样部位以上层线棒为主，并考虑不同电位下运行的线棒，抽样量不做规定。

A5 同步发电机、调相机定子绕组环氧粉云母绝缘老化鉴定试验见DL/T 492。

A6 硅钢片的单位损耗见表A6。

表A6 硅钢片的单位损耗

<table>
<tr><th rowspan="2">硅钢片品种</th><th rowspan="2">代号</th><th rowspan="2">厚度
mm</th><th colspan="2">单位损耗
W/kg</th></tr>
<tr><th>1T下</th><th>1.5T下</th></tr>
<tr><td rowspan="10">热轧硅钢片</td><td>D21</td><td>0.5</td><td>2.5</td><td>6.1</td></tr>
<tr><td>D22</td><td>0.5</td><td>2.2</td><td>5.3</td></tr>
<tr><td>D23</td><td>0.5</td><td>2.1</td><td>5.1</td></tr>
<tr><td>D32</td><td>0.5</td><td>1.8</td><td>4.0</td></tr>
<tr><td>D32</td><td>0.35</td><td>1.4</td><td>3.2</td></tr>
<tr><td>D41</td><td>0.5</td><td>1.6</td><td>3.6</td></tr>
<tr><td>D42</td><td>0.5</td><td>1.35</td><td>3.15</td></tr>
<tr><td>D43</td><td>0.5</td><td>1.2</td><td>2.90</td></tr>
<tr><td>D42</td><td>0.35</td><td>1.15</td><td>2.80</td></tr>
<tr><td>D43</td><td>0.35</td><td>1.05</td><td>2.50</td></tr>
</table>

续表

硅钢片品种		代号	厚度 mm	单位损耗 W/kg	
				1T 下	1.5T 下
冷轧硅钢片	无取向	W21	0.5	2.3	5.3
		W22	0.5	2.0	4.7
		W32	0.5	1.6	3.6
		W33	0.5	1.4	3.3
		W32	0.35	1.25	3.1
		W33	0.35	1.05	2.7
	单取向	Q3	0.35	0.7	1.6
		Q4	0.35	0.6	1.4
		Q5	0.35	0.55	1.2
		Q6	0.35	0.44	1.1

附录 B
（标准的附录）
绝缘子的交流耐压试验电压标准

表 B1 支柱绝缘子的交流耐压试验电压 kV

额定电压	最高工作电压	交流耐压试验电压			
		纯瓷绝缘		固体有机绝缘	
		出厂	交接及大修	出厂	交接及大修
3	3.5	25	25	25	22
6	6.9	32	32	32	26
10	11.5	42	42	42	38
15	17.5	57	57	57	50
20	23.0	68	68	68	59
35	40.5	100	100	100	90
44	50.6		125		110
60	69.0	165	165	165	150
110	126.0	265	265 (305)	265	240 (280)
154	177.0		330		360
220	252.0	490	490	490	440
330	363.0	630	630		

注 括号中数值适用于小接地短路电流系统。

附录 C
（提示的附录）
污秽等级与对应附盐密度值

表 C1　　普通悬式绝缘子（X－4.5，XP－70，XP－160）
附盐密度与对应的污秽等级　　mg/cm²

污秽等级	0	1	2	3	4
线路盐密	≤0.03	＞0.03～0.06	＞0.06～0.10	＞0.10～0.25	＞0.25～0.35
发、变电所盐密	—	≤0.06	＞0.06～0.10	＞0.10～0.25	＞0.25～0.35

表 C2　　普通支柱绝缘子附盐密度与对应的发、变电所污秽等级　　mg/cm²

污秽等级	1	2	3	4
盐　密	≤0.02	＞0.02～0.05	＞0.05～0.1	＞0.1～0.2

附录 D
（提示的附录）
橡塑电缆内衬层和外护套破坏进水的确定方法

直埋橡塑电缆的外护套，特别是聚氯乙烯外护套，受地下水的长期浸泡吸水后，或者受到外力破坏而又未完全破损时，其绝缘电阻均有可能下降至规定值以下，因此不能仅根据绝缘电阻值降低来判断外护套破损进水。为此，提出了根据不同金属在电解质中形成原电池的原理进行判断的方法。

橡塑电缆的金属层、铠装层及其涂层用的材料有铜、铅、铁、锌和铝等。这些金属的电极电位如下表所示：

金属种类	铜 Cu	铅 Pb	铁 Fe	锌 Zn	铝 Al
电位　V	＋0.334	－0.122	－0.44	－0.76	－1.33

当橡塑电缆的外护套破损并进水后，由于地下水是电解质，在铠装层的镀锌钢带上会产生对地－0.76V的电位，如内衬层也破损进水后，在镀锌钢带与铜屏蔽层之间形成原电池，会产生0.334－(－0.76)≈1.1V的电位差，当进水很多时，测到的电位差会变小。在原电池中铜为“正”极，镀锌钢带为“负”极。

当外护套或内衬层破损进水后，用兆欧表测量时，每千米绝缘电阻值低于0.5MΩ时，用万用表的“正”、“负”表笔轮换测量铠装层对地或铠装层对铜屏蔽层的绝缘电阻，此时在测量回路内由于形成的原电池与万用表内干电池相串联，当极性组合使电压相加时，测得的电阻值较小；反之，测得的电阻值较大。因此上述两次测得的绝缘电阻值相差较大时，表明已形成原电池，就可判断外护套和内衬层已破损进水。

外护套破损不一定要立即修理，但内衬层破损进水后，水分直接与电缆芯接触并可能会腐蚀铜屏蔽层，一般应尽快检修。

附录 E
（提示的附录）
橡塑电缆附件中金属层的接地方法

E1　终端

终端的铠装层和铜屏蔽层应分别用带绝缘的绞合导线单独接地。铜屏蔽层接地线的截面不得小于

25mm²；铠装层接地线的截面不应小于 10mm²。

E2　中间接头

中间接头内铜屏蔽层的接地线不得和铠装层连在一起，对接头两侧的铠装层必须用另一根接地线相连，而且还必须与铜屏蔽层绝缘。如接头的原结构中无内衬层时，应在铜屏蔽层外部增加内衬层，而且与电缆本体的内衬层搭接处的密封必须良好，即必须保证电缆的完整性和延续性。连接铠装层的地线外部必须有外护套而且具有与电缆外护套相同的绝缘和密封性能，即必须确保电缆外护套的完整性和延续性。

附录 F
（提示的附录）
避雷器的电导电流值和工频放电电压值

F1　避雷器的电导电流值和工频放电电压值见表 F1～表 F4。

表 F1　　**FZ 型避雷器的电导电流值和工频放电电压值**

型　号	FZ-3 (FZ2-3)	FZ-6 (FZ2-6)	FZ-10 (FZ2-10)	FZ-15	FZ-20	FZ-35
额定电压 kV	3	6	10	15	20	35
试验电压 kV	4	6	10	16	20	16 (15kV 元件)
电导电流 μA	450～650 (<10)	400～600 (<10)	400～600 (<10)	400～600	400～600	400～600
工频放电电压有效值 kV	9～11	16～19	26～31	41～49	51～61	82～98
型　号	FZ-40	FZ-60	FZ-110J	FZ-110	FZ-220J	
额定电压 kV	40	60	110	110	220	
试验电压 kV	20 (20kV 元件)	20 (20kV 元件)	24 (30kV 元件)	24 (30kV 元件)	24 (30kV 元件)	
电导电流 μA	400～600	400～600	400～600	400～600	400～600	
工频放电电压有效值 kV	95～118	140～173	224～268	254～312	448～536	

注　括号内的电导电流值对应于括号内的型号。

表 F2　　**FS 型避雷器的电导电流值**

型　号	FS4-3，FS8-3，FS4-3GY	FS4-6，FS8-6，FS4-6GY	FS4-10，FS8-10，FS4-10GY
额定电压 kV	3	6	10
试验电压 kV	4	7	10
电导电流 μA	10	10	10

表 F3　　　　**FCZ 型避雷器的电导电流值和工频放电电压值**

型　　号	FCZ3－35	FCZ3－35L	FCZ－30DT③	FCZ3－110J（FCZ2－110J）
额定电压 kV	35	35	35	110
试验电压 kV	50①	50②	18	110
电导电流 μA	250～400	250～400	150～300	250～400（400～600）
工频放电电压有效值 kV	70～85	78～90	85～100	170～195
型　　号	FCZ3－220J（FCZ2－220J）	FCZ1－330T	FCZ－500J	FCX－500J
额定电压 kV	220	330	500	500
试验电压 kV	110	160	160	180
电导电流 μA	250～400（400～600）	500～700	1000～1400	500～800
工频放电电压有效值 kV	340～390	510～580	640～790	680～790

① FCZ3－35 在 4000m（包括 4000m）海拔以上应加直流试验电压 60kV。
② FCZ3－35L 在 2000m 海拔以上应加直流电压 60kV。
③ FCZ－30DT 适用于热带多雷地区。

表 F4　　　　**FCD 型避雷器电导电流值**

额定电压 kV	2	3	4	6	10	13.2	15
试验电压 kV	2	3	4	6	10	13.2	15
电导电流 μA	FCD 为 50～100，FCD、FCD3 不超过 10，FCD2 为 5～20						

F2　几点说明：

1）电导电流相差值（%）系指最大电导电流和最小电导电流之差与最大电导电流的比。

2）非线性因数按下式计算

$$\alpha=\lg(U_2/U_1)/\lg(I_2/I_1)$$

式中　U_1、U_2——表 39 序号 2 中规定的试验电压；

I_1、I_2——在 U_1 和 U_2 电压下的电导电流。

3）非线性因数的差值是指串联元件中两个元件的非线性因数之差。

附录 G
（提示的附录）
参　考　资　料

GB 755—87　　旋转电机基本技术要求
GB 1001—86　　盘形悬式绝缘子技术条件
GB 1207—86　　电压互感器
GB 1208—87　　电流互感器
GB 1984—89　　交流高压断路器
GB 1985—89　　交流高压隔离开关和接地开关
GB 3906—91　　3～35kV 交流金属封闭式开关设备

GB 3983.2—89	高电压并联电容器
GB 4109—88	高压套管技术条件
GB 4703—84	电容式电压互感器
GB 4705—92	耦合电容器和电容分压器
GB 4787—84	断路器电容器
GB 6115—85	串联电容器
GB 6451.1～5—86	三相油浸式电力变压器技术参数和要求
GB 7064—86	汽轮发电机通用技术条件
GB 7253—87	盘形悬式绝缘子串元件尺寸与特性
GB 7327—87	交流系统用碳化硅阀式避雷器
GB 7674—87	六氟化硫封闭式组合电器
GB 8349—87	离相封闭母线
GB 8564—88	水轮发电机组安装技术规范
GB 8905—88	六氟化硫电气设备中气体管理和检验导则
GB 10229—88	电抗器
GB 10230—88	有载分接开关
GB 11017—89	额定电压 110kV 铜芯、铝芯交联聚乙烯绝缘电力电缆
GB 12706.1～3—91	额定电压 35kV 及以下铜芯、铝芯塑料绝缘电力电缆
GB 12976.1～3—91	额定电压 35kV 及以上铜芯、铝芯纸绝缘电力电缆
GBJ 233—90	架空送电线路施工及验收规范
DL 417—91	电力设备局部放电现场测量导则
DL 474—92	现场绝缘试验实施导则
DL 474.1—92	绝缘电阻、吸收比和极化指数试验
DL 474.2—92	直流高电压试验
DL 474.3—92	介质损耗因数（tgδ）试验
DL 474.4—92	交流耐压试验
DL 474.5—92	避雷器试验
DL 474.6—92	变压器操作波感应耐压试验
JB 3373—83	大型高压交流电机定子绝缘耐压试验规范

附录二　电力设备预防性试验及诊断技术相关技术数据

1　球隙放电电压标准表

一球接地的球隙，标准大气条件下，球隙的击穿电压（kV，峰值）见附表 1。适用于交流电压、负极性的雷电冲击电压、长波尾冲击电压及两种极性的直流电压。

附表 1　　球隙放电电压标准表

球隙距离 /cm	球直径 /cm											
	2	5	6.25	10	12.5	15	25	50	75	100	150	200
0.05	2.8											
0.10	4.7											
0.15	6.4											
0.20	8.0	8.0										
0.25	9.6	9.6										
0.30	11.2	11.2										
0.40	14.4	14.3	14.2									
0.50	17.4	17.4	17.2	16.8	16.8	16.8						
0.60	20.4	20.4	20.2	19.9	19.9	19.9						
0.70	23.2	23.4	23.2	23.0	23.0	23.0						
0.80	25.8	26.3	26.2	26.0	26.0	26.0						
0.90	28.3	29.2	29.1	28.9	28.9	28.9						
1.0	30.7	32.0	31.9	31.7	31.7	31.7	31.7					
1.2	(35.1)	37.6	37.5	37.4	37.4	37.4	37.4					
1.4	(38.5)	42.9	42.9	42.9	42.9	42.9	42.9					
1.5	(40.0)	45.5	45.5	45.5	45.5	45.5	45.5					
1.6		48.1	48.1	48.1	48.1	48.1	48.1					
1.8		53.0	53.5	53.5	53.5	53.5	53.5					
2.0		57.5	58.5	59.0	59.0	59.0	59.0	59.0	59.0			
2.2		61.5	63.0	64.5	64.5	64.5	64.5	64.5	64.5			
2.4		65.5	67.5	69.5	70.0	70.0	70.0	70.0	70.0			
2.6		(69.0)	72.0	74.5	75.0	75.5	75.5	75.5	75.5			
2.8		(72.5)	76.0	79.5	80.0	80.5	81.0	81.0	81.0			
3.0		(75.0)	79.5	84.0	85.0	85.5	86.0	86.0	86.0	86.0		
3.5		(82.5)	(87.5)	95.5	97.0	98.0	99.0	99.0	99.0	99.0		
4.0		(88.5)	(95.0)	105	108	110	112	112	112	112		
4.5			(101)	115	119	122	125	125	125	125		
5.0			(107)	123	129	133	137	138	138	138	138	
5.5				(131)	138	143	149	151	151	151	151	

续表

球隙距离 /cm	球直径 /cm											
	2	5	6.25	10	12.5	15	25	50	75	100	150	200
6.0				(138)	146	152	161	164	164	164	164	
6.5				(144)	(154)	161	173	177	177	177	177	
7.0				(150)	(161)	169	184	189	190	190	190	
7.5				(155)	(168)	177	195	202	203	203	203	
8.0					(174)	(185)	206	214	215	215	215	
9.0					(185)	(198)	226	239	240	241	241	
10					(195)	(209)	244	263	265	266	266	266
11						(219)	261	286	290	292	292	292
12						(229)	275	309	315	318	318	318
13							(289)	331	339	342	342	342
14							(302)	353	363	366	366	366
15							(314)	373	387	390	390	390
16							(326)	392	410	414	414	414
17							(337)	411	432	438	438	438
18							(347)	429	453	462	462	462
19							(357)	445	473	486	486	486
20							(366)	460	492	510	510	510
22								489	530	555	560	560
24								515	565	595	610	610
26								(540)	600	635	655	660
28								(565)	635	675	700	705
30								(585)	665	710	745	750
32								(605)	695	745	790	795
34								(625)	725	780	835	840
36								(640)	750	815	875	885
38								(655)	(775)	845	915	930
40								(670)	(800)	875	955	975
45									(850)	945	1050	1080
50									(895)	(1010)	1130	1180
55									(935)	(1060)	1210	1260
60									(970)	(1110)	1280	1340
65										(1160)	1340	1410
70										(1200)	1390	1480
75										(1230)	1440	1540
80											(1490)	1600
85											(1540)	1660
90											(1580)	1720
100											(1660)	1840
110											(1730)	(1940)
120											(1800)	(2020)
130												(2100)
140												(2180)
150												(2250)

注　1. 本表不适用于测量 10kV 以下的冲击电压。

2. 括号内的数据为间隙大于 0.5*D* 时的数据，其准确度不可靠。

一球接地的球隙，标准大气条件下，球隙的击穿电压（kV，峰值）见附表2。适用于正极性的雷电冲击电压和长波尾冲击电压。

附表 2　　球隙放电电压标准表

球隙距离/cm	球直径/cm											
	2	5	6.25	10	12.5	15	25	50	75	100	150	200
0.05												
0.10												
0.15												
0.20												
0.25												
0.30	11.2	11.2										
0.40	14.4	14.3	14.2									
0.50	17.4	17.4	17.2	16.8	16.8	16.8						
0.60	20.4	20.4	20.2	19.9	19.9	19.9						
0.70	23.2	23.2	23.2	23.0	23.0	23.0						
0.80	25.8	26.3	26.2	26.0	26.0	26.0						
0.90	28.3	29.2	29.1	28.9	28.9	28.9						
1.0	30.7	32.0	31.9	31.7	31.7	31.7	31.7					
1.2	(35.1)	37.8	37.6	37.4	37.4	37.4	37.4					
1.4	(38.5)	43.3	43.2	42.9	42.9	42.9	42.9					
1.5	(40.0)	46.2	45.9	45.5	45.5	45.5	45.5					
1.6		49.0	48.6	48.1	48.1	48.1	48.1					
1.8		54.5	54.0	53.5	53.5	53.5	53.5					
2.0		59.5	59.0	59.0	59.0	59.0	59.0	59.0	59.0			
2.2		64.5	64.0	64.5	64.5	64.5	64.5	64.5	64.5			
2.4		69.0	69.0	70.0	70.0	70.0	70.0	70.0	70.0			
2.6		(73.0)	73.5	75.5	75.5	75.5	75.5	75.3	75.5			
2.8		(77.0)	78.0	80.5	80.5	80.5	81.0	81.0	81.0			
3.0		(81.0)	82.0	85.5	85.5	85.5	86.0	86.0	86.0	86.0		
3.5		(90.0)	(91.5)	97.5	98.0	88.5	99.0	99.0	99.0	99.0		
4.0		(97.5)	(101)	109	110	111	112	112	112	112		
4.5			(108)	120	122	124	125	125	125	125		
5.0			(115)	130	134	136	138	138	138	138	138	
5.5				(139)	145	147	151	151	151	151	151	
6.0				(148)	155	158	163	164	164	164	164	
6.5				(156)	(164)	168	175	177	177	177	177	
7.0				(163)	(173)	178	187	189	190	190	190	
7.5				(170)	(181)	187	199	202	203	203	203	
8.0					(189)	(196)	211	214	215	215	215	
9.0					(203)	(212)	233	239	240	241	241	
10					(215)	(226)	254	263	265	266	266	266
11						(238)	273	287	290	292	292	292
12						(249)	291	311	315	318	318	318
13							(308)	334	339	342	342	342
14							(323)	357	363	366	366	366
15							(337)	380	387	390	390	390
16							(350)	402	411	414	414	414

续表

球隙距离 /cm	球	直	径	/cm								
	2	5	6.25	10	12.5	15	25	50	75	100	150	200
17							(362)	422	435	438	438	438
18							(374)	442	458	462	462	462
19							(385)	461	482	486	486	486
20							(395)	480	505	510	510	510
22								510	545	555	560	560
24								540	585	600	610	610
26								570	620	645	655	660
28								(595)	660	685	700	705
30								(620)	695	725	745	750
32								(640)	725	760	790	795
34								(660)	755	795	835	840
36								(680)	785	830	880	885
38								(700)	(810)	865	925	935
40								(715)	(835)	900	965	980
45									(890)	980	1060	1090
50									(940)	1040	1150	1190
55									(985)	(1100)	1240	1290
60									(1020)	(1150)	1310	1380
65										(1200)	1380	1470
70										(1240)	1430	1550
75										(1280)	1480	1620
80											(1530)	1690
85											(1580)	1760
90											(1630)	1820
100											(1720)	1930
110											(1790)	(2030)
120											(1860)	(2120)
130												(2200)
140												(2280)
150												(2350)

注　括号内的数据为间隙大于 $0.5D$ 时的数据，其准确度不可靠。

2　常用高压二极管技术数据

附表 1　　常用高压二极管技术数据

型　　号	额定反向峰值工作电压 U_R /kV	额定整流电流 I_F /A	正向压降 /kV	反向漏电流 /μA	最高测试电压 /kV
2DL-50/0.15	50	0.15	≤60	≤5	≥1.5U_R
2DL-75/0.15	75	0.15	≤120	≤10	≥1.5U_R
2DL-100/0.015	100	0.015	≤120	≤20	≥1.5U_R
2DL-150/0.015	150	0.015	≤160	≤30	≥1.5U_R

续表

型　　号	额定反向峰值工作电压 U_R /kV	额定整流电流 I_F /A	正向压降 /kV	反向漏电流 /μA	最高测试电压 /kV
2DL-200/0.015	200	0.015	≤220	≤30	≥1.5U_R
2CL-40/0.05	40	0.05			≥1.5U_R
2CL-50/0.05	50	0.05			≥1.5U_R
2CL-75/0.05	75	0.05			≥1.5U_R
2CL-100/0.05	100	0.05			≥1.5U_R

3　运行设备介质损耗因数 tanδ 的温度换算系数

附表 1　　**运行设备的 tanδ 的温度换算系数**

试验温度 /℃	绝缘油	油浸式电压互感器及电力变压器	套管		
			电容型	混合物充填型	充油型
1	1.54	1.60	1.21	1.25	1.17
2	1.52	1.58	1.20	1.24	1.16
3	1.50	1.56	1.19	1.22	1.15
4	1.48	1.55	1.17	1.21	1.15
5	1.46	1.52	1.16	1.20	1.14
6	1.45	1.50	1.15	1.19	1.13
7	1.44	1.48	1.14	1.17	1.12
8	1.43	1.45	1.13	1.16	1.11
9	1.41	1.43	1.11	1.15	1.11
10	1.38	1.40	1.10	1.14	1.10
11	1.35	1.37	1.09	1.12	1.09
12	1.31	1.34	1.08	1.11	1.08
13	1.27	1.31	1.07	1.10	1.07
14	1.24	1.28	1.06	1.08	1.06
15	1.20	1.24	1.05	1.07	1.05
16	1.16	1.20	1.04	1.06	1.04
17	1.12	1.16	1.03	1.04	1.03
18	1.08	1.11	1.02	1.03	1.02
19	1.04	1.05	1.01	1.01	1.01
20	1.00	1.00	1.00	1.06	1.00
21	0.96	0.97	0.99	0.98	0.99
22	0.91	0.94	0.98	0.97	0.97
23	0.87	0.91	0.96	0.95	0.96
24	0.83	0.89	0.95	0.93	0.94
25	0.79	0.87	0.94	0.92	0.93
26	0.76	0.84	0.93	0.90	0.91

续表

试验温度/℃	绝缘油	油浸式电压互感器及电力变压器	套管		
			电容型	混合物充填型	充油型
27	0.73	0.81	0.92	0.89	0.90
28	0.70	0.79	0.91	0.87	0.88
29	0.67	0.76	0.90	0.86	0.87
30	0.63	0.74	0.88	0.84	0.86
31	0.60	0.72	0.87	0.83	0.84
32	0.58	0.69	0.86	0.81	0.83
33	0.56	0.67	0.85	0.79	0.81
34	0.53	0.65	0.83	0.77	0.80
35	0.51	0.63	0.82	0.76	0.78
36	0.49	0.61	0.81	0.74	0.77
37	0.47	0.59	0.79	0.72	0.75
38	0.45	0.57	0.78	0.70	0.74
39	0.44	0.55	0.76	0.68	0.72
40	0.42	0.53	0.75	0.67	0.70
41	0.40	0.51	0.73	0.65	0.68
42	0.38	0.49	0.72	0.63	0.67
43	0.37	0.47	0.70	0.61	0.65
44	0.36	0.45	0.69	0.60	0.63
45	0.34	0.44	0.67	0.58	0.62
46	0.33	0.43	0.66	0.56	0.61
47	0.31	0.41	0.64	0.55	0.60
48	0.30	0.40	0.63	0.53	0.58
49	0.29	0.38	0.61	0.52	0.57
50	0.28	0.37	0.60	0.50	0.56
52	0.26	0.36	0.57	0.47	0.53
54	0.23	0.32	0.54	0.44	0.51
56	0.21	0.30	0.51	0.41	0.49
58	0.19	0.28	0.48	0.38	0.46
60	0.17	0.26	0.45	0.36	0.44
62	0.16	0.25	0.44	0.33	0.42
64	0.15	0.23	0.39	0.31	0.40
66	0.14	0.22	0.37	0.28	0.39
68	0.13	0.20	0.35	0.26	0.37
70	0.12	0.19	0.32	0.23	0.36
72	0.12	0.18	0.30	0.21	0.34
74	0.11	0.17	0.28	0.19	0.33
76	0.10	0.16	0.27	0.17	0.31
78	0.09	0.15	0.26	0.16	0.30
80	0.09	0.14	0.25	0.15	0.29

注　$\tan\delta_{20℃}=K\tan\delta$。式中，$\tan\delta_{20℃}$、$\tan\delta$ 分别为 20℃的 $\tan\delta$ 和不同测量温度下的 $\tan\delta$ 的实测值。

4 同步发电机、调相机定子绕组沥青云母和烘卷云母绝缘老化鉴定试验项目和要求

附表 1 **试验项目和要求**

<table>
<tr><th>序号</th><th>项目</th><th>要　　求</th><th>说　　明</th></tr>
<tr>
<td>1</td>
<td>整相绕组（或分支）及单根线棒的 $\tan\delta$ 增量（$\Delta\tan\delta$）</td>
<td>（1）整相绕组（或分支）的 $\Delta\tan\delta$ 值不大于下列值：
<table>
<tr><th>定子电压等级 /kV</th><th>$\Delta\tan\delta$ /%</th></tr>
<tr><td>6</td><td>6.5</td></tr>
<tr><td>10</td><td>6.5</td></tr>
</table>
$\Delta\tan\delta$（%）值指额定电压下和起始游离电压下 $\tan\delta$（%）之差值。对于 6kV 及 10kV 电压等级，起始游离电压分别取 3kV 和 4kV。
（2）定子电压为 6kV 和 10kV 的单根线棒在两个不同电压下的 $\Delta\tan\delta$（%）值不大于下列值：
<table>
<tr><th>$1.5U_n$ 和 $0.5U_n$ 下之差值</th><th>相邻 $0.2U_n$ 电压间隔下之差值</th><th>$0.8U_n$ 和 $0.2U_n$ 下之差值</th></tr>
<tr><td>11</td><td>25</td><td>3.5</td></tr>
</table>
凡现场条件具备者，最高试验电压可选择 $1.5U_n$；否则也可选择（0.8～1.0）U_n。相邻 $0.2U_n$ 电压间隔值，即指 $1.0U_n$ 和 $0.8U_n$、$0.8U_n$ 和 $0.6U_n$、$0.6U_n$ 和 $0.4U_n$、$0.4U_n$ 和 $0.2U_n$ 下 $\Delta\tan\delta$ 之差值</td>
<td>（1）在绝缘不受潮的状态下进行试验；
（2）槽外测量单根线棒 $\Delta\tan\delta$ 时，线棒两端应加屏蔽环；
（3）可在环境温度下试验</td>
</tr>
<tr>
<td>2</td>
<td>整相绕组（或分支）及单根线棒的第二急增点 P_{i2}，测量整相绕组电流增加率 ΔI（%）</td>
<td>（1）整相绕组（或分支）P_{i2} 在额定电压 U_n 以内明显出现者（电流增加倾向倍数 $m_2>1.6$）属于有老化特征。绝缘良好者，P_{i2} 不出现或在 U_n 以上不明显出现。
（2）单根线棒实测或由 P_{i2} 预测的平均击穿电压，不小于（2.5～3）U_n。
（3）整相绕组电流增加率不大于下列值：
<table>
<tr><td>定子电压等级/kV</td><td>6</td><td>10</td></tr>
<tr><td>试验电压/kV</td><td>6</td><td>10</td></tr>
<tr><td>额定电压下电流增加率/%</td><td>8.5</td><td>12</td></tr>
</table></td>
<td>（1）在绝缘不受潮的状态下进行试验。
（2）按下图作出电流电压特性曲线
 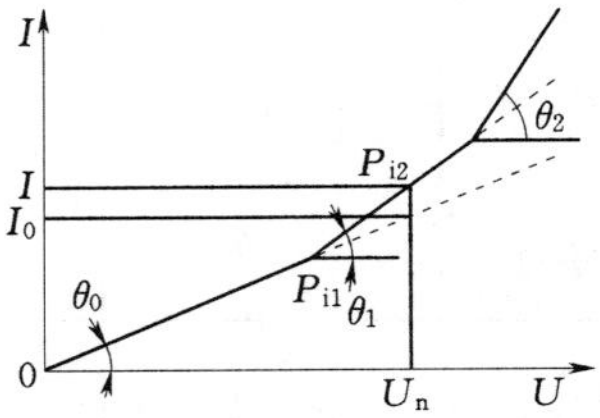
（3）电流增加率
$\Delta I=(I-I_0)/I_0\times100\%$
式中：I 为在 U_n 下的实际电容电流；I_0 为在 U_n 下 $I=f(U)$ 曲线中按线性关系求得的电容电流。
（4）电流增加倾向倍数
$m_2=\tan\theta_2/\tan\theta_0$
式中：$\tan\theta_2$ 为 $I=f(U)$ 特性曲线中出现 P_{i2} 点之斜率，$\tan\theta_0$ 为 $I=f(U)$ 特性曲线中出现 P_{i1} 点以下之斜率</td>
</tr>
</table>

续表

<table>
<tr><th>序号</th><th>项目</th><th>要求</th><th>说明</th></tr>
<tr><td>3</td><td>整相绕组（或分支）及单根线棒之局部放电量</td><td>（1）整相绕组（或分支）之局部放电量不大于下列值：
定子电压等级/kV：6；10
最高试验电压/kV：6；10
局部放电试验电压/kV：4；6
最大放电量/C：1.5×10⁻⁸；1.5×10⁻⁸
（2）单根线棒参照整相绕组要求执行</td><td></td></tr>
<tr><td>4</td><td>整相绕组（或分支）交直流耐压试验</td><td>应符合有关规定</td><td></td></tr>
</table>

注 1. 进行绝缘老化鉴定时，应对发电机的过负荷及超温运行时间、历次事故原因及处理情况、历次检修中发现的问题以及试验情况进行综合分析，对绝缘运行状况作出评定。

2. 当发电机定子绕组绝缘老化程度达到如下各项状况时，应考虑处理或更换绝缘，其中采用方式，包括局部绝缘处理、局部绝缘更换及全部线棒更换。

（1）累计运行时间超过20年，制造工艺不良者，可以适当提前。

（2）运行中或预防性试验中，多次发生绝缘击穿事故。

（3）外观和解剖检查时，发现绝缘严重分层发空、固化不良、失去整体性、局部放电严重及股间绝缘破坏等老化现象。

（4）鉴定试验结果与历次试验结果相比，出现异常并超出表中规定。

3. 鉴定试验时，应首先做整相绕组绝缘试验，一般可在停机后热状态下进行，若运行或试验中出现绝缘击穿，同时整相绕组试验不合格者，应做单根线棒的抽样试验，抽样部位以上层线棒为主，并考虑不同电位下运行的线棒，抽样量不作规定。

同步发电机、调相机定子绕组环氧粉云母绝缘老化鉴定试验见DL/T 492—1992《发电机定子绕组环氧粉云母绝缘老化鉴定导则》。

5 绝缘子的交流耐压试验电压标准

附表 1　　支柱绝缘子的耐压试验电压　　单位：kV

额定电压	最高工作电压	交流耐压试验电压			
		纯瓷绝缘		固体有机绝缘	
		出厂	交接及大修	出厂	交接及大修
3	3.6	25	25	25	22
6	7.2	32	32	32	26
10	12	42	42	42	38
15	18	57	57	57	50
20	24	68	68	68	59
35	40.5	100	100	100	90
110	126	265	265（305）	265	240（280）
220	252	490	490	490	440

注 括号中数值适用于小接地短路电流系统。

6 污秽等级与对应附盐密度值

附表 1　　普通悬式绝缘子（X—45，XP－70，XP－160）附盐密度对应的污秽等级

污秽等级	0	1	2	3	4
线路盐密 /（mg/cm^2）	≤0.03	>0.03～0.06	>0.06～0.10	>0.10～0.25	>0.25～0.35
发、变电所盐密 /（mg/cm^2）		≤0.06	>0.06～0.10	>0.10～0.25	>0.25～0.35

附表 2　　普通支柱绝缘子附盐密度与对应的发、变电所污秽等级

污秽等级	1	2	3	4
盐密/（mg/cm^2）	≤0.02	>0.02～0.05	>0.05～0.1	>0.1～0.2

7 橡塑电缆内衬层和外护套被破坏进水确定方法

直埋橡塑电缆的外护套，特别是聚氯乙烯外护套，受地下水的长期浸泡吸水后，或者受到外力破坏而又未完全破损时，其绝缘电阻均有可能下降至规定值以下，因此不能仅根据绝缘电阻值降低来判断外护套破损进水。为此，提出了根据不同金属在电解质中形成原电池的原理进行判断的方法。

橡塑电缆的金属层、铠装层及其涂层用的材料有铜、铅、铁、锌和铝等。这些金属的电极电位如附表1所示。

附表 1　　橡塑电缆的金属层、铠装层及其涂层用材料的电极电位

金属种类	铜（Cu）	铅（Pb）	铁（Fe）	锌（Zn）	铝（Al）
电位/V	+0.334	−0.122	−0.44	−0.76	−1.33

当橡塑电缆的外护套破损并进水后，由于地下水是电解质，在铠装层的镀锌钢带上会产生对地−0.76V的电位，如内衬层也破损进水后，在镀锌钢带与铜屏蔽层之间形成原电池，会产生 0.334−(−0.76)=1.1V 的电位差，当进水很多时，测到的电位差会变小。在原电池中铜为“正”极，镀锌钢带为“负”极。

当外护套或内衬层破损进水后，用兆欧表测量时，每千米绝缘电阻值低于 0.5MΩ 时，用高内阻万用表的“正”、“负”表笔轮换测量铠装层对地或铠装层对铜屏层的绝缘电阻，此时在测量回路内由于形成的原电池与万用表内干电池相串联，当极性组合使电压相加时，测得的电阻值较小；反之，测得的电阻值较大。因此上述两次测得的绝缘电阻值相差较大时，表明已形成原电池，就可判断外护套和内衬层已破损进水。

外护套破损不一定要立即修理，但内衬层破损进水后，水分直接与电缆芯接触并可能会腐蚀铜屏蔽层，一般应尽快检修。

8　橡塑电缆附件中金属层的接地方法

一、终端

终端的铠装层和铜屏蔽层应分别用带绝缘的绞合铜导线单独接地。铜屏蔽层接地线的截面不得小于25mm^2；铠装层接地线的截面不应小于10mm^2。

二、中间接头

中间接头内铜屏蔽层的接地线不得和铠装层连在一起，对接头两侧的铠装层必须用另一根接地线相连，而且还必须铜屏蔽绝缘。如接头的原结构中无内衬层时，应在铜屏蔽层外部增加内衬层，而且与电缆本体的内衬层搭接处的密封必须良好，即必须保证电缆的完整性和延续性。连接铠装层的地线外部必须有外护套而且具有与电缆外护套相同的绝缘和密封性能，即必须确保电缆外护套完整性和延续性。

9　避雷器的电导电流值和工频放电电压值

(1) 阀式避雷器的电导电流值和工频放电电压值见附表1～附表4。

附表1　　FZ型避雷器的电导电流值和工频放电电压值

型号	额定电压/kV	试验电压/kV	电导电流/μA	工频放电电压有效值/kV
FZ-3 (FZ2-3)	3	4	450～650 (<10)	9～11
FZ-6 (FZ2-6)	6	6	400～600 (<10)	16～19
FZ-10 (FZ2-10)	10	10	400～600 (<10)	26～31
FZ-15	15	16	400～600	41～49
FZ-20	20	20	400～600	51～69
FZ-35	35	16 (15kV元件)	400～600	82～98
FZ-40	40	20 (20kV元件)	400～600	95～118
FZ-60	60	20 (20kV元件)	400～600	140～173
FZ-110J	110	24 (30kV元件)	400～600	224～268
FZ-110	110	24 (30kV元件)	400～600	254～312
FZ-220J	220	24 (30kV元件)	400～600	448～536

注　括号内的电导电流值对应于括号内的型号。

附表2　　FS型避雷器的电导电流值

型　号	FS4-3，FS8-3，FS4-3GY	FS4-6，FS8-6，FS4-6GY	FS4-10，FS8-10，FS4-10GY
额定电压/kV	3	6	10
试验电压/kV	4	7	10
电导电流/μA	10	10	10

附表 3　　FCZ 型避雷器的电导电流值和工频放电电压值

型号	FCZ3－35	FCZ3－35L	FCZ－30DT③	FCZ3－110J（FCZ2－110J）	FCZ3－220J（FCZ2－220J）
额定电压/kV	35	35	35	110	220
试验电压/kV	50①	50②	18	110（100）	110（100）
电导电流/μA	250～400	250～400	150～300	250～400（400～600）	250～400（400～600）
工频放电电压有效值/kV	70～85	78～90	85～100	170～195	340～390

① FCZ3－35 在 4000m（包括 4000m）海拔以上应加直流试验电压 60kV。

② FCZ3－35L 在 2000m 海拔以上应加直流电压 60kV。

③ FCZ－30DT 适用于热带多雷地区。

附表 4　　FCD 型避雷器电导电流值

额定电压/kV	2	3	4	6	10	13.2	15
试验电压/kV	2	3	4	6	10	13.2	15
电导电流/μA	FCD 为 50～100，FCD1、FCD3 不超过 10，FCD2 为 5～20						

（2）几点说明：

1）电导电流相差值（%）系指最大电导电流和最小电导电流之差与最大电导电流的比。

2）非线性因数按下式计算

$$\alpha = \lg(U_2/U_1)/\lg(I_2/I_1)$$

式中　U_1、U_2——表 11－1 序号 2 中规定的试验电压；

I_1、I_2——在 U_1 和 U_2 电压下的电导电流。

3）非线性因数的差值是指串联元件中两个元件的非线性因数之差。

10　高压电气设备的工频耐压试验电压标准

附表 1　　工频耐压试验电压标准　　单位：kV

额定电压	最高工作电压	1min 工频耐受电压有效值																	
		油浸电力变压器		并联电抗器		电压互感器		断路器电流互感器		干式电抗器		穿墙套管				隔离开关		干式电力变压器	
												纯瓷和纯瓷充油绝缘		固体有机绝缘					
		出厂	交接大修	出厂	交接大修	出厂	交接大修	出厂	交接大修	出厂	交接大修	出厂	交接大修	出厂	交接大修	出厂	交接大修	出厂	交接大修
3	3.6	20	17	20	17	25	23	25	23	25	25	25	25	25	23	25	25	10	8.5
6	7.2	25	21	25	21	30	27	30	27	30	30	30	30	30	27	32	32	20	17
		(20)	(17)	(20)	(17)	(20)	(18)	(20)	(18)	(20)	(20)	(20)	(20)	(20)	(18)	(20)	(20)		
10	12	35	30	35	30	42	38	42	38	42	42	42	42	42	38	42	42	28	24
		(28)	(24)	(28)	(24)	(28)	(25)	(28)	(25)	(28)	(28)	(28)	(28)	(28)	(25)	(28)	(28)		
15	18	45	38	45	38	55	50	55	50	55	55	55	55	55	50	57	57	38	32
20	24	55	47	55	47	65	59	65	59	65	65	65	65	65	59	68	68	50	43
		(50)	(43)	(50)	(43)														
35	40.5	85	72	85	72	95	85	95	85	95	95	95	95	95	85	100	100	70	60

续表

额定电压	最高工作电压	1min工频耐受电压有效值																	
		油浸电力变压器		并联电抗器		电压互感器		断路器电流互感器		干式电抗器		穿墙套管				隔离开关		干式电力变压器	
												纯瓷和纯瓷充油绝缘		固体有机绝缘					
		出厂	交接大修	出厂	交接大修	出厂	交接大修	出厂	交接大修	出厂	交接大修	出厂	交接大修	出厂	交接大修	出厂	交接大修	出厂	交接大修
66	72.5	150	128	150	128	155	140	155	140	155	155	155	155	155	140	155	155		
110	126	200	170	200	170	200	180	200	180	200	200	200	200	200	180	230	230		
220	252	395	335	395	335	395	356	395	356	395	356	395	395	395	356	395	395		
500	550	680	578	680	578	680	612	680	612	680	680	680	680	680	612	680	680		

注　括号内为低电阻接地系统。

11　电力变压器的交流试验电压

附表 1　　**交 流 试 验 电 压**　　单位：kV

额定电压	最高工作电压	线端交流试验电压值		中性点交流试验电压值	
		出厂或全部更换绕组	交接或部分更换绕组	出厂或部分更换绕组	交接或部分更换绕组
<1	≤1	3	2.5	3	2.5
3	3.5	18	15	18	15
6	6.9	25	21	25	21
10	11.5	35	30	35	30
15	17.5	45	38	45	38
20	23.0	55	47	55	47
35	40.5	85	72	85	72
110	126	200	170（195）	95	80
220	252	360	306	85	72
		395	336	（200）	（170）
500	550	630	536	85	72
		680	578	140	120

注　括号内数值适用于小接地短路电流系统。

12　油浸电力变压器绕组直流泄漏电流参考值

附表 1　　**泄 漏 电 流 参 考 值**

额定电压/kV	试验电压峰值/kV	在下列温度时的绕组泄漏电流值/μA							
		10℃	20℃	30℃	40℃	50℃	60℃	70℃	80℃
2～3	5	11	17	25	39	55	83	125	178
6～15	10	22	33	50	77	112	166	250	356

续表

额定电压 /kV	试验电压峰值 /kV	在下列温度时的绕组泄漏电流值 /μA							
		10℃	20℃	30℃	40℃	50℃	60℃	70℃	80℃
20～35	20	33	50	74	111	167	250	400	570
110～220	40	33	50	74	111	167	250	400	570
500	60	20	30	45	67	100	150	235	330

13 合成绝缘子和RTV涂料憎水性测量方法及判断准则

一、通则

绝缘子憎水性测量包括伞套材料的憎水性、憎水性迁移特性、憎水性恢复时间、憎水性的丧失与恢复特性。

运行复合绝缘子憎水性测量应结合检修进行。需选择晴好天气测量，若遇雨雾天气，应在雨雾停止4天后测量。

憎水性状态用静态接触角（θ）和憎水性分级（HC）来表示。

二、试品准备

1. 试品要求

试品的配方及硫化成形工艺应与按正常工艺生产绝缘子的伞套相同。若绝缘子伞裙与护套的配方及硫化成形工艺不同，则应对伞裙材料及护套材料分别进行试验。

静态接触角法（CA法）采用平板试品，面积为$30cm^2$～$50cm^2$，试品厚度3mm～6mm，试品数量为3个。

喷水分级法（HC法）采用平板或伞裙试品，面积$50cm^2$～$100cm^2$，试品数量为5个。

2. 清洁表面试品预处理

用无水乙醇清洗表面，然后用自来水冲洗，干燥后置于防尘容器内，在实验室标准环境条件下至少保存24h。

3. 试品涂污及憎水性迁移

按照DL/T 810—2002《±500kV直流棒形悬式复合绝缘子技术条件》附录B中B2.2、B2.3条的方法涂污，盐密和灰密分别为$0.1mg/cm^2$、$0.5mg/cm^2$。涂污后的试品置于实验室标准环境条件下的防尘容器内进行憎水性迁移，迁移时间为4天。

三、测量方法

1. 静态接触角法（CA法）

静态接触角法即通过直接测量固体表面平衡水珠的静态接触角来反映材料表面憎水性状态的方法。可通过静态接触角测量仪器、测量显微镜或照相等方法来测量静态接触角θ的大小。

水珠的体积4μL～7μL左右（即水珠重量4mg～7mg），每个试品需测5个水珠的静态接触角（3个试品15个测量点的平均值为θ_{av}、最小值为θ_{min}）。

2. 喷水分级法（HC法）

喷水分级法是用憎水性分级来表示固体材料表面憎水性状态的方法。该法将材料表面的憎水性状态分为6级，分别表示为HC1～HC6。HC1级对应憎水性很强的表面，HC6级对应完全亲水性的表面。憎水性分组的描述见DL/T 810—2002附录E，典型状况见附图。

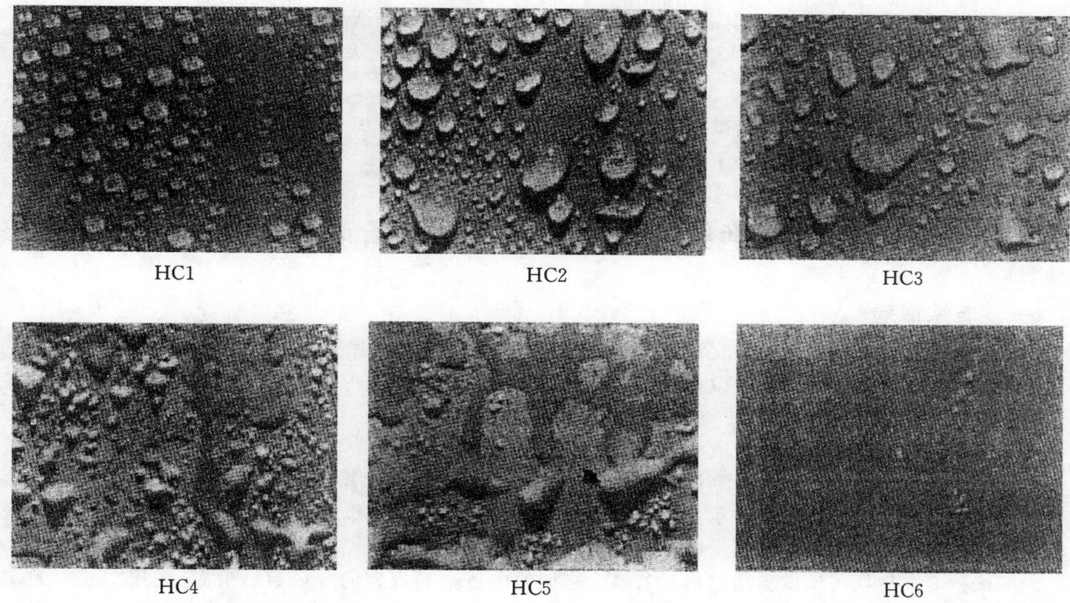

附图 1　憎水性分级示意图

对憎水性分级测量和喷水装置的要求如下：

(1) 喷水设备喷嘴距试品 25cm，每秒喷水 1 次，共 25 次，喷水后表面应有水分流下。喷射方向尽可能垂直于试品表面，憎水性分级的 HC 值的读取应在喷水结束后 30s 以内完成。试品与水平面呈 20°～30°左右倾角；

(2) 喷水设备可用喷壶，每次喷水量为 0.7mL～1mL；喷射角为 50°～70°。喷射角可采用在距喷嘴 25cm 远处立一张报纸，喷射方向垂直于报纸，喷水 10～15 次，形成的湿斑直径在 25cm～35cm 的方法进行校正。

四、判定准则

1. 憎水性

按三规定的测量方法，测量试品表面的静态接触角 θ 及憎水性分级 HC 值。复合绝缘子的伞裙护套材料应满足：

(1) 静态接触角 $\theta_{av} \geqslant 100°$，$\theta_{min} \geqslant 90°$；

(2) 对出厂绝缘子一般应为 HC1～HC2 级，且 HC3 级的试品不多于 1 个。

2. 憎水性的丧失特性

在实验室标准环境条件下，将 5 片清洁试品置于盛有水的容器中浸泡 96h，水应保证试品被完全浸没。试品要求见第二部分。

将试品取出后，甩掉表面的水珠，用滤纸吸干残余水分。然后任选 3 个试品，测量其静态接触角 θ 及 HC 值，其余两个试品仅测 HC 值。每个试品的测量过程应在 10min 内完成。试品应满足：

(1) 静态接触角 $\theta_{av} \geqslant 90°$，$\theta_{min} \geqslant 85°$；

(2) 对出厂绝缘子一般应为 HC3～HC4 级，且 HC5 级的试品不多于 1 个；

(3) 对已运行绝缘子一般应为 HC4～HC6 级，且 HC5～HC6 级的试品不多于 1 个。

3. 憎水性的迁移特性

从 5 个按二、3 规定的方法涂污并憎水性迁移 4 天后的试品中，任选 3 个，顺序测量其静态接触角 θ 及 HC 值，其余两个试品仅测 HC 值。试品应满足：

(1) 静态接触角 $\theta_{av} \geqslant 110°$，$\theta_{min} \geqslant 100°$；

(2) 对出厂绝缘子一般应为 HC2～HC3 级，且 HC4～HC5 级的试品不多于 1 个；

(3) 对已运行绝缘子一般应为 HC3～HC4 级，且 HC4～HC6 级的试品不多于 1 个。

4. 憎水性恢复时间

完成 1 条测量后，从水中取出试品，测量憎水性恢复至 1 条憎水性分级水平的时间，对出厂绝缘子和已运行绝缘子憎水性恢复时间应小于 24h。

14 气体绝缘金属封闭开关设备老炼试验方法

一、老炼试验

老炼试验是指对设备逐步施加交流电压，可以阶梯式地或连续地加压，其目的是：

(1) 将设备中可能存在的活动微粒杂质迁移到低电场区域里去，在此区域，这些微粒对设备的危险性减低，甚至没有危害；

(2) 通过放电烧掉细小的微粒或电极上的毛刺，附着的尘埃等。

老炼试验的基本原则是既要达到设备净化的目的，又要尽量减少净化过程中微粒触发的击穿，还要减少对被试设备的损害，即减少设备承受较高电压作用的时间，所以逐级升压时，在低电压下可保持较长时间，在高电压下不允许长时间耐压。

老炼试验应在现场耐压试验前进行。若最后施加的电压达到规定的现场耐压值 U_t 耐压 1min，则老炼试验可代替耐压试验。

老炼试验时，施加交流电压值与时间的关系可参考如下方案，可从如下方案选择或与制造厂商定。

方案 1：

加压程序是：$U_m/\sqrt{3}$ 15min→U_t 1min，如附图 1 所示。

方案 2：

加压程序是：$0.25U_t$ 2min→$0.5U_t$ 10min→$0.75U_t$ 1min→U_t 1min，如附图 2 所示。

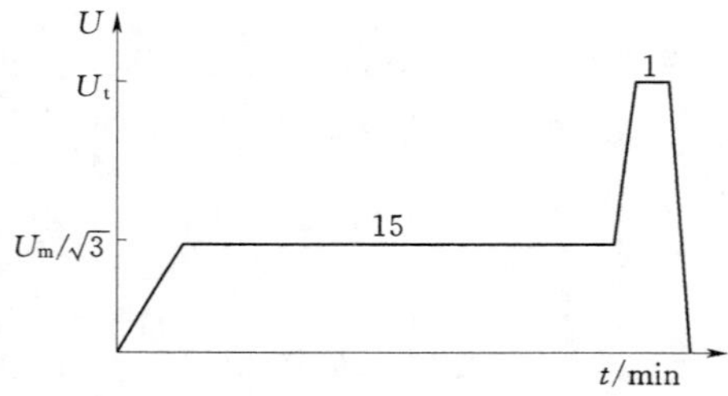

附图 1 电压与时间关系曲线

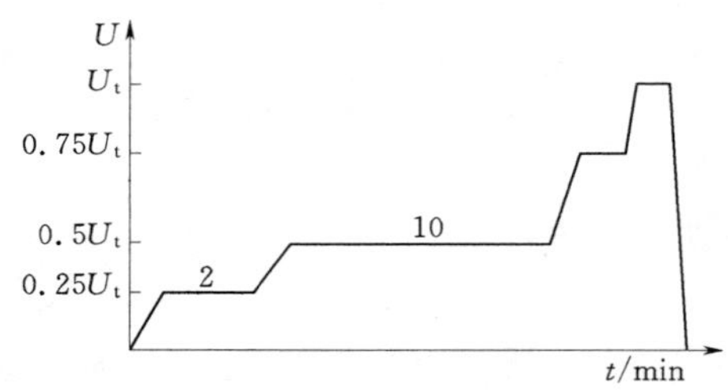

附图 2 电压与时间关系曲线

方案 3：

加压程序是：$U_m/\sqrt{3}$ 5min→U_m 3min→U_t 1min，如附图 3 所示。

方案 4：

加压程序是：$U_m/\sqrt{3}$ 3min→U_m 15min→U_t 1min→$1.1U_m$ 3min，如附图 4 所示。

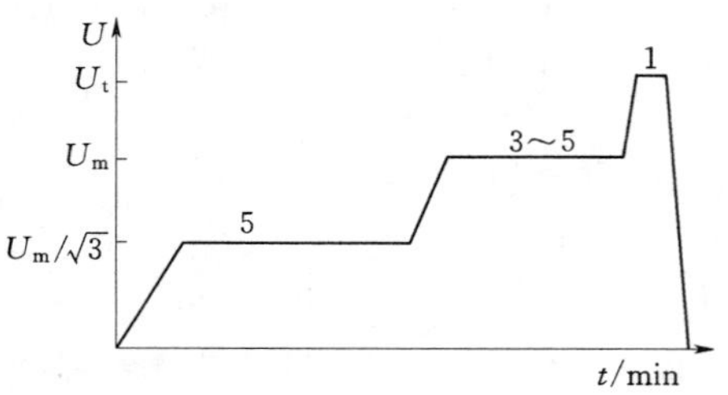

附图 3 电压与时间关系曲线

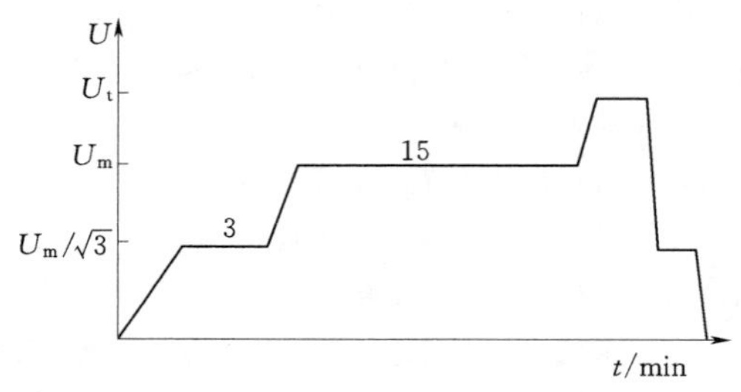

附图 4 电压与时间关系曲线

二、试验判据

（1）如GIS的每一部件均已按选定的试验程序耐受规定的试验电压而无击穿放电，则认为整个GIS通过试验。

（2）在试验过程中如果发生击穿放电，则应根据放电能量和放电引起的声、光、电、化学等各种效应及耐压试验过程中进行的其他故障诊断技术所提供的资料，进行综合判断。遇有放电情况，可采取下述步骤：

1）进行重复试验。如果该设备或气隔还能承受规定的试验电压，则该放电是自恢复放电，认为耐压试验通过。如重复试验再次失败，则应解体进行检查。

2）设备解体，打开放电气隔，仔细检查绝缘情况，修复后，再一次进行耐压试验。

15　断路器回路电阻厂家标准

附表1　　厂家标准

ID	厂家	类型	电压/kV	型号	电流	直阻标准	备注
1	沈阳	少油	110	SW2-110Ⅰ		180	
2	沈阳	少油	110	SW2-110Ⅱ		180	
3	沈阳	少油	110	SW2-110Ⅲ		140	
4	沈阳	少油	220	SW2-220Ⅰ		180	单断口
5	沈阳	少油	220	SW2-220Ⅱ		180	单断口
6	沈阳	少油	220	SW2-220Ⅲ		180	单断口
7	沈阳	少油	220	SW2-220Ⅳ		140	单断口
8	沈阳	SF_6	110	LW11-110		70	
9	沈阳	SF_6	220	LW11-220	3150	40	
10	沈阳	SF_6	220	LW11-220	4000	40	
11	沈阳	SF_6	220	LW11-220	2000	80	
12	沈阳	SF_6	220	LW11-220	4000	90	
13	沈阳	SF_6	220	LW11-220	2000	190	
14	沈阳	SF_6	220	LW11-500		200	
15	沈阳	SF_6	110	LW6-110		35	
16	沈阳	SF_6	220	LW6-220		35	单断口
17	平顶山	SF_6	110	LW6-110	3150	35	单断口
18	平顶山	SF_6	220	LW6-220	3150	90	单断口35
19	平顶山	SF_6	500	LW6-500	3150	200	单断口35
20	西安	SF_6	220	LW15-252		42	
21	西安	SF_6	220	LW15-500		42	
22	西安	SF_6	110	LW14-126		30	
23	西安	SF_6	110	LW14-145		33	
	西安	SF_6	110	LW25-126		45	
	西安	SF_6	220	LW25-252		45	
24	西安	SF_6	500	LW13-500		250	原型号为500-SFMT-50B
25		少油	110	SW1-110	600	700	
26		少油	110	SW3-110	1000	160	

续表

ID	厂家	类型	电压/kV	型号	电流	直阻标准	备注
27		少油	110	SW3－110G	1200	180	
28		少油	110	SW4－110G	1200	300	
29		少油	110	SW6－110	1200	300	
30		少油	110	SW7－110	1500	95	
31		少油	220	SW2－220	1500	400	
32		少油	220	SW4－220	1000	600	
33	西安	少油	220	SW6－220	1600	400	
34	沈阳	少油	220	SW6－220	1200	450	
35		SF_6	220	LW4－220		120	
36		SF_6	220	LW17－220		100	
37		SF_6	110	LW17－145		75	
38	西门子	SF_6	500	3ASS	3150	275	
39	日立	SF_6	500	OFPTB	3150	150	
40	日立	SF_6	220	OFPTB	3150	150	
41	美国	真空	35	VBM、VBU		200	
42	ABB	SF_6	500	ELESI7－2	4000	85	
43		多油	35	DW8－35		250	
44	三菱	SF_6	220	250－SFM－50B	2000	35	
45	北京 ABB	SF_6	110	LTB145D1/B	3150	40	
46		SF_6	220	HPL245B1	4000	50	
47		SF_6	220	HPL245B1	4000	40	
48	上海华通	SF_6	220	LW31－252	3150	45	单断口
49		SF_6	220	ELFSLA－2	3150	50	单断口
50		SF_6	1100	LW17－125	2500	25	单断口

注 以上为断路器厂家标准，若遇到上表中未列的断路器型号，可参考相同电压等级、相同载流下的其他类型断路器或与厂家咨询。

16 各种温度下铝导线直流电阻温度换算系数 K_t 值

附表 1　　换 算 系 数 K_t 值

温度/℃	换算系数 K_t	温度/℃	换算系数 K_t	温度/℃	换算系数 K_t	温度/℃	换算系数 K_t
−9	1.134	−4	1.109	1	1.084	6	1.061
−8	1.129	−3	1.104	2	1.079	7	1.056
−7	1.124	−2	1.099	3	1.075	8	1.050
−6	1.119	−1	1.094	4	1.070	9	1.047
−5	1.114	0	1.089	5	1.065	10	1.043

续表

温度/℃	换算系数 K_t	温度/℃	换算系数 K_t	温度/℃	换算系数 K_t	温度/℃	换算系数 K_t
11	1.038	19	1.004	27	0.072	35	0.942
12	1.034	20	1.00	28	0.968	36	0.939
13	1.029	21	0.996	29	0.965	37	0.935
14	1.025	22	0.992	30	0.961	38	0.932
15	1.021	23	0.982	31	0.957	39	0.928
16	1.017	24	0.983	32	0.953	40	0.925
17	1.012	25	0.980	33	0.950		
18	1.008	26	0.976	34	0.946		

17　各种温度下铜导线直流电阻温度换算系数 K_t 值

附表 1　　换 算 系 数 K_t 值

温度/℃	换算系数 K_t	温度/℃	换算系数 K_t	温度/℃	换算系数 K_t	温度/℃	换算系数 K_t
−9	1.128	4	1.067	17	1.012	30	0.962
−8	1.123	5	1.063	18	1.007	31	0.959
−7	1.118	6	1.058	19	1.004	32	0.955
−6	1.113	7	1.054	20	1.000	33	0.951
−5	1.109	8	1.049	21	0.996	34	0.947
−4	1.103	9	1.045	22	0.992	35	0.945
−3	1.099	10	1.041	23	0.988	36	0.941
−2	1.094	11	1.037	24	0.985	37	0.937
−1	1.090	12	1.032	25	0.981	38	0.934
0	1.085	13	1.028	26	0.977	39	0.931
1	1.081	14	1.024	27	0.073	40	0.927
2	1.076	15	1.020	28	0.969		
3	1.071	16	1.016	29	0.965		

18　QS_1 型 西 林 电 桥

一、QS_1 型西林电桥的主要部件及参数

（一）主要部件

QS_1 型西林电桥包括桥体及标准电容器、试验变压器 3 大部分。现以附图 1 所示的 QS_1 型电桥为例，分别介绍该电桥各部件的作用。

1. 桥体调整平衡部分

电桥的平衡是通过调节 C_4、R_4 和 R_3 来实现的。R_1 是电阻值为 3184Ω（$=10000/\pi\Omega$）的无感电阻。

C_4 是由 25%无损电容器组成的，可调十进制电容箱电容（5×0.1μF+10×0.01μF+10×0.001μF），C_4 的电容值（μF）直接表示 tanδ 的值；C_4 的刻度盘未按电容值刻度，而是直接刻出 tanδ 的百分数值。R_3 是十进制电阻箱电阻（10×1000Ω+10×100Ω+10×10Ω+10×1Ω），它与滑线电阻 ρ（ρ=1.2Ω）串联，实现在 0～11111.2Ω 范围内连续可调的目的。由于 R_3 的最大允许电流为 0.01A，为了扩大测量电容范围，当被试品电容量大于 3184pF 时，应接入分流电阻 R_N（R_N=100Ω，包括 ρ=1.2Ω 在内），接入 R_N 后与 R_3 形成三角形电阻回路如附图 2 所示。

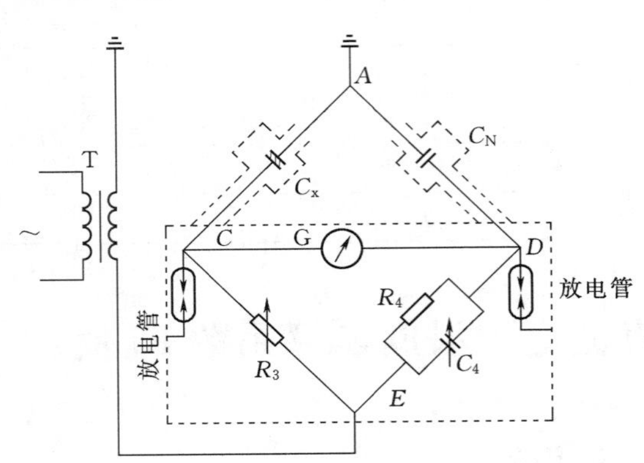

附图 1　QS₁ 电桥反接线测量原理图

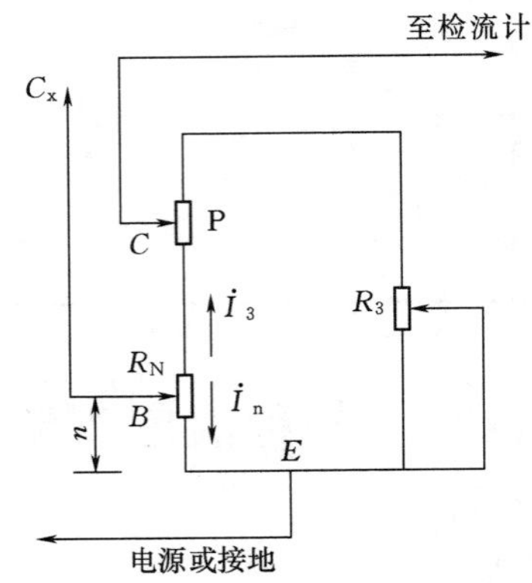

附图 2　QS₁ 型电桥接入分流电阻测量原理图

被试品电流 $\dot{I}_x$ 在 B 点分成 $\dot{I}_n$ 与 $\dot{I}_3$ 两部分

$$\frac{\dot{I}_n}{\dot{I}_3}=\frac{R_N-R_n+R_3}{R_n}\quad \dot{I}_x=\dot{I}_3+\dot{I}_n$$

可得

$$\dot{I}_3=\dot{I}_x\frac{R_n}{R_n+R_3}$$

因为 $R_3 \gg R_n$，所以 $\dot{I}_3 \ll \dot{I}_x$，保证了流过 R_3 的电流不超过允许值，而且在转换开关 B 的压降就很小，避免分流器转换开关接触电阻对桥体的影响，保证了测量的准确性。

2. 平衡指示器

桥体内装有振动式交流检流计 G 作为平衡指示器，当振动式检流计线圈中通过电流时，将产生交变磁场。这一磁场使得贴在吊丝上的小磁钢振动，并通过光学系统将这一振动反射到面板的毛玻璃上，通过观察面板毛玻璃上的光带宽窄，即可知电流的大小。面板上的“频率调节”旋钮与检流计内另一个永久磁铁相连，转动这一旋钮可改变小磁钢及吊丝的固有振动频率，使之与所测电流频率谐振，检流计达到最灵敏，这就是所谓的“调谐振”。“调零”旋钮是用来调节检流计光带点位置的。检流计的灵敏度是通过改变与检流计线圈并联的分流电阻来调节的。分流电阻共有 11 个位置，其值的改变，通过面板上的灵敏度转换开关进行，可以从 0 增至 10000Ω。当检流计与电源精确谐振，灵敏度转换开关在“10”位置时，检流计光带缩至最小，即认为电桥平衡。

检流计的主要技术参数如下。

（1）电流常数不大于 12×10^{-8} A/mm。

（2）阻尼时间不大于 0.2s。

（3）线圈直流电阻为 40Ω。

3. 过电压保护装置

在 R_3、R_4 臂上分别并联一只放电电压为 300V 的放电管，作过电压保护。当电桥在使用中出现试品击穿或标准电容器击穿时，R_3、R_4 将承受全部试验电压，可能损坏电桥，危及人身安全，故采取了在 R_3、R_4 臂上分别并联放电管的过电压保护措施。

4．标准电容 C_N

QS_1 型电桥现多采用 BR－16 型标准电容，内部为 CKB50/13 型的真空电容器，其工作电压为 10kV，电容量（50±10）pF，介质损耗 $\tan\delta \leqslant 0.1\%$。真空电容器的玻璃泡上的高低压引出线端子间无屏蔽，壳内空气潮湿时，表面泄漏电流增大，常使介质损耗较低的试品出现 $-\tan\delta$ 的测量结果。标准电容器内有硅胶，需经常更换，以保证壳内空气干燥。

当用正接线测量试品 $\tan\delta$ 需要更高电压时，需选用工作电压 10kV 以上的标准电容器。

5．转换开关位置"$-\tan\delta$"

电桥两板上有一转换开关位置"$-\tan\delta$"，一般测量过程中当转换开关在"$+\tan\delta$"位置不能平衡时，可切换于"$-\tan\delta$"位置测量，切换电容 C_4 改为与 R_4 并联，如附图 3 所示。

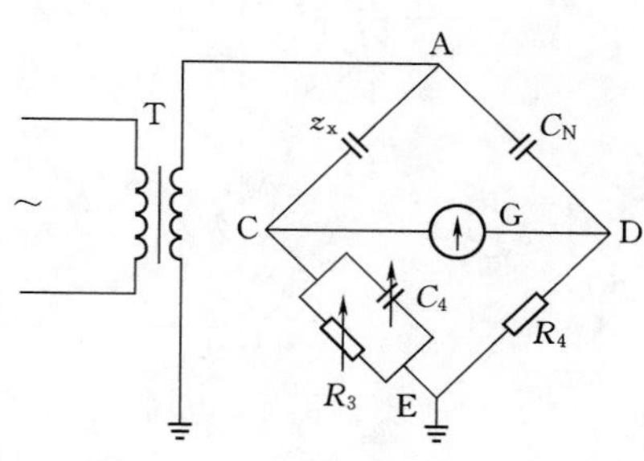

附图 3　"$-\tan\delta$"测量原理图

电桥平衡时，$z_x z_4 = z_N z_3$，将 $z_x = \dfrac{R_x}{1+j\omega C_x R_x}$、$z_N = \dfrac{1}{j\omega C_N}$、$z_3 = \dfrac{R_3}{1+j\omega C_4 R_3}$ 和 $z_4 = R_4$ 代入，求解得

$$C_x = \frac{R_4}{R_3} C_N$$

$$\tan\delta_r = \frac{1}{\omega C_x R_x} = \omega R_3(-C_4) \times 10^{-6} \qquad \text{（附 5－1）}$$

式中　$\tan\delta_r$——实际试品的负介质损失角的正切值；

　　$-C_4$——桥臂。

"$-\tan\delta$"为测量值，即"$-\tan\delta$"读数。

应当指出"$-\tan\delta$"没有物理意义的，仅仅是一个测量结果。出现这样的测量结果，意味着流过电标 R_3 的电流 $\dot{I}_x$ 超前于流过电桥 z_4 臂的电流 $\dot{I}_N$。这既可能是 $\dot{I}_N$ 不变，而电流 $\dot{I}_x$ 由于某种原因超前 $\dot{I}_N$；也可能电流 $\dot{I}_x$ 不变，而由于某种原因使 $\dot{I}_N$ 落后于 $\dot{I}_x$；还可能是上述两种原因同时存在的结果。

"$-\tan\delta$"的测量值，并不是试品实际的介质损失角的正切值，即"$-\tan\delta$"测量值不是实际试品的 $\tan\delta$ 值。测量中得到"$-\tan\delta$"时，首先应将式（附 5－1）换算为实际试品的负介质损失角的正切值，即

$$\begin{aligned}\tan\delta &= \omega R_3(-C_4) \times 10^{-6} = 314 R_3(-C_4) \times 10^{-6} \\ &= \frac{10^6}{3184} R_3(-C_4) \times 10^{-6} = \frac{R_3}{R_4}(-C_4) \\ &= \frac{R_3}{R_4}(\tan\delta)\end{aligned}$$

为了计算方便，一般令

$$\tan\delta_r = \left(\frac{R_3}{R_4}\right)|-\tan\delta| \qquad \text{（附 5－2）}$$

如一试品在"$-\tan\delta$"测得 $R_3 = 500.4\Omega$；$R_4 = 3184\Omega$，$\tan\delta$（%）$= -1.2$ 代入式（附 5－2）得

$$\tan\delta_r = \left(\frac{R_3}{R_4}\right)|-\tan\delta| = \frac{500.4}{3184}|-12| = 1.88$$

接入分流电阻后，换算公式为

$$\tan\delta_r = \frac{100R_3}{(100+R_3)R_4}\,|-\tan\delta|$$

由于出现"$-\tan\delta$"必须倒相测量，上述换算值可作为倒相的一个测量值计算。

"$-\tan\delta$"产生的原因主要有以下几个。

（1）强电场干扰。如附图 4 所示。当干扰信号 $\dot{I}_g$ 叠回于测量信号 $\dot{I}_x$ 时，造成叠加信号流过电桥第三臂 R_3 的电流 $\dot{I}_x'$ 的相位超前 $\dot{I}_N$，造成"$-\tan\delta$"值（$\tan\delta_m < 0$），这种情况把切换开关置于"$-\tan\delta$"时，

电桥才能平衡。

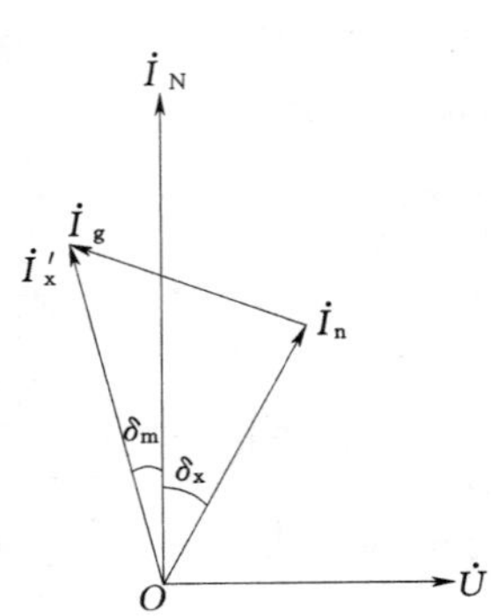

附图 4　电场干扰下产生的"$-\tan\delta$"的相量图

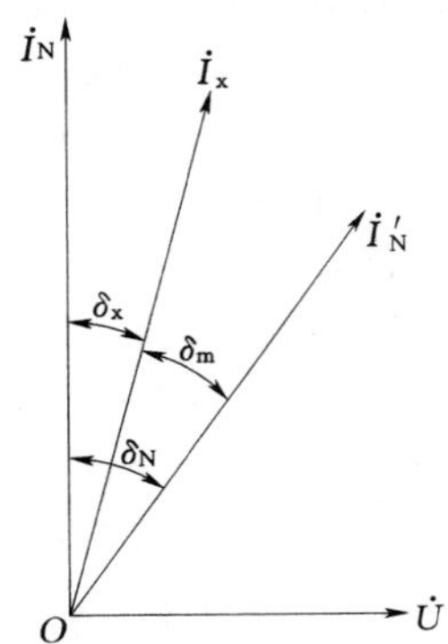

附图 5　标准电容器，$\tan\delta_N > \tan\delta_x$ 时产生的"$-\tan\delta$"的相量图

(2) $\tan\delta_N > \tan\delta_x$。当标准电桥真空泡受潮后，其 $\tan\delta_N$ 值大于被试品的 $\tan\delta_x$ 值，如附图 5 所示。由于 $\dot{I}'_N$ 滞后 $\dot{I}_x$，故出现 $-\tan\delta$（$\tan\delta_m < 0$）测量结果。

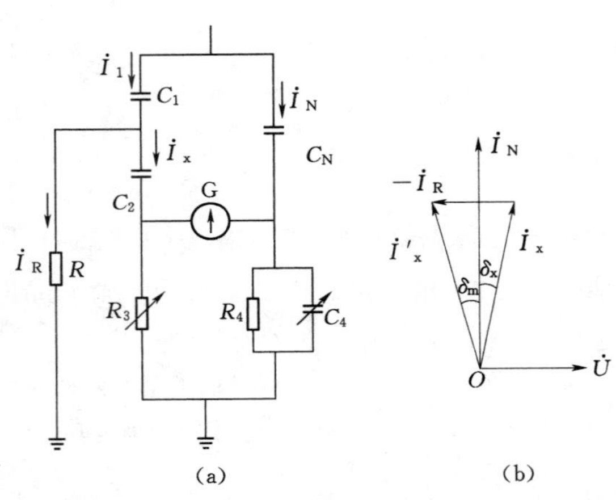

附图 6　测量有电压抽取装置的电容式套管时原理接线图

(a) 原理接线图；(b) 相量图

(3) 空间干扰。如附图 6 所示，测量有抽取电压装置的电容式套管时，套管表面脏污，测量主电容 C_1 与抽取电压的电容 C_2 串联时的等值介质损失角的正切值时，抽取电压套管表面脏污造成的电流 $\dot{I}_R$，使得 $\dot{I}'_x$ 超前于 $\dot{I}_N$，造成"$-\tan\delta$"测量结果。

另外，若出现接线错误等其他情况时，也会出现"$-\tan\delta$"测量结果。

(二) QS_1 西林电桥主要技术参数

1. 高压 50Hz 测量时 QS_1 西林电桥的技术参数

(1) $\tan\delta$ 测量范围为 0.005～0.6。

(2) 测量电容量范围为 0.3×10^{-3}～$0.4\mu F$。

(3) $\tan\delta$ 值的测量误差：当 $\tan\delta$ 为 0.005～0.3 时，绝对误差不大于±0.003；当 $\tan\delta$ 为 0.03～0.6 时，相对误差不大于测定值的±10%。

(4) 电容量测量误差不大于±5%。

2. 低压 50Hz 测量时，QS_1 电桥的技术参数

(1) $\tan\delta$ 测量范围及误差与高压测量相同。

(2) 电容测量范围，标准电容为 $0.001\mu F$ 时，测量范围为 0.3×10^{-3}～$10\mu F$，标准电容为 $0.01\mu F$ 时，测量范围为 3×10^{-3}～10pF。

(3) 电容测量误差为测定值的±5%。

二、QS_1 西林电桥的使用

(一) QS_1 西林电桥接线方式

QS_1 西林电桥接线方式有 4 种：正接线、反接线、侧接线（见附图 7）与低压法接线（见附图 8），最常用的是正接线和反接线。

1. 正接线

试品两端对地绝缘，电桥处于低电位，试验电压不受电桥绝缘水平限制，易于排除高压端对地杂散电

流对实测测量的结果的影响，抗干扰性强。

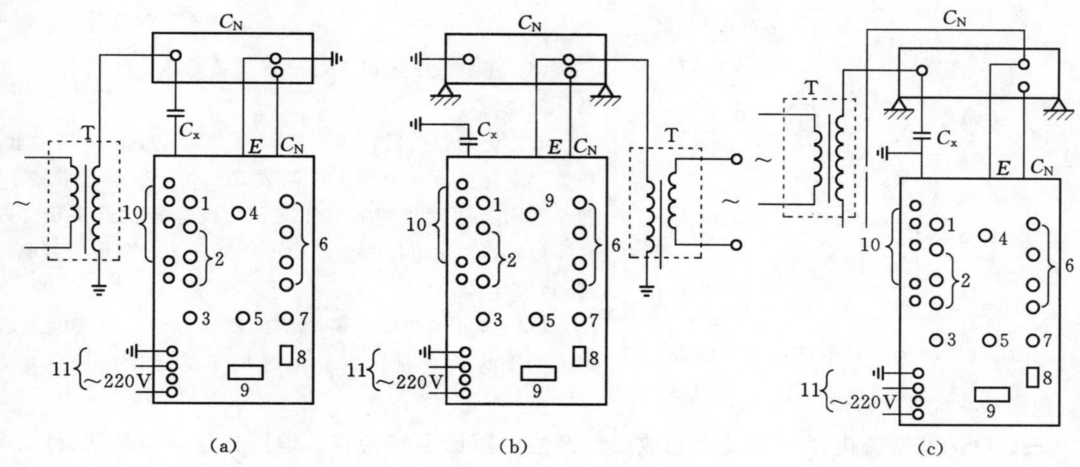

附图 7　QS_1 西林电桥的三种接线方式

(a) 正接线；(b) 反接线；(c) 侧接线

2. 反接线

该接线适用于被试品一端接地，测量时电桥处于高电位，试验电压受电桥绝缘水平限制，高压端对地杂散电容不易消除，抗干扰性差。

反接线时，应当注意电桥外壳必须妥善接地，桥体引出的 C_x，C_N 及 E 线均处于高电位，必须保证绝缘，要与接地体外壳保持至少 100～150mm 的距离。

3. 侧接线

该接线适用于试品一端接地，而电桥又没有足够绝缘强度，进行反接线测量时，试验电压不受电桥绝缘水平限制。由于该接线电源两端不接地，电源间干扰与几乎全部杂散电流均引进了测量回路，测量误差大，因而很少被采用。

4. 低压法接线

在电桥内装有一套低压电源与标准电容，接线如附图 8 所示。标准电容由两只 0.001、0.01μF 云母电容器代替，用来测量低电压(100V)、大容量电容器特性。标准电容 C_N＝0.001μF 时，试品 C_x 的范围是 30pF～10μF；C_N＝0.01μF 时，C_x 的范围为 3000pF～100μF。这种方法一般只用来测量电容量。

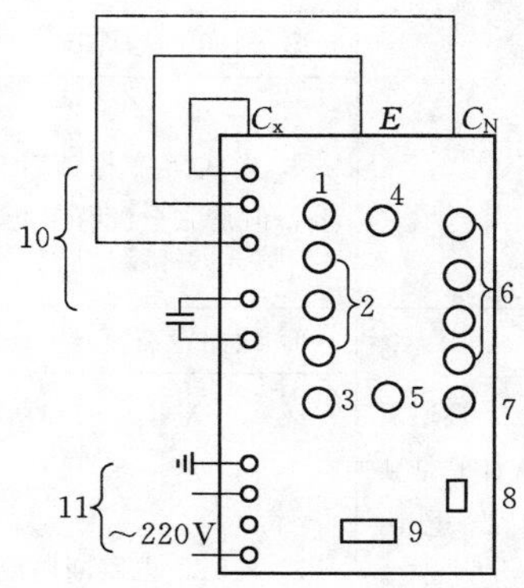

附图 8　QS_1 西林电桥低压法接线

（二）QS_1 型西林电桥操作步骤

tanδ 测量是一项高压作业，加压时间长，操作比较复杂的试验。各种接线方式的操作步骤相同，操作步骤如下。

(1) 根据现场试验条件、试品类型选择试验接线，合理安排试验设备、仪器、仪表及操作人员位置与安全措施。接好线后应认真检查其正确性。一般接线布置如附图 9 所示。标准电容 C_N 与试验变压器 T 离 QS_1 电桥的距离 l_1，l_2 应不小于 0.5m。

(2) 将 R_3、C_4 及灵敏度等各旋钮均置于“零”位，极性开关置于“断开”位置，根据试品电容量大小接表确定分流位置。

(3) 接通电源，合上光源开关，用“调零”旋钮使光带位于中间位置，加试验电压，并将“tanδ”转至“接通Ⅰ”位置。

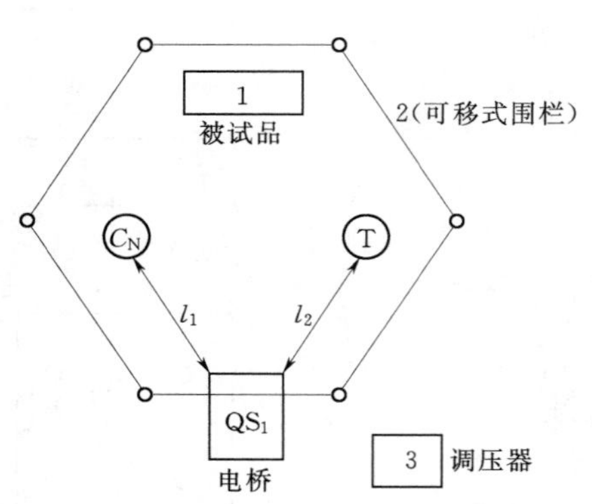

附图 9 测量 tanδ 时的设备布置图

(4) 增加检流计灵敏度，旋转调谐旋钮，找到谐振点，使光带缩至最窄（一般不超过 4mm），这时电桥即达平衡。

(5) 将灵敏度退回零，记下试验电压，R_3、ρ、C_4 值及分流位置。

(6) 记录数据后，再将极性开关旋至 tanδ“接通Ⅱ”位置。增加灵敏度至最大，调节 R_3、ρ、C_4 至光带最窄，随手退回灵敏度旋钮置“零”位。极性转换开关至“断开”位置，把试电压降为零后再切断电源，高压引线临时接地。

(7) 如上述两次测得的结果基本一致，试验可告结束，否则应检查是否有外部磁场干扰等影响因素，若有，则需采取抗干扰措施。

三、QS_1 型交流电桥可能发生的故障、产生的原因及其检查、消除方法（见附表 1）

附表 1 QS_1 型电桥发生的故障、产生原因及检查、消除方法

故障特征	可能原因	检查及消除方法
一、接通“灯光”开关时，在刻度上没有出现光带	1. 电桥接线柱上没有电压	1. 用 220V 的检查灯泡或电压表检查电桥接线柱上有无电压存在
	2. 变压器一次绕组电路或绕组本身有断线	2. 断开短接线，检查电桥相应接线柱之间有否断路（用兆欧表，欧姆表检查）
	3. 变压器二次绕组电路有断路	3. 打开电桥用 7～10V 的电压表检查光照设备小灯泡接入处有否电压
	4. 光照设备小灯泡烧坏	4. 更换小灯泡
	5. 光照设备的光线不落到检流计的透镜上	5. 要是检流透镜未被照到，不要除去屏，白槽内看一看并校正光照设备的位置
	6. 反射光线落到镜子上	6. 用一张小纸来寻找反光，相应地移动整个镜子（向上或向下）
	7. 刻度上无光带	7. 检查轴上的镜子
	8. 光线落在检流计的透镜上，但是完全没有反光	8. 重新检查透镜是否被照明，用一张小纸在暗处仔细寻找反光是否落在边上；如果落到上面或下面很远的边上，应校准检流计本身的位置，如果反光还是找不到，就说明检流计本身有毛病，需打开平面板上圆板，取出检流计的导管修理
二、接通后检流计光带狭窄，当电阻 R_3、C_4 分流器灵敏度调整器及检流计频率调整转换开关的旋钮在任何位置时，光带不扩大	1. 线路没有高压	1. 用电压指示器检查试验变压器，被试品及标准电容器端子有否高压
	2. 检流计电路断路或短路	2. 断开高电压，把电桥与线路分开，检查电桥“C_x”及“C_N”线间的电阻（电桥 C 及 D 点间），把 R_3 放到最大值上（11110Ω），而把灵敏度转换开关放到 10，测得的电阻应在 30～50Ω 的范围内。若测得的电阻低于 30Ω，说明检流计的电路短路；若测得的电阻有几千欧姆，说明检流计的电路断路（C 及 D 点之间的电压不可大于 50mV，否则检流计可能损坏），在这两种情况下要打开电桥，并分别检查电路，如果检流计内部有损坏，要打开检流计并修理
	3. 检流计不能与线路频率谐振	3. 拆开电桥，在检流计线路上加 6～12V 交流电压，用附加电阻及分路电阻来限制直接通过检流计的电流使不超过 5×10^{-7}A，同时旋转频率调节旋钮。如仍不能使光带扩大，就应打开检流计并修理
	4. 滑线电阻电刷松开或脱开	4. 拆开电桥，自内板上部除下滑线电阻屏，然后修理电刷

续表

故障特征	可能原因	检查及消除方法
三、接通电桥后，光带大，但把 R_3 自零调节到其最大值时，光带的宽度仍不改变	1. R_3 电桥臂电阻或连接线断线	1. 除去高压，在电桥外面将 R_4 桥臂短路，把电桥导线“C_N”及“E”互相连接起来。重新接通高压，在 R_3 从零改变到最大时，检查光带的情况，如果这时光带的宽度不改变，就需重新除去高压，把电桥与线路分开，在极性转换开关放在中间位置时，查电桥“C”及“E”点之间的电阻（导线“C_x”及“E”间）。若该电阻无限大（大于11110Ω），就要打开电桥，在 R_3 桥臂上寻找断线并消除
	2. R_3 电桥臂短路	2. 同前面一样，把 R_4 桥臂短路，若无论 R_3 为多大光带仍狭窄时，将极性转换开关调至中间位置，电桥线路不必分开，除去电压，测量电桥“C”及“E”点间的电阻。若该电阻近于零，要寻找损坏的地方，逐渐分开试品，屏蔽导线与其他元件，如果电桥外所有元件都拆除后不能消除短路，就要打开电桥
	3. R_3 电桥臂断线	3. 将 R_4 电桥臂短路后，R_3 电阻从零改变到最大时，光带宽度从最狭改变到最大，检查时，若把极性转换开关放到中间位置，除去电压，把电桥与线路分开，再测量电桥“D”及“E”点间的电阻（“C_N”及“E”导线之间）。如发生故障，此电阻等于很大或比184Ω大得多，应打开电桥，寻找与消除故障
四、光带随着 R_3 的增加而不断地扩大	1. R_4 电桥臂短路	1. R_4 桥臂短路的检查是在消除去高压时测量电桥 E 点与 D 点间的电阻，但电桥不与线路分开（这时极性转换开关在中间位置）。如果测量得电阻近于0，就应逐渐分开标准电容器，屏蔽导线等，同时找出损坏的地方。如果内部损坏，就应打开电桥
	2. C_N 电桥臂断线	2. 将 R_4 桥臂短路，这时光带的宽度扩大一些（R_3 为任何值时），应仔细检查自电桥到标准电容器的屏蔽导线是否良好，并仔细检查标准电容器上的电压是否存在，最后打开标准电容器检查引出线“低压”是否与极板相连
五、光带扩大，当 R_3 增加时，只窄一点	“C_x”电桥臂断线	检查试品的电压是否存在，检查自电桥到试品的屏蔽导线是否良好，并检查导线端头与试品的电极间的接触是否良好
六、光带不稳定，有时扩大，有时窄（原因不定）	屏蔽层脱开	仔细检查所有屏蔽的连接处，并把没有屏蔽的所有部分屏蔽起来。如果这样没有效果，可能试品或标准电容有部分放电，接触不稳定，此时最好与其他标准电容一起重复测量
七、在 R_3 为不正常的大值时，电桥平衡	1. C_x 电路连接的导线断线	1. 检查自电桥到试品的屏蔽导线是否良好
	2. R_3 电桥臂电阻被分路	2. 检查 R_3 桥臂电阻，若阻值降低，应打开电桥检查分流器转换开关
八、在 R_3 为不正常的小值时，电桥平衡	1. 在 C_N 支线上连接导线断线	1. 检查自电桥到标准电容器极板的屏蔽导线是否完整
	2. R_4 电桥臂电阻短路	2. 检查 R_4 桥臂电阻，若电阻减小，应打开电桥进行修理

19 绝缘电阻的温度换算

一、B级绝缘发电机绝缘电阻的温度换算

任意温度 t 下测得的B级绝缘发电机的绝缘电阻 R_t 可用下式换算成75℃时的绝缘电阻

$$R_{75}=\frac{R_t}{2^{\left(\frac{75-t}{10}\right)}}=R_t/K_t \quad (K_t\text{ 系数值参考附表 1})$$

二、A级绝缘材料绝缘电阻的温度换算

任意温度 t 下测得的A级绝缘材料的绝缘电阻 R_t 可用下式换算为75℃时的绝缘电阻

$$R_{75}=\frac{R_t}{10^{(75-t)40}}=R_t/K_t \quad (K_t\text{ 系数})$$

A级绝缘材料电阻的系数 K_t 值见附表2。

附表1　　**B级绝缘发电机的绝缘电阻的 K_t 值**

温度/℃	K_t	温度/℃	K_t	温度/℃	K_t	温度/℃	K_t	温度/℃	K_t	温度/℃	K_t	温度/℃	K_t
1	170	13	73	25	32	37	13.9	49	6.1	61	2.64	73	1.147
2	158	14	69	26	30	38	13.0	50	5.7	62	2.46	74	1.072
3	147	15	64	27	28	39	12.1	51	5.3	63	2.30	75	1.00
4	137	16	60	28	26	40	11.3	52	4.9	64	2.19	76	0.932
5	128	17	56	29	24	41	10.6	53	4.6	65	2.00	77	0.872
6	120	18	52	30	23	42	9.9	54	4.3	66	1.860	78	0.813
7	112	19	49	31	21	43	9.2	55	4.0	67	1.740	79	0.757
8	105	20	46	32	20	44	8.6	56	3.70	68	1.624	80	0.707
9	95	21	42	33	18	45	8.0	57	3.5	69	1.515		
10	90	22	39	34	17	46	7.5	58	3.3	70	1.141		
11	85	23	37	35	16	47	7.0	59	3.03	71	1.320		
12	79	24	34	36	15	48	6.5	60	2.80	72	1.230		

附表2　　**A级绝缘材料绝缘电阻的系数 K_t 值**

温度/℃	K_t	温度/℃	K_t	温度/℃	K_t	温度/℃	K_t	温度/℃	K_t	温度/℃	K_t	温度/℃	K_t
1	70.8	13	35.4	25	17.77	37	9.15	49	4.46	61	2.24	73	1.112
2	67.0	14	33.45	26	16.78	38	8.41	50	4.21	62	2.16	74	1.060
3	63.1	15	31.60	27	15.85	39	7.95	51	3.98	63	1.993	75	1.00
4	59.5	16	29.80	28	14.95	40	7.50	52	3.76	64	1.880	76	0.944
5	56.2	17	28.20	29	14.10	41	7.08	53	3.54	65	1.770	77	0.915
6	53	18	26.60	30	13.33	42	6.70	54	3.345	66	1.678	78	0.841
7	50	19	25.10	31	12.53	43	6.31	55	3.16	67	1.585	79	0.795
8	47.3	20	23.70	32	11.88	44	5.95	56	2.98	68	1.495	80	0.750
9	44.6	21	22.40	33	11.12	45	5.62	57	2.82	69	1.410		
10	42.1	22	21.60	34	10.60	46	5.30	58	2.66	70	1.330		
11	39.8	23	19.95	35	12.00	47	5.00	59	2.51	71	1.258		
12	37.6	24	18.80	36	9.44	48	4.73	60	2.37	72	1.188		

三、静电电容器绝缘电阻的温度换算

任意温度 t 下测得的静电电容器的绝缘电阻 R_t 可用下式换算为20℃时的绝缘电阻

$$R_{20}=\frac{R_t}{10^{(\frac{60-3t}{100})}}=R_t/K_t$$

静电电容器绝缘电阻的系数 K_t 值见附表3。

附表3　　静电电容器绝缘电阻的系数 K_t 值

温度/℃	K_t	温度/℃	K_t	温度/℃	K_t	温度/℃	K_t	温度/℃	K_t	温度/℃	K_t	温度/℃	K_t
1	3.712	7	2.452	13	1.620	19	1.070	25	0.708	31	0.468	37	0.309
2	3.465	8	2.290	14	1.513	20	1.000	26	0.660	32	0.436	38	0.288
3	3.235	9	2.140	15	1.411	21	0.993	27	0.616	33	0.407	39	0.260
4	3.020	10	1.990	16	1.318	22	0.970	28	0.575	34	0.380	40	0.242
5	2.820	11	1.860	17	1.230	23	0.813	29	0.537	35	0.355		
6	2.630	12	1.738	18	1.145	24	0.758	30	0.501	36	0.331		

四、浸渍纸绝缘电缆绝缘电阻的温度换算

任意温度 t 下测得的浸渍纸绝缘电缆的绝缘电阻 R_t，可用下式换算为20℃时的绝缘电阻

$$R_{20}=R_tK_t$$

式中　K_t——系数值，见附表4。

附表4　　浸渍纸绝缘电缆的绝缘电阻的系数 K_t 值

温度/℃	K_t	温度/℃	K_t	温度/℃	K_t	温度/℃	K_t	温度/℃	K_t	温度/℃	K_t	温度/℃	K_t
1	0.494	7	0.62	13	0.79	19	0.98	25	1.18	31	1.46	37	1.76
2	0.510	8	0.64	14	0.82	20	1.00	26	1.24	32	1.52	38	1.81
3	0.530	9	0.68	15	0.85	21	1.037	27	1.28	33	1.56	39	1.86
4	0.560	10	0.70	16	0.88	22	1.075	28	1.32	34	1.61	40	1.92
5	0.570	11	0.74	17	0.90	23	1.100	29	1.36	35	1.66		
6	0.590	12	0.76	18	0.94	24	1.140	30	1.41	36	1.71		

20　直流泄漏电流的温度换算

一、B级绝缘发电机定子绕组直流泄漏电流的温度换算

任意温度 t 时测得的B级绝缘材料发电机定子绕组直流泄漏电流 I_t 可用下式换算为75℃时的泄漏电流

$$I_{75}=I_t\times1.6^{(75-t)/10}=I_tK_t$$

系数 K_t 值参见附表1所示。

二、A级绝缘材料直流泄漏电流的温度换算

任意温度 t 时测得的A级绝缘材料直流泄漏电流 I_t 可用下式换算为75℃时的泄漏电流

$$I_{75}=I_te^{\alpha(75-t)/10}=I_tK_t$$

其中，α=0.05～0.06/℃，当 α=0.55时，系数 K_t 值参见附表2。

附表 1　　B 级绝缘发电机泄漏电流的 K_t 值

温度/℃	K_t	温度/℃	K_t	温度/℃	K_t	温度/℃	K_t	温度/℃	K_t	温度/℃	K_t	温度/℃	K_t
1	32.4	13	18.4	25	10.05	37	5.95	49	3.39	61	1.93	73	1.10
2	30.9	14	17.5	26	10.00	38	5.70	50	3.24	62	1.84	74	1.005
3	29.4	15	16.6	27	9.55	39	5.44	51	3.10	63	1.75	75	1.00
4	28.1	16	15.9	28	9.13	40	5.20	52	2.94	64	1.66	76	0.95
5	26.8	17	15.1	29	8.65	41	4.95	53	2.81	65	1.59	77	0.91
6	25.5	18	14.4	30	8.25	42	4.70	54	2.68	66	1.51	78	0.87
7	24.4	19	13.8	31	7.90	43	4.50	55	2.56	67	1.44	79	0.86
8	23.3	20	13.2	32	7.52	44	4.28	56	2.44	68	1.38	80	0.79
9	22.2	21	12.6	33	7.18	45	4.10	57	2.33	69	1.32		
10	21.2	22	12.1	34	6.85	46	3.90	58	2.22	70	1.26		
11	20.1	23	11.5	35	6.54	47	3.71	59	2.12	71	1.20		
12	19.3	24	11.0	36	6.10	48	3.55	60	2.02	72	1.15		

附表 2　　A 级绝缘材料泄漏电流的系数 K_t 值（$\alpha=0.055$）

温度/℃	K_t	温度/℃	K_t	温度/℃	K_t	温度/℃	K_t	温度/℃	K_t	温度/℃	K_t	温度/℃	K_t
1	58.5	13	30.2	25	15.60	37	8.07	49	4.18	61	2.163	73	1.116
2	55.5	14	28.6	26	14.80	38	7.65	50	3.96	62	2.045	74	1.057
3	52.2	15	27.1	27	14.00	39	7.23	51	3.74	63	1.928	75	1.00
4	49.2	16	25.5	28	13.25	40	6.84	52	3.54	64	1.831	76	0.948
5	47.0	17	24.3	29	12.55	41	6.48	53	3.37	65	1.734	77	0.897
6	44.2	18	22.9	30	11.85	42	6.14	54	3.17	66	1.638	78	0.850
7	42.0	19	21.75	31	11.23	43	5.81	55	3.00	67	1.552	79	0.803
8	39.9	20	20.55	32	10.60	44	5.50	56	2.84	68	1.469	80	0.760
9	37.6	21	19.50	33	10.05	45	5.21	57	2.69	69	1.391		
10	35.5	22	18.45	34	9.50	46	4.93	58	2.545	70	1.316		
11	33.75	23	17.45	35	9.00	47	4.65	59	2.407	71	1.246		
12	32	24	16.50	36	8.49	48	4.41	60	2.280	72	1.180		

21　阀型避雷器电导电流的温度换算

任意温度 t 时测得阀型避雷器电导电流 I_t 可用下式换算为 20℃时的电导电流

$$I_{20}=I_t\left(1+K\frac{20-t}{10}\right)=I_tK_t$$

式中　K——温度每变化 10℃时电导电流变化的百分数，一般情况下，$K=0.03\sim0.05$。

当 $K=0.05$ 时，系数 K_t 值参见附表 1。

附表 1　　阀型避雷器电导电流的 K_t 值（$K=0.05$）

温度/℃	K_t	温度/℃	K_t	温度/℃	K_t	温度/℃	K_t	温度/℃	K_t
1	1.095	9	1.055	17	1.015	25	0.975	33	0.935
2	1.090	10	1.050	18	1.010	26	0.970	34	0.930
3	1.085	11	1.045	19	1.005	27	0.965	35	0.925
4	1.080	12	1.040	20	1.000	28	0.960	36	0.920
5	1.075	13	1.035	21	0.995	29	0.955	37	0.915
6	1.070	14	1.030	22	0.990	30	0.950	38	0.910
7	1.065	15	1.025	23	0.985	31	0.945	39	0.905
8	1.060	16	1.020	24	0.980	32	0.940	40	0.900

22　常用高压硅堆技术参数

常用高压硅堆技术参数见附表 1 及附图 1。

附表 1　　常用高压硅堆技术参数

型　　号	反向工作峰值电压 U_r/kV	反向泄漏电流（25℃）I_r/μA	正向压降/V	平均整流电流 I_{av}	外形尺寸/mm		
					L	D	M
2DL－50/0.05	50	≤10	≤40	0.05	150	15	30
2DL－100/0.05	100	≤10	≤120	0.05	300	15	30
2DL－150/0.05	150	≤10	≤120	0.05	400	22	30
2DL－200/0.05（浸油）	200	≤10	≤180	0.05	600	25	40
2DL－250/0.05（浸油）	250	≤10	≤200	0.05	800	25	35
2DL－50/0.1	50	≤10	≤50	0.1	150	15	30
2DL－100/0.1	100	≤10	≤120	0.1	300	25	30
2DL－150/0.1	150	≤10	≤120	0.1	400	22	30
2DL－200/0.1（浸油）	200	≤10	≤180	0.1	600	25	40
2DL－250/0.1（浸油）	250	≤10	≤200	0.1	800	25	35
2DL－50/0.2	50	≤10	≤80	0.2	150	15	30
2DL－100/0.2	100	≤10	≤120	0.2	300	25	30
2DL－150/0.2	150	≤10	≤120	0.2	400	22	30
2D－200/0.2（浸油）	200	≤10	≤180	0.2	600	25	40
2DL－250/0.2（浸油）	250	≤10	≤200	0.2	800	25	35
2DL－300/0.2（浸油）	300	≤10	≤240	0.2	800	25	35
2DL－50/0.5	50	≤10	≤40	0.5	300	20	55
2DL－100/0.5	100	≤10	≤70	0.5	400	20	60
2DL－50/1	50	≤10	≤55	1.0	400	25	70

续表

型号	反向工作峰值电压 U_r/kV	反向泄漏电流/25℃ I_r/μA	正向压降/V	平均整流电流 I_{av}	外形尺寸/mm		
					L	*D*	*M*
2DL-100/1	100	≤10	≤80	1.0	450	25	80
2DL-50/2	50	≤10	≤35	2.0	400	30	75
2DL-100/2	100	≤10	≤80	2.0	450	30	80
2DL-20/3	20	≤10	≤25	3.0	300	110	22
2DL-20/5	20	≤10	≤25	5.0	350	180	22

注 1. 环境温度为－40～＋100℃。

2. 湿度：温度为40℃±2℃时，相对湿度95%±3%。

3. 最高工作频率：3kHz。

4. 硅堆均用环氧树脂封装。

5. 2DL型为P型硅堆。

6. 硅堆浸于油中使用时，整流电流数值可能有所增加。

7. 高压硅堆的电气参数为纯电阻性负载的电气参数，在容性负载中使用时，额定整流电流却降低20%。

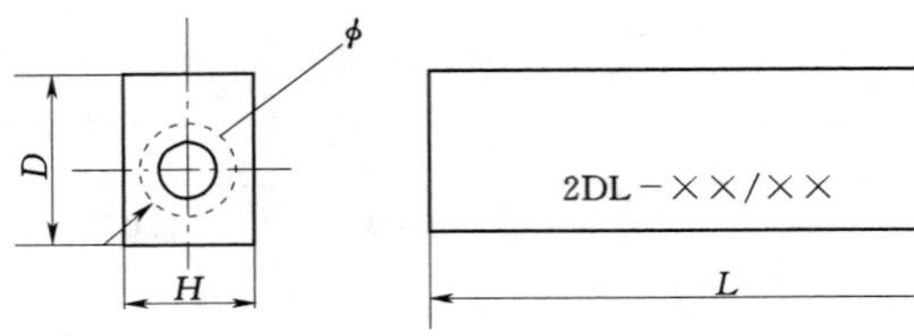

附图1 高压硅堆外形尺寸图

23 油浸式电力变压器介质损耗、绝缘电阻温度校正系数

附表1 **油浸式电力变压器介质损耗、绝缘电阻温度校正系数**

试验温度/℃	介损校正系数	校正系数 *R*	试验温度/℃	介损校正系数	校正系数 *R*
0	1.69	0.444	11	1.266	0.694
1	1.646	0.463	12	1.234	0.723
2	1.604	0.482	13	1.202	0.753
3	1.562	0.502	14	1.17	0.784
4	1.522	0.523	15	1.14	0.816
5	1.482	0.544	16	1.111	0.85
6	1.444	0.567	17	1.082	0.885
7	1.406	0.59	18	1.054	0.922
8	1.37	0.615	19	1.027	0.96
9	1.335	0.64	20	1	1
10	1.3	0.667	21	0.974	1.041

续表

试验温度/℃	介损校正系数	校正系数 R	试验温度/℃	介损校正系数	校正系数 R
22	0.949	1.084	62	0.332	5.49
23	0.924	1.129	63	0.324	5.717
24	0.9	1.176	64	0.315	5.954
25	0.877	1.225	65	0.307	6.2
26	0.854	1.275	66	0.299	6.457
27	0.832	1.328	67	0.291	6.724
28	0.811	1.383	68	0.284	7.002
29	0.79	1.44	69	0.276	7.292
30	0.769	1.5	70	0.269	7.594
31	0.749	1.562	71	0.262	7.908
32	0.73	1.627	72	0.256	8.235
33	0.711	1.694	73	0.249	8.576
34	0.693	1.764	74	0.242	8.931
35	0.675	1.837	75	0.236	9.3
36	0.657	1.913	76	0.23	9.685
37	0.64	1.992	77	0.224	10.086
38	0.624	2.075	78	0.218	10.503
39	0.607	2.161	79	0.213	10.938
40	0.592	2.25	80	0.207	11.391
41	0.576	2.343	81	0.202	11.862
42	0.561	2.44	82	0.197	12.353
43	0.547	2.541	83	0.191	12.864
44	0.533	2.646	84	0.187	13.396
45	0.519	2.756	85	0.182	13.951
46	0.506	2.87	86	0.177	14.528
47	0.492	2.988	87	0.172	15.129
48	0.48	3.112	88	0.168	15.755
49	0.467	3.241	89	0.164	16.407
50	0.455	3.375	90	0.159	17.086
51	0.443	3.515	91	0.155	17.793
52	0.432	3.66	92	0.151	18.529
53	0.421	3.812	93	0.147	19.296
54	0.41	3.969	94	0.143	20.094
55	0.399	4.134	95	0.14	20.926
56	0.389	4.305	96	0.136	21.792
57	0.379	4.483	97	0.133	22.694
58	0.369	4.668	98	0.129	23.633
59	0.359	4.861	99	0.126	24.611
60	0.35	5.063	100	0.123	25.629
61	0.341	5.272			

注　1. 本表中介损校正系数的换算根据公式 $\tan\delta_2=\tan\delta_1\times1.3^{(t_2-t_1)/10}$ 计算而得；

2. 本表中校正系数 R 的换算根据公式 $R_2=R_1\times1.5^{(t_1-t_2)/10}$ 计算而得。

 24 部分断路器接触电阻值和时间参数

部分断路器接触电阻值见附表1。

附表1 **部分断路器接触电阻值**

序号	断路器型号	额定电压/kV	额定电流/A	接触电阻值/μΩ
1	VB5	17.5	800～1250	55
2	VB5	17.5	1600～2000	50
3	VB5	17.5	2500	35
4	VB5	17.5	3150	30
5	GIEG	40.5	1600	50
6	HD4	40.5	1250	50
7	HD4	40.5	2000	40
8	DW2-35	35	600	400
9	DW2-35	35	1000	350
10	DW2-35	35	1500	250
11	DW2-35Ⅱ	35	1250	300
12	SW4-220	220		600
13	SW2-110	110		300
14	SW2-220	220	1200	450
15	SW6-220	220		400
16	SW6-220	220		450
17	SW6-110	110		180
18	OR2R	220		160
19	HPGE-11-15E	110		150
20	SW2-35	35	1000	100
21	SW2-35	35	1500	80
22	SW2-35	35	2000	40
23	SN1-10	10		95
24	SN2-10	10		95
25	SN3-10	10		主26/消260
26	SN8-10	10		主60/消150
27	SN10-10	10		100
28	SN10-10Ⅰ	10	630	100
29	SN10-10Ⅱ	10	1000	60
30	SN10-10Ⅲ	10	3000	主17/消260
31	SN10-10Ⅰ	10	1000	55
32	VJ-12A	10	630	60

续表

序号	断路器型号	额定电压 /kV	额定电流 /A	接触电阻值 /μΩ
33	VJ－12A	10	1250	35
34	VJ－12A	10	2000	30
35	3A11	10	630	60
36	3A11	10	1250	35
37	3A11	10	2000	25
38	VJ－12B	10	630	60
39	VCP－W	15	1200	35
40	VAC25－150	10	630	40
41	W－1AC	10	630	40
42	F－200	10	630	40
43	VMH－12	12	630	40
44	HPA12/625	10	630	40
45	3AH	10	1250	34
46	3AH	10	2000	20
47	VD4	10	630	30
48	VD4	10	1250	25
49	VD4	10	2000	15
50	ECA	10	2500	15
51	3AF	10	1250	35
52	35－3AF	35	2000	20
53	EN－10	10	1250	50
54	ZN7A－10	10	1250	60
55	ZN7A－10	10	1600	40
56	ZN7A－10	10	2500	30
57	ZN7A－10	10	3150	25
58	ZN28	10	1250	40
59	ZN28	10	2500	30
60	ZN28	10	3150	20
61	VS1	10	1250	45
62	ZN4－100	10	600	75
63	HB101225C	10	1250	75
64	UBS－20	10	800	40
65	ZN－10	10	1250	50
66	ZN28A－12	10	630	35
67	KYN1－10－07	10	630	40
68	ZN28A	10	1250/2000	40
69	ZN28A	10	2500	30
70	ZN28E	10	1250	40
71	ZN28E	10	2000/2500	30

续表

序号	断路器型号	额定电压/kV	额定电流/A	接触电阻值/μΩ
72	ZN28E	10	3150	25
73	ZN28	10	1250	40
74	ZN28	10	2000	40
75	ZN30	10	2500	30
76	ZN7A－10	10	2500	30
77	ZN21	10	2000	35
78	ZN21	10	3150	25
79	ZN17	10	1250	80
80	ZN17	10	2500/3150	40
81	ELFSL4－2	220	3150	95
82	ELFSP4－1	220	4000	45
83	S1－145	110	3150	30
84	3AP1FG			29
85	3AP1F1			41
86	3AQ1EG	220	3150	42
87	3AQ1EE			42
88	FX－12	220	2500	36
89	LW－220	220		100
90	LW6－220	220	3150	70
91	LW17－220	220		40
92	LW11－220W	220	3150	40
93	HPL2345B－1	220	3150	38
94	LW26－126	110		60
95	LW14－110（100－SFM－40A）	110		30
96	LW17－110	110	2500	70
97	FG4	35	1250	48
98	FG4	35	2500	30
99	HB－35	35		60
100	LW8－35	35	1600	120
101	FP4025D	35	1250	25
102	3P3－48.5	35		80
103	LW18－35	35	2500	40
104	70－SPM－50A	27	4000	20
105	OX36	36	2000	72
106	30－SFGP－35	35	630	70
107	30－SFGP－35	35	1250	40
108	FG2	10	2500	60
109	HB－10	10	1250	660
110	HB351625C	35	1600	40
111	500－FMT－20B	500	3150	160

续表

序号	断路器型号	额定电压 /kV	额定电流 /A	接触电阻值 /μΩ
112	ELFSL7－4	500	4000	100
113	OFPTB－500－50LA	500	3150	150
114	FX－22	500	3150/4000	140 新/143 运
115	ELFSL4－2	220	3150	200A 时≤19mV
116	ELFSL4－1	220	4000	45
117	LW2－220	220	2500	90
118	LW11－220	220	3150/4000	40
119	LW12－220	220	2000	190
120	LW15－220	220	3150	42
121	LW17－220	220	3150	200A 时≤19mV
122	SW2－220	220	1600/2000	400/300
123	SW2－220	220	1000/1250	600
124	3AQ1－EE	220	3150/4000	33±9
125	FX12	220	2500	36
126	MH1MF－2Y	220	3150	单断口新 25/运 30
127	LW14－220	110	2000/3150	42
128	SW4－110Ⅱ/Ⅲ	110	1000/1250	120/300
129	LW6－35	35	2500	35
130	3AF	36	1250	20
131	FD4025D	35	1250	25

部分断路器的时间参数见附表 2。

附表 2　　**部分断路器的时间参数**

设备名称	型　号	时间特性 /≤ms					
		分闸时间	合闸时间	金短时间	无电流时间	同相分/合不同期	相间分/合不同期
220kV SF_6 断路器	FX－22	50（3150A） 40（4000A）	100	50	300	2.5/2.5	5/5
	GSL－500	40	100				
	LW12－500	20	130	60		2/3	3/5
	OFPTB－500	20	130	60	300	2/3	3/5
	SFMT－50B	14－16	65－90	28		2/2	3/4
	LW12－220	35	130	60	300		3/5
	LW11－220	35	120	60	300		3/5
	LW6－220（平高）	28	90	60±5	300	2/3	3/5
	3AQ1EE－220	20±3	105±5		300±10		

续表

设备名称	型　　号	时间特性 /≤ms					
		分闸时间	合闸时间	金短时间	无电流时间	同相分/合不同期	相间分/合不同期
220kV SF_6 断路器	3A1Q1EG－220	33－39	105－115	70	300		2/3
	3AQ2	28±3	85±5	75±5	300	2/3	3/5
	3AT2	19	80±5		280	2/3	3/5
	3AT3	19	80±5		280	2/3	3/5
	ELFSP4－1	25	60	40			3/5
	ELFSP4－2	21	112	40	300		3/5
	FX－12	15－21	37－62	35－65	300	3/5	3/5
	HPL245B－1	19±2	65	50	300		2/4
	LW10B	32	100	60±5	300	3/5	
	LW15	25	100	40	300	4/5	4/5
	LW31A－252						
	LW17－220	21	112	40	300	2/2.5	3/5
	MHME－2Y	20	70			2/3	3/5
	LW2－220	30	150	50	300	5/10	5/10
110kV SF_6 断路器	LW17－145	30	135	70－100	30	3/5	3/5
	LW6	30	90	65±5		3/5	3/5
	LW14－110	20－29	69－71	40	300	3/4	3/4
	S1－145	40	90				
	3AP1FG	30±4	55±8	30±10	300±10		2/3
	SW4－110Ⅱ/Ⅲ	60/65	250	100－120	300	2/2.5	5/5,20/10
	FP40250	60	100	120		5/10	5/10
	FX－T9	37	90				
	LW8－35	60	100		300	2/3	2/3
	LW18－35	40	150			3/5	3/5
	LW6－35	30	90	65±5	300	3/5	3/5
	70－SFM－70A	25	100	50		/4	/4
	30－SFGP－25	50	150				
	SPS	32	70－90	110			
	LW11－63P	35	120	100		3/5	3/5
	3AF	60±5	75±5	90/70	300		
	FD4025G	55	95	120			5/5
	40GI－E315	33－43 30－40	60－70 57－67				
35kV 少油断路器	SW2－35	60	400				

25 阀型避雷器的电导电流值、工频放电电压值和金属氧化物避雷器直流 1mA 电压

(1) 避雷器的电导电流值、工频放电电压值见附表 1～附表 4。

附表 1 FZ 型避雷器的电导电流值和工频放电电压

型号	额定电压/kV	试验电压/kV	电导电流/μA	工频放电电压/kV(有效值)
FZ-3(FZ2-3)	3	4	450～650(<10)	9～11
FZ-6(FZ2-6)	6	6	400～600(<10)	16～19
FZ-10(FZ2-10)	10	10	400～600(<10)	26～31
FZ-15	15	16	400～600	41～49
FZ-20	20	20	400～600	51～61
FZ-35	35	16(15kV 元件)	400～600	82～98
FZ-40	40	20(20kV 元件)	400～600	95～118
FZ-110J	110	24(30kV 元件)	400～600	224～268
FZ-110	110	24(30kV 元件)	400～600	254～312
FZ-220J	220	24(30kV 元件)	400～600	448～536

注 括号内的电导电流值对应于括号内的型号。

附表 2 FS 系列避雷器的电导电流值

型号	FS4-3,FS8-3,FS4-3GY	FS-6,FS8-6,FS4-6GY	FS4-10,FS8-10,FS4-10GY
额定电压/kV	3	6	10
试验电压/kV	4	7	10
电导电流/μA	10	10	10

附表 3 FCZ 系列避雷器的电导电流值和工频放电电压

型号	FCZ3-35	FCZ3-110J FCZ2-110J	FCZ3-110J FCZ2-110J
额定电压/kV	35	110	220
试验电压/kV	50	100	100
电导电流/μA	250～400	250～400	250～400
工频放电电压/kV(有效值)	70～85	170～195	340～390

附表 4 FCD 系列避雷器的电导电流值

额定电压/kV	2	3	4	6	10	13.2	15
试验电压/kV	2	3	4	6	10	13.2	15
电导电流/μA	FCD 系列为 50～100,FCD1、FCD3 型不超过 10,FCD2 型为 5～20						

（2）说明：

1）电导电流相差值（%）系指最大电导电流和最小电导电流之差与最大电导电流的比。

2）非线形因数按下式计算

$$\alpha=\lg(U_2/U_1)/\lg(I_2/I_1)$$

式中 U_2、U_1——标准中规定的试验电压；

I_2、I_1——在 U_2 和 U_1 电压下的电导电流。

3）非线形因数的差值是指串联元件中两个元件的非线形因数之差。

（3）金属氧化物避雷器直流 1mA 电压见附表 5～附表 9。

附表 5　　典型的电站和配电用避雷器直流 1mA 电压（参考）

避雷器额定电压/kV（有效值）	避雷器持续运行电压 kV（有效值）	直流 1mA 参考电压/kV（峰值）		避雷器额定电压/kV（有效值）	避雷器持续运行电压/kV（有效值）	直流 1mA 参考电压/kV（峰值）	
		电站型	配电型			电站型	配电型
5	4.0	7.2	7.5	102	79.6	148	—
10	8.0	14.4	15.0	108	84	157	—
12	9.6	17.4	18.0	192	150	280	—
15	12.0	21.4	23.0	200	156	290	—
17	13.6	24	25.0	204	159	296	—
51	40.8	73	—	216	168.5	314	—
84	67.2	121	—	420	318	565	—
90	72.5	130	—	444	324	597	—
96	75	140	—	468	330	630	—
100	78	145	—				

附表 6　　典型的变压器中性点用避雷器直流 1mA 电压（参考）

避雷器额定电压/kV（有效值）	避雷器持续运行电压/kV（有效值）	直流 1mA 参考电压/kV（峰值）（标称放电电流 1.5kA 等级）
60	48	85
72	58	103
96	77	137
144	116	205
207	166	292

附表 7　　典型的并联补偿电容器用避雷器直流 1mA 电压（参考）

避雷器额定电压/kV（有效值）	避雷器持续运行电压/kV（有效值）	直流 1mA 参考电压/kV（峰值）（标称放电电流 1.5kA 等级）
5	4.0	7.2
10	8.0	14.4
12	9.6	17.4
15	12.0	21.8
17	13.6	24.0

续表

避雷器额定电压/kV（有效值）	避雷器持续运行电压/kV（有效值）	直流 1mA 参考电压/kV（峰值）（标称放电电流 1.5kA 等级）
51	40.8	73.0
84	67.2	121
90	72.5	130

附表 8　　典型的电机用避雷器直流 1mA 电压（参考）

避雷器额定电压/kV（有效值）	避雷器持续运行电压/kV（有效值）	标称放电电流 5kA 等级发电机用避雷器直流 1mA 参考电压/kV	标称放电电流 2.5kA 等级电动机用避雷器直流 1mA 参考电压/kV
4	3.2	5.7	5.7
8	6.3	11.2	11.2
13.5	10.5	18.6	18.6
17.5	13.8	24.4	—

附表 9　　部分避雷器的持续电流、阻性电流、工频参考电流和工频参考电压（参考）

系统标称电压/kV（有效值）	生产厂	型　号	持续运行电压/kV（有效值）	持续电流（全电流）不大于/μA（有效值）	阻性电流不大于/μA（峰值）	工频参考电流/mA（峰值）	工频参考电压不小于/kV（有效值）
10	北京伏安电气公司	HY5WS4－17/50	13.6	700	300	1	17
	上海电瓷厂	HY5WS2－17/50	13.6	500	250	1	17
	宁波电力设备厂	HY5WS－17/50	13.6	400	150	1	17
	武汉雷泰电气有限公司	HY5WS－16.5/50	13.6	400	150	1	18.5
35	北京伏安电气公司	HY5W－51/134	40.8	700	300	1	51
	上海电瓷厂	HY5WZ2－51/134	40.8	500	250	1	51
	宁波电力设备厂	HY5WS－53/134	42.4	600	300	1	53
	武汉雷泰电气有限公司	HY5W－54/134	43.2	600	200	1	52
	河南南阳避雷器厂	HY5W－51/134	40.8	848	240	1	50
110	北京伏安电气公司	HY5W1－100/260	78	700	400	1	100
	上海电瓷厂	Y10WF2－100/260	78	1200	300	1	100
	抚顺电瓷厂	HY10W1－108/281	84	700	400	2	110
	武汉新技术公司	HY10W2－102/266	79.6	700	300	1	99

26 系统电容电流估算

一、架空线路

架空线路电容电流可按下式估算

$$I_C=(2.7\sim3.3)U_nL\times10^{-3}(\text{A})$$

式中 U_n——线路额定线电压，kV；

L——线路长度，km。

系数 2.7 适用于无避雷线的线路，3.3 适用于有避雷线的线路。

由于变电所和用户电力设备存在着对地电容，将使架空线路电容电流有所增加，一般增值可用附表 1 的数值估算。

二、电缆线路

电缆线路电容电流可按附表 2 进行估算。

附表 1　　架空线路电容电流增值

额定电压/kV	6	10	35	60
电容电流增值/%	18	16	13	12

附表 2　　电缆线路电容电流平均值

额定电压/kV	6	10	35	额定电压/kV	6	10	35
电缆截面/mm^2	电容电流平均值/(A/km)			电缆截面/mm^2	电容电流平均值/(A/km)		
10	0.33	0.46		95	0.82	1.0	4.1
16	0.37	0.52		120	0.89	1.1	4.4
25	0.46	0.62		150	1.1	1.3	4.8
35	0.52	0.69		185	1.2	1.4	5.2
50	0.59	0.77		240	1.3	1.6	
70	0.71	0.9	3.7	300	1.5	1.8	

27 电气绝缘工具试验

一、试验前的检查

试验前应检查工具的完整性和表面状况。被试品表面不应有裂缝、飞弧痕迹、烧焦、穿孔、熔结和老化等缺陷，发现不合要求者，应进行处理或提出停止使用的意见。

二、试验方法

电气绝缘工具试验主要是做交流耐压试验，带电工具还要做操作波冲击试验。耐压前后都应测量绝缘电阻。由橡胶类材料制造的绝缘工具（如胶鞋、胶靴、胶手套），在耐压试验时，应在接地端串入毫安表读取电流。验电类的工具，还应测量发光电压。测量时可采用变比较小试验变压器缓慢升压，并重复三次，以获得较准确数值。

加压用电极应按被试品的不同形状分别选用。胶鞋、胶靴、胶手套等绝缘工具，一般用自来水作电极（被试品内部充水并浸入水中，高压引线引到内部水中，外部水槽经毫安表接地。被试品上部边缘距内外水面 2～4cm，不可沾湿）。绝缘胶垫、毯类，可用金属板作电极，应保证对使用部分都进行耐压，被试品的边缘处应留有距离以免沿面放电。绝缘棒、绝缘杆和绝缘绳等，可用裸金属线缠紧作电极。

被试品以不击穿（包括表面气隙不击穿闪络和内部不击穿）、不损坏、不局部过热为合格。

三、试验标准

试验标准见附表 1 和附表 2。

附表 1　　**常用电气绝缘工具试验标准**

序号	名　称	电压等级 /kV	周期 /年	交流电压 /kV	时间 /min	泄漏电流 /mA	备注
1	绝缘板	6～10	1 次	30	5		
		35		80			
2	绝缘罩	35	1 次	80	5		
3	绝缘夹钳	35 以下	1 次	3 倍线电压	5		
		110		260			
		220		400			
4	验电笔	6～10	2 次	40	5		
		20～35		105			
5	绝缘手套	高压	2 次	8	1	≤9	
		低压		2.5		≤2.5	
6	核相器	6	2 次	6		1.7～2.4	
		10		10		1.4～1.7	
7	橡胶绝缘靴	高压	2 次	15	2	≤7.5	

附表 2　　**带电作业工具耐压试验标准**

额定电压 /kV	试验长度 /m	1min 工频耐压 /kV		5min 工频耐压 /kV		K_1
		型式试验	预防性试验	型式试验	预防性试验	
10	0.4	100	45			
35	0.6	150	95			4.0
110	1.0	250	220			3.0
220	1.8	450	440			3.0
330	2.8			420	380	2.0
500	3.7			640	580	2.0

四、机械强度试验

（1）静荷重试验：2.5 倍允许工作负荷下持续 5min，工具无变形及损伤为合格。

（2）动荷重试验：2.5 倍允许工作负荷下实际操作 3 次，工具灵活、轻便、无卡住现象为合格。

附录三　电气设备预防性试验仪器、设备配置及选型

1　35kV变电所设备常用高压试验用仪器配置

序号	仪器名称	规格型号	用　途
1	绝缘电阻测试仪	HVM-5000	用于测量被试品的绝缘电阻、吸收比及极化指数测量
2	氧化锌避雷器交流测试仪	HV-MOA-Ⅱ	氧化锌避雷器阻性电流、容性电流等电气参数测量
3	直流高压发生器	Z-Ⅵ 100kV/2mA	电力变压器、电缆等设备的直流耐压试验，氧化锌避雷器的直流特性试验
4	交直流高压测量系统	HV2-100kV	用于试验时测量高压侧交直流电压
5	全自动电容量测试仪	HVCB-500	电容器组不拆头准确测量每相或每只电容器的电容量
6	雷击计数器动作测试仪	Z-V	用于测量雷击计数器是否动作及归零
7	调频串联谐振试验装置	HVFRF-108/27×4	35kV变压器、开关等设备交流耐压用，还可满足35kV、10kV电缆试验
8	异频接地阻抗测试仪	HVJE/5A	接地网接地电阻、接地阻抗测量、跨步电压、接触电势
9	地网导通测试仪	HVD	检查电力设备接地引下线与地网连接状况
10	SF_6 密度继电器检验仪	HMD	校验 SF_6 密度继电器
11	变压器绕组变形测试仪	HV-RZBX	用于变压器绕组变形的测量（频率响应法）
12	变压器低电压阻抗测试仪	RZBX-LV	用于变压器绕组变形的测量（短路阻抗法）
13	高压开关机械特性测试仪	HVKC-Ⅲ	测量开关动作电压、时间、速度、同步等，可测量西门子石墨触头
14	开关动作电压测试仪	ZKD	测量开关分合闸电压值
15	互感器三倍频感应耐压试验装置	HVFP	用于电磁式电压互感器的感应耐压试验
16	互感器综合特性测试仪	HVCV	电流/电压互感器变比、极性、伏安特性等参数试验
17	变比电桥测试仪	HVB-2000	用于变压器变比的测量
18	回路电阻测试仪	HVHL-100A	开关、刀闸等回路电阻测量
19	SF_6 微水仪	HVP	用于测量 SF_6 气体的微水含量
20	变压器直流电阻测试仪	HVRL-5A	用于变压器线圈直流电阻测量
21	介质损耗测试电桥	HV-9003E	用于电气设备的高压介损测量
22	绝缘油耐压试验装置	HVYN	用于变压器油的耐压试验

注　生产单位：苏州工业园区海沃科技有限公司（地址：江苏省苏州市工业园区泾茂路285号；邮编：215122；电话：0512－67619936；传真：0512-67619935）。

2　110kV 变电所设备常用高压试验用仪器配置

序号	仪器名称	规格型号	用　途
1	绝缘电阻测试仪	HVM-5000	用于测量被试品的绝缘电阻、吸收比及极化指数测量
2	氧化锌避雷器交流测试仪	HV-MOA-Ⅱ	氧化锌避雷器阻性电流、容性电流等电气参数测量
3	直流高压发生器	Z-Ⅵ 100/200kV/2mA	电力变压器、电缆等设备的直流耐压试验，氧化锌避雷器的直流特性试验
4	交直流高压测量系统	HV2-200kV	用于试验时测量高压侧交直流电压
5	全自动电容量测试仪	HVCB-500	电容器组不拆头准确测量每相或每只电容器的电容量
6	雷击计数器动作测试仪	Z-Ⅴ	用于测量雷击计数器是否动作及归零
7	调频串联谐振试验装置	HVFRF-216/27×10	110kV 变压器中性点、GIS、开关等设备交流耐压用，还可满足 110kV、35kV、10kV 电缆试验
8	变压器局部放电、感应耐压试验系统	HVTP-100kW	用于 110kV 变压器单相或三相同时进行局部放电、感应耐压试验
9	异频接地阻抗测试仪	HVJE/5A	接地网接地电阻、接地阻抗测量、跨步电压、接触电势
10	地网导通测试仪	HVD	检查电力设备接地引下线与地网连接状况
11	SF_6 密度继电器检验仪	HMD	校验 SF_6 密度继电器
12	变压器绕组变形测试仪	HV-RZBX	用于变压器绕组变形的测量（频率响应法）
13	变压器低电压阻抗测试仪	HV-VA	用于变压器绕组变形的测量（短路阻抗法）
14	高压开关机械特性测试仪	HVKC-Ⅲ	测量开关动作电压、时间、速度、同步等，可测量西门子石墨触头
15	开关动作电压测试仪	ZKD	测量开关分合闸电压值
16	互感器三倍频感应耐压试验装置	HVFP	用于电磁式电压互感器的感应耐压试验
17	互感器综合特性测试仪	HVCV	电流/电压互感器变比、极性、伏安特性等参数试验
18	变比电桥测试仪	HVB-2000	用于变压器变比的测量
19	回路电阻测试仪	HVHL-100A	开关、刀闸等回路电阻测量
20	SF_6 微水仪	HVP	用于测量 SF_6 气体的微水含量
21	变压器直流电阻测试仪	HVRL-5A	用于变压器线圈直流电阻测量
22	介质损耗测试仪	HV-9003E	用于电气设备的高压介损测量
23	绝缘油耐压试验装置	HVYN	用于变压器油的耐压试验

注　生产单位：苏州工业园区海沃科技有限公司（地址：江苏省苏州市工业园区泾茂路 285 号；邮编：215122；电话：0512-67619936；传真：0512-67619935）。

3 220kV变电所设备常用高压试验用仪器配置

序号	设备名称	规格型号	用　途
1	直流高压发生器	Z-Ⅵ-100/200kV/3mA	电力变压器、电缆等设备的直流耐压试验，氧化锌避雷器的直流特性试验
2	雷击计数器动作测试仪	ZV	用于测量雷击计数器是否动作及归零
3	阻性电流测试仪	HV-MOA-Ⅱ	氧化锌避雷器阻性电流、容性电流等电气参数测量
4	交直流高压测量系统	HV2-200kV	用于试验时测量高压侧交直流电压
5	调频串联谐振试验系统	HVFRF-270kVA/27kV×10	8.7/10kV/300mm^2 橡塑电缆 5km、26/35kV/300mm^2 橡塑电缆 2.5km 及 64/110kV/500mm^2 橡塑电缆 0.5km 交流耐压试验，110kV 变压器、GIS、开关、互感器等设备交流耐压试验
6	调频串联谐振试验系统	HVFRF-2325kVA/155kV×3	64/110kV/500mm^2 橡塑电缆 3km 及 127/220kV/500mm^2 橡塑电缆 0.8km 交流耐压试验，220kV 及以下变压器、GIS、开关、互感器等设备交流耐压试验
7	开关机械特性测试仪	HVKC-Ⅲ	测量开关动作电压、时间、速度、同步等，可测量西门子石墨触头
8	开关动作电压测试仪	ZKD	测量开关分合闸电压值
9	电气设备地网导通测试仪	HVD-10A	检查电力设备接地引下线与地网连接状况
10	异频接地电阻测试仪	HVJE/5A	接地网接地电阻、接地阻抗测量、跨步电压、接触电势
11	绝缘电阻测试仪	HVM-5000	用于测量被试品的绝缘电阻、吸收比及极化指数测量
12	电容量测试仪	HVCB-500	电容器组不拆头准确测量每相或每只电容器的电容量
13	倍频感应耐压试验系统	HVFP-15kW	用于电磁式电压互感器的感应耐压试验
14	互感器特性综合测试仪	HVCV	电流/电压互感器变比、极性、伏安特性等参数试验
15	220kV 局部放电、感应耐压试验系统	HVFP-200kW	用于 220kV 变压器局部放电、感应耐压试验
16	三相变压器局部放电、感应耐压试验系统	HVTP-100kW	用于 110kV 变压器单相或三相同时进行局部放电、感应耐压试验
17	数字式局部放电检测仪	HV-5102Y	测量局部放电量
18	SF_6 密度继电器校验仪	HMD	校验 SF_6 密度继电器
19	变压器绕组变形测试仪	HV-RZBX	用于变压器绕组变形的测量（频率响应法）
20	SF_6 微水测试仪	HVP	用于测量 SF_6 气体的微水含量
21	线路参数测试仪	HVLP	测量输电线路的工频参数
22	变压器直流电阻测试仪	HVRL-5A	用于变压器线圈直流电阻测量
23	变压器变比测试仪	HVB-2000	用于变压器变比的测量
24	回路电阻测试仪	HVHL-100A	开关、刀闸等回路电阻测量
25	高压介质损耗测试仪	HV-9003E	用于电气设备的高压介损测量
26	绝缘油耐压试验装置	HVYN	用于变压器油的耐压试验
27	变压器有载分节开关特性测试仪	HVYZ	用于测量有载分节开关的过渡电阻和过渡时间

注　生产单位：苏州工业园区海沃科技有限公司（地址：江苏省苏州市工业园区泾茂路 285 号；邮编：215122；电话：0512-67619936；传真：0512-67619935）。

4　500kV 变电所设备常用高压试验用仪器配置

序号	仪器名称	规格型号	用　途
1	直流高压发生器	Z-Ⅵ-200/300kV/3mA	电力变压器、电缆等设备的直流耐压试验，氧化锌避雷器的直流特性试验
2	雷击计数器动作测试仪	ZV	用于测量雷击计数器是否动作及归零
3	阻性电流测试仪	HV-MOA-Ⅱ	氧化锌避雷器阻性电流、容性电流等电气参数测量
4	交直流高压测量系统	HV2-300kV	用于试验时测量高压侧交直流电压
5	开关机械特性测试仪	HVKC-Ⅲ	测量开关动作电压、时间、速度、同步等，可测量西门子石墨触头
6	开关动作电压测试仪	ZKD	测量开关分合闸电压值
7	电气设备地网导通测试仪	HVD/10A	检查电力设备接地引下线与地网连接状况
8	异频接地电阻测试仪	HVJE/5A	接地网接地电阻、接地阻抗测量
9	绝缘电阻测试仪	HVM-5000	用于测量被试品的绝缘电阻、吸收比及极化指数测量
10	电容量测试仪	HVCB-500	电容器组不拆头准确测量每相或每只电容器的电容量
11	倍频感应耐压试验系统	HVFP-15kW	用于 220kV 及以下电磁式电压互感器的感应耐压试验
12	互感器特性综合测试仪	HVCV	电流/电压互感器变比、极性、伏安特性等参数试验
13	SF_6 密度继电器校验仪	HMD	校验 SF_6 密度继电器
14	变压器绕组变形测试仪	HV-RZBX	用于变压器绕组变形的测量（频率响应法）
15	SF_6 微水测试仪	HVP	用于测量 SF_6 气体的微水含量
16	变压器直流电阻测试仪	HVRL-5A	用于变压器线圈直流电阻测量
17	变压器变比测试仪	HVB-2000	用于变压器变比的测量
18	回路电阻测试仪	HVHL-100A	开关、刀闸等回路电阻测量
19	高压介质损耗测试仪	HV9003E	用于电气设备的高压介损测量
20	绝缘油耐压试验装置	HVYN	用于变压器油的耐压试验
21	变压器有载分节开关特性测试仪	HVYZ	用于测量有载分节开关的过渡电阻和过渡时间
22	调频串联谐振试验系统	HVFRF-264kVA/22kV×6	用于发电机定子绕组进行交流耐压试验；10kV 电缆 6km、35kV 电缆 2km 进行交流耐压试验
23	水内冷发电机专用泄漏电流测试仪	ZV/T-80kVA/300mA	用于在汇水管通水状态下对发电机定子绕组进行直流泄漏测试

注　生产单位：苏州工业园区海沃科技有限公司（地址：江苏省苏州市工业园区泾茂路 285 号；邮编：215122；电话：0512-67619936；传真：0512-67619935）。

5　500kV 及以下变电所常用高压试验仪器

一、Z-Ⅵ型直流高压发生器

Z-Ⅵ型直流高压发生器适用于电力部门、企业动力部门现场对氧化锌避雷器、电力电缆、发电机、变压器、断路器等高压电气设备进行直流耐压试验和泄漏电流测试，规格及技术参数见表 1。

表 1　　Z-Ⅵ型直流高压发生器的规格及技术参数

技术参数＼规格	60/2	60/3	80/2	80/3	100/2	100/3	100/4	120/2	120/3	120/4	200/2	200/3	200/4	200/5	200/300 3/2	200/300 4/3
输出电压/kV	60	60	80	80	100	100	100	120	120	120	200	200	200	200	200/300	200/300
输出电流/mA	2	3	2	3	2	3	4	2	3	4	2	3	4	5	3/2	4/3
输出功率/W	120	180	160	240	200	300	400	240	360	440	400	600	800	1000	600	900
充电电流/mA	3.0	4.5	3.0	4.5	3.0	4.5	6.0	3.0	4.5	6.0	3.0	4.5	6.0	7.5	4.5 3.0	6.0 4.5
机箱重量/kg	6.3	6.3	6.5	6.5	6.8	6.8	7.2	7.2	7.2	7.2	7.2	7.5	7.5	7.6	12.6	12.8
电压测量误差	1.0%（满度）±1 个字															
电流测量误差	1.0%（满度）±1 个字															
过压整定误差	≤1.0%															
0.75 切换误差	≤0.5%															
波纹系数	≤0.5%															
电压稳定度	随机波动、电源电压变化±10%，≤0.5%															
工作方式	间断使用：额定负载 30min，1.1 倍额定电压使用的：10min															
环境温度	－15～50℃															
相对湿度	当温度为 25℃时不大于 90%（无凝露）															
海拔	2000m 以下															

二、Z-Ⅴ袖珍型雷击计数器测试仪

Z-Ⅴ袖珍型雷击计数器测试仪主要用于测试雷击计数器是否动作及归零的试验。采用棒形结构；输出电压：800～2500V；采用一号电池四节供电，可供大于 2000 次的放电测试。

三、HV-MOA-Ⅱ阻性电流测试仪

HV-MOA-Ⅱ阻性电流测试仪是检测氧化锌避雷器运行中的各项交流电气参数的专用仪器。

1. 主要特点

640×480 彩色液晶图文显示；配备嵌入式工业级控制系统，1G 存储容量；Windows 操作界面，触摸操作方式，支持外挂键盘、鼠标；具备设备数据管理功能、两个 USB 接口支持数据的导入、导出；直流两用型，内带高能锂离子电池，特别适合无电源场合；真正意义上的三相同时测量；特征数据、波形同屏显示；采用有线方式、无线方式、无电压方式三种电压基准信号取样方式；电压通道采用隔离 V/I 变换，从而避免 PT 二次侧短路，减小信号失真；带电、停电、试验室均可适用。

2. 主要技术指标

（1）电源：220V、50Hz 或内部直流电源。

（2）参考电压输入范围（电压基准信号）：50Hz 的 30～100V。

（3）测量参数：泄漏电流全电流波形、基波有效值、峰值；泄漏电流阻性分量基波有效值及 3、5、7 次有效值；泄漏电流阻性分量峰值：正峰值 I_r^+、负峰值 I_r^-；容性电流基波，全电压、全电流之间的相角差；运行（或试验）电压有效值；避雷器功耗。

（4）测量范围：泄漏电流 100μA～10mA（峰值），电压 30～100V。

（5）测量准确度。电流：全电流大于 100μA 时，±5%读数±1 个字；电压：基准电压信号大于 30V 时，±2%读数±1 个字。

四、HV2－200kV 交直流高压测量系统

HV2－200kV 交直流高压测量系统主要用于电力系统及电气、电子设备制造等部门试验时测量高压侧交直流高压，可测量直流平均值，交流工频有效值、峰值及峰值$/\sqrt{2}$，在显示测量数值的同时也显示测量的波形。

主要技术参数及功能特点如下：

(1) 电压等级：200kV。

(2) 测量精度：DC 0.5，AC 1.0。

(3) 测量频率：30～300Hz。

(4) 电气强度：1.2 倍额定电压。

(5) 高低压臂在同一个容器内，且低压测量臂上无任何可调装置，不存在因震动造成可调点的位移而影响产品的精度，工作可靠性高。

(6) 测量部分与显示部分完全分开，工作安全可靠。

(7) 显示部分采用大屏幕液晶显示器，可显示测量数据和波形。

(8) 交直流信号自动转换。

五、HVFRF 型 216kVA/27kV×10 自动调频串联谐振试验系统

1. 满足试品范围

(1) 110kV 变压器、GIS、互感器等电气设备的交流耐压试验。试验电压：≤230kV；试验频率：30～300Hz；耐压时间：≤15min。

(2) 110kV 400mm^2 500m 交联电缆交流耐压试验。试验电压：≤128kV；试验频率：30～300Hz；耐压时间：60min。

(3) 35kV 300mm^2 2500m 交联电缆交流耐压试验。试验电压：≤52kV；试验频率：30～300Hz；耐压时间：60min。

(4) 10kV 300mm^2 5000m 交联电缆交流耐压试验。试验电压：≤22kV；试验频率：30～300Hz；耐压时间：5min。

2. 特点

(1) 变频电源显示选用 320×240 点阵 LCD 显示屏（带背光），分辨率高，字体清晰，在室内外强弱光线下均能一目了然。

(2) 试验数据可存储，30 个存储位置任意存储，并可任意调阅，有计算机接口，可配微型打印机打印。

(3) 三种操作方式：自动调谐手动升压；手动调谐手动升压；自动调谐自动升压。自动调谐使用最新快速跟踪法，寻找谐振频率点只需 30～40s，调谐完成后，锁定谐振频率。无谐振点时，提示区显示"调谐失败"。手动调谐时 25～300Hz 无谐振点，提示区显示"无谐振点"，此时自动切断升压回路。

(4) 升压速度采用动态跟踪控制，当高压接近已设定的试验电压时，自动调整升压速率，能有效防止电压过冲造成对试品的损伤。达到试验电压后锁定升压键，即使误操作也不会使电压升高。

(5) 变频电源具有时间定时器，当试验电压升至设定值，自动启动计时，计时到设定值的前 10s 时声响提示，时间到即自动降压至"零"，并切断升压回路，同时提示区显示"试验结束"，自动记录试验结果。

(6) 变频电源设有零位、过流、过压、过热及高压闪络等多种保护，保护功能动作时屏幕上均为中文显示；试验系统在额定电压、电流工作下时发生高压闪络或击穿，不会损坏整套设备，装置可正常工作；若装置接线错误，高压自动闭锁，无法升压。

3. 系统配置

HVFRF 型 216kVA/27kV×10 自动调频串联谐振试验系统配置见表 2。

表 2　**HVFRF 型 216kVA/27kV×10 自动调频串联谐振试验系统配置**

序号	部件名称	型号规格	用　途	数量
1	高压电抗器	HVDK-27kVA/27kV (27kV/1A/130H/60min)	利用电抗器电感和试品电容及分压器电容产生谐振，输出高压	10 台
2	变频电源	HVFRF-20kW (脉宽调制式)	作为成套系统的试验电源，输出频率 25～300Hz、电压 0～400V 可调，是成套试验系统的控制部分	1 台
3	单相励磁变压器	ZB-10kVA/0.8/2/4/6/12kV	将变频电源的输出电压抬高，有多个输出电压端子，满足不同试验电压试品的试验要求，可并联使用，单台重量较轻	2 台
4	电容分压器	HV-1000pF/300kV (分节式，单节 150kV/2000pF)	用于测量高压侧电压，并可使成套系统空载谐振	1 台
5	补偿电容器	H/JF-3000pF/60kV	作为模拟负载，可用于单台电抗器空载谐振用	1 台
6	专用吊具	起吊高度 3m	用于电抗器现场串联及变压器吊装搬运用	1 套
7	装置附件（各部件间连接线、均压环、电抗器底座等）			1 套

4. 相关试验标准及说明

橡塑绝缘电力电缆的 20～300Hz 的交流耐压试验标准见表 3，其他设备交流耐压试验标准见表 4。

表 3　**橡塑绝缘电力电缆的 20～300Hz 的交流耐压试验标准**
[摘自《电气装置安装工程　电气设备交接试验标准》(GB 50150—2016)]

电缆额定电压 U_0/U	电缆截面	电容（每公里）	试验电压及时间		试验电压及时间	
kV	mm²	μF	试验电压/kV	时间/min	试验电压/kV	时间/min
8.7/10	300	0.37	$2.5U_0=22$	5	$2.0U_0=17.4$	60
26/35	300	0.19	—	—	$2.0U_0=52$	60
64/110	400	0.156	—	—	$2.0U_0=128$	60

表 4　**其他设备交流耐压试验标准**
[摘自《电气装置安装工程　电气设备交接试验标准》(GB 50150—2016)]

试品名称 / 额定电压	变压器中性点	SF_6 组合电气 (GIS)	互感器
35kV	—	—	64/76kV
110kV	76kV	184kV	160/184kV

5. 试验时电抗器组合及相关参数

电抗器组合及相关参数见表 5。

表 5　**电抗器组合及相关参数**

试品 / 配置及参数	110kV/400mm² 电缆	35kV/300mm² 电缆	10kV/300mm² 电缆	110kV GIS	110kV 变压器及 35kV 设备
	≤0.5km	≤2.5km	≤5km	≤0.01μF	0.024μF
	0.08μF	0.5μF	2.0μF		
电抗器配置	分 2 组并联，每组 5 台电抗器串联	分 5 组并联，每组 2 台串联	10 台电抗器并联	9 台电抗器串联	4 台电抗器串联

续表

试品 配置及参数	110kV/400mm^2 电缆	35kV/300mm^2 电缆	10kV/300mm^2 电缆	110kV GIS	110kV 变压器 及 35kV 设备
	≤0.5km	≤2.5km	≤5km	≤0.01μF	0.024μF
	0.08μF	0.5μF	2.0μF		
电抗器 输出参数	135kV /325H/2A	52kV /52H/5A	27kV /13H/10A	243kV /1300H/1A	108kV /520H/1A
励磁变输出 电压选择	6kV	2kV	0.8kV	12kV	4kV
分压器选择 （可空载谐振）	2 节 300kV/1000pF	1 节 150kV/2000pF	1 节 150kV/2000pF	2 节 300kV/1000pF	1 节 150kV/2000pF
谐振频率/Hz	≥31.2	≥31.2	≥31.2	≥49	≥45
试验电压/kV	≤128	≤52	≤22	≤200	≤95
试验电流/A	≤2	≤5	≤10	≤0.65	≤0.65
变频电源 参数	容量：20kW；输入电压：AC 380V 三相；输出电压：400V；输出频率：25～300Hz；运行时间：180min；测量精度：1 级				
励磁变压器 参数	干式结构，2 台可并联使用；容量：10kVA；输入电压：400V/450V；输出电压：0.8/2/4/6/12kV；使用频率：30～300Hz；运行时间：60min				
高压电抗器 参数	干式环氧浇注；额定电压：27kV；额定电流：1A；额定电感量：130H；耐压水平：1.2U_0/1min；额定频率：30～300Hz；运行时间：60min				
电容分压器 参数	环氧筒外壳，分节式结构；额定电压：300kV/单节 150kV；电容量：1000pF/单节 2000pF；使用频率：30～300Hz；测量精度：1 级				
补偿电容器 参数	环氧筒外壳，多抽头结构；额定电压：60kV/抽头电压 22kV；电容量：3333pF/抽头电容量 10000pF；使用频率：30～300Hz				

六、HVFRF 型 2325kVA/155kV×3 自动调频串联谐振试验系统

1. 满足试品范围

（1）220kV 变压器、GIS、开关、互感器等设备交流耐压试验。试验电压：≤460kV；试验频率：30～300Hz；耐压时间：≤15min。

（2）64/110kV/500mm^2 3000m 橡塑电缆交流耐压试验。试验电压：≤128kV；试验频率：30～300Hz；耐压时间：60min。

（3）127/220kV/500mm^2 800m 橡塑电缆交流耐压试验。试验电压：≤215.9kV；试验频率：30～300Hz；耐压时间：60min。

2. 系统配置

HVFRF 型 2325kVA/155kV×3 自动调频串联谐振试验系统配置见表 6。

表 6　　HVFRF 型 2325kVA/155kV×3 自动调频串联谐振试验系统配置

序号	部件名称	型号规格	用　途	数量
1	高压电抗器	HVDK－775kVA/155kV (155kV/5A/130H/60min)	利用电抗器电感和试品电容及分压器电容产生谐振，输出高压	3 台
2	变频电源	HVFRF－50kW (脉宽调制式)	作为成套系统的试验电源，输出频率 25～300Hz、电压 0～400V 可调，是成套试验系统的控制部分	1 台

续表

序号	部件名称	型号规格	用　途	数量
3	单相励磁变压器	ZB-50kVA/2.5/5/7.5/10kV	将变频电源的输出电压抬高，有多个输出电压端子，满足不同试验电压试品的试验要求，可并联使用，单台重量较轻	1台
4	电容分压器	HV-1000pF/500kV（分节式，单节250kV/2000pF）	用于测量高压侧电压，并可使成套系统空载谐振	1台
5	专用吊具	起吊高度3m	用于电抗器现场串联及变压器吊装、搬运	1套
6	装置附件（各部件间连接线、均压环、电抗器底座等）			1套

3. 相关试验标准及说明

橡塑绝缘电力电缆的20～300Hz的交流耐压试验标准见表7，其他设备交流耐压试验标准见表8。

表7　橡塑绝缘电力电缆的20～300Hz的交流耐压试验标准

［摘自《电气装置安装工程　电气设备交接试验标准》(GB 50150—2016)］

电缆额定电压 U_0/U	电缆截面	电容（每公里）	试验电压及时间		试验电压及时间	
kV	mm^2	μF	试验电压/kV	时间/min	试验电压/kV	时间/min
8.7/10	300	0.37	$2.5U_0=22$	5	$2.0U_0=17.4$	60
26/35	300	0.19	—	—	$2.0U_0=52$	60
64/110	500	0.169	—	—	$2.0U_0=128$	60
127/220	500	0.124	—	—	$1.7U_0=215.9$	60

表8　其他设备交流耐压试验标准

［摘自《电气装置安装工程　电气设备交接试验标准》(GB 50150—2016)］

额定电压＼试品名称	变压器中性点	SF_6组合电气（GIS）	开关、互感器等设备
35kV	—	—	95kV
110kV	76kV	184kV	200kV
220kV	160kV	386kV	400kV

4. 试验时电抗器组合及相关参数

电抗器组合及相关参数见表9。

表9　电抗器组合及相关参数

配置及参数＼试品	110kV/500mm² 电缆	220kV/500mm² 电缆	220kV变压器、GIS、开关、互感器等设备
	≤3km	≤0.8km	0.03μF
	0.507μF	0.0992μF	
电抗器配置	3台电抗器并联	2台电抗器串联	3台电抗器串联
电抗器输出参数	155kV/43.3H/15A	310kV/260H/5A	465kV/390H/5A
励磁变输出电压选择	2.5kV	5.0kV	10kV

续表

试品 配置及参数	110kV/500mm² 电缆	220kV/500mm² 电缆	220kV 变压器、GIS、开关、互感器等设备
	≤3km	≤0.8km	0.03μF
	0.507μF	0.0992μF	
分压器选择（可空载谐振）	1 节 250kV/2000pF	2 节 500kV/1000pF	2 节 500kV/1000pF
谐振频率/Hz	≥34	≥31.4	≥46.5
试验电压/kV	≤128	≤215.9	≤400
试验电流/A	≤13.8	≤4.2	≤3.5
变频电源参数	容量：50kW；输入电压：AC 380V 三相；输出电压：400V；输出频率：25～300Hz；运行时间：180min；测量精度：1 级		
励磁变压器参数	油浸式结构；容量：50kVA；输入电压：400V/450V；输出电压：2.5kV/5kV/7.5kV/10kV；使用频率：30～300Hz；运行时间：60min		
高压电抗器参数	油浸式结构；额定电压：155kV；额定电流：5A；额定电感量：130H；耐压水平：$1.2U_0$/1min；额定频率：30～300Hz；运行时间：60min		
电容分压器参数	环氧筒外壳，分节式结构；额定电压：500kV/单节 250kV；电容量：1000pF/单节 2000pF；使用频率：30～300Hz；测量精度：1 级		

七、HVKC-Ⅲ型高压开关机械特性测试仪

HVKC-Ⅲ型高压开关机械特性测试仪主要用于测量高压开关分合闸时间、速度、同期性、动作电压等机械特性测试。

1. 主要测试项目

（1）时间测量：可同时测量 12 个断口的固有分、合闸时间及同期性；弹跳次数、弹跳时间；主、辅触头动作时间差。

（2）速度及行程测量：刚分速度、刚合速度、最大速度；开距、超程及总行程；分、合闸瞬时速度，并绘制“行程时间（$S-t$）”曲线。

（3）测试分（合）闸线圈电流波形，断口状态波形。

（4）重合闸试验测试。

（5）低电压试验。

（6）6 个通道主、辅触头动作时间差及合闸电阻测试。

（7）西门子石墨触头开关的时间及速度测试。

2. 主要技术参数

（1）最大速度：20m/s；分辨率：0.01m/s；测试准确度为：±1.0%读数± 0.05。

（2）行程测试范围：6～650mm（由传感器的长度决定）；行程测试准确度为：±1.0%读数±0.1mm（滑线电阻传感器）。

（3）时间测试范围：10ms～12s；时间测试准确度为：±0.5%读数±0.2ms；最小动作同期差分辨率：0.1ms；最小动作同期差测试准确度为：±0.5%读数±0.1ms。

（4）测试通道 13 路：12 路断口时间，1 路速度。

（5）电源：AC 220V±10%，50Hz±1Hz。

（6）操作电源输出：电压 30～220V 可调，电流 15A，数字程控调整，连续工作时间 1s。

八、ZKD 型开关动作电压测试仪

ZKD 型开关动作电压测试仪主要用于 10～500kV 各电压等级高压开关分、合闸动作电压的测量。

主要技术指标及功能特点如下：

（1）输入电压：AC 220V±10%；DC 0～220V。

（2）输出电流：10.0A。

（3）输出电压持续时间：5～30s。

（4）常供电源输出时间：可长时间（≤10min）输出 DC 220V/10A，可作为三相开关测速、同步等项目提供开关一个分合闸线圈用的电源。

（5）输入输出完全隔离。

（6）设置了连续输出和触发输出两种功能。

（7）输出电压稳定，纹波系数小，具有零位保护、时间保护和过流保护功能。

九、HVD 型电气设备地网导通测试仪

HVD 型电气设备地网导通测试仪主要用于检查电力设备接地引下线与地网连接状况。

主要技术指标及功能特点如下：

（1）量程：0.1mΩ～5Ω；精度：1.0%±2 个字（<50mΩ），1.5%±2 个字（≥50mΩ）；输出工作电流：2A、5A、10A 根据阻值自动切换；工作电源：AC 220V±10%。

（2）采用“四端法”原理测量电阻，排除了引线电阻的测量误差。

（3）LCD160×160 点阵液晶显示测量值并有保存数据、日历和时钟等功能。

十、HVJE/5A 型异频接地阻抗测试仪

电力行业标准《接地装置特性参数测量导则》（DL/T 475—2006）规定：“a）推荐采用异频电流法测试大型接地装置的工频特性参数，试验电流宜在 3～20A，频率宜在 40～60Hz 范围，异于工频又尽量接近工频……”。

HVJE/5A 型异频接地阻抗测试仪的测试频率为 47.37Hz 和 52.63Hz 两种，额定试验电流为 5A，符合电力行业标准要求。专门用于大中型地网的接地阻抗测试，可以测量大中型地网的接地阻抗、纯电阻分量。

1. 产品特点

（1）仪器内置的变频试验电源可输出 47.37Hz 和 52.63Hz 两种频率的试验电流，在程序的自动控制下，它分别以 47.37Hz 和 52.63Hz 的 5A 试验电流进行两次测试，折算到 50Hz 后取其平均值为测量结果。由于试验电流的频率与系统工频十分接近，因此可以认为试验电流在地中散流情况与工频电流的散流情况相同，所测结果可视为地网的工频特性参数。

（2）仪器的测量内容包括地网的接地阻抗 Z、电阻分量 R。

（3）仪器采用智能化控制，可以自动判断电流回路的阻抗，并据此自动调节异频电源的输出电流值（额定输出电流为 5A），无须人为干预，即可自动完成测试任务。

（4）仪器采用高性能工控机进行数据处理和计算，1min 内即可获得测量结果。

（5）仪器采用大屏幕液晶显示，汉化菜单提示，人机界面简洁直观，由一个电子鼠标可完成所有操作，使用极为简单。

（6）仪器提供储存 200 组测量数据，掉电不丢失，可随时查看历史数据。

（7）仪器采用最新的 SPWM 脉冲调制技术和高效率的功率器件组成异频电源，功率大、体积小、重量轻，正弦波信号输出稳定平滑，整套装置仅重 14kg。

（8）仪器还可用于接地网接触电压、跨步电压及地网地电位分布测量。

2. 主要技术参数

（1）试验电流的频率：47.37Hz，52.63Hz。

（2）额定输出电流：5A（有效值）。

（3）额定输出电压：100V（有效值）。

（4）电阻测量范围：0.001Ω→100Ω。

（5）测量准确度等级：1.0 级。

十一、HVM-5000 绝缘电阻测试仪

HVM-5000 绝缘电阻测试仪用于各种电气设备、绝缘材料的绝缘电阻测量、吸收比及极化指数的测试。

主要技术指标及功能特点如下：

(1) 常规电压：自动升压，设有 500V、1000V、2500V、5000V 四个挡位；可显示吸收比、极化指数和试品电容量；设有可充电电池，测试完毕自动放电。

(2) 输出电压：500～5000V；电压精度：正常测试电压，误差±2%±10V（负载大于 100MΩ）。

(3) 绝缘电阻测试范围：100kΩ～1TΩ。

(4) 电阻精度：±5%，1MΩ～50GΩ；±20%，100kΩ～1MΩ，50GΩ～1TΩ。

(5) 短路电流：>6mA。

(6) 电容范围：0.01～10μF。

(7) 电容精度：±10%±0.03μF（0～40℃）。

(8) 电源：一节 12V 铅酸充电电池，充电时间 16h。

(9) 输入电源：220V±10%V。

十二、HVCB-500 型多用途全自动电容电感测量仪

HVCB-500 型多用途全自动电容电感测试仪可不用拆除电容器组的任何附件进行测量每相电容值和每个电容值，也可测电抗器电感量。

主要技术参数如下：

(1) 额定电压：AC 220V±10%（50Hz）。

(2) 额定输出：28V/18A（50Hz）。

(3) 电容测量范围：0.5～2000μF。

(4) 可测电容器容量范围：单相 10～20000kvar。

(5) 测量精度：1%（满度）±1 个字。

(6) 最小分辨率：0.01μF。

(7) 电感测量范围：5mH～10H。

(8) 最小分辨率：0.01mH。

十三、HVFP-15 型无局放倍频感应耐压试验系统

HVFP-15 型无局放倍频感应耐压试验系统适用于对 220kV 及以下电压等级电磁式电压互感器进行局部放电和感应耐压试验。它采用推挽放大式无局放变频电源调频至 100Hz 或 150Hz 进行升压试验。

主要技术参数及功能特点如下。

1. HVFP 型推挽放大式无局放变频电源 1 台

(1) 输出容量：15kW。

(2) 输入电压：AC 380V±10%/50Hz，输出电压 0～350V/4～400Hz 可调。

(3) 输出波形：纯正正弦波，波形畸变率不大于 1%，试验时不需要测量峰值。

(4) 试验系统具有放电闪络、过压和短路等多种保护，当任何一种保护动作，仪器立即切断输出。仪器频率信号源由专用芯片产生，输出频率稳定性可达 0.0001Hz，同时输出电压由微机控制，输出不稳定度不大于 1%。

2. 补偿电感 6 台

20mH/10A/200V，根据被试电压互感器一次电容和分压器电容决定需补偿电感的容量，一般配置 6 只。

3. 电容分压器 1 台

额定参数：150pF/200kV（110kV 电压等级用）；测量精度：1%。

十四、HVCV 型互感器综合特性测试仪

HVCV 型互感器综合特性测试仪用于测量电压、电流互感器变比、极性、伏安特性、二次绕组耐压等

试验。对于电流互感器，可以完成以下试验：

（1）伏安特性测试。

（2）电流变比测试（在选择试验电流后，可同时三通道进行多3×n点变比测量）。

（3）极性判别。

（4）10%误差曲线。

（5）二次绕组交流耐压。

（6）大电流输出（500～800A，持续时间最长15min）。

对于电压互感器，可以完成以下试验：

（1）电压变比测试。

（2）极性判别。

（3）空载电流和激磁特性测试。

（4）二次绕组交流耐压。

主要技术指标如下。

1. 测试主机调压器

（1）输入：220V；测量范围：0～550V，20A；测量精度：<0.5%。

（2）输入：380V；测量范围：0～950V，20A；测量精度：<0.5%。

2. 配套外接升压器

输入电压：220V；测量范围：0～2000V，5A；测量精度：<0.5%。

3. 配套外接升流器

输入电压：220V；测量范围：0～1500A；变比测量精度：<0.5%。

4. 测量主机工作电源

AC 220V，1W，50/60Hz。

5. 测量功率用电源

AC 220V 或 AC 380V。

十五、HVFP－200型变压器感应耐压、局部放电试验系统

HVFP－200型变压器感应耐压、局部放电试验系统用于220kV电力变压器局部放电及感应耐压试验。

HVFP型变压器感应耐压、局部放电试验系统采用推挽放大式无局放变频电源，它是由大功率晶体管组成的线性矩阵放大网络，并运用最新DSP工业控制器及光纤传输技术，工作在线性放大区，从而获得与信号源一致的标准正弦波形，由于其内部没有任何工作在开关状态下的电路，因此不产生严重的干扰信号，适合作为感应耐压及局部放电试验的电源。采用HVFP系列无局放变频电源作为串联谐振的励磁电源，由于输出波形为纯正弦波，损耗小，可使回路Q值提高25%，也适合作为串联谐振的励磁电源。

HVFP型推挽放大式无局放变频电源已在全国广泛运用，市场占有率达到90%，对1000kV变压器、800kV直流换流变、750kV/750MVA单相变压器、500kV/750MVA三相一体变压器都成功进行了过试验。

配置的试验设备见表10。

表10　配置的试验设备

序号	设备名称、型号	主要参数	数量
1	HVFP－200型推挽放大式无局放变频电源	容量：200kW；输入：380V三相50Hz；输出：0～350V纯正弦波；局放量：≤5pC；输出频率：30～300Hz；运行时间：180min	1套
2	ZB－200kVA/2×5/10/35kV无局放励磁变压器	容量：200kVA；输入：2×350V（双绕组）；输出：2×5kV/10kV/35kV（双绕组），可对称输出，也可单边输出；局放量：≤5pC；额定频率：80～300Hz；运行时间：90min（30min/相）	1台

续表

序号	设备名称、型号	主要参数	数量
3	HVFR-100kVA/20kV无局放补偿电抗器	额定电压：20kV；额定电流：5A；电感量：6H；局放量：≤5pC；额定频率：30～300Hz；运行时间：90min	4台
4	HV-300pF/60kV无局放电容分压器	额定电压：60kV；电容量：300pF；局放量：≤5pC；测量精度：1.0级	1台
5	局部放电检测仪	模拟式或者数字式	1台
6	相关附件	包括变频电源的电源电缆、输出电缆；励磁变压器输出线等相关连接线；被试变压器套管均压帽（110kV/3只，220kV/3只）	1套

十六、HVTP-100型三相变压器局部放电、感应耐压试验系统

HVTP-100型三相变压器局部放电、感应耐压试验系统是根据《电力变压器第3部分：绝缘水平、绝缘试验和外绝缘空气间隙》（GB 1094.3—2003）和国际电工委员会《电力变压器第3部分：绝缘水平、电介质试验和空气中的外间隙》（IEC 60076—3：2000）规定，用于110kV及以下电压等级电力变压器感应耐压、局部放电试验三相同时进行的试验设备。

配置的试验设备见表11。

表11　配置的试验设备

序号	设备名称、型号	主要参数	数量
1	HVTP-100型三相无局放变频电源	容量：100kW；输入：380V三相50Hz；输出：YN方式，三相四线制，线电压0～300V，相角差120°±1°，纯正弦波；局放量：≤5pC；输出频率：30～300Hz；运行时间：60min；也可输出：单相0～350V/75kW	1套
2	ZB-100kVA/3×20kV三相无局放励磁变压器	容量：100kVA；输入：3×310V；输出：3×20kV；接线组别：D（高压侧）yn（低压侧）；局放量：≤5pC；额定频率：80～300Hz；运行时间：30min	1台
3	HVFR-100kVA/20kV无局放补偿电抗器	额定电压：20kV；额定电流：5A；电感量：6H；局放量：≤5pC；额定频率：100～300Hz；运行时间：60min	3台
4	HV-300pF/25kV无局放电容分压器	额定电压：25kV；电容量：300pF；局放量：≤5pC；测量精度：1.0级	3台
5	局部放电检测仪	三通道；模拟式或者数字式	1台
6	相关附件	包括变频电源的电源电缆、输出电缆；励磁变压器输出线等相关连接线；被试变压器套管均压帽（110kV/3只）	1套

十七、HMD型SF_6密度继电器校验仪

HMD型SF_6密度继电器校验仪用于国内外各种类型的密度继电器进行校验。

1. 技术特点

（1）对任意环境温度下的各种SF_6气体密度继电器的报警、闭锁、超压接点动作和复位（返回）时的压力值进行测量，并自动换算成20℃时的对应标准压力值，实现对SF_6气体密度继电器的性能校验。自动完成测试数据和测试结果的记录、存储、处理，并可以将数据进行打印。

（2）对任意环境温度下的各种SF_6气体密度继电器的额定值进行校验，并自动换算成20℃时的对应标准压力值，实现对SF_6气体密度继电器的额定值校验。自动完成测试数据和测试结果的记录、存储、处理，并可以将数据进行打印。

（3）如被校验的SF_6气体密度继电器附有压力表，该校验仪还可对压力表的精度进行校验。

（4）仪器能在线记录所测试的密度继电器的基本额定参数。

（5）仪器能对测试时所发生的异常现象给予提示。

(6) 仪器自身具有数据查询功能。查询方式：按测试日期或按测试编号。

(7) 仪器本身具有查看帮助功能：提示使用者如何使用仪器，大大方便使用人员。

(8) 仪器本身具有时钟功能：可以记录测试时间。

(9) 仪器具有与计算机通信功能，通过后台数据处理软件，可以自动生成报告，便于数据的归档和管理。

(10) 任意环境温度下 SF_6 气体压力至20℃时的标准压力换算。

(11) 20℃时的标准压力到任意温度下的压力换算。

(12) 仪器具有与计算机通信功能，可以和计算机实现联机，直接由计算机完成测试、数据存储和处理，尤其方便在实验室作业。

2. 技术指标

(1) 工作电源：AC 220V±15%，50Hz，或机内电池（DC 12V）。

(2) 电源切换方式：UPS不间断电源切换。

(3) 压力测量精度：0.2级。

(4) 温度测量精度：±1.0℃。

(5) 继电器测试结果存储数量：可分别存储100个继电器的测试结果。

(6) 数据存储容量大，机载数据存储记录可为100条，外部存储容量为8GB。

(7) 数据导出存储：可采用U盘转存储，方便可靠。

(8) 通信方式：RS232接口。

(9) 显示方式：汉字大屏幕液晶。

(10) 打印方式：热敏微打。

(11) 测量压力范围：0～1.0MPa。

(12) 测量温度范围：－30～＋70℃。

(13) 校验压力范围：20℃时标准压力0.2～0.8MPa。

(14) 外形尺寸：385mm×225mm×285mm。

十八、HV-RZBX型变压器绕组变形测试仪

HV-RZBX型变压器绕组变形测试仪是采用频率响应分析原理、USB传输协议技术和虚拟仪器技术的变压器绕组变形测试专用仪器，用于对供电110kV及以上电压等级、发电厂的主变和厂用变压器进行检测。

技术参数及特点如下：

(1) 扫频范围：1～1000kHz；多种扫频测量方式。

(2) 频率分辨率：1Hz。

(3) 信号源输出电压：10V（峰—峰值）。

(4) 采样速率：20M，采用基于USB传输协议的技术，使仪器使用简单可靠，传输数据快，测量1条曲线不超过1min。

(5) 采样通道：2通道，同时测量变压器绕组首、末端的信号。

(6) 幅度范围：±100dB。

(7) 量化分辨率：10位。

(8) 电源：AC 220V±10%。

(9) 变压器参数、测试参数输入格式统一，数据存储方式统一，一目了然，不会造成冲突和混淆。

(10) 除采用通用的相关系数分析外，根据经验增加了均方差分析，对中小型变压器，比如高压厂用变压器的分析判断更为有效。

十九、HVLP型线路参数测试仪

HVLP型线路参数测试仪主要用于测量输电线路的工频参数。

主要功能特点如下：

（1）快速准确完成线路的正序电容，正序阻抗，零序电容，零序阻抗等参数的测量，同时还可以测量线路间互感和耦合电容测量（线路直阻采用专门的 YTLRT 线路直阻仪进行测量）。

（2）抗干扰能力强，能在异频信号与工频干扰信号之比为 1∶10 的条件下准确测量。

（3）外部接线简单，仅需一次接入被测线路的引下线就可以完成全部的线路参数测量。

（4）仪器以工控机为内核，实现测试电源、仪表、计算模型一体化，将一卡车的设备浓缩为一台仪器。采用 TFT 真彩液晶输出，触摸屏操作，面板汉字微型打印机打印结果，操作十分简便。

（5）测试过程快捷，仪器自动完成测试方式控制、升压降压控制和数据测量和计算，并打印测量结果，一个序参数的测量约 1.5min 就能完成，试验时间缩短，工作量大大减小，30min 内可完成传统方法 2h 的工作量。

（6）测量精度高，仪器本身提供接近工频的异频电源（47.5Hz 和 52.5Hz），轻松分离工频及杂波干扰，有效地实现小信号的高精度测量。

（7）只需一次接线就可以完成全部序参数的测量，彻底解决现有测试手段存在的测试接线倒换烦琐、干扰、稳定度、精度等方面存在的问题。

二十、HVHFP 型变压器损耗测试系统

HVHFP 型变压器损耗测试系统适用于换流变压器、单相自耦变压器、三相一体式变压器的最高 1.1 倍额定电压空载、负载及温升试验（施加总损耗），可提供 20～250Hz 输出频率的电源，电源抗冲击电流能力强，可开展换流变压器额定条件下空载、负载开关切换试验。

主要参数如下：

（1）额定输出容量：6000kW。

（2）输入相数：三相。

（3）输入电压：AC 10kV。

（4）输出相数：单相或者三相；自动切换，高压变频电源端无需人工改变接线。

（5）输出电压。单相：0～10kV，零起连续可调，轻载最高可达 11kV；三相：0～10kV，零起连续可调，轻载最高可达 11kV。单相及三相输出模式自动切换，高压变频电源端无需人工改变接线。

（6）额定输出电流：单相 600A，三相 350A。

（7）短时峰值电流耐受能力：≥2400A。

（8）输出频率：20～250Hz 连续可调；初始默认 45Hz，具备频率锁定功能。

（9）V/f 输出关联性：可独立控制（解调）；具备告警功能。

（10）电压调节步进值：10V、50V、100V 三挡，可切换。

（11）频率调节步进值：0.01Hz、0.1Hz、1Hz 三挡，可切换。

（12）电压不稳定度：≤1%。

（13）频率不稳定度：≤0.01Hz。

（14）输出失真度：$THDU$≤3%（50Hz；输出电压≥6kV，功率因数 λ≥0.8）；$THDU$≤4%（20～120Hz，≥6kV，功率因数 λ≥0.8）；$THDU$≤6%（120～250Hz）。

（15）输出滤波：内设 LC 输出滤波器，以降低输出电压总谐波畸变率。

（16）负载能力：阻性、容性、感性负载。

（17）过载能力：1.1I_N 运行 30min，1.5I_N 运行 30s，2I_N 运行 10s，峰值电流大于 2400A 瞬时保护（关断输出）。

（18）主电源：AC 10kV±10%，三相，47.5～52.5Hz，满载功率因数 λ≥0.97。

（19）辅助电源：AC 380V±5%，三相，47.5～52.5Hz。

（20）系统效率：≥96%（满载输出）。

（21）冷却方式：强制风冷；变频部分及移相变压器部分均配置强制风冷。

（22）工作噪声：≤80dB（距本体 1m 处）。

（23）控制方式：本机、远程（光纤连接）。

二十一、HVSP－100kW/1000kVA/250kV×2 同频同相耐压试验系统

气体绝缘金属封闭开关设备（简称 GIS）在间隔扩建和检修后均需在原有运行部分停电情况下进行交流耐压试验。GIS 扩建间隔或检修间隔与相邻运行部分仅通过隔离开关断开，若运行部分不停电，则交流耐压时隔离开关断口处可能会发生试验电压与运行电压反向叠加导致隔离断口击穿进而危及运行设备的安全运行。因此有关电力行业标准规定，GIS 耐压时相连设备应断开（停电并接地）。为解决该问题，相关标准提出了 GIS 同频同相交流耐压技术，这样就不需要对外停电，造成经济损失。同频同相交流耐压试验技术是以锁相环为基础，通过使试验电压与运行电压保持同频率同相位状态，实现 GIS 扩建部分或解体检修部分在原有相邻部分正常运行而不需停电情况下进行交流耐压试验的技术。HVSP－100kW/1000kVA/250kV×2 同频同相耐压试验系统主要部件技术参数见表 12。

表 12　　主要部件技术参数

序号	部件名称	型号规格	数量
1	同频同相变频电源	HVSP－100kW	1 台
2	油浸式励磁变压器	ZB－100kVA/5/10/20/30kV	1 台
3	调感式高压电抗器	HVTG－1000kVA/500kV（分两节）	1 套
4	电容分压器	HV－1000pF/500kV（分两节）	1 台

1. HVSP－100 型锁频锁相变频电源

（1）额定容量：100kW（推挽线性放大式）。

（2）额定输入电源：380V±10%（三相）；50Hz。

（3）额定输出电压：单相，0～350V 连续可调。

（4）输出电压不稳定度：≤1.0%。

（5）额定输出电流：285A。

（6）输出波形：纯正弦波。

（7）输出波形畸变率：≤1.0%。

（8）频率可调范围：20～300Hz。

（9）输出频率分辨率：0.1Hz。

（10）输出频率不稳定度：≤0.05%。

（11）允许运行时间：额定容量下允许运行时间 180min。

（12）允许温升：在额定负载下，连续工作 180min，出风口温升不大于 25K。

（13）额定电压下的局部放电量：≤10pC。

（14）绝缘水平：输入、输出端子对地不小于 3kV/min（AC）。

（15）冷却方式：强迫风冷。

（16）噪声水平：≤85dB。

频率在设定范围内调节时，电压恒定输出。变频电源与控制箱及分压器与控制箱的连接均采用光纤连接方式，彻底地隔离，避免在试品打穿后的反击造成控制箱的损坏，保证使用安全。本体和控制、显示、保护分开，本体、保护为一整体，控制、显示为另一整体，控制、显示便于现场携带。变频电源具有抗电场干扰能力，在强电场干扰下，测量精度与控制保护满足要求。具有良好的磁屏蔽，元件、引线均采用高导磁材料屏蔽，无空间辐射。

控制箱采用锁相环技术，输出与参考电压频率相位一致的电压信号，参数如下：

（1）额定供电电源：单相交流 220V±10%，50Hz。

（2）供电源输入功率：10W（最大）。

（3）分压器取样电压：0～100V。

（4）PT 二次取样电压：0～100V。

(5) 运行母线频率范围：50.0Hz±0.5Hz。

(6) 母线电压测量精度：±（1.0%读数+1个字）。

(7) 试验电压测量精度：±（1.0%读数+1个字）。

(8) 相位差测量精度：±（1.0%读数+1个字）。

(9) 变比系数设置范围：1～65535。

(10) 同频同相跟踪时间：≤1μs。

(11) PT二次采样保护：具备多种保护功能，防止PT二次短路。

母线参考电压信号与试验电压信号的频率发生偏差、相位发生位移、电压波动超过10%、试验电压波形发生严重畸变等情况时，自动启动同频同相失败保护功能，自动切断励磁电源输出。设有电源合闸、分闸和紧急分闸按钮。具有试验时间设定功能，定时时间范围为0～99min，计时精度0.1s，时间段末提供声音提示试验人员。设有升压和降压粗、细调按钮（升、降压速率可设定）；设有频率粗、细调按钮（调节速率可设定）；自动和手动试验选择（可设定试验电压、试验时间，自动调谐，自动升压和降压等）；有过压保护、过流保护设定值调整功能，并可任意整定预置。

同频同相监控保护功能如下：母线PT取样信号缺失报警、母线PT取样信号剧烈波动报警、母线PT取样信号频率异常报警、试验电压闪络报警、试验电压与母线PT取样信号频率偏差大报警、试验电压与母线PT取样信号相位偏差大报警、试验电压波形严重畸变报警、试验电压波形过压报警、GIS断口两端的电压过压报警、GIS断口两端的电压剧烈波动报警、GIS断口两端的电压击穿报警。

常规保护功能说明如下：

(1) 过压保护：可任意整定预置，当成套装置输出达到保护整定值时自动切断输出。

(2) 短路保护：当变频柜的输出短路时，自动切断输出。

(3) 过流保护：当变频柜的输出电流达到保护整定值时，自动切断输出。

(4) 击穿闪络保护：当高压侧发生对地闪络时，可自动切断输出。

(5) 开机零位保护：必须零起升压，否则输出不会启动。

(6) 变频器过载保护：当输出电流超过整定电流时，控制箱自动关闭变频电源的输出，此时有相应的提示。

(7) 掉电保护：当输入电源突然断电时，系统可利用电路中的剩余电量及时关闭输出信号，确保系统安全关闭。

(8) 失谐保护：当被试品因内部缺陷而参数发生变异导致试验系统失谐，控制箱自动关闭输出。

(9) 桥臂电压保护：四个功放桥臂的直流工作电压被显示，当四个功放桥臂电压不平衡时，控制箱自动报警或关闭系统。

(10) 功效保护（功率曲线保护）：通过测量输出电压、电流，监测负载阻抗及相位，对变频电源输出的有功及无功进行限制，确保变频电源不损坏。并会自动提示重新调整励磁变输出，达到合适的阻抗匹配再进行试验。

(11) 冷却风机联动保护：当风机电源相序接错时变频电源自动调整相序以达到风机方向自动选择功能；另外当风机不能运转时，变频电源则不能启动或自动切断输出。

(12) 输出电压限制功能保护：当设定高压电压，在试验中，当误操作升高电压或者有异常情况发生时，确保输出的电压不会超过设定的高压电压。

(13) 缺相保护：当输入电源缺相时，无法正常工作时，屏幕上显示缺相，同时关闭系统。

(14) 控制箱及光纤故障保护：在进行试验时，如出线控制箱及光纤故障，变频电源柜保护部分自动动作，切断输出，保证人身、试品安全。

2. ZB-100kVA/5/10/20/30kV 励磁变压器

(1) 额定容量：100kVA。

(2) 输入电压：350V/400V/450V。

(3) 输出电压：一个绕组，多抽头输出，分别输出5kV、10kV、20kV、30kV。

(4) 绝缘水平。低压绕组对地：5kV/min；高压绕组对地：$1.1U_N$/min。

（5）额定频率：40～300Hz。

（6）阻抗电压：≤5%。

（7）噪声水平：≤65dB。

（8）允许连续运行时间：额定电压、额定电流下连续运行60min。

（9）冷却方式：ONAN。

（10）绝缘耐热等级：A级。

3. HVTG-1000kVA/500kV 调感式高压电抗器

（1）结构型式：圆柱形、中间铁外壳。

（2）相数：单相。

（3）频率：50Hz。

（4）额定容量：1000kVA。

（5）额定输出电压：500kV（分两节）。

（6）额定电流：2A。

（7）额定电感量：8000～750H。

（8）电抗器电感量与额定值偏差：≤5.0%。

（9）冷却方式：ONAN。

（10）波形畸变率：≤1%。

（11）绝缘水平：1.1倍额定电压/min。

（12）运行时间：额定负载下运行不小于30min。

（13）额定容量下连续运行30min后温升：绕组温升小于65K，顶层油温升小于60K。

（14）线形度：10%～100%电抗值误差不大于±1%。

（15）品质因数：>40。

配备500kV电抗器均压环，保证在额定电压下，成套系统不起晕。铁芯线圈结构在一定长度范围内通过调节开口铁芯距离，从而改变电抗变化量。上、下为环氧缠绕绝缘桶，中间钢支架采取涡流损失小不锈钢材料组成，避免因涡流损失降低品质因数，底座支架应考虑强磁场下的发热，能调节水平，具有足够的稳定度，拆、装方便，在电抗器的结构设计中考虑油的热胀冷缩。

电感调节控制器的控制回路电压为220V，频率为50Hz，单相电源2.5A。手动功能控制面功能：可调电抗器的气隙增加、减少功能，控制器的连接线具有抗干扰能力的菲列克斯端子排的航空插座连接控制器的接插件，已到达到外部试品闪络过程中的过电压对控制器的电器保护功能。

4. HV-1500pF/500kV 电容分压器

（1）额定电压：500kV（2×250kV/3000pF）。

（2）额定电容量：1500pF。

（3）工作频率：20～300Hz。

（4）绝缘水平：1.1倍额定电压/min。

（5）结构：环氧筒外壳，C1和C2选用温度系数、频率系数相同的材料。

（6）系统测量精度：1.0级。

（7）介质损耗：≤0.05%。

（8）分压比：5000：1。

（9）测量引线通过专用同轴测量引线至变频电源测量高压电压，用于变频电源测量高压电压、自动调谐及闪络保护；并可由三通引至智能峰值表进行电压测量。

（10）测量系统：采用专用智能峰值表显示测量电压，$4\frac{1}{2}$位大屏幕液晶显示，可显示峰值、有效值、电压波形、频率、波形畸变率。

（11）采样方式：单片机逐点交流采样，16位高速工业级A/D转换。

参 考 文 献

[1] 陈化钢．电力设备预防性试验方法及诊断技术［M］．北京：中国水利水电出版社，2009.

[2] 陈化钢．电力设备预防性试验实用技术问答［M］．北京：中国水利水电出版社，2009.

[3] 易辉．《带电作业工具、装置和设备预防性试验规程》（DL/T 976—2005）宣贯读本［M］．北京：中国电力出版社，2006.

[4] 国家电网公司建设运行部．高压直流输电系统电气设备状态维修和试验规程（试行）［M］．北京：中国电力出版社，2007.

[5] 华中电网有限公司．500kV 输变电设备预防性试验（检验）规程（试行）［S］．北京：中国电力出版社，2007.

[6] 上海市电力公司．电力设备交接和预防性试验规程［S］．北京：中国电力出版社，2006.

[7] 安徽省电力公司．电气试验工 岗位培训考核典型题库［M］．北京：中国电力出版社，2006.

[8] 本书编写组．电力设备预防性试验规程 DL/T 596—1996 修订说明［M］．北京：中国电力出版社，1997.

[9] 金海平．电力设备预防性试验技术丛书：第一分册 旋转电机［M］．北京：中国电力出版社，2003.

[10] 吴锦华．电力设备预防性试验技术丛书：第二分册 电力变压器与电抗器［M］．北京：中国电力出版社，2003.

[11] 金海平．电力设备预防性试验技术丛书：第三分册 互感器与电容器［M］．北京：中国电力出版社，2003.

[12] 金海平．电力设备预防性试验技术丛书：第四分册 开关设备［M］．北京：中国电力出版社，2003.

[13] 何文林，叶自强．电力设备预防性试验技术丛书：第五分册 套管与绝缘子［M］．北京：中国电力出版社，2003.

[14] 胡文堂．电力设备预防性试验技术丛书：第六分册 电线电缆［M］．北京：中国电力出版社，2003.

[15] 金海平．电力设备预防性试验技术丛书：第七分册 避雷器与接地装置旋转电机［M］．北京：中国电力出版社，2003.

[16] 许灵洁．电力设备预防性试验技术丛书：第八分册 绝缘油［M］．北京：中国电力出版社，2003.

[17] 孙成宝．县局电业人员岗位培训教材 电气试验［M］．北京：中国电力出版社，1999.

[18] 邬伟民．高压电气设备现场试验技术 365 问［M］．北京：中国水利水电出版社，1997.

[19] 韩伯锋．电力电缆试验及检测技术［M］．北京：中国电力出版社，2007.

[20] 武汉高压试验所 胡毅．带电作业工具及安全工具试验方法［M］．北京：中国电力出版社，2003.

[21] 张裕生．高压开关设备检测和试验［M］．北京：中国电力出版社，2004.

[22] 王浩，李高合，武文平．电气设备试验技术问答．北京：中国电力出版社，2001.

[23] 周武仲．电力设备交接和预防性试验 200 例［M］．北京：中国电力出版社，2005.

[24] 周武仲．电力设备维修诊断与预防性试验［M］．2 版．北京：中国电力出版社，2008.

[25] 四川省电力试验研究院　李建明，朱康．高压电气设备试验方法［M］．2 版．北京：中国电力出版社，2007.

[26] 王长昌，李福祺，高胜友．清华大学电气工程系列教材 电力设备的在线监测与故障诊断［M］．北京：清华大学出版社，2006.

[27] 李景禄，李青山．电力系统状态检修技术［M］．北京：中国水利水电出版社，2012.

[28] 单文培，王兵，齐玲．电气设备试验及故障处理实例［M］．2 版．北京：中国水利水电出版社，2012.

[29] 张露江，陈蕾，陈家斌．电气设备检修及试验［M］．2 版．北京：中国水利水电出版社，2012.

[30] 《供电生产事故分析与预防》编委会．供电生产事故分析与预防［M］．北京：中国水利水电出版社，2011.

[31] 国家电力公司发输电运营部．电力工业技术监督标准汇编（绝缘监督）上册［M］．北京：中国电力出版社，2003.

[32] 国家电力公司发输电运营部．电力工业技术监督标准汇编（绝缘监督）中册［M］．北京：中国电力出版社，2003.

[33] 国家电力公司发输电运营部．电力工业技术监督标准汇编（绝缘监督）下册［M］．北京：中国电力出版社，2003.

[34] 张建文．电气设备故障诊断技术［M］．北京：中国水利水电出版社，2006.

[35] 河南省电力公司焦作供电公司．实用电气设备状态检修试验手册［M］．北京：中国电力出版社，2010.

[36] 赵永生．变配用电设备电气试验与典型故障分析及处理［M］．北京：机械工业出版社，2012.

[37] 李景禄等．高压电气设备试验与状态诊断［M］．北京：中国水利水电出版社，2008.

[38] 上海市电力公司超高压输变电公司．超高压输变电操作技能问答丛书 电气试验［M］．北京：中国电力出版社，2012.

[39] 曹孟州．电气设备故障诊断与检修1000问［M］．北京：中国电力出版社，2013.

[40] 汪永华．常用电气与电控设备故障诊断400例［M］．北京：中国电力出版社，2011.

[41] 牛林．国网技术学院培训系列教材 电气设备状态监测诊断技术［M］．北京：中国电力出版社，2013.

[42] 罗军川．电气设备红外诊断实用教程［M］．北京：中国电力出版社，2013.

[43] 中国南方电网超高压输电公司．变电一次设备试验技术［M］．北京：中国电力出版社，2014.

[44] 王永武，房静．21世纪高等学校规划教材 10kV户内成套开关设备操作检修与试验［M］．北京：中国电力出版社，2013.

[45] 杨斌，章立军，郭云．设备诊断现场实用技术丛书 电气设备诊断现场实用技术［M］．北京：机械工业出版社，2012.

[46] 陈蕾．电气设备安装运行维修实用技术丛书 电气设备故障检测诊断方法及实例［M］．2版．北京：中国水利水电出版社，2012.

[47] 史家燕，李伟清，万达．电力设备试验方法及诊断技术［M］．北京：中国电力出版社，2013.

[48] 朱德恒，严璋，谈克雄．电力科技专著出版基金资助项目 电气设备状态监测与故障诊断技术［M］．北京：中国电力出版社，2009.

[49] 于景丰，赵锋．电力电缆实用技术［M］．北京：中国水利水电出版社，2002.

[50] 朱启林，李仁义等．电缆故障测试方法与案例分析［M］．北京：机械工业出版社，2008.

[51] 周武仲．电力设备维修诊断与预防性试验［M］．北京：中国电力出版社，2002.

[52] 邢益平，郑晓泉．XLPE电力电缆综合绝缘诊断策略研究［J］．电线电缆，2006，(5)：9-11.

[53] 黄建华，全零三．变电站高压电气设备状态检修的现状及其发展［J］．变压器，2002，39（1）：11-15，52.

[54] 尹毅，董小兵．高压交联聚乙烯电缆的寿命评估及展望［C］．上海电工技术学会集，2006.

[55] 宋人杰，王晓东．输变电设备状态检修评估分析系统的研究［J］．继电器，2008，36（9）：54-57，63.

[56] 陈天翔，王寅仲，海世杰．电气试验［M］．2版．北京：中国电力出版社，2008.

[57] 李卫国，屠志健．电气设备绝缘试验与检测［M］．北京：中国电力出版社，2006.

[58] 吴广宁．电气设备状态监测的理论与实践［M］．北京：清华大学出版社，2005.

[59] 章彬．高压电气设备状态检修的应用探讨［J］，广西电力，2008，31（5）：65-67.

[60] 林福昌．高电压工程［M］．北京：中国电力出版社，2006.

[61] 李景禄．接地装置的运行与改造［M］．北京：中国水利水电出版社，2005.

[62] 祝彦涛．电网接地装置安全影响因素分析及判断［J］．科技资讯，2009，(1)：67.

[63] 陈祖嘉，吴渭林．对开展状态检修的一些建议［J］．电力安全技术，2002，4（4）：32-33.

[64] 李争争．电气设备状态维修策略研究［J］．研究与管理，2009，(29)：21-22.

[65] 卫会玲，温艳芬，何金奎．浅谈电气设备的检修与管理［J］．维普资讯，2004，14（6）：292-293.

[66] 钟聪 . IEC61970 及 IEC619 在电力企业管理信息系统中的应用 [J]. 电力信息安全专家，2008，(2).

[67] GB 50150—2006，电气装置安装工程电气设备交接试验标准 [S]. 北京：中国计划出版社，2006.

[68] 李景禄 . 高电压技术 [M]. 北京：中国水利水电出版社，2008.

[69] 李景禄 . 电力系统电磁兼容技术 [M]. 北京：中国电力出版社，2007.

[70] 李景禄 . 配电网频发故障的原因分析及整改措施 [J]. 高电压技术，1995，(1)：9 - 11.

[71] 李景禄 . 实用配电网技术 [M]. 北京：中国水利水电出版社，2006.

[72] 李景禄 . 现代防雷技术 [M]. 北京：中国水利水电出版社，2009.

[73] 李景禄 . 电力系统安全技术 [M]. 北京：中国水利水电出版社，2009.

[74] 李景禄 . 电力系统防污闪技术 [M]. 北京：中国水利水电出版社，2010.

[75] 国家电网公司设备状态检修规章制度和技术标准汇编 [M]. 北京：中国电力出版社，2010.

[76] 操敦奎 . 变压器油色谱分析与故障诊断 [M]. 北京：中国电力出版社，2010.

[77] 苑舜 . 高压开关设备状态检测与诊断技术 [M]. 机械工业出版社，2001.

[78] 日本电气学会《绝缘试验方法手册》修订委员会编，陈琴生译 . 绝缘试验方法手册 [M]. 北京：水利电力出版社，1987.

[79] 成永红 . 电力设备绝缘检测与诊断 [M]. 北京：中国电力出版社，2001.

[80] 陈化钢，潘金銮等 . 高低压开关电器故障诊断与处理 [M]. 北京：中国水利水电出版社，2000.

[81] 中华人民共和国国家标准，GB/T 2900. 20—1994. 电工术语：高压开关设备 [S]. 北京：中国标准出版社，1995.

[82] 钱家骊 . GIS 内部绝缘故障在线监测述评 [J]. 电器技术，1990 (1)：16 - 27.

[83] 王伯翰 . 高压开关在线检测诊断技术 [J]. 电器技术，1986 (1)：41 - 45.

[84] Mazza G，Michaca R. The First International Enquiry on Circuit - breaker Failure and Defects in Service. Electra 1981，No. 79：21 - 91.

[85] 钱家骊，黄瑜珑 . SF_6 高压断路器的状态监测综述 [J]. 电器技术，1994 (3)：16 - 27.

[86] 陈化钢 . 电气设备预防性试验方法 [M]. 北京：水利电力出版社，1994.

[87] 严璋 . 电气绝缘在线检测技术 [M]. 北京：中国水利电力出版社，1995.

[88] 雷国富，陈占梅，等 . 高压电气设备绝缘诊断技术 [M]. 北京：水利电力出版社，1994.

[89] 汪宏正，何志兴，张古银 . 绝缘介质损耗与带电测试 [M]. 合肥：安徽科学技术出版社，1988.

[90] 张古银，郭守贤 . 高压互感器的绝缘试验 [M]. 上海：上海科学技术文献出版社，1995.

[91] 刘吟雯 . 高电压技术问答 [M]. 南京：江苏科学技术出版社，1991.

[92] 王以京 . 不拆高压引线进行 500kV 设备预试 [J]. 中国电力，1993 (9).

[93] 沈治忠，刘伟 . 用 P5026M 型电桥测量电压互感器支架绝缘的介质损耗率正切值 [J]. 变压器，1996 (2).

[94] 刘连睿，董凤宇 . 变压器绕组变形测试装置的应用 [J]. 变压器，1995 (6).

[95] 关德秋，曹雅萍 . 变压器气体继电器动作原因分析 [J]. 变压器，1995 (11).

[96] 徐光昶，方天刚 . 发电机定子绕组端部手包绝缘状态的测量 [J]. 华东电力，1996 (8).

[97] 陈化钢，孔德胜 . 变压器绕组直流电阻不平衡率超标的原因及防止措施 [J]. 电气试验，1996 (2).

[98] 王圣，凌愍 . 变压器绕组变形测试技术 [J]. 变压器，1996 (1).

[99] 王贻平 . 大型变压器现场空载试验技术 [J]. 变压器，1996 (8).

[100] 薛五德，等 . 变压器油中溶解气体的现场监测与故障诊断 [J]. 变压器，1996 (5).

[101] 徐康健 . 互感器油中氢气浓度偏高现象的分析 [J]. 高电压技术，1996 (3).

[102] 孟庆波 . 新型立体地网及其应用 [J]. 高电压技术，1996 (3).

[103] 刘少克，陈乔夫，林金铭 . 大型电机定子绕组绝缘在线监测 [J]. 高电压技术，1993 (2).

[104] 谈克雄，吕乔青 . 交联聚乙烯电缆绝缘的在线诊断技术 [J]. 高电压技术，1993 (3).

[105] 曹玉森，等 . 220kV 变压器绝缘油介损增大原因分析与处理 [J]. 高电压技术，1995 (2).

[106] 王万华 . 变压器绝缘老化诊断中应注意的问题 [J]. 高电压技术，1995 (3).